Mon cher Audouin, je [illegible]
je ne vois plus - Je vous déclare que c'la
plus grande attention, votre article inspecté
qu'on m'avait dit être un peu long. & j'ai
en effet trouvé qu'il y avait des choses dont
vous aussiez pu vous débarasser sur les mots
thorax, (ou vous avez renvoyé plus deux fois)
&c. &c. mais après tout qu'on trouve
ces details ici ou ailleurs, ~~[illegible]~~ qu'importe s'ils
sont bons, et je les trouve excellent. Definitivement cet article vous fait honneur,
et vous voyez que je vous donnai un
bon conseil en vous engageant a ne pas le
laisser faire par d'autres - acceptez en donc
mon compliment. seulement je pense dans
votre interet que vous ne deviez pas reproduire
le tableau de Mr. [illegible]. il est imprimé
textuellement ailleurs, vous devez vous borner
a y renvoyer. observez, qu'il y a très peu de
tableaux dans le Dic. que ceux qui en ont fait
y ont toutes mis quelqu'originalité qu'a l'on ne
s'en est servi que pour la classification, point

pour les détails anatomiques. qu'on pourrait comparer votre copie aux tableaux originaux des autres, et que parceque la notice est grande on pourrait les regarder - croyez que je juge bien la chose parcequelle n'est d'abord personnellement étrangère, et que j'en tais tout ce qui ne se dit pas parcequi se dit. on a d'ailleurs prouvé dans la préface, de nouveau, et pas de place perdue - votre Le tableau en question est de la place perdue, et pas du nouveau - c'est si peu de chose, n'y tenez pas - d'ailleurs vous dites si bien cela, vous l'analysez avec tant de clarté qu'on n'a pas besoin d'un témoignage surabondant & qui n'est d'ailleurs pas la vôtre -

J'approuve fort que vous vous soyez étendu sur la puche copulative dans la juste mesure où vous êtes resté, les plus obtenir, vous avez rien à dire ?

Avez-vous reçu et trouvé l'exemplaire homme que je vous ai adressé pour lui ? puis savoir à quel prix je pourrais avoir sa réponse ?

Un mot, un petit mot sur tout cela. Tout à vous

Nadar

Ce lundi matin.

Monsieur
Monsieur Audouin
Paris.

DICTIONNAIRE

CLASSIQUE

D'HISTOIRE NATURELLE.

DE L'IMPRIMERIE DE J. TASTU,

RUE DE VAUGIRARD, N° 36.

DICTIONNAIRE

CLASSIQUE

D'HISTOIRE NATURELLE,

PAR MESSIEURS

AUDOUIN, Isid. BOURDON, Ad. BRONGNIART, DE CANDOLLE, DAUDEBARD DE FÉRUSSAC, A. DESMOULINS, DRAPIEZ, EDWARDS, FLOURENS, GEOFFROY DE SAINT-HILAIRE, A. DE JUSSIEU, KUNTH, G. DE LAFOSSE, LAMOUROUX, LATREILLE, LUCAS fils, PRESLE-DUPLESSIS, C. PRÉVOST, A. RICHARD, THIÉBAUT DE BERNEAUD, et BORY DE SAINT-VINCENT.

Ouvrage dirigé par ce dernier collaborateur, et dans lequel on a ajouté, pour le porter au niveau de la science, un grand nombre de mots qui n'avaient pu faire partie de la plupart des Dictionnaires antérieurs.

TOME SECOND.

PARIS.

REY ET GRAVIER, LIBRAIRES-ÉDITEURS,
Quai des Augustins, n° 55;
BAUDOUIN FRÈRES, LIBRAIRES-ÉDITEURS,
Rue de Vaugirard, n° 36.

1822.

DICTIONNAIRE

CLASSIQUE

D'HISTOIRE NATURELLE.

*AS. BOT. PHAN. *V.* ÆS.

* ASA-FOETIDA. BOT. PHAN. De quelques livres de matière médicale. Même chose qu'ASSA-FOETIDA. *V.* ce mot. (DR..Z.)

ASAHASAFRA. BOT. PHAN. (Avicenne cité par Daléchamp.) Plante à racine tubéreuse et palmée qui paraît être un Orchis. (B.)

* AZAKANA. BOT. PHAN: (Le Breton.) Syn. caraïbe de *Laurus Borbonia*, L. *V.* LAURIER. (B.)

ASAPHE. *Asaphus*. CRUST. Genre d'Animaux fossiles de la famille des Trilobites, établi par Alexandre Brongniart (Hist. Nat. des Trilobites, in-4°. Paris, 1822), et ayant selon lui pour caractères : corps large et assez plat, lobe moyen saillant et très-distinct ; flancs ou lobes latéraux, ayant chacun le double de la largeur du lobe moyen ; des expansions sub-membraneuses dépassant les arcs des lobes latéraux ; bouclier demi-circulaire portant deux tubercules oculiformes reticulés ; abdomen divisé en huit ou douze articles.—L'auteur a hésité quelque temps sur la fondation de ce genre parce qu'il ne présente pas, à son avis, un ensemble de caractères suffisans pour le circonscrire avec netteté. En effet, il a de très-grands rapports avec les Calymènes et avec les Ogygies, genres qui diffèrent réellement l'un de l'autre, et qui, si l'on n'eût pas distingué l'intermédiaire dont il est ici question, se seraient avoisinés au point de se confondre. Les Asaphes, de même que tous les Trilobites, n'ont encore été vus que sur le dos ; on a même ignoré long-temps la forme d'une très-grande portion de leur corps ; et on n'a d'abord connu que leur post-abdomen qui en général est détaché de l'abdomen. Celui-ci est composé de huit à douze articulations. Le nombre de celles du post-abdomen est très-variable.

Brongniart décrit cinq espèces appartenant à ce genre. Celle qui lui sert de type est : L'ASAPHE CORNIGÈRE, *A. cornigerus*, Brong., ou le *Trilobites cornigerus* de Schlotheim, et l'*Entomostracites expansus* de Walhenberg. Les individus que Brongniart possède viennent de Koschelewa près St.-Pétersbourg, et sont dans un calcaire compacte grisâtre rempli de petites lamelles cristallines et de petits grains noirs verdâtres. Il le suppose inférieur à la craie. Le *Trilobites cornigerus* de Schlotheim a été trouvé aux environs de Reval près de Memel.

Les autres espèces rapportées à ce genre, mais assez différentes de la précédente, sont :

L'ASAPHE DE DEBUCH, *A. Debuchii*, Brong., figurée par Parkinson (*Org. remains*, vol. 3, pl. 17, fig. 13); elle a été principalement rencontrée dans un psammite calcaire compacte noir et micacé à Dynevors-Park, dans le pays de Galles.

L'ASAPHE DE HAUSMANN, *A. Hausmanni*, Brong. On ne possède jusqu'à présent que des post-abdomen de cette espèce. Un des échantillons dont la localité est inconnue provient de la collection du marquis de Drée ; deux autres appartiennent au cabinet minéralogique particulier du roi ; ils sont dans un calcaire de transition des environs de Prague.

L'ASAPHE CAUDIGÈRE, *A. caudatus*, Brong., ou le *Trilobus caudatus* de Brunnich (*in Kiœb. Selsk. Skrivt. nye., saml.* 1, 1781, p. 392, n. 3). Cette espèce est surtout remarquable par la saillie considérable de ses yeux en réseaux. L'individu de Brünnich a été rencontré à un mille de Coal-Brock-Dale en Angleterre ; Urdervood, correspondant de la Société d'Histoire Naturelle de Paris, a généreusement donné à Brongniart un échantillon de cette même espèce, très-précieux à cause du volume et de la parfaite conservation des yeux. Il provient de Dudley en Angleterre.

Enfin l'ASAPHE LARGE-QUEUE, *A. laticauda*, Brong., ou les *Entomostracites caudatus* et *laticauda* de Wahlenberg. Cette espèce a été trouvée dans un calcaire blanc dans l'Osmundberg en Dalécarlie. Brongniart figure les cinq espèces précédentes, soit d'après nature, soit d'après les dessins les plus corrects des auteurs lorsqu'il n'a pu voir les individus eux-mêmes. Nous renvoyons nécessairement à son ouvrage pour ces objets ainsi que pour leurs descriptions. *V.* aussi TRILOBITES. (AUD.)

* ASARANDOS. OIS. Syn. d'*Emberiza Citrinella*, L. Chez les Grecs modernes. *V.* BRUANT. (B.)

* ASARATH. BOT. PHAN. Espèce de Chanvre chez les Turcs, le même que les Arabes nomment Axis ou Assis. (B.)

* ASARERO OU AZARERO. BOT. PHAN. Syn. portugais de *Prunus lusitanica*. L. *V.* CERISIER. (B.)

ASARET. *Asarum*. BOT. PHAN. L'un des deux genres qui jusqu'ici constituent la famille des Aristoloches, de laquelle il a été proposé dans ce Dictionnaire d'extraire le genre Cytinus ; il appartient à la Décandrie Monogynie, L. Ses caractères sont : calice campanulé, profondément trifide, (coloré surtout intérieurement) ; corolle nulle ; douze étamines disposées circulairement sur l'ovaire, ayant leurs anthères oblongues, adnées au milieu des filamens ; ovaire inférieur ? surmonté d'un style court terminé par un stigmate de six à dix divisions disposées en étoiles ; la capsule est coriace à six loges. — Le nom d'Asarum tiré du grec signifie *qui n'orne point*. En effet les Asarets sont des Plantes peu remarquables, mais qui cependant ne sont pas sans une certaine singularité ; l'odeur assez forte et un peu résineuse qui s'exhale de toutes leurs parties, est sans doute la raison qui les faisait proscrire par les anciens des couronnes et de ces autres ornemens tirés de l'empire de Flore dont on faisait usage dans les fêtes des Dieux ou dans les banquets. Cette odeur qui néanmoins n'est pas désagréable, surtout dans l'Asaret de Virginie, dénote des propriétés médicinales. Ces propriétés résident surtout dans les racines qui sont succulentes, traçantes presqu'à la superficie de la terre, et d'une saveur amère légèrement aromatique. On les administre en poudre ou en infusions comme diurétiques, purgatives, émétiques et éménagogues. Les feuilles réduites en poudre sont sternutatoires ; le vin dans lequel on les met infuser a passé pour un assez puissant remède dans les affections des hypocondres.

Les Asarets sont des Plantes humbles, rampant à la surface du sol dans les lieux ombragés, dont les feuilles, d'un verd foncé luisant, ont une forme arrondie approchant plus ou moins de la forme d'une oreille humaine, et persistent pendant l'hiver dans les bois taillis dont elles parent alors le sol. Quatre espèces composent ce genre. L'*Asarum europæum*, L. ; l'*A. canadense*, L. ; *virginicum*, L., et l'*A. arifolium*, Mich.

L'Asaret d'Europe (*Flor. Dan.*, 633, Bul. herb.), assez commun dans tous nos climats, est employé communément en poudre dans l'hippiatique contre le farcin ; l'usage qu'on en fait en quelques endroits pour soulager les gens ivres par le vomissement lui a valu le surnom de Cabaret. (B.)

ASARIA-PALA. BOT. PHAN. Même chose qu'Adsaria-Pala. *V.* ce mot. (B.)

* ASARIFE, ASELOURI ET ASFE. BOT. PHAN. (Dioscoride.) Syn. d'*Atriplex Halimus*, L. *V.* ARROCHE. (B.)

ASARINE. *Asarina.* BOT. PHAN. Genre formé par Tournefort pour une Plante que Linné a depuis réunie à son genre Antirrhinum sans égard à sa capsule sphérique et non ovale. Rétabli par Moench (*Méth. suppl.* 172), il est aujourd'hui fondu par Persoon dans son genre Oruntium. *V.* ANTIRRHINUM. (B.)

ASAROIDES. *Asaroideæ.* BOT. PHAN. Nom donné par quelques auteurs, par Ventenat entre autres (Tab. du Règne Végét. t. 2. p. 226), à la famille des Aristoloches. *V.* ce mot. (B.)

ASBECHA. MAM. Syn. de Cheval chez les Persans. (A. D..NS.)

ASBESTE. MIN. Espèce de la classe des substances terreuses que l'on ne peut caractériser dans l'état actuel de la science que d'après son tissu filamenteux, joint à la propriété d'être réductible par la trituration en poussière fibreuse ou pâteuse. On ignore même encore si l'Asbeste constitue par lui-même une espèce distinguée de toutes les autres, ou si ce ne serait pas une variété filamenteuse de quelque autre espèce déja classée dans la méthode. Sa pesanteur spécifique est de 2,5 à 0,68. il est fusible en verre noirâtre; il s'imbibe d'une manière plus ou moins sensible, lorsqu'on le plonge dans l'eau.

Les variétés d'Asbeste sont les suivantes :

ASBESTE FLEXIBLE, *Amiant.* Wern. C'était aussi l'Amiante des anciens minéralogistes. Il est filamenteux, en filamens plus ou moins souples, semblables à la plus belle soie ; ou cotonneux, en filamens déliés comme ceux du coton ; ou membraneux, composé de fibres que l'on détache et que l'on sépare comme celles du linge. — Chenevix a trouvé dans l'Asbeste flexible, Silice 59, Magnésie 25, Chaux 9, Alumine 3, Fer 1 à 3.

ASBESTE DUR, *Gemeiner Asbest*, W. En filamens roides et cassans, droits ou contournés, radiés ou conjoints. Dans cette variété l'Asbeste prend de la dureté, et quelquefois un aspect tout-à-fait compacte.

ASBESTE TRESSÉ, *Bergkork*, W. Composé de fibres tellement entrelacées les unes dans les autres qu'elles forment un tissu continu ; il est mou, à peu près comme le liége ; ou ligniforme, *Bergholz*, W., présentant l'aspect d'un bois desséché, ou coriacé, vulgairement *Cuir fossile*.

Les couleurs que l'Asbeste affecte le plus ordinairement sont le blanc, le verdâtre et le brunâtre. Il tapisse les fissures de différentes roches, dans lesquelles il est venu se loger comme après coup. Il est mêlé avec les cristaux qui s'y sont formés en même temps que lui. Il adhère à la surface des roches, qu'il revêt de ses filamens. Celles dans lesquelles on le trouve le plus communément sont le Talc stéatite et la Serpentine. Le plus bel Amiante que l'on connaisse est celui des montagnes de la Tarentaise en Savoie. L'Asbeste a été décrit par les anciens. Ils le regardaient comme une espèce de Lin incombustible, produit par une Plante des Indes; ils le filaient, et en faisaient des nappes, des serviettes, etc., que l'on jetait au feu, quand elles étaient sales, et qui en sortaient plus blanches que si on les eût lavées. Une dame italienne semble avoir retrouvé de nos jours le secret des anciens. Elle est parvenue à filer l'Amiante sans le mêler au chanvre, et elle en a fait des toiles plus fines que celles qu'on avait obtenues jusqu'alors. On a tenté aussi, mais avec plus de succès, d'imiter avec l'Asbeste le papier à écrire. (G. DEL.)

ASBESTINITE. MIN. (Kirwan.) Variété amorphe de l'Actinote rayonnante commune. *V.* AMPHIBOLE. (G. DEL.)

ASBESTOIDE. MIN. Même chose qu'Amianthoïde. *V.* ce mot. (G. DEL.)

ASCAGNE OU BLANC NEZ. MAM. Espèce de Singe, *Simia Petaurista*, qui appartient maintenant au genre Guenon. *V.* ce mot. (B.)

* ASCAGNE. INS. Espèce de Papillon. (B.)

* ASCALABOTE OU ASKALABOS. REPT. SAUR. Nom de pays de Lézards américains, qui paraissent être des Agames ou des Cordyles. Selon quelques-uns, ce serait le Lophyre à Casque de Duméril. *V.* AGAME et CORDYLE. (B.)

ASCALAPHE. *Ascalaphus.* INS. Genre de l'ordre des Névroptères, de la famille des Planipennes et de la section des Fourmilions, établi par Fabricius, et ayant pour caractères, suivant Latreille : antennes longues, et terminées brusquement en bouton, avec l'abdomen ovale-oblong, et guère plus long que le thorax. Ces Insectes ressemblent beaucoup aux Myrméléons, et en diffèrent cependant par leurs antennes longues, droites, terminées brusquement par un bouton; par leurs palpes labiaux à peine plus longs que les maxillaires, filiformes et extérieurs, ayant le dernier article cylindrique; ils s'en distinguent encore par une tête plus grosse, supportant des yeux à facettes, que divise en deux parties un sillon étroit; par un corps plus velu, des ailes plus courtes et un abdomen ovale oblong de la longueur du thorax et de la tête réunis. Pendant que Schœffer, en 1763, distinguait les Ascalaphes des Hémérobes et des Myrméléons, de Linné, Scopoli (*Entomol. Carniolica*, p. 168) en rangeait une espèce avec les Papillons, sous le nom de *Macaronius*. Les Ascalaphes ont en effet au premier aspect quelque ressemblance avec les Insectes de cet ordre, mais ils s'en éloignent par un grand nombre de caractères très-importans. Leur vol est rapide et léger; ils habitent les pays méridionaux et s'y rencontrent dans des lieux secs et sablonneux. On n'a du reste aucune observation très-exacte sur leurs mœurs. L'Insecte parfait se pose souvent sur la sommité des Plantes graminées, et s'accouple, dit-on, à la manière des Libellules, l'abdomen du mâle étant pourvu de pinces à son extrémité. La Nymphe et la Larve ne sont point connues, à moins qu'on ne considère comme cette dernière, celle dont parle Réaumur, et qui a été observée par Bonnet, dans les environs de Genève. Quoi qu'il en soit, les espèces d'Ascalaphes ne sont pas jusqu'à présent très-nombreuses. La plupart proviennent d'Afrique et d'Amérique. Celles qui se rencontrent en France, sont :

L'ASCALAPHE ITALIQUE, *Ascalaphus italicus* de Fabricius, qu'il ne faut pas confondre, suivant Latreille, avec *l'Asc. barbarus* du même auteur. On le trouve dans le midi de l'Europe.

L'ASCALAPHE C. noir. *Asc. C. nigrum* de Latreille (*gener. Crust. et Insect.* T. 3, p. 194), ou le *Myrmeleon longicornis*, L. Il se trouve aux environs de Montpellier, à Bordeaux, même à Orléans, et dans la forêt de Fontainebleau. (AUD.)

ASCALAPHOS. OIS. Oiseau mentionné par les Grecs, mais qui est aujourd'hui entièrement inconnu. La ressemblance de ce nom, avec celui d'Ascalaphe qui fut métamorphosé en Hibou pour avoir dénoncé un larcin de Proserpine, pourrait faire soupçonner qu'Ascalaphos désignait un Oiseau de nuit. (B.)

ASCALERON. BOT. PHAN. (Athénée.) Même chose qu'Ascalia. (B.)

* ASCALIA. BOT. PHAN. (Pline.) Partie du calice mangeable dans l'Artichaut. (B.)

ASCALOPAS ou ASCALOPAX. ois. Espèce d'Oiseau que les anciens nous ont dit avoir le bec long et la grosseur d'une Poule, mais qui ne peut être reconnu sur de telles indications. (B.)

* ASCARICIDE. *Ascaricidia*. BOT. H. Cassini a fait sous ce nom un Genre nouveau du *Conyza anthelminthica*, L., qui est un *Vernonia* de Willdenow. Semblable au Vernonia par l'aigrette double qui couronne son fruit, il en diffère par son port et par les folioles de son involucre, qui sont longues, lâches et toutes égales entre elles. C'est une Herbe de la famille des Corymbifères, à feuilles alternes et à fleurs purpurines, originaire des Indes orientales, où on l'emploie en médecine, principalement comme anthelminthique. (A. D. J.)

ASCARIDE. *Ascaris*. INTEST. Genre de l'ordre des Nématoïdes de Rudolphi, ou de celui des Cavitaires de Cuvier, ayant pour caractères le corps cylindrique atténué aux deux extrémités, la bouche environnée ou précédée de trois tubercules; un anus en forme de fente, vers l'extrémité de la queue; un seul sexe sur chaque individu; l'organe mâle double sortant par la même fente que l'anus; l'orifice de l'organe femelle se trouve au tiers antérieur du corps. Ce genre est très-nombreux, très-naturel, et les Animaux qui le composent se distinguent facilement de tous les autres; mais il n'est pas rare de confondre les espèces entre elles, tant elles diffèrent peu; beaucoup sont encore douteuses ou peu connues. Zeder a voulu changer le nom de ce genre, et le remplacer par celui de *Fusaria* qui n'a point été adopté; parce que les Strongles, les Cucullans, etc., ont le corps fusiforme comme les Ascarides, et mériteraient la même dénomination.

L'on observe à la partie antérieure de presque tous les Ascarides, trois petits corps arrondis, presque réguliers et égaux entre eux, un supérieur et deux inférieurs; ils sont susceptibles de s'écarter et de se rapprocher; ils sont distincts dans quelques espèces et se confondent avec le corps dans les autres; ce sont des papilles charnues pour Cuvier, des valvules pour Lamarck et Rudolphi, des nodules pour Blainville, et des tubercules pour la majeure partie des helminthologistes. Leur grandeur varie suivant les espèces et l'âge des individus. La bouche, en forme de petit tube, est située au centre des trois tubercules, et ne peut s'apercevoir que par leur écartement. Le corps des Ascarides, élastique, cylindrique, se terminant graduellement en deux pointes plus ou moins aiguës, est marqué de stries circulaires ou d'anneaux et de deux sillons, ou de deux membranes latérales et longitudinales. Quelquefois, la surface du corps est parfaitement lisse, ou plissée, ou hérissée de piquans. L'enveloppe externe, ou la peau, est une membrane d'une transparence presque parfaite, élastique, forte, épaisse, sans organisation distincte: au dessous, s'observent des fibres transversales et régulières, recouvrant une couche plus épaisse de fibres longitudinales, d'où partent intérieurement des fibrilles, plus ou moins nombreuses, qui n'affectent aucune direction particulière, et dont la plupart sont libres et flottantes: plusieurs s'attachent aux organes contenus dans la cavité du corps, et servent à les maintenir en place. Ces fibrilles sont en plus grande quantité vers les deux extrémités que dans la partie moyenne de l'Animal. A la surface interne des enveloppes, vis-à-vis des sillons ou des lignes blanches que l'on aperçoit à l'extérieur, l'on trouve quatre cordons qui s'étendent de la tête à la queue; deux sont attachés aux extrémités du diamètre transversal, et les deux autres à celles du diamètre vertical. Les premiers seraient-ils des vaisseaux pour une sorte de circulation, et les seconds des nerfs pour l'irritabilité? Le tube intestinal n'est pas tout-à-fait semblable dans les grandes et dans les petites espèces.

Dans les premières, l'œsophage est très-court, à parois plus épaisses que le reste du canal. Il est d'abord fort petit, il augmente peu à peu de volume, et se rétrécit ensuite subitement. Le canal intestinal, à parois plus minces, à capacité plus grande, commence immédiatement après l'œsophage; il se prolonge jusque vers la queue, avec quelques légères flexuosités, et sans augmenter de volume; là, il devient plus ample, et ne se rétrécit qu'à l'anus. Il est formé de deux membranes que l'on peut séparer; l'extérieure est mince, lisse et transparente, l'intérieure est épaisse, ridée et diversement colorée. Dans les petites espèces, l'œsophage est proportionnellement plus long que dans les grandes, et s'offre sous la forme d'un pilon, auquel succèdent une ou deux dilatations globuleuses que l'on appelle souvent premier et second estomac. Le reste du tube intestinal est plus étroit et présente quelques légères sinuosités; en général, sa forme varie suivant les espèces. Les sexes sont distincts et sur des individus différens; les femelles sont beaucoup plus nombreuses et plus grandes que les mâles.

L'organe mâle se compose d'une verge double, susceptible de sortir et de rentrer dans le corps de l'Animal; celui de la femelle présente une ouverture extérieure, un canal qui s'étend de la vulve à l'utérus, un utérus très-court qui se termine par deux canaux très-longs, formés de deux membranes bien distinctes, et remplis d'une prodigieuse quantité d'œufs, d'une forme ovale, à surface rugueuse, et tachés d'un point obscur au milieu. Une ou deux espèces paraissent vivipares.

On n'a point observé d'Ascarides accouplés; ce que dit Goëze à cet égard est trop extraordinaire et surtout trop peu vraisemblable pour être regardé comme certain. Il est probable que l'accouplement a lieu de la même manière que dans les Strongles du Cheval et du Lièvre, et dans le Physaloptère du Singe Marinkina.

Les Ascarides paraissent acquérir leur croissance totale en peu de temps; les uns ont à peine une demi-ligne de longueur, tandis que d'autres parviennent quelquefois à un pied et demi. Ces Vers sont très-communs dans la nature; quelques Animaux en nourrissent plusieurs espèces, les uns sont en grand nombre, les autres sont presque solitaires ou très-rares, et ne s'observent que dans certaines saisons. La plus grande partie de ces Animaux se trouvent dans le canal digestif, quelques-uns sous le péritoine, d'autres dans l'intérieur des poumons ou des branchies, ainsi que dans des tubercules et dans des hydatides.

Il y a plus de cent cinquante espèces d'Ascarides connus; les deux tiers sont certaines, les autres encore douteuses; il en reste sans doute beaucoup à découvrir, peut-être plus qu'il n'y en a de mentionnées dans les auteurs; ceux-ci ont décrit quelquefois la même espèce sous plusieurs noms, à cause des caractères que ces Animaux présentent aux différentes époques de leur vie.

Pour simplifier l'étude des Ascarides, Rudolphi en a fait trois grandes divisions qu'il sous-divise en deux sections, suivant que ces Vers ont la tête nue ou ailée. Dans la première division, le corps est atténué aux deux extrémités; dans la deuxième, la partie antérieure du corps est plus grosse; dans la troisième, cette partie est plus mince. Les espèces principales sont:

L'ASCARIDE LOMBRICOÏDE, *Ascaris lumbricoides*, L. Encyclopédie vers., tab. 30. fig. 1. 2. 3. (Cette figure appartient à l'Asc. lombric. du Cheval). Corps cylindrique, presqu'également aminci aux deux extrémités; tête petite et distincte; tubercules arrondis et convergens; surface du corps couverte de stries circulaires très-nombreuses. Deux sillons latéraux et profonds règnent de la tête à la queue. Ce Ver parvient quelquefois à une longueur de plus de quinze pouces; ordinairement il est plus petit. Sa couleur est d'un blanc sale ou rosâtre, et dépend en général des matières qui remplissent son intestin. Il habite les intestins grêles de l'Homme, du Bœuf, du Cochon, du Cheval et de l'Ane. Il se multiplie quelquefois à l'excès et cause alors des maladies mortelles chez les enfans.

Ascaride a moustaches, *Ascaris mystax*, Rudolphi. Encyc. vers. tab. 31, fig. 7. 12. Corps long d'un à quatre pouces, grêle, blanc, atténué aux deux extrémités : tête garnie de chaque côté de deux membranes demi-ovales, se prolongeant sur les deux côtés du corps, et s'élargissant de nouveau vers la queue, principalement dans les mâles. Il habite les intestins grêles des Chats sauvages et domestiques, ainsi que ceux du Lynx.

Ascaride tacheté, *Ascaris maculosa*, Rud. Encycl. vers. tab. 30. fig. 10. L'on remarque, sous la peau de cet Ascaride, des corpuscules orbiculaires, transparens, beaucoup plus grands que des œufs; ils le font paraître comme tacheté. La tête est distincte et présente sur ses parties latérales deux membranes semi-elliptiques qui viennent se perdre sur les côtés du corps. La queue, dans les deux sexes, est obtuse, et terminée par une pointe courte et grêle. L'organe mâle est visible à l'extérieur. Il se tient dans les intestins grêles du Pigeon domestique et de la Tourterelle à collier.

Ascaride denté, *Ascaris dentata*, Rud. Corps long de trois à sept lignes, blanc et très-grêle. Tête très-atténuée, sans membrane latérale; tubercules très-petits et oblongs; queue dans les femelles légèrement courbée, celle des mâles étant roulée en spirale et crénelée. On le trouve dans l'estomac et les intestins du Barbeau commun.

Ascaride épineux, *Ascaris echinata*, Rud. Espèce fort singulière, longue à peu près d'une ligne. La tête présente trois tubercules grands et un peu aigus. Le corps est atténué antérieurement et terminé par une queue mucronée, longue, très-grêle, courbée à son extrémité. Toute la surface présente un grand nombre de petits aiguillons dirigés en arrière, situés par rangées transversales. Il vit dans l'intestin du Gecko.

Ascaride holoptère, *Ascaris holoptera*, Rud. Espèce longue de trois à cinq pouces, ayant une tête distincte, à trois tubercules; le corps plus mince en avant qu'en arrière; la queue courbée, terminée par un mamelon court et aigu. La membrane latérale est mince et règne sur toute la longueur du corps. On le trouve dans les intestins de la Tortue grecque.

L'Ascaride vermiculaire, *Ascaris vermicularis*, L. nous paraît, ainsi qu'à Lamarck, Blainville et Bremser, devoir être rapporté au genre Oxyure, *V.* ce mot, quoique Rudolphi dise affirmativement avoir observé les trois tubercules de la tête. Nous n'avons jamais pu les voir sur les individus que nous avons examinés avec la plus grande attention. Ainsi l'Animal qui a donné son nom au genre Ascaris s'en trouverait maintenant exclus.

(LAM..X.)

ASCARINE. *Ascarina*. BOT. PHAN. Forster a décrit sous ce nom un genre de Plantes dicotylédones, apétales, qui paraît assez rapproché des Urticées, mais que l'on n'a pas encore pu classer. Il offre des fleurs dioïques; les mâles en longs chatons grêles. Chaque fleur se compose d'une écaille, sur laquelle est attachée une seule étamine. Dans les fleurs femelles, on trouve un ovaire globuleux, monosperme, surmonté d'un stigmate sessile et trilobé.

Selon Jussieu, on peut rapporter à ce genre un Arbrisseau de la Cochinchine, décrit par Loureiro sous le nom de *Morella rubra*. (A. R.)

* ASCARIS. INS. et INTEST. Nom donné par Aristote à la larve du Cousin, *Culex pipiens*, L., et qu'il appliquait également à des Vers intestinaux auxquels l'usage l'a conservé. *V.* Cousin et Ascaride. (B.)

* ASCAVIAS-VAKE. *V.* Accaviac.

* ASCEBRA. BOT. PHAN. (Mésuë.) Syn. arabe d'*Euphorbia Characias*, L. *V.* EUPHORBE.

* ASCHÉE OU LESCHE DE MER. ANNEL. Nom vulgaire employé pour désigner le *Lumbricus marinus* de Linné, ou l'Arénicole des Pêcheurs de Lamarck, Bosc, Cuvier et Savigny. *V.* ARÉNICOLE. (AUD.)

* ASCHER. POIS. Syn. de *Salmo Thymallus*. *V.* SAUMON. (B.)

* ASCHGRANE - REIGER. OIS. (Frisch.) Syn. d'*Ardea Nycticorax*, L., vulgairement Bihoreau. *V.* HÉRON. (DR..Z.)

ASCHIL. BOT. PHAN. *V.* ALACHIL.

* ASCHILAG. OIS. Espèce d'Oiseau de rivage qui habite, à certaines époques, les rochers de S.-Kilda, mais qu'on ne peut reconnaître par les indications vagues qu'en ont données ceux qui l'ont mentionné. (DR..Z.)

* ASCHION OU ASKION. BOT. CRYPT. Noms antiques de la Truffe. *Tuber cibarium*. *V.* TRUFFE. (AD. B.)

* ASCHIRITE. MIN. Nom donné par les minéralogistes russes au Cuivre dioptase. *V.* ce mot. (LUC.)

ASCIDIE. *Ascidia*, *Ascidium*. MOLL. Nom donné par Baster (*Opusc. subsec.* II, X, 5) à une espèce de Théthyon d'Aristote, et dérivé d'un mot grec qui signifie *outre*, parce que les pêcheurs de quelques pays appellent ces Animaux *Outres de Mer*. Pallas ayant proposé (*Miscell. zool.*, 74) la réunion des Théthyons à l'Ascidium de Baster, Linné l'effectua dans la 12e édition du *Systema Naturæ*, sous le nom générique d'Ascidie, et depuis lors jusque dans ces derniers temps, ce nom d'Ascidie a été reçu, par tous les naturalistes qui plaçaient les Ascidies parmi les Mollusques acéphalés. Malgré que ces Animaux aient été bien décrits par Aristote, et que divers naturalistes modernes aient fait à leur sujet quelques observations exactes, ces Mollusques n'ont été bien connus que depuis les observations de Cuvier et de Savigny. Ces observations, celles de ce dernier savant sur les Ascidies composées, celles de Lesueur et Desmarest sur les Botrylles et les Pyrosomes, en jetant un jour nouveau sur tous ces Animaux, ou en faisant connaître, pour la première fois, l'organisation d'une partie d'entre eux, ont porté Savigny et Lamarck à les réunir tous en classe distincte; le premier, sous le nom d'Ascidies; le second, sous celui de Tuniciers; et cette classe a été divisée par eux en un grand nombre de genres séparés. Cependant Cuvier n'a point adopté cette classe dans le Règne Animal, quoiqu'il en indique la séparation comme pouvant s'effectuer convenablement. Il ne fait, dans cet ouvrage, avec les Ascidies de Savigny ou les Tuniciers de Lamarck, qu'un ordre à part dans les Acéphalés, sous le nom d'Acéphalés sans coquille, dans lequel il conserve le genre Ascidie à peu près tel que Gmelin l'avait circonscrit. Nous avons suivi l'exemple de Savigny, et nous l'imitons aussi, quant à la place qu'il assigne à cette classe, dans l'embranchement des Mollusques. Lamarck a cru devoir la rapprocher des Polypiers; et Lamouroux va même plus loin, en plaçant avec ceux-ci une partie des genres de cette classe. Nous conservons intact le beau travail de Savigny, justement cité comme un modèle d'observation. Il est résulté des travaux de ce naturaliste que le nom d'Ascidie n'appartient plus à un genre, mais à une classe, celle des Ascidies, *Ascidiæ* (*V.* pour tout ce qui la concerne, le mot TUNICIERS); il la divise en deux ordres, les Ascidies Théthydes, *V.* THÉTHYDES, et les Ascidies Thalides, *V.* THALIDES. (F.)

* ASCIDIENS OU TUNICIERS LIBRES. MOLL. Deuxième ordre de la classe des Tuniciers de Lamarck, qui comprend les Théthies simples et les Thalides de Savigny. *V.* TUNICIERS, THÉTHIES et THALIDES. (F.)

* ASCIDIUM OU ASCUS. BOT. CRYPT. Ce nom a été employé par Nées d'Esenbeck, pour désigner les capsules des Champignons hyménothèques ou

vrais Champignons, tels que les Agarics, les Pezizes, etc. Link leur avait donné le nom de *Theca*. Nées a encore employé ce nom dans quelques autres genres, tels que les Sphéries, les Hystéries, pour désigner les capsules que renferme l'involucre coriace de ces Plantes, et qui elles-mêmes renferment un nombre plus ou moins considérable de sporules. *V*. THECA, SPORULE, CHAMPIGNONS.

Le nom d'ASCIDIUM a été aussi donné par Tode au genre qu'il a décrit depuis sous le nom d'Ascophore. *V*. ce mot. (AD. B.)

ASCIE. *Ascia*. INS. Nom donné par Scopoli à certaines espèces de Lépidoptères du genre Polyommate de Latreille, lesquelles n'ont ni queue, ni taches aux ailes postérieures. *V*. POLYOMMATE. (AUD.)

ASCITE. *Ascita*. POIS. Espèce de Silure de Linné, qui rentre dans le genre Pimelode. *V*. ce mot. (B.)

ASCLÉPIADE. *Asclépias*. Ce genre forme en quelque sorte le type de la famille des Asclépiadées; aussi croyons-nous nécessaire d'exposer avec quelques détails la structure singulière de ses différentes parties, d'autant plus que cette organisation compliquée n'a point encore été décrite d'une manière détaillée.

Les fleurs dans le genre Asclépiade présentent un calice monosépale à cinq divisions profondes, rabattues lorsque la fleur est entièrement ouverte ; une corolle monopétale, rotacée, à cinq lobes également réfléchis. En dedans de la corolle, on trouve cinq appendices dressés qui naissent de la partie externe du tube anthérifère ; ces appendices qui alternent avec les divisions de la corolle, sont concaves ; leur bord externe est plus élevé que l'interne qui est fendu et présente une espèce de corne comprimée et falciforme. En dedans et au-dessus de ces appendices, les cinq anthères sont attachées au tube dont nous venons de parler, et qui est formé par la soudure des filets staminaux. Elles sont opposées aux appendices, contiguës les unes aux autres, et seulement séparées par un sillon longitudinal ; elles offrent deux loges et se prolongent à leur sommet en une membrane mince allongée, qui recouvre le stigmate. Au-dessus des anthères, le tube staminifère forme un corps charnu, épais, déprimé, pentagone, uni intimement et confondu avec le sommet des deux ovaires et constituant les stigmates. A chacun des angles de ce corps charnu et à la partie supérieure de chaque sillon qui sépare les anthères, on aperçoit une petite masse globuleuse formée de deux petits corpuscules glanduleux intimement agglutinés. De chacun de ces petits corpuscules, il part un prolongement étroit qui va plonger dans une des loges de chaque anthère : le pollen contenu dans ces loges des anthères est en masses solides, de la même forme que la cavité dans laquelle elles sont contenues. Chaque masse pollinique se continue à son sommet avec un des prolongemens des corpuscules glanduleux, dont chacun donne ainsi attache à deux masses polliniques appartenant à deux anthères différentes. Les anthères s'ouvrent seulement par leur partie supérieure qui devient béante, et les masses polliniques restent en place dans chaque loge qui les contient. Les corpuscules glanduleux, auxquels sont attachées les masses polliniques, sont entièrement analogues aux *rétinacles* des Orchidées, et établissent, par leur pollen en masses solides, une grande analogie entre les Plantes de cette famille et les Asclépiadées. Au centre de la fleur et au dedans du tube staminifère, on trouve deux ovaires allongés, contigus par leur face interne, amincis en une sorte de prolongement styliforme à leur partie supérieure qui se confond avec le corps charnu stigmatifère. Chacun de ces ovaires est à une seule loge, qui contient un grand nombre d'ovules attachés à un trophosperme longitudinal qui règne sur la paroi interne.

Le fruit est un follicule double, quelquefois simple par l'avortement d'un des ovaires. Les graines sont un peu comprimées, portant une aigrette soyeuse et sessile qui naît de leur base.

Les espèces de ce genre sont assez nombreuses. Ce sont des Plantes herbacées ou sous-frutescentes; à feuilles entières et opposées, à fleurs disposées en ombelles simples. Presque toutes sont lactescentes. R. Brown a retiré du genre *Asclepias* de Linné plusieurs espèces qui sont devenues les types de genres nouveaux ou que cet illustre botaniste a placées dans d'autres genres. Tels sont le Dompte-venin *Asclepias Vincetoxicum*, L.; l'*Asclepias nigra*, L.; *Ascl. sibirica*, *Ascl. daourica*. L., qu'il a réunis au genre *Cynanchum*; l'*Asclepias aphylla* de Thunberg, l'*Ascl. stipitacea* de Forskal, l'*Ascl. viminalis* de Linné, qui appartiennent à son nouveau genre *Sarcostemma*, etc., etc.

Parmi les espèces du genre Asclépiade, nous citerons les suivantes comme plus intéressantes :

L'Asclépiade de Syrie, *Asclepias syriaca*, L. Vulgairement désigné sous le nom d'*Herbe à la ouate*, à cause des longs filamens soyeux que portent ses graines. Cette espèce est extrêmement traçante; sa racine est vivace, et sa tige herbacée, haute de trois à quatre pieds, pubescente, renfermant un suc blanchâtre très-caustique. Ses feuilles sont opposées, ovales, pubescentes; ses fleurs sont rougeâtres, penchées, en ombelles simples. Elle est originaire d'Orient; on la cultive en pleine terre à Paris.

L'Asclépiade de Curaçao, *Asclepias curassavica*, L. Ses tiges sont simples, hautes d'environ deux pieds, portant des feuilles lancéolées, aiguës, glabres; ses fleurs, d'un rouge aurore, sont en ombelles simples.

L'Asclépiade tubéreuse, *Asclepias tuberosa*, Michx, est originaire de l'Amérique septentrionale; sa racine est tubéreuse et charnue; ses feuilles sont lancéolées et velues; ses fleurs, d'une couleur rougeâtre safranée, sont également en ombelles simples.

L'Asclépiade incarnate, *Asclepias incarnata*, Michx, également originaire de l'Amérique septentrionale, se distingue par ses tiges hautes de cinq à six pieds, par ses feuilles lancéolées, velues sur leurs deux faces; par ses fleurs odorantes d'un rouge pourpre, constituant de petites ombelles simples.

Ces quatre espèces et plusieurs autres sont cultivées en pleine terre dans les jardins de Paris. (A. R.)

ASCLÉPIADÉES. *Asclepiadeæ*. BOT. PHAN. En parlant de la famille des Apocynées, nous avons dit que l'on pouvait ranger les genres nombreux qu'elle renferme, en deux sections, savoir : les Apocynées vraies et les Asclépiadées; voici les caractères qui distinguent ce dernier groupe : le calice et la corolle sont réguliers, à cinq divisions plus ou moins profondes; les étamines au nombre de cinq ont leurs filets soudés en tube et monadelphes; leurs anthères sont biloculaires et renferment dans chaque loge une masse de pollen solide, attachée par sa partie supérieure à un petit corps glanduleux inséré sur le contour du corps stigmatifère; au-dessous des anthères on trouve cinq appendices ordinairement concaves, dont la forme varie singulièrement dans les différens genres, et qui sont une dépendance des étamines.

Les ovaires sont au nombre de deux, soudés par leur base : le fruit est un follicule simple ou double, contenant un grand nombre de graines attachées à un trophosperme uni d'abord à la suture, mais qui devient libre quand le fruit s'ouvre. Ces graines sont imbriquées, pendantes, insérées latéralement et portant souvent une aigrette soyeuse qui naît de leur base. L'embryon est droit, renfermé dans un endosperme blanc et un peu corné.

Les Asclépiadées sont des Arbustes ou des Herbes volubiles et lactescentes, portant des feuilles opposées ou verticillées, munies de stipules. Leurs fleurs forment des bouquets ou ombelles simples. Voyez, pour de plus grands détails sur la structure de la fleur, le mot ASCLÉPIADE.

Voici les genres nombreux qui appartiennent à ce groupe:

Ceropegia, L. — *Huernia*, Brown. (*Wernern. Trans.*) — *Piaranthus*, Brown. *l. c.* — *Stapelia*, L. — *Caralluma*, Brown. *l. c.* — *Microstemma*, Brown. *l. c.* — *Hoya*, Brown. *l. c.* — *Tylophora*, Brown. *l. c.* — *Marsdenia*, Brown. *l. c.* — *Pergularia*. L. — *Dischidia*, Brown. *l. c.* — *Gymnema*, Brown. *l. c.* — *Leptadenia*, Brown. *l. c.* — *Sarcolobus*, Brown. *l. c.* — *Gonolobus*, Richard. — *Matelea*, Aublet. (*Guyan.*) — *Asclepias*, L. — *Gomphocarpus*, Brown. *l. c.* — *Xysmalobium*, Brown. *l. c.* — *Calotrophis*, Brown. *l. c.* — *Kanahia*, Brown. *l. c.* — *Oxystemma*, Brown. *l. c.* — *Oxypetalum*, Brown. *l. c.* — *Lachnostoma*. Kunth. (*in Humb. nov. Gen.*) — *Macroscepis*, Kunth. *l. c.* — *Diplolepis*, Brown. *l. c.* — *Holostemma*, Brown. *l. c.* — *Cynanchum*, L. — *Metaplexis*, Brown. *l. c.* — *Ditassa*, Brown. *l. c.* — *Dœmia*, Brown. *l. c.* — *Sarcostemma*, Brown. *l. c.* — *Philibertia*, Kunth. *l. c.* — *Eustegia*, Brown. *l. c.* — *Metastelma*, Brown. *l. c.* — *Microloma*, Brown. *l. c.* — *Astephanus*, Brown. *l. c.* — *Secamone*, Brown. *l. c.* — *Hemidesmus*, Brown. *l. c.* — *Periploca*. L. — *Gymnanthera*, Brown. *l. c.*

La plupart de ces genres nouveaux établis par le savant botaniste anglais, sont des démembremens des genres anciens. Voyez chacun de ces mots pour en avoir les caractères. (A. R.)

ASCOBOLE. *Ascobolus*. BOT. CRYPT. (*Champignons.*) Genre séparé par Persoon des Pezizes, et ayant pour type la *Peziza stercoraria* (Bull. Champ., p. 256, pl. 376. fig. 1). Il diffère des Pezizes par ses capsules distinctes et saillantes hors de la surface supérieure du réceptacle. Persoon caractérise ainsi ce genre : réceptacle hémisphérique ou en forme de cupule charnue, présentant à sa surface supérieure des capsules (*thecœ*) proéminantes, distinctes les unes des autres, qui se rompent et renferment en général huit sporules mêlées à un fluide visqueux.

Il en indique quatre espèces qui toutes croissent sur le fumier ou sur les bouses de Vaches. Ce genre a tout-à-fait l'aspect des Pezizes dont il diffère très-peu. (AD. B.)

* ASCOLIMBROS OU ASKOLOMBROS. BOT. PHAN. (Belon.) Syn. de Scolymus dans l'île de Crète. (B.)

ASCOPHORE. *Ascophora*. BOT. CRYPT. (*Mucédinées.*) Ce genre d'abord décrit par Tode dans les Mémoires des curieux de la Nature de Berlin (vol. 3. p. 247), sous le nom d'*Ascidium*, fut ensuite nommé par le même auteur *Ascophora* (*Fungi Mecklenburgenses selecti*, fasc. 1, p. 13), parce que le nom d'Ascidia avait déjà été donné à un genre d'Animaux.

Sous ce nom Tode avait confondu trois genres différens, et les auteurs modernes varient encore sur celui auquel on doit conserver le nom d'Ascophora. Les *Ascophora limbiflora* et *disciflora* paraissent être des espèces de Puccinies, l'*Ascophora Mucedo* doit selon Link et Nées d'Esenbeck former le type du genre Ascophora, tandis que Persoon réunit cette espèce au genre *Mucor*, et réserve le nom d'Ascophora à l'*Ascophora ovalis* de Tode; les trois autres espèces décrites par Tode sous les noms d'*Ascophora fragilis*, *Stilbum* et *cylindrica*, sont encore peu connues.

De ces deux opinions nous croyons devoir adopter plutôt celle de Persoon, 1° parce que l'*Ascophora ovalis* est l'espèce décrite la première par Tode; 2° parce qu'elle forme un genre beaucoup mieux caractérisé que l'*Ascophora Mucedo* qui diffère à peine du genre *Mucor*; 3° parce que Persoon est le premier qui ait bien défini ce genre.

On doit ainsi caractériser le genre *Ascophora*: pédicelle filiforme soutenant une sorte de vessie de forme irrégulière couverte de sporules.

Tode dit que cette Plante a d'abord l'aspect d'une goutte d'eau à l'extrémité du pédicelle; qu'ensuite cette vésicule se colore et se couvre d'une poussière blanche comme de l'argent; elle finit par se rompre et se rider, mais elle peut alors se conserver long-temps dans cet état sans se gâter. Ce petit Champignon croît sur les branches et les troncs de saule en automne.

ASCOPHORA de Link. *V.* MUCOR. (AD. B.)

*ASCUS. BOT. CRYPT. *V.* ASCIDIUM.

ASCYRE. *Ascyrum.* BOT. PHAN. Tournefort désignait ainsi une section du genre Millepertuis, contenant les espèces qui offrent cinq styles au lieu de trois, et dont l'espèce la plus répandue est devenue l'*Hypericum Ascyron* de Linné; mais la plupart des auteurs modernes appellent de ce nom le genre *Hypericoides* de Plumier, dont voici les caractères: son calice est formé de quatre sépales disposés en croix, dont deux extérieurs étroits et lancéolés, et deux intérieurs, beaucoup plus larges et obtus: la corolle est tétrapétale: les étamines sont nombreuses et réunies en quatre faisceaux par leur partie inférieure. L'ovaire est surmonté d'un à trois styles. Le fruit est une capsule membraneuse, ayant autant de valves et de loges que de styles.

Ce genre renferme environ cinq espèces qui croissent toutes dans l'Amérique septentrionale. Elles sont herbacées ou sous-frutescentes, leurs feuilles opposées ne sont pas perforées de points glanduleux et transparens, leurs fleurs sont terminales ou axillaires. Choisy, à qui on doit une très-bonne monographie de la famille des Hypéricinées, qu'il vient de publier à Genève, pense qu'il faut retrancher de ce genre les *Ascyrum humifusum* et *Ascyr. involutum* décrits par Labillardière, et qui sont de véritables Millepertuis. (A. R.)

* ASCYRON. BOT. PHAN. (Tournefort.) *V.* ASCYRE; et syn. d'*Hypericum montanum*, L., dans Fuchs. *V.* MILLEPERTUIS. (B.)

ASE OU AZE. MAM. Syn. d'Ane dans les parties méridionales de la France où l'on parle le gascon. (B.)

ASÉBUTCHE. BOT. PHAN. *V.* AZÉBUCHE.

* ASELLE, ASILE, ÆSTRE DE POISSON OU POU DE MER. CRUST. On a désigné vulgairement sous ces dénominations des Crustacés du genre Cymothoé. *V.* ce mot. (AUD.)

ASELLE. *Asellus.* CRUST. Genre de l'ordre des Isopodes et de la section des Ptérygibranches (Règne Animal de Cuvier), fondé par Geoffroy (Hist. des Ins., t. 2, p. 671) aux dépens du genre *Oniscus* de Linné. Les caractères assignés par l'auteur sont: quatorze pates; quatre antennes brisées, dont deux sont plus longues. Latreille les remplace par ceux-ci: quatre antennes très-distinctes, sétacées et composées d'un grand nombre de petits articles; queue formée d'un seul segment avec deux styles bifides; branchies recouvertes par deux écailles extérieures, arrondies et fixées seulement à leur base.

Les Aselles, confondus pendant long-temps avec les Cloportes, s'en rapprochent sous plusieurs rapports; mais en diffèrent cependant par certains caractères dont le plus important est le développement des quatre antennes. Ils ont encore quelque ressemblance avec les Idotées, les Cymothoés et les Sphæromes; mais l'examen des caractères les plus importans suffit pour les faire distinguer de chacun de ces genres.

Les Aselles ont le corps ovale, un peu allongé et déprimé, composé, 1° d'une tête distincte supportant de petits yeux, des organes pour la manducation et quatre antennes, les unes supérieures plus courtes de quatre articles principaux; les autres inférieures, longues et de cinq pièces; 2° de sept anneaux pourvus chacun d'une paire de pates munies d'un crochet; 3° d'une sorte de queue terminale, étendue, arrondie, pourvue de deux appendices bifides, et offrant à la face inférieure six plaques ovales recouvrant les organes de la respiration.

Ce genre comprend plusieurs espèces ; une d'elles commune dans les eaux douces est la seule qui ait été étudiée avec soin.

Leach (*Linn. Trans. societ.*, *t.XI*) en a décrit quelques-unes sous les noms de *Janira* et *Jæra* ; le premier de ces genres se distingue de celui des Aselles par les crochets bifides des tarses, par les antennes intermédiaires plus courtes que le dernier article des extérieures, et par des yeux plus gros et moins distans. Le second genre en diffère par la présence de deux tubercules qui remplacent les filets bifides de l'extrémité du corps des Aselles et par l'absence de renflemens ou de mains aux pates antérieures. Les individus qui composent ces deux genres se rencontrent dans la mer sur les pierres ou sur les fucus. Latreille les réunit aux Aselles. L'espèce caractéristique et que nous pouvons faire connaître est l'Aselle ordinaire, *Asellus vulgaris*, ou l'Aselle d'eau douce de Geoffroi (*loc. cit.* T. 2, pl. 22, fig. 2), qui est le même que l'*Oniscus aquaticus* de Linné, l'*Idotea aquatica* de Fabricius et la Squille d'eau douce de Degéer. Schœffer (*Elem. Ins.*, *tab.* 22), Frisch (Ins. 10, tab. 5), et G.-R. Treviranus (Mélanges d'Anatomie, 1er vol., 1re partie, 6e Mémoire), l'ont figurée. Ce dernier a donné plusieurs observations qui, jointes à celles de Degéer, complètent, à peu de chose près, l'histoire anatomique de cette espèce.

L'Aselle vulgaire se nourrit d'animalcules qui vivent dans l'eau ; il les saisit avec les crochets renflés de la première paire de pates, et au moyen de cette sorte de main les porte à sa bouche; celle-ci est composée suivant Tréviranus, en comptant d'arrière en avant, d'une lèvre inférieure, de trois paires de mâchoires et d'une paire de mandibules placée entre la deuxième et la troisième paire de mâchoires ; mais la position qu'il assigne à ces mandibules doit faire douter que les pièces qu'il regarde comme telles, soient les analogues des parties auxquelles nous appliquons ce nom. Quoi qu'il en soit l'Aselle aurait, selon lui, une paire de mâchoires de plus que les Cloportes, opinion sans doute erronée et qui peut être facilement rectifiée en considérant telle ou telle de ces pièces comme une portion de mâchoire développée outre mesure, et non comme une mâchoire entière et distincte. La cavité buccale communique avec un intestin droit sans renflement considérable et brusque, de la longueur du corps de l'Animal environ, et accompagné dans son court trajet par quatre cordons graisseux placés par paire de chaque côté.—Les organes de la respiration sont situés au-dessous du huitième anneau du corps et en arrière des pates ; ils consistent en trois paires de vésicules (vessies à air de Degéer), ou branchies placées chacune sous une plaque cornée qui est peut-être elle-même une branchie. Les plaques cornées et les branchies s'articulent entre elles et avec le corps par une extrémité très-étroite, et sont par conséquent comme pédiculées, libres dans le reste de leur étendue et susceptibles de se mouvoir avec facilité. L'Animal les agite sans cesse, et tout porte à croire qu'elles servent à la respiration branchiale. Cependant Degéer a observé que les espèces qu'il avait dans l'eau grimpaient de temps en temps sur les parois du vase qui la contenait, comme si elles voulaient respirer l'air, mais elles rentraient presque aussitôt dans le liquide. Quant à l'appareil de circulation, Tréviranus pense que les vaisseaux latéraux que l'on a remarqués au cœur des Aselles, ainsi que les deux canaux minces et antérieurs, sont des veines ; il croit aussi que le sang qui circule dans les extrémités du corps n'est renfermé dans aucun conduit ; ce fait paraît certain pour les pates dans lesquelles il a distingué des courans ascendans et descendans sans la moindre apparence de vaisseaux pour contenir le fluide.—Les organes générateurs consistent dans le sexe mâle en deux verges placées sous la dernière paire de pates et accompagnées de parties accessoires qui, semblables aux pièces copulatrices des Insectes, les protègent et facilitent leur introduction dans les vulves de la femelle; les organes de celle-ci sont deux petites valves situées au-dessous du septième anneau, recouvrant une petite portion des branchies et bouchant l'ouverture de deux conduits qui aboutissent aux ovaires.

Les Aselles s'accouplent et se reproduisent plusieurs fois pendant la durée de leur vie et avant d'avoir atteint leur entier accroissement; à cet effet le mâle, toujours plus gros que la femelle, s'empare de celle-ci et la place sous son ventre de manière à être à cheval sur son dos; il la retient captive dans cette position pendant six ou huit jours, au moyen de sa quatrième paire de pates. Mais ce n'est là qu'un prélude de l'accouplement, et non l'accouplement lui-même; celui-ci ne saurait s'effectuer dans une telle position, et tout porte à croire qu'il arrive un moment où la femelle ou bien le mâle se retourne pour faciliter le contact des organes copulateurs. Or, cette attitude qui constitue l'accouplement proprement dit, n'a été encore observée par personne. Cependant la femelle abandonnée par le mâle se trouve fécondée; les œufs contenus dans une cavité placée entre les écailles centrales et la membrane des intestins, comme dans les Cloportes, mais dépourvus, selon Tréviranus, de cotylédons, augmentent de volume et deviennent angulaires. Les petits en naissent avec la forme et le nombre des parties qu'ils auront toute leur vie. Ils n'acquièrent en effet aucun organe nouveau et changent seulement plusieurs fois de peau. Ces crustacés perdent souvent leurs antennes et les appendices de leur queue, mais ces parties se reproduisent comme dans la plupart des Animaux de la même classe. — L'Aselle vulgaire se trouve en grande abondance dans les mares dès les premiers jours du printemps et pendant toute l'année, il ne nage pas, mais marche au fond de l'eau sur les pierres et sur les plantes aquatiques; il se cache dans la fange pendant la saison froide. Les Poissons en font leur pature. (AUD.)

* ASELLIDES. CRUST. Nom sous lequel Lamarck (Hist. des Animaux sans vertèb., T. V. p. 149 et 157) désigne une famille de Crustacés isopodes, calquée sur un groupe antérieurement établi par Latreille, sous le nom d'Asellotes. *V.* ce mot. (AUD.)

ASELLOTES. *Asellotæ.* CRUST. Famille de l'ordre des Tetracères, établie par Latreille (*Gener. Crust*, et *Insect.* et Considér. génér.) et offrant pour caractère essentiel: les quatre antennes très-apparentes ou point distinctes; elle comprend les genres Aselle, Idotée, Cymothoé, Sphærome et Bopyre. Ces genres appartiennent aujourd'hui (Règne Anim. de Cuv.) aux Crustacés isopodes, et se rangent tous dans la troisième section de cet ordre, celle des Ptérygibranches. *V.* ISOPODES. (AUD.)

* ASELLUS. POIS. (Pline.) Syn. présumé d'Æglefin ou Aigrefin. *V.* GADE.

* ASELOURI. BOT. PHAN. *V.* ASARIFE.

* ASEPHANANTHES. BOT. PHAN. C'est-à-dire *Fleur sans couronne.* Genre proposé par Bory de St.-Vincent (Ann. gén. des sciences physiques. T. II. p. 138.) dans la famille des Passiflorées, et dont les caractères seraient un calice campanulé, obtusément quinquéfide; corolle nulle, point de nectaire. Le *Passiflora bilobata* de Jussieu est le type de ce genre. *V.* PASSIFLORE. (A. D. J.)

ASEROE. BOT. CRYPT. (*Champignons.*) Genre établi par Labillardière (Voyage à la recherche de La Pérouse, vol. I. p. 145. tab. XII. fig. 1. 2. 3) pour un Champignon qu'il a découvert à la terre de Diemen, près la baie d'Entrecasteaux, où il pousse dans les bois au milieu de la mousse. Il présente à sa base un tubercule fongueux, d'où naissent quelques racines, et qui supporte une volva globuleuse, blanchâtre, gélatineuse, marquée en dehors et en dedans de sept stries; du milieu de cette volva sort un pédicule rougeâtre, presque cylindrique, creux dans toute sa longueur et ouvert à son extrémité supérieure. Il se termine en s'évasant en une sorte de chapeau divisé en sept rayons bifurqués à leur extrémité; la partie supérieure du pédicule est d'un beau rouge, et l'extrémité des rayons est jaunâtre; toute la surface de ce Champignon est lisse. Labillardière pense que ce genre doit être placé à côté du *Phallus* dont il présente en effet la volva; mais il diffère de l'ordre qui renferme le Phallus (*Lytothecii* Persoon), en ce que ses graines ne paraissent pas renfermées dans une matière gélatineuse comme celles des *Phallus* et du *Clathrus* : du moins la figure que Labillardière en a donnée dans l'Atlas du Voyage à la recherche de La Pérouse n'indique pas cette structure. (AD. B.)

* ASFE. BOT. PHAN. *V*. ASARIFE.

* ASFOS. BOT. PHAN. Syn. de Ballote chez les Egyptiens, selon Adanson. (B.)

* ASFUR. POIS. (Forskalh.) Nom arabe d'une espèce de Chétodon, rapporté par Lacépède au genre Pomacanthe. *V*. ce mot. (B.)

* ASHILAG. OIS. Même chose qu'Aschilag. *V*. ce mot.

ASHKOKO. MAM. (Bruce.) Même chose que Daman. *V*. ce mot. (B.)

ASIDE. *Asida*. INS. Genre de l'ordre des Coléoptères, section des Hétéromères, et de la famille des Mélasomes (Règne Animal de Cuvier), fondé par Latreille qui lui assigne pour caractères : étuis soudés; palpes maxillaires, terminés par un article sensiblement plus grand, triangulaire; menton large, recouvrant la base des mâchoires; les deux derniers articles des antennes réunis en un bouton, le terminal plus petit.

Les Asides ou les Machles d'Herbst ont plusieurs points de ressemblance avec les Opatres, les Blaps, les Pédines, etc. Leur corps est plus ou moins ovale; les côtés de leur prothorax sont arqués, rebordés, rétrécis en avant; ils habitent les lieux secs, chauds et sablonneux. L'espèce qui sert de type au genre est l'Aside gris, *As. grisea*, ou l'*Opatrum griseum*, et le *Platynotus variolosus* de Fabricius, figuré par Olivier (Col. T. III. n° 56. pl. 1. fig. 1). Il se trouve dans le midi de la France et aux environs de Paris.

On peut rapporter aussi à ce genre les Opatres *sericeum*, *rugosum* et *villosum* d'Olivier; les Machles *carinata? villosa*, *nodulosa* d'Herbst; les Platynotes *morbillosus*, *serratus*, *lævigatus*, *undatus*, *rugosus* de Fabricius. Le général Dejean possède quatorze espèces de ce genre, tant indigènes qu'exotiques (Catalogue des Coléoptères). (AUD.)

* ASIGRUM. BOT. PHAN. (C. Bauhin.) Syn. d'*Hypericum montanum*, L. *V*. MILLEPERTUIS. (B.)

ASILE. OIS. (Aristote.) Nom sous lequel plusieurs ornithologistes, d'après Aristote, ont décrit le Pouillot. *Motacilla Trochilus*, L. *V*. BEC-FIN. (DR..Z.)

ASILE. *Asilus*. INS. Grand genre de l'ordre des Diptères, établi par Linné, et répondant à la famille des Asiliques (*V*. ce mot). Le genre des Asiles propres, c'est-à-dire considérablement restreint, est rangé par Latreille (*Genera Crust. et Ins.*) dans la famille qui lui a emprunté son nom, et appartient ailleurs (Règne Anim. de Cuv.) à celle des Tanystomes. Ses caractères sont : Antennes de la longueur de la tête, séparées jusqu'à leur base, dont le premier article est plus long que le second, et le troisième ou dernier en cône allongé, avec un stylet en forme de soie au bout. Meigen (Description syst. des Dipt. d'Europe) caractérise ainsi ce genre : antennes avancées, rapprochées à leur base, dirigées en dehors, à trois articles, le premier cylindrique, le second en cône renversé, le troisième sans anneaux, subulé, comprimé, avec un stylet terminal sétiforme; trompe dirigée en avant, droite, horizontale et courte; les jambes plates, droites et épineuses; pieds avec deux éperons. Par ce dernier caractère, les Asiles s'éloignent des Leptogastres. On les a aussi distingués des Laphries, lesquels ont le troisième article des antennes presque ovale, sans stylet saillant, et des Dasypogons qui offrent ce même article presque cylindrique, avec un petit stylet en forme d'article: du reste leur corps est allongé; leur tête, convexe antérieurement, plane et même concave postérieurement, supporte trois yeux lisses; les ailes sont placées horizontalement et dépourvues de cuillerons; il existe des balanciers minces, terminés brusquement par un bouton, et des pates allongées, assez fortes, épineuses, munies de deux crochets forts et de deux grosses pelottes; l'abdomen est allongé, et se termine en pointe dans les femelles.

L'organisation interne des Asiles est connue par quelques observations de Degéer (Mém. sur les Ins. T. VI) et de Marcel de Serres (Mém. sur le vaisseau dorsal dans les Ann. du Mus. d'Hist. nat. T. IV, p. 361). Nous renvoyons à ces principales sources. Frisch dès l'année 1730, et plus tard le même Degéer ont aussi observé les métamorphoses de plusieurs espèces. A l'état de larve, ces Insectes se présentent sous forme d'un Ver, apode, à corps allongé, divisé en douze anneaux; la tête est écailleuse, munie de deux crochets mobiles, au moyen desquels elle opère sa progression en se cramponnant; on aperçoit aussi de chaque côté les stigmates au nombre de quatre. Ces larves vivent dans la terre, et s'y transforment en nymphes sans s'être construit de coque et après avoir changé entièrement de peau.

Les Asiles sont des Insectes carnassiers qui se nourrissent de plusieurs Diptères, et font même la chasse aux Hyménoptères et aux Coléoptères; leur vol est rapide et accompagné d'un bourdonnement assez fort. On les rencontre, vers la fin de l'été et en automne, dans les bois, dans les lieux secs, et aussi dans des plaines humides. Plusieurs espèces se trouvent en France; une des plus communes, et qui sert de type au genre, porte le nom d'Asile-Frelon, *Asilus crabroniformis*, L. C'est l'Asile brun à ventre de deux couleurs de Geoffroy (Ins. T. 2. pag. 468. pl. 17. fig. 3. k). Elle a été figurée par Frisch (Ins. T. 3. pl. 3. tab. 8); par Schæffer (*Icon. tab. 8. fig. 15*), et par Schellenberg (*Genr. de Mouch.* tab. 29. fig. 1). La ressemblance qu'elle offre au premier aspect avec le Frélon, lui a valu son nom. — Meigen (*loc. cit.*) en décrit cinquante-six espèces, dont plusieurs nouvelles. Nous citerons parmi elles pour éclaircir la synonymie: l'*A. forcipatus* de Linné, qui est la même que l'*A. cinereus* de Degéer (Ins. T. VI. 98. 8. tab. 14. fig. 5—9); l'*A. œstivus*, Schr., ou l'*A. niger* de Degéer (*loc. cit.* 99. 9. tab. 14. fig. 12); l'*A. germanicus* de Linné, et de Fabricius, qui (Ent. Syst. T. IV. 383. 31) donne ce nom à l'individu mâle, et fait une espèce nouvelle de la femelle, sous le nom d'*A. tibialis*; ailleurs (*Syst. antl.*) il rapporte cette espèce au genre Dasypogon. Elle a été figurée par Schæffer (*loc. cit.* t. 48. fig. 9 et 10). (AUD.)

ASILIQUES. *Asilici*. INS. Famille de l'ordre des Diptères, section des Proboscidés, établie par Latreille (*Genera Crust. et Insect.*, et Considér. génér.), qui lui assigne pour caractères: antennes presque cylindriques, de trois articles, dont le dernier sans anneau, avec un stylet ou une soie au bout dans la plupart; trompe écailleuse, presque conique, avancée en forme de bec, sans lèvres saillantes, renfermant un suçoir de quatre soies; palpes extérieurs et relevés; corps allongé; balanciers nus; ailes couchées sur le corps; tête transverse. Cette famille répond au grand genre Asile de Linné, qui a depuis été subdivisé en plusieurs genres; les plus remarquables sont les suivans: LAPHRIE, ASILE proprement dit, DA-

SYPOGON, dont les tarses sont terminés par deux crochets et deux pelottes, et les antennes, guère plus longues que la tête, sans pédicule commun; DIOCTRIE qui ont les antennes beaucoup plus longues que la tête et supportées par un pédicule commun; GONYPE dans lesquels les tarses n'ont pas de pelottes et sont terminés par trois crochets. *V.* ces mots et en particulier le genre Asile, dans lequel nous avons donné, sur les mœurs et les métamorphoses, des indications communes, à peu de chose près, à tous les individus de cette famille. Meigen (Descript. syst. des Ins. Diptères, 1820, T. II) donne à la famille des Asiliques les mêmes caractères que Latreille, et elle se compose pour lui des genres *Dioctria*, *Dasypogon*, *Laphria*, *Asilus*, qui ont les tarses munis de deux éperons, et *Leptogaster* dont les tarses en sont privés. (AUD.)

* ASIMENA. BOT. PHAN. Syn. malegache de *Volkameria*. *V.* ce mot. (B.)

* ASIMINA. BOT. PHAN. Genre de la seconde section de la famille des Anonacées, formé par Adanson (Fam. des Plant. II, 365), adopté par Dunal (Monog. Anon. 81), et par Jussieu (Ann. Mus. 16, p. 339); il n'est qu'un démembrement du genre *Anona* de Linné. De Candolle (*Syst. Veget.* I, 478 et suiv.) en mentionne quatre espèces qui sont toutes frutescentes et de l'Amérique septentrionale; *Asimina parviflora*, *triloba*, *pygmœa* et *grandiflora*. *V.* ANONE. (B.)

* ASINA. BOT. PHAN. Syn. du Peuplier blanc, *Populus alba*. L. chez les Russes. (B.)

ASINDULE. *Asindulum*. INS. Genre de l'ordre des Diptères et de la grande famille des Némocères (Règne Animal de Cuv.) ou Tipulaires (*Genera Crust. et Insect.*, et Considér. Génér.), établi par Latreille, qui le distingue par les caractères suivans: de petits yeux lisses; trompe en forme de bec, longue, dirigée en arrière sous la poitrine, et terminée par deux lèvres allongées qui la font paraître bifide. Il réunit à ce genre (Règne Anim. de Cuv.) les Rhyphes qui en diffèrent par une trompe de la longueur de la tête, et avancée. — Les Asindules appartiennent à la section des Tipulaires fungivores, et ont des caractères communs avec les Mycétophiles et les Céroplates; mais ils diffèrent de ces deux genres par la forme de la trompe. Latreille considère, mais avec quelque doute, comme synonyme du genre Asindule, celui des Platyures de Meigen, caractérisé ainsi qu'il suit par cet auteur: antennes étendues, comprimées, de seize articles dont les deux premiers sont distincts (par leur forme et leur volume); yeux à réseaux arrondis; trois yeux lisses, rapprochés, inégaux, placés en triangle sur le front; jambes sans épines sur le côté; abdomen déprimé postérieurement. —Le genre Gnoriste de Meigen paraît avoir des rapports plus grands avec les Asindules. L'entomologiste français regarde comme type de ce genre l'Asindule fascié, *A. fasciata*, ou le *Platyura fasciata* de Meigen. Celui-ci rapporte à son genre Platyure vingt espèces, parmi lesquelles on en remarque plusieurs appartenant aux genres *Ceroplatus*, *Rhagio* et *Sciara* des Auteurs. Latreille (*Genera Crust. et Insect.* T. I, tab. 15, fig. 1, et T. IV, p. 261) décrit et figure une espèce sous le nom d'Asindule noir, *Asindulum nigrum*; il l'a trouvée aux environs de Paris, dans les lieux humides: elle y est rare. *V.* PLATYURE et GNORISTE. (AUD.)

* ASINUS. OIS. Syn. de Butor, *Ardea stellaris*, L. *V.* HÉRON. (B.)

* ASIO. OIS. Syn. de Duc, mal à propos appliqué anciennement à l'*Ardea virgo*, L. (B.)

* ASION. BOT. CRYPT. Même chose qu'Aschion. *V.* ce mot. (AD. B.)

ASIRAQUE. *Asiraca*. INS. Genre, de l'ordre des Hémiptères et de la section des Homoptères, fondé par Latreille et désigné plus tard par Fabricius sous le nom de *Delphax*. Ses caractères distinctifs sont : antennes de trois articles insérées dans une échancrure des yeux, aussi longues au moins que la tête et le corselet, le premier article n'étant pas plus court que le second. Latreille ayant remarqué que, dans plusieurs espèces du genre Delphax de Fabricius, le premier article était notablement plus court que le second, a cru pouvoir former avec ces individus une coupe générique distincte, à laquelle on conservera le nom de *Delphax*. *V*. ce mot.

Les Asiraques qui appartiennent à la famille des Cicadaires sont des Insectes petits, assez semblables aux Fulgores, ayant les antennes insérées immédiatement au-dessous des yeux, deux petits yeux lisses, et étant privés d'organes sonores. Ils vivent sur les Végétaux. L'Asiraque clavicorne, *A. clavicornis* ou le *Delphax clavicornis* de Fabricius, figuré par Coquebert (*Illustr. icon. insect. dec.* 1, tab. 8, fig. 7), sert de type à ce genre. On le rencontre en France, en Allemagne, etc. (AUD.)

ASJAGAN ou ASJOGAM. BOT. PHAN. (Rhéede, *Hort. Malab.* 5, tab. 59.) Arbre de l'Inde qui appartient probablement à la famille des Légumineuses, et dont Roxburg a formé, sous le nom de *Jonesia*, un genre adopté par Willdenow. *V*. JONESIA. (B.)

ASK. REPT. BATR. Syn. de Salamandre aquatique chez les Écossais. *V*. TRITON. (B.)

ASKALABOS. REPT. SAUR. (Séba.) *V*. ASCALABOTE.

* ASKIDA. BOT. PHAN. (Dioscoride.) Syn. de *Veratrum album*, L. *V*. VÉRATRE. (B.)

* ASKOKAN. BOT. PHAN. Syn. africain de *Pastinaca*, selon Adanson. *V*. PANAIS. (B.)

* ASKOLAME. BOT. PHAN. Syn. arabe d'Asphodèle. *V*. ce mot. (B.)

ASMENI. BOT. PHAN. (Daléchamp.) Syn. arabe d'Iris. (B.)

ASMODÉE. REPT. SAUR. Belle espèce innocente de serpent du Japon encore trop peu connue pour qu'on puisse la rapporter à aucun des genres établis jusqu'à ce jour. (B.)

ASMONICH. BOT. PHAN. Syn. péruvien de *Chincona rosea*, Ruiz et Pav. *V*. CHINCONA. (B.)

ASNE. MAM. d'*Asinus* latin. Vieux nom français de l'Ane. *V*. CHEVAL. (B.)

ASONATOU. BOT. PHAN. Même chose qu'ASOUATOU. *V*. ce mot. (B.)

ASOTAS. BOT. PHAN. (Adanson.) Même chose que Courondi. *V*. ce mot. (B.)

ASOTE. *Asotus*. POIS. Espèce du genre Silure. *V*. ce mot. (B.)

ASOUATOU. BOT. PHAN. Et non *Asonatou*. Syn. indou de *Ficus indica*, L. *V*. FIGUIER. (B.)

ASP ou ATT. MAM. Syn. de Cheval chez les Persans. (B.)

ASPALAT. *Aspalathus*. BOT. PHAN. Ce nom, d'abord donné au Cytise par Dioscoride, à des Genets épineux, à des Arbrisseaux à bois odorant, au *Lignum rhodium*, espèce de Liseron, est maintenant celui d'un genre établi par Linné, qui est l'*Achyronia* de Vanroyen, le *Scaligera* d'Adanson. Il appartient à la famille des légumineuses, où il se place assez près des Genets dont il diffère plutôt par le port que par ses caractères botaniques, qui sont : un calice à cinq divisions aiguës, la supérieure plus grande ; une corolle papillonacée dont l'étendard est réfléchi, les ailes plus petites, la carène bifide ; dix étamines monadelphes ; une gousse contenant deux à trois graines, souvent terminée en pointe. — Quarante espèces environ se trouvaient décrites par Lamarck dans l'Encyclopédie méthodique ; ce nombre déjà fort grand est porté à soixante-neuf dans le Synopsis de Persoon. Ce sont des Arbrisseaux originaires, à très-peu d'exceptions près, du cap de Bonne-Espérance. Leurs feuilles sont fasciculées et linéaires dans le plus grand nombre d'espèces, planes, ternées dans les autres, dont Necker a fait son genre *Eriocylax*. Les fleurs sont tantôt sessiles et latérales, tantôt portées à l'extrémité des rameaux où elles forment un épi ou une tête. Nous n'entrerons pas dans le détail de ces espèces, dont aucune ne se distingue de celles qui sont voisines par des caractères bien tranchés. Les principales différences tirées de l'inflorescence, de la longueur et de la disposition des feuilles, de l'état de la tige inerme ou épineuse, etc., se trouvent indiqués tab. 620 des Illustr. de Lamarck, où quatre espèces sont figurées. Gaertner aussi représente dans sa tab. 144, l'analyse du fruit de l'*Aspalathus spinosus*. — Lamarck rapportait à ce genre le *Dorycnium* de Tournefort, *Lotus Dorycnium* de Linné, qui forme maintenant un genre séparé. L'*Aspalathus chenus*, L., a été placé dans les *Amerimnon*. *V*. ce mot. (A. D. J.)

ASPALAX. MAM. Genre de Rongeurs de la première division; c'est-à-dire du nombre de ceux qui sont munis de clavicules complètes. Ce genre, après avoir subi divers changemens sous différens noms, a été récemment, et selon nous fort bien circonscrit, par Desmarest au mot RAT-TAUPE du Dictionnaire de Déterville et dans la Mammalogie de l'Encyclopédie, par ordre de matières. Ses caractères sont : molaires simples, à tubercules mousses au nombre de trois de chaque côté des deux mâchoires; incisives inférieures en forme de coin comme les supérieures, et non subulées; corps cylindrique; pieds courts, les antérieurs propres à fouir; yeux excessivement petits et entièrement cachés sous la peau; queue nulle ou presque nulle.

Les Aspalax furent d'abord placés avec les Rats par Pallas et par Linné. Guldenstaedt en sépara, sous le nom générique de *Spalax* adopté par Erxleben, Illiger et Cuvier, l'espèce principale, à laquelle plus tard Lacépède réunit d'autres Rongeurs pour former le genre *Talpoïde*. Ce dernier genre n'a point été adopté; Illiger l'a démembré pour en extraire son *Bathyergus* adopté par Cuvier, et son *Georychus* que Cuvier confond avec les Lemmings.

Les Aspalax, essentiellement souterrains comme la Taupe, n'avaient guère besoin de voir; aussi la nature les a-t-elle privés de la vue. Ce n'est pas qu'elle leur ait entièrement refusé des yeux. Ces organes existent; et même Aristote, qui connut fort bien l'espèce type du genre, avait remarqué qu'ils sont parfaitement constitués, quoique dans de petites proportions; il n'ignorait pas qu'en écorchant la tête, on trouve sous une expansion tendineuse qui couvre les orbites et que revêt encore la peau, un corps glanduleux, oblong, un peu aplati, au centre duquel se voit un point noir qui est le globe de l'œil; en coupant transversalement ce globule on y reconnaît la choroïde, la rétine, et le cristallin; mais tout cet appareil ne subsiste que comme une preuve de la fidélité avec laquelle la nature, qui ne supprime pas brusquement un organe important, suit les lois créatrices qu'elle s'est tracées. Profondément caché, ainsi que dans le *Protœus Anguinus*, Animal déjà bien éloigné de l'Aspalax dans l'échelle des êtres, mais également destiné à fuir la lumière, cet œil rudimentaire et sans emploi ne procure aucune perfection à des créatures de ténèbres qui ne peuvent deviner quelle vaste sphère d'idées développerait en eux un seul rayon du jour. Mais comme l'appauvrissement ou la privation d'un sens détermine presque toujours, dans les Animaux d'une certaine complication, le plus grand développement de quelque autre, le perfectionnement de l'ouïe dans les Aspalax paraît les dédommager de la privation de la vue. Encore que l'oreille externe soit peu sensible chez eux, on s'aperçoit à leur démarche que les moindres bruits attirent leur attention, et déterminent toutes leurs démarches. Du reste, la forme de leur corps, destiné à se glisser dans les trous qu'ils creusent à la manière des Taupes, est cylindrique et allongée; leur tête est aplatie; leurs incisives sont puissantes et tronquées carrément, tant en haut qu'en bas; les pates sont courtes, et leurs doigts au nombre de cinq à tous les pieds. Tous vivent de racines et en font un tel dégat que la végétation est bientôt détruite aux environs de leurs demeures. Les espèces que Desmarest renferme dans ce genre sont au nombre de trois, dont les deux premièrement connues habitent l'ancien monde, et la plus récemment découverte l'Amérique septentrionale.

Aspalax Zemni, *Mus Typhlus*, Lin. Gmel. *Syst. Nat.* XIII. 1. 141; Pall. *Glir.* 154. tab. VIII; *Spalax microphthalmus*, Guldenst. *Nov. Com. Petr.* XIV. tab. 8-9; *Spalax major*, Erxleb. *Mam.* 377; grand Spalax, Encycl. mam. pl. 72, en dessus et en dessous. Vulgairement Slepez, Zemmi ou Zemni, Rat-Taupe et Taupe aveugle.

Cet Animal fut connu des Grecs. Olivier qui, dans son voyage dans l'empire ottoman, l'a soigneusement décrit, a prouvé (Bullet. Soc. phil. n° 38) que ce fut leur Aspalax, nom qu'on a mal à propos regardé comme celui de la Taupe, parce que les Latins qui ne connurent pas l'Animal qui l'avait porté, et induits en erreur par une sorte de ressemblance, traduisirent Aspalax par *Talpa*. L'Aspalax Zemni habite la Russie australe jusqu'au nord de la mer Caspienne, l'Asie mineure et la Perse. Il se plaît dans la terre humide où chaque individu de son espèce se creuse une galerie. Il préfère à toute autre racine celle du *Cherophyllum bulbosum*, L. On ne lui trouve pas le moindre vestige de queue. Il acquiert jusqu'à huit pouces de longueur et un poids de trois livres; se défend vaillamment avec ses dents quand il est attaqué; marche aussi facilement à reculons qu'en avant, toujours avec inquiétude quand il est surpris hors de terre; la tête haute et s'arrêtant à chaque instant pour écouter. Son poil est fin et serré; sa couleur d'un gris cendré ou ferrugineux. La femelle fait deux ou quatre petits qu'elle nourrit à l'aide de deux mamelles; le temps des amours est le printemps, et se prolonge jusqu'en été.

Aspalax Zocor, *Mus Aspalax*, Gmel. *loc. cit.* p. 140; Pall. *Glir.* 168. T. X; le Zokor, Encyc. mam. pl. 72. Cet Animal n'ayant pas été connu des anciens, le nom spécifique d'Aspalax ne pouvait lui convenir. Plus petit que le précédent, il est d'un brun cendré en dessus, blanchâtre en dessous. Sa nourriture de prédilection consiste dans les bulbes du *Lilium Pomponium* et de l'*Erythronium Dens-Canis*, L. Il a une petite queue, jette un cri aigu quand il est pris ou menacé, et se trouve plus particulièrement dans la Daourie.

Aspalax de Raffinesque, *Spalax trivittata*, Raffin. *An. month. mag.* oct. 1818. Petit Quadrupède découvert par le savant dont nous proposons de lui donner le nom, long de sept pouces, muni de petites oreilles, fauve sur le dos et marqué de trois grandes raies brunes; blanchâtre en dessous, et entièrement dépourvu de queue. Il a été trouvé dans les Etats de l'ouest des Etats-Unis de l'Amérique.

Le *Mus talpinus*, Lin. Gmel. *loc. cit.*; Pall. *Glir.* tab. XI; *Spalax minor*, Erxleb., appartient peut-être aussi au genre dont il vient d'être question. Cet Animal qui se trouve encore dans le midi de la Russie, a les habitudes du Zemni et du Zokor. Les racines qu'il préfère sont celles du *Lathyrus* et du *Phlomis tuberosus*, avec les bulbes des Tulipes. Il a une petite queue, répand une odeur musquée au temps des amours, et n'atteint guère que trois pouces de longueur. (B.)

* ASPARAGINE. BOT. PHAN. et MIN. Substance découverte dans le suc de l'Asperge par Vauquelin et Robiquet, qui se cristallise en prismes

droits rhomboïdaux, dont le grand angle de la base est d'environ 17 degrés. Les bords de cette base et les deux angles situés à l'extrémité de sa grande diagonale sont remplacés par des facettes. Cette substance est insoluble dans l'Alcohol, très-soluble dans l'eau chaude, peu dans l'eau froide; elle est convertie par l'Acide nitrique en Amarine ou en tanin artificiel; chauffée, elle donne un premier produit acide et un second ammoniacal; saveur fraîche et un peu nauséabonde. Selon Vauquelin et Robiquet, elle serait formée d'Hydrogène, d'Oxygène, de Carbone et d'Azote. (B.)

ASPARAGINÉES. *Asparagineæ.* BOT. PHAN. Cette famille naturelle appartient au groupe des Monocotylédonées, dont les étamines sont périgyniques. Les botanistes modernes n'ont pas tous adopté cette famille telle qu'elle avait été présentée par l'illustre auteur du *Genera Plantarum.* Ainsi Ventenat (Tableau du Règne Végétal) divise les Asparaginées en deux familles, savoir: les *Asparagoïdes* qui renferment tous les genres dont les fleurs sont hermaphrodites, et les *Smilacées* où se trouvent réunis les genres à fleurs unisexuées. Cette distinction, uniquement fondée sur la différence des fleurs hermaphrodites et unisexuées, nous paraît trop peu importante et trop variable pour devoir être adoptée. En effet, dans l'Asperge commune qui forme le type des Asparagoïdes de Ventenat, les fleurs sont presque constamment unisexuées et dioïques. Robert Brown (*Prodromus Nov.-Holl.*) distingue d'abord les Asparaginées en deux groupes, suivant que leur ovaire est libre ou infère. Les genres qui sont dans ce dernier cas constituent sa nouvelle famille des *Dioscorées*, dont nous traiterons à ce mot. Quant à ceux qui offrent un ovaire libre et supère, il les réunit presque tous aux Asphodèles, dont il sépare seulement ceux qui ont le style trifide ou trois stigmates, sous le nom de *Smilacées*. Il ne faut pas confondre ce dernier groupe avec celui établi précédemment par Ventenat sous le même nom, qui comprend à la fois des genres à ovaire libre et à ovaire adhérent, mais dont les fleurs sont toujours munies d'un seul sexe.

Nous adoptons entièrement l'opinion du savant botaniste anglais quant à la séparation des Dioscorées d'avec les véritables Asparaginées, mais nous ne saurions nous ranger de son avis, lorsqu'il place, parmi les Asphodèles, un grand nombre de genres appartenant réellement aux Asparaginées; tout en convenant cependant que la distinction entre ces deux familles est extrêmement difficile à établir. Nous comprendrons donc dans cette famille celle des Smilacées de Robert Brown, et les genres à ovaire supère que de Jussieu y avait d'abord rapportés. Voici les caractères de cette famille :

Les fleurs sont hermaphrodites ou unisexuées, monoïques ou dioïques. Leur calice, souvent coloré et pétaloïde, offre six ou huit divisions plus ou moins profondes, étalées ou dressées; les étamines sont en nombre égal à celui des divisions du calice auquel elles sont attachées; leurs filets sont libres, très-rarement soudés en un urcéole (*Ruscus*). L'ovaire est supère, à trois loges, contenant chacune un ou plusieurs ovules, insérés à l'angle interne; le style est simple et terminé par un stigmate trilobé, ou bien il est profondément divisé, ou enfin il en existe trois ou quatre, terminés par autant de stigmates.

Le fruit est une capsule ou une baie globuleuse, quelquefois à une seule loge et à une seule graine par l'avortement des autres. La capsule s'ouvre en trois valves, dont chacune entraîne avec elle une partie des cloisons appliquées sur sa partie moyenne. Les graines se composent d'un endosperme charnu ou corné, contenant dans une cavité quelquefois assez grande, placée dans le voisinage de leur hile, un embryon monocotylédon très-petit.

Les Plantes de la famille des Asparaginées sont herbacées, vivaces, ou sous-frutescentes. Leurs feuilles sont alternes, quelquefois opposées ou verticillées, rarement engainantes à leur base. Leur racine est fibreuse et vivace.

Les genres contenus dans cette famille sont assez nombreux. On peut les disposer en deux sections, selon que le stigmate est simplement trilobé, ou suivant qu'il existe plusieurs stigmates distincts.

† *Stigmate simple ou trilobé.*

ASPARAGINÉES VRAIES.

Dracæna, L. — *Cordyline*, Commerson. — *Dianella*, Lamarck. — *Asparagus*, L. — *Callixene*, Commers. — *Pageria*, Ruiz et Pavon. — *Philesia*, Commers. — *Convallaria*, Tournef. — *Polygonatum*, Tournef. — *Smilacina*, Desfontaines. — *Maianthemum*, Roth. — *Ophiopogon*, Aiton. — *Tupistra*. — *Eustrephus*, R. Brown. — *Streptopus*, Richard (*in Michx.*). — *Flagellaria*, L. — *Sanseviera*, Thuub. — *Ruscus*. L. — *Smilax*, L. — *Drymophila*, R. Brown. — *Ripogonum*, Forster.

†† *Trois ou quatre stigmates distincts.*

PARIDÉES.

Paris, L. — *Trillium*, L. — *Medeola*, L. — *Demidowia?* Hoffman. — *Roxburgia?* Willd. — *Stemona?* Loureiro. (A. R.)

ASPARAGOIDES. BOT. PHAN. (Ventenat.) *V.* ASPARAGINÉES.

ASPARAGOLITHE. MIN. Vulgairement *Pierre d'Asperge*. Abildgaard. *Sparglestein*, Werner. *V.* CHAUX PHOSPHATÉE. (G. DEL.)

ASPE. POIS. Espèce d'Able. *V.* ce mot. (B.)

ASPERCETTE ou ESPARCETTE. BOT. PHAN. Noms vulgaires de l'*Hedysarum Onobrychis*, L., dans quelques provinces de France. *V.* SAINFOIN. (B.)

ASPERELE ET ASPERELLE. BOT. *V.* ASPRÈLE et ASPRELLE.

ASPERGE. *Asparagus*. BOT. PHAN. Ce genre, qui a donné son nom à la famille des Asparaginées, est caractérisé par un calice connivent à la base, partagé supérieurement en six parties égales, dont trois intérieures réfléchies au sommet; un style; un stigmate trigone; une capsule à trois loges dispermes; et, suivant Gaertner, un embryon recourbé, allongé, éloigné du style et situé sur la partie dorsale du périsperme. On en compte plus de vingt espèces originaires de diverses contrées, quelques-unes d'Europe, quelques-unes du cap de Bonne-Espérance, d'autres de Ceylan et des Indes-Orientales, etc., etc. Leur tige est rameuse, herbacée ou ligneuse, dressée, humble ou quelquefois grimpante, inerme ou armée d'épines; les feuilles sont en général réunies en faisceaux, sétacées, ou subulées, ou lancéolées, ou ensiformes, nulles dans deux espèces épineuses; les fleurs sont le plus généralement solitaires à l'aisselle des feuilles, quelquefois dioïques, hermaphrodites dans le plus grand nombre.

L'espèce la plus connue, l'*Asparagus officinalis*, L., qu'on cultive dans nos potagers pour manger ses jeunes pousses, est originaire de l'Europe; elle se distingue par une tige herbacée, haute de deux à trois pieds, à rameaux écartés; par des feuilles fines et fasciculées, enfermées d'abord au nombre de trois ou quatre dans trois stipules dont une plus grande; par des fleurs dioïques, campanuliformes, verdâtres, pendantes à l'extrémité de pédoncules articulés à leur milieu. Elle a été représentée un grand nombre de fois, particulièrement dans le Dict. des sc. naturelles, et l'analyse de son fruit est figurée tab. 16 de Gaertner. (A. D. J.)

L'Asperge forme l'un des principaux revenus des jardiniers qui approvisionnent les marchés de Paris, où l'on en consomme considérablement. Elle est très-apéritive, communique aux urines une odeur fétide particulière, qu'on peut métamorphoser en odeur de violette des plus suaves, en y jetant quelques gouttes de Térébenthine.

Pour cultiver avantageusement cette Plante, on compose un mélange de sable ou terre calcaire et de terre franche, ou d'un fumier consommé en terreau; on plante des graines qui produisent des racines appelées griffes ou pates; on relève ces griffes pour les planter dans des fosses en planches séparées. Celles de Hollande sont estimées; dans ce pays on veut que les Asperges qui en proviennent soient entièrement blanches. Ailleurs on les préfère un peu vertes, parce qu'elles ont alors un goût plus décidé. Entre les Insectes nuisibles aux Asperges, un jardinier soigneux doit faire la guerre aux larves de Hanneton, à la Courtillière, à diverses Chenilles et aux larves du *Crioceris asparagi*. (T. D. B.)

ASPERGILLUS. BOT. CRYPT. (*Mucédinées.*) Ce genre, d'abord créé par Micheli (*Nova Genera*, p. 212. tab. 91), avait été ensuite réuni aux *Monilia* par Persoon, et a depuis été rétabli par Link (*Berlin. Mag.*, 1809. p. 16), qui lui a donné le caractère suivant : filamens droits, réunis en touffes, articulés, simples ou rameux, renflés au sommet et présentant à l'extrémité de chacun d'eux un groupe de sporules globuleuses. Dans un supplément à ce Mémoire (*Berlin. Mag.* 1815 p. 36), il y a réuni avec raison le genre *Polyactis* qui en diffère à peine. Toutes ces Plantes sont de petits Champignons byssoïdes, très-délicats, blanchâtres, qui croissent sur les corps en putréfaction; leurs sporules sont souvent réunies plusieurs à la suite les unes des autres, et forment des filamens moniliformes comme dans les *Monilia*, mais qui sont réunis plusieurs en têtes arrondies, à l'extrémité des rameaux, et dont la couleur, d'abord blanche, devient quelquefois ensuite jaune ou verdâtre. (AD. B.)

ASPEROCOQUE. *Asperococcus*. BOT. CRYPT. (*Hydrophytes.*) Genre de l'ordre des Ulvacées parmi les Plantes marines; il se rapproche des Dictyotées par les fructifications, un peu plus saillantes que dans les Ulves, et présente la même organisation que ces dernières. Ce genre a pour caractères: les graines isolées, éparses, d'abord innées et devenant plus ou moins saillantes avec l'âge. Les tiges ou plutôt les frondes sont toujours fistuleuses. Leur couleur est moins vive, moins brillante que celle des Ulves; elle ne change presque point par la dessication, ni par l'influence de l'air ou de la lumière. Ces Plantes ne jouissent pas d'une longue vie, et semblent particulières à la zone tempérée. Les espèces principales sont :

ASPEROCOQUE RUGUEUX, *Asperococcus rugosus*. Lamx. C'est l'*Ulva rugosa* de la Flore française, mais non celle de Linné. Cette espèce que l'on confond quelquefois avec notre *Delesseria rugosa*, est simple, cylindrique, rétrécie à sa base, longue d'un à six pouces, sur une à deux lignes de diamètre, et couverte de graines nombreuses, un peu saillantes. Elle est commune sur les côtes de Normandie et de Bretagne; elle est rare dans le golfe de Gascogne, où Bory de Saint-Vincent l'avait cependant rencontrée anciennement; nous ne l'avons point encore reçue de la Méditerranée.

ASPEROCOQUE BULBEUX, *Asperococcus bulbosus*. Lamx. Essai. p. 62. tab. 6. fig. 5. Se trouve dans la Méditerranée et dans l'Océan; il diffère du précédent par son pédicelle beaucoup plus marqué; par le diamètre des frondes de trois à huit lignes et par les graines toujours moins saillantes.

Les *Asperococcus lanceolatus* et *vermicularis* se trouvent sur les côtes de France : nous n'en connaissons point encore d'exotiques. (LAM..X.)

* ASPEROPORE. POLYP. Ce genre de Polypiers foraminés, proposé par Lamarck dans son Extrait du Cours de zoologie, ne se retrouve plus dans son système des Animaux sans vertèbres. (LAM..X.)

* ASPERUGO. BOT. PHAN. *V*. RAPETTE.

ASPÉRULE. POIS. *V*. ASPRE.

ASPÉRULE. *Asperula*. BOT. PHAN. Ce genre appartient à la première section des Rubiacées ; il a pour caractères : une corolle en entonnoir, à trois ou presque toujours quatre divisions ; quelquefois trois, le plus souvent quatre étamines ; un fruit formé par la soudure de deux baies sèches, non couronnées par les débris du calice.

On en compte douze espèces, presque toutes originaires d'Europe. Ce sont des Plantes herbacées, à tiges tétragones, à feuilles verticillées aux nœuds de la tige, à fleurs axillaires ou terminales.

On connaît, sous le nom de Muguet des bois, l'*Asperula odorata*, qui, verte et à demi-fanée, exhale une odeur agréable ; ses feuilles, au nombre de huit par verticilles, sont lancéolées ; ses fleurs en faisceaux pédonculés ; ses fruits hispides. Elle croît dans nos bois, à l'ombre et sur les pentes. — L'*Asperula arvensis* croît dans les champs, a des feuilles verticillées par six, et des fleurs terminales, sessiles et rapprochées. — L'*Asperula tinctoria* à feuilles linéaires, verticillées six à six dans le bas de la Plante, quaternées vers le milieu et opposées vers le sommet, à fleurs blanches, presque toutes à trois lobes, doit son nom à la teinture rouge que fournit sa racine, propriété au reste qui lui est commune, non-seulement avec plusieurs de ses congénères, mais avec beaucoup de Plantes de la famille. — L'*Asperula cynanchica*, à peine distincte de la précédente par les verticilles inférieures de quatre feuilles, et ses fleurs couleur de chair, à quatre lobes, est connue communément sous le nom d'Herbe à l'esquinancie, à cause des propriétés médicales qu'on lui attribue. — On trouve encore en France les *Asperula hirta, hexaphylla, taurina, laevigata*. (A. D. J.)

* ASPHÆA. POLYP. *V*. ASPRÉE. (LAM..X.)

ASPHALTE OU BITUME DE JUDÉE. MIN. *V*. BITUME.

* ASPHALTION. BOT. PHAN. (Dioscoride.) Syn. de *Psoralea bituminosa*. L. *V*. PSORALE. (B.)

* ASPHENDANNOS. BOT. PHAN. (Belon.) Espèce d'Erable indéterminée des montagnes du Levant. (A. R.)

* ASPHETAMOS. BOT. PHAN. (Pockocke.) Espèce d'Erable du Levant, que Jussieu soupçonne être la même chose qu'Asphendannos. *V*. ce mot. (B.)

ASPHODÈLE. *Asphodelus*. BOT PHAN. Ce genre, de la famille des Asphodèlées, qui lui doit son nom, présente : un calice à six divisions profondes, étalées, et six étamines alternant avec elles, insérées à leur base par un filet inférieurement élargi ; un ovaire libre avec un seul style et un seul stigmate, à trois loges, contenant un petit nombre de graines ; celles-ci sont anguleuses, et, lors de la germination, leur cotylédon développé se prolonge en un filet recourbé, charnu à son extrémité ; la racine est fibreuse ou fasciculée ; les fleurs sont disposées en épi. — Cet épi est rameux dans l'*Asphodelus ramosus* qui croît dans le midi de l'Europe, et est cultivé dans nos jardins. *V*., pour son analyse, Gaertn., pag. 68. tab. 17. — On cultive aussi l'*A. luteus* à racine et à calice jaunes, à stipules grandes, à feuilles trigones, striées, éparses sur la tige, connu vulgairement sous le nom de Verge de Jacob. — Dans l'*A. fistulosus*, qui forme le genre *Asphodeloides* de Moench, et qui est figuré tab. 202 des *Icones* de Cavanilles, les feuilles sont un peu fistuleuses ; des six étamines, trois sont alternativement plus courtes ; le stigmate est triparti, et les loges ne contiennent que deux graines. — La tige manque dans l'*A. acaulis*, figuré tab. 89 de la Flore atlantique de Desfontaines. — On en connaît encore plusieurs espèces : les *A. creticus, albus, liburnicus*, habitant les contrées méridionales de l'Europe ; l'*A. altaicus*, qui croît aux pieds des monts Altaïques; l'*A. indercensis*, espèce très-voisine, et l'*A. taurinus* de Pallas, à longues bractées blanches, scarieuses et à feuilles linéaires. (A. D. J.)

ASPHODÈLÉES. *Asphodeleæ*. BOT. PHAN. Famille de Plantes qui appartient au groupe des Monocotylédonées, dont les étamines sont insérées à un calice périgynique. Le genre Asphodèle, précédemment décrit, en forme le type. En examinant avec soin dans le *Genera Plantarum* de Jussieu, et les autres ouvrages qui traitent de cette famille, les caractères qu'on lui assigne, il est difficile de concevoir qu'on ait pu séparer les Asphodèles des véritables Liliacées. J'avoue que, malgré l'examen le plus attentif de la plupart des genres qui appartiennent à ces deux groupes, je n'ai pu saisir dans la structure de leurs divers organes des différences même assez légères, qui puissent autoriser leur séparation. Je n'ignore pas cependant que pour une personne versée dans l'étude des familles naturelles, il y a dans le port des Plantes qui constituent ces deux ordres, une différence que l'on sent mieux qu'on ne peut l'exprimer; mais cette différence ne peut être appréciée que par un homme déjà exercé. Nous pensons donc que la famille des Asphodèlées devrait être réunie à celle des Liliacées, famille qui comprendrait également une partie des genres de la famille des Asparaginées. Nous renvoyons donc au mot LILIACÉES, où nous traiterons à la fois des Asphodèlées de Jussieu, qui, selon nous, ne doivent en être considérées que comme une section.

Robert Brown, dans son Prodrome, a réuni à sa famille des Asphodèlées tous les genres de l'ordre des Asparaginées qui ont l'ovaire libre, le style simple et le stigmate trilobé. *V.* ASPARAGINÉES, LILIACÉES. (A. R.)

ASPHODELOIDES. BOT. PHAN. Même chose qu'Asphodèlées. *V.* ce mot. (A. R.)

ASPIC. REPT. OPH. Espèce de Serpent du genre Couleuvre. *Coluber Haje* de Forskalh et d'Hasselquist, mais non, comme l'ont cru les modernes, les *Coluber Vipera* et *Aspis* de Linné. *V.* COULEUVRE.

On donne improprement ce nom à la Vipère commune, dans quelques parties de la France.

On appelle ASPIC CORNU, dans quelques apothicaireries d'Allemagne, où cet Animal est employé avec la Vipère commune, le *Coluber Ammodytes*, L. dont le nez est terminé par une verrue droite qui rappelle l'idée d'une corne. (B.)

ASPIC ou SPIC. BOT. PHAN. Noms vulgaires de la Lavande, *Lavandula Spica*, tirés probablement de la disposition de ses fleurs en épi, car on trouve *Espic* dans quelques anciens manuscrits.

On appelle aussi ASPIC, le *Phalaris canariensis*, L. Peut-être par la même raison, ou par corruption d'Alpiste. *V.* LAVANDE et PHALARIS. (B.)

ASPICARPE. *Aspicarpa*. BOT. PHAN. Feu Richard a décrit et figuré dans les Mémoires du Muséum, 2. p. 396. t. 13, sous le nom d'*Aspicarpa hirtella*, une petite Plante qui constitue un genre nouveau de la famille des Malpighiacées, dans la Monandrie Monogynie, et qui présente pour caractères: un calice à cinq divisions rapprochées et conniventes au sommet; point de corolle; une seule étamine incluse, dressée, attachée au-dessus de l'ovaire, ayant un filet subulé et une anthère subcordiforme à deux loges. L'ovaire est libre, fendu à sa partie supérieure en deux moitiés obtuses et comme tronquées obliquement; le style est court, il part d'un des côtés de la fente qui partage l'ovaire; le stigmate est bilobé. L'ovaire offre deux loges, et dans chacune d'elles un seul ovule fixé du côté intérieur. Le fruit est uniloculaire et monosperme par avortement, il forme un akène renfermant une graine, et composé d'un embryon recourbé en fer à cheval.

L'*Aspicarpa hirtella*, Rich. offre une tige sarmenteuse, des feuilles opposées, sans stipules, recouvertes de poils en forme de navette ; ses fleurs sont axillaires et très-petites. Cette Plante a été cultivée dans les serres du Muséum d'Histoire naturelle. On la croit originaire du Mexique. (A.R.)

ASPICARPON. Même chose qu'Aspicarpe. *V.* ce mot.

* ASPIDALIS. BOT. PHAN. Nom appliqué au genre *Cuspidia* de Gaertner dans la figure même qu'en donne cet auteur. (A.D.J.)

ASPIDIE. *Aspidium*. BOT. CRYPT. (*Fougères.*) Ce genre a été séparé par Swartz du genre *Polypodium* de Linné. Cet auteur, et ensuite Willdenow, y avaient placé toutes les espèces de Polypodes, dont les capsules sont entourées d'un anneau élastique, et forment des groupes arrondis recouverts par un tégument de forme variable. Mais depuis, Cavanilles, Roth, Richard, Desvaux, et Rob. Brown ont encore subdivisé ce genre d'après la forme de ce tégument. On peut, en adoptant les principales divisions de ces auteurs, distinguer dans les Aspidium de Swartz quatre genres dont nous allons indiquer ici les principaux caractères.

1°. Les ATHYRIUM de Roth, dont le tégument naît latéralement d'une nervure secondaire et s'ouvre en dedans.

2°. Les CYSTOPTERIS de Desvaux, ou ASPIDIUM de De Candolle, dont le tégument plus long que large s'insère à la partie inférieure du groupe de capsules, et s'étend jusqu'au-delà de ce groupe vers le sommet de la pinnule.

3°. Les NEPHRODIUM de Richard et de Rob. Brown, qui présentent un tégument réniforme, inséré par le fond de son sinus à la base des groupes de capsules.

4°. Les ASPIDIUM de Rob. Brown ou HYPOPELTIS de Richard, dont le tégument est arrondi, inséré par son centre au milieu du groupe de capsules, et libre dans toute sa circonférence.

Ces deux derniers genres réunis formaient le genre *Polystichum* de Roth et de De Candolle. Peut-être devrait-on aussi réunir en un seul les Athyrium et les Cystopteris dont les caractères diffèrent très-peu ; on obtiendrait ainsi deux groupes bien caractérisés et très-faciles à reconnaître, tandis que les Nephrodium sont souvent très-difficiles à distinguer des Aspidium, et que les Athyrium diffèrent à peine des Cystopteris ; nous ne chercherons pourtant pas à décider ici cette question ; ce n'est que dans un travail général sur cette famille qu'on peut évaluer l'importance des différens caractères qu'on a employés pour distinguer les genres qui la composent.

Les Aspidium proprement dits, tels que Rob. Brown les a définis, sont donc caractérisés par des groupes de capsules arrondis, recouverts par un tégument circulaire, pelté, inséré par son centre au milieu du groupe de capsules ; mais ce tégument présente pourtant deux formes assez différentes suivant les espèces, et indique deux sections également caractérisées par leur port.

Les unes offrent des groupes de capsules assez gros, recouverts par un large tégument plat en forme de disque, légèrement ombiliqué dans son centre et entier sur ses bords.

Tels sont les *Aspidium rhizophyllum*, Willd. *semicordatum*, Willd. *coriaceum*, Rob. Brown. *trifoliatum*, Willd. *macrophyllum*, Willd. etc. Leur fronde est trifoliée ou pinnée, presque toujours entière, ou ne présente que des dents obtuses et peu profondes.

Les autres ont un tégument très-mince, presque infundibuliforme, qui ne couvre qu'en partie les capsules au moins dans leur développement complet, et dont le bord est souvent frangé ou lacinié. On peut donner pour exemple de cette section, les *Aspidium Lonchitis*, Willd. *aculeatum*, Willd. *truncatulum*, Willd. *proliferum*, Rob. Brown. La fronde de ces espèces est pinnée ou bipinnée à pinnules souvent lunulées, profondément dentelées à dents aiguës, et presque toujours terminées par un poil.

A l'exception de quatre ou cinq espèces, toutes les Plantes qui appartiennent à ce genre sont exotiques et habitent les parties chaudes des deux continens. Il serait difficile d'en fixer le nombre, aucun auteur ne les ayant énumérées, après en avoir séparé les espèces qui appartiennent aux autres genres que nous en avons distingués, et les caractères sur lesquels les genres sont fondés n'étant pas indiqués dans la plupart de ces auteurs. Mais il paraît que ces Plantes ne forment pas la moitié du genre Aspidium, tel que Swartz et Willdenow l'avaient établi, et que le genre Aspidium, ainsi défini, comprendrait au plus une soixantaine d'espèces. (AD. B.)

*ASPIDION. BOT. PHAN. (Dioscoride.) Syn. d'Alisson, selon Adanson. (B.)

ASPIDIOTES. *Aspidiota.* CRUST. Nom appliqué par Latreille dans ses premiers ouvrages, à un groupe de Crustacés, comprenant tous les individus dont le corps mou est couvert d'un test en forme de bouclier, tels sont les Limules, les Apus, les Caliges, qui appartiennent à l'ordre des Entomostracés (Considér. génér.), ou à celui des Branchiopodes (Règne Anim. de Cuv.) *V.* ces mots. (AUD.)

* ASPIDOBRANCHIATA. MOLL. Dénomination latine employée par Schweigger (*Handb der Naturges,* p. 720) pour distinguer la section de l'ordre des Gastéropodes, qui répond aux Scutibranches de Cuvier, dans laquelle il fait aussi entrer le genre Ombrelle de Lamarck, Gastroplax de Blainville, qui dépend de l'ordre des Inférobranches. *V.* SCUTIBRANCHES. (F.)

ASPIDOPHORE. POIS. Genre formé par Lacépède, et dont le *Cottus cataphractus*, L., est le type. C'est l'*Agonus* de Schneider. Cuvier en a formé le simple sous-genre COTTE. *V.* ce mot. (B.)

ASPIDOPHOROIDE. POIS. Genre formé par Lacépède aux dépens des *Cottus* de Linné, que Cuvier (Règne Anim. T. II. 307) n'a pas même séparé, comme sous-genre, parmi les Cottes, et qu'il a entièrement confondu avec les Apidophores. Les Aspidophoroïdes forment cependant une telle exception dans la famille dont ils font partie, par la privation absolue d'une dorsale antérieure, qu'il n'est guère possible, malgré leurs grands rapports avec les Aspidophores, de n'en pas former un genre distinct. Nous proposerons donc de conserver leur genre parmi les Thoraciques, à la suite des Percoïdes de Cuvier, dans son ordre des Acanthoptérygiens.—Les caractères des Aspidophoroïdes sont, outre ceux de la plupart des Cottes : corps et queue couverts d'une sorte de cuirasse écailleuse; peu de rayons à toutes les nageoires, moins de quatre aux thoraciques; une seule dorsale. Une seule espèce rentre encore dans le genre dont il est question.

ASPIDOPHOROÏDE DE TRANQUEBAR. Lac. III. 228. *Cottus monopterygius*, Bloch. pl. 178. f. 1-2. Gmel. *Syst. nat.* XIII. 1213. Chabot de l'Inde. Encyc. Pois. pl. 87. f. 367. Corps long, étroit, cuirassé de plaques dures octogones, devenant hexagones vers la queue dont la nageoire est arrondie, brun en dessus, cendré sur les côtés, varié de blanc en dessous. Cet Animal, qui se trouve sur les côtes de la presqu'île de l'Inde et que nous avons retrouvé sur celles de l'Ile-de-France, vit de petits Mollusques, et présente un peu l'aspect d'un Syngnathe. B. 6. D. 5. P. 14. V. 2. A. 5. C. 6. (B.)

ASPILIE. *Aspilia.* BOT. PHAN. Genre de la famille des Corymbifères, établi par Du Petit-Thouars, d'après une Plante de Madagascar. L'involucre est cylindrique, composé de deux rangs de bractées, dont l'extérieur de cinq. Les fleurs sont radiées; les demi-fleurons, au nombre de cinq ou six, terminés par deux dents. Le réceptacle est garni de paillettes colorées au sommet; les akènes sont comprimés, élargis et velus vers le haut, et couronnés par dix petites dents, ce qui distingue ce genre de plusieurs autres avec lesquels il a beaucoup d'affinité, le *Spilanthus*, l'*Eclipta*, le *Bidens*, etc. C'est une petite Plante herbacée, couchée, à feuilles opposées et sessiles, à fleurs solitaires et terminales. (A. D. J.)

* ASPILION. BOT. PHAN. (Dioscoride.) Syn. d'ALYSSON. *V*. ce mot. (B.)

ASPINALSACH. BOT. PHAN. (Daléchamp.) Syn. de *Cachrys Libanotis*. L. *V*. CACHRYDE. (B.)

* ASPISTE. *Aspites*. INS. Genre de l'ordre des Diptères, établi par Hoffmansegg, et décrit par Meigen (Descript. Syst. des Diptères d'Europe, T. I, p. 319), qui lui assigne pour caractères : antennes étendues, de huit articles, le dernier plus gros, ovoïde; trois yeux lisses; jambes antérieures terminées par une épine. — Ce nouveau genre est surtout remarquable par la forme de ses antennes, qui, écartées à leur base, augmentent insensiblement de volume, et finissent brusquement en une sorte de bouton. Meigen le place entre les Bibions et les Rhyphes; mais l'individu qui le compose en diffère par un *facies* tout particulier : il n'a qu'une ligne de long, et a été nommé *Asp. berolinensis* par Hoffmansegg. L'individu observé est une femelle. Meigen (*loc. cit.* tab. 2. fig. 16) l'a représenté dans une très-grande dimension. Ce Diptère ne paraît avoir été mentionné antérieurement par aucun auteur. (AUD.)

ASPISURES. POIS. (Duméril.) C'est-à-dire *dont les côtés de la queue sont munis de boucliers*. *V*. ACANTHURE. (B.)

* ASPITERIA. BOT. CRYPT. (*Lichens*.) Nom donné par Achar à une des sections qu'il avait établies dans le genre Urceolaria (*Lichenographia universalis*, p. 331), et qui renfermait les espèces dont les scutelles étaient entourées par un rebord formé entièrement par le thallus, tandis qu'il avait formé sous le nom d'Amphiloma une seconde section de celles dont le rebord était formé également par le thallus et par le disque de la scutelle. Depuis (*Synopsis Lichenum*, p. 137), il n'a plus admis ces deux sections, qui étaient très-difficiles à reconnaître. *V*. URCEOLARIA. (AD. B.)

ASPLENIE. *Asplenium*. BOT. CRYPT. (*Fougères*.) Ce genre fut établi d'abord par Linné; mais, comme dans la plupart des genres de la famille des Fougères, les auteurs modernes y ont admis avec raison plusieurs groupes très-distincts, tels que les genres *Scolopendrium*, *Diplazium* et *Grammitis*, que Linné avait confondus avec ses Asplenium, et que Swartz en distingua le premier. Ce genre, que la structure de ses capsules rapporte à la tribu des Polypodiacées, peut être ainsi caractérisé : groupes de capsules linéaires, parallèles aux nervures secondaires, et recouverts par un tégument qui naît latéralement de cette nervure, et s'ouvre en dedans par rapport à la nervure principale. Jussieu et Willdenow avaient en outre séparé des Asplenium, sous le nom de *Darea*, et Swartz, sous celui de *Cænopteris*, quelques espèces auxquelles ils attribuaient des groupes de capsules solitaires dans chaque pinnule, et un tégument s'ouvrant en dehors; mais R. Brown a fait observer que ce genre ne diffère des Asplenium que par ses pinnules plus profondément lobées; chacun de ces lobes ne porte alors qu'un seul groupe de capsules dont le tégument s'ouvre, il est vrai, en dehors par rapport à ce lobe, mais en dedans quand on considère sa position par rapport à la nervure principale à laquelle ce lobe s'insère; structure parfaitement semblable à celle des vrais Asplenium. — Ces considérations nous engagent à réunir, comme l'ont fait R. Brown et Kunth, les deux genres Asplenium et Darea, dont les caractères sont, comme on le voit, à peine différens, et passent insensiblement de l'un à l'autre, et dont le port présente la plus grande analogie; on remarque seulement que les espèces rapportées au genre *Darea* ont en général la fronde plus finement découpée.

Deux espèces de ce genre, les *Darea*

vivipara et *prolifera* de Willdenow, présentent un phénomène assez curieux; ce sont des feuilles d'une forme fort différente des autres, et naissant de bourgeons écailleux placés à la partie inférieure du rachis où de la nervure moyenne de la fronde; ces petites feuilles, presque entières ou tout au plus dentelées à leur extrémité, sont d'une structure plus délicate, d'une couleur plus pâle que le reste de la Plante; elles ne présentent que des nervures à peine marquées, et se trouvent placées hors du plan général de la feuille. Bory de St.-Vincent a remarqué, sur plusieurs de ces petites frondes particulières, des paquets de fructification absolument dépourvus de tégument, et en tout semblables à ceux des Polypodes. Ces deux singulières espèces habitent les lieux ombragés de l'île de Bourbon.

On connaît maintenant cent vingt à cent trente espèces dans le genre Asplenium; près de la moitié habitent les régions équinoxiales de l'Amérique, huit se trouvent dans l'Amérique septentrionale; dix espèces seulement croissent en Europe, le reste est propre aux parties chaudes de l'ancien continent, à la Nouvelle-Hollande et aux îles de la mer du Sud. Les espèces les plus remarquables de ce genre parmi les indigènes, sont:

Le POLYTRIC, *Asplenium Trichomanes*, L. Bull. herb. T 185. Commun sur les murs humides, employé comme pectoral en guise des Capillaires de Montpellier ou du Canada, espèces d'Adianthe. *V.* ce mot.

La RHUE DES MURS, *Asplenium Ruta muraria*, L. Bull. herb. T. 195. qui couvre les rochers et les murailles assez sèches des environs de Paris, et varie beaucoup dans sa forme.

La DORADILLE MARINE, *Asplenium marinum*, L. Pluk. T. 253. f. 5. qui croît sur les rochers maritimes de Bretagne, de Belle-Ile-en-Mer et de Biaritz.

L'ADIANTHE NOIRE, *Asplenium Adianthum nigrum*, L. Flor. dan. T. 250. commune dans les haies obscures, où l'abondance de sa fructification lui donne souvent l'aspect d'un Acrostic. *V.* ce mot.

Nous citerons parmi les espèces exotiques:

L'*Asplenium Nidus*, L. dont les feuilles simples, épaisses, coriaces, longues de plus de deux pieds, larges de quatre à cinq pouces, sont réunies en touffes, au milieu desquelles des Oiseaux établissent leurs nids. Elle croît sur les détritus de Végétaux et sur les vieux Arbres, dans l'Inde, dans les îles de la mer du Sud, à Madagascar et à l'Ile-de-France.

L'*Asplenium rhizophyllum*, L. dont les frondes sont également simples et lancéolées, et se terminent par un appendice linéaire qui s'insinue en terre et y prend racine. Il habite les Etats-Unis.

L'*Asplenium arboreum*, Willdenow, dont la tige s'élève à près de huit pieds, et porte des frondes de deux pieds environ, pinnées, à pinnules lancéolées, dentelées au sommet. Il croît à Caracas.

Les anciens, entre autres Dioscoride, appelaient plus particulièrement ASPLENION, le Céterach. (AD. B.)

*ASPOROTRICHUM. BOT. CRYPT. (*Mucédinées.*) Ce genre établi par Link (*Berlin. natur. Magasin.* 1809, p. 22), et qu'il avait distingué des *Sporotrichum* par le caractère suivant: filamens rameux, décumbans, rapprochés en groupes, tous articulés sans sporules, a été depuis (*Berl. Mag.* 1815, p. 34) réuni par le même auteur aux *Sporotrichum*; il s'est assuré en effet que l'absence des sporules n'était pas réelle, mais que ces parties étaient seulement plus petites et moins nombreuses que dans les autres espèces. *V.* SPOROTRICHUM. (AD. B.)

*ASPRE, ASPER OU ASPERULE. POIS. Vieux noms de *Dipterodon asper*, Lac. *V.* DIPTERODON. Il a aussi été étendu au Zingel qui appartient au même genre. (B.)

ASPRÈDE. *Aspredo.* POIS. Genre de l'ordre des Malacoptérygiens abdominaux, famille des Siluroïdes formé d'abord par Linné (dans ses éditions de 4 à 6 et *Amœn.*, *acad.* 1, t. 14. f. 5), dans son ordre des Abdominaux pour un Poisson qu'il réunit depuis aux Silures sous le nom de *Silurus Aspredo.* Rétabli par Bloch qui lui réunit les Plotoses, sous le nom de Platystacus, et adopté par Cuvier (Règn. An. 2, 208), qui lui a rendu son premier nom linnéen. Ses caractères consistent dans un grand aplatissement de la tête et dans l'élargissement du tronc, dans la longueur de la queue, et surtout en ce que les Asprèdes sont les seuls Poissons osseux connus qui n'aient rien de mobile à l'opercule, attendu que les pièces qui devraient le composer sont soudées à la caisse et ne peuvent se mouvoir qu'avec elle. Le premier rayon des pectorales est armé de dents plus grosses que dans tous les autres Siluroïdes; il n'y a qu'une dorsale sur le devant et dont le premier rayon est faible; l'anale est très-longue et règne dans toute la queue. — Ce genre est peu nombreux en espèces. La principale est:

L'ASPRÈDE PROPREMENT DIT. *Silurus Aspredo.* L. Syst. nat. XIII, 1, 1352. *Aspredo*, *Amœn. ac. loc. cit.* Asprède Encyc. Pois. pl. 62, f. 246, *Platystacus lævis*, Bloch., Poisson des fleuves de L'Inde, muni de huit barbillons dont les deux plus grands latéraux sont élargis à leur base; son dos est cariné; sa tête énorme; sa couleur générale d'un brun tirant sur le violet obscur. B. 4. D. 5. P. 8. V. 6. A. 55. C. 11. — Lacépède a fait de cet Animal un simple Silure. (B.)

* ASPRÉE. POLYP. Genre de Zoophytes proposé par Donati; il doit appartenir à quelque Polypier foraminé ou Escharoïde; ce genre a été nommé *Asphœa* dans l'un des suppl. du Dictionnaire des Sciences naturelles. (LAM..X.)

ASPRÈLE. BOT. CRYPT. L'un des synonymes de Prêle. *V.* ce mot. (B.)

ASPRELLE. *Asprella.* BOT. PHAN. Schreber a donné ce nom au genre de la famille des Graminées, que Swartz avait appelé *Leersia.* *V.* LEERSIE. (A. R.)

* ASPRILLA. BOT. PHAN. Syn. de *Paronychia hispanica*, dans le pays de Murcie. (B.)

* ASPRIS. BOT. PHAN. Ce nom désigne dans Théophraste une Graminée qui paraît voisine des Avoines. (B.)

* ASPROCOLOS. OIS. Syn. de *Loxia Pyrrula.* L., chez les Grecs modernes. (DR.. Z.)

* ASSA. BOT. PHAN. (C. Bauhin.) Syn. de Tamarin. *V.* ce mot. Houttuyn (*Pflarz. syst.* 4. p. 40. t. 26. f. 1) a donné ce nom à un genre conservé par le compilateur Gmelin (*Syst. nat.* II. 839), mais que De Candolle (*Syst. veget.*, t. 1. p. 402) a fondu dans son genre Tétracera, sous le nom de *Tetracera Assa.* *V.* TÉTRACÈRE. (B.)

ASSAD. MAM. Syn. de Lion chez les Arabes. (B.)

ASSA-DOUX. BOT. PHAN. L'un des vieux noms du Benjoin. *V.* ce mot. (DR.. Z.)

ASSA FOETIDA. BOT. PHAN. Substance résineuse compacte, susceptible de se ramollir, d'un jaune rougeâtre, amère, d'une odeur forte et très-désagréable. On obtient l'Assafœtida sous forme d'un suc assez épais qui transsude des racines d'une espèce de férule, qui croît en Perse. Ces racines grosses comme la cuisse sont coupées transversalement, et tous les jours on en enlève une petite tranche pour faciliter l'écoulement jusqu'à ce que tout le suc, qu'ensuite l'on fait épaissir au feu ou au soleil, soit épuisé. L'Assafœtida est employée en médecine comme anti-spasmodique; les vétérinaires l'administrent aux bestiaux pour leur rendre l'appétit. L'odeur désagréable de cette résine dont les Romains faisaient cependant un objet d'assaisonnement pour leurs mets, lui a valu le surnom trivial de *Stercus diaboli*. (DR..Z.)

* ASSA-FOETIDA. BOT. CRYPT. L'*Agaricus maculatus*, Schœff, t. 39. *Verucosus*, Willd. a quelquefois reçu ce nom, motivé par l'odeur désagréable que répand son chapeau. (AD. B.)

* ASSAM. BOT. PHAN. (Marsden.) Syn. de Tamarin à Sumatra. (B.)

ASSAPAN ET ASSAPANICK. MAM. (Laët.) Syn. de Polatouche dans la langue des sauvages de Virginie. *V*. POLATOUCHE. (B.)

ASSASI. POIS. (Forskalh.) Espèce de Baliste de la Mer-Rouge. *V*. BALISTE. (B.)

ASSAZOÉ. BOT. PHAN. Plante probablement fabuleuse qui, au dire de certains voyageurs, croîtrait en Abyssinie où son ombrage aurait la propriété d'engourdir les Serpens. (B.)

ASSÉE. OIS. *V*. ACÉE.

ASSI OU ASSY. BOT. PHAN. Syn. de *Dracaena umbraclifera* à Madagascar. *V*. DRAGONIER. (B.)

ASSIENNE. *Assius Lapis*. MIN. C'est-à-dire *Pierre d'Assos*. *Sarcophagus*, Pline. Substance minérale aujourd'hui inconnue, que les anciens trouvaient aux environs d'Assos, ville de la Troade; ils la décrivent spongieuse, friable, légère et produisant une efflorescence à laquelle on attribuait la propriété de consumer un cadavre, à l'exception des dents seulement, en quarante jours. On prétendait encore qu'elle pétrifiait les objets que l'on plaçait dans les tombeaux. Sonnini pense que ce pourrait bien être une Ponce, et Lucas un Alun de Plume. Nous ne prononcerons point sur ces deux opinions. (B.)

* ASSIETTE. POIS. (Labat.) Poisson des Antilles, rond, aplati, de six à huit pouces de diamètre, argenté, dont la chair est excellente, mais dont on ne peut reconnaître le genre sur de telles indications. (B.)

ASSILIS. BOT. PHAN. (Daléchamp.) Syn. de *Selinum sylvestre*, L. chez les Arabes. *V*. SÉLIN. (B.)

* ASSIMILATION. ZOOL. *V*. NUTRITION.

ASSIMILATION. MIN. C'est, selon Patrin, la propriété que possèdent les Minéraux, dans le sein de la terre, de se rendre semblables aux substances avec lesquelles ils se trouvent réunis dans les circonstances favorables. Patrin, qui n'admet point de *matière morte*, voit, dans l'Assimilation telle qu'il la conçoit, une preuve que les molécules qui composent les substances minérales, sont *animées* par un principe actif, lequel ne saurait être aveugle; toute application qui tendrait à refuser à ces molécules toute espèce de *perception* ou de *volonté* semblerait, selon le même géologue, supposer des effets sans cause. « Et pourquoi, ajoute-t-il, refuserait-on d'admettre dans les molécules de la matière une sorte d'*instinct*? » Peut-être serait-on autorisé à supposer cet instinct aux molécules d'une *matière active* qu'il faudra nécessairement admettre parce que le microscope le démontre; mais d'autres lois peuvent déterminer l'Assimilation minéralogique, sans qu'on soit obligé de recourir à des suppositions qu'aucune observation n'autorise. Il n'est pas plus probable que des effets qui peuvent résulter de simples règles, qu'observent entre elles les molécules homogènes, soient une preuve d'*instinct*, qu'il n'est démontré que l'attraction soit une preuve de vie ou de volonté dans la matière que nous appellerons *inerte*. *V*. ATTRACTION, CRISTALLISATION et MATIÈRE. (B.)

ASSIMINE. BOT. PHAN. (Devaux.) *V*. FRUIT.

ASSIMINIER. BOT. PHAN. D'où peut-être *Asimina*, d'Adanson. *V*. ce mot. L'un des noms de pays de l'*Anona triloba*, L. *V*. ANONE. (B.)

* ASSIS. BOT. PHAN. *V*. ASARATH.

* ASSITRA. BOT. PHAN. (Zanoni.) Syn. arabe de *Bauhinia variegata*. *V*. BAUHINIE. (B.)

ASSONIA. BOT. PHAN. Genre décrit sous ce nom par Cavanilles et sous celui de *Kœnigia* dans les manuscrits de Commerson, voisin du *Dombeya* et faisant par conséquent partie des Malvacées de Jussieu. Il présente : un calice profondément quinqueparti, muni à sa base d'une bractée trilobée, persistant; cinq pétales recourbés obliquement en faulx; vingt étamines plus courtes que les pétales, réunies en un urcéole par la base de leurs filets, dont quinze fertiles séparées de trois en trois par une stérile et plus courte; cinq styles, autant de stigmates; un fruit globuleux, marqué de cinq lignes, composé de cinq capsules qui se séparent à sa maturité, et dont chacune contient deux graines dans une seule loge.

L'*Assonia populnea* décrite par Cavanilles et figurée tab. 42, fig. 1, de ses Diss., est un Arbrisseau de l'île de Mascareigne, où il porte vulgairement le nom de *Bois de senteur bleu*. Il a ses feuilles éparses, longuement pétiolées, ovales, lancéolées; ses fleurs sont blanches, disposées en corymbes axillaires et terminaux. (A. D. J.)

ASSOUROU. BOT. PHAN. Nom d'un Arbuste à la Jamaïque, que les uns croient être le *Myrtus Pimenta* de Linné, et d'autres le *citrifolia*. (B.)

ASSY. BOT. PHAN. *V.* ASSI.

ASTACITES. CRUST. *V.* ASTACOLITHES.

ASTACOIDES. *Astacoidea*. CRUST. Nom appliqué par Dumeril à un ordre de la classe des Crustacés, comprenant toutes les espèces qui ont un test calcaire. Cette division répond au grand genre *Cancer* de Linné, et embrasse les ordres des Décapodes, des Stomapodes et des Amphipodes de Latreille (Règne Anim. de Cuv.), ou celui des Malacostracés (*Genera Crust. et Insect.* et Considér. génér.) *V.* ces mots. (AUD.)

ASTACOLE. *Astacolus*. MOLL. Montfort (*Conchyl.* t. 1, p. 262) a établi, sous ce nom, un genre de Coquilles microscopiques de la famille des Discorbes, *V.* ce mot, pour une espèce vivant sur les bords de l'Adriatique, qu'il a appelée Astacole crépidulée, *Astacolus crepidulatus*. Cette espèce, copiée de Fichtel et Moll. (*Test. microsc.* p. 107. t. 19. f. g. h. i.) est le *Nautilus Crepidulus* de ces auteurs. Nous la rapportons au genre Cristellaire, où elle forme, avec quelques espèces analogues, un groupe distinct. *V.* CRISTELLAIRE. (F.)

ASTACOLITHES ou ASTACITES. CRUST. FOSS. Noms sous lesquels quelques auteurs déjà anciens ont décrit plusieurs Fossiles qu'ils rapportent principalement au genre Écrevisse. Nous indiquerons à chaque genre de Crustacés les espèces qui se trouvent enfouies dans quelques-unes des couches du globe. *V.* CRUSTACÉS FOSSILES. (AUD.)

ASTACOPODIUM. CRUST. FOSS. Fragmens d'Astacites dans lesquels on ne retrouve que des pates de Crustacés fossiles. *V.* ASTACOLITHES. (B.)

ASTAQUE. CRUST. *D'Astacus* latin. Vieux nom français de l'Écrevisse. *V.* ce mot. (B.)

* ASTARACH. BOT. PHAN. D'où *Estoraque* des Espagnols, et *Stirace* des Italiens. Syn. arabe de *Styrax officinale*, L. *V.* STYRAX (B.)

*ASTARTE. *Astarte*. MOLL. Genre de Lamellibranches établi par Sowerby (*Min. conch.* t. 1. n° XXIV. p. 85) pour plusieurs espèces de nouvelles Coquilles bivalves, fossiles de l'Angleterre, qui se rapprochent de certaines Vénus de Linné et de Lamarck, mais auquel cet auteur rapporte aussi plusieurs Vénus vivantes déjà connues. Voici les caractères que Sowerby assigne à ce nouveau genre: «Coquille sub-» orbiculaire ou transverse; ligament » externe; une lunule (*lunette?*) au » côté postérieur; deux dents diver-» gentes près des crochets. Les Co-» quilles de ce genre, ajoute Sower-» by, ont trois impressions muscu-» laires; le Ligament d'un côté et la » lunule (*lunette?*) de l'autre, réu-» nis à la forme générale, leur don-

» nent de la ressemblance avec la Vénus de Linné. L'extérieur des valves a des ondulations transverses, ou des côtes réfléchies et déprimées, qui donnent à cette surface un aspect qui les fait distinguer à la première inspection. Leurs bords sont pour la plupart crénelés en dedans. Il y a une dent de moins à la charnière que dans les Vénus. Les crochets sont généralement pleins, et non creux au-dessous des dents. Ces Coquilles ont communément une dent obscure, allongée, à quelque distance du crochet dessous la lunule. » — Plusieurs espèces de ce genre, qui se trouvent en Angleterre, et beaucoup d'autres exotiques, ont été classées dans les Vénus. Parmi les premières, se trouvent la *Venus scotica*, type du genre selon Sowerby; les *V. sulcata*, *Danmonia*, *Paphia*, *fasciata* et *subcordata*. Nous observerons qu'en ne considérant que la charnière, ce qui ne peut suffire, dans tous les cas, pour établir un genre avec quelque certitude, plusieurs de ces espèces citées par Sowerby, offrent des différences assez marquées sous ce rapport. Il nous paraît, par exemple, que les *Venus Paphia* et *fasciata*, ayant trois dents bien distinctes, un *facies* différent, s'éloignent des autres espèces citées, qui se reconnaissent au premier coup-d'œil, par la couleur et la nature de leur épiderme. La *Venus scotica*, que Lamarck a cru devoir laisser parmi les Vénus, ne nous paraît pas devoir être séparée de la *Venus Danmonia* dont ce savant célèbre a fait un genre particulier, sous le nom de Crassine (Anim. s. vert. 2e édit. t. 5, p. 355). Il nous paraît qu'il en est de même à l'égard de la *Venus sulcata* et peut-être de la *Venus subcordata?* S'il en est ainsi, comme nous le présumons, le genre Crassine de Lamarck ne serait que le genre *Astarte* de Sowerby, dont le nom serait changé et qu'il faudrait lui restituer comme ayant l'antériorité. A l'égard de ce genre, il est à désirer qu'on observe son Animal dont la connaissance fixera peut-être la famille à laquelle il doit appartenir.

Nous croyons avoir eu tort de le rapprocher, dans nos tableaux systématiques des Mollusques, du genre Crassatelle : il doit vraisemblablement faire partie de la famille des Vénus, dans laquelle nous le placerons dorénavant.

Ne connaissant point les espèces fossiles que Sowerby rapporte à ce nouveau genre, nous ne pouvons rien décider à leur sujet; nous nous bornerons à les citer en renvoyant à l'ouvrage même de ce savant, pour les descriptions et les figures; mais il nous paraît qu'elles conviennent toutes au genre Crassine de Lamarck.

D'après les observations précédentes, nous établirons ainsi les caractères de ce genre : Coquille suborbiculaire ou transverse, équivalve, subinéquilatérale; valves exactement closes; bords internes souvent crénelés; charnière composée de deux dents fortes, divergentes, et d'une dent latérale obscure, située sous la lunule, sur la valve droite, et de deux dents inégales sur la gauche, avec une fossette peu marquée pour la dent latérale; ligament (extérieur) sur le côté le plus long.

Les espèces les plus certaines sont : — 1. *Astarte scotica*, Maton et Rakett (*in Linn. Trans.* T. VIII, p. 81, t. 2, f. 3); Montagu (*Test. suppl.* p. 44); Dillwyn (*Descript. cat.* p. 167); *Venus scotica*, Lamarck (An. s. vert. 2e édit., T. V, p. 600). Cette espèce habite les côtes d'Ecosse. — 2. *Ast. sulcata*, Montagu (p. 131); Maton et Rakett (*loc. cit.* T. II. f. 2.); Dillwyn (p. 166). *Pectunculus truncatus*, Dacosta (p. 195); des côtes d'Ecosse. — 3. *Ast. Danmonia*, Montagu (*Suppl.* p. 45, t. 29, f. 4); Dillwyn (p. 167). *Crassina danmoniensis*, Lamarck (*loc. cit.* p. 554); des côtes du Devonshire. — 4. *Ast. Montagui*, Dillwyn (p. 167). *Venus compressa*, Montagu (*Suppl.* p. 43. t. 26. f. 1); des côtes d'Ecosse. — 5. *Ast. triangularis*, Montagu (*Test.* t. 17. f. 3). *Ve-*

nus triangularis, Dillwyn (p. 173). Des côtes du Devonshire et du Yorkshire.

Les espèces fossiles sont :

Astarte lucida, Sowerby (*Min. conch.* T. II, t. 137, f. 1). — *cuneata* (*id.* f. 2). — *elegans* (*id.* f. 3). — *lineata*(t. 179, f. 1.).—*plana*(*id.* f. 2). — *obliquata* (*id.* f. 3.). *excavata* (t. 233). — *planata* (t. 257). — *rugosa* (t. 316), toutes de l'Angleterre. La dernière a beaucoup d'analogie avec les *Ast. scotica* et *Danmonia*. (F.)

* ASTARTIFE. BOT. PHAN. Syn. de Camomille en Afrique selon Adanson. (B.)

ASTATE. *Astatus*. INS. (Klüg.) *V.* CÉPHUS.

ASTATE. *Astata*. INS. Genre de l'ordre des Hyménoptères, section des Porte-Aiguillons, établi par Latreille qui le place (Considér. génér.) dans la famille des Larrates, et ailleurs (Règne Animal de Cuv.) dans celle des Fouisseurs. Jurine (Classif. des Hyménoptères) donne au même genre le nom de Dimorphe, *Dimorpha*, et lui assigne pour caractères : une cellule radiale, largement appendicée; trois cellules cubitales presque égales; la deuxième recevant les deux nervures récurrentes, et la troisième étant bien éloignée du bout de l'aile (on voit le commencement de la quatrième cellule); mandibules grandes, bifides; antennes sétiformes, de douze articles dans les femelles, et de treize dans les mâles.

Ces Insectes ressemblent aux Larres par la forme générale de leur corps, par la brièveté de leur abdomen, et par le nombre des cellules radiales et cubitales des ailes du mésothorax ; ils s'en distinguent cependant, ainsi que des autres genres de la même famille, par leurs antennes à articles cylindriques et égaux, à l'exception du premier qui est gros, et du deuxième fort petit; par leurs mandibules; par la languette large, offrant trois divisions ou lobes presque égaux; par les palpes maxillaires, dont le troisième article est plus gros que les autres ; enfin, par leurs yeux à réseau qui, très-développés, sont contigus sur le front dans les mâles, et distans l'un de l'autre dans les femelles. Les Astates sont très-agiles, changeant continuellement de place, ainsi que l'indique leur nom. On les rencontre dans les endroits secs et sablonneux, en France et dans le midi de l'Europe. — L'espèce, servant de type au genre, et la seule que nous connaissions, est l'Astate abdominale, *Astata abdominalis* de Latreille, figurée par Panzer (*Faun. Insect. germ. fasc.* 53. tab. 5) sous le nom de *Tiphia abdominalis*; c'est la *Dimorpha abdominalis* de Jurine (*loc. cit.* p. 147). Cet entomologiste a figuré (pl. 9. fig. 10), sous le nom de *Dimorpha oculata*, une espèce qu'il soupçonne être le mâle de l'*abdominalis*, mais sur laquelle nous n'avons aucun renseignement. (AUD.)

ASTELIE. *Astelia*. BOT. PHAN. Genre intermédiaire entre les Joncées et les Asphodèlées, suivant R. Brown qui lui assigne les caractères suivans : les fleurs sont polygames dioïques; le calice à six divisions demi-glumacées. Les mâles présentent six étamines insérées à son fond, avec le rudiment du pistil; les femelles, le rudiment des étamines et un ovaire à trois stigmates obtus, ayant tantôt trois loges, tantôt une seule avec trois placentas pariétaux; le fruit est une baie à une ou trois loges polyspermes. Les espèces de ce genre sont des Plantes herbacées, ayant à peu près le port d'un *Tillandsia*, et parasites de même sur le tronc des Arbres; leurs racines sont fibreuses; leurs feuilles radicales, imbriquées sur trois rangs, lancéolées, linéaires ou cunéiformes, carinées, garnies sur leurs deux faces de poils couchés et de soies laineuses à leur base. La tige manque, ou bien est courte et garnie de peu de feuilles. Les fleurs sont en grappes ou en panicules, portées sur des pédicelles inarticulés, munies d'une bractée à leur base, petites, soyeuses extérieurement.

Banks et Solander, auteurs de ce

genre, en ont trouvé à la Nouvelle-Zélande, et décrit plusieurs espèces : ce sont celles dont l'ovaire est triloculaire. Il est uniloculaire dans la seule que décrit Robert Brown, l'*A. alpina*, recueillie par lui dans l'île de Van Diemen. Il croit devoir y rapporter le *Melanthium pumilum* de Forster; et c'est pourquoi Jussieu les place ensemble dans la famille des Colchicées. (A. D. J.)

ASTÈRE. *Aster.* BOT. PHAN. Corymbifères, Juss. Syngénésie Polygamie superflue, L. Le genre *Aster*, tel que l'établit Linné, présente les caractères suivans : un involucre presque hémisphérique, composé de plusieurs rangs de folioles imbriquées, les inférieures souvent étalées ; un réceptacle plane, parsemé de petits points déprimés ; des fleurs radiées, les fleurons du centre très-nombreux, tubuleux, hermaphrodites ; les demi-fleurons de la circonférence femelles, au nombre de plus de dix ; une aigrette de poils simples et sessile.

On a décrit près de cent trente espèces de ce genre, qu'on peut diviser en sous-Arbrisseaux et en Plantes herbacées ; la tige de ces dernières tantôt porte une ou deux fleurs seulement, tantôt se ramifie pour former des panicules et des corymbes. Dans ces derniers cas les feuilles sont entières ou dentées, linéaires ou lancéolées ou ovales. On établit ainsi plusieurs sections, dans lesquelles se groupent les nombreuses espèces du genre Aster.

L'espace dans lequel nous sommes forcés de nous renfermer, ne nous permet d'en citer dans chaque section qu'un ou deux exemples.

A. Espèces ligneuses.

La plupart sont originaires du cap de Bonne-Espérance, quelques-unes de la Nouvelle-Hollande, quelques-unes de l'Amérique septentrionale. Telles sont : — L'*Aster fruticulosus*, L. Commel. *Hort.* 2, tab. 27. — L'*A. argophyllus*, La Billardière. Pl. de la Nouv.-Holl., tab. 201. — L'*A. sericeus*, Ventenat. *Hort. Cels.*, tab. 33. — L'*A. rupestris*, Humboldt et Bonp. *Nov. Gen.*, *tab.* 334.

B. Espèces herbacées.

†. Tiges uniflores ou biflores. Tels sont :

L'*Aster alpinus*, L. Jacq. *Austr.* tab. 88, qui croît dans les Alpes, les Pyrénées, les Cévennes. — L'*A. crocifolius*, Humb. et Bonp. *Nov. Gen.*, tab. 332, 1.

††. Tiges rameuses.

A. Feuilles entières.

α. — Linéaires ou lancéolées.

L'*Aster acris*, L., qui habite la France méridionale. — L'*A. Amellus*, L. Jacq. *Aust. tab.* 435, qui fait aussi partie de la Flore française. — L'*A. caricifolius*, Humb. et Bonp. *Nov. Gen.*, tab. 333.

β. — Ovales.

L'*Aster cornifolius*, Willd.

B. Feuilles dentées.

γ. — Lancéolées.

L'*Aster Tripolium*, L. *Flor. dan. tab.* 605. Cette espèce est commune au bord de la mer sur les côtes d'Europe. — L'*A. pyrenæus*. Desf.

δ. — Ovales ou cordées.

L'*Aster macrophyllus*, L. — *A. sinensis*, L. C'est cette dernière espèce qui est connue dans nos jardins sous le nom de *Reine-Marguerite*. Elle est originaire de la Chine et du Japon, d'où elle fut envoyée en Europe vers 1730 ou 1732 : du moins à cette époque fut-elle figurée par Dillen (*Hort. Elth.*, tab. 34, f. 38). Thouin (Encyc. mét. Dict. d'Agr. 1, p. 710 et 711) pense qu'elle était cultivée au Jardin des Plantes dès 1728 ; qu'elle y était originairement à fleurs simples et blanches assez ressemblantes aux Chrysanthèmes de nos champs, mais qu'ayant bientôt produit des graines dont parurent les plus belles variétés de couleurs, particulièrement la rouge, cette dernière nuance, nouvelle parmi les fleurs analogues, fixa l'attention des amateurs qui la nommèrent *Reine-Marguerite*. C'est en 1734 qu'on obtint des variétés violettes. Depuis cette époque le nombre de ces variétés s'est fort augmenté, mais ce n'est que très-récemment qu'on a obtenu celle qu'on nomme *à tuyaux* et dont les fleurs paraissent hémisphériques.

On cite encore trois espèces d'Aster à feuilles pinnées, dont deux à rayons jaunes ; l'*Aster pinnatus* de Cavanilles, II tab. 212, est de ce nombre; mais on doute qu'elles appartiennent réellement à ce genre. Dans toutes les autres, les feuilles sont simples et alternes, les demi-fleurons violets, rouges et blancs.

Le genre *Aster* de Linné a été divisé en plusieurs autres par divers auteurs. L'*Aster Amellus*, L. a formé l'*Amellus* d'Adanson dans lequel l'involucre est lâche et entièrement squarieux. Henri Cassini a depuis établi les suivans : *Callistemma*, formé d'une seule espèce, l'*Aster sinensis*, dans lequel la fleur est extrêmement grande ainsi que son involucre, et où une rangée extérieure de petites écailles simule une double aigrette sur le fruit. — *Eurybia*, où les folioles de l'involucre sont conniventes, et auquel se rapportent les *Aster Tripolium et corymbosus*. — Il en est de même dans les genres *Felicia*, où les poils de l'aigrette sont denticulés et auquel se rapporte l'*Aster tenellus*, L., et *Galatea* composé des *Aster Dracunculoïdes*, *trinervis*, *punctatus*, L., où les demi-fleurons sont neutres.

Les jardiniers appellent *Aster* d'*Afrique* le *Cineraria Amelloïdes*, L., *Agathœa cœlestis* de Cassini. *V.* AGATHÆA. (A. D. J.)

*ASTÉRÉES. BOT. H. Cassini nomme ainsi la sixième des tribus qu'il a établies dans la famille des Synanthérées, et il lui assigne pour caractère distinctif la disposition de deux branches du style qui se courbent l'une vers l'autre comme celles d'une pince, c'est-à-dire en présentant une convexité externe et une concavité interne, et qui, hérissées tout autour de papilles glanduleuses et filiformes dans leur moitié supérieure, offrent inférieurement et en dedans deux bourrelets stigmatiques, saillans, non-confluens, séparés par un large intervalle: disposition qu'on peut voir représentée dans la. pl. du Dict. des Sc. natur. où sont figurés les détails anatomiques des tribus de Synanthérées (A. D. J.)

* ASTERELLE. *Asterella*. BOT. CRYPT. (Palisot de Beauvois.) Genre démembré des *Marchantia* de Linné et qui n'a point été adopté. Il renfermait deux espèces dont l'une, l'*A. tenella*, est représentée par Dillen, tab. 75 fig. 4, et l'autre, le *Marchantia conica*, est figurée par le même auteur, pl. 75. fig. 2. *V.* MARCHANTIE. (B.)

* ASTERGIR. BOT. PHAN. (Rhasez.) L'un des noms de l'Azedarach. *V.* ce mot. (B.)

ASTERIAS ET ASTOR. OIS. (Aldrovande.) Syn. de l'Autour, *Falco palumbarius*, L. en Italie. *V.* FAUCON. Ces noms ont aussi été donnés au Butor, *Ardea stellaris*. *V.* HÉRON. (DR..Z.)

* ASTERIAS. POIS. (Aristote.) Syn. de Chat Rochier, *Squalus stellaris*, L. *V.* SQUALE. (B.)

* ASTERIAS. BOT. PHAN. (Daléchamp.) Syn. d'*Arenaria*, *V.* SABLINE, et dans quelques auteurs, nom donné au *Gentiana lutea*, L. *V.* GENTIANE. (B.)

ASTÉRIE. *Asterias*. ÉCHIN. Genre établi par les anciens auteurs pour les Etoiles de mer, classé parmi les Mollusques par Linné et par beaucoup d'autres naturalistes; placé par Bruguière dans un ordre particulier, celui des Vers Echinodermes, entre les Mollusques nus et les Testacés; enfin restreint par Lamarck dans ses véritables limites. Il en a fait, sous le nom des Stellérides, la première section de ses Radiaires Echinodermes, et l'a divisée en quatre genres. Cuvier a adopté ces genres et a mis les Astéries à la tête de ses Echinodermes pédicellés : il commence par ces Animaux le tableau méthodique de ses Zoophytes. Il est impossible de ne pas suivre l'opinion de ces naturalistes célèbres ; ainsi l'on ne traitera dans cet article que des Astéries proprement dites. *V.* les mots COMATULE, EURYALE et OPHIURE, pour les autres Etoiles de mer. Les Astéries ont pour caractères : un corps suborbiculaire, déprimé, divisé dans sa circonférence en angles, lobes ou rayons disposés en étoile ; la face inférieure des lobes ou des rayons est munie d'une gouttière longitudinale, bordée de chaque côté d'épines mobiles et de trous pour le passage de pieds tubuleux et rétractiles ; leur bouche est inférieure, centrale et placée au point de réunion des sillons inférieurs. Elles sont appelées vulgairement Etoiles de mer, et doivent ce nom à la forme de leur corps, divisé en rayons divergens de la même manière que ceux que l'on emploie pour figurer une étoile. Ces rayons sont en général au nombre de cinq ; leur surface, principalement la supérieure, présente une multitude de tubes contractiles, beaucoup plus petits que les pieds ; ils paraissent destinés à absorber et à rejeter l'eau après qu'elle a été introduite dans la cavité générale du corps, sans doute pour une sorte de respiration. La bouche est constamment située au centre de la face inférieure de l'Animal ; elle sert d'anus, et communique à un estomac court et large d'où partent, pour chaque rayon, deux cœcums ramifiés comme des Arbres. La charpente osseuse de ces Animaux, que l'on a comparée quelquefois, mais à tort, à une colonne vertébrale, est composée de rouelles ou disques pierreux, articulés ensemble, et d'où partent les branches cartilagineuses qui soutiennent l'enveloppe extérieure ; cette sorte de colonne ne produit jamais de côtes, et ne sert point d'enveloppe à un tronc nerveux ; elle a plus de rapport avec une tige d'Encrine qu'avec tout autre objet.

Les Astéries présentent un appareil de vaisseaux assez compliqués : les uns semblent destinés à transporter la matière nutritive dans toutes les parties du corps ; certains se dirigent vers l'organe respiratoire et se rapprochent ensuite du centre, etc. On ne peut cependant pas dire qu'il y ait une véritable circulation. Elles ont une puissance de reproduction difficile à concevoir ; non-seulement elles reproduisent dans trois ou quatre jours les rayons qui leur sont enlevés isolément, mais un seul rayon, laissé entier autour du centre, lui conserve la faculté de reproduire tous les autres. — Ces Animaux, quoique privés d'organes particuliers pour la vue, l'odorat et l'ouïe, sont sensibles à la lumière, aux odeurs et au bruit. Dira-t-on que ce n'est qu'un effet de leur irritabilité? Quelques auteurs les regardent comme hermaphrodites ; je ne partage pas cette opinion, malgré les observations du docteur Spix qui prétend avoir découvert leurs organes sexuels : il leur a trouvé de véritables ovaires en forme de grappe de raisin, situés dans chaque rayon, ainsi qu'un système nerveux assez compliqué, que Cuvier avait indiqué dans ses leçons d'anatomie comparée. — Marchant très-difficilement, les Astéries nagent aussi avec peine, et ne peuvent s'élever du fond de l'eau qu'en grimpant contre les rochers : quand elles veulent descendre, elles se laissent tomber sans faire le moindre mouvement.

Les Astéries varient beaucoup dans leur grandeur ; il en existe de microscopiques et de plus d'un pied et demi de diamètre. Leur couleur varie de même suivant les espèces, et l'on en trouve de toutes les nuances ; presque toujours la partie inférieure de leur corps est blanchâtre, caractère qui indique la station habituelle de ces Animaux. Elles sont très-voraces, et se nourrissent uniquement de Vers, de Mollusques, etc., jamais de Plantes marines. Elles se plaisent sur le sable, sous les pierres, sur les rochers ; elles s'attachent sur leurs pentes verticales, et adhèrent aux voûtes des grottes sous-marines.

Aucune Astérie ne peut servir à la nourriture de l'homme ; dans beaucoup de pays on les regarde même comme vénéneuses et donnant quelquefois aux Moules leur qualité malfaisante. Est-ce une erreur? L'on n'en fait aucun usage, si ce n'est pour fumer les terres ; c'est un engrais excellent, dont les habitans des bords de la mer, principalement ceux de la Normandie, connaissent tout le prix.

Les Astéries fossiles sont assez communes dans les terrains de dépôts ; on les trouve rarement entières. C'est des carrières de la Thuringe, des schistes de Solenhofen et de Pappenheim, des carrières de Pirna, de Chassay-sur-Saône, de Malesmes, des environs de Cobourg et de Rotembourg-sur-la-Tauber, que l'on a retiré les Astéries fossiles les mieux caractérisées ; l'on croit qu'il en existe des débris dans le terrain coquillier des environs de Paris, à Grignon, à Valognes, à Caen, dans le Jura, en Italie, etc.

Lamarck a divisé les Astéries en deux sections : la première renferme les Astéries scutellées ; la deuxième, les Astéries rayonnées. — Les principales espèces de ce grand genre sont :

L'Astérie parquetée, *Asterias tessellata*, Encycl. tab. 96—97. fig. 1. 2. — 98. fig. 1. 2. Plane, pentagone, sans épines, granulée en mosaïque des deux côtés ; le bord articulé. Cette espèce est remarquable par sa forme simple, par ses angles courts, par le bourrelet articulé de ses bords, et par les nombreuses variétés qu'elle présente. Elle est indiquée dans les mers d'Europe, d'Amérique et des Grandes-Indes. La même espèce peut-elle se trouver dans des localités si différentes ? La chose est possible ; mais nous en doutons, surtout en comparant les figures citées par les auteurs.

L'Astérie discoïde, *Asterias discoidea*, Encycl. tab. 97. fig. 3. tab. 98. fig. 3. et tab. 99. fig. 1. Espèce singulière, presque orbiculaire, pentagone et très-épaisse. Ses angles sont bifides au sommet par le prolongement des gouttières inférieures jusque sur une partie du dos, presque lisse et convexe ; la face inférieure est parquetée de pièces finement granuleuses, chargée d'autres grains plus gros Cette Astérie a quatre à cinq pouces de diamètre : l'on ne connaît point son habitation.

L'Astérie a aigrettes, *Asterias papposa*, Encycl. tab. 107. fig. 4 et 5, 6 et 7. La partie supérieure et les bords sont hérissés de tubercules soyeux ; les rayons, au nombre de douze à quinze, sont lancéolés et moins longs que le diamètre du disque ; la couleur est roussâtre ou ferrugineuse. Lamarck distingue deux variétés dans cette espèce, en général assez commune : la première, dessinée dans les figures 4 et 5 ; la deuxième, dans les figures 6 et 7. Les différences entre ces deux variétés ne seraient-elles pas assez grandes pour établir deux espèces, d'autant que l'une se trouve dans l'Océan européen, et l'autre dans la mer des Indes ?

L'Astérie rougeatre, *Asterias rubens*, Encycl. tab. 112. fig. 3. 4. tab. 113. fig. 1. 2. Cette espèce est tellement commune sur une partie des côtes de France, qu'on la répand sur la terre au lieu de fumier ; ses rayons, au nombre de cinq, rarement de quatre ou de six, sont lancéolés et couverts de tubercules épineux.

L'Astérie orangée, *Asterias aurantiaca*, Encycl. tab. 110. fig. 1—5. et tab. 111. fig. 1—6. Son disque assez large est un peu moins déprimé en dessous qu'en dessus, et se divise en cinq rayons lancéolés, marginés et frangés ; les bords semblent articulés par le produit des sillons transverses qui les divisent. Cette espèce se trouve dans les mers d'Europe : elle est grande, belle et remarquable par ses caractères ; elle varie tellement que l'on est quelquefois tenté de croire que l'on a réuni plusieurs espèces sous le même nom.

Lamarck a encore décrit plus de quarante espèces de ce genre. Dans ce nombre, quinze sont indiquées des mers d'Europe, seize des mers des Indes ou de l'Océanique, cinq de l'Amérique, une d'Afrique ; l'habitation des autres est inconnue. Combien doit être considérable le nombre des Astéries que nous ne connaissons pas, puisque ces Animaux, de même que la plus grande partie des Rayonnés, sont plus nombreux dans les pays chauds que dans les pays froids. Quelques autres espèces d'Astéries ont été décrites ou figurées par les auteurs modernes. Lamarck n'en fait point mention; elles n'ont d'ailleurs rien de remarquable. (LAM..X.)

ASTÉRIE. MIN. Les anciens désignaient sous ce nom une Pierre susceptible de poli, et qui faisait voir, lorsqu'on la présentait au soleil, l'image d'une étoile à six rayons changeant de place selon l'inclinaison que l'on donnait à la Pierre. Selon Delaunay (Minéral. des Anciens, I. p. 114), cette Astérie serait une variété chatoyante de Feldspath; mais on pense qu'elle était plutôt ce que l'on nomme aujourd'hui Girasol, variété de Corindon hyalin. *V.* GIRASOL, et CORINDON. (B.)

* ASTERION. BOT. PHAN. (Dioscoride.) Syn. de Chanvre. *V.* ce mot. (B.)

* ASTERIOPHIURE. *Asteriophiura.* ECHIN. Genre que nous avions proposé entre les Astéries et les Ophiures dans notre Mémoire sur l'Ophiure à six rayons (Ann. du Mus. tom. 20). Il est remplacé par le genre Euryale de Lamarck. (LAM..X.)

* ASTERIPHOLIS. BOT. PHAN. (Pontédera.) Syn. d'*Aster Novæ-Angliæ*, L. (B.)

*ASTERISQUE. *Asteriscus.* BOT. PHAN. Genre de Tournefort réuni au *Buphthalmum* par Linné. *V.* BUPHTHALME. Ce nom a été donné par d'autres botanistes anciens à diverses Syngénèses ou Synanthérées. (B.)

ASTERITES. ECHIN. FOSS. et POLYP. Qu'il ne faut pas confondre avec ASTÉRIE, Pierre citée par les anciens. C'est-à-dire en *forme d'étoiles.* Pétrifications qu'on a d'abord cru des Astéries fossiles, mais qu'on a découvert depuis n'être que des articulations d'Encrine. *V.* ce mot et ENCRINITE. Le nom d'Astérite a été en outre appliqué à des Isis. *V.* ce mot. (B.)

* ASTERKILLOS. BOT. PHAN. L'un des noms africains de la Millefeuille, *Achillea Millefolium*, L. selon Adanson. *V.* MILLEFEUILLE. (B.)

*ASTEROCEPHALUS. BOT. PHAN. Sébastien Vaillant (dans les Mém. de l'Acad. de Paris, an 1712) a formé sous ce nom un genre qui depuis est rentré parmi les Scabieuses, *V.* ce mot. Le *Scabiosa argentea*, L. en faisait partie, (B.)

* ASTEROIDE. *Asteroidea.* BOT. PHAN. Genre formé par Tournefort (*Coroll.* I. R. H. p. 51), pour deux Plantes que Linné a confondues dans le genre *Buphthalmum*, et dont l'une est le *B. grandiflorum. V.* BUPHTHALME. (B.)

ASTÉROME. *Asteroma.* BOT. CRYPT. (*Hypoxylons.*) De Candolle a établi ce genre dans le supplément de la Flore française; il en a donné depuis une description plus détaillée et de très-bonnes figures dans les Mémoires du Muséum d'histoire naturelle, tome III, p. 329. Toutes les Plantes de ce genre sont parasites sur les feuilles vivantes; elles sont composées de filamens byssoïdes, dichotomes, rayonnans d'un même centre, et formant des taches irrégulièrement arrondies. Ces filamens sont évidemment placés dessous l'épiderme, dont le tissu se continue d'une manière très-visible par-dessus; ils représentent, sur plusieurs de leurs points, des tubercules arrondis, ressemblant à de petites Sphæries, et qui, comme elles, m'ont paru présenter un orifice arrondi. Ces tubercules sont si petits qu'on n'a pas encore pu s'assurer si c'était de vraies loges remplies, comme celles des Sphæries, d'un fluide mucilagineux, même de sporules; mais la manière dont ces tubercules s'affaissent dans les échantillons conservés en herbier, paraît prouver qu'à l'état frais ils étaient remplis par une matière fluide.

De Candolle, dans le Mémoire que nous venons de citer, a décrit six espèces de ce genre; cinq sont noires et croissent sur les feuilles de la Raiponce, *Phyteuma spicatum;* de la Dentaire, *Dentaria pinnata;* du Sceau de Salomon, *Polygonatum vulgare;* de la Violette à deux fleurs, *Viola biflora*, et du Frêne. Une autre est rouge, et pousse sur les feuilles du Cerisier à grappes, *Cerasus Padus*;, on leur a donné les noms de ces diverses Plantes. La plupart habitent également sur la surface inférieure et supérieure des feuilles. Nous en avons observé une autre espèce sur les feuilles de la Campanule à feuilles de Pêcher, *Campanula persicifolia*, qui diffère très-peu de celle du *Phyteuma*; ce qui confirme l'analogie qu'on a observée en général entre les Cryptogames parasites qui croissent sur des Plantes de la même famille. Ces Plantes ne paraissent pas nuire beaucoup aux Végétaux sur lesquels on les trouve, car elles ne les empêchent ni de fleurir, ni de donner des graines mûres. (AD.B.)

ASTEROPE. *Asteropeia*. BOT. PHAN. Du Petit-Thouars nomme ainsi un petit Arbrisseau observé par lui à Madagascar, qu'il décrit pag. 51, et figure tab. 15 de son Histoire des Végétaux recueillis dans les îles australes d'Afrique. Son calice est quinquefide. Ses pétales, au nombre de cinq, s'insèrent au calice, alternent avec ses divisions et sont caduques. Il y a dix étamines, dont une alternativement plus courte; leurs filets se réunissent inférieurement en un urcéole adné à la base du calice. L'ovaire est libre, à trois angles obtus, et se termine par un style court divisé en trois branches qui portent trois stigmates capités. Le fruit, autour duquel le calice persiste et s'agrandit en formant une expansion stelliforme, est une capsule à trois loges, dont chacune contient trois ou quatre graines attachées au réceptacle central. Les feuilles sont alternes, entières, courtement pétiolées, d'une substance ferme et grasse au toucher. Les fleurs sont disposées en panicules terminales.—Du Petit-Thouars croit que ce genre peut être placé convenablement à côté du *Blackwellia*, et former avec lui et quelques autres une famille distincte des Rosacées. Il a aussi des rapports avec la *Macarisia*, Plante classée avec doute parmi les Rhamnées. Il se contente d'indiquer ces rapprochemens, sans en assurer la certitude, n'ayant pu observer la graine dans son état de perfection. (A.D.J.)

* ASTÉROPHORE. *Asterophora*. BOT. CRYPT. (*Lycoperdacées*.) Ce genre fut d'abord établi par Ditmar dans le Journal de Schrader (vol. III. p. 56). Le même auteur en a donné une bonne figure dans la Flore d'Allemagne de Sturm (tab. 26), et Link, dans ses Observations sur les Champignons (*Natur. Berlin. Mag.* 1809. p. 31), avait déjà décrit ce même genre d'après Ditmar qui le caractérise ainsi : péridium hémisphérique, stipité, présentant à sa face inférieure des lamelles, se rompant et finissant par se détruire entièrement, renfermant des sporules anguleuses, étoilées. Nées d'Esenbeck, malgré la grande différence qui existe entre cette Plante et les autres Agarics, persiste à ne la regarder que comme formant une section de ce genre, à laquelle il donne le nom d'*Asterophora* (Nées, *Systema Fungorum, pars 2, p. 53*). La présence d'un vrai péridium, la disposition des sporules nous paraissent devoir faire ranger évidemment cette Plante parmi les Lycoperdacées.

L'espèce la plus anciennement connue de ce genre, *Asterophora Lycoperdoides*, Dit., est l'*Agaricus Lyperdoides* de Bulliard, tab. 166 et 516, fig. 1, et de Persoon (*Synopsis Fungorum*, p. 325). Le premier de ces auteurs avait déjà bien senti les caractères qui distinguent entièrement ce Champignon des autres Agarics. Il dit en effet, tab. 166 : « Au premier coup-d'œil on croirait voir la Vesse-Loup pédiculée ; mais lorsqu'on l'examine avec attention, même à l'œil nu, on y découvre des feuillets très-distincts, qui ne ressemblent pas à la vérité aux feuillets des Agarics, et qui ne paraissent pas non plus destinés à remplir les mêmes fonctions. Ces feuillets sont entiers, rares, très-épais, noirâtres, peu saillans. » Dans la planche 516, il a parfaitement figuré les sporules étoilées de cette Plante. Ce petit Champignon a ordinairement un à deux pouces de haut; il est d'une couleur brune; sa surface est pelucheuse ou un peu velue. Il croît sur les Agarics qui commencent à se décomposer, et particulièrement sur l'*Agaricus adustus*, Pers. et sur l'*Agaricus fusipes* de Bulliard.

Fries, dans ses observations mycologiques, en a distingué quatre espèces; une, à laquelle il donne le nom d'*Asterophora Agaricoides*, est celle que nous venons de décrire; une autre, qu'il nomme *Asterophora Lycoperdoides*, est l'*Agaricus Lycoperdoides* de Sowerby (Champignons d'Angleterre, tab. 383); une troisième, qu'il désigne par le nom d'*Asterophora Physaroides*, a été figurée par Micheli, *Nova Genera*, tab. 82, fig. 1. Cet auteur avait aussi remarqué la forme étoilée des graines. La quatrième, qu'il appelle *Asterophora Trichioides*, a été découverte par lui en Suède. Toutes croissent sur les Agarics pourris. (AD. B.)

* ASTEROPHYLLITE. *Asterophyllites*. BOT. FOSS. Nous avons établi ce genre dans un Mémoire sur les Végétaux fossiles, inséré dans les Mémoires du Muséum d'Histoire naturelle, vol. VIII. Nous lui avons donné le caractère suivant : Plantes à feuilles verticillées, linéaires ou lancéolées, traversées par une seule nervure médiane. Ces feuilles sont en général réunies de 12 à 20 par verticille; la tige est presque toujours rameuse, à rameaux opposés. Ce même genre avait été nommé par Schlotheim Casuarinites; mais ce nom indique un rapprochement si évidemment faux, qu'il a paru nécessaire de le changer. Sternberg, dans le second cahier de son ouvrage sur les Plantes fossiles, que nous ne connaissions pas à l'époque de la publication du Mémoire cité ci-dessus, a formé, de ce genre, ses deux genres *Schlotheimia* et *Rotularia*; mais les caractères qui les distinguent ne nous paraissent pas assez importans pour autoriser cette division, et d'ailleurs le nom de *Schlotheimia* est déjà donné à un genre de Mousses. Les Plantes qui appartiennent au genre *Asterophyllites* ne semblent jusqu'à présent pouvoir se rapporter à aucun genre connu. Les auteurs anciens, tels que Walch, Scheuchzer, etc., rapprochaient ces Plantes des Galium, des Hippuris et des Equisetum. On les a depuis comparées à des Chara; mais ces deux dernières analogies sont évidemment fausses; car dans les Equisetum et les Chara, ce sont des rameaux articulés, et non des feuilles, qui sont réunis par verticilles. — Les Astérophyllites diffèrent des Galium et de toutes les Rubiacées à feuilles verticillées connues, par leurs feuilles réunies en beaucoup plus grand nombre à chaque verticille que dans aucune espèce de Rubiacées. Elles se distinguent par ce même caractère de toutes les Plantes à feuilles verticillées auxquelles on les a comparées. Les Hippuris qui s'en rapprochent par ce caractère en diffèrent par leur tige simple. Il est probable que ces Plantes qui appartiennent toutes au terrain houiller faisaient partie d'un genre qui n'existe plus actuellement.

Nous avons pourtant placé dans ce genre, sous le nom d'*Asterophyllites Faujasii*, une Plante fossile trouvée par Faujas à Roche-Sauve dans le Vivarais, et figurée dans les Annales du Muséum (tom. II. pl. 57. fig. 7). Mais il est probable que, si on en possédait de meilleurs échantillons, on pourrait rapporter cette Plante à un genre connu, et nous avons déjà indiqué son analogie avec le genre Ceratophyllum. (AD. B.)

* ASTÉROPLATYCARPOS. BOT. PHAN. (Commelin.) Syn. d'*Othonna abrotanifolia*, L. *V*. OTHONNE. (B.)

ASTÉROPTÈRE. *Asteropterus*. BOT. PHAN. Parmi les espèces du genre *Leysera*, L., qui appartient à la famille des Corymbifères, les unes avaient un réceptacle paléacé, et tous leurs akènes couronnés par une sorte de petit tube scarieux, les autres un réceptacle n'offrant de paillettes qu'à sa périphérie, et des aigrettes simples pour les akènes de la circonférence, et composées pour ceux du milieu. Ces dernières espèces appartenaient au genre *Asteropterus* établi antérieurement par Vaillant. Il a été adopté par Adanson et par Gaertner qui en donne les caractères, et le figure, tab. 173. fig. 6. *V.* LEYSÉRA. (A. D. J.)

* ASTÉROSPORIUM. BOT. CRYPT. (*Urédinées.*) Ce genre a été séparé par Kunze (Journal de Botanique de Ratisbonne, 1819, p. 225) des *Stilbospora* de Persoon. Il est caractérisé ainsi : capsules étoilées, cloisonnées, réunies en groupes, renfermant des sporules ovales et placées sur une base filamenteuse et granuleuse. Le type de ce genre est le *Stilbospora asterosperma* (Hoffmann, Flore d'Allemagne; Persoon, *Synopsis Fungorum*) que Link avait déjà présumé devoir former un genre particulier. Kunze lui donne le nom d'*Asterosporium Hoffmanni*. Il se développe dans la substance même du bois, soulève l'écorce et la rompt irrégulièrement. Il sort par cette fente une base granuleuse, noire, entièrement couverte de capsules étoilées de la même couleur, contenant des sporules allongées. Ces capsules sont à trois cornes, rarement à quatre ou à cinq. Tous ces caractères ne peuvent se voir qu'avec le secours d'un microscope composé; à l'œil nu les groupes de capsules ne forment qu'une petite tache noire sur l'écorce.

Ce genre diffère des Stilbospora et des Melanconium par la forme étoilée de ses capsules. Il se distingue du genre Prostenium de Kunze par l'absence de péridium. (AD. B.)

* ASTICOT. ZOOL. Même chose qu'Achée. *V.* ce mot. (B.)

* ASTISCHE. CRUST. (Scopoli.) Syn. de *Cancer Gammarus*, L. sur les bords de l'Adriatique. (B.)

* ASTOCHADOS. BOT. PHAN. Syn. de *Lavandula Stœchas*, L. chez les Arabes. *V.* LAVANDE. (B.)

ASTOME. *Astoma.* ARACHN. Genre de l'ordre des Trachéennes, établi par Latreille qui lui assigne pour caractères : six pieds; point de siphon ni de palpes apparens ; bouche ne consistant qu'en une petite ouverture pectorale. Ces Animaux qui appartiennent (Considér. génér.) à la famille des Microphtires ou (Règne Anim. de Cuv.) à celle des Holètres, tribu des Acarides, ont le corps mou, ovoïde, d'une belle couleur rouge, de la grosseur d'une graine de pavot, et muni de six pates très-courtes. Ils vivent parasites sur plusieurs Insectes, et de préférence sur les Diptères. L'espèce servant de type au genre est l'Astome parasite, *A. parasitica*, ou la Mitte parasite, *Acarus parasiticus* de Degéer (Ins. t. 7). Elle a été décrite et représentée par Hermann (Mém. aptérologique) qui la range dans sa division des Trombidies hexapodes, et lui impose le nom de *Trombidium parasiticum*. Elle est très-commune sur les Mouches. (AUD.)

ASTOMELLE. *Astomella.* INS. Genre de l'ordre des Diptères fondé par Léon Dufour. Ses caractères sont: antennes un peu plus longues que la tête, formées de trois articles, le dernier en bouton allongé, comprimé et sans soie; point de trompe apparente. Latreille (Règne Anim. de Cuv.) place les Astomelles dans la famille des Tanystomes en les réunissant au grand genre Cyrte qui correspond à la famille des Vésiculeux, des Considérations générales.—Ce genre a pour type une espèce trouvée en Espagne, qui porte le nom d'Astomelle clavicorne, *A. clavicornis.*—Elle est d'un brun noirâtre avec des bandes transversales de couleur jaune sur l'abdomen. Latreille en possède une seconde des environs de Montpellier; enfin Vander Linden, entomologiste distingué de Bruxelles, nous en a communiqué une troisième qu'il nomme Astomelle fauve, *Ast. Vaxelii.* Elle paraît être la même que l'*Henops Vaxelii* décrit par Klug (*Magazin. Berlin.* 1807. 4e cah. p. 263. tab. VII. fig. 6). Elle a été trouvée en

Italie, dans les environs de Bologne. Voyez-en la description dans le Bulletin des sciences, par la Société philomatique, année 1822. (AUD.)

* ASTOMES. *Astomi.* BOT. CRYPT. (*Mousses.*) Sous ce nom, Bridel a désigné une des divisions de la famille des Mousses, qui renferme les genres dont la capsule est dépourvue d'ouverture. Il n'y place que les genres *Phascum* et *Pleuridium*; ce dernier n'est qu'un démembrement du genre *Phascum* de la plupart des botanistes. On doit y ajouter le genre *Voitia* de Hornschuch. Peut-être doit-on aussi y placer le genre *Andrea* qui se rapproche des Phascum par son opercule persistant, quoiqu'il en diffère par plusieurs caractères qui rendent difficile de le ranger dans aucune des sections de la famille des Mousses. *V.* les mots cités dans cet article. (AD.B.)

ASTORE. OIS. Syn. d'Autour en Italie. *V.* FAUCON. (DR..Z.)

ASTOURES. BOT. PHAN. Graines qui ont la propriété d'enivrer les Poissons, et que Bosc dit être celles de deux espèces de *Verbascum*. *V.* MOLÈNE. (B.)

ASTOURON. BOT. PHAN. (Bosc.) Syn. en langage caraïbe de *Myrtus Pimenta*, L. *V.* MYRTE. (B.)

* ASTRAGALE. ZOOL. *V.* OS.

ASTRAGALE. *Astragalus.* BOT. PHAN. Ce genre des Légumineuses, qui comprend des espèces si nombreuses, a été le sujet de deux belles Monographies, l'une publiée par Pallas sous le titre de *Species Astragalorum descriptæ et Icon. illustr.*, *in-fol.*, *Leipsick*, *1800*; l'autre par De Candolle, sous le titre d'*Astragalogia*, *in-4 et in-fol. Paris*, *1802*, avec 50 planches. C'est ce dernier travail que nous suivrons ici.

Parmi les Légumineuses, un certain nombre présente un légume à deux loges plus ou moins complètes, résultant de l'introflexion des deux valves qui se portent en formant une cloison d'une suture à l'autre. Ce sont ces Légumineuses complètement biloculaires que Linné connaissait sous le nom d'Astragale, reléguant dans le genre *Phaca* celles où les deux loges sont incomplètes, et où les valves se réfléchissent de la suture supérieure vers l'inférieure, et dans le genre *Biserrula* celles où le légume plane présente sur son bord autant de sinuosités qu'il contient intérieurement de graines; mais Linné lui-même n'a pas eu toujours égard à ces caractères dans la distribution des espèces.

Pallas fait un seul genre du Phaca et de l'Astragalus de Linné, et de l'Astragaloïde de Tournefort.—De Candolle, enfin, admet trois genres, *Biserrula*, *Astragalus*, *Oxytropis*, ce dernier formé de plusieurs espèces d'Astragales des auteurs, et caractérisé par la pointe qui termine sa carène et sa cloison formée par l'introflexion de la suture supérieure *V.* OXYTROPIDE.

L'Astragale qui doit seul nous occuper ici, est distingué par les caractères suivans : son calice est à cinq dents ou cinq divisions plus profondes, plus court en général que la corolle. Celle-ci est papilionacée, à étendard oblong, ovale ou arrondi, souvent échancré au sommet, quelquefois réfléchi sur ses côtés, plus long que les ailes qui l'égalent cependant quelquefois; à ailes stipitées, dont le limbe est oblong et muni d'une oreillette à sa base; à carène obtuse, plus courte que les ailes, ou presque égale, portée sur un double onglet. Des dix étamines, neuf sont réunies par leurs filets presque jusqu'au sommet; la dixième est libre. L'ovaire est sessile, ou plus rarement stipité, de forme variable; le style infléchi à sa base ou à son milieu; le stigmate simple ou en tête. Le fruit est un légume sessile ou stipité, mais rarement, sans dents sinueuses sur son bord, présentant intérieurement deux loges complètes ou incomplètes que forment les valves en se réfléchissant de la suture inférieure. Les graines sont réniformes, en nombre égal dans chacune des deux loges. De Candolle en décrit cent quarante-deux espèces. La plupart habitent la partie occidentale de l'Asie; deux la

Chine; deux le Canada; trois l'Amérique méridionale. On trouve les autres dans la Sibérie, la Perse, la Judée, l'Asie mineure, la Barbarie et les contrées méridionales de l'Europe. Le même botaniste abandonne la division de Linné établie sur l'absence ou la présence d'une tige herbacée ou ligneuse, parce que, suivant les terrains, la même espèce peut avoir ou n'avoir pas de tige, et devenir de ligneuse herbacée, et parce que d'ailleurs elle éloigne des espèces évidemment voisines. On pourrait tirer de bons caractères des fruits qui offrent une grande variété; mais comme ils manquent souvent dans les jardins ou les herbiers, il a mieux aimé baser sur une autre partie qu'on y retrouve constamment, la division des espèces; et c'est à peu près la même qu'a suivie Persoon qui, dans son Synopsis, en compte cent soixante-neuf. — Les stipules s'insèrent tantôt sur la tige, tantôt sur les pétioles. Parmi les espèces dont les stipules sont caulinaires, les unes ont des corolles pourpres ou d'un blanc rose, et dans celles-ci, les tiges sont tantôt étalées à terre, tantôt dressées ou presque nulles; les autres ont des corolles jaunâtres, et la même différence peut s'observer dans leurs tiges. — Parmi les espèces à stipules pétiolaires, il y en a dont le pétiole se prolonge en épine, et leurs fleurs sont sessiles ou pédonculées; il y en a d'autres dont le pétiole est inerme, et leur corolle tire sur le jaune ou sur le rouge. De-là huit sections dans lesquelles toutes les espèces viennent se placer.

Les feuilles des Astragales sont pinnées avec ou sans impaire; leurs fleurs ramassées ou en épi, axillaires ou terminales. De l'écorce de quelques espèces découlent des sucs gommeux. C'est l'*Astragalus creticus* qui fournit, suivant Tournefort, l'Adragant du commerce; il suinte des *A. gummifer* et *verus*, des gommes de même nature *V.* ADRAGANT et GOMME. (A. D. J.)

* ASTRAGALLINUS. OIS. Syn. vulgaire du Chardonneret, *Fringilla Carduelis*, L. *V.* GROS-BEC. (DR..Z.)

ASTRAGALOIDES. BOT. PHAN. Genre établi par Tournefort dans sa classe des Papillonacées, adopté par Adanson et conservé par Linné qui lui a donné le nom de Phaca sous lequel il est aujourd'hui connu. *V.* PHACA. (B.)

* ASTRAIRES OU ASTRÉES. POLYP. Ordre des Lamellifères dans la division des Polypiers entièrement pierreux, composé des genres Echinopore, Explanaire et Astrée, *V.* ces mots : des lamelles rayonnantes divisent leurs nombreuses cellules, presque semblables à de petites étoiles, d'où leur est venu le nom d'Astrées ou Astraires. Ces étoiles sont placées en général sur la surface supérieure du Polypier, souvent elles le couvrent en entier; elles sont limitées dans certaines espèces; dans quelques-unes les lames se croisent ou s'imbriquent; dans plusieurs, elles semblent se confondre; malgré ces différences, les Polypes paraissent toujours distincts quoique liés ensemble par une membrane non interrompue. (LAM..X.)

* ASTRALE. MOLL. *V.* ASTROLE. (F.)

* ASTRALOS. OIS. Syn. d'Etourneau. *Sturnus vulgaris*, L. en grec. (B.)

ASTRANCE. *Astrantia*. BOT. PHAN. Genre de la famille des Ombellifères. Le calice est à cinq dents; les pétales recourbés et à deux lobes; le fruit ovale, allongé, couronné par le calice et formé par la soudure de deux akènes relevés chacun sur leur face extérieure de cinq côtes spongieuses que traversent des rugosités transversales. L'ombelle est à trois ou quatre rayons qu'environne un involucre de trois ou quatre feuilles semblables à celles de la tige; l'ombellule a un involucelle de plusieurs folioles coloriées simulant une corolle, et contient des fleurs nombreuses plus courtes que ces folioles, les unes hermaphrodites, les autres mâles en plus grand nombre et à pédoncules plus longs. Les feuilles sont palmées.

De six espèces décrites, une habite la Sibérie, une le cap de Bonne-Espérance, et quatre l'Europe. Celles-ci sont: l'*Astrantia major* dont les feuilles sont à cinq lobes trifides, aigus et dentés, grandes et assez semblables à celles de l'Hellébore noir; les folioles de l'involucelle longues, pointues et à trois nervures, semblant former au premier coup-d'œil, avec l'ombellule qu'elles entourent, une belle fleur rougeâtre. — L'*Astrantia minor*, plus petite dans toutes ses parties, dont les feuilles sont d'ailleurs composées de sept à neuf folioles tout-à-fait distinctes. Ces deux espèces sont figurées t. 191, des Illustr. de Lamarck. — L'*Astrantia Epipactis* de Scopoli, dont les feuilles sont découpées jusqu'à la base en trois lobes, dont les deux latéraux profondément bilobés, incisés et dentés en scie ainsi que les folioles de l'involucre qui sont obtuses, larges et beaucoup plus longues que les fleurs. Celles-ci sont jaunes. —L'*A. carniolica*, W., dont les feuilles radicales sont à cinq lobes oblongs et aigus, et les folioles de l'involucre entières. (A. D. J.)

ASTRANTHE. *Astranthus*. BOT. PHAN. Arbre de la Cochinchine, observé et décrit par Loureiro, d'après lequel il paraît offrir les caractères suivans: le calice, qu'il appelle corolle, présente un tube court et un limbe à quatorze divisions lancéolées, linéaires, alternativement plus longues et plus courtes, figurant une sorte d'étoile qui a donné son nom au genre. Ce nombre n'est pas constant, mais peut être de douze ou de seize, double toujours de celui des étamines, qui est le plus souvent sept, mais quelquefois aussi six ou huit. Les filets de celles-ci sont filiformes, dressés, leurs anthères arrondies et triloculaires. L'ovaire est libre, surmonté de quatre styles terminés chacun par un stigmate. Le fruit, suivant Loureiro, ne consiste qu'en une graine petite et ovoïde qui n'a d'autre enveloppe que le tube desséché du calice. Les feuilles sont alternes, les fleurs en épis axillaires, la hauteur de l'Arbre peu considérable. Ce genre doit être placé à la suite des Rosacées, entre le Surindia et le Blackwellia; peut-être appartient-il à l'un des deux. (A. D. J.)

*ASTRAPÆA. *Astrapœa*. BOT. PHAN. Famille des Malvacées, Monadelphie Polyandrie. Dans le 3e numéro des *Collectanea botanica* publiés à Londres par John Lindley, on trouve décrite sous le nom d'*Astrapœa Wallichii*, t. 14, une superbe Plante originaire de l'Inde, remarquable par des feuilles cordiformes très-grandes, des fleurs d'un rouge éclatant, disposées en capitule serré, environné d'un involucre composé de plusieurs folioles cordiformes sessiles. Ce genre se distingue par les caractères suivans: fleurs disposées en ombelle simple, entourées d'un involucre double, l'extérieur diphylle, l'intérieur polyphylle; calice simple, pentaphylle; corolle de cinq pétales dressés et roulés; étamines, environ vingt-cinq, monadelphes, dont cinq stériles; ovaire à cinq loges, renfermant plusieurs graines, terminé par un style et cinq stigmates. Ce genre est voisin des *Dombeya* et des *Pentapetes*. (A. R.)

*ASTRAPÉE. *Astrapœus*. INS. Genre de l'ordre des Coléoptères, de la section des Pentamères, établi par Gravenhorst (*Coleoptera microptera Brunsvicensia*, p. 199) aux dépens du genre Staphylin, supprimé ensuite par le même auteur (*Monographia Coleopterorum micropterorum*), et adopté cependant par Latreille qui lui assigne pour caractère distinctif, d'avoir les quatre palpes terminés par un article plus grand et presque sécuriforme. Ce genre (Considér. génér.) appartient à la famille des Staphyliniens, ou (Règne Anim. de Cuv.) à celle des Brachélytres.

Les Astrapées ont la même forme de corps que les Staphylins; leurs mœurs sont aussi semblables. L'espèce servant de type au genre et qui, pendant long-temps, a été la seule connue, est l'Astrapée de l'Orme, *Astr. ulmi* ou le *Staphylinus ulmi* de Rossi (*Faun. Etrusc. n°. 611. t. 5, fig. 6*), et d'Olivier (Entom. n° 17, pl. IV, fig. 37). Fabricius la nommait *Staphyl. ulmineus*. Elle est figurée dans Panzer (*Faun. Insect. Germ.* fasc. 88, tab. 4). On la trouve au printemps sous les écorces des Ormes, en France et dans le midi de l'Europe.

Latreille a découvert une autre espèce aux environs de Paris; elle avoisine le *Staphylinus brunnipes* de Fabricius. Dejean (Catal. des Coléopt.) en mentionne une troisième, originaire de Styrie. (AUD.)

ASTRAPIE. OIS. Genre établi par Vieillot pour y placer un Oiseau de la Nouvelle-Guinée, dont Latham a fait son *Paradisea gularis*, et Cuvier un Merle. *V.* STOURNE. (DR..Z.)

ASTRÉE. *Astrea*. POLYP. Genre de la division des Polypiers pierreux, qui a donné son nom à l'ordre des Astrées ou Astraires; il offre pour caractère : des masses pierreuses, épaisses, ordinairement planes, hémisphériques, ou globuleuses, quelquefois lobées, bien rarement dendroïdes ou rameuses; encroûtant le plus souvent les corps solides marins, et ne se trouvant presque jamais isolés : Leur surface est couverte d'étoiles toujours lamelleuses, rondes ou anguleuses, saillantes, unies ou enfoncées, limitées ou confuses. Le Sueur est le seul qui ait observé les Animaux de trois espèces d'Astrées; *Astrea Ananas*, *galaxea* et *siderea*. Ses descriptions, un peu trop courtes, ne nous ont pas permis d'y trouver un caractère générique; nous nous bornerons en conséquence à les faire connaître en traitant des espèces.

Le genre Astrée a été établi par Browne suivant les auteurs du Dictionnaire des sciences naturelles; Lamarck, dans son Histoire des Animaux sans vertèbres, l'a adopté et a fixé ses caractères; nous l'avons un peu modifié, parce que nous possédons des Astrées ayant l'apparence d'une tige tronquée et cylindrique. Lamarck divise ce genre en deux sections suivant que les étoiles sont séparées ou contiguës; d'après nos observations, cette division ne peut être conservée; les étoiles des Astrées se touchant toutes par le prolongement de leurs lames, elles se joignent et se croisent les unes avec les autres sans se mêler, sans se confondre; et comme le Polype couvre toujours l'intervalle entier des lames de chaque cellule, et que tous les Polypes se touchent, il en résulte que toutes les cellules doivent être contiguës. Les lamelles se fixent souvent autour d'un axe cylindrique, plein et très-petit; si son diamètre augmente, il devient fistuleux, et semble quelquefois remplacer la cellule; les lamelles entrent ou pénètrent dans son intérieur, mais ne s'étendent pas jusqu'au centre. Cet axe est enfoncé, uni ou saillant suivant les espèces.

Les ouvertures des étoiles sont plus ou moins éloignées; ce caractère n'a pas encore été assez observé pour servir à établir des sections dans ce genre nombreux principalement en espèces fossiles.—Les Astrées vivantes ne se plaisent que dans les régions chaudes et tempérées des trois Mondes; nous n'en connaissons point audelà du 40e degré de latitude dans l'hémisphère boréal. Nous citerons ici trois espèces comme exemple.

ASTRÉE RAYONNANTE, *Astrea radiata*, Lamx. Genre Polyp. p. 57, t. 47, fig. 8. Les étoiles sont grandes, orbiculaires, très-concaves, à bord arrondi et très-saillant; les lamelles intérieures des cellules sont étroites, les extérieures sont rayonnantes; elle habite l'Océan américain Atlantique.

ASTRÉE ANANAS, *Astrea Ananas*, Lamx. Genre Polyp. p. 59, t. 47, fig. 6. Le Sueur, Mém. du Mus. T. VI, p. 285, t. 16, fig. 12, a. b. c. Polypier subhémisphérique, à étoiles très-irrégulières, rondes, oblongues ou presque anguleuses; les lamelles libres au sommet, imbriquées avec celle de l'étoile voisine, sont tuberculées sur les deux surfaces. L'Animal est gélatineux, sans tentacules, à ouverture centrale, ronde et petite avec un disque charnu élevé en cône. Il se compose de rayons plissés qui se prolongent et s'étendent en une membrane gélatineuse, découpée autant de fois qu'il y a de lames à l'étoile; et remplit tous les intervalles sans couvrir le sommet des lamelles, dont la blancheur contraste avec la couleur d'un beau rouge, nuancé de violet, de l'Animal.

Le Sueur a trouvé ce Polypier à la Guadeloupe; il divise les Astrées en deux sections suivant que les Polypes ont ou n'ont pas de tentacules.

ASTRÉE GALAXÉE, *Astrea galaxea*, Lamx. Genre Polyp. p. 60, t. 47, fig. 7. Le Sueur, Mém. du Mus. T. VI, p. 285, t. 16, fig. 13. a. b. c. d. Ce Polypier encroûtant, presque globuleux, offre des étoiles contiguës, un peu enfoncées, dont les lamelles, au nombre de vingt-cinq ou trente, sont crénelées, arrondies, libres au sommet et de grandeur inégale; les intermédiaires sont plus étroites. L'Animal est gélatineux, pentagone ou hexagone comme ses cellules; le disque rayonnant des cellules s'élève en cône et présente une ouverture centrale et oblongue; de petits tubercules ou des plis, formant un ou deux cercles, s'observent sur les bifurcations de l'expansion membraneuse qui remplit l'intervalle qui sépare les lames. La couleur de ce Polype est d'un rouge mêlé de violet. Le Sueur l'a trouvé à la Guadeloupe, nous l'avons reçu de la Martinique et de la Havane. Lamarck l'indique dans l'Océan indien.

ASTRÉE ÉTOILÉE, *Astrea siderea*, Lamx. Genre Polyp. p. 60, t. 49, fig. 2. Le Sueur, Mém. du Mus. T. VI, p. 286, t. 16, fig. 14. a. b. c. Polypier presque globuleux, avec des étoiles irrégulières, proéminentes, hémisphériques, dont le centre très-petit est un peu enfoncé. Les lamelles sont crénelées, arrondies et libres au sommet. L'Animal est gélatineux, à disque très-petit: l'ouverture centrale est ovale et entourée de deux rangs de courts tentacules. Le corps est un peu proéminent, et ses côtés remplissent les intervalles qui sont entre les lamelles. La couleur de ce Polype est violette, pointillée de blanc au sommet, et d'un violet plus foncé à la base. Il se trouve dans les Antilles.

Un assez grand nombre d'autres espèces de ce genre ont été décrites par Lamarck dans son Système des Animaux sans vertèbres, et ce nombre pourrait facilement être plus que doublé. (LAM..X.)

* ASTRÉES. POYP. *V.* ASTRAIRES.

ASTRÉES FOSSILES. POLYP. FOS. *V.* ASTROÏTES.

ASTREPHIE. *Astrephia*. BOT. PHAN. Genre qui, selon Bosc, a été formé aux dépens du genre *Valeriana*, mais qui n'a pas été adopté. (B.)

ASTRILD. OIS. Espèce du genre Gros-Bec., *Loxia Astrild*, L. Elle habite l'Afrique et l'Ile-de-France. *V.* GROS-BEC. (DR..Z.)

*ASTRINGENT, ASTRINGENTE. *V.* NOIX DE GALLE.

* ASTRION. BOT. PHAN. (Dioscoride.) Syn. de *Plantago coronopifolia*, L. *V.* PLANTAIN. (B.)

* ASTRIOS. MIN. (Pline.) Pierre précieuse qui, selon les anciens, réfléchissait seulement la lumière des astres, tandis que l'Astérie réfléchissait aussi celle du soleil. Il paraît que c'était une variété de Corindon hyalin. *V.* ASTÉRIE. (B.)

ASTROBLÈPE. *Astroblepus*. POIS. Genre formé dans l'ordre des Apodes de Linné, par Humboldt qui a découvert la seule espèce dont il se compose dans les eaux d'une petite rivière américaine peu éloignée de Popayan. Ses caractères sont: corps déprimé, s'amincissant vers la queue; quatre rayons à la membrane branchiostège; ni dents, ni langue; deux barbillons implantés vers la commissure des lèvres; deux rayons dentés à toutes les nageoires; narines grandes, à bords membraneux; yeux petits, situés au-dessus de la tête, et dont la position a déterminé le nom d'Astroblèpe.

L'Astroblèpe de Grixalva, *Astroblepus Grixalvii*, Humb. (Obs. zool. fasc. T. 1, p. 37), dont on retrouve une bonne figure dans le Dictionnaire des sciences naturelles, est un Poisson dont la chair délicate est très-estimée, et qui acquiert jusqu'à quatorze pouces de longueur. (B.)

*ASTROCARYUM. BOT. PHAN. Famille des Palmiers, Monoëcie Hexandrie. Mayer, dans sa Flore d'Essequebo, décrit, sous le nom d'*Astrocaryum aculeatum*, un genre nouveau de Palmiers, dont le stipe cylindrique, très-élevé, est hérissé de nombreux aiguillons; les feuilles pinnées, les spadices simples et portés sur de longs pédoncules, et qui offre pour caractères distinctifs : des fleurs monoïques sur le même spadice; les fleurs mâles constituent des chatons pédicellés au-dessus des fleurs femelles; celles-ci sont sessiles; leur calice est double, urcéolé, à six divisions; leur drupe est uniloculaire, arrondie, charnue; leur endocarpe est osseux, perforé de trois trous à sa partie supérieure, renfermant une graine dont l'embryon est très-petit, situé horizontalement vers le hile.

Ce palmier croît dans les environs de la rivière *Arowapisch-Kreek*, dans la colonie d'Essequebo. L'auteur soupçonne que c'est son fruit que Gaertner a figuré pl. 139. f. 5, sous le nom de *Bactris minima*. (A. R.)

* ASTROCYTUM. BOT. CRYPT. *V.* Astrycum.

ASTROIN. BOT. PHAN. Même chose qu'Astronie, *Astronium*, Jacq. *V.* Astronie. (B.)

ASTROITES ou ASTRÉES FOSSILES. POLYP. Les Astroïtes sont peut-être, de tous les Fossiles, les plus anciens et les plus généralement répandus. On les trouve dans tous les terrains, depuis ceux de transition jusqu'à ceux d'attérissement, et dans tous les états. Les uns, changés en Quartz ou en Agathe, sont susceptibles de prendre le plus beau poli; les autres, composés de chaux carbonatée, plus ou moins pure, ont subi dans leur substance des modifications ou des changemens dont on ignore la cause. Certains sont d'une intégrité parfaite; plusieurs n'ont laissé que l'empreinte de leurs étoiles, et ressemblent alors à des monticulaires à petits cônes. Quelques-uns se présentent comme des rameaux cylindriques et simples, réunis en masse, sillonnés et presque parallèles entre eux. Cette métamorphose est due à la matière pierreuse qui a rempli les cellules et qui a résisté aux causes qui ont détruit la substance calcaire du Polypier. Les Astroïtes, dans cet état, ont été considérées par quelques naturalistes comme des genres nouveaux et très-singuliers, voisins des Tubipores. Enfin, il existe des Astroïtes en masses considérables, homogènes et cristallisées confusément; on ne les reconnaît qu'aux étoiles de la surface et à quelques lignes que l'on observe dans la cassure de ces masses, lorsqu'elle a lieu dans le sens de leur longueur. — Les formes si nombreuses et si variées de ces Fossiles, les caractères singuliers que plusieurs possèdent, me portent à croire que des Polypiers charnus et irritables ont été réunis aux Astroïtes; leurs cellules ne pénètrent point dans l'intérieur de la masse; quand ils seront mieux connus, on les placera peut-être avec les Polypiers sarcoïdes, de l'ordre des Actiniaires. Nous croyons inutile de mentionner les nombreuses localités où l'on trouve des Astroïtes: en France, il y en a partout où il existe des Fossiles marins. (LAM..X.)

ASTROLE. MOLL. Et non *Astrale*. Dénomination française adoptée par Lamarck (An. s. vert., seconde édit. T. 3. p. 103) pour le genre *Polyclinum* de Savigny. *V.* Polycline. (F.)

* ASTROLÉPAS. MOLL. Deuxième classe des *Niduli Testacei* de Klein (*Ostrac.*, p. 177), qui ne comprend qu'une seule espèce qu'il appelle *Pediculus testidunarius*, et dont il

donne la figure, copiée de celle de Rumph., tab XL. f. K. Cette espèce est le *Lepas testudinaria*, L. *Coronula testudinaria*, Lamarck. Ainsi le genre Astrolépas de Klein correspond au genre Coronule. *V.* ce mot.

On a aussi donné le nom d'ASTROLÉPAS aux Patelles rayonnées, et plus spécialement à la *Patella saccharina*, L.; vulgairement l'Etoile. *V.* PATELLE. (F.)

ASTROLOBIUM. BOT. PHAN. Genre proposé par Desvaux, dans son Journal de Botanique, pour les espèces d'Ornithopus, qui ont les gousses cylindriques. (A. R.)

ASTROLOGUE. POIS. (Bonnaterre.) Syn. d'*Uranoscopus japonicus*. *V.* URANOSCOPE. (B.)

ASTROLOME. *Astroloma*. BOT. PHAN. Famille naturelle des Epacridées. Ce genre, établi par Robert Brown, est très-voisin des Styphélies, dont il diffère surtout par sa corolle dont le tube est très-renflé, et offre cinq bouquets de poils à sa base; par ses étamines incluses et non-saillantes hors du tube de la corolle. Ce genre, qui contient environ cinq à six espèces, est uniquement composé d'Arbustes à feuilles éparses et ciliées, à fleurs axillaires et dressées, tous originaires de la Nouvelle-Hollande. Brown y réunit le *Ventenatia humifusa* de Cavanilles. (A. R.)

* ASTRONIE. *Astronium*. BOT. PHAN. Jacquin décrit, dans son Histoire des Plantes d'Amérique, sous le nom d'*Astronium graveolens*, un Arbre qui croît dans les forêts aux environs de Carthagène. Ses fleurs sont unisexuelles, et présentent un calice de cinq sépales colorés et cinq pétales, étalés les uns et les autres dans les mâles où se trouvent cinq étamines et autant de petites glandes, connivens et persistans dans les femelles qui ont un ovaire libre, trois styles réfléchis avec trois stigmates; le fruit, monosperme, est couvert par le calice, dont les sépales grandissent et s'étalent plus tard en étoiles, d'où vient le nom du genre; la graine contient un suc laiteux. Le tronc s'élève de douze à trente pieds; les feuilles sont pinnées, composées de six paires de folioles et d'une impaire; les fleurs petites et rouges sont disposées à l'extrémité des rameaux en panicules lâches, longues d'un demi-pied dans les mâles, d'un pied et demi dans les femelles. Tout l'Arbre est rempli d'un suc légèrement glutineux, incolore, analogue à la Térébenthine, d'une odeur nauséabonde. Classé dans la Dioëcie Pentandrie, ce genre ne l'a pas été jusqu'ici dans les familles naturelles. (A. D. J.)

ASTROPHYTE. ECHIN. Nom donné aux articulations des tiges de quelques espèces d'Encrines fossiles. *V.* ENCRINE. (LAM..X.)

ASTROPHYTON. ECHIN. Genre proposé par Linck pour un groupe d'Astéries que Lamarck a nommé Euryale, *V.* ce mot, dénomination généralement adoptée. (LAM..X.)

ASTROPODE. *Astropodium*. ECHIN. et POLYP. FOSS. On a donné ce nom à des Polypiers madréporiques fossiles, ainsi qu'à des Encrines. (LAM..X.)

ASTRYCUM. BOT. CRYPT. (*Lycoperdacées*.) Genre proposé par Rafinesque d'abord sous le nom d'*Astrocytum* pour de petits Champignons de l'Amérique septentrionale, et qui ne diffère guère de l'Actigea du même auteur, que parce que les Plantes qui le composent ont leurs graines dispersées dans l'intérieur même de leur substance, et ne s'ouvrent pas. *V.* ACTIGEA (B.)

ASTUR. OIS. L'un des vieux noms de l'Autour, *Falco Palumbarius*, L. *V.* FAUCON. (DR..Z.)

ASTURINE. *Asturina*. OIS. Genre formé par Vieillot, dans l'ordre des Accipitres, pour deux ou trois espèces, dont l'une est le petit Autour de Cayenne (Buff. pl. enlum. 473), *Falco cayennensis*, L. et que nous ne croyons pas devoir être séparées du genre Faucon. *V.* ce mot. (B.)

* ASUNTROPHON. BOT. PHAN. (Dioscoride.) Syn. de Ronce. *V.* ce mot. (B.)

* ASURIK. BOT. PHAN. (Adanson.) Syn. africain de Roquette; *Brassica Eruca*, L. (B.)

ASWANA. BOT. PHAN. A Ceylan. Syn. de *Spermacoce hispida*, L. *V.* SPERMACOCE. (B.)

ATA. BOT. PHAN. Nom générique des Cistes dans quelques parties de l'Espagne, où ces Arbustes couvrent de vastes espaces de terrains incultes. (B.)

ATACAMITE. MIN. (J. Banks.) Cuivre muriaté, pulvérulent d'Atacama dans l'Amérique méridionale. *V.* CUIVRE MURIATÉ. (B.)

*ATACE. ARACHN. *V.* HYDRACHNE.

* ATACLIN. BOT. PHAN. Syn. africain de Nerprun, *Rhamnus*, selon Adanson. (B.)

ATAGAS OU ATAGO. OIS. Même chose qu'Attagas et Attago. *V.* ATTAGAS. (DR..Z.)

ATAGEN. OIS. (Moerhing.) Syn. de Frégate, *Pelecanus Aquilus*, L. *V.* FRÉGATE. (DR..Z.)

ATAJA. POIS. (Forskalh.) Nom arabe d'un Holacanthe. *V.* ce mot. (B.)

ATAK. MAM. Syn. de *Phoca groenlandica*, dans les langues du nord. *V.* PHOQUE. (B.)

ATALANTE. INS. Belle espèce de Papillon européen, connu vulgairement sous le nom de Vulcain, et qui fait aujourd'hui partie du genre Vanesse. *V.* ce mot. (B.)

ATALAPHE. MAM. Genre formé par Rafinesque pour deux espèces de Chauve-Souris, dont l'une sicilienne, et l'autre de l'Amérique septentrionale. Ce genre mérite un nouvel examen. *V.* CHAUVE-SOURIS. (B.)

ATALEPH. OIS. Syn. d'*Upupa Epops*, L., Oiseau impur chez les Juifs. *V.* HUPPE. (B.)

ATALERRIE. BOT. PHAN. (Burmann.) Syn. d'*Hydrolea zeylanica*, Vahl. *Nama* de Linné, dans sa *Flora Zeylanica*, devenu le *Steris* du *Mantissa*. *V.* HYDROLE. (B.)

ATAMARAM. BOT. PHAN. (Rhéed. *Malab.* 3. T. 29.) Syn. d'*Annona squamosa*, L. *V.* ANONE. (B.)

* ATAMOSCO OU ATAMOSKO. BOT. PHAN. Nom formé par corruption d'*Atamasco*, écrit quelquefois par erreur *Aramasco*, donné par quelques jardiniers à l'*Amaryllis Atamasco*, L. Liliacée de l'Amérique septentrionale, figurée par plusieurs botanistes, entre autres par Catesby (*Car.* 3. T. 12), sous le nom de *Lilio-Narcissus virginiensis*. Adanson, en adoptant le nom d'Atamosko, a formé de la Plante de Catesby un genre (Fam. des Plantes, T. II, p. 57) qui n'a point été adopté. (B.)

ATAPALCATL. OIS. (Hernandez.) Espèce de Sarcelle indéterminée du Mexique. (DR..Z.)

ATAS OU ATÉ. BOT. PHAN. Même chose qu'Atte. *V.* ce mot. (B.)

ATAX. ARACHN. Même chose qu'Atace. *V.* HYDRACHNE. (B.)

ATCEBARA. BOT. PHAN. (Quer.) Syn. catalan d'*Agave americana*, L., presque naturalisé dans les régions méditerranéennes et bétiques de l'Espagne. (B.)

ATCHAR. *V.* ACHAR.

ATÉ. BOT. PHAN. *V.* ATAS.

ATEGOCUDO OU ATEG-KUDO. BOT. PHAN. Syn. brame de *Nerium antidysentericum*, L. *V.* NÉRION. (B.)

ATEIRA. BOT. PHAN. Nom d'un fruit de l'Inde, dans quelques relations de voyages, probablement la même chose qu'*Atas*, *Até*, ou *Atte*. *V.* ce dernier mot. (B.)

* ATEL. BOT. PHAN. (Sérapion.) Syn. arabe de Genévrier. (B.)

ATÉLÉCYCLE. *Atelecyclus*. CRUST. Genre établi par Leach (*Trans. Linn. Societ.* T. XI. p. 312), et appartenant à l'ordre des Décapodes. Latreille (Règn. Anim. de Cuv.) le place dans la famille des Brachyures, section des

Orbiculaires. Ses caractères sont, suivant cet auteur, d'avoir un test presque orbiculaire, des antennes extérieures avancées, grosses et velues; la seconde paire de pieds aussi longue que la troisième; enfin le second article des pieds-mâchoires extérieurs rétréci et prolongé en pointe au-dessus de l'échancrure, servant d'insertion à l'article suivant.

Ces Crustacés sont voisins des Crabes par la forme générale de leur corps. Latreille (*loc. cit.*) les range à côté des Thies. Leach leur assigne des caractères très-étendus, dont les plus importans sont : l'existence des dentelures sur les bords du test, des yeux plus étroits que le pédoncule qui les supporte, et écartés; la première paire de pieds très-forte, comprimée, velue, plus longue que le corps dans le mâle, mais de la même longueur dans la femelle; un abdomen formé par des anneaux déprimés, au nombre de sept pour la femelle, et de cinq seulement pour l'autre sexe. — Les Atélécycles connus habitent les mers, et ne se trouvent qu'à de grandes profondeurs. L'espèce servant de type au genre est l'Atélécycle à sept dents, *Atel. septemdentatus*, décrite et représentée par Leach (*loc. cit.* et *Malac. Podoph. brit.* n°. 6. tab. II). Elle avait été observée antérieurement par Montagu, qui l'a figurée sous le nom de *Cancer Hippa septemdentatus*, dans un Mémoire sur plusieurs Animaux nouveaux trouvés sur la côte sud du Devonshire (*Trans. Linn. Societ.* T. XI. p. 1. fig. 1). Elle se rencontre sur les côtes d'Angleterre. — Une autre espèce a été découverte dans l'île de Noirmoutier, en France, par d'Orbigny; elle porte le nom d'Atélécycle ensanglanté, *Atel. cruentatus*. Latreille soupçonne qu'elle ne diffère pas du *Cancer rotundatus* d'Oliv. (*Zool. adriat.* tab. 2. fig. 2). Desmarest a fait connaître dans ces derniers temps (Hist. Nat. des Crust. foss. p. 111, et pl. 9. fig. 9) un petit Crustacé fossile qu'il rapporte au genre que nous décrivons; il le nomme Atélécycle rugueux, *Atel. rugosus*. On le rencontre dans un calcaire grossier, au Boutonnet, carrière voisine de Montpellier. (AUD.)

ATÉLÉOPODES. OIS. C'est-à-dire *à pied privé de pouce*. Vieillot donne ce nom à la seconde tribu de ses Nageurs, qui ont trois doigts dirigés en avant et point de doigt postérieur. (B.)

ATÈLES. MAM. (Geoffroy-St.-Hilaire.) Ce nom a été donné à la division des Singes américains, caractérisée par l'absence de pouces aux mains antérieures. Leurs membres sont plus grêles et plus alongés que dans tous les autres quadrumanes. *V.* SAPAJOUS. (A. D..NS.)

* ATERAMNUS. BOT. PHAN. Adanson regarde l'Arbrisseau décrit sous ce nom, dans l'Histoire de la Jamaïque par Browne, comme congénère de l'Argytamne. *V.* ce mot. (B.)

ATÉRINE. POIS. Même chose qu'Athérine. *V.* ce mot. (B.)

ATERLUSI. BOT. PHAN. Syn. d'*Aristolochia indica*, L., chez les Portugais de la côte du Malabar. (B.)

ATETERÉ. BOT. PHAN. Ce nom caraïbe paraît appartenir à une espèce d'Eupatoire. (B.)

ATEUCHE. *Ateuchus*. INS. Genre de l'ordre des Coléoptères, section des Pentamères, fondé par Weber (*Observ. entomologicæ*, p. 10) aux dépens des genres Scarabé de Linné et Bousier de Geoffroy, Fabricius, Olivier, Illiger, etc., etc., adopté ensuite par plusieurs entomologistes, Latreille en particulier qui, dans ses Considérations générales, le place dans la famille des Coprophages et le range ailleurs (Règne Anim. de Cuv.) dans celle des Lamellicornes, tribu des Scarabéïdes. Il a été désigné aussi sous le nom d'Actinophore par Sturm. Ses caractères sont : antennes de neuf articles; corps déprimé; élytres formant par leur réunion un carré; pates postérieures longues, grêles, presque cylindriques, et peu ou point dilatées à l'extrémité; des tarses à chacune d'elles. Ce dernier caractère les éloigne des Onitis; ils se distinguent aussi des Bousiers par la forme des jambes postérieures, et des Sisyphes par le nombre des articles constituant les antennes. Ces Insectes ont cependant plusieurs points de ressemblance avec chacun de ces genres, principalement avec les Bousiers: ils ont une marche lente, mais volent assez bien; leur tête n'offre que de légers tubercules au lieu de cornes; de-là le nom générique que Weber leur a imposé, qui signifie *sans armes*. Leur chaperon est dentelé ou échancré à son bord antérieur; l'écusson ne fait pas saillie entre les élytres, et cette particularité a fait penser, mais à tort, qu'il n'existait réellement pas. — Les Ateuches vivent dans les excrémens des Animaux, et ont surtout ceci de remarquable, qu'ils rassemblent une certaine quantité de la matière dont ils se nourrissent pour en former une boulette dans laquelle sont déposés leurs œufs. Cette sorte de pilule est roulée par un ou plusieurs de ces Insectes, et le procédé en est curieux: l'Animal marche à reculon, et, tandis qu'il prend un point d'appui avec les pates postérieures, il saisit la boule avec celles de devant, puis fait un pas en arrière et l'entraîne avec lui. S'il y a deux, trois, quatre et même cinq Ateuches occupés au même ouvrage, une semblable manœuvre a lieu pour tous; mais la besogne ne va pas beaucoup plus vite: ils se gênent mutuellement, plusieurs sont renversés sur le dos; on voit alors que ceux auxquels cet accident arrive, se relèvent difficilement de leur chute, et ne retrouvent plus leurs compagnons. Souvent l'individu qui a le premier construit la pilule, est ainsi frustré de sa propriété, et il n'a d'autre ressource que de se donner la peine d'en former une nouvelle, ou bien de prêter ses services aux individus qui, occupés au même travail, se présentent à lui. Enfin, après un plus ou moins long trajet, la pilule est placée dans un trou que l'Insecte pratique dans la terre pour la recevoir. Ces observations peuvent être faites au printemps; elles n'avaient pas échappé à Aristote, qui, à cause de cette particularité, nomme cet Insecte *Pilulaire*. Il croyait que ces boules renfermaient une larve; mais il est certain, par des observations ultérieures, qu'elle contient d'abord un œuf qui se métamorphose en larve. Celle-ci a le corps mou et gros, replié sur lui-même; la tête écailleuse; la bouche munie de mandibules et de mâchoires distinctes; enfin six pates courtes, cornées et terminées par un seul crochet. Elle se nourrit de la fiente qui l'enveloppe. — Ces Insectes, suivant Latreille, ne se rencontrent guère en Europe au-delà du 50ᵉ degré de latitude; ils se trouvent en grande abondance dans les pays chauds. L'Afrique en fournit un très-grand nombre, parmi lesquels nous citerons l'Ateuche sacré, *At. sacer*, ou le Bousier sacré, décrit et figuré par Degéer (*Ins.* T. VII. pl. 47. fig. 8. pag. 268. n° 36) et par Olivier (*Col.* T. I. n° 3. pl. 8. fig. 59). Il était adoré par les Egyptiens, suivant Pline (liv. XXX. ch. 2), et on le voit, en effet, parfaitement représenté, quant à la forme du chaperon, du prothorax et des pates antérieures, sur les monumens égyptiens. On le rencontre en Afrique, en France et dans le midi de l'Europe.

Il en existe plusieurs autres espèces. Dejean (Catal. des Coléopt.) en possède quarante-quatre, parmi lesquelles les deux suivantes se rencontrent aux environs de Paris; l'Ateuche pilulaire, *At. Pilularius*, décrit et figuré par Olivier (*loc. cit.* pl. 10. fig. 91); il y est rare. L'Ateuche flagellé, *At. flagellatus*, décrit et figuré aussi par Olivier (*loc. cit.* pl. 7. fig. 51). Il a été trouvé dans la plaine de Grenelle, vers le mois de mai, presque toujours sous les excrémens humains. (AUD.)

ATHAD. BOT. PHAN. Syn. de *Lycium afrum*, L. chez les Hébreux. (B.)

ATHALAMES. *Athalami*. BOT. CRYPT. C'est-à-dire *sans lit*. Nom donné par Achar aux Lichens dépourvus de conceptacles, et chez lesquels il suppose les séminules éparses ou diversement agglomérées à la surface des croûtes. Tels sont les *Lepraria* de cet auteur, anciennement les Bysses pulvérens de Linné et de tous ses copistes. Ces Athalames sont-ils des Lichens? Placés sur les limites de plusieurs familles obscures, chacune de celles-ci semble avoir le droit de les réclamer. *V*. CONIOCARPE. (B.)

* ATHALIE. *Athalia*. INS. Genre de l'ordre des Hyménoptères, fondé par Leach (*Zool. miscell.* T. III. p. 126) avec quelques Tenthrèdes des auteurs. Telles sont les espèces portant les noms de *spinarum*, *rosœ*, *annulata* dans le travail de Klug. Nous ne distinguons pas encore ce nouveau genre de celui des Tenthrèdes. *V*. ce mot. (AUD.)

ATHAMANTE. *Athamanta*. BOT. PHAN. Genre de la famille des Ombellifères. Le calice est entier; les pétales courbés au sommet, échancrés, légèrement inégaux; le fruit ovale-oblong, pubescent et strié; les ombelles sont entourées d'un involucre, et les ombellules d'un involucelle, à folioles simples. — De huit à neuf espèces que renferme ce genre, trois habitent la France. Ce sont: l'*A. Libanotis* dans laquelle les lobes des folioles sont ovales ou oblongs; l'*A. cretensis* et l'*A. Matthioli*, dont les folioles, velues dans la première, glabres dans la seconde, présentent des lobes linéaires et très-menus. — Diverses espèces, rapportées à ce genre par Linné, ont été postérieurement placées dans d'autres, à cause de leur fruit glabre ou ailé. *V*. SELIN et MÉUM. (A. D. J.)

ATHAME. *Athamus*. BOT. PHAN. (Necker.) *V*. CARLOWIZE.

ATHAMOS. BOT. PHAN. Syn. arabe de *Cicer arietinum*, L., vulgairement Pois-Chiche. *V*. CICER. (B.)

ATHANAS. *Athanas*. CRUST. Genre de l'ordre des Décapodes, établi par Leach (*Linn. Soc. Trans.* T. XI), et rangé par Latreille dans la famille des Macroures, section des Salicoques. Ce genre avoisine les Palémons, dont il ne diffère réellement que par les deux pieds antérieurs plus développés que les suivans, et par le dernier article des pieds-mâchoires extérieurs plus grand que le pénultième. L'espèce, servant de type au genre et le constituant jusqu'à présent à elle seule, est l'*Athanas nitescens* de Leach (*Loc. cit.* p. 349). Montagu l'a découvert sur les côtes d'Angleterre. Ce genre peut être réuni provisoirement aux Palémons. *V*. ce mot. (AUD.)

ATHANASIE. *Athanasia*. BOT. PHAN. Genre de la famille des Corymbifères, placé par H. Cassini dans la tribu des Anthémidées de ses Synanthérées, appartenant à la Syngénésie égale de Linné; il offre les plus grands rapports avec les Santolines, et s'en distingue par un calice ovale ou cylindrique, imbriqué, composé de petites écailles un peu roides et serrées; par le réceptacle chargé de paillettes et ses graines couvertes d'une aigrette de paillettes très-courtes. Il a éprouvé plusieurs changemens depuis sa formation; ainsi l'*Athanasia maritima*, L., qui était le Gnaphalion de Tournefort, en a été d'abord détaché par Lamarck pour être réuni aux Santolines. Desfontaines en a formé plus tard son genre Diotis, *V*. ce mot; et l'*Athanasia annua*, L., qu'on avait rapportée aux Millefeuilles, *Achillea*, a servi de type au genre Lonas d'Adanson, confirmé par Gaertner. *V*. LONAS.

Tel qu'il est circonscrit aujourd'hui, le genre Athanasie renferme vingt et quelques espèces qui sont toutes de fort petits Arbustes ou des Plantes ligneuses, rameuses, grêles, ayant leurs feuilles linéaires ou multifides; leurs fleurs, ordinairement terminales jaunes, réunies en corymbes très-rapprochés ou rarement solitaires. Ces espèces sont toutes africaines. Elles diffèrent des Relhanies, *V*. ce mot, par l'absence des demi-fleurons; du Diotis et des Santolines, par leur aigrette; du Lonas, parce que leurs graines n'ont point un rebord membraneux, tronqué obliquement et denté. (B.)

ATHECIE. *Athecia*. BOT. PHAN. Gaertner décrit sous ce nom (T. I. p. 241), et figure, tab. 28, sous celui de *Forstera glabra*, un fruit communiqué par Forster. Comme il n'a pas vu d'autres parties de la Plante à laquelle appartenait ce fruit, les caractères qu'il donne ne suffisent pas pour la rapporter à un genre connu. C'est une baie semblable pour la forme à celle du *Triosteum*, couronnée à son sommet par un calice persistant, à cinq divisions lancéolées, linéaires. Au fond d'une loge unique, s'implante une graine grande, ovoïde, marquée d'une dépression longitudinale, et prolongée à sa base en une pointe conique et recourbée à deux cotylédons allongés, planes et foliacés, à radicule courte et infère. Gaertner insiste sur la situation de l'embryon placé hors du centre d'un périsperme dur et cartilagineux, qui l'entoure incomplètement. (A. D. J.)

* ATHÉLIE. *Athelia*. BOT. CRYPT. (*Mucédinées*.) Genre indiqué par Persoon dans son Traité des Champignons comestibles, et décrit dans sa Mycologie européenne. Il lui donne le caractère suivant : filamens fins, entrecroisés, formant une sorte de membrane unie qui porte des sporules. Ce genre appartient à la tribu des Byssoïdes, et paraît surtout voisin des *Himantia* ; il réunit le port des Théléphores aux caractères des Byssus, c'est-à-dire, qu'il forme, comme dans la première de ces tribus, des membranes molles et lâches, mais dépourvues d'*hymenium* ou membrane fructifère. Les Athélies se trouvent sur les bois secs, les feuilles ou même sur la terre, au pied des vieilles souches d'Arbre. Persoon en indique douze espèces, parmi lesquelles nous remarquerons : l'*Athelia citrina*, qui est d'un beau jaune de Soufre ou de Citron ; l'*Athelia pallida* qui forme une membrane plus serrée et plus étendue ; l'*Athelia epiphylla* qui est très-fugace et croît sur les feuilles mortes. Quelques espèces avaient été rapportées d'abord au genre *Thelephora* : ainsi l'*Athelia velutina* est le *Thelephora velutina* de De Candolle, et l'*Athelia sericea* est le *Thelephora sulphurea* du *Synopsis fungorum* de Persoon. (AD. B.)

ATHENÆA. BOT. PHAN. (Schreber.) *V*. CASEARIA.

Genre formé par Adanson (Fam. Plant. p. 121) dans ses composées, section des Tanaisies, pour le *Struchium* de Brown, qui est l'*Ethulia Sparganophora*, L. *V*. ETHULIE. (B.)

* ATHERICÈRE. *Athericera*. INS. Grande famille de l'ordre des Diptères, établie par Latreille (Règne An. de Cuv. T. III. p. 625), et embrassant celles des Syrphies, des Conopsaires et des Muscides de ses précédens ouvrages. Tous les insectes qui la composent ont les antennes formées par deux ou trois articles ; le dernier est en forme de palette ou de massue, sans divisions, mais accompagné, le plus souvent, d'une sorte de stylet. La trompe supporte assez constamment les deux palpes, et se termine ordinairement par deux grandes lèvres ; elle est, ou bien cachée totalement dans la cavité de la bouche, ou bien saillante et en forme de siphon. Dans ce dernier cas, son suçoir ne paraît composé que de deux pièces. Il n'en offre, d'ailleurs, jamais plus de quatre. Toutes les larves connues des Insectes de ce genre ont le corps mou, annelé, contractile, prolongé et plus étroit à la partie antérieure. La tête ne s'en distingue guère que par les parties de la bouche, consistant en un ou deux crochets séparés par une lèvre, et précédés quelquefois par deux petits mamelons. Les stigmates sont généralement au nombre de quatre, dont deux situés sur le premier anneau, et les deux autres à l'extrémité postérieure du corps. Souvent il n'existe que ce dernier ordre de stigmates, et alors on observe deux plaques cornées, percées par un grand nombre d'ouvertures qu'on pourrait considérer comme autant de stigmates distincts, avec

cette différence qu'ils aboutissent immédiatement à deux troncs communs de trachées, parcourant chaque côté du corps, et jetant un grand nombre de rameaux. Le canal digestif est muni de vaisseaux biliaires ; on a observé aussi, dans certains genres, des vaisseaux salivaires très-développés. La larve ne change pas de peau ; celle qu'elle avait lors de sa naissance se durcit à l'époque de sa métamorphose en nymphe, et constitue une enveloppe cornée plus ou moins solide, de laquelle sort l'Insecte parfait qui, au moyen de sa tête, détache l'extrémité antérieure de la coque. Le plus grand nombre d'Athéricères n'est pas carnassier à l'état parfait; on les rencontre sur les feuilles, les fleurs, quelquefois sur les excrémens d'Animaux ; à l'état de larve, au contraire, ils vivent dans les substances animales privées de vie ; quelques-unes sont parasites ; on en rencontre dans l'abdomen de plusieurs Insectes.

Les genres compris dans cette famille sont très-nombreux, et peuvent être classés dans deux sections :

La première se compose de ceux dont la trompe est saillante, en forme de siphon écailleux, soit cylindrique, soit conique, ou même en forme de filet, et le suçoir formé de deux pièces. Ils ont été nommés Conops, Zodion, Stomoxe, Myope et Bucente.

La deuxième comprend les genres dont la trompe est membraneuse, entièrement retirée dans la cavité ovale lors de sa contraction, et terminée par deux grandes lèvres, susceptibles de gonflement, et renfermant un suçoir de deux à quatre pièces. On les désigne sous les noms de Rhingie, Cérie, Volucelle, Eristale, Elophile, Syrphe, Milésie, Achias, Cutérèbre, Céphénémyie, OEdemagène, Hypoderme, Céphalemyie, OEstre, Echinomyie, Ocyptère, Mouche, Lispe, Phasie, Mélanophore, Ochthère, Scénopine, Piponcule, Phore, Sépedon, Loxocère, Lauxanie, Tetanocère, Colobate, Téphrite, Oscine, Scatophage, Thyréophore, Diopsis. *V.* ces mots.

Plusieurs de ces genres ont été partagés en un grand nombre d'autres par des auteurs modernes. Nous indiquerons à chacun des articles respectifs les divisions secondaires qu'on a cru devoir établir. (AUD.)

ATHÉRINE. *Atherina.* POIS. Genre de l'ordre des Acanthoptérigiens, famille des Percoïdes, qui faisait partie des Abdominaux de Linné, voisin des Sphyrènes et dont les caractères consistent : en un corps oblong ; les intermaxillaires extensibles comme dans les Picarels, garnis de très-petites dents ; la mâchoire inférieure et la langue lisses ; six rayons aux ouies (cinq selon Cuvier) ; la joue et l'opercule écailleux ; point de dentelures ni d'épines ; deux petites dorsales bien séparées ; l'estomac ample, et se continuant avec un intestin sans cœcum. — Les Athérines sont de fort petits Poissons, décorés d'une bande argentée longitudinale sur chaque côté, et dont la forme générale rappelle celle des Harengs ; leur corps est comprimé et couvert d'écailles transparentes ; deux sillons et une sorte de crête se voient entre les deux yeux, en avant desquels se trouvent deux pores. On trouve encore deux pores pareils sur la nuque qui est aplatie ; huit nageoires constituent l'appareil natatoire. Ces Poissons habitent les mers ; ils fournissent partout un bon aliment.

De cinq espèces mentionnées dans Gmelin (*Syst. nat.* XIII. T. I pars, III 1396), deux, les *A. japonica* et *Brownii* n'ayant qu'une dorsale, ne peuvent demeurer dans un genre, duquel deux nageoires au dos forment l'un des caractères; il en est de même de l'*A. australis* de White (Voyage à Botany-Bay) qui doit être mieux observée qu'on ne l'a fait, pour qu'on puisse fixer définitivement la place qu'occupe ce Poisson. Risso ayant fait connaître trois Athérines nouvelles qui habitent les mers de Nice, ce genre se compose de six espèces.

Le JOËL, *Atherina Hepsetus*, L. Gmel. *loc. cit.* Encyc. Pois. pl. 73. f. 302, vulgairement *Haspet* ou

Hespet, *Prêstra* et *Prêtre*, *Roseré* et *Gras-d'Eau*, sur les côtes de la Manche; *Sauclet* et *Melet*, sur celles de la Méditerranée. Long de trois à quatre pouces, avec la ligne latérale double, et fort transparent, surtout postérieurement. D. 6. 8. — 12. P. 12. 13. V. 176. A. 10. 16. C. 17. 20.

La Ménidie, *Atherina Menidia*, L., Gmel. *loc. cit.* C'est le *Poisson d'argent* de l'Encyclopédie par ordre de matières, p. 179; mais c'est mal à propos qu'on y a figuré comme tel pl. 73. fig. 303, d'après Browne, un Poisson qui est l'*Atherina Brownii* de Gmelin, et qui, n'ayant qu'une nageoire dorsale, ne saurait demeurer dans le genre dont il est ici question. Il n'existe donc réellement point de figure de la Ménidie qui, d'ailleurs, diffère très-peu de l'espèce précédente, et se trouve dans les eaux douces de la Caroline. D. 5. — 10. P. 13. V. 6. A. 1724. C. 22.

Le Sihame, *Atherina Sihama*, L., Gmel. *loc. cit.* Forsk., *Faune arab.* n° 102, qui atteint jusqu'à sept pouces de long, est entièrement transparent, à l'exception de la bande blanche longitudinale, et se pêche dans la Mer-Rouge.

La Naine, *Atherina nana*, Risso *Icht. Nic.*, qui est le plus petit des Poissons connus, et que caractérise l'exiguïté de sa taille qui n'excède pas trois ou quatre centimètres.

Les Athérines rayée et marbrée sont les autres espèces que Risso a fait connaître. (B.)

ATHÉRIX. *Atherix*. INS. Genre de l'ordre des Diptères et de la grande famille des Tanystomes (Règne Anim. de Cuv.), établi par Meigen et adopté par Latreille, qui le range ailleurs (Considér. génér., p. 387). dans la famille des Rhagionides. Ses caractères sont d'avoir les antennes moniliformes, courtes, de trois articles, le dernier ovoïde, muni d'une soie latérale; les palpes extérieurs relevés. — Les Athérix réunis aux Leptis par Latreille (Règne Anim. de Cuv.), s'en distinguent néanmoins par l'insertion de la soie du dernier article qui, dans ceux-ci, est terminale; ils ressemblent aussi, sous plusieurs rapports, aux Rhagions, mais en diffèrent par la direction de leurs palpes. — Meigen (Description systématique des Diptères d'Europe, T. II. p. 104) décrit douze espèces appartenant à ce genre. L'une d'elles, très-remarquable, est l'Athérix Ibis, ou l'*Atherix maculatus* de Latreille (*Gener. Crust. et Ins.*, T. IV. p. 289). Fabricius (*Entom. Syst. suppl.* p. 556) a regardé chaque sexe comme une espèce distincte appartenant à un genre différent; il nomme le mâle *Rhagio Ibis*, et la femelle (p. 554) *Anthrax Titanus*. Cette espèce a été figurée par Schæffer (*Icones.* tab. 107. fig. 5 et 6).

Nous citerons encore l'*Atherix marginata*, ou le *Bibio marginata* de Fabricius, figuré par Meigen (*loc. cit.* tab. 15. fig. 27), qui est le *Rhagio nebulosus* du même Fabricius (*Entom. Syst. suppl.* p. 556). L'*Ath. immaculata*, Fabr. (*Syst. antl.* p. 74. 10). Enfin l'*Atherix clavicornis* de Latreille, représentée par Panzer (*Faun. Ins. Germ.* Fasc. CV. 10), et par Meigen (tab. 15. fig. 39). (AUD.)

ATHÉROPOGON. BOT. PHAN. Muhlenberg a donné ce nom à un genre de Plantes adopté par Willdenow dans la famille des Graminées. Il rentre dans le genre *Bouteloua* de Lagasca. *V.* Bouteloue. (A. R.)

ATHÉROSPERME. *Atherosperma*. BOT. PHAN. Genre établi par Labillardière, d'après un Arbre de la terre de Diémen, qu'il figure, tabl. 224 de ses Plantes de la Nouvelle-Hollande. Il s'élève à plus de vingt-quatre pieds, et exhale de presque toutes ses parties une odeur de muscade. Ses feuilles sont opposées, simples, ovales-oblongues, entières ou légèrement dentées; courtement pétiolées et sans stipules, de leurs aisselles naissent des pédoncules solitaires et uniflores. Le même pied porte des fleurs mâles et des fleurs femelles; les unes et les autres ont un calice monosépale, accompagné de deux bractées qui l'enveloppent avant la floraison, et à huit divisions, dont quatre plus extérieures et plus grandes; il n'y a pas de corolle. Dans les mâles, on trouve de dix à vingt étamines ou plus; celles qui sont fertiles présentent des anthères allongées, appliquées contre les filets, plus courts que le calice et partant de son centre; quelques autres avortent et prennent la forme d'écailles. Dans les femelles, le calice est garni intérieurement et à son sommet d'un grand nombre de folioles imbriquées; il renferme de quarante à cinquante ovaires, munis chacun d'un style et d'un stigmate; ces ovaires deviennent autant de capsules coriaces et monospermes, velues et conservant leur style long et plumeux, entourées par le calice qui se renfle en capsule et reste couronné à son limbe par les folioles dont nous avons parlé, réfléchies alors et rayonnantes. Enfin, Labillardière ajoute que la graine consiste en un périsperme charnu, logeant à sa base un petit embryon à lobes courts et à radicule inférieure. Il pensait qu'on devait rapporter ce genre aux Renonculacées; et Poiret, adoptant cette opinion, le classait près de la Clématite, peut-être à cause de son style plumeux. De Jussieu ne l'a pas partagée, et en établissant la famille des Monimiées (Annales du Muséum, T. XIV. p. 116), il y a placé l'Athérosperme à côté du *Pavonia* ou *Laurelia*, avec lequel Labillardière avait lui-même indiqué son analogie. Mais, dit-il, « dans la supposition d'une affinité complète, il faudrait, d'une » part, supposer dans les anthères la » même manière de s'ouvrir, qui éta» blirait un rapport entre l'*Atheros-» perma* et les Laurinées; de l'autre » part, ce rapport serait détruit par » la présence d'un périsperme refusé » aux Laurinées, et la direction op» posée de la radicule de l'embryon, » qui est toujours supérieure dans ces » derniers. » Ces considérations, celle de l'insertion des graines et de la texture du périsperme, ont engagé Robert Brown (dans ses *general Remarks*) à porter ces deux genres dans une famille nouvelle, établie par lui sous le nom d'Athérospermées. *V.* ce mot. (A. D. J.)

ATHÉROSPERMÉES. BOT. PHAN. Famille établie par R. Brown, dans ses *general Remarks on the botany of Terra australis*, p. 21, et qu'il distingue par les caractères suivans: des fleurs diclines ou hermaphrodites; un calice monosépale, présentant des divisions disposées souvent sur un double rang, les intérieures seulement, ou toutes, à demi-pétaloïdes, et muni à sa gorge, dans les fleurs mâles et hermaphrodites, de petites écailles; pas de corolle; des étamines qui sont, dans les mâles, nombreuses, insérées au fond du calice, entremêlées de squammules, et, dans les hermaphrodites, en moindre nombre, insérées à la gorge; leurs anthères, adnées aux filets, sont à deux loges, s'ouvrant par une valvule longitudinale de la base au sommet. Les ovaires, dont le nombre surpasse toujours un, et est le plus souvent indéfini, contiennent un seul ovule dressé; les styles sont simples, latéraux ou basilaires; les stigmates indivis. Les fruits, qui simulent des graines, accompagnés par les styles persistans et plumeux, sont renfermés dans le tube du calice dont les dimensions s'augmentent. L'embryon est court et droit, logé à la base d'un périsperme mou et charnu.

Cette famille comprend des Arbres à feuilles opposées, simples et sans stipules, à pédoncules axillaires et uniflores. Elle se compose des genres *Laurelia*, Juss., ou *Pavonia*, Ruiz et Pav., *Atherosperma*, Labill., et de deux autres à fleurs hermaphrodites, recueillies dans la Nouvelle-Hollande, et que R. Brown annonce devoir y être rapportées avec certitude. (A. D. J.)

ATHIN. BOT. PHAN. Syn. arabe d'*Antirrhinum Elatine*, L. *V.* ELATINE. (B.)

ATHON. POIS. L'un des noms vulgaires du Thon, *Scomber Thynnus*, dans le midi de la France. (B.)

ATHRODACTYLE. BOT. PHAN. (Forster.) Syn. de *Pandanus odoratissimus*. *V*. VAQUOI. (A. R.)

ATHRUPHYLLE. BOT. PHAN. Grand Arbre de la Cochinchine, dont le bois sert dans les constructions, et qui est bien certainement une Ardisie, *V*. ce mot, encore que Loureiro en ait fait un genre particulier. (B.)

ATHYRIUM. *Athyrium*. BOT. CRYPT. (*Fougères*.) Ce genre appartient à la tribu des *Polypodiacées*; il a été établi par Roth (*Tentamen Floræ Germanicæ*. T. III. p. 61), et adopté depuis par De Candolle. La forme du tégument qui recouvre ses capsules, le distingue parfaitement des Aspidium, avec lesquels Swartz l'avait confondu. On peut le caractériser ainsi : capsules réunies en groupes arrondis ou ovales, recouvertes par un tégument presque quadrilatère ou demi-circulaire, qui naît latéralement d'une nervure secondaire et s'ouvre en dedans.

Ce caractère rapproche davantage ce genre des *Asplenium* que des *Aspidium*; il ne diffère en effet des premiers que par ses groupes de capsules arrondis et non pas linéaires; mais la structure du tégument est absolument la même. Le type de ce genre est la Fougère femelle, *Athyrium Filix fœmina* de Roth, ou *Aspidium Filix fœmina* de Willdenow, qui est commune dans les bois de toute l'Europe. On doit aussi y rapporter l'*Asplenium Halleri* de De Candolle, *Aspidium Halleri* de Willdenow, que De Candolle avait d'abord rapporté à ce genre sous le nom d'*Athyrium fontanum*, et qui nous paraît en présenter tous les caractères. Il est abondant dans les montagnes calcaires, telles que le Jura. Quelques espèces exotiques paraissent aussi devoir se rapporter à ce genre; mais elles sont peu nombreuses. (AD. B.)

ATIK OU ATICK. OIS. Espèce du genre Gros-Bec qui se trouve à la baie d'Hudson. *Loxia hudsonica*, Lath. et Daudin. *V*. GROS-BEC. (DR..Z.)

ATIMOUTA. BOT. PHAN. *V*. AOUTIMOUTA.

ATINGA OU ATINGUE. POIS. Espèce de Diodon. *V*. ce mot. (B.)

ATINGACU OU CAMUCU. OIS. (Marcgrave.) Syn. de Coucou cornu du Brésil, *Cuculus cornutus*, Linné. *V*. COUCOU. (DR..Z.)

* ATINIA. BOT. PHAN. C'est, selon Adanson, l'Orme dans Pline, et le Charme, selon Daléchamp. (B.)

ATIPOLO. BOT. PHAN. (Camelli.) Grand Arbre laiteux des Philippines, qui atteint jusqu'à quinze pieds de diamètre, qui a ses feuilles sinueuses, et ses fruits rougeâtres, assez petits. Ce doit être un Artocarpe. *V*. JAQUIER. (B.)

* ATIRBESIA. BOT. PHAN. Selon Adanson, l'un des noms africains du Marrube. *V*. ce mot. (B.)

* ATIRSITA. BOT. PHAN. Syn. de *Plantago Coronopus*, L. *V*. PLANTAIN. (B.)

ATITARA. BOT. PHAN. (Marcgrave.) Arbrisseau du Brésil, couvert d'aspérités ou de petites épines, qui pourrait bien être le *Fagara heterophylla*. *V*. FAGARIER. Adanson croit que c'est le Rotang. *V*. ce mot. (B.)

*ATLANTE. *Atlanta*. MOLL. Genre fort curieux, de la classe des Ptéropodes et de la famille des Limacines, dont on doit la découverte à Lesueur, qui l'a décrit et figuré dans le Journal de Physique, T. LXXXV, novembre 1817, p. 390, et qui établit ainsi ses caractères génériques : corps renfermé dans une coquille diaphane, spirale et carénée; yeux grands, supportés chacun par un tentacule en forme de cuiller; une trompe; deux nageoires en forme d'ailes. Lesueur décrit de la manière suivante les deux seules espèces connues, qu'il a rencontrées, par un temps calme, en assez petit nombre, le 5 septembre 1815, par la latitude de 19° 45 min., et 32° 42 min. de longitude.

ATLANTE DE PÉRON, *At. Peronii*. (Journal de Phys., *loc. cit.*, p. 390.

pl. 2. fig. 1). Cette espèce a sa spire séparée par la carène jusqu'au centre; l'ouverture est échancrée en avant, et la nageoire gauche est pourvue d'une petite cupule sur son bord postérieur. Le corps contracté rentre entièrement dans la coquille, au fond de laquelle est le foie, d'une couleur jaune foncée. On distingue les pulsations du cœur; l'estomac communique avec le foie par un canal très-apparent; une membrane granuleuse et transparente enveloppe la cavité, où flottent les intestins et l'estomac. On aperçoit un point blanc, ou ganglion nerveux, à la base de chaque pédoncule des yeux; ceux-ci sont oblongs, oviformes, très-brillans, diaphanes, enveloppés d'une large bande noire, divisée en avant, dont il est assez difficile de deviner l'usage. Quand l'Animal est étendu, ses deux ailes natatoires développées et la trompe allongée, on aperçoit dans l'échancrure antérieure de la coquille deux organes; l'un cylindrique, étranglé à son extrémité et terminé par une petite rosette; l'autre, plus étroit et vermiforme, qui est plus allongé. Le premier est peut-être la terminaison du canal intestinal; et en effet, il semble se rattacher au canal qui, de l'extrémité de la trompe, va à l'estomac; et le second peut appartenir à l'appareil de la génération. La trompe, qui est placée à la base des yeux et des nageoires, est longue, cylindrique, très-mobile, et se développe à son extrémité comme dans les Firoles.

Atlante de Keraudren, *At. Keraudrenii*, Lesueur, *loc. cit.* Dans celle-ci, la spire est roulée sur elle-même, et non séparée par la carène; il n'y a pas de cupule à la nageoire gauche; du reste l'Animal est le même à quelques légères différences près; le foie, par exemple, est d'une couleur plus foncée; il est en outre plus court ou moins étendu dans le dernier tour de spire.

Ces Mollusques sont fort petits, puisque leur plus grand diamètre n'excède pas une ligne et demie, presque entièrement diaphanes, si ce n'est le foie et la membrane des yeux, qui sont très-noirs, à peu près comme dans les Firoles. Ils sont d'une grande activité, et nagent la coquille en dessus. La longueur de leur trompe leur permet de la porter sur tous les points de leur enveloppe, et il est curieux de voir avec quelle adresse ils s'en servent pour se débarrasser des corps étrangers qui les gênent, et les mouvemens d'impatience que la résistance semble leur faire éprouver.

Une espèce plus petite encore, presque microscopique, ou peut-être un jeune individu de l'une de celles décrites par Lesueur, a été observée par les naturalistes de l'expédition autour du monde, commandée par le capitaine Freycinet. Le croquis que nous en avons vu ressemble, en général, à la figure de Lesueur; mais il montre des différences de détail, et l'extrémité de l'un des appendices, sans doute des ailes, était rose; c'est peut-être aussi une troisième espèce que l'observation confirmera.

Ces Mollusques, comme beaucoup d'autres, habitent la pleine mer. Il ne paraît pas probable qu'ils puissent se laisser couler au fond de l'eau; ils auraient donc des moyens de se soutenir, même étant contractés, dans une certaine zone rapprochée de la surface où ils ne paraîtraient que dans les temps calmes. Toutes ces questions intéressantes appellent l'attention et le zèle des observateurs qui pourraient étudier les Mollusques en pleine mer.

Blainville signale les rapports de ce nouveau genre avec le *Clio helicina* de Gmelin, dont Cuvier a fait le genre *Limacine*, et Blainville le genre *Spiratelle*, dans un ouvrage qui n'est point encore publié. Nous avons adopté cette opinion en les réunissant dans la même coupe, à laquelle nous avons donné le nom de famille des Limacines, malgré le peu d'analogie des Mollusques dont il s'agit avec les Limaces, mais auquel on pourrait, avec plus de convenances, donner le nom de famille des Spiratelles.

De nouvelles observations nous

portent à présumer que l'Argonaute cornu pourrait bien appartenir à un Mollusque de cette famille. (F.)

*ATLAS. ZOOL. Nom de la première vertèbre du cou, parce qu'elle supporte la tête, comme les poëtes disent qu'Atlas supportait la sphère céleste. —C'est un arc osseux, presque immobile sur la tête, très-mobile au contraire sur la deuxième vertèbre cervicale, et d'où dépendent presque en entier les mouvemens de rotation de la tête.

L'Atlas du Crocodile conserve jusqu'à la mort la séparation et la mobilité des quatre pièces osseuses qui forment le trou de la vertèbre dans le jeune âge. Ce qui semble dû au jeu continuel de ces pièces, que l'extrême voracité de l'Animal met sans cesse en mouvement. *V*. Os. (PR. D.)

* ATLAS. *Atlas*. MOLL. Ou *Porte-Globe*. C'est à Lesueur que l'on doit la découverte de ce singulier Mollusque. Il l'a décrit et figuré avec le genre Altante (Journ. de Phys. nov. 1817. p. 391. pl. 11. f. 1, 2, 3)., et voici les caractères génériques qu'il lui assigne : « Corps glo- » buleux, formé de deux parties sépa- » rées par un étranglement. L'anté- » rieure déprimée, circulaire, pour- » vue antérieurement d'un pied ou » disque pour ramper, et bordée par » des cils branchifères; l'autre ova- » laire, sacciforme, postérieure, con- » tenant les Viscères. » Le corps de cet Animal singulier est, comme l'indiquent les caractères génériques, composé de deux parties; l'antérieure, qui comprend la tête, le pied, le manteau et les branchies; et la postérieure, formée de tous les Viscères de la digestion et de la génération. La tête, qui paraît peu distincte et obtuse, est pourvue en-dessus de deux tentacules fort courts, ou mieux, de deux tubercules seulement; les yeux ne sont pas apparens; au-dessous de cette tête et de la portion antérieure du corps est une petite langue musculaire assez étroite, terminée en pointe libre en arrière, un peu bilobée en avant, et qui est tout-à-fait analogue à ce qu'on nomme *pied* dans les Mollusques gastéropodes; enfin, au-dessus se trouve une large expansion discoïde, ou un véritable manteau circulaire, dont toute la circonférence est garnie de cils qui, très-probablement, ne sont autre chose que les branchies. Vient ensuite un étranglement très-marqué que suit immédiatement la masse viscérale qui est ordinairement ovalaire, garnie de fibres musculaires longitudinales, entièrement nue, et au côté droit de laquelle se voit un orifice qui est la terminaison du canal intestinal. Celui-ci commence, comme on le pense bien, tout-à-fait antérieurement par un petit tube filiforme qui se renfle bientôt en un estomac ovalaire, situé dans l'expansion discoïde, et qui, après s'être de nouveau considérablement aminci, fait deux ou trois circonvolutions entourées du foie, dans la poche abdominale, et se termine comme il vient d'être dit.

Cet Animal, qui a au plus une demi-ligne de diamètre, est presque entièrement diaphane, de couleur irisée sur les cils branchiaux, et sur les faisceaux musculaires de l'enveloppe abdominale. Il a la facilité de changer considérablement de forme, et de rentrer successivement sa tête et son pied dans l'expansion discoïde; et enfin le tout dans le sac abdominal qui semble lui servir de corps protecteur ou de Coquille.

Blainville termine le Mémoire de Lesueur, dont nous avons copié les expressions, par des réflexions sur les rapports de ce nouveau et singulier Mollusque, et sur son emplacement dans le système; nous croyons devoir ajouter les réflexions en question.

Il est assez difficile de placer convenablement ce genre dans le système des Animaux mollusques; pour les zoologistes qui, comme Poli et Cuvier, prennent en première considération les organes de la locomotion, il est évident que c'est parmi les *Repentia* du premier, ou Gastéropodes du second, qu'il devra être placé; mais dans quelle famille? Il est probable que ce devra être parmi les Inférobranches, à cause de la disposition des branchies; et cependant il offre des différences bien considérables avec les Animaux qu'on désigne sous ce nom. Pour les personnes qui, comme nous, établissent leurs coupes secondaires sur la disposition des organes de la respiration, il est évident qu'il devra former le type d'un nouvel ordre, qui, en supposant que les cils qui bordent le manteau soient de véritables branchies, appartiendra à la section qui a les organes de la respiration symétriques, et dont les branchies, en forme de cils, bordent le manteau; on pourrait nommer cet ordre *Ciliobranches*. Il se pourrait cependant que cet Animal, mieux connu, dût appartenir à la famille des Aplysies ou *Monopleurobranches*. Ce qui me le fait présumer, c'est qu'outre que le corps est partagé en deux parties, une sorte de thorax et un abdomen, la tête est peu ou point distincte; les tentacules ne méritent guère ce nom; le pied est extrêmement petit, ce qui fait supposer qu'ordinairement l'Animal se sert des bords de son manteau, comme les Aplysies, pour nager; enfin, la terminaison du canal intestinal milite encore pour cette hypothèse, mais elle sera toujours, sans doute, fort difficilement convertie en certitude, à cause de l'extrême petitesse de l'Animal qui ne permettra guère de rien voir de bien certain dans son organisation.

N'ayant d'autres documens que le Mémoire de Lesueur, puisque personne que ce naturaliste n'a eu occasion d'observer le genre Atlas, nous suivons les idées de Blainville, en en faisant un nouvel ordre, encore incertain, dans la classe des Gastéropodes, entre les Inférobranches et les Tectibranches, *V.* Mollusques, et nous lui donnons le nom proposé par cet habile observateur, celui de *Ciliobranches*, en invitant les naturalistes, qui auront occasion de l'observer, à l'étudier encore; sa forme s'éloignant entièrement de celle des Mollusques connus jusqu'à ce jour. On ignore sa patrie. (F.)

ATLAS. INS. Grande et belle espèce exotique de Bombix. *V.* ce mot. (AUD.)

ATLÉ. BOT. PHAN. Nom arabe du *Tamarix orientalis* qui, dans certaines parties de l'Egypte, est le seul bois à brûler qu'on rencontre. *V.* Tamarisc. (B.)

ATMOSPHÈRE. En général on donne ce nom aux masses de fluides élastiques, que l'on spécifie suivant leur nature intime et d'après l'influence qu'elles exercent sur les corps qu'elles touchent. En physique, ce mot s'applique plus particulièrement à l'énorme couche d'air qui enveloppe notre planète et la presse sur tous ses points; dans cette dernière acception et suivant l'opinion de la plupart des physiciens, chacun des corps planétaires serait enveloppé d'une atmosphère qui lui serait propre. En traitant particulièrement de l'air, nous avons donné la composition du fluide qui entoure le globe terrestre; ce fluide, qui occupe un espace très-étendu, diminue de densité à mesure qu'il s'éloigne davantage de la surface du globe, et à l'aide du baromètre, instrument dont la découverte date à peine de deux siècles, on a pu mesurer d'une manière passablement exacte cette dégradation à toutes les hauteurs où l'homme a pu parvenir, soit en gravissant les pics, soit en se traçant un sillon dans l'Atmosphère même au moyen d'un fluide plus léger, ingénieusement renfermé dans un aérostat. L'on s'est assuré que, à quelques modifications près dont il était d'ailleurs facile de tenir compte, la dégradation du poids de l'Atmosphère était constante à toutes les hauteurs et sous tous les climats. D'après cela, il a été permis de penser que la densité plus grande du fluide astmosphérique dans ses couches inférieures est le résultat d'une compression, d'un rapprochement de molécules, déterminé par la pesanteur progressive qu'exercent les unes sur les autres les couches accumulées qui constituent l'Atmosphère.

L'instrument qui sert à mesurer la pesanteur de l'Atmosphère a été très-expressivement nommé baromètre. Avant l'époque où il fut inventé par Toricelli, qui hérita des connaissances profondes de Galilée son maître, on éludait par des mots vagues ou absurdes les explications qui eussent provoqué le développement des facultés humaines, ce qui n'entrait pas dans les vues de la politique ombrageuse de ces temps d'intolérance : on attribuait à une horreur que la nature avait pour le vide, l'ascension de l'eau dans les corps de pompe au moyen du piston; mais cette horreur du vide devait trouver un terme chaque fois que le cylindre ou le corps de pompe dans lequel l'eau devait s'élever, avait une hauteur qui surpassait trente-deux pieds (dix mètres quatre centimètres). Ce système de l'horreur du vide, comme plus tard ceux du phlogistique, des quatre élémens, etc. etc., devait disparaître à mesure que la science des faits remplacerait celle des mots; Toricelli, par une expérience aussi simple qu'ingénieuse, prouva que cette prétendue horreur du vide n'était qu'une suite nécessaire du mécanisme admirable qui maintient tous les corps de la nature dans un équilibre parfait; il développa sa belle théorie de la pesanteur des fluides, que l'on s'efforçait à regarder comme affranchis des lois de la gravité, et déclara que si l'on ne pouvait, dans les cylindres de pompe, élever l'eau au-dessus de trente-deux pieds, c'est qu'à cette hauteur le poids de la colonne d'eau faisait équilibre avec l'Atmosphère, et que l'on ne pouvait rompre cet équilibre qu'avec des moyens surnaturels. Il appuya sa théorie d'expériences les plus convaincantes, au nombre desquelles se trouva celle qui détermina d'abord l'invention du baromètre, puis son application à la mesure des hauteurs, ce qui a rendu ce genre d'opération beaucoup plus expéditif et plus facile. Il prit pour cette expérience un tube de verre de trois pieds (un mètre environ) de longueur, il en scella une des extrémités, puis le remplit de mercure; il boucha l'autre extrémité avec le doigt, et dans cet état il éleva perpendiculairement son appareil sur une cuvette pleine de mercure, en ayant soin de tenir plongée dans le mercure l'ouverture que bouchait son doigt. Dès qu'il eut retiré le doigt, le mercure contenu dans le tube descendit jusqu'à la hauteur de vingt-huit pouces (soixante-seize cent.), où il établit fixément son niveau, en laissant vide le reste de la hauteur du tube, ou plutôt en n'y laissant que quelques molécules atmosphériques dans leur plus grand degré d'écartement. Cette expérience est absolument la même que celle du corps de pompe où l'on ne peut élever l'eau à plus de trente-deux pieds; car si l'on établit la différence de pesanteur spécifique entre l'eau et le mercure, on trouvera que dans le premier de ces liquides elle est au second : 1 : : 13,6 environ : conséquemment la colonne d'eau de trente-deux pieds fait équilibre à une colonne de mercure de vingt-huit pouces.

Ce fut Pascal qui bientôt après, réfléchissant à la pression graduée des couches atmosphériques, crut pouvoir faire l'application de l'instrument de Toricelli à l'estimation des hauteurs d'après les degrés de cette pression; aidé d'un autre physicien et munis tous deux de baromètres semblables, ils firent des observations comparatives du niveau du Mercure dans le tube, à des points connus de la surface ou du sol ou de la mer, en même temps qu'au sommet de diverses montagnes dont l'élévation était géométriquement déterminée; ils reconnurent que dans des circonstances semblables, le Mercure prenait constamment le même niveau à des hauteurs égales, et que lorsqu'il éprouvait des variations, elles se trouvaient parfaitement en rapport avec les différences d'élévation. Depuis cette brillante découverte, le baromètre est l'instrument que l'on préfère pour mesurer les hauteurs auxquelles l'on peut atteindre.

En disant que les indications barométriques sont constamment les mêmes à des hauteurs égales, il est inutile de remarquer que c'est déduction faite des variations accidentelles auxquelles le baromètre est irrégulièrement assujetti et dont on n'a pu encore assigner les véritables causes. Ces variations parcourent dans nos climats environ huit centièmes de la colonne barométrique, c'est-à-dire que le niveau du Mercure dont on a établi le terme moyen à soixante-seize centimètres, peut en un laps de temps assez court s'élever à soixante-dix-huit c. et descendre jusqu'à soixante-douze c. et même plus. Ces variations journalières du baromètre sont devenues, après de longues séries d'observations, des pronostics assez vrais de pluie et de beau temps; on a cru d'abord pouvoir donner l'explication de ce phénomène en disant que lorsque le temps était à la pluie, l'atmosphère se chargeant de vapeurs, exerçait sur le niveau du Mercure une plus grande pression, que l'effet contraire arrivait lorsque l'atmosphère, se dépouillant d'une partie de son humidité, se disposait au beau temps; mais plus tard l'expérience a fait reconnaître que cette explication manquait de justesse, elle a prouvé que l'air de l'atmosphère ne contient jamais plus de vapeur d'eau, que lorsqu'il est le plus chaud : or, cette vapeur d'eau étant, à force égale d'élasticité, de plus d'un tiers moins pesante que l'air de l'atmosphère, il en résulterait que plus le temps serait disposé à la pluie, moins la colonne atmosphérique devrait peser sur le Mercure. Il a donc fallu renoncer à une hypothèse dont les bases étaient fausses; et comme l'on n'a encore rien trouvé d'exact pour les remplacer, on est encore à rechercher les véritables causes de probabilités de beau et de mauvais temps dans les indications barométriques.

L'élasticité des molécules atmosphériques et conséquemment leur compressibilité restreignent à des mains habiles l'usage du baromètre, pour l'estimation des hauteurs; sans ces propriétés qui rendent l'air atmosphérique susceptible d'acquérir des gradations extrêmement variables de pesanteur sous un volume constant, l'on se fût servi du baromètre comme l'on se sert de toutes les mesures de longueur. La seule difficulté eût consisté dans l'application du rapport de pesanteur spécifique entre l'Air et le Mercure; on eût d'après cela établi une échelle invariable sur le tube du baromètre : ainsi à la pression ordinaire de la couche dans laquelle nous vivons, qui est de soixante-seize c. et à la température d'un millimètre d'abaissement de niveau dans le tube, répondant à dix mètres cinq décimètres d'élévation dans l'air, il en est résulté que les soixante-seize c. de longueur que présente la colonne de Mercure eussent été réduits à trente c. environ au sommet du Mont-Blanc dont l'élévation connue est de quatre mille sept cent soixante-quinze mètres, et cependant à ce même sommet le niveau du Mercure offrit à Saussure un abaissement moindre.

La différence de pression dans les couches atmosphériques doit nécessairement produire des variations dans la température de ces couches. On pourrait en trouver la raison dans l'état de compression des molécules élastiques de l'air; car l'expérience prouve que lorsque l'on rapproche fortement les molécules d'un corps, une partie du calorique qui les tenait écartées, passe à l'état de chaleur et devient sensible pour les corps organiques. Ainsi, l'on pourrait ne plus s'étonner autant que la température fût constamment au-dessous du point de congélation dans les régions supérieures de l'atmosphère où les molécules du fluide sont toujours très-éloignées les unes des autres, alors même que des chaleurs insupportables se feraient ressentir dans les régions inférieures où ces mêmes molécules sont constamment sollicitées à se rapprocher, à se comprimer mutuellement. L'on pourrait même attribuer à cette différence de pression la présence exclusive de certains animaux, dans une certaine zône d'élévation : le Papillon Apollon et d'autres espèces du genre Parnassien, ne se trouvent qu'à une hauteur déterminée des Alpes et de quelques autres chaînes semblables ; à cent mètres au-dessus ou au-dessous, on n'en rencontre plus quoique ces beaux Lépidoptères abondent à leur point d'habitation. Il en est de même d'un grand nombre de plantes telles que des Gentianes, des Saxifrages, des Primevères, des Androsacées ou de certaines Mousses qui ne prospèrent que près des glaciers.

La colonne atmosphérique qui pèse à la surface de la terre et sur tous les êtres qui la peuplent, étant égale à la pression d'une colonne d'eau de trente-deux pieds, cette pression, qui équivaut à celle de plus de seize mille kilogrammes, serait certainement insupportable pour nous si elle ne s'exerçait que sur un seul point ; mais comme son influence agit dans toutes les directions à l'intérieur comme à l'extérieur de nos organes, cette unité de pression nous fait paraître celle-ci insensible : aucun de nos mouvemens n'en est gêné, aucune fonction de nos organes internes n'en est contrariée. S'il était possible que cet accord de pression vînt à se rompre, si tout-à-coup une partie de notre corps cessait d'être soumise à l'équilibre de pression, on verrait aussitôt cette partie paralysée, écrasée sous le poids de la colonne qui chercherait en vain la résistance qui lui aurait été enlevée. On peut produire en partie cet effet surnaturel à l'aide des instrumens de physique. Par exemple, si sur le plateau d'une machine pneumatique l'on établissait une cloche ouverte dans sa partie supérieure, et si tenant fermée avec la paume de la main l'ouverture supérieure de la cloche on y supprimait intérieurement la colonne d'air, dès le premier coup de piston on sentirait l'effet de la pression atmosphérique sur le dessus de la main ; et cet effet, s'il était continué, deviendrait assez violent pour écraser la main et la mettre en pièces, ainsi que cela arrive quand à la main on substitue sur l'ouverture de la cloche un diaphragme membraneux, un plan de verre, et que l'on continue à supprimer l'air contenu dans la cloche et à laisser pour unique point d'appui à la colonne atmosphérique le faible obstacle dont on aura recouvert l'ouverture de la cloche.

Quoique le fluide atmosphérique paraisse jouir d'une transparence parfaite, tout porte à croire que cette propriété n'est qu'apparente : on la voit s'affaiblir insensiblement et se perdre tout-à-fait par les accumulations successives des couches de l'atmosphère. Il paraît que ce fluide, soit par sa nature même, soit par l'effet des molécules de vapeur, interposées entre ses molécules propres, se trouve soumis aux mêmes lois que tous les autres corps et que comme eux il réfléchit la lumière. Il en réfléchit surtout les rayons bleus ; car tous les corps entre lesquels l'air atmosphérique s'interpose et qui viennent s'offrir au rayon visuel, prennent une teinte bleuâtre plus ou moins intense, en raison de la distance plus ou moins grande de ce corps à l'œil. Cette masse atmosphérique ressemble à un voile immense d'azur qui s'étend au-dessus de la terre et la ceint de toute part. La teinte céleste est assez souvent altérée par la présence de vapeurs très-condensées, prêtes à se résoudre en pluie; alors elle semble, pour ainsi dire, cachée derrière un rideau d'une teinte grise plus ou moins sombre, et cette dernière est aussi celle qu'offre constamment l'atmosphère dans les régions les plus élevées où jusqu'ici il a été permis de l'observer. Dans ces régions, où il règne éternellement un froid excessif, les vapeurs se trouvant dans un état tellement voisin de la condensation que ceux qui y pénètrent se sentent vivement incommodés de l'humidité, il n'est pas étonnant que l'Atmosphère ne puisse pas y réfléchir cette belle couleur bleue qui est naturellement devenue l'emblème de la sérénité. On doit encore attribuer à la réflexion des rayons de lumière par les couches atmosphériques les changemens gradués lumineux qui forment le passage du jour à la nuit et de la nuit au jour; s'il n'existait pas d'Atmosphère, les transitions seraient brusques, on ne pourrait distinguer d'objets que lorsque les vapeurs solaires pourraient arriver directement à l'œil, et par le même motif l'obscurité des nuits serait complète. Déjà même sur les hautes montagnes, où l'Atmosphère beaucoup moins dense réfracte moins fortement la lumière, ce phénomène commence à paraître plausible, la clarté répandue sur ces points est bien loin d'équivaloir à celle qui brille au niveau des mers : on peut même y distinguer en tous temps, à l'œil nu, les astres qui, dans les plaines, ne sont visibles qu'après le coucher du soleil. Un autre motif encore tend à rendre les effets de la réfraction moins sensibles sur les points les plus élevés, c'est que là les couches atmosphériques sont moins chargées de vapeur d'eau, et l'on sait que cette vapeur réfléchit bien plus de lumière que l'air sec. Les vapeurs, dans certaines circonstances de condensation, ont une tendance plus marquée à réfléchir les rayons rouges : lorsque leurs masses sont frappées des premiers rayons du soleil, elles se colorent en rouge tendre et communiquent même cette teinte aux sommets qu'elles enveloppent; le soir, quand elles rencontrent les derniers reflets de l'astre lumineux, elles prennent un éclat quelquefois si vif que l'incarnat le plus brillant ne saurait en rendre l'effet.

Les phénomènes de la dessication des corps humides sont dus à la grande attraction que les molécules atmosphériques exercent sur les molécnles aqueuses et à leur tendance presque continuelle à les enlever à tous les corps qui en sont pourvus : c'est une autre propriété de l'Atmosphère qui est susceptible d'autant de modifications que sa température et sa pression, dont elle n'est probablement que le résultat. Cette attraction est quelquefois si prompte et si considérable, que non-seulement on voit dans certaines saisons la surface du sol se dessécher en très-peu de temps, mais encore les sources les plus fécondes en apparence tarir momentanément, le niveau des fleuves baisser d'une hauteur incroyable, des lacs, des rivières, des ruisseaux disparaître complètement. L'Atmosphère enlève ces masses prodigieuses, elle les tient suspendues jusqu'à ce qu'une cause étrangère quelconque, venant à comprimer les molécules propres de l'Atmosphère, ne leur permettent plus de conserver plus long-temps entre elles les torrens qui, sous forme gazeuse, ont été enlevés insensiblement à la terre; alors ces torrens sont restitués, non pas à l'état de vapeur, mais avec toutes les conditions d'une parfaite condensation, tantôt sous la forme habituelle de l'eau, tantôt sous sa forme naturelle, c'est-à-dire à l'état solide et constituant la grêle, la neige, etc. Dans ces momens de débacles atmosphériques, les masses terrestres n'absorbent pas toujours l'eau avec assez de promptitude pour éviter qu'elle ne glisse à leurs surfaces; l'on serait même tenté alors de penser que les masses d'eau vomies par l'Atmosphère sont bien plus considérables que celles précédemment humées par le fluide : le niveau des fleuves s'élève d'une manière effrayante, bien des fois il dépasse les limites entre lesquelles il se maintient ordinairement; les eaux débordant de tous côtés, se rassemblent dans les plaines basses, après y avoir charrié tout ce qui, dans leur passage, ne leur avait offert que des obstacles impuissans, et il en résulte, outre des ravages occasionés par d'immenses inondations, des déplacemens de lits de rivières qui, avec d'autres causes encore, dépendantes des météores atmosphériques, n'ont pas peu contribué sans doute à augmenter les difficultés que l'on rencontre dans la recherche de points géographiques anciennement constatés. Dans l'état actuel des connaissances, il ne pouvait échapper aux physiciens (que l'explication des phénomènes de déliquescence avait déjà mis sur les voies) de s'occuper des moyens d'apprécier comparativement la quantité d'eau tenue en suspension dans l'Atmosphère; on savait depuis long-temps que si la plupart des corps cédaient plus ou moins facilement à l'air une partie de leur eau surabondante, lorsque ce fluide semblait ouvrir pour la pomper une énorme quantité de bouches, en revanche, grand nombre de ces corps montraient une tendance naturelle à reprendre l'humidité dont ils s'étaient momentanément dessaisis, à mesure que l'Atmosphère, trop surchargée de vapeurs, montrait des dispositions à les laisser se condenser sous forme de pluie. Les petits instrumens que les gens de la campagne nomment improprement Baromètres, et qu'ils construisent eux-mêmes avec une Barbe de graminée, ceux que l'on fabriquait autrefois avec un morceau de corde à boyau, adapté à un mécanisme qui faisait sortir de sa loge une petite figure ou qui l'y faisait rentrer, selon que ce morceau de corde, cédant ou reprenant à l'Atmosphère quelques molécules aqueuses, acquérait ou perdait successivement de sa longueur, ont fait naître l'idée d'appliquer ces cordes ou toute autre matière analogue à l'évaluation de l'humidité contenue dans l'Atmosphère. Saussure entreprit à ces fins un grand nombre d'expériences, et l'hygromètre qu'il inventa est encore le meilleur instrument que l'on puisse employer dans ces sortes d'observations. L'hygromètre consiste dans un cheveu bien dégraissé, d'une longueur déterminée, et fixé par une de ses extrémités à la poulie supérieure d'un petit appareil en cuivre; dans le milieu de sa longueur le cheveu s'enroule autour d'une poulie et porte à son autre extrémité un petit poids qui dépasse la poulie, et sert à tenir le cheveu dans un état de tension convenable. A la poulie est adaptée une aiguille qui parcourt les divisions graduées d'une portion de cercle. Lorsque le cheveu, par l'effet de l'humidité ou des molécules aqueuses interposées entre les siennes propres, augmente ou diminue de longueur, cet effet détermine aussitôt l'aiguille adaptée à la poulie sur laquelle est enroulé le cheveu, à un mouvement que font aussitôt apprécier les divisions du cercle.

L'extrême mobilité des molécules de l'Atmosphère, et par suite le facile déplacement des couches qui la composent, paraissent être l'origine de tous les phénomènes météoriques. Des causes qui peuvent n'être, pour ainsi dire, rien au point où elles naissent, produisent, par le contact de proche en proche, des effets trop souvent terribles, surtout lorsque l'électricité, ce puissant auxiliaire qui paraît étendre son pouvoir magique d'un point de l'Atmosphère à l'autre, s'avise de s'emparer du rôle principal; et si l'on prend pour exemple la simple boule de neige qui roulant du haut de la montagne, ramène à la base une avalanche épouvantable, de même dans les hautes régions de l'Atmosphère, le moindre choc entre quelques molécules peut décider les ouragans, les tempêtes qui, après avoir tout renversé, tout entraîné sur leur passage, viennent épuiser leur violence contre la masse inamovible du globe.

L'Atmosphère est encore l'immense réservoir où tous les êtres puisent la vie; c'est dans son sein que se rassemblent les divers fluides qui, après avoir contribué à l'accroissement des corps organisés, sont élaborés par eux; c'est de-là que ces mêmes fluides ayant subi des modifications nécessaires, retournent au siége de la vie pour y exercer, par une succession admirablement ordonnée, une reproduction perpétuelle, (DR..Z.)

* ATNON. BOT. PHAN. (Dioscoride.) Syn. d'Ivraie (B.)

ATOA. BOT. PHAN. Nom brame d'une espèce d'Anone. (A. R.)

ATOCA. BOT. PHAN. Syn. canadien de *Vaccinium Oxycoccos*, vulgairement *Canneberge*. *V.* ce mot. (B.)

ATOCALT. ARACHN. Nom sous lequel on a désigné une Araignée du Mexique qui, dit-on, habite des lieux aquatiques, n'est pas venimeuse, et forme une toile irisée. On ignore, d'après ces vagues renseignemens, à quel genre cet Animal appartient. (AUD.)

* ATOCHA. BOT. PHAN. Qu'on prononce *Atotcha*, d'où par corruption *Toja*. Syn. de Landier, *Ulex*. en Espagne. *V.* AJONC. (B.)

ATOCHADOS. BOT. PHAN. L'un des noms du *Lavandula Stœchas*, L. (B.)

* ATOCION OU ATOKION. BOT. PHAN. Genre formé par Adanson (Fam. des Pl. T. II. p. 254) dans la première section de ses Alcines, pour les espèces de Silènes, dont les fleurs sont disposées en corymbe. Il ne saurait être adopté. (B.)

ATOCIRA. BOT. PHAN. L'un des noms portugais d'*Annona squamosa*, L. dans l'Inde. (B.)

ATOK. MAM. Nom de pays d'un animal du Pérou qui pourrait bien appartenir au genre Glouton. *V.* ce mot. (B.)

ATOLLI. Hernandez rapporte que les anciens Mexicains nommaient ainsi une bouillie faite avec de la farine de Maïs dont ils se nourrissaient. *V.* GOFIO. (B.)

ATOMAIRE. *Atomaria*. BOT. CRYPT. (*Hydrophytes*.) Genre proposé par Stackhouse et conservé dans la dernière édition de sa *Nereis Britannica*, formé aux dépens des *Fucus* de Linné et dont les caractères consisteraient en des frondes membraneuses, grêles et rameuses, à rameaux alternes, à découpures courtes, dentées vers leur extrémité; ayant leur fructification en grappes et de forme diverse. Ce genre paraît au moins douteux si l'on considère que son inventeur a figuré comme l'une des deux espèces qu'il y admet deux Plantes d'ordres différens, sous le nom de *Fucus dentatus*, pl. 15. fig. *a*, le vrai *Fucus atomarius*, Gmel. *Dictyota dentata*, Lamx., et même planche, fig. *b. c.* le vrai *Fucus dentatus* dégradé. La fructification est d'ailleurs figurée d'une manière assez inexacte. (LAM..X.)

ATOME. C'est-à-dire qui ne peut être divisé. On a donné ce nom aux molécules *insécables* que plusieurs philosophes anciens ont admises comme parties élémentaires des corps. *V.* MATIÈRE. (B.)

ATOME. ARACHN. *V.* ASTOME.

ATOMON. BOT. PHAN. (Dioscoride.) Syn. de Jusquiame. *V.* ce mot. (B.)

* ATON. BOT. PHAN. (Dioscoride.) Syn de *Bunium Bulbocastanum*, L. *V.* BUNIUM. (B.)

ATOPE. *Atopa*. INS. Paykull nomme ainsi un genre de l'ordre des Coléoptères, qui avait été antérieurement distingué par Latreille sous le nom de Dascille. Fabricius et Duméril ont admis la dénomination d'Atope; nous conserverons celle imposée par Latreille, comme étant la plus ancienne. *V.* DASCILLE. (AUD.)

ATORGA. BOT. PHAN. Syn. d'*Erica ciliaris*, L. en Portugal. (B.)

ATOTO. BOT. PHAN. Et non *Atopo*. Espèce du genre *Euphorbia* à laquelle Forster a conservé le nom qu'elle porte dans les îles de la Société. *V.* EUPHORBE. (B.)

ATOTOTL. OIS. Syn. de Pélican blanc, *Pelecanus Onocrotalus*, L., au Mexique. *V.* PÉLICAN. Séba a appliqué ce nom à un Grimpereau, *Certhia purpurea*, L. (DR..Z.)

ATOTOTLOQUICHITL. OIS. Même chose qu'Acotoloquichitl. *V.* ce mot. (B.)

ATOULLY. POIS. Nom de pays du Muge Plumier de Bloch. *V.* MUGE. (B.)

ATOUMA. OIS. Syn. kamschadale de Cormoran. (B.)

* ATRACTIUM. BOT. CRYPT. (*Urédinées?*) Genre fondé par Link

(*Berlin. natur. magazin.* 1809. p. 10. — 1815, p. 32) qui l'a caractérisé ainsi : capsules fusiformes sans cloisons, translucides, réunies sur le sommet d'un support filamenteux arrondi en tête et porté sur un cou plus étroit.

Link en indique trois espèces, *Atractium stilbaster*, *pulvinatum* et *ciliatum*. La dernière avait été décrite et figurée par Albertini et Schweinitz sous le nom de *Tubercularia ciliata*.

Ce genre ne différant des *Calicium* que par ses capsules fusiformes, doit-on donner autant d'importance à un caractère si minutieux, et ne ferait-on pas mieux de les réunir? (AD. B.)

ATRACTOBOLE. *Atractobolus.* BOT. CRYPT. (Lycoperdacées.) Genre décrit par Tode (*Fungi Mecklenburgenses selecti*, fasc. 1. p. 45. t. 7. fig. 59), et qui depuis n'a été indiqué par aucun des auteurs modernes qui ont écrit sur les Champignons. Il paraît pourtant, si la description de Tode est exacte, former un genre bien caractérisé à côté des *Sphærobolus* dans la tribu des Sclérotiées. Tode donne à ce genre le caractère suivant : Champignon en forme de cupule sessile, recouverte d'un opercule, et renfermant une vésicule fusiforme remplie de sporules qu'il lance au dehors.

Ces Champignons sont si petits, dit Tode, qu'ils paraissent à l'œil nu comme de la poussière de farine répandue sur les bois ou les pierres humides. Examiné à la loupe on aperçoit cependant de petites cupules blanches à bord évasé, recouvertes par un opercule bombé dans le milieu. Sous cet opercule, se trouve une vésicule fusiforme ou ovale, translucide, rougeâtre, remplie d'un liquide de même couleur mêlé de sporules. Cette vésicule, en se développant, soulève l'opercule, le fait bomber dans son milieu, finit par le détacher, et la vésicule elle-même s'échappe avec force au dehors.

Ces Cryptogames remarquables se développent après les pluies d'orage sur les pierres, les os et les morceaux de bois tombés sur la terre, et surtout dans les fentes où l'eau de pluie a séjourné.

On ne conçoit pas, après avoir vu avec quel détail Tode a décrit ce genre, comment les auteurs plus modernes, tels que Persoon, Link, Nées, ont pu le passer sous silence ou révoquer son existence en doute. (AD. B.)

ATRACTOCÈRE. *Atractocera.* INS. Meigen, dans son Histoire des Diptères, avait formé sous ce nom un genre qui répondait à celui des Simulies et qu'il a réuni à ce dernier dans un ouvrage plus récent (Classif. des Diptères d'Europe, T. 1). *V.* SIMULIE. (AUD.)

ATRACTOCÈRE. *Atractocerus.* INS. Genre de l'ordre des Coléoptères et de la section des Pentamères, fondé par Palisot de Beauvois (Magas. Encycl.) sur une espèce originaire d'Afrique qui paraît avoir été décrite par Linné sous le nom de *Necydalis brevicornis*, et par Fabricius (*Entom. syst.*) sous celui de *Lymexylon abbreviatum*. Latreille adopte ce genre et le rapporte, dans ses Considérations générales (p. 173), à la famille des Malacodermes, et ailleurs (Règne anim. de Cuv.) à celle des Serricornes, tribu des Lime-bois ; ses caractères sont : antennes simples, presque en fuseau ; palpes maxillaires très-grands ; élytres fort courtes. Les Atractocères avoisinent les Lymexylons, mais en diffèrent par la forme des antennes et l'état rudimentaire des élytres. Ils se distinguent aussi des Nécydales dont ils ont le *facies*, par le nombre des articles des tarses, les antennes et les parties de la bouche. La forme de ces parties empêche encore de les réunir aux Staphylins. — Il résulte de l'examen détaillé qu'a fait Palisot de Beauvois de tous les organes extérieurs, 1° que la tête est ovale ; 2° que les antennes sont en fuseau, un peu arquées, insérées devant les yeux, formées de onze articles ; le premier et le second perfoliés, distans, inégaux ; les autres très-serrés, rapprochés, diminuant insensiblement de volume jusqu'au dernier qui est aigu à son sommet; 3° que sa bouche se compose d'un labre très-court, à peine visible, de mandibules peu allongées, cornées, bifides à leur sommet, un peu arquées en dedans; de mâchoires coriaces, très-courtes, terminées par un lobe arrondi, velu, et donnant attache aux palpes maxillaires qui sont longs, de quatre articles inégaux, pectinés et barbus à leur côté interne; d'une lèvre entièrement découverte à laquelle s'insèrent les palpes labiaux plus courts que les maxillaires, et formés seulement de trois articles inégaux dont les deux premiers simples, presque d'égale longueur, et le dernier très-grand, ovale, arqué, velu à son bord interne. — Le même observateur nous a appris que les yeux sont ovales et occupent presque toute la tête; que le prothorax est oblong, un peu convexe; que les élytres sont plus courts que lui, échancrées à leur bord postérieur et séparées à leur base par un écusson divisé en deux parties (sans doute notre *scutum* et notre *scutellum*); que les ailes du métathorax sont déployées et plissées en éventail comme dans les Nécydales; que les tarses ont cinq articles simples, filiformes, sans houpes ni pelottes, avec deux petits crochets simples terminant le dernier; que l'abdomen enfin est allongé, linéaire, et formé de neuf anneaux visibles. L'espèce servant de type au genre, celle qui a fourni les observations précédentes, est l'Atractocère Nécydaloïde, *Atractocerus Necydaloides*; elle est roussâtre avec une ligne enfoncée jaunâtre sur le prothorax. Cet Insecte, figuré avec soin par l'auteur, a été rencontré par lui dans le royaume d'Oware en Afrique. Il vit dans le bois qu'il ronge. — Dejean (Catal. des Coléopt.) en mentionne une autre qu'il désigne sous le nom de *brasiliensis*. Desmarest en signale une troisième, qu'il a observée dans le succin ou Ambre jaune (Dict. de Déterville, art. *Insectes fossiles*.) (AUD.)

ATRACTOSOMES. POIS. C'est-à-dire ayant le corps en fuseau. Quatorzième famille de l'ordre des Holobranches, dans la méthode de Duméril (Zool. Anal. p. 124 et 125), qui correspond aux Scombéroïdes de Cuvier, et formée d'un démembrement des Thoraciques de Linné. Elle comprend les Poissons osseux à branchies complètes, à nageoires paires dont les inférieures sont situées sous les thoraciques, avec de fausses nageoires entre la dernière dorsale, l'anale et la caudale. Tous ces Poissons ont le corps épais vers le milieu, et aminci aux deux extrémités.

Les genres dont se compose la famille des Atractosomes sont les suivans: Scombéroïde, Scombéromore, Trachinote, Scombre, Gasterostée, Centronote, Cœsiomore, Lépisacanthe, Céphalacanthe, Cœsion, Caranxomore, Pomatome, Centropode, Caranx, Istiphore. *V*. tous ces mots. (B.)

ATRACTYLIDE. *Atractylis*. BOT. PHAN. Genre de la famille des Cinarocéphales, de la tribu des Carlinées de Cassini. L'involucre est composé de folioles imbriquées, conniventes, entières et acuminées, entouré extérieurement par un rang de feuilles à découpures épineuses qui simule un second involucre. Il ne renferme que des fleurs hermaphrodites portées sur un réceptacle paléacé. L'aigrette qui couronne leurs akènes est plumeuse. — Les espèces qui sont au nombre de sept ou huit, présentent la plupart une tige garnie de feuilles alternes, quelques-unes des feuilles radicales d'où part une hampe; ces feuilles sont souvent épineuses sur leur bord. Deux sont originaires du Japon; les autres, du nord de l'Afrique et du midi de l'Europe; celles-ci sont décrites dans la Flore atlantique de Desfontaines, qui en a fait connaître et en figure deux, t. 225 et 226. On en rencontre une dans le midi de la France, c'est l'*Atractylis cancellata*, figurée sous le nom de *Cirsellium* dans Gaertner, t. 163, et Lam. illustr. t. 662.

Ce genre *Cirsellium* renferme des espèces à fleurs radiées, et c'est là tout ce qui le distinguerait des *Atractylis*. L'espèce à laquelle Gaertner a donné ce dernier nom, et qu'il a décrite et figurée comme type sous le nom d'*A. Fusus-agrestis* (t. 161. fig. 2), le *Carthamus lanatus*, présente conséquemment des caractères différens de notre genre *Atractylis*, et ne doit pas être confondue avec lui. Tel que nous l'avons décrit, il devient synonyme de l'*Acarna* de Willdenow. (A. D. J.)

ATRAGÈNE. *Atragene*. BOT. PHAN. Linné a nommé ainsi un groupe des Plantes du genre Clématite, qu'il a érigé en genre distinct. Il y réunit toutes les espèces dont les étamines extérieures avortent et se changent en filamens planes et stériles, qu'il considérait comme les élémens d'une corolle polypétale. Les espèces rapportées à ce genre ont été de nouveau réunies aux Clématites par la plupart des auteurs modernes, et en particulier par De Candolle qui en a formé une simple section de son genre Clématite. *V.* ce mot. (A. R.)

ATRAKIOS. MAM. L'un des noms grecs de l'Ane. (A. D..NS.)

ATRAPHACE. *Atraphaxis*. BOT. PHAN. Genre de la famille des Polygonées. Le calice est composé de quatre folioles, dont deux extérieures petites, deux intérieures (que plusieurs auteurs ont nommées pétales) plus grandes, croissant et cachant le fruit à sa maturité. Il y a six étamines, et un ovaire libre surmonté de deux stigmates sessiles et globuleux. Cet ovaire simule plus tard une graine nue. On en décrit deux espèces. Ce sont des Arbrisseaux à fleurs axillaires ou terminales, l'un originaire du cap de Bonne-Espérance, inerme et à feuilles ondulées, c'est l'*Atraphaxis undulata*; l'autre, qui croît dans le nord de l'Asie, et dont les rameaux se terminent en épine, c'est l'*A. spinosa*, figuré t. 14. des *Stirp. nov.* de l'Héritier. *V.* aussi Lam. *illustr.* t. 265, où ces deux espèces sont représentées. Adanson fait un genre de la première sous le nom de *Tephis*, et un autre genre de la seconde sous celui de *Pedalium*. Il attribue à ce dernier trois stigmates, huit étamines et un calice à cinq divisions. On en trouve en effet ce nombre dans quelques fleurs. (A.D.J.)

ATRICAPILLA. OIS. Syn. de Bouvreuil. *V.* MELANCHORYNCHOS. (B.)

ATRICHIUM. BOT. CRYPT. (*Mousses.*) Palisot de Beauvois a donné ce nom au genre déjà créé, sous le nom de *Catharinea*, par Mohr. *V.* CATHARINEA. (AD. B.)

ATRIPLETTE OU ATRIPLOTE. OIS. Syn. vulgaire de la petite Fauvette rousse, *Motacilla rufa*, L. *V.* SYLVIE. (DR..Z.)

ATRIPLEX. BOT. PHAN. *V.* ARROCHE.

ATRIPLICÉES. BOT. PHAN. *V.* CHÉNOPODÉES.

ATRIVOLO. BOT. PHAN. (Belon.) Syn. de *Tribulus terrestris*, L. (B.)

* ATROCE. REPT. OPH. Espèce de Vipère. *V.* ce mot. (B.)

ATROPA. *V.* BELLADONE, MANDRAGORE et NICANDRA.

ATROPE. *Atropus*. POIS. Genre formé par Cuvier dans la famille des Scomberoïdes, ordre des Acanthoptérygiens, et qui rentre dans les Atractosomes de Duméril. Ses caractères sont : la compression du corps, un museau très-court dépassé par la mâchoire inférieure; une seule dorsale à trois épines, dont une partie des rayons mous, sont prolongés en fils; la ligne latérale crénelée vers l'extrémité, et deux épines libres avant la dorsale comme dans les Caranx. *V.* ce mot. — Le *Brama Atropus* de Schneider (p. 93. pl. 23), seule espèce de ce genre, est un Poisson long de neuf à dix pouces, large de quatre, aplati, argenté, ayant les pectorales en forme de faulx, et que l'on pêche dans les mers de l'Inde, particulièrement à Tranquebar. (B.)

ATROPOS. REPT. OPH. Espèce de Vipère. *V.* ce mot. (B.)

ATROPOS. INS. Espèce du genre Sphinx, vulgairement nommée *Tête-de-mort*, parce qu'elle porte sur le corcelet l'empreinte assez ressemblante de la face d'un squelette humain.

Sa chenille, assez commune en France sur la Pomme-de-terre, se nourrit ordinairement des feuilles de Solanées et semble se plaire partout où croissent les Plantes de cette nombreuse famille. Nous avons retrouvé cet insecte dans l'état parfait, à Ténériffe, aux îles de France, de Mascareigne, et de Sainte-Hélène. Nous en avons vu qui venaient de l'Amérique méridionale. Palisot de Beauvois nous assurait en avoir observé dans les environs de New-York. Leschenault vient de rapporter quelques individus des Grandes-Indes qui paraissent identiques. *V.* SPHINX. (B.)

ATSCHI. *V.* ACHAR. On donne quelquefois ce nom au Piment dans certaines parties de l'Inde. (B.)

ATT. MAM. *V.* ASP.

* ATTACHES ou POINTS D'ATTACHES DES MUSCLES DANS LES MOLLUSQUES TESTACÉS. Ce sont les points où les muscles, ou les ligamens adducteurs du corps de l'Animal s'attachent à sa Coquille. Les points d'attache, dans les Bivalves, sont plus connus sous le nom d'impressions musculaires, *V.* ce mot, et varient par leur nombre. Chez les Univalves spirales, le point d'attache est sur la columelle, peu enfoncé dans le test, et il est l'unique endroit par lequel la Coquille tient à son habitant. Dans les Patelles et autres genres dont la Coquille n'est point spirale ou l'est très-peu, la figure, la grandeur et la position de l'impression musculaire varient. Dans les Cabochons de Montfort ou Hipponix de Defrance, cette impression est très-remarquable. Elle figure un fer à cheval dont les extrémités sont dilatées. Dans les Patelles, elle est circulaire. Ces impressions se reconnaissent en général assez facilement par un aspect particulier, et qui contraste avec le reste de l'intérieur de la Coquille. Tantôt elles sont lisses, brillantes et couvertes de très-fines stries concentriques; d'autres fois elles sont couvertes de petites éminences, de stries élevées et irrégulières et fort raboteuses; cela s'observe surtout dans les Bivalves.

Les points d'attache se déplacent à mesure que l'Animal grandit; de nouvelles couches de fibres musculaires s'implantent en avant des anciennes dans le sens de la direction d'accroissement, tandis que les plus anciennes, situées à l'opposé, s'oblitèrent; mais il n'y a cependant pas égalité dans cette opération; car en grandissant, les muscles d'attache augmentent de volume, et par-là les impressions grandissent avec eux. Voilà les idées les plus probables et les plus reçues, mais il y a toujours quelque difficulté à concevoir l'oblitération d'une partie de ces muscles. Que devient la partie oblitérée? Il n'est pas impossible qu'il y ait dans ces muscles un déplacement successif et partiel en même temps qu'ils augmentent de volume. (F.)

ATTAGAS ou ATTAGEN. OIS. Nom ancien d'un Oiseau qui paraît devoir être rapporté, d'après Picot-Lapeyrouse, au Lagopède, *Tetrao Lagopus*. *V.* TÉTRAS. (B.)

ATTAGÈNE. *Attagenus*. INS. Genre de l'ordre des Coléoptères, de la section des Pentamères et de la famille des Clavicornes, établi par Latreille aux dépens du genre Dermeste des auteurs, et s'en distinguant, selon lui, par les caractères suivans: antennes en massue allongée, avec le dernier article fort long dans les mâles; palpes maxillaires grêles et allongés; point de dent cornée au côté interne des mâchoires. Les Dermestes décrits par Fabricius sous les noms de *vigintipunctatus*, *undatus*, *pellio*, *trifasciatus*, *macellarius*, appartiennent à ce nouveau genre; l'Attagène ondé, *Att. undatus*, peut en être considéré comme le type; il a été figuré par Olivier (Coléopt. T. II. n° 11. t. 1. fig. 2). On le trouve communément sur les Arbres aux environs de Paris. Le général Dejean (Catal. des Coléopt.) en possède quinze espèces dont plusieurs exotiques. (AUD.)

ATTAGO, ATTAGOS ou AT-

TAGUI. OIS. Par corruption du mot Attagas; ces noms désignent la même chose. *V*. ATTAGAS. (DR..Z.)

ATTALEA. BOT. PHAN. Nous avons (in Humb. et Bonpl. 1. p. 309) donné ce nom à un petit Palmier de l'Amérique méridionale, connu dans le pays sous le nom de *Palma Almendron*. Il a des feuilles pennées; des spadices rameux; une spathe monophylle; des fleurs mâles et femelles sur le même régime; un calice à six divisions dont les trois extérieures très-petites; des étamines nombreuses à filets libres; un ovaire triloculaire; un style trifide. Son fruit est un drupe fibreux à trois loges monospermes. Par ces caractères, le genre Attalea diffère de l'Elais et du Ceroxylon avec lesquels il a, du reste, beaucoup d'affinités. Le nom d'Almendron (Amandier) fait allusion à l'usage que font les indigènes de ses fruits en forme d'amande. (K.)

ATTALÉRIE. BOT. PHAN. *V*. ATALERRIE.

ATTARAK ET ATTARSOAK. MAM. Noms groënlandais du Phoque à croissant à sa première et à sa cinquième année. (B.)

ATTAVILLE. POIS. Espèce de Raie. *V*. ce mot. (B.)

ATTCHAR. *V*. ACHAR.

* ATTE. *Atta*. INS. Genre de l'ordre des Hyménoptères, section des Porte-Aiguillons, séparé par Fabricius du genre Fourmi de Linné, et rangé par Latreille (Considér. génér.) dans la famille des Formicaires. Les caractères distinctifs qu'il lui assigne sont: pédicule de l'abdomen formé de deux nœuds; antennes entièrement découvertes à leur base; tous les palpes très-courts, les maxillaires ayant moins de six articles distincts; tête très-grosse dans les neutres; ceux-ci, de même que les femelles, pourvus d'un aiguillon. — Les Attes se distinguent des Fourmis, des Polyergues et des Ponères par les deux nœuds de leur abdomen; ce caractère leur est commun avec les Myrmices et les Cryptocères, mais ils diffèrent des premiers par la brièveté et le nombre de leurs palpes maxillaires, et des seconds par leurs antennes à nu au point de leur insertion.

Latreille (Règne Anim. de Cuv.) place ce genre dans la grande famille des Hétérogynes. Jurine adopte aussi le genre Atte, mais lui assigne des caractères qui ne sont plus en rapport avec ceux de Fabricius; il serait donc très-possible que le genre de l'un ne correspondît pas à celui de l'autre. Ces caractères consistent en une cellule radiale, deux cellules cubitales, des mandibules et des antennes à peu près semblables à celles des Fourmis. La figure des cellules est seulement différente, la radiale et la première cubitale étant fort étroites et extrêmement allongées; tandis que dans les Fourmis cette dernière est à peu près ovale, et la radiale seule allongée. Ajoutez à ces différences que le point de l'aile manque ici tandis qu'il existe dans toutes les Fourmis. — L'espèce servant de type au genre dans les trois Méthodes de Fabricius, de Jurine et de Latreille, est l'Atte de visite, *Atta cephalotes*, ou la Fourmi de visite. Elle est exotique et est probablement la même que celle figurée par Mérian dans ses Insectes de Surinam (édit. de 1726, p. 18. tab. 18). Ces Fourmis pratiquent dans la terre des excavations de plus de huit pieds de hauteur, et les abandonnent une fois l'année pour parcourir les maisons qu'elles purgent de tous les Animaux incommodes qui s'y rencontrent. Lorsque, dans leurs excursions, ces Insectes trouvent un intervalle à franchir, l'un d'eux se fixe à un corps quelconque, une branche d'arbre, par exemple; un second s'attache au premier Atte, un troisième au second, ainsi de suite jusqu'à ce qu'ils aient formé une chaîne plus ou moins longue, qui, étant poussée par le vent, permet au dernier chaînon de prendre un autre point fixe opposé au précédent. Alors existe un véritable pont sur lequel passent des milliers d'individus qui continuent leur marche jusqu'à ce qu'étant arrêtés par un obstacle du même genre, ils emploient une manœuvre semblable pour le surmonter. (AUD.)

ATTE. *Attus.* ARACHN. Dénomination appliquée par Walckenaer, (Tableau des Arachnides, p. 22) à un genre d'Arachnides pulmonaires correspondant à celui des Saltiques de Latreille et connu généralement sous le nom d'Araignées sauteuses. *V.* SALTIQUE. (AUD.)

* ATTE. BOT. PHAN. Fruit exquis de l'Anone écailleux *Annona squamosa*, L., Arbre appelé *Attier* dans quelques colonies françaises. Il se mange à la cuiller, et se nomme aussi *Pomme Canelle*. *V.* ANONE. (B.)

ATTEIKSIAK. MAM. Nom groënlandais du Phoque à croissant dans sa seconde année. (B.)

ATTELABE. *Attelabus.* INS. Genre de l'ordre des Coléoptères et de la section des Tétramères établi originairement et d'une manière trop générale par Linné qui en avait emprunté le nom à Aristote. Des classificateurs plus modernes ont considérablement restreint le nombre des espèces que renfermait cette grande division. Geoffroy en élagua plusieurs qu'il réunit sous le nom générique de *Rhinomacer*, en français Becmare. Fabricius adopta ce groupe, mais il substitua à la dénomination employée par Geoffroy celle dont Linné s'était le premier servi. Herbst, Clairville et Olivier subdivisèrent encore le genre Attelabe de telle sorte qu'il ne contient plus aujourd'hui que le petit nombre d'espèces offrant les caractères suivans : point de labre apparent; palpes très-petits, coniques; antennes droites, de onze articles, dont les trois derniers forment une massue perfoliée; trompe courte, large, dilatée au bout; point de cou apparent; mandibules fendues à leur extrémité; jambes terminées par deux forts crochets.

Latreille, dans un de ses ouvrages (Considér. génér., p. 219) place les Attelabes dans la famille des Charansonides, et les range ailleurs (Règne Anim. de Cuv.) dans celle des Rhinchophores ou Porte-becs. Ils offrent plusieurs points de ressemblance avec les autres genres qui la constituent, mais ils diffèrent cependant de chacun d'eux par des caractères tranchés. C'est ainsi que leurs antennes droites et filiformes de onze articles, terminées en une massue de trois articles, les éloignent des Brentes, des Cylas, des Charansons proprement dits, des Brachycères, des Lixes, etc., etc., et que l'insertion de ces appendices, l'absence d'un cou apparent, ainsi que les deux forts éperons des jambes empêchent de les confondre avec les Apodères, les Rhynchites et les Apions.

Les Attelabes ont le corps plus ou moins ovale, très-corné; le prothorax est sans rebords, plus large que la tête et moins que les élytres; celles-ci sont convexes et recouvrent les ailes membraneuses du métathorax; les pates ont une longueur moyenne, l'abdomen est court et a plus de largeur que de longueur.

Les larves ressemblent beaucoup à celles des Charansons, elles sont apodes, blanchâtres, formées par douze anneaux, ayant à leur face inférieure certaines éminences lubréfiées par une substance visqueuse qui paraît favoriser leur marche; la partie antérieure du corps offre une tête écailleuse munie de deux mandibules cornées au moyen desquelles elles semblent opérer la progression en se cramponnant aux parties qui les environnent. Ces parties sont assez souvent des pulpes de fruits qu'elles rongent à l'intérieur sans qu'on puisse soupçonner leur présence. Elles vivent encore dans l'intérieur des tiges et se nourrissent aussi de fleurs, et surtout de feuilles qu'elles enroulent pour en ronger à l'abri le parenchyme. Lorsqu'elles sont réunies en grand nombre, leurs ravages sont très-sensibles. Parvenues à un entier développement, ce qui a lieu après plusieurs mues, ces larves se transforment en nymphe et se construisent à cet effet une coque de soie ou bien se font une enveloppe avec une sorte de matière résineuse. Elles ne tardent pas ensuite à devenir Insectes parfaits. Les Attelabes habitent sous cet état les feuilles et les fleurs des végétaux, mais ils sont peu voraces et très-timides ; au moindre danger, ils retirent leurs pates contre leur corps et se laissent tomber. Ces Insectes sont généralement très-petits, on les rencontre abondamment aux environs de Paris. L'espèce servant de type au genre et qui est très-commune sur le Chêne, a reçu de Linné le nom d'*Attelabus curculioniodes*, c'est le Becmare Laque de Geoffroy (Ins. tom. 1. p. 273. n. 10). Olivier (Col. pl. 1. fig. 1) l'a figurée. — L'Attelabe fémoral, *Att. femoralis*, Oliv. (*loc. cit.* pl. 1. fig. 12) n'est pas rare dans les environs de Paris, sur le Bouleau. (AUD.)

ATTERISSEMENT. GÉOL. Dépôt de limon, de sable et de pierres roulées, formé par les fleuves à leur embouchure et dans toutes les parties de leur cours où le mouvement de leurs eaux se ralentit, et même par la mer sur ses rivages.

Les Attérissemens composent les *Terrains d'Alluvion modernes*, *V.* ce mot, et s'entendent plus spécialement des accumulations successives de débris d'autres terrains au moyen des cours d'eau qui existent encore sur la surface de la terre ou qui ne différaient tout au plus, dans les temps reculés, que par leur plus grand volume. — Le sol de la Basse-Égypte, celui de la Hollande, celui de Pétersbourg, de la vallée du Pô, etc., sont des *Attérissemens* de fleuves. — Les Attérissemens tendent à niveler continuellement la surface de la terre puisqu'ils sont le résultat du transport dans les parties basses des parties brisées qui formaient les sommités ou montagnes. *V.* TERRAIN et ALLUVION. (C. P.)

ATTHIS. OIS. Nom ancien d'un Oiseau que l'on a successivement rapporté à diverses espèces de différens genres, *Gracula Atthis*, Gmel. Lath; *Corvus Atthis*, Hasselq, *Sturnus Atthis*, Daudin, et qui en définitive paraît être notre Martin-Pêcheur, *Alcedo Ispida*, L. Buff. pl. enlum. 77. (DR..Z.)

ATTI-ALU. BOT. PHAN. Syn. de *Ficus racemosa*, L. à la côte de Malabar. (B.)

ATTICUS. POIS. L'un des noms de l'Esturgeon. *V.* ce mot. (B.)

ATTIER. BOT. PHAN. *V.* ATTE.

ATTIGBRO. MAM. Syn de Raton chez les Iroquois, selon Desmarest. (A. D..NS.)

* ATTILOS. MOLL. Selon Gesner (*de Aquat.* p. 109), Hesychius désigne, sous ce nom, une espèce de Conque qui n'a pas été reconnue. (F.)

ATTI-MEER-ALON. BOT. PHAN. Espèce de Figuier de l'Inde, selon Boso. (A. R.)

ATTINGACU. OIS. Même chose qu'Atingacu-Camucu. *V.* ce mot. (B.)

ATTOLE. BOT. PHAN. *V.* ANATE.

ATTRACTION. *V.* PESANTEUR.

ATTRAPE-MOUCHE. OIS. Même chose que Gobe-Mouche. *V.* ce mot. (B.)

ATTRAPE-MOUCHE. BOT. PHAN. Nom vulgaire donné à diverses Plantes, funestes aux petits Insectes ailés qui s'y reposent. Quelques-unes, telles que l'*Apocynum androsæmifolium*, et deux ou trois Lychnides, ont leur tige enduite d'une sorte de visquosité à laquelle les Mouches se prennent par les pates ; elles ont peut-être donné à l'Homme l'idée des gluaux. — Le *Dionea Muscipula* est un Attrape-Mouche d'un autre genre et purement mécanique. Les espèces de palettes ciliées, qui terminent ses feuilles, se ferment comme à ressort sur la Mouche qui s'y abat. Les étamines du *Nerium Oleander* sont aussi des Attrapes-Mouches par la disposition desquels les petits Insectes, qui s'insinuent dans les corolles, n'en peuvent plus sortir. (B.)

ATUCO. MAM. (Gusmilla.) Et non *Aruco*. Syn. de Cachicame, chez les Sauvages de l'Orénoque. *V*. TATOU. (B.)

ATUN. BOT. PHAN. (Rumph. *Amb*. T. III. t. 63.) Arbre à très-grandes feuilles des îles Moluques, encore peu connu, dont les fleurs sont disposées en bouquets. Ses fruits ovales, et assez gros, sont employés comme épice. Il pourrait peut-être appartenir au genre *Heriteria*. (B.)

* ATURION. BOT. CRYPT. (Dioscoride.) Syn. grec de Cétérac, d'où *Atyrium* et *Athyrium*, noms imposés par les modernes à un genre de Fougères, dans lequel le Cétérac n'est pas compris. *V*. CÉTÉRACH et ATHYRION. (B.)

ATY. BOT. PHAN. L'un des noms du Piment dans les Antilles. (B.)

ATYA. CRUST. Du dictionnaire des Sciences naturelles (T. III. suppl.). Même chose qu'Atye. *V*. ce mot et ATYÉE. (AUD.)

ATYCHIE. *Atychia*. INS. Genre de l'ordre des Lépidoptères, section ou famille des Crépusculaires, établi par Hoffmansegg aux dépens du genre Sphinx. Il appartient, suivant Latreille (Consid. gén.), à la famille des Zygénides, et a pour caractères : antennes bipectinées dans les mâles, et simples dans les femelles; palpes extérieurs ou labiaux très-velus, s'élevant notablement au-delà du chaperon; ailes courtes; des épines fortes à l'extrémité des jambes postérieures. Le même auteur réunit ailleurs (Règ. Anim. de Cuv.) ce genre à celui des Glaucopides. L'espèce, sur laquelle il est fondé, est le *Sphinx Chimera* d'Hübner (*Lepid. Sphinx*. T. I, fig. 1) ou le *Sphinx appendiculata* d'Esper (*Lepid*. T. II. tab. 35. fig. 5, 6). (AUD.)

ATYE. *Atya*. CRUST. Genre de l'ordre des Décapodes, établi par Leach, et ayant pour caractères : les deux paires antérieures de pates égales, avec le dernier article fendu; la troisième paire plus grande, inégale, sans doigt, terminée par un crochet, ainsi que celles qui suivent; antennes extérieures insérées au-dessous des intérieures; celles-ci munies de deux soies; queue large, avec le feuillet extérieur, à deux divisions, le moyen terminé un peu en pointe et arrondi. Latreille (Règne Animal de Cuvier) place ce genre dans la famille des Macroures, section des Salicoques. L'espèce qui lui sert de type est l'Atye raboteuse, *Atya scabra* de Leach (*Linn. Societ. Trans*. T. XI. p. 345). Sa patrie est inconnue, et elle fait partie de la collection du Musée britannique. (AUD.)

* ATYÉE. CRUST. Leach (Dict. des Sciences nat., T. XII. p. 74) cite ce nom dans la liste qu'il donne de tous les genres de Crustacés publiés jusqu'à l'année 1818. Ce mot français nous paraît être la traduction incorrecte du nom *Atya*, en français Atye *V*. ce mot. (AUD.)

ATYLE. *Atylus*. CRUST. Genre de l'ordre des Amphipodes, fondé par Leach (*Trans. Linn. Societ*. T. XI), et placé par lui entre les Orchestries et les Dexamines; il avoisine aussi les Talitres, et offre pour caractères : des antennes de quatre articles, les supérieures un peu plus courtes que les inférieures; des yeux insérés de chaque côté près d'un avancement antérieur du test en forme de bec. Leach décrit, sous le nom d'*Atylus carinatus*, une espèce qui paraît servir de type à ce nouveau genre; il la figure dans les Mélanges zoologiques, faisant suite à ceux de Shaw (tab. 69). On ne sait rien sur les mœurs de cette espèce, non plus que sur le pays qu'elle habite.

Latreille présume que le *Gammarus fugax* de Fabricius, figuré par Phipps (Voyage au Pôle boréal. pl. 12. fig. 2) appartient au genre Atyle. (AUD.)

ATYOUARAGLE. BOT. PHAN. Syn. de *Parthenium hysterophorus*, L. chez les Caraïbes. (B.)

ATYPE. *Atypus*. ARACHN. Genre

fondé par Latreille, appartenant (Règ. Anim. de Cuv.) à l'ordre des Pulmonaires et à la grande famille des Fileuses, section des Territèles. Ses caractères sont, suivant l'auteur : lèvre très-petite, recouverte par la base des mâchoires; palpes insérés sur une dilatation inférieure du bord extérieur de ces dernières. Ces Arachnides avoisinent les Mygales, dont elles diffèrent cependant par l'origine des palpes, et par l'insertion, ainsi que par la forme des organes sexuels dans les mâles; elles s'éloignent encore des Eriodons par l'état rudimentaire et par la forme de la lèvre. Walckenaer (Tabl. des Aranéides. p. 7) a remplacé le nom d'Atype par celui d'Olétère, *Oletera*. Les Atypes de Latreille sont des Animaux très-curieux, tant à cause de leur organisation extérieure, assez différente de celles des autres genres, qu'à cause de leurs mœurs très-singulières. Pour ce qui regarde la première, nous en ferons ici, d'après nature, une description assez complète. Les mandibules sont allongées, droites dans la direction de l'axe du corps, un peu arquées supérieurement, plus étendues que le thorax, et munies d'un long crochet replié obliquement sur elles le long d'une rangée de petites épines; les mâchoires font un angle presque droit entre elles, et finissent en pointe mousse; la base de chacune d'elles est très-dilatée extérieurement, et forme une expansion sur laquelle s'insère le palpe; cette insertion est située à peu près dans le milieu de la longueur de la mâchoire; le palpe, composé de cinq articles, s'avance un peu au-delà des mandibules; il est terminé par un crochet pectiné dans les femelles; mais dans le mâle, le dernier article présente au-dessous, près de la base, deux autres pièces cornées qui constituent l'organe copulateur de ce sexe; la lèvre est très-petite, arrondie à son bord libre. Le thorax est d'une forme assez singulière; il est très-plat en arrière; mais en devant il offre une éminence au sommet de laquelle on aperçoit les yeux; ceux-ci, presque égaux entre eux, sont au nombre de huit, quatre placés à peu près sur une même ligne transversale et antérieure, et deux de chaque côté plus petits, plus allongés, groupés ensemble, et touchant l'œil extérieur de la première rangée; en arrière de la protubérance du thorax, on remarque un enfoncement central, auquel arrivent en convergeant des lignes qui se dirigent entre les hanches, et marquent les limites des pièces du flanc qui, ainsi que nous l'établirons au mot THORAX, remplacent chez les Arachnides le *tergum* des Insectes ou la *carapace* des Crustacés; le sternum est presque carré. Les pates, proportionnellement au corps, ne sont pas très-allongées; la quatrième paire est la plus longue; la première vient ensuite, puis la deuxième et la troisième; l'abdomen est petit, ovale dans les mâles; il a, à sa partie antérieure et supérieure, un disque coriace, derrière lequel se font distinguer, par autant de lignes transverses, les anneaux de cette partie; son extrémité postérieure présente les filières au nombre de quatre, inégales; les supérieures, beaucoup plus longues, se dirigent en l'air; les inférieures sont très-petites et ressemblent à des mamelons. — Les habitudes de ces Animaux sont fort curieuses. On les rencontre sur des plouses de gazons entremêlés de mousse; ils se construisent dans ces lieux un fourreau soyeux, dans la composition duquel entre un assez grand nombre de brins de mousse qui servent à le fortifier. Ce tuyau, de la longueur de huit à dix pouces, et d'abord dirigé horizontalement sur la surface du sol, s'enfonce ensuite dans la terre. L'Atype y établit sa demeure, et dépose dans le fond ses œufs qu'il enveloppe encore d'une toile blanche.

Le genre, que nous avons décrit, ne se compose jusqu'à présent que d'une espèce : l'Atype de Sulzer, *A. Sulzeri*, ou l'Olétère difforme de Walckenaer (*loc. cit.* et Hist. des Aran. fig. 2. tab. 6, le mâle); elle est la même que les Araignées *subterranea* de

Roemer (pl. 30. fig. 2), et *picea* de Sulzer (*Abgekurzte Geschichte der Insecten.* pl. 50. fig. 2) qui, le premier, l'a découvert en Suisse. Depuis, Bosc, Latreille et Auguste Odier l'ont rencontrée aux environs de Paris. Ce dernier l'a souvent observée sur le revers nord-nord-est du côteau de Bellevue à Sèvres. L'Atype de Sulzer a la démarche lente; il est commun vers le mois de juillet dans le lieu que nous venons de citer. On le trouve aussi dans le bois de Meudon. Basoche, naturaliste distingué, a découvert aux environs de Séez, en Normandie, une Arachnide de ce même genre qui, si elle n'est pas une espèce, est au moins une variété remarquable. (AUD.)

ATYRION. BOT. CRYPT. Ce nom est un double emploi d'ATHYRION. *V.* ce mot. (B.)

ATYS. MAM. (Audebert.) Espèce de Singe du genre Guenon. *V.* ce mot. (A. D..NS.)

ATYS. *Atys.* MOLL. Genre établi par Montfort (Conchyl. T. II. p. 342) aux dépens des Bulles de Linné, et spécialement pour la *Bulla Naucum*, vulgairement la Gondole papyracée qu'il appelle Atys Gondole, *A. Cymbulus*, et dont il fait le type de ce nouveau genre qui n'a point été adopté. Ne connaissant point encore l'Animal de cette espèce, dont la Coquille, comparée à celles des autres Bulles, ne fournit pas des caractères assez particuliers pour qu'on puisse admettre le genre de Montfort, nous renvoyons à l'article BULLE pour parler de cette Coquille; mais il est cependant une circonstance remarquable qui la distingue; c'est sa couleur blanche, opaque, sans épiderme. La *Bulla solida* de Bruguière et quelques autres sont dans le même cas; cependant ces deux espèces ne sont apparemment point, comme la *Bullæa aperta*, contenues dans le lobe postérieur du corps ou bouclier; mais elles en sont vraisemblablement recouvertes, ainsi que par les lobes latéraux, comme cela a lieu chez la *Bulla Hydatis*, dont, à la vérité, la Coquille a un épiderme fauve, très-distinct. On ne peut donc se rendre bien raison de l'Anomalie qu'offrent les *Bulla Naucum* et *solida* qu'en observant leurs Animaux, et selon toutes les apparences, malgré quelques modifications dans l'organisation, ils ne présenteront pas des différences assez tranchées pour en faire un genre à part. *V.* BULLE et GONDOLE.

Le nom d'ATYS a été employé dans le Dictionnaire des Sciences naturelles comme appartenant à une espèce de Patelle, la *Patella Astrolepas;* aucune citation n'accompagnant cette indication, nous n'avons pu, malgré nos recherches, découvrir l'auteur qui a ainsi appelé la *Patella Astrolepas*, ni cette Patelle elle-même. A la vérité, Bruguière (Encycl. méth.) indique sous ce nom une Patelle; mais, comme il n'a pas décrit ce genre, on ne connaît pas l'espèce qu'il avait en vue, quoiqu'on puisse présumer que c'est la *Patella saccharina. V.* ASTROLEPAS. (F.)

ATZEL. OIS. Syn. de la Pie, *Corvus Pica*, L. en Allemagne. *V.* CORBEAU. (DR..Z.)

AUAK OU AUEK. MAM. Syn. de Morse au Groënland. (A. D..NS.)

AUBE OU AUBO. BOT. PHAN. *V* AOUBA.

AUBEPIN OU AUBÉPINE. BOT. PHAN. *V.* ALISIER.

AUBEREAU. OIS. *V.* HOBEREAU.

AUBERGINE. BOT. PHAN. Syn. de Mélongène dans le midi de la France. *V.* SOLANUM. (B.)

AUBERTIA. BOT. CRYPT. (*Mousses.*) Genre cité par Bridel, comme établi par Palisot de Beauvois, et synonyme de Racopilum. *V.* ce mot. (AD. B.)

AUBERTIE. *Aubertia.* BOT. PHAN. Genre qui paraît appartenir à la famille des Térébinthacées et formé par Bory de St.-Vincent dans son Voyage aux quatre îles principales des mers d'Afrique (T. I. p. 356. pl. 18) en l'honneur du savant Aubert Du Petit-Thouars, qui explora si utilement pour la botanique un pays où Bory a depuis marché sur ses traces. Il appartient à la Tétrandrie Tétragynie, L. Ses caractères sont : un calice à quatre divisions ; quatre pétales ; un ovaire supérieur surmonté de quatre styles ; quatre capsules oblongues, carénées, sujettes à avorter, uniloculaires, s'ouvrant latéralement et contenant une à trois semences. La seule espèce constatée d'Aubertie est un Arbre médiocre des hautes régions de l'île de Mascareigne, dont les fleurs sont petites, les feuilles pétiolées, ovales, entières, glabres, savonneuses quand on les frotte entre les doigts, et répandant une odeur pareille à celle du Bétel. Bory de St.-Vincent pense que l'Ampac de Rumph doit rentrer dans ce genre. *V.* AMPAC. (A. D. J.)

AUBIER. *Alburnum.* BOT. PHAN. On appelle ainsi dans les Arbres dicotylédonés, les couches les plus extérieures du bois, c'est-à-dire celles qui ont été formées les dernières. L'Aubier, qui porte aussi le nom de *Faux bois*, est généralement d'un grain moins dense, moins serré que le bois proprement dit ; sa couleur est également différente de ce dernier. Nous parlerons au mot TIGE, avec beaucoup plus de détail, de cette partie, et nous renvoyons aussi au mot ACCROISSEMENT des Végétaux, pour ce qui concerne le mode de production et d'accroissement de l'Aubier. (A. R.)

On donne encore le nom d'AUBIER ou d'OBIER à divers Saules dans le midi de la France. (B.)

AUBIFOIN ET AUBITON. BOT. PHAN. Noms vulgaires du Bluet, *Centaurea Cyanus*, L. *V.* BLUET et CENTAURÉE. (B.)

AUBLETIE. *Aubletia.* BOT. PHAN. Plusieurs genres de Plantes ont porté successivement le nom d'Aublet, et ont ensuite été réunis à des genres précédemment établis. Ainsi Gaertner a formé un genre *Aubletia* avec la Plante désignée par Linné fils sous le nom de *Sonneratia acida. V.* SONNERATIE. Schreber, qui s'est fait un plaisir de changer tous les noms de genres établis par Aublet, a décoré du nom de cet auteur le genre *Apeiba. V.* ce mot. Loureiro appelle encore *Aubletia* une Plante que l'on a réunie au genre Paliure. *V.* ce mot. Enfin, Persoon, restituant au genre établi par Aublet son nom primitif, a fait, d'après feu Richard, un genre particulier du *Monnieria trifoliata* d'Aublet, sous le nom d'*Aubletia. V.* MONNIERIA. (A. R.)

AUBOUR. BOT. PHAN. *V.* ALBOUR, et syn. de *Viburnum Opulus.* L. *V.* VIORNE. (B.)

AUBREGUE. MIN. (Bosc.) Nom vulgaire, dans quelques départemens de France, d'une terre argileuse qui contient des Belemnites et des Ammonites. (B.)

AUBRESSIN. BOT. PHAN. L'un des noms vulgaires du *Cratægus Oxyacantha.* L. *V.* ALIZIER. (B.)

AUBRIER. OIS. (Salerne.) Syn. vulgaire du Hobereau, *Falco Subbuteo*, L. *V.* FAUCON. (DR..Z.)

* AUBRIETA. BOT. PHAN. Genre formé par Adanson (Fam. Plant. 2. p. 420) parmi ses Crucifères, section des Lunaires, et adopté par De Candolle sous le nom d'Aubrietia (*Syst. veget.* II. p. 293). Il diffère du Berteroa par les pétales entiers et non bifides, de l'Alysson par ses fruits oblongs, et du Draba par les filets des étamines dont les plus petits sont dentés. Deux espèces constituent ce genre : la mieux connue est l'*Alyssum deltoideum* de Linné. (B.)

* AUBRIETIA. BOT. PHAN. *V.* AUBRIETA.

AUBUSSEAU. POIS. Petite espèce de Poisson indéterminée, encore qu'elle se trouve sur les côtes d'Aunis et de Saintonge, et dont la chair est fort bonne à manger. Son dos est bleu, ses flancs argentés, sa mâchoire inférieure plus longue que la supérieure et recourbée en crochet. On dit que ce Poisson se vend assez communément sur le marché de La Rochelle (B.)

AUCHA. MAM. (Niéremberg.) Syn. de Sarigue. *V.* DIDELPHE. (B.)

AUCHENIA. MAM. Nom donné par Illiger (*Prod. syst. anim.*) au genre qu'il avait formé pour la Vigogne et le Lama, et tiré de la longueur du cou de ces animaux. *V.* CHAMEAU. (B.)

*AUCHENIE. *Auchenia.* INS. Genre de l'ordre des Coléoptères, section des Tétramères, établi par Megerle aux dépens du genre *Crioceris* de Fabricius, et adopté par Dejean (Catal. des Coléopt.) qui le range à la suite des Orsodacnes de Latreille. Les Criocères *betulæ* et *subspinosa* de Fabricius font partie de ce nouveau genre, qui est peu nombreux en espèces, et sur la valeur duquel on ne saurait se prononcer, sans connaître les caractères qu'on lui assigne. *V.* CRIOCÈRE. (AUD.)

AUCHENOPTÈRES. POIS. C'est-à-dire *ayant des ailes au cou.* Famille qui seule forme le second sous-ordre des Holobranches dans la Méthode ichthyologique de Duméril (Zool. anal. p. 116 et 117), répondant à l'ordre des Jugulaires de Linné, et dont les genres, qui s'y trouvent rapprochés artificiellement par la seule disposition des nageoires inférieures précédant les thoraciques, se répartissent naturellement dans plusieurs des ordres de la Méthode de Cuvier. Ces genres sont: Callionyme, Uranoscope, Batrachoïde, Murénoïde, Oligopode, Blennie, Calliomore, Vive, Gade, Chrysostrome et Kurte. *V.* tous ces mots. (B.)

AUCHÉNORHYNQUES OU COLLIROSTRES. INS. Noms sous lesquels Duméril désigne une famille d'Hémiptères, répondant à celle des Cicadaires de Latreille. *V.* CICADAIRES. (AUD.)

AUCUBA. BOT. PHAN. Thunberg nomme ainsi un Arbre du Japon dont il décrit une seule espèce, l'*Aucuba japonica*, qui est déjà très-répandue dans nos jardins où on la distingue facilement aux taches jaunes qui parsèment ses feuilles épaisses, opposées et dentées en scie. Elle a été figurée, mais très-incomplètement (tab. 6 des *Ic. pl. Japonic.* de Banks, tab. 13. *Fl. Jap.* de Thunberg, tab. 597 des Illustr. de Lamarck, Encyc. méthod). Les fleurs, disposées en panicules terminales, sont dioïques; elles présentent un calice à quatre dents, court, persistant, et quatre pétales. Dans les fleurs mâles, ces pétales alternent avec autant d'étamines insérées sur un disque légèrement convexe, et creusé à son milieu d'une fossette. Dans les femelles, on trouve un ovaire adhérent, muni d'un seul style et d'un seul stigmate qui devient une baie un peu charnue, contenant une seule graine renversée. Cette situation de la graine et l'adhérence d'un fruit monosperme avec le calice ont fait penser à feu Richard que le genre Aucuba appartenait aux Loranthées, dont il diffère cependant par la disposition alterne des étamines et des pétales. Il avait d'abord été placé à la suite des Rhamnées. (A. D. J.)

AUDIAN-BOULOHA. BOT. PHAN. Arbrisseau indéterminé de Madagascar, comparé à la Cynoglosse par Flacourt, et qui paraît être un *Tournefortia. V.* PITONE. (B.)

AUDUA OU AUDUA-TYTLINGR. OIS. (Müller.) Petit Oiseau des régions glaciales du Groënland et d'Islande, qui pourrait bien être le *Parus griseus*, L. Il est rare, habite les monts solitaires, ne descend que peu vers les habitations au temps où mûrit la graine de la Morgeline, *Alsine media*, L., et dans son ignorance du danger se pose alors jusque sur la tête des Hommes. Buffon regarde cet Oiseau comme un Roitelet. (B.)

AUEK. MAM. *V.* AUAK.

AUGEA. BOT. PHAN. Genre établi dans les Dissertations académiques de Thunberg (T. I. p. 125). D'après la description qu'en donne ce savant, on voit que le calice est monosépale, quinqueparti, persistant; qu'il n'y a pas de corolle; qu'à la base du calice, s'insère un tube que l'auteur nomme nectaire, surmonté de dix dents qui portent les anthères; que l'ovaire est libre, a un seul style et un seul stigmate; que le fruit est une capsule un peu charnue, marquée de dix stries, composée de dix loges qui s'ouvrent en autant de valves, et contiennent plusieurs graines revêtues d'une tunique blanche. L'espèce qu'il décrit est l'*Augea capensis*, Plante herbacée, dont la tige se divise au-dessus de la terre en rameaux alternes, dont les feuilles opposées se soudent par leurs bases, et dont les fleurs sont solitaires sur des pédoncules qui naissent entre les feuilles au nombre d'un, de deux ou de trois. Toute la plante est succulente. Sa place est auprès du Samyda, comme Thunberg l'a indiqué lui-même, et par conséquent elle fait partie de la famille des Samydées, établie par Ventenat. (A. D. J.)

AUGIA. BOT. PHAN. Loureiro nomme *Augia sinensis* un Arbrisseau qui croît dans les bois de la Chine, de la Cochinchine, des royaumes de Siam et de Camboge, et dont on extrait, suivant lui, le suc résineux connu sous le nom de vernis de la Chine. Son écorce est rude; ses feuilles sont composées en général de cinq paires de folioles entières, terminées par une impaire; ses fleurs disposées en panicules lâches, terminales ou axillaires à l'extrémité des rameaux. Leur calice est monosépale, tronqué au sommet, très-petit; les pétales, au nombre de cinq, s'attachent à un réceptacle où s'insèrent auprès d'eux les étamines, à anthères arrondies, dont le nombre va jusqu'à cent à peu près; l'ovaire est libre, le style filiforme, le stigmate simple; le fruit est une petite drupe comprimée de haut en bas, et contenant une noix monosperme de même forme. De Jussieu a indiqué la place de ce genre parmi les Guttifères, à la suite du *Calophyllum*, dans un Mémoire publié dans les Annales du Muséum, T. XIV, p. 397. (A. D. J.)

* AUGION. BOT. PHAN. (Dioscoride.) Syn. d'*Isatis*. *V.* PASTEL. (B.)

AUGITE. MIN. Pierre mentionnée par les anciens qui la disaient verte; aussi en a-t-on fait une Turquoise ou une Emeraude. Werner applique ce nom à ce que Haüy a reconnu n'être qu'une variété laminaire d'Amphibole. *V.* ce mot. (LUC.)

AUGUENILLA. BOT. PHAN. Nom de pays de l'une des Jovellanes de la Flore Péruvienne. (B.)

AUGUO. BOT. PHAN. Syn. de *Zostera oceanica*, L. sur les côtes de Provence. *V.* ZOSTÈRE. (B.)

AUGURE. INS. Nom vulgaire d'une espèce d'Insectes qui, suivant Duméril, appartient au genre Réduve. *V.* ce mot. (AUD.)

AUGURE DE LIN. BOT. PHAN. Même chose qu'Agourre de Lin. *V.* ce mot. (B.)

AUJON. BOT. PHAN. Même chose qu'Ajonc. *V.* ce mot. (B.)

AUK. OIS. Syn. du Pingouin, *Alca torda*, L. en Angleterre. *V.* PINGOUIN. (DR..Z.)

AUKEB. OIS. Syn. de l'Aigle impérial, *Falco Chrysaëtos*, L. en Arabie. *V.* AIGLE. (DR..Z.)

AUKOH. OIS. Syn. du Héron cendré, *Ardea cinerea*, L. en Perse. *V.* HÉRON. (DR..Z.)

AUKPALLARTOLIK. OIS. Nom du Coq au Groënland où cet Oiseau a été introduit, et ne se trouvait point avant que les Européens y eussent pénétré. (B.)

AULACIE. *Aulacia*. BOT. PHAN. Ce genre, établi par Loureiro, ne diffère du Cookia, *V.* ce mot, que par son calice divisé moins profondément, ses pétales ponctués en dehors et à quatre sillons intérieurement; sa baie à cinq loges dispermes, et ses feuilles simples. C'est un Arbre haut de huit pieds environ, qui croît dans les forêts de la Cochinchine, à feuilles alternes, à fleurs d'un blanc verd, disposées en grappes lâches et terminales, et dont le fruit ne se mange pas. (A. D. J.)

AULAQUE. *Aulacus.* INS. Genre de l'ordre des Hyménoptères, section des Porte-tarières, établi par Jurine (Classif. des Hyménoptères, pag. 89), qui lui assigne pour caractères : une cellule radiale, grande; trois cellules cubitales, la première et la seconde recevant les deux nervures récurrentes, la troisième atteignant l'extrémité de l'aile; mandibules petites, émarginées; antennes filiformes, composées de quatorze articles. Latreille (Règne Anim. de Cuv.) range ce genre dans la famille des Pupivores, tribu des Ichneumonides, entre les Fœnes et les Ichneumons qu'il lie entre eux. Ses caractères sont, suivant lui : antennes sétacées, de treize articles dans les mâles, et de quatorze dans les femelles; abdomen ellipsoïde, comprimé, aminci insensiblement vers sa base en forme de pédicule, et inséré à l'extrémité d'une élévation pyramidale du bout postérieur du corselet; pates grêles. Ces Insectes, outre les caractères que nous venons d'énumérer, en offrent encore quelques-uns assez remarquables : leur tête est arrondie, supportée par une sorte de cou étroit; les palpes maxillaires sont sétacés, de six articles, beaucoup plus longs que les labiaux; ceux-ci n'ont que quatre articles, dont le dernier est un peu plus gros et presque triangulaire; la languette est entière; le prothorax et le mésothorax sont sillonnés d'une manière très-singulière par des stries transversales; les pates sont grêles comme dans les Ichneumons; l'abdomen est formé de six à sept anneaux distincts, et muni chez les femelles d'une longue tarière à filets égaux. — Jurine a établi ce genre sur l'inspection de la femelle d'une espèce qu'il nomme Aulaque strié, *Aul. striatus* (*loc. cit.* pl. 7. genre 3). Elle a été trouvée dans les forêts de Pins du midi de la France par Léon Dufour, et aux environs de Gênes par Spinola. On ne sait encore rien sur ses mœurs. (AUD.)

AULAUD. OIS. Vieux nom de l'Alouette des champs, *Alauda arvensis.* *V.* ALOUETTE. (DR..Z.)

AULAX. BOT. PHAN. Genre de la famille des Protéacées établi par Bergius et adopté par R. Brown, qui lui donne les caractères suivans : fleurs dioïques par avortement; dans les mâles, un calice de quatre sépales, portant chacun sur son milieu une étamine; dans les femelles, un stigmate oblique, en massue, hispide et échancré. Le fruit est une noix ventrue et velue. Quatre espèces de Protea de Linné ou de ses éditeurs, savoir les *P. pinifolia*, *aulacea*, *bracteata* et *umbellata*, se trouvent être, les deux premières les fleurs mâles, et les deux autres les fleurs femelles de deux espèces auxquelles le genre Aulax se trouve ainsi réduit. Ce sont des Arbrisseaux originaires du cap de Bonne-Espérance, glabres, à feuilles entières, à fleurs terminales disposées dans les mâles en épis conglomérés, dans les femelles en une tête solitaire qu'environnent des folioles munies intérieurement d'un appendice multifide. (A. D. J.)

* AULAXANTHE. *Aulaxanthus.* BOT. PHAN. Ce genre de la famille des Graminées, établi par Elliot dans son esquisse de la Flore de Géorgie, a ensuite été nommé *Aulaxie* par Nuttal. *V.* AULAXIE. (A. R.)

* AULAXIE. *Aulaxia.* BOT. PHAN. Ce genre, établi par Nuttal dans la famille des graminées, offre, d'après cet auteur, les caractères suivans : lépicène bivalve, uniflore avec le rudiment d'une seconde fleur; valves égales, sillonnées à sillons velus; glume à deux valves égales. Les fleurs sont disposées en une panicule extrêmement serrée, qui forme une sorte d'épi; la glume et la lépicène sont à peu près égales entre elles.

Nuttal rapporte à ce genre deux espèces de l'Amérique septentrionale, dont l'une est le *Phalaris villosa* de

Michaux. Le genre Aulaxie paraît très-voisin des genres *Panicum* et *Milium*; il a surtout une grande affinité avec le *Milium amphicarpon* décrit par Pursch. (A. R.)

AULIQUE. REPT. OPH. Espèce de Couleuvre. *V*. ce mot. (B.)

* AULNE ET AULNÉE. Du latin *Alnus*, vieux noms français d'Aune et d'Aunée. *V*. ces mots. (B.)

AULOPE. *Aulopus*. POIS. Sous-genre formé par Cuvier dans le genre *Salmo* si nombreux en espèces. *V*. SAUMON. (B.)

AULOSTOMES. POIS. Genre formé par Lacépède aux dépens du *Fistularia* de Linné, auquel Cuvier l'a restitué comme simple sous-genre. *V*. FISTULAIRE. (B.)

* AULUS. MOLL. Dénomination générique latine employée par Ocken (*Lehrbuch der Zool*. tab. p. 8), pour un nouveau genre que propose ce savant et qu'il forme aux dépens des Solens de Linné. Il paraît que les espèces qu'il y rapporte ne formaient d'abord qu'une division de ses Tellines (voyez page 224 de l'ouvrage cité); ces espèces, type du genre Aulus, sont les *Solen strigilatus*, *radiatus* et *Diphos* (*rostratus*, Lam.), que Lamarck conserve dans les Solens, et le *sanguinolentus* dont ce dernier savant fait une Sanguinolaire (*Sanguinolaria rosea*).

Avant Ocken, Megerle de Muhlfeld avait essayé de diviser les Solens en plusieurs genres, savoir: *Vagina* qui répond à la première division des Solens de Lamarck, *Siliqua* dont le type est le *Solen radiatus* et qui semble, par conséquent, correspondre au genre *Aulus* d'Ocken, et enfin *Solen* qui ne paraît comprendre aucun des Solens de Linné; car Megerle cite pour type une Telline du genre Psammobie de Lamarck et la *Venus deflorata* qui est la *Sanguinolaria rugosa* de Lam. Ainsi cette dénomination générique n'a plus de rapport avec celle de Linné, ce qui est fâcheux, puisque cela tend à établir la confusion là où il faudrait faciliter l'étude. Ocken circonscrit convenablement le genre Solen en y comprenant toutes les espèces dont la charnière est terminale ou médiane, et qui ont une figure allongée très-cylindrique. Il a voulu en séparer les espèces élargies, à charnière médiane, dont la figure est bien différente; mais il reste encore à appuyer ce genre sur des caractères qui le distinguent nettement des Solens. Lamarck n'a pas cru pouvoir établir cette séparation. En effet, les coquilles distinguées dans quelques espèces extrêmes, sont liées entre elles par des transitions successives, et les Animaux sont de même genre, d'après les belles observations que Poli a faites sur les Solens *strigilatus* et *Vagina*.

Le genre *Vagina* de Megerle peut être considéré comme correspondant aux Solens d'Ocken, et le genre *Siliqua* du premier aux *Aulus* du second. Nous faisons de ces derniers un sous-genre des Solens. *V*. SANGUINOLAIRE, SOLEN, SILIQUE et GAINE. (F.)

AULX. BOT. PHAN. Pluriel d'Ail. *V*. ce mot. (B.)

AUMAILLE. MAM. Syn. de jeune Vache en quelques parties du nord de la France. (A. D..NS.)

AUMARINO. BOT. PHAN. *V*. AMARINE.

AUMUSSE. MOLL. C'est le nom vulgaire d'une espèce de Cône, *Conus Vexillum*, de Martini, et qui en est devenu le nom scientifique français. Favanne en donne deux variétés, l'*Aumusse simple* et l'*Aumusse marbrée*. *V*. CONE. (F.)

AUNE. *Alnus*. BOT. PHAN. Genre de la famille des Amentacées de Jussieu, des Bétulinées de Richard. Distingué du Bouleau, *Betula*, par Tournefort, réuni à lui par Linné, il en fut de nouveau séparé par Gaertner, dont l'opinion a été adoptée par la plupart des auteurs qui assignent en conséquence à l'Aune les caractères botaniques suivans: les fleurs sont monoïques; les mâles disposées en chatons pendans, cylindriques et allongés; de l'axe central partent des pédicelles rapprochés, à quatre écailles, l'une terminale, plus grande et plus épaisse, les trois autres plus petites et ayant chacune à sa base un calice à quatre lobes, au-dedans duquel sont quatre étamines; les fleurs femelles, en chatons ovoïdes arrondis, présentent des écailles imbriquées, obtuses, cunéiformes, quadrifides, dont chacune porte sous elle deux fleurs composées d'un ovaire comprimé, surmonté de deux styles, qui devient un fruit coriace, à deux loges monospermes, sans rebord membraneux à l'époque de la maturité, époque à laquelle les écailles ligneuses et épaisses s'écartent les unes des autres sans se détacher de l'axe. *V*. Gaert. tom. 2. pag. 54. tab. 90.

On en compte cinq espèces. Ce sont des Arbres qui se plaisent le long des rivières et dans les terrains marécageux. — Les feuilles sont obovales, acuminées et dentées en scie, avec leurs stipules elliptiques et obtuses, dans l'*Alnus serrulata* qui croît en Pensylvanie. — Les feuilles sont allongées, aiguës, arrondies à la base, munies de stipules ovales-oblongues, dans l'*Alnus undulata* originaire du Canada; — elles sont elliptiques, un peu obtuses et glutineuses dans l'*Alnus oblongata*; — oblongues, aiguës, inférieurement pubescentes et blanchâtres, munies de stipules lancéolées, dans l'*Alnus incana*; ces deux dernières espèces habitent la France. On tire encore un bon caractère spécifique des nervures qui parcourent la surface inférieure des feuilles et dont les aisselles, nues dans les trois dernières espèces citées, présentent dans la première des touffes de poils. Ce dernier caractère se retrouve dans celle qui est la plus commune en France, l'*Alnus glutinosa*, Gaert., *A. communis*, Duham., *Betula Alnus*, L. qu'on appelle Verne dans le midi de la France, Arbre qui peut atteindre de quarante à cinquante pieds de hauteur, mais se rencontre le plus souvent dans nos campagnes sous la forme de taillis bien moins élevé, à cause des coupes régulières auxquelles il est soumis en totalité. Ses feuilles ovales, obtuses et comme tronquées au sommet, crénelées sur les bords, sont gluantes et pubescentes dans leur jeunesse. Son écorce épaisse et gercée sert au tannage. Son bois est estimé soit pour le chauffage des fours, à cause de sa combustion rapide et de sa flamme claire; soit pour les travaux d'ébénisterie, comme susceptible d'un assez beau poli et prenant bien le noir; soit pour le pilotis, les corps de pompes, les conduits d'eau souterrains et les étais des galeries des mines, à cause de la propriété qu'il a de se conserver dans l'eau, sans s'altérer, durant des siècles entiers, propriété qui fut connue et le fit employer au même usage dans l'antiquité, ainsi que l'établit ce passage de Pline: *Alni ad aquarum ductus in tubos cavantur: obrutæ terrâ plurimis durant annis*. On cultive encore dans les jardins une élégante variété de l'Aune commun, à feuilles profondément découpées, *Betula laciniata* de quelques auteurs. (A. D. J.)

AUNE NOIR. BOT. PHAN. Nom qu'on donne dans quelques pays à la Bourdène, *Rhamnus Frangula*. *V*. NERPRUN. (A. D. J.)

AUNÉE. BOT. PHAN. Syn. d'*Inula Helenium*, L. *V*. INULE. (B.)

AUQUE. OIS. Même chose que Aouco. *V*. ce mot. (B.)

AURA OU OUROUA. OIS. Vautour de l'Amérique méridionale, qui fait partie du genre Catharte, *Cathartes Aura*, Temm. *V*. CATHARTE. (DR..Z.)

AURADA. POIS. (Delaroche.) C'est-à-dire *Dorée*. Syn. de *Sparus auratus*, L. aux îles Baléares. *V*. SPARE.

AURADE et AURADO, qui signifient la même chose, sont aussi des noms donnés au même Poisson en d'autres lieux. (B.)

AURANNE OU AURAUNE. POIS. Syn. d'Acara-Una. Espèce d'Holacanthe. *V*. ce mot et ACARA. (B).

AURANTIACÉES OU ORANGERS.

BOT. PHAN. Même chose qu'Hespérides. *V*. ce mot. (B.)

* AURE. OIS. Syn. de Roi des Vautours, *Vultur Papa*, L. *V*. CATHARTE. (DR..Z.)

AUREILLETOS. BOT. PHAN. Syn. de *Ranunculus Ficaria*, L. *V*. FICAIRE. (B.)

AURELIA. BOT. PHAN. H. Cassini a établi sous ce nom un genre qui appartient à sa tribu des Astérées. L'involucre est demi-sphérique, à folioles inégales, imbriquées, lancéolées, linéaires ; le réceptacle plane et nu ; les fleurs sont radiées, à demi-fleurons femelles ; l'akène est comprimé, glabre, couronné par une aigrette de poils rares et plumeux. Il renferme deux espèces : l'une, originaire du Mexique, décrite et figurée par Cavanilles (*Icon. tab.* 168) sous le nom d'*Aster glutinosus*, et portée ensuite dans d'autres genres par divers botanistes ; l'autre, qu'on croit venir de l'Amérique septentrionale, signalée dans le *Botanical magazine* sous celui de *Donia squarrosa*. En effet, R. Brown a établi de son côté ce même genre en le nommant *Donia*. (A. D. J.)

* AURELIANA. BOT. PHAN. Syn. de Panax. *V*. ce mot. (B.)

AURÉLIE. *Aurelia*. ACAL. Ce genre, établi par Péron et Lesueur, a été adopté par Lamarck, qui l'a placé dans la seconde section de ses Méduaires ; il appartient aux Cyanées de Cuvier dans l'ordre des Acalèphes libres, et offre pour caractères : un corps orbiculaire, transparent ; une ombrelle sans pédoncule, à quatre bras et à huit auricules, dont la circonférence est garnie de tentacules ; quatre bouches, quatre estomacs et quatre ovaires. Les Aurélies sont assez nombreuses en espèces dont les principales sont :

AURÉLIE SURIRAY, *Aurelia Suriray*, Ann. mus. p. 357. Cette espèce, dédiée au docteur Suriray, médecin et naturaliste au Hâvre, présente une ombrelle hémisphérique, un réseau vasculaire rouge à sa face inférieure, un rebord étroit, denticulé, garni de nombreux tentacules courts et bleuâtres ; sa couleur est hyalino-bleuâtre ; son diamètre varie de trois à quatre pouces sur environ deux pouces d'épaisseur. Elle est très-commune sur les côtes de la Normandie et dans toute la Manche.

AURÉLIE ROSE, *Aurelia rosea ; Medusa aurita*, Müll. et Encycl. tab. 94. fig. 1-3. Son ombrelle est presque hémisphérique et déprimée ; son réseau vasculaire d'un rose très-pâle ; son rebord simple, garni de tentacules très-nombreux, courts et roussâtres ; ses ovaires sont semi-lunaires, de couleur rose. Elle a environ trois pouces de diamètre, et se trouve dans les mers du Nord. Péron et Lesueur ont décrit dans leur Mémoire les *Aur. campanula*, *melanospila*, *phosphorica*, *amaranthea*, *flavidula*, *purpurea*, *rubescens* et *lineolata*, toutes originaires des mers d'Europe. (LAM..X.)

AURÉLIE OU FÈVE DORÉE. *Aurelia*. INS. La plupart des auteurs anciens donnaient ce nom aux nymphes d'un grand nombre d'Insectes très-différens, et particulièrement à celles des Papillons, lorsqu'elles offraient des couleurs métalliques. *V*. CHRYSALIDE et NYMPHE. (AUD.)

* AURÉLIÈRE. INS. Syn. de Forficule. *V*. ce mot. (AUD.)

AURÉOLE. OIS. Espèce du genre Bruant, *Emberiza aureola*, Gmel. Cet Oiseau habite la Sibérie et le Kamtschatka, et fait entendre, dans le branchage des Saules et des Peupliers qu'il habite, un cri pareil à celui de l'Ortolan des Roseaux. *V*. BRUANT. (B.)

AURÉOLES. OIS. Troisième famille de l'ordre des Oiseaux sylvains, et de la tribu des Zygodactyles, formée pour le seul genre Jacamar dans la Méthode ornithologique de Vieillot. *V*. JACAMAR, où tous les caractères de la famille des Auréoles seront exposés. (B.)

AURICULAIRE MOLL. FOSS.

Nom donné à une Gryphite par Luid (*Lith. Brit.* n° 514), selon le Dictionnaire des Sciences naturelles. Mercati (*Metall.* p. 342) donne aussi ce nom à une Huître qui a quelque ressemblance avec la figure d'une oreille humaine. Nous avons examiné la citation de Mercati; la figure qu'il donne et la description qu'il en fait nous font douter qu'il soit question d'une Huître plutôt que de toute autre chose. —C'est sans doute la première de ces Coquilles qui a été nommée Auriculite. *V.* ce mot. (F.)

AURICULAIRE. *Auricularia.* BOT. CRYPT. (*Champignons.*) Les botanistes ont désigné sous ce nom deux genres différens; l'un, que Bulliard avait nommé *Auriculaire*, avait reçu dans le même temps le nom de *Théléphore*, qu'on lui a conservé; l'autre, auquel Link a donné depuis ce nom, est aussi très-voisin des Théléphores dont il diffère cependant par l'absence de papilles, ce qui avait d'abord engagé Link à le rapprocher plutôt des Tremelles que des Théléphores; mais son port est tellement semblable à celui de ce dernier genre, qu'on ne peut pas les éloigner l'un de l'autre. Les Auriculaires se présentent sous la forme d'une membrane épaisse, charnue, un peu glutineuse, qui est appliquée par une grande partie de sa surface postérieure sur les troncs des Arbres; cette surface est hérissée de poils; la surface antérieure est lisse, et présente des veines irrégulières, mais sans papilles; les sporules, selon Link, ne sont pas à la surface, mais renfermés dans la substance même du Champignon, sous la membrane extérieure, ce qui distingue ces Plantes des Théléphores.

Le type de ce genre est la *Peziza Auricula*, Bull. T. 427. fig. 11; *Tremella Auricula*, Pers., qui croît principalement sur les troncs des Sureaux. On doit aussi y rapporter l'*Auricularia tremelloïdes* de Bulliard, T. 290, et la Tremelle glanduleuse du même auteur. Bory-de-St.-Vincent a découvert plusieurs espèces de ce genre dans les îles des mers d'Afrique; l'une d'elles, très-remarquable par sa forme et par ses couleurs, appelée *Oreille-de-Chat* dans l'île de Mascareigne, y croît sur les vieux troncs du Ravenzara, *Agathophyllum*, qui y a été transporté de Madagascar. *V.* THÉLÉPHORE. (AD. B.)

* AURICULARIA. BOT. PHAN. (Daléchamp). Syn. d'*Hedyotis*, L. *V.* ce mot. (B.)

AURICULARIA. MOLL. Dénomination latine appliquée par Blainville (Dict. des sc. nat. T. 3) aux espèces du genre Peigne, *Pecten*, qui ont une échancrure denticulée à la naissance de l'oreille de la valve droite, pour le passage d'un byssus. *V.* PEIGNE. (F.)

AURICULE. *Auricula.* BOT. PHAN. genre formé par Tournefort pour la Fleur d'ornement vulgairement appelée OREILLE-D'OURS, réuni par Linné à son genre *Primula*. *V.* PRIMEVÈRE. Adanson l'avait aussi établi sous le nom d'*Auricula-Ursi*. (B.)

AURICULE. *Auricula.* MOLL. Genre de Gastéropodes de l'ordre des Pulmonés géhydrophiles et de la famille des Auricules, *V.* ce mot, à laquelle il a donné son nom. D'abord établi par Klein (*Ostrac.* p. 37), et adopté par Martini (*Conch. cab.* T. II. p. 119) sous le nom d'Oreille de Midas, *V.* ce mot, *Aures Midæ*, *Auris Midæ*, ou *Auricula*; nommé ensuite *Otis* par Humphrey (*Mus. Calonnianum*), il fut depuis proposé sous le nom d'Auricule, emprunté à Martini, par Lamarck (Mém. de la Soc. d'Hist. nat. de Paris, et Anim. s. vert. 1re édit. p. 92), et enfin limité par nous aux seules espèces qui paraissent avoir une organisation et des habitudes analogues (*V.* notre Prodrome: famille des Auricules p. 106). Depuis notre travail, Lamarck a fait paraître la description de ce genre (Anim. s. vert. 2e édit. t. VI, 2e partie. p. 136). — Bosc a été induit en erreur quant au nom de Mélanopside qu'il pense qu'on lui a appliqué (Nouv. Dict.

d'Hist. Nat.). Il en est de même de Blainville à l'égard de l'*Auricula Myosotis* de Draparnaud, qui n'appartient pas au genre *Carychium* de Müller ; mais qui est une véritable Auricule. (*V.* Dict. des sc. nat.)

Avant Linné, plusieurs Auricules étaient connues par les figures des anciens iconographes. Ce savant a compris ces espèces, d'abord dans son genre *Bulla*, et ensuite dans les Volutes où les laissent encore tous les naturalistes qui suivent religieusement le *Systema naturæ.* — Müller en a fait des Hélices, erreur excusable à l'époque où écrivait cet habile zoologiste. Malgré l'exemple de Klein et de Martini, Bruguière les plaça dans son genre Bulime, réunion indigeste d'espèces disparates et d'Animaux tellement opposés, qu'on a peine à la concevoir de la part d'un aussi bon observateur. Dans le principe, Lamarck paraît avoir conçu la même coupe que Klein et Martini ; car bien qu'en établissant le genre Auricule, il ne cite qu'une seule espèce comme type du genre, l'*A. Midæ*, il a fait connaître dans le préambule de la description des Auricules fossiles (Ann. du Mus. T. IV, p. 429) les espèces qu'il y rapportait. Ces espèces sont : les *Voluta Auris Midæ*, *Auris Judæ*, *tornatilis* de Linné, son *Helix Scarabœus*, et les *Bulimus Auris Sileni*, *pedipes*, *Auricula*, *Auris Felis*, *coniformis*, *otahietanus*, *etc.*, *etc.*, de Bruguière. Montfort ayant, depuis cette indication, formé avec l'*Helix Scarabœus* le genre Scarabe (Conchyl. T. II), qui n'a point été adopté par Lamarck ; ayant pris l'*Auricula Midæ* pour type du genre Auricule (*Auriculus*), et séparé la *Voluta tornatilis* pour faire le genre Actéon (*loc. cit.* p. 313), dont deux ans après Lamarck a fait le genre Tornatelle ; ayant enfin proposé le genre Mélampe pour le *Bul. coniformis*, genre qui a été adopté par Lamarck sous le nom de Conovule, il s'ensuit que le genre Auricule s'est trouvé restreint dans les ouvrages postérieurement publiés par Lamarck à la 1re section des *Aures Midæ* de Martini. Ainsi, dans les planches de l'Encyclopédie méthodique, publiées par Lamarck en 1816, les Tornatelles et les Conovules forment des genres distincts, genres qu'il avait indiqués dans l'extrait de son cours de Zoologie publié en 1812, deux ans après la publication de l'ouvrage de Montfort. Dans le préambule cité ci-dessus, qui précède la description des Auricules fossiles, Lamarck manifeste l'intention de réunir à ce genre les Pyramidelles, et il en décrit, en effet, deux espèces qu'il y rapporte ; mais il a, depuis, abandonné cette idée, puisqu'elles sont conservées en genre distinct dans des ouvrages plus récens (Extrait du cours de zoologie et nouv. édit. des Animaux sans vertèbres). —Ocken, en adoptant ce genre, voulut enrichir la science d'un mot nouveau, et a changé celui d'Auricule en *Marsyas*. Il y rapporte, avec doute, l'*Helix Scarabœus ;* mais il conserve avec raison le *Carychium* de Müller en genre distinct, genre que Lamarck, en suivant les faux erremens de Draparnaud, a réuni au genre *Auricule.* Schweigger paraît avoir imité cet exemple.

Dans la nouvelle édition des Animaux sans vertèbre (T. VI. 2e partie. p. 136), Lamarck, d'après des observations communiquées par Valenciennes, et qui lui ont appris que les Conovules sont terrestres, a supprimé ce genre dont il réunit les espèces aux Auricules. Nous avions déjà, dans notre Prodrome, effectué cette réunion, mais sur d'autres motifs que ceux qui ont déterminé le célèbre auteur de l'Hist. des An. s. vert. Nous sommes assurés que Valenciennes a été trompé, et que les Conovules sont des Coquilles marines. Il en est de même de quelques autres Auricules qu'il ne plaçait pas parmi les Conovules, et qui sont réellement marines ; une espèce est positivement fluviatile, le *Bul. Dombeianus* dont on ne connaît pas l'Animal, qui pourrait être d'un autre genre. Les espèces que Lamarck place dans ce genre et qui sont positivement terrestres sont des Hélix de notre sous-genre *Cochlogène*, *V.* ce mot, et des groupes de ce sous-genre que nous avons appelés *Stomotoïdes* et *Odontostomes*.

On ne connaît point encore les Animaux des grosses Auricules; mais quelques petites espèces, abondantes sur nos côtes, ont été observées par nous; l'Animal de l'une d'elles, l'*Auricula Myosotis*, a déjà été décrit par Draparnaud, et il ne peut y avoir aucun doute sur l'analogie de son habitant avec celui de l'*Auricula Midæ*. Il serait cependant à désirer que les naturalistes hollandais pussent observer l'Animal de cette belle Coquille, et en faire une description et un dessin sur le vivant, chose qui ne doit pas être difficile, puisqu'au rapport de Rumphius, elle vit dans les marais salins de l'île de Céram, l'une des Moluques, et que nous savons qu'elle n'y est pas rare. — Les habitudes des Auricules sont fort remarquables en ce que, bien qu'elles soient presque toutes positivement marines, elles vivent en quelque sorte plus sur la terre que dans l'eau. Ce sont des Pulmonés qui habitent les flasques, les mares d'eau peu salées, et qui peuvent même vivre hors de l'eau, mais qui y reviennent souvent, qui ne peuvent s'en éloigner sans danger, ou du moins qui ont toujours besoin de l'humidité et de l'air marin. Elles montent sur les Plantes marines et pullulent beaucoup.

Plusieurs des espèces fossiles rapportées à ce genre sont fort incertaines comme lui appartenant; il se pourrait qu'elles dussent être placées dans d'autres; rectifications qu'on n'est pas encore en état d'effectuer.

Les caractères génériques des Auricules sont : Animal muni de deux tentacules articulés, contractiles, courts, cylindriques, en forme de gland au sommet; yeux situés à leur base interne, un peu en arrière; mufle proboscidiforme; test cochliforme, ovale, plus ou moins pointu et allongé, rarement cylindrique ou coniforme; spire souvent enveloppante, de cinq ou six tours contigus, quelquefois peu distincts, le dernier formant presque tout le test; ouverture longitudinale en forme d'oreille, souvent très-étroite; péristome épaissi; bord extérieur simple ou denté; columelle torse, solide, communément sans indice de fente ombilicale, garnie d'une, deux ou trois côtes saillantes, tournant avec elle dans l'intérieur.

Les espèces les plus remarquables de ce beau genre que nous avons subdivisé en plusieurs groupes, d'après les rapports qu'elles offrent, sont les suivantes :

† Les VRAIES AURICULES, *Auriculæ; Auricula*, Lamk., Montfort, Cuvier, Leach; *Marsyas*, Ocken.

1. AURICULE DE MIDAS, *Auricula Midæ*, N., *Prodr.* pag. 106. n° 1; *Voluta Auris-Midæ*, Linné; *Helix*, Müller; *Bulimus*, Bruguière; *Marsyas*, Ocken; *Auricula Midæ*, Lamk. Anim. s. vert. 2e édit. T. VI. 2e part. p. 136. — Martini, *Conch.* 2. t. 43. f. 436. — 438. Vulg. l'*Oreille de Midas*. Cette belle Coquille, rare et très-recherchée, est en même temps une des plus remarquables par sa forme, sa solidité et sa taille, qui, quelquefois, est de près de six pouces de longueur. Elle habite les marais salins de Céram, l'une des Moluques, selon Rumph. Elle est amphibie comme la petite *Auricula Myosotis* de nos côtes.

2. AURICULE DE SINGE, *A. Auris Simiæ*, N., *loc. cit.*, n° 2. Grande et belle espèce fort rare et bien distincte, que nous possédons dans notre collection.

3. AURICULE DE JUDA, *A. Judæ*, N., *loc. cit.*, n° 3. *Voluta Auris Judæ*, Linné; *Helix*, Müller; *Bulimus*, Bruguière; *Auricula Judæ*, Lamarck, *loc. cit.*, p. 137, no 2. Martini, Conch., tom. 2., t. 44. fig. 449–451. Vulg. l'*Oreille de Judas*. Cette espèce, bien distincte des précédentes et plus petite, varie beaucoup par la forme et l'épaisseur. Peut-être l'espèce suivante n'en est-elle qu'une forte variété? Elle est rare et recher-

chée. Elle habite les Indes orientales dans les terrains marécageux. A Malaca, selon Humphrey.

Les autres espèces de cette division sont : — 4. *Auricula ponderosa*, N., *loc. cit.*, n° 4. Buonanni, Récréat. supplém., f. 3, et *Mus. Kircher*, f. 412. Elle habite vraisemblablement les Grandes-Indes. — 5. *A. Auricella*, N., *loc. cit.*, p. 107, n° 5; *Bulimus Auricula*, Bruguière, Encyclop. méthod., n° 75. Lister, *Synops.* tab. 577, f. 326. Elle se trouve dans les Grandes-Indes? — 6. *A. Dominicensis*, N., *loc. cit.*, n° 6. Elle habite Saint-Domingue. Amphibie comme les précédentes. — 7. *A. Dombeiana*, N., Prodr. n° 7. *Bulimus Dombeianus*, Bruguière, Encyclop. méth. n° 66. Lamarck, An. s. Vert., *loc. cit.* p. 140, n° 11. *Auricula Dombeiana*; Encycl. méth., pl. 459, f. 7, *a*, *b*. *Conovulus bulimoides*. Celle-ci est fluviatile, selon le témoignage positif de Dombey, et elle en a tous les caractères. — 8. *A. Myosotis*, N. p. 107, n° 8. *Auricula Myosotis*, Draparn., *Hist.*, p. 56, pl. III, f. 16, 17. *Voluta denticulata*, Montagu, Maton et Rackett, etc. Lamarck, *loc. cit.*, p. 140. Cette jolie espèce offre plusieurs variétés remarquables. Elle est très-abondante sur les côtes de l'Océan et de la Méditerranée. Elle habite les étangs saumâtres, et sort de l'eau. Nous en avons reçu de la Rochelle, dans des Plantes marines, par l'obligeance du docteur d'Orbigny, qui ont vécu pendant quinze jours à Paris. Voyez encore *A. alba* et *ornata* de notre Prodrome.

Espèces fossiles.

A. Myosotis, Marcel de Serres, note sur le gisement de quelques Fossiles; Bullet. des sciences, 1814, p. 17, pl. 1. f. 9. Dans une marne bleuâtre, à 5 ou 6 pieds de profondeur, près de Boisvieil, département des Bouches-du-Rhône. — *A. ovata*, Lamarck, Ann. Mus., VIII, pl. 60. f. 8. Defrance, Dict. des sc. naturelles, sp. n° 2. Trouvée à Grignon, etc. — *A. edentula*, N., Prodr. p. 108, n° 14. De Valognes. — *A. Pisum*, Defrance, *loc. cit.*, sp. n° 7; Férussac, n° 15. *Voluta Pisum*, Brocchi, tab. 15. f. 10. Italie. — *crassa*, Defrance, Férussac, Prodr. sp. n° 16. Trouvée près Valognes. — *conoidea*, N., sp. 17. 17. Brocchi. *Turbo conoideus*, tab. 16. f. 2. Fossile en Italie. — *Hordeola*, Lamarck, Ann. sp. n° 5; Férussac, sp. 18. De Grignon et de Bordeaux. — *Miliola?* Lamarck, *loc. cit.*, sp. 4. Defrance, Dict. sp. n° 4. Des environs de Versailles. — *simulata*, Brander, *Foss. naut.* Bulla, n° 61. pl. IV. Férussac, sp. n° 20. D'Angleterre. Peut-être celle-ci est-elle une Tornatelle ?

†† Les CONOVULES, *Conovulæ*. *Conovulus*, Lamarck, Goldfuss; *Melampus*, Montfort, Cuvier, Sweigger.

9. *A. ovula*, N., sp. 21. *Bulimus ovulus*, Brug.; *Melampa ovulum*, Sweigger; *Voluta pusilla*, Gmelin; *Voluta triplicata*, Donovan, *Brit. shells*, IV, tab. 138. *Auricula nitens*, Lamarck, *loc. cit.* p. 141. Espèce très-vraisemblablement marine, comme celle de ce groupe. On la trouve sur nos côtes et sur celles d'Angleterre, où, peut-être, elle est apportée par le grand courant marin. Très-commune aux Antilles. — 10. *A. Monile*, N. sp. 22. *Bulimus Monile*, Brug.; *Voluta flava*, Gmelin. Lamarck. p. 141. n° 14. Elle habite les Antilles. — 11. *A. coniformis*, N, sp. 23; *Bulimus*, Bruguière; *Voluta Coffea*, Linné; *Voluta minuta*, Gmelin; *Conovulus coniformis*, Lamarck, Encycl. méth., pl. 459. f. 2. Elle habite les Antilles. Voyez encore *A.* (*Conov.*) *Fabula*, N, Prodr. sp. 24.

††† Les CASSIDULES, *Cassidulæ*, N. 12. *A. Felis*, N., sp. n° 25; *Bulimus Auris Felis*, Brug.; *Voluta Coffea Linnei*, Chemnitz; *Auricula Felis*, Lamarck. Elle habite les Grandes-Indes ou la mer du Sud. On ignore si elle est terrestre ou marine. — 13. *A. Nucleus*, N., sp. 26; *Helix Nucleus*, Gmelin. Charmante Coquille qui habite Otahiti, à ce que l'on croit. Nous terminerons cet exposé sommaire par quelques éclaircissemens sur les espèces mentionnées par Lamarck (Anim. s. vert., seconde édit.

T. VI. seconde partie.) Les Auricules *Midæ*, *Judæ*, *Myosotis*, *Dombeiana*, *coniformis*, *nitens*, *Monile*, sont seules des Auricules, selon nous, c'est-à-dire des Pulmonés bitentaculés, dépourvus de collier, à tentacules non oculifères, etc. Les Auricules *Sileni*, *Leporis*, *bovina*, *caprella*, sont des espèces terrestres, des Limaçons à quatre tentacules, de vraies Hélix. *V.* le mot COCHLOGÈNE. L'*Auricula Scarabœus* est un Scarabe, genre distinct de l'Auricule, positivement terrestre et non amphibie. *V.* SCARABE. Enfin l'*Auricula minima* est une *Carychie*. *V.* ce mot.

Quant aux Auricules fossiles décrites par Lamarck, dans les Annales du Muséum, T. IV, p. 429, et dont ce savant n'a pas fait mention dans la nouvelle édit. des Anim. s. vert., en voici l'état avec les observations que nous avons faites à leur sujet. *A. sulcata.* C'est une Tornatelle.—*A. ovata*, une Auricule.—*A. ringens*, un genre incertain.—*A. miliola*, une Auricule. —*A. hordeola*, une Auricule. —Var. β peut être une espèce distincte.—*A. acicula*, une Pyramidelle. — *A. terebellata*, id.

Ces observations s'appliquent à l'article Auricules fossiles de Defrance (Dict. des Sc. nat.). Nous ajouterons pour l'*A. marginata*, *Voluta myotis* de Brocchi, que nous rapporterons cette espèce au genre SCARABE. *V.* ce mot. L'*Auricula ringens* de Lamarck demande aussi quelque attention. Cette petite Coquille, abondante à Grignon, en Champagne, à Valognes, en Touraine, à Bordeaux, à Dax et en Italie, se trouve aussi en Angleterre, dans les dépôts meubles situés au-dessus de l'Argile plastique. Son genre est très-incertain (*V.* notre Prodrome, p. 113). C'est l'analogue fossile de la *Marginella auriculata* de Ménard de la Groie (*Ann. Mus.* T. VIII. p. 331), que ce naturaliste a trouvée vivante dans le golfe de Tarente. La *Voluta buccinea* de Brocchi, et l'*Auricula turgida* de Sowerby n'en sont que des variétés à l'état fossile. — Ajoutez l'*A. incrassata* de ce dernier auteur, espèce distincte qui paraît être du même genre. *V.* Sowerby, *Min. conch.* T. II. pl. 163. (F.)

* AURICULES. *Auriculæ.* MOLL. Dénomination empruntée du genre Auricule, et appliquée par nous à une famille des plus remarquables parmi les Mollusques, famille qui compose à elle seule le second sous-ordre des Gastéropodes pulmonés, les Géhydrophiles. *V.* ce mot, où nous donnerons les généralités connues sur ces Animaux. Malheureusement l'observation des Mollusques de cette famille a été très-négligée, de sorte qu'on connaît très-peu les Animaux des espèces qui la composent. Celles de nos côtes, en général assez petites, quoique connues depuis long-temps des observateurs anglais, n'ont été recueillies que fort tard par les naturalistes de notre patrie; ainsi l'*Auricula Myosotis* de Draparnaud, donnée comme nouvelle, était décrite et figurée bien antérieurement sous le nom de *Voluta denticulata*, par Pulteney et Montagu. Quant aux grosses espèces exotiques du genre Auricule, on ne connaît pas, à la vérité, leurs habitans; mais les rapports de leurs Coquilles avec l'*Auricula Myosotis* ne laissent aucun doute sur leur identité générique. — On connaît depuis long-temps le genre *Carychium*. Nous avons donné les caractères de l'Animal du Scarabe, dont Blainville a fait depuis une description anatomique plus détaillée. Enfin, Adanson a décrit depuis long-temps celui du Piétin; de sorte qu'il n'y a plus d'indécision qu'à l'égard des genres Pyramidelle et Tornatelle, que l'analogie a fait réunir à ceux de cette famille. — Le genre *Carychium* est le premier qui ait été observé. Il a été établi par Müller (*Hist. Verm.* p. 125) pour une petite Coquille presque mycroscopique, assez commune dans toute l'Europe, sous des feuilles mortes et humides. Ce genre a été oublié par Lamarck, dans la première édit. des Anim. s. vert.) et négligé par Cuvier dans le Règne Animal. Draparnaud, et ensuite Lamarck (Anim. s. vert, seconde édit.), l'ont confondu à tort

avec les Auricules ; Ocken, Leach, Studer, Pfeiffer, etc., ainsi que nous, l'ont conservé. Jusqu'à présent, il n'est composé que de deux ou trois espèces dont le nombre augmentera peut-être lorsqu'on aura observé les Animaux de quelques Coquilles douteuses des genres Hélix et Vertigo. Ces espèces sont le *Carych. minimum* de Müller, et l'*Odostomia corticaria* de Say. Selon les observations du docteur Verdat de Délémont, qui nous ont été communiquées par notre respectable ami le professeur Studer, l'Animal du *Carych. lineatum* serait operculé, et devrait, par conséquent, être placé parmi les Cyclostomes. Nous l'avions déjà signalé comme anomal parmi les Carychies. Le docteur Leach a rapporté à tort à ce genre, selon toutes les apparences, l'*Auris Sileni* de Von Born, dont il a fait une nouvelle espèce sous le nom de *Carychium undulatum* (*Miscell.*).

Le *Carychium Menkeanum* de Pfeiffer (*Conch.* p. 70) est notre *Helix* (*Cochlodonta*) *Goodalli*, le *Turbo tridens* des auteurs anglais, qui, d'après les observations du docteur Goodall et de Sowerby, a quatre tentacules, dont les deux supérieurs supportent les yeux.

Nous avons vu, à l'art. Auricule, que Klein peut être considéré comme l'auteur de ce dernier genre, adopté par Martini, circonscrit par Lamarck, et augmenté par lui de quelques espèces étrangères à ce genre, nommé *Otis* par Humphrey, *Marsyas* par Ocken, et enfin limité par nous aux seules Auricules d'une organisation analogue. — Les *Aures Midæ* de Klein, ou *Auris Midæ* de Martini, comprenaient, outre les véritables Auricules, les Tornatelles et les Conovules. Le dernier de ces auteurs forme une section à part pour les vraies Auricules, et une autre pour ces deux derniers genres; et c'est à la première de ces deux coupes que se rapporte le genre *Auricula* de Lamarck.

Le genre Scarabe a été institué par Montfort (*Conch.* T. 2. p. 307), mais sans motifs légitimes, puisque la Coquille, considérée isolément, devait rester dans les Auricules, et qu'il n'a pu appuyer cette distinction sur l'Animal qui n'est connu que depuis la description que nous en avons donnée dans notre Prodrome, p. 103, complétée par celle de Blainville (Journal de Phys., octobre 1821, p. 304). Au sujet de ce genre, nous observerons que les notes communiquées à Blainville semblent faire croire qu'il est marin, puisque ce savant le compare, sous ce rapport, au Piétin d'Adanson, et que le docteur Marion assure avoir pris le *Scarabus imbrium* sur les roches humides délaissées par la mer, et même, à ce qu'il croit, sur celles qu'elle recouvrait encore. D'un autre côté, les naturalistes de l'expédition du capitaine Freycinet l'ont trouvé en abondance sur les montagnes des îles Mariannes, loin de la mer, et à une assez grande élévation au-dessus de son niveau. Rumph dit positivement « qu'on le trouve au bord de la mer, » sous l'herbe, les feuillages et les morceaux de bois pourri, tout près de » la mer, et aussi dans les terres ; et » qu'il y en a même sur les montagnes non fréquentées par les hommes. » Et les contes populaires qui lui ont valu le nom d'*imbrium*, attestent qu'il est terrestre, les habitans d'Amboine croyant que les vents et les pluies les portaient sur les montagnes. Ainsi, selon toutes les apparences, le docteur Marion ne l'a pas trouvé sous les eaux de la mer, à moins que ce ne fût accidentellement; et cette espèce peut être regardée comme étant véritablement terrestre, quoique pouvant vivre aussi sur les bords de la mer. On ne connaît encore que deux espèces bien certaines dans ce genre, le *Sc. imbrium* et le *plicatus*; le *Petiverianus* est encore douteux, ainsi que les espèces figurées par Perry.

Le genre Pyramidelle a été établi par Lamarck (Actes de la Soc. d'Hist. nat. de Paris); réuni ensuite aux Auricules par ce savant (*Ann. Mus.* T. IV), et depuis définitivement séparé de ces Mollusques (Anim. s. vert. seconde édit.). Jusqu'à présent on n'a pu savoir si les Pyramidelles sont terrestres ou marines. Elles ont quelques rapports de conformation avec nos Hélices Cochlitomes du groupe des *Rubans* (*Liguus*, Montf.; *Achatina*, Lamarck). Les espèces à columelle solide ont l'air de Cochlitomes dentés; d'un autre côté, elles offrent des différences remarquables dans la dureté de leur test et leur construction générale qui les rapprochent des Auricules du groupe des Conovules. Nous sommes, au sujet des Pyramidelles, dans une indécision complète. Nous les laissons parmi les Auricules jusqu'à ce que nous ayons des observations décisives à leur sujet; mais nous ne serions point étonnés qu'il fallût les restituer aux Pectinibranches operculés. Il en est de même des Tornatelles, genre d'abord établi par Montfort, sous le nom d'*Actéon* (*Conch.* T. II, p. 315), pour la *Voluta tornatilis* de Linné, et les espèces analogues décrites par Chemnitz et Bruguière.

Les observations du docteur d'Orbigny nous avaient portés à croire que ces derniers Mollusques vivaient en pleine mer, ainsi que nous l'avons dit, p. III de notre Prodrome; de nouveaux renseignemens, que nous devons à l'amitié du docteur Goodall, n'ont pas confirmé cette opinion. Ce savant a eu souvent occasion de les observer à quatre milles de Teaby, dans le sud du pays de Galles, où on les trouve rampant sur le sable, un peu au-dessus de la ligne de la basse mer, dans les marées du printemps, faisant dans leur route un long sillon régulier. Il ne serait pas impossible que ce genre appartînt aux Tectibranches, et dût se placer très-près des Bulles. Nous penchons fortement pour cette hypothèse, qui, du reste, doit être bientôt éclairée; car une des espèces de ce genre est assez commune sur nos côtes, la *T. fasciata*, *Voluta tornatilis*, Linné. Lamarck (Extr. du Cours de Zool.) a fait avec ces deux genres, Tornatelle et Pyramidelle, une famille distincte de ses Trachélipodes, celle des Plicacés, placée au milieu des genres appartenant aux Pectinibranches. Cette famille est conservée dans la seconde édit. des Anim. s. vert.

Quant au genre Conovule, établi d'abord sous le nom de Mélampe par Montfort (Conch. T. II. p. 319), nous avons dit que Lamarck ne le sépare plus des Auricules, réunion que nous avions déjà effectuée dans notre Prodrome.

Le genre Piétin qui termine la famille des Auricules est dû à Adanson (Sénég. p. 11); il est très-remarquable par ses habitudes et la construction de son pied. Nous l'avons augmenté de plusieurs espèces curieuses, et il nous paraît bien distinct de tous ses congénères. Nous ferons connaître, en décrivant ce genre, la singulière structure du pied de ce curieux Mollusque, avec lequel la configuration de la bouche de la Coquille est en rapport.

D'après l'exposé ci-dessus, nous voyons que les genres Carychie et Scarabe sont entièrement terrestres; que les Auricules comprennent des espèces marines; d'autres fluviatiles, et que le plus grand nombre sont des espèces amphibies; que le Piétin et les Tornatelles sont des genres marins, et que les Pyramidelles sont encore incertaines, quant à l'élément qu'elles habitent.

L'établissement de la famille des Auricules avait été senti nécessaire par Blainville, et, à ce qu'il paraît, depuis très-long-temps, comme on peut le voir dans son beau Mémoire cité plus haut. Nous l'avons trouvée indiquée nominativement dans le tableau de sa Méthode, qu'il a bien voulu nous communiquer dans le temps. Voici les caractères de la famille des Auricules: — Forme générale et couverture, comme chez les Limaçons hélicoïdes.—Tentacules: deux, cylindriformes, quelquefois renflés au sommet, non oculifères, généralement contractiles. — Yeux: non pédonculés, placés à la base ou près de la base des tentacules. — Cavité pulmonaire: comme chez les Limaçons. — Organes de la génération: séparés ou réunis, sur le même individu. — Test: cochliforme, assez variable, ovale, elliptique ou turriculé. — Cône spiral : incomplet. — Spire : souvent enveloppante, tours assez nombreux, formant généralement un sommet peu saillant. — Ouverture : latérale, par rapport à l'axe du cône, le plus souvent étroite, longue et dentée ; péristome non réfléchi, mais tranchant, quoiqu'un peu évasé quelquefois. — Columelle : généralement torse, solide et garnie de lames saillantes, obliques et tournant avec elle.

Voyez, pour les divers genres de cette famille, CARYCHIE, SCARABE, AURICULE, PYRAMIDELLE, TORNATELLE et PIÉTIN. (F.)

AURICULITE. MOLL. FOSS. C'est le nom vulgaire d'une Gryphite selon Bosc (nouv. Dict. d'Hist. natur.) ; mais cette indication n'étant accompagnée d'aucune citation, nous ne pouvons donner le nom de l'auteur qui a employé ce mot. (F.)

AURIFERE. *Aurifera*. MOLL. Nom donné par Blainville (Dict. des Sc. nat.) au genre Brante d'Ocken, *Otion* de Leach. *V*. BRANTE. (F.)

* AURIFLAMME. POIS. Espèce du genre Mulle. *V*. ce mot. (B.)

* AURINIE. *Aurinia*. BOT. PHAN. Dans son travail sur les Crucifères siliculeuses, Desvaux avait formé sous ce nom un genre de quelques espèces d'*Alysson*, dont les caractères n'ont pas paru suffisans à De Candolle pour autoriser cette séparation ; en sorte que ces espèces ont de nouveau été replacées parmi les Alyssons. (A. R.)

* AURIO OU AURO. BOT. PHAN. Deux des noms vulgaires d'*Atriplex Halimus*, L. *V*. ARROCHE. (B.)

AURIOL, AURION ou AURIOU. ZOOL. Noms vulgaires du Loriot commun, *Oriolus Galbula*, qui viennent probablement de la couleur jaune doré du plumage de cet Oiseau, L. *V*. LORIOT.

On donne les mêmes noms au Maquereau, *Scomber Scomber*, L. sur quelques côtes de France. (B.)

AURIOLE. BOT. PHAN. Syn. de Lauréole. *V*. ce mot. (B.)

AURIS. MOLL. Dénomination latine, à laquelle on a ajouté nombre d'épithètes, et pour laquelle nous renvoyons au mot français OREILLE. Cependant plusieurs Dictionnaires, quoiqu'écrits en français, ayant adopté ces dénominations latines, nous allons en parler sommairement. Ces dénominations sont fort anciennes dans la science ; la ressemblance plus ou moins vraie de certaines Coquilles avec l'oreille de l'Homme ou celle de certains Animaux, ayant frappé depuis long-temps les observateurs, et même le vulgaire.

AURIS-MARINA. Aristote (L. IV, ch. 4) dit, en parlant du *Lépas sauvage*, que quelques-uns l'appellent *Auris marina*, Oreille de mer (c'est l'Ormier, *Haliotis* de Linné) ; et depuis lui, cette Coquille a été nommée de cette manière. *V*. Rondelet, Gesner, etc. Depuis ces derniers auteurs, les écrivains méthodistes ont fait des *Aures marinæ* des coupes distinctes. Klein en a fait le premier genre de sa quatrième classe, sous le nom d'*Auris* ou *Auris marina*, exemple suivi par Martini, qui, sous le nom d'*Aures marinæ*, décrit plusieurs espèces de ce genre. Quelques auteurs ont aussi classé le Sigaret sous le nom d'*Auris marina*. Petiver (*Gaz*. V. 1. cat. 587) désigne cette Coquille sous le nom d'*Auris bahamica non perforata*. *V*. HALIOTIDE et SIGARET.

AURIS MUSTELLA. Humphrey (*Mus. Calonn*. p. 22) nomme ainsi un nouveau genre qui répond au genre Tornatelle de Lamarck. Humphrey paraît avair changé ce mot en celui de *Myosota*. *V*. OREILLE DE SOURIS, MYOSOTE et TORNATELLE.

AURIS VENERIS. Genre proposé par Humphey (*Mus. Calonn*. p. 20) et qui répond au genre Sigaret. *V*. OREILLE DE VÉNUS et SIGARET. (F.)

AURISCALPIUM. MOLL. Dénomination générique proposée par Megerle (*Syst. der Schalt. in Berlin. Magaz*. 1811. p. 46) pour caractériser le genre formé depuis par Lamarck, sous le nom d'Anatine. *V.* ce mot. (F.)

AURITE. POIS. (Daubenton.) Syn. de *Labrus auritus*, L. *V.* LABRE. (B.)

AURIVITTIS. OIS. Syn. de Chardonneret.

AUROCHS OU URUS. MAM. *V.* BOEUF.

AURON. REPT. OPH. Probablement pour AURORE, espèce de Couleuvre. *V.* ce mot. (B.)

AURONE. *Abrotanum.* BOT. PHAN. Genre des anciens botanistes que Linné a réuni à l'Artemisia. *V.* ARMOISE. On nommait :

AURONE DES CHAMPS, l'*Artemisia campestris*, L.

AURONE DES JARDINS, l'*Artemisia Abrotanum*, L.

AURONE MALE, la même Plante.

AURONE FEMELLE, le *Santolina cupressiformis*, L. *V.* SANTOLINE. (B.)

AURORAS. BOT. PHAN. Nom péruvien de l'*Ipomea glandulifera*, dont les fleurs s'épanouissent exactement au lever de l'Aurore. (B.)

AURORE OU CRÉPUSCULE DU MATIN ET AURORES BORÉALES ET AUSTRALES. *V.* LUMIÈRE.

AURORE. REPT. OPH. Nom spécifique d'une Couleuvre. *V.* ce mot. (B.)

AURORE. INS. Nom vulgaire donné par Geoffroy (Ins. T. II. p. 71) à un Lépidoptère diurne qui est le *Papilio cardamines*, L. C'est aujourd'hui une Piéride. *V.* ce mot. (AUD.)

AURUELO. BOT. PHAN. Syn. de *Centaurea solsticialis*, L. en Provence. *V.* CHAUSSETRAPPE. (B.)

AURUOU. OIS. Syn. de Loriot en Provence. (DR..Z.)

AUSERDA. BOT. PHAN. Syn. de Luzerne dans le Roussillon. (B.)

AUSQUOY. MAM. Nom du Caribou ou du Renne chez les Hurons. *V.* CERF. (A.D..NS.)

AUSTRALITE OU AUSTRAL-SAND. MIN. Sable grisâtre des côtes du nouveau pays de Galles méridional, à Sidney-Cove, où l'on a cru reconnaître une substance terreuse d'une nature particulière que De Lamétherie appela *Terre Sidnéienne*, mais où Klaproth n'a trouvé que de l'Alumine, de la Silice et un peu de Fer. (LUC.)

* AUTARCITE. BOT. CRYPT. Nom proposé par Leclerc dans son excellent Mémoire sur les Prolifères de Vaucher (Mém. mus. T. III. p. 470) pour remplacer la dénomination vicieuse de Prolifère. Ayant depuis long-temps appelé ce genre *Vaucheria*, nous indiquerons, quand il en sera question, les motifs qui nous ont déterminés à ne point adopter le nom d'Autarcite. *V.* VAUCHERIE. (B.)

* AUTOGERUS. BOT. PHAN. (Dioscoride.) Syn. de Narcisse. (B.)

AUTOMALITE. MIN. Probablement même chose qu'Automolite. *V.* ce mot. (G.DEL.)

AUTOMNAL. OIS. Espèce de Gros-Bec de l'Amérique méridionale, *Fringilla autumnalis*, Gmel. *V.* GROS-BEC. (DR..Z.)

* AUTOMNAL, AUTOMNALE. BOT. et ZOOL. Adjectif employé pour désigner les Végétaux qui fleurissent dans l'arrière-saison, et devenu le nom spécifique de plusieurs Plantes, ainsi que de quelques Oiseaux, Poissons et Insectes. (B.)

AUTOMOLITE OU FAHLUNIT. MIN. Minéral dont l'espèce n'est pas encore déterminée, découvert par Eckeberg à Falhun en Suède, et que Berzelius regarde comme offrant les plus grands rapports avec le Spinelle *V.* ce mot et ZINC. (G.DEL.)

AUTOUR. OIS. (Duméril.) Genre de la famille des Cruphodères, de la Zoologie analytique, dont les caractères principaux consistent dans la tête entièrement garnie de plumes, dans une cire à la base du bec qui a l'extrémité crochue, dans une queue égale, et dans la longueur des ailes qui est fort considérable. Les Autours qui forment aussi un sous-genre particulier dans le Règne Animal de Cuvier, réunis à l'Epervier sous le nom de *Dædalion*, par Savigny, sont une section du genre Faucon dans la Méthode de Temminck.

Le nom d'AUTOUR est donné comme spécifique à une espèce d'Oiseau de proie qui était autrefois l'un de ceux qu'on employait dans la chasse du vol. C'est le *Falco palumbarius*, L. *V*. FAUCON. (DR..Z.)

AUTOUR. BOT. PHAN. Ecorce du Levant, spongieuse et légère, employée en poudre dans la préparation du Carmin, sans qu'on sache de quel Arbre elle provient. (B.)

AUTRUCHE. OIS. *Struthio*, L. Genre de l'ordre des Coureurs dont les caractères sont : bec médiocre, droit, obtus déprimé à la pointe qui est arrondie et onguiculée ; mandibules égales ; narines oblongues, ouvertes, placées un peu à la surface et vers le milieu du bec ; tête chauve, calleuse en dessus ; pieds très-longs, très-forts, musculeux ; deux doigts gros, robustes et dirigés en avant : l'interne, qui a quatre phalanges avec un ongle large et obtus, plus court que l'externe qui a cinq phalanges, mais point d'ongle ; jambes charnues jusqu'au genou ; ailes impropres au vol, composées de plumes longues, molles et flexibles, ayant un double éperon.

Ce genre ne renferme qu'une seule espèce qui habite les plaines ardentes de l'Afrique, et que l'on peut appeler le géant des Oiseaux. L'Autruche *Struthio Camelus*, L. Lath. Buff. pl. enlum. 457., a la partie inférieure du cou, la poitrine, le ventre et le dos noirs, mêlés de blanc et de gris ; les grandes plumes des ailes et de la queue d'un beau blanc ont leurs barbes toutes effilées. Un poil assez ferme tient lieu de duvet et recouvre les parties nues que néanmoins l'on aperçoit encore malgré les plumes. Le bec est gris, noir à l'extrémité ; l'iris est d'un brun fauve. Sa hauteur est de sept à huit pieds ; son poids ordinaire de quatre-vingts livres.

Les Autruches n'ont des organes du vol que le simulacre ; des plumes flexibles, déliées et d'une excessive finesse, au lieu de remiges et de rectrices capables de soutenir dans les airs une masse aussi grande, condamnent ces Oiseaux à courir sur la terre comme un Quadrupède ; ils s'en acquittent à merveille, car aucun être ne peut les surpasser à la course. Leur force, dont un caractère doux et pacifique les dispense de faire usage, est, dit-on, très-grande : Thevenot en a vu renverser d'un seul coup de pied des chiens d'une assez grande taille ; c'est toujours avec les pieds et le bec qu'on voit l'Autruche repousser les agressions qui lui sont faites, jamais elle n'attaque. Son appétit, quoique assez vif, n'est point de la voracité ; elle mange indistinctement toute espèce d'herbes et même jusqu'à des pierres, du fer, du cuivre, enfin, tout ce qu'elle ramasse avec le bec : ce qui prouve que chez elle, le sens du goût n'est guère développé ; du reste elle en est quitte pour rendre avec les excrémens les matières non susceptibles de digestion qu'elle a avalées. Son cri a quelque ressemblance avec le rugissement du Lion lorsque le mâle recherche la femelle ; dans toute autre circonstance, c'est plutôt des sons plaintifs que l'un et l'autre font entendre.

De tous les Oiseaux l'Autruche est peut-être le seul qui s'accouple d'une manière positive et qui se rapproche par-là des Quadrupèdes ; cela tient sans doute à ce que ses organes générateurs ont plus d'analogie avec ceux de ces derniers Animaux. La ponte s'opère dans un trou que la femelle se creuse au milieu des sables ; elle y pond successivement une quinzaine d'œufs et en dépose un nombre à peu près pareil dans un trou voisin ; ceux-ci sont, à ce que l'on assure, destinés à la nourriture des petits qui doivent sortir des œufs du premier nid, les seuls que les parens couvent. Les œufs, plus arrondis que ceux de

Poule, ont ordinairement cinq pouces sur six et quelques lignes de diamètre; leur couleur est le blanc de crème, tiqueté de points ou petites taches d'un fauve-grisâtre. — A cause de l'élévation de température des climats habités par ces Oiseaux, l'incubation n'est rigoureuse que pendant la nuit. Les petits naissent au bout de six semaines et marchent peu après leur sortie de la coquille. A force de soins on est parvenu à vaincre l'humeur sauvage des Autruches, et à les soumettre en quelque sorte à la domesticité; on les fait parquer en troupeaux, afin de s'assurer la récolte de leurs plumes qui est un objet considérable de commerce; l'épaisseur de leur peau fournit aux naturels, qui savent l'apprêter avec beaucoup d'intelligence, un cuir épais dont ils se font des boucliers et des cuirasses pour les jours de bataille.

On connaît les avantages que la coquetterie ou la vanité ont su tirer, chez tous les peuples, des plumes magnifiques de l'Autruche; le voyageur en trouve de plus réels dans les œufs de cet Oiseau, qui lui fournissent un aliment solide et agréable lorsque l'incubation n'est pas trop avancée. Moïse avait proscrit la chair de l'Autruche comme impure. Des tribus entières ne s'en nourrissent pas moins en Afrique, ce qui leur mérita, chez les anciens, le nom de Struthiophages.

AUTRUCHE D'AMÉRIQUE. C'est le Touyou de Brisson; Nandou de Vieillot. *V.* RHÉA.

AUTRUCHE BATARDE. Même chose que Rhéa. *V.* ce mot.

AUTRUCHE CAPUCHONNÉE OU A CAPUCHON. Syn. de Dronte. *V.* ce mot.

AUTRUCHE DE LA GUYANE. Nom impropre donné au Rhéa qui, n'habitant que les contrées les plus froides de l'Amérique méridionale, n'a pu être trouvé dans les régions équinoxiales.

AUTRUCHE DE MAGELLAN et AUTRUCHE D'OCCIDENT. Syn. de Rhéa. *V.* ce mot.

AUTRUCHE VOLANTE. Syn. d'Outarde, *Otis Tarda*, L. *V.* OUTARDE. (DR..Z.)

AU-VOGEL. OIS. Syn. du Rossignol, *Sylvia Luscinia*, en Autriche. *V.* SYLVIE. (DR..Z.)

AUZUBA. BOT. PHAN. Arbre d'Amérique qu'il est impossible de déterminer sur le peu qu'en dit Oviédo dans son Histoire des Indes-Occidentales. Plumier, dans ses manuscrits non publiés, décrit sous le même nom un Arbre, encore imparfaitement connu, qu'il dit être l'Acomat du pays, et que la figure qu'en donne ce botaniste approche du genre Syderoxylon. *V.* ce mot. (B.)

AVA. BOT. PHAN. Liqueur enivrante que les naturels de quelques îles de la mer du Sud préparent avec les feuilles macérées du *Piper methysticum*. *V.* POIVRE. (B.)

AVACARI. BOT. PHAN. (J. Bauhin). Espèce de Myrte de l'Inde, à peu près inconnue. (B.)

AVAGNON OU LAVIGNON. MOLL. Noms vulgaires usités en France, sur une partie des côtes de L'Océan, pour distinguer des Coquillages bivalves que l'on mange comme les Moules, quoiqu'ils soient, pour la plupart, d'un goût plus fade. C'est avec ces Coquilles que Megerle a fait le genre Arénaire, et Cuvier un sous-genre des Mactres. Montagu les a placées, avec assez de raison, dans son genre Ligule, établi antérieurement. Nous avons adopté le genre Lavignon, *Lavignonus* (Tabl. des Mollusq. p. 44); puis nous avons cru devoir, à l'exemple de Montagu, le réunir aux Ligules. *V.* ARÉNAIRE. Si cependant, à l'exemple de Turton (*Conchl. Brit.* p. 50), on veut en faire un genre distinct des Ligules, il convient de lui rendre le nom d'Arénaire qui a l'antériorité sur celui de Lavignon et sur celui de *Listera*, que vient de lui donner le docteur Turton. *V.* ARÉNAIRE, LAVIGNON, LIGULE et LISTERA. (F.)

AVALANCHES LAVANGES OU LAUVINES. GÉOL. Masses plus ou moins considérables de neige ou de glace, qui, accidentellement et à certaines époques de l'année, se détachent des parties hautes des montagnes et se précipitent avec une vitesse et un bruit effroyable dans le fond des vallées. Diverses causes donnent lieu à ce phénomène dont les effets sont à craindre pour le voyageur et l'habitant dans les pays de montagnes. En hiver, lorsque la neige tombe et que le vent est très-fort, celui-ci chasse des pelotons de neige qui, d'abord peu volumineux, roulent sur les pentes, grossissent en peu de temps, entraînent des pierres et des terres, et renversent tout ce qu'ils rencontrent dans leur chute accélérée. Ces Avalanches d'hiver sont connues sous le nom d'*Avalanches froides* ou *venteuses*. Les Avalanches de printemps sont encore plus dangereuses à cause de leur densité et de leur volume souvent énorme; ce sont des amas de neige et d'eau gelée qui, pendant la froide saison, ont rempli des vallons élevés dont la pente est fortement inclinée; lorsque les rayons du soleil commencent à s'échauffer, la neige fond à son point de contact avec la terre; son adhérence diminue, et lorsque celle-ci ne peut plus balancer l'action de la pesanteur de la masse de neige, l'Avalanche se détache; elle glisse d'abord avec un bruit très-grand, et, accélérant sa chute, elle arrive bientôt au pied de la montagne en entraînant avec elle des portions de rochers, des forêts entières, et engloutissant souvent des hommes et des habitations. Certaines dispositions locales occasionent des Avalanches annuelles. On a soin de garantir par des forêts ou des murs les villages ou les maisons qui y sont exposés. La densité des Avalanches de printemps est souvent telle que la neige reste plusieurs années sans fondre, quoique les vallées dans lesquelles elle se trouve éprouvent pendant l'été des chaleurs très-fortes. Nous avons vu à Cauteres, dans les Pyrénées, une Avalanche qui avait renversé plusieurs maisons du village, et qui, depuis trois ans, encombrait la route et y formait une colline sur laquelle passaient les plus lourdes voitures. (C. P.)

* AVALETTE. POIS. Nom indiqué par Lacépède comme l'un de ceux du Thon, *Scomber Thynnus*, L. *V*. SCOMBRE. (B.)

AVALEUR D'OS. OIS. Syn. d'*Ardea gigantea*, Gmel. chez les Anglais de l'Inde. *V*. HÉRON. (B.)

*AVANACOE OU CITAVANACU. BOT. PHAN. (Rhéede.) Syn. de Ricin à la côte du Malabar. (B.)

AVANACU. BOT. PHAN. Même chose qu'Avanacoe. (B.)

AVANCARÉ. BOT. PHAN. (Surian.) Liane des Antilles qui paraît appartenir au genre *Phaseolus* *V*. HARICOT. (B.)

* AVANÈSE. BOT. PHAN. Syn. de Galéga en Italie. (B.)

AVANGOULE. BOT. PHAN. L'un des noms vulgaires de la Lentille dans quelques départemens de la France, suivant Bosc. (B.)

AVAOU. POIS. Même chose qu'Awaou. *V*. ce mot. (B.)

AVAOUSSÉS OU AVAUX. BOT. PHAN. Syn. de *Quercus coccifera*, L. En Languedoc. *V*. CHÊNE. (B.)

AVARAMO. BOT. PHAN. (Pison. *Bras*. p. 168). Petit Arbre du Brésil qui paraît appartenir au genre Acacia, *V*. ce mot; on l'emploie contre divers ulcères, et l'on dit qu'il guérit le cancer. (B.)

AVARA-PALU. BOT. PHAN. Haricot de Ceylan, dont l'espèce est encore inconnue aux botanistes. (B.)

AVARI. *V*. AVATI.

AVARU. BOT. PHAN. Syn. indien d'Indigo. *V*. ce mot. (B.)

AVATI. BOT. PHAN. Syn. de Maïs. *V*. ce mot. (B.)

AVAUX. BOT. PHAN. *V*. AVAOUSSÉS.

AVAZ. OIS. Syn. de l'Oie vulgaire, *Anas segetum*, L. en Arabie. V. CANARD. (DR..Z.)

AVE DE VERANO. OIS. C'est-à-dire *Oiseau d'été*, et non *Ave verano* qui ne signifie rien. *V.* AVERANO. (DR..Z.)

AVEJURUJO. OIS. *V.* ABEJARUJO.

AVEKONG. OIS. Syn. de Tadorne, *Anas Tadorna*, L. au Groënland. *V.* CANARD. (DR..Z.)

AVELANEDE. BOT. PHAN. Nom de la capsule de diverses espèces de Glands, particulièrement de ceux que produit le *Quercus Ægilops*, L., et qu'on emploie en Espagne dans le tannage des cuirs. *V.* CHÊNE. (B.)

AVELINE, SCARABÉ OU GUEULE-DE-LOUP. MOLL. Noms vulgaires, usités par les marchands et les amateurs, de l'*Helix Scarabœus* de Linné, *Helix Pythia*, Müller, dont Montfort a fait le genre Scarabe. *V.* ce mot. Cette Coquille, remarquable par sa forme, est nommée *Cochlœa imbrium* par Rumphius. Les habitans d'Amboine, étonnés de la trouver en grand nombre après les pluies, croient qu'elle tombe du ciel.

Davila a donné aussi le nom d'AVELINE à la *Voluta tornatilis*, L. *Tornatella fasciata*, Lamarck. *V.* SCARABE et TORNATELLE. (F.)

AVELINE. BOT. PHAN. OU *Avellana* des Espagnols. Grosse variété de Noisettes. *V.* NOISETIER. (B.)

AVELINIER OU AVELLANIER. BOT. PHAN. Variété du *Corylus Avellana*, L. qui porte les plus grosses Noisettes. *V.* NOISETIER. (B.)

* AVELLANO. BOT. PHAN. Arbre du Chili, comparé au *Corylus Avellana*, et qui est le *Gevuina* de Molina, *Quadria* de Ruiz et Pavon. *V.* QUADRIA. (B.)

AVENAT. BOT. PHAN. L'un des noms vieillis de l'Avoine, dans quelques parties de la France. (B.)

AVENERON OU AVERON. BOT. PHAN. Syn. d'*Avena fatua*, L. et nom donné dans le midi de la France aux Graminées qui ont quelque rapport de *facies* avec les Avoines. (B.)

AVENKA OU AVENQUA. BOT. CRYPT. (Rhéed. *Hort. Mal.* 12. t. 40). Fougère mal connue dont Burmann a fait son *Adianthum lunulatum*. Margraff donne le même nom à une autre Fougère du Brésil qui paraît être un Acrostic. (B.)

AVENTURINE. MIN. Masse vitreuse plus ou moins colorée dans laquelle on a mêlé, lorsqu'elle était en fusion, des parcelles métalliques, aplaties, faites avec l'alliage de Tombac. On prétend qu'un ouvrier, ayant laissé tomber par aventure de la limaille de laiton dans un creuset contenant du verre fondu, fut agréablement surpris du résultat de ce mélange auquel il donna le nom d'Aventurine; depuis, les minéralogistes ont étendu ce nom à certaines variétés de Quartz et de Feld-Spath. Ces variétés offrent sur un fond coloré et demi-transparent une multitude de points brillans, ordinairement de couleur jaune ou argentés, qui sont dus à des paillettes du Mica ou autre substance lamelleuse. *V.* QUARTZ, FELD-SPATH ET GRÈS AVENTURINÉ.

Il existe donc de l'Aventurine naturelle et de l'Aventurine artificielle. Celle-ci est rouge ou composée de ces parcelles laminées de Tombac jaune ou blanc; on en fait des ornemens, en l'incrustant dans les vernis, ou en le mettant dans les Laques, les Cires à cacheter, etc. etc. (DR..Z.)

*AVERANO. *Casmarhynchos*. OIS. Genre formé par Temmink, dans son ordre des Insectivores. Caractères: bec large, très-déprimé et flexible à la base, comprimé et corné à la pointe; fosse nasale très-ample; pointe de la mandibule supérieure échancrée; celle de l'inférieure cornée, le reste de la mandibule, surtout les bords, minces et flexibles. Narines grandes, ovoïdes, ouvertes, placées vers la pointe du bec; membrane qui recouvre la fosse nasale garnie de petites plumes rares; tarse plus long que le doigt du milieu; doigts soudés à la base, les latéraux égaux; les deux premières rémiges étagées, la troisième et la quatrième les plus longues.

Les Averanos sont des Oiseaux de l'Amérique méridionale. Aussi long-temps que leur nombre s'est borné à une ou deux espèces, ils ont fait partie du genre Cotinga. Illiger les en sépara pour former son genre Procnias; depuis, Temminck, ayant mieux étudié les espèces réunies par Illiger dans ce dernier genre, les trouva encore susceptibles d'être partagés, et de cette division est provenue le genre dont les espèces suivantes sont encore les seules bien connues:

AVERANO TACHETÉ, *Casmarhynchos variegata*, Tem. (pl. color. 51); *Ampelis variegata*, Lath. Cotinga Averano, Vieil. — Tête rousse; ailes noires; le reste du plumage d'un gris blanchâtre. La gorge est nue et garnie d'un grand nombre de caroncules, aplaties, larges d'une ligne et longues d'un pouce; elles sont d'une teinte bleuâtre, susceptibles de prendre du rouge lorsque l'Oiseau, comme le Dindon, est animé de quelque passion. Le plumage de la femelle est beaucoup plus sombre, et toutes les teintes tirent sur le brun.

AVERANO CARONCULÉ, *C. carunculatus*, N. *Ampelis carunculata*, Lath. Cotinga blanc de Cayenne ou Guirapanga, Buff. pl. enlum. 793 et 794. Le plumage entièrement blanc, les pieds noirs ainsi que le bec; au-dessus de celui-ci une caroncule flasque et tombante, qui se relève, se gonfle et s'allonge lorsque l'Oiseau s'anime; cette caroncule est couverte de petites plumes blanches. Le jeune mâle a le manteau gris qui jaunit insensiblement et finit par blanchir. La femelle a le dessus de la tête, celui du cou et du corps, le dos et une partie de la queue olivâtres; elle est privée de caroncule.

AVERANO A GORGE NUE, *C. nudicollis*, N. *Ampelis nudicollis*, du prince Maximilien de Neuwied dans son Voyage au Brésil. Entièrement blanc avec la gorge nue, le bec et les pieds noirs. Femelle: gorge emplumée; parties supérieures d'une teinte verte, les inférieures tachetées de jaunâtre.

AVERANO TÊTE-NOIRE, *Casmarhynchos melanocephalus*. Espèce nouvelle rapportée, comme la précédente, par le prince Maximilien et décrite par lui dans son Voyage.

Les mœurs et les habitudes des Averanos sont encore peu connues; on présume qu'elles diffèrent peu de celles des Cotingas. Leur nom, dérivé de *Ave de verano*, Oiseau d'été, vient, dit-on, de ce qu'ils ne chantent que pendant les plus fortes chaleurs des climats intertropicaux. (DR..Z.)

AVERNE. GÉOL. *V*. GROTTE.

AVERNO. BOT. PHAN. Syn. d'Aune, *Alnus*, en Provence. (B.)

AVERON. BOT. PHAN. *V*. AVENERON.

AVERRHOA. BOT. PHAN. Nom scientifique donné au Carambolier, *V*. ce mot, en l'honneur d'Averrhoës, célèbre médecin arabe. (B.)

AVESTRUZ. OIS. Qui se prononce *Abestrus*. Syn. de l'Autruche, *Struthio Camelus*, L. en espagnol et en portugais. *V*. AUTRUCHE. (B.)

AVET OU AVETTE. BOT. PHAN. qu'on prononce *Abet* ou *Abette*. Syn. de Mélèze et même de Sapin dans quelques cantons de la France. (B.)

AVETTE. INS. *V*. APETTE.

AVEUGLE. REPT. OPH. Espèce d'Acontias. *V*. ce mot. On donne aussi ce nom dans quelques provinces de la France à l'Orvet commun. *V*. ORVET. On le donne à la Guiane aux Amphisbènes que l'on suppose privés d'yeux. *V*. AMPHISBÈNE. (B.)

AVEUGLE. POIS. Syn. de Gastrobranche, *V*. ce mot; de Bib, espèce de Gade, *V*. ce mot, et de *Petromyzon ruber*. *V*. LAMPROIE. (B.)

AVICENNIA. BOT. PHAN. Jussieu, qui avait classé ce genre parmi les Verbénacées, croit devoir l'en séparer, et n'est pas encore décidé sur la place qu'il lui fera occuper; Brown l'a rangé d'abord, mais avec doute, dans la famille des Myoporinées, *Prodr. Fl. Nouv.-Holl.*, et l'a restitué ensuite aux Verbénacées (*Gen. re-*

marks). Il présente un calice à cinq divisions égales, munies extérieurement de trois bractées écailleuses; une corolle monopétale dont le tube est court et campanulé, le limbe à quatre divisions étalées et légèrement inégales. Il y a quatre étamines inégales, ou quelquefois cinq, suivant Adanson qui nomme ce genre *Upata*. L'ovaire à deux loges, contenant chacune deux ovules pendans, est surmonté d'un style court que terminent deux stigmates aigus. Il se change en une capsule bivalve, renfermant une seule graine. Celle-ci se redresse après la fécondation, et commence à germer dans son intérieur; elle est destituée de périsperme; ses cotylédons à deux lobes sont repliés sur eux-mêmes, ce que Jacquin et les auteurs qui l'ont suivi exprimaient par un embryon composé de quatre lamelles charnues; sa radicule est infère et barbue.

L'Avicennia comprend trois espèces d'Arbres, et Jussieu croit devoir y rapporter de plus le *Guapira* d'Aublet et l'*Halodendron* d'Aubert Du Petit-Thouars. *V.* ces mots. La plus anciennement et plus généralement connue est l'*Avicennia tomentosa*, L.; *A. africana*, Beauv. Fl. d'Ow. t. 47; *A. resinifera*, Forst. Willd.; *Racua torrida*, Gmel.; *Rack* de Bruce qui l'a figuré dans son Voyage en Abyssinie pl. 44; *Sceura marina* Forskahl, etc.... Cette synonymie compliquée vient sans doute de la diversité des pays où l'on retrouve ces Arbres qui croissent sur les rivages et à demi dans l'eau, comme les Mangliers, de sorte que leurs graines, tombant dans la mer, sont portées au loin et disséminées par elle. Leurs racines s'étendent à l'entour, à la distance de six pieds environ, avant de s'enfoncer dans le limon, d'où sortent ensuite de jeunes pousses nombreuses, dressées, nues, à la manière des Asperges. Les feuilles sont opposées, très-entières et persistantes; les fleurs petites, ramassées sur des pédoncules ternés à l'extrémité des rameaux ou à l'aisselle des feuilles supérieures. (A. D. J.)

AVICEPTOLOGIE. OIS. On réunit sous cette dénomination tous les ouvrages qui ont pour but d'enseigner l'art de tendre des piéges aux Oiseaux auxquels on veut faire la chasse, soit qu'on les prenne vivans, soit qu'ils succombent aux divers moyens employés contre eux. Le recueil le plus étendu en ce genre, est, sans contredit, le Dictionnaire économique de Chomel en 2 vol. in-fol., auquel Roger a ajouté un supplément non moins volumineux. Comme il n'entre pas dans le plan de ce Dictionnaire d'y comprendre des détails qui cessent d'appartenir à l'histoire naturelle, il n'a dû qu'indiquer aux naturalistes qui veulent se procurer des Oiseaux en les chassant eux-mêmes, le Dictionnaire de Chomel comme la source la plus abondante de toutes celles où ils pourraient puiser. (DR..Z.)

AVICULARIA. BOT. PHAN. (Gesner.) Syn. de *Campanula Speculum*, L. (B.)

AVICULE. OIS. Nom proposé dans le Dictionnaire des sciences naturelles pour désigner l'Oiseau-Mouche. (B.)

AVICULE. *Avicula*. MOLL. Genre de Lamellibranches, de l'ordre des Ostracés dimyaires et de la famille des Aviculés, *V.* ces mots, institué par Klein (*Ostrac.* p. 120. § 304). C'est le premier genre de la classe des *Diconchæ figuratæ* de cet auteur, dans laquelle il plaçait les Coquilles bivalves qui ont plus ou moins de ressemblance avec un autre objet naturel ou artificiel.—La comparaison des Avicules avec l'Hirondelle avait déjà été faite par quelques naturalistes, entre autres par Rumph et par Petiver qui le premier a employé le nom d'Avicule comme dénomination spécifique. Buonanni, Langius et Gualtieri ont désigné ces Coquilles par l'épithète de *Conchæ aliformes*.—Klein établit ainsi les caractères du genre Avicule: « Cette Conque, étant fermée, dit-il, » est semblable aux ailes étendues » d'un Oiseau : une omoplate sail- » lante sort du corps qui est oblong

» et rostré. Une autre partie s'étend » droit comme une queue large et » arrondie. Il sort du sommet un » byssus avec lequel l'Animal s'at- » tache, etc. »

Ainsi l'on peut trouver aux Avicules une ressemblance avec un Oiseau sous plus d'un aspect. « Sur » une base transverse, longue et » droite, dit Lamarck (An. s. vert. » 2e édition), la principale partie de » la Coquille s'élève obliquement » sous une forme qui approche de » celle d'une aile d'Oiseau, et les » deux extrémités de cette base se » trouvent souvent prolongées, mais » inégales, de manière que l'une » d'elles semble représenter une » queue. Il en résulte qu'en ou- » vrant les valves sans les écarter, la » Coquille offre une ressemblance » grossière avec un Oiseau volant. » C'est d'après cette considération » que j'ai donné le nom d'*Avicule* » aux Coquilles de ce genre, etc. »

On voit, par les espèces que Klein rapporte à ce genre, qu'il le circonscrit comme Lamarck, n'y plaçant point les Coquilles dont ce savant a fait depuis les genres Marteau et Pintadine. Toutes ces Coquilles réunies composent le genre Hironde, *Avicula* de Bruguière (Encyclop. méth. pl. 77) ainsi adopté par Cuvier (Tabl. élem. p. 422), qui changea le nom français en celui d'Aronde. Il fut de nouveau considéré sous le même point de vue que Bruguière par Duvernoy (Dict. des sc. nat. art. Aronde) qui le partagea en deux sous-genres, le premier pour les Avicules et les Pintadines; le second pour les Marteaux. On voit que les noms d'HIRONDE et d'ARONDE, *V.* ces mots, tiraient aussi leur origine de l'analogie des Coquilles avec l'Hirondelle, nom vulgaire donné à une des espèces de ce genre. — Lamarck, en adoptant l'ancien nom d'Avicule, donné par Klein, sépara d'abord des Hirondes de Bruguière les Marteaux (*V.* Mém. de la soc. d'Hist. nat. de Paris). Postérieurement il en a distrait les Pintadines (Anim. s. vert., 2e édit.). C'est ainsi limité, que Blainville a décrit ce genre (Dict. des sc. nat.).

Linné a confondu toutes les Avicules de Lamarck, qu'il connaissait, en une seule espèce de son genre *Mytilus*, le *Mytilus Hirundo*. Dillwyn en a fait à peu près autant. Megerle ne paraît pas avoir distingué les Avicules du genre Mytilus, ou de son genre *Margaritiphora* (Pintadine de Lamarck); mais Ocken en a fait le genre *Anonica* (*Lehrb. der zool.* p. 830), dans lequel il paraît ne comprendre que les Avicules de Lamarck, dont il aurait bien fait d'adopter le nom plutôt que d'en créer un nouveau.

Nous devons examiner, avant d'aller plus loin, les raisons de la divergence qui règne chez les naturalistes, au sujet des Avicules et des genres qu'on y réunit ou qu'on en a séparés. Généralement on voit que les observateurs modernes, depuis Linné, se sont accordés à les séparer des *Mytilus*. Les belles anatomies de Poli ne laissent aucun doute au sujet de la nécessité de cette séparation, et ces deux genres ne font même pas partie du même ordre, les Moules étant rangées dans l'ordre des Mytilacés. Quant à la séparation des Marteaux, *Malleus*, l'exemple de Cuvier, Lamarck, Blainville et Ocken, est une autorité que nous évoquons d'abord; ensuite nous observerons que ces deux genres nous ont paru assez distincts pour être placés dans des familles séparées, les Marteaux faisant partie des Ostracés monomyaires, et les Avicules des Ostracés dimyaires, le muscle transverse antérieur, quoique très-petit, étant déjà visible. Mais Cuvier, ainsi que Lamarck l'a fait long-temps, laisse les Pintadines avec les Avicules, et, en effet, nous ne voyons aucune raison un peu plausible pour les séparer. Une différence de forme générale, assez prononcée dans quelques espèces, est le seul motif que Lamarck apporte pour cette séparation effectuée depuis long-temps, comme nous l'avons dit, par Megerle, sous le nom de *Margaritiphora* et sous celui de *Margarita* par Leach. — C'est avec doute, d'après les raisons précédentes, que nous avons porté le genre Pintadine dans nos Tableaux de la classification des Lamellibranches, et nous croyons qu'il convient de réunir ces deux genres ainsi que nous allons le faire.

Poli a donné une belle description anatomique d'une Avicule, accompagnée de figures (*Test.* T. II. p. 221. pl. 32), à laquelle nous renvoyons. Il place l'espèce qu'il a observée dans son genre *Glaucus* dont il appelle la Coquille *Glaucoderma*, avec les *Ostrea Lima* et *glacialis* de Linné, qui forment actuellement le genre Lime. Dans le principe, Poli avait laissé cette Avicule parmi les *Mytilus*, *Callitrichoderma* (*V.* T. II. p. 222); depuis, il l'a réuni aux Limes pour former le genre Glaucus. Nous imitons Cuvier en n'adoptant pas cette réunion, les Limes étant, sous les rapports naturels, plus rapprochées des Peignes qui font partie des Ostracés monomyaires. *V.* OSTRACÉS et AVICULÉS.

Les Avicules ont un petit pied que Poli a décrit sous le nom de *trachée abdominale*, n'en reconnaissant pas l'analogie avec le pied des autres Lamellibranches. Ce pied est creusé en gouttière, comme celui de tous les Byssifères. A la base se trouve l'origine du byssus qui est grossier et robuste, et avec lequel elles s'attachent aux autres corps marins.

Les Avicules, proprement dites, sont communes dans la Méditerranée et dans les mers des Indes et de la Nouvelle-Hollande. On les mange comme les Moules. Les Coquilles de ce genre sont fort remarquables, comme on a pu le voir dans ce que nous avons dit, par leur forme bizarre. Elles ressemblent singulièrement aux Hyries, Coquilles d'eau douce, voisines des Mulettes. Leur contour est irrégulier, leurs valves sont généralement mal closes et un peu bâillantes vers les crochets. Plusieurs sont belles et ornées de couleurs brillantes en dehors. Toutes sont d'un nacré magnifique en dedans. Parmi les Pintadines dont nous ne faisons qu'un sous-genre des Avicules, se trouve la Coquille célèbre, connue sous le nom de Mère-Perle, dont on travaille la Nacre, et qui fournit ces Perles orientales si recherchées et si précieuses, dont la pêche se fait par des plongeurs, surtout à Ceylan, au cap Comorin et dans le golfe Persique. *V.* le mot PERLE où nous parlerons de cette riche production qui, n'étant pas particulière à cette espèce, nous fournira des considérations plus générales.

Voici les caractères génériques des Avicules : Coquille inéquivalve, inéquilatérale, bâillant souvent sur ses bords, généralement mince et fragile, souvent écailleuse au dehors; bord cardinal rectiligne, souvent allongé en ailes par ses extrémités; une échancrure ou un sinus à la valve gauche ou à la base des crochets pour le passage du byssus; crochets obliques, petits, non saillans; charnière linéaire, munie le plus souvent d'une dent peu saillante sur chaque valve, sous les crochets; ligament étroit, allongé, inséré dans une facette marginale, souvent étroite, et formant un canal.

1er Sous-genre. AVICULE, *Avicula*, Klein, Lamarck, Blainville; Hironde, *Avicula*, Bruguière; Aronde, *Avicula*, Cuvier, Duvernoy; *Anonica*, Ocken; *Glaucus*, *Glocoderma*, Poli; *Mytilus*, Linné.

Les espèces de ce sous-genre ont une dent à la charnière, quelquefois deux sur la valve gauche; une forme irrégulière par le grand prolongement du bord cardinal, au côté postérieur, et l'obliquité des crochets; l'échancrure, pour le passage du byssus, a lieu aux dépens de la valve gauche. — 1. *A. macroptera*, Lam. An. s. vert., 2e édit. t. 6. 2e part. p. 147. sp. 1. hab.? — 2. *A. lotorium*, Lam. *loc. cit.* sp. 2.? Ce n'est peut-être qu'une variété de la précédente, vulg. la *Baignoire cuivrée*, le *Pinguin*, etc. hab.? — 3. *A. crocea*, Lam. *loc. cit.* sp. 6. *Av. sinensis*, Leach., *Miscel.*

zool. 2. pl. 38 f. 1? hab. les Grandes-Indes. — 4. *A. costellata*, Lam. sp. 11. vulg. *Aile de Corbeau pendante*, *Mytilus Ala Corvi*, Chemnitz et Dillwyn. Hab. les îles de la mer du Sud. Voyez, pour les autres espèces, Lamarck, *loc. cit.* et Chemnitz, t. VIII. tab. 80, 720, 721; tab. 81; tab. 171. f. 1672; tab 205, f. 2018, 2019, 2025, 2026. Leach, *Misc. zool.* tom. 1, p. 86 et 98, et Poli, *loc. cit.* Le *Mytilus Hirundo* était vulgairement connu sous le nom de l'*Ailée* par les marchands; mais ce nom s'applique actuellement à plusieurs espèces distinctes.

Espèces fossiles. *Av. fragilis*, Defrance (Dict. des Sc. nat., t. 3; p. 141). De Grignon. — *Av. antiqua*, Defrance, *loc. cit.* Trouvée avec des Bélemnites et des Gryphites dans le Cotentin. — *Av. media*, Sowerby, *Min. conch.* tom. 1. tab. 2. D'Highgate, en Angleterre.

IIe Sous-genre. PINTADINE, *Meleagrina*, Lamarck; *Margaritiphora*, Megerle; *Margarita*, Leach, Blainville; *Avicula*, Cuvier, Duvernoy, *Mytilus*, Linné.

Les Pintadines se distinguent par une forme plus régulière, sans prolongement ailé. Elles sont très-écailleuses à l'extérieur. La valve gauche a plutôt un sinus qu'une échancrure pour le passage du byssus. Nous n'en connaissons encore complétement que deux espèces, et la plus célèbre est l'*Avicula margaritifera*, Lam. *Mytilus margaritiferus*, Linné, Chemnitz, *Conch.* 8. t. 80 f. 717—719, à laquelle Lamarck rapporte les *Av. sinensis* et *radiata* de Leach, *Misc. zool.* 1. pl. 43 et 48, qui nous paraissent un peu différentes.

Cette importante Coquille, connue vulgairement sous le nom de *Mère-Perle, Mater unionum* des anciens, ou *Concha indica margaritifera*, était appelée par les pêcheurs indiens *Berberi*, au rapport d'Athénée. Une variété de cette Coquille a été nommée *Pintade* par les amateurs.

Selon Aldrovande, on en mange l'Animal cuit ou même cru dans les Indes. Les Chinois, comme l'on sait, gravent sur les valves de cette Coquille, des fleurs ou d'autres figures, et elles sont employées par les tablettiers, les éventaillistes et pour la bijouterie. *V.* NACRE DE PERLE. Elle habite Ceylan, le golfe Persique, le cap Comorin, les mers de la Nouvelle-Hollande, et, à ce que l'on dit, le golfe du Mexique. Ainsi, par sa Nacre et les Perles qu'elle produit, cette Coquille peut être mise au rang des productions précieuses de la nature.

Plusieurs belles espèces de ce genre sont gravées dans la Description de l'Egypte, pl. 11; mais le texte n'ayant pas paru, nous ne pouvons encore les citer. (F.)

AVICULÉS. MOLL. Cinquième famille de l'ordre des Ostracés, la première des Ostracés Dimyaires, dans laquelle nous réunissons les genres CRENATULE, AVICULE, JAMBONNEAU, *V.* ces mots et OSTRACÉS, où nous donnons les caractères de cette famille, comparés à ceux des autres familles de cet ordre. Le dernier de ces genres, le Jambonneau, fait partie de la famille des Mytilacés dans le système de Lamarck; les deux premiers, Crénatule et Avicule, sont placés, par ce savant célèbre, dans celle des Malléacés. (F.)

AVIGNON. MOLL. *V.* AVAGNON.

AVI-HI-AVI. BOT. PHAN. (Commerson.) Nom de pays d'une espèce de Dillenia de Madagascar. (B.)

AVILA. BOT. PHAN. Syn. de *Feuillea scandens*, L. chez les Caraïbes. *V.* NHANDIROBE. (B.)

AVILLONS. OIS. Vieux noms des doigts postérieurs des Oiseaux de proie. (B.)

AVINGURSAK. OIS. (Othon Fabricius.) Syn. groënlandais de *Parus bicolor*, L. *V.* MÉSANGE. (B.)

AVIOSA. REPT. OPH. Syn de Boa Devin. *V.* BOA. (B.)

AVIRONS. INS. Nom sous lequel on a désigné les pates aplaties de certains Coléoptères nageurs. *V.* PATES. (AUD.)

AVOCAT. BOT. PHAN. Fruit de l'Avocatier. (B.)

AVOCATIER. BOT. PHAN. *V.* LAURIER. (B.)

AVOCETTE. OIS. *Recurvirostra*, Linn. Genre de l'ordre des Gralles qui ont un doigt en arrière. Caractères : bec très-long, grêle, faible, déprimé dans toute sa longueur, la pointe flexible, se recourbant en haut; mandibule supérieure sillonnée à sa surface; mandibule inférieure sillonnée latéralement; narines linéaires, longues, placées à la base du bec; pieds grêles, longs; trois doigts devant réunis jusqu'à la seconde articulation par une membrane découpée; un presque derrière s'articulant très-haut sur le tarse; cuisses à demi-nues; ailes acuminées; la première rémige la plus longue.

La conformation du bec, toute particulière dans les Avocettes, suffit pour empêcher que l'on ne confonde ces Oiseaux avec ceux d'aucun autre genre; car bien que quelques Barges ayent aussi cet organe recourbé dans le même sens que l'Avocette, la courbure est à peine sensible, tandis que, dans celle-ci, elle décrit, de la pointe à la base, une espèce de croissant, dont les deux extrémités sont tournées vers le ciel. Ce bec a si peu de consistance vers la pointe qu'il ressemble à une fine languette membraneuse; et, néanmoins, l'Oiseau l'enfonce assez profondément dans la vase pour y aller chercher les Vers et les Larves, dont, ainsi que du frai de Poisson, il forme sa nourriture. Son humeur est assez sauvage; il ne se laisse approcher que par surprise; et alors il s'échappe aussi en frappant l'air d'un petit cri de terreur. On a vu des Avocettes, quoique blessées par le chasseur, se dérober à ses poursuites, en nageant avec beaucoup de vitesse et de légèreté. Elle fait sa ponte dans le sable ou la vase durcie du rivage; elle choisit un endroit creux, et y dépose deux ou trois œufs verdâtres tachetés, sur quelques brins d'herbe dont elle a préalablement garni le trou. Ces œufs sont recherchés par les riverains comme un mets agréable; on les préfère même aux œufs du Vanneau. On ne connaît encore que quatre espèces d'Avocettes.

L'AVOCETTE A NUQUE NOIRE, Buff. pl. enlum. 353; *Recurvirostra Avocetta*, Gmel., Lath., a tout le plumage d'un blanc parfait, à l'exception du haut de la tête, de la partie postérieure du cou, des scapulaires, des moyennes tectrices alaires et des rémiges qui sont noires; le bec est noir; l'iris brun et les pieds couleur de plomb : sa longueur est de dix-sept pouces et demi. Les jeunes ont le noir nuancé de brun. Elle habite de préférence les parties septentrionales de l'Europe; on en a pris en Egypte et au cap de Bonne-Espérance.

L'AVOCETTE ISABELLE, *Recurvirostra americana*, Lath. Tête, cou, dos et poitrine d'un fauve-isabelle; face blanchâtre; milieu du dos et scapulaires noirs; rectrices et quelques rémiges cendrées; même taille que la précédente. Elle habite l'Amérique septentrionale.

L'AVOCETTE A COU MARRON, *Recurvirostra rubricollis*, Temm.; Avocette de la Nouvelle-Hollande, Vieill. Face, tête et partie supérieure du cou de couleur marron; parties inférieures, dos et queue d'un blanc pur; une large bande noire sur les scapulaires, dernières rémiges de cette couleur, un peu moins grandes que les précédentes. De l'Australasie.

L'AVOCETTE ORIENTALE, *Recurvirostra orientalis*, Cuv. D'un blanc pur avec les ailes et les scapulaires noires; la queue cendrée; les pieds jaunes et le bec noir; taille des précédentes. Des Indes.

L'Avocette blanche de la baie d'Hudson, *Recurvirostra alba*, Lin., Lath. est une Barge. *V.* ce mot.

(DR..Z.)

AVOINE. *Avena*. BOT. PHAN. Genre

de la famille des Graminées, de la Triandrie Digynie, L. Les différens agrostographes modernes ont successivement modifié les caractères du genre *Avena* de Linné, auquel ils ont tour à tour ajouté des espèces, d'abord placées dans d'autres genres, ou dont ils ont distrait quelques autres espèces qui sont devenues les types de plusieurs genres nouveaux. Ainsi, Persoon (*Synopsis Plantarum*) a fait un genre *Trisetum* de toutes les espèces dont la lépicène n'est pas plus longue que les fleurs, dont la valve inférieure est terminée à son sommet par deux petites soies, et qui offre sur son dos, un peu au-dessus de son milieu, une arète herbacée et flexueuse. Beauvois, dans son Agrostographie, a adopté le genre établi par Persoon, et en a créé deux nouveaux, savoir : *Arrhenatherum* qui contient les espèces à fleurs polygames et à épillets biflores, et *Gaudinia* pour les espèces dont l'axe est simple, et dont les épillets sont distiques; enfin Trinius (*Fundam. agrost.*) adopte le genre *Arrhenatherum* de Beauvois, et réunit, sous le nom d'*Avena*, les genres *Gaudinia*, *Trisetum* et toutes les espèces d'*Aïra* de Linné, conservées sous ce nom par les auteurs modernes, restituant le nom d'*Aïra* aux espèces dont Persoon a fait son genre *Kœleria*. Nous ne partageons point entièrement l'opinion du savant agrostographe de Vienne; et au nom de chacun des genres que nous venons de citer, nous ferons connaître les motifs qui nous ont engagés à les adopter ou à les rejeter.

Nous réunirons dans le genre *Avena* toutes les espèces ayant la lépicène bivalve, renfermant deux ou un plus grand nombre de fleurs, dont la glume porte, sur le dos de sa valve externe, une arète tordue et roulée en spirale. Ainsi caractérisé, le genre Avoine comprendra comme sections les genres : 1° *Arrhénathère* de Beauvois où nous placerons, comme lui, l'*Avena elatior* ou fromentale, et la variété de cette Plante dont Thuillier a fait son *Avena præcatoria*; 2° *Trisetum* de Persoon, composé d'un grand nombre d'espèces; entre autres de l'*Av. flavescens*, *Avena Lœfflingii*, *A. nitida*, etc., etc.; 3° *Gaudinia* renfermant l'*Avena fragilis* et l'*Avena planiculmis*.

Parmi les véritables espèces d'Avoines nous mentionnerons :

L'Avoine cultivée, *A. sativa*, L., qui présente un grand nombre de variétés intéressantes pour le cultivateur et l'agronome. Ainsi, on distingue les Avoines en celles d'hiver et celles de printemps, suivant l'époque où on les sème. La première est généralement plus productive, mais ne réussit bien que dans les provinces où l'hiver n'est pas très-rigoureux.

L'Avoine nue, *Avena nuda*, L., qui se distingue principalement de la première par ses fruits nus et non-enveloppés dans les valves de la glume.

L'Avoine d'Orient, *Avena orientalis*, Willd. Différente des deux espèces précédentes par ses fleurs disposées en panicule unilatérale.

Ces trois espèces servent indistinctement à la nourriture des chevaux dans presque toute l'Europe tempérée; dans les pays méridionaux on lui substitue l'orge. Le peuple des campagnes se nourrit également avec cette Plante céréale. Le gruau d'Avoine, dont on fait un si fréquent usage en médecine, et avec lequel on prépare de très-bons potages, se fait en écrasant entre deux meules un peu écartées les graines de l'Avoine, et surtout de l'Avoine nue. Par ce procédé, on les dépouille de leur enveloppe extérieure.

La folle Avoine ou Avéron, *A. fatua*, L., se distingue par sa panicule écartée et par ses fruits très-velus à leur base. Elle nuit beaucoup aux moissons en étouffant toutes les Plantes qui croissent dans son voisinage. On la détruit, soit en labourant de nouveau avant qu'elle ait fleuri, soit en transformant le champ en une prairie artificielle. Comme elle est annuelle et qu'il lui faut une terre meuble pour se développer, elle ne se reproduit plus. (A. R.)

On appelle :

Avoine des chiens, à la Guyane; le *Pharus lappulaceus*. *V*. Pharus.

Avoine follette, dans quelques provinces de la France, l'*Avena fatua*, L. *V*. Avoine.

Avoine fromentale, l'*Avena elatior*, L., une des espèces d'Avoines sauvages les plus communes dans nos champs.

Avoine bulbeuse, l'*Avena præcatoria* de Thuillier, qui avait été considérée par Linné comme une variété de la précédente, et que la forme de ses racines rend si remarquable.

On nomme encore Avoine nue d'automne et de printemps, blanche, de Hongrie, du nord ou unilatérale, brune, noire, rouge, anglaise ou potate-oast, diverses variétés cultivées de l'*Avena sativa*, L. (B.)

AVOIRA. bot. phan. Même chose qu'Aouara. *V*. Elais. (B.)

AVONG-AVONG. bot. phan. Bel Arbre de Madagascar, à tronc simple comme celui d'un Palmier, et qui paraît appartenir au genre Gastonia. *V*. ce mot. (B.)

* AVORTEMENT. zool. Ce terme n'est exactement applicable qu'aux Mammifères dont les petits, restant plus ou moins long-temps dans la matrice, y passent par l'état de fœtus. Il signifie que le produit de la génération sort du sein de la mère avant l'époque fixée par la nature pour son développement complet. On l'a, par extension, donné au développement incomplet de quelques parties d'un être vivant. C'est ainsi que l'on dit qu'une fleur, un fruit, une graine avortent. *V*. l'article suivant. On appelle encore quelquefois avortés ou hardés les œufs qui sont pondus sans être revêtus de matière calcaire, et qui n'ont pour enveloppes que leurs seules membranes. Nous ne parlerons ici que du part prématuré. Les causes de ce genre d'avortement sont nombreuses. On compte parmi les plus fréquentes, un développement trop rapide ou trop lent du fœtus, un plus grand nombre de produits que d'ordinaire, ou l'existence avec le fœtus d'une mole, d'un paquet d'Hydatides, le développement irrégulier du fœtus, ce qui donne la classe nombreuse des Acéphales (*V*. ce mot), de fréquentes hémorragies, des coups, des chutes, des exercices forcés, de violentes commotions, de grands changemens atmosphériques, le repos prolongé ou une position fatigante gardée pendant long-temps, les chagrins, les passions vives. C'est sur la femme surtout qu'agissent ces causes, ce qu'elle doit à son extrême sensibilité : aussi offre-t-elle à elle seule plus d'Avortemens que toutes les femelles des autres espèces de Mammifères ensemble. Après la femme, ce sont les Animaux domestiques qui sont le plus sujets à l'avortement. On l'observe assez souvent chez la Vache, rarement chez la Truie et la Brebis, plus rarement encore chez les Chiennes.

La mère se délivre bien quelquefois sans éprouver d'accident ni de suites fâcheuses, mais souvent aussi ce n'est pas sans danger pour sa vie, ou au moins sans altération dans sa santé, qu'elle met prématurément au jour le produit de la génération. Un abattement général, la chute du ventre, l'affaissement des mamelles et la sécrétion d'une matière séreuse analogue au *colostrum*, annoncent l'Avortement. Les femmes qui peuvent rendre compte de leur état indiquent de plus un malaise général, elles ressentent des pesanteurs dans les lombes, éprouvent des faiblesses, la face devient pâle, les yeux sont caves et cernés, elles ne sentent plus leur enfant remuer, et elles ont de fréquentes envies d'uriner, ce qui est dû à la pression qu'exerce la matrice affaissée sur le rectum et la vessie. Les douleurs de l'accouchement ne tardent pas à se faire sentir, et le produit est expulsé avec d'autant plus de facilité qu'il est plus près du moment de la conception. L'Avortement est aussi d'autant plus fréquent et d'autant moins dangereux que la mère est moins éloignée des premiers jours de la gestation. (PR. D.)

AVORTEMENT. BOT. On désigne en général sous le nom d'Avortement l'acte par lequel un être ou une portion d'être organisé, qui a déjà commencé à prendre quelque accroissement, vient à mourir avant le temps, ou cesse de prendre les développemens que sa nature ordinaire aurait comportés. Dès que ce phénomène est purement accidentel ou déterminé par des causes externes et qui n'ont aucune liaison avec l'organisation générale de l'être sur lequel il s'exerce, l'Avortement offre peu d'intérêt pour l'étude raisonnée des formes organiques : mais il en est tout autrement lorsque le phénomène est déterminé par des causes internes et constantes, et qu'il est par conséquent lié jusqu'à un certain point à un système donné d'organisation ; alors il devient partie essentielle de l'étude raisonnée des organes ; il détermine et sert à expliquer une partie des anomalies ou des monstruosités ; il offre un moyen de démêler des analogies réelles au milieu des disparates quelquefois les plus prononcées. Avant d'établir les conséquences qu'on peut déduire de l'étude théorique des Avortemens, il convient d'abord d'établir les faits par des exemples faciles à vérifier; dans tout cet exposé, nous suivrons les principes que nous avons indiqués dans la Théorie élémentaire de la Botanique (Ed. 2, p. 90 et suiv.), ouvrage dans lequel nous avons traité toute cette partie de la science avec un développement que ne comportent pas les bornes fixées à ce Dictionnaire. Nous n'aurons nullement besoin d'établir que tous les organes des Végétaux ne prennent pas l'accroissement qui leur était destiné dans le plan primitif; ainsi toutes les feuilles, toutes les branches, toutes les graines d'un Arbre ne se développent pas complètement ; tant que cet Avortement est accidentel, il n'entre pas dans la série des recherches qui nous occupent ici. Mais il est des cas fréquens où il est évident que l'accident est soumis à des lois fixes : ainsi, par exemple, tout le monde connaît le Marronier d'Inde ; qu'on prenne sa fleur, qu'on coupe son ovaire en travers, on y trouvera trois loges et deux ovules, ou jeunes graines, dans chaque loge; qu'on prenne maintenant le fruit de ce même Marronier, on y trouvera au plus trois graines, quelquefois deux, quelquefois une seule; donc, sur les six graines qui existaient dans son ovaire, au moins trois d'entre elles n'ont pas pris de développement. Il est facile de suivre les périodes de cet Avortement de manière à n'avoir aucun doute sur la vérité et la constance du fait. On peut faire la même observation sur le Chêne; tous les ovaires renferment six jeunes graines, et chacun sait assez que le gland n'en contient jamais qu'une seule.

Il en est de même de tous les autres organes des Plantes ; ainsi, par exemple, dans presque tous les Arbres il naît un bourgeon à l'aisselle de chaque feuille et un à l'extrémité de chaque branche. Parmi les Arbres à feuilles opposées, tantôt les deux bourgeons axillaires supérieurs grossissent assez pour étouffer le bourgeon latéral, et il en résulte des rameaux bifurqués, comme dans le Lilas, tantôt le bourgeon terminal se développe, et les latéraux avortent, comme dans l'Olivier; parmi les Arbres à feuilles alternes, tantôt le bourgeon axillaire supérieur étouffe le terminal, comme dans le Coudrier, tantôt le terminal se développe seul, comme dans le Chêne.

Si nous observons de la même manière les parties de la fleur, nous voyons l'un des sexes avorter dans le *Lychnis dioica* et un grand nombre d'autres Plantes, une partie des anthères avorter dans les *Albuca*, les *Pelargonium*, etc.

Il résulte de ces faits, qui se présentent très-fréquemment aux observateurs attentifs, que, si l'on s'en tenait strictement à l'examen des organes parvenus à leur maturité absolue, on n'aurait qu'une idée très-inexacte du nombre réel de leurs parties; ainsi, pour revenir aux exemples cités plus haut, on comparerait le Chêne aux Arbres qui n'ont qu'une graine, et le Marronier d'Inde à ceux qui en ont deux, tandis qu'il est évident que ces nombres sont accidentels, que l'état primitif de ces fruits est d'avoir trois loges et six graines, et que, par conséquent, c'est avec les Végétaux dont les fruits sont triloculaires et hexaspermes, que le Chêne ou le Marronier doivent être comparés; on tomberait dans la même erreur si l'on voulait assimiler l'Albuca aux Plantes qui n'ont que trois étamines, ou le Pélargonium à celles qui en ont sept, tandis que leurs vraies analogies sont avec celles à six et dix étamines.

L'observation des avortemens est facile lorsque les organes ont déjà pris avant cette époque assez de développemens pour qu'on puisse les reconnaître d'une manière positive; mais il n'en est pas toujours ainsi, et, dans plusieurs cas, l'Avortement a lieu de si bonne heure que l'organe est encore peu reconnaissable, quelquefois même il s'opère avant que cet organe soit visible pour nos sens. Comment, dans ces derniers cas, pouvoir distinguer si l'organe qu'on examine manque par suite d'un Avortement très-précoce ou par la nature propre de l'être dont il s'agit? Nous avons deux caractères pour décider cette question, savoir l'analogie des formes et l'observation des monstruosités.

L'analogie est la méthode la moins sûre, mais la plus générale; elle consiste à comparer l'état dans lequel on soupçonne un Avortement avec ceux qui appartiennent à la même famille ou au même système d'organisation; lorsque ces rapprochemens sont faits avec exactitude, on ne tarde pas à démêler la vraie nature des organes restés en rudiment, ou même à deviner l'existence primitive de ceux qui ne sont pas développés; ainsi, par exemple, si l'on compare l'Albuca avec les Ornithogales et les autres Asphodélées, nous ne tardons pas à reconnaître par la force de l'analogie que les trois filets qui ne portent point d'anthères sont de nature analogue à ceux qui en portent. Si nous comparons une fleur d'*Antirrhinum* ou de *Celsia* avec une fleur de *Verbascum*, nous sommes de même conduits à penser que le filet stérile qui se trouve dans leur fleur est une étamine avortée. Ces raisonnemens d'analogie sont toujours guidés par la considération de l'insertion des organes qu'on étudie: c'est la place d'un organe qui, dans le Règne Végétal, nous fait presque toujours reconnaître sa véritable nature; ainsi, pour ne pas quitter les exemples que nous avons choisis, nous reconnaissons la nature des étamines stériles des *Albuca* ou de *l'Antirrhinum*, non-seulement parce que ces organes sont analogues à ceux des Plantes analogues où ils n'ont pas avorté, mais encore parce qu'ils sont placés dans la fleur même que nous étudions, comme le sont les étamines entièrement développées. Ainsi dans l'Albuca les filets stériles sont situés devant les pièces de la fleur et adhérens à leur base comme les étamines fertiles.

L'analogie nous guide encore sous un troisième rapport assez essentiel, c'est qu'elle nous apprend que presque toutes, peut-être toutes les Plantes ont une sorte de symétrie ou de régularité, de sorte que lorsque cette symétrie est dérangée par le non-développement d'un organe, sa place, en restant vacante, nous indique qu'il avait existé dans le plan primitif; ainsi les Géraniées ont en général deux fois plus d'étamines que de pétales, et par conséquent, quand nous n'en comptons que sept dans le *Pelargonium*, nous pouvons supposer qu'il y en a trois avortées. Les Légumineuses ont autant de pétales que de pièces au calice; et quand nous n'en trouvons que trois ou quatre dans l'*Erythryna*, nous devons supposer qu'un ou deux pétales ont avorté.

Enfin, nous pouvons encore être conduits à la découverte des Avortemens par des analogies d'un ordre plus relevé ; ainsi nous voyons en général que toutes les parties des fleurs sont disposées en rangées symétriques autour d'un axe, soit réel, soit idéal: lorsqu'il manque quelques parties d'une rangée, la disposition des parties restantes est altérée de manière à faire apercevoir l'aberration ; ainsi par exemple, la position un peu excentrique et latérale de certains fruits prouve qu'il y a eu Avortement, et que ce que nous prenions à la première vue pour un fruit complet est en réalité un carpelle restant seul après l'avortement des autres ; ainsi le fruit du *Delphinium Consolida* est réduit à l'unité par l'Avortement des autres qu'on voit encore dans la plupart des espèces du genre : ainsi les gousses de presque toutes les Légumineuses indiquent par leur position l'Avortement habituel d'un et peut-être de plusieurs autres carpelles.

Mais les diverses classes d'analogie que je viens d'indiquer, ne peuvent elles-mêmes conduire à des démonstrations rigoureuses que par des idées théoriques peut-être encore un peu contestables; la vérification de chacune des lois fondées sur l'analogie s'établit graduellement par l'étude des monstruosités ; sous ce nom nous confondons en général tout ce qui sort de l'état habituel des êtres ; sur le nombre des cas, il en est plusieurs qui ne sont que des retours de la nature vers l'ordre symétrique; ainsi, pour suivre les mêmes exemples dont je me suis servi, si les six ovules du Marronier ou du Chêne venaient à se développer à la fois, nous dirions que le marron ou le gland à six graines est une monstruosité, tandis que ce sont réellement les marrons ou les glands monospermes qui mériteraient ce nom. Dans ce que nous appelons donc l'état monstrueux ou anomal, il arrive que certains organes ordinairement avortés se développent au point de revêtir leur forme réelle ; ainsi, par exemple, le cinquième filet stérile de l'Antirrhinum se développe en une véritable étamine fertile dans l'accident connu sous le nom de *Péloria;* ainsi les cornets pétaloïdes des Ancolies et de quelques autres Renonculacées ont été reconnus pour des développemens des anthères, parce qu'on a trouvé des anthères à moitié changées en cornets ; ainsi la manière dont se composent les fleurs qui doublent dans les jardins prouve que les pétales sont des filets d'étamines dilatés ; ainsi l'exemple de quelques composées où l'aigrette se transforme en folioles, confirme l'opinion que cet organe est réellement le limbe du calice ; ainsi l'exemple de quelques *Gleditsia* et d'autres Légumineuses à deux gousses, confirme l'opinion déjà soupçonnée d'après leur structure, que ces fleurs ne sont réduites à un seul carpelle que par l'avortement des autres. L'étude des monstruosités bien dirigée confirme donc les lois déduites de l'analogie, et il est difficile de ne pas donner chaque jour plus d'importance à ces dernières, lorsqu'on les voit chaque jour aussi vérifiées par des faits inattendus, qui semblaient sortir des lois communes, et qui en deviennent, au contraire, les confirmations les plus précieuses.

Les avortemens produisent des effets très-divers en apparence, selon qu'on examine ou l'organe sur lequel ils s'exercent, ou les organes voisins. L'organe avorté ou rudimentaire peut ou être complètement absent, au moins à l'époque du développement complet, et alors il semble qu'il manque dans la symétrie générale; ou bien il en existe encore un rudiment plus ou moins développé qui en occupe la place et en indique l'existence. Ce rudiment peut encore se présenter sous des formes diverses : tantôt, en effet, il diffère peu de la forme naturelle à l'organe; mais il est seulement réduit à de très-petites dimensions, c'est ce qui a lieu, par exemple, pour la cinquième étamine avortée des Antirrhinums. D'autres fois l'organe, en avortant, prend une forme si différente de sa forme ordinaire, qu'on a peine à le reconnaître, quand on n'est pas guidé par une longue série d'observations analogues. Nous traiterons à part ce phénomène au mot *dégénérescences des organes*; nous nous bornons ici à ce qui est plus particulier aux avortemens proprement dits.

Si nous considérons leur influence sur les organes voisins, nous verrons qu'elle est aussi de quelque importance; ces organes voisins prennent dans presque tous les cas un accroissement d'autant plus grand que l'avortement des autres a été plus complet. Ainsi, dans les cas purement accidentels, l'avortement ou l'enlèvement des fruits ou des branches fait grossir les fruits ou les rameaux restans. De même, dans les avortemens organiques, nous voyons les pétales grandir quand les étamines avortent, les étamines fertiles se développer beaucoup quand quelques-unes d'entre elles ont avorté, les pétioles des Acacies hétérophylles grandir et s'élargir quand les folioles manquent, etc. On conçoit assez bien que dans ces divers cas les organes restans profitent des sucs qui auraient dû se distribuer aux organes avortés, et prennent un accroissement proportionné à cette augmentation de nourriture; il est vrai qu'on pourrait dire avec la même apparence de raison que l'accroissement exagéré d'un organe, enlevant les sucs aux organes voisins, les fait avorter en tout ou partie. Quelle que soit celle de ces deux opinions qui, dans chaque cas particulier, est véritable, il n'est pas moins digne de remarque que les deux faits sont habituellement concomitans.

Les causes des avortemens accidentels sont simples à concevoir, et tellement variées qu'elles ne valent guère la peine d'être énumérées. Celles des avortemens permanens sont plus obscures sans doute, mais quelques-unes sont déjà assez évidentes pour faire comprendre qu'il sera possible de les analyser un jour plus complètement. Ainsi, par exemple, dans l'avortement des graines et des loges des fruits, il est probable que l'une des causes qui le détermine est la diversité de l'époque de la fécondation; les divers stigmates ne reçoivent pas en même temps l'action de la poussière fécondante. Les graines qui sont douées les premières du mouvement vital, grossissent et étouffent leurs voisines; les avortemens doivent être fréquens dans les Plantes où l'accroissement de la graine commence immédiatement après la fécondation. Ils doivent être d'autant plus rares que l'accroissement de la graine fécondée s'opère plus lentement, ou que la fécondation a lieu à la fois sur toutes les orifices béantes du stigmate.

Certaines parties des Fleurs sont naturellement placées de manière que les vaisseaux qui doivent les nourrir sont obstrués par la pression que les parties voisines exercent sur eux: ainsi, nous voyons que dans les fleurs situées latéralement par rapport à la tige ou branche qui les porte, c'est toujours du côté le plus voisin de l'axe que l'avortement a lieu, et du côté extérieur que le plus grand développement s'opère; ainsi, dans les Labiées et les Personées, l'étamine qui avorte est celle qui est du côté de la tige, c'est-à-dire qui, dans la position naturelle de la fleur, est à son côté supérieur. Dans les Légumineuses, l'ovaire qui subsiste est celui qui, dans la position naturelle, est au côté inférieur ou extérieur de la fleur. Cette observation peut, dans quelques cas, aider à reconnaître quelle est la véritable situation naturelle des fleurs, et s'il y a eu torsion du pédicelle ou de la Fleur elle-même. Nous voyons, par opposition à la loi que je viens d'indiquer, qu'il n'y a presque jamais d'avortemens ni d'irrégularités de grandeur dans les fleurs qui sont droites, terminales et solitaires, et où par conséquent les parties sont toutes également disposées relativement à l'axe.

La théorie des avortemens prédisposés ou habituels est une des bases fondamentales de l'étude raisonnée des rapports naturels; et, en changeant les exemples cités plus haut, elle s'applique aussi à l'étude de la classification naturelle du Règne Animal. C'est au moyen de cette théorie qu'on peut se rendre raison de la ressemblance réelle d'un grand nombre d'êtres qui diffèrent cependant entre eux par la présence ou l'absence de certains organes importans; aussi voyons-nous que ceux même qui ont paru l'attaquer dans sa généralité sont perpétuellement obligés de l'adopter dès qu'ils veulent décrire avec exactitude ou classer une Plante dans sa famille naturelle. Sans doute elle a besoin, comme toutes les théories qui sont fondées, non sur une loi unique, mais sur un ensemble de faits, d'être appliquée avec prudence et circonspection; sans doute, il ne faut pas avoir la prétention de tirer des conséquences d'après des faits trop peu nombreux ou d'après des comparaisons déduites de familles trop éloignées; mais lorsqu'elle est employée par de vrais naturalistes, c'est-à-dire par des hommes accoutumés à se servir des lois de l'analogie, nous ne craignons pas d'avancer qu'elle est la base de la classification naturelle et l'un des meilleurs moyens de guider l'observateur dans la recherche de la symétrie des Plantes et dans la découverte de leurs organes les plus minutieux. (D. C..E.)

AWAOU. POIS. Syn. de *Gobius ocellaris*, Gmel. *V*. GOBIE. (B.)

AWATCHA. OIS. Espèce de Fauvette du Kamtschatka, *Motacilla Awatcha*. Gmel. (DR..Z.)

AWAVU. POIS. Broussonnet, *Dec. ichthyol.* Double emploi d'Awaou. *V*. ce mot. (B.)

AXE. MOLL. *V*. COQUILLE.

AXE. BOT. PHAN. Allongement du pédoncule qui supporte les fleurs. Ce nom devrait être réservé pour l'Epi. Il est simple ou divisé, droit ou flexueux, continu ou articulé, linéaire, membraneux, charnu dans l'Ananas, et se remarque le plus souvent dans l'inflorescence des Graminées et des Cypéroïdes. L'Axe se nomme quelquefois RACHIS, particulièrement dans les Palmiers et dans toutes sortes de panicules. Willdenow emploie ce mot de Rachis pour désigner le pétiole ou stipe des Fougères.

On a encore employé le mot AXE pour désigner une ligne idéale qui est censée aller de la base au sommet du fruit, et le long de laquelle seraient les points d'attache des graines. C'est la *Columelle* de Mirbel, *Columen* de Tournefort. (B.)

AXE. MIN. *V*. CRISTALLISATION.

AXERAS. BOT. PHAN. (Daléchamp.) Syn. d'Asphodèle chez les Arabes. (B.)

* AXI. BOT. PHAN. (Pomet.) L'un des anciens noms du Piment. (B.)

AXIA. BOT. PHAN. Arbrisseau de la Cochinchine, dont la tige rameuse et noueuse s'élève à deux pieds, dont les feuilles sont opposées et inégales, les fleurs petites et disposées en grappes terminales. Ces fleurs présentent un involucre de trois folioles courtes, inégales et caduques; un calice monosépale, campanulé, dont le limbe se divise en dix lobes arrondis et égaux. Les étamines sont au nombre de trois, à filets menus aussi longs que le calice, à anthères didymes. L'ovaire, infère ou couvert par le calice, est surmonté d'un style filiforme de la longueur des étamines, que termine un stigmate légèrement renflé. Le fruit, dont la surface est sillonnée et velue, est pseudosperme, c'est-à-dire, simule une graine nue. Tels sont les caractères qu'on peut assigner à ce genre, d'après la description de Loureiro qui l'a établi. Cet auteur a indiqué son affinité d'une part avec les *Valérianes*, de l'autre avec le *Boerhaavia*. L'Axia doit se rapprocher des premières, si son calice est supère en effet; mais s'il est infère, il doit prendre place dans les Nyctaginées auprès du second de ces genres, analogie que confirme l'existence d'un fruit pseudosperme sillonné, d'une tige ligneuse et de feuilles inégales. — Son nom est dû à ses vertus qui le rendent aussi précieux aux médecins cochinchinois, que l'est à la Chine la fameuse racine de Gin-seng. (A. D. J.)

AXIE. *Axius.* CRUST. Genre de l'ordre des Décapodes établi par Leach (*Trans. Linn. Soc.* T. XI), et offrant pour caractère principal : les quatre pieds antérieurs terminés en pince didactyle, et les suivans onguiculés. Latreille (Règne Anim. de Cuv. p. 34) réunit ce genre à celui des Thalassines, lequel appartient à la famille des Décapodes Macroures, section des Homards. Une espèce nommée par Leach *Axius Stirynchus*, et décrite par lui, (*loc. cit.* p. 343) sert de type à ce nouveau genre. Elle a été trouvée sur les côtes d'Angleterre. *V.* THALASSINE. (AUD.)

* AXIMÈDE. *Aximedia.* MOLL. Rafinesque, dont les découvertes dans la vallée de l'Ohio, ont prodigieusement augmenté le nombre connu des Coquilles bivalves fluviatiles, a publié, dans les Annales générales des Sciences physiques (T. V. p. 257), une monographie de ces Coquilles, dans laquelle il les divise en coupes nombreuses. Le genre Mulette, tel que Rafinesque le limite, est partagé, dans cette monographie, en plusieurs sous-genres, dont le troisième porte le nom d'Aximède, *Aximedia*, et auquel il donne les caractères suivans : « Dent lamellaire un peu courbe ; axe presque médian ; valves » presque équilatérales. »

N'ayant pu trouver dans les Mulettes, telles qu'elles ont été considérées par Lamarck, aucun caractère suffisant, pour les diviser en plusieurs genres, ainsi que le fait Rafinesque, il s'ensuit que le genre Mulette de ce dernier auteur, n'est pour nous, dans son entier, qu'un sous-genre des *Unio*, et que par conséquent, si le sous-genre Aximède doit faire une coupe, elle ne serait que d'un degré inférieur au sous-genre. Rafinesque indique, dans les Aximèdes, trois espèces, *Unio elliptica*, *lævigata* et *zonalis*. Ces espèces sont rares et toutes trois du bassin de l'Ohio. *V.* MULETTE et PÉDIDIFÈRES. (F.)

* AXIN. *Axinus.* MOLL. FOSS. Genre établi par Sowerby (*Min. Conchol.* n° 55. p. 11. tab. 314 et 315) pour des Coquilles bivalves à l'état de pétrification, et dont il ne paraît connaître que les Moules. Aussi ce savant propose-t-il ce nouveau genre avec doute. Voici les caractères qu'il lui assigne : « Coquille bivalve, équivalve, transverse ; côté antérieur » très-court, côté postérieur allongé » et tronqué : lunule située près des » crochets ; charnière composée d'un » ligament allongé, implanté dans » un sillon. »

Sowerby n'espère pas qu'on puisse découvrir l'organisation de la charnière, mais il croit avoir lieu de présumer qu'elle est dépourvue de dents, et que la Coquille était fort mince. Il fait connaître deux espèces, l'*Axinus angulatus* et l'*Axinus obscurus*, figurés pl. 315 et 316. — On voit, par ce qui précède, combien ce genre est encore encertain. (F.)

AXINÆA. BOT. PHAN. Genre établi (*Prodr. Fl. peruv.* p. 57. tab. 12) par Ruiz et Pavon, qui lui assignent les caractères suivans : un calice cyathiforme à cinq dents ou entier au sommet ; cinq pétales en forme de doloires insérés au sommet du calice ; dix étamines insérées au même point, alternativement plus courtes et plus longues, à anthères oblongues, recourbées, biloculaires, munies d'un éperon et s'ouvrant au sommet par deux pores ; un ovaire libre, pentagone, tronqué, surmonté par un style long, subulé et courbe, que termine un stigmate simple et obtus ; une capsule entourée par le calice persistant, couronnée par dix petits appendices rayonnans, à cinq loges polyspermes qu'indiquent cinq angles, par lesquels elle s'ouvre en autant de valves. — Ce genre comprend deux Arbres du Pérou dont l'un, l'*A. purpurea*, a des feuilles cordées, à sept nervures, et s'élève à deux toises de hauteur ; l'autre, l'*A. lanceolata*, beaucoup plus grand, présente des feuilles ovales lancéolées et quinquenervées. Il arrive souvent que le nombre des différentes parties de la fructification est six ou double de six au lieu de cinq et de dix, et c'est pourquoi les auteurs qui ont suivi le système de Linné l'ont placé dans la Dodécandrie Monogynie, pour ne pas l'éloigner du *Blakea* avec lequel il a beaucoup d'affinité, n'en différant du reste que par son ovaire libre, ses étamines inégales, non rapprochées, et les appendices de sa capsule. Il appartient à la famille des MELASTOMÉES. *V.* ce mot. (A. D. J.)

* AXINE. *Axina.* INS. Genre de l'ordre des Coléoptères, section des Pentamères, établi par Kirby dans son travail sur la tribu des Clairides (*Lin. Soc. trans.* T. XII. p. 389), et ayant, selon lui, pour caractères : labre émarginé; lèvre bifide? tous les palpes terminés par un article en forme de hache, les maxillaires de trois articles, les labiaux de deux seulement; antennes en scie; thorax cylindrique; corps un peu déprimé. Ce genre, dans la Méthode de Latreille (Règne Anim. de Cuv.) appartiendrait aux Tilles qui sont rangés dans la grande famille des Clavicornes. Kirby pense qu'il doit en être distingué à cause de son labre émarginé, de sa lèvre inférieure bifide, et de ses quatre palpes terminés par un article en forme de hache. Il décrit et figure une espèce (*loc. cit.* tab. XXI. fig. 6) sous le nom de *Axina analis*. Elle est originaire du Brésil. *V.* CLAIRIDES et TILLE. (AUD.)

AXINÉE. *Axinæa.* MOLL. Dénomination générique adoptée par Poli, (*Test. utriusq. Siciliæ. Introd.* p. 32) pour distinguer les Mollusques lamellibranches de la famille des Arcacés dont Lamarck a fait depuis (Mém. de la Soc. d'Hist. nat. de Paris) le genre PÉTONCLE. *V.* ce mot. Le nom d'Axinée s'applique aux Animaux seulement, les Coquilles étant nommées Axinodermes dans la Méthode de nomenclature adoptée par Poli. Cette dénomination vient d'un substantif grec qui signifie *hache*, et a été appliquée à ces Mollusques à cause de la figure sécuriforme de leurs pieds. Le genre Axinée est l'unique de la cinquième famille des *Mollusca subsilientia* de Poli. Il lui donne les caractères suivans : point de trachée ou siphon; un pied sécuriforme muni d'une fente transversale; les branchies séparées et libres dans leur partie supérieure. Poli est ainsi le premier qui ait séparé les Pétoncles des Arches. Celles-ci composent le genre Daphné, Daphnoderme de la neuvième famille. *V.* le mot ARCACÉS où nous donnons l'Histoire de la famille des Arches. Poli cite pour exemple du genre Axinée, les *Arca pilosa* et *Glycimeris* de Linné, dont il donne une magnifique anatomie (*V.* T. II. p. 138. et suiv. et tab. XXV et XXVI), ainsi que l'*Arca bimaculata* qu'il a fait connaître le premier. *V.* ARCHE, ARCACÉS et PÉTONCLE. (F.)

*AXING. BOT. PHAN. Syn. de *Triticum repens*, L. en Suède; on prononce Efsing en Madelpadie. (B.)

AXINITE. MIN. *Axinit. Thumerstein.* W. Espèce de la classe des substances terreuses, dont le nom signifie *corps aminci en forme de tranchant de hache*, et fait allusion à l'aspect que présentent ordinairement ses cristaux. Ceux-ci dérivent d'un prisme droit dont la base est un parallélogramme obliquangle de cent un degrés et demi et soixante-dix-huit degrés et demi. Le rapport des côtés de cette base à la hauteur du prisme est à peu près celui des nombres 5, 4 à 10. La pesanteur spécifique de l'Axinite est d'environ 3, 2. Elle raye le verre. Sa réfraction est simple, du moins à travers une des bases et une face oblique. Brard a observé que certaines des cristaux de cette substance jouissaient de la propriété d'être électriques par la chaleur. Au chalumeau, elle se transforme par une fusion facile, accompagnée de boursouflement, en un verre vert sombre qui noircit à la flamme extérieure. (Berzélius). L'analyse de l'Axinite de l'Oisans, par Vauquelin, a donné : Silice 44; Chaux 19; Alumine 18; Oxyde de fer 14; Oxyde de Manganèse 4; perte 1; total 100.

Entre les formes régulières déterminées par Haüy, nous citerons les deux suivantes : l'AXINITE ÉQUIVALENTE, qui présente l'aspect d'un prisme hexaèdre à base oblique, dont toutes les faces latérales sont secondaires; et l'AXINITE AMPHIHEXAÈDRE, qui ne diffère de la précédente que par l'addition de deux petites facettes qui naissent sur deux des angles opposés de la forme primitive. Les cristaux de cette dernière variété sont comprimés transversalement, ce qui rétrécit sensiblement les bases.

Les autres variétés de cette substance sont l'Axinite laminiforme allongée, que l'on trouve près de Thum en Saxe, d'où lui est venu le nom de *Thumerstein*, et l'Axinite laminaire, de Blankenburg au Hartz. Les cristaux d'Axinite sont les uns verts, et les autres violets, quelques-uns sont mi-partis de vert et de violet. La couleur de l'Axinite violette qui est la plus commune, est due au Manganèse; celle de l'Axinite verte provient d'un mélange de Chlorite. Haüy a remarqué que les cristaux verts avaient en général leur forme exempte de stries et mieux prononcée que celle des violets.

L'Axinite a été trouvée d'abord dans l'Oisans, département de l'Isère, sur un Diorite abondant en Feldspath, et en partie altéré, qui sert aussi de gangue à des Cristaux de Feldspath, de Quartz, d'Epidote, de Prehnite, et à de l'Asbeste flexible. On l'a découverte également aux Pyrénées, près de Barrèges, dans une roche qui a de l'analogie avec celle de l'Oisans. La même substance se trouve en Saxe, près de Thum, où elle est accompagnée de Fer arsénical; à Blanckenburg, dans le Hartz, où elle est engagée dans une Chaux carbonatée laminaire avec du Talc nacré; et à Konsberg, en Norwège, où elle repose également sur la Chaux carbonatée, à laquelle sont associés le Plomb sulfuré, l'Argent natif et l'Anthracite. (G. DEL.)

* AXINODERME. *Axinoderma.* MOLL. Dénomination adoptée par Poli pour les Coquilles des Mollusques du genre AXINÉE. *V.* ce mot. (F.)

AXIRIS. BOT. PHAN. *V.* AXYRIS.

AXIS. BOT. PHAN. *V.* ASARATH.

AXIS. MAM. Espèce de Cerf, vulgairement Cerf du Gange, *Cervus Axis*, L. *V.* CERF. (B.)

AXNEC. BOT. CRYPT. Syn. de Mousses en arabe. *V.* USNEC. (B.)

AXOLOTE, AXOLOTL OU AXOLOTT. REPT. BATR. *V.* TRITON.

AXONGE. ZOOL. Partie la plus blanche et la plus solide de la graisse des Mammifères, qui s'extrait de l'épiploon et de l'abdomen pour les usages domestiques. On nomme plus particulièrement cette graisse *Sain-doux*, quand elle vient du Porc, et *Suif*, quand elle vient du Mouton. (DR..Z.)

AXONOPE. BOT. PHAN. Genre de Graminées formé par Palisot de Beauvois (Agrost. p. 12), pour quelques Paspales, mais qui ne diffère point du genre *Paspalum* par des caractères assez importans pour devoir être maintenu. *V.* PASPALE. (B.)

AXOQUEN. OIS. (Hernandez.) Espèce de Héron du Mexique, dont on n'a eu jusqu'ici que des descriptions très-inexactes. (DR..Z.)

AXOYATOTOTL. OIS. (Hernandez.) Espèce de Chardonneret du Mexique. (DR..Z.)

AXYRIS. BOT. PHAN. Genre de la famille des Atriplicées. Ses fleurs sont monoïques; les mâles, disposées en chatons, présentent un calice triparti et trois étamines; les femelles, éparses, un calice persistant, à cinq divisions, ou seulement trois, suivant Gmelin, et un ovaire monosperme à deux styles. Ce genre contient trois espèces originaires des contrées septentrionales de l'Asie, à tiges frutescentes ou herbacées, à fleurs axillaires ou terminales. Une quatrième, l'*Axyris cera-*

toides de Linné, a servi de type à un nouveau genre, l'*Eurotia* d'Adanson, *Ceratospermum* de Persoon. *V.* ce mot. (A. D. J.)

AYA. POIS. (Marcgrave.) Espèce brasilienne de Bodian. *V.* ce mot. (B.)

AYACA. OIS. (Laët.) Syn. de la Spatule rose, *Platalea Ajaja*, L. *V.* SPATULE. (DR..Z.)

AYALLA. BOT. PHAN. *Arbor versicolor.* (Rumph. *Amb.* T. LXXX.) Arbre peu connu des Moluques, dont la fleur ressemble à celle du Giroflier, dont les feuilles sont opposées et lancéolées, et dont l'écorce, diaprée de riches couleurs, réfléchit, dit-on, les couleurs de l'arc-en-ciel. (B.)

AYALLY. BOT. PHAN. (Nicholson.) Graminée fort commune à Saint-Domingue, mais qu'on ne peut reconnaître sur les vagues indications qui nous en ont été données. (B.)

AYAM. OIS. *V.* COQ.

AYAMACA OU AYAMAKA. REPT. SAUR. (Barrère.) Nom que porte à Cayenne un grand Lézard qui atteint jusqu'à huit pieds de long, dont la chair est bonne à manger, et qui paraît être une IGUANE. *V.* ce mot. (B.)

AYAMALA OU AYAMALAR. OIS. Syn. de Coq sauvage, *Phasianus Gallus*, L. à Java. *V.* COQ. (DR..Z.)

* AYAM-HAN. OIS. (Temminck.) Perdrix des Moluques. *V.* PERDRIX. (DR..Z.)

AYA-PANA. BOT. PHAN. Espèce d'Eupatoire, originaire du Brésil, apportée à l'Ile-de-France vers 1800, par le frère du capitaine Baudin; à laquelle le charlatanisme de ce marin et la crédulité de quelques ignorans donnèrent une célébrité ridicule que nous avons attaquée le premier dans notre Voyage aux quatre îles principales de la mer d'Afrique. *V.* EUPATOIRE. (B.)

AYCURABA. REPT. SAUR. (Ruysch.) Espèce de Lézard indéterminé, qu'on dit avoir la queue triangulaire, originaire du Brésil, et qui pourrait bien être un Ameiva *V.* ce mot et LÉZARD. (B.)

AYE-AYE. MAM. *Sciurus madagascariensis*, Gmel. *Daubentonia*, Geoff. *Cheiromys*, Cuv., Buff. Sup. t. 7. pl. 68. Schreb. pl. 38. Encycl pl. 22. Genre de Quadrupèdes de l'ordre des Rongeurs. Il est séparé de l'ordre des Quadrumanes, dont on a voulu le rapprocher par plusieurs caractères de première valeur: 1° par la forme du condyle maxillaire dirigé d'arrière en avant, et glissant sur une surface qui n'est terminée, dans aucun de ses sens, par le moindre rebord osseux. (*V.* la fig. 1re de la 2e pl. T. IV du Règne Animal. de Cuvier.) Cette structure est particulière aux Rongeurs et aux Edentés. 2°. L'existence dans l'Animal adulte d'un interpariétal séparé, qui ne se trouve chez aucun Quadrumane adulte. 3°. L'articulation très-grande de l'intermaxillaire et du frontal qui ne se rencontrent pas chez les Quadrumanes. 4°. L'étendue demi-circulaire de l'alvéole de l'incisive inférieure surpassant l'amplitude de cette alvéole dans aucun autre Rongeur, et dont la concavité, comme celle de l'incisive supérieure, contourne le sommet des alvéoles des molaires. 5°. Par l'excessive longueur de la partie post-astragalienne du calcanéum, laquelle forme les deux tiers de la longueur de l'os. Cette disproportion de la partie postérieure du calcanéum à la partie astragalienne est propre aux Rongeurs et aux Édentés coureurs ou sauteurs; les Lièvres, les Écureuils et les Kanguroos. Le rapport de cette proportion dans l'Aye-Aye surpasse le même rapport dans le Kanguroo où il est plus grand que dans tous les autres Mammifères. Cette disposition du calcanéum est précisément l'inverse de celle qui s'observe dans les Makis et les Tarsiers, où c'est au contraire l'apophyse antérieure ou cuboïdienne qui est la plus longue. Le rapport entre l'aire de la section du crâne et l'aire de la section de la face, n'est pas supérieure dans l'Aye-Aye, comme on l'a dit, à ce qu'il est dans la plupart des Sciurus auxquels il ressemble bien plus qu'à aucun Lémurien, par la grandeur de l'ethmoïde et de la fosse ethmoïdale. Nous avons fait cette énumération des caractères anatomiques pour faire voir la différence de leur certitude et de celle des caractères extérieurs, et non pas pour contredire certaines vues de classification.

A tête plus sphérique, à museau plus pointu qu'aucun autre Rongeur, l'Aye-Aye se distingue encore des genres voisins par ses grands yeux dirigés en avant; ses oreilles grandes, nues et transparentes, sont larges à leur ouverture et rondes en haut; deux incisives, très-fortes et comprimées en soc de charrue existent à chaque mâchoire, et sont séparées par une barre, en haut de quatre, et en bas de trois molaires à peu près cylindriques; figure étrangère aux dents des Quadrumanes, toujours quadrilatères, mais qui se retrouve dans les Paresseux et dans plusieurs Édentés. On ne connaît pas encore la figure de la surface de ces molaires.

Les membres de devant sont plus courts que les postérieurs; il y a cinq doigts à tous les pieds; le médius de la main, très-grêle, est surpassé en longueur par le quatrième. Cette particularité, unique dans les Mammifères, a été oubliée dans les figures de cet Animal. Au pied de derrière, le pouce opposable a un ongle plat comme dans les Singes.

Découvert par Sonnerat sur la côte occidentale de Madagascar, le nom d'Aye-Aye vient à cet Animal de l'exclamation d'étonnement des habitans de la côte de l'Est, quand ils le virent pour la première fois. Ce fait du cantonnement dans une région circonscrite de cette île, d'un être qui lui est particulier, comme la plupart de ses autres Mammifères, est, en géographie zoologique, l'une des preuves péremptoires que la terre ne s'est point peuplée par la dispersion, à partir d'un point central, d'un petit nombre d'Animaux dont les goûts, d'abord errans, seraient depuis devenus sédentaires.

L'Aye-Aye, dit Sonnerat, ne voit pas le jour; son œil est roussâtre, et fixe comme celui du Chat-Huant. Il est très-paresseux, par conséquent très-doux. Nous avons possédé le mâle et la femelle; ils n'ont vécu que deux mois. Nous les nourrissions avec du riz cuit, et ils se servaient, pour le manger, de leur doigt grêle, comme les Chinois se servent de baguettes. L'Aye-Aye ne porte point sa queue droite, mais traînante; tous les poils en sont roides comme du crin; elle est aussi longue que le corps; le reste du pelage est un lainage fauve-clair, traversé sur le dos par de longues soies rudes, brunes, et quelquefois blanches au bout. La femelle a deux mamelles inguinales.

(A. D..NS.)

AYENIE. *Ayenia*. BOT. PHAN. Genre de Plantes qui fait partie de la nouvelle famille des Buttneriacées, établie par R. Brown, et que l'on a jusqu'à présent incomplètement décrit. Son calice est simple, à cinq divisions très-profondes, ovales, lancéolées, persistantes; sa corolle se compose de cinq pétales irrégulièrement conformés, et terminés inférieurement par un onglet très-long et très-grêle, qui porte à son sommet une lame plane, horizontale, élargie, presque triangulaire, entièrement soudée par son sommet avec le bord du tube staminal, de manière à ce que leur réunion forme une sorte d'étoile à cinq branches obtuses. La face supérieure de ces pétales est creusée d'une petite fossette longitudinale, au sommet de laquelle on trouve une glande ovoïde, noire et pédicellée; les étamines, au nombre de dix, sont monadelphes; leur tube est long, grêle, entièrement confondu avec le pédicule qui élève l'ovaire, un peu évasé supérieurement. Des dix étamines, cinq sont fertiles, situées à l'extérieur du tube, au-dessous de chacun des pétales, vers le milieu desquels elles semblent insérées; leur filet est court, leur anthère est globuleuse, didyme, à deux loges, s'ouvrant par un sillon longitudinal: les cinq autres sont stériles, et se montrent sous la forme de glandes bilobées, sessiles au sommet du tube, alternant avec les pétales. L'ovaire, qui est longuement pédicellé et déprimé, offre cinq côtes obtuses, chargées d'aspérités; il est à cinq loges, qui contiennent chacune deux ovules, attachés latéralement vers leur base. Le style est simple, à peu près de la longueur du tube staminal, et se termine par un stigmate à cinq lobes peu profonds. Le fruit est une capsule déprimée à cinq côtes, hérissée, s'ouvrant en cinq coques bivalves et ordinairement monospermes.

On connaît environ quatre espèces de ce genre, qui toutes sont originaires de l'Amérique méridionale.

Très-rapproché du genre *Commersonia*, l'Ayenie s'en distingue par ses pétales longuement onguiculés et portant une glande, par ses étamines stériles qui sont sessiles, par son style simple et par son stigmate à cinq lobes. (A. R.)

AYER. BOT. PHAN. *Funis Murænarum latifolius*, Rumph (*Amb.* T. V, t. 36). Liane d'Amboine, dont on ignore le genre, qui s'élève sur les plus grands Arbres, dont les fruits sont mangeables, et dont on obtient, par incision, une eau abondante dont le voyageur peut se désaltérer. Ce Végétal peut-il être voisin des Lierres que les botanistes regardent comme suspects? ou ne se rapporte-t-il pas aux Passiflorées? (B.)

AYEZ. BOT. PHAN. Syn. d'Ail selon Bosc. (B.)

* AYGULA. POIS. Espèce du genre Coris de Lapécède. *V.* CORIS. (B.)

AYIRAMPO. BOT. PHAN. (Joseph de Jussieu.) Espèce de Cactus encore indéterminée des environs de Cusco, au Pérou. (B.)

AYLANTHE. *Aylanthus*. BOT. PHAN. Genre de la famille des Térébinthacées, établi par Desfontaines, (Mém. de l'Académie, 1786), d'après un Arbre de la Chine que les auteurs avaient jusque-là pris à tort pour le *Rhus succedanea* ou grand Vernis de Japon. Ses fleurs sont dioïques ou polygames; elles présentent un calice à cinq dents et cinq pétales creusés en gouttières; on trouve intérieurement dans les mâles dix étamines: dans les femelles et les hermaphrodites cinq ovaires libres, ayant chacun un style latéral et un stigmate évasé, et plus tard cinq capsules membraneuses, aplaties, allongées, rétrécies aux deux bouts, échancrées d'un côté, renfermant au milieu une graine osseuse, lenticulaire. Cet Arbre (figuré Mém. de l'Acad., 1786, pag. 270, tab. 8 et tab. 84 des Stirp. de l'Her.), fut nommé *Aylanthus glandulosa*, à cause des glandes qu'on observe sous chaque dent aux folioles de ses feuilles pinnées avec impaire. Il est aujourd'hui très-commun dans les parcs et les jardins d'agrément. On en a depuis fait connaître une autre espèce, à feuilles pinnées, sans impaire, originaire de l'Inde. C'est l'*Aylanthus excelsa*, Roxburgh, *Corom. tab.* 23. (A. D. J.)

* AYLOPON. POIS. Genre formé par Rafinesque, dans son Ichthyologie sicilienne, de l'Anthias barbier de Bloch, *Labrus Anthias*, L. Il nous paraît trop peu différer des Lutjans de Lacépède pour n'y devoir pas demeurer confondu. *V.* LUTJAN. (B.)

AYMARA-POSOGUERI. BOT. PHAN. Syn. de *Posogueria* d'Aublet. *V.* SOLENA. (B.)

AYMIRI OU AYMIRI-MITI. BOT. PHAN. *V.* AMIRI.

AYMOUTABOU. BOT. PHAN. Syn. de *Moutabea guianensis*, Aubl. *V.* MOUTABÉE. (B.)

AYNITU. BOT. PHAN. (Rumph, *Amb.* T. IV, t. 64.) Petit Arbre des Moluques, peu connu, dont les feuilles alternes, dentées, longuement pétiolées, sont couvertes en-dessous d'une poussière blanche épaisse, et dont le fruit à trois coques fait présumer que l'Aynitu est voisin du genre Croton, s'il n'en fait partie. (B.)

AYOQUANTOTOTL. OIS. (Hernandez.) Syn. présumé du Loriot à cu jaune, *Oriolus Xanthornus*, L. (DR..Z.)

AYOUALALI. BOT. PHAN. Par erreur Ayonalali au mot de notre premier volume auquel nous renvoyons. Même chose qu'Agoualaly. *V.* ce mot. (B.)

AYOUINITOBOU. BOT. PHAN. (Surian.) A la Guiane. Même chose qu'Agnanthe. *V.* ce mot. (B.)

AYOULIBA. BOT. PHAN. Syn. d'*Eupatorium calthidifolium*, Lamk. à la Guiane. *V.* EUPATOIRE. (B.)

AYPARHU. BOT. PHAN. (Rumph, *Amb.* T. III, t. 104). Arbre indéterminé des Moluques, qui présente cette singularité, qu'il perd ses feuilles tous les ans dans un climat où les espèces indigènes ne se dépouillent point. (B.)

AYPI. BOT. PHAN. Plante peu connue, appartenant au genre Cynanque, *V.* ce mot, originaire des Antilles, selon le Dictionnaire des Sciences naturelles, et du Brésil, selon celui de Déterville. (B.)

AYRA. MAM. Animal de la Guiane du genre GLOUTON. *V.* ce mot. (B.)

AYRI. BOT. PHAN. *V.* AIRI.

AYRIMIXIZA. POIS. (Marcgrave et Pison.) Syn. de Bodian, Bloch. *V.* BODIAN. (B.)

AYTIMUL. BOT. PHAN. (Rumph, *Amb.* T. III, t. 43.) Arbre indéterminé des Moluques, dont les naturels emploient le bois pour faire des peignes et de petites boîtes. (B.)

AYTONIA. BOT. CRYPT. (*Hypoxylons.*) Forster (*Genera Plantarum*, p. 147) a donné ce nom à un genre qu'il a rapporté aux Algues de Linné, mais qui nous paraît appartenir à la famille des Hypoxylons, et être très-voisin des Sphæria. Sa description est trop incomplète pour qu'on puisse décider de l'identité des deux genres.

L'Aytonia forme des tubercules de la grosseur d'une Lentille sur les rochers. Ces tubercules sont couverts de poils roides plus ou moins longs, et sont remplis de graines pulvérulentes. Quel est le mode de déhiscence de ces tubercules? Forster n'en dit rien. On ne saurait donc décider si ce sont des Sphæria, ou peut-être quelque Sclerotium. L'Aytonia de Forster est désignée sous le nom de Rupinie dans le Dictionnaire de Déterville. (AD. B.)

AYULAN. BOT. PHAN. (Rumph.) Syn. de *Sandoricum indicum*. *V.* SANDORIC. (B.)

AYUN OU AYUNE. BOT. PHAN. (Rumph, *Amb.* T. III, t. 49.) Petit Arbre indéterminé des Moluques, dont les fruits, semblables à des Prunes, sont assez agréables à manger, mais teignent la bouche en violet. Son écorce est si fine et si unie que le tronc en paraît être privé. (B.)

AYVAL. BOT. PHAN. (Rumph, *Amb.* T. IV, t. 36.) Arbre des Moluques, indéterminé, dioïque, qui donne un suc laiteux, et dont les pousses peuvent se manger en guise de légumes. (B.)

AZABACHE. MIN. Syn. de Jayet en espagnol. (B.)

* AZADARACHENI. BOT. PHAN. (J. Bauhin.) Syn. d'Azédarac. *V.* ce mot. (B.)

AZADARACHT. BOT. PHAN. Même chose qu'Azédarac. *V.* ce mot. (B.)

AZADIRACHTA. BOT. PHAN. Espèce d'Azédarac. *V.* ce mot. (B.)

AZAFRAN. BOT. PHAN. Syn. de Safran en espagnol. On étend ce nom à plusieurs Plantes, dont quelques parties teignent en jaune, telles que l'*Escobedia scabrifolia* de la Flore du Pérou. *V.* ESCOBEDIA. (B.)

AZALA. BOT. PHAN. Syn. de Garance chez les Turcs. (B.)

AZALÉE. *Azalea.* BOT. PHAN. Ce genre, de la famille des Rhodoracées de Jussieu, contenait plusieurs espèces exotiques et une seule indigène, dont le port est très-disparate et le caractère un peu différent. C'est ce qui a engagé Desvaux (Journ. de Bot.) à en séparer cette dernière et à en faire un genre nouveau sous le nom de *Loiseleuria*. Si l'on adopte cette division, on aura donc deux genres au lieu d'un seul, et caractérisés de la manière suivante :

Loiseleuria : calice à cinq divisions égales ; corolle à peu près en forme de cloche et régulièrement quinquefide ; cinq étamines insérées par leurs filets au bas de la corolle, dressées et incluses, dont les anthères s'ouvrent longitudinalement ; style droit ; capsule à deux loges, quelquefois à trois, suivant Gaertner, et déhiscente au sommet. Il ne comprend qu'une espèce, l'*Azalea procumbens* de Linné, sous-Arbrisseau des Alpes, dont les tiges sont couchées, les feuilles opposées et contractées en leur bord ; les fleurs en cîmes terminales (*V.* Lamarck, Ill. tab. 110. f. 1).

Azalea : calice à cinq divisions inégales ; corolle infundibuliforme, irrégulièrement quinquefide ; cinq étamines insérées sous le pistil, saillantes, dont les filets sont arqués, et dont les anthères s'ouvrent par deux pores au sommet ; style recourbé ; capsule à cinq loges. Dans ce genre seront conservées les espèces d'Azalea exotiques. Ce sont des Arbrisseaux ou des sous-Arbrisseaux à fleurs le plus souvent solitaires aux aisselles de feuilles alternes. On en connaît une de Laponie, une du Japon, une de l'Inde, plusieurs de l'Amérique septentrionale. Ce sont celles-ci qu'on a pris soin particulièrement de multiplier dans les jardins, à cause de la beauté de leurs fleurs et de leur odeur agréable. Telles sont les *Azalea viscosa*, *glauca*, *nudiflora*, etc. Nous citerons encore l'*A. pontica*, qui croît dans l'Asie-Mineure, et dont la corolle, d'un beau jaune, exhale une odeur que l'on compare à celle du Chèvrefeuille, mais qui est plus pénétrante. (A. D. J.)

AZAMICOS. ois. (Avicenne.) Syn. de Chardonneret, *Fringilla Carduelis*, L. *V.* Gros-Bec. (DR..Z.)

AZARA. bot. phan. Genre établi par Ruiz et Pavon (*Fl. Per. Pr.* p. 68. t. 36), et dédié à un savant Espagnol, Don Joseph de Azara. Ruiz et Pavon en donnent les caractères suivans : le calice monosépale présente de quatre à six divisions ovales et aiguës, qui, réfléchies dans la fleur, se redressent et persistent autour du fruit. On ne trouve pas de corolle ; elle paraît remplacée par un grand nombre de filets fins et courts, que les auteurs nomment nectaires. Ceux des étamines s'insèrent au même réceptacle sur un cercle concentrique, au nombre de vingt-deux à trente-six ; ils sont plus longs du double à peu près, et portent des anthères arrondies, didymes, à deux loges, s'ouvrant par une fente longitudinale. L'ovaire est libre, à cinq angles peu marqués ; le style subulé, les stigmates sont obtus. Il se change en une capsule uniloculaire, surmontée par le style, pulpeuse et contenant au-dedans une seule loge dont la surface interne est parcourue dans sa longueur par trois placentas où s'attachent des graines nombreuses. On en a décrit, d'après Ruiz et Pavon, trois espèces originaires du Pérou et du Chili, à tiges ligneuses, à feuilles géminées, inégales, entières ou dentées, d'une saveur amère ; à fleurs odorantes, disposées en corymbe dans une espèce, en épi dans une autre, en ombelle dans la troisième.

Ce genre, d'après la description et les figures qu'en donnent ceux qui l'ont établi, est très-voisin de l'*Abatia* dont il diffère par la couleur verte du calice, la forme arrondie des anthères didymes, la substance charnue du fruit et l'absence de stries sur les graines. Ces deux genres n'ont pas été classés jusqu'ici avec certitude dans une famille naturelle. Ventenat penche à les ranger dans celle des Samydées qu'il a établie, et ne paraît arrêté que par l'opinion de Ruiz et Pavon même, concernant leur analogie avec le *Prockia*. « La connaissance » de l'organisation des graines de ces » genres et des *Chætocrates*, ajoute-» t-il, pourra seule déterminer s'ils

» ont une plus grande affinité avec les » Rosacées qu'avec les Samydées. » Mais il y place sans aucun doute l'*Anavinga* ou *Casearia*, et L.-C. Richard regardait celui-ci comme étant peut-être congénère de l'Azara. Voisin de l'Abatia et des Prockia, il devrait sans doute prendre place avec ces genres dans la nouvelle famille des Bixinées de Kunth. (A. D. J.)

AZARERO. BOT. PHAN. *V.* ASARERO.

AZAVAR. BOT. PHAN. (C. Bauhin.) Syn. d'Aloës aux Indes-Orientales. (B.)

AZE. MAM. Syn. d'Ane dans le dialecte gascon. *V.* CHEVAL. (A. D.. NS.)

AZEA-COJOLT. MAM. (Nieremberg.) Probablement syn. de *Myrmecophaga jubata*. *V.* FOURMILIER. (B.)

AZÈBRE. MAM. Syn. de Zèbre dans quelques anciens voyageurs. *V.* CHEVAL. (A. D.. NS.)

* AZEBUCHE. BOT. PHAN. Qu'on prononce *Asébutche*. Syn. d'Olivier sauvage dans les parties méridionales de l'Espagne où cet Arbre croît naturellement. Il y forme des buissons épais : ses feuilles, plus vertes que dans l'Arbre cultivé, sont fort petites ; le fruit est aussi très-peu considérable. L'huile qu'on a essayé d'en extraire a, dit-on, été amère. *V.* OLIVIER. (B.)

AZÉDARAC. *Melia*. BOT. PHAN. Genre de la famille des Méliacées, qui lui doit son nom. Il renferme des Arbres à feuilles pinnées avec impaire ou bipinnées, à fleurs disposées en panicules axillaires : leur calice est très-petit et quinquefide ; leur corolle composée de cinq pétales oblongs ; leurs filets sont réunis en un tube cylindrique terminé par dix petites dents, à la base intérieure desquelles sont attachées autant d'anthères, petites, disposées sur deux cercles, l'un plus élevé, l'autre plus bas ; il y a un seul style terminé par un stigmate capité. Le fruit est une drupe sphérique renfermant une noix sillonnée, à cinq loges monospermes.

Le *Melia Azedarach*, L. Cavan. Diss. tab. 107 ; Lamk. Ill. tab. 352, croît dans le midi de l'Europe. Il acquiert de vingt à trente pieds d'élévation. Ses feuilles sont bipinnées ; ses fleurs, de couleur lilas, exhalent une odeur agréable ; ses fruits sont ronds, charnus et jaunes.—Le *Melia sempervirens* de Swartz, regardé par plusieurs comme une variété du précédent, en diffère par sa tige moins élevée, ses rameaux plus grêles, ses fleurs et ses fruits plus petits, ses folioles au nombre de sept et ridées. On le trouve aux Indes et aux Antilles. —Le *Melia Azadirachta*, L. Cavan. Dissert. tab. 108 ; Gaert. tab. 183, habite l'Inde. C'est un Arbre, toujours vert comme les précédens, à fleurs petites et pâles, à feuilles une seule fois pinnées. — Le *Melia composita*, qui croît dans l'Inde, se fait remarquer par la couleur de ses rameaux qui tire sur le noir, et par le duvet de ses fleurs. (A. D. J.)

Les fruits du *Melia Azedarach* paraissent avoir une qualité vénéneuse, et doivent faire périr le Poisson ainsi que la coque du Levant, du moins c'est ce que nous autorise à croire l'anecdote suivante dont nous garantissons l'authenticité. Il existe dans la ville de Santa-Maria-del-Puerto, vis-à-vis Cadix, une fontaine dont l'eau contenue dans d'assez grandes auges de pierre, qu'on avait soin de laisser toujours remplies, devint sensiblement malsaine durant le séjour que fit l'armée française en Andalousie pendant la guerre de 1808 à 1813. Ces troupes conquérantes, qui embellissaient les lieux même où elles ne comptaient pas s'établir, avaient planté les environs de la fontaine de Santa-Maria, d'Azedarachs assez grands, destinés à lui donner de l'ombrage et à parfumer ses environs. Un apothicaire du pays très-instruit et fort habile botaniste, Don F. Guttierez, attribua la mauvaise qualité de l'eau aux fruits du Melia, qui tombaient en abondance dans les auges, et conseilla d'arracher les Arbres qui les produisaient, ce qui arriva précisément à l'époque de l'évacuation de l'Andalousie par les Français. La suppression des Azedarachs rendit à l'eau toute sa pureté ; et le clergé, profitant de la circonstance, venant exorciser la fontaine en grande pompe, comme on la nettoyait, proclama cet événement comme un miracle qui signalait la délivrance de l'Espagne. (B.)

AZÉDARACHS. BOT. PHAN. Même chose que Méliacées. *V.* ce mot.

AZÉDAS. BOT. PHAN. Syn. d'Oseille en Portugal. (B.)

AZERBES. BOT. PHAN. (Poncet.) Nom d'une espèce de Muscade sauvage, oblongue et sans saveur, dans le commerce et particulièrement chez les Hollandais. (B.)

AZERBO. MAM. (Dapper.) Syn. de Zèbre en Guinée. *V.* CHEVAL. (B.)

AZEROLE ET AZEROLIER. BOT. PHAN. Même chose qu'Aserole et Aserolier. *V.* ALISIER.

AZEZ-ALSACMEL. BOT. CRYPT. Syn. de *Marchantia polymorpha*, L. chez les Arabes. *V.* MARCHANTE. (B.)

AZIER. BOT. PHAN. Nom donné dans les colonies aux buissons ainsi qu'aux Broussailles, et appliqué par quelques auteurs au genre Nonatelia d'Aublet. *V.* NONATÉLIE. (B.)

AZIER-MACAQUE. BOT. PHAN. Syn. de *Melastoma racemosa*. *V.* MÉLASTOME. (B.)

AZIMA. BOT. PHAN. Lamarck a figuré sous ce nom (Ill. tab. 807), et l'Héritier sous celui de *Monetia Barlerioides* (tab. 1 des *Stirp. novæ*), un Arbrisseau qui croît aux Indes et au cap de Bonne-Espérance. Il est très-rameux; ses feuilles sont toujours vertes, opposées, aiguës et piquantes à leur extrémité, et à leur aisselle se trouvent une ou plus souvent deux épines, qui sont ainsi opposées ou verticillées par quatre. Les fleurs sont axillaires, sessiles, solitaires et petites ; elles présentent un calice monosépale, dont le tube est ventru, et dont le limbe se réfléchit en trois ou quatre divisions aiguës et inégales, avec lesquelles alternent quatre pétales plus longs qu'elles, également étalés et linéaires-lancéolés ; quatre étamines, dont les filets dressés, recourbés au sommet, épaissis à la base, insérés au réceptacle, égalent la longueur des pétales, et dont les anthères sont sagittées et incumbantes ; un ovaire libre, de forme à peu près conique, terminé par un style court, un stigmate simple et aigu. Le fruit est, selon Lamarck, une capsule globuleuse, à une seule loge, contenant deux graines orbiculaires et comprimées, dont une avorte souvent ; et, selon Gaertner fils (pag. 247, tab. 225), une baie à deux loges, dont chacune renferme une graine unique, à périsperme blanc et charnu, logeant à son centre un embryon de même couleur, dont les lobes sont orbiculaires ; la radicule infère et courte.

Cette Plante, classée dans la Tétrandrie Monogynie de Linné, ne peut l'être encore avec certitude dans aucune des familles établies. De Jussieu indique son affinité avec les genres *Strychnos* et *Carissa*, dont elle s'éloigne d'une autre part en ce qu'elle est polypétale. Willdenow cite comme congénères, sous le nom de *Monetia diacantha*, les Arbrisseaux décrits et figurés dans les planches 36 et 37 de l'*Hortus malabaricus* sous les noms de *Kanden-Kara* et *Tsjeru-Kara*, rapportés par Jussieu au genre Canthium de la famille des Rubiacées. (A. D. J.)

AZIMÈNE. BOT. PHAN. C'est-à-dire, en langue malgache, *Bois-Rouge*. Espèce de *Volkameria*, selon Jussieu. (B.)

AZINGANO. BOT. PHAN. Syn. d'Artédie, *V.* ce mot, dans quelques cantons du Levant. (B.)

AZIO. POIS. Syn. d'Aiguillat, *Squalus Spinax*, L. *V.* SQUALE. (B.)

AZOLLE. *Azolla*. BOT. CRYPT. (*Marsiléacées*.) Genre établi dans l'Encyclopédie méthodique par Lamarck, qui en a décrit une seule espèce sans fructification, sous le nom d'*Azolla filiculoides*. Willdenow, qui paraît n'avoir vu que des fructifications en mauvais état, lui a donné un caractère vague qui s'appliquerait également au genre Salvinia; c'est à R. Brown que nous devons la connaissance exacte de la structure de cette Plante; il en a donné une description et une figure excellente dans ses Remarques sur la botanique des terres australes (tab. 10), mais qui laisse encore pourtant quelques doutes sur les fonctions des divers organes de cette Plante.

On trouve aux aisselles des feuilles supérieures, et le long de la tige principale des involucres de deux sortes, mais également composés d'une membrane mince, translucide. Les uns renferment deux capsules biloculaires, qui s'ouvrent chacune transversalement au moyen d'une sorte de coiffe analogue à celle des Mousses. La loge supérieure contient de six à neuf corps anguleux, solides, dont l'usage est tout-à-fait inconnu. Ces corps sont fixés à un axe central, creux, frangé à son extrémité supérieure, qui sert peut-être d'orifice à la loge inférieure.

Cette loge inférieure paraît fermée de toute part, et est remplie d'un liquide laiteux qui se change ensuite en une matière pulvérulente. R. Brown regarde ces sortes de capsules comme remplissant des fonctions analogues à celles des étamines.

Les autres involucres sont composés d'une membrane double, et renferment un nombre considérable de capsules sphériques, pédicellées et attachées au fond de l'involucre interne. — Les capsules contiennent six à neuf graines anguleuses, qui ne semblent adhérer à elles par aucun point, et dont les radicules font saillie au dehors.

Les Plantes de ce genre flottent sur les eaux stagnantes, et ont l'aspect de Jungermannes; elles forment de petites rosettes, à rameaux rayonnans ou pinnés, à feuilles arrondies ou obovales, souvent membraneuses sur les bords, imbriquées plus ou moins exactement autour de la tige. De l'aisselle de ces feuilles partent de longues radicules, qui, comme celles des Salvinies et des Lemna, sont libres dans l'eau. On connaît quatre espèces de ce genre : deux habitent la Nouvelle-Hollande, ce sont les *Azolla pinnata* (*V*. planches de ce Dictionnaire, *Marsiléacées*, f. 1) et *Azolla rubra* de R. Brown; il n'y a que ces espèces, dont la fructification soit connue exactement. Une troisième se trouve aux Etats-Unis; c'est l'*Azolla caroliniana* de Willdenow, et une autre croît dans différens points de l'Amérique méridionale; mais il est probable que, sous le nom d'*Azolla magellanica*, qu'on a donné à cette dernière espèce, on en a confondu plusieurs. Ainsi, les échantillons, rapportés de Santa-Fé-de-Bogota par Bonpland, paraissent assez différens de ceux qui ont été trouvés par Commerson à Monte-Video. (AD. B.)

AZOLOTL. REPT. BATR. *V*. AXOLOTE.

* AZONOROUTS. BOT. PHAN. Arbre indéterminé de Madagascar, dont le bois fort beau et fort dur sert, selon Flacourt, à faire des peignes et autres ustensiles. (B.)

* AZON-PASSECH. BOT. PHAN. (Flacourt.) Arbre indéterminé de Madagascar, qui pourrait bien être un Palmier du genre Phœnix. *V*. DATIER. (B.)

* AZONUALALA. BOT. PHAN. Petit fruit rouge de Madagascar, comparé par Flacourt à la Groseille. (B.)

AZORELLE. *Azorella*. BOT. PHAN. Genre de la famille des Ombellifères, à la fin de laquelle il se place naturellement près d'Hydrocotyle, dans la Pentandrie Digynie, L., formé par Lamarck (Encyc. Bot. Illustr. t. 189, f. 1). Les détails de la fructification ont été soigneusement représentés par Achille Richard (Ann. génér. des Scienc. phys. T. IV, pl. 2), comparativement avec ceux des genres Bolax, Fragosa, Bowlesia et Spananthe, qui n'en sont pas moins rapprochés qu'Hydrocotyle. Ses caractères sont : fleurs polygames, ayant les styles beaucoup plus longs que les pétales ; le fruit rugueux, presqu'à trois côtes, couronné par les dents du calice, ovale et comprimé ; l'ombelle simple, imparfaite et composée d'un très-petit nombre de fleurs. L'espèce fort humble, qui sert de type au genre, a été rapportée par Commerson des rives du détroit de Magellan. Gaertner en avait formé avec les *Bolax* le genre *Chamisis*; mais Achille Richard (*loc. cit.*) a bien démontré que le genre, dont il est question, devait être conservé. (B.)

AZOTE. *V.* AIR et GAZ.

AZOU. BOT. PHAN. Et tous ses dérivés en langue malgache. *V.* HAZOU. (B.)

AZOUFA. MAM. (Vincent-Leblanc.) Syn. d'Hyène aux pays de Fez et de Maroc. (B.)

AZTATL. OIS. Syn. du Héron blanc, *Ardea alba*, au Mexique. *V.* HÉRON. (DR..Z.)

AZUCHE. BOT. PHAN. (L'Écluse.) Même chose qu'Azébuche. *V.* ce mot. (B.)

AZULAM OU AZULAN. OIS. Espèce du genre Gros-Bec, *Coccothraustes cyanea*, Vieill. (Oiseaux chant. pl. 64.) *V.* GROS-BEC. (DR..Z.)

AZULHINA. OIS. Nom portugais d'une espèce de Bengali. (DR..Z.)

AZUL-LEXOS. OIS. (Catesby.) Syn. du Ministre, Buff., *Emberiza cyanea*, L. *V.* BRUANT. (DR..Z.)

AZUR. OIS. Espèce de Gobe-Mouche des Philippines, *Muscicapa cærulea*, Lath. *V.* GOBE-MOUCHE. (DR..Z.)

AZUR. BOT. CRYPT. (*Champignons.*) Syn. d'*Agaricus cyaneus*, Bull. (B.)

AZUR. MIN. Verre coloré en bleu par le Cobalt, et réduit en poudre, dont le degré de finesse est déterminé par la décantation. Le Verre, broyé au moulin avec de l'eau, est versé dans un tonneau percé de quatre trous à des hauteurs réglées, et garnis de robinets. Après un instant de repos, on ouvre les robinets, et on recueille, dans des vases séparés, ce qui s'en écoule ; on laisse reposer, on décante l'eau, et l'on fait sécher les poudres qui prennent le nom d'Azur de premier, deuxième, troisième et quatrième feux, suivant qu'elles sont sorties des premier, deuxième, troisième ou quatrième robinets. — Cet Azur est employé à donner l'œil au linge. L'Azur de Cuivre ou Cendres bleues artificielles est un mélange de Chaux avec du sous-Nitrate de Cuivre, duquel il résulte une combinaison de Nitrate de Calcium avec de l'Hydrate de Cuivre. Cet Azur sert à peindre les papiers de tentures, etc. (DR..Z.)

AZUR DE CUIVRE. MIN. Nom que l'on donne vulgairement au Cuivre carbonaté bleu. *V.* CUIVRE CARBONATÉ. (G. DEL.)

AZUR (PIERRE D'). MIN. *V.* LAZULITE.

AZURÉ. REPT. SAUR. et POIS. Espèces de Stellion et de Cyprin. *V.* ces mots. (B.)

AZURI. OIS. Syn. de l'Étourneau, *Sturnus vulgaris*, L. *V.* ÉTOURNEAU. (DR..Z.)

AZURIN. OIS. Espèce du genre Brève, *Turdus cyanurus*, L. *V.* BRÈVE. (DR..Z.)

AZUROR. POIS. Espèce du genre Cœsio de Lacépède. (B.)

AZUROUGE. OIS. Espèce du genre Gros-Bec, *Fringilla bicolor*, Vieill. (Ois. chant. pl. 19.) *V.* GROS-BEC. (DR..Z.)

AZUROUX. OIS. Espèce du genre Bruant, *Emberiza cærulea*, L. *V.* BRUANT. (DR..Z.)

AZUVERT. OIS. Espèce du genre Gros-Bec, *Fringilla tricolor*, Vieill. (Ois. chant. pl. 20.) *V.* GROS-BEC.

Azara donne ce nom à un Ara, *Macrocercus glaucus*, Vieill. *V.* ARA. (DR..Z.)

* AZUZENA. BOT. PHAN. Syn. de Lis, *Lilium candidum*, L. chez les Arabes. Mot qui est passé dans l'espagnol, pour désigner la même fleur, et duquel est dérivé chez les Juifs, Arabes d'origine, le nom propre de Suzanne, significatif de candeur. (B.)

AZUZENO. BOT. PHAN. Syn. de *Cinchona grandiflora* au Pérou. (B.)

AZYGOS. Veine impaire située dans la poitrine, au côté gauche de la colonne vertébrale, communiquant d'une part avec la veine cave inférieure, soit immédiatement, soit au moyen de la veine rénale ou de toute autre veine, et s'ouvrant dans la veine cave supérieure, près de l'oreillette droite du cœur : elle est formée surtout par la réunion de la plupart des veines intercostales. Comme toutes les veines, elle offre quelques variétés dans la disposition de ses rameaux; elle est quelquefois double, comme dans les Sauriens. On pense qu'elle est un moyen de communication entre les deux veines caves, comme une seconde route pour le sang de la veine cave inférieure, qui pourrait être gêné dans son cours par les fréquentes inflammations des organes qu'il traverse. Jusqu'à quel point peut-on attribuer à la nature de pareilles prévisions? (B.)

B.

BAAK-ROOSEN. BOT. PHAN. Même chose qu'Adambe ou Adamboé. *V.* ces mots et LAGESTROEMIA. (B.)

BAALA-PALETI. BOT. PHAN. Syn. d'*Uvaria zeylanica*. *V.* UVARIA. (B.)

* BAANDWORM. INT. C'est-à-dire *Ver ruban*. Syn. danois de Tænia. *V.* ce mot. (LAM..X.)

BAARDINAN. POIS. Poisson indéterminé des Indes-Orientales, qui, selon les Hollandais, a sa mâchoire inférieure garnie de filets fort longs. C'est peut-être un Pimélode. (B.)

BAARS. POIS. Syn de Perche en Hollande. (B.)

BAARSCH. POIS. Syn. de Perche dans la Poméranie prussienne. (B.)

BAART-MANNETJE. POIS. Selon les Dictionnaires antérieurs; Syn. hollandais de Surmulet, espèce du genre Mule. *V.* ce mot. (B.)

BABA. OIS. Syn. du Pélican blanc en Sibérie, *Pelecanus Onocrotalus*, L. *V.* PÉLICAN. (DR..Z.)

BABAN. INS. Nom donné sur les côtes de Gênes et de Nice à un Insecte funeste aux Oliviers, qui paraît être celui dont Geoffroy a fait le genre Thrips. *V.* ce mot. (B.)

BABATAMBI OU BABATEMBI. BOT. PHAN. (Surian.) Syn. de *Triopteris jamaicensis*. *V.* TRIOPTÈRE. (B.)

* BABATU. BOT. PHAN. Syn. de Ciguë selon Adanson. (B.)

BABELA. BOT. PHAN. (Cossigny.) Acacie indéterminée de l'Inde, qui nourrit l'un des Insectes producteurs de la Laque. (B.)

* BABEURRE OU LAIT-DE-BEURRE. *V.* BEURRE.

BABGACH. OIS. Syn. de Héron. *Ardea cinerea*, L. chez les Arabes. *V.* HÉRON. (B.)

BABIANA. BOT. PHAN. On trouve sous ce nom, dans le *Botanical Magazin*, un genre nouveau formé de quelques espèces de Glayeuls et d'Ixia. Ce genre n'a point été adopté. (A. R.)

* BABIBIRON. BOT. PHAN. L'un des noms arabes qui répondent à Carotte. (B.)

BABILLARD. OIS. Syn. de *Muscicapa viridis*, L., Merle verd de la Caroline, de Buffon. (DR..Z.)

BABILLARD. POIS. Espèce du genre Pleuronecte qui, selon le Dictionnaire de Déterville, « fait continuellement un bruit qu'on peut » comparer à une personne qui parle » vite. » Nous ne connaissons pas ce Poisson. (B.)

BABILLARDE. OIS. Espèce du genre Bec-Fin, *Motacilla Curruca*, L. Fauvette babillarde, Buff. pl. enlum. 580. Europe. *V.* SYLVIE. (DR..Z.)

BABIROUSSA. MAM. Qui se trouve quelquefois écrit par erreur, *Babironsa*, *Babirosa*, *Babirosea*, *Baby-roussa* ou *Babyrussa*. Espèce du genre Cochon. *V.* ce mot. (B.)

BABOON. MAM. Syn. anglais de Babouin, selon Desmarest. (B.)

BABORA. BOT. PHAN. (Nicholson). Syn. caraïbe de Cucurbitacées. *V.* ce mot. (B.)

BABOSA-QUINADO. BOT. PHAN. Syn. de *Cissus quadrangularis* selon Lamarck, chez les Portugais de la côte de Malabar. *V.* CISSUS. (B.)

BABOUCARD. OIS. (Buff.) *Alcedo Ispida*, L., *Ispida senegalensis*, Briss. On applique en général ce nom à plusieurs espèces du genre Martin-Pêcheur. *V.* ce mot. (DR..Z.)

BABOUIN OU PAPION. MAM. *V.* CYNOCÉPHALE.

*BABOUL. OIS. Espèce de Canard-Sarcelle d'Egypte, mentionnée par Forster; c'est l'*Anas Balbul*, L. *V.* CANARD. (DR..Z.)

BABOULI-CANTI. BOT. PHAN. Syn. de *Flacourtia sepiaria*, Roxb. Corom. tab. 68. *V.* FLACOURTIE. (B.)

BABUK. MAM. Syn. de Gerboise chez les Russes. (B.)

BABY-ROUSSA ET BABYRUSSA. MAM. *V.* BABIROUSSA. (B.)

BACA. BOT. PHAN. Même chose que Bæa. *V.* ce mot. (B.)

* BACALADO OU BACHALADO. POIS. Qu'on prononce *Bacalaou*. Syn. de Morue salée en espagnol. (B.)

BACAU OU BACAUVAN. BOT. PHAN. (Camelli.) Espèce de Manglier des Philippines dont l'Héritier avait formé un genre sous le nom de Bruguiera. *V.* ce mot et MANGLIER. (B.

BACAZIE. *Bacazia*. BOT. PHAN. Ce genre proposé par Ruiz et Pavon appartient au groupe des Labiatiflores établi par De Candolle dans la famille des Synanthérées, et fait partie de la Syngénésie Polygamie égale, L. Voici les caractères qu'on lui assigne : involucre ovoïde, formé d'écailles imbriquées et scarieuses; phorante garni de soies; un seul fleuron central tubuleux, très-grand et stérile; environ huit demi-fleurons situés extérieurement, hermaphrodites et fertiles, plus longs que l'involucre, à quatre dents. Leurs fruits, qui sont anguleux, sont couronnés par une aigrette plumeuse.

Ce genre, encore fort mal connu, renferme deux espèces qui sont de petits Arbustes originaires des Andes du Pérou. (A. R.)

BACBAKIRI. OIS. Nom africain du Gonolek à plastron noir, *Turdus zeylonus*, L. Emprunté du cri *bac-ba-kiri* qu'il fait entendre. *V.* PIE-GRIÈCHE. (DR..Z.)

BACCALE. POIS. Espèce de Poisson que Thevet dit se pêcher dans les îles d'Amérique, mais qui demeure entièrement inconnu. Ce nom est peut-être une altération de l'espagnol *Bacalado*. *V.* ce mot. (B.)

BACCANTE. BOT. PHAN. Pour Bacchante. *V.* BACCHARIDE. (B.)

BACCAREO. MAM. Dont *Baccareos* est le pluriel. (Gemelli Carreri.) Animal de l'Indoustan, que l'on dit avoir de la ressemblance avec le Daim, dont la chair a du rapport avec celle du Porc, et qui, conséquemment, pourrait bien être l'Axis. *V.* CERF. (B.)

BACCAULAIRE. BOT. PHAN. (Desvaux.) *V.* FRUIT.

BACCAURÉE. *Baccaurea*. BOT. PHAN. Loureiro a décrit sous ce nom un genre de Plantes qui contient trois Arbrisseaux originaires de la Cochinchine, et qui se distinguent par les caractères suivans : leurs fleurs sont apétales, dioïques et en épis allongés; les mâles ont un calice profondément quinqueparti, six à huit étamines, et un pistil rudimentaire; dans les fleurs femelles, le calice se compose de cinq sépales distincts; l'ovaire est arrondi et à trois loges; le stigmate est sessile et lenticulaire. Le fruit est une baie allongée ou arrondie, d'une belle couleur jaune dorée. (De-là le nom de *Baccaurea* qui a été imposé à ce genre.) Les trois espèces décrites par Loureiro ont les feuilles éparses, ovales, lancéolées. On les cultive dans les jardins. Leurs fruits ont une saveur aigrelette assez agréable. (A. R.)

BACCHA. INS. Genre de l'ordre des Diptères, établi par Fabricius (*Syst. Antl.*), et répondant à celui que Latreille nomme SÉPÉDON. *V.* ce mot. (AUD.)

BACCHANTE. INS. (Geoffroy.) Syn. de *Papilio Dejanira*, L. Lépidoptère aujourd'hui placé dans le genre Satyre. *V.* ce mot. (B.)

BACCHANTE. BOT. PHAN. Même chose que Baccharide. *V.* ce mot. (A. R.)

BACCHARIDE OU BACCHANTE. *Baccharis.* BOT. PHAN. Genre de la famille des Synanthérées corymbifères, placé par H. Cassini dans sa tribu des Astérées. Il présente des fleurs ordinairement dioïques, surtout dans les espèces frutescentes; un involucre ovoïde, allongé, formé d'écailles imbriquées; le phoranthe est nu ou garni de quelques squammules; les fleurs mâles sont infundibuliformes, à cinq lobes, régulières; le tube anthérifère est saillant; les fleurs femelles sont tubuleuses, non évasées au sommet qui présente quatre à cinq petites dents rapprochées; le fruit est couronné par une aigrette simple, sessile, dont les poils sont légèrement barbus.—Le genre *Baccharis* est très-voisin du genre *Conyza* avec lequel plusieurs auteurs, et, entre autres, Desfontaines, l'ont réuni. Mais il s'en distingue surtout par ses fleurs dioïques, tandis qu'elles sont hermaphrodites et femelles dans un même involucre, dans les Conyzes qui ont de plus l'aigrette formée de poils entièrement simples. On doit réunir aux Baccharis les espèces du genre *Molina* de Ruiz et Pavon, qui n'en diffèrent aucunement.

On compte aujourd'hui plus de quatre-vingts espèces du genre qui nous occupe; elles sont dispersées dans presque toutes les régions du globe, à l'exception de l'Europe; le plus grand nombre est originaire de l'Amérique australe.

On cultive dans les jardins la Baccharide de Virginie ou Seneçon en Arbre, *Baccharis halimifolia*, Arbrisseau dioïque, de dix à douze pieds d'élévation, dont les feuilles sont persistantes, ovales, dentées, blanchâtres, et dont les fleurs, d'un blanc rosé, forment un corymbe terminal. Il est originaire de l'Amérique septentrionale, et passe l'hiver en pleine terre à Paris.—On cultive également la Baccharide à feuilles de Laurier rose, *Baccharis neriifolia*, originaire des mêmes contrées, moins élevé que le précédent, et en différant surtout par ses feuilles étroites, lancéolées, aiguës, légèrement ferrugineuses. Ses fleurs blanches forment des espèces de grappes terminales. Il demande à être abrité dans l'orangerie pendant les grands froids. (A. R.)

BACCHAROIDES. BOT. PHAN. La Plante désignée d'abord sous ce nom par Linné dans sa *Flora zeylanica*, qu'il a ensuite nommée *Conyza anthelmintica*, et que Willdenow a placée dans le genre *Vernonia*, forme le genre *Ascaricida* de Cassini. *V.* ASCARICIDE. (A. R.)

BACCHUS. INS. *Becmare* de Geoffroy. *V.* ATTELABE. (AUD.)

BACCHUS. POIS. Espèce de Poisson, mentionnée par Pline comme voisine de son Asellus qui paraît être l'Æglefin ou Aigrefin, espèce de Gade. *V.* ce mot. (B.)

BACCIENS. BOT. PHAN. (Mirbel.) *V.* FRUIT.

BACCIFER. BOT. CRYPT. (*Hydrophytes.*) Genre proposé par Roussel dans la Flore du Calvados, pour le *Fucus baccatus*; il n'a pas été adopté par les algologues. (B.)

BACCILLAIRE, des Dictionnaires précédens. ZOOL. *V.* BACILLAIRE, et dans Goëze une espèce de Tænia. *V.* ce mot. (B.)

BACCIVORES. OIS. Vieillot a donné ce nom à sa seizième famille des Oiseaux Sylvains, de la tribu des Anisodactyles, qu'il suppose se nourrir tous également de baies. (DR..Z.)

BACCOUCOUHAKECHA ou **BACOUCOU.** BOT. PHAN. Syn. caraïbes de Bananier. *V.* ce mot. (B.)

BACEIQ. OIS. Syn. arabe de l'Épervier, *Falco Nisus*, L. *V.* FAUCON. (DR..Z.)

BACELLO. OIS. Syn. de Hobereau en Italie. *V.* FAUCON. (B.)

BACHA. OIS. Aigle d'Afrique, qui doit appartenir à la cinquième division (les Buses) du genre Faucon, *Falco Bacha*, Lath. Daud. Levail. Orn. d'Afrique. pl. 15. *V.* AIGLE. (DR..Z.)

BACHA DE MER. POIS. (Commerson.) Syn. du Triure Bougainville, de Lacépède. *V.* TRIURE. (B.)

BACHALA. BOT. PHAN. Nom arabe d'*Amaranthus oleraceus*, L. Espèce d'Amaranthe fort commune dans presque toutes les parties du globe. *V.* AMARANTHE. (B.)

* **BACHALADO.** POIS. *V.* BACALADO.

* **BACH-AMSEL.** OIS. Syn. allemand de *Sturnus Cinclus*, L. *V.* CINCLE. (B.)

BACHAO, BACHAS ou **BUCHO.** BOT. PHAN. Même chose que Bacau. *V.* ce mot. (B.)

BACHE. BOT. PHAN. Grande et précieuse espèce de Palmier encore insuffisamment connue, et qui croît à la Guyane, sur le bord des rivières et des ruisseaux, dans les cantons marécageux. On n'en sait que ce qu'en a dit Aublet (Observ. sur les Palm. Guyan. p. 103). « La Bache, dit ce botaniste, est le seul Palmier que j'aie rencontré de son espèce : son tronc est fort dur, ses fibres longitudinales sont noires et solides; il s'élève à trente pieds et plus, sur deux et plus de diamètre. Il est comme triangulaire. Ses feuilles, en éventail, ont cinq pieds de largeur. Les fruits, portés sur un régime très-branchu et fort grand, sont de la grosseur d'une pomme moyenne; leur coque est lisse, vernissée et comme couverte d'écailles. » Une pareille description, toute incomplète qu'elle est, autoriserait à regarder la Bache comme appartenant au même genre que le Raphia de Madagascar; mais Kunth (*in Humb. et Bonp.*) la rapproche du *Macaricia*. Le fruit fournit à la nation des Maïes un aliment qu'Aublet compare au pain. Son tronc sert à la construction des carbets; le pédicule ou stipe des feuilles, à border les bateaux. Le fil qu'on tire des folioles est très-fort; on en fait des hamacs et des pagnes. Les Perroquets sont friands de son fruit, et c'est sur cet arbre qu'on leur tend ordinairement des piéges. (B.)

BACHEBO. OIS. Syn. vulgaire du Pivert, *Picus viridis*, L. *V.* PIC. (DR..Z.)

* **BACHENIN.** BOT. PHAN. (Savigny.) Syn. de *Nymphæa cœrulea* chez les Arabes. (B.)

BACHFORE. POIS. Syn. de Truite dans quelques parties de l'Allemagne. *V.* SAUMA. (B.)

BACHI-BACHA ou **BACHI-BACHI.** BOT. PHAN. Arbre de Madagascar qui paraît être une espèce de Muscadier. (B.)

* **BACH-STETZE.** OIS. Syn. allemand de *Motacilla fulva*, L. *V.* BERGERONETTE. (B.)

BACILE. *Crithmum.* BOT. PHAN. Famille des Ombellifères, Pentandrie Digynie, L. Ce genre présente les caractères suivans : son involucre et ses involucelles sont composés de plusieurs folioles; les pétales sont d'un blanc jaunâtre, un peu roulés; le fruit est ovoïde, couronné par les dents du calice; il est spongieux et strié. Ses fleurs forment des ombelles hémisphériques, composées d'un grand nombre de rayons.

La Bacile maritime, *Crithmum maritimum*, L., vulgairement appelée *Perce-Pierre* ou *Passe-Pierre*, croît sur les rochers aux bords de la mer; on la cultive quelquefois dans les jardins. Ses feuilles sont épaisses, charnues et profondément découpées; on les confit au vinaigre avec l'Estragon.

Les trois ou quatre espèces dont ce genre se compose ont été dispersées par Sprengel dans plusieurs autres genres. Ainsi le *Crithmum latifolium*, L. Suppl., ou *Crithmum canariense*, Cav., est placé parmi les *Tenoria*. Le *Crithmum pyrenaicum* de Forskalh est rapporté à l'*Athamanta*, et enfin le *Crithmum maritimum* est, pour le célèbre professeur de Hall, une espèce du genre *Cachrys*. *V.* ces mots. (A. R.)

BACILLAIRE. *Bacillaria*. INF. Genre très-ambigu, formé d'abord par Müller, et que cet habile observateur réunit par la suite aux Vibrions, sans qu'on en puisse trop expliquer la cause, puisqu'il n'existe aucun rapport naturel entre ces êtres. Les Vibrions sont certainement et uniquement Animaux; le genre Bacillaire paraît d'une animalité douteuse, et nous avons long-temps hésité à le confondre entre nos Arthrodiées, parmi les Nématoplates, les Diatomes ou les Achnantes. *V.* tous ces mots. L'autorité de Müller nous détermine à laisser le genre dont il est question dans les dernières limites d'un règne dont il est comme l'une des plus imparfaites ébauches, mais où il deviendra le type d'une petite famille. *V.* Bacillariées.

Les caractères du genre *Bacillaria* sont: Animalcules mycroscopiques, dont le corps linéaire, simple, cylindrique et égal dans toute sa longueur, s'adapte, dans les espèces sociales, à celui de l'individu voisin, soit dans toute sa longueur, soit par l'une de ses extrémités seulement, de manière à présenter dans leur réunion, une figure carrée, une longue ligne articulée ou diversement brisée, enfin toute autre disposition intermédiaire. Ce genre est assez nombreux en espèces; une seule était jusqu'ici connue; Müller l'observa le premier en grande abondance sur l'*Ulva latissima* des rives de Danemarck; nous l'avons revue sur la même Plante ainsi que sur d'autres Hydrophytes dans l'île de Sud-Beweland en Zélande.

Bacillaire paradoxale, *Bacillaria paradoxa*, Müll., *Kleine*, *Skriffen. Nov. act. Stock.* T. I. tab. 1. f. 1-8. Gmel. *Syst. nat.* XIII. T. 1. part. 4. 3903; *Vibrio (paxillifer) flavescens, paleis gregariis multifariam ordinatis*, Müll. *Inf.* p. 54. t. 7. fig. 3-7. Vibrion Porte-pieu Encyc. Vers. illustr. p. 11. pl. 5. f. 16-20, d'après Müller. (*V.* pl. de ce Dic. Bacillariées, fig. 1.) C'est avec la lentille d'une ligne de foyer que l'on commence à bien reconnaître toute la singularité de cette production, dont nous n'avons pas vu plus que Müller des individus séparés de leur série, et exerçant séparément les mouvemens à l'aide desquels ils raccourcissent, allongent et brisent les figures qu'ils se donnent en commun. Le *Baccillari communis*, N., est l'espèce la plus commune dans les eaux douces des environs de Paris.

Le genre Bacillaire est facile à distinguer des Echinelles qui sont coniques ou amincies par un bout, ainsi que des Lunulaires et des Navicules qui sont amincies par les deux extrémités. Il n'offre aucune espèce de rapport avec l'Arthrodie de Rafinesque. *V.* tous ces mots. (B.)

* BACILLARIÉES. INF. Famille obscure dont nous proposons l'établissement dans les dernières limites du Règne Animal, parmi les êtres mycroscopiques, improprement et provisoirement nommés Infusoires; elle se composera d'Animalcules, dont les uns sont doués de mouve-

mens individuels très-décidés, et les autres de mouvemens qui ne s'exercent que dans une sorte de réunion sociale d'individus diversement groupés. La plupart des Bacillariées ont de tels rapports d'apparence avec la première division de nos Arthrodiées, les *Fragillaires*, qu'il est, au premier coup-d'œil, difficile de les en distinguer; mais un plus grand développement de vie animale nous paraît légitimer la séparation. Leurs caractères consistent dans leur corps transparent, roide et ne pouvant jamais se donner de mouvement anguin, mais nageant et agissant par balancement et par glissement. Ce corps est cylindrique ou comprimé sur un seul côté ou sur les deux, égal ou aminci aux extrémités, linéaire, cunéiforme, aigu, tronqué ou obtus, en général marqué de points globuleux ou de teintes jaunâtres. Les genres qui composent notre famille des Bacillariées, et à l'article desquels on trouvera de plus amples détails, seront répartis dans les deux ordres suivans :

† *Corps de chaque individu parfaitement simple.*

α Vivant souvent en société.

I. Bacillaire, *Bacillaria*. Mull. (*V.* pl. de ce Dictionnaire, Bacillariées, fig. 1). Corps linéaire, cylindrique, égal dans toute sa longueur, adapté à celui de l'individu voisin, soit dans cette longueur, soit par l'une des extrémités seulement. Le *Vibrio paxillifer* de Müller, *Inf.* p. 54. t. 7. f. 3—7, est le type de ce genre, dont les espèces sont indifféremment d'eau douce ou marines.

II. Echinelle, *Echinella*, (*V.* pl. de ce Dict., Bacillariées, f. 2). Lyngbye a donné ce nom au dernier genre qu'il établit dans son excellent ouvrage sur les Algues aquatiques du Danemarck comme une sorte de Chaos où cet auteur semblait confondre des êtres dont la véritable organisation lui échappait. Nous l'avons restreint à l'un des genres de notre famille des Bacillariées, dont les caractères consistent : en un corps cunéiforme, transparent, nageant isolément, ou se collant à d'autres individus de manière à paraître doubles, triples ou en forme d'éventail; les Echinelles se fixent par l'une de leurs extrémités sur quelque corps étranger, quand l'animal, ne nageant plus, devient immobile; fixées sur des Conferves elles ont causé l'erreur des auteurs de la Flore danoise, qui ont figuré comme des espèces nouvelles du genre Conferve, dans plusieurs planches de leur belle collection, des individus figurés ailleurs sans Echinelles parasites et sous d'autres noms. L'*Echinella cuneata*, de Lyngbye est le type de ce genre.

β Espèces vivant toujours isolées.

III. Navicule, *Navicula*, N. (*V.* pl. de ce Dict., Bacillariées, fig. 3). Ce nom est emprunté de la forme des Animalcules auxquels nous l'appliquons, et dont le corps ressemble à une navette de tisserand; ce corps linéaire, comprimé, au moins sur un côté, est aminci aux deux extrémités. Le *Vibrio tripunctatus* de Müller est le type de ce genre, dans lequel rentre l'*Echinella acuta* de Lyngbye, et l'Animalcule que Gaillon, observateur exact de Dieppe, a reconnu être la cause de ce qu'il appelle *Viridité des Huîtres*. *V.* ce mot.

IV. Lunuline, *Lunulina*, N. (*V.* pl. de ce Dict., Bacillariées, fig. 4). La figure qu'affectent les Animalcules de ce genre leur a mérité le nom par lequel nous les désignerons désormais. Moins agiles que ceux du genre précédent, ils doivent peut-être l'immobilité qui leur est le plus ordinaire à cette courbure par laquelle leurs mouvemens sont gênés; ils sont simples, amincis aux extrémités, comprimés et contournés en forme de croissant. Quelques espèces de ce genre sont vertes, et ce sont les seules de cette couleur parmi les Bacillaires. Le *Vibrio Lunula* de Müller est le type de ce genre dans lequel rentrent les individus représentés par Lyngbye, dans le bas de sa fig. *C*, pl. 70, sous le nom d'*Echinella olivacea*.

†† Corps de chaque animalcule co-

nique, et porté sur un stype simple ou rameux dont il se détache parfois.

Un seul genre rentre jusqu'ici dans cette section.

V. STYLLAIRE, *Styllaria*, N. (*V.* pl. de ce Dict. Bacillariées, f. 5). Draparnaud avait donné ce nom, dans la correspondance que nous entretenions, à une multitude d'Infusoires qu'il découvrait en répétant les observations que nous lui communiquions, et qui toutes étaient des Bacillariées. En divisant cette famille en groupes, nous avons restreint le nom de Styllaires à l'un de ses genres, dont les caractères consistent en un stipe translucide, inarticulé, simple, ou divisé en deux ou trois branches, à l'extrémité desquelles se développent des corps cylindriques, cunéiformes ou semblables aux urnes d'un *Splachnum;* corps qui, se détachant à une certaine époque, nagent avec plus ou moins de vélocité. On pourrait considérer les Styllaires comme des Echinelles stipitées. Les *Echinella geminata, paradoxa* et *cuneata* de Lyngbye rentrent dans ce genre que nous eussions placé dans la division des Zoocarpées de notre famille des Arthrodiées, à côté d'Anthophysis, si les Styllaires n'étaient entièrement dépourvues d'articulations dans toutes leurs parties. (B.)

BACINET OU BASSINET. BOT. PHAN. Syn. de *Ranunculus bulbosus*, L. *V.* RENONCULE. (B.)

* BACIUCCO ET BATICULA. (Cœsalpin.) Syn. de *Crithmum maritimum*, L. *V.* BACILE. (B.)

BACKELYS OU BAKELEYS. MAM. Nom que donnent les Hottentots à des Bœufs d'une race particulière, que Kolbe dit être employés à la garde des troupeaux, comme les Chiens le sont dans la plupart des autres contrées du globe. *V.* BOEUF. (B.)

BACKER. OIS. C'est-à-dire *Béqueteur*. Syn. suédois d'une espèce d'Hirondelle de mer. *V.* STERNE. (DR..Z.)

BACKLAN OU BACKLANI. OIS. Syn. de Cormoran, *Pelecanus Carbo*, L. en Tartarie. *V.* CORMORAN. (DR..Z.)

BACKRA. POIS. Syn. suédois de Truite. *V.* SAUMON. (B.)

BACONE. *Baconia*. BOT. PHAN. Genre établi par De Candolle (Annales du Mus. 9. p. 220) dans la famille des Rubiacées, Tétrandrie Monogynie, L. pour un Arbrisseau originaire de Sierra-Leone, dont les feuilles sont opposées, les stipules réunies en gaîne à leur base, et dont les fleurs forment une sorte de corymbe terminal, composé de pédoncules trichotomes. Ses caractères distinctifs sont: un calice urcéolé à quatre lobes, soudé avec l'ovaire qui est infère; une corolle régulière infundibuliforme, à limbe ouvert et quadriparti, ayant l'entrée du tube garnie de poils assez longs. Les quatre étamines sont presque sessiles; leurs anthères sont longues et saillantes; l'ovaire est surmonté d'un style et d'un stigmate simples; le fruit est une baie presque sèche, renfermant deux graines convexes du côté externe, planes du côté interne.

Ce genre a du rapport avec les genres *Faramœa* d'Aublet, *Ixora*, L. et *Pavetta*, L. *V.* ces mots. (A. R.)

BACOPE. *Bacopa*. BOT. PHAN. Aublet a décrit et figuré (*Guyan*. 1. p. 129. t. 49), sous le nom de *Bacopa aquatica*, une petite Plante originaire de la Guyane, où elle croît sur le bord des ruisseaux, et dont les tiges sont herbacées, les feuilles opposées en croix et amplexicaules, les fleurs pédonculées, solitaires aux aisselles des feuilles. Cette Plante constitue un genre distinct dans la famille naturelle des Portulacées. Le genre Bacope offre pour caractères: un calice à cinq divisions inégales, dont la supérieure est plus grande; une corolle monopétale régulière, à cinq lobes, portant cinq étamines, dont les anthères sont sagittées; l'ovaire est à une seule loge, et surmonté d'un style et d'un stigmate simples. Le fruit est une capsule globuleuse, uniloculaire, renfermant un assez grand nombre de graines. (A. R.)

BACOVE. BOT. PHAN. Variété de Banane. *V.* ce mot. (B.)

* BACTRIDIUM. BOT. CRYPT. (*Mucédinées.*) Genre établi par Kunze qui lui donne le caractère suivant: sporidies nues, agrégées, oblongues, transparentes aux deux extrémités, remplies de sporules réunies en masse, grumeleuses vers le centre, insérées sur des filamens rameux, articulés, rampans, tronqués au sommet, devenant ensuite libres et épars à leur surface. Kunze n'en décrit qu'une espèce à laquelle il donne le nom de *Bactridium flavum*. Elle forme sur les vieux troncs d'Arbres des taches jaunes, irrégulières, souvent presque globuleuses, compactes; les sporidies sont oblongues, ovales, obtuses; les filamens sont peu rameux, à articulations assez éloignées. — Kunze en a donné une figure dans son Fascicule d'observations mycologiques, tab. 1. fig. 2. (AD. B.)

BACTRIS. BOT. PHAN. Genre établi par Jacquin dans la famille des Palmiers, qui se compose de trois à quatre espèces dont les caractères génériques sont les suivans: fleurs monoïques, réunies dans un même spadice, les fleurs mâles ayant un calice double, chacun à trois divisions profondes, et six étamines attachées au plus intérieur des deux calices. Dans les fleurs femelles, le calice intérieur est à trois dents; l'extérieur, beaucoup plus petit, est également tridenté; l'ovaire est à trois loges, et se termine supérieurement par un style très-court, trifide à son sommet. Le fruit est une drupe à une seule loge, par l'avortement des deux autres; l'endocarpe osseux est percé de trois trous à sa partie supérieure.

Toutes les espèces de ce genre ont les frondes pennées et le régime ramifié, enveloppé dans une spathe monophylle. Ces espèces sont le *Bactris major* et le *Bactris minor* décrits par Jacquin; le *Bactris minima* de Gaertner, dont Mayer a fait son genre *Astrocaryum*, *V.* ce mot, et le *Bactris gasipaes*, décrit récemment par Humboldt et Bonpland. Ces quatre espèces sont originaires de l'Amérique méridionale. (A. R.)

BACTYRILOBIUM. BOT. PHAN. Genre formé par Willdenow aux dépens des Casses pour les espèces dont le fruit est rempli d'une substance pulpeuse, ou divisé par des articulations que séparent des cloisons transversales. La Casse des boutiques, *Cassia Fistula*, en fait partie. Il n'a pas été adopté. *V.* CASSE. (B.)

BACULITE. *Baculites*. MOLL. FOSS. Genre de Céphalopodes de la famille des Ammonées, *V.* ce mot, institué par Lamarck (Mém. de la Soc. d'Hist. natur. de Paris et An. s. vert. 1re édit. p. 103), pour des moules intérieurs de Coquilles multiloculaires, à cloisons feuilletées, observés depuis très-long-temps par les naturalistes, et qui ont les plus grands rapports avec les Ammonites. Ces Fossiles, singuliers par leur forme cylindrico-conique et par leur longueur, furent long-temps un sujet d'énigme, et ils ont reçu différens noms d'après les idées d'analogie qu'ils ont fait naître aux premiers observateurs.

Scheuchzer (*Lithogr. helv.*, p. 39, f. 82, et *Oryctogr. helv.*, p. 329, f. 163) nomme la Baculite *Ceratoides articulatus*. Klein (*Oryctogr. gedanensis*) l'appelle *Ammonites cylindricus*; il la désignait aussi quelquefois par l'épithète de *Lapis Sphingis* (d'après le baron de Zorn, cité par Walch, Pétrif. de Knorr). Langius a figuré, pl. 21, des articulations d'une assez grosse Baculite; ses figures ont été copiées par Bourguet (Tr. des Pétrif., tab. 49. f. 313 à 315), qui y a ajouté le dessin d'un autre individu plus petit, offrant plusieurs articulations réunies, du cabinet de Stadler de Neufchâtel. Langius et Bourguet appellent ces Fossiles Spondylolites ou *Vertèbres fossiles*, dénominations déjà employées avant eux; ils les regardent comme des Pierres formées ou moulées dans des cellules de Cornes d'Ammon. — Knorr et Walch les placent avec les Orthocératites, ainsi que le Catalogue de Davila, dans lequel, d'ailleurs, l'analogie des Baculites avec les Ammonites est bien reconnue, et où l'on trouve une figure assez correcte d'un grand individu qui venait de la Normandie (Cat. de Davila, tom. III, p. 66, art. 90, pl. 11. f. D. d).—De Hupsch crut cependant, après tous les naturalistes que nous venons de citer, et dont il indique lui-même une partie, avoir fait une importante découverte qu'il célèbre avec emphase (Nouv. Découverte de quelques Testacés, etc., sect. II, p. 75 et suiv., tab. IV). La figure qu'il donne de la Baculite est assez passable. Il l'avait trouvée à Saint-Salvador sur la Louisberg, près d'Aix-la-Chapelle, et en avait reçu de Saint-Pierre près Maëstricht. Il l'appelle Homalocératite, Tubulite cloisonnée et foliacée, Tuyau chambré, conique et feuilleté, et aussi Ammonite droit (*Ammonites rectus*).

Tel était l'état de nos connaissances sur les Baculites, lorsque Faujas, en ayant rencontré dans les Cryptes du plateau de Saint-Pierre, en remit quelques exemplaires à Lamarck qui en fit, sous ce nom, un nouveau genre (Mém. de la Soc. d'Hist. natur.); puis il la décrivit et la fit figurer dans son grand ouvrage sur l'histoire naturelle de cette montagne (p. 100, pl. 21). Faujas rapporte dans cet ouvrage les observations de quelques naturalistes sur les Baculites, et surtout celles du baron de Hupsch : il paraît penser qu'on ne doit pas en faire un genre distinct des Ammonites.

Le genre qui nous occupe a été adopté, depuis Lamarck, par de Roissy, Montfort, Bosc, Duvernoy, etc. Montfort a reconnu, je crois, le premier, l'existence d'un siphon, mais il le dit être central, quand il est, au contraire, latéral. Il forme (Conchyl. tom. 1, p. 347) un genre distinct sous le nom de Tiranite pour une pétrification déjà figurée par Knorr, et qu'il a trouvée dans la montagne Sainte-Catherine près Rouen. Ce genre ne nous paraît pas assez distinct des Baculites pour en être séparé; il est d'ailleurs peu connu encore, nous ne l'avons même jamais vu. Les individus de Knorr et de Klein venaient des environs de Dantzick, et il n'est pas certain que, malgré son assertion, Montfort l'ait trouvée à la montagne de Sainte-Catherine, en sorte que l'on ne peut que placer ce genre, avec doute, comme sous-genre des Baculites. Nous suivons, en les réunissant ainsi, l'exemple d'Ocken et de Desmarest.

Le premier de ces auteurs place les Baculites dans la famille des Lituites, très-loin des Ammonites, et n'en fait qu'un seul genre avec les Batolites, de la famille des Hippurites, les Raphanistres, de celle des Orthocères, et la Tiranite (*Lehrb der Zool.*, p. 323). Le second, dans un très-beau Mémoire inséré dans le journal de Physique (juillet 1817), montre que les Baculites ont un siphon latéral; il rectifie les caractères génériques imposés à ce genre par Lamarck, et fait connaître de nouvelles espèces dont il donne de bonnes figures.—Schweigger (*Handb. der Naturg.*, p. 752) ne fait des Baculites qu'une des nombreuses divisions de son genre Argonaute. Goldfuss (*Handb. der Zool.*, p. 678) en fait, d'après Cuvier (Règn. An., t. 2. p. 374), une coupe du genre Ammonite, ce qui est beaucoup plus rationel. Si aux indications précédentes, on ajoute l'article Baculite du Dict. des Sc. natur., on aura l'ensemble des renseignemens à consulter sur ce genre de Fossiles. On ne connaît que leurs moules; jusqu'ici on n'en a point rencontré qui eussent conservé leur test, pas même en partie, comme cela arrive chez les Ammonites. Les articulations de ces moules, plus ou moins sinueuses sur leurs bords, sont le plus souvent profondément lobées, comme dans les Cornes d'Ammon, et leurs lobes sont découpés en feuilles de persil; l'engrenage qui en résulte maintient ordinairement seul la réunion de ces articulations qui, n'étant point soudées les unes aux autres, sont mobiles et se séparent avec facilité. Cette construction pouvait, en effet, les faire prendre pour des Vertèbres fossiles, dans un temps où l'observation était moins éclairée qu'aujourd'hui. On trouve des morceaux de Baculites qui présentent trente ou quarante articulations mobiles, et qui ont jusqu'à 3 et 4 pouces de longueur. On juge alors par la progression nécessaire du cône, toujours plus ou moins tronqué, ce qui lui manque, et l'on est frappé de trouver que quelques Baculites vertébrales pouvaient avoir jusqu'à 2 pieds de longueur sur un diamètre de 18 lignes à la base du cône. D'autres espèces plus grosses font présumer une longueur de près d'un mètre. Si l'on fait attention alors qu'en admettant la seule supposition que l'analogie avec la spirule puisse faire admettre, savoir, que le test des Baculites était en partie ou peut-être entièrement contenu dans la portion postérieure du corps du Mollusque, celui-ci devait avoir, y compris sa tête, une longueur considérable, peut-être de 6 à 8 pieds pour les grosses espèces de ce genre, dont la race paraît être anéantie, comme celle de toutes les Ammonées.

Desmarest, dans le Mémoire cité plus haut, décrit plusieurs espèces de Baculites : l'une d'elles, la *B. gigantea*, doit être reportée au genre Hamite, selon Defrance, qui a observé des individus chez lesquels la courbure est sensible, et qui, d'abord, l'avait décrite sous le nom de *B. Cylyndracea;* cette espèce devait avoir plus d'un mètre de long. *V.* HAMITE. La *B. Knorriana* de Desmarest forme le genre Tiranite de Montfort; enfin ses *B. dissimilis* et *vertebralis* paraissent avoir été considérées par Lamarck et Defrance comme une seule et même espèce.

Les caractères du genre Baculite sont : test droit, cylindrico-conique, toujours comprimé ; articulations lobées ou simplement sinueuses ; siphon latéral situé à l'une des extrémités du grand diamètre de la coupe transversale.

† *Cloisons lobées, feuilletées et imbriquées sur leurs bords.*

Ier sous-genre. BACULITE, *Baculites*, Lamarck, Montfort, etc. Homalocératite, Hupsch.

B. VERTÉBRALE, *B. vertebralis*, Lam., Mém. de la Soc. d'Hist. natur. et An. s. vert., 1re édit. p. 103 ; Faujas, Hist. nat. de la montagne de Saint-Pierre, p. 100. pl. 21. f. 2, 3 ; Desmarest, *loc. cit.* Bac. de Faujas, *B. vertebralis*, pl. 2. f. 7 et 8; Davila, Catal. tom. 3. p. 66 art. 90. pl. 11. f. D. d. — Cette espèce est la plus commune. Sa forme est cylindrico-conique ; mais le cylindre est aplati, et la dépression étant plus forte latéralement, vers l'extrémité de l'axe où se trouve le siphon, il s'ensuit que le côté de ce siphon offre une carène aiguë, tandis que le côté opposé est arrondi. On y trouve, dit Defrance, comme dans les Ammonites et les Nautiles, une dernière loge sans cloisons. Le test a dû être originairement très-mince, vu le peu d'intervalle qui reste entre les cloisons. On trouve sept lobes aux bords des articulations, trois de chaque côté, et un plus petit, presque partagé lui-même en deux, et situé à l'extrémité de l'axe où est le siphon.

On ne peut rapporter qu'avec doute à cette espèce les figures de Scheuchzer, dont les originaux ont été trouvés en Suisse, et celles de Langius, de Bourguet et du baron de Hupsch.

Les individus que nous possédons des environs d'Aix-la-Chapelle sont beaucoup plus gros. Ils appartiennent à un terrain plus ancien que celui de la montagne de Saint-Pierre, et pourraient, comme ceux de Langius et de Bourguet, appartenir à une espèce distincte.

BACULITE DISSEMBLABLE, *B. dissimilis*, Desmarest, *loc. cit.*, p. 7. pl. 11. f. 4, 5, 6. Celle-ci ne diffère peut-être pas de la précédente, et c'est l'opinion de Defrance. Les deux côtés, n'étant peut-être pas également bien conservés, ont pu présenter des différences dans la forme des articulations, comme nous l'avons vu souvent dans l'espèce précédente. En plaçant le siphon devant soi, dit Desmarest, on voit que les sutures de la partie de droite sont très-ramifiées, en forme de feuille de persil, tandis que celles de la partie gauche consistent dans de simples lobes, dont les intervalles sont munis d'une très-légère pointe, qui rend comme bilobée la partie correspondante de l'articulation inférieure à celle qu'on observe. — On ignore sa patrie ; mais Desmarest croit qu'elle vient des environs de Vérone.

†† *Cloisons seulement sinueuses sur leurs bords.*

IIe sous-genre. TIRANITE, *Tiranites*, Montfort (*Conchyl.* t. 1. p. 346); Baculite, Desmarest, Ocken.

B. DE KNORR, *B. Knorriana*, Desmarest, *loc. cit.*, pl. 11. f. 3. Klein, *Oryctogr.* pl. III. f. 2 et 3. Walch, *Petrif. de Knorr*, t. IV, suppl. p. 201. pl. XII. f. 1 à 5. *Tiranites gigas*, Montfort, *loc. cit.* Celle-ci est fort rare. Klein et Walch la citent aux environs de Dantzick, et Montfort à la montagne Sainte-Catherine près de Rouen. Elle est très-remarquable par sa taille et sa compression excessive. Son grand diamètre transversal, dit Desmarest, a 0m,067, et le petit 0m,023 seulement. Walch croit avoir trouvé un vestige de siphon dans l'individu figuré par Klein, et il est à croire qu'il n'est pas central, ainsi que Montfort l'avance avec aussi peu de fondement, sans doute, que pour les Baculites. Les sutures sont peu apparentes, parce que, selon Desmarest, le test semble exister. Nous ne connaissons pas cette espèce sur laquelle il est à désirer qu'on obtienne des renseignemens plus précis.

Les Baculites appartiennent à des couches assez anciennes des terrains intermédiaires situés au-dessus de la craie, avec des Ammonites, des Térébratules, des Trigonies, des Dents de Squale, etc. Un Banc puissant, où les Baculites dominent, a été observé et étudié par M. de Gerville aux environs de Valognes ; ce banc s'étend dans les communes de Sainte-Colombe, Anfreville, Rainville, Galleville, etc. (F.)

BADA OU BADAS. MAM. Même chose qu'Abada. *V.* ce mot. (B.)

BADALWANASSA. BOT. CRYPT. Nom donné par les habitans de Ceylan à un Lycopode qu'on ne spécifie pas. (B.)

* BADAMIA. BOT. PHAN. Gaertner décrit et figure sous ce nom (T. II. p. 90. tab. 97. fig. 1) un genre qui paraît devoir être rapporté au *Myrobolanus.* Il le distingue seulement par les caractères de son fruit qui est une drupe sèche, contenant, sous une chair fongueuse, un noyau uniloculaire, à six angles bien marqués ; la graine, qui présente la même forme, est destituée de périsperme ; sa radicule est supérieure, et ses cotylédons sont foliacés, contournés en spirale. (A. D. J.)

BADAMIER. BOT. PHAN. Nom par lequel on désigne, dans les îles Maurice et de Mascareigne, le *Terminalia Catalpa*, L., et étendu dans les Dictionnaires d'Histoire naturelle à tout le genre ; il pourrait cependant ne pas convenir, puisqu'il caractérise la manière étagée dont croissent les rameaux d'une espèce, comparée à une pièce du jeu d'échec, d'où a été formé le nom de *bois de damier*, devenu par corruption *Badamier. V.* TERMINALIA. (B.)

BADARINGI. BOT. PHAN. Syn. arabe de *Melissa fruticosa*, L. *V.* MÉLISSE. (B.)

BADASE. BOT. PHAN. Syn. de *Lavandula Spica.*, L. en Languedoc. *V.* LAVANDE. (B.)

BADASSO. BOT. PHAN. Syn. de *Plantago Cynops.*, L. en Provence. *V.* PLANTAIN. (B.)

BADE. POIS. Syn. de *Pleuronectes Argus*, dans l'île de Rotterdam ou Anamoka. *V.* PLEURONECTE. (B.)

BADELGIAN, BADINGIAN OU BADINGHIAN. BOT. PHAN. (D'Herbelot.) Syn. persans et arabes de *Solanum pomiferum*, L. *V.* MORELLE. (B.)

BADGER. MAM. Syn. de Blaireau en anglais. (A. D..NS.)

* BADHAAMU. BOT. PHAN. (Hermann. Zeyl. 55.) *Bodhaamu* dans Adanson. Légumineuse peu connue,

dont les habitans de Ceylan mangent la graine comme du Riz, peut-être le Cajan. *V*. CYTISE. (B.)

BADHAMU. BOT. PHAN. (Hermann, Zeyl. 61.) Graminée dont on mange le grain à Ceylan en guise de Riz, et qui, selon Barmann, peut être un Coix. *V*. ce mot. (B.)

BADHUMU. BOT. PHAN. (Hermann. Zeyl. 66.) Graminée indéterminée de Ceylan, comparée au Mill par Burmann. (B.)

BADIAN OU BADIANE. *Illicium*. BOT. PHAN. Ce genre fait partie de la famille naturelle des Magnoliacées, et se distingue par un calice formé de cinq ou six sépales; par une corolle composée d'un grand nombre de pétales étroits, disposés sur plusieurs rangées; par ses étamines, au nombre de vingt à trente, qui sont plus courtes que la corolle, et dont les anthères sont adnées à la face interne des filets; les ovaires, au nombre de six à dix-huit, disposés en étoile et soudés par leur côté interne, sont à une seule loge qui contient une seule graine; le fruit se compose de six à douze capsules monospermes, s'ouvrant par la partie supérieure et disposées en étoile.

On connaît trois espèces de Badiane, qui sont toutes des Arbres toujours verts, très-aromatiques, ayant des feuilles alternes, des fleurs pédonculées, solitaires à l'aisselle des feuilles. L'une est originaire des contrées orientales de l'Asie, de la Chine et du Japon. C'est l'*Illicium anisatum* ou Anis étoilé, qui se distingue par ses feuilles lancéolées, ses fleurs jaunes. Ses capsules ont une odeur aromatique très-développée et très-suave, et qui rappelle celle de l'Anis. Elles sont connues sous les noms d'*Anis étoilé* ou de *Badiane*. On les emploie pour donner à l'Anisette de Bordeaux le parfum délicat qui distingue cette liqueur. Les deux autres sont originaires de la partie sud de l'Amérique septentrionale. On cultive dans nos serres la Badiane des Florides, *Illicium floridanum*, L., qui offre des feuilles plus larges et des fleurs d'un rouge très-foncé, dont les ovaires sont plus nombreux que dans l'espèce précédente. Ses capsules sont moins aromatiques. On cultive aussi, quoique moins communément, la *Badiane* à petites fleurs, *Illicium parviflorum*, Michaux, qui croît aussi dans les Florides, et se distingue par ses feuilles plus courtes, par ses fleurs jaunes et très-petites. (A. R.)

BADINDJAN. BOT. PHAN. (Forskalh.) Syn. arabe de *Solanum Melongena*, L. *V*. MORELLE. (B.)

BADINGHIAN OU BADINGIAN. BOT. PHAN. *V*. BADELGIAN.

BADISTE. *Badister*. INS. Genre de l'ordre des Coléoptères, section des Pentamères, fondé par Clairville, aux dépens des Licines de Latreille, et rapporté par ce dernier (Règne Anim. de Cuv.) à la grande famille des Carnassiers, tribu des Carabiques, avec ces caractères : palpes maxillaires filiformes; les labiaux terminés par un article plus gros, en ovoïde court. Les Badistes se rapprochent beaucoup des Licines par leurs mandibules tronquées ou très-obtuses, et par le bord antérieur de leur tête qui est ceintré. Ils s'en distinguent néanmoins par la forme du dernier article de leurs palpes. Ce sont de petits Insectes assez communs sous les pierres.

Le Badiste bipustulé, *Bad. bipustulatus*, ou le *Carabus bipustulatus* de Fabricius, sert de type au genre. Il a été figuré par Clairville (*Entom. helv*. T. II. p. 92. tab. 13. fig. A, B.), et par Panzer (*Faun. Ins*. XVI. 3). On place dans ce même genre le *Carabus peltatus* d'Illiger (*Kug. Kaf. Pr*. 1. n° 80. p. 197), et de Panzer (*loc. cit*. T. XXXVII. p. 20), ainsi que le *Badister unipustulatus* de Bonelli (Observ. entom., seconde partie, premier Mémoire). Dejean (Cat. des Coléopt.) possède deux autres espèces originaires d'Allemagne; l'une d'elles a été nommée *Carabus lacertosus* par Illiger, et l'autre a été décrite par Bonelli sous le nom de *Badister humeralis*. Dejean croit que celle-ci est la même que le *Dorsiger* de Megerle et le *Sadalis* de Sturm. (AUD.)

BADJARKITA. MAM. C'est-à-dire Reptile de pierre. Syn. de Pangolin au Bengale. (B.)

BADJE. POIS. Même chose que Bade. *V*. ce mot. (B.)

BADOCHE OU BADOCU. POIS. Vieux noms vulgaires de la Morue salée. (B.)

BADOK-BANKON. BOT. PHAN. Nom donné à Ceylan au *Ballota disticha*, espèce du genre Ballote. *V*. ce mot. (B.)

BADOUA. POIS. (Risso.) Syn. de *Blennius cornutus*, L. sur la côte de Nice, qu'habite ce Poisson, et non la Chine, comme l'avait cru Linné. *V*. BLENNIE. (B.)

BADOVA. POIS. (Risso.) Syn. de *Blennius Pholis*, sur la côte de Nice. *V*. BLENNIE. (B.)

* BADULA. BOT. PHAN. L'Arbuste auquel avait été donné ce nom générique, a été depuis rapporté au genre Ardisie, *V*. ce mot, dont il doit être considéré comme une espèce. (A. D. J.)

BADULAIN OU BADULAM. BOT. PHAN. Syn. d'*Ardisia humilis* à Ceylan. Ce mot est probablement la racine de celui par lequel Jussieu avait désigné le genre, *V*. Badula, qui a été réuni à l'Ardisie. *V*. ce mot. (B.)

BADURA OU BANDURA. (Hermann, Zeyl. 16. 37). BOT. PHAN. Syn. de Népenthe. *V*. ce mot. (B.)

BAD-ZENGE OU BAI-SONGE. Syn. de Puceron. *V*. ce mot. (AUD.)

BÆA. BOT. PHAN. Genre de la famille des Personées, de la Diandrie Monogynie de Linné. Il présente un calice quinqueparti ; une corolle dont le tube est court et le limbe ouvert, à deux lèvres, la supérieure trilobée, l'inférieure bipartie ; deux étamines à filets épaissis et arqués, à anthères conniventes ; un stigmate ; une capsule allongée à deux loges et à quatre valves qui se contournent après l'émission des graines. — Commerson, d'après les manuscrits duquel ce genre fut établi, en avait recueilli une espèce sur les côtes du détroit de Magellan. C'est une Herbe dont les feuilles sont radicales et dont les hampes portent une seule fleur ou plusieurs, disposées à peu près en ombelle. Elle ressemble par le port à une Calceolaire (Lamarck, illustr. tab. 15). Persoon rapporte à ce genre plusieurs espèces de Jovellanes. *V*. ce mot. (A. D. J.)

* BÆCKEA. *Beckea*. BOT. PHAN. Ce genre présente un calice turbiné, à cinq dents, cinq pétales et huit étamines, dont deux solitaires et beaucoup plus courtes que les six autres qui sont égales. Le stigmate est simple, et l'ovaire à demi adhérent. Le fruit est une capsule couronnée par les dents du calice, qui persistent en s'élargissant. Ses loges sont au nombre de trois ou quatre, ainsi que ses valves du milieu desquelles partent les cloisons. Les graines sont petites et en petit nombre. Le Bæckea a été placé dans les Onagraires, parmi les genres de cette famille qui se rapprochent des Myrtées, mais en diffèrent par le nombre défini de leurs étamines ; il offre surtout de l'affinité avec le Leptospermum.

On en a décrit deux espèces. La plus anciennement connue est un Arbrisseau à rameaux et à feuilles alternes, à fleurs solitaires, axillaires et petites, observé par Osbeck dans la Chine où il porte le nom de *Tsjongina* que lui a conservé Adanson (*V*. Lamk. Ill. tab. 285, et Gaert. tab. 31). L'autre espèce est le *B. densifolia*, Arbrisseau originaire du port Jackson. (A. D. J.)

* BÆDELWORM. INTEST. L'un des noms vulgaires du Tœnia en Danemarck. (LAM.. X.)

BÆKER-KÆRÆS. OIS. Corneille de Bruyn compare les Oiseaux qu'il désigne sous ce nom à des Perdrix grises ; il en dit la chair exquise. On les trouve en Perse. (B.)

BÆLAMA. POIS. (Forskalh.) Et

non *Balam* ou *Bélame*. Nom arabe du *Clupea setirostris*. *V.* CLUPÉ. (B.)

BÆNAK. POIS. Espèce japonaise du genre Bodian. *V.* ce mot. (B.)

* BÆOBOTRYS. BOT. PHAN. Ce genre, de la famille des Bruyères, établi par Forster, est le même que le Mæsa de Forskalh. *V.* MÆSA. (A. R.)

BÆOMICES. BOT. CRYPT. Même chose que Beomices. *V.* ce mot. (AD. B.)

BÆR. MAM. Syn. allemand d'Ours. *V.* ce mot. (A. D.. NS.)

BÆTOEN. REPT. OPH. Couleuvre d'Arabie, très-imparfaitement décrite par Forskalh, et qui est tellement venimeuse que sa morsure fait périr en peu d'instans. (B.)

BÆVILLA. BOT. PHAN. Nom qu'on donne à Ceylan à une sorte de Guimauve que l'on ne spécifie pas. (B.)

BAF ET BIF. MAM. Syn. de Jumar. *V.* ce mot. (B.)

* BAFIAR, BOEFFIARD ET BORRE-FIÆRT. OIS. Syn. présumé du petit Guillemot de Buffon, *Colymbus Grille*, L., en Norwège. *V.* GUILLEMOT. (DR..Z.)

BAGABATE. BOT. PHAN. Même chose que Bagatpat. *V.* ce mot. (B.)

* BAGAÇA. BOT. PHAN. Nom par lequel on désigne en Provence l'espèce de marc qui résulte des Raisins pressés pour faire du vin, et des Olives après qu'on en a extrait de l'Huile. (B.)

BAGADAIS. *Prionops*. OIS. Nom donné par Vieillot à un genre qu'il a créé pour placer dans sa Méthode un Oiseau, *Lanius plumatus*, Sh., rapporté du Sénégal par Geoffroy de Villeneuve, et auquel Levaillant, qui l'a figuré pl. 80 et 81 de son Ornithologie d'Afrique, a donné le nom de ce savant. Cuvier et Temminck ont laissé cet Oiseau parmi les Pie-Grièches. *V.* ce mot.

On appelle aussi BAGADAIS, et non *Bagadai*, l'une des variétés de Pigeons domestiques, *Columba domestica*, L. (DR..Z.)

* BAGALATTA. BOT. PHAN. Nom donné par Roxburgh au *Cissampelos acuminatus*. *V.* CISSAMPELOS. (A. R.)

BAGASSA. BOT. PHAN. Aublet, sous ce nom, a observé à la Guyane, décrit et figuré tab. 376, un grand Arbre laiteux dont les feuilles trilobées et entières sont accompagnées de deux stipules caduques et opposées ainsi que les rameaux. Quant aux parties de la fructification, il ne parle que du fruit qu'il représente comme bon à manger et de la forme d'une Orange. C'est une baie sphérique dont la surface externe est granuleuse, et dont la chair, dure à son milieu, est pulpeuse plus extérieurement, où sont logées beaucoup de graines ovoïdes et acuminées. Ces caractères insuffisans ne peuvent que faire présumer sa place dans la famille des Urticées. (A. D. J.)

BAGASSE OU BAGAU. BOT. PHAN. Probablement dérivé du Bagaça (*V.* ce mot), résidu de la Canne à sucre et de l'Indigotier, quand la première a passé au moulin, et le second au rouissoir. La Bagasse de Canne est une bonne nourriture pour les Bestiaux; celle de l'Indigotier un excellent engrais pour les terres. (B.)

BAGASSIER. BOT. PHAN. Même chose que Bagassa. *V.* ce mot. (B.)

BAGATBAT OU BAGATPAT. BOT. PHAN. (Camelli.) Dont Sonnerat avait fait Pagapate. Syn. de Sonneratie. *V.* ce mot. (B.)

* BAGATTO. BOT. PHAN. (Cœsalpin.) Syn. de *Celtis*. *V.* MICOCOULIER. (B.)

BAGLAFECHT. OIS. Espèce du genre Tisserin, *Loxia philippina*, Lath. *V.* TISSERIN. (DR..Z.)

BAGLAN OU BAGLANE. OIS. Même chose que Backlau. *V.* ce mot. (B.)

BAGNAUDIER. BOT. PHAN. Même chose que Baguenaudier. *V.* ce mot. (B.)

BAGOLA. BOT. PHAN. (Cœsalpin.) Syn de *Vaccinium Myrtillus*, L. *V*. AIRELLE. (B.)

BAGOLARUS. BOT. PHAN. Syn. tyrolien de *Celtis australis*. *V*. MICOCOULIER. (B.)

* BAGOUS. *Bagous*. INS. Genre de l'ordre des Coléoptères, section des Tétramères, établi par Germar dans le grand genre Charanson de Linné, et adopté par Dejean (Catal. des Coléopt. p. 89) qui en possède huit espèces; plusieurs sont originaires d'Allemagne; deux se rencontrent aux environs de Paris. (AUD.)

BAGRE. POIS. Espèce de Silure de Linné, *Silurus Bagre*, devenu type d'un sous-genre de Pimélodes, dans la Méthode de Cuvier. *V*. PIMÉLODE. Ce nom désigne dans Marcgrave divers autres Siluroïdes du Brésil, imparfaitement connus. (B.)

BAGUARI. OIS. (Azara.) Espèce du genre Cigogne. Cigogne Maguari, Buff. *Ciconia americana*, Briss. *V*. CIGOGNE. (DR..Z.)

BAGUE. POIS. Syn. de *Sparus Boops*, L., devenu type du genre Bogue. *V*. ce mot. (B.)

BAGUE. INS. Les campagnards donnent ce nom, dans quelques parties de la France, à ces anneaux que forment, autour des petites branches des Arbres fruitiers, les œufs de la livrée *Bombix Neustria*, L. *V*. BOMBIX. (B.)

BAGUENAUDIER. *Colutea*. BOT. PHAN. Et non *Bagnaudier*. Genre de la famille des Légumineuses, de la Diadelphie Décandrie, L. qui se distingue par un calice à cinq dents dont les deux supérieures sont un peu plus courtes; par une corolle papilionacée, ayant l'étendard très-large, redressé; les deux ailes étroites, courtes, non écartées; la carène très-convexe, formée de deux pétales soudés; des étamines diadelphes; un style comprimé, redressé, velu sur son côté interne et à sa partie supérieure, et surtout par son fruit qui est une gousse vésiculeuse très-renflée, ovoïde, allongée, terminée en pointe, contenant un grand nombre de graines attachées à la suture supérieure; cette gousse, dont les parois sont minces et comme papiracées, finit par s'ouvrir en deux valves.

Ce genre renferme un petit nombre d'espèces qui toutes sont des Arbrisseaux à feuilles imparipennées, ayant les stipules très-petites et non soudées avec le pétiole; les fleurs forment des espèces d'épis très-lâches ou de grappes axillaires. On en cultive plusieurs dans les jardins, dont les plus remarquables sont :

Le BAGUENAUDIER COMMUN, *Colutea arborescens*, L., Arbrisseau qui acquiert dix à douze pieds de hauteur, dont le tronc est rameux; ses feuilles, imparipennées, sont ordinairement composées de onze folioles obovales, entières, très-obtuses, émarginées et glabres; ses fleurs disposées en de petites grappes simples à l'aisselle des feuilles supérieures; elles sont jaunes, et des gousses d'un vert rougeâtre, renflées, très-vésiculeuses, leur succèdent. Celles-ci sont remplies d'air qui se dégage avec bruit quand on les presse assez fortement entre les doigts et qu'on les faire crever en baguenaudant; de-là l'étymologie du nom donné au genre qui nous occupe. Le Baguenaudier commun naturel à diverses contrées de l'Europe, et qui fleurit aux mois de mai et juin, se cultive dans les bosquets d'agrément. Cet Arbrisseau est encore connu sous le nom de *faux Séné*, parce que ses feuilles, administrées en décoction, sont purgatives.

Le BAGUENAUDIER D'ETHIOPIE, *Colutea frutescens*, L. Joli Arbuste qui se fait surtout remarquer par ses fleurs d'une belle couleur rouge, dont l'éclat se détache brillamment sur son feuillage d'un vert foncé en dessus et d'un vert blanchâtre inférieurement. Cette espèce veut être rentrée dans l'orangerie pendant l'hiver.

On cultive encore le Baguenaudier d'Alep, *Colutea alepica*, et le Baguenaudier d'Orient, *Colutea orientalis*, qui s'élèvent à peine à quatre ou cinq pieds. Le premier a des fleurs rougeâtres; dans le second, elles sont jaunes et toujours élégantes. (A. R.)

BAGUETTE. BOT. PHAN. *V.* BOIS-BAGUETTE.

BAGUETTE-D'OR. BOT. PHAN. Variété double et très-fournie du *Cheiranthus Cheiri* cultivé. *V.* GIROFLÉE. (B.)

* BAGUETTES. BOT. PHAN. Les amateurs de Tulipes donnent ce nom aux tiges de celles qu'on laisse monter en graine, ou des variétés vulgaires qui sont élevées sur de trop longs pédoncules. (B.)

BAGUNTKEN. POIS. Syn. de Surmulet. *V.* MULLE. (B.)

BAHACOCEA. BOT. PHAN. Variété d'Abricotier selon Bosc. (B.)

BAHASE. OIS. Syn. de la Mouette-Rieuse, *Larus cinerarius*, L., en Turquie. *V.* MOUETTE. (DR...Z.)

* BAHEL. BOT. PHAN. Genre formé par Adanson (*Fam. Plant.* p. 210) pour la Plante figurée dans l'*Hortus malabaricus*, 9. t. 87, sous le nom de *Bahel-Tsjulli*. C'est le *Columnea longifolia*, L., que Vahl rapporte au genre Achimènes. Sa corolle présente seulement quatre lobes inégaux; les filets de ses étamines sont arqués vers la gorge; la capsule, entourée à sa base par le calice persistant et étalé, se sépare complètement en deux valves; les graines sont nichées sur la surface spongieuse d'un réceptacle de même forme, et les fleurs en épi sont accompagnées chacune d'une bractée. *V.* ACHIMÈNES. (A. D. J.)

BAHEL-SCHULLI. BOT. PHAN. Syn. de *Barreleria longifolia*, L. *V.* BARRELIÈRE. (B.)

BAHEL-TSJULLI. BOT. PHAN. *V.* BAHEL.

* BAHIA. BOT. PHAN. Genre établi par Lagasca, et qui, selon Sprengel, est le même que le Bellium. *V.* ce mot. (A. R.)

BAHO. BOT. PHAN. (Camelli.) Variété de Manguier des Philippines. *V.* MANGUIER. (B.)

BAHOBAB. BOT. PHAN. Même chose que Baobab. *V.* ce mot. (B.)

BAHOO OU BAIO. BOT. PHAN. Syn. de *Cassia Fistula* à la côte de Malabar. *V.* CASSE. (B.)

BAIAPUA. REPT. OPH. (Séba, T. II, t. 82, n° 2.) Couleuvre d'Afrique qui paraît être la même que le *Coluber Ahætulla*. *V.* COULEUVRE. (B.)

BAIBAI OU BAI-BAIRA. BOT. PHAN. Syn. caraïbe de *Malpighia spicata*. *V.* MALPIGHIE. (B.)

BAICALITE. MIN. *V.* BAIKALITE.

BAIE. *Bacca*. BOT. PHAN. Les botanistes désignent sous ce nom les fruits charnus qui contiennent une ou plusieurs graines éparses dans la pulpe, ou renfermées dans une ou plusieurs loges. Presque toujours les baies sont globuleuses, comme dans le Raisin, les Groseilles, etc.; plus rarement elles sont allongées comme dans l'Epine-Vinette, le Jasminoïde; tantôt la baie provient d'un ovaire libre et supère, comme dans la Vigne, la Pomme-de-Terre; tantôt elle succède à un ovaire adhérent ou infère comme dans les Groseilles déjà citées; dans ce dernier cas, on trouve toujours au sommet du fruit un petit ombilic formé par les dents du limbe calicinal; enfin, la baie peut être nue ou enveloppée à sa base par le calice, ou enfin entièrement cachée dans l'intérieur du calice devenu vésiculeux comme dans le genre Alkekenge *Physalis*. (A. R.)

BAIE A ONDES. BOT. PHAN. (Tussac.) Espèce d'Acacie. (A. R.)

BAIGNOIRE. MOLL. Nom vulgaire donné par Montfort (Conchyl. T. II, p. 583) au *Murex Lotorium* de Linné, dont cet auteur fait un genre particulier sous le nom de Lotoire. *V.* ce mot.

BAIGNOIRE CUIVRÉE est le nom vulgaire d'une Avicule nommée aussi le Pinguin. *V.* AVICULE. (F.)

BAIKAL. POIS. Sous-genre formé par Cuvier dans le genre Callionyme, pour un Poisson du lac Baïkal, découvert par Pallas. *V.* CALLIONYME. (B.)

BAIKALITE. MIN. On a fait circuler autrefois sous ce nom, dans le commerce, une variété d'Amphibole aciculaire blanc-jaunâtre (*Tremolith*, W.), trouvée en Sibérie près du lac Baïkal; mais la véritable Baïkalite des minéralogistes allemands est un Pyroxène provenant de la même localité, dont la forme est celle de la variété *Séno-bisunitaire* (Haüy), et dont la gangue est une Chaux carbonatée laminaire, renfermant aussi des Emeraudes bleuâtres dites *Béryls*. *V.* PYROXÈNE. (G. DEL.)

BAILLARD, BAILLARGE ET BAILLORGE. BOT. PHAN. C'est-à-dire qui *rend beaucoup*, du vieux mot *bâiller*. Variété de l'Orge très-productive, dont on fait, dans le midi de la France particulièrement, un pain fort grossier. (B.)

BAILLIÈRA. BOT. PHAN. (Aublet.) *V.* BALLIERIA.

BAILLON. POIS. Espèce de Cœsiomore de Lacépède. *V.* ce mot. (B.)

BAILLOUVIANA. BOT. CRYPT. (*Hydrophytes.*) Adanson (T. II, p. 13) a établi un genre sous ce nom, pour placer le *Fucus Baillouviana* de Gmelin; il n'a pas été adopté par les botanistes. L'espèce citée est peu connue; ne l'ayant jamais vue, nous ignorons si elle appartient à quelqu'un des genres actuellement établis. (LAM..X.)

* BAIN DE VÉNUS. BOT. PHAN. On a quelquefois donné ce nom à la Cardère commune, *Dipsacus sylvestris*, parce que ses feuilles, réunies en entonnoir autour de la tige, retiennent l'eau du ciel, souvent en assez grande quantité pour que les petits Oiseaux, qui viennent se désaltérer dans ces abreuvoirs naturels, s'y puissent aussi baigner. (B.)

BAIO. BOT. PHAN. *V.* BAHOO.

BAI-SONGE. *V.* BAD-ZENGE.

BAITARIA. BOT. PHAN. Ruiz et Pavon ont fait connaître imparfaitement, sous le nom de *Baitaria acaulis*, une petite Plante sans tige, ayant les feuilles toutes radicales, linéaires, lancéolées, qui croît dans les lieux pierreux du Pérou. Les caractères du genre Baitaria consistent en un calice à quatre divisions très-profondes, dont deux sont plus longues, très-étroites et écartées des autres; la corolle est monopétale, tubeuse, à cinq lobes; les cinq étamines sont incluses; la capsule est triangulaire et à trois loges contenant plusieurs graines attachées à des trophospermes pariétaux. Ce genre est encore trop imparfaitement connu pour pouvoir être définitivement classé dans la série des ordres naturels. (A. R.)

BAITRE OU BERTHE. OIS. Syn. vulgaire du Grèbe huppé, *Colymbus cristatus*, L. *V.* GRÈBE. (DR..Z.)

BAJA OU BAJASAJO. BOT. PHAN. Même chose que Kudici-Valli. *V.* ce mot. (B.)

BAJAD. POIS. (Forskalh.) Espèce de Pimélode. *V.* ce mot. (B.)

BAJAJASO. BOT. PHAN. *V.* BAJA.

* BAJAM-LOHOR. BOT. PHAN. (Burmann.) Syn. de *Rhus Cobbe* à Java. *V.* SUMACH. (B.)

* BAJAN. BOT. PHAN. (Adanson.) *V.* BAJANG.

BAJANG. BOT. PHAN. Rumph décrit sous ce nom (*Amboin.* T. V, tab. 83) deux espèces d'Amaranthes dont les pétioles sont munis de deux épines à leur base, et dont les étamines, ainsi que les sépales, sont au nombre de cinq. Les Amaranthes qui présentent ces caractères forment le genre Bajan d'Adanson, qui place dans le genre Blitum les espèces où ces mêmes parties offrent le nombre de trois. (A. D. J.)

*BAJANG-BALY. BOT. PHAN. (Burmann.) Syn. javanais d'*Ocymum tenuiflorum*, petite espèce de Basilic. *V.* ce mot. (B.)

BAJET. MOLL. Dénomination spécifique employée par Adanson (Sénégal, p. 201. tab. 14. f. 14) pour distinguer une espèce d'Huître que Lamarck rapporte à l'*Ostrea cristata*. *V.* Huître. (F.)

BAJU-CHINA. BOT. PHAN. (Burmann.) Syn. malais de *Ruellia repanda*. *V.* Ruellie. (B.)

BAK. OIS. Syn. polonais de la Buse commune, *Falco Buteo*, L. *V.* Faucon. Ce nom se donne aussi parfois au Butor. *V.* Héron. (DR..Z.)

BAKACZ. OIS. Syn. de Butor, *Ardea stellaris*, L. en Illyrie. (B.)

BAK-CUDZOZIEMSKI. OIS. Syn. de Pélican blanc, *Pelecanus Onocrotalus*, L. en Pologne. *V.* Pélican. (DR..Z.)

BAKELEYS OU BAKKELEYERS. MAM. *V.* Backelys.

BAKKA. BOT. PHAN. Espèce de Chanvre qu'on cultive dans l'Inde pour en fumer les feuilles, et qui est peut-être la même chose que l'Asarath ou que la Bangue. *V.* ces mots. (B.)

BAKKAMUNA. OIS. Espèce du genre Chouette, de Ceylan, *Strix Bakkamuna*, Lath., Forster (*Zool. ind.* pl. 3). *V.* Chouette. (DR..Z.)

* BAKKAR. BOT. PHAN. (Dioscoride.) D'où *Baccara* de Cœsalpin, selon Adanson. Syn. d'Asaret. *V.* ce mot. (B.)

BAKRANG. BOT. PHAN. (Rochon.) Liane indéterminée de Madagascar. (B.)

BALA. BOT. PHAN. (Rhéed. *Mal.* T. I. p. 17.) L'un des noms du Bananier à la côte de Malabar. (B.)

BALAAU. POIS. Qui se prononce *Balao*, et non *Balaon* ou *Balaou*. Nom donné aux Antilles à une espèce du sous-genre Orphie. *V.* Ésoce. (B.)

BALADOR. BOT. PHAN. Syn. arabe d'Anacarde des boutiques. *V.* ce mot. (B.)

BALAI OU BALAI DOUX. *V.* Herbe-a-Balais et Scopaire.

C'est aussi le nom vulgaire du *Clavaria coralloïdes*, L. dans quelques cantons de la France où l'on mange ce Champignon. (B.)

BALAIS. MIN. *V.* Rubis et Spinelle.

BALAKZEL. OIS. Syn. du Héron cendré, *Ardea cinerea*, L. en Turquie. *V.* Héron. (DR..Z.)

BALAM-PULLI. BOT. PHAN. *V* Bolom-Pulli.

BALANA-BONE. BOT. PHAN. (Nicholson.) Syn. caraïbe de Sensitive. (B.)

BALANCE-FISH. POIS. Syn. de *Squalus Zygæna*, L. chez les Anglais. *V.* Cestrorhine. (B.)

BALANCEUR. OIS. Gros-Bec de l'Amérique méridionale, selon Azara. *V.* Gros-Bec. (B.)

BALANCIERS. *Halteres*; *Libramenta*. INS. On donne ce nom à deux appendices mobiles et grêles, articulés au métathorax des Insectes Diptères, ne se rencontrant dans aucun autre ordre, et étant regardés depuis longtemps comme les analogues, ou du moins comme les remplaçans de la seconde paire d'ailes, qui, lorsqu'ils existent, manque constamment. — Les Balanciers, tantôt recouverts par les ailerons des ailes, tantôt à nu, et, dans tous les cas, développés en raison inverse de cette portion des premières ailes, se composent de deux parties : le filet ou style (*stylus*), ordinairement allongé ; et le sommet ou bouton (*capitulus*), arrondi, ovale ou tronqué, le plus souvent très-comprimé. La forme de chacune de ces parties varie beaucoup, ainsi que leur longueur totale. Tantôt ils sont très-allongés comme dans les Tipules ; tantôt de longueur moyenne comme dans les Taons ; d'autres fois excessivement petits, ainsi qu'on l'observe dans les Œstres et les Hippobosques. Fabricius regardait ces appendices comme les analogues des ailes postérieures ; c'est ce qu'il a exprimé clairement dans sa Philosophie entomologique par ces mots : *Halteres rudimenta alarum posticarum*, etc. etc. ; mais cette opinion était fondée sur la place que ces parties ont par rapport aux ailes antérieures, plutôt que sur leurs connexions avec le métathorax et les différentes pièces qui le composent. Cependant, cet examen, qui n'avait jamais été entrepris, était le seul qui pût fournir des preuves incontestables pour établir une pareille manière de voir; et, pour l'établir, il fallait reconnaître, à la base du Balancier, les mêmes pièces articulaires que dans l'aile inférieure, ou au moins les rudimens de ces pièces; il fallait retrouver des muscles, quelque petits qu'ils fussent; il fallait enfin s'assurer que l'appendice mobile s'articulait sur le métathorax à la même place que les ailes lorsqu'elles existent. Cette recherche, très-difficile, et, pour ainsi dire, mycroscopique, n'avait point été faite, nous l'avons tentée, et nous croyons avoir prouvé, dans notre travail sur le thorax, lu à l'Académie des Sciences le 20 mai 1820, que les Balanciers n'étaient autre chose que la deuxième paire d'ailes, dont la ténuité était en rapport avec celle du métathorax qui, dans les Diptères, est exactement rudimentaire. Ce résultat, qui changeait en certitude une simple présomption, n'est cependant pas généralement admis aujourd'hui. En effet, Latreille, dans un Mémoire très-curieux sur quelques appendices particuliers du thorax des divers Insectes (lu à l'Académie dans la séance du 3 juillet 1820, et imprimé dans le T. VII des Mémoires du Muséum d'Histoire naturelle), établit que les Balanciers ne répondent pas à la seconde paire d'ailes, mais que ce sont des appendices vésiculeux, paraissant dépendre des deux trachées postérieures du thorax, et pouvant être assimilés, en quelque sorte, aux appendices qui accompagnent les organes respiratoires des Aphrodites, ou bien à des parties analogues que l'on rencontre dans les Machiles, les Forbicines et quelques larves aquatiques, telles que celles des Ephémères, des Gyrins, etc., etc; il base son opinion sur ce que les ailes inférieures naissent toujours des sommités latérales et antérieures du troisième anneau thorachique et à une très-courte distance des ailes supérieures, toujours en avant des deux stigmates postérieurs du thorax, tandis que les Balanciers partent beaucoup plus bas, de l'extrémité interne de ces ouvertures aériennes, ou du voisinage de celle-ci. Cet illustre savant revient ailleurs sur le même sujet (Observations nouvelles sur l'organisation extérieure et générale des Animaux articulés; Mémoire du Muséum d'Histoire naturelle, T. VIII), et ajoute quelques nouveaux faits à l'appui de sa manière de voir. Cette opinion formelle d'un naturaliste qui, en appliquant le premier à l'étude des Insectes la méthode naturelle, a deviné en quelque sorte les rapports fournis par l'examen anatomique, et a su les retracer au-dehors par des caractères non-équivoques; cette opinion formelle, disons-nous, oblige de revoir avec soin tout ce qui a été avancé sur le même sujet, avant de prononcer; nous y reviendrons au mot THORAX. Quoi qu'il en soit de l'analogie des Balanciers avec telle ou telle autre partie du corps des Insectes, il n'en est pas moins vrai que ces Balanciers sont des organes très-mobiles, et paraissent être de quelque usage dans le vol, sans qu'on puisse cependant déterminer quelles sont leurs véritables fonctions. Plusieurs auteurs qui, au lieu de raisonner sur des faits, ont tenté de tout expliquer sans le secours de l'observation, ont pensé que, semblables aux balanciers de nos danseurs de cordes, les Balanciers des Insectes servaient de contre-poids à ces Animaux dans l'action du vol, et c'est d'une pareille supposition, au moins gratuite, qu'est provenu ce nom de Balancier; c'était en particulier l'opinion de Fabricius. D'autres les ont comparés à des baguettes qui, venant à frapper sans cesse les ailerons des ailes antérieures, déterminaient cette sorte de son, nommé bourdonnement; il est certain que leurs fonctions ne sont pas encore déterminées par l'expérience, et que tout ce qu'on sait à leur égard est à peu de chose près hypothétique. (AUD.)

BALANE ET BALANES. *Balanus* et *Balanæ*. MOLL. Genre et famille de la classe des Cirrhopodes. *V.* ce mot. Le genre Balane fut établi par Bruguière (Encycl. méthod.) aux dépens des Lepas de Linné, qu'il a divisés en deux, Anatife et Balanite. Nous en avons fait, avec quelques genres voisins, une famille naturelle, l'unique de l'ordre des Cirrhopodes sessiles.

Les Balanes étaient connus des anciens; les Grecs les nommaient *Balanoi* à cause de leur ressemblance grossière avec le fruit du Chêne, d'où les Latins ont fait *Balanus*, et d'où est venu le nom de Glands de mer, donné vulgairement à ces Mollusques. Aristote ne fait pour ainsi dire que les nommer, et paraît les avoir peu étudiés (Hist., Liv. IV, chap. 8. liv. V, chap. 15); mais Athénée en parle avec plus de détail. Il en distingue de grands et de petits (*Deïpnos*, liv. III. p. 88 et suiv.), et il résulte de son récit qu'on les mangeait de son temps, et que ceux d'Egypte étaient les plus estimés. Macrobe dit aussi que dans le festin que Lentulus fit servir quand il fut reçu parmi les prêtres de Mars, il y avait des Balanes blancs et des noirs. Il ne paraît pas qu'on puisse avoir de doute au sujet de l'usage qu'en faisaient les anciens, malgré qu'ils paraissent avoir compris les Anatifes sous la même dénomination; car aux Balanes seuls peut s'appliquer leur croyance qu'ils se cramponnent plus fortement aux rochers lorsqu'ils sentent qu'on veut les en arracher, ce qui suppose une difficulté à les détacher que n'offrent pas les Anatifes. On les mange sur plusieurs côtes malgré le peu de nourriture qu'ils peuvent offrir.

Nous avons vu, en parlant des Anatifes, que les premiers auteurs des temps modernes, Bellon, Rondelet, Gesner, etc., tout en confondant ceux-ci dans les Balanes, les en distinguaient sous le nom de Pouce-pied. Rondelet (*de Testaceis*, lib. I. cap. 27) se sert déjà du mot *Glandes* pour distinguer les Balanes, d'où les premiers auteurs méthodistes ont désigné sous le nom de Glands de mer, *Glandes marinæ*, les coupes plus ou moins régulières qu'ils ont établies. Lister (*Ann. angl.* tit. 49. p. 196) les considéra d'abord comme étant des Coquilles univalves. Il en fit ensuite une section de ses Multivalves (*Synops.* tab. 441). Buonanni et Rumphius ont suivi la première de ces opinions. Dargenville (Conchyl. 1re édit.) a adopté la seconde, et les Glands de mer forment la troisième famille de la classe des Multivalves de cet auteur. Gualtieri (*Test.* tab. 106) fait, avec les Balanes, la deuxième section de ses *Testæ marinæ polythomæ*, et il la divise en deux coupes, *Balanus cylindraceus* et *Balanus compressus*. La première de ces deux coupes correspond au genre Balane de Lamarck; la deuxième, au genre Coronule du même auteur. Klein (*Ostrac*, p. 175) comprend, sous la désignation de *Niduli testacei*, tous les Balanes de Gualtieri. Il divise cette grande coupe en trois classes. La première, sous le nom de *Balanus*, comprend deux genres, *Monolopos*, ce sont les Balanes de Lamarck, et *Polylopos*, qui renferme le Lepas *Tintinnabulum* de Linné, qu'on devait s'attendre à trouver dans le premier genre, et la *Coronula balænaris*. Ces deux genres portent, comme on voit, sur l'unité ou la pluralité des pièces du test, sur lesquelles on n'avait pas à cette époque des idées justes. La seconde classe comprend un seul genre, l'*Astrolepas*, *V.* ce mot, formé pour la *Coronula testidunaria*; enfin la troisième, *Capitulum*, est créée pour l'*Anatifa mitella*. On voit par cet aperçu que depuis long-temps on a voulu séparer les Coronules des véritables Balanes. Linné ne tint aucun compte de la division déjà admise entre les Anatifes et les Balanes, et de la subdivision des uns et des autres. Il réunit tous ces Mollusques pour former son genre

Lepas qui compose, avec les Oscabrions et les Pholades, ses *Testacea multivalvia*. Ce nom de Lepas a été malheureusement choisi par Linné, ayant été appliqué aux Patelles par les anciens; cependant il fut adopté, et il est encore usité par les naturalistes qui, ne marchant pas avec la science, s'en tiennent à la lettre du *Systema Naturæ*. Parmi nos contemporains, Bruguière revint le premier aux idées de Lister, de Gualtieri, d'Argenville et de Klein, en séparant les Anatifes des Balanes, et en formant un genre distinct avec ceux-ci, sous le nom de Balanite, *Balanus*. Mais Bruguière n'en sépare pas, comme Klein, les Coronules, et il y comprend les Acastes et les Creusies de Lamarck. Humphrey (*Mus. Calon.* p. 56), qui le premier, chez les Anglais, s'est soustrait à l'autorité linnéenne, a suivi l'exemple de Bruguière, mais en conservant le nom de Lepas aux Anatifes. Peu après Bruguière, parut le bel ouvrage de Poli, où ce célèbre anatomiste donna la première bonne anatomie des Balanes. Il ne distingue cependant point ceux-ci des Anatifes; considérant essentiellement leurs Animaux et ne leur trouvant pas de différences assez marquées, il désigne le genre de ces Mollusques réunis sous le nom de *Tritonis*, par lequel Linné avait voulu distinguer un genre particulier qui n'était autre que l'Animal de la Balanite mis à nu. Il conserve à leur Coquille le nom de Lepas, imposé par Linné.

Cuvier a fait voir, dans son Mémoire sur les Animaux des Anatifes et des Balanes (Mém. du Mus. an. 1816) que Poli n'a point parlé, dans son beau travail, du système nerveux de ces Mollusques, et qu'il n'a pas distingué les branchies des Anatifes. Les Tritons de Poli forment, avec les Céphalopodes et quelques Annelides, ses *Molluscorum brachiatum* (*Test. utriusq. Sicil.* T. I. *Introd.* part. II. cap. II. et p. II). Avant Poli, Bosc (Buffon de Déterville) avait le premier donné une description détaillée de l'Animal du Balane. Plus anciennement, Leevenhoeck, Lister, Ellis, d'Argenville et Baster avaient donné des observations plus ou moins incomplètes à son sujet; le dernier cependant mérite d'être cité particulièrement.

Lamarck, dans sa première classification, adopta les genres Anatife et Balane de Bruguière, en les plaçant, comme lui, dans les Coquilles multivalves (Mém. de la Soc. d'Hist. nat.); mais dans la première édition des Animaux sans vertèbres, ces deux genres font partie des Mollusques acéphalés conchifères. Cependant, les travaux de Poli et de Cuvier ayant fait sentir la nécessité d'établir des coupes générales fondées sur les grandes différences d'organisation, Duméril établit l'ordre des Branchiopodes, en y plaçant, avec la Lingule, l'Orbicule et les Térébratules, les deux genres Anatife et Balane de Bruguière (*V.* Zool. analyt.). De Roissy a suivi la première édit. des Anim. s. vert.; Megerle, la première classification de Lamarck. Ce dernier savant publia enfin le résultat de ses nouvelles observations dans l'Extrait de son Cours de Zool., et l'on y voit les Anatifes et les Balanes démembrés des Brachiopodes de Duméril, et former une classe distincte sous le nom de CIRRHIPÈDES : les Balanes y sont divisés en trois genres, Balane, Coronule et Tubicinelle, *V.* ces deux derniers mots. Ce fut deux ans après que Blainville publia ses premiers essais d'une nouvelle distribution du Règne Animal, bientôt suivis d'un Tableau synoptique de cette distribution. Les Cirrhipèdes, appelés par lui Cirrhipodes, forment aussi une classe à part et composent un sous-type de ses *Malakentomozoaires* ou Molluscarticulés. Bellermann (*der Gesells. Naturg.* 7e an. 1815, p. 83) fait avec le genre Lepas de Linné un ordre de sa classe des Plurivalves, puis il le divise en deux genres, les Sessiles et les Pédonculés qui reviennent aux genres Balane et Anatife de ses devanciers, et qui offrent précisément les caractères des deux ordres formés depuis, dans la classe des Cirrhipèdes, par Lamarck. Ocken (*Lehrb. der Zool.* p. 359) restreint le genre Balane, comme Lamarck, en séparant les Coronules. Il adopte le genre Tubicinelle, déjà décrit dans les Annales du Muséum, et ces trois genres forment pour lui une famille de sa tribu des Vers à bras, celle des Balânes, *Balanen*, dans laquelle il propose un quatrième genre pour l'Animal décrit et figuré par Hills pour l'*Alcyonum Bursa* (Obs. mycrosc. T. IX. 157, dans le *Hamb. Magaz.* 14. 51), et qu'il suppose être un Balane nu vivant dans cet Alcyon d'une manière analogue à la Tubicinelle dans la peau de la Baleine. Ocken place, d'ailleurs, ces Mollusques, ainsi que les Anatifes, avec des Crustacés et très-près des Radiaires. Le Règne Animal de Cuvier montre les Cirrhipèdes ou Cirrhipodes composant, comme chez Lamarck, une classe à part sous le nom de Cirrhopodes, et la dénomination de Brachiopodes proposée d'abord par Duméril qui l'avait empruntée, peut-être, des *Brachiata* de Poli, est affectée aux genres Lingule, Térébratule et Orbicule. Du reste, Cuvier ne paraît considérer les Coronules et les Tubicinelles que comme des sous-genres des Balanes. Dans la deuxième édition des Animaux sans vertèbres, Lamarck n'a fait qu'ajouter trois nouveaux genres à ceux qu'il avait indiqués dans l'Extrait de son Cours, dont l'un est dû à Savigny : le genre Pyrgome formé pour un Balane nouvellement observé, et les deux autres institués pour des Lepas déjà décrits, le genre Acaste pour le *Lepas spongiosa* de Montagu, le genre Creusie pour le *Lepas Verruca* de Chemnitz (*Balanus Verruca*, Bruguière. Schweigger (*Handb. der Naturg.* p. 611) conserve le genre *Balanus* de Bruguière, et n'admet les genres de Lamarck que pour des divisions secondaires.) Goldfuss (*Handb. der Zool.* p. 597) ne fait pas mention des nouveaux genres Pyrgome, Acaste et Creusie.

Tel est l'ensemble des changemens de rapports et d'ordonnance que le genre Balane a subis; tantôt réuni avec les Anatifes, tantôt séparé de ces Mollusques, ce genre a servi à former des divisions de tous les ordres. La Coquille a été alternativement considérée comme univalve ou comme plurivalve, et l'Animal, tantôt comme un Mollusque, ou d'autres fois comme étant plus rapproché des Crustacés. On a pu voir que la séparation des Coronules a été effectuée depuis longtemps. Celle des Acastes et des Creusies a été faite par le docteur Leach. Enfin, nous proposons aujourd'hui deux nouveaux genres dans la famille des Balanes, l'un pour le *Lepas porosa* de Chemnitz (*Balanus squammosus* de Bruguière), l'autre pour la *Balanite des Madrépores* de Bosc.

Ces genres forment, avec les Balanes proprement dits et les genres Pyrgone et Tubicinelle, l'ensemble de cette famille, la seule de l'ordre des Cirrhopodes sessiles, *V.* CIRRHOPODES, et dont voici les divisions méthodiques.

† *Opercule quadrivalve.*

α Point de base testacée.

1. Des anneaux réunis en un tube obconique; des rayons longitudinaux.

I. TUBICINELLE, *Tubicinella*, Dufresne, Lamarck, Ocken, Goldfuss; *Balanus*, Schweigger.

2. Un cône épais et celluleux, très-obtus, à six valves articulées, à rayons bien distincts; lames de l'opercule divisées en deux séries opposées.

II. CORONULE, *Coronula*, Lamarck, Ocken, Goldfuss; *Balanus compressus*, Gualtieri; *Polylopos* et *Astrolepas*, Klein; *Lepas*, Linné; *Balanus*, Bruguière, Cuvier, Schweigger.

3. Un cône épais et tubuleux, composé de quatre valves étroitement soudées; communément sans rayons distincts; opercule en cône obtus.

III. POLYTRÈME, *Polytrema*, Férussac; *Lepas*, Chemnitz, Gmelin, Dillwyn; *Balanus*, Bruguière, Lamarck.

β Généralement une base testacée.

1. Un cône mince, à parois généralement formées de tubes capillaires

chambrés, à six valves articulées; des rayons bien distincts; lames de l'opercule formant une pyramide oblique par leur réunion.

IV. BALANE, *Balanus*, Lamarck, Ocken, Goldfuss; *Balanus cylindraceus*, Gualtieri; *Monolopos*, *Polylopos*, Klein; *Lepas*, Linné; *Balanus*, Bruguière, Cuvier, Schweigger; *Tritonis*, Poli.

2. Un test ovale subconique de six pièces séparables; base du cône en forme de godet ou de patelle.

V. ACASTE, *Acasta*, Leach, Lamarck; *Tritonis*, Poli; *Lepas*, Montagu; *Balanus*, Schweigger.

3. Test univalve en cône très-surbaissé, à parois tubuleuses; articulé avec la base. Celle-ci, plus grande, en forme de godet ou de cupule.

VI. BOSCIE, *Boscia*, N.; *Balanite*, Bosc.

†† *Opercule bivalve.*

1. Test convexo-conique de quatre valves distinctes et articulées.

VII. CREUSIE, *Creusia*, Leach, Lamarck; *Lepas*, Müller, Gmelin, Chemnitz; *Balanus*, Bruguière, Ocken, Schweigger.

2. Test subglobuleux, univalve?

VIII. PYRGOME, *Pyrgoma*, Savigny, Leach, Lamarck.

Nous ne faisons point mention ici du genre proposé par Ocken, dont nous avons parlé plus haut. Il est peut-être analogue aux Creusies ou aux Pyrgomes, et vit dans l'*Alcyonum Bursa*, comme ceux-là dans les Madrépores.

La plupart des Balanes vivent en société, groupés et réunis souvent en quantité innombrable et superposés les uns aux autres. Ils tapissent les rochers, les pierres, les Coquilles, les Crustacés, les tiges de Plantes marines, les bois flottans et les vaisseaux, de sorte qu'il est souvent difficile de déterminer les espèces réellement indigènes à telles côtes; car il s'établit un échange général des Mollusques de ce genre, entre toutes les parties du monde, au moyen des mouvemens variés et infinis de la navigation. Ces observations s'appliquent surtout aux Balanes proprement dits et aux Creusies. Les Tubicinelles, les Coronules, les Acastes, les Pyrgomes, les Boscies, habitant dans la peau des grands Animaux marins, tels que les Baleines, les Cachalots, ou sur les écailles des Tortues, dans des Éponges ou des Polypiers, sont souvent isolés et ne sont pas transportés dans tous les pays comme les vrais Balanes; il en est de même des espèces de ce dernier genre, qui vivent dans les Madrépores.

Tous ces Mollusques sont attachés, par leur base, sur ces divers corps, lorsqu'ils ne font qu'adhérer à leur surface; quelquefois même les espèces qui sont implantées dans d'autres corps, telles que les Acastes et les Boscies, ont aussi une base testacée; mais communément, dans ce dernier cas qui est celui des Tubicinelles et des Coronules, le test est ouvert aux deux bouts, et la partie opposée à l'opercule est fermée par une simple membrane.

Le genre Balane offre beaucoup d'espèces. Les autres genres de cette famille n'en ont encore qu'un petit nombre. Le test des Balanes et des Creusies varie beaucoup dans la forme. Assujetti dans son accroissement à la position plus ou moins gênée où il se trouve, il est obligé de se modeler par sa base sur les corps où il a été d'abord déposé; resserrée par ses voisins, sa Coquille doit subir leur influence et porte le plus souvent leur empreinte et les preuves de leur pression; aussi est-il assez rare d'en rencontrer qui, n'ayant point été gênés, montrent leur forme naturelle. Souvent forcés de s'établir sur une base oblique, leur tendance à s'élever perpendiculairement se montre dans la forme du cône qui se recourbe un peu, ou fait un angle plus ou moins considérable avec sa base.

Nous renvoyons à l'article Cirrhopodes, pour tous les détails de l'organisation des Animaux des Balanes. Nous nous bornerons à dire ici que leur Mollusque ressemble beaucoup à celui des Anatifes; leur corps est semblable, ils ont les mêmes pieds et en même nombre, la même bouche; mais ils diffèrent principalement par les branchies et le pédoncule qui soutient les Anatifes. On peut consulter à ce sujet les travaux de Poli et de Cuvier cités plus haut. On trouve des Balanes dans toutes les mers, vers le pôle comme sous la ligne, et, comme chez les Anatifes, les mêmes espèces se rencontrent souvent dans des mers très-éloignées. Leur fécondité est prodigieuse. Ils pondent leurs œufs en été, et les petits qui en sortent sont remplis, au bout de quatre mois, suivant Poli, de semblables œufs prêts à éclore. Dans l'eau, ils font continuellement agir leurs pieds ou bras. Les plus grands se meuvent en spirale et servent à faire affluer l'eau vers l'ouverture et à y entraîner les petits Animaux dont ils se nourrissent, étant garnis de cils qui aident à cette manœuvre; les petits servent à retenir leur proie. Leurs mouvemens s'exécutent avec une grande vitesse; ils rentrent ces pieds et resserrent leur opercule au moindre danger.

La Coquille des Balanes varie suivant les genres, comme nous l'avons vu. Chez la Tubicinelle, chaque époque d'accroissement forme un anneau terminé par un bourrelet circulaire; et la base du test n'est qu'une simple membrane. La Coquille de la Coronule offre aussi cette dernière circonstance, mais elle est composée de six valves articulées. Quelques Balanes sont cylindriques ou coniques, rarement très-allongés en tube, comme dans le *Lepas elongata* de Chemnitz; d'autres fois, le cône est très-surbaissé. La lame testacée de la base manque dans certaines espèces, comme dans les *Lepas depressa* et *stellata* de Poli, et le *L. Balanus* de Wood, lesquels, sous ce rapport, se rapprochent des Coronules; et quoique les tests soient ordinairement tubuleux, ces espèces, où la base manque, ont le plus souvent une Coquille entièrement solide. Cette base, ordinairement plate, est quelquefois un peu concave. Dans la Balanite des Madrépores de Bosc, elle forme la partie principale et ressemble à une petite calotte. Dans cette même espèce, cette base est entièrement enfoncée dans la substance du Madrépore, et la partie qui répond au cône des autres Balanes est très-aplatie, et paraît être univalve: le nombre seul des pièces de l'opercule distingue essentiellement cette espèce du genre Pyrgome. Enfin, il est encore d'autres Balanes dépourvus de base, comme le *Balanus stalactiferus* de Lamarck, ou *squamosus* de Bruguière, où le cône, réellement quadrivalve, semble être univalve, n'ayant point de rayons extérieurs. Il s'éloigne aussi de ses congénères par l'épaisseur de ses parois composées de gros tubes allant du sommet à la base, construction tout-à-fait anomale dans le genre Balane, où les rayons offrent, au lieu de tubulures perpendiculaires, de petites galeries horizontales; considérations qui nous ont déterminés à en faire un nouveau genre. Dans les Coronules, l'opercule est fort différent de celui des Balanes, les quatre valves sont opposées sur deux lignes; celui des Creusies offre deux valves inégales. Nous ne connaissons pas celui des Pyrgomes.

Après ces détails généraux sur les genres de la famille des Balanes, nous dirons comment est composé le test des Balanes proprement dits, 4e genre de cette famille. — En général, tous ont une pièce testacée qui forme la base du cône, et par laquelle ils adhèrent aux corps marins. Cette pièce est articulée avec celles qui composent le cône, lesquelles sont jointes et soudées les unes aux autres, de sorte que le test semble être univalve, en faisant toutefois abstraction de l'opercule. Ce test forme un cône tronqué, fermé dans son fond par la plaque testacée, et à sa partie supérieure (à la troncature du cône qui forme l'ouverture) par cette espèce d'opercule quadrivalve dont les pièces testacées sont mobiles entre elles. Les pièces de l'opercule sont articulées les unes avec les autres par deux sillons à languette et deux sutures crénelées intercalées; elles se resserrent et s'écartent à volonté pour laisser sortir les organes cirrheux du Balane, et pour qu'il puisse prendre sa nourriture. Ces pièces étant fixées contre les parois internes du test par un ligament circulaire qui se prête à leur mouvement, et qui s'attache vers le milieu ou à la base de ces parois, elles forment en se réunissant un autre cône intérieur, ou mieux une pyramide oblique et plus ou moins pointue, qui protège et cache l'Animal en fermant exactement l'ouverture du cône.

Dans tous les Balanes, le cône est composé de six pièces à peu près d'égale hauteur, mais inégales pour leur forme et leur largeur. Généralement les trois antérieures et celle de derrière sont les plus larges, les deux latérales sont beaucoup plus étroites. Ces valves ne sont pas triangulaires, comme on le croit au premier coup-d'œil, et comme Bruguière le dit. On voit, à la vérité, à la première inspection, six sections triangulaires réunies ou du moins très-rapprochées par leur base, qui est celle du cône, et qui s'élèvent en s'écartant jusqu'à son sommet; leurs intervalles paraissent remplis par d'autres sections également triangulaires, ayant leurs sommets opposés à ceux des premières et un peu plus enfoncés qu'elles, en sorte que celles-ci les dominent légèrement en relief. Ce sont ces sections opposées aux premières, et ayant leur base au sommet du cône, que Bruguière a appelées *rayons*. En voyant ainsi les choses, on peut comparer le test d'un Balane à un cylindre ou à un cône tronqué, formé par douze triangles à sommets opposés et intercalés les uns avec les autres. C'est cette apparence qui a fait admettre à quelques auteurs douze valves, sans comprendre celles de l'opercule et celle du fond. Mais les choses ne sont point ainsi; il n'y a réellement que six valves de forme à peu près quadrilatère, plus ou moins triangulaires à leur extrémité supérieure. Les rayons que nous venons de caractériser ne sont que le complément des premières sections triangulaires et en saillies; la structure différente de ces rayons, surtout leurs stries horizontales et leur enfoncement, font seules illusion: ces rayons sont d'ailleurs diversement réunis ou superposés. Les rayons à droite et à gauche de la valve antérieure ne sont que les bords de cette valve, sur le milieu de laquelle un triangle règne en saillie, lequel est complété par ces deux rayons pour former le premier quadrilatère ou la première valve; ces rayons ou bords recouvrent les côtés contigus des deux valves suivantes, et cachent ainsi l'un des rayons complémentaires des deuxième et troisième valves; les bords postérieurs de celles-ci sont deux autres rayons complémentaires qui recouvrent et cachent à leur tour les bords antérieurs des quatrième et cinquième, et enfin les bords de la sixième ou ses complémens sont couverts par les bords ou rayons de ces deux dernières. Si l'on examine l'intérieur du cône vers la base, on voit distinctement la véritable forme de ces valves, parce que les sutures n'y sont pas recouvertes, et qu'elles correspondent à peu près à celles du dehors; on voit leurs articulations recouvertes, sur une partie de leur longueur, par un feuillet testacé qui est collé sur le bord des valves dans un sens contraire à celui de la face externe du cône. Le milieu, triangulaire et en saillie des valves, est composé d'un tissu tubuleux généralement très-serré, de petits cônes ou de petites pyramides contigus, à côtés communs, s'élevant perpendiculairement de la base vers le sommet du cône, et chaque tube est communément divisé sur sa hauteur en un grand nombre de petites loges, ce qui exclut toute idée de circulation capillaire. Les rayons ont une autre construction; ils sont composés de lames parallèles à la base du cône, et empilées les unes sur les autres; ces lames sont unies par les parois interne et externe du test, de manière qu'elles laissent entre elles de petites galeries parallèles. Ces petites galeries paraissent sur le bord latéral de chaque rayon qui est taillé en biseau, et c'est dans les rainures qui en résultent que s'engrainent de petites stries saillantes du côté contigu de la valve suivante. Voilà le mode d'articulation qui unit les six valves. Il paraît que, dans l'accroissement en diamètre du cône, les valves qui se recouvrent, comme nous l'avons dit, glissent les unes sur les autres, sans que les stries saillantes sortent de leur engrénage, et que l'Animal allonge, par la transsudation de son manteau, les plaques internes qui servent de doublures aux sutures dans une partie de leur longueur. Nous pouvons maintenant concevoir l'accroissement singulier des Balanes qui, malgré les excellentes dissertations de Bruguière (Encycl. méth. art. Balanite), de Cuvier (Mém. sur les Anatifes et les Balanes), de Lamarck (genre Balane, An. s. vert.), n'a point encore été bien expliqué. Les pièces de l'opercule n'étant point soudées, leur accroissement s'explique facilement, ainsi que chez les Anatifes dont on peut considérer les valves comme analogues à l'opercule des Balanes. Chez les Anatifes, les valves s'accroissent dans toutes les directions, sur tous leurs côtés. Au contraire, celles de l'opercule des Balanes ne s'accroissent que par leur base qui s'élargit à mesure par des débords latéraux : quant au cône de ces Mollusques, à leur test, toutes ses parties étant soudées et ce cône étant fermé à sa base, l'accroissement est bien plus compliqué ; mais il n'est pas uniforme chez tous. Pour le très-grand nombre, il faut nécessairement admettre, à de certaines époques, une désunion des sutures et une extension des côtés qu'elles unissent, analogue à ce que l'on observe dans les Oursins. C'est en effet ce qui a lieu, et l'accroissement se fait dans deux directions, en largeur et en hauteur. Celui dans le sens du diamètre a lieu de la manière suivante : les lames testacées qui recouvrent les sutures vers le haut et à l'intérieur, ne sont autre chose que la partie supérieure des valves recouverte par les rayons extérieurs ; entre cette doublure règne un espace libre dans lequel pénètre un double rebord du manteau. Des pores du manteau communiquent, du haut en bas, avec les issues des petites galeries, qui composent le tissu des rayons, et ce manteau est organisé pour allonger les stries saillantes qui composent l'engrénage de la même manière que d'autres Mollusques forment les stries élevées et les dents de leur ouverture. Il s'opère à l'extérieur de ces petites galeries une juxta-position qui forme accroissement dans le temps où l'Animal sent la nécessité de faire glisser les valves les unes sur les autres, dans l'engrénage qui les unit, afin d'effectuer cet accroissement. Ainsi, ce sont les bords libres des rayons qui sont élargis latéralement et du haut en bas, pendant un certain temps de l'époque où l'Animal peut encore agrandir sa maison. Pendant le même temps, s'opère l'accroissement en hauteur, par des procédés semblables, et sans doute simultanément. La suture, qui unit les valves par leur base à la plaque testacée, et qui est marquée au dedans du cône par une ligne circulaire de pores assez gros, se désunit, et les Balanes accroissent cette base des valves en débordant sur les côtés de la même manière que pour celles de leur opercule. Mais il vient une époque où l'accroissement latéral des rayons ne peut plus avoir lieu, et où ceux-ci demeurent soudés d'une manière fixe ; alors le Balane peut encore, et à ce qu'il paraît assez long-temps, augmenter la hauteur de son tube. C'est la plaque testacée dont le diamètre augmente, en même temps que celui du cône, par des crues circulaires sur ses bords, qui lui en fournit le moyen. Ces bords s'élèvent et acquièrent souvent une hauteur égale à celle du cône lui-même ; mais alors, on ne voit plus sur cette base ainsi élevée les rayons du cône ; on n'aperçoit que des anneaux circulaires, des cercles superposés, traces des accroissemens successifs. On voit tout cela très-distinctement sur les vieux individus des grosses espèces.

Dans d'autres Balanes, l'accroissement est plus simple. Dans la Balanite des Madrépores, qui forme notre genre Boscie, il paraît que les bords seuls des deux calottes opposées s'élargissent en s'élevant. Dans le *B. stalactiferus* de Lamarck, l'accroissement, comme dans les Coronules, doit avoir lieu par la formation de nouvelles pyramides et l'allongement de la base des anciennes, et, comme le dit Cuvier, au moyen des productions qui garnissent les cellules ou les tubes; mais dans les Coronules il y a désunion des valves comme dans les Balanes ordinaires, tandis que, dans le *B. stalactiferus*, cette désunion n'a pas l'air aussi simple, car l'on n'aperçoit pas de suture à l'extérieur. Dans les Coronules et le Balane que nous citons, les productions du manteau peuvent remplir en partie les tubulures; mais dans les Balanes à tuyaux presque capillaires, elles n'entrent que fort peu puisque les petits tubes sont divisés en chambres sur leur hauteur. Du reste, l'explication que donne Bruguière de la formation des tubulures est seule admissible. On peut consulter, au sujet de l'organisation des Balanes, les pl. IV et V de Poli, ainsi que les discours qui s'y rapportent.

Les caractères génériques du genre Balane sont : corps sessile, enfermé dans une Coquille operculée; bras nombreux, sur deux rangs, inégaux, articulés, ciliés, composés chacun de deux cirrhes soutenues par un pédicule, et exertiles hors de l'opercule; bouche sans saillie, ayant quatre mâchoires transverses, dentées, et en outre quatre appendices velus, ressemblant à des palpes (Lamarck); Coquille sessile, fixée, composée de six valves généralement articulées entre elles et formant par leur réunion un cône tronqué à son sommet, ou un cylindre communément fermé au fond par une plaque testacée adhérente; ouverture subtrigone ou elliptique; opercule intérieur quadrivalve, à valves mobiles, formant par leur réunion une pyramide oblique.

Il serait difficile ici d'énumérer les espèces vivantes de ce genre; la confusion la plus complète règne encore entre elles, par le défaut de critique et de bonne synonymie qu'on rencontre dans tous les ouvrages descriptifs sur ces Mollusques. Les espèces les plus communes même sont incertaines, telles que le *Tintinnabulum*; car les uns ont fait des espèces nouvelles pour de simples variétés de cette Coquille, et les autres ont donné son nom à des espèces fort distinctes.

On peut diviser les Balanes en deux sections, ceux qui ont une base testacée et ceux qui en sont privés. Peut-être quelques espèces de la première section devront-elles entrer dans le genre Coronule.

Ire SECTION. — *Pas de base testacée*

1. *B. depressus*, *Lepas depressa*, Poli, *Test. utr. Sicil.* tab. 5. f. 12. 13. Des mers de Naples. — 2. *B. stellatus*, Poli, *loc. cit.* tab. 6. f. 18. 19. 20. Des mers de Naples. — 3. *B. crenatus*, Bruguière, n° 10, *Lepas cornubiensis*, Pennant, Zool. IV. p. 73. t. 37. f. 6. *Lepas Balanus*, Wood, *Conchyl.* tab. 7. f. 3.; Chemnitz, *Conch.* tab. 97. f. 826. De l'Océan sur nos côtes. — 4. *B. punctatus*, Maton et Rackett, Montagu, *Test.* t. 1. f. 5. De nos côtes. — 5. *B. fistulosus*, Bruguière, n° 6; *B. clavatus*, Ellis et Solander, *Zooph.* t. 15. f. 78; *Lepas elongata*, Chemnitz, tab. 98. f. 838. Cette curieuse espèce est très-remarquable par sa forme allongée et fistuleuse. Les valves tiennent si peu entre elles, que, pour peu qu'on la touche, elles se séparent. Elle paraît dépourvue de base testacée. Elle se trouve sur nos côtes. Il ne faut pas la confondre avec le *Lepas fistulosus* de Poli, qui en est bien distinct.

IIe SECTION. — *Une base testacée.*

6. *B. perforatus*, Bruguière, n° 9; Chemnitz, *Conchyl.* tab. 98. fig. 835.

B. fistulosus, Poli, *Test. utriusq. Sic.* tab. 6. f. 1. 2. De la Méditerranée. — 7. *B. spinosus*, Bruguière, n° 8; Lamarck, sp. n° 13. *Lepas spinosa*, Gmelin, Chemnitz, tab. 98. f. 840 et t. 99. f. 841. Cette espèce est rare et recherchée. — 8. *B. Tintinnabulum*, Linné, Lamarck, An. s. vert. 2e édit. n° 3; Wood, *Conchyl.* tab. 6. f. 1 et 2; Chemnitz, t. 97. f. 828 à 830. vulg. la Tulipe épanouie, le Turban, le Gland de mer, Tulipe, etc. Rumphius rapporte que les Chinois font de son Animal un mets délicat apprêté avec du sel et du vinaigre. Il blanchit par la coction. Son goût est semblable à celui de nos Ecrevisses. Cette espèce s'attache quelquefois en si grand nombre aux navires qu'elle ralentit leur marche. *V.* pour les autres espèces, Lamarck, Bruguière, Wood, Dillwyn, Poli, Chemnitz, etc. Quant aux espèces fossiles du genre Balane, auxquelles doit s'appliquer la dénomination de Balanites, *Balanites*, nous observerons, avec Defrance (Dict. des Sc. nat.), que les anciens oryctographes les regardaient comme extrêmement rares, et que Dargenville croyait même qu'il n'en existait pas. Bajerus est le premier qui en ait parlé dans son *Oryctographia norica.* Aujourd'hui on en connaît dans un très-grand nombre de localités. On en trouve assez fréquemment dans le calcaire grossier des environs de Paris, et surtout en Italie, dans le val d'Andonne, le Plaisantin, à Ronca, etc.; la Suisse; le Dauphiné, les environs de Marseille, de Bordeaux et ceux de Valognes en fournissent aussi diverses espèces; enfin Defrance en cite encore à Malte, en Silésie et en Pologne, et Sowerby en décrit deux espèces d'Angleterre. Schlottheim (*der Petrefact.* p. 170) cite des Balanites qu'il appelle *Lepadites*, dans des terrains anciens, inférieurs à la Craie; mais plus communément ces Fossiles se trouvent dans les couches superposées à la Craie. Voici les espèces principales qui ont été reconnues : 1. *B. Delphinus*, Defrance, Dict. des sc. nat. sp. n° 1. Knorr. vol. II. tab. K. De Saint-Paul-Trois-Châteaux en Dauphiné. — 2. *B. squamosus*, *id.* sp. n° 2. Du Plaisantin, du Dauphiné, de Doué en Anjou. — 3. *B. virgatus*, Defrance, sp. n° 3. voisin du *B. Balanoïdes.* De l'Anjou. — 4. *B. dentiformis*, Defrance, sp. n° 4, Knorr. vol. II, tab. k. 1, fig. 4. Des environs de Marseille. — 5. *B. striatus*, Defrance, sp. n° 5. Du Plaisantin. — 6. *B. crispus*, Defrance, sp. n° 6. ou *Lepas stellaris*, Brocchi; *Test.* tab. 14. f. 17. De Saint-Paul-Trois-Châteaux en Dauphiné. — 7. *B. circinnatus*, Defrance, sp. n° 7. De Hauteville, département de la Manche. — 8. *B. communis*, Defrance, sp. n° 8. Trouvé sur les huîtres du banc superposé au Gypse dans les environs de Paris — 9. *B. Pustula*, Defrance, sp. n° 9. Localité? — 10. *B. tesselatus*, Sowerby, *Min. Conchol.* tab. 84. f. 1. — 11. *B. crassus*, Sowerby, *loc. cit.* f. 1. Ces deux espèces sont d'Angleterre. — 12. *Lepadites plicatus*, Schlottheim, *Petrefact.*, p. 170. n° 3. Il a les plus grands rapports avec le *Bal. Balanoides*, var. *Plicata.* De Hidesheim et Piétra en Piémont. — 13. *Lep. tintinnabuliformis*, Schlottheim, *loc. cit.* sp. n° 4. Il a beaucoup de rapport avec le *B. Tintinnabulum.* De Suède. — 14. *Lep. sulcatus, id.* sp. n° 5. Trouvé avec le précédent. — 15. *Lep. lineatus*, *id.* sp. n° 6. du Calcaire du Jura. — 16. *Lep. radiatus, id.* sp. 7. du Calcaire du Jura. Brocchi (*Conchyl.* t. II. p. 597) cite en outre les *Bal. Tintinnabulum, sulcatus*, Lam.; *Balanoides* et *Stellaris*, Poli, comme étant fossiles dans le Plaisantin. Lamarck ajoute quelques autres espèces ayant des analogues vivans. (F.)

BALANGHAS. BOT. PHAN. Espèce du genre *Sterculia.* *V.* STERCULIER. (B.)

BALANGUE. *Balanga.* BOT. PHAN. Fruit de Madagascar, décrit par Gaertner (*de Fruct. et de Sem.* II. t. 183), et qui appartient à un Végétal encore inconnu. C'est une baie globuleuse, charnue, à une ou deux loges, contenant deux semences en cœur renversé, attachées au fond de la baie, environnées entièrement d'un arille sec; l'embryon est muni d'un périsperme charnu; les cotylédons sont foliacés; la radicule est courte, droite et cylindrique. (B.)

*BALANINE. *Balaninus*. INS. Genre de l'ordre des Coléoptères, section des Tétramères, établi par Germar, et adopté par Dejean (Catal. des Coléopt., p. 86) qui en possède dix espèces, la plupart originaires d'Europe, mais étrangères à la France. On en trouve cependant aux environs de Paris des espèces décrites par Fabricius. Ce genre appartient à la famille des Rhinchophores, et constitue une des subdivisions nombreuses du grand genre *Curculio* de Linné. (AUD.)

BALANITE. MOLL. FOS. Nom français donné par Bruguière au *Gland-de-Mer*, quand il institua le genre Balane; mais, d'après la terminaison adoptée pour les espèces fossiles de chaque genre, l'on doit entendre par Balanites, *Balanites*, les espèces fossiles du genre Balane. *V*. ce mot. (F.)

BALANITE. *Balanites*. BOT. PHAN. Dans le troisième volume des Mémoires de l'Institut d'Egypte, Delille a décrit, sous le nom de *Balanites ægyptiaca*, l'*Agihalid* de Prosper Alpin, ou *Ximenia ægyptica* de Linné et de Willdenow. Ce genre Balanites, distinct des véritables *Ximenia*, doit être placé dans la famille des Térébenthacées, près des genres *Spondias* et *Connarus*. Voici ses caractères : calice à cinq divisions profondes et étalées ; corolle de cinq pétales étalés, velus intérieurement; étamines, au nombre de dix, insérées chacune dans une petite fossette que l'on remarque à la base d'un disque charnu, formant une espèce de tube conique, qui recouvre l'ovaire dans ses deux tiers inférieurs : celui-ci est ovoïde, allongé, presque pentagone, à cinq loges, contenant chacune un seul ovule suspendu; le style est court, gros, terminé par un stigmate à peine distinct, légèrement quinquelobé. Le fruit est une drupe ovoïde, à cinq angles arrondis, renfermant un seul noyau, uniloculaire et monosperme.

Le BALANITE D'EGYPTE, *Balanites ægyptiaca*, Del. (Egypte, t. 28), est un Arbre épineux, haut de dix-huit à vingt pieds, ayant à peu près le port du *Ziziphus*, *Spina Christi*; il croît en Egypte où il est maintenant fort rare, et dans l'intérieur de l'Afrique. Les Nègres en ont transporté les graines jusque dans les Antilles, où l'on en trouve maintenant quelques individus, particulièrement à St.-Domingue. Ses feuilles sont courtement pétiolées, unijuguées, c'est-à-dire, composées d'une seule paire de folioles, sessiles au sommet du pétiole commun, et irrégulièrement ovales. Les épines, qui sont très-acérées, naissent à l'aisselle des feuilles, et sont plus courtes qu'elles. Les fleurs sont assez petites, verdâtres, et forment des espèces de bouquets à l'aisselle des feuilles supérieures. Les fruits, qui leur succèdent, sont presque ovoïdes, de la grosseur d'une Noix, jaunâtres. Leur chair est un peu visqueuse, molle ; leur noyau est de la grosseur d'une moyenne Olive.

On a cru pendant long-temps que cet Arbre fournissait les Mirobolans Chebules; mais on sait positivement aujourd'hui que cette drogue est produite par le *Terminalia Chebula*.

Le nom de BALANITES désigne dans Pline le Châtaignier. (A. R.)

BALANOIDE. ECHIN. FOSS. Quelques auteurs ont donné ce nom aux pointes d'Oursins fossiles. (LAM..X.)

BALANOPHORE. *Balanophora*. BOT. PHAN. Ce genre, qui a été établi par Forster pour une Plante observée par lui, dans les forêts de Tanna, l'une des Nouvelles-Hébrides, est devenu le type d'une famille nouvelle, établie par feu Richard sous le nom de *Balanophorées*. *V*. ce mot. Le *Balanophora fungosa*, la seule espèce connue de ce genre, est une Plante parasite, ayant l'apparence d'un

Champignon, d'une couleur blanchâtre, attachée sur la racine des Plantes voisines. Elle forme à sa base une espèce de gros tubercule charnu, qui, quelquefois, acquiert le volume du poing, et que l'on peut considérer comme sa racine; ses tiges, quelquefois solitaires, naissent du tubercule charnu dont nous venons de parler; elles sont cylindriques, de la longueur du doigt, recouvertes d'écailles imbriquées, et se terminent supérieurement par un capitule de fleurs, à moitié recouvert par les écailles de la tige, et composé de fleurs mâles et femelles. Les fleurs mâles, moins nombreuses et plus grandes, pédicellées, occupent la partie inférieure du capitule; leur calice est à trois ou quatre divisions lancéolées, ouvertes; leurs étamines, au nombre de trois, sont soudées en un tube cylindrique par leurs filets et leurs anthères. Les fleurs femelles, incomparablement plus nombreuses et plus petites, occupent les trois quarts supérieurs du capitule; elles se composent d'un ovaire infère, allongé et presque filiforme, couronné par le limbe du calice, qui est inégal; cet ovaire, à une seule loge et à une seule graine, est surmonté par un style capillaire que termine un stigmate peu apparent. Le fruit est inconnu. (A. R.)

* BALANOPHORÉES. *Balanophoreæ.* BOT. PHAN. Cette famille nouvelle se compose des genres *Balanophora* et *Cynomorium*, auxquels il faut ajouter deux genres nouveaux, savoir : le *Langsdorffia* de Martius et l'*Helosis* de Richard père. De Jussieu, dans son *Genera Plantarum*, avait placé les deux genres *Balanophora* et *Cynomorium* parmi les *Incertæ sedis*, comme étant trop imparfaitement connus dans leur organisation pour pouvoir être rapportés à aucune famille naturelle. L.-C. Richard, après avoir soigneusement analysé ces différens genres, les a réunis dans un même ordre naturel, auquel il a donné le nom de Balanophorées; en voici les caractères : Plantes ordinairement parasites, d'un aspect particulier, ayant quelque ressemblance avec des Champignons ou plutôt avec les Clandestines et les Orobanches, s'élevant peu au-dessus de la surface du sol. Leurs racines forment une sorte de tubercule charnu, ou sont rameuses et s'étendent horizontalement, en s'enlaçant à celles des Plantes voisines, ou s'y implantant entièrement. Leurs tiges sont épaisses, charnues, simples, cylindriques, nues, ou recouvertes d'écailles de forme variée, que l'on peut en quelque sorte considérer comme leurs feuilles.

Les fleurs sont constamment unisexuées, monoïques, très-petites, serrées les unes contre les autres et disposées en capitules ovoïdes, plus ou moins allongés. Ordinairement les fleurs mâles et les fleurs femelles sont réunies sur un même capitule, comme dans les genres *Cynomorium* et *Helosis*; d'autres fois les capitules sont uniquement composés de fleurs mâles ou de fleurs femelles, ainsi qu'on le remarque dans le *Langsdorffia*. Ces fleurs sont rassemblées sur un axe ou réceptacle commun, garni de soies ou de petites écailles entremêlées avec les fleurs.

Les fleurs mâles sont ordinairement pédicellées; leur calice est à trois divisions profondes. Le nombre des étamines est généralement de trois; elles sont soudées ensemble par leurs filets et leurs anthères, de manière à former au centre de la fleur une espèce de tube cylindrique; tantôt les anthères s'ouvrent par leur face interne, tantôt par leur face externe. Le genre *Cynomorium* ne présente manifestement qu'une seule étamine.

Les fleurs femelles sont tantôt sessiles, tantôt pédicellées, etc. Leur ovaire est constamment infère, allongé ou presque globuleux, à une seule loge qui renferme un seul ovule attaché au sommet de la loge et renversé. Le limbe du calice forme un rebord inégal et sinueux, ou se compose de trois à quatre lanières minces, comme dans le *Cynomorium*. Cet ovaire est communément surmonté d'un seul style filiforme; on en trouve deux dans le genre *Helosis*.

Le fruit est une petite cariopse couronnée par le limbe du calice, et dont le péricarpe est sec et assez épais. La graine remplit exactement toute la cavité intérieure du péricarpe avec lequel elle est intimement soudée. Elle se compose d'un endosperme épais et charnu, quelquefois celluleux, uni à un embryon très-petit, presque imperceptible, entièrement simple, indivis, et par conséquent monocotylédon. Il est situé dans une petite fossette, sur l'un des côtés de la surface externe de l'endosperme.

La famille des Balanophorées doit donc être rangée parmi les familles de Plantes monocotylédonées; celle dont elle se rapproche le plus est la famille des Hydrocharidées, mais elle s'en distingue surtout par son port et son fruit uniloculaire et monosperme. Par leur port et leurs caractères, les Aroïdées se rapprochent beaucoup plus de notre famille, bien que leur ovaire soit libre et supère. Enfin, les Aristolochiées, et particulièrement le genre *Cytinus*, ont une grande analogie avec les Balanophorées, en sorte que leur place nous paraît indiquée entre les Hydrocharidées qui terminent le groupe des Monocotylédons, et les Aristolochiées qui sont placées en tête des Dicotylédons.

On peut disposer de la manière suivante les quatre genres qui forment la famille des Balanophorées :

† Trois étamines symphysandres.

α. Anthères introrses. *Helosis*, Richard.

β. Anthères extrorses. *Langsdorffia*, Martius; *Balanophora*, Forster.

†† Une seule étamine, *Cynomorium*, Micheli. (A. R.)

BALANOPTERIS. BOT. PHAN. On trouve décrit et figuré sous ce nom, dans Gaertner (T. II. p. 94. t. 99), le Molavi des Philippines, précédemment nommé *Heritiera littoralis* par Aiton. *V.* HERITIERA. (A. R.)

* BALANOS. BOT. PHAN. *V.* BALANUS.

* BALA-N'POUTOU. BOT. PHAN. (Proyart.) C'est-à-dire *Racine d'Europe*. Paraît être, sur les côtes d'Afrique au nord du Zaïre, le *Convolvulus Batatas*, L., plutôt que la Pomme-de-Terre, *Solanum tuberosum*, L., comme l'ont dit quelques voyageurs. (B.)

BALANTANA. BOT. PHAN. Nom caraïbe de la Banane. *V.* ce mot. (B.)

BALANTI. BOT. PHAN. (Camelli.) Petit Arbre indéterminé des Philippines, dont les feuilles ombiliquées et les graines comparées à celles du Ricin, autorisent les rapprochemens qu'on peut en faire avec ce genre. (B.)

BALANTIA. MAM. (Illiger.) Syn. de Phalanger. *V.* ce mot. (B.)

* BALANTINE. BOT. PHAN. (Petiver.) Syn. d'*Hernandia sonora*. *V.* HERNANDIE. (A. R.)

BALANUS. MOLL. *V.* BALANE.

BALANUS OU BALANOS. BOT. PHAN. Vieux nom du *Guilandina Moringa*, L., qui constitue aujourd'hui le genre Moringa. *V.* ce mot. On l'a quelquefois appliqué au *Quercus æsculus*. *V.* CHÊNE. (B.)

BALAOBOUCOUVOU. BOT. PHAN. Syn. caraïbe de Mancenilier. *V.* HIPPOMANE. (B.)

BALAON OU BALAOU. POIS. Même chose que Balaau. *V.* ce mot. (B.)

BALARINA. OIS. C'est-à-dire *Danseuse*. Syn. piémontais des Bergeronnettes jaune et printanière, *Motacillæ Boarula* et *flava*, L. *V.* BERGERONNETTE. (DR..Z.)

BALARINA DEL COULAR. OIS. Syn. piémontais de la Lavandière, *Motacilla alba*, L. *V.* BERGERONNETTE. (DR..Z.)

BALASBAS, BOT. PHAN. Même chose qu'Antolang. *V.* ce mot. (B.)

BALASSEN OU BALESSAN. BOT. PHAN. (Prosper Alpin.) Syn. de Baume de Judée. *V.* ce mot. (B.)

BALATANA. BOT. PHAN. Probablement la même chose que Balantana. *V.* ce mot. (B.)

BALATAS. BOT. PHAN. Nom de pays d'Arbres divers dont on ne peut guère reconnaître le genre sur les indications imparfaites données par les divers auteurs qui en font mention, et qui fournissent un bois utile dans les constructions.

Le BALATAS BLANC de Préfontaine, dans sa Maison rustique de Cayenne, est probablement le Couratari des naturels de la Guyane. Il a son écorce filamenteuse, susceptible d'être tressée en cordes excellentes, et a été figuré par Aublet, pl. 290.

Le BALATAS ROUGE est, selon Nicholson, connu à Saint-Domingue sous le nom de Sapotilier Marron.

Le BALATAS BOIS DE NATTE d'Aublet paraît être un Achras. *V.* SAPOTILIER et COURATARI. (B.)

BALATE. ECHIN. L'on donne ce nom à une espèce de Zoophytes, que l'on croit appartenir au genre Holothurie. Elle se pêche dans la mer des Philippines, et se porte en immense quantité à la Chine. Les habitans de ce vaste empire en font une grande consommation pour leur table, et la recherchent comme un mets des plus délicats. Cuite, elle ressemble à un pied de cochon désossé. Ce Zoophyte, objet d'un commerce considérable, n'est pas connu d'une manière exacte. Il en est de même de beaucoup d'Animaux et de Plantes dont on fait un usage habituel, et que les naturalistes n'ont encore pu étudier. La Balate est peut-être la même chose que le Tripan. *V.* ce mot. (LAM..X.)

* BALATONASSO. BOT. PHAN. Arbrisseau imparfaitement connu des Philippines, qui paraît appartenir à la famille des Euphorbiacées, et qui, sur ce qu'en dit Ray ou d'après la figure de Camelli, paraît voisin des Ricins. *V.* ce mot. (B.)

BALAUSTE. BOT. PHAN. Nom sous lequel on désigne dans les pharmacies les fleurs desséchées du Grenadier à fleurs doubles. Desvaux a étendu ce nom à une espèce de fruit pareil à la Grenade. *V* GRENADIER et FRUIT. (B.)

BALAUSTIER. BOT. PHAN. Syn. de *Punica Granatum* sauvage. *V.* GRENADIER. (B.)

BALAYEUR. BOT. CRYPT. Nom très-impropre par lequel Paulet désigne deux Champignons du genre Agaric. *V.* ce mot. (B.)

BALBISIE. *Balbisia.* BOT. PHAN. Corymbifères, Juss. Syngénésie superflue, L. Genre dont l'involucre est simple, composé de huit folioles, cylindrique; le réceptacle paléacé. Il porte des fleurs radiées, à fleurons hermaphrodites, à demi-fleurons femelles, trifides. Leurs akènes sont couronnés par une aigrette plumeuse et sessile. — C'est d'après une espèce d'Amellus, l'*A. pedunculatus* d'Ortega, que ce genre a été établi. C'est une Plante herbacée, à tige couchée et presque simple, à feuilles opposées, à pédoncules terminaux, solitaires et uniflores, originaire du Mexique. Richard en a observé, dans l'Amérique septentrionale, une seconde espèce, le *Balbisia canescens*, Pers., à tige droite, rameuse, velue et blanchâtre, et à pédoncules latéraux. (A.D.J.)

BALBOUL. OIS. Forskahl. Syn. de Sarcelle d'été, espèce de Canard. *V.* ce mot. (DR..Z.)

BALBUL. OIS. Syn. de l'Oie vulgaire, *Anas segetum*, L. en Arabie. *V.* CANARD. (DR..Z.)

BALBUZARD. OIS. Espèce du genre Faucon, division des Aigles. Buff. pl. enlum. 414. *Falco Haliœtus*, L. Lath. Cuvier, Savigny et Vieillot ont séparé le Balbuzard des Faucons pour en faire le type d'un genre nouveau.

On a désigné sous le nom de BALBUZARD DE LA CAROLINE l'Aigle pêcheur, Vieill., Ois. de l'Amér. sept., pl. 49. Cet Oiseau a beaucoup de ressemblance avec le Balbuzard d'Europe. *V.* AIGLE. (DR..Z.)

BALDINGERA. BOT. PHAN. Le *Phalaris arundinacea* de Linné a servi de type à un nouveau genre établi sous ce nom dans la Flore Wetteravienne. (A.D.J.)

* BALDINGERIA. BOT. PHAN. Necker, sous ce nom générique, distingue les espèces de *Cotula* qui ont un calice à plusieurs folioles imbriquées, et les fleurons du centre hermaphrodites, avec des akènes nus, tandis qu'ils sont marginés, c'est-à-dire surmontés d'un rebord annulaire membraneux dans les autres fleurons femelles. (A.D.J.)

BALDOGÉE OU TERRE VERTE DE MONTE-BALDO. MIN. *Grunerde*, Werner. Variété de Talc-chlorite, ainsi nommée par Saussure, et trouvée par lui dans des roches porphyriques, aux environs de Minelle, sur la route de Nice à Fréjus. *V.* TALC-CHLORITE. (G. DEL.)

* BALDUINA. BOT. PHAN. Genre de la famille des Synanthérées, voisin des genres *Galardia*, *Actinella*, *Helenium*, avec lesquels il forme un petit groupe très-naturel. Ce genre, décrit par Nuttal, *Genera of North. American Plants*, se distingue par son involucre composé d'écailles imbriquées, squarrieuses sur les bords; les fleurons de la circonférence sont neutres et trifides; le phoranthe est hémisphérique, creusé d'alvéoles dans lesquelles la base des fruits est plongée; l'aigrette est formée d'environ dix paillettes dressées. — Ce genre renferme deux espèces, le *Balduina uniflora* et le *Balduina multiflora*. Ces deux Plantes sont herbacées, ont leurs feuilles alternes très-entières, et croissent dans l'Amérique septentrionale. (A. R.)

BALE. *Tegmen. Gluma*, L. BOT. PHAN. Quelques botanistes appellent ainsi l'enveloppe la plus extérieure des épillets dans la famille des Graminées. C'est cette enveloppe, ordinairement formée de deux valves, que nous désignons dans le courant de cet ouvrage sous le nom de Lépicène. *V.* GRAMINÉES. (A.R.)

BALEINAS OU BALÈNAS. MAM. Ancien nom donné au pénis des Cétacés. (B.)

BALEINE. *Balæna*. MAM. Genre de Cétacés caractérisé par des fanons ou lames de corne qui bordent, en place de dents, la mâchoire supérieure, et des évents à double ouverture, placés sur le milieu de la longueur du front.

Nous parlerons de l'organisation intérieure des Baleines à l'article *Cétacés*, où nous montrerons par quels avortemens et quels développemens réciproques de parties un Mammifère a été, mécaniquement parlant, transformé en Poisson.

Seules, parmi les Cétacés ordinaires, les Baleines sont douées du sens de l'odorat, comme Hunter et Albers avaient eu raison de le dire. En voici la disposition osseuse dans le Nord-Caper austral, l'une des conquêtes scientifiques de l'infatigable Delalande : le canal de l'évent, dans ses deux tiers postérieurs, est divisé en deux étages par une plaque osseuse, prolongée en arrière jusque sous le bord du trou occipital, et qui représente les cornets nasal et de bertin réunis; cette plaque en dehors double le maxillaire, et, en arrière, le sphénoïde et le basilaire; son bord libre se trouve contigu à la ligne médiane; le pourtour des deux canaux qu'elle sépare est complété par des membranes; le canal supérieur, voûté par le frontal, débouche dans les sinus ethmoïdaux formés par trois cornets, dont le postérieur n'a pas moins de trois pouces de haut. C'est dans le sinus postérieur que s'ouvre le canal ethmoïdal creusé dans le corps de l'ethmoïde épais de cinq à six pouces; le canal ethmoïdal a un pouce de diamètre à son extrémité cérébrale, quatre lignes à son milieu, et se divise vers la cavité ethmoïdale en deux branches, dont l'une a cinq ou six lignes de diamètre. La cavité commune des sinus s'ouvre inférieurement dans la partie gutturale de l'évent par un conduit long de deux pouces et demi. La Baleine respire donc par le canal supérieur; l'évent proprement dit ne sert qu'au passage de l'eau. Par le calibre du canal ethmoïdal on peut d'ailleurs juger du volume du nerf olfactif. Il n'est donc plus nécessaire de transporter le sens olfactif des Baleines dans les cavités ptérigo-palatines, où on suppose qu'il existe chez les Dauphins, cavités qui d'ailleurs n'existent pas dans les Baleines; encore moins doit-on, comme on le prétendait contrairement à l'observation, refuser l'odorat à ces Animaux. Lacépède avait donc grandement raison d'insister sur les preuves de son existence; nous citerons après lui l'expérience réitérée faite par le vice-amiral Pléville-le-Peley. Cet officier étant dans un bateau de pêche rempli de Morues, des Baleines parurent; pour porter la voile nécessaire, il fit jeter à la mer l'eau infecte répandue par le poisson; bientôt les Baleines s'éloignèrent. Il ordonna de conserver cette eau désormais pour s'en servir en pareille occasion. Plusieurs essais réussirent successivement.

La direction de l'évent, relativement à l'axe du corps, est bien plus inclinée dans les Baleines que dans les autres Cétacés ordinaires; l'obliquité n'en est que de sept à huit degrés. Dans les Dauphins, la direction de l'évent est, au contraire, presque perpendiculaire à l'axe, et même un peu inclinée en arrière. Il résulte de cette obliquité en avant de l'évent, dans les Baleines, que leur ouverture est bien moins reculée que ne le représente la presque totalité des figures publiées. Au lieu que cet orifice se trouve très-près ou sur la verticale qui passe par l'œil, il est presque à demi-distance du plan inter-orbitaire et du bout du museau (Ad. Camper, Obs. anat. sur les Cétacés, 1820, l'a déjà remarqué). Cette obliquité et l'extrême longueur du canal osseux de l'évent donnent un caractère important pour la détermination des espèces fossiles. La distance des yeux à l'axe du crâne est bien plus grande dans les Baleines, à cause de l'énorme écartement des condyles de la mâchoire inférieure et de l'excessif développement des maxillaires supérieurs qui nécessite pour eux, sur le frontal, une largeur de base suffisante. Les deux frontaux, ainsi comprimés transversalement par les maxillaires en avant et par l'occipital en arrière, qui les écarte comme un coin, sont projetés en dehors de manière à déborder un peu les maxillaires et les temporaux sur lesquels ils appuient dans ce seul genre où le temporal entre ainsi dans le cadre de l'orbite. Malgré cette distance de l'œil au cerveau, le sens de la vue n'est pas aussi faible dans ces Cétacés qu'on l'avait supposé; l'on avait d'ailleurs exagéré sa petitesse. Dans un Baleinoptère museau-pointu, échoué à la baie française des îles Malouines pendant le séjour du capitaine Freycinet, et long de cinquante-trois pieds, l'œil était gros comme un boulet de six; son plus grand diamètre longitudinal était de quatre pouces et demi, le vertical de quatre pouces; son axe de deux pouces neuf lignes; le diamètre de la capacité de la sclérotique était longitudinalement de deux pouces dix lignes, le vertical de deux pouces cinq lignes; l'axe de huit à neuf lignes et demie. Par la différence de la capacité au volume de l'œil, on voit quelle est l'épaisseur de la sclérotique. A son entrée dans cette enveloppe, le nerf optique est entouré de vingt-six vaisseaux sanguins qui pénètrent dans l'œil. D'après cette quantité de vaisseaux, nous pensons que ce que l'on a pris pour un muscle dans l'œil de la Baleine n'est que le même organe dont nous avons décrit la nature et l'usage dans les Poissons. Ces observations ont été faites par Quoi et Gaimard. Ajoutons que, dans des préparations d'yeux de Baleine conservées au Cabinet d'anatomie comparée, le nerf optique paraît composé de filets parallèles; or nous avons fait voir dans notre Mémoire couronné à l'Institut sur le Système nerveux des Poissons, que l'activité d'un sens était proportionnelle à l'étendue des surfaces nerveuses et à la quantité de sang qui y aborde (*V.* notre Mémoire et l'Extrait qu'en a publié Magendie, Journal de

Physiologie, avril 1822). Scoresby (Tableau des régions arctiq.) a constamment observé que les Baleines voient dans l'eau à de très-grandes distances; qu'au contraire, l'ouïe paraît très-dure chez elles: aussi les approche-t-on bien plus aisément dans l'eau verte, dont la diaphanéité est presque nulle, que dans une eau plus transparente. Or, il n'y a pas de raison pour qu'elles entendent moins bien dans l'une que dans l'autre; l'ouïe est donc inférieure à la vue chez les Baleines. Jusqu'ici on avait dit le contraire. Rondelet avait déjà remarqué cependant que la petitesse de l'ouverture des paupières trompe sur le volume réel de l'œil, et que c'était à tort que l'on disait l'œil de la Baleine pas plus grand que celui d'un bœuf.

La fixité de la langue et sa composition adipeuse ne permettent pas d'y supposer de sensibilité. Nous avons disséqué la langue du Crocodile qui lui ressemble, d'après Delalande, et le petit volume des nerfs qui se perdent dans son épaisseur, et non à sa surface, exclut la possibilité de l'existence du goût, qui d'ailleurs ne coïncide jamais qu'avec une mastication. Or, quoi qu'on en ait dit, ces Baleines et les Baleinoptères avalent leur proie sans la broyer.

Quant au toucher, nous n'avons aucun renseignement. Il paraît qu'il ne réside que sous l'aisselle où les mères serrent leurs petits.

En mesurant l'intelligence sur la capacité du crâne, le rapport est bien inférieur à ce qu'il est dans les autres Cétacés. Dans le Nord-Caper rapporté par Delalande, long de soixante-quinze pieds, le plus grand diamètre de la cavité cérébrale est de douze à treize pouces d'un temporal à l'autre; l'occipito-ethmoïdal a trois ou quatre pouces de moins. Cuvier a fait voir que le volume extérieur du crâne dépendait de la triple épaisseur de l'occipital, du pariétal et du frontal; ce dernier os ne forme qu'un étroit bandeau à l'extérieur, entre les maxillaires et l'occipital qui recouvre tout le crâne; sous le bandeau frontal, l'épaisseur du crâne est à peu près d'un mètre. En arrière de ce bandeau, et sur tout le bouclier que représente l'occipital s'insèrent les muscles cervicaux.

Une substance ligamento-membraneuse sert à l'insertion de chaque batterie de fanons dans la fosse alvéolaire de l'os maxillaire; cette même substance déborde extérieurement les fanons qu'elle couvre comme une gencive. Les lames sont fortement serrées l'une contre l'autre; la section de leur bord interne varie d'une espèce à l'autre pour la direction, mais de telle sorte que la totalité des fibres est comprise dans la coupe; l'extrémité coupée est effilée en soies plus ou moins longues et fines, suivant les espèces; le bord inférieur de la batterie est enclavé dans une rainure de la mâchoire inférieure, entre la langue immobile en dedans et la lèvre inférieure en dehors; cette lèvre arrive au contact de la gencive supérieure. L'on voit donc qu'il ne peut y avoir aucune mastication, attendu l'immobilité de la langue, le défaut de point d'appui pour la trituration, et la mollesse des surfaces qui représentent les dents: l'effilé des fanons n'a pas non plus pour objet de ménager la langue. Voici le mécanisme de tout cet appareil: la bouche étant ouverte, l'eau s'y précipite par son poids et l'aspiration de l'Animal; par le rapprochement des mâchoires, l'eau comprimée s'échappe en se tamisant d'abord à travers le chevelu des fanons et puis entre leurs lames: ce chevelu est d'autant plus fin et plus abondant que l'Animal se nourrit de plus petite proie. Telles sont les Baleines. Le reste de l'eau est soufflé par l'évent, et la proie seule est avalée. Les jets d'eau ne correspondent donc qu'aux mouvemens de déglutition. Comme l'ont remarqué Scoresby, Quoi et Gaimard, il ne sort pas d'eau dans l'expiration; c'est un mélange de vapeurs et de mucosités, qui, de loin, ressemble à de la fumée. Quoi a observé que c'est aux approches et pendant la durée du mauvais temps que les Baleines et les autres

Cétacés font jaillir l'eau plus abondamment et plus fréquemment; c'est qu'alors l'agitation de la mer mélange les flots de plusieurs couches d'eau et amène à la surface un plus grand nombre de Méduses, de Mollusques et même de Poissons: c'est ainsi qu'on voit les Requins et les Oiseaux pélagiens suivre le sillage d'un vaisseau, où, par le mélange de plusieurs couches d'eau, ils découvrent plus facilement leur proie ainsi rassemblée en plus grande quantité.

Dans toutes les Baleines, la mâchoire supérieure étant arquée, les fanons qui représentent les sinus de l'arc maxillaire sont nécessairement plus longs au milieu; leur décroissement est plus rapide du côté des yeux que du côté du museau: les intermaxillaires n'en portent pas. On a eu tort de dire que les fanons sont posés sur l'os du palais; le palatin, plus rudimentaire dans les Baleines que dans les autres Cétacés, ne correspond à aucun point de la batterie de fanons; tout l'espace compris entre les deux batteries est rempli par les maxillaires juxta-posés sur la ligne médiane.

La grandeur du pharynx et de l'œsophage varie d'une espèce à l'autre. Il est fort étroit, d'après Scoresby, dans la Baleine franche; Schneider lui donne neuf pieds de large, sans doute dans l'une des espèces qui vivent de Poissons L'estomac est divisé en plusieurs cavités, à peu près comme dans les Ruminans. Dans un fœtus disséqué par Camper, aucun étranglement ne divisait encore le ventricule; les intestins d'ailleurs faisaient de nombreuses circonvolutions; le foie était relativement très-grand; les reins, volumineux, étaient formés de beaucoup de petits globes agglomérés; la vessie urinaire avait beaucoup d'amplitude.

Le nombre des côtes paraît fort inégal dans les diverses espèces. Camper n'a trouvé que douze côtes à son fœtus, il n'aura pas vu la treizième; car Giesecke, cité par Scoresby, compte treize paires de côtes dans la Baleine franche. Or, dans un nouveau-né de Nord-Caper, rapporté par Delalande, les côtes sont déjà complètement ossifiées, quoique la colonne vertébrale ait encore ses points d'ossification distincts et cartilagineux dans chaque vertèbre; il n'est donc pas probable qu'il y ait erreur dans cette détermination que Camper dit avoir déjà été faite sur d'autres Baleines franches. D'après Hunter, le Museau-Pointu, et d'après Albers, la Jubarte, n'auraient que douze côtes; le dernier, d'après le même Albers, aurait aussi toutes les vertèbres cervicales mobiles. Dans les espèces à douze côtes, la première paire seulement s'articule avec le sternum; dans le Nord-Caper austral, qui en a quinze, les deux premières paires s'y rendent. Comme les caractères tirés du squelette sont beaucoup plus certains que les autres, et comme les squelettes, si complets et si bien conservés que l'on doit au voyageur Delalande, nous permettent de fixer des séparations positives, nous nous en servirons pour établir les espèces jusqu'ici déterminées si vaguement, faute d'observations.

Selon Bochart, le nom de Baleine dérive du phénicien *baal nun*, roi de la mer; d'où il conclut que la pêche en était faite par les Tyriens. Les livres hébreux parlent aussi de Baleines; mais quel était l'Animal ainsi nommé? Cuvier pense que le *Mysticetus*, qu'Aristote caractérise par des soies dans la bouche, est une des petites Baleines de la Méditerranée, appelées *Musculus* par Pline, et qui seraient le Rorqual. Si l'on en croyait Ælien, on aurait, de son temps, pêché la Baleine dans les eaux de Cythère; mais, chez les anciens, le nom de *Kète* se donnait à tous les grands Animaux marins, comme celui de Whal chez les nations du nord de l'Europe

Plusieurs Sagas norwégiennes prouvent qu'avant les premières pêches des Basques, les nations Scandinaves chassaient les Baleines, et qu'on s'en nourrissait en Islande. Dans le périple entrepris autour de la Scandinavie, au neuvième siècle, le navigateur norwégien, Other, dit avoir assisté à la pêche des Baleines près du Cap-Nord. D'après les recherches de Noël de la Morinière, dans les Chroniques du moyen âge, les Norwégiens et les Islandais distinguaient, au treizième siècle, vingt-trois espèces de Baleines, parmi lesquelles on reconnaît la plupart de celles qui se voient aujourd'hui dans les mêmes mers. Les auteurs contemporains de France et d'Allemagne, Albert-le-Grand, Vincent de Beauvais, Ste-Hildegardès, ont décrit cette pêche fort exactement, d'après les renseignemens qu'ils s'étaient procurés : à cette époque, on harponnait de deux manières, à la main et par la projection d'une forte baliste. Ce dernier procédé a été renouvelé dans le dix-huitième siècle avec la poudre; aujourd'hui les Anglais harponnent avec des fusées à la congrève.

On a beaucoup parlé de la retraite des Baleines vers le nord, et par-là on entendait les Baleines franches; cependant tous les écrits du moyen âge font voir que les pêches régulières des Baleines étaient établies, comme aujourd'hui, sur les côtes pôlaires. Other dit avoir été jusqu'aux terres les plus reculées du nord, où se rendent les pêcheurs de Baleines, et en avoir tué jusqu'à soixante en deux jours. Dans le neuvième siècle, comme aujourd'hui, les Baleines se tenaient donc sous le pôle; si les Baleines avaient été à cette époque plus abondantes sur nos côtes que sur celles d'Islande, du Groënland et du Spitzberg, les Scandinaves, qui déjà avaient fait des descentes sur nos rivages, y seraient venus pêcher les Baleines. Les actes du moyen âge parlent beaucoup de Baleines; mais il ne faut pas toujours y prendre ce mot à la lettre. Les noms de Whal, de Hval, de Cète, de Balæna, s'appliquaient à toutes les espèces de Cétacés à lard; il paraît néanmoins que, dans le golfe de Gascogne, il y a eu, avant le dixième siècle, des pêches régulières faites par les Basques; les Baleines y paraissaient depuis l'équinoxe de mars jusqu'en septembre. Dès 999, d'après Cerqueyra, les Baleines effarouchées ne venant plus en aussi grande abondance dans le golfe, les Basques établirent leurs pêches sur les côtes de Portugal. D'après la rareté dans nos mers des Clios et des autres petits Animaux marins qui servent à la nourriture des Baleines, d'après l'époque de l'année où les Cétacés en question se rendaient sur ces côtes, et qui est la même que celle des voyages de plusieurs espèces de Poissons que poursuivent encore aujourd'hui divers Cétacés, excepté les Baleines, il n'est pas probable que la Baleine franche se soit jamais plus qu'aujourd'hui éloignée du pôle. Si la Baleine franche avait été l'objet de ces pêches, on eût utilisé ses fanons. En 1202, d'après plusieurs passages de la Philippide de Guillaume-le-Breton, les casques étaient, au lieu de plumets, ornés de panaches en fanons de Baleines, effilés; mais leur rareté fait présumer la difficulté de se les procurer : il en eût été autrement si on les eût pêchées sur nos côtes. La présence des Cétacés au cap de Bonne-Espérance n'est pas une présomption pour que les Baleines franches du pôle nord soient autrefois descendues vers nos latitudes; car les Baleines qui s'y pêchent sont d'une espèce différente, comme nous l'allons prouver. Tous ces Animaux ont le sang d'une température supérieure à celle des Mammifères terrestres; elle va jusqu'à quarante degrés. Une heure et demie après sa mort, le sang d'un Narvhal marquait trente-six à trente-sept degrés, et celui d'une Baleine, après un temps un peu moindre, trente-huit à trente-neuf. Ce n'est pas trop que de supposer dans un pareil intervalle, lorsque la température de la mer n'excède pas moins 1 à plus 1 ou 2 degrés, un abaissement de trois ou quatre degrés dans la température du sang.

Est-ce à cette température que tient la grande susceptibilité qu'ont leurs tissus de s'enflammer, et la promptitude avec laquelle l'inflammation y parcourt ses périodes et devient mortelle? La plus petite blessure suffit pour les faire mourir. Péron a fait la même observation sur les Phoques à trompe.

Ce n'est point de l'eau, mais un mélange de vapeurs et de mucosités que rejette la Baleine par l'évent dans l'expiration ; le froid de l'air, en condensant ces vapeurs, les a fait prendre pour de l'eau : l'Animal ne rejette l'eau qu'après la déglutition ou dans des momens de colère. On a exagéré la vitesse des Baleines comme tout le reste de leur histoire : celle de la Baleine franche n'excède pas trois lieues à l'heure ; celle du Physalis ou Gibbar, quatre.

La séparation des Baleinoptères, comme genre, d'avec les Baleines proprement dites, ne reposant que sur la considération des nageoires adipeuses des premières, caractère qui ne nous paraît pas de plus grande valeur que celui des plis abdominaux qui sous-divisent les Baleinoptères elles-mêmes, nous réunissons dans un même genre, à l'exemple de Cuvier, tous les Cétacés à fanons et à double évent. Les espèces en seront réparties dans les sous-genres suivans :

† Baleines proprement dites, pas de nageoires sur le dos.

1. Baleine franche, *Balæna Mysticetus*, L. Lacép. Cét. pl. 1. Scor. pl. 12. f. 1. t. 2. Scoresby, qui a contribué à la prise de 322 individus de cette espèce, n'en a vu aucune excéder 60 pieds de long, et il n'est pas à sa connaissance que depuis une trentaine d'années on en ait pêché qui excédassent 65 pieds. Les mesures assignées par Anderson sont les mêmes. On la désigne cependant partout comme le plus grand des Cétacés ; la grande courbure de l'arc de la mâchoire supérieure donne une longueur proportionnée aux fanons du milieu ; il s'ensuit que la lèvre inférieure s'élève en cet endroit de manière à remplir le vide de cet arc. Mais elle ne dessine pas la figure d'une S, comme l'indiquent les dessins, qui en ont été gravés. Cet arc n'existe pas dans le fœtus où les mâchoires sont presque parallèles. Mais il s'excave rapidement après la naissance. On peut avoir une idée de la rapidité de ce progrès, en comparant la figure de fœtus dans Ad. Camper, pl. 8, fig. 1 et 2, à celle du nouveau-né dans Scoresby, pl. 12. f. 2. A mesure que cette courbure se prononce, l'ouverture de l'évent doit se reculer un peu au lieu de s'avancer, comme le dit Camper, mais il ne peut reculer sur le même plan que les yeux comme l'indiquent la plupart des figures. Une autre erreur de ces figures, c'est de donner trop de saillie aux bourrelets des ouvertures de l'évent. La partie plus proéminente de la tête, c'est le bandeau du frontal derrière les os du nez que prolonge en avant un long cartilage conservé sur l'un des squelettes du Muséum : cette proéminence de la partie frontale, sous laquelle se trouve une épaisseur d'os de plusieurs mètres passant au-devant du cerveau par l'occipital, le frontal, l'ethmoïde et le sphénoïde, forme la tête de l'immense marteau que représente la Baleine, en brisant ou soulevant les voûtes de glaces. Dans tous les autres Cétacés, la partie la plus proéminente de la tête correspond à des parties molles, comme dans les Cachalots, ou à une assez petite épaisseur de la suture occipito-frontale, dont le plan vertical passe par le cerveau ; ce qui rend ces deux genres d'Animaux incapables de vivre sous les glaces. L'eau verte, dans laquelle on approche plus facilement la Baleine à cause de sa faible diaphanéité, a fourni une autre observation à Scoresby. On y rencontre plus de Baleines que dans les autres parages. Cette couleur verte paraît dépendre de l'agglomération en grands bancs, de petites Méduses d'un 20e à un 30e de pouce de diamètre, distantes l'une de l'autre d'un quart de pouce environ, ce qui en donne 64 par pouce cube. Ces deux faits de l'agglomération des Méduses et de la couleur verte de l'eau sont liés par un rapport, sinon de dépendance, au moins de coïncidence constante. Ces petites Méduses semblent la nourriture des petits Crustacés, et

surtout des Clios, pâture de la Baleine. Zorgdrager avait déjà remarqué que ces bancs de Clios sont quelquefois épais comme une purée. L'existence des grandes légions de Clios paraît donc liée avec ces petites Méduses, comme l'existence des Baleines avec celle des Clios eux-mêmes. Dans les latitudes moins boréales, les Clios sont trop rares pour alimenter les Baleines. Ces inductions confirment nos doutes sur l'ancienne habitation des Baleines dans nos mers. Colnett a vu, à la vérité, des Baleines franches sous les zones tropicales de l'Océan pacifique. Mais, leur extrême maigreur prouvait bien qu'elles y étaient égarées et par accident.

La Baleine n'est point attaquée par les Glands-de-mer, comme la plupart des autres Cétacés à fanons. Scoresby dit qu'on n'en a jamais rencontré dans les mers d'Allemagne et à moins de deux cents lieues des côtes d'Angleterre. D'après la figure de Scoresby, toutes celles que l'on a données de la Baleine sont inexactes. La figure du Nord-Caper, donnée par Lacépède, pl. 3, y ressemble plus qu'aucune autre.

2. Nord-Caper, *Balæna glacialis*, Klein. Lacépède, pl. 2 et 3. Plus allongé proportionnellement, mais de la même forme que la Baleine. D'une taille inférieure, il en diffère encore par l'obliquité du plus grand diamètre de l'œil. La queue et les nageoires sont aussi plus grandes à proportion. Comme dans la Baleine, la courbe de l'arc maxillaire est fort grande, de sorte que les fanons moyens des batteries ont une grande longueur. Sa couleur est d'un gris clair. Cette espèce est plus rapide que la Baleine: elle chasse les bancs de Harengs, de Maquereaux et de Merlans avec autant d'ardeur que de ruse. Elle les poursuit vers les anses étroites où elle les enferme pour mieux s'en emparer. Quoique plus rapide que la Baleine, sa vitesse, suivant Scoresby, n'excède pas quatre lieues par heure; elle est attaquée par les Balanes qui ne s'attachent pas sur la Baleine franche. En poursuivant les bancs de poissons, elle descend quelquefois dans les mers tempérées de l'Europe. On a trouvé jusqu'à six cents Gades et une grande quantité de Sardines dans l'estomac de Nord-Capers échoués en poursuivant des bancs de Poissons. On ne connaît pas son squelette.

3. Nord-Caper-Austral, *Balæna australis*, Klein. Observé par Delalande. Plus grand que la Baleine, et partant que le précédent. Il diffère de la Baleine franche du pole boréal avec qui on l'a cru identique par la soudure des sept vertèbres cervicales dont les cinq postérieures sont mobiles dans la Baleine, par deux paires de côtes de plus, par la disproportion du nombre des mâles à celui des femelles qui est inverse dans ces deux espèces. Delalande n'a vu que deux ou trois mâles sur cinquante individus, et les pêcheurs lui ont confirmé que cette disproportion est constante. Au contraire, Scoresby dit que dans la Baleine franche, le nombre des mâles excède celui des femelles. En comparant les figures de deux individus de même taille et sans doute de même âge, l'un de dix-sept pieds, de la Baleine franche, Scoresby, pl. 12, fig. 2; l'autre du Nord-Caper-Austral par Delalande (*V.* les planches de ce Dictionnaire), la différence extérieure n'est pas moindre que l'intérieure. Dans la jeune Baleine, la courbe de la mâchoire est déjà développée, et la lèvre inférieure s'y encadre parfaitement. Dans le jeune Nord-Caper, la courbe maxillaire autant prononcée dans l'adulte que chez la Baleine, n'est pas encore formée; la lèvre inférieure reste écartée de la gencive supérieure vers ses deux extrémités; le chanfrein est presque droit depuis les évents jusque vers le museau où il y a une sorte de bourrelet, et les évents sont bornés en dehors par une grosse saillie qui dépasse en arrière la pointe du front, plus proéminente que cette saillie; dans la jeune Baleine, le chanfrein est un plan incliné depuis l'évent jusqu'au museau, de près de 40 degrés: enfin

l'on voit dans notre figure un caractère de physionomie bien décidé dont la fidélité de Delalande atteste l'exactitude et confirme tous les caractères qui font de cet Animal une espèce particulière.

Delalande nous a dit que ces Baleines arrivent du 10 au 20 juin dans les baies d'Algoa, du Cap et de Simons, où elles sont chassées par la violence du vent du nord-ouest; qu'elles en partent à la fin d'août et au milieu de septembre, après avoir mis bas un petit de 12 à 15 pieds de long. Il prend de suite la tetine; l'estomac est très-grand et toujours vide; le Nord-Caper-Boréal l'a au contraire ordinairement plein de Poisson. Comme dans la Baleine (Anderson) les intestins sont remplis d'un liquide d'un beau rouge qu'il a vu aussi dans le *Poeskop*. La peau est toute noire, même dans le petit; le grand diamètre de l'œil est horizontal; la figure de Bachstrom donnée par Lacépède donne au contraire une grande obliquité à ce diamètre dans le Nord-Caper-Boréal.

4. BALEINE JAPONAISE, Lac. (Mém. du Mus.). Cette espèce et la suivante ont été établies d'après des peintures japonaises; elle est caractérisée par trois bosses garnies de tubérosités, et placées longitudinalement sur le museau; la queue est grande; la couleur noire sur le dos; d'un blanc éclatant sous le ventre, festonné sur son contour.

5. BALEINE LUNULÉE, Lac. *Balæna lunulata*. Les deux mâchoires sont hérissées à l'extérieur de poils ou petits piquans noirs; un grand nombre de taches en forme de croissans sur la tête, le corps et les nageoires; couleur générale verdâtre. Comme l'évent est marqué en arrière des yeux, il se pourrait que ce fût un Dauphin.

Indépendamment de ces deux dernières espèces qui semblent propres à la partie boréale de l'Océan pacifique, les Baleines du Spitzberg et du Groënland se trouvent dans les mêmes parages, car on a tué dans la mer de Tartarie des Baleines portant des harpons dont la marque appartenait aux pêcheurs du Spitzberg. Ce fait, qui prouve la communication des deux mers boréales, est une nouvelle présomption en faveur de l'opinion que les Baleines franches ne sortent pas des mers Boréales.

6. BALEINE NOUEUSE, *Balæna nodosa*. Dudley, Trans. phil. n° 387, dit qu'elle a sur le dos, près de la queue, une bosse penchée en arrière et grosse comme la tête d'un homme. Son principal caractère serait dans les nageoires, longues de 18 pieds, blanches et situées presque au milieu du corps. On ne la trouve que dans les méditerranées de l'Amérique-Nord et dans les parages qui en sont voisins.

7. BALEINE A BOSSES, *Balæna gibbosa. Gibbis vel nodis Sex*. Dudley, *ibid*. Suivant Anderson, elle est aussi riche en huile que la Baleine franche. Selon Klein, au contraire, elle est maigre. Il n'y a donc rien de certain à l'égard de ces deux espèces. Des mêmes parages que la précédente.

†† Les BALEINOPTÈRES ont sur le dos une nageoire dépourvue de supports ou rayons osseux, dont la position varie suivant les espèces qui se distinguent aussi, selon qu'elles ont le ventre lisse ou plissé.

8. BALEINOPTÈRE A VENTRE LISSE ou le GIBBAR DES BASQUES, *Finnfisch* des Hollandais, Martens. Voy. au Spitzberg, *Balæna Physalus*. Lin., Lacép. pl. 1, fig. 2, Encycl. pl 2, fig. 2. Le plus grand des Cétacés; il atteint jusqu'au-delà de cent pieds; la courbe maxillaire est fort petite; il en résulte que les lames des fanons sont très-courtes, leur plus grande longueur n'excédant pas un pied, quoique assez large proportionnellement. Le Gibbar est beaucoup plus mince et plus allongé que la Baleine. Sa tête forme le tiers de la longueur; le dessus de la tête est d'un brun luisant, comparable à la couleur de la Tanche; le ventre est blanc; la nageoire dorsale est triangulaire, courbée en arrière à son sommet, elle répond au-dessus de l'anus.

Il souffle l'eau avec plus de force que la Baleine franche qu'il surpasse aussi en vigueur et en vitesse; il poursuit les bancs de Poissons jusque sous le Tropique; il habite les mers boréales; on ne le chasse qu'à défaut de Baleines, parce que son lard, étant moins riche en huile, sa pêche est moins productive et plus dangereuse. Adrien Camper dit, p. 57, qu'il a douze côtes.

††† . BALEINOPTÈRES A VENTRE PLISSÉ. Les Baleines de cette section ont la peau sous le devant du corps plissée longitudinalement depuis la pointe de la mâchoire inférieure jusqu'à 3 ou 4 pieds en avant du nombril. Ces rides se dilatent quand l'Animal abaisse la mâchoire inférieure, mais on n'en connaît pas bien l'usage.

9. JUBARTE DES BASQUES, *Balæna Boops*, Lin.; et Klein, Lacép., pl. 4, fig. 1; Encycl. p. 3, fig. 2; la nageoire dorsale est presqu'à demi-distance de la queue et de la verge, par conséquent plus reculée que dans les autres Baleinoptères; les évents s'ouvrent sur le milieu de la longueur du front, derrière trois rangées de protubérances arrondies; les orifices des évents, recouverts par une espèce d'opercule commun, ont l'air de se confondre en un seul; les fanons ont à peine un pied de long; les deux batteries ne se joignent pas en avant; les sillons abdominaux sont concentriquement elliptiques, de sorte qu'ils se joignent en avant et en arrière; les extérieurs sont donc les plus longs, et les plus concentriques les plus courts; le fond de ces sillons est couleur de sang; les bords saillans des plis sont noirs avec un double liseré blanc, de sorte que le ventre paraît marbré quand les rides sont fermés, et de plus sillonné de rouge vif quand l'animal se prépare à avaler. Les femelles ne portent pas tous les ans; elles mettent bas, au printemps, un seul petit qui suit sa mère jusqu'à une nouvelle mise bas. Elle lance l'eau par ses évents avec moins de force que les autres Cétacés de sa taille.

Albers a donné dans ses *Icones ad illust. Anat. comp.* le dessin d'un squelette de Jubarte conservé à Bremen; toutes les vertèbres cervicales sont séparées. Il y a 12 vertèbres thorachiques et 34 lombaires et coccygiennes.

10. LE RORQUAL, *Balæna Musculus*, Lin. Lacép. pl. 5. f. 1. Encycl. pl. 3. f. 1. Quoique l'on ne possède aucun caractère ostéologique du Rorqual, il paraît pourtant assez bien déterminé par sa forme résultante de deux cônes réunis au milieu du dos, la dépression de son museau, la position de l'œil au-dessus de l'angle des lèvres, de manière qu'en nageant il dépasse la ligne d'affleurement, l'origine au-dessous de l'anus, de la dorsale, qui est un peu échancrée et se prolonge souvent par une petite saillie jusqu'à la caudale, dont chaque lobe est échancré sur son bord postérieur. Un seul Rorqual peut donner plus de cinquante tonnes d'huile. Le pharynx est fort rétréci par un muscle circulaire dont l'ouverture ne pourrait pas admettre de Poissons un peu gros. L'ouverture de la bouche est immense. Il se nourrit de Clupées, avec lesquelles il voyage sans doute, puisqu'il paraît et disparaît avec leurs colonnes. Il s'avance jusqu'au trente-quatrième degré, et pénètre dans la Méditerranée. C'est sans doute, selon Cuvier, le *Musculus* de Pline, le *Mysticetus* d'Aristote, et, selon nous, l'un des Cétacés pêchés sur leurs côtes par les Basques. D'après la figure de vertèbres cervicales donnée par Lacépède, pl. 7, il paraît que l'atlas est libre, et que les six autres vertèbres sont soudées ensemble. Si ce caractère est authentique, il sépare le Rorqual de la Jubarte.

11. BALEINE MUSEAU-POINTU, *Balæna rostrata*, Lin., Lacép., pl. 8. fig. 1 et 2. Baleine à bec, Encyclop. pl. 4. f. 1. Scoresby, pl. 15. fig. 2. La moins grande de toutes les Baleines, suivant Lacépède et Scoresby; elle n'excède pas huit à neuf mètres. La forme de ses mâchoires terminées

en pointe, l'inférieure surtout plus longue que l'autre, ont fourni le nom distinctif de cette espèce. Les fanons sont blanchâtres; mais un caractère plus remarquable, s'il est vrai que cet organe ne soit pas commun à tous les Baleinoptères à ventre plissé, c'est une grande poche ou vessie située entre les branches de la mâchoire inférieure et sous l'œsophage, et dont la largeur égale au moins celle du corps.

Il paraît que l'Animal peut gonfler à volonté cette poche dont la structure et les rapports anatomiques sont encore ignorés. Cette poche se tuméfie après la mort jusqu'à sortir de la bouche. Dans l'Animal vivant, la dilatation de cette poche nécessite l'extension des plis abdominaux. La dorsale est au-dessus de l'anus.

12. Baleine a museau pointu australe, *Balœna rostrata australis*. Pendant le séjour du capitaine Freycinet à la baie française des Malouines, Quoy a observé un Baleinoptère tout-à-fait pareil, suivant lui, au Museau-Pointu. Il échoua sur le rivage; mais sa longueur était de cinquante-trois pieds quatre pouces, double par conséquent de l'espèce analogue boréale. La mâchoire inférieure avait neuf pieds six pouces de la commissure au museau; son rapport n'est donc guère que du sixième. Dans un individu boréal pris à Cherbourg, sur quatre mètres deux tiers la mâchoire supérieure était d'un mètre, celle d'en bas d'un mètre un septième. Hunter en a disséqué un où la tête avait un quart de la longueur; dans l'Austral, en outre, la figure des fanons est un trapèze dont les bords parallèles sont horizontaux, elle est triangulaire dans le Boréal. (*V.* Lacépède, pl. 8. f. 4.) Ces fanons sont aussi plus longs proportionnellement, dans l'Austral, où ils ont jusqu'à deux pieds six pouces. L'envergure de la queue était de treize pieds; les pectorales longues de six pieds trois pouces; la dorsale en croissant au-dessus de la verge; l'œil à peine apparent. Or, sur un Museau-Pointu boréal de cinq mètres, il avait près d'un décimètre de fente: l'œil est donc beaucoup plus petit dans l'austral. Quoy a observé que tous les plis n'étaient pas rectilignes; il y en a qui se bifurquent: ils sont d'ailleurs comme dans les autres Baleinoptères. Blessé sur le sable où il était échoué, il put se rejeter à la mer; beaucoup de jeunes s'approchèrent comme pour le secourir. Chez eux, la nageoire dorsale paraît plus grande à proportion. Le lendemain de sa mort, la mâchoire était fermée; le surlendemain elle était entr'ouverte par le gonflement de la poche aérienne. Par sa taille, par la proportion de longueur de sa mâchoire, et surtout par la figure de ses fanons, unique entre les Baleines, cette espèce paraît devoir être distinguée de la précédente. Ce sera un second exemple dans ce genre, de la différence des espèces boréales et australes crues identiques.

13. Baleinoptère Poeskop. Ce nom de Poeskop est donné par les Hollandais à une espèce nouvelle australe, observée récemment par Delalande au cap de Bonne-Espérance; il lui vient d'une bosse qui se voit sur son occiput. Elle est fort rare, puisqu'on n'y en voit pas plus de deux ou trois par an, et quelquefois pas du tout. Sa dorsale se trouve à peu près au-dessus des pectorales, position qui ne se retrouve dans aucun autre Baleinoptère. Les caractères ostéologiques de sa tête sont à peu près les mêmes que dans la Jubarte, dont elle diffère seulement par le bombement de l'occipital, déprimé en deux fosses chez ce dernier; il n'y a de soudé au cou que l'axis et la vertèbre suivante, encore la soudure est-elle imparfaite, et le fibro-cartilage existe entre les deux corps de vertèbres; la colonne vertébrale a cinquante-trois vertèbres, dont trente-six concourent au canal rachidien; il y a treize paires de côtes. De toutes les Baleines c'est celle dont la nageoire pectorale a la plus grande longueur. De ses quatre doigts, les deux moyens ont huit et neuf phalanges: il en résulte que la largeur est proportionnellement fort petite. Les pêcheurs en prennent fort peu

à cause de leur rareté, de la difficulté de les attaqner, de leur vitesse bien supérieure à celle du Nord-Caper, et du peu d'huile qu'elles produisent. Le dessus du corps est noir, la gorge rose marbrée, et le reste du dessous du corps blanc. Delalande a trouvé dans ses intestins, comme dans ceux du Nord-Caper, cette matière liquide d'un si beau rouge, que l'on a signalée depuis long-temps dans les autres Baleines et dans les Cachalots. Par ses caractères, tant extérieurs qu'ostéologiques, cette Baleine est évidemment distincte des autres Baleinoptères; c'est donc une espèce nouvelle.

Des douze ou treize espèces présomptives de Baleines, trois bien déterminées sont des mers australes; les autres des mers boréales, dont deux seraient particulières au nord de l'Océan Pacifique.

Baleines fossiles. Il existe au Muséum deux têtes de Baleines fossiles: l'une, que nous désignerons sous le nom de *Macrocephale*, jusqu'à ce que Cuvier ait déterminé sa place zoologique et son nom, diffère des Baleines connues par la courbure de son bec dont la convexité est inférieure; l'évent y est presque vertical. Comme dans les Cachalots, les maxillaires, fort élargis à leur base, après avoir doublé le frontal, se repliaient en voûte en avant et en dedans. Trouvée sur la plage de Sos, département des Bouches-du-Rhône.

L'autre a le bec si arqué, à la manière ordinaire, que les inter-maxillaires font presque un angle droit sur le plan des frontaux; le canal osseux de l'évent est parallèle à ce plan; les os du nez saillent entre les deux évents. Trouvée en creusant le bassin d'Anvers.

Cortesi (*Saggi geologici*, *piacenza* 1819.) a décrit et figuré deux squelettes de Baleines fossiles. Nous croyons ces Baleines non identiques entre elles, et elles sont évidemment différentes des deux précédentes, ainsi que des espèces vivantes dont le squelette est bien connu et desquelles, comme les deux précédentes, elles sont d'ailleurs séparées par la petitesse de leur taille.

Cortesi n'ayant pas donné de nom à l'espèce dont il a trouvé un squelette si bien conservé à Monte-Pulgnasco (pl. 3. f. 1), nous proposerons de lui donner celui de *Cuvier*, en l'honneur de l'illustre créateur de la zoologie souterraine. Elle est caractérisée par la dépression de la tête haute seulement de 10 pouces 4 lignes au-dessus du plan inférieur des condyles; la grandeur de ses fosses temporales, le sillon et la crête occipitale; la grande obliquité du canal de l'évent dont la direction est presque horizontale, le peu de courbure des branches maxillaires d'où résulte une ellipse d'un cinquième plus excentrique que dans la Baleine museau-pointu; celle des Baleines vivantes où l'arc maxillaire est le moins convexe. Toutes les vertèbres cervicales sont libres. Leur corps a proportionnellement plus d'épaisseur et le cou plus de longueur que dans aucune des espèces vivantes. Enfin, il n'y a que 24 côtes. La longueur totale est de 21 pieds. Des Huîtres étaient adhérentes en divers points de ce squelette, elles s'y étaient donc fixées pendant leur vie. Ce squelette avait donc été long-temps gisant sur le fond d'une mer tranquille.

Nous appellerons Baleine de Cortesi l'espèce trouvée à Montezago dans le Plaisantin, et décrite par cet auteur (pl. 5. f. 1). La tête et le squelette étaient moins complets que dans la précédente. Nous la croyons une espèce distincte en ce qu'elle n'a que douze pieds et demi de long. Or, tous les caractères du squelette indiquent l'état adulte, entre autres la parfaite consolidation des cartilages intervertébraux, et la saillie des apophyses épineuses cervicales. D'ailleurs, l'arc maxillaire aussi peu courbé que dans la précédente. Ces squelettes ont été trouvés entre 6 et 800 pieds au-dessus du lit des ruisseaux voisins dans des couches de Marne bleue sur lesquelles repose le sol du Plaisantin. (A. D..NS.)

BALEINON ou BALEINEAU. MAM. Noms des jeunes Baleines. (B.)

BALEINOPTÈRE. MAM. Genre de Cétacés formé par Lacépède aux dépens des Baleines, et qui n'a été adopté que comme sous-genre. *V.* BALEINE. (B.)

* BALEMCANDA - SCHULAR-MANDI. BOT. PHAN. (Rhéed. *Malab.* T. II, t. 37.) Syn. d'Ixie de la Chine. (B.)

BALÉNAS. MAM. *V.* BALEINAS.

BALÉNEAU. MAM. *V.* BALEINON.

BALERI. OIS. L'un des noms vulgaires de la Cresserelle, *Falco Tinnunculus*, L. *V.* FAUCON. (DR..Z.)

BALFOUR ou BALFOURIE. *Balfouria.* BOT. PHAN. Nouveau genre de la famille naturelle des Apocynées, de la Pentandrie Digynie, L. établi par R. Brown (*Wern. Trans.*) pour un petit Arbre de la Nouvelle-Hollande, dont les feuilles sont opposées, linéaires, lancéolées; les fleurs disposées en cîmes trifides, latérales ou terminales. Il se distingue par sa corolle infundibuliforme, dont la gorge est couronnée par un petit tube crénelé, et dont le limbe offre cinq lanières dressées, équilatérales. Les cinq étamines sont un peu saillantes; les anthères sont sagittées, aiguës, soudées à la partie moyenne du stigmate; les deux ovaires sont totalement unis par leur côté interne; le style est simple, dilaté à son sommet qui porte un stigmate anguleux. Dix squamules sont insérées à la base du calice et en dehors de la corolle.

On ne compte encore dans ce genre qu'une seule espèce, désignée par Brown sous le nom de *Balfouria saligna.* (A. R.)

BALGONERA. OIS. Espèce de Grimpereau de la Nouvelle-Galles du Sud. (DR..Z.)

BALI (Daubenton) ou BALI-SALAN-BOEKIT. (Valentin.) REPT. OPH. Serpent peu connu qui se trouve à Ternate, dans les montagnes, et qui paraît être le *Coluber plicatilis.* *V.* COULEUVRE. (B.)

BALICASSE. OIS. Espèce du genre Drongo. Choucas des Philippines. (Briss.) *Corvus Balicassius*, L. *V.* DRONGO. (DR..Z.)

BALICUS. BOT. PHAN. (Rumph.) Syn. de *Cytisus Cajan.* (A. R.)

BALIGARAB ou BUYONG. BOT. PHAN. (Camelli.) Arbrisseau des Philippines, qui paraît appartenir au genre Mussenda, *V.* ce mot, et qui pourrait bien être le même que celui qu'on nomme Bélilla à la côte de Malabar. (B.)

BALIGOULE, BOULIGOULE ET BRIGOULE. BOT. CRYPT. Syn. d'*Agaricus Eryngii* de De Candolle. Champignon comestible qui croît communément sur les vieilles tiges de l'Eringium. *V.* PANICAUT. (B.)

BALIMBA ou BOLIMBA. BOT. PHAN. Même chose que Bilimbi. *V.* ce mot. (B.)

BALIMBAGO. BOT. PHAN. (Camelli.) Petit Arbre des Moluques, qui paraît être l'*Hibiscus populneus.* *V.* KETMIE. (B.)

* BALIN ou BARIN. BOT. PHAN. (Camelli.) Pandanus indéterminé des Philippines. *V.* VAQUOI. (B.)

BALINGASAN. BOT. PHAN. Arbre de l'Inde, figuré par Camelli (Ic. 38), et décrit par Rai. *Hist.* 3. p. 61. Il paraît devoir être rapporté au genre *Stravadium.* (A. D. J.)

* BALIS. BOT. PHAN. (Dioscoride.) Syn. de *Momordica Elaterium*, selon Adanson. *V.* MOMORDIQUE. (B.)

BALISE. MOLL. L'un des noms marchands du *Trochus Telescopium*, L. *V.* TÉLESCOPE. (B.)

BALISIER. *Canna.* BOT. PHAN. Ce genre a donné son nom à la famille des Balisiers ou Cannées. *V.* ce mot. Il se compose de Plantes herbacées, à racine vivace, rampante et charnue, à tiges dressées, simples, portant des feuilles alternes et engaînantes, dont toutes les nervures, partant de la côte médiane, sont obliques et parallèles. Les fleurs constituent un épi à la partie supérieure des tiges. Ces fleurs, d'une organisation très-compliquée, présentent la structure suivante : leur calice est double; l'extérieur très-court, ayant le tube soudé avec l'ovaire infère, a le limbe divisé en trois segmens ovales; le calice intérieur coloré et pétaloïde, tubuleux à sa base, présente un limbe à six divisions, trois extérieures plus courtes, ovales, lancéolées, aiguës, égales entre elles, et trois intérieures plus longues, obovales, obtuses, comme spathulées; deux de celles-ci formant une sorte de lèvre supérieure sont dressées, et la troisième constituant la lèvre inférieure est réfléchie. De la partie moyenne du tube formé par le calice intérieur part un appendice pétaloïde, plus court que les deux divisions supérieures, un peu roulé en gouttière, et portant à la partie supérieure d'un de ses côtés une anthère allongée, uniloculaire; cet appendice est le filet staminal. L'ovaire qui est infère présente trois loges, contenant chacune un assez grand nombre de graines, disposées dans l'angle interne sur deux rangées longitudinales; le style est plane et tranchant, caché inférieurement dans le canal formé par le filet de l'étamine, tronqué obliquement à son sommet; le stigmate se présente sous l'aspect d'une ligne glanduleuse. Le fruit est une capsule ovoïde, couronnée par les trois segmens du calice extérieur; il offre trois loges qui contiennent plusieurs graines globuleuses, pyriformes, et s'ouvre naturellement en trois valves par le milieu de chacune de ses loges. L'embryon est renfermé dans l'intérieur d'un endosperme farineux.

Placé en tête de la Monandrie Monogynie de Linné, le genre Balisier est la Plante par laquelle commencent tous les catalogues et *Species* où l'on a suivi le système sexuel; il se compose d'environ une douzaine d'espèces, qui toutes sont originaires des Indes-Orientales; quelques-unes croissent également en Amérique. On cultive dans nos jardins le Balisier de l'Inde, *Canna indica*, L., remarquable par ses feuilles ovales très-larges, d'un vert tendre, par ses fleurs d'un rouge pourpre et éclatant. Elle peut résister en pleine terre lorsque l'hiver n'est pas trop rigoureux. Le Balisier à fleurs jaunes ou Balisier à feuilles étroites, *Canna angustifolia*, L. Cette espèce, distincte de la précédente par ses feuilles plus étroites et ses fleurs mélangées de jaune et de rouge, est originaire de l'Amérique méridionale. On trouve encore dans nos serres et nos orangeries plusieurs autres espèces, telles que le Balisier gigantesque, *Canna gigantea*, le Balisier glauque, *Canna glauca*, etc. (A. R.)

BALISIERS. BOT. PHAN. Famille de Plantes plus généralement désignée aujourd'hui sous les noms de Cannées ou de Scitaminées. *V.* CANNÉES. (A. R.)

BALISOIDES. BOT. PHAN. Même chose qu'Amomées. *V.* ce mot. (B.)

BALISTA. POIS. (Belon.) Syn. de *Squalus Zygæna*, L., sur quelques côtes de l'Italie. *V.* CESTRORHINE.

BALISTE. *Balistes.* POIS. Genre nombreux de l'ordre des Branchiostèges de Linné, rangé par Cuvier dans celui des Plectognathes, famille des Sclérodermes, entre les Poissons osseux, et le troisième de la famille des Chismopnés dans le troisième ordre des Cartilagineux de Duméril. Des Poissons généralement ornés d'assez belles couleurs, et remarquables par la bizarrerie de leur figure le composent; tous ont de commun la compression de leur corps, qui est ordinairement tranchant et caréné, soit sur le ventre, soit sur le dos; celle de leur tête qui est terminée par une sorte de bec; la dureté et l'épaisseur de leur peau rugueuse qu'il est fort difficile de percer, et qui les met, ainsi qu'une sorte de cuirasse, à l'abri de la morsure des autres Poissons; huit dents tranchantes et assez semblables à des incisives disposées sur une seule rangée; l'absence apparente d'opercule et de rayons aux ouies qui, cachées sous une peau épaisse, ne laissent voir à l'extérieur qu'une petite fente branchiale; des nageoires dorsales, dont la première, armée de forts aiguillons, est quelquefois réduite à un seul de ces aiguillons rudimentaires lequel s'abaissant ou s'élevant avec vivacité et comme par ressort, est caché quand l'Animal le couche dans une fente particulière. C'est la propriété que possèdent les Balistes de redresser une telle arme qui les fit comparer à une arbalète ou autre antique machine de guerre, et qui leur mérita le nom par lequel Artédi les désigna le premier. Outre leurs dorsales, la caudale, l'anale, et deux petites pectorales, quelques Balistes ont encore une ventrale unique que représente, quand elle manque, un aiguillon plus ou moins hostile, qui paraît n'être qu'un prolongement des rudimens de leur bassin.

Les Poissons de ce genre ont en général la chair médiocre, quelques rapports de physionomie avec les Chætodons, et habitent les mers de tout le globe, surtout dans les pays chauds, où ils se plaisent parmi les rochers; ils y nagent à fleur d'eau, se nourrissent de Coquilles, passent pour vénéneux dans certains parages, et craignent peu d'ennemis, doués qu'ils sont par la nature d'armes offensives et défensives qui les font respecter; leur allure est assez lourde et embarrassée; ils se rendent plus légers au moyen d'une grosse vessie natatoire située près du dos, et de la faculté qu'ils ont de distendre considérablement leur ventre.

Gmelin, dans la treizième édition du *Systema naturæ*, a décrit dix-huit espèces de Balistes, portées au nombre de vingt-six par Lacépède; Schneider, dans son édition de Bloch, en a encore ajouté de nouvelles; Bosc, deux dans le Dictionnaire de Déterville. Avec celles que nous ajouterons ici et quelques autres mentionnées et figurées par Cuvier, ou conservées dans les galeries du Muséum, on pourra porter à quarante environ le nombre des Balistes qu'on doit réputer connus. On peut les répartir dans les quatre sous-genres suivans :

† BALISTES proprement dits. Les espèces de ce sous-genre ont leur corps entièrement revêtu de grandes écailles très-dures, rhomboïdales, qui n'empiètent pas les unes sur les autres; ces écailles ont l'air de compartimens. La première dorsale a trois aiguillons dont le premier est très-fort, et le troisième ou dernier fort petit; quand la ventrale n'existe pas, elle est remplacée par quelques aiguillons.

α Queue nue ou du moins dégarnie de tout aiguillon ou armure particulier.

BALISTE CAPRISQUE ou PORC, *Balistes Capriscus*, L., Séba. *Mus.* 3. T. XXIV, f. 16. C'est le Caper des anciens, le *Pesce balestra* de la Méditerranée; on le trouve jusque dans les mers d'Amérique; ses couleurs varient selon les climats qu'il habite; elles sont nuancées de violet, de bleu et d'or. Aucun auteur n'a donné d'une manière exacte le nombre des rayons de ses nageoires.

BALISTE VIEILLE, *Balistes Vetula*, L. *Turdus oculo radiato*, Catesb. *Carol*, 2, T. XXII. La fig. 33, pl. 10, donnée dans l'Encyclopédie pour celle de ce Poisson, ne nous paraît pas présenter la moindre analogie; mais la description est exacte; le fond de cette espèce est brun, les lèvres, les nageoires, une grande bande en travers de la tête, et quelques lignes divergentes autour des yeux en manière de rayons, sont d'un beau bleu; quand on le prend, il fait entendre un petit bruit qui a été comparé aux plaintes d'une voix affaiblie par l'âge, et de-là le nom donné à ce Baliste; le précédent présente la même singularité.

Les Balistes *maculatus*, Bloch. Encycl. Pois. T. II. f. 37, *Buniva*, *stellaris*, Schn.; *forcipatus*, *punctatus*, Gmel; *fuscus*, Schn.; Grande-Tache, américain et Noir, de Lacépède, appartiennent à cette section.

β Les côtés de la queue armés d'un certain nombre de rangées d'aiguillons ou épines recourbés en avant avec de grandes écailles derrière les ouïes.

1. *A Deux rangées d'aiguillons.*

Le *Balistes lineatus*, Schn. 87.

2. *A trois rangées.*

Les Balistes : cendré. Encyc. Pois. T. 6. f. 353. et Praslin de Lacépède. *arcuatus* et *viridis* de Schneider ; *aculeatus* Encycl. Pois. pl. 11. f. 35, et *verrucosus*, L. le Noir de l'Encyclopédie, pl. 85. fig. 352, qui n'est pas celui auquel Lacépède a donné le même nom.

3. *A quatre rangées.*

L'Echarpe de Lacépède ; *Balistes rectangulus*, *Conspicillum* et *virescens* de Schneider.

4. *A six ou sept rangées.*

Le Baliste armé de Lacépède, qui n'est pas l'*armatus* de Schneider et le *Balistes ringens* de Bloch. Encycl. Pois. T. XII. f. 39.

5. *A douze ou quinze rangées.*

Le Baliste bourse de Lacépède.

γ. Des tubercules sur les côtés de la queue au lieu d'aiguillons.

Le Baliste bridé de Lacépède est probablement l'Assasi de la Mer-Rouge.

†† Monacanthes. Les espèces de ce sous-genre n'ont que de très-petites écailles ou sont simplement hérissées des scabrosités roides et serrées. L'extrémité du bassin, saillante et épineuse comme dans les Balistes proprement dits, y devient quelquefois une nageoire assez étendue. La première dorsale n'est plus représentée que par un aiguillon recourbé fort remarquable, plus ou moins fort et muni d'un, deux, ou même quatre rangs de dents en scie, fort aiguës ; la disposition et la figure de cette arme ont quelquefois mérité le nom de Licorne ou Monocéros aux Poissons qui en sont porteurs.

α L'os du bassin très-mobile et tenant à l'abdomen par une sorte de fanon extensible.

Le Chinois, *Balistes sinensis*. L., Encycl. Pois. tab. 12. f. 31. C'est le *Pira-aca* des Brasiliens. Ce Poisson, en dépit d'un nom qu'il tient de sa forme bizarre, n'est pas des mers de la Chine, mais des côtes de Siam, et de celles du Nouveau-Monde. Sa nageoire ventrale assez grande et dont les rayons sont dentés, le rend remarquable.

Baliste Taupe, *Balistes talpina*. N. (*V*. pl. de ce Dict.) Cette singulière espèce qui acquiert de trois à sept pouces de long, est d'une forme assez allongée, et comme bossue ; sa caudale est fort considérable ; l'aiguillon antérieur fort long, aigu, et profondément denté. Sa nageoire ventrale, ou plutôt le fanon qui représente cette nageoire, paraît devoir être fort extensible, et produit sous la gorge de l'Animal, quand il la gonfle, un véritable goître non aiguillonné ; toute la couleur de l'Animal est d'un noir lavé, qui présente cependant quelques teintes plus foncées sur le dos ; l'iris seul tire sur le jaunâtre ; la peau dure, qui semble luisante, ne présente ni écailles ni tubercules. Le contre-amiral Mylius a découvert cette espèce dans la baie des Chiens-marins à la Nouvelle-Hollande ; il a bien voulu nous communiquer le dessin qu'il en a fait.

Baliste de Mylius, *Balistes Mylii*, N. (*V*. pl. de ce Dict.) C'est encore à notre ancien ami le contre-amiral Mylius, qui fut gouverneur de Mascareigne, que nous devons la connaissance de cette espèce à laquelle nous imposerons son nom ; elle est ici représentée de moitié de grandeur naturelle, et a été prise à la Nouvelle-Hollande dans la baie des Chiens-marins ; sa forme est à peu près ovale, un peu bossue sur le dos ; l'aiguillon antérieur est armé en arrière de treize dents ; sa queue est fort grande, avec vingt-quatre rayons fourchus, en éventail, ayant le bord d'un jaune serin assez vif qui s'affaiblit vers la base, et qu'interrompent deux bandes parallèles noirâtres qui traversent cette queue du haut en bas. La dorsale et l'anale sont également jaunes avec quelques petites taches ; une ventrale plus considérable que n'en présentent les autres Balistes, et dont les rayons ne sont ni dentés ni épineux, caractérise cet Animal, qui est d'une couleur brune tirant sur le bleuâtre; la couleur générale du corps est d'un gris noirâtre, marqué de quelques teintes jaunâtres; des verrues de cette dernière couleur forment derrière les yeux dont l'iris est jaune, et sous le corps, vers l'anale, des taches irrégulières, outre deux bandes diagonales qui, partant de l'insertion postérieure de la dorsale pour arriver à l'insertion de la ventrale, laissent entre elles un espace uni; deux rangs de tubercules ou d'aiguillons se voient aux côtés de la queue.

Le *Balistes tomentosus* de Bloch, qui n'est pas celui de Linné, appartient encore à cette division ainsi que l'espèce que Cuvier a figurée sous le nom de *geographicus*.

β Ayant les côtés de la queue hérissés de soies rudes, et point de fanon.

Le *Balistes tomentosus*, qui est le Poisson Monocéros des anciens auteurs, particulièrement de Lécluse, *Exot.* 143, et le Baliste à brosse de Lacépède, appartiennent à cette division.

γ N'ayant ni nageoire ventrale ou fanon, ni poils à aiguillons sur les côtés de la queue.

Les *Balistes hispidus* et *papillosus* de Linné, le *villosus*, le *guttatus* et le *penicilligerus* de Cuvier, le Varié et le Cuivré de Bosc, appartiennent à cette division. La dernière espèce a l'aiguillon dorsal quadrangulaire denté sur chaque angle.

††† Aleutère. Les espèces de ce sous-genre ont le corps allongé, couvert de petits grains serrés à peine visibles, une seule épine à la première dorsale, et le bassin étant entièrement caché sous la peau. Non-seulement il n'existe sur le ventre ni fanon, ni rudiment de nageoires, mais pas même d'aiguillons ou rayons osseux.

Le Monocéros de Linné et sa variété, *B. scriptus.* L. *Unicornu* de Catesbi. *Carol.* 19. Le *Monoceros* de Bloch, Encycl. Pois. T. 10. f. 34 différant du précédent, le *lævis* et le *Kleinii* avec le poisson figuré par Marcgrave sous le nom d'*Acaramucu*, constituent ce sous-genre.

†††† Triacanthe. Une seule espèce est jusqu'ici comprise dans ce sous-genre : ses caractères consistent en quatre épines à la dorsale antérieure, dont la première est très-forte comme dans tous les autres Balistes, et dont les deux forts rayons épineux, qui, adhérant à un bassin non-saillant, forment deux espèces de nageoires ventrales, où se voient deux ou trois petits rayons. La peau est garnie de petites écailles serrées.

Baliste double-aiguillon, *Balistes biaculeatus*, L. Bloch. pl. 142. f. 2. Baliste à deux piquans. Encycl. Pois. pl. 11. f. 36. Ce Poisson de l'Inde est d'une forme assez allongée; deux sillons lui servent à cacher les deux aiguillons dentés de ses nageoires ventrales; ses couleurs sont tristes.

On pourrait peut-être former encore un cinquième sous-genre pour y comprendre les espèces dont la première dorsale est formée ou représentée par deux aiguillons; on y comprendrait sous le nom commun de Diacanthe les Balistes Curassavien, Kleinien, Pralin, tacheté, mamelonné et velu, qui seraient extraits des sous-genres précédens.

La plupart des espèces du genre dont il vient d'être question ayant été établies sur des individus conservés dans les collections, d'une manière plus ou moins parfaite, et la synonymie établie, communément fondée sur des figures souvent médiocres, il règne une certaine confusion parmi les Balistes, dont une bonne monographie serait un service rendu à l'Histoire naturelle. (B.)

BALIVEAUX. bot. (Agriculture.) Arbres de la plus belle venue, et réservés dans la coupe des taillis pour devenir de haute futaie. (T. D. B.)

BALIVIS. ois. Syn. du Canard sauvage, *Anas Boschas*, L. à l'île de Luçon. *V.* Canard. (DR..Z.)

BALLAN. POIS. Espèce du nombreux genre des Labres. *V.* ce mot. (B.)

* BALLARIA ET BALLARION. BOT. PHAN. Même chose que Lichens chez les anciens, selon Adanson. (B.)

* BALLARIS. BOT. CRYPT. (Dioscoride.) Syn. de Conferve. *V.* ce mot. (B.)

BALLE. BOT. PHAN. Même chose que Bâle. *V.* ce mot. (B.)

BALLEL. BOT. PHAN. (Rhéed. *Malab.* T. II. t. 52.) Syn. de *Convolvulus repens*, L. Espèce de Liseron. *V.* ce mot. (B.)

BALLERUS. POIS. Espèce du genre Cyprin. *V.* ce mot. (B.)

* BALLEXSERDIA. BOT. PHAN. Commerson, dans ses manuscrits, avait établi ce genre d'après une petite plante herbacée du détroit de Magellan. On le trouve publié par Banks et par Gaertner fils, sous le nom de Nanodea. *V.* ce mot. (A. D. J.)

BALLIERIA. BOT. PHAN. (Jussieu.) Ce genre, appartenant à la famille des Corymbifères, présente un involucre composé de quatre à cinq folioles, et un réceptacle paléacé, qui porte des fleurons mâles à la circonférence, et femelles au centre. Les corolles des premiers sont plus étroites à leur base; les akènes des seconds sont ovoïdes, comprimés et surmontés de deux petites cornes. Aublet, auteur de ce genre sous le nom de *Baillieria* (*Guyan.* t. 317), en a rencontré dans la Guyane deux petites espèces; l'une, le *Ballieria aspera*, plante herbacée, à fleurs paniculées, à feuilles ovales, acuminées au sommet, dentées à leur contour, et âpres à la surface, appelée vulgairement par les habitans *Conami franc* ou *Herbe à enivrer le Poisson*, parce que telle est en effet la propriété dont elle jouit, et qu'on met à profit pour se procurer une pêche facile et abondante: l'autre, qui ne produit pas les mêmes effets, c'est le *B. sylvestris* ou *Conami bâtard*, qui n'est peut-être au reste qu'une variété de la première. Swartz, Willdenow et Persoon, qui font de ce genre leur *Trixis*, en décrivent trois autres espèces originaires de la Guyane également ou des îles de l'Amérique septentrionale. H. Cassini lui trouve beaucoup d'analogie avec le Parthenium, et le place avec lui dans sa tribu des Hélianthées. (A. D. J.)

BALLOTE. *Ballota.* BOT. PHAN. Famille naturelle des Labiées, Didynamie Gymnospermie, L. Ce genre, rapproché des Marrubes, s'en distingue par son calice évasé, strié, terminé par cinq dents aiguës et divergentes; par sa corolle dont le tube est plus long que le calice; la lèvre supérieure concave et en forme de voûte; la lèvre inférieure trilobée, le lobe moyen étant plus grand et échancré; les quatre étamines sont réunies sous la lèvre supérieure; les fleurs forment des verticilles serrés, munis de bractées linéaires. Nous ferons remarquer parmi les espèces nombreuses de ce genre:

La BALLOTE FÉTIDE, *Ballota nigra*, L., vulgairement appelée *Marrube noir*. Elle croît en abondance dans les lieux incultes et stériles, sur le bord des chemins et des grandes routes, où elle fleurit pendant tout l'été: sa tige est rameuse, carrée; ses feuilles sont ovales, subcordiformes et crénelées, d'une couleur verte très-foncée; ses fleurs sont rougeâtres. Elle répand une odeur aromatique mais peu agréable.

La BALLOTE LAINEUSE, *Ballota lanata*, L. Cette espèce, qui se distingue par les longs poils blancs dont toutes ses parties sont recouvertes et par ses fleurs blanches, croît en Sibérie. On la cultive quelquefois dans les jardins. (A. R.)

On a récemment, et d'après Desfontaines, donné le nom de BALLOTE, *Ballota*, à un Chêne. *V.* BALLOTE. (B.)

BALLOTUNA. MAM. Syn. de Belette en Italie. *V.* MARTE. (B.)

* BALLUM. OIS. (Marsden.) Espèce de Pigeon de couleur brunâtre à Sumatra. Elle n'est pas suffisamment connue pour être déterminée. (B.)

*BALMISIA. BOT. PHAN. (Lagasca.) Syn. d'*Arum Arisarum*, L. *V*. ARISARUM. (B.)

* BALO. BOT. PHAN. Nom vulgaire donné à Ténériffe au *Placoma pendulum*, qui abonde sur les côtes de cette île. *V*. PLACOMA. (B.)

BALOM-PULLI. BOT. PHAN. (Rhéed. *Malab*. T. 1. p. 39) et non *Balam-Pulli*. Syn. de *Tamarindus indica* à la côte de Malabar. (B.)

BALONOPHORE. BOT. PHAN. Probablement même chose que Balanophore. *V*. ce mot. (B.)

BALOTA. OIS. Syn. de la Guignette, Buff. pl. enl. 850, *Tringa hypoleucos*, L., en Piémont. *V*. CHEVALIER. (DR..Z.)

BALOUANES. MIN. On donne ce nom, dans les mines de Wieliczka, à des masses de Sel gemme du poids de cinq à six quintaux, taillées en forme ovoïde. (B.)

BALOULOU. BOT. PHAN. Syn. caraïbe de la Figue-Banane. *V*. BANANE. (B.)

BALOURINA. BOT. PHAN. Nom d'un Sida chez les Caraïbes. (B.)

BALSAMARIA. BOT. PHAN. Loureiro a séparé le *Calophyllum Inophyllum*, L., distinct de ses congénères par son calice composé de deux folioles, par le nombre de ses pétales qui est six, par ses étamines réunies en cinq ou six paquets; et il l'a dénommé ainsi à cause du suc que fournissent son tronc, ses rameaux et ses feuilles, et qui est connu vulgairement sous le nom de *Balsamum Mariæ*. Il croît dans les Indes-Orientales. (A. D. J.)

BALSAMIER. BOT. PHAN. *V*. BAUMIER.

BALSAMINE. *Balsamina*. BOT. PHAN. Ainsi nommé par Tournefort et Jussieu, ce genre a été appelé *Impatiens* par Linné et par la plupart des auteurs systématiques. Cependant, le premier de ces noms étant antérieur, nous croyons devoir, à l'exemple de Jussieu, l'adopter. Les affinités et la place du genre Balsamine, dans la série des ordres naturels, ne sont point encore fixés d'une manière bien positive. Placé par Jussieu à la suite des Géraniacées, rapproché par Bernard de Jussieu des Papavéracées, et des Violettes par Lamarck, il se distingue, de ces trois ordres, par quelques caractères importans qui nous paraissent suffisans pour faire du genre Balsamina le type d'une famille nouvelle que nous désignons sous le nom de Balsaminées. *V*. ce mot. Nous allons donner, avec quelques détails, la description du genre Balsamine, qui formera, en quelque sorte, les caractères de notre nouvelle famille des Balsaminées.

Toutes les espèces de Balsamines, au nombre d'une douzaine environ, sont des Plantes herbacées, annuelles ou vivaces, portant des feuilles alternes, rarement opposées, simples, dépourvues de stipules; des fleurs pédonculées et axillaires. Leur calice se compose de quatre sépales irréguliers et inégaux; deux extérieurs et latéraux, beaucoup plus petits, ovales, aigus, égaux entre eux; un supérieur plus grand, très-convexe; un inférieur, le plus grand de tous, terminé à sa base par un éperon plus ou moins allongé; la corolle, plus longue que le calice, est formée de quatre pétales inégaux, réunis et soudés deux à deux par la base, où ils se terminent en onglet. Dans chaque paire de pétales, il y en a un constamment plus petit, en sorte, qu'au premier abord, la corolle semble dipétalée. Les étamines, au nombre de cinq, sont un peu obliques, rapprochées sur le pistil qu'elles recouvrent entièrement; leurs filets, qui sont courts et inégaux, sont en partie soudés entre eux et en partie libres; les cinq anthères soudées dans toute leur longueur, sont à deux loges qui s'ouvrent chacune par un sillon longitudinal. Le pistil est libre; l'ovaire est ovoïde, très-allongé, marqué de cinq sillons longitudinaux: coupé transversalement, il offre cinq loges, et dans chacune d'elles environ six ovules attachés à l'angle rentrant. Le style est court et très-épais, à peine distinct du sommet de l'ovaire; il se termine par un petit stigmate qui offre cinq dents rapprochées. Le fruit est une capsule ovoïde, oblongue, quelquefois étroite et allongée, marquée de cinq sillons longitudinaux; elle présente cinq loges qui renferment chacune de trois à six graines ovoïdes, attachées à l'axe, et redressées vers le sommet de la loge. A l'époque de la maturité, cette capsule s'ouvre avec élasticité en cinq valves qui se roulent en spirale vers le pédoncule, et s'en détachent presque aussitôt. La graine contient un embryon très-gros, dépourvu d'endosperme, ayant la radicule très-courte et inférieure, les deux cotylédons épais et charnus. — Nous citerons les espèces suivantes de ce genre comme plus dignes d'être remarquées :

La BALSAMINE DES JARDINS, *Balsamina hortensis* ou *Impatiens Balsamina*, L. Plante annuelle, originaire de l'Inde, que l'on cultive aujourd'hui dans tous les jardins, et qui se fait distinguer par sa tige dressée, rameuse, charnue, rougeâtre inférieurement; par ses feuilles alternes et sessiles, lancéolées, dentées en scie; par ses fleurs ordinairement rouges, pédonculées, réunies au nombre de trois à six dans l'aisselle des feuilles supérieures.

La BALSAMINE DES BOIS, *Balsamina impatiens* ou *Impatiens Noli-tangere*, L. Remarquable par sa racine vivace, par ses tiges plus grêles et glauques; par ses feuilles courtement pétiolées, ovales, aiguës, dentées en scie; par ses fleurs jaunes réunies au nombre de trois à quatre, au sommet d'un pédoncule commun et axillaire. Cette espèce croît naturellement dans les bois ombragés de l'Europe septentrionale et même de l'Amérique du Nord. (A. R.)

BALSAMINE MALE. BOT. PHAN. Syn. de *Momordica Balsamina*, L. *V.* MOMORDIQUE. (B.)

* BALSAMINÉES. *Balsamineæ*. BOT. PHAN. Nous proposons d'établir cette nouvelle famille de Plantes, dont le genre Balsamine est le type et le modèle. Ses caractères sont les mêmes que ceux dont nous venons de faire l'exposition détaillée dans l'article précédent. En les comparant attentivement avec ceux des autres ordres, dont on a rapproché des Balsaminées, tels que les Géraniacées et les Violettes, il sera facile de voir qu'elles forment un groupe tout-à-fait distinct. En effet, dans les Géraniacées, l'ovaire est à cinq loges, ne contenant jamais que deux ovules; les étamines, au nombre de dix (dont trois ou cinq avortent quelquefois), sont libres et non soudées entre elles; l'embryon est dépourvu d'endosperme, et les feuilles sont accompagnées de stipules. Notre famille se rapprocherait davantage des Violariées; mais dans ces dernières, l'ovaire est uniloculaire; et les ovules sont attachés à trois trophospermes pariétaux; la capsule s'ouvre en trois valves, et les feuilles sont accompagnées de stipules. Ces différences nous paraissent suffisantes pour établir, comme groupe distinct, la famille des Balsaminées, que nous plaçons auprès des Géraniacées, dont cependant elles diffèrent par plusieurs caractères très-importans. Cette nouvelle famille ne se compose encore que du seul genre Balsamina; mais plusieurs autres groupes, établis par les auteurs modernes, ne sont également composés que d'un seul genre, ainsi qu'on le voit pour les Globulariées, les Violariées, les Résédacées, les Calycanthées et plusieurs autres. (A. R.)

BALSAMITE. *Balsamita*. BOT. PHAN. Desfontaines a retiré du genre *Tanacetum* quelques espèces dont il a fait, à l'exemple de Vaillant, le genre Balsamite. Il se distingue par son involucre composé d'écailles imbriquées très-nombreuses, par son phoranthe nu, par ses fleurons tubuleux tous hermaphrodites et quinquefides, par ses fruits couronnés par un rebord membraneux incomplet.

Une des espèces les plus remarquables de ce genre est la grande Balsamite, *Balsamita suaveolens*, Desf. ou *Tanacetum Balsamita*, L. vulgairement nommée Menthe-Coq, Grand-Baume, Baume des jardins. Elle est vivace; sa tige est droite, rameuse; ses feuilles, elliptiques dentées, les supérieures sessiles, les inférieures pétiolées; les fleurs jaunes et disposées en corymbes. Cette Plante, extrêmement aromatique, croît dans les départemens méridionaux de la France. On la cultive dans les jardins. (A. R.)

* BALSAMODOS. BOT. PHAN. (Pline.) L'un des noms du Laurier. (B.)

* BALSAMON. BOT. PHAN. (Théophraste.) Syn. de Pistachier. Ce mot latinisé a été appliqué à plusieurs Végétaux odorans. Ainsi :

BALSAMUM est quelquefois le Baumier ou le *Tanacetum Balsamita*, L. *V*. BAUMIER et BALSAMITE.

BALSAMUM ALPINUM est dans Lobel le *Rhododendrum hirsutum*. *V*. ROSAGE.

BALSAMUM TOLUTANUM de Gaspard Bauhin, le Tolu. *V*. ce mot. (B.)

BALSAMONA. BOT. PHAN. La Plante décrite sous ce nom par Vandelli appartient au Cuphea de Jacquin. *V*. CUPHEA. (A. D. J.)

BALSANNES OU BALZANNES. MAM. Marques blanches et annulaires qu'ont souvent les Chevaux près du sabot. (A. D..NS.)

BALSEM. BOT. PHAN. Syn. arabe de Baumier. *V*. ce mot. (B.)

BALTIMORE. OIS. Espèce du genre Troupiale, Buff. pl. enl. 506. fig. 1; *Oriolus Baltimora*, Lath. Vieillot a formé un genre Baltimore, *Yphantes*, dans lequel il place cette espèce avec une autre qu'il a observée dans l'Amérique septentrionale, et à laquelle il a donné le nom de Solitaire. Celle-ci paraît avoir été prise par Buffon pour la femelle de la première. *V*. TROUPIALE. (DR..Z.)

BALTIMORE. *Baltimora*. BOT. PHAN. Genre de Linné, appartenant à la famille des Corymbifères de Jussieu, et la tribu des Hélianthées de Cassini. Son involucre est cylindrique, à plusieurs folioles disposées sur un seul rang; son réceptacle garni de paillettes; ses fleurs sont radiées; les fleurons au nombre de dix ou douze et mâles; les demi-fleurons au nombre de cinq et femelles; les akènes sont dépourvus d'aigrette et triangulaires. Ce genre doit son nom à la ville de Baltimore, près de laquelle on a rencontré l'espèce qui lui sert de type. C'est une petite Plante herbacée dont la tige est tétragone, les feuilles opposées, âpres et marquées de trois nervures; les fleurs disposées en panicules terminales, peu garnies. (*V*. pour sa figure la tab. 709 des Ill. Lamk., et pour l'analyse de son fruit, Gaertner, T. 2. p. 443. t. 169.) Persoon en décrit une seconde espèce à fleurs presque sessiles, conservée dans l'herbier de Richard, et qu'on cultivait dans le jardin de Trianon sous le nom de *Milleria alba* de Linné. (A. D. J.)

BALTRACAN. BOT. PHAN. (L'Écluse, et, d'après lui, Valmont de Bomare.) Végétal ressemblant à une Rave, dont le fruit répand l'odeur de l'Orange, dont les graines sont semblables à celles du Fenouil, et qui croît en Tartarie. Il est impossible de décider sur de telles indications ce que ce peut être. (B.)

BALUCANAD. BOT. PHAN. (Camelli.) Grand Arbre des Philippines qui pourrait être un Bancoul. *V*. ce mot. (B.)

BALUCBALUC. BOT. PHAN. (Camelli.) Grand Arbre des Philippines qui pourrait bien être un *Andira*. *V*. ANGELIN. (B.)

BALUNA. POIS. Syn. indou de *Mugil Cephalus*. *V*. MUGE. (B.)

* BALUTTA. BOT. PHAN. (Rhéed. *Mol*. T. 3. t. 53.) Syn. de Mesna. *V*. MESNÉE. (B.)

BALYRY. BOT. PHAN. Syn. caraïbe de Balisier. *V*. ce mot. (B.)

BALZANNES. MAM. *V*. BALSANNES.

BAMATA. BOT. PHAN. Syn. caraïbe de *Bignonia pentaphylla*, L. (B.)

BAMBAGE OU BAMBAGIA. BOT. PHAN. (Cœsalpin.) Syn. de *Gossypium*. *V*. COTON. (B.)

BAMBAGIO DES INDES (Pona.) BOT. PHAN. Syn. de Bombax. *V*. ce mot. (B.)

BAMBELE. POIS. Syn. de Véron, espèce d'Able. *V*. ce mot. (B.)

BAMBIAYA. OIS. Nom donné par Laët à un Oiseau encore peu connu, de l'île de Cuba, et que Brisson croyait être le Kamichi, *Palamedea cornuta*, L. Nous avons reçu de la Havane la tête d'une grande espèce de Gallinacé, qui pourrait bien être le Bambiaya de Laët; l'Oiseau que l'on cherche en ce moment à nous procurer dans son intégrité avait été tué audelà des montagnes Bleues. Du reste, cette tête n'a aucune ressemblance avec celle du Kamichi. (DR..Z.)

BAMBLA. OIS. (Buff. pl. enl. 703.) Espèce du genre Fourmilier, *Turdus Bambla*, L., de l'Amérique méridionale. *V*. FOURMILIER. (DR..Z.)

BAMBOCHES. BOT. PHAN. Nom donné dans plusieurs Dictionnaires, comme désignant les jeunes pousses de Bambou dont on fait des cannes. (B.)

* BAMBOS. BOT. PHAN. *V*. BAMBOU.

BAMBOU. *Bambusa*. BOT. PHAN. Famille des Graminées. L'on devra aux notes communiquées par notre savant collaborateur Kunth et qui nous ont servi de base dans la rédaction de cet article, l'avantage de bien connaître dans sa véritable circonscription un genre que Retz (Obs. bot. T. 5. p. 24) forma le premier quand il établit que l'*Arundo Bambos* de Linné devait être séparé des Roseaux; ce botaniste le désigna sous le nom de *Bambos*, que Schreber changea en celui de *Bambusa*. Le caractère exposé par Schreber dans son *Genera*, publié en 1789, ne laisse, quant à la précision, presque rien à désirer, et, à la même époque, Jussieu constitua, avec une Graminée arborescente de Mascareigne, vulgairement nommée dans cette île le *Calumet des hauts*, son genre *Nastus*. On n'a qu'à comparer les caractères génériques donnés par ces deux botanistes, pour se convaincre qu'ils avaient sous les yeux deux Plantes tout-à-fait différentes. Le genre Bambusa de Schreber présente des épillets à plusieurs fleurs, dont les inférieures hermaphrodites et les supérieures mâles. Chaque fleur consiste en un ovaire surmonté d'un style bifide, de six étamines, de trois écailles hypogynes, et de deux paillettes, dont l'intérieure enveloppe d'abord la fleur, et dans la suite le fruit. A la base des épillets, on observe plusieurs écailles semblables aux glumes des autres Graminées, mais plus nombreuses. Dans le Nastus, au contraire, l'épillet est composé d'un grand nombre de glumes, dont seulement la terminale renferme une fleur nue, c'est-à-dire trois écailles nectarines, six étamines, un style à trois divisions profondes et point de paillettes. Cette structure présente quelque analogie avec celle de certaines espèces de Schœnus. On trouve en outre à la base de la glume qui enveloppe la fleur, un pédicelle couché dans le sillon dorsal de cette même glume, et portant à son extrémité une petite fleur stérile. Malgré ces différences bien sensibles, plusieurs botanistes ont réuni le Nastus au Bambusa, ils ont même confondu, sous le nom de *Bambusa arundinacea*, le Nastus de Jussieu, avec la Plante de Rhéede et de Rumph, que Linné désigna sous le nom d'*Arundo Bambos*. Palisot de Beauvois, en conservant les deux noms, mais en les appliquant mal à propos à d'autres Plantes, a augmenté la confusion. Le caractère et la figure du genre Bambusa qu'il a donnés dans son Agrostographie, ne répondent pas à la description de Schreber. Son Nastus, formé avec une nouvelle espèce de Bambusa, le *Bambusa Thouarsii*, (Kunth), qui lui a été communiqué par Aubert du Petit-Thouars, doit être supprimé, et la dénomination de Nastus préférée, comme plus ancienne, que celle de *Stemmatospermum*, qui désigne chez lui le même genre.

Humboldt et Bonpland ont fait connaître, dans leur Histoire des Plantes équinoxiales, deux autres Graminées arborescentes de l'Amérique méridionale, sous les noms de *Bambusa Guadua* et *Bambusa latifolia*. Kunth a partagé d'abord (*Nova Genera et spec. Pl.* T. I.) leur opinion en rapportant également ces Végétaux au genre Bambusa; mais ce savant a reconnu depuis qu'ils présentent des différences suffisantes pour en former un genre distinct, quoique très-voisin de celui qui fait le fond de cet article. Le Guadua, c'est le nom générique sous lequel Kunth réunit les deux espèces de Humboldt et de Bonpland, a un style profondément tripartite; dans le Bambusa, au contraire, il est, d'après le témoignage de Retz, de Schreber et de Roxburg, seulement bifide. Le Bambusa a les fleurs inférieures hermaphrodites, tandis que, dans le Guadua, celles-ci occupent la partie supérieure de l'épillet. Kunth se trouve encore dans la nécessité de former du *Bambusa baccifera* de Roxburg un genre particulier, auquel il conserve le nom de Beesha, sous lequel il a été décrit par Rhéede dans son *Hortus Malabaricus*. Son gros fruit charnu et quelques différences dans la structure des parties florales suffisent sans doute pour autoriser cette séparation. Le Chusque, Graminée grimpante de l'Amérique équinoxiale, ne fut placé par Kunth que provisoirement dans le genre Nastus, dont il diffère par le nombre de ses étamines et des stigmates; il propose maintenant d'en former un genre à part, qui renfermera deux espèces, le *Nastus Chusque* (*Nov. Gen. et spec. Plant. Amer. œquinox.*), et l'*Arundo Quila* de Poiret, très-différent de la Plante de Molina. Il resterait à exposer les caractères des cinq genres dont il vient d'être question, en y rapportant les diverses espèces connues qui s'y doivent répartir. Nous bornant ici à décrire le genre auquel Kunth réserve le nom de *Bambusa*, nous renverrons, pour les autres, à leurs articles respectifs. *V.* NASTUS, GUADUA, BEESHA et CHUSQUEA.

Telles sont les observations de Kunth, qui a établi avec toute la précision latine, en botaniste profond, les caractères du genre dont il est question, nous en donnerons ici un aperçu : ils consistent en épillets oblongs, comprimés, distiques et multiflores; dont une à trois fleurs inférieures sont hermaphrodites, les deux autres supérieures sont mâles, etc.; le style est allongé, bifide, selon Retz, Schreber et Roxburg, mais quelquefois trifide dans une espèce nouvelle de ce genre, communiquée par le savant Du Petit-Thouars, et les stigmates plumeux, etc... Les Bambous sont de véritables Graminées dont les chaumes nombreux, très-élevés, noueux, émettant des rameaux par leurs nœuds, finissent par former des massifs d'une verdure gracieusement balancée dans les airs en panaches ondoyans. Peu de Végétaux présentent un port à la fois plus élégant et plus majestueux. Les Bambous ne contribuent pas moins que les Palmiers à donner aux paysages équinoxiaux une physionomie particulière. Dans l'Inde, qu'ils habitent et d'où ils ont été transportés dans toutes les colonies européennes des deux mondes, on les cultive en haies gigantesques autour des grandes habitations. Ces haies immenses sont ce que l'on appelle, dans les établissemens français, des *balisages*; il est difficile de s'en former une idée quand on n'en a point vu. Le frottement des grands chaumes qui se confondent dans leur épaisseur divergente et qui, tout gros qu'ils sont, n'en demeurent pas moins flexibles, produit, quand le vent agite le balisage, un bruit très-fort, singulier et capable d'effrayer qui ne l'eût jamais entendu. Des personnes dignes de foi assurent que ce frottement de surfaces polies a quelquefois produit un feu dont est résulté plus d'un incendie considérable. Les Bambous ont leurs rameaux piquans dans leur jeunesse; leurs feuilles sont du plus beau vert, et très-mobiles sur leur insertion, ce qui contribue à donner tant de jeu à leur verdure quand les vents s'y jouent. Leurs fleurs forment une sorte de panicule imparfaite, composée d'épillets interrompus et sans ordre; elles se montrent rarement, et jamais sur les individus vigoureux qui sont en pleine végétation. Après en avoir cherché vainement pour en enrichir notre herbier, nous avions en quelque sorte renoncé à de nouvelles investigations, quand l'incendie d'un balisage ayant eu lieu dans une habitation de la rivière de l'Est de l'île de Mascareigne, nous pûmes nous en procurer. Les nouvelles pousses de certains vieux troncs qui avaient résisté aux flammes se chargèrent de fleurs, dont le nombre alla toujours en diminuant quelques années après, et, lorsque les Bambous eurent repris leur ancienne vigueur, on n'en retrouva plus. On verra à l'article des genres américains détachés de *Bambou*, que le même fait s'observe chez eux. Hubert l'aîné, que nous avons si souvent cité dans notre Voyage aux quatre îles d'Afrique, a fait, sur l'air contenu dans les entre-nœuds des Bambous, des expériences curieuses.

Le bois des Bambous est d'une extrême dureté; il est fort employé dans les pays que pare ce précieux végétal pour construire des meubles, des entourages en palissades, des parois de maisons, des supports de charpentes légères, et des barres de palanquin. Les Indiens font des nattes et des corbeilles de sa surface coupée en lanières très-minces; mais de tels ustensiles ont l'inconvénient de remplir les doigts d'échardes. Les Bambous dont on fait des cannes sont les très-jeunes tiges de ces graminées gigantesques. Une liqueur douce et miellée découle spontanément de leurs nœuds dans l'intérieur desquels on trouve une concrétion siliceuse, connue sous le nom de *Tabaxir*, célèbre dans quelques parties de l'Asie par les propriétés merveilleuses qu'on lui attribue. (B.)

BAMBOURS. INS. D'où vient peut-être Bombarde. *V.* ce mot. Nom de l'Abeille dans quelques parties de l'Inde, particulièrement à Ceylan. (B.)

BAMBUSA. BOT. PHAN. (Schreber.) *V.* BAMBOU.

BAMIA. BOT. PHAN. (J. Bauhin.) Syn. d'*Hibiscus esculentus*, L. *V.* KETMIE. (B.)

BAN. BOT. PHAN. Même chose que Calaf. *V.* ce mot. (B.)

BANABA. BOT. PHAN. *V.* BANAVA.

BANANA OU BONANA. OIS. (Catesby.) Syn. du Troupiale vulgaire, *Oriolus Icterus*, L. *V.* TROUPIALE. Sloane et Brisson donnent le nom de Banana au Gros-Bec de la Jamaïque, *Fringilla jamaica*, L. *V.* GROS-BEC. (DR..Z.)

BANANE OU BANANÉ. POIS. On appelle Poissons Bananes ou Bananés dans plusieurs colonies françaises des espèces mangeables, dont la chair très-molle a quelque chose de la consistance du beurre ou de la pulpe de la Banane, et peu ou point d'arêtes. *V.* BUTYRIN et CLUPÉ. (B.)

BANANE. BOT. PHAN. Fruit du Bananier. *V.* ce mot. On appelle *Figue Banane* une petite variété dont la pulpe est la plus savoureuse. (B.)

BANANE-SERPENT. BOT. PHAN. Variété de Banane longue dont l'écorce est rouge de sang. (B.)

BANANIER. *Musa*. BOT. PHAN. Les Plantes qui forment ce genre appartiennent à la famille naturelle des Musacées, à l'Hexandrie Monogynie, L. On distingue le genre Bananier par les caractères suivans : Son ovaire est infère, très-grand, et comme triangulaire; coupé en travers, il offre trois loges, et dans chacune d'elles un grand nombre d'ovules attachés vers leur angle rentrant; le style est terminé par un stigmate concave, dont le bord offre six dents. Les étamines, au nombre de six, sont insérées sur le sommet de l'ovaire; leurs anthères sont lancéolées, portées sur des filamens un peu planes. Le périanthe se compose de deux folioles formant comme une corolle bilabiée : la lèvre supérieure est plus longue, plus en dehors que l'inférieure qu'elle embrasse entièrement à sa base ; son sommet, qui est relevé, offre cinq lanières étroites ; la lèvre inférieure est intérieure et plus courte, très-concave, d'abord entièrement renfermée dans la supérieure, puis étant très-écartée. Le fruit est une sorte de baie triangulaire, contenant un très-grand nombre de graines. — Les Bananiers se font distinguer par un port extrêmement élégant, et tout-à-fait particulier. Leur racine se compose d'un grand nombre de fibres allongées, cylindriques et simples, qui donnent naissance à une espèce de tige d'une organisation particulière, tout-à-fait semblable à celle des bulbes des Plantes Liliacées. En effet, on trouve à sa base une sorte de plateau charnu, dont la face inférieure donne naissance aux fibres qui constituent la racine. De la face supérieure s'élève cette espèce de colonne que l'on regarde généralement comme la tige ; elle se compose d'un grand nombre de gaînes foliacées, étroitement emboîtées les unes dans les autres, dont les plus intérieures se terminent à leur sommet par une longue feuille elliptique, dont les nervures secondaires, parallèles entre elles, partent toutes des côtés de la nervure médiane ; les plus extérieures, au contraire, sont nues à leur sommet, soit que les feuilles s'en soient déjà détachées, soit qu'elles aient entièrement avorté ; tout-à-fait au centre de l'assemblage de feuilles qui couronne cette espèce particulière de bulbe, on voit sortir une hampe recourbée et pendante, et qui occupe l'axe du bulbe depuis sa base jusqu'à sa partie supérieure. Les fleurs, qui sont très-grandes, sont disposées en demi-verticilles, distincts les uns des autres à la partie supérieure de la hampe ; chacun de ces demi-verticilles, composé de dix à douze fleurs sessiles, est accompagné à sa base d'une grande bractée vivement colorée. Les fleurs qui occupent la partie inférieure de cette sorte de régime sont femelles et les seules qui donnent des fruits ; leur ovaire est beaucoup plus gros et beaucoup plus allongé ; leurs étamines, qui sont stériles, sont moitié plus courtes que la division supérieure du calice. Celles, au contraire, qui naissent à la partie supérieure sont mâles et stériles par l'imperfection de leur pistil, dont l'ovaire est beaucoup plus petit, tandis que leurs six étamines sont saillantes au-dessus du calice.

On trouve décrites dans les auteurs environ dix à douze espèces du genre Bananier. Toutes croissent dans les contrées les plus chaudes du nouveau et de l'ancien continent ; mais deux de ces espèces méritent surtout de fixer notre attention, à cause de leurs usages et des services qu'elles rendent aux habitans des contrées où elles croissent naturellement, et de celles où on les cultive en grand : ce sont le *Musa paradisiaca* et le *Musa sapientum* de Linné.

Le Bananier du Paradis, *Musa paradisiaca*, L. Nous ne nous engagerons point ici dans une discussion aussi difficile que peu importante pour déterminer si le Bananier est, ainsi que plusieurs auteurs le prétendirent, l'Arbre dont le fruit tenta nos premiers parens, et dont les feuilles servirent à cacher leur nudité lorsqu'ils eurent succombé à la tentation. Il suffit de dire que c'est par allusion à ce fait que le nom de *paradisiaca* lui a été donné. En Afrique et dans les deux Indes, le Bananier est une Plante vivace dont la tige périt dès qu'elle a donné des fruits. Chaque année il naît de son plateau de nouvelles tiges qui éprouvent les mêmes développemens. Mais dans nos climats, et surtout dans nos serres, ce Végétal se conserve pendant plusieurs années, jusqu'au moment où il fleurit, époque marquée pour sa destruction. Croissant en général dans les lieux bas et humides, sa végétation est rapide et vigoureuse. Son bulbe ou sa tige acquiert jusqu'à douze pieds d'élévation, sur un diamètre de six à huit pouces; il se termine par un faisceau de belles feuilles redressées, elliptiques, allongées, très-entières, longues de quatre à cinq pieds, d'un vert clair et agréable, très-obtuses à leur sommet. Ses fleurs sont jaunâtres, portées sur la partie supérieure d'une hampe qui dépasse le sommet de la tige de trois à quatre pieds ; chaque groupe de fleurs est enveloppé dans une grande bractée rougeâtre, qui tombe très-peu de temps après leur épanouissement; cette hampe se termine à son sommet par une espèce de bouton composé d'un grand nombre d'écailles colorées, très-serrées les unes contre les autres. Les fruits qui succèdent aux fleurs inférieures, les seules qui soient fertiles, sont presque triangulaires, jaunâtres, longs de six à huit pouces, terminés en pointe irrégulière à leur sommet. Leur chair est épaisse, un peu pâteuse ; leurs graines avortent presque constamment dans les espèces cultivées. On les connaît sous le nom de *Bananes*.

Le BANANIER DES SAGES, *Musa sapientum*, L. Semblable au précédent par son port et sa taille, il s'en distingue par ses feuilles plus aiguës, et surtout par ses fruits beaucoup plus courts, ayant la chair plus fondante.

Ce sont ces deux espèces qui forment l'objet d'une culture très-soignée en Afrique, en Asie et en Amérique, pour obtenir leurs fruits, dont les peuples de ces contrées font une très-grande consommation. Les Bananes ont quelque ressemblance extérieure avec les Concombres, mais leur goût en est bien différent. Celles que l'on recueille sur le Bananier des Sages sont beaucoup plus sucrées et plus fondantes; aussi ne les mange-t-on qu'au dessert. Les fruits du Bananier du Paradis, quoique moins délicats, sont cependant beaucoup plus employés. Leur pulpe fondante, jaune fauve, pourrait être comparée pour la consistance à une pâte fondante, composée de beurre et de fécule, d'un goût légèrement sucré et parfumé, un peu sèche quelquefois. On mange les Bananes crues, ou cuites, apprêtées de diverses manières. Aux Antilles, en Afrique et dans l'Inde, elles forment la principale nourriture du peuple ; le colon en nourrit ses nègres. On en retire une sorte de liqueur d'un goût assez agréable, et que l'on désigne dans nos colonies sous le nom de Banane; cette liqueur s'aigrit facilement et demande à être préparée en petite quantité. En écrasant des Bananes bien mûres, et les faisant passer au travers d'un tamis pour en retirer la partie fibreuse, on forme une pâte avec laquelle on prépare un pain fort nourrissant. Cette pâte, presqu'entièrement composée d'amidon, peut, lorsqu'elle est sèche, se conserver pendant long-temps. Délayée dans de l'eau ou du bouillon, elle forme un aliment sain. Les fibres retirées des gaînes qui constituent la tige sont dures et résistantes ; on les emploie pour faire des cordages ou des fils avec lesquels on fabrique différentes espèces de toiles. Cette tige contient une grande quantité de mucilage et d'amidon, et, lorsqu'elle est encore jeune, elle peut servir avec avantage à la nourriture de l'homme et des bestiaux. Quant aux feuilles, elles sont employées, quoique très-fragiles, soit à couvrir le toit des habitations, soit à former différens ustensiles de ménage.

On cultive communément dans nos serres le Bananier du Paradis et le Bananier des Sages. Ces deux Plantes y demandent beaucoup de chaleur, et ne doivent pas sortir de la serre chaude lorsqu'on veut qu'elles fleurissent, ce qui arrive assez souvent lorsque les sujets sont forts, bien exposés et d'une hauteur de huit à dix pieds. Il faut, lorsqu'ils ont fleuri, avoir soin de couper la tige par sa base, afin de faciliter l'évolution des nouvelles pousses qui doivent s'élever de la racine. Cette chaleur constante que nécessite le Bananier pour fleurir dans nos serres, ferait d'abord supposer qu'une température très-élevée lui serait toujours indispensable ; cependant cet Arbre croît et fructifie dans l'île de Madère. Bory de Saint-Vincent l'a retrouvé croissant en pleine terre dans beaucoup de jardins d'Andalousie, particulièrement à Séville et dans les environs de Malaga, déjà à une si grande distance des climats équinoxiaux. (A. R.)

L'idée que nous donne Humboldt (Essai politique sur la Nouvelle-Espagne, T. III, p. 20) de l'utilité du Bananier n'est point exagérée; elle est conforme aux observations qui nous furent communiquées par Hubert, agriculteur habile de Mascareigne, que nous avons eu plusieurs fois occasion de citer dans notre Voyage aux quatre îles d'Afrique. Ce planteur s'était occupé soigneusement du Bananier, et le regardait comme de tous les Végé aux celui qui produit le plus de substance nourricière. Humboldt évalue qu'un terrain de cent mètres carrés, dans lequel on aurait planté quarante touffes de Bananiers, rapporterait dans un an quatre mille livres d'aliment en pesanteur; un même terrain, semé de froment, n'eût guère donné que trente livres pesant. Le produit des Bananes est donc à celui du Froment comme 133 est à 1. Par rapport à la Pomme-de-Terre, il est comme de 44 à 1. (B.)

BANANIERS. BOT. PHAN. On a aussi donné ce nom à la famille pour laquelle nous adopterons celui des Musacées. *V.* ce mot. (A. R.)

BANANISTE. OIS. Espèce du genre Bec-Fin, *Motacilla bananivora*, L. Latham paraît avoir décrit deux fois cet Oiseau dans deux genres différens: le *Sylvia bananivora* et le *Certhia flaveola*. Vieillot l'a figuré pl. 51 de ses Oiseaux dorés. *V.* SYLVIE. (DR..Z.)

BANANIVORE. OIS. Selon Vieillot, on donne ce nom aux Oiseaux qui se nourrissent de Bananes. (B.)

BANARA. BOT. PHAN. Genre établi par Aublet d'après un Arbre de la Guyane. (*V. Pl. Guy.* tab. 217). De Jussieu l'avait placé à la fin des Tiliacées, et, d'après Kunth, dans un Mémoire récemment publié, il fait partie de sa famille des Bixinées. Ses caractères sont: un calice à six divisions; six pétales insérés à un disque hypogyne, ainsi que les étamines qui sont en nombre indéfini. Porté sur ce disque, l'ovaire est surmonté d'un seul style que termine un stigmate en tête. Il devient une baie petite, globuleuse, à une seule loge polysperme. Les rameaux sont flexibles, garnis de feuilles alternes, lisses supérieurement et légèrement velues en dessous, dentelées, ovales aiguës, accompagnées de deux stipules caduques. Les fleurs disposées en grappes axillaires et terminales offrent chacune à la base de son pédicelle, ainsi que le pédoncule général, une petite bractée. (A. D. J.)

BANARABECK. OIS. (Stedman.) Syn. du Toucan à gorge jaune de Cayenne, *Ramphastos dicolorus*, L., à Surinam. *V.* TOUCAN. (DR..Z.)

BANAVA. BOT. PHAN. Camelli a figuré sous ce nom (*Ic.* 42) une Plante que Raï, dans son texte, représente comme un fort grand Arbre à feuilles alternes, à belles fleurs disposées en grappes à l'extrémité des rameaux. Elles ont un calice à six divisions rayonnées; autant de pétales alternant avec elles, des étamines nombreuses, un style allongé. D'après sa description et sa figure incomplètes, on ne peut assigner la place de cette Plante rapportée avec doute au *Munchausia* par de Jussieu.

Sous ce même nom de Banava, on a trouvé dans un Herbier des Philippines un Arbre qui est le Cavanillæa de Lamarck. (A. D. J.)

BANAWILL-WILL. OIS. Espèce du genre Merle, *Turdus muscicola*, Lath., de la Nouvelle-Galles méridionale. *V.* MERLE. (DR..Z.)

BANC. POIS. Syn. de Thon selon Bosc. *V.* SCOMBRE. (B.)

BANCA. BOT. PHAN. Selon Bosc, espèce de Palmier des Philippines, qui ressemble au Dattier, probablement la même chose que Bange. *V.* ce mot. (B.)

BANCALUS. BOT. PHAN. Syn.

malais de Nauclea. *V.* ce mot. (B.)

BANCHE. INS. Même chose que Banchus. *V.* ce mot. (AUD.)

BANCHE. GÉOL. C'est selon Patrin, d'après Réaumur, le nom qu'on donne quelquefois à des couches de glaise ou de marne qui se trouvent au bord de la mer et qui alternativement mouillées par les vagues, ou desséchées par le soleil, prennent à la longue la consistance d'une pierre feuilletée. (C. P.)

BANCHEM. OIS. Syn. hébraïque du Coucou gris, *Cuculus canorus*, L. *V.* COUCOU. (DR..Z.)

BANCHROFT. OIS. Espèce d'Oiseau-Mouche, à laquelle on a donné le nom de celui qui en a parlé le premier. *V.* OISEAU-MOUCHE. (DR..Z.)

BANCHUS. *Banchus*. INS. Genre de l'ordre des Hyménoptères, section des Térébrans, établi par Fabricius (*Supplementum entomologiæ systematicæ*, p. 209 et 233), qui le rangeait dans son ordre des Piezates et lui assignait pour caractères : quatre palpes allongés, à articles cylindriques; lèvre inférieure cylindrique et cornée à sa base, membraneuse, arrondie, et entière à son sommet; antennes sétacées. Ces caractères sont loin d'être tranchés et propres aux Branchus; le seul qui, suivant Latreille, les distingue des Ichneumons, existe dans le dernier article des palpes maxillaires qui, dans toutes les espèces du genre que nous décrivons, est court et dilaté.

Ce genre, rangé par Latreille (Règne Anim. de Cuv.) dans la grande famille des Pupivores et dans la tribu des Ichneumonides, a plusieurs rapports avec celui des Ophions, et s'en distingue cependant parce que l'abdomen aplati de droite à gauche est sessile à sa base ou n'a qu'un pédicule fort court avec l'extrémité anale pointue ou bien obtuse, non tronquée obliquement, et pourvue d'une tarière, n'étant pas ordinairement saillante. Les Banchus diffèrent encore des Fœnes, des Evanies et des Aulaques par les antennes sétacées, composées toujours de plus de quatorze articles, d'une vingtaine environ. Les Banchus se trouvent l'été dans des lieux humides, tels que les prairies. Fabricius en décrit neuf espèces parmi lesquelles nous citerons comme propres à notre climat : le Banchus chasseur, *Banch. venator*, ou l'*Ichneumon venator* de Linné. — Le Banchus peint, *Banch. pictus*. — Le Banchus hastateur, *Banch. hastator*.

Les autres espèces se rencontrent en Allemagne, en Suède, en Italie, etc. On ne sait rien de positif sur les mœurs de ces Hyménoptères; on croit qu'ils déposent leurs œufs dans le corps des Insectes, et que les larves qui en naissent y vivent à la manière des Ichneumons. (AUD.)

BANCOC. BOT. PHAN. Syn. d'*Indigofera argentata* à Madagascar. *V.* INDIGO. (B.)

BANCOUL. BOT. PHAN. *V.* BANCOULIER.

BANCOULIER. *Aleurites*. BOT. PHAN. Commerson, dans ses manuscrits, nomme Noix de Bancoul ou *Ambinux* le fruit d'une Euphorbiacée qu'il avait observé à l'Ile-de-France où il a été porté de l'Inde, et qui présente les caractères suivans : la tige est arborescente; les feuilles sont éparses, grandes, à trois ou cinq lobes; les fleurs monoïques, en panicules composées, les mâles beaucoup plus nombreuses au sommet des panicules partielles, les femelles rares à leur base. On trouve dans les premières un calice extérieur à deux ou trois divisions, et un calice intérieur formé de cinq sépales pétaloïdes, beaucoup plus longs et velus intérieurement à la base; les filets des étamines sont réunis inférieurement en une colonne qu'environnent à sa base cinq squammules alternes avec les sépales; ils sont courts et velus sur leur face interne; les anthères sont biloculaires et introrses. Dans les fleurs femelles le pédoncule est très-dilaté; le calice simple enveloppe l'ovaire et s'ouvre supérieurement pour le passage des stigmates; l'ovaire, ceint à sa base par une couronne glanduleuse à six lobes, présente extérieurement une surface velue marquée de six sillons, et intérieurement deux loges contenant chacune une seule graine. Il est surmonté par deux stigmates bifides. Tels sont les caractères que nous a offerts la Noix de Bancoul de Commerson, lequel, dans ses manuscrits, représente le fruit comme composé de deux Noix de la forme d'une Châtaigne, accolées sous un péricarpe commun et charnu, ayant chacune en outre une enveloppe coriace et contenant une graine couverte d'un tégument dur et ligneux, graine qui est très-sapide, aphrodisiaque et indigeste. On a rapporté cet Arbre au genre *Aleurites* qui présente les mêmes caractères, si ce n'est que les auteurs décrivent le calice de la fleur femelle comme double et semblable à celui de la fleur mâle. Or, dans un grand nombre de fleurs, nous n'avons jamais trouvé un tel calice, soit qu'il n'existe pas en effet, soit qu'il soit caduc, et que ce qui nous a paru être un calice, fût une enveloppe particulière de l'ovaire, qui l'environnerait sans le toucher et s'ouvrirait pour le passage des stigmates comme l'urcéole des Carex, caractère qui mériterait d'être noté. Quoi qu'il en soit, le genre *Aleurites* contient, outre le Bancoul qui lui a été réuni sous le nom spécifique d'*Ambinux*, deux autres espèces, savoir: l'*A. moluccana*, qui était un Jatropha pour Linné, et qui croît dans les Moluques et à Ceylan, et l'*A. triloba*, originaire des îles de la Société où il a été trouvé par Forster qui en a formé ce genre. (A. D. J.)

BANCS. ZOOL. On appelle ainsi, quand il est question d'Animaux aquatiques, ces associations, souvent très-nombreuses, que forment les individus d'espèces qui vivent en société et qui voyagent par troupes. Les Bancs que forment les Thons et les Harengs sont prodigieux par le grand nombre de Poissons dont ils sont composés; les Maquereaux voyagent aussi par Bancs. Un voyageur, Henri Salt, rapporte avoir rencontré non loin des côtes d'Afrique, vers le cap Baxas, un Banc de Spares, de Labres et de Tétrodons morts, dont l'étendue avait plus d'une lieue. L'association par Bancs n'est pas seulement propre aux Poissons, nous l'avons observée dans les Animaux du genre que nous appelons Monophores, et auquel Peron a si improprement donné celui de Pyrosome qui conviendrait à plus de cinq cents Animaux marins lumineux. Notre Hyale papilionacée forme aussi des Bancs. Enfin, nous avons récemment découvert, notamment dans les eaux du bassin au Palais-Royal, que certains Infusoires ou Animaux microscopiques vivent en sociétés immenses et voyagent comme certains Poissons par Bancs très-visibles à l'œil nu, auquel ils présentent l'apparence d'un petit nuage blanchâtre. (B.)

BANCS. GÉOL. La plupart des substances minérales mélangées ou Roches, dont se compose l'enveloppe solide du globe, sont disposées en *couches* qui se revêtent dans un ordre constant d'après l'époque plus ou moins ancienne de la formation de chacune; les couches sont elles-mêmes divisées en couches secondaires qui prennent le nom de *bancs* ou de *lits*, selon la consistance de la substance dont ils sont formés et leur épaisseur. En général le nom de *banc* s'applique plutôt aux substances solides et pierreuses qui sous-divisent une couche de même nature. C'est aux mots *Géologie* et *Stratification* que l'on verra ce que l'on doit entendre exactement par *Couches*, *Bancs* et *Lits*.

BANC DE SABLE. Amas plus ou moins considérables de Sable et de Gravier qui se rencontrent dans la mer, dans les fleuves et les lacs, et qui sont produits par un mouvement constant dans la masse des eaux au milieu desquelles ils se trouvent. — Les Bancs de Sable changent quelquefois de place lorsque les courans varient dans leur direction et dans leur force; les Bancs de Sable se forment par une cause analogue à celle qui produit les *attérissemens* et les *alluvions*. *V*. ces mots.

BANCS DE GLACE. Ce sont les vastes espaces d'eau gelée des régions circompolaires. (C. P.)

BANCUDUS. BOT. PHAN. Syn. malais de *Morinda citrifolia*, L. (B.)

BANDA, BANDASCHE, BANDASCHE-CACATOCHA ET ICANBANDA. POIS. Syn. d'Hémiptéronote à cinq taches, de Lacépède. *V*. CORYPHÆNE. (B.)

* BANDAGAT. MIN. Nom sous lequel, en allemand, on désigne l'Agathe rubané et l'Agathe Onyx. (C. P.)

BANDE. ZOOL. Ce nom a été donné avec quelque épithète à des Animaux de diverses classes, décorés de quelques marques en forme de bande. Ainsi, on a appelé :

BANDE D'ARGENT parmi les Poissons, le *Clupea atherinoides*, *V*. CLUPÉ, et un HOLOCENTRE. *V*. ce mot.

BANDE BLANCHE, parmi les Reptiles Chéloniens, le *Testudo pusilla*. L. *V*. TORTUE.

BANDE NOIRE, parmi les Serpens, le *Coluber Æsculapii*, L. *V*. COULEUVRE.

BANDE A L'ENVERS, — — ESQUISSÉE, — — INÉGALE, — — MARGINALE, — — A POINTS, — — ROUGE, etc., divers Insectes Lépidoptères.

Ce nom de BANDE est encore synonyme de Fascie, Ruban, Zone, Raie, et dans quelques cas, de Cordon, *V*. ces mots qui indiquent les cercles plus ou moins larges ou colorés, mais sans saillie, qui entourent la surface de certaines Coquilles. (B.)

BANDELETTE. POIS. Syn. de Cépole Tænia. *V*. CÉPOLE. (B.)

BANDELETTES. *Strigæ*. OIS. Zones capilliformes qui se voient dans diverses parties de l'Oiseau et différentes de la ligne ou fascie par leur moins de largeur. (DR.. Z.)

BANDFARRN. BOT. CRYPT. (Willdenow.) Syn. allemand de Tænitis. *V*. ce mot. (B.)

BANDINA. BOT. PHAN. Syn. languedocien de *Polygonum Fagopyrum*. *V*. RENOUÉE. (B.)

BANDOULIÈRE. POIS. Nom donné avec quelque épithète tirée de la forme ou de la couleur des bandes dont sont marqués les Poissons qui les portent, à diverses espèces de Labres et de Chétodons. *V*. ces mots. (B.)

BAND-RIRE. OIS. Syn. norwégien du Râle d'eau, *Rallus aquaticus*. L. *V*. RALE. (DR.. Z.)

BANDUKKA. BOT. PHAN. Nom de pays d'un Caprier, *Capparis Baduca*, L. *V*. CAPRIER. (B.)

BANDURA. BOT. PHAN. Syn. de Népenthe. *V*. ce mot. (B.)

* BAND-WURM. INTEST. C'est-à-dire *Vers en ruban*. L'un des noms du Tœnia en Allemagne, (LAM.. X.)

BANÉ. POIS. Nom arabe d'une espèce de Mormyre. (B.)

BANETTE. BOT. PHAN. L'un des noms vulgaires d'une variété de Dolic. *V*. ce mot. (A. R.)

BANGADA VALLI. BOT. PHAN. Syn. indou de *Convolvulus Pes-Capræ*, L. *V*. LISERON. (B.)

* BANGA-N'POUTOU. BOT. (Proyart.) C'est-à-dire *Noyau d'Europe*. Syn. de Cocotier sur les côtes d'Afrique au nord du Zaïre, où cet Arbre n'est point indigène; il doit y avoir été porté par les Portugais. (B.)

* BANGE. BOT. PHAN. C'est-à-dire *Noyau par excellence*. Nom qui, dans diverses langues de l'Inde et de l'Afrique, s'applique particulièrement à des Arbres de la famille des Palmiers. Caméli le donne à une espèce des Philippines qui ressemble au Datier. (B.)

BANGHETS. BOT. PHAN. (Flacourt.) Syn. d'Indigo à Madagascar. (B.)

BANGI. BOT. PHAN. Arbrisseau laiteux des Philippines, dont les fruits sont mangeables et les graines vénéneuses. Il pourrait bien être voisin des Strychnos, où plusieurs espèces présentent la même particularité. (B.)

* BANGIE. *Bangia*. BOT. CRYPT. (*Hydrophytes*.) Genre établi par Lyngbie dans son *Tentamen hydrophytologiæ danicæ*, pour des Plantes regardées comme des Conferves par les anciens botanistes, et comme des Oscillaires ou des Scytonema par Agardh. Il est consacré à Hoffmann Bang, naturaliste danois, distingué par la variété et l'étendue de ses connaissances. Il offre pour caractères des filamens capillaires et continus; c'est-à-dire sans cloisons ou diaphragmes et sans articulations, renfermant des seminules agglomérées en petites masses; ces dernières sont elliptiques, allongées ou globuleuses, rarement éparses, situées ordinairement en lignes transversales ou circulaires imitant une articulation. Il appartient à la seconde section de la classification de Lyngbie, et se divise en deux groupes, le premier à filamens simples, le second à filamens rameux; les espèces les plus remarquables sont :

Les *Bangia crispa*, Lyngb. *loc. cit.* p. 82. tab. 24. — *fuscopurpurea*, p. 83. tab. 24, et le *Conferva atropurpuræa* de Dillwyn. Cette dernière, que nous avions trouvée sur les côtes de France, a été revue dans les eaux douces par Bory de St.-Vincent qui la prétend articulée et d'un ordre tout différent de celui dans lequel doit demeurer le genre dont il est question.

Les *Bangiæ laminariæ*, — *rutilans* (*Conferva rutilans Roth.*), — *Micans*, — *atrovirens*, *Conf. atrovirens* Dillw.), — *mamillosa*, — *quadripunctata* (*Ulva fœtida*, Vauch.), complètent dans Lyngbie un genre où cet auteur a réuni des Hydrophytes de mer et d'eau douce. Nous ne voyons pas plus que Bory de Saint-Vincent qui a fait une étude scrupuleuse de toutes les Conferves, qu'on puisse l'adopter tel qu'il a été proposé; il faudra en exclure plusieurs espèces pour les réunir à d'autres genres ou en établir de nouveaux. (LAM.. X.)

BANGLE. BOT. PHAN. (Rumph. *Amb.* 5, t. 65.) Amanée indéterminée des Moluques. (B.)

* BANGO. BOT. PHAN. (Camelli.) Plante des Philippines, qui paraît appartenir au genre Pavetta. (B.)

BANGUE. BOT. PHAN. C'est une espèce de Chanvre de l'Inde, peut-être la même chose qu'Asarath, *V.* ce mot, ou simplement une variété du nôtre; elle s'élève à une beaucoup plus grande hauteur. Ses propriétés narcotiques paraissent résider dans sa feuille que les Indiens emploient, jointe à diverses autres substances, pour mâcher et fumer, à peu près dans le même but que les Turcs font usage de l'opium. (A. D. J.)

BANGUILING. BOT. PHAN. (Camelli.) Syn. de *Cicca disticha*, L. *V.* CICCA. (B.)

BANIAHBOU. OIS. Espèce chinoise du genre Merle, *Turdus canorus*, Lath. *V.* MERLE. (DR..Z.)

BANISTERIA. BOT. PHAN. Genre de la famille des Malpighiacées. Son caractère est d'avoir un calice à cinq divisions, cinq pétales à onglets, dix étamines monadelphes, trois ovaires surmontés par autant de styles, trois capsules non déhiscentes, réunies entre elles et prolongées en dehors en autant d'ailes membraneuses. Les Banisteria sont des Arbustes exotiques, à tige sarmenteuse ou volubile, à feuilles opposées, à fleurs terminales ou axillaires, disposées en ombelle, en grappe, en corymbe ou en panicule. Nous regardons comme un genre particulier que nous nommons Héteropteris, les espèces qui ont le bord épaissi des ailes dirigé en dehors. Le contraire a lieu dans les vraies Banisteria. (K.)

BANITAN. BOT. PHAN. (Camelli.) Arbre indéterminé des Philippines, dont la racine est employée comme médicament par les naturels du pays. (B.)

BANKARETTI. BOT. PHAN. Syn. malabare de *Guilandina axillaris*. Lamk. *V*. BONDUC. (B.)

BANK-MARTIN. OIS. Syn. américain de l'Hirondelle bicolore, Vieill., Hist. Nat. des Ois. de l'Amér. septent. pl. 31. *V*. HIRONDELLE. (DR..Z.)

* BANKSEA. BOT. PHAN. Kœnig appelait *Banksea speciosa* une Plante que Swartz regarde comme la même que son *Costus glabratus* et le *Tsjana-Kua* de l'*Hortus malabaricus*, 11. tab. 8. *V*. COSTUS. (A. D. J.)

BANKSIE. *Banksia*. BOT. PHAN. Genre de la famille des Proteacées, établi par Linné fils en l'honneur de Joseph Banks, président de la société Linnéenne de Londres. Les Banksies appartiennent toutes à la Nouvelle-Hollande. Ce sont des Arbrisseaux ou des Arbres peu élevés, dont les feuilles persistantes et coriaces sont éparses, entières, dentées ou pinnatifides. Les fleurs constituent des chatons, accompagnés à leur base de quelques folioles courtes et étroites. Chaque fleur est environnée par trois bractées persistantes, d'inégale grandeur, et présente un calice à quatre divisions plus ou moins profondes, concaves surtout à leur partie supérieure. Les étamines sont au nombre de quatre, et ont leurs anthères engagées dans la concavité des lobes du calice. L'ovaire, environné de quatre écailles hypogynes, offre deux loges monospermes. Le fruit est une capsule à parois épaisses et ligneuses, se séparant en deux valves. Les graines sont souvent ailées et membraneuses.

Le nombre des espèces de Banksies s'est considérablement accrû par les recherches des botanistes modernes qui ont exploré l'Australasie. Linné fils en décrivit quatre, Willdenow huit, Persoon en mentionne douze, et enfin Robert Brown, dans son Mémoire sur la famille des Proteacées, donne les caractères de trente-une espèces, toutes originaires des diverses parties de la Nouvelle-Hollande. Quelques-unes ont été transportées et sont aujourd'hui cultivées dans nos orangeries : telles sont le Banksie à feuilles en scie, *Banksia serrata*, L. Arbuste de huit à dix pieds, à rameaux cotonneux, à feuilles lancéolées, tronquées au sommet qui se termine par une petite épine; dont les fleurs sont jaunâtres et forment des cônes assez gros; le Banksie à petits cônes, *Banksia microstachya*, Cav., le Banksie à feuilles de bruyères, *Banksia ericæfolia*, Smith, etc. (A. R.)

BANKSIENNE. POIS. Nom donné par Lacépède à une espèce de Raie découverte par Banks. (B.)

BANNISTEROIDE. BOT. PHAN. *V*. PELLA.

BANSLICKLE. POIS. Syn. d'Epinoche en divers cantons de l'Angleterre. *V*. GASTEROSTÉE. (B.)

BANTAJAM. MAM. Syn. de Guenon Nasique. (A. D..NS.)

BANTAM OU BANTAME. OIS. Nom d'une variété de Coq, originaire de l'île de Java, et qui s'est naturalisée dans les basse-cours européennes. C'est la *Poule aux os noirs* des colonies françaises. *V*. COQ. (DR..Z.)

BANTIALE. BOT. PHAN. Rumph (*Amb*. 6. t. 55) décrit imparfaitement sous ce nom deux Plantes parasites dont la première, la Bantiale noire, paraît être un Gui, et la seconde, la Bantiale rouge, une sorte d'Epidendre. Des Fourmis noires ou des Fourmis rouges habitent dans les bulbes souvent considérables, d'où sortent les feuilles des deux Bantiales; elles s'y creusent des galeries et en font extravaser le suc, sans que les Plantes percées paraissent en souffrir ou même cesser de végéter. (B.)

BANU-CURUNDU. BOT. PHAN. L'un des noms du Canellier à Ceylan. (B.)

BANULAC. BOT. PHAN. (Camelli.) Plante peu connue des Philippines, qu'on a rapportée au genre Pavetta. (B.)

BANWAL. BOT. PHAN. Liane indéterminée de Ceylan dont les rameaux servent de cordes pour attacher les Animaux. (B.)

BANYO. BOT. PHAN. Nom donné comme celui d'un Pavetta et qui n'est peut-être qu'un double emploi de Bango. *V.* ce mot. (B.)

BAOBAB. *Adansonia.* BOT. PHAN. Adanson, à son retour du Sénégal, a le premier décrit et fait connaître la structure de ce genre, que le célèbre Bernard de Jussieu désigna sous le nom d'*Adansonia.* Il fait partie de la nouvelle famille des Bombacées, établie récemment par Kunth, laquelle est un démembrement des Malvacées de Jussieu. Voici les caractères du genre Baobab : calice simple, coriace, quinquéfide, corolle formée de cinq pétales réfléchis, ainsi que le calice, au moment de la floraison; étamines extrêmement nombreuses, réunies par leurs filets en un tube cylindrique, qui occupe la partie centrale de la fleur et se termine supérieurement en un grand nombre de filets grêles et distincts qui sont réfléchis; l'ovaire est simple, à dix loges, contenant chacune plusieurs graines; le style est simple, cylindrique, creux, plus long que le tube staminal, terminé par des stigmates prismatiques dont le nombre varie de dix à dix-huit. le fruit est une grande capsule indéhiscente, ovoïde, allongée, velue et dure à l'extérieur, renfermant un nombre assez considérable de graines entourées d'une pulpe abondante.

On ne connaît qu'une seule espèce de ce genre, c'est le Baobab d'Adanson, *Adansonia digitata*, L. Cav. Dissert. tab. 157. Encycl. illust. pl. 588. célèbre par les dimensions énormes qu'il peut acquérir. Cet Arbre croît sur le littoral de l'Afrique, depuis les bords de la Gambie jusqu'au royaume d'Oware et de Benin, et même au Congo où le capitaine Tucklay le mentionne comme l'un des principaux Arbres des bords du Zaïre; il se plaît de préférence sur les plages sablonneuses et arides. Son tronc, dont la hauteur excède rarement douze ou quinze pieds, présente un développement de quatre-vingts à quatre-vingt-dix pieds en circonférence; il se couronne par un énorme faisceau de branches, atteignant quelquefois soixante à soixante-dix pieds de longueur, et dont chacune pourrait être considérée comme un Arbre d'une proportion remarquable. Les plus extérieures de ces branches s'inclinent souvent presque jusqu'à terre, en sorte que l'Arbre tout entier semble former un vaste dôme de verdure. Les racines n'ont point des dimensions moins gigantesques; le pivot, qui s'enfonce perpendiculairement dans le sol, est la continuation de la base du tronc; les ramifications latérales, d'une énorme grosseur, s'étendent quelquefois à plus de cent pieds de distance de la tige. Les feuilles ne se développent qu'à la partie supérieure des jeunes rameaux, qui sont un peu tomenteux; elles sont éparses, pétiolées, digitées, composées de cinq ou sept, plus rarement de trois folioles obovales, très-obtuses, rétrécies vers la base, marquées de quelques dentelures irrégulières vers leur partie supérieure, et longues d'environ quatre à cinq pouces; le pétiole est long de deux à quatre pouces, canaliculé et accompagné à sa base de deux petites stipules triangulaires qui tombent presqu'en même temps que les feuilles se développent. Les fleurs ne sont pas moins remarquables par leur grandeur; elles sont solitaires, portées sur des pédoncules d'environ un pied de longueur, recourbés et pendans vers la terre, naissant seuls à seuls à l'aisselle des feuilles inférieures; leur calice est monosépale, coriace, subcampanulé, long de près de trois pouces, ayant le limbe partagé en cinq dents à son sommet; il se rompt irrégulièrement à l'époque de l'épanouissement de la fleur, se rabat sur le pédoncule, mais ne tombe qu'après que toutes les autres parties se sont détachées. Les cinq pétales, qui composent la corolle, sont ovales, un peu obtus, épais, d'abord étalés, puis rabattus en dessous, ils sont blancs et un peu plus longs que le calice, marqués de nervures très-apparentes; le tube staminal est long d'environ deux pouces, cylindrique, mais cependant un peu plus étroit vers la partie supérieure, où il se divise en un nombre prodigieux de filamens grêles et distincts, portant chacun une anthère à son sommet. L'ovaire est libre et comme pyramidal, un peu tronqué à son sommet; très-velu extérieurement, il se termine par un style épais, recourbé, plus long que les étamines, et au sommet duquel sont de douze à dix-huit stigmates glanduleux, étalés. Le fruit est une sorte de capsule, à parois ligneuses, charnue et pulpeuse intérieurement, où elle est partagée en dix loges par autant de cloisons membraneuses. Sa structure intérieure a la plus grande analogie avec le fruit des Cucurbitacées. Les graines sont réniformes, nichées dans une espèce de pulpe charnue, rougeâtre. Les fruits sont ovoïdes, allongés, de la grosseur d'une courge; leur surface est verte et tomenteuse. Ils sont connus dans le pays sous le nom de *Pain de Singe*.

Le Baobab a été transporté d'Afrique dans plusieurs parties du Nouveau-Monde. Ainsi il existe à St.-Domingue, à la Martinique et dans plusieurs autres îles du golfe du Mexique. On en voit quelques jeunes pieds à l'Ile-de-France. Bory de St.-Vincent en a vu un à Sainte-Hélène. On le cultive aussi dans nos jardins. Mais, exigeant toujours un haut degré de température, il ne s'élève jamais à une hauteur remarquable, et ne donne aucune idée de la taille gigantesque qu'il acquiert dans son pays natal. On doit le considérer, non-seulement comme le Végétal qui peut présenter les dimensions les plus grandes, mais encore comme celui à qui la nature a accordé la durée la plus longue. S'appuyant sur des calculs plus ingénieux que solides, Adanson pense que les Baobabs qu'il a observés en Afrique ne devaient pas avoir moins de six mille ans. Il est à regretter que cet infatigable observateur n'ait point été assez bien servi par les circonstances pour pouvoir compter le nombre des couches ligneuses; le résultat de ses observations en eût acquis un haut degré de certitude.

De même que tous les Végétaux du groupe auquel appartient le Baobab, cet Arbre se distingue par des propriétés adoucissantes et émollientes. Les feuilles et surtout l'écorce des jeunes rameaux, contiennent une grande quantité de mucilage; elles peuvent être employées en décoction pour faire des tisanes adoucissantes, utiles dans la dyssenterie et les différentes fièvres inflammatoires. Ces feuilles, séchées avec soin et réduites en poudre, constituent le *Lalo* des Nègres, qu'ils mêlent à leurs alimens. La pulpe renfermée dans le fruit du Baobab a une saveur aigrelette et agréable. On en fait des espèces de limonades, très-utiles dans les régions brûlantes où croît le Baobab. Les fruits, lorsqu'ils commencent à se gâter, sont employés par les Nègres pour faire un excellent savon. Enfin, on raconte que les Nègres creusent le tronc des Baobabs, y pratiquent des excavations profondes dans lesquelles ils suspendent les cadavres des individus que la superstition et l'ignorance leur fait juger indignes des honneurs de la sépulture. (A. R.)

BAPTISIE. *Baptisia*. BOT. PHAN. Aiton et Ventenat ont décrit, sous le nom de *Baptisia perfoliata*, le *Crotalaria perfoliata* de Linné, que Willdenow rapporte au genre *Rafnia*, Michaux au *Podalyra*, et Walther au *Sophora*. (A. R.)

BAQUEBO, BECQUABO ET BICQUEBO. OIS. Syn. de Pics et particulièrement de Pic-vert en diverses parties de l'Europe. (B.)

BAQUOIS OU VAQUOIS. BOT. PHAN. *V*. PANDANUS.

BAQUOUC. OIS. Syn. vulgaire de la Lavandière, *Motacilla alba*, L. *V*. BERGERONNETTE. (DR..Z.)

BAR. POIS. Syn. de *Sciæna punctata*, Bloch. sur les côtes océanes de France, depuis la Loire jusqu'à la Garonne. *V*. PERCHE. (B.)

BARACHOUAS. POIS. Syn. de Maquereau. *V*. SCOMBRE. (B.)

BARACOCEA. BOT. PHAN. (Cæsalpin.) Syn. d'Abricotier dont l'amande est douce. (B.)

BARACOOTO. BOT. PHAN. Nom de pays de deux Poissons indéterminés de l'île de Tabago, dont la chair de l'un est, dit-on, bonne à manger, et celle de l'autre vénéneuse. (B.)

BARADA. OIS. Syn. du Traquet, *Motacilla Rubetra* en Italie, L. *V*. TRAQUET. (DR..Z.)

BARAICE. BOT. PHAN. Syn. de *Veratrum album* dans quelques cantons de la France centrale. *V*. VERATRE. (B.)

BARALOU. BOT. PHAN. Syn. caraïbe de Balisier. (B.)

BARAMARECA. BOT. PHAN. (Rheed. *Malab*. 8. f. 44.) Syn. de *Dolichos ensiformis*. *V*. DOLIC. (B.)

BARANEK. OIS. Syn. de la Bécassine, *Scolopax Gallinago*, L., en Pologne. *V*. BÉCASSE. (DR..Z.)

* BARANN. MAM. Syn. d'Argali ou Mouflon chez les Russes. *V*. MOUTON. (B.)

BARASSA. OIS. Syn. piémontais de l'Engoulevent, *Caprimulgus europæus*, L. *V*. ENGOULEVENT. (DR..Z.)

* BARATRON. BOT. PHAN. (Dioscoride). Syn. de Genévrier. (B.)

* BARAULTIA. BOT. PHAN. *V*. BARRALDEIA.

BARBACARIC. OIS. Nom que, suivant Levaillant, l'on devrait donner au Grand Barbu, *Bucco grandis*, L., pour exprimer ses rapports avec les Aracaris. (DR..Z.)

BARBACENIA. BOT. PHAN. Genre établi par Vandelli d'après une Plante qu'il figure dans sa Flore du Brésil. T. 1. fig. 9. Il la décrit comme présentant un calice monosépale et quinquélobé, renflé et couvert extérieurement de poils glanduleux; six pétales et autant d'étamines à filets élargis, supérieurement dentés et portant les anthères latéralement appliquées. Leur insertion commune paraît se faire au sommet du calice; l'ovaire, surmonté d'un style et d'un stigmate, devient une capsule allongée, trivalve, polysperme. Mais il ne parle pas de sa situation qui, infère ou supère, indiquerait son analogie avec les Onagraires dans le premier cas, ou avec les Salicaires dans le second. Il passe également sous silence la tige et les feuilles, de sorte que cette Plante est encore bien peu connue. (A. D. J.)

BARBACOU. OIS. Levaillant et Cuvier ont formé ce sous-genre où se trouvent placés les *Cuculus tranquillus* et *tenebrosus*, L., *V*. TAMATIA. (DR..Z.)

BARBAGIANI. OIS. Syn. du Grand-Duc, *Strix-Bubo*, L., en Italie. *V*. CHOUETTE. (DR..Z.)

BARBAIAN. OIS. Syn. vulgaire du Grand-Duc, *Strix Bubo*, L. *V*. CHOUETTE. (DR..Z.)

BARBAJOU. BOT. PHAN. Syn. de *Sempervivum tectorum* en quelques parties du Languedoc. (B.)

BARBAN. INS. Nom vulgaire d'une espèce du genre Thrips qui nuit aux Olives dans les environs de Nice. (B.)

BARBAREA. BOT. PHAN. Genre de la famille des Crucifères établi par Brown dans l'édition qu'il a donnée de l'*Hortus kewensis* et adopté par De Candolle dans son *Systema Vegetabilium*. Les caractères qu'il lui assigne sont les suivans : les quatre sépales du calice dressés, à peu près égaux à leur base; les pétales onguiculés et à limbe entier; des étamines dont les filets sont libres et dépourvus d'appendice; de petites bosses glanduleuses entre les filets les plus courts et le pistil; une silique à quatre angles, dont deux plus aigus, et à valves pliées en carène; des graines disposées dans chaque loge sur une seule série verticale; des cotylédons accombans, c'est-à-dire à radicule latérale. Ce dernier caractère éloigne beaucoup, dans le système de De Candolle, le *Barbarea* des genres *Erysimum* et *Sisymbrium*, dont plusieurs espèces ont servi à le former, mais dont les graines présentent des cotylédons incombans, c'est-à-dire à radicule dorsale. — Ce genre, tel qu'il vient d'être caractérisé, contient six espèces. Ce sont des Plantes herbacées, vivaces, glabres, à racines fibreuses, à tiges dressées et cylindriques, à feuilles en lyre, pinnatifides ou dentées ; à fleurs disposées en grappes terminales et dressées et présentant des pédicules filiformes dépourvus de bractées ; des pétales jaunes et des calices souvent colorés. Quatre croissent dans l'Orient ou dans le Midi, et deux se rencontrent en France. La plus commune est le *Barbarea vulgaris*, De Cand., *Erysimum Barbarea*, L., connue vulgairement sous le nom d'Herbe de Sainte-Barbe. (A. D. J.)

BARBARESQUE. MAM. Petite espèce d'Écureuil. *V.* ce mot. (B.)

BARBARIN. POIS. Nom donné en divers pays à des Poissons qui ont des barbillons aux mâchoires : ainsi il a été appliqué au *Silurus Clarias*, L., au Rouget et au Surmulet. *V.* PIMÉLODE et MULLE. (B.)

BARBARINE. BOT. PHAN. Nom de diverses variétés de Cucurbitacées cultivées dans les potagers, et originaires de Barbarie. (B.)

BARBARO. OIS. Syn. du Guêpier vulgaire, *Merops Apiaster*, L. en Italie. *V.* GUÊPIER. (DR..Z.)

BARBAROTTI. OIS. Syn. italien du Martinet noir, *Hirundo Apus*, L., *V.* MARTINET. (DR..Z.)

BARBASCO. BOT. PHAN. Nom que les Espagnols donnent sur la côte de Guyaquil à une Plante dont le suc enivre les Poissons. On la regarde comme une Molène ; dans ce cas ce nom serait évidemment une corruption de *Verbascum*. *V.* MOLÈNE. (B.)

BARBASTELLE. MAM. De l'italien *Barbastello*. Espèce de Chauve-Souris *V.* ce mot. (A. D.. NS.)

BARBATULE. POIS. Vieux nom du Barbeau. *V.* CYPRIN. (B.)

BARBE. ZOOL. C'est le poil qui croît au menton de l'Homme et de quelques autres Animaux tels que les Boucs et certains Singes. *V.* POIL. On en a étendu le nom à diverses choses analogues. Ainsi dans les Mammifères Cétacés, on appelle Barbes ces espèces de crins qui garnissent les fanons ou les gencives des Baleines ; et dans les Oiseaux, un faisceau de petites plumes qui garnit, chez quelques-uns, la partie inférieure du bec.

On appelle BARBES DES PLUMES les filamens barbus qui s'étendent presque horizontalement de chaque côté de la tige.

Ce mot est devenu spécifique dans quelques cas. Par exemple, on nomme BARBE, une race de Cheval de Barbarie et une espèce de Syngnathe. *V.* ce mot et CHEVAL. (B.)

BARBE. *Arista*. BOT. PHAN. Quelques agrostographes appellent ainsi l'arête que l'on observe dans plusieurs genres de la famille des Graminées. *V.* ARÊTE. (A. R.)

Ce mot de BARBE est devenu nom spécifique ou vulgaire en botanique comme en zoologie, ainsi l'on a appelé :

BARBE DE BOUC, *Barba Hirci*, le Salsifis sauvage, *Tragopogon* L., nom qui signifie également *Barbe de Bouc* ; on appelle encore Barbe de Bouc, de Biche ou Terrestre, la Clavaire coralloïde.

BARBE DE CAPUCIN, une variété de Chicorée sauvage, étiolée, par un procédé de culture particulière, pour la manger en salade. Le même nom a été donné aux Usnées qui pendent en Barbes des vieux Arbres.

BARBE DE CHÈVRE, *Barba Capræ*. Tourn. le *Spiræa Aruncus*. *V.* SPIRÉE. *Barba caprina* Ster. le *Clavaria coralloides*. L.

BARBE DE DIEU, des Graminées du genre Andropogon.

BARBE ESPAGNOLE, le *Tillandsia*

usneoides, L., dont des touffes, tombées dans la mer, et s'y étant altérées, ont été prises pour des Hydrophytes par Esper, qui les a figurées (*Icon. fucorum*, T. XXI) comme le *Fucus Filum*, L. *V.* CHORDA.

BARBE DE JUPITER, *Barba Jovis*, une Anthillide devenue l'*Anthillis Barba Jovis*, L., et la Joubarbe des toits.

BARBE DE MOINE, le *Cuscuta europœa*. *V.* CUSCUTE.

BARBE DE RENARD, deux ou trois espèces d'Astragales, etc. (B.)

BARBEAU. POIS. Espèce de Cyprin devenu type d'un sous-genre de Cuvier. *V.* CYPRIN. On le nomme aussi Barbet, Barbiaux, Barblo et Barbot.

On a appelé BARBEAU DE MER, le Rouget, qui est le *Barbeel* des Hollandais et le *Barbell* des Anglais. (B.)

BARBEAU. BOT. PHAN. L'un des noms les plus répandus du Bleuet des champs, *Centaurea Cyanus*. On l'a étendu à d'autres Centaurées, et l'on appelle :

BARBEAU JAUNE, plusieurs de celles dont la fleur est dorée, particulièrement le *Centaurea suaveolens*, Willd.

BARBEAU MUSQUÉ, le *Centaurea moschata*, Willd.

BARBEAU DE MONTAGNE OU VIVACE, le *Centaurea montana*, L. (B.)

BARBEBON. BOT. PHAN. Syn. de Salsifis dans quelques départemens méridionaux. (B.)

* BARBELLE. *Barbala*. MOLL. Genre de Coquilles bivalves fluviatiles, établi par Humphrey (*Mus. Calonn.* p. 59. n° 1080) pour une espèce rare et précieuse, nommée par Solander dans ses manuscrits *Mytilus plicatus* d'après l'exemplaire venu de la Chine, qui se trouvait dans le cabinet de la duchesse de Portland (*V.* p. 183. *lot* n° 3910, du Cat. de ce célèbre cabinet). Il paraît que Solander rapportait à cette Coquille que nous ne connaissons pas, le Mutel d'Adanson (Sénégal, p. 234. T. XVII. f. 21), Coquille des lacs d'eau douce de l'intérieur du Sénégal, qui nous est également inconnue, dont Schröter a parlé (*Einleit.* III. p. 471) et dont Gmelin a fait son *Mytilus dubius* (*Syst. nat.* p. 3363).

Nous ne pouvons décider jusqu'à quel point ce rapprochement de Solander entre son *Mytilus plicatus* et le Mutel d'Adanson est juste; mais nous présumons que ce Mytilus est la Coquille appelée, depuis, Iridine par Lamarck; alors le genre de cet illustre savant aurait déjà été institué par Humphrey sous le nom de Barbelle. C'est aux naturalistes anglais à nous éclairer sur ce point. Le *Mytilus plicatus* du cabinet de la duchesse de Portland contenait plusieurs Perles. C'est le *Mytilus dubius* de Dillwyn (*Descript. cat.* p. 318). (F.)

BARBENIA. BOT. PHAN. Genre consacré à Barben-du-Bourg par Du Petit-Thouars, dans ses Plantes de Madagascar. Il présente un calice monosépale, à cinq divisions profondes, concaves, membraneuses; pas de corolle; des étamines nombreuses insérées au fond du calice par des filets courts et aplatis qui portent des anthères oblongues et sagittées; un ovaire libre; deux styles courts, épais, velus; une capsule bilobée à deux loges, contenant chacune une graine fixée à son fond et munie d'un arille qui la recouvre à demi. C'est un Arbrisseau faible, sarmenteux, grimpant; à feuilles alternes, simples, pétiolées, glabres, ovales, oblongues; à fleurs fasciculées. Toute la Plante noircit par la dessication.

Du Petit-Thouars, incertain sur la place que doit occuper cette Plante, se contente d'indiquer l'affinité qu'elle pourrait avoir avec la *Prockia*. (A. D. J.)

BARBERIN. POIS. Espèce de Mulet, *V.* ce mot. (B.)

BARBÈS ET CERMAS. BOT. PHAN. (Daléchamp.) Syn. arabes de *Quercus Ilex*. *V.* CHÊNE. (B.)

BARBET. ZOOL. Parmi les Mammifères, c'est une race de Chiens. *V.*

ce mot. Parmi les Poissons, le Rouget et le Mulet portent ce nom en quelques pays. (B.)

BARBIAUX. POIS. *V.* BARBEAU.

BARBICAN. *Pogonias*. OIS. (Illiger.) Genre de l'ordre des Zygodactyles. Caractères : bec court, gros, fort; arête proéminente, arquée; bord tranchant de la mandibule supérieure, armé d'une ou de deux fortes dents; la mandibule inférieure moins haute que la supérieure; narines percées dans la masse de la corne du bec, près de sa base, latérales, recouvertes à claire-voie par des poils; tarse de la longueur du doigt extérieur; les deux doigts antérieurs réunis jusqu'à la seconde articulation; première rémige très-courte; seconde, troisième et quatrième étagées, la cinquième la plus longue.

Les Barbicans qu'Illiger a séparés des Barbus, appartiennent tous à l'Afrique. Tristes, silencieux et même en quelque sorte stupides, ces Oiseaux offrent encore, joints aux désagrémens d'une conformation massive et pesante, des embarras dans le vol, dépendans de cette conformation, où les leviers de la locomotion paraissent trop rapprochés des parties antérieures. Conséquemment leur vol n'est ni élevé ni soutenu, et ils éprouvent beaucoup de difficultés à s'y livrer, ce qui leur donne des habitudes stationnaires. Ils fuient la société, même celle de leurs congénères; cependant Levaillant rapporte d'eux un trait (p. 71. Hist. des Barbus) qui prouverait plus que de l'instinct chez ces Oiseaux : il trouva dans les forêts désertes du pays des Namaquois un Arbre creux qui servait de retraite à plusieurs Barbicans; il en tira du trou cinq Oiseaux, dont un dans l'extrême vieillesse, qui paraissait, par différens indices, devoir aux quatre autres une nourriture qu'il était hors d'état d'aller lui-même chercher. Les conjectures de Levaillant se changèrent en réalité, lorsqu'il eut tenu pendant quelque temps les cinq Oiseaux en cage. Les Barbicans se nourrissent de fruits et d'insectes; la plupart d'entre eux restent constamment fidèles à leur compagne; ils nichent dans de vieux troncs ou dans des nids couverts abandonnés; ils y déposent, sur un peu de duvet négligemment rassemblé, deux à quatre œufs, et gardent assez longtemps près d'eux la famille qui en provient, et qui chaque jour revient coucher avec les parens dans le berceau même.

BARBICAN A GORGE NOIRE, *Bucco niger*, Lath. Levail. Ois. Parad. des numéros 29, 30 et 31. — Tête noire, front rouge, une ligne jaune au-dessus des yeux, terminée par une tache blanche; quelques taches jaunes et blanches sur les tectrices alaires qui sont noires; rectrices et rémiges brunes, frangées de jaunâtre; gorge noire; une large bande blanche qui descend de chaque côté de l'angle du bec sur la poitrine et les parties inférieures, qui sont également d'un blanc quelquefois grisâtre. La femelle n'a point de rouge au front. Longueur cinq pouces trois lignes.

BARBICAN DE LEVAILLANT, *Pogonias minor*. Cuv. Petit Barbican, Levail. Ois. Par. pl. A. Parties supérieures brunes, d'une teinte plus claire vers le cou; parties inférieures d'un blanc sale; front d'un rouge vif; croupion, tectrices caudales supérieures et rectrices noires; partie de la poitrine et abdomen d'un rouge pâle et terne; d'Afrique.

BARBICAN SULCIROSTRE, *Pogonias sulcirostris*, Leach. *Bucco dubius*, Linn. Buff. pl. enl. 602. Levail. Ois. Parad. du n° 19. *Pogonias major*. Cuv. — Parties supérieures d'un noir-bleuâtre, à l'exception d'une plaque blanche sur le milieu du dos; rémiges et rectrices inférieures d'un noir mat; aréole des yeux d'un rouge-orangé; devant du cou et poitrine d'un rouge vif; une bande de la même couleur sur le ventre; les flancs blancs; tectrices caudales inférieures rouges; longueur neuf pouces. Le *Pogonias lævirostris* de Leach, *Bucco leuconotus*, Vieill., n'est qu'une variété du Bar-

Lican sulcirostre, d'une taille un peu moindre.

Barbican de Vieillot, *Pogonias Vieilloti*, Leach. Miscel. Hist. Nat. pl. 97, *Bucco fuscescens*, Vieill. — Parties supérieures brunâtres; parties inférieures blanchâtres; gorge d'un rouge-orangé; des taches de cette couleur sur la poitrine, et quelques nuances semblables sur la tête et les tectrices. (dr..z.)

BARBICHE. bot. phan. Syn. de *Nigella damascena*, L. *V.* Nigelle. (b.)

BARBICHON. ois. Espèce du genre Gobe-Mouche, *Muscicapa barbata*, L. Buff. pl. enl. 830. fig. 1, des Indes. *V.* Gobe-Mouche. Et d'une autre espèce du genre Barbu, *Bucco Barbiculus*, Cuv., Levaill. Ois. de Paradis, etc., pl. 56. Ce dernier habite les Moluques. *V.* Barbu. (dr..z.)

BARBIER. pois. Nom vulgaire du *Labrus Anthias*, L. *V.* Anthias.

BARBIFÈRE. bot. crypt. Syn. de *Barbula*, selon Palisot-Beauvois. *V.* Barbula. (b.)

BARBILANIER. ois. Même chose que Bec-de-Fer. *V.* Bec. (dr..z.)

BARBILLON. pois. Espèce de Squale. On donne aussi ce nom aux jeunes Barbeaux. (b.)

BARBILLONS. zool. Ce nom désigne, dans les Poissons, des filamens qu'on trouve autour de la bouche de certaines espèces, et dans lesquels semble restreinte la perception du tact. Les Poissons munis de ces Barbillons sont en général des Animaux rusés, qui se cachent dans la vase, agitent à sa surface ces espèces de tentacules sur lesquelles se jette leur proie, trompée par l'apparence de ver qu'ont ces organes. (b.)

Dans les Animaux articulés, Barbillon est synonyme d'Antennules ou Palpes. *V.* ce dernier mot. (aud.)

BARBIO. pois. Syn. de Barbeau en Espagne. *V.* Barbeau, pois. (b.)

BARBION. ois. Espèce du genre Barbu, *Bucco pusillus*, Levaill., Ois. de Paradis, pl. 32. *V.* Barbu. (dr..z.)

BARBISA. ois. Syn. piémontais du Bruant Fou, *Emberiza Cia*, L. *V.* Bruant. (dr..z.)

BARBLAU. pois. *Barbre* des Allemands, suivant Aldrovande. *V.* Barbeau. (b.)

BARBO. bot. crypt. Nom provençal d'un Bolet mangeable. (ad. b.)

BARBON. bot. phan. Syn. d'Andropogon. *V.* ce mot. (b.)

BARBOT. pois. *V.* Barbeau, pois. Syn. de Cobite chez les Anglais. *V.* Cobite. (b.)

BARBOTA. pois. Syn. d'*Acipenser Huso*, L. *V.* Esturgeon. (b.)

BARBOTE ou BARBOTTE. L'un des noms vulgaires de la Gade Lotte, *Gadus Lotta*, L. *V.* Gade. (b.)

BARBOTEAU. pois. Syn. de Jesse, espèce d'Able, et de Cobite. *V.* Able et Cobite. (b.)

BARBOTEUR ou BARBOTEUX. ois. Syn. vulgaire du Chipeau, *Anas strepera*, L. *V.* Canard. (dr..z.)

BARBOTINE. bot. phan. *V.* Armoise.

BARBOTTE. bot. phan. Syn. de Vesce, *Vicia*, L., dans quelques cantons de la France. (b.)

BARBOUQUINE. bot. phan. Nom vulgaire d'une variété de Salsifis. (b.)

BARBOUTOUBA. bot. phan. Syn. caraïbe d'*Epidendrum bifidum*. (a. r.)

BARBU. *Bucco*. ois. L. Genre de Zygodactyles. Caractères : bec lisse, dur, gros, large, peu arqué, déprimé dans toute sa longueur; mandibules presque égales, la supérieure dentée vers le milieu et fléchie à la pointe, l'inférieure retroussée à l'extrémité; narines situées vers la base, latérales, percées dans la masse cornée et recouvertes par des soies dirigées en avant, qui dépassent souvent la pointe du bec; tarse plus court que le doigt extérieur; les deux doigts antérieurs ou de devant réunis jusqu'à la seconde articulation ; première rémige très-courte, les deuxième, troisième et quatrième étagées, la cinquième la plus longue.

Les contrées les plus chaudes des deux continens sont habitées par les Barbus, dont plusieurs espèces, revêtues d'une magnifique livrée, semblent vouloir dérober, sous le luxe éblouissant des plus riches couleurs, l'ingratitude de formes qui donne à ces Oiseaux un air pesant, gêné et en quelque sorte stupide. Leurs habitudes tiennent beaucoup de l'imperfection de leurs formes : on les voit rarement réunis ; jamais ils n'égaient les bocages, soit par leurs chants, soit par cette pétulance que l'on admire dans presque tous les Oiseaux des régions tempérées. Posés sur la branche la plus basse d'un arbre bien touffu, ils restent des heures entières, affaissés pour ainsi dire sous le poids d'un corps épais qui laisse à peine apercevoir une tête ordinairement retirée entre de larges épaules. S'ils sont découverts dans leur obscure station, ils s'éloignent lentement et paraissent alors craindre d'être incommodes, plutôt que chercher leur salut dans la fuite. Les Insectes, les fruits et les graines leur convenant indistinctement, ils sont toujours certains d'une nourriture abondante. Leur indolence naturelle se retrouve encore dans la construction de leur nid qu'ils placent dans le creux d'un arbre, et où ils pondent de deux à quatre et six œufs, selon les espèces.

BARBU BARBICHON, *Bucco Barbiculus*, Cuv. Levaill. Ois. par. pl. 56. Tout le plumage d'un vert foncé, à l'exception du front, de l'aréole de l'œil et du menton qui sont rouges, d'une large moustache qui est bleue de ciel, et des rémiges externes qui sont brunes ; le bec est bleu d'ardoise, entouré de longs poils nombreux. Longueur, 4 pouces 3 lignes. Des Moluques.

BARBU BARBION, *Bucco pusillus*, Dum. *Bucco rubrifrons*, Vieill. *Bucco parvus mas*. Cuv. Levail. Ois. par. pl. 32. Parties supérieures obscures, marquées de taches allongées jaunes ; rectrices, rémiges et tectrices bordées d'une teinte jaune ; parties inférieures d'un gris jaunâtre ; front rouge ; moustaches blanches ; gorge jaune ; bec noir ; pieds bruns. Longueur, 4 pouces 3 lignes. De l'intérieur de l'Afrique où sa manière de vivre est à peu près celle des Mésanges d'Europe. Buffon a figuré la femelle dans la pl. 746, fi. 2 des Oiseaux enluminés.

BARBU BUSSEN-BUDDOO, *Bucco indicus*, L. Parties supérieures d'un vert sombre ; parties inférieures d'un jaune verdâtre avec des traits longitudinaux verts ; front, moustaches et menton rouges ; un triple collier noir, rouge et jaune ; nuque d'un noir verdâtre ; rémiges noires bordées de vert. Longueur, cinq pouces. De l'île de Java. On a pensé que cette espèce pouvait n'être qu'une variété des Barbus à couronne rouge et à collier rouge ; mais il suffit d'examiner comparativement les trois espèces, pour être convaincu de l'impossibilité de la réunion ; la différence est encore plus grande avec le Barbu Kottoréa.

BARBU A CEINTURE ROUGE, *Bucco torquatus*, Cuv. Levail. Ois. par. pl. 37. Parties supérieures et rectrices d'un beau vert ; parties inférieures blanches avec des traits longitudinaux noirâtres ; front rouge ; une bande de la même couleur qui traverse l'abdomen ; sommet de la tête brun ; croupion jaune ; bec et pieds noirâtres. Longueur, 5 pouces 9 lignes. Patrie inconnue.

BARBU A COLLIER ROUGE, *Bucco rubricollis*, Cuv. Levail. Ois. par. pl. 35. Cabezon à gorge jaune, Vieill. — *Bucco philippensis*, Lin. Buff. pl. enl. 331. Parties supérieures d'un vert foncé, avec la plupart des plumes bordées de jaunâtre ; parties inférieures jaunes tachées de vert ; sommet de la tête et collier rouges ; menton d'un brun clair ; aréole de l'œil jaune. Longueur, 7 pouces. Des Indes et des Moluques.

BARBU A COURONNE ROUGE, *Bucco rubricapillus*, L. Cuv. Brown. Ill. 14. Parties supérieures vertes ; les inférieures jaunâtres avec l'abdomen blanc; sommet de la tête écarlate, de même que la gorge; joues blanches; un trait de cette couleur sur les tectrices alaires; rémiges et rectrices brunes. Longueur, 5 pouces. Des Indes. Levaillant regarde cette espèce comme une variété de la précédente.

Barbu a dos rouge, *Bucco erythronotos*, Cuv. Levaill. Ois. par. 57. Parties supérieures noirâtres, avec quatre lignes irrégulières sur la tête, les bords des tectrices alaires, des rémiges et rectrices jaunes; parties inférieures d'un blanc jaunâtre; croupion et tectrices caudales supérieures d'un rouge vif. Longueur, 3 pouces 9 lignes. D'Afrique.

Barbu élégant, *Bucco maynahensis*, Lath. Buff. pl. enl. 330. Levaill. Ois. par. pl. 34. Parties supérieures vertes, sommet de la tête, menton et gorge rouges bordés de bleu; poitrine jaune avec une plaque d'un rose sale qui descend sur l'abdomen, dont la couleur ainsi que celle des cuisses est le verdâtre rayé de vert; rectrices vertes. Longueur, 5 pouces 3 lignes. De l'Amérique méridionale.

Barbu a gorge bleue, *Bucco gularis*, Temm. pl. color. 89. f. 2. Parties supérieures d'un vert foncé; parties inférieures d'un vert plus clair; sommet de la tête et menton bleus; moustaches noires avec une tache jaune en dessous de l'œil; un plastron noir, bordé de jaune doré sur la gorge; rectrices inférieures d'un bleu transparent. Longueur, 6 pouces environ. De Java. Nous avons reçu plusieurs de ces Barbus avec divers autres congénères de l'Inde.

Barbu a front d'or, *Bucco flavifrons*, Cuv. Levaill. Ois. par. 55. Parties supérieures vertes, avec le bord des plumes jaunâtre; parties inférieures d'un vert pâle; poitrine maillée; front d'un beau jaune d'or; une tache de cette couleur à la base du bec; aréoles et menton bleus ainsi que les rectrices inférieures. Longueur, 6 pouces. De Ceylan. Cette espèce a de grands rapports avec la précédente.

Barbu a gorge bleue, *Bucco cyanops*, Cuv. *Bucco cyanicollis*, Vieill. *Bucco cœruleus*, Dum., Levaill. Ois. par., pl. 21 et 22. Parties supérieures vertes, avec quelques taches bleues aux tectrices alaires extérieures; parties inférieures d'un vert plus clair; sommet de la tête brun-noir, avec le front et l'occiput rouges; joues, menton, gorge et tectrices inférieures d'un beau bleu de ciel; deux taches rouges sur la poitrine du mâle seulement. Longueur, 6 pouces 6 lignes. Des régions équatoriales de l'ancien continent.

Barbu a gorge jaune. *V.* Barbu a collier rouge.

Barbu a gorge noire. *V.* Barbican a gorge noire.

Barbu a gorge rose, *Bucco roseus*, Cuv. Levaill. Ois. par. pl. 33. Parties supérieures vertes, passant au brun de chaque côté du cou; parties inférieures d'un blanc verdâtre moucheté longitudinalement de noirâtre; front, moustaches, menton et gorge d'une couleur de rose assez foncée; rectrices bordées de brun. Longueur, 6 pouces. De l'Inde.

Grand Barbu, *Bucco grandis*, L. Buff., pl. enl. 871, Levaill. Ois. par. pl. 20. Tête et cou d'un vert obscur, avec des reflets bleus; le haut du dos d'un brun chatoyant, ainsi que le bord des tectrices supérieures: le reste des parties supérieures vert; parties inférieures d'un vert clair; tectrices caudales inférieures rouges; bec d'un blanc jaunâtre, noir à la pointe. Longueur, 11 pouces. De la Chine.

Barbu Kottorea, *Bucco zeylanicus*, L. Levaill. Ois. par. pl. 38. Tête et cou bruns, nuancés de teintes plus pâles; tout le reste du plumage vert, un peu plus clair en dessous, avec les rémiges brunes et les tectrices alaires supérieures bordées de brun. Le bec rouge, ainsi qu'un espace nu qui entoure les yeux. Longueur, 7 pouces 3 lignes. De Ceylan.

Barbu a masque roux, *Bucco Lathami*, Gmel. Parties supérieures d'un vert-olive, plus clair inférieurement; front, joues et menton bruns, mélangés de roux; rémiges et rectrices noirâtres, bordées de verdâtre. Bec blanchâtre; pieds jaunes. Longueur, 5 pouces 6 lignes. Patrie inconnue. Levaillant considère cette espèce comme une variété du Barbu Kottorea.

BARBU ORANGÉ, *Bucco peruvianus*, Cuv. Levaill. Ois. par. pl. 27. Front d'un jaune orangé; occiput et partie du dos jaune, varié de noir bleuâtre, qui est la couleur la plus dominante dans les parties supérieures; parties inférieures d'un jaune olivâtre, parsemé de petites taches noirâtres; gorge et poitrine d'un jaune orangé. Bec et pieds noirs. Longueur, 6 pouces. De l'Amérique méridionale.

PETIT BARBU. *V.* BARBU BARBICHON.

BARBU A PLASTRON NOIR, *Bucco nigrothorax*, Cuv. Levaill. Ois. par. pl. 28. Parties supérieures brunes; parties inférieures d'un blanc jaunâtre; front et menton d'un beau rouge; sommet de la tête, cou et gorge d'un noir bleuâtre; rectrices noirâtres: leurs bords ainsi que ceux des rémiges jaunes. Longueur, 6 pouces 6 lignes. Du Brésil.

BARBU A PLASTRON ROUGE, Levaill. Ois. par., pl. 36. Parties supérieures vertes; parties inférieures d'un jaune verdâtre, parsemé de taches vertes; front et poitrine rouges; aréole de l'œil jaune, à l'exception d'un petit trait noir; bec noir; pieds rougeâtres. Longueur, 4 pouces 9 lignes. De l'Inde. Cette espèce a été donnée par Brisson comme le Barbu des Philippines.

BARBU RAYÉ, *Bucco lineatus*, Vieill. Parties supérieures d'un vert clair; tête, cou et poitrine d'un gris pâle rayé longitudinalement de brun; abdomen verdâtre; rectrices inférieures bleuâtres; bec jaune; pieds couleur de chair. Longueur, 8 pouces. De Sumatra.

BARBU A TÊTE ET GORGE ROUGES, *Bucco cayennensis*, L. Buff. pl. enl. 206. Levaill. Ois. par. pl. 23, 24, 25 et 26. Parties supérieures noires, mélangées de jaune; parties inférieures jaunes, tachées de noirâtre; sommet de la tête jaune; front, menton et gorge rouges. La femelle a le dos plus clair et la poitrine entièrement jaune. Il varie un peu selon les âges. Longueur, 6 pouces. De la Guyane.

BARBU A TÊTE BRUNE, *Bucco fuscicapillus*. Parties supérieures vertes; parties inférieures d'un vert gai; dessus de la tête et cou bruns; plumes de l'occiput bordées de jaune doré; une plaque nue et jaunâtre entourant les yeux; rémiges internes noirâtres; rectrices inférieures bleuâtres. Bec et pieds couleur de corne. Longueur, 11 pouces. De Java. Sept individus absolument semblables, et qui faisaient partie du même envoi, ne permettent pas de croire que cette espèce soit la femelle du Grand Barbu, avec lequel le Barbu à tête brune a cependant de grands rapports.

BARBU SOUCI-COL, *Bucco armillaris*, Temm. pl. color. p. 89. f. 1. Tout le plumage d'un beau vert, avec les parties inférieures plus pâles; front et collier orangés; sommet de la tête bleu de ciel; un trait noir qui, de chaque côté, à partir des narines, s'étend au-delà des yeux. Bec et pieds noirs. Longueur, 7 pouces 9 lignes. De Java.

BARBU TRISTE, *Bucco tristis*. Parties supérieures vertes, les inférieures plus pâles; front et sommet de la tête jaunes; une tache de cette même couleur à la base des mandibules; couvertures des narines et menton rouges; sourcils, moustaches et demi-collier noirs; ce demi-collier étant encore garni extérieurement de quelques plumes rouges; rémiges internes noirâtres; bec et pieds couleur de corne. Longueur, 9 pouces. De Java. Cette espèce nous a été envoyée sous le nom spécifique, déjà employé, de *flavifrons*.

BARBU VERT, *Bucco viridis*, L. Buff. pl. enl. 870. Parties supérieures vertes; parties inférieures d'une teinte plus pâle; tête et cou d'un gris-brun, nuancé de blanchâtre; une tache blanche derrière l'œil; rémiges brunes. Bec blanchâtre. Longueur, 6 pouces 6 lignes. Des Indes. (DR..Z.)

BARBU. POIS. Nom donné comme spécifique à un Achire, à un Cycloptère, à un Pimélode, à un Squale ainsi qu'à une Ophidie. *V.* ces mots. (B.)

* BARBU. BOT. PHAN. Variété aristée du froment cultivé. *V.* BLÉ. (B.)

BARBUE. OIS. Syn. vulgaire de la Mésange Moustache, *Parus biarmicus*, L. *V.* MÉSANGE. (DR..Z.)

BARBUE. POIS. Nom donné à divers Poissons aussi désignés par celui de *Barbu;* mais plus particulièrement à divers Pleuronectes, dont l'un est le Carrelet, *V.* PLEURONECTE. On l'applique également à une Scorpène et à un Pimélode. *V.* ces mots. (B.)

BARBULA. BOT. PHAN. Loureiro nomme ainsi un Arbrisseau de la Cochinchine, appartenant à la famille des Labiées. Il lui donne pour caractères : un calice à cinq divisions égales, une corolle tubuleuse à deux lèvres, la supérieure composée de quatre lobes égaux, l'inférieure plus grande, ouverte, recourbée, frangée et barbue, d'où vient le nom du genre; quatre étamines fertiles. Les fleurs, disposées en verticilles axillaires, exhalent une odeur agréable. (A. D. J.)

BARBULA. BOT. CRYPT. (*Mousses.*) Hedwig avait distingué ce genre des *Tortula*, parce qu'il lui attribuait des fleurs mâles en tête et placées sur des pieds différens des fleurs femelles; mais la plupart des muscologistes modernes n'adoptant pas ces distinctions fondées sur un système d'organes qui n'est pas généralement admis, ont réuni ce genre au *Tortula*. Bridel, dans son *Methodus Muscorum*, p. 87, confond également ces deux genres en un seul, auquel il conserve le nom de *Barbula*, parce qu'il existe déjà, dit-il, un genre *Tortula* parmi les Phanérogames; mais le genre *Tortula* de Willdenow est le même que le genre *Priva*, tandis qu'il existe un vrai genre *Barbula* dans Loureiro, ce qui doit faire préférer de réserver au genre de Mousses le nom de *Tortula*, qui est généralement adopté. Les espèces principales que Hedwig rangeait dans le genre *Barbula*, sont les *Tortula rigida*, *ruralis*, *unguiculata*, *nervosa*, *fallax* et *convoluta*. *V.* TORTULA. (AD. B.)

* BARBULE. BOT. PHAN. L'un des syn. d'Anémone dans Dioscoride selon Adanson. (B.)

BARBUS. POIS. L'un des noms vulgaires du Barbeau. *V.* ce mot. (B.)

BARBUS. *Barbati.* INS. Nom appliqué par Latreille à une division de la famille ou tribu des Carabiques, comprenant les genres NEBRIE, POGONOPHORE, LORICÈRE et OMOPHRON, lesquels offrent pour caractère commun, d'avoir la côte externe des mâchoires dilatée et ciliée à sa base. *V.* la grande tribu désignée sous ce nom : CARABIQUES, famille des CARNASSIERS. (Règne anim. de Cuv.) (AUD.)

BARBYLUS. BOT. PHAN. Browne décrit sous ce nom un Arbre de la Jamaïque dont les feuilles sont alternes et pinnées, les fleurs disposées en grappes. Leur calice campanulé présente quatre ou cinq divisions; leurs pétales, en même nombre, s'insèrent au bord intérieur du calice, du fond duquel naissent huit ou dix étamines à filets comprimés et à anthères ovoïdes. L'ovaire est libre, le style et le stigmate sont simples; le fruit est une capsule à trois loges dispermes. Jussieu a placé ce genre à la suite des Rhamnées. Adanson, qui lui a donné le nom de *Barolas*, le rapportait aux Térébinthacées, près du Ptelæa. (A. D. J.)

BARCA. BOT. PHAN. (L'Ecluse.) Nom malabare d'une variété de Jacquier. *V.* ce mot. (B.)

BARCAMAN. BOT. PHAN. (L'Ecluse.) Syn. de Turbith dans la presqu'île de Guzarate. (B.)

BARCINO. OIS. (Noseda.) Syn. présumé de l'Aigle couronné femelle, *Falco coronatus*, L. *V.* AIGLES. (DR..Z.)

BARCKAUSIE. *Barckausia.* BOT. PHAN. Mœnch a réuni sous ce nom, comme genre distinct, les espèces de Crepis qui ont l'aigrette stipitée et non sessile. Telles sont le *Crepis alpina*, *C. rubra*, *C. taraxacifolia* et quelques autres. Lamarck avait réuni ces espèces au genre Picris. *V*. CREPIDE et PICRIDE. (A. R.)

BARDANE. *Arctium*, L. BOT. PHAN. *Lappa*, Juss. Lamck. Famille naturelle des Carduacées, Syngénésie Polygamie égale, L. Ce genre se distingue des Chardons par son involucre presque globuleux formé d'écailles allongées, étroites, terminées à leur sommet par une pointe recourbée en crochet. Son réceptacle est presque plane, garni de soies courtes; tous ses fleurons sont hermaphrodites et fertiles; leur corolle est tubuleuse, peu évasée dans sa partie supérieure; les fruits sont anguleux, couronnés par une aigrette courte, sessile et poilue.

Ce genre renferme un très-petit nombre d'espèces vivaces originaires de l'Europe. La Bardane officinale *Arctium Lappa*, L. est extrêmement commune dans les lieux incultes et sur les bords des chemins, dans presque toutes les parties du centre et du nord de la France. Sa racine est vivace, noirâtre, rameuse, et employée fréquemment en médecine, principalement dans les maladies chroniques de la peau. Cette Plante est l'une de celles qu'on désigne sous les noms vulgaires de *Glouteron* ou *Grateron*. (A. R.)

On a quelquefois appelé *Petite Bardane* le *Xantium strumarium*, L. *V*. LAMPOURDE. (B.)

BARDEAU ou BARDOT. MAM. Métis provenu du Cheval et de l'Anesse. *V*. CHEVAL. (B.)

BARDEAUT ou BARDEAULT. OIS. L'un des noms vulgaires, en Gascogne, du Bruant jaune, *Emberiza Citrinella*, L. *V*. BRUANT. (DR..Z.)

BARDHVALIR. MAM. Syn. norwégien de Cachalot macrocéphale. *V*. CACHALOT. (B.)

BARDIGLIONE. MIN. (Bournon.) Syn. de Chaux sulfatée enhydre. *V*. CHAUX SULFATÉE. (A. DEL.)

BARDOT. MAM. *V*. BARDEAU.

BARDOTTIER. BOT. PHAN. Syn. d'Imbricaria. *V*. ce mot. (A. R.)

* BARENCOCO ou LITIN-BARENCOCO. BOT. PHAN. (Flacourt.) Sorte de Gomme résine qui ressemble au Sang-Dragon à Madagascar. (B.)

BARERIA. BOT. PHAN. Même chose que *Barreria*. *V*. ce mot. (B.)

BARETIA. BOT. PHAN. Commerson avait ainsi nommé un genre de la famille des Meliacées, le *Quivisia* de Jussieu. *V*. QUIVIS. (A. D. J.)

BARETINO. OIS. Syn. de Geai. *Corvus glandarius*, L. *V*. CORBEAU. (DR..Z.)

BARGE. OIS. *Limosa*, Briss. *Limicula*, Vieillot. Genre de la seconde famille de l'ordre des Gralles, démembré de celui que Linné appelait *Scolopax*. Caractères : bec très-long, mou et flexible dans toute sa longueur, recourbé en haut, déprimé, aplati vers la pointe; les deux mandibules sillonnées latéralement, la supérieure plus longue que l'inférieure, terminée par une dilatation ou sorte de bourrelet interne; narines latérales percées de part en part dans le sillon; pieds longs, grêles, avec un grand espace nu au-dessus du genou; trois doigts devant, celui du milieu réuni à l'extérieur par une membrane qui s'étend jusqu'à la première articulation; un doigt derrière, articulé sur le tarse; ailes médiocres: la première rémige la plus longue.

Les marais et les rives limoneuses forment l'unique habitation des Barges; elles y séjournent aussi longtemps qu'une température trop froide ou trop élevée ne les force pas à chercher un climat plus approprié à leur existence, et c'est le motif pour lequel on les voit, dans beaucoup de pays, effectuer deux passages réguliers fondés sur le retour des saisons. Leur constitution physique commande ces migrations; car leur bec long et membraneux n'est aucunement propre ou à briser les glaces, ou à s'enfoncer sous une croûte desséchée pour aller chercher, dans une vase très-molle, les larves, les vers et les petits mollusques qui font la nourriture des Barges, que celles-ci ramassent pour ainsi dire; car l'extrémité de leur bec étant presque toute musculaire, il est très-probable qu'elle est douée d'une sorte de tact. Ces Oiseaux, qu'une timidité naturelle engage à vivre en société, se tiennent, pendant toute la journée, cachés dans les roseaux, d'où ils fuient au moindre bruit. Ce n'est que le matin et vers le soir, qu'au moyen de leurs longues jambes, ils s'enfoncent dans la vase et y cherchent leurs petites proies; ils sont tristes et assez silencieux; la crainte, plus que toute autre sensation, leur arrache des sons glapissans et entrecoupés; ils courent très-vite. Leur vol, assez rapide d'abord, se ralentit bientôt et paraît même assez lourd et difficile; ils tiennent leurs longues pates étendues sous la queue, afin de remplacer celle-ci dont les rémiges sont extrêmement courtes. Dans les contrées où ils pondent, on trouve leur nid dans les hautes herbes riveraines, contenant trois ou quatre œufs assez arrondis.

Baillon a observé que, chez les Barges, les femelles étaient sensiblement plus petites que les mâles. Du reste on s'est assuré que la double mue qui s'opère dans les deux sexes arrive beaucoup plus tard chez les femelles: quelquefois elles sont encore dans la livrée complète de la saison passée, lorsque les mâles en ont totalement changé. En général, les jeunes individus, quoique très-faciles à distinguer, diffèrent peu des vieux dans leur plumage d'hiver.

Barge aboyeuse. *V*. Barge rousse.

Barge belge, *Scolopax belgica*. Gmel. *V*. Barge a queue noire.

Barge blanchatre, *Scolopax canescens*, Lath. Le bec de cette espèce est assez épais; la tête, le cou et le dos sont variés de cendré et de blanc; la gorge est blanche, la queue rayée de gris, et les pieds sont gris.

Barge blanche, *Recurvirostra alba*, L. Bec orangé et noir à l'extrémité; tout le corps blanc, jaunâtre sur les ailes et la queue. De la baie d'Hudson.

Barge brune, *Scolopax fusca*, L. *V*. Chevalier Arlequin.

Barge de Cambridge, *Scolopax cantabrigiensis*, Lat. *V*. Chevalier Arlequin en plumage d'hiver.

Barge commune, *Scolopax limosa*, L. *V*. Barge a queue noire.

Barge ægocéphale, *Scolopax ægocephala*, L. *V*. Barge a queue noire.

Barge Fédoa, *Scolopax Fedoa*, Lath. Edw. pl. 137. Sourcils blancs; une bande brune entre le bec et l'œil; parties supérieures roussâtres, rayées transversalement de noir; gorge blanche; poitrine roussâtre, rayée de noir et de brun; abdomen roux; queue rousse, traversée de noir; pieds noirs. De l'Amérique septentrionale.

Barge griène. *V*. Chevalier Arlequin.

Barge grise, Brisson. *V*. Barge variée, *Scolopax glottis*, Lath. *V*. Chevalier Aboyeur.

Barge grise, Buffon. *Scolopax Totanus*, L. Le petit Chevalier aux pieds verts, Cuvier. *V*. Chevalier stagnatile.

Barge grise (grande.) Brisson. *Scolopax leucophæa*, Lath. *V*. Barge rousse.

Barge marbrée, *Scolopax marmorata*, Lath. *Limicula marmorata*, Vieill. Parties supérieures brunes, striées et tachetées de roussâtre; tectrices alaires supérieures brunes, les inférieures plus claires; poitrine blanchâtre, rayée transversalement de noirâtre; milieu du ventre roux. — Elle est présumée n'être qu'une variété de sexe de la Barge Fédoa en plumage d'hiver. De l'Amérique septentrionale.

Barge de Meyer, *Limicula Meyeri*, Vieill. *V*. Barge rousse.

Barge aux pieds rouges, Ger. *V*. Chevalier Arlequin.

Barge a queue noire, Temm. *Scolopax limosa*, L. *Limosa melanura*, Leister. Barge commune, Buff. pl. enl. 874. Bec presque droit. Toutes les parties supérieures brunes avec les baguettes plus foncées; gorge, devant du cou et poitrine d'un gris clair; abdomen, partie supérieure des rémiges et des rectrices blancs, le reste des rectrices noir à l'exception des intermédiaires; bec noir avec la base orangée; pieds bruns. Longueur, 15 pouces et demi. Les jeunes, avant leur première mue, ont les moustaches, la gorge, la base des rectrices et des rémiges, l'abdomen blancs; les plumes du haut de la tête brunes, bordées de roux clair; le cou et la poitrine d'un roux cendré clair; les scapulaires noirâtres, entourées par une bande rousse; les tectrices alaires cendrées, bordées de blanc roussâtre; l'extrémité des rectrices blanche. Nauman en a figuré un, t. 2, f. 11, sous le nom de *Totanus rufus*. Dans le plumage de noces, la moustache est d'un roux blanchâtre; l'espace entre l'œil et le bec brun; les plumes du sommet de la tête sont noires, bordées de roux; la gorge et le cou d'un roux vif, parsemé de très-petits points bruns; la poitrine et les flancs roux, avec des zig-zags noirs; le haut du dos et les scapulaires noirs, avec chaque plume bordée de roux; les tectrices alaires cendrées; la partie inférieure du dos et la queue noires; le milieu du ventre, la base des rémiges et des rectrices blancs : c'est alors la grande Barge rousse, Buff. pl. enl. 916. *Scolopax ægocephala*, Gmel. *Scolopax belgica*, Lath.

Barge a queue noire et blanche, *Limicula Hudsoniæ*, Vieill. *Scolopax hudsonica*, Lath. *V*. Barge Fédoa.

Barge rousse, *Limosa rufa; Limosa grisea major*, Briss. Barge aboyeuse ou à queue rayée, Cuvier. Bec recourbé en haut; sommet de la tête, espace entre l'œil et le bec, joues d'un cendré clair strié longitudinalement de brun foncé; sourcils, gorge, poitrine et parties inférieures d'un blanc pur; parties supérieures d'un gris cendré avec la tige des plumes noire; croupion et tectrices caudales inférieures blancs, variés de quelques taches noirâtres; tectrices alaires noirâtres, liserées de blanc; rectrices rayées sur les barbes intérieures de bandes noirâtres et blanches, presque blanches sur les barbes extérieures; bec noir avec la base rougeâtre; iris brun, pieds noirs. Longueur, 13 pouces 4 lignes. Les jeunes ont les plumes de la tête, du dos, et les scapulaires d'un brun foncé, bordés de couleur isabelle, les tectrices alaires entourées de blanc; le cou, la poitrine et les flancs cendrés avec de petits traits bruns longitudinaux; les sourcils, la gorge et le ventre blancs; le croupion et les tectrices caudales inférieures blancs, avec des taches lancéolées noirâtres; la queue rayée de larges zig-zags bruns sur un fond roussâtre et terminé de blanc; la base du bec cendrée. A cet âge, c'est le *Scolopax leucophæa*, Lath., le *Totanus leucophæus*, Bechst, et le *Totanus glottis*, Meyer. Pour le plumage de noces, le sommet de la tête et la nuque sont d'un roux clair, rayé longitudinalement de brun; les sourcils, la gorge, les côtés du cou et toutes les parties inférieures rousses avec quelques traits noirs; les parties supérieures noires, marquées sur les barbes des grandes plumes de taches rousses; les tectrices alaires cendrées, bordées de blanc; le croupion blanc avec quelques grandes taches brunes; les rémiges noires, marbrées intérieurement de blanc; les rectrices rayées de blanc et de brun. Les femelles n'ont point les couleurs aussi vives, et les parties inférieures sont d'un jaune roussâtre. On reconnaît alors la Barge rousse, Buff. pl. enl. 900. *Scolopax laponica*, L. *Limosa rufa*, Briss. *Limosa rufa et Meyeri*, Leisl.

Barge rousse a queue rayée. *V*. Barge rousse.

Barge rousse de la baie d'Hudson. *V*. Barge Fédoa.

Grande Barge rousse. *V*. Barge a queue noire.

Barge variée. *V*. Chevalier aux pieds verts. (Dr..z.)

BARGE. POIS. Syn. de Carrelet. *V.* PLEURONECTE. (B.)

BARGELACH. OIS. Ramasio (*Syn. av.* 105) signale sous ce nom un Oiseau de Tartarie, qu'il est impossible de reconnaître d'après les pieds de Perroquet et la queue d'Hirondelle qu'il lui attribue. (B.)

BARGIEL. OIS. Syn. de la Mésange bleue, *Parus cœruleus*, L. en Pologne. *V.* MÉSANGE. (DR..Z.)

BARHARA. BOT. PHAN. Les habitans de Madagascar nomment ainsi un grand et bel Arbre de leur île, au rapport de Du Petit-Thouars, qui en avait fait son genre *Lenidia*, placé parmi les Magnoliacées. C'est le *Wormia madascariensis* de Poiret et de De Candolle, famille des Dilleniacées, figuré tab. 82 des *Icon. Select.* de Delessert. Commerson, dans ses manuscrits, le nommait *Clugnia volupis.* (A.D.J.)

BARILLE. BOT. PHAN. *Barilla* des Espagnols. Syn. de Soude considérée sous les rapports économiques et résultats de l'incinération des Plantes du genre *Salsola*, ou de ses analogues. *V.* SOUDE.

On donne, dans l'ancienne Amérique espagnole, le même nom au *Batis maritima*. *V.* BATIS. (B.)

BARILLET. MOLL. Nom donné par Geoffroy (*Tr. des Coq. des env. de Paris*, p. 56 et 58) à deux petites Coquilles terrestres du genre Maillot, *Pupa* de Lamarck. Il a appelé l'une de ces Coquilles le GRAND BARILLET, et l'autre le PETIT BARILLET; la première est le *Pupa Doliolum* de Draparnaud; la seconde le *Turbo muscorum* de Linné, *Pupa marginata* de Draparnaud. *V.* HÉLICE et COCHLODONTE. (F.)

BARILLETS. ECHIN. Nom employé par Desbois pour traduire le mot *Spatangi* imposé par Klein à un genre de la famille des Oursins, que Cuvier, de Lamarck, etc., ont adopté sous le nom de Spatangue. *V.* ce mot. L'on y a réuni les petits Barillets de Desbois, *Spatangoides* de Klein. (LAM..X.)

BARIN. BOT. PHAN. *V.* BALIN.

BARIOSME. BOT. PHAN. Même chose que Baryosma. *V.* ce mot. (B.)

* BARIS. *Baris.* INS. Genre de l'ordre des Coléoptères, section des Tétramères, établi par Germar (Travaux manuscrits), et adopté par Dejean (Catal. des Coléopt., p. 98) qui les place entre les Rhines de Latreille et les Calandres de Fabricius. Les espèces qu'il possède s'élèvent à 37. Plusieurs se trouvent en France et aux environs de Paris. Nous ignorons encore les caractères propres à ce nouveau genre. (AUD.)

BARISTUS. OIS. (Brown.) Syn. de Sitelle. *V.* ce mot. (DR..Z.)

BARITE. OIS. Espèce d'Oiseau placé par Linné dans le genre Mainate, dont Vieillot a fait ensuite un Quisale et Cuvier un Troupiale. *V.* TROUPIALE. (DR..Z.)

BARIUM. MIN. Métal dont la découverte très-récente est due à Davy. Ce chimiste l'a obtenu de la Baryte par un alliage avec le Mercure, effectué au moyen de la Pile galvanique; il a ensuite distillé cet alliage dans une petite cornue; le Mercure s'est volatilisé et le Barium est resté pur. Ce Métal, dont on assure que l'éclat a de l'analogie avec celui du Plomb, a une telle affinité pour l'Oxygène qu'il passe à l'état de Protoxide ou de Baryte, tout aussitôt qu'il en a le contact; il l'enlève à presque tous les corps qui l'admettent comme principe constituant. C'est assez dire qu'il ne peut exister dans la nature qu'à l'état de combinaison, et jusqu'ici on ne l'a guère trouvé uni qu'avec les Acides sulfurique et carbonique. (DR..Z.)

BARKER. OIS. Syn. anglais du Chevalier aboyeur, *Limosa glottis*, L. *V.* CHEVALIER. (DR..Z.)

BARKHAUSIA. BOT. PHAN. Même chose que Barckausie. *V.* ce mot. (B.)

BARLEY BIRD. OIS. (Albin.) Syn. du Tarin, *Fringilla Spinus*, L. *V.* GROS-BEC. (DR..Z.)

BARM et BARME. POIS. Syn. hollandais et allemand de Barbeau. *V.* ce mot. (B.)

BARNACLE OU BARNICLE. OIS. Syn. de Bernache, *Anas erythropus*. *V.* CANARD. (DR..Z.)

BARNADESIA. BOT. PHAN. Genre de la famille des Composées, proposé par Mutis et publié par Linné fils dans son supplément. Voici son caractère : involucre imbriqué ; réceptacle velu ; fleurs nombreuses, toutes hermaphrodites, composées d'une corolle bilabiée, de cinq étamines à filets et anthères réunis ; fruit couronné par un grand nombre de rayons velus ; arbres ou arbustes épineux ; feuilles alternes, simples ; fleurs terminales, solitaires ou en grappe. Ce genre a la plus grande affinité avec le Chuquiraga, le Dasyphyllum, le Gochnatia et le Vernonia. Il en diffère principalement par les filets des étamines réunis. L'Amérique méridionale est la patrie des deux espèces connues. (K.)

BARNET. MOLL. Dénomination spécifique donnée par Adanson (Sénégal, p. 146. tab. 10. f. 1) à une espèce assez petite de Coquille marine, dont il a fait le type de son genre Buccin, qui n'est pas celui de Linné, de Bruguière ni de Lamarck. Adanson décrit le Barnet avec tous les détails désirables ; ses figures sont passables, et, malgré l'intérêt que les caractères de son Animal devaient offrir aux naturalistes, tous, jusqu'ici, ont négligé cette espèce, et elle n'est mentionnée dans aucun auteur. Bruguière (Encycl. méth. p. 173) renvoie pour ce mot à l'article Buccin oculé dont il ne parle point dans la description de ce genre. Les auteurs des divers Dictionnaires d'histoire naturelle copient Adanson ou renvoient à cet auteur. Aucun ne donne la synonymie et ne la rapporte aux nouvelles classifications reçues. Cette espèce se trouve cependant dans plusieurs collections de la capitale, Adanson l'ayant donnée à beaucoup de naturalistes. Il paraît que la synonymie de Lister (*Synops.* tab. 929. f. 24) n'est pas exacte, à ne comparer que les deux figures. C'est autour de cette petite Coquille, selon Adanson, que s'établit une espèce de Millepore tuberculeux, à taches brunes sur un fond blanc, dont Lister a donné la fig. tab. 585. Il paraît que ce Millepore s'établit aussi sur le *Buccinum macula* de Linné. Murray seul nous paraît avoir parlé du Barnet, dans sa Table synonymique, et il le rapporte avec doute au *Buccinum lævigatum*, qui n'est pas cette espèce, puisque c'est la Pourpre Biquy d'Adanson. *V.* BUCCIN. (F.)

BARNFIARD. OIS. (Oviédo.) Syn. que, d'après la description donnée par l'auteur cité, on ne peut appliquer à aucune espèce connue d'Oiseau. (DR..Z.)

BARNICLE. OIS. *V.* BARNACLE.

BARNOUG. BOT. CRYPT. (Delisle.) Syn. arabe de *Lycoperdon pedunculatum*, L., *V.* TULOSTOMA. (B.)

BARNUF. BOT. PHAN. (Forskalh.) Syn. arabe de Conyse odorante. (B.)

BARO. POIS. (Renard.) Espèce indéterminée de Chétodon d'Amboine où l'on mange sa chair après l'avoir fumée. (B.)

BAROLA. BOT. PHAN. Adanson, dans ses familles naturelles, nomme ainsi le *Barbylus* de Browne, *V.* ce mot, et il le classe auprès du Ptelæa. (A. D. J.)

BAROLITHE. MIN. Baryte carbonatée. *V.* BARYTE. (LUC.)

BAROLLEA. BOT. PHAN. Necker a changé en ce nom celui du genre Pekea d'Aublet. *V.* PEKEA. (A. D. J.)

BAROMÈTRE. *V.* ATMOSPHÈRE et MONTAGNES (Mesure de leur hauteur).

On appelle BAROMÈTRE et HYGRO-

MÈTRE ANIMAL ou VÉGÉTAL, des Animaux ou des Plantes dont quelques habitudes peuvent indiquer l'état et les variations de l'Atmosphère. Les Sangsues, les Tritons et la Rainette verte servent de Baromètre dans les vases où on les renferme, vases où ils s'élèvent ou s'enfoncent selon le beau ou le mauvais temps.

Le *Cobitis fossilis*, Poisson des fossés bourbeux de l'Europe, nourri dans des bocaux, en agite le fond et en trouble l'eau dès qu'il doit pleuvoir.

L'abbé Dicquemare observa que les Actinies qu'il nommait Anémones de mer, devançaient les indications des Baromètres artificiels. Contractées, elles indiquent la tempête ou l'orage; simplement fermées, le vent la pluie et le brouillard; s'ouvrant et se fermant indifféremment, un temps variable; bien épanouies un beau jour; très-ouvertes et allongées, le beau fixe.

Divers Fucus, particulièrement le *loreus*, L., et les Laminaires de Lamouroux, s'allongent ou se contractent sensiblement, selon que le temps sera humide ou sec. Une Mousse, qui a mérité le nom d'hygrométrique par excellence, est encore un très-bon Baromètre naturel (*Funaria hygrometrica*).— Enfin, la Rose de Jéricho, *Anastatica hyerochuntica*, présente la même propriété dans un ordre de Végétaux plus élevé, et, encore que depuis long-temps desséchée, s'étend d'une manière remarquable quand sa racine est plongée dans un vase plein d'eau. (B.)

BAROMETZ. BOT. CRYPT. (*Fougères.*) Espèce de Polypode de Linné. *V.* AGNEAU DE SCYTHIE. (B.)

BAROSELÉNITE. MIN. Syn. de Baryte sulfatée. *V.* BARYTE. (LUC.)

BAROSMA. BOT. PHAN. *V.* DIOSMA.

BAROTE. MIN. Vieux nom de la Baryte. (DR..Z.)

BAROTSO. REPT. SAUR. (*Bar-bot.*) Syn. de Caméléon en quelques cantons de l'Afrique. (B.)

BAROULOU. BOT. PHAN. Syn. caraïbe d'Héliconie Bihai. *V.* ce mot. (B.)

BAROUTOUS. OIS. Syn de Tourterelle à Cayenne. (DR..Z.)

BAROUTOUTOBANNA. BOT. PHAN. (Surian.) Syn. caraïbe de *Polygala paniculata*. *V.* POLYGALE. (B.)

BARRACOL. POIS. Syn. de Miraillet, espèce de Raie. *V.* DASYBATE. (B.)

BARRALDEIA. BOT. PHAN. Du Petit-Thouars, auteur de ce genre qu'il rapporte à la famille des Rhamnées, l'a consacré à un médecin botaniste de l'Ile-de-France, Barrault; et, pour mieux indiquer l'origine du nom, Jussieu pense qu'il serait à propos de le changer en celui de *Baraultia*. Quel que soit celui qu'on adopte définitivement, les caractères sont les suivans : calice urcéolé, quinquefide: cinq pétales très-petits, bifides, onguiculés, insérés dans les intervalles des divisions du calice; dix étamines, dont les filets, élargis à leur base, présentent une insertion périgyne, et dont les cinq opposées aux pétales sont plus allongées; un cercle glanduleux s'élève autour de l'ovaire caché au fond du calice et surmonté d'un seul style plus long que les étamines. Le fruit n'a pas été observé. C'est un Arbrisseau de Madagascar, dressé, à rameaux opposés et articulés, à feuilles opposées, très-glabres, parsemées de points transparens, légèrement dentées. Les pédoncules axillaires se divisent bientôt en deux, et ces deux divisions en trois, portant chacune une fleur petite et globuleuse. (A. D. J.)

BARRALET. BOT. PHAN. Syn. provençal d'*Hyacinthus comosus*, L. *V.* JACINTHE. (B.)

BARRAS. BOT. PHAN. C'est ainsi que l'on nomme le suc résineux qui, après avoir découlé des incisions faites à dessein au Pin maritime, s'est desséché spontanément. (DR..Z.)

BARRE. MAM. L'un des noms indiens de l'Eléphant. (B.)

BARRE. POIS. Espèce de Silure. *V.* ce mot. (B.)

BARRE. GÉOL. Amas de sable et de gravier qui forme un bas-fond souvent très-dangereux pour les navigateurs à l'embouchure de certains fleuves ; l'accumulation des matériaux que ceux-ci roulent avec eux, est causée par l'action contrariée du courant du fleuve et des eaux de la mer ; elle prépare les deltas et l'encombrement des embouchures. (C. P.)

BARRÉ. POIS. Syn. de *Silurus fasciatus*, Bloch. *V.* PIMÉLODE. (B.)

BARREAUX. INS. Nom spécifique imposé par Geoffroy (Hist. des Ins. 62) à la Phalène barrée. (AUD.)

BARRELIERE. *Barreliera.* BOT. PHAN. Acanthacées, Jussieu; Didynamie Angiospermie, L. ; un calice à quatre ou cinq divisions inégales, aiguës, accompagné de deux bractées, souvent veinées, quelquefois en forme d'épines ; une corolle infundibuliforme, à quatre lobes, dont un assez profondément échancré, de manière à présenter en effet l'apparence de cinq lobes inégaux ; quatre étamines, dont deux beaucoup plus courtes ; un stigmate bifide ou plus rarement simple ; une capsule présentant extérieurement quatre angles et intérieurement deux loges dont chacune contient une ou deux graines : tels sont les caractères de ce genre consacré à Barrelier par le père Plumier dans ses Plantes d'Amérique. Ajoutons-en un autre tiré du mode d'attache des graines, au moyen d'une sorte de petit crochet ou languette solide naissant du bord intérieur de la cloison et soustendant ces graines. Ce caractère, qu'on observe dans quelques genres voisins de la même famille, comme le *Ruellia* et l'*Acanthus*, manque dans celui-ci, selon la plupart des auteurs, et s'y retrouve suivant Gaertner (*de Fruct.* 1. pag. 263. tab. 54). Les espèces de *Barleria* sont des Plantes herbacées ou frutescentes, décrites, au nombre de quinze environ, dans les auteurs. On peut les diviser d'après l'absence ou la présence d'épines à l'aisselle de leurs feuilles ; le *B. longiflora*, figuré tab. 16. des Symb. bot. de Vahl, est un exemple de la première manière d'être. Dans celles où l'on rencontre des épines axillaires, ces épines peuvent être simples, comme dans le *B. buxifolia*, ou géminées, comme dans le *B. Hystrix*, ou ternées, comme dans le *B. trispinosa*, ou quaternées, comme dans le *B. Prionitis*, ou rameuses, comme dans le *B. noctiflora*. Le *B. cristata*, L., où des quatre divisions du calice, deux sont alternativement plus grandes, à dentelures épineuses, et où la capsule comprimée offre des valves naviculaires, a été séparé par Necker, sous le nom générique de *Soûbeyrania*.

La patrie du plus grand nombre de ces espèces est l'Asie, l'Inde principalement. Une se rencontre au cap de Bonne-Espérance, et deux en Amérique. C'est d'après celles-ci même que le genre a été établi, comme on l'a vu plus haut. (A. D. J.)

BARRERIA. BOT. PHAN. Scopoli, et plusieurs auteurs après lui, ont changé en ce nom celui du genre *Poraqueiba* d'Aublet. *V.* ce mot. (A. D. J.)

BARRES. MAM. Espace qui, dans la mâchoire du Cheval, est dépourvu de dents entre les canines et les molaires, et sur lequel porte le mors. Les Ruminans et les Rongeurs ont aussi des Barres. (B.)

BARRI. MAM. On désigne sous ce nom le jeune Vérat dans quelques départemens méridionaux. (B.)

BARRICADO. POIS. Poisson des côtes d'Afrique, duquel on dit que la chair est malsaine ou bonne à manger selon qu'il a le palais noir ou de couleur ordinaire. De pareilles indications sont au moins insuffisantes pour reconnaître ce que c'est que le Barricado. (B.)

* BARRINGTONIA. BOT. PHAN. Ce nom a été donné par Forster et par

Linné fils, et il est conservé par Persoon au genre que, d'après Rumph, Lamarck et Jussieu nomment Butonica, *V*. ce mot. (B.)

BARRIS. MAM. Grand Singe de Guinée, qu'on croit être, sur ce qu'en disent d'anciens voyageurs, le Mandrill ou le Chimpanzé. *V*. CYNOCÉPHALE et ORANG. (B.)

BARROS. GÉOL. Qui n'est pas la même chose que *Bujaro*, prononcé *Boucaro*; nom par lequel on désigne généralement en Espagne une terre profonde, grasse et fertile, provenue de dépôts de fleuves, mais non de nature particulière. On distingue dans quelques provinces, sous le nom de terre de Barros, des cantons plus féraces et mieux cultivés. *V*. BUJARO. (B.)

BARRUS. MAM. L'un des noms latins de l'Eléphant, que Desmarest présume avec raison venir de l'indien Barre. *V*. ce mot. (B.)

BARS OU BARCH. POIS. Syn. allemand de Perche. B.)

BARTALAI. BOT. PHAN. Syn. provençal de *Cnicus ferox*, L. *V*. CNICUS. (B.)

BARTAVELLE. OIS. Espèce du genre Perdrix, *Perdix Græca*, Briss. *V*. PERDRIX. (DR..Z.)

* BARTHELIUM. BOT. CRYPT. (*Lichens*.) Ce genre établi par Achar (*Methodus Lichenum*, p. 111.) a été réuni depuis par lui au genre Trypethelium. *V*. ce mot. (AD. B.)

BARTHOLINIE. *Bartholinia*. BOT. PHAN. Un des genres établis par R. Brown. (*Hort. kew. ed*. 2.) dans la famille des Orchidées. Ce genre ne contient qu'une seule espèce qui est l'*Orchis pectinata* de Willdenow, originaire du cap de Bonne-Espérance. *V*. ORCHIS. (A. R.)

BARTMÆNNCHEN. OIS. Syn. de la Mésange moustache, *Parus biarmicus*, L., en Allemagne. *V*. MÉSANGE. (DR..Z.)

BARTMOOS. BOT. CRYPT. (Bridel.) Syn. allemand de BARTRAMIA. *V*. ce mot. (AD. B.)

* BARTOLINA. BOT. PHAN. Genre formé par Adanson (*Fam. Plant*. p. 124) dans la section des Jacobées parmi ses Radiaires, voisin des Doronic, et qui est devenu le Tridax de Linné. *V*. TRIDAX. (B.)

BARTONIA. BOT. PHAN. Ce genre, de la famille des Gentianées, présente un calice quadriparti, une corolle à quatre divisions plus longues, quatre étamines, un ovaire ovoïde oblong, et un stigmate glanduleux qui se divise en deux parties décurrentes sur un style court. La capsule, environnée par le calice et la corolle qui persistent, est à une seule loge et à deux valves, le long de la suture desquelles règnent deux placentas épais, où s'attachent des graines nombreuses et petites. — Ce genre, tel que nous le présentons, se trouve décrit sous le nom de *Centaurella* dans Michaux qui en a observé deux espèces en Caroline : l'une, qu'il appelle *Centaurella verna*, dans laquelle la tige se divise supérieurement en plusieurs pédoncules, portant chacun une seule fleur, dont les lobes de la corolle sont allongés et le style plus long que l'ovaire; l'autre, le *C. paniculata*, dont l'inflorescence est telle qu'indique son nom, dont la corolle est à lobes ovales et le style beaucoup plus court que l'ovaire. *V*. Michaux, *Flora Boreali americana*, *tab*. 12. — Persoon, qui appelle ce même genre *Centaurium*, réserve le nom de *Bartonia* pour un autre de la même famille et même très-voisin, puisque, si l'on compare ses deux descriptions génériques, on ne trouve de caractère différentiel que l'existence d'un calice à quatre sépales dans son *Bartonia*, tandis qu'il est d'une seule pièce et quadrifide dans son *Centaurium*. Il en indique une seule espèce, le *Bartonia tenella*, originaire de Philadelphie, semblable à l'extérieur au *Bufonia tenuifolia*. *V*. BUFFONE. (A. D. J.)

BARTRAMIA. BOT. PHAN. Salisbury (*Prodr. stirp. in hort. ad*

Chapel Allerton vigentium), donne ce nom au genre *Pentstemon* de Mitchel. Ce Pentstemon a été réuni par Linné au Chélone. *V*. ce mot. (A. D. J.)

BARTRAMIA. BOT. CRYPT. (*Mousses*.) Ce genre fut fondé par Hedwig qui le dédia à Bartram, botaniste de la Pensylvanie, souvent cité par Dillen. Depuis cette époque, il n'a éprouvé aucune modification; on peut le caractériser ainsi : capsule terminale presque globuleuse; péristome double, l'extérieur formé de seize dents simples, l'intérieur composé d'une membrane plissée et divisée en seize laciniures bifides; sa coiffe est fendue latéralement. On voit que ce caractère ne diffère de celui du genre *Bryum* que par les dents du péristome interne bifides. Ce genre est cependant un des plus naturels. Sa capsule, presque sphérique, souvent recourbée obliquement, sillonnée longitudinalement à sa maturité dans toutes les espèces, excepté dans le *Bartramia arcuata*; les feuilles longues et d'un beau vert, nombreuses et insérées tout autour de la tige, leur donnent un port très-caractérisé. Leur capsule globuleuse et sillonnée est donc le principal caractère qui les distingue, au premier aspect, du *Bryum*. Ce caractère se retrouve dans toutes, excepté dans la *Bartramia arcuata* dont la capsule est lisse; on doit même remarquer à cet égard que le *Mnium tomentosum* de Swartz, que Schwægrichen avait réuni à cette espèce, et que Bridel et Hooker en ont distingué sous le nom de *Bartramia tomentosa*, en diffère surtout par sa capsule sillonnée comme celle des autres espèces du genre.

On distingue dans ce genre deux sections; l'une renferme les espèces à pédicelles très-longs, droits, dépassant de beaucoup la tige; tels sont les *Bartramia pomiformis*, *Œderi*, *fontana*, *crispa*, *ethyphylla*, etc. L'autre comprend les espèces dont les pédicelles sont plus courts que la tige et recourbés latéralement; telles sont, parmi les espèces européennes, les *Bartramia Halleria* et *arcuata*.

Les espèces de ce genre, au nombre environ de 25 à 30, paraissent assez également répandues sur toute la surface de la terre: on les observe en Europe, dans l'Amérique septentrionale et équinoxiale, jusqu'au détroit de Magellan, au cap de Bonne-Espérance et à la Nouvelle-Hollande. Elles croissent généralement sur la terre ou les rochers humides, et entre les racines des Arbres. Bory de Saint-Vincent en a rapporté une belle espèce de Mascareigne, *Bartramia gigantea*. Elle croît dans les vieux cratères dont abondent les hautes régions de cette île. (AD. B.)

BARTRAVELLE. OIS. Syn. de *Tetrao rufus*, L. selon Dumont. *V*. TETRAS. (DR..Z.)

BARTSIE. *Bartsia*. BOT. PHAN. Ce genre est placé dans la famille naturelle des Pédiculaires ou Rhinanthacées, et dans la Didynamie Angiospermie, L. Composé d'un petit nombre d'espèces herbacées à feuilles alternes, à fleurs axillaires et disposées en épis, il se distingue par les caractères suivans : son calice est tubuleux, à cinq dents profondes et un peu inégales; la corolle est tubuleuse et bilabiée, la lèvre supérieure est convexe et presque carénée, entière; l'inférieure est trilobée; les quatre étamines sont didynames et incluses; le style est saillant et terminé par un stigmate bilobé; la capsule, recouverte par le calice, est un peu comprimée, à deux loges.

Ce genre est bien voisin des Pédiculaires et des Castileia; ses espèces pourraient, sans nul inconvénient, être réparties dans ces deux genres. On en trouve en France cinq, savoir : *Bartsia viscosa*, *alpina*, *spicata*, *Trixago*, et *versicolor*. (A. R.)

BARTUMBER. POIS. Syn. allemand de l'Umbre. *V*. PERSÈGUE. (B.)

* BART-VOGEL. OIS. Syn. allemand de Barbu, *Bucco*. *V*. BARBU.

BARU OU DAUN-BARU. BOT. PHAN. Noms malais de l'*Hibiscus tiliaceus*, L. *V*. KETMIE. (B.)

BARUCE. BOT. PHAN. (L'Écluse.) Fruit du *Hura crepitans*, L. *V.* SABLIER. (B.)

BARU-LAUT. BOT. PHAN. Syn. malais d'*Hibiscus populneus*, L. *V.* KETMIE. (B.)

BARUTIN. BOT. PHAN. Nom qu'on donne en Syrie à une espèce ou variété indéterminée de Mûrier. (B.)

*BARUTOU. BOT. PHAN. Syn. de *Juniperus sabina* dans Dioscoride, suivant Adanson. (B.)

* BAR-VARO. BOT. PHAN. Syn. madecasse d'*Hibiscus tiliaceus* *V.* KETMIE. (B.)

BARVASCO. BOT. PHAN. Syn. de *Jacquinia armillaris*, L. dans les Antilles. *V.* JACQUINIE. (B.)

BARYLL. POISS. (Aldrovande.) L'un des noms du Barbeau en Angleterre. (B.)

BARYOSMA. BOT. PHAN. Le fruit nommé ainsi par Gaertner (*Fruct.* T. II. p. 73, t. 93), à cause de l'odeur forte de sa graine, appartient au Coumarou de la Guyane, *Coumarouna* d'Aublet. *V.* ce mot. C'est celui qu'on nomme vulgairement Fève de Tonka, et quelquefois mal à propos Fève de Tonkin. (A. D. J.)

BARYPHONUS. OIS. (Vieillot.) Syn. de Momot. *V.* ce mot. (DR.. Z.)

BARYTE. MIN. Oxyde de Barium des chimistes. L'une des anciennes terres que la chimie moderne considère comme des Oxydes métalliques. D'après sa capacité de saturation, Berzélius a trouvé qu'elle devait contenir 10,45 sur 100 d'Oxygène, et 89,55 de Barium. Elle est la base d'un genre minéralogique composé de deux espèces, la Baryte carbonatée et la Baryte sulfatée.

BARYTE CARBONATÉE, *Witherit*, W. Substance découverte à Anglesarck, dans le Lancashire en Angleterre, par le docteur Withering, d'où lui est venu le nom de *Witherit*, sous lequel elle est connue dans la minéralogie allemande. Elle a pour forme primitive un rhomboïde légèrement obtus, dans lequel l'incidence de deux faces voisines vers un même sommet est de 91 deg. 54 minutes. La structure de ce rhomboïde, ainsi que celle de la Strontiane carbonatée et du Quartz, se trouve dans un cas particulier, en ce qu'elle conduit à une molécule intégrante d'une forme différente, qui est le tétraèdre. Si l'on suppose le rhomboïde primitif divisé par des plans qui, en partant des sommets, passent par les milieux des bords inférieurs, ces sections le transformeront en un dodécaèdre composé de deux pyramides droites, appliquées base à base. Ce dodécaèdre étant divisé à son tour par des plans qui, en partant des sommets, passent par les arêtes qui leur sont contiguës, se résoudra en six tétraèdres qui représenteront les molécules intégrantes. Tel est le mode de sous-division du rhomboïde primitif de la Baryte carbonatée. Ce Minéral est formé, suivant Berzélius, de 22,34 d'acide carbonique, et de 77,66 de Baryte. Pesanteur spécifique 4,3. Il raye la Chaux carbonatée, et non la Chaux fluatée. Sa poussière, mise sur des charbons allumés, devient phosphorescente. Il se dissout avec effervescence dans l'acide nitrique, pourvu que cet acide ne soit pas trop concentré; et fond très-aisément au chalumeau, en se convertissant en un verre transparent qui, par le refroidissement, prend l'aspect d'un émail blanc.

Les Cristaux réguliers de Baryte carbonatée sont extrêmement rares; ils présentent la forme d'un prisme hexaèdre, terminé par une ou plusieurs rangées de facettes disposées en anneau. Les variétés indéterminables sont la laminaire, composée de lames allongées et divergentes; l'aciculaire radiée; la subfibreuse, qui laisse apercevoir une tendance à la texture fibreuse, et la compacte. — La Baryte carbonatée d'Angleterre appartient à la formation des terrains secondaires; elle est située dans un filon de Plomb sulfuré, qui traverse des couches de Charbon de terre, et de Grès des houillères. Le même Minéral a été retrouvé dans des couches de Fer oxydé aux environs de Neuberg dans la Haute-Styrie. La Baryte carbonatée, quoique sans saveur, agit comme poison sur l'économie animale : aussi a-t-elle été employée en Angleterre pour faire périr les Rats, et de-là vient le nom de Pierre aux Rats qu'on lui a donné dans ce pays.

Baryte sulfatée, *Schwerspath*, W. vulgairement *Spath pesant*. Ainsi nommée à cause de sa grande pesanteur spécifique. Cette espèce est caractérisée par sa forme primitive, qui est un prisme droit, rhomboïdal, dont les angles sont de 101 deg. 32 min. et 78 deg. 28 min., c'est-à-dire que sa base est semblable aux faces du rhomboïde de la Chaux carbonatée. Le côté de cette base est à la hauteur du prisme, à peu près comme 45 est à 46, d'où il résulte que les pans sont presque des carrés. Le prisme se sous-divise parallèlement aux plans qui passent par les diagonales des bases, en sorte que la molécule intégrante est un prisme droit, à base triangulaire rectangle. Pesanteur spécifique, 4,3 ; réfraction, double. La Baryte sulfatée raie la Chaux carbonatée; elle est plus tendre que la Chaux fluatée. Exposée à l'action du chalumeau, elle décrépite avec violence ; s'arrondit vers les bords, ou fond avec une difficulté extrême. Mise sur la langue après le refroidissement, elle y produit un goût semblable à celui des œufs gâtés. Son analyse a donné à Berthier (Journal des Mines, n° 124) 66 parties sur 100 de Baryte, et 34 d'acide sulfurique. — La Baryte sulfatée est, après la Chaux carbonatée, l'espèce la plus féconde en cristaux déterminables. Haüy en a décrit près de quatre-vingts. Parmi toutes ces formes régulières, nous citerons quelques-unes des plus simples et des plus communes : 1° la Baryte sulfatée primitive, en prisme rhomboïdal ordinairement très-court, que l'on trouve à Schemnitz en Hongrie, et à Kapnick en Transylvanie ; 2° la variété unitaire, ainsi nommée parce qu'elle résulte d'un décroissement par une rangée sur les angles aigus des bases de la forme primitive : sa forme peut être considérée comme un assemblage de deux coins réunis base à base ; 3° la variété dodécaèdre, produite par deux décroissemens qui ont lieu simultanément, l'un par une rangée sur les angles aigus, et l'autre par deux rangées sur les angles obtus des bases du prisme primitif. Les Cristaux de cette variété, que l'on trouve à Coude, département du Puy-de-Dôme, ont leurs sommets recouverts d'une couche jaunâtre de la même substance, dont la structure est la même que celle de la matière du Cristal, comme si le tout avait été produit d'un seul jet. Le plus grand nombre des Cristaux de Baryte présentent ces formes aplaties que les Allemands désignent par la dénomination de *Cristaux en tables* : ils sont assez généralement d'un volume sensible. Les plus beaux viennent des comtés de Cumberland et de Durham en Angleterre. On en a trouvé au Derbyshire qui étaient sans couleur; mais le plus ordinairement ils ont une teinte de jaunâtre, surtout ceux de l'Auvergne : quelques-uns sont d'un rouge de chair ou d'un bleu tendre, comme ceux que l'on a découverts à Riechelsdorf en Westphalie, et à Offenbanya en Transylvanie. Les cristaux du Palatinat sont souvent pénétrés de Mercure sulfuré, qui leur communique une teinte de rouge de rubis.

Les variétés de formes indéterminables composent la série suivante : 1° la Baryte sulfatée crêtée, vulgairement Spath pesant en crêtes de coq. Cette variété dérive d'un des Cristaux en tables, dont les bords et les angles ont subi des arrondissemens. 2°. La Baryte sulfatée laminaire ou lamellaire. 3°. La bacillaire, c'est-à-dire en baguettes (Strangenspath, Wern.) ou le Spath pesant en barres, que l'on trouve aux environs de Freyberg. 4°. La globuleuse-radiée ou la Pierre de Bologne, dont on s'est servi de préférence pour la préparation du phosphore dit de Bologne. Pour obtenir ce phosphore, on calcinait fortement la Pierre, puis on agglutinait sa poussière à l'aide d'une dissolution gommeuse, et on en formait des espèces de gâteaux que l'on présentait à la lumière pendant quelques secondes; en les portant ensuite dans l'obscurité, on les voyait luire comme des charbons allumés. 5°. La Baryte sulfatée concrétionnée, dont une modification a reçu le nom de Pierre de tripes, parce que sa forme imite à peu près celle des intestins. 6°. La concrétionnée fibreuse, que l'on trouve à Chaud-Fontaine près de Liége. 7°. Enfin, la variété compacte, qui est quelquefois noirâtre et bituminifère. Il existe à Konsberg en Norwège des masses laminaires de Baryte sulfatée qui rendent une odeur fétide par le frottement : elles accompagnent l'Argent natif.

La Baryte sulfatée se rencontre quelquefois dans les terrains anciens : témoin le Granite de Wittichen qui sert de gangue à la Chaux arséniatée, et qui renferme de la Baryte sulfatée d'un rouge de chair; mais plus ordinairement ce Minéral forme des filons qui traversent les terrains primitifs et secondaires, comme en Auvergne, ou bien accompagne les filons de matières métalliques, en particulier ceux d'Antimoine sulfuré en Hongrie, de Plomb sulfuré à Pesey, d'Argent natif à Konsberg, et de Mercure sulfuré dans le Palatinat. — La Baryte sulfatée n'est, parmi nous, d'aucun usage dans les arts. Les Chinois, dit-on, l'emploient dans la composition de leur Porcelaine. (G. DEL.)

BARYTILE. MIN. (Lamétherie.) *V*. BARYTE SULFATÉE.

BARYTO-CALCITE. MIN. (Kirwan.) Variété de Baryte carbonatée. *V*. BARYTE. (Schumacher.) Variété de Strontiane carbonatée. *V*. ce mot. (G. DEL.)

BARYXYLUM. BOT. PHAN. Loureiro a établi ce genre d'après un grand Arbre qui croît sur les revers septentrionaux des montagnes de la Cochinchine. Il appartient aux Légumineuses, dont la corolle est régulière, la gousse uniloculaire, et dont les dix étamines sont distinctes. Sa tige est dépourvue d'épines, son bois dur et pesant, d'où lui vient son nom; ses feuilles sont composées de quelques paires de folioles petites, oblongues, entières et glabres; ses fleurs jaunes, disposées en grappes lâches, terminales. Elles présentent un calice à cinq divisions égales; cinq pétales arrondis, presque égaux, à peine onguiculés; dix étamines inégales, à anthères oblongues; un style; un stigmate allongé et concave; un légume long, épais, contenant plusieurs graines, huit environ. Loureiro soupçonne que cet Arbre est le *Metrosideros amboinensis* figuré dans Rumph, tom. 3, tabl. 10. Il paraît se rapprocher des espèces à tige inerme de *Cæsalpinia*. *V*. ce mot. (A. D. J.)

BASAAL OU BASAL. BOT. PHAN. Rhéede a figuré sous ce nom commun, dans son *Hortus malabaricus* (T. V, tab. 11 et 12), deux Arbustes de l'Inde, toujours verts, ayant leurs fleurs odorantes, disposées en grappes latérales, un calice à cinq divisions, cinq divisions profondes à la corolle, cinq étamines, un seul style central auquel succède une petite baie pisiforme, monosperme. Lamarck, dans l'Encyclopédie par ordre de matières, a formé sous le même nom un genre de ces Arbrisseaux imparfaitement connus; mais Jussieu pense que l'un d'eux pourrait bien n'être qu'une Ardisie, et l'autre une Thymélée. *V*. ces mots. Adanson avait formé le même genre sous le nom indien de Pattara. (B.)

BASAALE-MARAVARA. BOT. PHAN. (Rhéede.) Syn. malabare de *Malaxis Rhedii*, Willd. *V*. MALAXIDE. (B.)

BASAL. BOT. PHAN. *V*. BASAAL.

BASALTE. GÉOL. Sous ce nom employé par Pline pour désigner une Pierre noire très-dure que les anciens Egyptiens tiraient de l'Ethiopie pour en faire des vases, des statues, et construire des monumens impérissables, on a long-temps confondu toutes les masses minérales, homogènes en apparence, noires ou d'un brun foncé, difficiles à casser, et qui présentent dans leur structure, en grand, une division colomnaire prismatique. Comme parmi les Pierres auxquelles ces caractères peuvent convenir, les unes se lient par des passages insensibles, soit dans leur composition géologique, aux Roches le plus généralement regardées comme primitives, telles que le Granit, les Schistes, et que les autres se rapprochent d'une manière peut-être encore moins contestable des produits volcaniques les plus récens; de longues discussions ont existé entre les géologues de divers pays, et notamment entre ceux de l'Allemagne et ceux de l'Italie, sur l'origine des Roches qu'ils appelaient Basaltes. Les belles recherches de Cordier sur la composition des Basaltes, comparée à celle des Roches évidemment volcaniques, ont jeté un grand jour sur cette matière, et de nombreuses observations paraissent aujourd'hui décider la question en faveur de l'origine ignée, non-seulement des Basaltes, mais de plusieurs des Roches auxquelles ils se lient, et que, jusqu'à ces derniers temps, on rangeait dans les substances primitives.

On s'accorde donc presque généralement aujourd'hui pour appeler Basaltes les masses minérales qui ont pour base le Pyroxène et le Feldspath intimement unis, dont la couleur est d'un brun ou d'un bleu d'ardoise plus ou moins foncé, qui sont dures à casser, qui constituent à elles seules des monts arrondis, ou qui couronnent des montagnes d'une nature tout-à-fait différente de la leur, ou qui enfin se divisent en colonnes prismatiques.

Quoiqu'homogène en apparence, le Basalte, examiné au microscope, laisse voir dans sa composition des cristaux de substances différentes que l'on reconnaît pour être du Pyroxène, de l'Amphibole, du Péridot-olivine, du Feldspath, du Fer titané. La couleur foncée du Basalte passe au gris, au verdâtre, au rouge; sa cassure est terreuse; presque toujours il agit sur l'aiguille aimantée, et, en fondant (ce qui arrive facilement avec le chalumeau), il donne un émail noir. Sa pesanteur spécifique, lorsqu'il est compacte, est trois fois plus grande que celle de l'eau. Soumises à l'analyse chimique, les différentes variétés de cette Pierre ont donné des résultats qui ne s'éloignent pas beaucoup de celui que nous allons rapporter d'après Bergmann.

Silice 50; Alumine 15; Chaux 8; Magnésie 2; Oxyde de Fer 25. Total 100.

Le Basalte n'est pas toujours compacte; il offre quelquefois, dans l'intérieur des masses qu'il forme, des vacuoles vides ou remplis par des substances minérales étrangères, telles que l'Aragonite, la Calcédoine, la Stéatite, la Chaux carbonatée, les Zéolites, le Fer carbonaté, le Soufre, et même l'Eau; quelquefois aussi des cristaux très-visibles de Feldspath lui donnent une apparence porphyritique.

Le Basalte se rencontre dans la nature en masses puissantes, qui, comme nous l'avons dit, constituent des montagnes, des plateaux et des pays très-étendus; ces masses ont le plus souvent l'apparence de couches continues ou interrompues, et souvent elles sont de véritables coulées comparables en tout à celles des laves des volcans actuellement en activité. Les Basaltes se divisent généralement en prismes dont le nombre des pans varie de trois à six, et rarement à neuf; les plus fréquens sont à cinq. Ces prismes, qui diffèrent beaucoup entre eux par leur grosseur et leur longueur, ont quelquefois jusqu'à 20 mètres de hauteur. Dans une même montagne isolée, ils peuvent avoir des inclinaisons très-opposées; ils sont verticaux ou horizontaux; souvent ils divergent en partant d'un point, ou bien ils sont courbés (*Rocher de Murat*). L'aspect des colonnes basaltiques et des faisceaux entrelacés qu'elles présentent, est aussi remarquable qu'il est difficile d'expliquer leur formation. On ne peut les regarder comme un effet de la cristallisation, et le retrait produit par un refroidissement prompt ne semble pas non plus être la cause unique de ces formes régulières; car beaucoup de coulées volcaniques ne sont point ainsi divisées, et, d'une autre part, des substances minérales d'une toute autre nature, telles que le Grunstein, le Porphyre (*Kreutznach*), le Gypse à ossemens (*Mont-Martre*), offrent aussi la division colomnaire prismatique. Les prismes d'une grande longueur sont presque toujours formés de tronçons placés bout à bout et comme articulés; la face que l'on peut regarder comme l'inférieure de chacun de ces tronçons, s'emboîte dans la face légèrement concave et supérieure de celui qui est contigu; les arêtes des pans du prisme se prolongent en pointes qui découpent le bord de chaque tronçon. On remarque que, dans un faisceau de prismes, les articulations sont au même niveau; c'est à cette dernière disposition que sont dues ces grandes mosaïques naturelles sur lesquelles on marche lorsque l'on est au-dessus d'une masse basaltique, et que l'on connaît dans plusieurs localités sous les noms de *pavés* et de *chaussées des géans*.

Presque toutes les contrées connues du globe ont offert aux observateurs des Basaltes qui leur ont présenté en grand les mêmes caractères de structure. En Ecosse, en Irlande, en Allemagne, en Italie, en France, en Amérique, à Ténériffe, à l'île de Mascareigne, on les rencontre au milieu des terrains et des produits évidemment volcaniques. La côte septentrionale d'Irlande est depuis longtemps célèbre par la beauté et la dimension des prismes basaltiques que l'on y rencontre. Ils ont quelquefois jusqu'à 40 pieds de haut, et leur réunion forme au cap de Fairhead un promontoire qui s'avance beaucoup dans la mer, au-dessus de laquelle il est élevé de plus de 300 mètres. C'est dans cet endroit que l'on aperçoit, sur une assez grande étendue, le plan des prismes basaltiques coupés à une même hauteur, et représentant une chaussée de pavés hexagones que l'on désigne sous le nom de *chaussée des géans*. La grotte de *Fingal* dans l'île de Staffa, à l'ouest de l'Ecosse, n'est pas moins célèbre; les murs de cette grotte, dans laquelle l'eau de la mer pénètre à plus de 46 mètres de profondeur, sont formés de prismes réguliers, perpendiculaires, dont la hauteur est de 19 mètres, et qui soutiennent une voûte composée de petits prismes couchés dans toutes sortes de directions. Dans le Vicentin, dans le Vivarais, en Auvergne, on rencontre des dispositions basaltiques non moins remarquables, et qui toutes s'accordent entre elles. Bory de St.-Vincent, dans son Voyage aux quatre îles de la mer d'Afrique, nous a fait connaître à ce sujet un grand nombre de faits très-intéressans pour le géologue, par les rapports qu'ils établissent entre des localités très-éloignées les unes des autres, comme entre les phénomènes volcaniques actuels et ceux que nous présentent les Basaltes d'origine douteuse.

D'après tout ce que nous avons dit jusqu'à présent sur les Basaltes, il est évident que nous les regardons comme des produits du feu, qui, à une époque plus ou moins reculée, ont été répandus sur des terrains d'une origine plus ou moins différente de la leur, ou vomis par les bouches de volcans dont les uns existent encore quoiqu'éteints, et dont les autres ont entièrement disparu. Les irruptions dont les Basaltes sont les produits ont-elles été faites à l'air ou sous les eaux? C'est une question que nous traiterons plus en son lieu aux articles *Géologie*, *Terrains basaltiques* et *Terrains volcaniques*.

Nous dirons encore que les Basaltes se rencontrent en filons qui suivent une même direction sur une grande étendue, et qui donnent lieu, lorsque les substances au milieu desquelles ils se trouvaient viennent à se décomposer avant eux, à ce que l'on appelle *Dikes* en Angleterre et en Ecosse. Ces filons paraissent, dans beaucoup de cas, avoir été remplis du bas en haut.

Quoique le Basalte, très-compacte et très-dur, ne se décompose pas à l'air, ou au moins ne se décompose que très-difficilement, cependant plusieurs variétés de cette roche subissent des altérations par l'influence de l'atmosphère; elles passent quelquefois à l'état d'une terre grasse argileuse qui est très-propre à la végétation; d'autres fois les couches extérieures de la roche se laissent diviser par le choc en une multitude de grains grisâtres dont la grosseur varie depuis celle d'un pois jusqu'à celle de la tête et plus. Les boules basaltiques, qui paraissent comme composées de feuillets concentriques, semblent être, ainsi que les Basaltes en tables, un produit de la décomposition.

On a cité des Fossiles ayant appartenu à des corps organisés qui se seraient trouvés dans des Basaltes; mais ces faits n'ont pas été constatés, ou sont controuvés. Ce qui est certain, c'est que, dans beaucoup de cas, de vrais Basaltes reposent sur des cailloux roulés, sur des couches de sédiment qui renferment des Coquilles marines, et sur des dépôts de Lignite. Les circonstances de cette dernière position, loin d'être favorables à l'opinion des neptuniens allemands, semblent même plus qu'aucun autre fait prouver en faveur de l'état igné du Basalte lors de son dépôt sur le Lignite; nous avons vu au Meisner le point de contact de ces deux substances : immédiatement sous le Basalte, on aperçoit un petit lit d'Argile durcie et colorée en rouge, puis un charbon à l'état de *Coke* et privé de toute matière bitumineuse, ensuite l'Anthracite bacillaire, au-dessous le Lignite à l'état de charbon de terre et comme imprégné de tout le bitume provenant de la distillation de celui des couches supérieures, et qui, ne pouvant s'évaporer, s'est infiltré; enfin, à mesure que l'on s'éloigne du Basalte, le Lignite paraît moins altéré, et, dans les couches inférieures, il a tout l'aspect du bois avec une couleur seulement brune. On connaît beaucoup d'autres localités où le Basalte, en couches ou en filons, a produit, sur les roches avec lesquelles il s'est trouvé en contact immédiat, des altérations analogues à celles que le feu aurait produites.

Le Basalte, à cause de sa dureté et du poli qu'il reçoit, peut être employé dans les arts. Si la Pierre noire que les Egyptiens employaient, est plutôt un Granite à grain fin qu'un véritable produit du feu, il est certain que les roches dont nous venons de faire l'histoire peuvent être employées aux mêmes usages qu'elle, puisque les monumens égyptiens, transportés à Rome, ont été restaurés par les artistes italiens avec les produits volcaniques de leur pays. C'est même à cause de cette ressemblance entre les deux substances que le nom de Basalte, employé par Pline, comme nous l'avons dit, pour désigner la Roche éthiopienne, a été appliqué aux produits des volcans. On fait avec les Basaltes d'Europe des pilons, des mortiers, des enclumes pour les batteurs d'or, etc.

C'est au Basalte d'Italie, employé pour réparer les monumens antiques, que l'on donne, dans le pays, le nom de *Basalte Pidocchioso*. *V*. TERRAINS VOLCANIQUES et VOLCANS. (C. P.)

BASALTINE. MIN. Amphibole et Pyroxène auxquels Kirwan, qui a confondu les deux espèces à l'état de cristaux noirs, a donné ce nom. (C. P.)

BASALTIQUE ET BASALTIQUES. GÉOL. *V*. ROCHE BASALTIQUE et TERRAINS BASALTIQUES. (C. P.)

BASANITE. GÉOL. Ce nom a été employé quelquefois par Pline pour désigner une substance minérale qu'il dit servir de Pierre de touche et être employée pour faire des mortiers. Quelques minéralogistes ont voulu reconnaître sur cette légère indication, soit notre Pierre de touche ordinaire, soit la même roche que le Basalte antique, tandis que d'autres ont pensé que c'était un marbre. Sans vouloir lever l'incertitude qui règne à cet égard, Brongniart a proposé, dans sa Classification minéralogique des Roches, de donner le nom de *Basanite* aux masses minérales mélangées qui ont pour base le Basalte considéré comme substance simple.

Il considère alors comme Basanite les Roches à base de Pyroxène et de Feldspath compacte, qui renferment essentiellement des cristaux de Pyroxène, apparens et comme parties accessoires des cristaux d'Amphibole, d'Olivine et du Fer titané. Le Mica, les Feldspaths compacte et vitreux, l'Hyacinthe s'y rencontrent aussi disséminés, et paraissent avoir une origine contemporaine avec la pâte, tandis que la Lithomarge, la Stéatite, la Mésotype, la Chaux carbonatée, la Calcédoine, etc., ont rempli, après coup et par infiltration, des cavités préexistantes. Le Basanite passe au Mimose ou Dolérite. Quoiqu'il ressemble beaucoup dans certains cas, au premier aspect, au *Grunstein* des Allemands, il s'en distingue par sa composition, celui-ci ayant pour base l'Amphibole et non le Pyroxène.

V., pour l'histoire du Basanite qui est le Basalte mélangé, ce que nous avons dit à ce dernier mot. (C. P.)

BASAR. BOT. PHAN. Désignation commune des Plantes bulbeuses chez les Arabes. (B.)

BASCARAGUAN. OIS. Espèce de Troglodyte, imparfaitement décrite dans l'Histoire des Oiseaux du Paraguay par Azara. *V.* SYLVIE. (DR..Z.)

BASCONETTE. OIS. *V.* BASCOUETTE.

BASCOUETTE. OIS. Et non *Basconette*. Syn. vulgaire de la Mésange à longue queue, *Parus caudatus*, L. *V.* MÉSANGE. (DR..Z.)

BASE. POIS. Syn. anglais de Sargue. *V.* SPARE. (B.)

* BASE. *Basis*. MOLL. Il a été nécessaire, pour décrire les diverses Coquilles, d'adopter des noms auxquels on donnait une définition positive, pour désigner leurs différentes parties comparées dans des espèces de même genre ou d'un genre à un autre. Mais ce qui est arrivé dans toutes les sciences, a eu lieu aussi pour la conchyliologie, c'est-à-dire que la confusion s'est établie dans la langue scientifique. Des naturalistes, après avoir fixé le sens d'une acception, l'ont étendue d'une autre manière; d'autres ont appliqué les noms reçus et consacrés à des parties qui étaient opposées à celles qu'on avait eues d'abord en vue. Le mot qui nous occupe est un exemple de ces réflexions, et nous allons le montrer en considérant la base des Coquilles dans les Univalves et les Bivalves. Il faut d'abord observer que Linné et tous ses disciples ont adopté une position fixe pour les Coquilles univalves, d'où découlaient toutes les dénominations de *sommet*, de *base*, de *côté droit* et de *côté gauche*, etc. Cette position, c'est celle de la Coquille placée sur son axe perpendiculaire, la bouche en bas, tournée vers l'observateur, et le sommet ou pointe de la spire en haut; d'où Linné a considéré, comme étant la *base* de la Coquille, la portion du dernier tour de la spire, qui avoisine son ouverture, et qui, dans la portion de la Coquille que nous venons d'indiquer, repose sur le plan horizontal sur lequel on la place. Dans les Cônes et les Volutes, la base se trouve ainsi, selon Linné, le point où les deux côtés de l'ouverture se réunissent. Linné a distingué les Coquilles dont la base est échancrée, *emarginata*, de celles qui l'ont entière, *integra*. Blainville a entendu la base d'une autre manière que Linné; pour lui, la base d'une Coquille est toute cette partie qui appuie plus ou moins obliquement sur le dos de l'Animal. Aussi, pour ce savant, sa direction est ordinairement celle de l'ouverture. Bruguière définit ainsi la base : la partie la plus saillante de la Coquille, qui est opposée à la

spire. Il admet les différences principales suivantes : échancrée, *basis emarginata*, lorsqu'elle est accompagnée d'une échancrure qui est visible, même par le dos de la Coquille, comme dans la Volute. — Simple ou entière, *basis simplex aut integra*, lorsqu'elle n'a ni tube ni échancrure, comme dans les Natices, etc. — Tubuleuse, *tubulosa seu caudata*, lorsqu'elle est formée par un tube plus ou moins saillant, comme dans les Murex. — Versante, *effusa*, lorsqu'elle est terminée par une tubulure droite, très-courte, non échancrée et peu saillante, comme dans les Porcelaines et les Cônes. Nous renvoyons au mot COQUILLE, où nous expliquerons au paragraphe *axe*, d'une manière générale, ce qu'on doit entendre par le mot BASE chez les Univalves et les Bivalves. Nous prenons ce mot, pour les premières, dans l'acception de Linné et de Bruguière, mais en définissant la Base d'une manière plus rigoureuse, toute la partie de la Coquille, qui repose sur un plan parallèle à celui dans lequel se trouve l'extrémité de l'axe opposée au sommet. — Dans les Coquilles bivalves, chaque valve isolée rentre dans ce principe général ; mais, en considérant les deux valves comme formant une seule Coquille, Linné a cru pouvoir considérer comme sa base, *latus inferius* seu *margo inferior*, les sommets même des valves, et c'est la position qu'il a adoptée pour la description des Bivalves, position admise par Bruguière et Lamarck. Blainville prend pour position la situation contraire. Il pose la Coquille sur les bords des battans opposés aux sommets. A le bien prendre, le mot BASE ne doit point s'appliquer aux Bivalves. *V.* COTÉ. (F.)

BASELLE. *Basella*. BOT. PHAN. Genre de la famille des Atriplicées, et qui a pour caractères : un calice urcéolé, à sept divisions, dont deux extérieures plus larges ; cinq étamines ; un ovaire surmonté de trois styles, auxquels sont adnés autant de stigmates ; le calice persiste et forme une enveloppe charnue autour du fruit. Il comprend quatre ou cinq espèces dont la plus généralement connue est la *Basella rubra*, L. Ses fleurs sont disposées en épis axillaires, et sa tige grimpe en spirale de droite à gauche. Rumph, sous le nom de *Gandola*, en décrit deux dont l'une est figurée dans son ouvrage sur Amboine (T. V, tab. 154), île dont ces Plantes sont originaires. Deux autres croissent dans l'Inde. *V.* Lamk. *Ill.* tab. 215. Les Baselles sont des Plantes charnues dont on peut se nourrir en préparant leurs feuilles à la manière des Epinards. *V.* BRÉDES. (A. D. J.)

BASES. MIN. Nom imposé à toute substance susceptible de devenir l'élément principal et distinctif d'un composé. Ainsi l'on appelle *bases acidifiables* les corps qui, en s'unissant à l'un ou l'autre principe acidifiant, donnent naissance à une combinaison qui jouisse de toutes les propriétés caractéristiques des acides ; *bases salifiables* les corps qui, en se combinant aux acides, produisent des sels ; *bases métalliques* les corps qui présentent toutes les propriétés des Métaux, etc. (DR..Z.)

BAS-FOND. GÉOL. Lieux où la mer a peu de profondeur, communément syn. de Banc de Sable. On rencontre les Bas-Fonds aux attérissemens des côtes adoucies auxquelles ils semblent destinés à se joindre. On en trouve rarement près des côtes Açores, ou coupées brusquement. (C. P.)

BASIATRAHAGI. BOT. PHAN. (Daléchamp.) Syn. arabe de *Polygonum aviculare*. *V.* RENOUÉE. (B.)

BASIGYNDE OU BASIGYNE. *Basigyndum*. BOT. PHAN. (L.-C. Richard.) *V.* PISTIL.

BASILAIRE. BOT. PHAN. (Daubenton.) Syn. d'*Araucaria*. *V.* ce mot.

Gaertner a le premier employé ce nom pour indiquer la situation des parties d'un Végétal, qui s'implantent à la base de quelque autre partie.

Ainsi l'arète est basilaire dans les Graminées, lorsqu'au lieu de partir du sommet ou du dos de l'écaille qui la supporte, elle sort du point inférieur de son insertion. L'embryon est basilaire dans les Ombellifères, les Joncs, etc. (B.)

BASILÉE. *Basilea.* BOT. PHAN. (Jussieu.) *V.* EUCOMIDE.

BASILEOS. OIS. Nom grec du Roitelet, *Motacilla Regulus*, L. *V.* SYLVIE. (DR..Z.)

BASILIC. *Basilicus.* REPT. SAUR. Genre indiqué par Laurenti, formé par Daudin de l'un des démembremens du grand genre *Lacerta* de Linné, adopté par Cuvier qui l'a placé dans la famille des Iguaniens, et dont les caractères sont : une queue longue et comprimée ; le corps couvert de petites écailles qui, sous cette queue et sous le ventre, approchent de la forme carrée; des dents fortes, comprimées, sans dentelures; une rangée de pores sur les cuisses; la peau de la gorge lâche sans former un fanon, et des crêtes écailleuses régnant sur les parties supérieures, comme des nageoires ou comme les ailes des Dragons et des Ptérodactyles; ces crètes sont soutenues par de véritables arètes qui sont les prolongemens des apophyses épineuses des vertèbres. Les mœurs des Basilics sont peu ou point connues; on croit que ces Animaux habitent le bord des eaux dans lesquelles leurs appendices membraneux pourraient faciliter la natation. Deux espèces constituent ce genre dans l'état actuel de nos connaissances.

BASILIC A CAPUCHON, *B. mitratus*, Daudin, T. III. pl. 42.; *B. americanus,* Laur., *Amph.* 50. n° 75; Basilic, Séba, *Mus.* T. I. t. 100. f.1, dont la figure est reproduite dans l'Encyclopédie, Rept. pl. 5. f.1 ; *Lacerta Basilicus*, L. La tête de cet Animal singulier est surmontée d'un capuchon qui lui donne l'aspect le plus extraordinaire, et qui a sans doute donné l'idée de l'appeler du nom de ce Lézard fabuleux que les anciens supposaient porter une petite couronne qui lui avait mérité le titre de Royal, dont Basilic est la traduction. Ce Basilic imaginaire fut long-temps célèbre, et le vulgaire ignorant attache encore à son seul nom une idée de puissance nuisible que l'étude seule des faits suffit pour effacer. C'était une sorte de Dragon en miniature, dont la piqûre causait un trépas inévitable; mais qui, plus à craindre encore par le feu de ses regards que par le venin de son dard, lançait la mort d'un coup-d'œil. Malheur au voyageur qui en était aperçu, et dont la prunelle rencontrait celle du monstre: il se sentait aussitôt dévoré d'un feu soudain; si l'homme, au contraire, apercevait le Basilic avant qu'il en eût été vu, il n'avait rien à redouter de sa puissance, et les chasseurs se servaient pour le prendre d'un miroir, où, dès que l'Animal s'était regardé, l'effet du poison agissait sur lui-même. Des charlatans, façonnant de petites Raies en forme de Dragons, les vendaient aux gens crédules pour des Basilics desséchés. On voyait autrefois dans tous les cabinets de curiosités de semblables préparations frauduleuses, dont Aldrovande et Séba donnèrent des figures. Aujourd'hui de telles puérilités sont repoussées des temples élevés à la nature, c'est-à-dire des collections scientifiques. Le Basilic réel est un Lézard innocent, voisin par ses rapports organiques des Dragons plus innocens encore et des Iguanes; ses couleurs sont assez tristes; sa crète dorsale, ou plutôt la longue nageoire qui règne sur son corps et sur sa queue, est tout ce qu'il présente d'étrange. Séba croyait qu'elle lui servait pour une sorte de vol.

BASILIC PORTE-CRÊTE, *Basilicus cristatus*, N.; *Lacerta amboinensis*, Gmel. *Syst. nat.* T. XIII. t. 1. part. 3. 264. D'après Schlosser, cet Animal, plus grand que le précédent, acquiert jusqu'à trois ou quatre pieds de long; il est varié de diverses couleurs; il n'a de nageoires que sur la queue; son dos est hérissé de dentelures, et sa chair exquise. Il paraît se nourrir de feuilles et d'Insectes; du moins, Cuvier en a-t-il trouvé dans son estomac.

Le *Lacerta javanicus* d'Hornstedt (*Nov. Act.* Stock. 1787. T. v. f. 1—2), donné par Gmelin comme une variété du Basilic porte-crête, pourrait bien être une troisième espèce de ce genre. (B.)

BASILIC. *Ocymum*. BOT. PHAN. Ce genre, composé d'un petit nombre d'espèces herbacées, très-odorantes, presque toutes originaires des contrées chaudes de l'Inde, est placé dans la famille naturelle des Labiées et dans la Didynamie Gymnospermie, L. Son calice est à deux lèvres; la supérieure est large et entière; l'inférieure plus longue est à quatre dents subulées; la corolle est renversée, c'est-à-dire que la lèvre supérieure devient inférieure et *vice versâ*; la lèvre supérieure, qui est réellement l'inférieure, est dressée, à quatre lobes peu profonds et presque égaux; la lèvre inférieure est concave et entière; les quatre étamines sont déclinées vers la partie inférieure de la fleur, caractère qui, dans les Plantes de la famille des Labiées, est toujours l'indice d'une corolle renversée. Plusieurs des espèces sont cultivées dans les jardins : telles sont le Basilic commun, *Ocymum Basilicum*, L., Plante annuelle qui nous vient originairement de l'Inde et de la Chine. Sa tige, haute d'environ un pied, est carrée, rameuse, rougeâtre; ses feuilles sont opposées, pétiolées, ovales, lancéolées; ses fleurs, de couleur purpurine, forment des épis verticillés à la partie supérieure des ramifications de la tige. Cette espèce est très-abondamment cultivée, à cause de l'odeur forte et aromatique que répandent toutes ses parties. Cet arome est encore plus développé dans le petit Basilic, *Ocymum minimum*, et dans le Basilic de Ceylan, *Ocymum gratissimum*, que l'on voit moins fréquemment dans nos jardins.

Le grand Basilic, *Ocymum grandiflorum*, est un petit Arbuste remarquable par ses fleurs beaucoup plus grandes et blanches, écartées les unes des autres. Il est originaire d'Afrique : son odeur est moins agréable. (A. R.)

On appelle vulgairement BASILIC SAUVAGE plusieurs Plantes odorantes de la famille des Labiées, telles que des Clinopodes et des Thyms, etc. (B.)

BASKAK. OIS. Syn. de Cygne, *Anas Cygnus*, L. en Arabie. *V.* CANARD. (DR..Z.)

BASNAGILLI. BOT. PHAN. Syn. de *Bryonia laciniosa*, L. à Ceylan. *V.* BRYONE. (B.)

* BASO. BOT. PHAN. Syn. japonais de Bananier. *V.* ce mot. (B.)

BASOURA. BOT. PHAN. (Pison.) Plante employée par les Brésiliens pour faire des balais, et qui paraît être le *Scoparia dulcis*, Willd. *V.* SCOPAIRE. (B.)

BASOURINHA. BOT. PHAN. (Pison.) Syn. de *Vandellia pratensis*, Vahl. *V.* VANDELLIE. (B.)

BASSAL OU BASSIL. BOT. PHAN. (Hornmann.) Syn. arabe d'Ognon. *V.* AIL. (B.)

BASSÉ. POIS. Syn. de *Perca ocellata*, L. sur les côtes de l'Amérique septentrionale. *V.* PERCHE. (B.)

BASSETS. MAM. A jambes droites et à jambes torses. Races de Chiens domestiques. *V.* CHIEN. (B.)

BASSETS. BOT. CRYPT. Nom vulgaire donné à quelques Champignons stipités, dont le pédicule est court, et le chapeau conséquemment bas sur terre. — Ce sont particulièrement des Agarics. *V.* ce mot. (B.)

* BASSIE. *Bassia*. BOT. PHAN. Genre de la famille des Sapotées. Il renferme des Arbres originaires des Indes où ils sont nommés Illipé, nom qui a été transporté en français. Le calice est formé de quatre sépales; la corolle campanulacée présente supérieurement huit divisions; les étamines, au nombre de seize, sont dis-

posées sur un double rang. Le fruit est une drupe à chair laiteuse, contenant d'une à cinq graines trigones et allongées. Les fleurs sont ramassées à l'extrémité des pédoncules terminaux ou axillaires. On peut voir le *B. longifolia*, figuré t. 398, Lamk. *illustr.*; le *B. latifolia*, tab. 19 de Roxburgh. Forster en a fait connaître une troisième espèce, le *B. obovata*.

Allioni a décrit et figuré (*Misc. Taur.* T. III. 177. tab. 4. fig. 2), sous le nom de *Bassia muricata*, une Plante des contrées méridionales, considérée maintenant comme une espèce du genre *Salsola*. *V.* SOUDE. (A. D. J.)

BASSIN. ZOOL. Le système osseux, réduit à sa plus simple expression, se compose d'une série de vertèbres qui, par suite de développemens, d'extensions et des dispositions variables de leurs élémens, donnent les autres pièces osseuses qui composent la tête, le tronc et les membres. *V.* SQUELETTE. Nous n'anticiperons sur cette idée que pour pouvoir faire apprécier ce qu'est le bassin en anatomie philosophique. Cette ceinture osseuse, qui occupe une place variable dans l'étendue de la colonne vertébrale, selon les classes d'Animaux, n'est point un sur-ajouté aux vertèbres au niveau desquelles il se trouve; mais c'est réellement une partie des élémens formateurs de ces mêmes vertèbres qui se sont élargies, développées pour former une ceinture osseuse, comme, plus haut, les mêmes pièces se sont allongées pour former les côtes. Si nous pouvions développer cette idée, ce serait dans le squelette le plus simple, celui du Serpent, ou dans ceux de quelques Poissons, que nous irions étudier la vertèbre pour la voir former à elle seule toute la charpente osseuse du tronc de l'Animal; nous l'y verrions fournir les côtes, et nous donner ainsi la clef de la composition du tronc. Mais nous ne pouvons ici qu'indiquer les questions; il n'entre pas dans le cadre de notre Dictionnaire d'en présenter le développement. Le principal usage du bassin est de servir d'articulation aux membres abdominaux, et de point d'insertion aux muscles qui circonscrivent la cavité abdominale.

Il existe chez tous les Vertébrés, à l'exception des Serpens et de quelques Poissons qui alors n'ont pas de nageoires ventrales.

Chez tous les Animaux qui ont un bassin, l'abdomen s'y termine. Les excrémens, les produits de la génération et de la sécrétion urinaire le traversent. La Taupe présente une exception remarquable: les os de son bassin sont si serrés les uns contre les autres, que la cavité qu'ils forment ne pourrait donner issue aux produits de la génération; aussi la matrice s'ouvre-t-elle au-dessus du pubis, disposition qui n'est connue que dans ce seul Animal. L'Homme est, de tous les Animaux, celui qui, proportionnellement à sa grandeur, a le bassin le plus large et le plus évasé, ce que nécessitait la grosseur de la tête de l'enfant naissant. Le bassin des Singes s'en rapproche beaucoup; il est aussi celui qui, après le bassin de l'Homme, forme un angle moins ouvert avec la colonne vertébrale, ce qui détermine en grande partie la station des uns et des autres.

Le bassin ne forme pas une ceinture osseuse chez tous les Animaux; il ne se compose, dans les Cétacés, que de deux os suspendus dans les chairs. Dans le Cochon-d'Inde, les pubis sont aussi séparés l'un de l'autre, et les pièces du bassin sont mobiles sur la colonne vertébrale, ce qui doit rendre l'accouchement très-facile chez ces Animaux. Cet écartement des os du bassin est aussi un caractère de la classe entière des Oiseaux, tant il est vrai que chaque fois qu'un Animal sort des conditions naturelles à sa classe, c'est toujours pour retomber dans celles d'une autre. Le bassin des Didelphes offre une disposition qu'on leur a long-temps crue particulière; leur pubis est surmonté de deux grands os que l'on a nommés marsupiaux, du nom de la famille où on les a observés pour la première fois. Ils sont mobiles, et donnent attache à des muscles qui ouvrent et ferment la poche qui renferme et leurs mamelles et leurs petits. Mais c'est surtout dans les Oiseaux que ces os se trouvent au maximum de développement ; ils appartiennent, comme Serre l'a montré, à la classe tout entière, et font partie essentielle de leur bassin ; ils forment le stylet que l'on avait jusqu'ici pris pour le pubis. On les retrouve aussi dans des Mammifères, autres que les marsupiaux. Le fœtus humain les présente souvent; mais il faut les chercher dans le très-jeune âge : leur présence est liée à celle des muscles pyramidaux. Dans les Oiseaux, les os coxaux et le sacrum font, avec les vertèbres des lombes, un seul et même os qui forme une large cavité évasée, dont les pubis se portent en arrière au lieu de se réunir pour former ceinture.

L'Autruche, qui touche les Mammifères par nombre de points, s'en rapproche encore par son bassin ; dans cet Oiseau les pubis s'élargissent beaucoup et se réunissent pour former une ceinture osseuse.

Il est des Poissons où l'on ne trouve point de bassin, et qui alors manquent aussi de nageoires ventrales ; quand il existe, ou il se borne à une simple plaque qui soutient ces nageoires, ou il se compose d'un plus grand nombre de pièces dont la disposition varie singulièrement : il n'est chez aucun attaché à la colonne épinière, et il est plus ou moins rapproché de la tête.

Le Bassin est, dans l'Homme et la plupart des Vertébrés, formé, en arrière, par le sacrum, série de corps vertébraux qui fait évidemment suite à la colonne épinière, et qui se continue en coccyx ou en une queue plus ou moins allongée. Il est, sur les côtés et en devant, formé par quatre os, ordinairement soudés en un seul dans l'âge adulte; l'un est l'iléon attenant au sacrum ; un autre, le pubis qui s'unit avec celui du côté opposé pour former la saillie et l'arcade de ce nom ; le troisième est l'os marsupial qui, chez l'Oiseau, concourt à former la cavité du Bassin, et passe chez les Didelphes à des usages plus spéciaux, ceux de servir de point d'insertion aux muscles de la poche de ces Animaux ; le quatrième enfin est l'ischion qui, chez les Mammifères, offre une large tubérosité qui porte sur le sol dans la situation assise : aussi la peau qui recouvre cette tubérosité est-elle dure et calleuse chez plusieurs Singes pour qui cette position est la plus ordinaire.

(PR. D.)

BASSINET. BOT. PHAN. *V.* BACINET.

BASSINS. GÉOL. Grands lits des fleuves, surfaces de terrains plus ou moins étendues dont les eaux, suivant des versans divers, finissent par se réunir en un seul canal qui les conduit en un réservoir commun, soit l'Océan, soit une mer intérieure ou quelque lac. De tels Bassins généraux se composent de Bassins partiels, et les vallées des hautes montagnes par lesquelles des torrens portent aux fleuves un premier tribut, ne sont que de petits Bassins plus étroits et plus encaissés ; leur nombre concourt à l'ensemble d'un Bassin général. Les crêtes des monts sont donc des partages de Bassins ; ces partages existent partout où les eaux pluviales prennent, en tombant sur les pentes de la terre, une direction différente : on en trouve sur des plateaux où l'œil saisit à peine l'aspect d'une différence de niveau ; aussi les géologues et les savans qui s'occupent de géographie physique, ont-ils reconnu combien le système des anciens dessinateurs de cartes, qui environnaient les Bassins naturels de grandes chaînes, est faux et erroné. Si de grands cours d'eaux descendent de sommets imposans, si des séries de montagnes en accompagnent ou limitent quelque étendue, et séparent ses versans de ceux d'un cours contigu, il ne faut pas en conclure que tous les grands cours d'eau soient nécessairement encaissés et séparés de leurs voisins comme par une barrière insurmontable que posa primordialement la nature. Depuis qu'on ne trace plus au hasard et sur de fausses données des élévations en pain de sucre, ou comme des colliers de perles enfilées, dans la topographie on s'est aperçu que les cours d'eaux les plus connus n'avaient pas toujours des Bassins positivement circonscrits, et que plusieurs, comme pour donner un démenti aux anciens systèmes, semblaient se plaire à couper successivement des chaînes de monts considérables, qu'au premier coup-d'œil on supposerait qu'il leur eût été plus facile de tourner; il suffit d'avoir voyagé le long de quelque grand fleuve pour se convaincre de cette vérité. Qu'on examine le Danube, par exemple; son cours se compose de quatre ou cinq Bassins successifs, qui probablement furent des lacs, comme le cours du fleuve Saint-Laurent en offre encore dans l'Amérique septentrionale. Ces lacs étaient interceptés par des chaînes de monts plus ou moins élevés, et recevaient le tribut d'un système particulier de versans; leurs eaux ayant communiqué par quelque canal, qu'elles approfondirent à mesure que la pente générale favorisait l'écoulement vers la mer, ces lacs ont diminué et sont devenus enfin des plaines dont le terrain d'alluvion indique le premier état; ils ont même disparu, et le lit des ruisseaux, des rivières et d'un fleuve serpente tortueusement dans des canaux restreints, au fond de ces espaces mis à sec. La Méditerranée, la Baltique, la mer Rouge, la mer Blanche, la mer Vermeille et la plupart de ces golfes enfoncés dans les terres, dont l'orifice se rétrécit, peuvent encore être considérés comme des Bassins qui, tôt ou tard, n'offriront plus que des lits de rivière arrosant la partie la plus basse de vastes vallées. La Méditerranée, par exemple, ne prend-elle pas déjà une forme analogue à celle du cours de ce fleuve Saint-Laurent que nous avons déjà cité? La mer d'Azof et la mer Noire ne sont-elles pas déjà des lacs qu'on peut comparer aux lacs supérieurs Huron et Michigan? Un jour les îles de l'Archipel en intercepteront d'autres. L'Adriatique, devenue la continuation du Bassin secondaire de l'Eridan; l'espace contenu entre les côtes de Syrie, de Libye, et une ligne tirée par la Calabre, la Sicile, Malte et la pointe Punique, seront d'autres lacs, auxquels succédera un lac plus vaste, où les îles Baléares, de Corse et de Sardaigne, diversement unies par leur augmentation, en prépareront d'autres; et toutes ces successions de lacs alimenteront, par le détroit de Calpé et d'Abila, l'embouchure d'un grand fleuve dont le Nil, l'Oronte, le Don, le Danube, le Pô, le Tibre, le Rhône et l'Ebre ne seront que des affluens. La Baltique, dont les eaux sont tellement adoucies et la diminution si sensible qu'elle subira la première une métamorphose analogue, est presque déjà réduite à la condition géographique de cette Gironde, reste du vaste golfe dont le sol aquitanique demeure le monument, et qui n'est plus que la simple embouchure de la Garonne et de la Dordogne.

Un exemple partiel que le voyageur géologue et géographe pourra étendre à beaucoup d'autres contrées du monde, même dans les derniers détails de terrain, suffira pour prouver la non-existence, comme règle générale, de ces chaînes de monts, et même de collines sensibles dont on a si long-temps établi la présence tout autour des grands cours d'eaux. Nous le prendrons en Espagne; dans cette presqu'île intéressante et si peu connue, existent de grands cours d'eaux qui s'échappent vers l'Océan en coulant à l'ouest, ou vers la Méditerranée par des pentes qui regardent l'orient. Les faiseurs de cartes crurent donc qu'il était indispensable de ramifier les Pyrénées sur toute la surface du pays, afin d'établir entre les sources de ces divers cours d'eau les murailles que leur imagination supposait isoler jusqu'aux moindres ruisseaux. C'est particulièrement pour séparer les versans méditerranéens des versans océaniques, qu'ils multiplièrent les crêtes, les pics, les anastomoses, les contreforts, et tout ce que le burin peut imaginer de noir pour rendre sur le cuivre la physionomie alpine. Cependant de vastes plaines où les gouttes de pluie, comme indécises du choix de leur route, coulent vers la Méditerranée par le Xijar, et vers l'Océan par le Guadalquivir, s'étendent précisément où devraient se voir des chaînes imaginaires. Nous avions depuis long-temps signalé cet exemple, sans qu'aucun géographe en eût tenu compte, si ce n'est enfin un M. Brué qui a profité de nos avis et même des dessins que nous lui avons communiqués, sans faire mention de l'autorité sur laquelle il avait établi un si grand changement dans la carte de l'Espagne qu'il a récemment publiée. (B.)

BASSOMBE. BOT. PHAN. Syn. d'Acoc selon Bosc. (B.)

BASSON. OIS. Syn. vulgaire de la Foulque Macroule, *Fulica atra*, L. *V.* FOULQUE. (DR..Z.)

BASSORE. *Bassoria*. BOT. PHAN. Aublet, sous le nom de *Bassoria sylvatica*, a décrit et figuré (Pl. de la Guy. tab. 85) une Plante herbacée que L.-C. Richard regardait comme congénère des Solanum. Ses caractères sont : un calice quinqueparti ; une corolle monopétale, hypogyne, dont le tube est court et le limbe ouvert, à cinq divisions aiguës ; cinq étamines insérées à la base de ces divisions, à filets courts et à anthères libres ; un ovaire porté sur un disque ; un style court et un stigmate obtus. Le fruit est une baie ovoïde, pulpeuse au-dedans, bosselée à sa surface par la saillie de graines petites, nombreuses, réniformes, bordées d'un feuillet membraneux. Les tiges sont nombreuses, les feuilles alternes et grandes, les fleurs en corymbes axillaires peu garnis. (A. R.)

BASSORINE. BOT. PHAN. Matière particulière de la nature des Gommes, observée pour la première fois par Vauquelin dans ce qu'on nomme vulgairement Gomme de Bagdad, et que J. Pelletier a reconnue dans la plupart des Gommes-Résines dont on l'obtient en traitant successivement ces Gommes-Résines par l'eau, l'Alcohol et l'Éther. La Bassorine est insoluble dans l'eau, quelle que soit la température ; elle s'y gonfle considérablement, et se dissout à chaud dans l'eau chargée d'un peu d'acide nitrique ou hydro-chlorique. La dissolution évaporée et édulcorée par l'Alcohol abandonne un précipité floconneux, lequel desséché offre tous les caractères de la Gomme arabique. Ce qui reste en dissolution paraît être un principe nouveau qui doit attirer l'attention des chimistes. (DR..Z.)

BASSUS. *Bassus*. INS. Genre de l'ordre des Hyménoptères, section des Térébrans, établi par Fabricius aux dépens du genre Ichneumon de Linné, et comprenant tous ceux dont le ventre est à peine pétiolé et cylindrique. Latreille n'adopte pas ce groupe, et réunit les espèces qu'il contient aux genres Ichneumon et Crypte. *V.* ces mots. (AUD.)

BASTA MARINA. POLYP. (Rumph, *Amb.*, tab. 89.) Syn. de *Spongia Basta*, Pall. Eponge panache noir de Lamarck. *V.* EPONGE. (LAM..X.)

* BASTAN. BOT. PHAN. L'un des noms de l'OEillet chez les Portugais. (B.)

BASTANGO. POIS. L'un des noms vulgaires de la Pastenague. *V.* TRYGONOBATE. (B.)

* BASTARDIA. BOT. PHAN. Genre de la famille des Malvacées, que nous avons établi, et très-voisin du genre Sida dont il diffère seulement par une capsule unique, à cinq ou plusieurs loges monospermes. Ce genre ne renferme jusqu'à présent que deux espèces originaires de l'Amérique ; dont une était déjà anciennement connue sous le nom de *Sida vinosa*. (K.)

BASTERA. BOT. PHAN. (Houttuyn.) Syn. de Rohria. *V.* ce mot. (A. D. J.)

BASTERIA. BOT. PHAN. Et non

Bastera. Miller, et Adanson à son exemple, nommaient ainsi le *Calycanthus* de Linné; Ehret lui donne le nom de *Beureria*, et Duhamel de *Butneria*. (A. D. J.)

BASTONAGO. POIS. Même chose que Bastango. *V*. ce mot. (B.)

BAT. MAM. Syn. anglais de Chauve-souris. *V*. ce mot. (B.)

* BAT. *Clitellum*. ANNEL. Quelques auteurs, Lamarck en particulier (Hist. nat. des Anim. sans vert., T. v. p. 298) nomment ainsi, dans les Lombrics terrestres, l'espèce de ceinture que l'on observe à la partie antérieure et supérieure du corps, et qui résulte de la réunion de six à neuf anneaux. *V*. LOMBRIC. (AUD.)

* BATA. BOT. PHAN. (Rhéede, *Hort. Mal*. 1. t. 12-14.) L'un des noms du *Musa paradisiaca*. *V*. BANANIER. (B.)

BATAJASSE OU BATTAJASSE ET BATTE-LESSIVE. OIS. Noms vulgaires de la Lavandière. *V*. BERGERONNETTE. (DR..Z.)

BATAN. BOT. PHAN. (Linscot.) Arbre de l'Inde, peu connu, dont on appelle la fleur *Buaa*, et le fruit *Duryaen*. Est-ce un Jacquier, est-ce un Durion? *V*. ces mots. (B.)

* BATANUTA. BOT. PHAN. (Dioscoride.) Syn. de *Tamus communis*, L. *V*. TAMUS. (B.)

BATARA. *Thamnophilus*. OIS. Genre de l'ordre des Insectivores, dont les caractères sont : bec épais, court, un peu bombé, élargi à sa base, dilaté sur les côtés, comprimé vers la pointe qui est obtuse, courbée et échancrée, dépassant la mandibule inférieure : celle-ci est bombée en dessous et pointue; narines latérales, un peu distinctes de la base, percées dans la masse cornée du bec, arrondies ou ovoïdes, totalement ouvertes; pieds longs, grêles; tarse beaucoup plus long que le doigt intermédiaire; l'externe réuni jusqu'à la première articulation, l'interne divisé; ailes très-courtes, arrondies; les trois premières rémiges également étagées; les quatrième, cinquième et sixième les plus longues. — Le genre Batara, indiqué par d'Azara et formé par Vieillot, se compose, quant à présent, d'espèces presque toutes de l'Amérique méridionale, et d'un petit nombre d'Afrique. Leurs mœurs et leurs habitudes sont encore peu connues. Selon d'Azara qui a pu observer plus particulièrement ces Oiseaux au Paraguay, on ne les rencontre que dans les broussailles des fourrées obscures où ils se tiennent silencieusement avec leur seule compagne; ils n'en sortent que le matin et le soir pour aller à la chasse des petits Insectes dont ils font leur principale nourriture; ils évitent la grande chaleur, ce qui ferait croire que ces Oiseaux se trouveraient beaucoup mieux dans des climats plus tempérés; leur chant, ou plutôt le cri qu'ils ne font entendre qu'à l'époque des amours, se borne à la syllabe *tu*, assez vivement répétée. C'est aussi dans les buissons épais que les Bataras font avec soin leur nid fortement enlacé, et où ils pondent ordinairement deux ou trois œufs blancs dans la plupart des espèces, et picotés ou rayés de brun ou de rougeâtre dans quelques-unes.

Les Bataras se rapprochent beaucoup des Fourmiliers; on pourrait les diviser en deux tribus, d'après la force du bec.

† *Bec robuste plus ou moins renflé en dessous.*

BATARA AGRIPENNE, *Thamnaphilus caudatus*, Vieill. D'un roux verdâtre, plus clair sur le cou; rectrices d'un brun noirâtre avec la tige aiguë, presque usée; longueur, sept pouces et demi. De la Guyane.

BATARA A AILES VERTES, *Tham. chloropterus*, Vieill. Parties supérieures rousses; tectrices alaires roussâtres avec une zône noire vers le haut; rémiges vertes en dehors; parties inférieures rayées transversalement de brun et de noir; queue longue, arrondie et rayée de noir, de blanc et de gris; pieds bleus; longueur, huit pouces. De Cayenne.

BATARA BLEUATRE, *Tham. cœru-*

lescens, Vieill. Parties supérieures d'un gris plombé; sommet de la tête noir, ainsi que les ailes et la queue qui sont en outre bordées et terminées de blanc; une tache de la même couleur sur le haut du dos; parties inférieures d'un blanc-bleuâtre; bec noir et bleu; longueur, cinq pouces huit lignes. Du Paraguay.

BATARA DORÉ, *Tham. auratus*, Vieill. Parties supérieures d'un brun plombé nuancé de jaune doré; sommet de la tête mordoré; tectrices alaires brunes, terminées de blanc vers la pointe; gorge d'un blanc bleuâtre; devant du cou mordoré; dessous du corps d'un roux mêlé de jaune doré; longueur, cinq pouces huit lignes. Du Paraguay.

BATARA FERRUGINEUX, *Lanius rubiginosus*, Lath. Parties supérieures d'un jaune de rouille avec la nuque garnie d'une huppe; parties inférieures d'un jaune rougeâtre. De Cayenne.

GRAND BATARA, *Tham. major*, Vieill. Parties supérieures noires avec les tectrices alaires bordées de blanc; parties inférieures blanches; cinq bandes transversales blanches sur les deux rectrices extérieures, et quelques points de la même couleur sur les trois suivantes; longueur, huit pouces deux lignes. Du Paraguay.

BATARA HUPPÉ, *Turdus cirrhatus*, Lath. Parties supérieures d'un brun noirâtre; tectrices alaires noires; une huppe de cette couleur sur la nuque; gorge noire et blanche; poitrine noire; rectrices bordées de blanc; longueur, six pouces. De Cayenne.

†† *Bec presque grêle.*

BATARA ALAPI, *Tham. Alapi*, Vieill.; *Turdus Alapi*, Lath., Buff. pl. enl. 701. fig. 2. Parties supérieures brunes, piquetées de blanc; tête, cou et dos olivâtres; une tache blanche sur le dernier; parties inférieures cendrées; gorge, devant du cou et poitrine noirs; rectrices noirâtres, un peu étagées; la femelle est sans tache sur le dos; elle a la poitrine blanche et le ventre roussâtre; longueur, six pouces. Cette espèce se distingue de ses congénères par une vie plus sociale. De la Guyane.

BATARA A CALOTTE NOIRE, *Tham. atricapillus*, Vieill.; *Lanius ater*, Lath., Merren. pl. 10. Parties supérieures d'un gris foncé; sommet de la tête noir; tectrices alaires bordées de blanc; parties inférieures d'un cendré bleuâtre; rectrices noires, terminées de blanc; la femelle est brune en dessus avec le sommet de la tête roux; elle a de petites taches blanches sur les scapulaires; les parties inférieures sont d'un blanc sale; longueur, cinq pouces. De la Guyane.

BATARA CORAYA, *Tham. Coraya*, Vieill.; *Turdus Coraya*, Lath., Buff. pl. enl. 701. fig. 1. Parties supérieures brunes; tête noire; gorge et devant du cou d'un blanc qui prend une teinte cendrée roussâtre sur la poitrine et le ventre; queue rayée transversalement de noirâtre; longueur, cinq pouces six lignes. De la Guyane.

BATARA A CRAVATTE NOIRE, *Tham. cinnamomeus*, Vieill.; *Turdus cinnamomeus*, Lath., Buff. pl. enl. 560. fig. 2. Parties supérieures d'un roux foncé; moustaches blanches; gorge d'un noir velouté; tectrices alaires supérieures noires, avec une tache blanche; les inférieures blanches; parties inférieures roussâtres; rémiges et rectrices noires, bordées de blanc; longueur, cinq pouces. De Cayenne.

BATARA A FRONT ROUX, *Tham. rufifrons*, Vieill.; *Turdus rufifrons*, Lath., Buff. pl. enl. 644. f. Parties supérieures brunes; gorge, côtés de la tête, front, devant du cou et ventre roux; tectrices alaires noires, bordées de jaune; tectrices caudales inférieures blanches; rectrices cendrées; longueur, huit pouces six lignes. De l'Amérique méridionale.

BATARA GRISIN, *T. griseus*, Vieill.; *Sylvia grisea*, Lath., Buff. pl. enl. 643. fig. 1 et 2. Parties supérieures d'un gris cendré; tectrices alaires supérieures terminées de blanc; rémiges noirâtres, bordées de gris clair; sommet de la tête noirâtre; moustaches blanches; parties inférieures blanches, à l'exception de la gorge et de la poitrine qui sont noires; la femelle diffère du mâle en ce que tout ce qui est noir chez celui-ci est gris chez elle; longueur, quatre pouces six lignes. De l'Amérique méridionale.

BATARA A LONGUE QUEUE, *Tham. longicaudus*, Vieill. Noir avec de petites mouchetures blanches sur la gorge et les rectrices; longueur, sept pouces. De l'Amérique méridionale.

BATARA MOUCHETÉ, *Tham. guttatus*, Vieill. Blanc avec des taches noires, en forme de larmes, sur les parties supérieures; longueur, sept pouces. De l'Amérique méridionale.

BATARA RAYÉ DE CAYENNE, *Lanius doliatus*, Lath. (Pie-Grièche rayée), Buff. pl. enl. 297. fig. 1. Entièrement rayé de noir et de blanc, avec une petite huppe rayée longitudinalement sur la nuque; longueur, six pouces six lignes.

BATARA RAYÉ DU PARAGUAY, *Tham. radiatus*, Vieill. Parties supérieures rayées de blanc et de noir; ces deux couleurs se mêlant irrégulièrement sur la tête et le cou; rémiges noires, tachetées de blanc; parties inférieures blanchâtres, rayées de noir; rectrices rayées de noir; une huppe noire sur la nuque; la femelle a roux tout ce qui est noir dans le mâle; longueur, six pouces six lignes.

BATARA RAYÉ A TÊTE ROUSSE, *Tham. lineatus*, Vieill. Entièrement rayé de noir et de blanc roussâtre, avec la tête rousse; longueur, six pouces. De l'Amérique méridionale.

BATARA ROUGEATRE, *Tham. rubicus*, Vieill. Dessus de la tête d'un gris cendré; joues blanches et tachetées de brun; parties supérieures rousses; parties inférieures rougeâtres; ailes et queue noirâtres; les rectrices bordées de blanc; longueur, neuf pouces. De l'Amérique méridionale.

BATARA ROUX, *Tham. rufus*, Vieill.; *Batara roxo*, Azar. Parties supérieures rousses; tectrices alaires noires; parties inférieures d'un blanc sale et jaunâtre; longueur, sept pouces. Du Paraguay.

BATARA TACHETÉ, *Tham. nævius*, Vieill., *Lanius nævius*, Lath. Parties supérieures noires, terminées de blanc; rectrices noires avec une tache oblongue à l'extérieur de chacune; parties inférieures cendrées; longueur, six pouces trois lignes. Du Brésil.

BATARA SCHET-BÉ, *Tham. rutilus*, Vieill.; *Lanius rufus*, Lath. Tête, gorge et cou d'un noir verdâtre; parties supérieures rousses de même que la queue; parties inférieures d'un gris blanchâtre; longueur, sept pouces neuf lignes. De Madagascar.

BATARA TCHAGRA, *Tham. Tchagra*, Vieill.; *Lanius senegalus*, Lath., Buff. pl. enl. 479. f. 1; Levail. Ois. d'Afrique. pl. 70. Parties supérieures d'un brun foncé; nuque d'un noir olivâtre; gorge blanchâtre; parties inférieures cendrées; moustaches blanches; les deux rectrices intermédiaires rayées finement par une teinte grise, plus intense que le fond; les autres noirâtres, terminées de blanc; longueur, neuf pouces.

BATARA A TÊTE BLEUE, *Tham. cyanocephalus*, Vieill. Tête d'un bleu turquin, traversée sur le milieu du sommet par une raie blanche; parties supérieures noires; tectrices alaires avec quelques taches et les bordures blanches; rectrices noires avec l'extrémité blanche, à l'exception des intermédiaires; la femelle est d'un noir verdâtre, et n'a point la raie blanche occipitale; longueur, six pouces quatre lignes. Du Paraguay.

BATARA A TÊTE ROUSSE, *Tham. ruficapillus*, Vieill.; *Batane acanelado*, Azar. Sommet de la tête d'un brun roux, plus clair sur les côtés; dos d'un brun mêlé de bleuâtre; tectrices supérieures et bordures des rémiges mordorées; devant du cou et poitrine blanchâtres, rayés transversalement de noir; rectrices intermédiaires entièrement noires, les autres bordées de blanc; longueur, six pouces trois lignes. Du Paraguay.

BATARA VARIÉ, *Tham. varius*, Vieill.; *Lanius varius*, Lath. Parties supérieures d'un brun cendré; scapulaires blanches; parties inférieures d'un blanc jaunâtre; ailes et queue brunes. Du Brésil.

BATARA VERDATRE, *Tham. virescens*, Vieill. Parties supérieures verdâtres avec la tête tachetée de noir; tectrices alaires noires, tachetées de blanc; parties inférieures grises et roussâtres dans le mâle; queue noire terminée de blanc. De l'Amérique méridionale.

BATARA VERT, *Tham. viridis*, Vieill. Parties supérieures vertes; parties inférieures, front et tectrices caudales rayés transversalement de noir et de blanc; longueur, six pouces dix lignes. De l'Amérique méridionale. (DR..Z.)

BATARD. ANNEL. Nom par lequel les pêcheurs désignent de petits Vers rouges qu'ils recherchent entre les rochers pour amorcer leurs lignes. (B.)

BATATE. *Batatas*. BOT. PHAN. D'où Patate. Espèce de Liseron. *V.* ce mot. (B.)

BATAULE. BOT. PHAN. Même chose que Beurre de Bambouc. *V.* ce mot. (B.)

BATAVIA. POIS. (Bosmann.) Nom donné à un Poisson de la Côte-d'Or en Afrique, qu'il est impossible de rapporter à aucun genre connu sur le peu qu'on en sait. (B.)

BATEAU. MOLL. Nom vulgaire d'une espèce de Patelle, *Patella compressa* de Lamarck. *V.* PATELLE. (F.)

BATECH, BATIE OU BATIEC. BOT. PHAN. Synonymes de Pastèque ou Melon d'eau. (A. D. J.)

BATELÉ. BOT. PHAN. (Nicholson.) Nom caraïbe d'une espèce d'Eupatoire indéterminée. (B.)

BATELEUR. OIS. Levaillant, Ois. d'Af. pl. 7 et 8. Syn. de Pygargue. *V.* AIGLE. (B.)

BATHAENDA. BOT. PHAN. Probablement la même chose que Bathoenda. *V.* ce mot. (B.)

BATHELIUM. BOT. CRYPT. (Lichens.) Genre établi par Achar dans l'ouvrage intitulé : *Methodus Lichenum*, mais qu'il n'a pas conservé dans ses autres ouvrages. Il l'a réuni au genre *Tripethelium* dont il ne diffère presque pas. La seule espèce que ce genre renfermait, le *Bathelium mastoideum*, croît sur l'écorce des Arbres en Guinée. *V.* TRIPETHELIUM. (AD. B.)

BATHOENDA. BOT. PHAN. Linné soupçonne que l'Arbre dont le bois sert à Ceylan pour faire divers ustensiles, et qui porte ce nom, est un Hibiscus. *V.* KETMIE. (B.)

* BATHOS. OIS. Syn. grec d'Etourneau, *Sturnus vulgaris*, L. *V.* ETOURNEAU. (DR..Z.)

BATHYERGUS. MAM. (Illiger.) *V.* ORYCTÈRES.

BATI. BOT. PHAN. *V.* BATIS.

* BATICULA. BOT. PHAN. *V.* BACIUCCO.

BATIE OU BATIEC. BOT. PHAN. *V.* BATECH.

BATIS. OIS. Syn. du Traquet, *Motacilla rubetra*, L. *V.* TRAQUET. (DR..Z.)

BATIS. POIS. Grande espèce de Raie du genre Dasybate. *V.* ce mot. (B.)

BATIS. BOT. PHAN. On nomme ainsi un Arbuste de la Jamaïque, assez remarquable par la structure de ses fleurs, et qui n'a jamais été rapporté par les auteurs à aucune famille connue. On le rencontre sur les rivages de la mer et dans les terrains salins. Aussi renferme-t-il beaucoup de particules salines. Il s'élève à la hauteur de quatre pieds; ses rameaux nombreux sont à quatre angles et opposés, ainsi que ses feuilles charnues, à l'aisselle desquelles naissent des chatons de fleurs, mâles sur un pied, femelles sur un autre. Les premières consistent en quatre étamines situées à la base d'une écaille un peu plus courte qu'elles, accompagnée, suivant Browne, d'une petite gaîne membraneuse. Ces écailles, imbriquées sur quatre rangs, constituent une pyramide quadrangulaire et sessile. Les fleurs femelles, réunies en un chaton oblong, un peu pédicellé et ceint de deux écailles à sa base, sont formées chacune par une squammule à laquelle tient un ovaire surmonté d'un stigmate sessile et bilobé, et qui devient une baie contenant dans une seule loge de deux à quatre graines. Ces baies, fixées à un axe commun et charnu, finissent par se souder entre elles et former ainsi un fruit composé. *V.* Lamk. *Illust.* tab. 806. (A. D. J.)

* BATIS, et non BATI, dans Pline, désigne, selon Adanson, la Perce-Pierre, *Crithmum maritimum*, L. *V.* BACILLE. (B.)

* BATITURES. MIN. Ecailles qui se détachent d'une surface métallique lorsqu'on la bat après avoir été fortement chauffée. Les Batitures sont ordinairement du Métal au premier degré d'oxydation ou des Protoxydes. (DR..Z.)

BATLESCHAIAN OU BADINDJAN. BOT. PHAN. (Sloane.) Syn. de *Solanum Melongena*, L. *V.* MORELLE. (B.)

BATO OU BATU. BOT. PHAN. *V.* VATO LELA.

BATOLITE. *Batolites.* MOLL. FOSS. Dénomination générique créée par Montfort (Conchyl. T. I. p. 334) pour distinguer un corps pétrifié fort singulier qu'il appelle Batolite Tuyau d'Orgue, *B. organisans.* Ce Fossile a été compris, par Picot de La Peyrouse, dans ses Orthocératites (*V.* Monogr. des Orthocér.). Quant à la figure citée par Knorr (*Diluv. Test.* éd. Valch. pl. I. *a.* f. 13), on peut douter si elle se rapporte au même corps représenté par Montfort. Voici la description générique que cet auteur donne des Batolites : « Coquille libre, adhérente » ou vivant en famille, univalve, cloi» sonnée, droite et fistuleuse; bouche » arrondie, peu profonde, ouverte, » horizontale; cloisons criblées et » percées latéralement de deux grands » stigmates, répondant à deux arètes » parallèles ou divergentes qui per» cent toutes les cloisons jusqu'au » sommet de la Coquille. »

Montfort et Blainville comparent, avec raison, les Batolites aux Hippurites. Ce que le premier appelle des stigmates et des arètes parallèles, se retrouve en effet dans les Hippurites dont les Batolites sont bien distinguées par leur forme fistuleuse ou cylindrico-conique; car chaque tuyau montre une diminution progressive dans son diamètre, de sorte qu'on peut croire que ces corps acquéraient une assez grande longueur. Montfort dit en avoir vu de plus de trois pieds de long, n'ayant qu'un pouce de diamètre à leur base, et à peine deux lignes du côté du sommet qui était tronqué. Il conclut d'un Batolite du cabinet du marquis de Drée, qui a au moins trois pouces à son grand diamètre, qu'il a dû avoir cinquante-quatre pieds de longueur. Ces corps paraissent avoir été groupés. On voit à l'extérieur les traces de l'accroissement successif, et ils ressemblent beaucoup à des Polypiers. Selon Montfort, ces corps constituent à eux seuls des masses de rochers dans les hautes Alpes : ils doivent, d'après cela, être regardés comme très-anciens parmi les Fossiles organisés. Nous avons réuni les Batolites et les Hippurites (*V.* ce mot) dans une même famille de la classe des Céphalopodes décapodes; mais il est évident qu'on ne conçoit point encore assez bien ces deux corps singuliers pour en avoir une idée juste. (F.)

BATON. BOT. PHAN. Nom vulgairement appliqué avec quelque épithète, par les jardiniers, à des Plantes dont les fleurs sont disposées en une sorte d'épi plus ou moins serré, long et cylindrique. Ainsi l'on nomme :

BATON DE JACOB, l'*Asphodelus luteus*, L.

BATON DE SAINT JEAN, le *Polygonum orientale*.

* BATON D'OR, le *Cheiranthus Cheiri*, L. à fleurs doubles.

BATON ROYAL, l'*Asphodelus albus*. (B.)

BATONNET. MOLL. Nom vulgaire d'une espèce du genre Cône, c'est le *Conus tendineus* de Bruguière, de Lamarck et de Dillwyn. *V.* CÔNE. (F.)

BATOS. BOT. PHAN. (Hippocrate.) Syn. de Ronce. (B.)

* BATRACHIE. *Batrachium*. BOT. PHAN. Première section formée par De Candolle (Syst. végét. 1. p. 133) dans le genre nombreux des Renoncules; elle répond aux *Renonculoides* de Vaillant, et comprend les espèces aquatiques hétérophylles, vulgairement nommées Grenouillettes, et qui toutes avaient été antérieurement confondues comme de simples variétés des *Ranunculus aquatilis* et *hederaceus* de Linné *V.* RENONCULE. (B.)

BATRACHION. BOT. PHAN. Dont *Grenouillette* n'est que la traduction. Vieux nom des *Ranunculus bulbosus*, L., et *aquatilis*, L. *V.* BATRACHIUM et RENONCULE. (B.)

BATRACHITE OU BROFTIAS. MIN. (Pline.) On croit reconnaître dans la Pierre que les anciens nommaient ainsi et qu'ils supposaient le résultat de quelque coup de tonnerre, une Pyrite globuleuse striée du centre à la circonférence. *V.* PYRITE. On supposait aussi que la Batrachite se trouvait dans la tête des Grenouilles, et on lui attribuait des propriétés merveilleuses contre le venin des Serpens. (LUC.)

BATRACHOIDE. *Batrachus*. POIS. Genre de l'ordre des Acanthoptérygiens, famille des Percoïdes de la Méthode de Cuvier, établi par Lacépède, parmi les Jugulaires de Linné, aux dépens des Gades et des Blennies de ce dernier. Ses caractères sont : tête horizontalement aplatie, plus large que le corps; gueule et ouïes très-fendues avec les opercules épineux; ventrales étroites attachées sous la gorge; première dorsale courte, soutenue de trois rayons épineux; seconde, molle et longue, ainsi que l'anale qui lui répond. Les intestins courts manquent de cæcum dans les espèces qu'on a disséquées. La vessie natatoire est profondément fourchue en avant. Ces Poissons voraces et pêcheurs se tiennent cachés dans la vase où ils tendent des embûches aux autres habitans des eaux; leur piqûre passe pour dangereuse. Le peu d'espèces qui constituent ce genre peuvent se répartir dans les deux divisions suivantes :

† Espèces dont la bouche est pourvue de barbillons en assez grand nombre.

Le TAU, *Batrachus Tau*, Bloch., T. VI. f. 2-3. Encycl. Pois. pl. 30. f. 109. *Gadus Tau*, L.; Gmel. *Syst. nat.* XIII. 1. part. III. 1172. Poisson dont la tête grande et large est marquée entre les yeux et jusque vers la nuque d'une tache qui rappelle le Tau grec; les opercules munis de trois aiguillons. Son corps est couvert d'une mucosité remarquable; il habite les côtes de la Caroline. *B.* 6. *D.* 3. 20. 26. *P.* 20. *J.* 1/6. *A.* 13. 15. 22. *C.* 12. 16.

La GRENOUILLÈRE, *Batrachus blennoides; Blennius raninus*, Gmel. *Syst. nat.* XIII. 1. p. III. p. 1183. Poisson vorace des lacs de la Suède, dont la chair n'est pas bonne à manger, et qui, de même que le précédent, laisse échapper de toute la surface de son corps une abondante mucosité. Les deux premiers rayons de chaque nageoire jugulaire sont terminés par un long filament. *B.* 7. *D.* 3-56 *P.* 22. *J.* 2/6. *A.* 6. *C.* 30.

Le GROGNIARD, *Batrachus grunniens*, Bloch., 2. t. *Cottus grunniens*, L.; Gmel. *Syst. nat.* XIII. part. III. 1208; Séba. III. t. 23. f. 4. Poisson des mers australes, soit de l'Inde, soit de l'Amérique; dont la tête est grande, avec les yeux petits; dont l'iris est rouge, et qui a quatre aiguillons à l'opercule. Sa chair est excellente, mais son foie est fort amer. Il fait entendre un grognement. *B.* 6. *D.* 3 — 20. *P.* 22. *J.* 4. *A.* 16. *C.* 11.

†† Espèces dont la bouche est dépourvue de barbillons.

Le NIGUI, *Batrachus surinamensis*, Schn. pl. 7. Ce Poisson, mentionné par Marcgrave (*Bras.* p. 78) a été confondu par Gmelin (*loc. cit.*) avec l'espèce précédente. Le *Gallus grunniens* de Willughby, qui a été également confondu, pourrait bien, s'il n'est pas le même Poisson, former une nouvelle espèce dans la seconde division du genre dont il vient d'être question. (B.)

BATRACHOSPERME. *Batrachosperma*. BOT. CRYPT. (*Cahodinées; section des Diphytes.*) Les Plantes de ce genre forment dans la nature un groupe si remarquable, qu'on a lieu d'être surpris que Dillen, et Linné après lui, n'en aient point formé au moins une section particuliere, dès qu'ils entreprirent de débrouiller la cryptogamie. L'on n'a pas besoin d'emprunter le secours du microscope pour remarquer combien la forme, la consistance, l'extrême flexibilité, et surtout la mucosité de ces élégans Végétaux, les éloignent de tous ceux dont on les avait rapprochés. Dillen avait, sous le nom de *Conferves lubriques*, désigné plusieurs variétés ou espèces de Batrachospermes; Linné les confondit toutes sous le nom de *Conferva gelatinosa*. A son exemple, la plupart des botanistes réunirent sous ce même nom tout ce qui leur parut des Conferves muqueuses au toucher. Weiss, le premier sans doute, ayant soumis au microscope le *Conferva fontana nodosà spermatis Ranarum instar lubrica* de Dillen, sentit combien un tel rapprochement était peu fondé, et rangea cette Plante parmi les Charagnes sous le nom de *Chara Batrachosperma*; ce nom de *Batrachosperma* désigne l'espèce de ressemblance que Weiss trouva entre ce qu'il avait examiné, et les séries de globules gélatineux dans lesquels sont contenus les œufs de plusieurs Batraciens. Depuis long-temps, cette ressemblance avait frappé les botanistes, comme nous le voyons par la phrase citée de Dillen. On a reconnu, depuis Weiss, que le *Conferva gelatinosa*, L., ne pouvait guère non plus demeurer parmi les Charagnes, et l'on s'est accordé unanimement pour en faire un nouveau genre. Dès l'an III, nous l'avions établi dans notre collection et communiqué à notre savant ami Draparnaud qui l'avait adopté. Plus tard Roth, et après lui, Vaucher et De Candolle l'ont consacré en lui appliquant le nom trivial de Weiss comme générique; ces auteurs ont seulement changé, sans motifs, sa terminaison féminine que nous conservons, parce que l'usage et l'antériorité sont en sa faveur. Nous avons enfin publié, en 1808, dans les Annales du Muséum d'Histoire naturelle, T. XII, p. 303, une monographie de ce genre dont les caractères sont établis ainsi qu'il suit: filamens très-flexibles, dont les rameaux cylindriques et articulés sont chargés de ramules microscopiques, simples ou divisées à leur tour, formées d'articles ovoïdes moniliformes, et terminées par un prolongement capillaire tellement fin, que la plus forte lentille n'y découvre aucune organisation. Ce sont de tels prolongemens dont paraît se composer la mucosité, qui enveloppent, non-seulement les Batrachospermes, mais encore les autres Chaodinées diphytes et plusieurs Trémellaires. *V.* ces mots. Nous avions dans l'origine soupçonné quelque animalité dans les Batrachospermes; la souplesse de leurs mouvemens, la manière dont les élégantes touffes qu'elles forment fuient sous la main qui les veut saisir, nous avaient fait illusion. Nous n'y avons reconnu depuis que de simples Plantes, et nous avons saisi jusqu'à leur fructification; cette fructification consiste en gemmes formées de corpuscules agrégés, supportées par une sorte de pédicule articulé, environnées de ramules dans quelques espèces, et paraissant même à l'œil nu, comme des points noirs dans la masse, en apparence, homogène des petits verticilles, quand ceux-ci existent. Ornement des Eaux pures, toutes les espèces de Batrachospermes qui nous sont connues habitent les fontaines froides et sombres, ou des ruisseaux et des trous de tourbières qu'ombragent des Phanérogames aquatiques. Elles supportent quelquefois un courant très-fort sans se plaire cependant dans les lieux où le mouvement serait trop rapide. Il en est de marines, indépendamment de certaines espèces d'Hydrophytes de l'Océan, qui en ont l'aspect, mais qui appartiennent à d'autres genres plus ou moins voisins. Nous n'avons pas considéré comme des Batrachospermes toutes les Plantes que Roth, Vaucher et De Candolle avaient confondues sous ce nom. Il n'est qu'une ou deux des espèces de ces auteurs, qui, selon nous, doivent demeurer dans ce genre, auquel nous avons apporté quelque changement depuis ce que nous en avions publié. L'organisation des Batrachospermes est non-seulement déjà assez compliquée, mais encore difficile à détruire; ces Plantes se conservent fort long-temps, quoique mortes, dans de l'eau où le microscope peut prouver qu'elles n'ont subi que des altérations de couleur. Elles adhèrent fortement au papier sur lequel on les prépare, et paraissent revenir à la vie lorsqu'on les humecte, même après des années de dessication. Nous en connaissons dix-neuf espèces qui se rangent naturellement dans les sous-genres suivans :

† Lémanines, filamens opaques ayant leurs articulations renflées; des ramules simples ou à peu près, beaucoup plus rares, et dont plusieurs ne sont pas seulement disposées en verticilles, mais répandues sur toutes les Plantes. Le microscope seul dénote l'existence de ces ramules transparens qui n'ont souvent que trois ou quatre articles, ce qui nous les avait d'abord fait méconnaître. Nous avions rapporté les trois espèces dont se forme cette section au genre Lemanée. *V.* ce mot. Les Lémanines sont beaucoup moins muqueuses au toucher que leurs congénères; le savant algologue Agardh nous dit les regarder comme des états de son Batrachosperme en collier qui est notre *B. ludibunda*. Nous pouvons répondre qu'il est complètement dans l'erreur.

Les Batrachospermes Lémanines qui nous sont connues sont : 1°. *Batrachosperma sertularina*, N. *Lemanea sertularina*, Ann. Mus. f. XII. fig. 1. — 2°. *B. Dillenii*, N. *Lemanea Dillenii*, Ann. Mus. *loc. cit.* fig. 2. — 3°. *B. tenuissima*, N. α et β *Lemanea-Batrachospermosa*, Ann. Mus. *loc. cit.* fig. 3 et 4. *Conferva atra*, Roth. cat. III. 306. Cand. Flor. fr. 2. 120.; Dillw. *Conf. brit.* pl. 2. Ces trois espèces habitent la France où la dernière, la plus élégante de toutes, est aussi plus généralement répandue.

†† Thorinies, filamens pellucides ayant leurs articulations à peu près égales ou peu distinctes; les ramules simples ou divisées, répandues et plus ou moins serrées sur toute la surface de la Plante, comme dans les Thorées, et ne formant de verticilles que d'une manière obscure et généralement incomplète. Le genre du Dudresnaya, récemment établi par Bonnemaison, rentre parmi les Thorinies.

A. *Espèces marines.*

4°. *B. zostericola*, N. A filamens simples, flexueux, brunâtres, émettant à peine quelques rudimens de rameaux; parasite des Zostères et des Fucus, ainsi que la suivante. — 5°. *B. alcyonidea*, N. *Alcyonidium vermiculatum*, Lamx. —6°. *B. aestivalis*, N. Très-rameuse, avec une teinte rose. Commune en été sur les Fucus, à Belle-Ile en mer. — 7°. *B. spongodioides*, N. *Rivularia multifida*, Web. et Morh. — 8°. *B. miniata*, N. Espèce singulière qui ressemble à une gelée albumineuse légèrement teinte de pourpre, mais où l'on distingue aisément au microscope l'organisation des Batrachospermes Thorinies. — 9°. *B. rivularioides*, N. *Rivularia verticillata*, *Engl. Bot.* — 10°. *B. crassiuscula*, N. *Ceramium tuberculosum*, Roth. —

Le *Scytosiphon paradoxus* de Lyngbye, examiné, pourrait bien rentrer dans cette division. Cette Plante ne peut en aucun cas, si la figure donnée est exacte, demeurer confondue dans un même genre avec les *Ulva latissima* et *compressa*, L.

B. *Espèces d'eau douce.*

11°. *Batrachosperma turfosa*, N. Ann. Mus. T. IIX. tab. 31. f. 1. *Batr. moniliforme*, *α vagum*, Roth. cat. II. 187. *Batr. vagum*, Lyngbie? *Tent.* 188. t. 64. f. 2. Nous ne rapportons qu'avec doute le synonyme de Lyngbye, parce que nous ne voyons pas sur le rameau principal de la figure les ramules que nous avons cités comme les devant revêtir. Cette espèce, du plus beau vert tendre et de l'aspect le plus gracieux, vit dans les eaux profondes des tourbières. Thore, le premier, la découvrit aux environs de Dax; Mougeot nous l'a depuis envoyée des Vosges qu'il explore d'une manière si utile pour la Flore française. Persoon a cru voir, dans les échantillons envoyés par cet excellent botaniste, une espèce distincte qu'il proposait de nommer *cœrulœa*; ce nom eût été certainement un double emploi.-12°. *Batrachosperma bambusina*, N. Ann. Mus. *loc. cit.* t. 29. f. 1. Espèce fort élégante des îles de France et de Mascareigne dans l'hémisphère austral; ses verticilles sont fort distincts, mais des ramules se voient sur les tiges.—13°. *Batrachosperma hybrida*, N. Espèce encore inédite qui forme sur la vase ou les Plantes aquatiques de quelques étangs, des touffes d'un brun jaunâtre, présentant l'aspect des Batrachospermes de la section suivante, mais qui, vues au microscope, offrent des ramules simples, épars sur toute l'étendue des tiges. Les ramules des verticilles sont pressées, dichotomes, et leurs articulations sont un peu opontioïdes. C'est dans l'étang de Saint-Gratien, vallée de Montmorency, que nous avons, pour la première fois, observé ce Végétal dont la figure n'a point encore été gravée.

††† Monilines, filamens nus dans leur étendue, n'offrant de ramules qu'aux verticilles par lesquels l'articulation est entourée. Le *Conferva gelatinosa* de Linné convient à toutes les Plantes de cette section, la plus nombreuse en espèces d'un port élégant. Ces espèces sont:

14°. *Batrachosperma helmentosa*, N. *loc. cit.* t. 29, f. 2. *Corallina pinguis, ramosa, viridis*, Vaillant. Paris, T. VI. (Médiocre.)—15°. *Batr. ludibunda*: *α confusa*, N. *loc. cit.* t. 39. fig. 3.—*β moniliforma*, N. t. 30. fig. 1. (*Batr. moniliforma*.) Roth. cat. III. 160. Vaucher. Conf. T. XI. f. 4. Cand. Flor. fr. II. 59. Lyngbie. *Tent.* 187. t. 64. 1. (Médiocre.) La plus commune de toutes. —*γ pulcherrima*, N. t. 30. fig. 3, d'une couleur qui passe facilement au violet, et rend les échantillons de cette variété fort remarquables dans les herbiers. —*δ viridis*, N. pl. 30, f. 4.—*ε stagnalis*, N. pl. 30. f. 5.—16°. *Batrachosperma æquinoxialis*, N. *loc. cit.* pl. 29. Nous avions pris cette espèce, trouvée dans les îles de France et de Mascareigne, pour une variété de la précédente, et l'avions mentionnée sous le signe *β*. La disposition de ses rameaux, mieux examinée, ne permet plus de confondre ces Plantes sous un même nom. —17°. *Batrachosperma cœrulescens*, N. *loc. cit.* pl. 30. fig. 3. Nous avions également confondu cette charmante espèce avec les variétés du *ludibunda* sous le signe *ε*. Des observations ultérieures nous l'en ont fait séparer.—18°. *Batr. Keratophyta*, N. *loc. cit.* t. 31. fig. 2. Espèce très-voisine du *Batr. turfosa*, n° 4, mais dont la tige, cornée à sa base surtout, est constamment nue.

†††† Draparnaldines, filamens vagues, hyalins, entièrement nus, cylindriques, aux articulations peu sensibles desquels les ramules forment des verticilles qui ne sont pas toujours complets. On voit ici l'une des nombreuses preuves que la nature ne procède jamais par bonds. Déjà une section des Batrachospermes indique un passage aux Thorées; celle-ci en forme un avec les Draparnaldies. Une seule espèce y fut observée jusqu'ici.

19°. *Batrachosperma tristis*, N. *loc. cit.* pl. 31, qui renferme deux variétés, la pâle, *chlora*, fig. 3. et la colorée, *corolata*, fig. 4, d'un verdâtre peu apparent, ou devenant brune dans quelques circonstances. A peine la distingue-t-on dans les eaux sur les débris des Plantes dont elle est parasite; on la confondrait facilement, au premier aspect, avec les *Draparnaldies*, mais le microscope signale bientôt la différence. (B.)

BATRACHOS. ZOOL. Syn. de Grenouille en grec, et racine de plusieurs noms appliqués en histoire naturelle à des choses qui offrent quelques rapports avec des Grenouilles. (B.)

BATRACIENS. REPT. Du mot grec *Batrachos*, quatrième ordre de la classe des Reptiles. Laurenti l'indiqua le premier, Alexandre Brongniart le constitua, et depuis tous les naturalistes se sont accordés pour l'adopter. Il est fort naturel encore qu'il renferme des Animaux qu'au premier aspect on avait éloignés les uns des autres. Linné, par exemple, avait placé, d'après leur forme générale, parmi les Lézards, les Salamandres, qui sont cependant beaucoup plus rapprochées des Grenouilles, type de l'ordre dont il est question. — Les Batraciens paraissent faire le passage des Reptiles aux Poissons, et ressemblent surtout à ces derniers par leur forme et leur manière de respirer dans le premier âge. Ils diffèrent des Serpens par la présence des membres, et des autres Reptiles par la nudité de leur peau, qui n'est jamais recouverte d'écailles ou de carapace. Tous les auteurs les avaient dits jusqu'ici privés d'ongles; on vient d'en rapporter du Cap qui en sont munis. Il n'existe point chez eux d'accouplement complet; la femelle produit des œufs, dans l'accouchement desquels le mâle l'assiste par divers procédés, et que celui-ci arrose ensuite de sa liqueur prolifique. Breschet a remarqué que ces œufs, encore qu'ils n'aient pas été fécondés, suivent pendant plusieurs jours la marche de développement qu'on observe dans ceux qui l'ont été, et que ce n'est qu'après plusieurs jours d'une semblable conservation qu'ils finissent par se détériorer et se corrompre. Ces œufs, environnés d'une substance que nous avons reconnue être albumineuse, sont disposés en longs cordons, en amas plus ou moins considérables dans l'eau des marais, ou portés diversement par les pères et mères, selon le mode adopté dans chaque espèce pour sa conservation.

Les caractères de cet ordre consistent, ainsi que nous l'avons indiqué, dans l'absence de toute carapace ou écaille, dans la nudité du corps, dans l'insertion de la tête à l'attache de laquelle on ne distingue, pas plus que dans les Serpens, un cou bien marqué; dans l'insertion des pates constamment placées sur les côtés, et surtout dans les singulières métamorphoses que subissent les Animaux qui le composent, métamorphoses non moins extraordinaires que celles de la Chenille en Papillon. En effet, au sortir de l'œuf, le Batracien, vulgairement nommé Têtard, est un véritable Poisson; son squelette qui, se développant tard, le réduit long-temps à l'état d'un Invertébré, est de la substance des arêtes; sa bouche est un véritable bec à peu près pareil à celui d'un Syngnathe; il n'a point de pates; son corps, plus ou moins ovoïde ou allongé, se termine par une queue comprimée en nageoire; le mode de respiration, opéré par des branchies, dépend de celles-ci, qui sont portées aux deux côtés du cou par des arceaux cartilagineux attenant à l'os hyoïde; enfin, jusqu'aux intestins du Têtard, essentiellement herbivore, tout doit changer; car l'appareil de la digestion doit devenir celui d'un Animal qui ne se nourrira plus que d'Insectes et de choses ayant eu vie. A mesure que l'existence du Têtard se développe et s'avance vers l'état parfait, cet être préparatoire perd ou gagne quelques organes: ses branchies, excepté dans certaines espèces, peut-être condamnées à ne jamais sortir de l'état de larves, disparaissent; les pates ne tardent point à paraître, et bientôt la queue disparaît, au moins chez les Batraciens proprement dits. L'absence ou la présence de cette queue détermine la division de l'ordre en deux sections assez tranchées, et que leur aspect surtout rend faciles à reconnaître. Ces deux sections, bien caractérisées par Duméril (Zool. anal. p. 90), ont été fort heureusement nommées, par ce savant, Anoures et Urodèles. Nous ne pouvons mieux faire que d'adopter ici sa classification des Batraciens avec les genres qu'il y a établis.

† Anoures. Corps plus ou moins trapu, large, sans queue, à pates de devant plus courtes que les postérieures; la peau à peine attachée au corps, et semblable à un sac dans lequel flotterait celui-ci. Les Anoures sont répartis dans les quatre genres Rainette, Grenouille, Pipa et Crapaud. *V.* ces mots. Tous formaient le seul genre *Rana* de Linné. La plupart habitent les eaux ou leur voisinage, même après leur métamorphose; tous s'y rendent pour le part, au temps des amours. Cependant quelques-uns se traînent loin d'elles, sur la terre ou dans ses obscures cavités; d'autres grimpent aux arbres et se plaisent dans la verdure où leur couleur ne permet guère de les apercevoir. A peu près seuls entre les Reptiles, ils font entendre une voix qu'on appelle croassement. Leur tête est plate; leurs yeux gros; leur bouche très-fendue; leur langue molle, ne s'attachant pas au fond du gosier, mais au bord de la mâchoire, et se reployant en dedans. Leurs pieds de devant n'ont que quatre doigts, ceux de derrière portent souvent le rudiment d'un sixième. Le squelette est entièrement dépourvu de côtes. L'inspiration de l'air ne se fait que par le mouvement des muscles de la gorge, laquelle, en se dilatant, reçoit de l'air par les narines, et, en se contractant pendant que ces narines sont fermées au moyen de la langue, oblige l'air à pénétrer dans les poumons; l'expiration, au contraire, s'exécute par les muscles du bas-ventre, de sorte que, lorsqu'on ouvre cette partie dans les Anoures vivans, les poumons se dilatent sans pouvoir s'affaisser; et, si on force ces Animaux à tenir la bouche ouverte, ils s'asphyxient promptement, parce qu'ils ne peuvent plus renouveler l'air de ces mêmes poumons.

†† Urodèles. Ce n'est pas seulement par la présence de la queue, dit Duméril, que les Batraciens de cette section diffèrent des autres; c'est qu'ils se conviennent par beaucoup d'autres caractères qu'on n'observe pas dans les Anoures. Tous ont le corps couvert d'une peau très-adhérente. Quand ces Animaux ont quatre pates, ces membres sont très-courts, égaux entre eux, et tellement éloignés qu'ils ne peuvent pas supporter le corps. Leur langue est comme celle des Grenouilles; l'oreille entièrement cachée sous les chairs, sans aucun tympan, mais seulement avec une petite plaque cartilagineuse sur la fenêtre ovale; les deux mâchoires garnies de dents nombreuses et petites, deux rangées de dents pareilles au palais. Le squelette a de petits rudimens de côté, mais point de sternum; quatre doigts devant, cinq derrière. Le Têtard respire d'abord par les branchies en forme de houpes, au nombre de trois de chaque côté du cou; ces branchies s'oblitèrent par la suite, elles sont suspendues à deux arceaux cartilagineux dont il reste des parties à l'os hyoïde de l'adulte; une opercule membraneuse recouvre ces ouvertures, mais ces houpes ne sont jamais revêtues d'une tunique, et flottent au-dehors; les pieds de devant se développent avant ceux de derrière; les doigts poussent aux uns et aux autres successivement. Chez ceux de ces Animaux qui font entendre quelque bruit, la voix est faible, et résulte de ce que l'air chassé des poumons en sort par une sorte de vomissement. Encore qu'il n'y ait pas d'accouplement chez les adultes, les œufs n'en sont pas moins fécondés dans le corps de la femelle, où il paraît que s'introduit la laitance du mâle, qui est absorbée par les organes de la génération, très-gonflés vers l'époque voisine de la ponte. Les œufs sont pondus isolément; dans quelques espèces ils éclosent dans le sein même de la mère. — Quelques Urodèles vi-

vent toujours dans l'eau, d'autres se traînent sur la terre, mais toujours dans les lieux humides, et se plaisent dans l'obscurité. Les Urodèles sont réparties dans les quatre genres, Triton, Salamandre, Protée et Sirène. *V.* ces mots.

Les Batraciens sont devenus l'objet de l'attention sérieuse des physiologistes. Roesel, dans un magnifique ouvrage intitulé : *Ranarum nostratium Historia*, etc., avait débrouillé l'histoire des Anoures européens ; on prétend qu'il avait fait le même travail pour les Urodèles, et que le manuscrit, accompagné de belles figures, en existe encore entre les mains de quelques héritiers en Allemagne. Laurenti s'en occupa ensuite, et Brongniart a définitivement marqué le rang qu'ils tiennent, en circonscrivant ce singulier groupe où la vie paraît éprouver d'étranges modifications. Ces Animaux ont été le sujet d'une série de belles expériences que l'on doit à notre savant ami Edwards, et qui ont présenté des phénomènes tellement extraordinaires, qu'ils semblent ne pouvoir être rapprochés de ceux que nous offrent les autres Animaux vertébrés. On ne les croirait même pas unis entre eux par un lien commun, dit Edwards, si une étude approfondie de la nature ne faisait toujours reconnaître l'uniformité de ses lois : ainsi les Batraciens agissent et existent long-temps après l'excision du cœur et du bulbe de l'aorte, ce qui supprime la circulation ; mais cette suppression entraîne aussi celle de la respiration ; il semblerait donc que l'action du système nerveux et musculaire suffit chez eux à la vie. La strangulation la plus complète et la plus violente ne cause point la mort des Batraciens. Des Grenouilles dont Edwards avait non-seulement serré le cou, mais encore revêtu la tête d'un petit appareil qui ne permettait aucune introduction de l'air dans les poumons, ont vécu jusqu'à cinq jours, et l'une d'elles est même parvenue à s'échapper dans l'état où elle était réduite. Dans un Triton soumis à la même expérience, la tête entière est tombée en gangrène, sans que l'Animal en ait perdu la faculté d'agir; et l'on connaît l'expérience faite par Duméril sur une Salamandre, à laquelle il coupa la tête, et qui vécut long-temps après l'amputation et la formation d'une parfaite cicatrice du cou, qui devait intercepter le passage de l'air dans les poumons. Le but principal des savantes recherches d'Edwards a été de savoir quelle était l'importance de l'action de l'air dans la vie des Batraciens, auxquels tout autre moyen de respiration que la cutanée avait été ôté ; il a surtout examiné jusqu'à quel point ces Animaux pouvaient en être totalement privés, et ce qu'on devait croire de ces Crapauds qu'on a dit s'être conservés dans du bois ou dans des pierres. Ces Animaux peuvent au reste vivre long-temps au fond de l'eau sans venir respirer à sa surface de l'air qui s'y trouve dissous ; ce n'est que dans l'eau qui ne serait pas renouvelée qu'ils trouveraient une mort prompte. Ce sont de véritables amphibies ; ils supportent dans cette eau jusqu'à des degrés de froid assez considérables. Host nous montra, à Vienne, des Salamandres et même un Poisson rouge qui, ayant été saisis dans la masse glacée d'un vase où le liquide s'était entièrement gelé sur sa fenêtre, recouvrèrent toutes leurs facultés au dégel qui eut lieu graduellement. Il n'est pas moins singulier que les membres de ces Animaux repoussent comme ceux des Ecrevisses, lorsqu'ils ont été coupés. Lichstenstein nous fit voir, à Berlin, un Triton dont l'une des pates était repoussée double. (B.)

BATSCHIE. *Batschia.* BOT. PHAN. Le nom de Batsch, botaniste allemand, donné à plusieurs genres en même temps, n'a été, par cela même, conservé d'une manière certaine à aucun. Gmelin l'avait consacré à un genre très-voisin du *Lithospermum*, dont il se distingue par un petit anneau de poils qui ceint intérieurement la base du tube de sa corolle. Michaux l'a adopté dans sa Flore de l'Amérique septentrionale, et il en décrit deux espèces. — Thunberg a appelé Batschia deux Plantes de l'Amérique, appartenant à la famille des Ménispermées, et voisines de l'*Abuta* d'Aublet. C'est le genre *Trichoa* de Persoon. *V.* ce mot. — Enfin Vahl, qui avait désigné sous le même nom encore une Légumineuse de Ceylan, l'a changé en celui de Humboldtia. *V.* HUMBOLDTIE. (A. D. J.)

BATT. OIS. (Savigny.) Syn. égyptien de l'Oie du Nil ou d'Egypte, *Anas ægyptiaca*, L. *V.* CANARD. (DR..Z.)

BATTA. OIS. (Forskalh.) On désigne en Egypte sous ce nom les Oiseaux qui, venant de l'occident, se fixent aux bords du Nil pendant la durée des débordemens de ce fleuve. (B.)

BATTA. BOT. PHAN. Syn. de Nopal chez les Caraïbes. *V.* CACTE. (B.)

BATTAJEASSE OU BATTE-LESSIVE. OIS. *V.* BATAJASSE.

BATTANS. REPT. CHEL. Nom des deux pièces mobiles qui, dans quelques Chéloniens, se rencontrent en avant et en arrière du plastron au sternum, et qui servent à ces Animaux pour s'enfermer entièrement dans leur boîte osseuse. (B.)

BATTANS. MOLL. On se sert quelquefois de ce nom pour désigner les valves des Mollusques acéphalés conchylifères. *V.* VALVES. (F.)

BATTAREA. BOT. CRYPT. (*Lycoperdacées.*) Ce genre, dédié par Persoon au botaniste italien Battara, est rapproché par cet auteur des *Lycoperdons*. Nées d'Esenbeck, au contraire, le place auprès des *Phallus*. Sa position est, en effet, difficile à déterminer. Son port et quelques-uns de ses caractères semblent le rapprocher des *Phallus*, tandis que, par d'autres, il est plus voisin des *Lycoperdons*. Son pédicule assez long, fistuleux, charnu, est entouré à sa base par une volva large, remplie d'une matière mucilagineuse. Une partie de cette volva reste sur le chapeau qu'elle recouvre d'une sorte de coiffe. Ce chapeau est hémisphérique, en forme de cloche, et porte à sa surface extérieure une couche de poussière entremêlée de filamens qu'enveloppent en partie les restes de la volva.

Ce genre ne renferme qu'une seule espèce, *Battarea phalloides*, Pers. *Syn. Fung.* p. 129. tab. III. fig. 1, qui n'a été observée jusqu'à présent qu'en Angleterre. (AD. B.)

* BATTARI. BOT. PHAN. L'un des noms de l'*Holcus Sorghum*, L. dans l'Inde. *V.* SORGHO. (A. R.)

* BATTATA. BOT. PHAN. De *Batatas*, nom donné par Ray aux espèces du genre Dioscorea, dont les racines bulbeuses, connues sous le nom vulgaire d'Ignanes, sont d'excellens comestibles. (B.)

BATTE. INS. Scopoli, dans son Introduction à l'histoire naturelle, désigne sous ce nom générique tous les Lépidoptères diurnes dont les ailes sont striées, ponctuées ou tachetées, mais sans prolongemens, ni bandes, ni taches œillées. (AUD.)

BATTE-MARRE. OIS. L'un des noms vulgaires de la Bergeronnette grise, *Motacilla alba*, L., et quelquefois de l'Hirondelle de rivage, *Hirundo riparia*, L. *V.* BERGERONNETTE et HIRONDELLE. (DR..Z.)

BATTE-POTTA. POIS. Syn. de Torpille dans le golfe de Gênes. (B.)

BATTE-QUEUE. OIS. Même chose que Batte-Marre. *V.* ce mot. (DR..Z.)

BATTEURS D'AILES. OIS. (Fleurieu et Surville.) Syn. présumé de Goëland, *Larus*. *V.* MAUVE. (DR..Z.)

BATTEUR DE FAUX. OIS. (Lahontan.) Espèce indéterminée mentionnée parmi les Oiseaux du Canada. (B.)

BATTI-SCHORIGENAM. BOT. PHAN. (Rhéede, *Hort. Malab.* T. II. t. 40.) Syn. malabar d'*Urtica interrupta*, L. *V.* ORTIE. (B.)

BAUBIS. MAM. Race de l'espèce du Chien domestique, appelée aussi *Chiens normands*. Elle est distinguée par son corps épais, sa tête courte, ainsi que ses oreilles, et s'emploie plus particulièrement dans la chasse du Renard et du Sanglier. *V.* CHIEN. (B.)

BAUD. MAM. Autre race de Chiens, originaires de Barbarie, appelés aussi Chiens-Cerfs et Chiens-Muets. (B.)

BAUDET. MAM. Syn. d'Ane. Espèce du genre Cheval. *V.* ce mot. (B.)

*BAUDINIE. *Baudinia*. BOT. PHAN. Nom imposé, dans les manuscrits de Leschenault, à un Arbrisseau de la Nouvelle-Hollande, qu'avait déjà décrit Labillardière (*Plant. Nov.-Holl.* T. II. p. 25. t. 164) sous celui de Calathamus. Ce nom de *Baudinia* doit être rejeté de la botanique par la double raison de l'antériorité de celui de Calathamus, et de l'autorité de De Candolle qui, dans l'un de ses plus beaux ouvrages (Théorie élémentaire de Botanique, p. 263), proscrit positivement les noms de genres, tels que celui de *Buchosia*, formés sur des noms d'hommes qui, loin d'avancer la science, ne pouvaient que l'obscurcir ou la rendre ridicule. (B.)

BAUDISSÉRITE. MIN. (De Lamétherie.) *V.* MAGNÉSIE CARBONATÉE. (B.)

BAUDRIER DE NEPTUNE. BOT. CRYPT. (*Hydrophytes.*) Plusieurs voyageurs et quelques naturalistes ont donné ce nom à la Laminaire saccharine, *Fucus saccharinus*, L., à cause de sa forme; elle est simple, large, crispée sur les bords et membraneuse; il y en a de plus de vingt pieds de longueur. — Aucune autre espèce de Plante marine ne porte le nom de Baudrier, même chez les paysans des côtes. (LAM..X.)

BAUDROIE. POIS. Nom vulgaire du *Lophius piscatorius*, L., étendu mal à propos par quelques auteurs à tout le genre Lophie, *V.* ce mot. (B.)

BAUDRUCHE. MAM. *V.* INTESTINS.

*BAUERA. BOT. PHAN. Ce genre a été rapporté par R. Brown à sa nouvelle famille des Cunoniacées, dans laquelle il forme une section distincte; son calice est persistant, à six ou à huit divisions linéaires, aiguës, irrégulièrement serrées; sa corolle se compose de six ou huit pétales, obovales, obtus, un peu plus longs que le calice qui est réfléchi; les étamines sont très-nombreuses, insérées circulairement à la base du calice sur un disque périgyne. Le pistil est libre et supère, composé d'un ovaire arrondi, un peu comprimé, bifide à son sommet, qui se termine par deux styles allongés et divergens, dont l'extrémité offre un petit stigmate à peine distinct. Coupé transversalement, cet ovaire présente deux loges, dont les ovules, assez nombreux, sont attachés au milieu de la cloison et portés chacun sur un podosperme court. Le fruit est une capsule biloculaire, comprimée, subbilobée, à deux loges polyspermes, s'ouvrant en deux valves par une fente transversale qui partage chacun de ses deux lobes et s'étend quelquefois jusqu'à sa base. Les graines sont ovoïdes, l'embryon est cylindrique, dressé, renfermé dans un endosperme charnu.

Ce genre ne contient qu'une seule espèce, *Bauera rubioides*, figuré par Ventenat (Jard. de Malmaison, t. 96). C'est un Arbrisseau de six à huit pieds d'élévation, dont les feuilles ovales et dentées sont verticillées par six. Les fleurs, portées sur des pédoncules d'environ un pouce de longueur, sont élégantes et d'une jolie couleur rouge. On cultive dans nos orangeries cet Arbuste qui est originaire de la Nouvelle-Hollande. (A. R.)

BAUGE. MAM. Gite du Sanglier. Cet Animal la choisit dans les lieux les plus écartés, et souvent dans la bourbe. On donne aussi le nom de Bauge au nid que se construit l'Ecureuil sur les Arbres ou dans leurs creux, et qui ressemble à celui de certains Oiseaux. (B.)

BAUHINIE. *Bauhinia*. BOT. PHAN.

Placé dans la famille des Légumineuses, près des genres *Hymenæa*, *Palovea*, etc., ce genre, établi par Plumier en l'honneur des deux illustres frères Bauhin, se distingue par ses feuilles simples, toujours partagées en deux lobes plus ou moins profonds; par son calice caduc, à cinq divisions, fendu latéralement; par sa corolle de cinq pétales presque égaux, onguiculés à leur base, un peu onduleux sur leurs bords; par ses dix étamines distinctes, inégales, dont une, beaucoup plus grande que les autres, paraît être la seule fertile; la gousse est pédicellée, allongée, très-comprimée, à une seule loge qui contient plusieurs graines planes.

Les espèces de ce genre sont assez nombreuses; on en compte environ trente, qui toutes sont des Arbustes ou Arbrisseaux d'un port élégant, ayant les fleurs disposées en grappes axillaires ou terminales. Plusieurs espèces sont cultivées dans nos serres; telles sont surtout : la Bauhinie à lobes écartées, *Bauhinia divaricata*, L. Arbrisseau de cinq à six pieds de hauteur, originaire des Indes-Orientales, et qui se fait remarquer par ses feuilles cordiformes, à deux lobes pointus et divergens; par ses fleurs blanches assez grandes, qui forment des grappes terminales; le *Bauhinia scandens*, Arbrisseau sarmenteux, muni de vrilles, au moyen desquelles il s'enlace aux Arbres qui l'avoisinent. Ses fleurs sont jaunes et axillaires. On trouve cette espèce aux Indes-Orientales et dans quelques parties de l'Amérique méridionale. (A. R.)

BAUMBILZE. BOT. CRYPT. Nom générique en Allemagne des Champignons sessiles qui croissent sur les Arbres et qui sont en général des Bolets. (AD. B.)

BAUME. *Balsamum*. BOT. PHAN. Fluides résineux qui découlent de certains Arbres, et qui sont en général susceptibles de dessication plus ou moins prompte, plus ou moins parfaite. Les Baumes diffèrent des Résines, en ce que, traités à chaud avec une dissolution de Carbonate de Soude, que l'on sature ensuite d'acide sulfurique, ils donnent de l'acide benzoïque; on peut également obtenir cet acide par la simple sublimation. Les Baumes connus jusqu'à présent sont ceux du Pérou et de Tolu, le Styrax, lesquels sont ordinairement liquides, le Benjoin et le Storax calamite, qui sont apportés à l'état solide. Il est à présumer que la Canelle et la Vanille contiennent des substances balsamiques particulières; car l'une et l'autre de ces Plantes donnent, par leur distillation, de l'acide benzoïque. Les Baumes sont presque complètement insolubles dans l'eau; ils se dissolvent parfaitement dans l'Alcohol, l'Ether, les Huiles volatiles, et même les Huiles fixes; ils sont très-inflammables et répandent en brûlant une odeur agréable. Outre les usages médicinaux auxquels ils sont soumis, les Baumes sont encore employés comme parfums dans les cassolettes, et pour aromatiser plusieurs espèces de mets; la dissolution alcoholique de Benjoin, étendue d'eau, est le cosmétique par excellence auquel le charlatanisme a donné le nom de lait virginal. (DR.. Z.)

Ce nom de Baume, accompagné d'épithètes caractéristiques plus ou moins convenables, désigne, soit dans le commerce, soit dans la matière médicale, soit parmi le vulgaire, non-seulement des substances auxquelles conviennent les caractères qu'on vient d'établir, mais encore des choses qui n'y ont d'autre rapport qu'un arome plus ou moins flatteur, ou que des propriétés souvent imaginaires, comme on peut s'en convaincre par l'énumération suivante :

BAUME, *V.* TANAISIE.

BAUME D'AMÉRIQUE, même chose que B. de Tolu.

BAUME AQUATIQUE, syn. de *Mentha aquatica*, *V.* MENTHE.

BAUME BLANC, syn. de B. de Judée. On donne aussi quelquefois ce nom à la liqueur résineuse qui découle des Pistachiers et du Térébinthe.

Baume de Brésil, syn. de B. de Copahu.

Baume brun, syn. de B. du Pérou.

Baume de Calaba, syn. de B. vert.

Baume de Canada, *V.* Sapin.

Baume de Carpathie, *V.* Pin.

Baume de Carthagène, syn. de B. de Tolu.

Baume des champs. On donne ce nom à diverses Menthes sauvages. *V.* Menthe.

Baume de chasseurs, syn. de *Piper rotundifolium*, L.

Baume a Cochon, *V.* Hedwigia.

Baume de Constantinople, syn. de B. de Judée.

Baume ou Huile de Copahu, *V.* Copaïer et Liquidambar.

Baume en coque, l'un des noms marchands du Baume du Pérou.

Baume dur, syn. de B. de Tolu.

Baume d'Egypte, syn. de B. de Judée.

* Baume de fleurs jaunes, *V.* Millepertuis.

Baume focot, syn. de Résine Tacamaca. *V.* ce mot.

Baume de Galaad ou de Gilead, syn. de B. de Judée.

Baume du grand Caire, autre nom du B. de Judée.

Baume de la grande terre, syn. de *Lantana involucrata* dans certaines Antilles, où ce nom ferait supposer que la Plante, qui l'a reçu, a été importée du continent de l'Amérique. *V.* Lantana.

Baume de Hongrie, l'un des noms de la Résine du Pin sylvestre, *V.* Pin.

Baume ou Huile d'Ambre, *V.* Liquidambar.

Baume d'incision, syn. de B. du Pérou.

Baume des jardins, *V.* Balsamite.

Baume de Judée, *V.* Balsamier.

Baume de Marie, *V.* Calophyllum.

Baume de la Mecque, syn. de B. de Judée.

Baume de Momie. Bitume que les anciens Egyptiens employaient dans la préparation des corps morts. On donne le même nom à l'Asphalte. *V.* ce mot.

Baume du Pérou, *V.* Myrosperme. On donne aussi ce nom, ainsi que celui de *faux Baume*, au Mélilot bleu, *Melilotus cœruleus*. *V.* Mélilot.

Baume (petit), syn. de *Croton balsamiferum*. *V.* Croton.

Baume de Rakasira (Murray, *App. med.*) Substance résineuse, odorante, peu connue, qu'on dit extraite de diverses Cucurbitacées de l'Inde.

Baume sec, Baumes du Pérou et de Tolu dans leur état de plus grande dureté.

* Baume de Sodome, syn. de B. de Momie.

Baume sucrier, syn. de B. à Cochon.

Baume de Syrie, syn. de B. de Judée.

Baume de Tolu, *V.* Tolu.

Baume vert, de Madagascar, *V.* Résine Tacamaque.

Baume vert, de Saint-Domingue, *V.* Calophylle.

Baume vrai ou vrai Baume, syn. de B. de Judée. (B.)

BAUME DE SOUFRE. min. Composition pharmaceutique à laquelle on a improprement donné le nom de Baume; c'est simplement une combinaison de l'acide sulfureux avec les huiles essentielles de Térébenthine ou d'Anis. (Dr..z.)

BAUM-FARREN. bot. crypt. Syn. allemand de *Polypodium vulgare*, L. *V.* Polypode. (B.)

BAUMGANS. ois. (Frisch.) C'est-à-dire *Oie d'Arbres*. Syn. du Cravant, *Anas Bernicla*, L. En Allemagne, ce mot désigne plus ordinairement le Bernache, *Anas erythropus*, L. *V.* Canard. (Dr..z.)

* BAUMGARTIA. bot. phan. Genre formé par Moench (Méth. 650) pour le *Menispermum corallinum*, L. qu'il appelait *B. scandens*. C'est le *Wendhandia populifolia* de Willdenow, que De Candolle a confondu dans son genre Cocculus, sous le nom

spécifique de *Carolinus*. *V*. ANDROPHYLAX et COCCULUS. (B.)

BAUMIER. BOT. PHAN. On a donné quelquefois ce nom à des Végétaux balsamifères ou simplement odorans, tels que le Balsamier, des Mélilots, un Peuplier, des Rosages, etc. *V*. ces mots. (B.)

BAUQUE. BOT. Les habitans des bords de la Méditerranée désignent sous ce nom les Plantes marines que la mer jette sur la côte: les Zostères y dominent; les Hydrophytes s'y trouvent en grande quantité ainsi que des Polypiers. Quelquefois la Bauque n'est composée que d'une seule de ces productions; l'on s'en sert pour fumer les terres et pour emballer les marchandises. (LAM..X.)

BAURACH. MIN. Syn. de Soude boratée. *V*. ce mot. (LUC.)

BAURD-MANNETJES. MAM. C'est-à-dire *petit Homme barbu*. Nom hollandais d'une espèce de Singe, qui n'est pas bien déterminée. (B.)

* BAUXIA. BOT. PHAN. Necker donne ce nom au genre de la famille des Iridées, qu'Aublet appelle Cipura. *V*. ce mot. (A. D. J.)

BAVA OU BAVOSINGA. BOT. PHAN. Nom de la Casse des Boutiques, fruit du *Cassia Fistula* à la côte de Malabar. (B.)

BAVANG. BOT. PHAN. *V*. BAWANG.

BAVARINA. OIS. *V*. BOARINA.

* BAVASIGMA. BOT. PHAN. (L'Ecluse.) Autre nom de la Casse des Boutiques à la côte de Malabar. (B.)

BAVAY-BAVAY. BOT. PHAN. (Camelli.) Syn. de *Quisqualis indica*, L. aux Philippines. *V*. QUISQUALIS. (B.)

BAVECO D'ARGO. POIS. Nom vulgaire, sur la côte de Nice, d'un Poisson décrit par Risso sous le nom de *Blennius tripteronotus*. *V*. BLENNIE. (B.)

BAVENA. POIS. Nom vulgaire et générique, sur la côte de Nice, des Poissons du genre BLENNIE. *V*. ce mot. Il est synonyme de Baveuse, qu'on donne ailleurs aux mêmes Poissons, à cause de la propriété qu'ils ont de répandre une bave abondante. (B.)

BAVÉOLE. BOT. PHAN. Syn. de Bleuet, *Centaurea Cyanus*, L. (B.)

* BAVEQUE OU BAVEUSE. POIS. Syn. de Blennie. *V*. ce mot.

BAVERA. BOT. PHAN. Même chose que Bariera. *V*. ce mot. (B.)

*BAVESQUE. POIS. (Belon.) Paraît être la même chose que Bavèque. *V*. ce mot. (B.)

BAVEUSE. POIS. *V*. BAVÈQUE.

BAVOON ET BAVYON. MAM. Syn. de Papion en anglais et en allemand. (A. D..NS.)

BAWANG. BOT. PHAN. Et non Bavang. *Capi-Bawang* des Malais, *Alliaria* de Rumph (*Amb*. 2. t. 20). Grand Arbre des Moluques, indéterminé, encore qu'il paraisse appartenir à la famille des Savonniers, et dont la graine a tellement le goût de l'Ail, qu'on en faisait usage dans les assaisonnemens du pays avant l'introduction de ce Végétal. (B.)

BAXANA. BOT. PHAN. Arbre qu'on dit croître aux environs d'Ormus, et dont les propriétés sont au moins fabuleuses, puisqu'on assure que ses fruits et son ombrage causent la mort, tandis que ses feuilles et ses racines sont en d'autres pays des antidotes contre les poisons. (B.)

BAYA. OIS. Syn. indien de l'Orchef, *Loxia bengalensis*, L. *V*. GROS-BEC. (DR..Z.)

BAYA. BOT. PHAN. Syn. caraïbe de *Crescentia Cujete*, L. *V*. CALEBASSIER (B.)

BAYAD. *Porcus*. POIS. Genre formé par Geoffroy Saint-Hilaire (Desc. de l'Egypte, Pois. pl. 15. 1-4), qui rentre dans le sous-genre Bagre. *V*. PIMÉLODE. (B.)

BAYADE. BOT. PHAN. Même chose que Baillard et Baillarge. *V*. ces mots. (B.)

BAYATTE. POIS. (Sonnini.) Syn. de *Porcus Bayad*, Geoffr. Espèce du sous-genre Bagre. *V*. PIMÉLODE. (B.)

* BAY - BAY. BOT. PHAN. Même chose que Baibai. *V*. ce mot. (B.)

BAY-ROUA. BOT. PHAN. (Nicholson.) Nom caraïbe des graines du Mimose Inga, L. *V*. INGA. (B.)

BAZ OU BAZY. OIS. Syn. de l'Autour, *Falco palumbarius*, L. *V*. FAUCON. (DR..Z.)

BAZAN. MAM. Nom persan d'un Animal qui n'est point, selon Desmarest, l'Antilope Oryx (Pasan de Buffon), mais le Paseng ou Chèvre sauvage. (B.)

BAZARA. BOT. PHAN. (Daléchamp.) Syn. arabe de *Plantago pulicaria*, L. *V*. PLANTAIN. (B.)

BAZARI-CHICHEN. BOT. PHAN. (Daléchamp.) Syn. arabe de Lin. (B.)

BAZY. OIS. *V*. BAZ.

BDELLA. ANNEL. Syn. grec de Sangsue. *V*. ce mot. (B.)

BDELLA. BOT. PHAN. On a quelquefois désigné sous ce nom le Végétal peu ou point connu d'où provient le Bdellium. *V*. ce mot. (B.)

BDELLE. *Bdella*. ARACHN. Genre de l'ordre des Trachéennes, de la famille des Holètres et de la tribu des Acarides (Règne Animal de Cuv.), établi par Latreille, et ayant, suivant lui, pour caractères : huit pieds uniquement propres à la marche; bouche consistant en un suçoir avancé, en forme de bec conique ou en alène; palpes allongées, coudées, avec des soies ou des poils au bout; quatre yeux; pates postérieures plus longues.

Les Bdelles se distinguent du genre Acarus par l'absence des mandibules, et des Smarides, qui en sont, comme eux, privés, par l'allongement de leurs palpes, le nombre de leurs yeux et la plus grande longueur des pates postérieures. On ne les confondra pas non plus avec les Ixodes et les Argas à cause de l'existence des yeux.

Les Animaux qui composent le genre que nous décrivons ont le corps très-mou, le plus souvent de couleur rouge; ils sont vagabonds, et se rencontrent dans les lieux humides, sous les pierres, les écorces des arbres, dans les mousses. L'espèce la plus commune aux environs de Paris, et qui sert de type au genre, est la Bdelle rouge ou longicorne, *Bdella longicornis*, ou l'*Acarus longicornis* de Linné. Elle est la même que le *Scirus vulgaris* de Hermann (Mém. Aptérol. tab. 3, fig. 9, et tab. 9, S.), et la Pince rouge de Geoffroy (Hist. des Ins. T. II. p. 618, et tab. 20, fig. 5).

Les espèces décrites par Hermann sous le nom de *Scirus longirostris* (*loc. cit.* tab. 6. fig. 2), *latirostris* (*loc. cit.* tab. 3. fig. 11), et *setirostris* (*loc. cit.* tab. 3. fig. 12, et tab. 9. T.), appartiennent au genre Bdelle. (AUD.)

* BDELLE. *Bdella*. ANNEL. Genre établi par Savigny (Syst. des Annelides, p. 107 et 112), qui lui assigne pour caractères. bouche moyenne relativement à la ventouse orale, mâchoires grandes, dures, ovales, légèrement carénées, dépourvues de denticules; yeux peu distincts, au nombre de huit, six sur le premier segment, disposés en ligne demi-circulaire, et deux sur le troisième, ces derniers plus écartés; ventouse orale de plusieurs segmens, séparée du corps par un faible étranglement, assez concave et en forme de godet; l'ouverture sensiblement transverse, à deux lèvres; la lèvre supérieure peu avancée, profondément canaliculée en dessous, formée de trois à quatre demi-segmens, le terminal plus grand, très-obtus; la lèvre inférieure rétuse; ventouse anale grande, obliquement terminale; branchies nulles corps cylindrico-conique, sensiblement déprimé, allongé, composé de segmens quinés, c'est-à-dire ordonnés cinq par cinq, nombreux, courts, très-égaux et très-distincts; le vingt-septième ou vingt-huitième et le trente-deuxième ou trente-troisième portant les orifices de la génération.

Les Bdelles appartiennent, dans la Méthode de Savigny, à l'ordre quatrième de la classe des Annelides ou celui des Hirudinées, et à la famille des Sangsues. Cette famille contient plusieurs genres assez distincts les uns des autres et partagés en trois sections; celui que nous traitons ici est rangé dans la troisième, celle des Sangsues dites Bdelliennes, et diffère des Branchellions par l'absence des branchies; il se rapproche au contraire par ce caractère des Albiones et des Hæmocharis, et s'en distingue cependant parce que sa ventouse orale, peu ou point séparée du reste du corps, est de plusieurs pièces, avec l'ouverture transverse. Les Bdelles partagent ces caractères de la section avec les genres Sangsue, Hæmopis, Néphélis et Clepsine; elles en diffèrent toutefois par une ventouse orale assez concave, à lèvre supérieure demi-circulaire, creusée par-dessous d'un canal en triangle; par des mâchoires grandes, ovales, sans denticules; par les yeux, au nombre de huit, disposés sur une ligne courbe, les deux postérieurs un peu isolés; enfin par une ventouse orale, obliquement terminale. Ce nouveau genre, dont le nom devrait être changé, puisqu'un autre le portait déjà dans une classe voisine, n'est composé jusqu'à présent que d'une espèce, la Bdelle du Nil, *Bdella nilotica*, nommée en arabe *Alak*, figurée par Savigny (pl. 5. fig. 4) sur un individu des environs du Caire. On le trouve dans les eaux douces de l'Egypte. Hérodote (*Hist. lib.* 11. *cap.* 68) dit que cet Animal, connu des anciens, habite le Nil, et vit parasite sur le Crocodile. Il est d'une couleur brun-marron en dessus, et d'un roux vif en dessous. Son corps est formé, la ventouse comprise, de quatre-vingt-dix-huit anneaux carénés sur leur contour, très-égaux. (AUD.)

* BDELLIENNES. ANNEL. Section de la famille des Sangsues dans l'ordre des Hirudinées. *V*. ce mot et BDELLE. (B.)

BDELLIUM. BOT. Résine brune, ordinairement solide, amère, odorante, que l'on suppose découler d'une espèce de Baumier des Indes ou de l'Arabie, d'où elle est apportée. Elle est employée dans la médecine externe comme résolutive, et à l'intérieur comme pectorale. C'est à tort que Daléchamp la supposait produite par le Doumne; aucun Palmier connu ne produisant de suc résineux. (DR..Z.)

* BDELURA. BOT. PHAN. (Dioscoride.) Syn. de *Cneorun tricoccum*, L. *V*. CAMÉLÉE. (B.)

BEAFFVER. MAM. Evidemment dérivé, comme Bièvre, du latin *Fiber*. Syn. suédois de Castor. (B.)

* BEAGANA. OIS. Syn. italien du Venturon, *Fringilla Citrinella*, L. *V*. GROS-BEC. (DR..Z.)

* BÉANTE. BOT. CRYPT. (*Mousses*.) Nom français imposé au genre *Anyctangium* par Bridel. Il n'a pas été reçu. *V*. ANYCTANGIUM. (AD. B.)

BEAR. MAM. Syn. anglais d'Ours. (A. D..NS.)

* BEARBERRY. BOT. PHAN. C'est-à-dire *Grain* d'*Ours*. Syn. d'*Arbutus Uva Ursi*, dans quelques parties de l'Amérique septentrionale. *V*. ARBOUSIER. (B.)

* BEARDED-UMBER. POIS. Syn. anglais de Corb ou Corbeau, *Sciæna Umbra*, L. *V*. SCIÈNE. (B.)

BEARFICH. CRUST. Ce nom a été employé dans l'Histoire Naturelle de Norwège pour désigner un Animal parasite vivant sur plusieurs Poissons, principalement sur la Morue. La description imparfaite qu'on en donne nous fait croire qu'il a douze pates, et que tout son corps est revêtu d'un test blanchâtre-brillant, dur et corné. D'après ce petit nombre de caractères, il paraîtrait appartenir au genre Cymothoë. *V*. ce mot. (AUD.)

* BEAU. POIS. Ce nom a été donné à quelques espèces du genre Lutjan, à cause de leurs riches couleurs, tels que le *Lutjanus Sciurus*, qui est le *Perca formosa* de Gmelin, et le *Lut-*

janus Anthias, qui est le *Labrus Anthias* de Linné. *V.* LUTJAN. (B.)

BEAUFORTIE. *Beaufortia.* BOT. PHAN. Famille des Mélaleucées, Polyadelphie Icosandrie, L. Ce genre, dont la structure offre des particularités extrêmement remarquables, a été établi par R. Brown, dans la seconde édition du Jardin de Kew, pour deux Arbrisseaux originaires de la Nouvelle-Hollande, ayant le port des Melaleuca, dont ils se distinguent par les caractères suivans : leur calice est tubuleux; son tube est court et adhérent par sa base avec l'ovaire qui est semi-infère; le limbe offre cinq divisions aiguës; leur corolle se compose de cinq pétales, alternes avec les divisions du calice, à peu près de leur longueur, et insérés au sommet du tube; les étamines sont nombreuses, réunies par leurs filets en cinq faisceaux dressés ; les androphores, beaucoup plus longs que le calice, sont grêles et divisés à leur sommet en huit, dix ou douze filets dressés, terminés chacun par une anthère. Celle-ci offre une structure extrêmement singulière : elle se compose d'abord d'un connectif basilaire situé au sommet du filet; de deux loges rapprochées à leur base, divergentes à leur partie supérieure qui se termine en pointe; leur déhiscence a lieu par la suture qui les unit l'une à l'autre du côté interne. L'ovaire est, comme nous l'avons dit, semi-infère; il offre trois loges, et dans chacune d'elles trois ovules disposés d'une manière tout-à-fait insolite. Le trophosperme forme une espèce de lame attachée à l'angle rentrant de chaque loge par le centre d'une de ses faces, de sorte qu'il est comme pelté; au centre de sa face extérieure qui est libre, il donne attache à un ovule, et à son bord supérieur on en trouve deux autres attachés par leur base au moyen d'un podosperme court. N'ayant point vu le fruit mûr, je soupçonne que ces deux derniers ovules doivent rester stériles. Le style est à peu près de la longueur des faisceaux des étamines, un peu flexueux, terminé par un stigmate excessivement petit, présentant trois lobes rapprochés.

On ne connaît encore que deux espèces de ce genre, le *Beaufortia decussata* et le *Beaufortia sparsa.* La première, que l'on commence à cultiver dans nos jardins, est un joli Arbrisseau à feuilles opposées en croix, lancéolées, serrées; à fleurs d'un beau rouge, ayant la même disposition que dans les Metrosideros et les Melaleuca. Il doit être rentré dans l'orangerie. (A. R.)

BEAUHARNOISE. *Beauharnoisia.* BOT. PHAN. Un Arbre qui habite les andes du Pérou a paru présenter à Ruiz et Pavon un genre nouveau qu'ils ont ainsi nommé, et qui vient se placer dans la famille des Guttifères auprès du *Tovomita* d'Aublet, s'il ne doit pas même lui être rapporté. Le calice est formé de deux sépales caducs; la corolle de quatre pétales, dont deux extérieurs opposés et plus larges; les anthères sont sessiles, linéaires, dilatées au sommet, réunies entre elles à la base en un petit anneau, à deux loges, s'ouvrant par deux pores latéraux, à insertion hypogynique. L'ovaire est surmonté de quatre styles divergens, à stigmates simples et obtus. Le fruit est partagé en quatre loges à l'angle interne, et au milieu de chacune desquelles est attachée une graine anguleuse; mais il arrive ordinairement qu'une ou plusieurs avortent. La tige droite, supérieurement rameuse, s'élève de quatre toises. Les feuilles sont opposées, pétiolées, entières, lancéolées; les pédoncules solitaires, geminés ou ternés à l'extrémité des branches, munis de deux bractées et chargés d'une seule fleur. Le fruit fournit, lorsqu'il est coupé, un suc jaune et visqueux qu'on retrouve dans le calice et les anthères. On peut, pour mieux connaître cette Plante, consulter les Annales du Muséum (Tom. II. p. 71. tab. 9) où sa description détaillée et sa figure ont été insérées. (A. D. J.)

BEAUMARIS-SHARK. POIS. (Pennant.) Variété du Squale Long-Nez, selon Lacépède. (B.)

BEAUMARQUET. OIS. Espèce du genre Gros-Bec, *Fringilla elegans*, L. *V.* GROS-BEC. (DR.. Z.)

* BEAUMERTA. BOT. PHAN. On trouve décrit sous le nom de *Beaumerta Nasturtium*, dans la Flore économique de Wetteravie, le Cresson de fontaine, *Sisymbrium Nasturtium*, L. (A. R.)

BEAUMULIX. BOT. PHAN. On trouve, dans l'un des supplémens du Dictionnaire des sciences naturelles, que c'est un genre formé par Willdenow du *Reaumuria hypericoides* de Lamarck. *V.* REAUMURIA. (B.)

BEAUTIA. BOT. PHAN. (Commerson.) Syn. de Thilachium. *V.* ce mot. (B.)

BEAVER. MAM. Syn. de Castor en anglais. (A. D..NS.)

BEBÉ. OIS. Syn malais de Canard. *V.* ce mot. (DR.. Z.)

BÉBÉ. POIS. Nom de pays d'un Poisson du Nil, appartenant au genre Mormyre. *V.* ce mot. (B.)

BEC. *Rostrum.* ZOOL. On a donné plus particulièrement ce nom à l'organe qui termine la tête des Oiseaux et constitue leur bouche; ses formes, extrêmement variées, fournissent souvent les caractères principaux sur lesquels sont fondées les divisions méthodiques. Il est composé de deux grandes pièces superposées, appelées mandibules. Ces pièces sont revêtues d'une substance cornée, qui, d'après les observations récentes de Geoffroy-Saint-Hilaire, paraît constituer un véritable système dentaire, lequel n'est bien apparent que chez le fœtus. Ce savant a reconnu dans le fœtus de diverses espèces d'Oiseaux, et notamment dans celui de la Perruche à collier, une suite de corps blancs, arrondis, plus larges à leur extrémité, et disposés avec une grande régularité sur les bords des deux pièces du bec tenant lieu de mâchoires; il en a compté dix-neuf en haut et treize en bas. Ayant enlevé ces corps avec l'enveloppe qui revêt les deux demi-becs, il put voir au-dessous une série de noyaux pulpeux ressemblant aux germes dentaires, et retenus chacun par un cordon formé d'un nerf et d'un vaisseau sanguin. Chez l'adulte, on voit sur les bords de chaque demi-bec une suite de cercles percés chacun par un trou, et qui sont le produit de l'usure des cavités que renferme chaque mâchoire. Ces cavités contiennent chacune un tuyau cartilagineux enfermé par une gaîne membraneuse, etc., etc. Quoi qu'il en soit, qu'un système dentaire garnisse ou non les mandibules, c'est toujours avec celles-ci que l'Oiseau divise et broie les alimens dont il fait sa nourriture. *V.* DENT.

La forme, ou quelque particularité dans le Bec, a déterminé chez les Oiseaux l'imposition d'une foule de noms vulgaires et même génériques qui doivent être, autant que possible, repoussés de la science; ainsi l'on a nommé :

BEC-AN-CROUS, dans le Piémont, le Bec croisé commun. *V.* LOXIE.

BEC D'ARGENT, le Tangara pourpré. *V.* TANGARA.

BEC-D'ASSE, le *Scolopax rusticola*. *V.* BÉCASSE.

BEC A CUILLER, le *Platalea leucocephala*. *V.* SPATULE.

BEC A FIGUE, la Fauvette locustelle. *V.* SYLVIE.

BEC COURBE, l'Avocette. *V.* ce mot.

BEC CROCHE, le jeune Courlis rouge. *V.* IBIS.

BEC CROISÉ. *V.* LOXIE.

BEC DE CIRE, le Senegali rayé. *V.* GROS-BEC.

BEC DE CORNE, divers Calaos. *V.* ce mot.

BEC DE CORNE BATARD, le Scythrops. *V.* ce mot.

BEC DE FER. *V.* SPARACTE.

BEC DE HACHE, c'est à la Louisiane l'Huîtrier, *V.* ce mot, et non le Bec en ciseaux.

BEC DUR, en Piémont, le Gros-Bec vulgaire. *V.* GROS-BEC.

BEC EN CISEAUX. *V.* RHYNCHOPS.

Bec en cuiller, le Savacou et les Spatules. *V.* ces mots.

Bec en fourreau. *V.* Chionis.

Bec en palette, les Spatules. *V.* ce mot.

Bec en poinçon, par Azara, une petite famille d'Oiseaux du Paraguay, qui doivent être mieux examinés, et qu'en attendant on peut rapprocher des Tangaras et des Sylvies. *V.* ces mots.

Bec en scie, le Harle. *V.* ce mot.

Bec-Figue, une espèce du genre Gobe-Mouche, *Motacilla Ficedula*, L. *V.* Gobe-Mouche. En général, on donne le nom de Bec-Figue à tous les petits Oiseaux qui béquetent le fruit du Figuier pour en pomper le suc savoureux.

Bec-Figue d'hiver, la Linotte, *V.* Gros-Bec, et l'Alouette Pipi, en Provence. *V.* Alouette.

Bec fin. *V.* Sylvie.

Bec ouvert, l'*Anastome* de Bonnaterre, d'Illiger et de Vieillot; espèce de Héron dont on a fait un nouveau genre sous le nom de Choenoramphe. *V.* ces mots.

Bec plat, dans certaines parties orientales de la France, le Souchet, espèce de Canard. *V.* ce mot.

Bec rond, par Buffon, divers Bouvreuils et Gros-Becs. *V.* ces mots.

Bec tranchant, le Pingouin.

(dr..z.)

Ce mot de Bec a été étendu, comme nom propre, avec quelque épithète qui établit une ressemblance qu'on pensait trouver plus improprement encore entre les Oiseaux et d'autres Animaux; ainsi l'on appela :

Bec allongé (pois.), le *Chœtodon rostratus*, L.

Bec de Faucon (rept. chél.), le Caret.

Bec d'Oie (mam. et rept.), le Dauphin, et encore la Tortue Caret.

Bec d'Oiseau (mam.), l'Ornithorhynque.

Bec de Perroquet (pois. et moll.), un Scare et des Térébratules.

Bec de Poule (rept. chel.), la Tortue franche.

Bec pointu (pois.), la Raie Oxyrhynque.

Chez les Insectes, on appelle Bec une modification de la bouche. *V.* ce mot.

(b.)

Dans les Mollusques, le mot Bec est employé pour désigner chez les Coquilles univalves le canal de la base, lorsqu'il est petit, mince ou recourbé, et chez les Bivalves, les sommets des valves, lorsqu'ils forment le crochet, comme dans certaines Anomies. Il n'est plus guère en usage aujourd'hui; mais, en y ajoutant des épithètes, il est devenu le nom vulgaire de plusieurs Coquilles de genres différens.

Bec de Bécasse. *V.* Bécasse (moll.)

Bec de Canard ou Bec de Cane, c'est la *Patella Unguis* de Linné; *Lingula anatina*, Bruguière, Lamarck. Mais le Bec de Canard de Favart d'Herbigny est le *Solen anatinus* de Linné; *Anatina subrostrata*, Lamarck. *V.* Lingule et Anatine.

Bec de flute, c'est le *Donax Scortum*, Linné et Lamarck. *V.* Donace.

Bec de Perroquet, c'est l'*Anomia psittacea*, Linné; *Terebratula psittacea*, Lamarck. *V.* Anomie et Térébratule.

(f.)

BEC. bot. phan. La forme des fruits de diverses espèces de Geraniums leur a mérité les noms vulgaires suivans, qui sont devenus scientifiques :

Bec de Cigogne ou *Geranium ciconium*, L.

Bec de Héron ou *Geranium arduinum*, L.

Bec de Pigeon ou *Geranium columbinum*, L.

Bec de Grue ou *Geranium gruinum*, L.

On a encore nommé Bec de Cane, l'*Aloœ linguæformis*, dont la forme des feuilles, distiques, plates, épaisses et légèrement dentées, rappelle effectivement celle du Bec des Oiseaux du genre Canard.

(b.)

BECABUNGA. bot. phan. *V.* Beccabunga.

BÉCADE. ois. Syn. de Bécasse dans les dialectes gascons. (B.)

BECAFIG ou BECAFIGA. Syn. piémontais de Bec-Figue, *Motacilla Ficedula*. *V*. GOBE-MOUCHE. (DR..Z.)

BECAFIGULO. ois. Nom marseillais de l'une des Fauvettes qu'on trouve en Provence. (DR.. Z.)

BECARD. ois. L'un des noms vulgaires du Grand-Harle, L. *V*. HARLE. (DR.. Z.)

BECARD ou BECCARD. pois. Syn. de Saumon mâle. *V*. SAUMON. (B.)

BECARDE. *Psaris*. ois. *Tityra*, Vieill.; *Lanius*, L. Genre des Insectivores. Caractères : bec gros, dur, conique, rond, déprimé à la base, comprimé à la pointe qui est crochue et échancrée; arête en dôme; point de fosse nasale; narines distantes de la base, latérales, rondes, percées dans la masse cornée du bec, ouvertes; pied fort; tarse court, de la longueur du doigt intermédiaire; trois doigts devant, un derrière, l'externe uni jusqu'à la première articulation, l'interne soudé à la base; ailes médiocres, la première rémige un peu plus courte que les 2e, 3e et 4e qui sont les plus longues.

Le genre Bécarde a été établi par Cuvier pour y placer des Oiseaux que Buffon avait confondus, ainsi que tous les ornithologistes qui l'ont précédé, parmi les Pies-Grièches, dont néanmoins les Bécardes se distinguent suffisamment par la compression latérale du bec, la courbure apicale de la mandibule inférieure, et surtout par l'épaisseur du corps. Des quatre Oiseaux nommés Bécardes par Buffon, et dont il paraissait vouloir faire une division particulière dans le genre Pie-Grièche, un seul est véritablement resté Bécarde; les autres appartiennent aux genres Gobe-Mouche et Vanga; mais Vieillot a augmenté de trois espèces le genre nouveau, en regardant comme Bécardes les Oiseaux du Paraguay que d'Azara a décrits sous le nom générique de *Caracteruzados*. Ces derniers ne devront-ils point encore subir des mutations? C'est ce que nous ne saurions affirmer, n'ayant vu aucun d'eux et ne rapportant ici que la description de Vieillot.

BÉCARDE GRISE, *Lanius Cayanus*, Latham., Buff. pl. 304 et 377; tête, queue et tectrices alaires noires; le reste du corps d'un cendré clair; bec rouge à sa base et noir à sa pointe. Les jeunes ou les femelles ont un trait longitudinal noir sur le milieu de chaque plume; c'est alors le *Lanius nævius*, L. et Gmel. Quelquefois toutes les parties inférieures sont blanches; longueur, 8 pouces 5 lignes. De l'Amérique méridionale.

BÉCARDE CANELLE, *Tityra rufa*, Vieil.; *Caracteruzados canella corona de pizzara*, n° 208, d'Azara. Tête d'un gris ardoisé; parties supérieures, tectrices alaires et caudales couleur de Canelle; bord interne des rémiges d'un brun noirâtre; toutes les parties inférieures d'un roux clair; iris et mandibule supérieure noires; mandibule inférieure d'un bleu violet; longueur, 7 pouces 3 lignes.

BÉCARDE ROUSSE A TÊTE NOIRE, *Tityra atricapilla*, Vieill.; *Caracteruzados canella y cabeza negra*, n° 209, d'Azara. Parties supérieures brunes et roussâtres; sommet de la tête noir; tectrices alaires supérieures d'un brun noirâtre; partie des rémiges noirâtre, et partie roussâtre avec une tache blanche sur le côté intérieur; queue noirâtre et roussâtre; parties inférieures mélangées de brun, de roux et de blanchâtre; mandibule supérieure noire, l'inférieure bleue; longueur, 7 pouces 3 lignes.

BÉCARDE VERTE, *Tityra viridis*, Vieill.; *Caracteruzados y corona negra*, n° 210, d'Azara. Sommet de la tête noir; front blanc; côtés et derrière de la tête d'un blanc bleuâtre; dessous du cou et du corps, rectrices alaires supérieures et tectrices d'un vert foncé; rémiges brunes; gorge et devant du cou d'un beau jaune; dessous du corps d'un blanc roussâtre; bec bleu, noir à la pointe ; longueur, 6 pouces 1 ligne. (DR.. Z.)

BÉCASSE. *Scolopax*, L. OIS. Genre de la seconde famille de l'ordre des Gralles. Caractères : bec long, droit, comprimé, grêle, mou, avec la pointe renflée; mandibules sillonnées jusqu'à la moitié de leur longueur; pointe de la mandibule supérieure plus longue que l'inférieure, la partie renflée formant un crochet; l'inférieure sillonnée dans le milieu, canaliculée et tronquée à l'extrémité; narines latérales, situées à la base, longitudinalement fendues près du bord de la mandibule, recouvertes par une membrane; pieds médiocres, grêles ; jambes presque totalement emplumées; trois doigts devant et un derrière ; ailes médiocres ; la première rémige à peu près de la même longueur que la seconde qui est la plus longue. — Ce genre, si nombreux en espèces lorsque Linné l'institua, a été considérablement réduit par les méthodistes contemporains ou successeurs du naturaliste suédois ; il devrait probablement l'être encore, car le peu d'espèces qu'il renferme offrent tant d'anomalies dans leurs mœurs et leurs habitudes, qu'à la rigueur on ne peut se dispenser d'établir dans le genre presque autant de divisions qu'il y est resté d'espèces; le seul caractère qui leur donne un air de famille et les tient réunis, consiste dans la conformation de la tête qui est fortement comprimée, avec les yeux placés en arrière. Tous ces Oiseaux, au reste, sont naturellement stupides, et ils n'échappent aux piéges nombreux que leur fait tendre la délicatesse de leur chair, que par l'habitude résultant de la faiblesse de leur vue, de se tenir cachés la plus grande partie de la journée dans des abris agrestes.

† BÉCASSES PROPREMENT DITES. Tibia emplumé jusqu'aux genoux. Les Bécasses de cette division sont des Oiseaux essentiellement voyageurs ; elles abandonnent les plaines lorsque les chaleurs commencent à s'y faire sentir ; elles descendent ensuite des montagnes quand le froid y devient trop rigoureux ; et c'est là le motif de leurs émigrations à deux époques de l'année également distantes ; leur vol est lourd et bruyant ; rarement il dévie de la ligne droite, à moins d'un grand obstacle. A leur arrivée dans la plaine, les Bécasses se répandent d'abord dans les bois et les forêts; elles y cherchent les réduits les plus sauvages, bien ombragés, où le sol, constamment humide, puisse leur procurer en abondance les Vers et les Limaces dont elles se nourrissent exclusivement; tant que ces lieux suffisent à leurs besoins, elles y demeurent cachées, silencieuses et solitaires. Toute la journée se passe à ficher dans la terre molle ou dans la vase leur long bec, qu'elles y enfoncent jusqu'aux narines pour en tirer des Vers qu'elles avalent souvent avec beaucoup de difficulté, vu le rétrécissement de l'ouverture de la base de ce bec. Au déclin du jour, elles s'acheminent vers une fontaine ou un ruisseau pour s'y désaltérer, et retournent immédiatement après dans leur tranquille manoir. C'est là que, dans la saison des amours, les époux se réunissent, et préparent ensemble au pied de quelque petit Arbrisseau un nid assez négligemment composé d'herbes et de feuilles sèches ; la ponte est de quatre à cinq œufs oblongs, d'un gris roussâtre, parsemé de petites taches brunâtres ; les deux sexes ne se séparent que lorsque leurs petits peuvent se passer de leurs soins.

BÉCASSE ORDINAIRE, *Scolopax rusticola*, L. Buff. pl. enl. 885. — Parties supérieures variées de roussâtre, de jaune et de cendré, avec de grandes taches noires ; parties inférieures d'un roux jaunâtre, irrégulièrement rayées de brun et de noirâtre; rémiges rayées transversalement de roux et de noir sur leurs barbes extérieures ; queue bordée de roux, terminée de gris en dessus, et de blanc en dessous. Les couleurs sont un peu plus sombres dans la femelle qui, en outre, a des taches blanches sur les tectrices alaires. On rencontre aussi quelquefois des variétés dont le plumage pâlit jusqu'au blanc. Longueur, treize pouces, moindre dans quelques cantons ; en général, la femelle est toujours un peu plus forte que le mâle. La Bécasse ordinaire est de presque tous les pays.

BÉCASSE D'AMÉRIQUE, *Scolopax minor*, L. Parties supérieures grises avec des bandes transversales rousses et de grandes taches longitudinales terminées de jaunâtre sur les scapulaires ; tectrices caudales rousses ; rectrices noires et rousses, terminées de blanc ; parties inférieures rousses ; gorge blanche ; longueur, neuf pouces six lignes.

BÉCASSE DE CAYENNE. *V*. BÉCASSINE DES SAVANNES.

†† BÉCASSINES. Partie inférieure du tibia dénuée de plumes.

Les Bécassines diffèrent principalement des Bécasses en ce qu'elles n'habitent que les prairies marécageuses où elles aiment à se cacher parmi les joncs et les roseaux ; elles ont en outre le vol plus soutenu et en même temps plus irrégulier ; il n'est pour ainsi dire qu'une suite de ricochets, ce qui procure au chasseur l'occasion de déployer son adresse. Quant au reste, les Bécassines sont également soumises à des émigrations périodiques ; cependant, on en observe qui, par accident ou par paresse, séjournent toute l'année dans le même pays ; elles se nourrissent de la même manière que les Bécasses, et les soins de l'incubation sont les mêmes ; leurs œufs sont ordinairement verdâtres, pointillés de blanc. On trouve souvent les Bécassines voltigeant par petites bandes de quatre ou cinq qui ne font véritablement qu'une seule famille.

BÉCASSINE AGUADERO, *Scolopax Paraguaiæ*, Vieill., et non *Aguatère*. *V*. AGUADERO. Partie supérieure variée de traits transversaux, bruns, roussâtres, blancs et noirs ; trois traits longitudinaux blanchâtres sur la tête qui a aussi de chaque côté trois traits noirs ; devant du cou mélangé de blanc et de brun ; poitrine et ventre blancs ; les huit rectrices intermédiaires noires vers le bout et variées de blanc plus haut, les huit autres couvertes de bandes blanches et noires ; longueur, dix pouces deux lignes. Amérique méridionale.

BÉCASSINE A CUL BLANC. *V*. BÉCASSEAU.

DOUBLE OU GRANDE BÉCASSINE, *Scolopax major*, L. Parties supérieures variées de noir et de roux clair ; sommet de la tête noir, divisé par une bande d'un blanc jaunâtre qui est aussi la couleur des sourcils ; parties inférieures d'un roux blanchâtre, avec le ventre et les flancs rayés de bandes noires ; seize rectrices, la tige de la première blanchâtre ; longueur, dix pouces trois lignes. Europe.

BÉCASSINE GRISE, *Scolopax leucophœa*, Vieill. Parties supérieures grises-blanchâtres, tachetées de noirâtre ; haut de l'aile d'un roux brun ; parties inférieures d'un roux clair, parsemé de petites taches noirâtres ; ventre blanc ; queue blanche, tachetée de brun ; longueur, neuf pouces six lignes. Amérique septentrionale.

BÉCASSINE ORDINAIRE, *Scolopax Gallinago*, L. Buff. pl. enl. 883. Parties supérieures variées de roux et de noir ; cou et poitrine rayés longitudinalement ; flancs rayés transversalement de blanc et de noirâtre ; milieu du ventre blanc ; quatorze rectrices d'un blanc noirâtre, rayées transversalement de roux ; pieds verts ; longueur, dix pouces. D'Europe.

BÉCASSINE SAKHALINE, *Scolopax Sakhalina*, Vieill. Parties supérieures d'un fauve rougeâtre, varié d'un grand nombre de taches brunes ; tour du bec et gorge blancs, variés de brun ; poitrine brune ; côtés du ventre blancs. De Russie.

BÉCASSINE DES SAVANNES, *Scolopax paludosa*, Lin., Buff. pl. enl. n° 895. Parties supérieures variées et rayées de roux et de noir ; deux bandes noires sur la tête, séparées par une bande rousse, une troisième noirâtre sur le lorum ; parties inférieures d'un blanc roussâtre, rayées de noir transversalement sur la poitrine et le ventre, longitudinalement sur le cou; tectrices brunes, tachetées de roux; rémiges et rectrices rousses, rayées de noir; longueur, treize pouces.

BÉCASSINE SOURDE OU PETITE BÉCASSINE, *Scolopax Gallinula*, L., Buff. pl. enl. 884. Parties supérieures d'un noir chatoyant, marquées de bandes longitudinales roussâtres; une bande noire, tachetée de roux, qui, du front, se prolonge jusque sur la nuque; de larges sourcils jaunâtres; devant du cou d'un cendré blanchâtre, marqué de taches longitudinales plus foncées; douze rectrices brunes, jaunâtres sur les bords; longueur, sept pouces six lignes.

††† BÉCASSINES-CHEVALIERS. Doigt extérieur et celui du milieu réunis par une très-petite membrane.

BÉC. CHEV. PONCTUÉE, *Scolopax grisea*, L. *Scolopax Paykullii*, Nils. Parties supérieures d'un brun clair avec une teinte plus foncée qui termine chaque plume; sommet de la tête et tectrices alaires brunes, cendrées; sourcils, gorge, ventre et cuisses blancs; des ondulations brunes sur les flancs; poitrine d'un brun cendré; croupion et tectrices caudales blancs, marqués d'ondulations transversales noirâtres; douze rectrices rayées de noir et de blanc; longueur, dix pouces deux lignes. Le plumage d'amour se distingue par des nuances d'un brun roussâtre sur le sommet de la tête, la nuque, le dos et les scapulaires, le devant du cou et la poitrine; c'est alors le *Scolopax noveboracensis* de Lath. Les jeunes ont toutes les parties supérieures noires, excepté la nuque qui est brune; chaque plume est entourée par un large bord d'un roux vif; ils ont de petites taches brunes sur les parties inférieures; leurs rectrices intermédiaires sont terminées de roux. Elle habite le nord de l'Amérique: selon Temminck, deux individus seulement ont été tués en Europe.

Le nom de BÉCASSE a été étendu à plusieurs autres Oiseaux remarquables par la longueur de leur bec effilé. Ainsi l'on a nommé:

BÉCASSE A BEC D'IVOIRE, un Oiseau mal observé du Kentucki, remarquable par une huppe sur la tête et la blancheur de son bec que Wilson croyait être d'ivoire véritable.

BÉCASSE D'ARBRE OU PERCHANTE, la Huppe ou Puput, *Upupa Epops*, L. *V.* HUPPE.

BÉCASSE DE MER, l'Huîtrier et le Courlis. *V.* ces mots. (DR..Z.)

BÉCASSE. POIS. Nom donné à des Poissons de genres divers par allusion au prolongement de leur bouche qui a quelque analogie de forme avec le bec de l'Oiseau qui porte le même nom. Tels sont les *Centriscus Scolopax*, L., et *scutatus*; le *Xiphias velifer*, Istiophore de Lacépède, et l'*Esox Bellone*, Scombrésoce Camperien du même auteur. *V.* CENTRISQUE, XIPHIAS et ÉSOX. (B.)

BÉCASSE. MOLL. Les marchands et les amateurs de Coquilles ont donné ce nom avec diverses épithètes caractéristiques à quelques espèces dont la base, prolongée en un canal plus ou moins saillant, a quelque rapport de forme avec le bec de l'Oiseau qui porte le même nom; ainsi:

La BÉCASSE proprement dite de D'Argenville, ou Tête de Bécasse de Davila, le Bec de Bécasse de Gersaint ou le Courlis, est le *Murex Haustellum* de Linné.

La BÉCASSE A RAMAGES de Knorr, ou grande Massue d'Hercule de Davila, la Massue épineuse, est le *Murex cornutus*, Linné.

La BÉCASSE ÉPINEUSE ou Bécasse simple, petite, ou la Bécassine, la Chausse-Trappe, le Peigne de Pluche, est le *Murex Tribulus* de Linné, dont une variété est la Bécasse des Indes.

La GRANDE BÉCASSE ÉPINEUSE de D'Argenville, ou Double épineuse, ou l'Araignée, la Tête d'Araignée de Davila, est le *Murex Tribulus maximus* de Chemnitz, *Murex Scolopax* de Dillwyn.

La BÉCASSE A QUEUE ET A ÉPINES

COURTES, ou la Massue d'Hercule de Gersaint et de Davila, le Courlis épineux, etc., est le *Murex Brandaris* de Linné. *V.* ROCHER. (F.)

BÉCASSEAU. *Tringa*. OIS. Genre de la seconde famille de l'ordre des Gralles. Caractères : bec médiocre ou long, très-faiblement arqué, droit ou fléchi à la pointe, flexible dans toute sa longueur, comprimé à sa base, dilaté et obtus à la pointe; les deux mandibules presque entièrement sillonnées; narines latérales, coniques, percées dans la membrane qui recouvre le sillon nasal dans toute sa longueur; pieds grêles, nus au-dessus du genou; trois doigts antérieurs, entièrement divisés, quelquefois celui du milieu et l'extérieur réunis par une petite membrane; un pouce articulé sur le tarse; ailes médiocres, la première rémige la plus longue. — Les espèces que renferme ce genre sont essentiellement voyageuses; presque toujours réunies en petites troupes, on les voit, voltigeant de la côte au marais, borner à une très-courte apparition leur séjour dans les endroits qu'elles visitent; la saison des amours, les soins qu'exige impérieusement le besoin de la reproduction, paraissent même les arrêter à regret, et l'on ne peut supposer que la seule crainte de manquer de nourriture soit la raison déterminante d'une vie aussi vagabonde; car les Larves, les Vers, les Mollusques, que leur offrent en abondance la vase et le limon, sont pour elles une source presque intarissable. Quoi qu'il en soit, les Bécasseaux veulent une température uniforme, et les saisons déterminent leurs émigrations du nord au midi et du midi au nord, vers les deux époques équinoxiales de l'année. Dans ces émigrations, les espèces riveraines suivent régulièrement les bords de la mer, et celles qui séjournent habituellement dans les marais se dirigent d'après le cours des fleuves et des rivières. On a remarqué que, lorsque les unes ou les autres s'arrêtaient pour nicher, elles choisissaient de préférence les terrains marécageux voisins des rivières, et où les herbes fussent très-élevées; c'est parmi ces herbes qu'elles arrangent, à la hâte et assez négligemment, un nid où elles déposent de trois à cinq œufs que les deux sexes couvent alternativement. Nous répartirons ces nombreuses espèces de Bécasseaux dans les deux sous-genres suivans :

† BÉCASSEAUX PROPREMENT DITS. Doigts antérieurs entièrement divisés.

BÉCASSEAU D'ASTRACAN, *Tringa fasciata*, Lat. G. Parties supérieures cendrées; sommet de la tête, occiput, lignes oculaires et rectrices intermédiaires noires; front et rectrices latérales blancs. Longueur, huit pouces.

BÉCASSEAU BÉCO, *Tringa pusilla*, Lath. *Amer. Orn.* pl. 37, fig. 4. Parties supérieures noirâtres avec le bord des plumes fauve; parties inférieures blanches, quelquefois lavées de roux; trait oculaire blanc; croupion et rectrices intermédiaires bruns; tectrices alaires brunes, bordées de fauve. Longueur, cinq pouces six lignes. Amérique septentrionale.

BÉCASSEAU BRUNETTE, *Tringa variabilis*, Meyer; *Cinclus*, Baill. pl. 19, fig. 1; Alouette de mer ordinaire, Gérard. Plumage d'hiver : parties supérieures brunes avec les baguettes plus foncées; parties inférieures blanches ainsi que le trait oculaire et les trois tectrices caudales supérieures; une raie entre le bec et l'œil, le croupion, les tectrices caudales intermédiaires et les deux rectrices intermédiaires, qui sont les plus longues, d'un brun noirâtre; rectrices latérales bordées de blanc. Longueur, sept pouces deux lignes. — Plumage d'amour : parties supérieures noires, les plumes doublement bordées de roux et de gris blanchâtre; gorge blanche; face, côtés et devant du cou, côtés de la tête et poitrine d'un blanc légèrement teint de roux, avec les tiges des plumes noires; abdomen noir; rectrices noirâtres, liserées de blanc; les trois tectrices caudales supérieures blanches extérieurement. C'est alors le *Tringa alpina*, Gmel.;

Lath. et le *Numenius variabilis*, Bechst. —Plumage le plus commun au temps des deux mues périodiques : parties supérieures noires, bordées de roussâtre et quelquefois de gris; gorge, trait oculaire, abdomen et tectrices caudales inférieures d'un blanc pur; une raie brune entre l'œil et le bec; cou et poitrine roussâtres, tachetés longitudinalement de brun; quelques taches brunes sur le ventre. C'est alors le *Cinclus torquatus*, Briss.; le *Gallinago anglica*, id.; la Brunette, Buffon; le Cincle, id. pl. enl. 852; l'Alouette de mer à collier, Gerard; le *Tringa ruficollis*, Gmel.; le *Tringa Cinclus*, V. B. Gmel. Lath.; le *Scolopax pusilla*, Gmel; le Cincle à collier roux, Sonn.; le Cincle, id. En Europe.

Bécasseau Canut, *Tringa cinerea*, L.; *Calidris Canutus*, Cuv.; *Tringa grisea*, Gmel., Lath.; *Tringa Canutus* Gmel. Lath. Canut, Buffon; la Maubêche grise, id. pl. enl. 266. — Plumage d'hiver : parties supérieures d'un cendré clair avec les baguettes brunes; gorge et abdomen blancs; front, sourcils, côtés et devant du cou, poitrine et flancs blancs, variés de petits traits longitudinaux bruns, et de bandes transversales en zig-zags d'un brun cendré; tectrices caudales supérieures blanches, variées d'ondulations noires; tectrices alaires cendrées, rayées de brun et bordées de blanc; rectrices égales, cendrées, liserées de blanc; bec droit, un peu plus long que la tête, renflé et dilaté vers le bout. Longueur, neuf pouces six lignes. — Plumage d'amour : parties supérieures noires, bordées de roux et avec de grandes taches ovales de la même couleur; gorge, sourcils, côtés et devant du cou, poitrine, ventre et flancs roux; abdomen blanc, taché de roux et de noir; tectrices caudales supérieures blanches avec des croissans noirs; rectrices noirâtres, liserées de blanchâtre. C'est alors le *Tringa islandica*, Gmel. Lath.; le *Tringa ferruginea*, Meyer; le *Tringa rufa*, Wils. —Les jeunes, avant la première mue, ont le cendré du dos très-foncé, et toutes les plumes de ces parties terminées par deux croissans, l'un noir et l'autre blanc; une multitude de grandes taches brunes sur le sommet de la tête et sur la nuque; une légère teinte de roussâtre sur la poitrine, une raie brune entre l'œil et le bec. C'est alors le *Tringa cinerea*, Gmel. A la première mue de printemps, tout ce qui est roux dans les vieux est d'une teinte très-claire, la nuque et le sommet de la tête sont même d'un jaune cendré avec des traits bruns; le roux et le noirâtre sont mélangés sur les parties supérieures, où les taches ovales sont d'un roux très-clair; le milieu du ventre et quelquefois la poitrine sont blanchâtres, tachés de brun. C'est alors le *Tringa Calidris*, Briss.; les *Tringa nævia* et *australis*, Gmel.; la Maubêche, Buff.; la Maubêche tachetée, id. pl. enl. 365. En Europe et dans l'Amérique septentrionale.

Bécasseau cendré du Canada, *Tringa canadensis*, Lath. Parties supérieures cendrées, entourées d'une teinte plus claire; parties inférieures blanchâtres, tachées de noir; une tache blanche entre le bec et l'œil; devant du cou cendré; jambes emplumées jusqu'au talon; pieds jaunes : longueur, huit pouces six lignes.

Bécasseau champêtre, *Tringa campestris*, Vieill.; *Chorlito campezino*, d'Azara. Parties supérieures d'un brun-noirâtre, bordées de blanchâtre; sourcils, gorge, côtés et devant du cou blancs, tachés de noirâtre; poitrine et abdomen mélangés de brun et de blanchâtre; tectrices alaires inférieures d'un roux varié de brun foncé; rectrices traversées de bandes brunes et blanchâtres : longueur, onze pouces neuf lignes. Amérique méridionale.

Bécasseau Cocorli, *Tringa subarquata*, Tem.; *Scolopax africana*, Gm.; *Numenius africana*, Lath.; Alouette de mer, Buff. pl. enl. 851. Plumage d'hiver : parties supérieures d'un brun-cendré avec un petit trait plus foncé le long des baguettes; parties inférieures blanches de même que la face et les sourcils; une raie brune entre le bec et l'œil; nuque brune, les plumes bordées de blanchâtre; devant du cou et poitrine cendrés, rayés de noirâtre et bordés de blanc, ainsi que la queue dont les rectrices extérieures sont blanches en dedans et les deux intermédiaires plus longues; bec arqué, beaucoup plus long que la tête: longueur, sept pouces huit lignes. — Plumage d'amour: parties supérieures noires, bordées de taches rousses et de cendré-clair; parties inférieures d'un roux-marron souvent marqué de petites taches brunes; face, sourcils et gorge blancs, pointillés de brun; sommet de la tête noir à bordures rousses; de petits traits noirs longitudinaux sur la nuque, qui est d'un roux-clair; rectrices d'un cendré-noirâtre, liseré de blanc; tectrices caudales blanches, rayées transversalement de noir et de roux. C'est alors le *Scolopax subarquata*, Gmel.; le *Numenius subarquatus*, Bechst. — Les jeunes, avant leur première mue, ont le milieu des plumes des parties supérieures liserées de blanc jaunâtre; les rémiges terminées intérieurement par un petit bord blanc; la poitrine légèrement nuancée de jaunâtre, de blanc et de brun-clair. Tel est le *Numenius pygmæus*, Bechst. Habite le littoral des mers qui baignent l'Europe, l'Afrique et l'Amérique.

Bécasseau a collier ou Alouette de mer à collier, *Tringa alpina*, Gmel. *V*. Bécasseau Brunette.

Bécasseau a cou brun, *Tringa fuscicollis*, Vieil. Parties supérieures brunes, terminées de blanchâtre; les inférieures blanchâtres; sourcils de cette couleur avec une petite tache noirâtre en avant de l'œil; dessus et côtés de la tête, partie postérieure du cou bruns; plumes du devant du cou noirâtres, bordées de blanc; tectrices brunes, terminées de blanchâtre; longueur, six pouces neuf lignes. Amérique méridionale.

Bécasseau a cou roux, *Tringa ruficollis*, Gmel. *V*. Bécasseau Brunette.

Bécasseau a dos noir, *Tringa melanotos*, Vieill. *Chorlito lomo negro*, d'Azara. Parties supérieures noirâtres, bordées de roux; parties inférieures blanches; sourcils de cette couleur; dessus de la tête noirâtre avec quelques taches rousses; plumes du cou noirâtres, bordées de blanc; rectrices d'un brun-clair, bordées de blanchâtre; bec légèrement courbé à la pointe qui s'élargit en cuiller; longueur, huit pouces six lignes. De l'Amérique méridionale.

Bécasseau Echasse, *Tringa minuta*, Leisl. Plumage d'hiver: parties supérieures cendrées avec les baguettes brunes, les inférieures blanches; une raie brune entre l'œil et le bec; côtés de la poitrine d'un roux cendré; rectrices latérales brunâtres, liserées de blanc, les deux intermédiaires brunes, celles-ci et les latérales plus longues que les autres; bec droit, plus court que la tête: longueur, cinq pouces six lignes. — Plumage d'amour: parties supérieures noires, largement bordées et terminées de roux; parties inférieures blanches; sommet de la tête noir, tacheté de roux; joues, côtés du cou et de la poitrine roussâtres, tachetés de brun; sourcils blancs; rectrices latérales d'un brun-cendré, liseré de blanc. — Les jeunes ont les parties supérieures d'un brun-noirâtre, bordées de roux et de blanc-jaunâtre; les parties inférieures blanches; les plumes du sommet de la tête noirâtres, bordées de roux; le front et les sourcils blancs; une raie brune entre l'œil et le bec; les côtés de la poitrine roussâtres, variés de brun-cendré; la nuque et les côtés du cou cendrés, variés de brun; les deux rectrices intermédiaires noirâtres, bordées de roussâtre; les autres liserées de blanc. En Europe et aux Indes.

Bécasseau Eloriode, Vieill.; *Numenius pygmæus*, Lath. *V*. Bécasseau platyrhynque.

Bécasseau a gorge roussatre, *Tringa subruficollis*, Vieill. Parties supérieures noirâtres, bordées de blanc-roussâtre; les inférieures blanches; front, menton, côtés de la tête et devant du cou d'un blanc-roussâtre; occiput roux, rayé longitudinalement de noir; tectrices alaires brunes, liserées de blanc pointillé de brun; bec droit, dilaté au bout; longueur, sept pouces huit lignes. Amérique méridionale.

BÉCASSEAU KEPTUSCHCA, *Tringa Keptuschca*, Lath. Parties supérieures cendrées, les inférieures roussâtres avec l'abdomen noirâtre; sommet de la tête noir. De la Sibérie.

BÉCASSEAU MARINGOUIN, *Tringa minutilla*, Vieill. Parties supérieures brunes, tachetées de gris; les inférieures blanches, finement tachetées de brun sur la gorge et la poitrine; secondes tectrices alaires noirâtres, bordées de roux; les autres noires, entourées de gris-roussâtre; rectrices latérales d'un gris-clair; longueur, quatre pouces dix lignes. Amérique septentrionale.

BÉCASSEAU MAUBÈCHE, *Tringa ferruginea*, Meyer; *Tringa islandica*, Lath. *V.* BÉCASSEAU CANUT.

BÉCASSEAU MINULLE, *Tringa minuta*. *V.* BÉCASSEAU ÉCHASSE.

BÉCASSEAU NOIR, *Tringa lincolniensis*, Lath. Parties supérieures variées de gris et de brun; les inférieures blanches, tachetées de brun; sommet de la tête blanchâtre, varié de gris; rectrices blanches, à l'exception des deux intermédiaires qui sont noires; longueur, huit pouces six lignes. Trouvé en Angleterre.

BÉCASSEAU ONDÉ, *Tringa undata*, Lath. Entièrement brun, ondulé de jaune et de blanc; tectrices bordées de blanc; rectrices cendrées, bordées de noir. Du nord de l'Europe.

BÉCASSEAU A OREILLES BRUNES, *Tringa aurita*, Lath. Parties supérieures ferrugineuses, variées de lignes blanchâtres, les inférieures plus pâles avec des raies moins marquées; une large tache brune de chaque côté de la tête; trait oculaire blanc. De la Nouvelle-Galles du sud.

BÉCASSEAU PLATYRHYNQUE, Tem., *Numenius pygmæus*, Lath. *Numenius pusillus*, Bechst. Le plus petit des Courlis, Sonn. Plumage d'amour : parties supérieures noires, finement liserées de roux, et quelques plumes bordées de blanchâtre; parties inférieures blanches; deux bandes rousses sur la tête; sourcils blancs, marqués de points bruns; un trait noirâtre entre le bec et l'œil; côtés de la tête blanchâtres, rayés de brun; nuque cendrée et rayée; devant et côtés du cou roussâtres, variés de petites raies longitudinales brunes; quelques grandes taches sur les flancs; rectrices intermédiaires plus longues, noires, bordées de roux; les latérales liserées de cendré-clair, ainsi que les rémiges; le plumage d'hiver est encore inconnu; bec noir, faiblement courbé à la pointe, plus long que la tête, rougeâtre à sa base; pieds verdâtres : longueur, six pouces quatre lignes. — Les jeunes ont les parties supérieures noires, bordées de roux; les parties inférieures blanches; deux bandes longitudinales d'un blanc roussâtre au-dessus des yeux; une raie brune entre le bec et l'œil; la face, la nuque, les côtés du cou, la poitrine, les flancs et les tectrices caudales inférieures roussâtres, rayés longitudinalement de noir. Habite les marais de l'intérieur, dans le nord de l'Europe et de l'Amérique.

BÉCASSEAU POURPRE, *Tringa maritima*, Lath. *V.* BÉCASSEAU VIOLET.

BÉCASSEAU ROUSSATRE, *Tringa rufescens*, Vieill. Parties supérieures brunes, tachetées de noir sur le milieu de chaque plume; parties inférieures rousses avec des taches noires sur les côtés du cou et de la poitrine; abdomen d'un blanc roussâtre; rémiges blanches, pointillées de noir et frangées; les deux rectrices intermédiaires brunes, les deux suivantes bordées de blanc et terminées de noir; les autres d'une nuance plus claire, terminées de même; toutes sont étagées; pieds rouges : longueur, sept pouces trois lignes. Amérique septentrionale.

BÉCASSEAU DE SAKHALM, *Tringa Sakhalmi*, Vieill. Parties supérieures noires variées de jaune, les inférieures blanches; trois taches de cette couleur au-dessous des yeux; rectrices noirâtres, fasciées de jaune. Des Indes.

BÉCASSEAU SELNINGER, *Tringa maritima*, Lath. *V.* BÉCASSEAU VIOLET.

BÉCASSEAU DE TEMMINCK, *Tringa*

Temminckii, Leisl. Plumage d'hiver : parties supérieures d'un brun-foncé avec les baguettes noirâtres ; parties inférieures blanches, à l'exception de la poitrine et du devant du cou qui sont roussâtres ; tectrices caudales intermédiaires noirâtres, les latérales blanches ; les quatre rectrices intermédiaires d'un brun-cendré, les suivantes étagées, blanchâtres ; les extérieures blanches : longueur, cinq pouces six lignes. — Plumage d'amour : parties supérieures noires, entourées d'une bande rousse ; parties inférieures blanches ; front, devant du cou et poitrine d'un roux-cendré, marqués de petits traits longitudinaux noirs ; les deux rectrices intermédiaires d'un brun-noirâtre bordé de roux-foncé. — Les jeunes ont toutes les parties supérieures d'un cendré-noirâtre, plus clair sur la nuque, avec les plumes du dos bordées de jaunâtre ; la poitrine et les côtés du cou d'un cendré-roussâtre ; les rectrices, à l'exception de l'extérieure, terminées de roux. Habite les lacs et les fleuves de l'Europe.

Bécasseau de Terre-Neuve. *V.* Sanderling.

Bécasseau a tête et cou noiratres, *Tringa atricapilla*, Vieill. Parties supérieures noirâtres, tachées de brun et de blanc, avec une bande de la dernière couleur qui traverse les scapulaires ; parties inférieures blanches ; sommet de la tête partagé par un trait blanc ; tectrices alaires supérieures noirâtres, les petites bordées de blanc, les grandes rayées de blanc-roussâtre ; rémiges et rectrices brunes, parsemées de taches rondes blanches ; bec courbé vers l'extrémité, brun-rougeâtre en dessous ; pieds verts : longueur, huit pouces. Amérique méridionale.

Bécasseau uniforme, *Tringa uniformis*, Lath. Tout le plumage est d'un cendré-clair, presque blanchâtre en dessous ; bec court et noir. D'Islande.

Bécasseau varié, *Tringa variegata*, Lath. Parties supérieures variées de brun, de noir et de roux ; parties inférieures blanchâtres, rayées longitudinalement de noir ; front et gorge roussâtres et rayés : longueur, sept pouces. Amérique septentrionale.

Bécasseau violet, *Tringa maritima*, L. ; *Tringa nigricans*, Montagu. Plumage d'hiver : parties supérieures d'un violet à reflets pourprés, les plumes terminées de cendré ; parties inférieures blanches ; sommet de la tête, joues, côtés et devant du cou noirâtres ; gorge et tour des yeux d'un gris-blanchâtre ; plumes de la poitrine grises, terminées de croissans blancs ; tectrices alaires noirâtres, liserées de cendré-clair ; de grandes taches cendrées sur les flancs ; rectrices intermédiaires noires, les autres cendrées, liserées de blanc ; bec plus long que la tête, peu incliné à la pointe ; sa base ainsi que les pieds jaunes ; espace nu au-dessus du genou presque nul : longueur, sept pouces huit lignes. — Plumage d'amour : parties supérieures d'un noir-violet, chaque plume bordée de blanc et de roux ; parties inférieures blanches ; devant du cou, poitrine et ventre cendrés, marqués de taches noirâtres, de forme lancéolée-ovale sur les côtés du cou et les flancs, et en bandes longitudinales sur les tectrices caudales. — Les jeunes ont les plumes des parties supérieures d'un noir mat, bordées de roux-clair ; les tectrices alaires bordées de blanc ; le devant et les côtés du cou rayés longitudinalement et bordés de cendré ; de grandes taches longitudinales sur les flancs et l'abdomen : c'est alors le *Tringa striata*, Retz. Habite toutes les côtes européennes.

†† Combattans. Doigts extérieur et intermédiaire unis jusqu'à la première articulation.

C'est Cuvier qui a fait de ces Oiseaux le type d'un sous-genre, auquel nous conservons le nom français de Combattans. Rien n'est plus extraordinaire que le caractère guerrier que prennent ces timides Oiseaux dans la saison des amours ; pendant toute la journée, et surtout le matin et le soir, ils se livrent des combats, non-seulement corps à corps, mais troupes contre troupes, et l'acharnement de la lutte est tel, que souvent l'oiseleur attentif parvient à envelopper tous les champions d'un seul coup de filet, et à les rendre victimes d'un courage que tous réuniraient en vain contre un ennemi aussi puissant. Au reste, c'est là le seul danger auquel les expose cette guerre, car jamais on n'a vu aucun des nombreux champs de bataille souillé de la moindre trace de sang. Il est probable que l'énorme armure que forme la fraise, et qui, dans la colère de l'Oiseau, se hérisse fortement et prend une grande consistance par le serrement des plumes, lui procure un bouclier impénétrable aux coups du bec de l'adversaire. On a attribué l'humeur guerrière des Combattans au petit nombre de femelles, qui ne permet pas à tous les mâles d'avoir une compagne, et l'on a cru que, tranquilles spectatrices des combats, les femelles devenaient le prix de la victoire: mais chez ces Oiseaux élevés en captivité et commençant leurs combats avec la saison des amours, on voit les mâles et les femelles indistinctement y prendre part, et même tourner leurs coups vers d'autres Oiseaux de la basse-cour. Les accouplemens terminés, toute haine cesse, et chacun s'adonne tranquillement aux devoirs nouveaux que la nature impose à tous les êtres pour la perpétuité des races.

Bécasseau combattant, *Tringa pugnax*, L., Buff. pl. enl. 306. Plumage d'hiver: parties supérieures ordinairement d'un brun semé de taches noires et bordé de roussâtre; tête, cou et parties inférieures d'un blanc souvent très-pur, quelquefois avec la poitrine roussâtre ou tachée de brun; grandes tectrices alaires et rectrices intermédiaires rayées de brun, de noir et de roux; queue arrondie; les trois rectrices latérales toujours unicolores; bec faiblement incliné et renflé vers la pointe, brunâtre; pieds longs, d'un jaune-verdâtre: longueur, onze pouces six lignes. La femelle est d'un tiers plus petite, et son plumage est plus cendré; le devant du cou est rarement d'un blanc pur; elle a le bec noir et les pieds plus foncés.—Plumage d'amour entièrement varié de noir, de brun, de cendré, de jaunâtre et de blanc; face nue, couverte de verrues; occiput orné de longues plumes brunes; gorge garnie d'une fraise composée de longues plumes noires à reflets (ces couleurs sont très-sujettes à varier, au point qu'il est rare de trouver deux individus absolument semblables); bec et verrues d'un jaune orangé; pieds verdâtres. C'est alors le Combattant de Buffon, pl. enl. 305. La femelle est plus petite; elle n'a jamais de longues plumes ni de fraise. — Les jeunes de l'année ressemblent beaucoup aux femelles en plumage d'hiver; mais les parties supérieures sont d'un brun-noirâtre avec de larges bordures rousses et jaunâtres; les petites tectrices alaires sont bordées de blanc-roussâtre; la gorge et le ventre sont d'un blanc pur; les teintes du devant du cou et de la poitrine sont d'un cendré-roussâtre. C'est alors le *Tringa littorea*, Gmel., Lath.; le *Tringa grenovicensis*, Lath.; le *Totanus cinereus*, Briss.; le Chevalier varié, Buff. pl. enl. 300.—Après la mue d'automne, les jeunes ressemblent aux femelles dans leur plumage d'hiver, lorsqu'elles ont le sommet de la tête, la nuque et le cou cendrés, rayés de brun, le devant du cou et la poitrine grisâtres, écaillés de cendré. Dans les marais d'Europe.

Bécasseau demi-palmé, *Tringa semipalmata*, Wils. (*Amer. Orn.* pl. 63. f. 4.) Parties supérieures brunes, bordées de ferrugineux et de blanc; sourcils blancs; tectrices noirâtres, bordées de blanc; rémiges obscures avec les tiges et les bords extérieurs blancs: longueur, six pouces. De l'Amérique septentrionale.

Bécasseau maculé, *Tringa maculata*, Vieill. Parties supérieures brunes, bordées de gris-clair; parties inférieures blanches; devant du cou et poitrine marqués de raies longitudinales brunes; tectrices caudales supérieures brunes, uniformes, de même que les deux rectrices intermédiaires, qui sont les plus longues; les latérales d'un gris-clair: longueur, huit pouces deux lignes. De l'Amérique septentrionale et des Antilles. (DR..Z.)

BÉCASSIN ET BÉCASSINE. OIS. Noms vulgaires appliqués indifféremment à plusieurs espèces du genre Bécasseau, ainsi qu'à l'une des divisions du genre Bécasse. *V.* BÉCASSE et BÉCASSEAU.

Le nom de BÉCASSINE DE MER n'est pas mieux déterminé, et a été donné par divers voyageurs à des Oiseaux de différens genres. (B.)

BÉCASSINE-CUBIANE. OIS. Syn. du Chevalier Cul-Blanc, *Tringa ochropus*, L. en Piémont. *V.* CHEVALIER. (DR..Z.)

BÉCASSINE DE MER. POIS. Nom donné, par allusion à la longueur de leur bouche en bec, à l'*Esox Bellone* ainsi qu'à plusieurs Poissons du même genre, et particulièrement de la division des Orphies. (B.)

BÉCASSON. OIS. Syn. dans Salerne du Chevalier aux pieds rouges, *Scolopax Calidris*, L. Il l'est également vulgairement, selon Brisson, du *Tringa ochropus*, L. dans certains cantons; et dans d'autres, à ce que rapporte Magné-de-Marolles, de la double Bécassine, *Scolopax major*, L.

On appelle aussi Petit Bécasson la Guignette, *Tringa hypoleucos*, L. *V.* CHEVALIER. (DR..Z.)

BÉCASSOUN. OIS. Syn. du Courlis, *Scolopax arquata*, L. en Piémont. *V.* COURLIS. (DR..Z.)

BÉCASSOUNAT. OIS. Syn. du Corlieu, *Scolopax Phœopus*, L. en Piémont. *V.* COURLIS. (DR..Z.)

BECCABUNGA. BOT. PHAN. Et non *Becabunga*. On confond vulgairement sous ce nom deux espèces de Véroniques, les *Veronica Beccabunga* et *Anagallis*, qui croissent dans les lieux aquatiques. On appelle aussi ces Plantes *faux Cresson* ou *Cresson de Chien*. *V.* VÉRONIQUE. (A. D. J.)

BECCACIA. OIS. Syn. de Bécasse ordinaire en Italie. *V.* BÉCASSE. (B.)

BECCARD. POIS. *V.* BÉCARD.

BECFI-D'HIVER. OIS. Syn. du Pipit des buissons, *Alauda trivialis*, L. *V.* PIPIT. (DR..Z.)

BECGHU. OIS. Syn. de Grand-Duc, *Strix Bubo*, en Allemagne. *V.* CHOUETTE. (DR..Z.)

BECHARU. OIS. (Pallas.) Syn. du Flammant rouge, *Phœnicopterus ruber*, L. Le même Oiseau a été quelquefois anciennement appelé Becheru. *V.* FLAMMANT. (DR..Z.)

BÊCHE LISETTE. INS. Noms vulgaires de l'Attelabe Bacchus dans quelques parties de la France. *V.* ATTELABE.

On donne aussi les noms de BÊCHE, LISETTE, COUPE-BOURGEON et PIQUE-BROT à d'autres Insectes très-nuisibles à la vigne, et appartenant au genre Eumolpe. *V.* ce mot. (AUD.)

BECHERFARRN. BOT. CRYPT. (*Fougères.*) Syn. allemand de Trichomane. *V.* ce mot. (B.)

BECHERSCHWAMM. BOT. CRYPT. (*Champignons.*) Syn. allemand de Pezize. *V.* ce mot. (B.)

BECHERU. OIS. *V.* BECHARU.

BECHET. POIS. Syn. de Brochet dans quelques cantons de la France. *V.* ESOCE. (B.)

BECHION. BOT. PHAN. C'est-à-dire *qui adoucit la toux*, d'où *Béchique*. Nom grec du Tussilage qu'on supposait avoir des propriétés pectorales. (B.)

BÉCHOT. OIS. Syn. vulgaire du *Tringa ochropus*, et de la Bécassine sourde, *Scolopax Gallinula*, L. *V.* CHEVALIER et BÉCASSE. (DR..Z.)

BECKÉE. BOT. PHAN. Même chose que Bæckea. *V.* ce mot. (B.)

BECKMANNIA. BOT. PHAN. Host a fait un genre ainsi nommé d'une Graminée, le *Phalaris erucæformis*, L.

qui habite le midi de l'Europe; et Willdenow, qui l'avait rapporté dans son *Species* au *Cynosurus*, l'a adopté postérieurement dans son *Hortus Berolinensis*, ainsi que Beauvois qui a figuré l'analyse de sa fleur (tab. 19, fig. 6 de son Agrostographie). Ses épillets sont distiques et sessiles sur des axes partiels, formant ainsi de petits épis attachés de distance en distance et trois par trois, sur un axe commun indivis. Il renferme de trois à cinq fleurs, dont la centrale est un peu pédonculée. Leurs glumes (valves de la lépicène, Rich.) sont égales, insérées au même point, rétrécies à la base, élargies et obtuses au sommet. Les paillettes de chacune des fleurs sont égales et aiguës; les étamines au nombre de trois, et l'ovaire à deux stigmates. (A.D.J.)

BECMARE. *Rhinomacer.* INS. Genre de l'ordre des Coléoptères fondé par Geoffroy (Hist. des Ins. T. 1, p. 269, et Supp. p. 533) aux dépens du genre Charanson de Linné, et ayant, selon lui, pour caractères : antennes en masse, toutes droites, posées sur une longue trompe. Ce nom de genre a été donné, supprimé et remplacé par celui d'Attelabe qui lui correspond à peu près. *V.* ce mot. (AUD.)

BECMOUCHES ou HYDROMYES. INS. Duméril a appliqué ce nom, dans sa Zoologie analytique, à une famille d'Insectes diptères, dont les caractères essentiels sont de n'avoir pas de trompe; mais une bouche prolongée en un museau plat et saillant avec des palpes très-distinctes : de ce nombre sont les Hirtées, les Scatopes et les Tipules. (AUD.)

BÉCO. OIS. Syn. de Guignette, *Tringa hypoleucos*, L. *V.* CHEVALIER, et de *Tringa pusilla*. *V.* BÉCASSEAU. (DR..Z.)

BECO DE PRATO. OIS. Syn. portugais du Pinson frisé, *Fringilla crispa*, L. *V.* GROS-BEC. (DR..Z.)

BECOT. OIS. (Salerne.) Syn. de *Scolopax Gallinula*, L. *V.* BÉCASSE. (B.)

BECQUABO, BECQUEBO ou BECQUEBOIS. OIS. *V.* BAQUEBO et PIC.

BECQUEFLEUR. OIS. Syn. de Colibri. *V.* ce mot. (B.)

BECQUEROLLE ou BOUQUERIOLLE. OIS. Syn. vulgaires de la Bécassine sourde, *Scolopax Gallinula*, L. On la nomme aussi *Boucirolle* et *Bouriolle*. *V.* BÉCASSE. (DR..Z.)

* BECQUET. POIS. L'un des noms vulgaires du Saumon. (B.)

BECQUETEUR. OIS. Syn. de la petite Hirondelle de mer, *Sterna minuta*, L. *V.* HIRONDELLE DE MER. (DR..Z.)

BECQUILLONS. OIS. et BOT. Ce nom qui désignait primitivement, en fauconnerie, le bec des jeunes Oiseaux de proie, avait été étendu aux pétales luxuriantes de l'intérieur des corolles d'Anémones, quand les fleuristes donnaient des noms baroques aux moindres parties et aux plus petites variétés des fleurs dont ils s'enthousiasmaient. (B.)

BECTSCHUTSCH. POIS. Syn. kamtschadal du Hareng. (B.)

BECUNE. POIS. Espèce du genre Sphyrène. *V.* ce mot. On a encore donné ce nom à quelques Squales et autres habitans voraces des mers, que les habitans des Antilles disent très-friands des parties naturelles de l'homme, qu'ils enlèvent aux baigneurs imprudens. Ce fait mérite confirmation. (B.)

BEDARINGI. BOT. PHAN. (Daléchamp.) Syn. arabe de Mélisse. *V.* ce mot. (B.)

* BÉDAS. MAM. *V.* HOMME.

BÉDAUDE ou BÉDEAUDE. OIS. Syn. vulgaire de la Corneille mantelée, *Corvus Cornix*, L. *V.* CORBEAU. (DR..Z.)

BÈDE. MAM. Syn. de Génisse ou jeune Vache dans quelques départemens occidentaux de la France. (B.)

BEDEAU ET BEDEAUDE INS. Nom vulgaire employé pour désigner des Insectes très-différens, dont le corps présente deux couleurs bien tranchées. Ce sont tantôt des Chenilles, tantôt des Insectes coléoptères, tantôt des Insectes hémiptères. (AUD.)

BÉDÉGUAR ou BEDEGARD. INS. et BOT. Galle chevelue très-odorante, produite sur les jeunes rameaux de la plupart des Rosiers par la piqûre de divers Insectes du genre Cynips. On lui attribua long-temps des propriétés merveilleuses en médecine : elle n'est que légèrement astringente. (B.)

BEDILLE. BOT. PHAN. Syn. de *Convolvulus arvensis*, L. dans les cantons de vignobles, aux environs de Bordeaux. On étend ce nom à plusieurs Plantes traçantes. (B.)

BEDOUIDE ou BÉDOUILLE. OIS. Syn. vulgaire de la Farlouse, *Alauda mosellana*, L. en Provence. *V.* PIPIT. (DR..Z.)

BEDOUIN. BOT. PHAN. L'un des noms vulgaires du *Melampyrum arvense*, L. *V.* MÉLAMPYRE. (B.)

BEDOUSI. BOT. PHAN. Petit Arbre de l'Inde, dont les feuilles ovales, épaisses et alternes, ont une odeur aromatique. Ses fleurs sont inodores, fort petites, polyandres, munies d'un calice à six divisions, et de six pétales croissant en bouquets axillaires ; elles sont de plus monogynes. Son fruit est une capsule ou baie sèche s'ouvrant en trois valves et contenant trois graines. Le Bedousi paraît offrir quelques rapports avec le genre *Cæsaria* (*V.* ce mot), mais doit être mieux observé pour qu'on puisse déterminer avec certitude à quelle famille il convient définitivement de le rapporter. (B.)

BEDURU. BOT. CRYPT. Nom de pays du *Polypodium quercifolium*, L. à Ceylan. *V.* POLYPODE. (B.)

BEE-BOCK ou BEEKBOK. MAM. Syn. hollandais de Nanguer, espèce d'Antilope. *V.* ce mot. (B.)

BEEDELSNOEREN. BOT. PHAN. Syn. flamand d'*Eugenia acutangula*, L. Espèce du genre établi par Jussieu aux dépens des Jambroses, sous le nom de *Stravodia*. *V.* STRAVODIE. (A. D. J.)

BEE-EATER. OIS. Syn. anglais du Pique-Bœuf, *Buphaga africana*, L. *V.* PIQUE-BOEUF. (DR..Z.)

BEELZÉBUTH. MAM. Et non *Belzébuth*. Nom de l'une des divinités syriennes devenue le prince des démons des livres hébraïques, appliqué par Brisson à l'une des espèces de Singes qui composent maintenant le sous-genre Atèle, et par Linné au Guariba de Marcgrave, qui est l'Ouarine de Buffon. *V.* SAPAJOUS. (B.)

BEEMERLE ou BOEHMERLE. OIS. (Brisson.) Syn. du Jaseur de Bohême, *Ampelis Garrulus*, L. *V.* JASEUR. (DR..Z.)

BEENA. OIS. Syn. du Choucas, *Corvus Monedula*, L. en Suisse. *V.* CORBEAU. (DR..Z.)

BEENEL. BOT. PHAN. *Croton racemosum*, Burmann. Petit Arbre de l'Inde, imparfaitement connu malgré la figure qu'en a donnée Rhéede (*Hort. Mal.* T. V. t. 4), qui n'est peut-être pas un Croton à cause des quatre coques de son fruit, mais qui doit être voisin de ce genre. (B.)

* BEENWORM. INTEST. Syn. de Filaire en danois. (LAM..X.)

BEERA-KAIDA. BOT. PHAN. Syn. malabar de *Schœnus nemorum*, Vahl. *V.* CHOIN. (B.)

BEESHA. BOT. PHAN. Famille des Graminées, Hexandrie Monogynie, L. Genre formé par Kunth d'un démembrement du genre Bambou, que les disciples de Linné avaient confondu parmi les Roseaux, *Arundo*, de ce législateur. Rhéede (*Hortus Malab.* T. V. p. 119. t. 60) avait déjà fait connaître sous ce même nom l'Arbre qui lui sert de type. Ses caractères, tels que Kunth les a établis dans une Notice manuscrite qu'il nous a communiquée, et dont cet article est extrait, consistent dans des fleurs ou dans des épillets multiflores, distiques, ayant leurs bâles inférieures vides, et ne contenant de fleurs d'aucune sorte, composées de deux paillettes inégales; les fleurs ont six étamines et un seul style supportant trois stigmates velus, auquel succède un péricarpe grand, charnu, ovoïde, acuminé, renfermant trois semences. Ce dernier caractère, qui singularise le genre Beesha, ne permettait guère de confondre avec les autres Bambous un Arbre graminé que Roxburg avait appelé, dans ses Plantes de Coromandel, *Bambusa baccifera*. *V.* BAMBOU. (B.)

BEETKLIM. BOT. PHAN. Syn. flamand de Baselle. *V.* ce mot. (B.)

BEETLA-CODI. BOT. PHAN. (Burmann.) Syn. malabar de Bétel *V.* POIVRE. (B.)

BÉFARIA. BOT. PHAN. *V.* BÉJARIA.

BEFBASE. BOT. PHAN. (Avicenne.) Syn. de Macis et non de Muscade. *V.* MUSCADIER. (B.)

BEFFAIGI ET BISBERG. BOT. CRYPT. (Camerarius.) Syn. arabes de *Polypodium vulgare*. *V.* POLYPODE. (B.)

BEFFROI (GRAND ET PETIT). OIS. Espèces du genre Fourmilier, *Turdus tinniens*, L. et *Turdus lineatus*, L. Toutes deux de l'Amérique méridionale. *V.* FOURMILIER. (DR..Z.)

BEGAS. OIS. Syn. du Pélican blanc, *Pelecanus Onocrotalus*, en Égypte. *V.* PÉLICAN. (DR..Z.)

BÉGASSE OU BÉQUASSE. OIS. Noms vulgaires de la Bécasse commune, qu'on appelle aussi Bégasse des bois ou des buissons. *V.* BÉCASSE. (DR..Z.)

BÉGONE. *Begonia*. BOT. PHAN. Ce genre singulier, qu'on n'a pu jusqu'à présent classer dans aucun des ordres naturels de Plantes précédemment établis, nous paraît devoir former le type d'une nouvelle famille naturelle à laquelle nous proposons de donner le nom de Bégoniacées. *V.* ce mot. Le genre Bégone offre les caractères suivans : ses fleurs sont constamment unisexuées et monoïques, disposées ordinairement en panicules terminales, qui se composent de fleurs mâles et de fleurs femelles entremêlées. Dans les fleurs mâles le calice est double; l'extérieur offre deux ou trois sépales un peu concaves, l'intérieur en présente de deux à six, en général plus petits; les étamines sont généralement nombreuses; tantôt leurs filets sont libres et distincts, tantôt ils sont réunis et monadelphes par leur moitié inférieure, et forment une petite colonne cylindrique au centre de la fleur. Les anthères sont ovoïdes, comprimées, à deux loges écartées l'une de l'autre par la partie supérieure du filet qui s'est beaucoup élargie; chacune d'elles s'ouvre par un sillon longitudinal. Dans les fleurs femelles l'ovaire est infère, à trois angles très-saillans, et à trois loges qui renferment chacune un nombre très-considérable d'ovules d'une petitesse extrême, attachés à un trophosperme longitudinal qui règne dans l'angle rentrant de la loge, qui est d'abord simple, puis divisé en deux lames saillantes entièrement recouvertes d'ovules. Le calice offre la même forme et la même disposition, c'est-à-dire qu'il est double et que chacune de ses parties se compose de sépales distincts dont le nombre est sujet à varier. Sur le sommet de l'ovaire, on trouve trois stigmates très-gros; chacun d'eux est profondément biparti; leurs divisions sont allongées, épaisses et irrégulièrement contournées, ayant une grande analogie avec le même organe dans les Cucurbitacées. Le fruit est une capsule nue, triangulaire, triptère, à trois loges polyspermes, s'ouvrant par trois fentes longitudinales, qui règnent sur la partie moyenne de chacune de ces loges et détachent les trois ailes. Les graines, dans les espèces que nous avons examinées, nous ont paru d'une ténuité excessive, ce qui nous a fait soupçonner que peut-être elles n'avaient point été fécondées.

Les espèces de ce genre sont herbacées, ou tout au plus sous-frutescentes; leurs tiges sont en général épaisses et charnues; leurs feuilles alternes, simples, pétiolées, souvent obliques et inéquilatères, accompagnées à leur base de deux stipules membraneuses et caduques. Les fleurs constituent des espèces de panicules terminales, elles sont généralement roses ou blanches.

Les Bégones, au nombre d'environ une quarantaine d'espèces, sont toutes originaires des Indes orientales et occidentales. On en cultive plusieurs dans nos serres; telles sont le *Begonia discolor*, figuré sous le nom d'*Evansiana* dans Curtis, qui vient de la Chine et se fait distinguer par sa tige rameuse, articulée, d'un rouge très-vif, surtout vers les articulations, par ses feuilles cordiformes, obliques, aiguës, dentées, d'un vert lisse à leur face supérieure, d'un rouge incarnat à leur face inférieure, et par ses fleurs roses et grandes. Le *Begonia nitida*, originaire des Antilles, a une tige haute de cinq à six pieds, des feuilles cordiformes, inéquilatères, vertes et luisantes sur leurs deux faces. Les fleurs sont petites, roses, et forment une panicule dont toutes les ramifications sont dichotomes.

Les Bégones ont en général une saveur acide très-prononcée, et telle qu'on peut employer leurs feuilles pour l'usage de la table; on en mange plusieurs dans les colonies, et particulièrement aux Antilles où on les nomme vulgairement Oseille. (A. R.)

* BÉGONIACÉES. *Begoniaceæ*. BOT. PHAN. Le genre *Begonia* offre, comme nous l'avons déjà indiqué, une structure trop singulière et trop différente de celle des autres familles naturelles déjà établies, pour qu'on puisse le classer dans aucune d'elles. Aussi pensons-nous que ce genre peut devenir le type d'une famille particulière que nous avons désignée sous le nom de Bégoniacées, dans la deuxième édition de nos Élémens de Botanique et de Physiologie végétale. Quelques personnes qui se contentent d'effleurer en quelque sorte l'étude des sciences, sans les approfondir, pourront s'étonner de voir un genre érigé à lui seul en famille naturelle. Mais cette marche, loin d'avoir des inconvéniens, nous paraît plutôt propre à servir aux progrès de la science. En effet, si vous reléguez le genre Bégonie parmi les *incertæ sedis*, au milieu d'autres genres avec lesquels il n'a aucun rapport, il devient impossible de connaître les affinités que ce genre peut avoir avec les autres déjà classés; tandis que, si vous le rapprochez autant que possible de ceux avec lesquels il a quelque convenance d'organisation, vous éveillez l'attention sur ses rapports, et faites que fort souvent on finit par découvrir d'autres genres qui viennent se grouper à côté de lui.

La famille des Bégoniacées est fort difficile à bien placer dans la série des ordres naturels. Si nous la rangeons dans la classe de la Méthode de Jussieu, que ses caractères systématiques lui assignent, c'est-à-dire parmi les Apétales à insertion épigynique, nous n'y trouverons aucun ordre avec lequel notre famille ait quelque affinité. Mais parmi les Apétales à étamines périgynes, se trouvent les Polygonées, dont les Bégoniacées se rapprochent en plusieurs points, malgré des différences extrêmement grandes, telles que l'ovaire infère, à trois loges polyspermes, et la structure des stigmates. Mais le port, les stipules, la saveur acide des feuilles sont autant de caractères qui militent en faveur de ce rapprochement. Il est une autre famille fort éloignée des Polygonées, mais cependant avec laquelle les Bégoniacées ont une assez grande affinité, ce sont les Cucurbitacées. L'ovaire infère, à trois loges polyspermes, la structure singulière des stigmates me paraissent établir entre ces deux ordres quelques analogies qui ne sont point à négliger, si l'on veut classer notre nouvelle famille d'une manière convenable. Dans cette nouvelle hypothèse, on pourrait considérer les Bégoniacées comme possédant un périanthe double, c'est-à-dire un calice et une corolle. (A. R.)

BÉGUAN. REPT. SAUR. Sorte de Bézoard qu'on dit se trouver dans l'estomac de l'Iguane ordinaire; on lui attribue des propriétés merveilleuses. (B.)

BÈGUE. OIS. Vieux nom de la Mouette cendrée, *Larus canus*. *V.* MAUVE. (DR..Z.)

BÉGUIL. BOT. PHAN. (Prévost.) On lit dans l'Histoire générale des Voyages que c'est un fruit qui se trouve dans les forêts de Sierra-Leone. Le peu qu'on en dit suffit pour le rapprocher de l'Arbouse, et faire supposer qu'il provient d'une espèce d'Arbousier. *V.* ce mot. (B.)

*BEHEMLE. OIS. Syn. du *Turdus iliacus*, L. en allemand. *V.* MERLE. (DR..Z.)

BÉHÉMOT. MAM. Animal énorme, mentionné dans un livre probablement arabe, intitulé Job; livre adopté par les Hébreux, desquels il est passé aux Chrétiens qui le tiennent pour inspiré par l'une des trois personnes dont se compose Dieu unique. On y lit (chap. XL, versets 10 à 19): « Regarde Béhémot que j'ai créé avec » toi, il mangera le foin comme un » Bœuf. — Sa force est dans ses reins, » sa vertu est dans le nombril de son » ventre. — Sa queue se serre et se » redresse comme un Cèdre; les nerfs » de ses testicules sont entrelacés l'un » dans l'autre. — Ses os sont comme » des tuyaux d'airain; ses cartilages » sont comme des lames de fer. — Il » est le commencement des voies de » Dieu... — Les montagnes lui produisent des herbages où les Bêtes » des champs viendront se jouer. — » Il dort sous l'ombre dans le secret » des roseaux et dans les lieux humides. — Les Arbres couvrent son » ombre, les Saules du torrent l'environnent. — Il absorbera le fleuve, » et il croira que c'est peu encore; il » se promet même que le Jourdain » viendra couler dans sa gueule. — » On le prendra par les yeux comme » un Poisson se prend à l'amorce, et » on lui percera les narines avec des » pieux. » Le Saint-Esprit n'ayant pas jugé à propos de caractériser Béhémot à la manière des naturalistes, il est fort difficile de savoir de quel être il a voulu parler. Nous ne connaissons aucun Animal dont les os soient comme des tuyaux d'airain, et les cartilages comme des lames de fer. Virey voit dans cette bête de Job, d'après Bochard, Scheuchzer et Franzius, un véritable Hippopotame, attendu que l'Hippopotame vit dans les fleuves d'Afrique, qu'il s'y nourrit de joncs aquatiques; que ses dents sont fort grandes et d'un ivoire précieux; que sa queue n'a guère qu'un pied de longueur, etc. Mais comment l'Hippopotame des fleuves d'Afrique se *promettrait-il d'absorber le Jourdain*, qui est un fleuve d'Asie? Comment Béhémot se nourrirait-il de joncs aquatiques, puisque l'*herbe des montagnes* est produite pour lui? Il n'est d'ailleurs question nulle part des dents de Béhémot, et une queue, d'un pied de long tout au plus, a-t-elle le moindre rapport avec un Cèdre du Liban, même dans une description poétique, ainsi que Virey appelle celle où il reconnaît l'Hippopotame? Le même écrivain penche aussi pour le Rhinocéros dont les replis de la peau du ventre pourraient bien être désignés par cette *vertu qui réside dans le nombril* de Béhémot. Quoi qu'il en soit, d'autres auteurs, entre autres Saci, d'après Estius, ont cru que l'Éléphant était l'Animal de Job, se fondant sur ce qu'on a dit de sa queue qui se redresse si fort, ce qu'ils appliquent à une trompe, encore qu'il y ait beaucoup de différence entre une trompe et une queue. Tout ce qu'on y peut comprendre, c'est que Béhémot n'est point un Animal carnassier, puisque les Bêtes des champs viennent se jouer dans les pâturages qui lui sont réservés.

Les rabbins, s'emparant de la tradition de l'Arabe Job, ont ajouté à son texte que Béhémot était de la race des Bœufs, et que Dieu le réservait pour en servir la chair au banquet du Messie. « Béhémot, disent-ils, mange » chaque jour le foin de mille montagnes, dont il ne s'écarte jamais, » et qui se renouvelle toutes les nuits » pour fournir à sa subsistance. Dieu » tua sa femelle au commencement, » de peur qu'une race si puissante » ne se multipliât sur la face de la » terre où elle eût tout dévoré; mais » l'Éternel ne la sala point, parce que » la Vache salée n'est pas bonne, ou » du moins n'est pas digne du grand » banquet pour lequel Dieu créa la » plus grande de toutes les Bêtes. »

On lit dans plusieurs ouvrages que certains Juifs jurent sur leur part du Bœuf Béhémot, comme quelques Chrétiens le faisaient encore naguère sur leur part du Paradis. Quoi qu'il en soit, la nature de ce Dictionnaire ne nous permet pas d'éclaircir ce que c'était positivement que Béhémot, et si Job et le Saint-Esprit entendirent désigner par ce nom l'Hippopotame plutôt que l'Éléphant ou le Rhinocéros. (B.)

BÉHEN. BOT. PHAN. Espèce de Cucubale, *Cucubalus Behen*, L., et de Centaurée, *Centaurea Behen.*

Deux racines que le Levant livrait autrefois dans le commerce de la droguerie, où l'on ne les rencontre presque plus aujourd'hui, y portaient ce nom, ainsi qu'une huile extraite d'une graine dont on ignore l'origine. La première de ces racines, appelée BÉHEN BLANC, est le *Behmen abiad* des Arabes : son odeur est aromatique; elle passait pour aphrodisiaque. La seconde, nommée BÉHEN ROUGE, *Behmen akmar* des Arabes, et dont le nom désigne la couleur tirant sur celle du sang, passe pour être celle du *Statice Limonium*, L. (B.)

BÉHMEN ABIAD ET BÉHEM ACKMAR. BOT. PHAN. *V.* BÉHEN.

BEHORS, BIHOR OU BIHOUR. OIS. Syn. vulgaires du Butor, *Ardea stellaris*, L. *V.* HÉRON. (DR..Z.)

BEHRÉE. OIS. (Latham.) Syn. indien de *Falco calidus*. *V.* FAUCON. (DR..Z.)

BEIAHALALEN. BOT. PHAN. (Daléchamp.) L'un des noms arabes de la Joubarbe des toits. (B.)

BEIDELSAR OU BEID EL OSSAR. BOT. PHAN. Grande Apocynée des bords du Nil, peut-être l'*Asclepias procera*, dont, selon Prosper Alpin, les Egyptiens emploient la soie des aigrettes pour faire des matelas ou de l'amadou, et le suc laiteux qui en découle comme remède contre certains ulcères. (B.)

* BEIGNETS. ÉCHIN. Nom employé par Desbois comme traduction du mot *Lagana*, proposé par Klein pour un genre de la famille des Oursins, qui n'a pas été adopté par les naturalistes. (LAM..X.)

BEIKAMAN. BOT. PHAN. (Forskalh.) Syn. arabe de *Solanum coagulans*, Vahl. (B.)

* BEILLOTE. BOT. PHAN. *V.* BELLOTE.

BEILSTEIN. MIN. (Werner.) Syn. de Pierre de Hache. *V.* JADE. (LUC.)

BEINBRECHER. OIS. (Gesner.) Syn. du Vautour de Malte, *Vultur fuscus*, L. *V.* CATHARTE. (DR..Z.)

* BEINWURM. INTEST. Syn. de Filaire de Médine en allemand. (LAM..X.)

BEJARIA. BOT. PHAN. Genre placé à la fin de la famille des Rhodoracées, dans la Dodécandrie Monogynie, L., nommé à tort *Befaria* par la plupart des auteurs, puisqu'il a été consacré à Bejar, botaniste espagnol. Son calice est légèrement ventru, à sept divisions; il a sept pétales et quatorze étamines alternativement plus petites et plus grandes; son stigmate assez épais est marqué de sept stries; et l'on observe enfin autant d'angles extérieurement et de loges polyspermes intérieurement dans son fruit, qui est une baie sèche où persistent le calice autour et le style au sommet. — Deux espèces ont été décrites dans le Supplément de Linné : ce sont des Arbrisseaux originaires de la Nouvelle-Grenade; l'un, le *B. resinosa*, à feuilles ovales et à fleurs ramassées à l'extrémité des rameaux; l'autre, le *B. æstuans*, à feuilles lancéolées et à fleurs en grappes terminales. Michaux en a trouvé dans la Floride une troisième, qu'il nomme *B. paniculata*, joli Arbuste de trois à quatre pieds, dont la tige est hispide et glutineuse, dont les feuilles sont ovales-lancéolées et glabres, excepté à leur nervure médiane, et dont l'inflorescence tient le milieu entre la grappe et la panicule (Michaux, *Fl. boreal. Amer.* tab. 26). Elle a fleuri au jardin de Cels, où elle a été observée par Ventenat qui l'a figurée (tab. 51 de son *Hort. Cels.*), sous le nom de *racemosa*. — Les deux plantes décrites sous le nom d'*Acunna*, dans la Flore du Pérou de Ruiz et Pavon, paraissent devoir être rapportées, non-seulement à ce genre, mais même, suivant Ventenat et Persoon, aux deux premières espèces indiquées ici. (A. D. J.)

BEJUCO. BOT. PHAN. (Loëfling.) Syn. d'*Hippocratea*. *V.* HIPPOCRATÉE. (B.)

BÉJUQUE. BOT. PHAN. Même chose que Bejuco. *V.* HIPPOCRATÉE.

BEKAS. OIS. Syn. polonais de Bécassine ordinaire, *Scolopax Gallinago*, L. *V.* BÉCASSE. (DR..Z.)

* BEKION OU BEKHION. BOT. PHAN. (Dioscoride.) Syn. de Tussilage selon Adanson. (B.)

BEKKER-EL-WASH. MAM. C'est-à-dire *Bœuf sauvage*. Syn. arabe de l'Antilope Bubale selon Desmarest dans le Dictionnaire de Déterville, et du Zébu selon Frédéric Cuvier dans celui des Sciences Naturelles. (A. D..NS.)

BEL. BOT. PHAN. Mot de la langue des Malabars, dont BELA est synonyme dans les dialectes dérivés de cette même langue, et qui signifie Blanc. Il sert de racine aux noms d'un grand nombre de Plantes, et désigne conséquemment la couleur de quelques-unes de leurs parties remarquables; ainsi l'on appelle :

BELA-AYE ou BELA-HE (dont l'étymologie tirée de *bé*, grand, et *lahé*, homme, paraît peu naturelle), un Arbre des lieux élevés de l'intérieur de Madagascar, à peu près inconnu, mais dont l'écorce amère et aromatique est transportée vers les côtes par les naturels qui la mêlent à diverses liqueurs, et particulièrement au Frangourin (*V.* ce mot), pour faire une sorte de Bière fort saine.

On trouve dans Rhéede :

BELA-DAMBAC, ou BEL-ADAMBAC (*Hort Malab.* II, t. 56), Quamoclit à fleurs blanches de la côte de Malabar, probablement l'*Ipomœa campanulata*.

BELAM-CANDA (Rhéed. *Hort. Mal.* II, tab. 37), syn. d'*Ixia chinensis*, aujourd'hui un Moræa. *V.* ce mot.

BELAMODAGAM (*Hort. Malab.* IV, t. 53), syn. du *Scævola Koenigii* de Waln. *V.* SCÆVOLE.

BELAPOLA (*Hort. Malab.* II, t. 35), c'est-à-dire *bulbe blanc*. Syn. d'*Epidendrum scriptum*, L., dont on emploie les bulbes pilés avec du riz comme topiques pour la résolution des abcès.

BELA-SCHORA (*Hort. Malab.* VIII, t. 1), c'est-à-dire *Courge blanche*, variété du *Cucurbita lagenaria*, cultivée dans tous les jardins de l'Inde où on la mange dans sa jeunesse comme le Concombre. (B.)

BELAH. POIS. L'un des noms arabes du *Perca miniata*, L., qui est le Pomacentre Burdi de Lacépède. (B.)

BELAM OU BELAME. POIS. *V.* BÆLAMA.

* BEL-ARJE. OIS. Syn. de la Cigogne, *Ardea Ciconia*, L. en Afrique. *V.* CIGOGNE. (DR..Z.)

BELBUS. MAM. Syn. de Hyène dans la basse latinité. (B.)

BELCH, BELCHINEN ET BELLEQUE. OIS. Syn. de Foulque, *Fulica atra*, L. dans l'est de la France et en Suisse. *V.* FOULQUE. (B.)

* BELDROEGAS. BOT. PHAN. (Vandelli.) Syn. portugais de Pourpier. (A. R.)

BELEC BEC. OIS. Espèce de

Sarcelle de Sumatra. *V.* CANARD. (DR..Z.)

BELEM - CANDA. BOT. PHAN. Même chose que Belam-canda. *V.* BEL. (B.)

BÈLEMENT. MAM. Voix des petites espèces de Ruminans, tels que les Moutons et les Chèvres. (B.)

BÉLEMNITE. *Belemnites.* MOLL. FOSS. Genre de Coquilles fossiles de l'ordre des Céphalopodes décapodes, et de la famille des Orthocérées (*V.* ce mot), composé de corps polythalames de figure conique, dont les analogues vivans paraissent anéantis depuis une longue suite de siècles. Ces corps, fort remarquables par leur forme et leur abondance dans certaines couches, ont frappé de bonne heure les peuples de toutes les parties du monde, et ont donné lieu aux contes les plus extraordinaires. Ils sont non moins célèbres par les opinions diverses émises par les auteurs, pour expliquer leur formation et déterminer leur place dans le système. Tour à tour rapportés à tous les règnes, jusque dans ces derniers temps, des naturalistes éclairés ont douté qu'ils appartinssent à la classe des Mollusques, et ont fait avec leurs concamérations internes des êtres distincts. Les Bélemnites sont, comme on le voit, du petit nombre de corps naturels dont l'histoire, fort difficile à éclaircir, demande cependant à être traitée avec quelques détails en raison de la réputation presque populaire qu'elles ont acquise.

Les auteurs du moyen âge crurent d'abord voir dans ces corps la *Pierre de Lynx* de Théophraste et de Pline, attribuée à une concrétion de l'urine de cet Animal par ces derniers qui nous ont transmis les contes vulgaires de l'antiquité. Cette opinion dont Hill, dans ses Commentaires sur l'ouvrage de Théophraste (Traité des Pierres, trad. Paris, 1754), a démontré l'invraisemblance, s'est cependant assez accréditée pour que le nom de Pierre de Lynx, *Lapis Lyncis*, soit demeuré aux Bélemnites, et soit même le plus connu de tous ceux qu'elles ont reçus, d'où est venu le *Luchstein*, Pierre de Lynx ou de Loup, des auteurs allemands. Plusieurs dénominations employées par saint Epiphane, Joseph ou Théophraste, au sujet de la véritable Pierre de Lynx, ont été par suite faussement rapportées aux Bélemnites par les auteurs du moyen âge : telles sont celles de *Lyncurium*, *Lingurius Lapis*, *Lugurium*, *Langurium*, etc. On peut présumer avec quelque vraisemblance que Pline a voulu parler de ces Fossiles sous le nom de Doigt ou Dactyle du mont Ida, *idæi Dactyli.* « Ces » Pierres, dit-il, viennent de Crète; » elles sont couleur de fer, et ont la » forme d'un pouce humain (liv. 37, » ch. 10). » Solin rapporte ce qu'en avait dit Pline (*Poly. hist.* cap. 16). Ce rapprochement paraît dû à Belon, et fut adopté par Gesner qui fit autorité; en sorte qu'aujourd'hui cette opinion est généralement reçue. Guettard, qui a discuté fort au long toutes les idées émises avant lui sur les Bélemnites, dans un travail très-intéressant (*V.* ses Mémoires, etc. T. V, p. 215), s'élève cependant, avec quelque raison, sur la légèreté de ce rapprochement; car, bien qu'il y ait une ressemblance grossière entre la Bélemnite et un doigt humain, d'autres corps, tels que certaines pointes d'Oursins fossiles, ont aussi cette ressemblance. Des observations directes auraient éclairci cette question, comme l'observe Guettard, en montrant si effectivement on trouve des Bélemnites sur le mont Ida de l'île de Crète; mais nous ne connaissons aucun voyageur qui ait eu en vue de s'en assurer, et aucun renseignement sur ce sujet. Mercati (*Metalloth.* p. 280), tout en accordant que les Bélemnites soient les Dactyles idæens de Pline, avance que ce nom leur fut donné, non pas à cause de leur ressemblance avec un doigt, mais à cause de leur analogie avec le noyau des dattes, fruit qui porte aussi en grec le nom de Dactyle, et il se fonde sur la rainure qu'offrent certaines Bélemnites, ainsi que le noyau des Dattes; discussion puérile, à laquelle on ne peut s'arrêter, car il ne croît pas de Dattiers sur le mont Ida. Le nom russe *Skortipalk*, Doigt du Diable, donné aux Bélemnites, selon Stobæus, vient aussi de leur figure et de l'ignorance où l'on était sur leur origine.

Quant au nom de Bélemnite, il est certain qu'on ne le trouve ni chez les Grecs, ni chez les Latins, ainsi que l'a avancé Guettard; c'est par conséquent à tort que plusieurs auteurs, entre autres Bertrand, ont cru qu'il avait été transmis du premier de ces peuples à l'autre. A la vérité, il vient du mot grec *belos*, qui signifie dard ou flèche, d'où sont dérivés *Belemnon* et *Belemnites*, Pierre ou flèche qui se termine en pointe aiguë; mais rien n'indique que les Grecs ni les Latins aient appliqué ce nom aux Fossiles dont il s'agit. Cette application remonte seulement au temps d'Agricola, Belon, Gesner et Mercati; il est déjà employé dans leurs ouvrages, et Boëtius de Boot, auquel Beudant donne la priorité, l'a pris dans Belon (Observ. faites en Orient). Depuis lors, ce nom est devenu le seul usité dans la langue scientifique chez toutes les nations de l'Europe. Les noms de *Jaculum*, *Sagitta*, *Telum*, employés par quelques écrivains, ont la même origine, ainsi que les dénominations allemandes *Schollpfeil*, *Scholstein*. Mercati rapporte à ce sujet l'étymologie de l'ancien nom allemand *Alpschosz*, Pierre ou flèche d'incube ou de cochemar, donné à ces Fossiles, et qui a peut-être donné lieu, selon Guettard, de créer celui de Bélemnite. On trouve cette dénomination diversement modifiée dans les écrivains de cette nation : *Alfescht*, *Alpfetcht*, *Allpschos*, *Alpstein*, *Alvestein*, et il paraît qu'elles ont toutes pour origine les vertus attribuées par quelques empiriques aux Bélemnites pour se préserver du cochemar ou des songes incubes. Cette facilité du vulgaire de croire aux vertus extraordinaires des choses dont l'origine est inconnue, et qu'il suppose par cela même être merveilleuses, les a fait adopter en d'autres pays comme remèdes contre la colique, la pierre, la dyssenterie, les diarrhées, les gonflemens des Hommes ou des Animaux, d'où sont venues les épithètes de *Blustein* dans le canton de Berne, et de *Zinkenstein* chez les Grisons. Enfin ceux qui croyaient au sabbat les ont appelées *Spectrorum Candela*, Chandelles des Spectres. Outre toutes ces dénominations nées de la superstition ou de l'amour du merveilleux chez des peuples ignorans, ou forgées par les auteurs du quinzième siècle, on en trouve encore d'autres du même genre. A cette époque, on regardait généralement les Bélemnites comme des Pierres tombées du ciel, et on leur donna le nom de Céraunite, *Ceraunias*, *Ceraunita*, ainsi que celui de *tonitrui Cuneus*, sous lesquels, dit Beudant, on les confondit avec les Pierres dures, taillées en forme de hache ou de coin, auxquelles on attribuait la même origine. Cette même opinion a donné lieu de les appeler *Pierres de foudre*, *Pierres fulminaires*, *Pierres de tonnerre*, par les Français, les Allemands et les Anglais; en allemand, *Donner-Keil*, *Donnerpfeil*, *Donnerstein*; les noms allemands *Wetterstrahl*, *Strahlstein*, ce dernier employé dans le canton de Bâle, ont aussi la même signification; et les Espagnols ont suivi la même idée en les nommant *Piedra del Rayo* ou *Cintilla*; en anglais, *Thunderbolts*, *Thunderstones*; en latin, *Lapis fulminans*, *Lapis fulminaris*. Boëtius de Boot leur a donné le nom de *Corybantes*, en prétendant qu'elles l'avaient porté autrefois; mais Beudant pense que ce nom a plutôt rapport à ce qu'on appelle la Pierre de Circoncision. La couleur noire des espèces les plus communes les a fait appeler *Coracias* ou *corvinus Lapis*, Pierres de Corbeau; *Rabenstein*, *Rappenstein* par les Allemands; et, ce qui est très-remarquable, c'est que, d'après un passage des Ephémérides germaniques (déc. 1re année, T. 4. p. 104), cité par Guettard, les Bélemnites portent aussi au Brésil le nom de *Cacaotetel*, ou Pierres de Corbeau. Enfin, la ressemblance de forme de quelques autres espèces avec les pointes d'Oursins, appelées Pierres judaïques, les a fait nommer *Judenstein*.

Montfort (Conchyl. T. 1. p. 383) rapporte encore d'autres dénominations en diverses langues, qui toutes dérivent de celles que nous avons mentionnées ; nous avons cru utile d'entrer à ce sujet dans quelques détails, afin de faciliter l'intelligence d'une foule de passages des auteurs étrangers ou nationaux, surtout de ceux du quinzième siècle.

Brisson (Dict. des Anim.) observe avec raison, d'après Scheuchzer, dans son Essai sur les Bélemnites (*V. Lex Fossil. Diluv.*), que les trois règnes se sont disputé ces Fossiles. Nous ne nous arrêterons pas aux anciennes opinions de ceux qui en faisaient une Pierre de tonnerre ou une concrétion de l'urine de Lynx, ni à celle de Moscardo et d'autres, qui prenaient la Bélemnite pour du Succin. Nous ne citerons point une foule d'auteurs déjà anciens, tels que Gesner, Kundmann, Imperato, Lachund, etc., parce qu'ils n'offrent rien d'important.

Woodward, sans s'expliquer d'une manière positive, parle des Bélemnites en traitant des Astroïtes, des Fungites, ce qui fait croire qu'il les regardait comme des corps marins (Hist. natur. de la Terre, Tr. p. 105); mais, dans un autre ouvrage, il paraît les considérer comme des Fossiles minéraux, puisqu'il les place près du Spath, du Gypse, etc. (*V.* sa Méthode pour classer les Fossiles, et à la suite ses Lettres relatives à cette Méthode). Scheuchzer, Spada et Stobée montrent à peu près le même embarras à leur égard.

Luyd, comme l'a montré Guettard, n'est pas l'auteur de l'opinion qui faisait de la Bélemnite une corne d'un gros Poisson analogue au Narwhal. Il la rapporte pour la combattre (*Ichnogr. Lithogr. Britannici*), et avance que ces corps sont des concrétions formées dans des tuyaux marins, comme le Pinceau de mer ou la Dentale. Guettard avait d'abord adopté cette opinion, et l'on voit, dans le travail que nous avons cité, qu'il penche encore en sa faveur. C'est à Luyd que l'on doit le nom d'alvéoles donné aux concamérations internes des Bélemnites.

Langius (*Histor. Lapidum Helvetiæ*) pense que c'est une sorte de Stalactite, un tuyau fossile formé par des sucs concrets. Cette hypothèse a été adoptée par Lemonier et fortement combattue par Bourguet.

Helwing (*Lithogr. Angerburgica*) suit, dans la première partie de cet ouvrage, l'opinion de Luyd, et l'abandonne dans la seconde pour soutenir que la Bélemnite est la pétrification d'une Plante, sans doute marine, quoiqu'il ne s'en explique pas, et il avance que les Bélemnites qui ne sont pas en forme de fuseau, ne sont que la moitié de celles qui ont cette figure. Le P. Charvet de Metz (dans le *Wallerius Lotharingiæ* de Buchoz) revient à l'opinion de Luyd, en y ajoutant que l'alvéole est la pétrification d'un Ver, et il confond avec les Bélemnites des pointes d'Oursins pétrifiées. Wolckmann (*Silesia subterranea*) veut établir que ce sont les épines du dos de quelque Animal. Capeller (dans une Lettre de 1729 à J.-J. Scheuchzer, imprimée en tête de la *Sciagr. litholog.* de Klein) prétend que ce sont des Holothuries pétrifiées. Le célèbre Walerius et Bertrand ont suivi cette singulière idée, qui a été combattue par de La Tourette. Capeller soutient que les alvéoles sont des corps étrangers aux Bélemnites, et sont dues aux Coquilles avalées par les Holothuries et non encore digérées par elles, au moment de leur pétrification. Après toutes ces opinions erronées, parut, en 1724, celle d'Ehrart (*Dissert. inaug. de Belemnitis Suecicis*), qui avance que les Bélemnites sont les enveloppes des alvéoles d'un Coquillage de l'espèce du Nautile ou de la Corne d'Ammon, qui, au lieu d'être en spirale, est droit. Si l'on fait attention qu'on ne connaissait point alors l'Animal de la Spirule, qui seul a mis les naturalistes à même de concevoir les rapports des Coquilles polythalames avec leurs

Animaux, on saura gré à cet observateur d'un rapprochement dû à sa seule sagacité; mais embarrassé, comme il devait l'être, pour connaître ces rapports, il a dû croire que les alvéoles contenaient l'Animal dans son entier, et n'a pu découvrir qu'au contraire l'Animal renfermait la Bélemnite. Ehrhart prouve que les alvéoles appartiennent à la Bélemnite, contre le sentiment de Capeller et contre celui bien postérieur de Bertrand qui a voulu réveiller cette erreur. Dans une nouvelle édition de sa Dissertation, il a figuré les alvéoles décrites par Luyd. Malgré cette opinion judicieuse d'Ehrhart, vint ensuite le système de Bourguet, qui a eu une certaine vogue. Il l'a consigné dans sa première Lettre philosophique, écrite exprès pour prouver que les Bélemnites sont positivement des dents d'un Poisson, d'un Crocodile ou d'une espèce de Baleine. Cette idée a été adoptée par Pluche dans son Spectacle de la nature. Mais dans un ouvrage postérieur (Traité des pétrifications), Bourguet dit qu'il n'est pas décidé si ce sont des Coquillages, des Zoophytes ou des Plantes marines, quoiqu'il penche pour ces dernières. Malgré ce désistement, son opinion première a été regardée comme probable par Formey (sur les Bélemnites, Encycl. T. II. 1751).

L'opinion d'Ehrhart a été évidemment le guide de Klein et de Breynius au sujet des Bélemnites. C'est à peu près la même manière d'envisager ces corps, et les ouvrages de ces trois savans ont dû contribuer à faire revenir Bourguet de ses premières idées. Mais Klein et Breynius les considèrent comme des tuyaux marins; Klein (*Descript. Tubul. marin.* 1731; Breynius *de Polythal.* adj. *de Belemnitis Prussicis*, 1732. p. 41), et le dernier, qui paraît n'avoir pas connu les alvéoles des Bélemnites, ne les place point dans ses Polythalames, quoiqu'il ait si bien étudié les Orthocératites, parce qu'il croyait leur cavité dépourvue de concamérations. Ainsi Klein, qui les admettait, se rapprocherait plus de l'opinion judicieuse d'Ehrhart, et il est à remarquer qu'il n'en diffère que dans les mots; car il place aussi les Orthocératites dans ses Tuyaux marins. Dans son ouvrage sur les Oursins, Klein confond cependant une partie des Bélemnites parmi les pointes d'Oursins pétrifiés (Ord. nat. des Oursins, trad. p. 149). Enfin Linné vint, et, suivant les idées d'Ehrhart et de Klein, adoptées par Brander (*Dissert. on the Belemnites*, dans les *Philos. Trans.* 1754.) et par Platt (*An. Attempt to account*, etc., *Philos. Trans.* 1764), il rapporta les Bélemnites, comme une seule espèce, à ses *Testacœa Polythalamiæ*, qui composent dans le *Systema naturæ* le genre Nautile, sous le nom de *Nautilus Belemnita*; malgré cette opinion qu'il adopta d'abord, il en changea quelquefois, pour y revenir enfin dans la 12ᵉ édition de cet ouvrage. Guettard, historien de tous les systèmes que nous venons de rapporter, adopte lui-même l'opinion d'Ehrhart. La Dissertation de Joshua Platt que nous avons cité, mérite d'être consultée, comme celle d'Ehrhart, pour l'Histoire de la science, d'autant qu'elle a servi de base aux opinions de Sage dont nous parlerons tout à l'heure, et qu'il paraît être le premier qui ait montré que les Bélemnites se formaient par des couches successivement appliquées au dehors des plus anciennes.

Nous citerons encore, pour compléter la liste des sources où l'on peut puiser pour l'histoire de ces Fossiles singuliers, Elsholtius (*de Lapide Belemnite* dans les *Misc. cur.* Dec. I. ann. 1678, 1679; obs. 1343); Bajer (*Oryct. norica*); Rosinus (*de Belemnitis*, etc. 1728. in-4°, et les Observations à leur sujet, dans l'*Hamb. Magaz.* T. VIII. p. 97); Albrecht (*de Ornatissimo figuris*, etc., dans les *Acta phys. med.* vol. 4. obs. 15); Baker (*Philos. Trans.* 1748); Fermin (*von Ursprung der Belemniten*, dans Schrotter, *Beytr. Zur. naturg.* T. II); Ghedinus (*Comment. Bononiens.* T. I. p. 70); Bruckmann (*de Belemnit. Musæi sui Epistola* 65); Da Costa (*Philos. Trans.* 1744); la Lettre de de La Tourette, dans le Dict. des Fossiles de Bertrand, T. I, p. 71, enrichie d'une note de Schrotter, dans la Traduction que ce dernier a fait imprimer dans son Journal (T. II, p. 265); Allioni (*Oryctogr. Pedemont.* p. 50); Pallas, sur le Mémoire de Fermin, dans le *Stralsund Magaz.* T. I, p. 192; la Dissertation de Kœmmerer (dans le *Naturf.* 26. st. p. 55); celle de Razoumowski (dans les Mémoires de la Société de Lausanne, 1783); et enfin les figures de Knorr et de quelques autres iconographes.

On voit, par cet aperçu, que peu de corps fossiles ont plus exercé l'esprit et le talent des naturalistes; mais on peut dire, qu'à l'exception de quelques renseignemens sur les localités où se trouvent les Bélemnites, et des observations de détail plus ou moins curieuses sur certains accidens, l'on a peu de fruit à retirer de la lecture de tous ces auteurs; ils offrent peu de faits qu'on ne puisse apercevoir sur les espèces d'une collection nombreuse. C'est dans les ouvrages des oryctographes et des minéralogistes qu'il faut, pendant une grande partie du dernier siècle, étudier la classification des Bélemnites entre elles, parce qu'on sait qu'alors tous les corps pétrifiés étaient rangés parmi les Pierres figurées. Cependant Ehrhart, Scheuchzer, Klein, Breynius, Bertrand et d'autres, ont établi des distinctions spécifiques entre les espèces qu'ils connaissaient, et on les trouve désignées sous les noms suivans : Bélemnites *conoïdes*, *cylindriques*, *en fuseau*, *canelées*, *sillonnées*, *à cercles*, *concentriques*, *pointues aux deux bouts*, etc. Gronovius (Zoophyl.) en admet sept espèces. Walerius en fait un genre composé de huit espèces. Cartheuser, Justi, Wogel, Wolterdorff, en ont aussi distingué plusieurs. Ce dernier a admis trois positions du siphon dans les Bélemnites avec lesquelles il confond quelques Orthocératites. Mais les descriptions de tous ces auteurs ne sont pas, en général, assez détaillées et assez comparatives entre elles pour les reconnaître et pouvoir clairement les rapporter à celles que l'on possède. Les figures qui existent sont rarement correctes et souvent grossières, en sorte qu'il est très-difficile de soumettre ces espèces à une synonymie exacte. Aussi personne ne l'a tenté de nos jours, comme nous le verrons tout à l'heure, car la plupart des auteurs modernes décrivent chacun isolément les espèces de leur collection, sans y rapporter aucune synonymie.

A la fin du dernier siècle, la discussion sur les Bélemnites s'est engagée entre deux savans bien connus, G.-A. Deluc et Sage. Mais cette discussion ne portait plus que sur des faits de détails; tous deux avaient raison puisqu'ils rapportaient avec Ehrhart, Brander, Platt et Linné, les Bélemnites à des Animaux voisins des Seiches ou des Cornes d'Ammon. Ces deux savans différaient principalement dans la question de savoir si la Bélemnite contenait l'Animal ou était contenue dans celui-ci. Deluc, dans ses excellentes Dissertations sur la Lenticulaire de la perte du Rhône (Journal de phys., ventose an VII et ventose an X), où il établit avec beaucoup de sagacité l'analogie des Nummulites avec l'os de la Seiche et qu'elles étaient le test interne d'un Animal analogue, est conduit à faire la même remarque à l'égard de la Bélemnite. Sage fit paraître, quelque temps après, ses Recherches sur les Bélemnites (Journal de phys., brumaire an IX); on remarque quelques confusions d'idées dans ce Mémoire, et on voit qu'il y confond les Orthocératites avec les Bélemnites qu'il dit être le noyau de l'Orthoceras. Il en distingue onze espèces d'après leur forme générale ou les autres accidens qu'elles présentent, et rappelle que Knorr en a décrit douze. Deluc, en développant son opinion (Journal de phys., floréal an IX), s'éleva contre les principes de Sage, et soutint que la Bélemnite n'est pas une Coquille; qu'elle ne peut se placer près de l'Orthocératite, qui est une véritable Coquille, et que c'est un Fossile *sui generis*, qui se rapproche davantage des Nummulites. Il se fondait surtout sur la singulière contexture des Bélemnites composées de rayons fibreux ou de petites aiguilles pyramidales, rayonnant du centre à la circonférence cylindrique de ces corps. Il n'y trouvait pas les couches successives de la juxtaposition des Coquilles ordinaires, et ne connaissait point encore l'organisation analogue qu'on observe dans d'autres Coquilles auxquelles il n'aurait pas refusé ce nom. Il avance enfin que les Bélemnites sont les os d'un Poisson mou, expression qu'il ne faut pas prendre au pied de la lettre; car à cette époque, les distinctions précises entre les diverses classes d'Animaux n'étaient pas répandues même chez les savans, et il est clair que Deluc a voulu positivement parler d'un Animal de même genre que la Seiche qu'il appelle Insecte-Poisson. Il explique, au reste, nettement sa pensée dans un Mémoire subséquent. Dans un nouveau travail (Journal de phys., fructidor an IX), Sage, en suivant toujours les idées d'Ehrhart, Brander, Platt et Linné, soutient que *le Mollusque qui forme et habite l'alvéole, exsude une matière qui produit les couches conoïdales de la Coquille ou étui qu'on nomme Bélemnite, et que de chaque segment de l'alvéole naît une couche conoïdale*. Généralisant trop ses idées, il ajoute que les Orthocératites de Breynius, et même les Lituites ne sont que des alvéoles de Bélemnites. Son Mémoire est accompagné de figures copiées de Platt, et de coupes d'alvéoles d'Orthocératites.

Deluc répondit par un troisième et dernier Mémoire (Journal de phys., ventose an XII) où il relève Sage sur plusieurs contradictions, et appuie le sentiment qu'il avait énoncé relativement à la distinction à faire entre les Bélemnites et les Orthocératites, en figurant une empreinte d'une de celles-ci, où il a cru voir une dernière loge vide, qui devait contenir l'Animal, comme cela a lieu dans le Nautile Pompile. Mais il est évident que la question était dénaturée. L'essentiel était de prouver que la Bélemnite était un corps formé intérieurement, et ne pouvant contenir un Animal dans son entier. Deluc le prouve, du reste, très-bien dans ce dernier Mémoire, par des raisons tirées de l'organisation même de la Bélemnite. Son opinion a prévalu, parce qu'en effet tout porte à croire que ce corps était contenu dans un Mollusque céphalopode, voisin des Seiches; mais ce savant célèbre a trop appuyé sur sa différence avec l'Orthocératite; car, malgré le mode particulier de contexture de la Bélemnite, ses fonctions étaient les mêmes que celles de l'Orthocératite, et ses rapports avec l'Animal tout-à-fait semblables, rapports que, du reste, Sage ne soupçonnait pas plus que Deluc, parce qu'ils n'ont été bien saisis que depuis la découverte de l'Animal de la Spirule. Deluc a soutenu, à tort, que les alvéoles n'avaient pas de siphon; s'il l'eût reconnu, les rapports des Bélemnites aux Orthocératites l'auraient frappé davantage. Il s'est aussi trompé quand il a avancé que les alvéoles n'offraient qu'une pile de calottes sphériques, sans espaces vides entre elles; cela n'a lieu que lorsque la matière pierreuse a rempli les loges qui existaient et que l'on trouve quelquefois creuses.

Deluc, toujours jaloux de soutenir ses opinions au sujet des Fossiles qui nous occupent, et auxquels il attachait une grande importance, a encore publié sur ces Fossiles des *Observations sur l'article Bélemnite du nouveau Dictionn. d'Hist. natur.* (imprimées dans le Mercure de France, avril 1807), où il donne un résumé de ses observations, et relève avec justesse quelques inexactitudes de cet article.

Bosc (*Buffon de Déterville*, Vers, tom. II), Roissy (*Buffon de Sonnini*, Mollusques, tom. V), et Duvernoy (*Dict. des Scienc. nat.* tom. IV) ont adopté les opinions de Sage.

Montfort (*Conchyl.* tom. 1), dominé par la manie de faire des genres, retombe dans l'erreur de plusieurs naturalistes, en faisant des êtres distincts des piles d'alvéoles de quelques Bélemnites; tel est évidemment son genre Callirhoé, et peut-être aussi le Chrisaore et l'Amimone. Il établit neuf autres genres pour des Bélemnites de formes ou d'accidens divers, dont l'existence de quelques-unes n'est pas encore bien constatée. Il admet pour la plupart un siphon central.

En 1810, parurent les Observations de Beudant (*Ann. du Muséum*, tom. XVI, p. 76), où ce savant, après avoir étudié tout ce qui avait été dit avant lui sur les Bélemnites, reproduit l'opinion de Klein qui réunissait plusieurs d'entre elles aux pointes d'Oursins fossiles. Il les distingue en deux sections; celles dont la figure est en massue, et où l'on n'a pas reconnu de cavité à leur base, et les coniques qui offrent cette cavité. Beudant, d'après l'analogie qu'il cherche à établir entre la contexture des pointes d'Oursins et des Bélemnites, paraît porté à croire que les Bélemnites de la première de ces divisions, dites *fusiformes*, en *massue*, en *fer de lance*, sont des pointes d'Oursins pétrifiées. Quant à celles de la seconde, quoiqu'il établisse de même l'analogie de contexture, il est arrêté, dans une semblable conclusion, par la cavité qu'elles offrent et les alvéoles qui la remplissent. Ce Mémoire intéressant a montré des rapprochemens contestés par Defrance (*Dict. des Sc. nat.*, tom. IV, suppl.) Klein avait déjà avancé, pour appuyer la réunion qu'il indiquait des Bélemnites fusiformes aux pointes d'Oursins, leur forme générale extérieure et la radiation que l'on observe dans les unes et les autres. Cette commune radiation est soutenue également par Beudant, qui ajoute que les pointes d'Oursins offrent aussi des cercles concentriques, coupant les stries, ce qui s'aperçoit dans la coupe transversale de ces Fossiles. Defrance dit positivement: « Qu'on ne rencontre jamais » de Bélemnite qui présente dans sa » cassure autre chose qu'une cristal- » lisation en aiguilles rayonnant » de l'axe à la circonférence, tandis » qu'au contraire on ne voit jamais » de pointes d'Oursins fossiles qui » soient changées en une autre matiè- » re qu'en *Spath calcaire*, qui se casse » en lames rhomboïdales, » faits que nous avons aussi reconnus. Mais ce mode différent de pétrification n'ôte rien à l'exactitude des observations de Beudant, qui de plus, dans la coupe longitudinale des pointes d'Oursins, retrouve les couches successives de l'étui des alvéoles des Bélemnites. Ces rapprochemens et la considération de deux Bélemnites dont il donne la figure, et qui offrent, au lieu d'une base percée par une cavité conique, un mamelon arrondi, garni de côtes assez saillantes, striées transversalement, et qui divergent du centre du mamelon à la circonférence, centre perforé par un petit trou arrondi peu profond: tels sont les motifs sur lesquels Beudant appuie son opinion. A la différence dans le mode de pétrification qui distingue ces fossiles, nous ajouterons qu'on ne les trouve jamais dans les mêmes couches, et que les Bélemnites ne sont jamais accompagnées de parties d'Oursins. Les deux Bélemnites citées sont tout-à-fait des exceptions dans la règle; car sur plus de trois ou quatre cents individus que nous avons eu occasion d'examiner, nous n'avons rien trouvé de semblable. Cette particularité tient peut-être à la pétrification de ces deux individus, ou bien à une troncature accidentelle, et dans tous les cas ne peut changer une opinion établie sur l'examen d'un si grand nombre de Bélemnites pourvues de leurs alvéoles.

En nous résumant sur les opinions de Beudant, qu'il est important d'approfondir, parce que les analogies sur lesquelles il s'appuie sont très-spécieuses, nous dirons qu'il ne peut y avoir de doute à l'égard des Bélemnites qui offrent une cavité, c'est-à-dire, pour celles de la deuxième division; car lui-même est obligé de convenir que c'est un problème à résoudre : or, il nous paraît tout résolu par leurs rapports avec les Orthocératites et par l'existence de cette cavité tout-à-fait étrangère aux pointes d'Oursins, et remplie par les alvéoles ou concamérations pourvues d'un siphon comme tous les Polythalames. Il reste donc celles de la première division. Nous allons voir par le détail de l'organisation des Bélemnites que les rapports avec les pointes d'Oursins ne sont pas aussi exacts que Beudant l'a cru. Il convient, du reste, que celles de la première division sont absolument semblables à celles de la deuxième, qui seraient tronquées au-dessus de la cavité. Ceci nous conduit à examiner s'il existe réellement des Bélemnites entières dont la base n'ait pas eu de cavité, et si celles où l'on n'en trouve pas ne l'auraient point perdue par une troncation accidentelle. On en a cité plusieurs qui, dit-on, n'avaient point de cavité; mais aucune observation faite avec soin ne le constate. Il ne suffit pas de s'en rapporter à l'examen extérieur d'un ou deux individus. Il faut étudier l'espèce que l'on examine dans ses différens âges; car il paraît que les Bélemnites, du moins certaines espèces aplaties ou fusiformes, variaient de forme en prenant de l'accroissement. Il faut les scier dans le sens de leur longueur, et polir les deux surfaces opposées, et alors on découvre souvent que la cavité a été remplie dans l'acte de la pétrification par une matière très-dure, de couleur approchant celle de l'étui, mais qui tranche toujours un peu. On n'aurait pu, sans cette opération, reconnaître la cavité dans certains individus de notre collection. Faure Biguet, qui a étudié nombre d'espèces dans leurs localités respectives, a pu s'assurer, par l'examen d'une quantité d'individus, des variations d'âge, et il a reconnu la cavité dans les Bélemnites en *fer de lance*, en *massue*, en *fuseau*; c'est-à-dire dans celles de la première division de Beudant. On doit peu s'étonner de ce que cette cavité, plus large à sa base dans ces Bélemnites que vers son sommet, manque souvent; ses parois paraissent avoir été assez minces et par conséquent fragiles; cette cavité, privée de son alvéole par l'agitation du liquide où elles ont péri, n'avait plus de soutien, et des circonstances favorables ont pu seules la conserver, en tout ou en partie, lorsqu'elle était déjà remplie de matière vaseuse plus ou moins durcie.

Les deux Bélemnites sans cavité, figurées par Beudant dans le Mémoire cité, pl. 3. f. 8 et 9, sont, sans doute, les mieux constatées, et cependant nous croyons être en droit de les regarder comme des individus incomplets ou qui n'ont pas été assez étudiés. Ainsi, selon nous, toutes les Bélemnites complètement formées et entières, ont une cavité à leur base, rentrent par conséquent dans le même cas que les Bélemnites de la deuxième division de Beudant, et ne peuvent être assimilées aux pointes d'Oursins fossiles. Il n'en est point ainsi des jeunes individus dans chaque espèce de Bélemnites, comme nous allons le voir en parlant d'un travail intéressant sur ces Fossiles, dû à un naturaliste zélé, et qui est le résultat de l'observation d'un très-grand nombre d'individus. Nous voulons parler des *Considérations sur les Bélemnites, suivies d'un essai de Bélemnitologie synoptique* (Lyon, 1819), par Faure Biguet que nous venons de citer. Cet auteur estimable a adopté à tort les idées de Deluc sur les alvéoles qu'il appelle *noyaux* et qu'il considère comme une suite de calottes sans concamérations, résultant de la pétrification de l'Animal, et non de celle des cloisons testacées qui formaient les chambres. En mettant à part cette opinion erronée, le travail de Faure Biguet offre plusieurs faits nouveaux et intéressans; il compare avec raison la formation de la Bélemnite dans l'Animal, à celle du rudiment testacé de la *cuirasse* des Limas; il montre que dans le principe, l'Animal de la Bélemnite avait en naissant un petit corps long et solide sous ses tégumens, dans une cavité à ce destinée ; que ce petit corps a été le centre futur du Bélemnite. Mais, n'ayant point saisi l'organisation et les rapports des alvéoles avec l'Animal, il a cru que la cavité se formait par la transsudation successive d'un organe spécial qui restait attaché au petit corps long dont nous venons de parler, et que cet organe remplissait toujours la cavité qui grandissait avec lui. On voit que son erreur vient de ce qu'il n'a pas cru aux concamérations testacées des Bélemnites dans l'état de vie. Quoi qu'il en soit, l'existence première de ce petit corps elliptique, que l'on peut avec plus de raison appeler le *noyau*, est très-visible sur nombre de Bélemnites sciées longitudinalement, et l'on y voit les premières couches qui l'entourent complètement. Le sommet de la cavité conique répond précisément à la pointe postérieure de ce petit noyau, et c'est lorsque cette cavité commence à se développer, que les couches s'étendent successivement jusqu'à sa base. Cette observation confirme l'opinion de Defrance (*Dict. des Scienc. nat.*) qui dit qu'on ne trouve point de Bélemnites très-petites avec la cavité conique, ce qui peut faire croire qu'une partie de l'étui qui se trouve au-dessus a été formée avant elle. Enfin, cette organisation détruit l'analogie indiquée par Beudant entre les Bélemnites et les pointes d'Oursins, celle-ci montrant, d'après ce naturaliste, des couches successives qui s'étendent de la base au sommet de la pointe. Faure Biguet signale une matière blanche qui paraît due dans la pétrification à la partie calcaire, et qui se distingue, par sa couleur, de la cristallisation noirâtre et en aiguilles du reste de la Bélemnite. Tantôt elle rend sensibles diverses couches de l'étui, tantôt elle remplit l'espèce de tuyau central qui, partant du sommet de la cavité, s'élargit vers la pointe de l'étui. Cette espèce de tuyau signalée, à ce qu'il nous semble, par de La Tourette, dans la lettre que nous avons citée, a été passée depuis sous silence par presque tous ceux qui ont traité des Bélemnites. Il paraît formé par le retrait de la matière bélemnitique. En se cristallisant, la matière blanche, séparée dans cette opération, le remplit ordinairement ; mais ce tuyau, n'étant qu'accidentel, ne se montre pas dans tous les individus, de même que la matière blanche dont on n'aperçoit souvent pas de traces ; quelquefois aussi elle tapisse l'intérieur de la cavité. Faure Biguet pense que c'est à sa dissolution que l'on doit les Bélemnites à deux pointes. Nous n'avons jamais vu de celles-ci que de très-petits individus qui, sans doute, n'étaient pas formés, ou des *individus* plus gros et mutilés qui, par le frottement, étaient amincis vers la base où les couches longitudinales étagées montraient clairement l'origine de cette forme. Il paraît que c'est aussi au retrait de la matière bélemnitique dans un autre sens que sont dus les anneaux ou canelures transverses qu'on a indiqués sur certains individus, et qui font le caractère des Bélemnites à segmens de Sage.

Il nous reste à éclaircir quelques autres faits sur lesquels on n'est point encore fixé. Le principal a rapport au siphon dont Deluc nie l'existence. Il est certain cependant qu'il existe ; quelquefois il part du sommet du cône intérieur ou alvéole, et suit les bords des cloisons en les échancrant et s'appuyant contre les parois intérieures de l'étui. C'est ainsi que l'ont toujours vu Defrance et Faure Biguet ; le premier met même en doute l'existence d'un siphon central dans les Bélemnites, et pense que les alvéoles citées, avec un trou dans le milieu de leur cloison, sont des Orthocératites. Breynius, Sage, Lamarck disent qu'il est central, et il est certain que nous avons quelques petits individus qui paraissent offrir cette circonstance, entre autres un exemplaire d'une petite Bélemnite de la Craie marneuse des environs de Cambridge, que je crois être la *B.*

Listeri de Mantell, *Fossils*, *etc.*, pl. 19, fig. 17. 18, et que nous devons à l'amitié de Undervood. Dans cet exemplaire, le siphon testacé paraît s'être conservé en nature; il règne du sommet de l'étui ou cône extérieur jusque dans la cavité où il fait saillie, et on l'aperçoit distinctement percé dans son milieu pour loger l'organe qu'il renfermait dans l'état de vie. Ce fait curieux nous porte à croire que les petits tubes que Faure Biguet a signalés, fig. 3 C et 7 B, dans la planche qui accompagne sa Bélemnitologie, et qu'il prend pour l'extrémité du petit corps intérieur que nous appelons le *noyau*, sont aussi de vrais siphons. Il paraît que, dans certaines espèces, le siphon suit le bord des loges, et que, dans d'autres, il les traverse dans leur centre, et c'est le sentiment de Cuvier (Règn. An. T. II, p. 371), ce qui établit une nouvelle analogie avec les Orthocératites. Mais le siphon s'étend-il dans les uns et les autres jusqu'au sommet du cône extérieur? C'est ce que nous n'avons pu décider; car la pétrification dénature tellement la Bélemnite qu'il est difficile de s'en assurer. Des observations suivies éclairciront cette question. Il est possible aussi que les espèces dont l'étui commence par une sorte de noyau elliptique, n'aient pas un siphon traversant jusqu'au sommet du cône extérieur, et peut-être aussi que ce noyau ait été la première enveloppe du siphon ou de l'organe qui le contenait. Breynius, dans ses Figures, indique ce siphon allant du sommet de la cavité au sommet du cône extérieur qui se termine par un petit trou, comme nous l'avons vu dans la Bélemnite de Cambridge et dans d'autres espèces du Dauphiné.

Montfort (*Conchyl.* t. 1) a établi ses genres *Paclite*, *Cétocine* et *Acame*, sur des caractères qui, s'ils étaient bien constatés, nous montreraient encore le siphon central sur d'assez grosses espèces. Il a donné pour caractère à ses genres *Thalamule*, 322, et *Porodrague*, 390, d'avoir la surface extérieure de l'étui toute criblée de petits pores. Ils avaient déjà été observés sur le premier par Scheuchzer et Knorr, et sur le second par Faujas et Montfort lui-même qui les considéra d'abord comme d'anciennes loges de petits Pholades. C'est cette Bélemnite que Sage a figurée, *Journal de physique,* brumaire an X, sous le nom de Bélemnite tigrée. Dans le Thalamule, Montfort dit que ces petits pores sont disposés en cercle autour de pores plus gros, formant comme des centres. Ce dernier fait mérite d'être confirmé et mieux observé. Nous croyons que ces pores sont l'ouvrage d'Animaux parasites, et nous sommes assurés, dans tous les cas, qu'ils n'offrent aucun caractère spécifique et encore moins générique; car nous possédons des individus de diverses espèces et de divers âges, qui sont criblés de cette manière. Faure Biguet a fait la même observation; il a trouvé des picotures, des points creux et oblongs sur des individus de presque toutes les espèces, dont il a pu voir un grand nombre de sujets. Ces picotures lui ont paru être les mêmes sur différentes espèces, et quelquefois une même espèce lui a offert des picotures différentes sur différens individus. Il y en a qui sont extraordinairement fines, à peine sensibles à l'œil nu, alors elles sont très-multipliées; d'autres vingt fois plus grosses, plus allongées, plus distinctes. Faure Biguet pense que ces pores ont été faits par des Animaux parasites, pendant la vie de l'Animal, et qu'ils ont dû lui donner la mort, parce qu'il a observé les mêmes sortes de picotures sur des individus de différens âges, d'une même espèce, et que, si ces Animaux avaient existé pendant les diverses époques d'accroissement des Bélemnites, leurs picotures auraient des aspects différens. Nous pensons différemment : d'abord l'accroissement de la Bélemnite s'étant fait par l'addition de couches extérieures et recouvrant les précédentes, elles auraient enveloppé les couches percées et en même temps leurs Animaux parasites. On peut répondre que la croissance ayant été par-là arrêtée, il n'y a pas eu de nouvelles couches; mais il est peu probable que des êtres semblables soient entrés dans la cavité où se formaient les Bélemnites, et la raison de Faure Biguet, pour croire qu'ils faisaient ces pores du vivant de l'Animal, n'est que spécieuse; savoir que, si c'eût été après la mort, la partie de la Bélemnite qui reposait sur le sol n'aurait pas été attaquée. La Bélemnite s'est séparée de son Animal dans la mer, et elle a pu être attaquée dans tous les sens par les Annélides ou les Vers lithophages, ainsi qu'on voit aujourd'hui sur nos côtes des cailloux plats percés de mille trous tant en dessus qu'en dessous. Nous croyons avoir abordé à peu près toutes les questions intéressantes qui se présentaient à résoudre sur les Fossiles qui nous occupent. Nous allons actuellement les décrire d'une manière générale.

Les Bélemnites varient beaucoup par la taille. Il y a des espèces qui paraissent n'avoir que douze à quinze lignes de long sur deux ou trois lignes de diamètre à leur base, tandis que d'autres ont deux pieds de long sur deux ou trois pouces de diamètre (*B. giganteus* de Schlotheim); d'autres, sur près d'un pied de long, ne sont que de la grosseur d'un fort tuyau de plume (*B. acuarius*, Schloth.) Leur forme varie beaucoup aussi; tantôt elles sont coniques, cylindriques ou légèrement fusiformes, c'est le plus habituel, et plus ou moins pointues au sommet; d'autres fois elles sont très-renflées au milieu de leur longueur ou en massue avec une base élargie, lorsqu'elles sont entières ou bien aplaties et carénées sur les côtés en forme de fer de lance ou de gousse. Le sommet est plus ou moins pointu ou arrondi, strié ou plissé par des impressions longitudinales, courtes, ou terminé en mamelon par une pointe courte ou par un spincter étoilé; d'autres fois il est recourbé en forme de bec pointu ou de pointe de sabre ou de flèche, excentrique. La base s'élargit quelquefois en entonnoir, après un rétrécissement marqué à la naissance de l'alvéole.

Il existe aussi des Bélemnites contournées ou courbées. Beudant dit en avoir vu dans ses deux divisions. Elles sont fort rares, et nous ne les connaissons pas. Le *Paclite* de Montfort est courbé vers son sommet; le *Thalamule* et l'*Amimone* du même auteur (*B. ungulatus*, Schlotheim) sont arqués sur toute leur longueur; mais cette dernière paraît être une pile d'alvéoles du Thalamule.

Les Bélemnites sont composées de deux cônes réunis par leur base, et c'est presque le seul caractère qui les distingue des Orthocératites : l'un intérieur, plus court que l'autre, est ce qu'on appelle l'*alvéole*; l'autre, extérieur et emboîtant le premier, est l'*étui*. L'alvéole est divisé en dedans par des cloisons parallèles, plus ou moins concaves du côté qui regarde la base, et dont le nombre et les dimensions varient suivant l'âge et les espèces. Selon Defrance, l'alvéole commence par un très-petit point globuleux qu'il a observé sur une espèce des environs de Caen, et que nous avons trouvé sur une autre du Dauphiné. Ensuite se succèdent les petites calottes qui augmentent de largeur et d'épaisseur à mesure qu'elles s'éloignent du petit point globuleux, et qui forment par leur réunion le cône interne ou l'alvéole. Defrance a compté quarante-deux de ces calottes dans une cavité d'un pouce sept lignes de longueur. Nous en avons trouvé plus de cinquante sur une portion d'alvéoles d'un pouce neuf lignes, et cette portion n'était guère que la moitié ou le tiers de la longueur de la cavité. Les séparations des diverses loges étaient sans doute extrêmement minces; car celles qui se sont conservées, et qui toujours alors sont changées en diverses matières solides, différentes de celle qui remplit les alvéoles, ont une épaisseur fort petite; mais souvent ces séparations ont été fondues dans la matière qui a rempli les alvéoles, et ne se montrent plus. Le cône externe ou l'étui montre, par l'examen intérieur de sa construction, qu'il était formé de couches nombreuses et très-minces successivement déposées sur les plus anciennes, de manière à former comme une réunion de petits cornets emboités les uns dans les autres, de telle sorte que le dernier enveloppe et dépasse le précédent. Souvent ces couches sont très-distinctes à l'extérieur, lorsque la Bélemnite a été usée ou frottée. Mais pour bien les apercevoir, il faut scier longitudinalement la Bélemnite, et polir les surfaces opposées. Le nombre de ces couches est d'autant plus grand que l'étui est plus gros. Quelquefois, comme nous l'avons dit, les premières déposées avant la formation de la cavité, entourent un petit noyau qui a été l'origine de la Bélemnite, et dont la pointe répond au sommet du cône ou de la cavité conique interne; alors c'est près de la naissance de la cavité qu'on aperçoit le plus grand nombre de couches, et les couches subséquentes s'étendent successivement, pour former l'étui de la cavité, de la base de celle-ci jusqu'au sommet de l'étui. Mais d'autres fois, dans les espèces qui ont un siphon central, les couches ont successivement enveloppé ce siphon. Les couches les plus intérieures sont donc toujours les plus courtes, et ne se prolongent ni à la base ni au sommet. Les couches extérieures qui les recouvrent vont se terminer à la base, sur les bords de la cavité, et de ce côté l'étui devient d'autant plus mince, et le nombre des couches diminue d'autant plus que l'alvéole devient plus grande, en sorte que cette base sur ces bords paraît n'avoir plus qu'une couche mince comme du papier sur certaines espèces. Il suit de cette organisation qu'il est impossible que la Bélemnite en entier n'ait pas été renfermée dans le corps de l'Animal qui l'a formée. On a observé depuis longtemps que les couches de l'étui répondaient chacune et successivement à une loge de l'alvéole, en sorte que, depuis le commencement de la formation de la cavité, leur nombre doit correspondre, et que l'Animal déposait une couche extérieure sur l'étui à chaque loge d'accroissement qu'il formait.

Nous avons parlé tout à l'heure du siphon, et montré qu'il est tantôt central et tantôt latéral. Il s'aperçoit très-rarement, et il reste à déterminer quelles sont les espèces où l'on remarque l'une ou l'autre des positions de cet organe. Defrance et Faure Biguet disent que le siphon est toujours placé vis-à-vis la fissure longitudinale qu'on remarque à l'extérieur de l'étui vers sa base, fissure qui, dans certaines espèces, semble traverser l'épaisseur de cet étui, et qui a été le moule de cette carène latérale que Breynius représente sur le cône interne de la Bélemnite des Craies (*Tab. Belemnitar.* fig. 4, 10, 14). Faure Biguet, lorsqu'il n'y a qu'une seule fissure, l'appelle *gouttière,* et il la regarde comme inférieure; il nomme *sillons* les dépressions qui sont situées latéralement au-dessus de la précédente, et *rainure* la fissure qui est opposée à la gouttière. Ces distinctions peuvent servir utilement pour caracteriser les espèces. On n'a aucune opinion fixe sur les rapports de ces fissures avec l'Animal. Faure Biguet suppose, avec quelque vraisemblance, qu'elles sont l'empreinte des muscles destinés à soutenir et maintenir la Coquille dans le corps de l'Animal.

La cavité de l'étui est plus ou moins longue et large. Dans la Bélemnite des Craies (*B. mucronatus*, Schloth.), elle offre ces deux caractères. Dans d'autres, elle est fort courte et étroite, et, ce qui est assez remarquable, ainsi que l'ont observé La Tourette et Faure Biguet, l'axe du cône interne est souvent oblique de manière à former un angle avec l'axe du cône externe. D'autres fois l'axe de la Bélemnite n'est pas au milieu du cylindre.

La structure interne si singulière des Bélemnites, a été une des premières choses observées. Nous avons déjà dit que dans leur section transversale on aperçoit que toute la partie solide du cône extérieur présente une suite de petites aiguilles pyramidales dont les sommets sont réunis, disposés en rayonnant du centre à la circonférence. Ces aiguilles sont coupées par une série de cercles concentriques qui sont les coupes transversales des couches longitudinales d'accroissement de la Bélemnite. Ces couches s'aperçoivent très-distinctement dans les sections longitudinales de ces Fossiles, et nous avons montré leurs dispositions relatives, soit par rapport au noyau, soit par rapport à la cavité. Il est très-rare de rencontrer des Bélemnites avec leurs alvéoles. Le plus souvent la cavité est vide ou remplie de Craie ou d'Argile durcies, ou de matières pierreuses cristallisées ou métalliques, suivant la nature de la couche où elles ont été déposées. Lorsque l'alvéole est restée dans la cavité, les chambres sont ou vides ou pleines en tout ou en partie. Leurs séparations sont souvent fondues dans la matière pétrifiante, surtout lorsqu'elle a formé un seul bloc de l'alvéole. D'autres fois ces séparations sont conservées et pétrifiées. Généralement la matière pétrifiante qui remplit les loges, étant d'une autre nature que l'étui de la Bélemnite, tranche nettement par sa couleur et sa texture avec celle de l'étui. Celui-ci, formant déjà un corps solide, n'a le plus souvent subi d'autre altération qu'une plus grande solidification; d'autres fois il acquiert la transparence et la couleur du Succin. Communément il est noir ou grisâtre.

Relativement à l'étude des terrains, les Bélemnites sont d'un grand intérêt. Leur étonnante multiplicité dans certaines couches meubles ou solides; leur répartition qui tantôt montre la même espèce dans des contrées éloignées; d'autres fois une seule espèce affectée à telle localité, méritent toute l'attention des géologues, pour appuyer les distinctions des couches entre elles. Mais malheureusemsnt, comme nous n'avons point encore, nous ne dirons pas une monographie des Bélemnites, mais même la connaissance complète de deux ou trois espèces, la synonymie de toutes celles de ce genre est à établir et offre les plus grandes difficultés. Les seuls travaux qu'on puisse citer à ce sujet, sont la Bélemnitologie de Faure Biguet, qui renferme seize espèces prises la plupart aux environs de Die ou de Lyon seulement, et l'indication de onze espèces dans Schlotheim (*Petrefact.*). Nous disons l'indication, car elle n'est pas accompagnée d'une description. On voit que les géologues manquent, comme pour les Ammonites, de tous les secours nécessaires pour reconnaître et déterminer les espèces des diverses formations, et précisément dans les deux genres les plus importans par leur multiplicité dans la nature et leur présence dans des couches anciennes. On commence, dit Beudant (*Ann. du Mus.* T. XVI), à trouver les Bélemnites dans les couches de Fer argileux, qui alternent avec celles de Schiste bitumineux, dans lesquelles on les trouve aussi quelquefois. Elles deviennent plus abondantes dans les bancs de Schiste marneux; mais c'est principalement dans les premières couches du Calcaire coquillier, celles qui reposent sur les Schistes marneux, qu'il faut les chercher. On les trouve aussi dans les Calcaires argileux qui sont d'une formation à peu près contemporaine; on ne les trouve plus dans les Calcaires suivans. Elles reparaissent dans les Craies, et on ne les voit plus dans les terrains subséquens. Schlotheim cite cependant la *Belemn. penicillatus* dans le Calcaire de transition de Namur; il la cite aussi dans le Calcaire du Jura avec les *B. giganteus*, *paxillosus*, *irregularis*, *tripartitus* et *biforatus.* Il n'indique que la *B. paxillosus* dans le Calcaire alpin et dans le Calcaire coquillier des Allemands; il la cite aussi dans la Craie, ce qui la rend commune à des terrains d'âge bien différent, si réellement elle n'offre pas de différences spécifiques de l'un à l'autre. Dans la Craie, il indique encore — *Bel. reticulatus*, gen. Chrysaore, Montf. Espèce incertaine de la Craie Tuffau de la montagne Sainte-Catherine, près Rouen. — *Bel. canaliculatus*, gen. Pyrgopole, Montf. Aussi incertaine. Craie Tuffau, plateau de Saint-Pierre de Maëstrich. — *Bel. mucronatus*, qu'il cite aussi du plateau de Saint-Pierre, mais qui caractérise vraiment la Craie blanche ou supérieure. — *Bel. lanceolatus*, ce qui mérite confirmation, car on ne la trouve ordinairement qu'aux environs de Gap, dans le Calcaire ancien.

Mantell (*Fossils of the south Dowus, etc.*) ne cite qu'une seule espèce dans la Craie, qu'il appelle *B. Listeri*, et qui se trouve dans la Craie marneuse des environs de Cambridge et du comté de Sussex.

Sowerby n'a encore indiqué aucune Bélemnite en Angleterre. Lister n'en a donné que deux espèces : *B. Listeri* et une autre, vraisemblablement le *Paxillosus*.

Il est fâcheux que Faure Biguet n'ait pas indiqué les gisemens précis de toutes ses espèces; mais il est probable qu'elles appartiennent au Calcaire alpin ou à celui du Jura. On peut dire qu'on trouve des Bélemnites dans toute l'Europe. Pallas en cite sur les bords du Wolga.

On sent qu'il est impossible, dans l'état de la science, par rapport à ces Fossiles, de présenter la liste de leurs espèces et les divisions qu'elles admettent entre elles. Les groupes que nous avions indiqués dans nos Tableaux des Mollusques, doivent être regardés comme non avenus. Nous avons reconnu que les Bélemnites à base plissée et aplatie, ne sont que des accidens. Enfin, au lieu d'en faire une famille distincte, nous les réunissons à celle des ORTHOCÉRÉES. *V.* ce mot près du genre Orthocératite, dont elles sont extrêmement voisines, et dont elles ne sont distinguées que par leur double cône, l'extérieur enveloppant les alvéoles, et par leur forme conique ou en fuseau, tandis que les Orthocératites sont plutôt cylindriques et que leurs alvéoles paraissent avoir une simple enveloppe testacée. (F.)

BELENION OU VELENION. BOT. PHAN. (Dioscoride.) Syn. de Doronic. *V.* ce mot. (B.)

BEL-ERICU. BOT. PHAN. (Rhéed. *Hort. Mal.* II, p. 56.) Apocynée de la côte de Malabar, voisine de l'*Asclepias gigantea*, L. (B.)

BELETTE. ZOOL. Nom vulgaire d'une espèce du genre Marte. *V.* ce mot. On l'a étendu à d'autres Animaux qui ont avec cette espèce une ressemblance plus ou moins éloignée; ainsi l'on a appelé :

BELETTE DU BRÉSIL, les *Mustela barbara*, L. et *Galera*, L. *V.* GLOUTON.

BELETTE D'EAU, la *Mustela lutreola*, L. *V.* MARTE.

BELETTE DE JAVA, le *Roger-angan* des Javanais; variété présumée de l'Hermine.

Un Sarigue est encore appelé BELETTE par les Espagnols de l'Amérique méridionale, et un Poisson du genre Blennie, *Blennius mustelaris* L., l'est également par les pêcheurs des côtes de l'Europe. (B.)

* BELHARNOSIA. BOT. PHAN. Syn. de *Sanguinaria*. *V.* SANGUINAIRE. (B.)

* BÉLI OU BELIGHAS. BOT. PHAN. A Ceylan. Même chose que Belou. *V.* ce mot. (B.)

BÉLIER. MAM. Mâle de la Brebis. *V.* MOUTON. (B.)

BÉLIER MARIN. POIS. *Aries bellua*. Animal probablement fabuleux, s'il n'est le Requin ou un Dauphin, et que les anciens naturalistes, d'après Pline, dépeignent comme d'une taille énorme, et se cachant sous les vaisseaux pour dévorer les Nageurs. (B.)

BÉLIER DE MONTAGNE. MAM. Geoffroy. Ann. du Muséum, t. II, p. 360, pl. 58. *V.* MOUTON. (B.)

BÉLIER-SPHINX. INS. Syn. de Sphinx de la Filipendule. *V.* SPHINX. (AUD.)

BELIÈVRE. MIN. Nom de l'Argile plastique qu'on emploie dans quelques parties de la Normandie pour la poterie. (LUC.)

BELIGANA. BOT. PHAN. L'un des noms languedociens de la Vigne sauvage. *V.* VIGNE. (B.)

BELILLA. BOT. PHAN. (Rhéede, *Hort. Mal.* II. t. 18.) Bel Arbre de la côte de Malabar dont Adanson (*Fam. Plant.* 2, p. 159) a formé un genre parmi les Rubiacées, correspondant au Mussaenda. *V.* ce mot. Le Baligarab des Philippines pourrait bien être la même chose. *V.* BALIGARAB. (B.)

BELINGÈLE OU BERINGÈNE. Même chose que Mélongène. *V.* ce mot et SOLANUM. (B.)

* BELION. BOT. PHAN. (Dioscoride.) Syn. de *Teucrium Polium*, L. *V.* GERMANDRÉE. (B.)

* BELIOUKANDAS. BOT. PHAN. Syn. celtique de Volant d'eau, *Myriophyllum*. *V.* ce mot. (B.)

BELIPATHAEGAS. BOT. PHAN. Syn. d'*Hibiscus populneus*, L. à Ceylan. *V.* KETMIE. (B.)

BELIS. BOT. PHAN. (R. Brown.) *V.* CELACNEA.

BELLADONE. *Atropa.* BOT. PHAN. Famille naturelle des Solanées, Pentandrie Monogynie, L. Ce genre, qui se compose en général d'espèces vénéneuses, se reconnaît à son calice monosépale offrant cinq divisions profondes; à sa corolle monopétale régulière, en forme de cloche allongée, à cinq lobes; à ses cinq étamines qui sont libres et distinctes, et dont les filets sont quelquefois dilatés à leur base; les anthères sont ovoïdes ou globuleuses, s'ouvrant par toute la longueur de leur sillon : l'ovaire est libre, appliqué sur un disque hypogyne un peu plus saillant d'un côté; le style est long, grêle, terminé par un stigmate globuleux, un peu déprimé, légèrement bilobé. Le fruit est une baie globuleuse, ordinairement environnée à sa base par le calice qui est persistant; elle offre deux loges contenant chacune un assez grand nombre de graines. — A l'exemple de Linné, nous réunissons au genre Belladone le genre Mandragore de Tournefort, qui n'en diffère que par son calice étalé, sa corolle très-courte et les filets de ses étamines dilatés à leur base. Ce genre renferme environ douze à quinze espèces qui croissent en Europe et dans les différentes parties de l'Amérique. Nous ferons remarquer parmi elles :

La BELLADONE OFFICINALE, *Atropa Belladona*, L. Plante vivace, malheureusement trop commune dans quelques lieux habités, le long des murs des habitations et dans certains bois. Sa tige est rameuse et haute de trois à quatre pieds; elle est légèrement pubescente, ainsi que les autres parties de la Plante; les feuilles sont grandes, souvent géminées à la partie supérieure des tiges; elles sont ovales, aiguës, entières, et répandent une odeur désagréable et vireuse, lorsqu'on les froisse entre les doigts. Les fleurs d'un rouge terne, environnées d'un calice lâche, sont portées sur des pédoncules axillaires; il leur succède des fruits charnus, ayant à peu près la forme et la grosseur d'une Cerise; ils sont d'abord verts, puis rougeâtres, et finissent par devenir entièrement noirs, de manière à avoir la plus grande ressemblance avec cette variété de Cerise qu'on désigne à Paris sous le nom de *Guignes*. La Belladone est une Plante extrêmement vénéneuse. Ses baies sont particulièrement très-redoutables, à cause de leur ressemblance extérieure avec des Cerises. Leur saveur est d'abord assez fade et n'a rien qui annonce l'action délétère qu'elles exercent sur l'économie animale. Elles sont en effet un poison très-subtil, et un petit nombre suffit pour occasioner les accidens les plus graves et même la mort. Les remèdes à employer pour combattre ces accidens sont d'abord les émétiques, afin de chasser le poison hors de l'estomac, puis les boissons acidules et adoucissantes. Les feuilles et la racine de

Belladone sont employées en médecine, mais à des doses très-faibles, car elles agissent avec une grande énergie sur l'économie animale. C'est surtout contre la coqueluche ou toux convulsive des enfans qu'on s'en sert avec le plus de succès. Ce sont principalement les médecins allemands qui en ont répandu l'usage dans cette circonstance. La dose est d'un demi-grain à un grain de la racine ou des feuilles, soit sous forme de pilules, soit étendu dans une certaine quantité de sucre réduit en poudre. On prépare également un extrait et un sirop de Belladone. Un des effets les plus constans produits par cette substance, c'est la dilatation considérable de la pupille, dont l'ouverture reste fixe et immobile. Cette singulière propriété n'a pas manqué d'attirer l'attention des médecins qui ont su la mettre à profit pour faciliter l'exécution de certaines opérations qui se pratiquent sur le globe de l'œil, et en particulier la cataracte. Un cataplasme arrosé avec la solution d'extrait de Belladone, ou des compresses imbibées de cette solution, placées sur l'œil, peu de temps avant l'opération, déterminent la dilatation de la pupille et facilitent ainsi l'introduction des instrumens destinés à abaisser ou à extraire le cristallin cataracté.

Le nom de Belladone, *Bella dona*, que porte cette Plante, lui vient de l'usage où l'on était autrefois, en Italie, de préparer avec ses fruits une sorte de fard dont les dames se servaient pour rehausser l'éclat de leur teint.

La MANDRAGORE, *Atropa Mandragora*, L. Bull. Herb., t. 143 et 146. Érigée en genre par plusieurs auteurs, tels que Tournefort, Gaertner, etc. Elle est également vivace et croît en Italie, en Espagne, en Suisse, en Grèce, etc. C'est une Plante sans tige, dont les feuilles, toutes radicales, sont ovales, aiguës, très-entières, sinueuses sur leurs bords, rétrécies à leur partie inférieure en une sorte de pétiole. Les fleurs sont blanches ou rougeâtres, portées sur des pédoncules radicaux, cylindriques, longs de cinq à six pouces; les fruits sont blancs ou rougeâtres, à peu près de la grosseur d'un œuf. La Mandragore n'est pas moins vénéneuse, ni moins redoutable dans ses effets que la Belladone, aussi n'est-il pas probable que la Mandragore de laquelle il est parlé dans l'Écriture-Sainte, et dont le patriarche Jacob présente les fruits à ses femmes, fût la Plante aujourd'hui désignée sous le même nom.

BELLADONE est encore le nom spécifique d'une Narcissée du genre Amaryllis, *V.* ce mot, et, selon Pluknet, une espèce épineuse de Solanum qui croît aux îles Canaries, où les femmes emploient le suc de ses fruits pour se donner des couleurs; elles l'appellent aussi Permenton. (A. R.)

BELLAN. BOT. PHAN. Syn. de *Poterium spinosum*, L. *V.* POTERIUM. (B.)

BELLAN-PATSJA. BOT. CRYPT. (Rhéed. *Hort. Mal.* 12, t. 40.) Lycopode de Ceylan, donné par Linné comme synonyme du *cernuum*, tandis qu'Adanson y voit avec raison, probablement, la confusion de quatre espèces. (B.)

BELLARDE. *Bellardia*. BOT. PHAN. Syn. de Tontanea. *V.* ce mot. (B.)

BELLE-DAME. OIS. Nom vulgaire du *Papilio cardui*, L. Espèce du genre Vanesse. *V.* ce mot. (AUD.)

BELLE-DAME. BOT. PHAN. Nom vulgaire, indifféremment donné à l'*Amaryllis Bella-dona*, à la Belladone dont il vient d'être question, et à l'*Atriplex hortensis*. *V.* ARROCHE. (B.)

BELLE D'UN JOUR. BOT. PHAN. Syn. vulgaire d'Hémérocalle et d'Asphodèle. *V.* ces mots. (B.)

BELLE-DE-JOUR. BOT. PHAN. L'un des noms vulgaires du *Convolvulus tricolor* dont les belles corolles s'ouvrent le matin et se ferment le même soir. *V.* LISERON. (B.)

BELLE-DE-NUIT. OIS. Syn. vulgaire de la Rousserolle, *Turdus arundinaceus*, L. *V.* SYLVIE. (DR..Z.)

BELLE-DE-NUIT. BOT. PHAN. Nom vulgaire de l'espèce la plus répandue du genre Nyctage. *V.* ce mot. (B.)

BELLE DE VITRY. BOT. PHAN. (Duhamel, Arb. fruit. 1, t. 25.) Variété de Pêche. *V.* PÊCHER. (B.)

BELLENDENA. BOT. PHAN. R. Brown, dans son Mémoire sur les Protéacées, a établi ce genre qu'il a caractérisé de la manière suivante : le calice est de quatre sépales réguliers, étalés ; les quatre anthères saillantes s'insèrent au réceptacle au-dessous de l'ovaire qui n'offre pas à sa base de corps glanduleux; le fruit non ailé contient une ou deux graines. Il en a décrit une espèce, la seule jusqu'ici connue, le *Bellendena montana*, Arbrisseau qui croît dans l'île de Van Diemen. Sa surface est très-glabre ; ses feuilles sont éparses, planes, trifides au sommet; ses épis disposés en grappes terminales dans lesquelles les fleurs sont éparses ou rarement géminées ; ses sépales blancs imitent des pétales et tombent bientôt; l'ovaire s'articule avec son pédicelle, et le fruit coloré présente un sillon sur l'un de ses bords. (A.D. J.)

BELLEQUE. OIS. *V.* BELCH.

BELLEREGI OU BELLERIS. BOT. PHAN. *Myrobolanus Bellerica* ou *Bellirica* de l'ancienne droguerie : même chose que Tani. *V.* ce mot et MYROBOLAN. (B.)

BELLÉROPHE. *Bellerophon.* MOLL. FOSS. Montfort (Conchyl. T. I. p. 51) a institué ce genre pour une espèce de Nautile pétrifié qu'il appelle B. vasulites, *B. vasulites.* Il avait d'abord (Mollusques de Sonnini, T. IV, p. 298. pl. L. f. 2, 3) appelé cette Coquille Nautile déprimé. La dépression de la spire et l'élargissement de sa bouche par les côtés, en forme de prolongement ou d'oreille, lui donnent quelques rapports avec la Navette, mais ce sont de simples caractères spécifiques. Hupsch (*Naturgesch. des nieder Deutsch*, tab. 3. f. 20, 21. p. 27) a décrit et figuré, comme étant de l'Eiffel et de Bamberg, deux autres Nautiles très-voisins. *V.* NAUTILE. (B.)

BELLEVALIA. BOT. PHAN. Ce nom, donné comme générique par Scopoli à une Plante qui paraît devoir être rapportée au *Volkameria*, et par Picot Lapeyrouse à l'*Hyacinthus romanus*, L., n'a été adopté ni pour l'une ni pour l'autre de ces Plantes. *V.* VOLKAMERIA et HYACINTHE. (A. D. J.)

BELLICANT. POIS. Syn. de Gurnau, espèce du genre Trigle. *V.* ce mot. (B.)

BELLIDIASTRUM. BOT. PHAN. Vaillant nommait ainsi une Plante que Linné, en lui conservant ce nom pour spécifique, a rapportée au genre *Osmites*.—Micheli sous ce même nom avait fait un genre du *Doronicum Bellidiastrum*, L., porté par plusieurs auteurs dans le genre *Arnica*, *V.* ce mot. Cassini pense devoir rétablir celui de Micheli, qu'il caractérise par un involucre d'un seul rang de folioles linéaires, un réceptacle conique et nu : des fleurs radiées dans lesquelles des fleurons hermaphrodites occupent le centre, et des demi-fleurons femelles forment le rayon, les akènes des uns et des autres étant aigrettés, striés et velus. Il indique sa place près du Bellis et dans la tribu des Astérées, à cause de la structure du style et du stigmate. (A. D. J.)

BELLIDIOIDES. BOT. PHAN. Ce nom, donné comme spécifique à un Bellium par Linné, l'était par Vaillant à des Chrysanthèmes ainsi qu'à des Matricaires à feuilles indivises. (A. D. J.)

BELLIE. *Bellium.* BOT. PHAN. Genre de la famille des Corymbifères. L'involucre est composé d'un seul rang de folioles égales et étalées ; le réceptacle est conique et nu; les fleurs sont radiées, les fleurons hermaphrodites et quadrifides, les demi-fleurons femelles au nombre de dix ou douze, les uns et les autres fertiles; l'aigrette est double, l'extérieure de huit folioles paléacées, l'intérieure d'autant d'arêtes. Ce genre comprenait deux Plantes originaires de l'Europe méridionale, le *Bellium bellidioides*, espèce à feuilles radicales, à hampes uniflores qui présentent le port de la Paquerette, et le *B. minutum*, dont la tige, également uniflore, est feuillée. Cassini en ajoute une troisième; c'est une Plante de l'Atlas, le *Doronicum rotundifolium*, Desfont. qu'il nomme *Bellium giganteum* à cause de sa taille tout-à-fait disproportionnée à celle de ses deux congénères. Il est à noter que sa double aigrette présente cinq squammules au lieu de huit. (A. D. J.)

BELLIS. BOT. PHAN. *V.* PAQUERETTE. Dans Pline, ce nom est étendu à plusieurs autres Syngénèses, particulièrement au *Chrysanthemum leucanthemum*, L. *V.* CHRYSANTHÈME. (B.)

BELLONIE. *Bellonia*. BOT. PHAN. Le calice de ce genre est à cinq divisions lancéolées; la corolle en roue présente un tube court et un limbe plane et partagé en cinq lobes obtus; cinq étamines, à anthères oblongues et conniventes, s'insèrent par des filets courts au tube; un seul stigmate termine un style unique; le fruit est une capsule oblongue et turbinée, terminée supérieurement par une sorte de bec que forment les divisions rapprochées du calice, qui persiste autour d'elle, soit qu'il lui adhère, soit qu'il ne fasse que la recouvrir; elle renferme une seule loge à deux valves, selon Swartz, et contenant des graines nombreuses attachées à deux placentas pariétaux. — On connaît de ce genre deux Arbrisseaux d'Amérique à feuilles opposées; l'un est le *Bellonia aspera* qui, suivant la description de Plumier, présente une tige énorme, des feuilles âpres, des fleurs en corymbes axillaires ou terminaux (*V.* Lamk., *Ill.*, *tab.* 149); l'autre, le *B. spinosa* de Swartz, épineux aux aisselles des feuilles, qui sont petites et lisses, et dont les pédoncules axillaires portent d'une à trois fleurs. — Dans ces deux espèces, les feuilles ne sont pas entières, mais dentées, et en outre dépourvues de stipules, caractère qui semblerait devoir exclure le genre *Bellonia* de la famille des Rubiacées, à la suite de laquelle il ne se trouve ainsi placé qu'avec doute. (A. D. J.)

BELLOTE. BOT. PHAN. Et non *Ballote*, qu'on prononce *Beillote*. Fruit du Chêne à gland doux, très-commun en Espagne et en Barbarie, où le peuple s'en nourrit. Recherché par diverses espèces d'Animaux, et servi comme des noisettes sur les meilleures tables des pays où il croît, ce gland a le goût le plus fin d'excellentes amandes. Les armées françaises ont été plus d'une fois heureuses d'en trouver, surtout vers les cantons déserts de la province de Salamanque, où l'on parcourt de grandes forêts formées du Chêne qui le produit. Cet Arbre est voisin, pour l'aspect, du Chêne vert, *Quercus Ilex*. Il est connu botaniquement depuis peu par les soins de Desfontaines, qui, dans sa Flore atlantique, en a dénaturé le nom; ce nom doit être rétabli dans sa véritable orthographe. Nous nous étonnerons que l'on ait si long-temps été surpris en Europe de l'assertion des plus anciens auteurs, qui faisaient du gland la nourriture des premiers hommes. On ne se fût pas demandé, encore de nos jours, comment le palais de nos pères pouvait supporter la saveur acerbe du gland, si tant de voyageurs qui visitaient l'Espagne se fussent donnés la peine de ramasser une Bellotte. On attribue la supériorité de la viande des Porcs de l'Estramadure à ce que ces Animaux trouvent à s'y nourrir presque exclusivement de glands doux. (B.)

BELLOUGA ET BELLUGE, OU BÉLOUGA ET BÉLUGE. ZOOL. Ces noms ont été indifféremment donnés par les Russes à un Cétacé du genre Dauphin, ainsi qu'à l'*Acipenser Huso*, mais non au *Trigla Lucerna*, appelé Bélugo sur certaines côtes. *V.* DAUPHIN, ESTURGEON et TRIGLE. (B.)

BELLOWS-FISH. POIS. Syn. anglais de Bécasse, espèce du genre Centrisque. *V.* ce mot. (B.)

* BELLUCIA. BOT. PHAN. Necker nomme ainsi le *Blakea* d'Aublet, différent par quelques caractères de celui de Browne. *V.* BLAKEA. — Dans les familles naturelles d'Adanson (T. II, p. 344), ce même nom est synonyme du *Ptelœa* de Linné, qu'il place dans la première section de ses Pistachiées. (A. D. J.)

BELMUSCUS OU BELMUSE. BOT. PHAN. Même chose qu'Abelmosch. *V.* ce mot. (B.)

BELO. BOT. PHAN. *V.* CAJU BELO.

* BELOAKON ET BELOTOKON. BOT. PHAN. (Dioscoride.) Syn. d'*Origanum Dictamnus*, L. *V.* ORIGAN. (B.)

BELOÈRE. BOT. PHAN. (Rhéede, *Hort. Mal.* T. VI. t. 45.) Syn. d'*Hibiscus populifolia*, Lamk. *V.* KETMIE. (B.)

BÉLONE. POIS. Espèce d'Esoce du sous-genre Orphie. *V.* ESOCE.

On a appelé BÉLONE TACHETÉE, l'Aulostome de Lacépède, Poisson qui vient de la Chine. (B.)

* BELONIA. BOT. PHAN. Adanson a formé dans la seconde section de ses Caprifoliées ce genre qui n'est que le *Bellonia*. *V.* BELLONIE. (B.)

BELOSTOME. *Belostoma*. INS. Genre de l'ordre des Hémiptères, section des Hétéroptères, extrait par Latreille du genre Nèpe de Fabricius, et rangé par lui (Règne Anim. de Cuv. et Considér. génér.) dans la famille des Hydrocorises ou Punaises d'eau. Ses caractères sont: antennes en demi-peigne, leur second article, ainsi que les suivans, étant prolongé sur un côté en une dent longue et linéaire; labre étroit et allongé, reçu dans la gaîne du suçoir; tarses des deux pates antérieures formant un grand crochet; ceux des quatre pates postérieures composés de deux articles distincts.

La forme des antennes et le nombre des articles des tarses postérieurs établissent les principales différences entre les Belostomes et les Nèpes; les premières ont en outre le corps moins allongé et plus large que celui des secondes: leurs habitudes sont néanmoins assez analogues. Elles sont aquatiques, et vivent aux dépens d'autres Insectes qu'elles saisissent avec les pinces de leurs pates antérieures, et sucent ensuite au moyen de leur bec. Ce bec est aigu, et pique fortement lorsqu'on les prend sans aucune précaution.

La grande Belostome, *Belostoma grandis*, ou la *Nepa grandis* de Fabricius, peut être considérée comme type du genre. On y rapportera aussi les espèces nommées *annulata* et *rustica* par Fabricius, ainsi que l'espèce appelée *testaceopallidum* par Latreille (*Gener. Crust. et Ins.* T. III. p. 145). (AUD.)

* BELOTOKON. BOT. PHAN. *V.* BELOAKON.

BELOU. BOT. PHAN. Nom du *Covalam* des Malabars chez les Indous, *Beli* et *Beligos* de Ceylan, dont Adanson (*Fam. Plant.* T. II. p. 408) avait formé un genre, à côté des Grenadilles, parmi ses Capparidées, et qui forme aujourd'hui le type du genre Eglé. *V.* ce mot. (B.)

BELSAMON. BOT. PHAN. (Théophraste.) Pour *Balsamum*. Syn. de Baume de Judée. *V.* ce mot. (B.)

BELSORY. OIS. Syn. égyptien d'Ibis sacré, *Ibis religiosa*, Cuv. *V.* IBIS. (DR..Z.)

BELOUGA. ZOOL. *V.* BELLOUGA.

BELUGA ET BELUGE. ZOOL. *V.* BELLOUGA et BELLUGE.

BELUGO. POIS. Syn. de *Trigla Lucerna*. *V.* TRIGLE. (B.)

BELUTTA. BOT. PHAN. Ce mot, ainsi que *Bel* et *Bela*, signifie *qui est blanc* dans les dialectes de la langue malaise, et s'allie souvent au nom de certaines Plantes dont il désigne la blancheur. Ainsi:

BELUTTA ADECA-MANSJEN (Rhéede,

Hort. Mal. T. x. t. 58) est le *Celosia margaritacea*, L. *V.* Célosie.

Belutta amel-podi (Rhéede, *Hort. Malab.* T. vi. t. 48) est probablement une espèce d'Apocynée employée contre la morsure des Serpens.

Balutta areli (Rhéede, *Hort. Malab.* T. ix. t. 2) est le *Nerium odorum*, L. *V.* Nérion.

Belutta kaka-kodi (Rhéede, *Hort. Malab.* T. ix. t. 5-6), ce qui répond à *Apocynée blanche*, est une belle espèce du genre Echites. *V.* ce mot.

Belutta kanelli (Rhéede, *Hort. Malab.* T. v. t. 20), est une espèce indéterminée du genre Caliptranthe. *V.* ce mot.

Belutta modela mucu (Rhéede, *Hort. Malab.* T. x. t. 80), est probablement une espèce de Renouée. *V.* ce mot.

Belutta onapu (Rhéede, *Hort. Malab.*), ce qui répond à *Balsamine blanche*, est une espèce ou variété appartenant au genre Balsamine. *V.* ce mot.

Belutta pola taly (Rhéede, *Hort. Malab.* T. ii. t. 58), c'est-à-dire *Bulbe blanc*, est le *Crinum asiaticum*, L. *V.* Bulbine.

Belutta tsjampakam (Rhéede, *Hort. Malab.* T. iii. t. 53) est le *Mesua ferrea*, L. *V.* Mesuée.

Belutta tsjori-valli (Rhéede, T. vii. t. 9) est le *Cissus pedata*, L. dont les fruits sont blancs. *V.* Cissus. (b.)

* BELVALA. bot. phan. Genre formé par Adanson (*Fam. Plant.* T. ii. p. 285) dans la seconde section de ses Thymélées, pour les espèces de Passerines de Linné, qui constituent aujourd'hui le genre *Struthiola* de Lamarck. *V.* Struthiole. (b.)

BELVÉDÈRE. bot. phan. Clayton et Gronovius nommaient ainsi une Plante recueillie en Virginie, que Linné rapporte au genre *Galax*, mais qui paraît appartenir en effet au genre de la famille des Ericinées, que Beauvois et Ventenat ont appelé *Solenandria*. *V.* ce mot. (a. d. j.)

* Les jardiniers donnent le nom de Belvedere au *Chenopodium scoparia*, L. *V.* Chénopode. (b.)

* BELVISE. *Belvisia*. bot. phan. Nom donné par Desvaux au genre décrit par Palisot de Beauvois, sous le nom de Napoléone, dans sa Flore d'Oware et de Benin. Comme nous ne croyons pas permis de changer arbitrairement les noms imposés par les inventeurs, toutes les fois que ces noms sont conformes aux règles admises en botanique, nous renverrons cet article à sa place légitime. *V.* Napoléone. (b.)

* BELVISÉES ou BELVISIACÉES. bot. phan. Noms proposés par R. Brown, dans une note de son excellent Mémoire sur le genre *Rafflesia*, pour la nouvelle famille des Napoléonées. *V.* ce mot. (b.)

* BELVISIACÉES. bot. phan. *V.* Belvisées et Napoléonées.

BELVISIE. bot. crypt. (*Fougères.*) Genre formé par Mirbel en l'honneur de Palisot de Beauvois, et dont l'*Acrostichum septentrionale*, L. serait le type. Desvaux a prouvé qu'il ne saurait être adopté. (b.)

BELYTE. *Belyta*. ins. Genre de l'ordre des Hyménoptères, section des Térébrans, établi par Jurine (Classif. des Hymén. p. 311), qui lui assigne pour caractères : une cellule radiale, petite, ovale ; point de cellules cubitales ; mandibules très-petites, légèrement bidentées ; antennes perfoliées, composées de quinze articles dont le premier allongé. Les Belytes, par la forme de leur corps, ont beaucoup de ressemblance avec les Diapries de Latreille, et sont rangées par ce savant (Règne Anim. de Cuv. T. iii. p. 476 et p. 659) dans la grande famille des Pupivores, tribu des Oxyures. Elles ont leurs antennes insérées auprès d'une éminence transversale et saillante ; leur thorax déprimé, guilloché supérieurement, et terminé en arrière par deux épines ; enfin le second anneau de l'abdomen très-grand et sillonné dans le sens de la longueur. Les Belytes diffèrent des Hélores et des

Proctotrupes de Latreille par leurs antennes coudées ou brisées, avec le premier article plus long que les autres : elles partagent ce caractère avec les Cinètes de Jurine et les Diapries de Latreille; mais elles se distinguent du premier genre par leurs antennes grenues et perfoliées, un peu plus grosses vers le bout, et du second par la présence des nervures, du moins aux ailes antérieures. Les Belytes sont encore distinctes des Céraphrons de Jurine, des Platygastres de Latreille, des Antéons, des Bethyles, etc., par l'insertion de leurs antennes qui a lieu sous le front.

Deux espèces composent jusqu'à présent ce genre; parmi elles la *Belyta bicolor*, figurée par Jurine (Supp. *loc. cit.* pl. 14), sert de type au genre. (AUD.)

BELZÉBUTH. MAM. Pour Béelzébuth. *V.* ce mot. (B.)

BELZMEISE. OIS. Syn. de la Mésange à longue queue, *Parus caudatus*, L. en Autriche. *V.* MÉSANGE. (DR..Z.)

BELZOINUM. BOT. PHAN. Syn. de Benjoin, produit balsamique d'un Styrax. *V.* ce mot et BENJOIN. (B.)

BEM. BOT. PHAN. Mot qui, dans les dialectes malabars, désigne la blancheur, ainsi que Bel, Bela et Belutta. Il entre également dans la composition de divers noms de Plantes, tels que :

BEM-CARINI (Rhéede, *Hort. Mal.* T. II. t. 12), qui est le *Justicia Betonica*, L.

BEM-NOSI (Rhéede, *Hort Mal.* T. II. t. 12), qui est un *Vitex*.

BEM PAVEL. (Rhéede, *Hort. Mal.* T. VIII. t. 18), qui paraît être une Momordique.

BEM-SCHETTI. (Rhéede, *Hort. Mal.*), qui est une *Ixora* à fleurs blanches.

BEM TAMARA. (Rhéede, *Hort Mal.* T. XI. t. 31), et non *Bem tuumura*, qui est un Nélombo. (B.)

BEMBÈCE. INS. Même chose que Bembex. *V.* ce mot. (AUD.)

BEMBECIDES. *Bembecides.* INS. Famille de l'ordre des Hyménoptères, section des Porte-Aiguillons, établie par Latreille (*Gener. Crust. et Ins.*), et comprenant les genres Bembex, Monédule et Stize. Cette famille (Règne Animal de Cuvier) répond à la quatrième division des Hyménoptères fouisseurs. *V.* ces mots. (AUD.)

BEMBEX. *Bembex.* INS. Type de la famille des Bembecides. Genre établi par Fabricius (*Entom. Syst.* tom. II, p. 247), adopté depuis par les entomologistes avec les caractères suivans : une langue fléchie, divisée en cinq pièces; une lèvre supérieure avancée, cachant la langue; antennes filiformes. Latreille qui, dans ses Considérations générales (p. 320), le plaça dans la famille des Bembecides, le range ailleurs (Règne Anim. de Cuv.) dans la grande famille des Fouisseurs ou Guêpes-Ichneumons. Les caractères qu'il lui assigne sont : premier segment du thorax très-court, en forme de rebord transversal, et dont les deux extrémités latérales sont éloignées de l'origine des ailes; pieds de longueur moyenne; tête, lorsqu'elle est vue en dessous, paraissant transverse; yeux s'étendant jusqu'au bord postérieur; antennes un peu plus grosses vers leur extrémité; labre entièrement saillant, allongé, triangulaire; mâchoires et lèvres longues, formant une sorte de trompe fléchie en dessous; palpes très-courts; les maxillaires de quatre articles, et les labiaux de deux; abdomen formant un demi-cône allongé, arrondi sur les côtés de sa base.

Les Bembex, rangés dans une même famille avec les Monédules et les Stizes, diffèrent des premiers par la brièveté de leurs palpes et le moindre nombre des articles qui les composent; ils se distinguent des seconds par le développement des mâchoires et de la lèvre, ainsi que par l'étendue et la forme du labre. Du reste, ils ont de grands rapports avec les Guêpes par la forme générale du corps et la disposition des couleurs qui le revêtent. Ils ressemblent aussi beaucoup, à cause de leurs habitudes, aux Sphex et aux autres Guêpes-Ichneumons ; mais la réunion des caractères présentés précédemment, surtout du labre qu'ils partagent seulement avec les Monédules, suffit toujours pour les reconnaître parmi tous les genres d'Hyménoptères. Si cependant il restait quelque doute sur leur distinction, les observations suivantes suffiraient pour les dissiper. La tête est presque aussi large que le thorax, comprimée d'avant en arrière, et verticale. Son vertex supporte trois petits yeux lisses disposés en triangle, et de chaque côté de grands yeux à facette, ovales et entiers ; les antennes, insérées entre les yeux immédiatement au-dessus du chaperon, sont un peu coudées à l'insertion du second article avec le premier, filiformes, roulées vers leur extrémité, ou du moins sensiblement arquées, composées de douze pièces dans les femelles, de treize dans les mâles, et quelquefois légèrement dentelées chez ceux-ci. Le labre est coriace, très-aigu au sommet, plus long que les mandibules, dirigé obliquement de haut en bas et de devant en arrière ; les mandibules sont allongées, presque droites, unidentées au côté interne ; la trompe est formée par les mâchoires et la lèvre inférieure. Celle-ci offre quatre divisions dont deux latérales plus courtes, et les deux moyennes réunies dans une portion de leur longueur et séparées à leur sommet ; le thorax a la forme d'un cylindre tronqué en avant et en arrière ; les ailes du mésothorax non pliées dans leur longueur ont, suivant Jurine (Classific. des Hymén.), une cellule radiale, allongée et arrondie à son extrémité, et trois cellules cubitales, dont la première grande, la seconde plus petite, presque carrée, avec une inflexion à son angle interne, et recevant les deux nervures récurrentes, la troisième enfin n'atteignant pas le bout de l'aile. Les jambes et les tarses sont garnis dans toute leur longueur, surtout du côté interne, de petites épines roides. Les tarses des pates antérieures de la femelle sont très-remarquables sous ce rapport ; les poils sont plus longs et rangés en peigne. Nous indiquerons bientôt le but de cette disposition. L'abdomen est allongé, conique, turbiné (de-là sa dénomination de *Bembex*, d'un mot grec qui signifie toupie), convexe supérieurement, plane à la face inférieure, qui offre souvent dans les mâles quatre éminences cornées, faisant saillie sur la partie moyenne du premier, du second, du sixième anneau et de l'extrémité postérieure de l'abdomen. — Les Bembex ont des mouvemens rapides, et leur vol est accompagné d'un bourdonnement très-sensible. Ils habitent les lieux sablonneux exposés aux ardeurs du soleil. On croit qu'ils ne vivent pas en famille, et qu'il n'existe par conséquent pas de neutre. La femelle, étant fécondée par le mâle, pourvoit seule à l'entretien de sa postérité ; elle creuse dans le sable, au moyen des peignes qui garnissent ses tarses antérieurs, un trou au fond duquel elle dépose ses œufs ; puis elle se met en course, afin de pourvoir à la subsistance des petits qui doivent naître. Plusieurs Hyménoptères recueillent sur les fleurs les élémens d'une bouillie qu'ils déposent à côté de l'œuf. Cette nourriture, appropriée pour un si grand nombre d'Insectes du même ordre, ne saurait convenir aux Bembex qui, à l'état de larve, réclament une nourriture animale. Aussi surprend-on souvent la femelle, qui vient de pondre, occupée à faire la chasse à plusieurs Insectes, aux Bombylles, aux Syrphes, et principalement à la Mouche apiforme de Geoffroy ; elle dépose son butin dans le trou qu'elle a creusé, et l'abandonne après avoir ainsi pourvu aux premiers besoins des petits qu'elle ne doit pas connaître. Les soins que les femelles prodiguent à leurs œufs ne se bornent pas là : souvent elles ont à les défendre d'un Insecte qui n'est pas moins intéressé qu'elles à la conservation de ses petits. Cet Insecte appartient aussi à l'ordre des Hyménoptères, et est connu sous le nom de *Parnopès incarnat* ; il dépose les œufs dans le nid des Bembex. Lorsque nos Insectes aperçoivent cet ennemi, ils l'attaquent vivement au moyen de leurs dards; mais la peau dure qui recouvre tout son corps le garantit ordinairement des coups qu'on lui porte. Le genre Bembex était nombreux en espèces avant que Latreille n'en distinguât, sous le nom de Monédules, les espèces propres à l'Amérique méridionale : on n'en compte que deux espèces aux environs de Paris, où elles se trouvent dans le mois de juillet. Celle qui sert de type au genre, et sur les mœurs de laquelle nous avons donné quelques détails, porte le nom de Bembex à bec, *Bembex rostrata* de Fabricius : le mâle a été figuré par Panzer (*Faun. Ins. German.* Fasc. 1, tab. 10).

La seconde espèce a été décrite par Latreille (*Gen. Crust. et Ins.* T. IV, p. 78), qui la nomme Bembex Tarsier, *Bembex tarsata*. Cet Insecte exhale l'odeur de la Rose. *V.* MONÉDULE et STIZE. (AUD.)

* BEMBI. BOT. PHAN. Syn. d'*Acorus Calamus* chez les Indous. *V.* ACORE. (B.)

BEMBIDION. POIS. (Gesner.) Petite espèce de Poisson qu'on ne peut reconnaître aux indications insuffisantes qu'en ont données d'anciens naturalistes. (B.)

BEMBIDION. *Bembidion.* INS. Genre de l'ordre des Coléoptères, section des Pentamères, établi par Latreille qui (Règne Anim. de Cuv.) le place dans la grande famille des Carnassiers et dans la tribu des Carabiques, laquelle répond à la famille du même nom de ses précédens ouvrages (*Gener. Crust. et Ins.* et Considér. génér.). Les caractères génériques qu'il lui assigne sont : pénultième article des palpes maxillaires extérieurs et des labiaux plus grands, renflés, en forme de poire : le dernier de ces palpes très-menu et fort court ou en forme d'alène. Le genre Bembidion, qui répond à celui d'*Ocydromus* de Clairville, comprend un grand nombre de petits Insectes qu'on a long-temps confondus avec les Elaphres auxquels ils ressemblent sous plusieurs rapports. Ils s'en distinguent cependant par la forme du dernier article de leurs palpes.

Des antennes filiformes et assez courtes, à second article plus tenu, des mandibules avancées sans dentelures et pointues, une languette divisée en trois parties, dont les latérales sont peu développées, et celle du milieu un peu élevée en pointe au milieu de son bord supérieur, des yeux assez saillans, un prothorax presqu'en cœur tronqué, des élytres entières, enfin des jambes antérieures échancrées à leur côté interne, sont des caractères qui, suivant Latreille, empêcheront de confondre ce genre avec aucun autre. Les Bembidions habitent en général les lieux humides, tels que les bords des rivières, des étangs et des ruisseaux; ils courent très-vite, mais feignent d'être morts lorsqu'ils ne peuvent échapper par la fuite au danger qui les menace; ils répandent alors par l'anus un liquide légèrement acide et d'une odeur désagréable. Tout leur corps et leurs élytres en particulier sont brillans et comme huilés. Leurs métamorphoses ne sont pas connues. On sait qu'à l'état parfait ils se nourrissent de petits Animaux. Ce genre, très-nombreux en espèces, a déjà subi de grands changemens de la part des auteurs allemands qui en ont extrait cinq ou six sous-genres que nous n'adopterons pas ici.

Une espèce des plus communes est le Bembidion à pieds jaunes, *Bemb. flavipes*, ou la *Cicindela flavipes* de Linné. Elle a été figurée par Panzer (*Faun. Ins. Germ.*, XX, 2), et par Olivier (Coléop., T. II, n° 34, pl. 1 fig. 2. a, b.) sous le nom d'Élaphre flavipède. On trouve encore très-abondamment aux environs de Paris le Bembidion riverain, *Bemb. riparium*, ou le Carabe riverain d'Olivier (*loc. cit.* n° 33, pl. 14, fig. 162), ainsi que le Bembidion littoral, *Bemb. littorale* de Latreille (*Gener. Crust. et Ins.* T. 1. t. 6. fig. 10), qui est le même que l'*Elaphrus rupestris* de Fabricius.

On peut rapporter encore à ce genre les espèces suivantes, rangées par les auteurs, soit avec les Carabes, soit avec les Elaphres : *Carabus ustulatus*, Fab., ou le Carabe varié d'Olivier, et le *Bemb. varium*, Latr.; — *Car. Guttula*, — *minutus*, — *modestus*, — *cursor*, — *biguttatus*, — *quatuorguttatus*, — *pygmœus*, — *articulatus* de Fabricius, figurés par Panzer; — le *C. Doris*, *puchellus*, *decorus* de ce dernier auteur; — les *C. ustulatus* et *bipunctatus*, L.; le premier figuré par Panzer, le second représenté par Olivier; — les *Elaphrus rupestris* et *impressus* de Fabricius, peints par Panzer; enfin, — les *E. ruficollis* et *paludosus* de celui-ci.

Nous bornerons là ces citations, suffisantes pour faire connaître un genre, fondé sur un nombre assez grand d'espèces. (AUD.)

BEMBIX. BOT. PHAN. Loureiro a établi ce genre, d'après un Arbrisseau grimpant qui croît dans les bois de la Cochinchine. Ses tiges sont rameuses et inermes; ses feuilles opposées, cunéiformes, grandes, très-entières, pétiolées; ses fleurs de couleur pâle, en petites grappes terminales. Elles présentent un calice à trois divisions; cinq pétales un peu plus allongés; dix étamines, dont cinq alternativement plus longues, insérées à la base des pétales qui les dépassent; un ovaire libre; trois styles oblongs, turbinés, marqués de deux sillons, et terminés par un stigmate échancré et comprimé de haut en bas; une baie ovoïde, triloculaire. Les graines n'ont pas été observées. L'absence de plusieurs caractères, l'incertitude de certains autres, ne permettent pas jusqu'ici de classer cette Plante. (A.D.J.)

BEMTÈRE. OIS. Syn. du Tyran Bentaveo, *Lanius Pitangua*, L. *V.* GOBE-MOUCHE. (DR..Z.)

BEN. BOT. PHAN. Nom adopté par les botanistes français, pour désigner le *Guilandina Moringa*, L., devenu le type du genre Hyperanthère. *V.* ce mot.

Ce mot de BEN, fréquemment employé dans les dialectes malais et arabiques, entre dans la composition d'un grand nombre de noms de Plantes et d'Animaux; nous mentionnerons dans cet article ceux des Végétaux dont il est la première syllabe; ainsi :

BEN AFOULI, c'est-à-dire *odorifère*, est une variété de Riz qui répand une odeur agréable en cuisant.

BENCARO (Rhéede, *Hort. Mal.* 1, t. 50), est le *Sterculia Balenghas*, L. *V.* STERCULIER.

BEN DAKOU ou BENDAKI (Rhéede, *Hort. Mal.* II, t. 1-8), est le *Pandanus odoratissimus*. L. *V.* VAQUOI.

BENDARLI, est appliqué à cinq Plantes différentes chez les Indous, savoir : au *Grewia orientalis*, L., au *Pothos scandens*; à un Végétal mal connu qui rentre dans le genre *Cussonia*; à une fougère qu'on croît être un *Acrostichum*, et au *Lycopodium Phlegmaria*.

BEN DE JUDÉE, est un synonyme de Benjoin. *V.* ce mot.

BENDINGIAN. *V.* BATHLESCHAIAN.

BENDURU est une Fougère sarmenteuse de Ceylan du genre *Lygodium*. *V.* ce mot.

BENEFFIDI (Forskalh), est un syn. arabe de Tagetes. *V.* ce mot.

BENEFFIGI, est le *Viola odorata* chez les Arabes. *V.* VIOLETTE.

BENGEIRI ou GIRI (Rhéede, *Hort. Mal.* IV, t. 51), est une espèce imparfaitement connue du genre *Sapium*.

BENGI (Daléchamp), est chez les Arabes l'un des noms de la Jusquiame.

BENGIECHEST, est le *Vitex Agnus-castus* chez les mêmes Arabes. *V.* VITEX.

BEN KADALI (Rhéede, *Hort. Mal.* IV, p. 89 sans figure), est probablement une espèce de Mélastome.

BENJAN (Marsden), c'est le Sésame à Sumatra où cette Plante est très-cultivée pour l'huile qu'on en retire.

BENKALESJAM (Rhéed. *Hort. Mal.* IV, t. 34), un Arbre dont on ne peut déterminer le genre, et que rendent remarquable les galles dont il se couvre.

Benmoenja (Rhéede, *Hort. Mal.* iv, t. 57), un Arbre à peu près inconnu, dont on emploie fréquemment dans l'Inde la décoction contre les fièvres malignes.

Benniaval ou Ben nivael, est la même chose que Belutta-Kanelli. *V.* Belutta.

Benny, même chose que Ben-jan.

Benissa, est le nom indien d'une Euphorbiacée qui paraît appartenir au genre Ricin.

Benpala (Rhéede, *Hort. Mal.* x, t. 58), est une espèce d'Euphorbe à tiges dichotomes.

Ben theka est la même chose que Bentèque. *V.* ce mot.

Bentiratali (Rhéede, *Hort. Mal.* ii, p. 54), est une espèce de Liseron imparfaitement connue.

Bentsjapo, est la Zedoaire. *V.* Kaempferia. (b.)

* BENANI. ois. La Grive de Cayenne, selon Barrère, dans la France équinoxiale. (dr..z.)

BENA-PALSJA. bot. phan. syn. d'*Heliotropium indicum*. *V.* Héliotrope. (b.)

BENARI. ois. Syn. vulgaire du Proyer, *Emberiza Miliaria*, L. *V.* Bruant. (dr..z.)

BENARIS ou BENNARIE. ois. Syn. vulgaire de l'Ortolan, *Emberiza Hortulana*, L. *V.* Bruant. (dr..z.)

* BENDEHALZ. ois. Syn. du Torcol, *Yunx Torquilla*, L. en Danemarck. *V.* Torcol. (dr..z.)

BENET. ois. Syn. trivial qu'a fait donner aux Fous leur air de stupidité. *V.* Fou. (dr..z.)

BENGALE. bot. phan. Racine aussi appelée Cassumuniar. *V.* ce mot. (b.)

BENGALI. ois. Nom d'une petite tribu d'Oiseaux, qui fait partie du genre Gros-Bec. *V.* ce mot. (dr..z.)

BENGALI. pois. Nom donné par Lacépède à une espèce d'Holocentre ainsi qu'à l'un de ses Chétodons. (b.)

BENGENI ou ALBENGENI. bot. phan. (Cossigny.) Nom indou de l'Arbre qui produit le Benjoin. *V.* ce mot. (b.)

BENGUELINHA. ois. (Edwards.) Syn. de la Linotte d'Angola, femelle, *Fringilla angolensis*, L. *V.* Gros-bec. (dr..z.)

BENIAHBOU. ois. *V.* Baniahbou.

BENITIERS. moll. *V.* Peigne et Tridacne.

BENJAOY, BENJENI, BENJOENIL ou BENZOENIL. Syn. de Benjoin. *V.* ce mot. Le dernier a quelquefois été donné à la Vanille (b.)

BENJOIN ou BENZOIN. bot. phan. Substance balsamique solide, d'un brun rougeâtre, d'une odeur très-agréable, produite par un Stirax, Arbre de la famille des Ébénacées, qui croît à Sumatra. Le Benjoin lessivé à chaud avec de l'eau pure, la lessive filtrée, décomposée par l'acide nitrique, puis évaporée, donne une substance cristalline que les chimistes ont considérée comme un acide particulier. On peut également l'obtenir en soumettant le Benjoin à une douce chaleur dans un vase recouvert d'un cône en carton. L'acide benzoïque, nommé autrefois Fleurs de Benjoin, se sublime sur les parois internes du cône sous forme de paillettes satinées et brillantes. (dr..z.)

Les habitans des Iles de France et de Mascareigne appellent à tort Benjoin un Arbre du genre Terminalia, qui croît dans leurs forêts. *V.* Bienjoint.

Une espèce du genre Laurier, de l'Amérique septentrionale, porte aussi mal à propos le nom de Benjoin. *V.* Laurier. (b.)

BENNET. pois. Lachenaye-Desbois mentionne sous ce nom un beau Poisson du cap de Bonne-Espérance, qu'il dit être de la grosseur du bras, revêtu de grandes écailles et des plus riches couleurs. Sa chair est sèche, mais d'un goût agréable. Nous ignorons à quel genre, et même à quelle famille on le doit rapporter. (b.)

BENNI ou BENNY. POIS. Espèce de Cyprin du Nil. *V.* CYPRIN. (B.)

BÉNOIT. BOT. PHAN. *V.* BOIS-BÉNOIT.

BENOITE. *Geum.* BOT. PHAN. Genre de la famille des Rosacées, section des Fragariacées, qui offre un calice tubuleux à la base, ayant son limbe à cinq divisions accompagnées de cinq folioles extérieures et intermédiaires; une corolle rosacée, formée de cinq pétales égaux; des étamines très-nombreuses, insérées à la base des divisions du calice; des pistils très-nombreux réunis sur un réceptacle cylindrique, et formant une sorte de capitule central. Les fruits sont des akènes renfermant une graine dressée, et terminés par une longue pointe, recourbée en forme de crochet dans sa partie supérieure. Ce genre diffère des Fraisiers par son réceptacle ou gynophore non charnu, et des Potentilles par la longue pointe crochue qui termine son fruit et par sa graine dressée, qui est au contraire renversée dans les Potentilles. Le genre Benoite renferme un assez grand nombre d'espèces qui toutes sont des Plantes herbacées, vivaces, à feuilles profondément pinnatifides, à fleurs jaunes, plus rarement blanches; la principale est:

La BENOITE ORDINAIRE, *Geum urbanum*, Linné. Plante vivace que l'on rencontre communément dans les lieux incultes, sur le bord des chemins et le long des murailles; sa tige est dressée, rameuse, velue, ses fleurs sont petites, dressées et jaunes; ses feuilles inférieures sont pinnatifides et lyrées; les supérieures sont à trois lobes. La racine de cette Plante, qui se compose d'une petite touffe de fibrilles noirâtres, a une odeur aromatique et suave qui rappelle celle de l'OEillet et du Gérofle. On la connaît dans les pharmacies sous le nom de *Radix caryophyllata.* C'est un médicament tonique et excitant, qui ne manque point d'une certaine énergie. Aussi plusieurs auteurs l'ont-ils inscrit au rang des succédanés indigènes du Quinquina.

Il en est à peu près de même de la Benoite aquatique, *Geum rivale*, L., qui croît sur le bord des ruisseaux et se distingue de la précédente par ses fleurs plus grandes, d'un jaune doré, pendantes, et par ses fruits dont les arêtes sont velues au lieu d'être glabres. (A. R.)

BENSIPONETOS. BOT. PHAN. (Garidel.) Syn. provençal de *Solidago Virga aurea*, L. *V.* VERGE D'OR. (B.)

BENTAVEO. OIS. Espèce du genre Gobe-Mouche; Tyran Bentavéo, *Lanius Pitangua*, L. *V.* GOBE-MOUCHE. (DR..Z.)

BENTEQUE. *Benteka.* BOT. PHAN. Arbre de l'Inde, décrit et figuré sous ce nom dans l'*Hortus Malabaricus*, T. IV. t. 30., et rapporté par des auteurs modernes au genre Ambelania. *V.* ce mot. (A. D. J.)

BENZOATES. BOT. et MIN. Produits de la combinaison benzoïque avec les différentes bases salifiables. (DR..Z.)

BENZOENIL. BOT. PHAN. *V.* BENJAOY, etc.

BENZOIN ET BENZOE. BOT. PHAN. Même chose que Benjoin. *V.* ce mot. (B.)

BENZOIQUE. BOT. MIN. *V.* ACIDE et BENJOIN.

BEOBOTRYS. BOT. PHAN. (Forster.) *V.* MÆSA.

BEOLE. BOT. PHAN. Même chose que Bœa. *V.* ce mot. (B.)

BEOMYCES. *Bæomyces.* BOT. CRYPT. (*Lichens.*) Ce genre, d'abord établi par Persoon, a depuis été adopté par tous les auteurs; il est en effet un des mieux limités de ceux de la famille des Lichens. Il a pour type les *Lichen ericetorum* et *byssoïdes* de Linné. Dufour, qui a donné une très-bonne monographie des espèces de ce genre et de quelques autres voisins qui se trouvent en France, le caractérise ainsi (Ann. génér. des sciences phys. T. VIII) : croûte lichenoïde, uniforme, simplement lépreuse ou granuleuse; apothécies fungoïdes, charnues, sans rebord propre, sessiles ou portées sur un pédicelle simple, glabre et nu, terminées par une tête ou un écusson que revêt une membrane proligère colorée.

Achar ne rapporte à ce genre que les espèces à apothécies pédicellés; le *Bœomices Ichmadophila* (*Lichen Ichmadophila*, L.) qui a les apothécies sessiles, est rangé par lui dans le genre *Lecidea*: mais nous pensons, avec De Candolle et Dufour, qu'il est plus naturel de le placer parmi les *Bœomices*. — Ce genre se divise ainsi en deux sections, les Beomyces à apothécies sessiles qui ne renferment jusqu'à présent que l'espèce que nous venons de citer, et les Beomyces à apothécies pédicellés qui renferment le Beomyce rose, *Bœomyces roseus*, Ach.; *B. ericetorum*, De Cand.; le Beomyce roux, *Bœomyces rufus*, Ach.; *B. rufa* et *B. rupestris*, De Cand., avec deux ou trois espèces exotiques.

Les deux espèces indigènes que nous venons de citer se distinguent facilement à la couleur de leurs apothécies que leur nom indique; elles sont du nombre des plus jolis Lichens de notre pays, et forment, sur la terre humide, des plaques blanchâtres ou verdâtres, toutes couvertes de petites têtes arrondies, d'un rose tendre dans la première espèce, rousses dans l'autre; ces capitules sont portés sur un pédicelle de deux à trois lignes de long. (AD. B.)

BEON. MAM. Probablement pour Beou. *V.* ce mot. (A. D..NS.)

BEON-HOLI. OIS. Syn. vulgaire de l'Effraie, *Strix flammea*, L. *V.* CHOUETTE. (DR..Z.)

BEO-QUEBO OU BEQUEBO. OIS. Syn. du Pic vert, *Picus viridis*, L. en Picardie. *V.* PIC. (DR..Z.)

BEORI. MAM. Syn. de Tapir à la Nouvelle-Espagne. *V.* TAPIR. (B.)

BEOU. MAM. Syn. de Bœuf dans le midi de la France. (A. D..NS.)

BEPOU. Mot qu'on trouve dans plusieurs dictionnaires qui renvoient à l'article *Avia bepou* qu'on n'y retrouve point. (A. D..NS.)

BEQUAFIGA. OIS. Syn. de Becfigue. *V.* SYLVIE. (DR..Z.)

BEQUASSE. OIS. Vieux nom de la Bécasse. *V.* ce mot. (DR..Z.)

BEQUEBO. OIS. *V.* BEO-QUEBO.

BEQUEBOIS CENDRÉ. OIS. Syn. vulgaire de la Sittelle, *Sitta europea*, L. *V.* SITTELLE. (DR..Z.)

BEQUE-FLEUR. OIS. Syn. de Colibri. (DR..Z.)

BEQUET. POIS. Syn. de Brochet, *Esox Lucius*, L. dans quelques parties de la France. (B.)

BEQUILLON. BOT. PHAN. Nom donné par les fleuristes aux pétales étroits qui rendent doubles, aux dépens des étamines, les corolles des Anémones cultivées. (B.)

BER, BOR OU BORI. BOT. PHAN. Syn. indiens de *Ziziphus Jujuba*, Willd. *V.* JUJUBIER. (B.)

* BERACO. BOT. PHAN. Syn. de Cresson en espagnol, d'où *Berocal* qui signifie Cressonnière, et se donne, comme nom de lieu, à des endroits où le Cresson croît abondamment. (B.)

BERARDE. *Berardia*. BOT. PHAN. Le genre *Arctium* de Linné a été, avant et après lui, partagé en deux; l'un est le Lappa qui comprend plusieurs espèces ou variétés connues vulgairement en France sous le nom de Bardane, *V.* ce mot; l'autre est l'*Arctium* de plusieurs auteurs, qui renferme une seule espèce plus méridionale et qui diffère du premier en ce que les folioles de son involucre sont seulement linéaires et non terminées par des crochets recourbés; que son réceptacle est nu, et son aigrette de poils ordinairement tordue en spirale. Villars, dans sa Flore du Dauphiné, réservant le nom d'*Arctium* au premier de ces deux genres, donnait au second celui de *Berardia*, en l'honneur d'un botaniste son compatriote ; et il appelait *B. subacaulis* son unique espèce que sa tige et ses feuilles cotonneuses ont fait nommer par Lamarck *Arctium lanuginosum*. Persoon, dans son *Synopsis*, a adopté la nomenclature de Villars. (A. D. J.)

BERBÉ. MAM. (Bosman.) Animal de Guinée, trop imparfaitement connu pour qu'on puisse savoir à quel genre il appartient, et surtout s'il est une espèce de Civette comme l'avait supposé Buffon. (B.)

BERBENA. BOT. PHAN. Syn. de Verveine dans les parties de l'Europe où, parlant une langue dérivée du latin, on a conservé la prononciation antique de B pour V. (B.)

* BERBERI. MOLL. (Athénée.) Ancien nom de la Coquille appelée vulgairement *Mère-perle*, *Avicula margaritifera*. *V.* AVICULE, PINTADINE et NACRE DE PERLE. (B.)

* BERBÉRIDE. *Berberis*. BOT. PHAN. *V.* VINETIER. (A. R.)

BERBERIDÉES. *Berberideæ*. BOT. PHAN. Famille de Plantes fort naturelle, qui fait partie du groupe des Dicotylédonées polypétales, dont les étamines sont insérées sous l'ovaire ou hypogynes. Les caractères essentiels de cet ordre sont les suivans : le calice se compose de quatre ou six sépales, rarement d'un nombre plus considérable ou moindre; accompagné extérieurement de plusieurs écailles; les pétales qui constituent la corolle sont en nombre égal à celui des sépales; ils sont tantôt planes, tantôt concaves et irréguliers, mais toujours opposés aux sépales, caractère très-important à noter; assez souvent ils sont accompagnés à leur base interne, de petites glandes ou d'écailles glanduleuses : les étamines hypogynes sont en même nombre que les pétales et leur sont également opposées, c'est-à-dire qu'elles correspondent au milieu de leur face interne; leurs anthères sont tantôt sessiles (*Nandina*), tantôt portées sur un filet plus ou moins long; elles offrent constamment deux loges qui s'ouvrent par une sorte de valve ou de panneau qui s'enlève de la base vers le sommet, déhiscence qui se remarque également dans les Laurinées. L'ovaire est libre et central, ordinairement ovoïde, allongé, constamment à une seule loge qui renferme de deux à douze ovules, attachés tantôt à la base de la loge et dressés (*Berberis*), tantôt insérés longitudinalement sur la paroi de la loge, et y formant une seule ou deux rangées. Le style, quelquefois latéral, est court et épais ; il manque quelquefois ; le stigmate est généralement concave, le fruit est sec ou charnu, uniloculaire et indéhiscent; les graines se composent, outre leur tégument propre, d'un endosperme charnu ou quelquefois corné, dans lequel on trouve un embryon axile, dressé, dont les cotylédons sont planes et la radicule un peu épaisse à sa base.

Les Berbéridées sont des Herbes ou des Arbrisseaux à feuilles alternes simples ou composées, accompagnées à leur base de stipules qui sont quelquefois persistantes et épineuses ; leurs fleurs généralement jaunes sont disposées en épis simples, réunis ou fasciculés.

Dans son *Genera Plantarum*, Jussieu avait rapporté à sa famille des Berbéridées les genres *Berberis*, *Leontice*, *Epimedium*, *Rinoria* et *Conoria*, et en avait rapproché comme ayant avec eux beaucoup d'affinité les genres *Riana*, *Corynocarpus*, *Poraquieba*, *Hamamelis*, *Othera* et *Rapanea*. Mais parmi les premiers on doit exclure les genres *Rinoria* et *Conoria* d'Aublet, qui doivent avec le *Riana* du même auteur être placés parmi les Violariées. L'*Hamamelis* forme aujourd'hui le type d'un nouvel ordre nommé Hamamellidées ; enfin, quant aux genres *Corynocarpus* de Forster, *Poraquieba* d'Aublet, *Othera* de Thunberg et *Rapanea* d'Aublet, ils appartiennent presque tous à la nouvelle famille des (Myrsinées de Brown ou Ardisiacées de Jussieu.

La famille des Berbéridées se compose aujourd'hui des genres suivans : 1° *Berberis*, L.; 2° *Mahonia* de Nuttal, qui est à peine distinct du *Berberis* et qui devra probablement y être réuni, car nous avons observé dans quelques espèces de *Mahonia* des glandes à la base des pétales comme dans les Vinetiers; 3° le *Nandina* de Thunberg; 4° le *Leontice*, L.; 5° le *Caulophyllum* de Richard, qui paraît distinct du précédent; 6° l'*Epimedium*, L.; 7° et enfin le *Diphylleia* de Richard.

La famille des Berbéridées forme un groupe assez naturel, très-distinct par ses étamines opposées aux pétales et ses anthères qui s'ouvrent au moyen d'une valve qui s'enlève de la base vers le sommet. Ce dernier caractère se retrouve aussi dans les Lauriers que Bernard de Jussieu avait réunis aux Berbéridées; mais le périanthe simple dans les Lauriers, l'absence des stipules, le fruit monosperme les en distinguent facilement. Les Berbéridées ont encore une certaine affinité avec les Ménispermes et les Podophyllées, mais elles se distinguent de l'une et de l'autre de ces deux familles par la structure de leurs anthères, et en particulier de la première par leur fruit simple, et de la seconde par la structure intérieure de leur fruit. (A. R.)

* BERBERIM. BOT. PHAN. Syn. arabe d'Aubépine. *V.* ALISIER. (B.)

BERBERIS. BOT. PHAN. *V.* VINETIER. C'est le *Berberry* des Anglais. (B.)

BERBRAS. POIS. (Gesner.) Espèce de Poisson peu connu, voisin du genre Cobite, s'il ne lui appartient. (B.)

BERCE. *Heracleum*. BOT. PHAN. Famille naturelle des Ombellifères, Pentandrie Digynie, L. Sprengel a placé ce genre dans sa section des Sélinées, dont tous les genres ont pour caractères communs : un fruit plane, comprimé, souvent membraneux sur les bords. Le genre Berce se distingue par ses fleurs blanches, ses pétales inégaux, émarginés; ses fruits elliptiques comprimés, amincis sur leurs bords, échancrés au sommet, quelquefois présentant trois stries longitudinales sur chacune de leurs moitiés. Les ombelles qui sont grandes et étalées sont accompagnées d'un involucre polyphylle, dont les folioles sont quelquefois caduques; les involucelles sont également composés de plusieurs folioles. Les feuilles sont très-grandes, découpées en segmens nombreux, qui sont lobés ou même pinnatifides. Hoffmann, dans son Traité des Ombellifères, a partagé les espèces de ce genre, qui cependant sont peu nombreuses, en quatre genres, savoir : *Heracleum*, *Sphondylium*, *Zosima* et *Wendia*. Mais les caractères assignés à chacun de ces genres par cet observateur exact et minutieux, nous ont paru trop peu importans et trop difficiles à bien saisir pour devoir les adopter ici. (A. R.)

BERCEAU DE LA VIERGE. BOT. PHAN. Syn. de *Clematis Vitalba*, L. *V.* CLEMATITE. (B.)

BERCKHEYE. *Berckheya*. BOT. PHAN. Genre de la famille des Synanthérées, établi par Schreber, adopté par Willdenow et Brown, très-voisin des Gorteries, et dans lequel viennent se ranger toutes les espèces décrites par Thunberg sous le nom de *Rohria*. Ce genre offre pour caractères un involucre monophylle, formé d'écailles imbriquées, lancéolées, ouvertes, ciliées et un peu épineuses; les inférieures sont plus courtes. Le réceptacle est plane, chargé de paillettes soudées ensemble latéralement, et formant des espèces d'alvéoles dont les bords sont denticulés; les capitules sont radiés; les fleurons qui occupent le disque sont tubuleux, hermaphrodites, infundibuliformes, à cinq divisions profondes; les demi-fleurons de la circonférence sont femelles, mais stériles, tronqués à leur sommet qui présente quatre dents; les fruits sont turbinés, velus, couronnés par une aigrette formée de dix à quinze écailles lancéolées, dentelées sur les bords. — Ce genre se compose d'un assez grand nombre d'espèces exotiques, presque toutes originaires du cap de Bonne-Espérance. Ce sont des Plantes vivaces ou même de petits Arbustes dont les fleurs (les *capitules*) sont généralement très-grandes et solitaires.

R. Brown (*Hort. Kew. ed.* 2. vol. 5. p. 137) a retiré de ce genre quelques espèces distinctes par leurs fruits entièrement dépourvus d'aigrette et glabres, et en a fait un genre nouveau qu'il nomme *Cullumia*. *V.* ce mot. (A. R.)

BERCLAN. OIS. Syn. du Tadorne, *Anas Tadorna*, L. en Picardie. *V.* CANARD. (DR..Z.)

BERD. BOT. PHAN. (Prosper Alpin.) Syn. de *Cyperus Papyrus*, L. sur les bords du Nil. (B.)

BERDA. POIS. (Forskalh.) Espèce arabique de Spare. *V.* ce mot. (B.)

BERD-BOUISSET. BOT. PHAN. Et non *Berbouisset*, c'est-à-dire, Verd-Buisson. Syn. languedocien de *Ruscus aculeatus*, L. *V.* FRAGON. (B.)

BERDIN OU BERLIN. MOLL. Nom vulgaire d'une Coquille du genre Patelle. *V.* ce mot. (B.)

BEREAU. MAM. Syn. de Belier dans les Ardennes. (A. D..NS.)

* BERECYNTHIA. INS. Papillon de Surinam, gravé dans Crammer, tab. 184. *B. C. Papilio Berecynthus* de la division des Danaïdes festives de Linné. (AUD.)

BERÉE. OIS. Syn. vulgaire du Rouge-Gorge, *Motacilla Rubecula*, L. en Normandie. *V.* SYLVIE. (DR..Z.)

BERELIE. BOT. PHAN. Ce nom est peut-être synonyme de Caryolobe. *V.* ce mot. (A. R.)

BERENDAROS. BOT. PHAN. (Daléchamp.) Syn. arabe d'*Ocymum Basilicum*, L. *V.* BASILIC. BOT. PHAN. (B.)

BÉRÉNICE. INS. (Crammer.) Syn. de *Papilio Erippus* de Fabricius et de Gmelin. (B.)

* BÉRÉNICE. *Berenicea*. POLYP. Genre de l'ordre des Flustrées dans la division des Polypiers flexibles. Les Bérénices forment des plaques minces, arrondies, composées d'une membrane crétacée, couverte de très-petits points et de cellules saillantes, ovoïdes ou pyriformes, séparées et distantes les unes des autres, éparses ou presque rayonnantes. L'ouverture par laquelle sort le polype est ronde, petite et située près de l'extrémité de la cellule.

BÉRÉNICE SAILLANTE, *Berenicea prominens*, Lam..x. Genre Polyp., p. 80. tab. 80. fig. 1-2. Cette espèce forme des taches blanches, presque arrondies et peu saillantes sur des Délesseries de la Méditerranée. Ses cellules allongées sont beaucoup plus saillantes dans la partie supérieure où se trouve l'ouverture polypeuse, que dans l'inférieure.

BÉRÉNICE DU DÉLUGE, *Berenicea diluviana*, Lam..x. Genre Polyp., p. 81. tab. 80. fig. 3-4. Cette Bérénice, assez commune sur les térébratules et autres productions marines du terrain à Polypiers des environs de Caen, se présente en expansions arrondies et planes, quelquefois de près d'un centimètre de rayon. Les cellules sont pyriformes avec l'ouverture polypeuse très-grande.

BÉRÉNICE ANNELÉE, *Berenicea annulata*, Lam..x. Genre Polyp., p. 81. tab. 80. fig. 5-6. Elle se reconnaît aux cellules ovales marquées de plusieurs anneaux, réunies en petites plaques à contours irréguliers, et se trouvant sur les mêmes hydrophytes que la Bérénice saillante.

Ce genre renferme encore plusieurs autres espèces vivantes et fossiles qui ne sont point décrites.

Peron et Lesueur ont donné le nom de BÉRÉNICE à un groupe de la famille des Méduses, que Lamarck a réuni aux

Equorées, et qui se trouve désigné dans le Dictionnaire de Déterville sous le nom de Berenix. (LAM..X.)

BERENIX. POLYP. Même chose que Bérénice. *V.* ce mot.

* BERESNA. POIS. Syn. d'*Acipenser Huso*. *V.* ESTURGEON. (B.)

BERESOVIK. BOT. CRYPT. Syn. russe de *Boletus luteus*, L. *V.* BOLET. (B.)

BERGAMOTTE. BOT. PHAN. Fruit parfumé d'une espèce d'Oranger; on en fait des bonbonnières. L'Arbre qui le produit est quelquefois appelé Bergamottier. (B.)

BERGAMOTTIER. BOT. PHAN. *V.* BERGAMOTTE.

BERG ANDER OU BERG-ENTE. OIS. Syn. du Tadorne, *Anas Tadorna*, L. en Angleterre. *V.* CANARD. (DR..Z.)

BERG-DOL. OIS. Syn. du Choquard, *Corvus Pyrrhocorax*, L. en Allemagne. *V.* PYRRHOCORAX. (DR..Z.)

BERGEFLAAFK. BOT. CRYPT. Syn. norwégien d'*Aspidium fragile*. (B.)

* BERGENA. BOT. PHAN. Adanson (*Fam. Plant.* tom. 11, p. 345) donne ce nom au genre qui est le Lecythis de Lœfling et de Linné. (A. D. J.)

* BERGENIE. *Bergenia*. BOT. PHAN. Mœnch *Method.* a proposé d'établir ce genre nouveau pour le *Saxifraga crassifolia*, qui a l'ovaire entièrement libre. Mais les caractères tirés de l'ovaire sont trop variables dans le genre Saxifrage pour qu'ils puissent servir à l'établissement d'un genre. *V.* SAXIFRAGE. (A. R.)

BERGÈRE OU BERGERETTE. OIS. Même chose que Bergeronnette. *V.* ce mot. (B.)

BERGÈRE. *Bergera*. BOT. PHAN. Linné, sous ce nom, a fait un genre d'un Arbre des Indes-Orientales, figuré T. 1, tab. 53 de l'*Herbarium amboinense* de Rumph, qui l'appelle *Popaya sylvestris*. Il est extrêmement voisin du *Murraya*; il lui est même rapporté avec doute par quelques botanistes, avec certitude par quelques autres, notamment par Correa qui, dans ses Observations sur la famille des Orangers, s'étonne que des caractères aussi variables que ceux d'ouverte et de campanulée, appliqués à une corolle polypétale, etc., etc., aient pu faire illusion un seul moment et passer pour des caractères génériques. *V.* MURRAYA. (A. D. J.)

* BERGERETIA. BOT. PHAN. Desvaux, dans le Journal de botanique, a proposé de diviser le genre *Clypeola* en plusieurs, d'après les différences observées sur la surface et les bords des péricarpes de ses diverses espèces. Le *Clypeola lasiocarpa* de Persoon, dont les silicules sont dentées sur les bords et hérissées de soies roides sur l'une ou l'autre face, est devenu pour lui le type, et jusqu'à présent l'unique espèce d'un genre nouveau qu'il nomme *Bergeretia*. De Candolle, sans adopter entièrement ces divisions nouvelles, les a cependant admises comme sections de son genre Clypeola. *V.* ce mot. (A. D. J.)

BERGERONNETTE. *Motacilla*. OIS. Genre de l'ordre des Insectivores. Caractères : bec droit, grêle, en forme d'alène, cylindrique et anguleux entre les narines qui sont situées à la base et latéralement : elles sont ovoïdes, à moitié recouvertes par une membrane nue; tarse double en longueur du doigt du milieu; trois doigts devant, l'extérieur uni par la base à l'intermédiaire; un doigt derrière, dont l'ongle est beaucoup plus grand qu'aux autres; queue longue, égale, horizontale; première rémige nulle, la seconde la plus longue; scapulaires assez longues pour couvrir le bout de l'aile repliée.

Ces Oiseaux qui, presqu'en tous lieux, ont reçu des surnoms particuliers à cause de quelques habitudes bien tranchées, sont néanmoins plus généralement appelés *Lavandières* parce qu'on les voit souvent voltiger autour des lavoirs ou des buanderies, et *Hoche-Queues* parce que chez eux cette partie est constamment en mouvement de bas en haut. Le nom de

Bergeronnette, qui a prévalu sur tous les autres, présente l'idée de gardien des troupeaux, et en effet, sans les garder, les Bergeronnettes accompagnent souvent les troupeaux près desquels, sans doute, elles rencontrent plus abondamment que partout ailleurs les petits Insectes attirés par les bestiaux, et dont elles font leur nourriture ainsi que des Vers et des larves aquatiques. Ces Oiseaux ont encore l'habitude de suivre de très-près le laboureur dans le sillon qu'il trace, et d'y saisir les petits Vers que met à découvert le soc de la charrue; l'extrême confiance avec laquelle ils se livrent à cette recherche leur donne un air de familiarité que l'on remarque avec plaisir dans ces petits êtres. Les feux de l'amour, qui chez eux s'allument d'assez bonne heure, sont souvent le signal de combats que les mâles se livrent à outrance pour se disputer une femelle que le vainqueur poursuit à son tour de la manière la plus vive, jusqu'à ce qu'elle lui ait accordé le prix de la victoire. Après l'union des époux, tous deux s'occupent de la construction du nid qu'ils placent au sein de décombres, dans des trous de rochers, ou vers des rives désertes dans des touffes d'herbes fortes et élevées; ce nid reçoit six œufs verdâtres, mouchetés ou de noir ou de rougeâtre. Jamais les Bergeronnettes ne perchent sur les arbres; elles aiment à se promener sur les terrains humides, sur les berges marécageuses; posées sur un pignon élevé, sur des cheminées, elles s'appellent d'un cri perçant et sonore pour se réunir par petites bandes, soit pour aller en société à la quête d'une nourriture dont elles ont épuisé le canton, soit pour se rendre au gîte où elles dorment en commun. Quoiqu'un grand nombre de ces Oiseaux restent sédentaires sous tous les climats et dans tous les pays, la plupart néanmoins se soumettent à des émigrations réglées; ils s'éloignent de nous vers la fin de l'automne pour revenir lorsque la saison suivante à cessé ses rigueurs. Vers les deux époques du départ et du retour, ils éprouvent des mues qui ont donné lieu à des erreurs notables sur le nombre des espèces. Vieillot a nommé Hoche-Queue le genre Bergeronnette, et Cuvier l'a divisé en Hoche-Queue et Bergeronnette; cette sous-division, fondée sur la courbure de l'ongle du pouce, peut être facilement adoptée sans changement de nom.

BERGERONNETTE AGUIMP, Levaill. Ois. d'Af. pl. 178. Parties supérieures noires; parties inférieures blanches; un trait blanc et prolongé au-dessus des yeux; côtés du cou noirs: les deux traits, se réunissant sur la poitrine, y forment un large plastron; deux taches blanches de chaque côté du corps vers le fouet de l'aile; rectrices latérales blanches. Longueur, sept pouces six lignes. D'Afrique.

BERGERONNETTE DE LA BAIE D'HUDSON, *Motacilla hudsonica*, Lath. Parties supérieures brunes, nuancées de ferrugineux; parties inférieures blanchâtres; gorge brune rayée de noirâtre; rectrices extérieures blanchâtres; bec et pieds pâles. Longueur, six pouces.

BERGERONNETTE BLANCHE, *Muscicapa alba*, Lath. Entièrement blanche à l'exception du sommet de la tête qui est d'un jaune pâle. Longueur, sept pouces. D'Europe.

BERGERONNETTE BLEUE, *Motacilla cœrulescens*, L. Parties supérieures bleues, les inférieures d'un jaune pâle; rémiges et rectrices noires; secondes tectrices alaires d'un blanc rougeâtre. Longueur, sept pouces. De la Nouvelle-Galles du Sud.

BERGERONNETTE DU CAP, *Motacilla capensis*, L. Lavandière brune, Levaill. Ois. d'Afriq. p. 177. Parties supérieures brunes, mélangées de noirâtre et de blanc sur les tectrices alaires et caudales; parties inférieures blanchâtres; tête brune; un trait blanc au-dessus des yeux; gorge blanche; une bande noire sur la poitrine; les trois rectrices latérales blanches, les autres ainsi que les rémiges noires. Longueur, sept pouces.

BERGERONNETTE CITRINE, *Motacilla citreola*, Pall. Parties supérieures d'un cendré plombé; parties inférieures, sommet de la tête et joues jaunes; un croissant noir sur l'occiput; rémiges noirâtres avec leurs tectrices terminées de blanc; rectrices noirâtres à l'exception des latérales qui sont blanches. Longueur, sept pouces. Les femelles n'ont point de croissant noir à la nuque, elles sont en-dessus d'une couleur olivâtre. On la trouve en Russie.

Bergeronnette a collier, *Motacilla alba*, Var. Lath. Parties supérieures cendrées, les inférieures blanches ainsi que le sommet de la tête, les joues et la gorge; nuque, cou et poitrine noirs; rémiges bordées de blanchâtre; grandes tectrices alaires grises, les autres blanches; rectrices noires à l'exception des deux latérales qui sont blanches. Longueur, sept pouces. De l'île de Luçon.

Bergeronnette a gorge noire, *Motacilla gularis*, Vieill.; *Sylvia gularis*, Lath. Parties supérieures ferrugineuses, les inférieures blanches; rémiges et rectrices noires. De l'Amérique méridionale.

Bergeronnette grise, *Motacilla cinerea*, Gmel.; Lavandière, Buff. pl. enl. 652. fig. 1. Parties supérieures cendrées, les inférieures, le front, les joues et les côtés du cou blancs; occiput, nuque, gorge, poitrine, rectrices intermédiaires et tectrices alaires supérieures noires; les deux rectrices latérales blanches. La femelle a les joues d'un blanc sale. Longueur, sept pouces. Dans le plumage d'hiver, la gorge et le devant du cou sont d'un blanc pur avec un simple hausse-col noir. Les jeunes ont les parties inférieures d'un blanc sale avec un croissant d'un brun cendré sur la poitrine, et de cette dernière couleur sont toutes les parties que l'on voit noires chez les adultes : c'est dans ce dernier état que Buffon a figuré la Bergeronnette grise, pl. enl. 674. Dans toute l'Europe.

Bergeronnette de l'ile de Timor, *Motacilla flava*, Var. Lath. Parties supérieures cendrées, les inférieures jaunes; un trait de cette couleur au-dessus des yeux; une bande transversale grise sur les ailes; rémiges et rectrices noires.

Bergeronnette jaune, *Motacilla Boarula*, L. Buff. pl. enl. 28. fig. 1. Parties supérieures cendrées; parties inférieures d'un jaune clair; gorge noire; un trait blanc au-dessus des yeux, et qui s'étend sur les parties latérales de la gorge; rémiges et rectrices bordées de blanc et d'olivâtre; rectrices extérieures blanches. Longueur, sept pouces trois lignes. Les femelles ont les couleurs moins vives et la gorge blanche. D'Europe.

Bergeronnette de Java, *Motacilla javensis*, Briss. Parties supérieures d'un cendré olivâtre; parties inférieures jaunes; gorge et devant du cou gris; rémiges brunes, les secondaires à moitié blanches; rectrices intermédiaires noirâtres, les autres bordées de blanc; tectrices caudales supérieures jaunes. Longueur, sept pouces.

Bergeronnette lugubre, *Motacilla lugubris*, Pallas. Parties supérieures noires; parties inférieures, front, régions des yeux et des oreilles, rectrices extérieures d'un blanc pur; poitrine et gorge noires; tectrices alaires bordées de blanc. Longueur, sept pouces. D'Europe, du midi de la France. Dans diverses contrées où elle est plus rare, elle s'accouple avec la Bergeronnette grise. Dans le plumage d'hiver, la gorge et le devant du cou sont blancs avec un large hausse-col noir sur la poitrine. Chez les jeunes, le noir des adultes est d'un brun cendré.

Bergeronnette de Madras, *Motacilla maderaspatensis*, Lath. Parties supérieures, gorge, cou, ailes et les deux rectrices intermédiaires noirs; le reste blanc.

Bergeronnette mélanope, *Motacilla melanopa*, L. Parties supérieures d'un cendré bleuâtre, les inférieures jaunes; gorge noire; sourcils blancs; rectrices latérales blanches avec le bord extérieur noir. Longueur, six pouces neuf lignes. De la Sibérie.

Petite Bergeronnette du Cap,

Motacilla afra, L. Parties supérieures d'un brun jaunâtre, les inférieures jaunes; une bande noire sur les yeux. Longueur, cinq pouces.

BERGERONNETTE PRINTANIÈRE, *Motacilla flava*, L. Buff. pl. enl. 674. f. 2. Parties supérieures d'un vert olivâtre, les inférieures d'un jaune brillant; tête cendrée avec deux bandes blanches de chaque côté; rémiges et rectrices noirâtres, bordées de blanc jaunâtre; rectrices extérieures blanches. Longueur, six pouces. La femelle a les parties supérieures plus nuancées de cendré et la gorge blanche; les jeunes en diffèrent peu. D'Europe.

BERGERONNETTE SHELTOBRIUSCHKA, *Motacilla citreola*, Lath. Parties supérieures d'un cendré bleuâtre, les inférieures jaunes ainsi que la tête et le cou; un collier noir sur la nuque. De Sibérie.

BERGERONNETTE A TÊTE NOIRE, *Motacilla atricapilla*, L. Parties supérieures d'un rouge brun, les inférieures blanches; poitrine rougeâtre; rémiges noires; rectrices mélangées de brun et de jaune. De la Nouvelle-Galles du Sud.

BERGERONNETTE DES TSCHUTSCHIS, *Motacilla tschutschensis*, L. Parties supérieures d'un brun olivâtre, les inférieures blanches avec la poitrine et l'abdomen roussâtres; deux traits blancs de chaque côté de la tête; rectrices latérales blanches.

BERGERONNETTE VARIÉE, *Motacilla variegata*, Vieill. Levail. Ois. d'Af. pl. 179. Parties supérieures d'un gris brun, les inférieures blanches avec deux colliers noirs, l'un au bas du cou, et l'autre sur la poitrine; ailes variées de noir et de blanc; rectrices latérales blanches. Longueur, sept pouces. D'Afrique et du Bengale.

BERGERONNETTE VERDATRE, *Motacilla inornata*, Vieill. *Sylvia inornata*, Lath. Parties supérieures d'un vert brunâtre, les inférieures jaunâtres; rectrices bordées de cendré. De la Nouvelle-Hollande.

BERGERONNETTE VERTE, *Motacilla viridis*, L. Parties supérieures d'un vert sombre, les inférieures blanches; tête, ailes et queue grises. Longueur, quatre pouces. De Ceylan. (DR..Z.)

BERG-FINK. OIS. Syn. du Pinson d'Ardennes, *Fringilla Montifringilla*, L. en Allemagne. *V.* GROS-BEC. (DR..Z.)

BERG-FORELLE. POIS. C'est-à-dire *Truite de montagne*, dans les dialectes du nord. Syn. de *Salmo alpinus*, L. *V.* SALMONE. (B.)

BERG-GALT OU BERGYLTE. POIS. Nom d'une espèce de Labre dans les mers de Norwège. *V.* LABRE. (B.)

BERG-HAAN. OIS. Syn. d'Aigle Bateleur, *Falco ecaudatus*, Lath., au cap de Bonne-Espérance. *V.* AIGLE. (DR..Z.)

BERG-HOLZ. MIN. C'est-à-dire *Bois de montagne*. L'un des noms vulgaires allemands de l'Asbeste. (B.)

BERGIE. *Bergia*. BOT. PHAN. Genre établi par Linné dans sa Décandrie Pentagynie, placé avec doute à la suite de la famille des Caryophyllées de Jussieu, et que Necker nomme *Bergiera*. Il présente un calice à cinq divisions, cinq pétales, dix étamines, cinq styles courts et rapprochés, terminés par des stigmates persistans. Le fruit est une capsule globuleuse, à cinq côtes, à cinq loges polyspermes, s'ouvrant en autant de valves qui, après la déhiscence, simulent des pétales étalés: ce serait au contraire, suivant Roxburgh, une baie uniloculaire. Il renferme deux espèces, les *B. verticillata* et *glomerata*, dont les fleurs offrent dans leurs dispositions la différence qu'indiquent leurs noms spécifiques, dont les feuilles sont opposées, et qui habitent, la première aux Indes-Orientales, la seconde au cap de Bonne-Espérance. (A. D. J.)

BERGIERA. BOT. PHAN. (Necker.) *V.* BERGIE.

BERGKIAS. BOT. PHAN. (Sonerat, Voyage à la Nouvelle-Guinée, t. 17 et 18.) Syn. de *Gardenia Thunbergia*. *V.* GARDENIA. (B.)

BERGLACHS OU BERLAX. POIS.

Espèce du genre Macroure. *V.* ce mot. (B.)

BERGMANNITE. MIN. Espèce établie par Schumacher, qui le premier nous en a donné la description. Ce Minéral, que l'on trouve à Frederischwern, en Norwège, est composé tantôt d'aiguilles grises groupées confusément, tantôt de lamelles d'un blanc-grisâtre, légèrement nacré. Ses parties aiguës rayent le Quartz. Sa pesanteur spécifique est de 2, 3, suivant Schumacher. Il répand une odeur argileuse, par l'insuflation de l'haleine; un petit fragment, présenté à la flamme d'une bougie, blanchit et devient friable; exposé au feu du chalumeau, il se fond en émail blanc et demi-transparent; il est accompagné de pierre grasse (*Fettstein*) et de Feldspath tantôt d'un rouge-brun, et tantôt d'un rouge-incarnat. (G. DEL.)

BERGSEIFE. MIN. C'est-à-dire *Savon de montagne. V.* ce mot. (G. DEL.)

BERGSNYTRE OU BERGSNYLTRE. POIS. Syn. de *Labrus suillus*, L. dans les dialectes du nord. *V.* LABRE. Le nom de Bergylte en serait-il un double emploi? (B.)

BERG-SPERLING. OIS. Syn. du Friquet, *Fringilla montana*, L. en Allemagne. *V.* GROS-BEC. (DR..Z.)

BERG-TROSTEL. OIS. Syn. du Loriot, *Oriolus Galbula*, L. en Suisse. *V.* LORIOT. (DR..Z.)

BERG-TUL. OIS. Même chose que Berg-Dol. (B.)

BERGUE. BOT. PHAN. Syn. d'Aune dans quelques cantons de la France méridionale. (B.)

BERG-UGLE. OIS. Syn. norwégien du Harfang, *Strix Nyctea*, L. *V.* CHOUETTE. (DR..Z.)

BERGYLTE. POIS. *V.* BERG-GALT et BERGSNYTRE.

BÉRICHON OU BERICHOT. OIS. Syn. vulgaire du Troglodyte, *Motacilla Troglodytes*, L. *V.* BEC-FIN. (DR..Z.)

BÉRIL OU BÉRYL. Syn. d'Aigue-Marine. Variété de l'Émeraude en longs prismes cannelés, d'une couleur jaune ou d'un bleu-verdâtre, et quelquefois incolore. *V.* AIGUE-MARINE et ÉMERAUDE. (G. DEL.)

BERINGÈNE. BOT. PHAN. *V.* BELINGÈLE.

* BERINGIERA. BOT. PHAN. Le genre Marrube de Linné en formait deux avant lui dans les Institutions de Tournefort; l'un était le *Psendodictamnus*, que Necker rétablit en lui donnant le nom de *Beringiera*. (A. D. J.)

BÉRIS. *Beris.* INS. Genre de l'ordre des Diptères, famille des Notacanthes (Règn. Anim. de Cuv.) ou des Stratiomydes (Considér. génér.), établi par Latreille qui lui assigne pour caractères: antennes presque cylindriques, de trois articles, dont le dernier divisé transversalement en huit anneaux, sans soie ni stylet; palpes très-petits, ou tout au plus de la longueur de la trompe; écusson épineux.

Le genre Béris est le même que celui fondé par Meigen dans ses premiers ouvrages sous le nom d'ACTINE. Cet auteur adopte ailleurs (Description Syst. des Dipt. d'Eur. T. II. p. 1) ce premier genre, et le caractérise de la même manière que l'entomologiste français. Les Insectes qui le composent ont la tête avancée, supportant des yeux à facette moins étendus dans les femelles que dans les mâles où ils occupent presque toute la tête, et trois petits yeux lisses situés sur une petite saillie au milieu du bord supérieur et postérieur de la tête; les antennes étendues en avant, rapprochées près de leur insertion, un peu plus longues que la tête, avec les deux premiers articles courts et le troisième allongé et conique; la trompe proéminente; le corps déprimé et oblong; l'écusson du mesothorax, saillant, arrondi à son bord postérieur, et garni vers ce point de plusieurs épines dont le nombre varie entre quatre, six et huit. Les ailes sont parallèles, couchées sur le corps avec le carpe très-étendu et très-distinct; l'abdomen est ovale, aplati, garni dans les mâles de deux pointes et de deux crochets courbés chacun en dedans et situés à son sommet; enfin les pates sont assez courtes avec le premier article des tarses postérieurs grand, surtout dans les mâles.

Les Béris ont beaucoup de ressemblance avec les Xylophages, et n'en diffèrent que par la moindre longueur du corps et des antennes, la petitesse des palpes et la présence des épines à l'écusson. Les caractères qui les distinguent des Stratiomes, avec lesquels Fabricius les réunissait, sont plus tranchés et consistent dans le nombre distinct des articulations de la troisième pièce des antennes, et la forme de cette dernière.

Ces Insectes, en général petits, se trouvent au printemps dans les bois ou les lieux marécageux. On croit que quelques-uns placent leurs œufs dans la carie humide des arbres, et que les autres les déposent dans l'eau.

Meigen (*loc. cit.*) décrit onze espèces appartenant à ce genre. Parmi elles nous citerons : le Béris à tarses noirs, *B. nigritarsis* de Latreille, ou le *B. clavipes* de Meigen, décrit par Linné sous le nom de *Musca clavipes* (*Syst. Nat.* XII. 2. 981. 12), et figuré sous celui de *Stratiomys clavipes*, par Panzer (*Fauna Ins. Germ. fasc.* IX. tab. 19). Cette espèce peut être considérée comme type générique; elle se trouve aux environs de Paris ainsi qu'une seconde, le Béris brillant, *B. nitens* de Latreille ou le *B*, *chalybeata* de Meigen (*loc. cit.*); c'est le *Musca chalybeata* de Linné.

Parmi les autres espèces, nous mentionnerons, afin d'éclaircir la synonymie, le *Beris nitens*, Meig., ou le *Xylophagus nitens*, Latr. (*Gener. Crust. et Ins.*); le *Beris vallata* de Meigen, et auquel cet auteur rapporte le *Stratiomys clavipes* de Fabricius, que Latreille, au contraire, regarde comme la même espèce que son *Beris nigritarsis*; à cette espèce appartient encore la Mouche armée, noire, à ventre et cuisses jaunes de Geoffroy (Ins. t. II, p. 483. n. 8); le *Beris fuscipes* de Meigen, ou, suivant lui, le *Stratiomys sexdentata* de Fabr., que Latreille pense, au contraire, ne différer que comme variété de son *Beris nitens*. (AUD.)

BERKIE DU CAP. BOT. PHAN. Même chose que Bergkias. *V.* ce mot. (B.)

BERKOUT. OIS. Syn. de l'Aigle royal, *Falco Chrysaëtos*, L. en Russie. *V.* AIGLE. (DR..Z.)

BERLE. *Sium*. BOT. PHAN. Famille naturelle des Ombellifères, Pentandrie Digynie, L. On reconnaît ce genre à ses involucres et involucelles composés de plusieurs folioles à peu près égales entre elles ; à ses pétales cordiformes et à ses fruits ovoïdes et comme pyramidaux, dont chaque moitié est marquée de cinq côtes longitudinales, obtuses et peu saillantes. Les fleurs sont blanches; les feuilles sont décomposées. Lamarck et, d'après lui, plusieurs auteurs modernes avaient réuni en un seul les genres *Sium* et *Sison* de Linné. Mais ce dernier diffère par plusieurs caractères des véritables *Sium*, et surtout par ses pétales lancéolées, ses fruits dont chaque moitié ne présente que trois côtes, et ses involucres qui ne se composent en général que de trois à quatre folioles. Quelques espèces de Berles méritent d'être distinguées; telles sont principalement :

LA BERLE DE LA CHINE ou le NINSI, *Sium Ninsi*, L. Plante potagère que l'on cultive à la Chine et au Japon, pour obtenir sa racine qui est tubéreuse, blanchâtre, formée de tubercules fasciculés. Sa tige est rameuse et présente à l'aisselle de ses rameaux des espèces de bulbilles solides, souvent de la grosseur d'un pois. Ses fleurs sont blanches et ses feuilles simplement pinnées. Les racines de Ninsi jouissent à la Chine d'une réputation colossale, comme un des excitans les plus énergiques. Leur usage répare les forces épuisées, et redonne une vigueur première à ceux qui ont abusé des plaisirs de l'amour.

La Berle Chervi, *Sium Sisarum*, L., que l'on croit aussi nous avoir été apportée de la Chine, et qui aujourd'hui se cultive abondamment, surtout dans le nord de l'Europe. Ses racines également tubéreuses sont douces et sucrées; on les mange cuites et assaisonnées de différentes manières. Marcgrave en a retiré une quantité assez considérable de sucre. (A. R.)

BERLIN. MOLL. *V*. BERDIN.

BERLINGOZZINO, BIGIONE, BIGIOLINO ET BIGERELLA. BOT. CRYPT. Syn. italiens de Mousserons, espèces d'Agarics mangeables. (B.)

BERLUCCIA. OIS. Syn. italien de l'Ortolan, *Emberiza Hortulana*, L. *V*. BRUANT. (DR..Z.)

BERMUDIÈNE: *Sisyrinchium*. BOT. PHAN. *Bermudiana*, Tourn. et Gaertner. C'est à la famille des Iridées, à la Monadelphie Triandrie, L., qu'appartient ce genre composé d'une vingtaine d'espèces, dont la racine est fibreuse ou bulbifère, la tige nue ou garnie de feuilles ensiformes, et dont les fleurs sont solitaires ou disposées en épis, quelquefois rameux, renfermées avant leur développement dans une spathe bivalve. Leur calice est pétaloïde, adhérent par sa base avec l'ovaire infère; son limbe est plane et à six divisions égales; les trois étamines ont leurs filets soudés et monadelphes dans toute leur longueur; le style est terminé par un stigmate à trois divisions linéaires, écartées. Le fruit est une capsule à trois loges. Toutes les espèces de Bermudiènes sont originaires du cap de Bonne-Espérance ou du Nouveau-Monde. On en cultive plusieurs dans nos serres; telles sont: la Bermudiène striée, *Sisyrinchium striatum*, Willd. Red. Lil. t. 66, grande et belle espèce originaire du Mexique, dont les fleurs jaunes sont veinées de pourpre, et forment une longue panicule serrée; la Bermudiène à feuilles étroites, *Sisyrinchium Bermudiana* qui, dans l'Amérique septentrionale, sa patrie, constitue des touffes d'un vert tendre, sur lesquelles ses fleurs bleues se détachent d'une manière agréable. (A. R.)

BERNACHE OU BERNACLE. ZOOL. Sous-division du genre Canard, dans le Règne Animal de Cuvier, à laquelle l'*Anas erythropus*, L. a servi de type. *V*. CANARD. On a étendu ce nom à une Anatife, dans la fausse idée où l'on était que le Canard qui porte ce nom en provenait. *V*. ANATIFÈRE. (B.)

BERNADET OU BERNARDET. POIS. Noms donnés comme syn. de Humantin, espèce de Squale. (B.)

BERNAGE. BOT. PHAN. Fourrage printanier qui provient d'un mélange de Céréales et de Légumineuses semées en automne. (T. D. B.)

BERNARDIA. BOT. PHAN. Houston avait ainsi nommé, en l'honneur de Bernard de Jussieu, un genre de la famille des Euphorbiacées, et Browne avait suivi son exemple. Mais Linné, rejetant les prénoms de sa nomenclature, changea ce nom en celui d'*Adelia*, consacré par Browne à un genre que le botaniste suédois crut devoir supprimer, et que, depuis, Michaux a rétabli en prenant son analogie avec le *Chionanthus* de la famille des Jasminées; ainsi le nom d'Adelia se trouve appliqué à deux Plantes différentes, et celui de *Bernardia*, qu'il pourra être bon de rétablir pour cette raison, n'en désigne plus aucune. *V*. ADELIE.

Ce même nom est, dans les familles des Plantes d'Adanson, syn. du Croton de Linné. (A. D. J.)

BERNARD-L'HERMITE. CRUST. *V*. PAGURE.

* BERNHARDIA. BOT. CRYPT. (*Lycopodiacées*.) Willdenow a donné ce nom au genre désigné par Michaux et Swartz, sous le nom de *Psilotum*. *V*. ce mot. (AD. B.)

BERNICLE. MOLL. Syn. de Patelle au pays d'Aunis selon Brisson, et à l'Ile-de-France selon quelques voyageurs. C'est plus particulièrement à Mascareigne le *Patella borbonica* de notre Voyage en quatre îles d'Afrique; *Navicella elliptica*, Lamk. *V*. NAVICELLE ET PATELLE. (B.)

* BERNOULLIA. BOT. PHAN. Genre formé par Necker, des espèces de Benoites dont les fruits présentent des arètes plumeuses. *V.* BENOITE. (A.D.J.)

BÉROÉ. *Beroe.* ACAL. Genre de l'ordre des Acalèphes libres dans la troisième classe des Animaux rayonnés de Cuvier. Lamarck les place parmi ses Radiaires anomaux de la division des Radiaires molasses.—Ces Animaux ont un corps ovale où globuleux, garni de côtes saillantes, hérissées de filamens ou de dentelles, allant d'un pôle à l'autre, et dans lesquelles on aperçoit des ramifications vasculaires et une sorte de mouvement de fluide. La bouche est à une extrémité. Dans ceux qu'on a examinés, elle conduit dans un estomac qui occupe l'axe du corps, et aux côtés duquel sont deux organes probablement analogues à ceux que l'on appelle ovaires dans les Méduses.—Cette description, prise dans l'ouvrage de Cuvier sur le Règne Animal, renferme ce que l'on sait de plus précis sur les Béroés, genre d'Animaux assez peu connus, regardés d'abord comme des Volvoces par Linné, ensuite comme des Méduses par ce même Linné et par Gmelin. Gronovius en a fait le premier un genre particulier sous le nom de Béroé, que Müller a figuré; ce dernier, ainsi que les naturalistes modernes, ont adopté ce genre, en y faisant quelques changemens sous le rapport des espèces.—Des trois Béroés dont Bruguière nous donne la description, deux en ont été séparés par Péron, sous le nom d'Eucharis. *V.* ce mot.—Cuvier ainsi que Lamarck rapportent aux Callianires de Péron le Béroé hexagone de Bruguière.—Fréminville a formé son genre Idya du Béroé macrostome de Péron et d'une nouvelle espèce de Radiaire qu'il a découverte sur la côte occidentale d'Islande. Cuvier et de Lamarck n'ont point adopté ce genre Idya.

L'organisation de ces Animaux est si peu connue qu'il est impossible de rien ajouter à la phrase de Cuvier. On ne peut les toucher sans les blesser, et ils se résolvent en eau, pour peu qu'on les blesse. Ils périssent presque aussitôt qu'on les sort de la mer, quoiqu'on les mette dans de l'eau salée. Ainsi il est presque impossible de les voir long-temps en vie. Enfin il est très-difficile de les conserver pour les collections. Bory de Saint-Vincent, qui eut occasion de les observer, indique, comme le meilleur moyen d'y parvenir, de les mettre dans un esprit de vin affaibli que l'on change deux ou trois fois de suite.

La manière dont les Béroés se nourrissent nous est inconnue, ainsi que leur multiplication. Vu leur innombrable quantité, ils doivent trouver dans les eaux des mers une nourriture abondante, et qui cependant a échappé à nos observations. Ont-ils des sexes distincts? sont-ils hermaphrodites ou sans sexe? On l'ignore; mais leur propagation doit être aussi prompte que leur croissance, vu leur nombre et leur grosseur qui varie depuis une ligne jusqu'à 6 pouces de diamètre.—Les Béroés sont éminemment phosphoriques; la lumière qu'ils répandent, différente dans le corps et dans les tentacules, est d'autant plus vive que les mouvemens de ces Animaux sont plus rapides.—Ces Animaux se trouvent dans toutes les mers.—Jusqu'à ce moment l'on en connaît quatre espèces.

BÉROÉ CYLINDRIQUE, *Beroe cylindricus;* Lamk. Anim. sans vert. tom. 2. p. 469. n. 1. C'est le Béroé macrostome de Péron et Lesueur; le corps est oblong, cylindrique, à huit côtes peu saillantes; la bouche a le même diamètre que le corps. Cette espèce se trouve dans l'Océan Atlantique austral. Fréminville en a fait ce genre Idya dont il a été question plus haut.

BÉROÉ A HUIT CÔTES, *Beroe octocostatus*, Lam..x; *Beroe ovatus*, var. A. Lamk. Anim. sans vert. tom. 2. p. 469. n. 2. Cette espèce n'a jamais que huit côtes, et n'habite que dans les mers d'Amérique; elle est figurée par Brown, et dans l'Encyclopédie méthodique. pl. 90, f. 1. Bruguière l'a confondue avec la suivante.

BÉROÉ OVALE, *Beroe ovatus;* Brug. Encycl. méth. pl. 90. fig. 2. var. B. Lamk. Anim. sans vert. — Elle diffère de la précédente par la forme du corps, par le nombre des côtes constamment de neuf, et par son habitation; elle se trouve dans les mers d'Europe.

BÉROÉ GLOBULEUX, *Beroe pileus;* Brug. Encycl. méth. pl. 90. fig. 3 et 4. Cette espèce se distingue à sa forme globuleuse et à deux de ses cirrhes qui parviennent à une longueur démesurée. (LAM..X.)

* BEROSE. *Berosus.* INS. Genre de l'ordre des Coléoptères, section des Pentamères, famille des Palpicornes de Latreille (Règne Anim. de Cuv.), établi par le docteur Leach (*Zool. Miscell.* T. III. p. 92) aux dépens du genre Hydrophile. Les caractères de ce nouveau genre nous paraissent si peu importans, que nous nous dispenserons de les transcrire. L'auteur rapporte à ce genre une seule espèce, l'*Hydrophilus luridus* des auteurs. *V.* HYDROPHILE. (AUD.)

BERRETACCIA. BOT. CRYPT. Syn. italien de *Peziza cochleata.* *V.* PÉZIZE. (B.)

BERS. MAM. (Poncet.) Nom d'une variété ou espèce de Bœuf d'Abyssinie, employée comme bête de charge. (B.)

BERSAUSAN OU BERSCEGNASCEN. BOT. PHAN. (Daléchamp.) Syn. arabe d'*Adianthum Capillus-Veneris*, L. *V.* ADIANTHE. (B.)

BERSCHIK. POIS. Syn. calmouk de l'Apron, espèce de Cingle. *V.* PERCHE. (B.)

BERSTLING. POIS. Syn. de Perche en quelques parties de l'Allemagne. (B.)

BERTA. OIS. Syn. de la Pie, *Corvus Pica*, L. en Piémont. *V.* CORBEAU. (DR..Z.)

BERTAVELA. OIS. Syn. de la Bartavelle et de la Perdrix rouge en Piémont. *V.* PERDRIX. (DR..Z.)

BERTAZINA. OIS. Syn. d'*Emberiza Cia*, L. dans quelques cantons du nord de la France. *V.* BRUANT. (DR..Z.)

* BERTEROA. BOT. PHAN. Genre de la famille des Crucifères, formé par De Candolle de plusieurs espèces d'Alyssum de Linné, et dédié à Bertero, botaniste qu'ont fait connaître plusieurs travaux, et notamment une Dissertation médicale sur quelques Plantes indigènes qui peuvent remplacer les exotiques. Le *Berteroa* présente un calice de quatre sépales dressés et égaux à leur base; quatre pétales onguiculés, dont le limbe est bilobé; six étamines libres, dont les deux petites ont une dent à la partie inférieure et interne de leurs filets; une silicule sessile, elliptique, surmontée d'un style persistant et d'un stigmate en petite tête, s'ouvrant en deux valves légèrement convexes et membraneuses, et séparées par une cloison elliptique en deux loges; des graines ovales, aplaties, environnées d'un rebord court, à cotylédons planes et accombans. — Ce genre comprend des Herbes et des sous-Arbrisseaux couverts d'un duvet blanchâtre, dressés, rameux, à feuilles oblongues, linéaires, entières ou légèrement sinuées; à fleurs blanches, disposées en grappes terminales. Une de ses espèces croît en France; c'est celle qui est décrite dans Linné et dans la Flore Française sous le nom d'*Alyssum incanum*, et se distingue à ses silicules légèrement ventrues et pubescentes. Trois autres se rencontrent dans l'Orient et le Midi, et enfin une Plante trouvée au Pérou par Ruiz et Pavon, paraît encore devoir être rapportée à ce genre. On peut en voir une espèce, avec l'analyse de sa fleur, figurée sous le nom d'*Alyssum mutabile*, tab. 85 de l'*Hortus Celsianus* de Ventenat. (A. D. J.)

BERTHE. OIS. *V.* BAITRE.

BERTHOLLETIE. *Bertholletia.* BOT. PHAN. Arbre fort beau et fort élevé des forêts de l'Orénoque, dont la fleur n'a point été observée, et dont Bonpland a formé, dans la partie botanique du Voyage de Humboldt (Plant. équin. T. 1, t. 36), un genre dédié à l'un des plus savans chimistes du siècle. Ce genre est formé sur l'examen du fruit seul, qui est une noix dont les habitans du pays, qui la nomment *Invia*, font un grand commerce. Cette noix, fort agréable au goût quand elle est fraîche, donne une huile abondante, propre à brûler. L'aspect du Bertholletier approche cet Arbre des Savoniers dans l'ordre naturel, mais son fruit paraît l'en éloigner. (B).

BERTIERA. BOT. PHAN. Aublet a décrit et figuré (tab. 69), sous le nom de *Bertiera guianensis*, un Arbrisseau qu'on rapporte à la famille des Rubiacées. Sa tige est tomenteuse; ses feuilles sont opposées et munies d'une stipule à leur base; ses fleurs disposées en panicules terminales, avec des bractées sur les pédoncules généraux ou partiels. Elles présentent un calice turbiné, à cinq dents; une corolle tubuleuse, dont la gorge est velue et le limbe quinquefide; cinq anthères presque sessiles et à peine saillantes; un stigmate bilamellé terminant un style assez long et grêle; une baie pisiforme, couronnée par le calice, à deux loges et à beaucoup de graines fixées à deux trophospermes centraux, qui font saillie de part et d'autre sur la cloison à laquelle ils se continuent; l'embryon, suivant De Candolle et Gaertner fils, est situé transversalement dans un périsperme un peu charnu. — La Plante de Mascareigne que Commerson, dans ses manuscrits, nomme *Zaluzania*, a été rapportée au genre *Bertiera*, et ne diffère de celle d'Aublet que par sa baie lisse et les lobes connivens de son calice, tandis que la baie est marquée de côtes, et les lobes du calice étalés dans le *B. guyanensis*, et par sa tige non tomenteuse. Toutes deux sont figurées par Lamarck (*Illust.* tab. 165). (A. D. J.)

BERTOLONIA. BOT. PHAN. (De Candolle.) *V.* CHABRÆA.

BERTONNEAU. POIS. Syn. de Turbot dans quelques parties de la France. (B.)

BERTOU. OIS. Syn. du Geai, *Corvus glandarius*, L. en Piémont. *V.* CORBEAU. (DR..Z.)

* BERULA. BOT. PHAN. (Tabernomontanus.) Espèce de Véronique. (A. D. J.)

* BERUS. REPT. OPH. Nom scientifique de la Vipère commune. (B.)

BERVISCH. POIS. Syn. hollandais de Lompe. *V.* CYCLOPTÈRE. (B.)

BÉRYL. MIN. Même chose que Béril. *V.* ce mot. (B.)

BÉRYTE. *Berytus.* INS. Genre de l'ordre des Hémiptères, section des Hétéroptères, et famille des Géocorises de Latreille (Règne Animal de Cuv.), ainsi nommé par Fabricius, mais établi antérieurement par Latreille sous le nom de Neïde. *V.* ce mot. (AUD.)

BESCHEBOIS. OIS. Syn. vulgaire de Pic vert, *Picus viridis*, L. *V.* PIC. (DR..Z.)

BESCHENAJARYBA. POIS. Syn. russe d'Alose. *V.* CLUPÉ. (B.)

BESENGE OU BEZENGE. OIS. Syn. vulgaire de la Mésange charbonnière, *Parus major*, L. *V.* MÉSANGE. (DR..Z.)

BÉSIMÈME. BOT. CRYPT. Necker a donné ce nom aux corpuscules reproducteurs des Plantes agames; nous ne pensons pas qu'on doive l'appliquer aux fructifications des Plantes marines composées de plusieurs enveloppes, renfermant de véritables semences que nous appelons séminules avec beaucoup d'autres botanistes, à cause de leur extrême petitesse, même dans les espèces les plus grandes. (LAM..X.)

BESLERIA. BOT. PHAN. Ce genre, établi par Plumier, a été placé à la suite des Personées. Ses caractères sont: un calice quinqueparti; une corolle dont le tube se renfle à la base et au sommet, et dont le limbe se partage en cinq lobes inégaux; quatre étamines didynames ; un ovaire porté sur un disque glanduleux, dont le style simple est terminé par un stigmate bifide, et qui se change en un fruit mou, à une seule loge, où les graines nombreuses sont attachées sans ordre apparent à des placentas pariétaux.

Plumier en a fait connaître trois espèces dans les Plantes d'Amérique, et les a figurées tab. 48, 49 et 50. Trois autres sont représentées dans les Plantes de la Guiane d'Aublet, tab. 254, 255 et 256 : elles croissent dans la Guiane et la Jamaïque. Une septième, le *B. serrulata* (Jacquin, *Hort. Schœn.* 3. tab. 290), est également originaire d'Amérique, ainsi que deux autres Plantes que Persoon rapporte encore à ce genre, mais avec doute. Necker a fait déjà de l'une d'elles, le *B. bivalvis*, L. *Supp.*, son *Senkebergia* que caractérisent un calice bivalve et une baie à noyau biloculaire. Un calice en crête, une cinquième étamine rudimentaire, un stigmate capité, une capsule coriace à deux valves, et des pédoncules uniflores se rencontrent dans le *B. cristata* que Scopoli a séparé sous le nom de *Crantzia*. Dans les autres espèces, ces pédoncules axillaires portent plusieurs fleurs : ce sont des Herbes ou des Arbrisseaux à feuilles opposées. (A. D. J.)

BESOLAT OU BEZOLE. POIS. (Rondelet.) Espèce du genre Corégone. *V.* ce mot. (B.)

BESON. MAM. Syn. provençal de Chevreau. (B.)

BESS. BOT. PHAN. (Gmelin.) Syn. tartare d'*Erythronium Dens Canis*, L. *V.* DENT DE CHIEN. (B.)

BESSA. BOT. PHAN. Evidemment par corruption du latin *Vicia*, synonyme languedocien de Vesce. (B.)

BESSI. BOT. PHAN. *V.* CAJU.

BESSI. MIN. Syn. malais de Fer. (B.)

BESTEG OU BESTEIG. MIN. *V.* FILONS.

BESTRAM. BOT. PHAN. Nom malabar conservé par Adanson (*Fam. Plant.* T. II. p. 354) au genre dont Linné a depuis fait *Antidesma*. *V.* ce mot. (B.)

*BESUCH. POIS. (Delaroche.) Nom donné, aux îles Baléares, à une variété du *Sparus Pagrus*, L. *V.* SPARE. (B.)

BESUGO. POIS. (Risso.) Nom d'une espèce de Spare sur la côte de Nice, peut-être le même Poisson que le Besuch. (B.)

BÉTAIL ET BESTIAUX. MAM. Nom collectif des Animaux mammifères réduits à la domesticité, et considérés sous le rapport de l'économie rurale. (T. D. B.)

BETAULE. BOT. PHAN. Même chose que Beurre de Bambou. *V.* BEURRE. (B.)

BETEL, BETLE OU BETTELE. BOT. PHAN. Espèce du genre *Piper*. *V.* POIVRE. (B.)

BÊTES. ZOOL. Nom collectif et synonyme d'Animaux, dans ce sens qu'on suppose ceux-ci dépourvus d'intelligence. Ce serait sortir du cadre de cet ouvrage que d'examiner si les Bêtes sont effectivement des machines, et c'est au mot sensibilité qu'on trouvera ce que nous pensons relativement à l'ame des Bêtes. Il suffit de remarquer ici qu'on appelle vulgairement :

BÊTE OU VACHE A DIEU, et BÊTE A MARTIN (INS.), les Coccinelles.

BÊTE A FEU (INS.), les Lampyres, les Taupins, les Fulgores et les Scolopendres, qui répandent un éclat lumineux dans l'obscurité.

BÊTE A GRANDES DENTS (MAM.), le Morse.

BÊTE DE LA MORT (OIS. et INS.), divers Oiseaux du genre Strix, particulièrement l'Effraie, et quelques Insectes, entre autres le *Blaps morsitaga*, L.

BÊTE NOIRE OU DES BOULANGERS (INS.), le même *Blaps morsitaga*; les Ténébrions et le Grillon domestique.

BÊTE PUANTE (MAM.), divers Animaux qui, saisis de crainte, répandent une urine empestée, d'où vient à plusieurs le nom de Mouffettes.

On trouve dans Gumilla, sous

le nom de la GRANDE BÊTE, la description d'un Animal qui, s'il n'est pas fabuleux, est le Tapir exagéré, auquel le voyageur a prêté une corne de Rhinocéros, avec laquelle il assure qu'il coupe facilement les Arbres. (B.)

BÊTES ROUGES. Des voyageurs qui ont parcouru les îles de l'Amérique, désignent par ce nom de petits Animaux de cette couleur et à peine perceptibles, qui, très-communs dans les prairies, s'attachent à l'Homme et aux Animaux, et font éprouver à ceux-ci par leurs piqûres des démangeaisons insupportables. On emploie l'eau acidulée avec du jus de citron, ou bien mélangée avec de l'eau-de-vie ou du tafia, pour se délivrer de ces hôtes importuns. Ces Animaux appartiennent au genre Mitte. *V.* ce mot ainsi que TIQUE. (AUD.)

BÉTHYLE. *Bethylus.* OIS. Cuvier a placé dans ce sous-genre la Pie Pie-Grièche, *Lanius picatus*, Lath., pour laquelle Vieillot a établi le genre Pillurion, et qu'à l'exemple d'Illiger, Temminck a laissée parmi les Tangaras. *V.* ce mot. (DR..Z.)

BÉTHYLE. *Bethylus.* INS. Genre de l'ordre des Hyménoptères, section des Porte-tarières, établi par Latreille qui (Considér. génér. p. 308) le range dans la famille des Proctotrupiens. Ses caractères sont : tarière très-pointue, en forme d'aiguillon rétractile; premier segment du thorax grand, presque en carré long; antennes filiformes brisées, de treize articles dans les deux sexes, dont le second et le troisième presque de la même longueur; mandibules bidentées à la pointe. Ainsi caractérisé, ce genre se trouve assez restreint, et répond au genre Omale de Jurine; mais Latreille lui a donné dans le Règne Animal de Cuvier beaucoup plus d'extension. Le genre Béthyle, tel qu'il est établi dans cet ouvrage, embrasse comme sous-divisions la plupart des genres compris ailleurs dans la famille des Proctotrupiens et quelques-unes des familles voisines. On y trouve réunis ceux qui suivent : Hélore, Antéon, Téliade, Céraphron, Diaprie, Belyte, Proctotrupe, Cinètes, Platygastre, Dryine et Béthyle propre. Ce que nous dirons ici se rapportera à ce dernier, et non au grand genre Béthyle qui, les renfermant tous, équivaut à une coupe de famille. *V.* OXYURE et PROCTOTRUPIENS; *V.* aussi en particulier chacun des genres cités.

Les Béthyles propres ont beaucoup de ressemblance avec certaines petites Tiphies; mais l'absence de nervure aux ailes du métathorax suffit seule pour les en distinguer. On ne les confondra pas non plus avec les Antéons dont le prothorax est court et les antennes formées de dix articles, ni avec les Dryines qui ont, il est vrai, un prothorax de forme semblable, mais dont les antennes n'offrent encore que dix articles.

Les Béthyles ou les Omales de Jurine ont d'ailleurs une tête ovale ou presque carrée, aplatie; des yeux entiers; des antennes un peu moniliformes, avec le premier article long et figurant un cône renversé; des palpes allongés, filiformes; les maxillaires de six articles dont le premier et le second courts, et ceux du milieu presque en cône renversé; la languette entière; les ailes du métathorax privées de cellules cubitales, mais en ayant une radiale demi-circulaire, incomplète, et plusieurs brachiales partant du thorax et s'étendant seulement jusqu'au tiers environ de l'aile; les pates courtes, égales entre elles et à cuisses renflées; enfin l'abdomen ovoïde-conique terminé en pointe.

Ces Insectes sont très-petits et en général d'une couleur noire. Les uns, et c'est le plus grand nombre, ont des ailes quelquefois très-courtes; les autres en sont privés. Ils courent avec agilité sur les arbres, et se cachent dans les fissures de l'écorce; on les trouve aussi à terre sur le sable. Quelques-uns se trouvent aux environs de Paris. De ce nombre sont :

Le Béthyle hémiptère, *B. hemipterus* de Fabricius, qui sert de type au genre. Il a été figuré par Panzer (*Faun.*

Ins. Ger. Fasc. 77. tab. 14.) Le Béthyle cénoptère, *B. cenopterus*, dont la femelle a été figurée par Panzer (*loc. cit.* Fasc. 81, tab. 14), qui a regardé le mâle non-seulement comme une espèce, mais comme un genre distinct qu'il a représenté sous le nom de *Ceraphron formicarius*.

Jurine (Classif. des Hymén. pl. 13, genre 43) a représenté la femelle d'une espèce nouvelle de ce genre qu'il nomme *Omalus fuscicornis*. Il figure l'antenne qui a treize articles, tandis que dans les caractères du genre, il dit positivement que les femelles n'en ont que douze; mais il y a évidemment *lapsus calami*, ainsi que l'a fait remarquer Latreille.

Fabricius, qui a adopté le genre Béthyle, décrit, sous le nom de *B. Latreillii*, un Insecte qui doit être rangé dans le genre Mérie. *V.* ce mot. (AUD.)

BETIFALCA. BOT. PHAN. Syn. de *Tamus communis*, L. *V.* TAMUS. (B.)

BETINA. POIS. Syn. indou de Chétodon cornu. (B.)

* BETION. BOT. PHAN. (Dioscoride.) Syn. d'*Origanum Dictamnus*, L. *V.* ORIGAN. (B.)

BÉTIS. BOT. PHAN. (Camelli.) Arbre peu connu des Philippines, qui pourrait bien être voisin des Sapotiliers, et dont le bois passe pour sternutatoire ainsi que fébrifuge. (B.)

BÉTOINE. *Betonica*. BOT. PHAN. Famille naturelle des Labiées, Didynamie Gymnospermie, L. On reconnaît ce genre à son calice évasé, strié, terminé par cinq dents épineuses; à sa corolle bilabiée, dont le tube est arqué, la lèvre supérieure dressée, convexe, arrondie, entière; la lèvre inférieure a trois divisions, celle du milieu étant plus grande et émarginée. Les Bétoines, au nombre de huit à neuf espèces qui croissent en Europe ou en Orient, sont toutes des Plantes herbacées, à feuilles opposées et à fleurs verticillées, ordinairement rougeâtres.

La BÉTOINE OFFICINALE, *Betonica officinalis*, L. est vivace et croît en abondance dans tous les bois de l'Europe, où elle fleurit généralement aux mois de juillet et d'août. Sa racine passe pour émétique. Ses fleurs et ses feuilles réduites en poudre sont employées comme sternutatoires.

La GRANDE BÉTOINE, *Betonica grandiflora*, est assez souvent cultivée dans les jardins; elle est originaire d'Orient, et se fait distinguer par ses fleurs deux fois plus grandes que celles de l'espèce précédente, et ses feuilles tomenteuses. (A. R.)

On a improprement étendu le nom de Bétoine à quelques autres Plantes; ainsi l'on a appelé:

BÉTOINE D'EAU le *Scrophularia aquatica*, L. *V.* SCROPHULAIRE.

BÉTOINE DES MONTAGNES, l'*Arnica montana*, L. *V.* ARNIQUE.

Le nom latin de la Bétoine, *Betonica*, a aussi été donné à des Véroniques, à des OEillets, à des Stachys, etc. (A. R.)

BÈTRE OU BETYS. BOT. PHAN. Syn. de Betel, *V.* POIVRE, mal à propos attribué à la Cannelle. (B.)

BETTE. *Beta*. BOT. PHAN. Genre de la famille des Chénopodées et de la Pentandrie Digynie, L.

Voici les caractères qu'il présente: les fleurs sont toutes hermaphrodites; leur calice est à cinq divisions profondes, un peu écartées à leur sommet; les étamines, au nombre de cinq, sont opposées aux segmens du calice et insérées à leur base. L'ovaire est déprimé, surmonté de trois, et plus rarement de deux stigmates sessiles; le fruit est un akène environné par le calice, qui forme cinq côtes, et est béant dans sa partie supérieure. La plupart des botanistes attribuent à ce genre deux styles surmontés chacun d'un stigmate, et donnent ce caractère comme propre à distinguer les Bettes des Ansérines. Nous avons examiné avec une scrupuleuse attention plusieurs espèces du genre *Beta*, et sur aucune d'elles nous n'avons pu apercevoir les traces de deux styles, les stigmates nous ayant toujours paru sessiles.

Ce genre n'offre donc aucune différence sensible qui puisse le distinguer des Ansérines, si ce n'est cependant le calice qui, dans ce dernier genre, est resserré et entièrement clos par sa partie supérieure, tandis qu'il est ouvert, et a ses divisions écartées dans les Bettes. Il nous semble donc que l'on devra un jour réunir en un seul et même genre les Bettes et les Ansérines.

L'espèce la plus intéressante est la Bette ordinaire, *Beta vulgaris*, grande Plante annuelle ou bisannuelle, originaire des contrées méridionales de l'Europe, et abondamment cultivée, surtout aujourd'hui. Elle présente deux variétés ou races principales, qui, l'une et l'autre, se subdivisent en plusieurs sous-variétés; ces deux races sont: la Poirée et la Betterave.

La Poirée, dont Linné avait fait une espèce particulière sous le nom de *Beta Cicla*, se distingue par sa racine dure, ligneuse et légèrement rameuse. Elle présente une sous-variété remarquable par la largeur considérable de la côte ou nervure moyenne de ses feuilles, qui est la seule partie dont on fasse usage comme aliment; on la connaît sous le nom de *Carde-Poirée*. Quant à la Poirée ordinaire, ce sont ses feuilles toutes entières que l'on mange; leur saveur est douce et fade: on les mélange généralement à l'Oseille pour en masquer l'acidité.

La Betterave, *Beta vulgaris*, L. offre une racine pivotante, charnue, obconique, très-épaisse, qui a quelquefois le volume de la cuisse. Cette variété a acquis, depuis une quinzaine d'années, une importance extraordinaire, et sa culture peut exercer une influence marquée, non-seulement sur l'agriculture en général, mais encore sur l'économie politique. Pendant long-temps, la Betterave n'a été cultivée qu'à cause de ses racines qui, lorsqu'elles sont cuites, ont une saveur douce et sucrée, et peuvent servir d'aliment à l'homme, et qui, lorsqu'elles sont crues, sont, ainsi que leurs feuilles, un fourrage extrêmement sain et abondant pour les Bœufs, les Vaches et les Moutons. Marcgrave le premier fit voir, par des expériences multipliées, que la racine de la Betterave contient une quantité considérable de Sucre, dont l'extraction est peu coûteuse et facile à opérer. Plus tard, M. Achard de Berlin sut tirer habilement parti de la découverte de Marcgrave, et fit connaître les procédés au moyen desquels on pouvait opérer en grand l'extraction du Sucre de Betterave. Une pareille découverte ne pouvait pas rester indifférente pour la France, à une époque où, privée par les suites de la guerre continentale et maritime de toute communication avec ses colonies, la politique de ce pays voulait interdire à l'Angleterre l'entrée des denrées coloniales dans aucun des ports du continent. Aussi le gouvernement français protégea-t-il, par tous les moyens en son pouvoir, l'introduction en France de cette nouvelle source de richesses. C'est particulièrement à Chaptal que l'on doit les perfectionnemens sans nombre que les procédés de fabrication ont successivement éprouvés. Pendant long-temps, presque tout le Sucre consommé en France a été fourni par les racines de la Betterave, et aujourd'hui, où la paix a rétabli les libres communications entre toutes les parties du globe, le Sucre de Betterave, préparé en France, peut encore rivaliser avec le Sucre de canne que l'on apporte des deux Indes.

La racine de Betterave présente trois sous-variétés relatives à sa couleur qui est tantôt rouge, tantôt blanche et tantôt jaune. Cette dernière est celle que l'on préfère en France pour l'extraction du Sucre.

La culture de la Betterave est devenue une branche importante de l'agriculture européenne. Cette Plante demande une terre profonde, bien meuble, un peu grasse et mélangée de sable. Les terrains argileux et très-froids ne lui conviennent pas plus que les terrains trop secs et trop sablonneux. Elle doit être semée au printemps, lorsque les gelées ne sont plus à craindre; tantôt on repique les jeunes pieds, tantôt on les sème à plein champ. On doit sarcler avec beaucoup de soin les terrains où l'on cultive la Betterave, car cette Plante est une de celles qui redoutent le plus le voisinage des mauvaises Herbes. C'est dans les quinze premiers jours du mois d'octobre que l'on doit récolter les racines de Betterave; passé cette époque, les matériaux du Sucre se décomposent, et ces racines ne contiennent plus que du Nitrate de potasse. — Voici en peu de mots les procédés mis en usage pour extraire et fabriquer le Sucre de Betterave: 1°. On lave les racines ou on les râcle superficiellement pour en séparer la terre et les autres ordures; on coupe le collet et les fibrilles; 2° on les réduit en pulpe au moyen de râpes mues par une roue d'engrainage; 3° on soumet immédiatement cette pulpe à la presse afin d'en exprimer le Suc, avant que la fermentation ait pu s'y établir; 4° ce suc est ensuite versé successivement dans trois chaudières. On le despume dans la première; on le clarifie et l'amène à la consistance d'un sirop épais dans la seconde, et il finit de cuire dans la troisième; 5° lorsqu'il est bien cuit, on le verse dans des formes coniques où il se cristallise en masse irrégulière et laisse écouler la Melasse; 6° enfin on le raffine par les mêmes procédés que le Sucre de canne. — Lorsqu'il a été bien raffiné, le Sucre de Betterave est entièrement identique avec le Sucre de canne, au point qu'il est impossible de les distinguer l'un de l'autre. Cette identité existe également dans leurs caractères chimiques et leurs propriétés. C'est en vain que l'ignorance et la prévention ont cherché à jeter quelque défaveur sur le Sucre indigène, en le faisant passer pour inférieur en qualité au sucre des Colonies; les connaissances chimiques, et surtout l'expérience journalière se sont réunies pour détruire ces erreurs populaires. — Le marc ou résidu de la pulpe de Betterave, quand on en a exprimé le suc, est loin d'être un objet à dédaigner. Tous les Bestiaux en sont extrêmement avides, et l'on peut le conserver pour les nourrir une partie de l'hiver. On engraisse également les Porcs et la Volaille, soit avec ce résidu, soit avec les épluchures que l'on a enlevées des racines avant de les réduire en pulpe. (A. R.)

BETTE-RAVE. BOT. PHAN. Espèce de Bette. *V.* ce mot. (B.)

BETTHYLE. INS. Même chose que Béthyle. *V.* ce mot. (AUD.)

BETYS. BOT. PHAN. *V.* BÈTRE.

BEUDINGIAN. BOT. PHAN. Même chose que Badindjan. *V.* ce mot. (B.)

BEURRE. ZOOL. BOT. et MIN. Substance grasse, molle, douce, d'un blanc jaunâtre, qui se sépare du lait par l'agitation prolongée de ce liquide; il y est contenu plus ou moins abondamment suivant l'espèce d'Animal qui l'a fourni. Il est spécifiquement plus léger que l'eau; il est doué d'une odeur particulière, aromatique, qui devient insupportable par l'altération que cette substance éprouve très-promptement lorsqu'elle est exposée pure au contact de l'air. Le Beurre, suivant Chevreul, est composé de Stéarine, d'Élaïne, d'un peu d'Acide butirique et d'un principe colorant particulier. Le Beurre est d'un usage fréquent dans l'économie domestique, comme assaisonnement de beaucoup de mets; étendu sur le pain, il forme une nourriture agréable, devenue de première nécessité chez certains peuples; les Flamands en particulier l'emploient en pharmacie dans la préparation de quelques remèdes externes. On parvient à le conserver pendant assez long-temps, en le privant de toute humidité par la fusion, et en le garantissant de l'atteinte de l'air; dans le ménage, on se contente de le saler fortement et de le couvrir d'une forte saumure.

On nomme BABEURRE ou BEURRE DE LAIT et LAIT BARATTÉ la liqueur presque entièrement composée du sérum du Lait qui s'appelle aussi vulgairement *Petit-Lait*. Cette substance a le plus grand rapport avec l'humeur lymphatique.

On a étendu le nom de Beurre à plusieurs autres substances tirées des trois règnes, ainsi l'on a appelé :

* Beurres d'Antimoine, d'Arsenic, de Bismuth, d'Etain, de Zinc, etc., des Sels métalliques qui, par leur déliquescence, offrent un aspect gras. Ces Sels sont ordinairement des Chlorures.

Beurre de Bambouc (Mungo-park), même chose que Beurre de Galam. *V*. ce mot.

Beurre de Cacao, l'Huile concrète, douce, odorante, d'un blanc jaunâtre, que l'on obtient par expression à chaud après broiement, ou par macération chaude, de l'amande du Cacaoyer, *Theobroma Cacao*, L. Le Beurre de Cacao est employé en médecine comme pectoral et adoucissant.

Beurre de Cire, la cire distillée qui, passant presque tout entière et sans beaucoup d'altération dans le récipient, y prend une consistance analogue à celle du Beurre provenu du laitage.

Beurre de Coco, une substance analogue au Beurre de Cacao, et que l'on obtient de la même manière, mais du fruit du Cocotier, *Cocos nucifera*, L. Les Indiens s'en servent comme de Beurre de Vache. (DR.. Z.)

Beurre de Galam, une matière grasse, concrète, jaunâtre, un peu grenue, d'une saveur douceâtre, que, selon Aublet, on retire en Afrique d'un Palmier du genre Élaïs, et, selon Jussieu, des graines d'un Arbre indéterminé de la famille des Sapotées. Les Africains l'emploient dans la cuisine où elle a le même usage et à peu près le même goût que le Lard.

Beurre de montagne, *Kamennoie masto*, c'est-à-dire, Beurre de roche chez les Russes, un mélange d'Argile, d'Alumine sulfatée, d'Oxyde de Fer et de Pétrole, dont l'odeur est pénétrante, la couleur blanchâtre, la cassure lamelleuse et brillante, et la saveur astringente. Il se trouve, en forme de stalactites, dans les cavités schisteuses de la Haute-Lusace, en Sibérie, aux environs de Krosnviarsk, sur le Jenissei et sur les monts voisins du fleuve Amour. Les Élans et les Chevreuils en sont friands. On l'emploie comme appât pour attirer ces Animaux dans les piéges.

Beurre de Muscade, une substance grasse, rougeâtre et très-odorante, qui conserve toujours un peu d'Huile essentielle. On la retire des fruits du *Myristica Emoschata*, L. Elle est employée en médecine comme sudorifique et anti-spasmodique. (B.)

BEURRERIE. *Beurreria*. BOT. PHAN. Ce genre, de la famille des Borraginées et de la Pentandrie Monogynie, L., créé par Jacquin, avait été réuni à l'*Ehretia* par Willdenow; Kunth vient de le rétablir de nouveau comme genre distinct, avec les caractères suivans : calice campanulé, à cinq dents plus ou moins profondes; corolle infundibuliforme, à cinq divisions, dépourvue d'appendices; étamines à peine saillantes; style à deux divisions plus ou moins profondes, terminées chacune par un stigmate capitulé; le fruit est formé de quatre pyrènes, dont les noyaux sont biloculaires et chaque loge monosperme. Ce genre renferme deux espèces originaires de l'Amérique méridionale. Ce sont des Arbustes à feuilles alternes et entières; ayant des fleurs blanches disposées en corymbe. Il diffère de l'Ehretie, principalement par son fruit formé de quatre pyrènes, tandis qu'il n'en offre que deux dans les Ehreties. (A. R.)

BEVARO. MAM. Syn. espagnol de Castor. (A. D..NS.)

BEVERASA OU PEVERASA ET PEVERAZZA. MOLL. Dénominations italiennes vulgaires employées particulièrement à Venise, ainsi que celle de *Biverone*, pour désigner la Coquille bivalve appelée par les Latins *Chama piperata* selon Belon (*Aquat*. p. 104). Gesner et Aldrovande la désignent aussi sous ce dernier nom. Cette Coquille paraît être le *Mya hispanica* de Chemnitz, dont Gmelin a fait plusieurs espèces, entre autres la *Mactra piperata* (et non *piperella*), type du genre Arénaire. *V.* ce mot. Mais il paraît qu'en d'autres parties de l'Italie, on donnait des noms analogues à la *Venus verrucosa*. Selon Belon, à Ravenne, on appelait autrefois celle-ci *Poverazo*, et aujourd'hui, selon Plancus, *Poveraccia*. Poli dit qu'on l'appelle encore *Peverazza*. Par conséquent, ces dénominations s'appliquent à deux espèces. *V.* Biverone. (F.)

BEXUCO. bot. phan. (L'Ecluse.) Racine purgative du Pérou, provenant d'un Végétal indéterminé, peut-être la même chose que Béjuco ou Béjuque. (B.)

BEXUQUILLO. bot. phan. (Chomel.) C'est-à-dire *Petit Bejugue*. Syn. portugais d'Ipécacuanha. (B.)

BEYAPURA. pois. (Lachenaye-Desbois.) Poisson indéterminé du Brésil, bon à manger, dont le dos est noir et le ventre blanc. (B.)

* BEYSZKER. pois. (Gesner.) Syn. de *Cobitis fossilis*, L. *V.* Cobite. (B.)

BEZAANTJE-KLIPVISCH. pois. (Renard.) Syn. hollandais dans l'Inde de Chétodon cornu. (B.)

* BEZAR. pois. (Valentin.) Syn. de *Scorpœna horrida*, L. *V.* Scorpène. (B.)

BEZERCHETAN. bot. phan. (Daléchamp.) Syn. arabe de Lin. (B.)

BEZERCOTHUME. bot. phan. (Daléchamp.) Syn. arabe de *Plantago Psyllium*, L. *V.* Plantain. (B.)

BEZETTA. bot. phan. (Murray.) L'un des noms vulgaires du *Croton tinctorium*, L. (B.)

BÉZOARD. zool. min. On donne ce nom aux Pierres ou calculs qui se forment dans différens viscères des Animaux. La crédulité attribuait autrefois des vertus extraordinaires à ces concrétions, et le haut prix auquel les portait leur rareté, les exposait à de nombreuses sophistications. De-là sont venues les épithètes de Bézoards vrais et de Bézoards faux ou factices. On distinguait encore les Bézoards orientaux des Bézoards occidentaux qui étaient produits par des Animaux d'Europe ou d'Amérique, et dont on prétendait que les propriétés étaient beaucoup inférieures à celles des autres. *V.* Calculs. C'est de l'Antilope Oryx ou plutôt du Paseng (Chèvre sauvage de Kaempfer), que proviennent les Bézoards orientaux. Ce nom de Bézoard a été étendu à d'autres corps dont la forme était plus ou moins voisine. Ainsi l'on a appelé :

Bézoard fossile, des concrétions calcaires formées de couches superposées, que l'on soupçonnait avoir été produites dans le corps des Animaux et rejetées par eux. On ne lui accordait que peu de propriétés. On sait maintenant à quoi s'en tenir sur ces concrétions sphéroïdales formées comme les stalactites, et que l'on trouve dans tous les terrains calcaires. On a encore appelé Bézoard fossile des Alcyonites de forme arrondie.

Bézoard marin, le *Madrepora calcarea* de Pallas.

Bézoard minéral, le protoxyde d'Antimoine précipité du chlorure de ce Métal.

Le nom de Bézoard végétal proposé pour les concrétions nommées *Calappites* par Rumph, nous paraît devoir être rejeté de l'histoire naturelle. *V.* Calappite. (DR..Z.)

BÉZOARD, BÉZOARDIQUE. moll. Noms vulgaires, parmi les marchands et les amateurs, d'une Coquille univalve, le *Buccinum glaucum* de Linné, *Cassidea glauca*, Brug.; Casque Bézoard, *Cassis glauca*, Lam..k. (An. s. vert., 2e édit. T. vii. p. 221). C'est le Casque Bézoard de Davila, et le Casque Bézoardique de Séba. *V.* Casque. (F.)

BEZOGO. pois. Syn. de Pagre. *V.* Spare. (B.)

BÉZOLE. pois. *V.* Besolat.

BHAIRA. mam. Syn. indien de Bélier. (B.)

BHULLES. BOT. PHAN. (Daléchamp.) L'un des syn. arabes de Saule. (B.)

BHUNTES. BOT. PHAN. (Daléchamp.) Syn. arabe d'*Asphodelus fistulosus*, L. *V.* ASPHODÈLE. (B.)

BI. INS. Syn. suédois d'Abeille domestique. (B.)

BIA. MOLL. Nom collectif malais donné à un très-grand nombre de Coquilles univalves ou bivalves, et auquel on ajoute un mot spécifique, pour désigner telle ou telle espèce. C'est ainsi que le BIA ANADARA est l'*Arca antiquata*; le BIA BADURI et le BIA MIMBI sont la *Voluta Vespertilio*; le BIA TERBANG est le *Pecten Pleuronectes*, etc., etc.; le BIA TZONKA est la *Cypræa Moneta* de Linné, vulgairement appelée *Cauris* ou *Monnaie de Guinée*. Mais Sonnini peut s'être trompé en prenant le mot Bia tout seul, comme désignant spécialement cette dernière espèce chez les Siamois. (F.)

BIACUMINÉES. BOT. PHAN. (Mirbel.) Poils qui, sur les feuilles de certains Végétaux, sont fixés par le milieu. De Candolle les nomme *en navette*. Ceux du *Malpiphia urens*, L., offrent cette singularité. (B.)

BI-AILES. INS. On a quelquefois donné ce nom aux Diptères. (B.)

BIAL ET BIVALES. MAM. Syn. hongrois de Buffle. *V.* BOEUF. (B.)

* BIALLA OU BJALLA. BOT. PHAN. Syn. de *Campanula rotundifolia*, L. dans quelques cantons de la Suède. *V.* CAMPANULE. (B.)

BIALOZOR. OIS. Syn. polonais du Gerfault, *Falco candicans*, L. (B.)

BIANCHET. OIS. Syn. piémontais de Fauvette grise. (B.)

BIANCHETTI. BOT. CRYPT. Syn. piémontais de Truffe blanche. *V.* TRUFFE. (B.)

* BIAPHOLIUS. MOLL. Dénomination générique latine qui paraît avoir été employée par le docteur Leach dans un ouvrage qui n'a pas été publié. Elle est citée par Lamarck (Anim. s. vert., 2e édit. T. V, p. 453) à l'article du *Solen minutus* que Leach a appelé *Biapholius spinosus*. Mais cette espèce paraît être la véritable Hiatelle de Daudin, et être distincte du *Mya arctica*, Linné, avec lequel Cuvier l'a réunie dans le genre Hiatelle (Règne Anim. T. II, p. 491, note 2), dont elle doit seule faire partie. Lamarck rapporte aussi à ce dernier genre le *Mya arctica*, et place la véritable Hiatelle dans les Solens, comme nous venons de le voir, en donnant à ces deux Coquilles le même synonyme de Chemnitz. Le genre *Biapholius* de Leach paraît être le même que le genre HIATELLE. *V.* ce mot.

BIARATACA OU MARITACACA. MAM. (Pison.) Syn. de Crabier. *V.* ce mot. (B.)

* BIARO. BOT. PHAN. Racine du *Nymphœa Lotus* que l'on mange encore en Egypte, et que l'on trouve quelquefois sur les marchés de Damiette et du Caire. (B.)

BIARON. BOT. PHAN. (Dioscoride.) Syn. d'*Arum Dracunculus*, L. *V.* GOUET. (B.)

BIASLIA. BOT. PHAN. Vandelli décrit et figure sous ce nom une Plante du Brésil, qui diffère peu du *Mayaca* d'Aublet; *V.* ce mot, et doit être considérée comme étant précisément la même, suivant Vahl. (A.D.J.)

BIATORA. BOT. CRYPT. (*Lichens.*) Ce genre avait été établi par Achar dans sa Lichénographie Universelle. Le *Biatora turgida*, seule espèce de ce genre, a été regardé depuis par cet auteur (*Synopsis Lichenum*, p. 30) comme une simple variété du *Lecidea albo-cærulescens*. *V.* LECIDEA. (AD. B.)

BIATU. OIS. Syn. vulgaire de l'Ortolan, *Emberiza Hortulana*, L. *V.* BRUANT. (DR..Z.)

BIB OU BIBE. Nom que les pêcheurs anglais donnent à une espèce de Morue, *Gadus luscus*, L. (B.)

BIBARO. MAM. *V* BIVARO.

BIBASSIER. BOT. PHAN. Nom vulgaire à l'Ile-de-France et à Mascareigne du *Mespilus japonica*, qui commence à s'y répandre dans les jardins. (B.)

BIBBY. BOT. PHAN. (Histoire générale des Voyages.) Palmier indéterminé de l'Amérique méridionale, que Lamarck croit être voisin de l'Aouara ou Avoira. Son tronc est armé de piquans ; il fournit une liqueur agréable à boire. De ses fruits ronds et de la grosseur d'une Noix, on retire par ébullition une Huile employée pour oindre le corps. (B.)

BIBE. POIS. *V.* BIB.

BIBER. MAM. Du latin *Fiber*. Syn. allemand de Castor. (B.)

BIBERRATZE. MAM. C'est-à-dire *Rat-Castor*. Syn. de Desman, selon Desmarest. (B.)

BIBION. OIS. (Savigny.) Syn. de la Demoiselle de Numidie, *Ardea Virgo*, L. *V.* GRUE. (DR..Z.)

BIBION. *Bibio.* INS. Genre de l'ordre des Diptères, extrait du grand genre Tipule par Geoffroy (Hist. des Ins. T. II, p. 568), qui lui a assigné pour caractères : antennes en If, perfoliées, presque aussi courtes que la tête ; bouche accompagnée de barbillons recourbés et articulés ; trois petits yeux lisses. Latreille (Considér. génér. p. 381) place ce genre dans la famille des Tipulaires, qui est comprise dans celle des Nemocères du Règne Animal de Cuvier. Ses caractères sont d'après lui : antennes courtes, épaisses, cylindriques, perfoliées, de neuf articles, insérées devant les yeux ; palpes filiformes, courbés, de quatre à cinq articles distincts ; trois petits yeux lisses ; segment antérieur du thorax sans épines ; jambes antérieures prolongées, à leur extrémité, en une pointe forte, en forme d'épine. — Le genre Bibion, admis aujourd'hui par tous les entomologistes, ne fut pas d'abord accueilli par Fabricius, qui s'empara de ce nom pour l'appliquer à un groupe nouveau d'Insectes très-différens, appelé depuis THÉRÈVE. *V.* ce mot. Cependant un examen ultérieur lui fit sentir la nécessité d'adopter la manière de voir de Geoffroy. Mais, ne voulant pas restituer à ces Insectes la dénomination de Bibion, dont il avait fait une application inconvenante, il lui substitua celle d'*Hirtea*, employée déjà par Scopoli pour désigner certains Diptères du genre Stratiome. Le genre Bibion, tel que nous le décrivons ici, c'est-à-dire, tel qu'il a été établi par Geoffroy et adopté par Latreille et Meigen, a plusieurs points de ressemblance avec celui des Tipules ; il en diffère néanmoins par la forme des antennes, la présence des yeux lisses et la brièveté du corps. Il a un plus grand nombre de rapports avec les Dilophes, les Scatopies et les Simules, et peut cependant en être distingué par des considérations tirées des antennes, des yeux, des palpes et des pates.

Ces Insectes, d'ailleurs, ont la tête assez différente dans les deux sexes, pourvue, dans le mâle, de deux yeux à réseaux, très-grands, réunis entre eux supérieurement, ce qui la rend grosse et arrondie. La femelle, au contraire, a les yeux de cette espèce, très-petits, et par cela même la tête peu volumineuse et aplatie. On remarque à son sommet et en arrière, les petits yeux lisses, situés sur une élévation très-saillante. Les antennes sont à articles grenus, comprimés sur les deux faces dès leur insertion. Le prothorax est peu étendu d'avant en arrière, concave de ce dernier côté, et emboîtant le bord antérieur et convexe du tergum, du mésothorax, qui est très-relevé dans la femelle ; l'écusson de ce même anneau thoracique est peu développé, mais assez saillant. Les ailes sont nues, membraneuses, horizontales, assez développées et assez profondément échancrées à leur base, sans cuillerons apparens. Les balanciers, insérés sur un métathorax rudimentaire, représentent de courts filets terminés par une petite masse de forme ovale et aplatie. Les pates ont une longueur moyenne, les postérieures plus étendues, les antérieures à cuisses renflées et à jambes terminées par une pointe qui est beaucoup moins apparente aux jambes des autres pates. Enfin, dans toutes, les tarses de cinq articles diminuent progressivement, le dernier, ou le moins long, étant terminé par deux crochets et trois pelottes spongieuses. L'abdomen est allongé, plus étroit dans les mâles que dans les femelles.

Les Bibions ont été étudiés sous plusieurs rapports par Réaumur, qui nous a transmis (Ins. T. v, pag. 55 et pl. 7) des détails curieux sur leurs mœurs.

Les sexes diffèrent beaucoup entre eux, ce qui les a fait considérer par plusieurs classificateurs comme des espèces distinctes. L'accouplement dure plusieurs heures, et dans cet acte, le mâle ne se tient pas sur la femelle, mais est placé bout à bout, de sorte que le corps de l'un et celui de l'autre sont sur une même ligne, et paraissent n'en faire qu'un. La jonction est telle, qu'ils ne se séparent pas ordinairement lorsqu'on vient à les saisir, et que la femelle emporte dans l'air le mâle qui lui reste uni. La femelle est fécondée, et les œufs paraissent être déposés par elle dans la terre; les petites larves qui en naissent s'introduisent dans les bouses de vaches et y vivent jusqu'à leur transformation en nymphes. Elles sont apodes, semblables, par la forme générale de leur corps, à de petites Chenilles, et pourvues de poils assez rares dirigés en arrière; on croit qu'elles changent plusieurs fois de peau, pour passer à l'état de nymphes; elles se dépouillent de cette peau de Ver, à la manière des Chenilles, lorsqu'elles deviennent chrysalides. Elles s'enfoncent aussi à cette époque dans la terre, et, six semaines après environ, arrivent à l'état d'Insecte parfait. Leur apparition a lieu au printemps, à deux époques différentes, qui répondent assez exactement à la fête de saint Marc et à celle de saint Jean, ce qui a valu à ces Insectes le singulier privilége de porter les noms de *Mouche de Saint-Marc* et de *Mouche de Saint-Jean.* — Leur démarche et leur vol sont lourds. On les rencontre souvent en grande abondance sur les Arbres fruitiers auxquels ils n'occasionent aucun dommage, ainsi que le vulgaire ignorant l'a plus d'une fois pensé. Le genre Bibion se compose d'un assez grand nombre d'espèces. Meigen (*loc. cit.*) en décrit seize habitans de l'Europe, parmi lesquelles nous citerons:

Le Bibion précoce, *Bib. hortulanus,* ou l'*Hirtea hortulana* de Fabricius (*Entom. Syst. suppl.* 551. 2). Il est le même que le Bibion de Saint-Marc rouge de Geoffroy (*loc. cit.* p. 571 et pl. 19, fig. 3.), figuré par Schaeffer (*Icon.* tab. 104, fig. 8, 9, le mâle, et 10, 11, la femelle).

Le Bibion de Saint-Marc, *Bib. Marci*, ou le Bibion de Saint-Marc noir de Geoffroy (*loc. cit.* p. 570), qui ne diffère pas du *Tipula Marci nigra* de Degéer (*Ins.* t. vi, 160, 33). C'est cette espèce qui a été observée par Réaumur (*loc. cit.*). Meigen regarde aussi comme lui appartenant l'*Hirtea Marci* et l'*Hirtea brevicornis* de Fabricius (Syst. antl. 525 et 501). Le premier serait le mâle et le second la femelle. Ces espèces et quelques autres sont très-communes aux environs de Paris. (aud.)

BIBLIOLITE. min. C'est-à-dire *livre pétrifié*. Nom très-impropre donné à des Schistes ou autres pierres qui sont quelquefois disposées comme les feuillets d'un livre, ainsi qu'à des feuilles incrustées de Chaux carbonatée, ou simplement empreintes. (luc.)

BIBLIS. *Biblis.* ins. Genre de l'ordre des Lépidoptères établi par Fabricius, et rangé dans la famille des Diurnes par Latreille (Règn. Anim. de Cuv.) qui lui réunit le genre *Mélanitis* du même auteur (*Syst. Glossat.*). Les caractères distincts du genre Biblis sont très-peu tranchés et se réduisent aux suivans: antennes terminées en une petite massue allongée; palpes inférieurs manifestement plus longs que la tête. — Ces Insectes ont beaucoup de ressemblance avec les Vanesses et les Nymphales; leurs palpes inférieurs sont peu comprimés, très-poilus, avec la face antérieure de leurs deux premiers articles presque aussi large ou plus large que leurs côtés, et le dernier article n'étant au plus que d'une demi-fois plus court que le précédent; la cellule discoïdale et centrale des ailes inférieures est ouverte postérieurement. Leurs chenilles ont sur le corps des tubercules charnus et pubescens. Ce genre est peu nombreux en espèces, et parmi celles qui ont été décrites une seule présente d'une manière distincte les caractères assignés au genre. Cette espèce a reçu le nom de *Biblis Thadana*, Godard (Encycl. Méthod. Ent. T. 9, p. 326); elle est la même que le *Papilio Biblis* de Herbst (Papil. tab. 248, fig. 1, 2), et le *Papilio Hyperia* de Cramer (Pap. pl. 236, fig. E. F.); on la trouve au Brésil et dans l'île de St.-Thomas. Les autres espèces, au nombre de six et toutes exotiques, décrites dans l'Encyclopédie Méthodique, doivent rentrer, suivant Latreille, dans les genres voisins. Parmi elles nous remarquerons la Biblis Ilithyie, *B. Ilithyia*, ou le *Papilio Ilithyia* de Cramer (Pap., pl. 213, fig. A. B. le mâle, et pl. 214, fig. C. D. la femelle), et de Drury (Ins. 2, tab. 17, fig. 1, 2), qui, d'après l'examen attentif qu'en a fait Godard, appartient au genre Vanesse. Cette espèce se trouve à Sierra-Leone; elle paraît aussi habiter la côte de Coromandel. (AUD.)

* BIBORA. REPT. OPH. *V.* VIVORA.

* BIBORALA. BOT. PHAN. Syn. portugais de Myrobolan. (B.)

BIBREUIL. BOT. PHAN. L'un des noms vulgaires de l'*Heracleum Sphondylium*, L. *V.* BERCE. (B.)

BICARÉNÉ. REPT. SAUR. *V.* TUPINAMBIS.

BICHE. MAM. Femelle du Cerf. On a étendu ce nom à plusieurs espèces du même genre, qui seront mentionnées au mot CERF. (B.)

BICHE. POIS. Syn. de *Scomber* et de *Squalus glaucus*, L. *V.* SCOMBRE et CARCHARIAS. (B.)

BICHE. INS. Geoffroy (Hist. des Ins. T. 1, p. 62) désigne sous le nom de grande Biche la femelle du *Lucanus Cervus*, et sous celui de petite Biche la femelle du *Lucanus parallelipedus*. *V.* LUCANE. (AUD.)

BICHERINO. BOT. CRYPT. Nom que porte aux environs de Florence un petit Champignon coriace figuré par Micheli (*Nov. Gen.* t. 70, f. 9), et qui appartient au genre Polypore. *V.* ce mot. (B.)

BICHET. BOT. PHAN. Syn. de Rocou. *V.* ce mot. (B.)

BICHIOS, BICHO OU BICIOS. INTEST. Nom qu'on donne en Guinée au Dragoneau qui s'introduit dans les chairs. (B.)

BICHIR. *Polypterus.* POIS. Genre établi dans le premier volume des Annales du Muséum, par Geoffroy Saint-Hilaire, pour un Poisson fort rare dans le Nil même où jusqu'ici on ne l'a trouvé que dans les lieux profonds. Geoffroy n'en a vu que trois ou quatre individus malgré le haut prix qu'il donna de ceux qu'on lui apportait. Ce genre appartient à l'ordre des Malacoptérygiens abdominaux, famille des Clupés. Ses caractères sont : corps allongé et couvert d'écailles pierreuses; un seul rayon plat aux ouïes; un grand nombre de nageoires dorsales séparées, soutenues chacune par une forte épine que suivent quelques rayons mous; la caudale entourant la queue, et l'anale en étant fort voisine inférieurement; ventrales placées très-en arrière, et pectorales portées sur un bras écailleux un peu allongé. On voit autour de chaque mâchoire un rang de dents coniques, et derrière des dents en velours.

On trouve ordinairement le Bichir au temps des basses eaux; il est carnivore; sa chair est blanche et savoureuse; ses œufs sont de couleur verte, et sa vessie aérienne est double. Il est muni de 16 à 18 dorsales. B. 1, P. 32, V. 12, A. 15, C. 19. — Longueur totale, 1 pied 6 pouces. Couleur générale vert de mer, tirant sur le blanc sale sous le ventre, avec quelques taches noirâtres irrégulières, plus nombreuses vers la queue que vers la tête; ligne latérale droite peu visible; peau écailleuse, dure, en cuirasse; langue non couverte de dents comme dans les Esoces. Ce Poisson pourrait à la rigueur, ainsi que les Phoques, employer ses nageoires antérieures à la reptation, celles-ci étant situées, comme nous l'avons dit, à l'extrémité d'une sorte de petit bras qui a plus d'un pouce et demi de longueur. (B.)

BICHON. MAM. Race de Chiens domestiques provenue du croisement du petit Barbet et de l'Epagneul. *V.* CHIEN. (B.)

BICHON. INS. Nom spécifique employé par Geoffroy (Hist. des Ins. T. II, p. 466) pour désigner un Insecte diptère qu'il rapporte au genre Asile, et que les entomologistes modernes regardent comme le type du genre Bombyle. *V.* ce mot. (AUD.)

BICHON DE MER. ÉCHIN. Même chose que Balate, selon Bosc. *V.* BALATE. (LAM..X.)

BICLE OU BIGLE. MAM. Nom donné en Angleterre à une race de Chiens qu'on emploie pour la chasse du Lièvre. (A. D..NS.)

BICORNE. INTEST. Nom donné par quelques auteurs au genre de Vers découvert et décrit par Sulzer sous le nom de Ditrachyceros. *V.* ce mot. (LAM..X.)

BICORNE. BOT. PHAN. Ventenat a donné ce nom, à cause des deux prolongemens situés à la base des anthères de la plupart des Plantes qui la composent, à la famille que Jussieu appelle Éricinées. *V.* ce mot.

* On donne aussi quelquefois le nom de BICORNE ou de BÊTE A CORNE au *Martynia annua*. *V.* MARTYNIE. (B.)

BICQUEBO. OIS. *V.* BAQUEBO.

* BICUCULLA. BOT. PHAN. Nom générique sous lequel Borckhausen a désigné une espèce qu'il a séparée du genre Fumaria, le *F. fungosa* d'Aiton. C'est l'Adlumia de De Candolle. *V.* ce mot. (A. D. J.)

* BICUCULLATA. BOT. PHAN. Marchand, dans les Mémoires de l'Académie des Sciences, avait ainsi nommé une espèce de Fumeterre de Linné, le *Fumaria cucullaria*, placé par De Candolle dans le genre Diclytra, dont il est, par conséquent, synonyme. *V.* DICLYTRA. (A. D. J.)

BIDACTYLE. OIS. Nom vicieux, puisqu'il est formé de mots empruntés à deux langues différentes, employé par quelques-uns pour Didactyle. *V.* ce mot. (B.)

BIDENT. *Bidens.* BOT. PHAN. Genre de la famille des Corymbifères de Jussieu; de la tribu des Hélianthées, de Cassini; Syngénésie égale, L. — Les folioles de l'involucre sont disposées sur deux rangs, les extérieures ordinairement plus longues, difformes et étalées; le réceptacle est plane, garni de paillettes. Au centre sont des fleurons tubuleux, hermaphrodites; à la circonférence des demi-fleurons neutres, d'autres fois staminifères, ou enfin ils manquent quelquefois, de manière à ce que la fleur soit alors entièrement flosculeuse. Les akènes sont comprimés, quadrangulaires, surmontés de deux à cinq arêtes persistantes et rudes au toucher, à cause des petits crochets recourbés qui les garnissent. — Les espèces de ce genre sont des Plantes presque toutes herbacées, à feuilles opposées, dont le contour est entier ou diversement incisé; à fleurs terminales, solitaires ou disposées en corymbes, dont le rayon est ordinairement jaune, et plus rarement blanc. Les auteurs en avaient décrit environ une vingtaine, nombre que Kunth a presque porté au double dans ses *Nova Genera et Species*, T. IV, p. 230-239, tab. 381. La plus grande partie des espèces est donc originaire d'Amérique. Il nous suffit ici d'en décrire deux, les seules, avec quelques variétés, qui croissent dans nos environs. L'une est le *Bidens tripartita*, L. dont la tige cylindrique, cannelée, branchue et rougeâtre s'élève jusqu'à deux pieds. Ses feuilles, divisées en trois ou cinq folioles oblongues, dentées, imitent celles de l'Eupatoire ou du Chanvre; ses fleurs, garnies de quatre à cinq bractées presque entières et plus longues qu'elles, sont jaunes, droites et presque flosculeuses. Dans l'autre, le *B. cernua*, L., qui est moins haute, les feuilles sont embrassantes, presque réunies par la base, ovales, lancéolées, dentées en scie et glabres, et les folioles de l'involucre, colorées en leur bord, paraissent, en grandissant, former une couronne de demi-fleurons. Toutes deux se rencontrent dans les lieux aquatiques.

Adanson (*Fam. Plant.* T. II, p. 129) a étendu le nom de Bident à la dixième et dernière section de sa famille des Composées. (B.)

BIDET. MAM. Cheval de selle de taille moyenne, allant l'amble, dont se servent principalement les fermiers et les bouchers pour aller en foire. (T. D. B.)

BIDI. BOT. PHAN. Syn. de *Crypsis aculeata* au Sénégal. *V*. CRYPSIDE. (B.)

BIDI-BIDI. OIS. Espèce du genre Poule-d'Eau, *Rallus jamaicensis*, L. *V*. POULE-D'EAU. (DR..Z.)

BIDONA. BOT. CRYPT. (Adanson.) *V*. ACONTIA.

BIDZJAM. BOT. PHAN. (Rhéede.) Syn. de Sésame dans la presqu'île de Malaca. (B.)

BIEBER. MAM. Syn. de Castor. (A. D..NS.)

BIEGGUSB. OIS. Syn. du Phalarope Platyrhynque, *Tringa lobata*, L. en Laponie. *V*. PHALAROPE. (DR..Z.)

BIELLOUGE. MAM. Même chose que Béluga. *V*. ce mot. Steller dit qu'au Kamtschatka Bieluga en est synonyme. (B.)

BIELOKVOST. OIS. Syn. polonais du Pygargue, *Vultur albicilla*, L. *V*. AIGLE. (DR..Z.)

BIENEN-FROSS. OIS. Syn. de Guêpier, *Merops Apiaster*, L. en Allemagne. (B.)

BIEN-JOINT. BOT. PHAN. Ce nom, donné à une espèce de Badamier, le *Terminalia angustifolia*, par les habitans de l'Ile-de-France, à cause de la densité et de la solidité de son bois, fut ensuite altéré par les Européens en celui de Benjoin, et l'Arbre en conséquence fut regardé, à tort, comme fournissant le baume ainsi nommé. *V*. BENJOIN. (A. D. J.)

BIÈRE. *Cerevisia* des Italiens, *Cervesa* des Espagnols. Liqueur résultant de la décoction d'Orge germée, mise en fermentation. On l'aromatise ordinairement avec le fruit du Houblon, que l'on fait bouillir avec l'Orge, afin de donner à la Bière une saveur légèrement amère, et la rendre susceptible de se conserver long-temps. Cette liqueur, que l'on modifie de beaucoup de manières, est d'une grande ressource pour les habitans des pays privés de vignobles, et d'un usage général dans le nord. (DR..Z.)

BIERG-FUGL. OIS. Syn. de Pingouin et de Macareux en Islande. (DR..Z.)

BIERG-UGLE. OIS. Syn. du Grand-Duc, *Strix Bubo*, L. en Norwège. *V*. CHOUETTE. (DR..Z.)

BIERKNE, BIERNE OU BJORKNA. POIS. Syn. de *Cyprinus latus*, L. *V*. CYPRIN. (B.)

BIÈVRE. MAM. Quelquefois *Bifre*. Vieux noms du Castor, évidemment dérivés du latin *Fiber*. On trouvait alors cet Animal en France, et la rivière des Gobelins, qui traverse maintenant Paris, en nourrissait probablement quand elle ne traversait que des bois; de-là le nom de *rivière de Bièvre* sous lequel nos ancêtres la désignaient, et qu'elle conserve sur de vieux plans. (B.)

BIÈVRE. OIS. Syn. vulgaire du Grand Harle, *Mergus Merganser*, L. HARLE. (DR..Z.)

BIF. MAM. Prétendu produit de l'accouplement du Taureau avec l'Anesse. (B.)

BIF. OIS. (Pline.) Syn. de l'Orfraie, *Falco Ossifragus*, L. *V.* AIGLE. (DR..Z.)

* BIFARIÉ. *Bifarius*. BOT. Terme par lequel on désigne la disposition des parties de la Plante, qui se développent en deux séries ou files assez régulièrement opposées. (B.)

BIFEUILLE. ANNEL. Dicquemare (Journ. de phys. 1er vol. Année 1786) a décrit et figuré sous ce nom un très-petit Animal marin, presque mycroscopique, qu'il recueillit au Hâvre : la figure qu'il en donne est trop incorrecte et la description trop vague pour qu'on puisse, avant de nouvelles observations, rien décider sur la place qu'occupera cet Animal dans la classe des Annelides à laquelle il paraît certainement appartenir. Blainville cependant, afin, dit-il, de l'introduire d'une manière provisoire dans le système, propose de lui appliquer le nom générique de *Rosacella*, et d'appeler *Dicquemartiana* l'espèce dont Dicquemare a parlé. Quoi qu'il en soit, les caractères connus de cet Animal sont de vivre en société, c'est-à-dire, groupé autour d'un axe commun, de manière à représenter une sorte de rosette de couleur blanche et translucide; cette rosette résulte d'un plus ou moins grand nombre de tuyaux cylindriques plus déliés à leur extrémité, libre jusqu'à leur base, autour de laquelle ils s'insèrent à la manière des pétales d'une Rose; il sort de chaque tuyau un tube membraneux, transparent, d'une couleur verte très-foncée, évasé en entonnoir, de l'intérieur duquel s'élève par intervalles une autre tige de même couleur, très-allongée et très-grêle, terminée par un bouton qui se déploie et figure alors deux feuilles. Le moindre attouchement fait contracter instamment ces parties qui rentrent dans le tube. Blainville suppose que les deux feuilles représentées par Dicquemare ne sont autre chose que des branchies, et qu'elles sortent plutôt de la partie inférieure de la tige que de son centre. La présence de ces deux feuilles que nous regardons aussi comme branchies, la place qu'elles occupent à la partie antérieure du corps, ainsi que l'existence d'un tube naturel, permettent de rapprocher ces Animaux du genre Serpule, tel que l'a établi Savigny. *V.* ce mot. (AUD.)

* BIFEUILLE. BOT. PHAN. On donne quelquefois ce nom, qui n'est qu'une traduction de l'épithète spécifique latine, au *Majanthemum bifolia* qui était un Muguet, *Convallaria* de Linné, ainsi qu'à l'*Orchis bifolia*, L., et aux *Ophrys cordata* et *paludosa* du même naturaliste. (B.)

* BIFORE. *Bifora*. BOT. PHAN. Hoffmann, dans son Traité des Ombellifères, a décrit sous le nom de *Bifora* le *Coriandrum testiculatum* de Linné, dont il a fait un genre nouveau, adopté ensuite par Sprengel qui l'a nommé *Biforis*. Ce genre se distingue surtout des Coriandres dont il a le port, par son involucre et ses involucelles ordinairement composés d'une seule foliole; par ses pétales égaux, les extérieurs n'étant pas plus grands; par ses fruits didymes et verruqueux dont la commissure est un peu creuse et percée de deux trous vers son sommet; de-là le nom de *Bifora*.

L'espèce unique de ce genre, *Bifora dicocca*, Hoffm. umb. 192, *Biforis testiculata*, Sprengel, est, comme nous l'avons dit, le *Coriandrum testiculatum* de Linné, petite Plante annuelle et délicate dont la tige est anguleuse, les feuilles décomposées en lanières linéaires, lancéolées, aiguës, qui croît dans les moissons des contrées méridionales de l'Europe. Nous l'avons trouvée aux environs de Grasse en Provence. (A. R.)

* BIFORIS. BOT. PHAN. (Sprengel.) *V.* BIFORE.

BIFRE. MAM. *V.* BIÈVRE.

BIFURQUE. BOT. CRYPT. Nom donné comme français, par Palisot de

Beauvois, aux Mousses du genre Dicranum. *V.* ce mot. (B.)

BIG. MAM. Nom belge du Cochon de lait selon Desmarest, d'où le nom de *Biggetje Guineesch* qui signifie petit Cochon de Guinée, donné au Cobaye, Cochon d'Inde. (A. D..NS.)

BIGARADE. BOT. PHAN. Variété d'Oranger. (B.)

BIGARRÉ. REPT. et POIS. Nom spécifique d'un Tupinambis, d'un Spare et d'un Chétodon. *V.* ces mots. (B.)

BIGARREAU. BOT. PHAN. Variété de Cerises; l'Arbre qui la produit est nommé Bigarreautier. *V.* CERISIER. (B.)

* BIGAYE OU BIZIGAYE. INS. Diptère indéterminé de la forme d'un Cousin, mais plus gros, commun dans les bois humides des îles de France et de Madagascar, où il fait aux hommes et aux Animaux des piqûres dont la douleur est insupportable; son bourdonnement nocturne est aussi très-fatigant. (B.)

BIGERELLA ET BIGIOLONE. BOT. CRYPT. Nom italien de diverses espèces de Champignons indéterminés, qui sont mangeables et paraissent appartenir au genre Agaric. (B.)

BIGGEL. MAM. (Parsons, *Trans. phil.* t. 43.) *Antilope Trago-Camelus*, Pall. Probablement le Nylgaut. *V.* ANTILOPE. (B.)

BIGGETJE GUINEESCH. MAM. *V.* BIG.

BIGIOLINO ET BIGIONE. BOT. CRYPT. *V.* BERLINGOZZINO.

BIGITZ. (*Tragus.*) Probablement le Vaneau, *Tringa Vanellus*, L. (B.)

BIGLE. MAM. *V.* BICLE.

BIGNEASSU. BOT. PHAN. (Camelli.) Arbrisseau des Philippines, qui est probablement un Phytolacca. *V.* ce mot. (B.)

BIGNI. MOLL. Nom donné par Adanson à une petite Coquille que Murray, d'après lui Bruguière, et d'après celui-ci Dillwyn, ont rapportée au *Buccinum nitidulum* de Linné. Mais personne encore n'a parfaitement reconnu celle-ci, et il est douteux que l'espèce de Bruguière soit celle d'Adanson. Elle en diffère par la taille et les caractères, et paraît être du genre Nasse de Lamarck, puisqu'il indique une callosité sur la columelle. Martini rapporte avec doute le *B. nitidulum* de Linné à une espèce très-différente de celle de Bruguière, et qui ne paraît pas surtout être celle de Linné (*Conchyl.* T. IV, p. 59, tab. 125, fig. 1194, 1195). Le Bigni nous paraît être la Coquille décrite par Lamarck sous le nom de *Buccinum lævigatum*, et le vrai *B. nitidulum*, ainsi que Murray l'a indiqué. Mais il faut ôter de l'espèce de Lamarck les synonymes qu'il y rapporte et qui appartiennent, selon nous, à sa *Columbella nitida*, vrai *B. lævigatum* de Linné; et non celui de Martini qui en est fort éloigné.

D'après l'examen critique des descriptions et des figures, nous croyons pouvoir établir de la manière suivante la synonymie du Bigni, en le rapportant au genre Colombelle de Lamarck.

COLOMBELLE BIGNI, *Col. nitidula.* Le Bigni Adanson (Sénég. p. 135, tab. 9, f. 27); *Bucc. nitidulum*, Linné, *Syst. nat.* 1205; Lister, *Synops.* tab. 964, f. 49; Gualtieri, *Test.* tab. 52, f. c.?

Bucc. lævigatum, Lamarck (An. s. vert., seconde édit. T. VII, p. 273, n. 39. *V.* COLOMBELLE. (F.)

BIGNONE. *Bignonia.* BOT. PHAN. Ce genre forme le type de la famille des Bignoniacées. Voici ses caractères, tel qu'il a été limité par Jussieu qui en a retiré plusieurs espèces pour en faire les genres *Catalpa* et *Tecoma*, *V.* ces mots : le calice est campanulé, à cinq dents, quelquefois à peine marquées. La corolle est monopétale; son tube est très-court; son limbe est en cloche allongée, partagé à son sommet en cinq lobes inégaux, formant deux lèvres : les étamines sont au nombre de quatre, fertiles et didynames, accompagnées d'un filet stérile, qui est l'indice d'une cinquième étamine avortée; le style est terminé par un stigmate bilamellé; la capsule est allongée et en forme de silique, à deux loges séparées par une cloison qui est parallèle aux valves; les graines sont imbriquées, membraneuses sur leurs bords, disposées sur deux rangées longitudinales. — Le genre Bignone se compose d'Arbres ou Arbrisseaux, souvent grimpans et munis de vrilles, qui se plaisent particulièrement dans les contrées chaudes du globe; leurs feuilles sont opposées, quelquefois simples, d'autres fois ternées, digitées ou pennées; les fleurs forment en général de grandes panicules axillaires ou terminales. On compte aujourd'hui plus de quatre-vingts espèces appartenant à ce genre.

On en cultive plusieurs dans les jardins : telles sont le Bignone de l'île de Norfolk, *Bignonia pandorea*, (And. *rep.* 86. Vent. *malm.* t. 43), joli Arbrisseau sarmenteux, à feuilles persistantes, pennées, composées de cinq à sept folioles elliptiques et dentées, luisantes; ses fleurs blanches, lavées de pourpre, forment des grappes axillaires. On le cultive en terre de Bruyère, dans la serre tempérée. — Le Bignone de la Chine, *Bignonia grandiflora*, Willd., remarquable par ses fleurs safranées, dont la corolle et le calice sont de la même longueur, et qui forme un Arbuste également sarmenteux et grimpant. Le *Bignonia Catalpa*, L. forme le genre *Catalpa* de Jussieu. *V.* ce mot. Les *Bignonia stans* et *radicans* appartiennent, avec quelques autres, au genre *Tecoma* du même auteur. *V.* Tecoma. Ce dernier, cultivé en pleine terre dans plusieurs parties de la France, est presque naturalisé dans certains cantons des Landes, où il fait l'ornement de quelques haies, et sert à couvrir les tonnelles des jardins. (A. R.)

BIGNONIACÉES. *Bignoniaceæ.* BOT. PHAN. Cette famille de Plantes appartient au groupe des Dicotylédones monopétales, dont la corolle est hypogyne; voici les caractères généraux des genres qui s'y trouvent réunis :

Les Bignoniacées sont des Arbres, des Arbrisseaux, ou plus rarement des Plantes herbacées, dont la tige est souvent sarmenteuse et garnie de vrilles; leurs feuilles, ordinairement opposées ou ternées, sont rarement alternes; le plus souvent elles sont composées, soit digitées, soit imparipennées; il est fort rare d'en trouver qui soient entières; leurs fleurs offrent une inflorescence très-variée; tantôt elles sont solitaires et terminales, tantôt elles sont réunies en épis ou en grappes axillaires ou terminales; leur calice est monosépale, souvent persistant; quelquefois il est campaniforme; d'autres fois il ressemble à une sorte de spathe unilatérale; son limbe présente cinq divisions plus ou moins profondes; la corolle est toujours monopétale, hypogyne et irrégulière; sa forme est très-variée; le limbe est ordinairement à cinq divisions inégales, disposées en deux lèvres; les étamines sont fréquemment au nombre de quatre, didynames, accompagnées ou non d'un filet stérile, qui est l'indice d'une cinquième étamine avortée; plus rarement on n'en rencontre que deux de fertiles, les autres étant restées rudimentaires; dans quelques genres, les cinq étamines sont égales et fertiles; les anthères sont toujours à deux loges qui s'ouvrent par un sillon longitudinal; l'ovaire est libre, appliqué sur un disque hypogyne, et offre le plus souvent deux loges, plus rarement une seule, ou un nombre plus considérable. Nous ferons remarquer ici que tous les botanistes, jusqu'à ce jour, se sont trompés, à notre avis, en attribuant au genre *Martynia* un ovaire à quatre ou cinq loges. Ce genre a certainement l'ovaire uniloculaire; mais les deux trophospermes qui sont pariétaux, ayant leur surface interne très-sinueuse, semblent partager la cavité du péricarpe en plusieurs loges, ce qui n'arrive pas. Gaertner lui-même, qui attribue au genre *Marty-*

nia une capsule à cinq loges, dans la coupe transversale qu'il donne du *Martynia annua*, t. 110, fig. *e*, la représente à une seule loge dans laquelle on voit saillir deux trophospermes bipartis. Chaque loge contient ordinairement plusieurs ovules; le style est simple et se termine par un stigmate le plus souvent bilamellé.

Le fruit se présente dans la plupart des genres sous la forme d'une capsule, uni ou biloculaire, s'ouvrant en deux valves, soit dans toute leur longueur, soit seulement par leur sommet; d'autres fois ce fruit est une sorte de drupe sèche à une ou plusieurs loges, terminée quelquefois par une longue pointe; les graines, quelquefois munies d'appendices membraneux en forme d'ailes, renferment, sous un épisperme souvent double, un embryon dressé, un peu comprimé comme les graines.

Tels sont les caractères généraux qui distinguent la famille des Bignoniacées, ainsi que nous allons tout à l'heure la circonscrire, en énumérant les différens genres que nous pensons lui appartenir.

De Jussieu (*Genera Plantarum*) avait divisé les genres de la famille des Bignoniacées en trois sections. Dans la première, il plaçait ceux dont le fruit est une capsule bivalve, et dont la tige est herbacée; les genres *Chelone*, *Sesamum* et *Incarvillœa* y étaient réunis. La seconde section renfermait ceux de ces genres à capsule bivalve, dont la tige est ligneuse, savoir: *Millingtonia*, *Jacaranda*, *Catalpa*, *Tecoma* et *Bignonia*. Enfin, il plaçait dans la troisième les genres dont la capsule ligneuse s'ouvre seulement par son sommet, et dont la tige est herbacée; on y trouvait les genres *Tourretia*, *Martynia*, *Craniolaria* et *Pedalium*.

Ventenat, dans son Tableau du Règne Végétal, a adopté la famille des Bignoniacées, telle à peu près que de Jussieu l'avait établie. Cependant il en a retiré avec juste raison les genres *Chelone* et *Penstemon*, pour les placer parmi les Scrophulariées, dans lesquelles elles doivent demeurer. Mais il ne fit aucune mention des genres un peu obscurs, *Incarvillœa*, *Millingtonia* et *Craniolaria*.

Robert Brown, dans son savant Prodrome de la Flore de Nouvelle-Hollande, forme sa famille des Bignoniacées uniquement avec la seconde section des Bignones de de Jussieu, à laquelle il joint, mais avec doute, le genre *Incarvillœa*. Cet auteur ne dit pas ce qu'il fait des genres de la troisième section, à l'exception du *Pedalium*, qui, avec le *Josephinia* de Ventenat, constitue dans le Prodrome la nouvelle famille des Pédalinées. *V.* ce mot.

Le travail le plus récent et le plus complet sur la famille des Bignoniacées est celui de Kunth, publié dans le Journal de physique, décembre 1818. Dans cet important Mémoire, l'auteur s'efforce de prouver que la nouvelle famille des Pédalinées, établie par Brown, doit être de nouveau réunie aux vraies Bignoniacées dont elle offre tous les caractères. Le fruit multiloculaire et indéhiscent, d'après lequel Brown a surtout établi cette famille, se rencontre, suivant Kunth, dans plusieurs autres genres des vraies Bignoniacées. Nous ne saurions partager entièrement cette opinion, puisque nous avons observé que, dans le *Martynia*, le fruit est réellement biloculaire et non multiloculaire. Il en est de même dans le *Sesamum*. Avant sa maturité, le fruit n'est jamais qu'à deux loges, et ce genre nous paraît avoir plus de rapport avec les Pédiculaires qu'avec les Bignones. Quant au genre *Cobœa* que Kunth place parmi les Bignoniacées, nous le croyons beaucoup mieux entouré dans les Polémoniacées où de Jussieu l'avait mis précédemment.

Voici, selon nous, l'énumération des genres qui appartiennent aux vraies Bignoniacées:

† Bignoniacées vraies, Kunth. Graines ailées.

a Tige herbacée.

Incarvillœa, Juss. *Tourretia*, Dombey.

β Tige ligneuse.

Catalpa, Juss. *Tecoma*, Juss. *Bignonia*, Juss. *Oroxilum*, Vent. *Spathodea*, Beauv. *Amphilobium*, Kunth. *Jacaranda*, Juss. *Platycarpum*, Bonpl. *Eccremocarpus*, Ruiz et Pavon.

†† SÉSAMÉES, Kunth. Graines dépourvues d'ailes.

Sesamum, L. *Martynia*, L. *Craniolaria*, L.

Quant aux genres *Pedalium* et *Josephinia*, n'ayant pu étudier par nous-mêmes la structure de leur fruit, nous en traiterons au mot Pédalinées. (A. R.)

BIGORNEAU. MOLL. *V*. BIGOURNEAU.

BIGOURNEAU OU BIGORNEAU. MOLL. Sur quelques parties de nos côtes vers l'Océan, on nomme ainsi la Coquille appelée en d'autres lieux Vigneau ou Vignot, et en batave *Alykruik* ou *Aliekruk*. C'est le *Turbo littoreus* de Linné (et non *littoralis*, comme l'écrivent quelques dictionnaires), espèce de Paludine marine de notre sous-genre Littorine. Selon Favart d'Herbigny, c'est à des Nérites que Belon appliquait le nom de Bigourneau. *V*. VIGNEAU, ALYKRUIK, PALUDINE et LITTORINE. (F.)

BIHAI. BOT. PHAN. Espèce du genre *Heliconia* que Linné regardait dans les premières éditions du *Species Plantarum*, comme la Plante mère des *Musa paradisiaca et sapientium*, considérant ces deux Végétaux indiens comme des Hybrides provenus d'une Plante américaine. *V*. BANANIER et HELICONIE. (B.)

BIHIMITROU. BOT. PHAN. *V*. BOIS D'ANISETTE.

BIHOR ET BIHOUR. OIS. *V*. BEHORS.

BIHOREAU. OIS. Espèce de Héron, *Ardea Nycticorax*, L. Buff. pl. enl. 758. Cuvier (Règne Animal, t. 1, p. 477) en fait le type d'un sous-genre dans le genre auquel il appartient. *V*. HÉRON. (B.)

BIJON. BOT. PHAN. Térébenthine très-pure provenue du Pin. (B.)

BIKA. MAM. Syn. hongrois de Taureau. (A. D..NS.)

BIKERA. BOT. PHAN. (Adanson, *Fam. Plant*. T. II. p. 130.) Syn. de Tetragonocheta. *V*. ce mot. (B.)

BIL. REPT. SAUR. Il est probable que c'est un double emploi de Bin. *V*. ce mot. (B.)

BILAC. *Bilacus aubilanus*. BOT. PHAN. L'Arbre nommé ainsi dans Rumph (T. 1. tab. 81), est, suivant Linné, le *Crataeva Marmelos*, distingué maintenant sous le nom générique d'*Œgle*. Ne seraient-ils pas congénères seulement? *V*. ÉGLÉ. (A. D. J.)

BILBIL. OIS. Syn. du Troglodyte, *Motacilla Troglodytes*, L. en Turquie. *V*. SYLVIE. (DR..Z.)

BILCOCK. OIS. Syn. anglais de Râle d'eau, *Rallus aquaticus*, L. (B).

BILDSTEIN. MIN. C'est-à-dire *pierre de sculpture* en allemand. Syn. de Pierre de Lard. *V*. TALC GRAPHIQUE. (LUC.)

BILE. ZOOL. Humeur sécrétée du sang dans le foie et reçue dans un organe particulier appelé la vésicule du fiel, d'où elle s'épanche ensuite dans le duodenum. Il y a des Animaux qui n'ont point de vésicule; alors la Bile ne séjourne pas dans le foie, ne fait que le traverser pour se rendre directement dans le duodenum. Cette humeur est liquide, visqueuse, limpide, mais ordinairement colorée en jaune ou en vert, fortement amère, et tout à la fois sucrée, d'une odeur particulière qui, par une certaine altération, se rapproche de celle du Musc; d'une pesanteur spécifique un peu supérieure à celle de l'eau. La Bile est soluble dans l'eau et dans l'Alcohol; elle dissout à son tour les matières grasses; elle perd sa transparence par la présence d'un peu d'acide. Sa composition varie chez les diverses espèces d'Animaux qui la produisent; en général elle donne à l'analyse : de l'eau, du Picromel, une matière résineuse à laquelle on attribue l'odeur, la saveur et la couleur de la Bile ; de l'Albumine, une matière jaune soluble dans les Alcalis, de la Soude, des Phosphate, Hydrochlorate et Sulfate de Soude, de l'Hydrochlorate de Potasse, du Phosphate de chaux et de l'Oxyde de fer. On n'est pas encore bien d'accord sur les fonctions que remplit la Bile dans l'économie animale ; il paraît qu'elle aide la digestion duodenale conjointement avec le suc pancréatique ; toutefois la rupture de ses proportions amène celle de l'équilibre dans les organes et devient la cause d'un grand nombre de maladies. On a mis à profit la propriété qu'a la Bile de dissoudre la graisse pour l'employer à enlever les taches de cette matière sur les étoffes, sans en altérer les couleurs ; les peintres font quelquefois usage de la Bile dans leurs teintes ; enfin elle entre dans plusieurs préparations médicamenteuses. (DR..Z.)

BILIMBI. BOT. PHAN. Espèce du genre *Averrhoa*. *V.* CARAMBOLIER. (B.)

* BILINONTIA. BOT. PHAN. Syn de Jusquiame. (B.)

BILLARDIÈRE. *Billardiera*. BOT. PHAN. Genre dédié par Smith au savant botaniste voyageur Labillardière, auteur de la Flore de Nouvelle-Hollande et des Décades des Plantes de Syrie. Ce genre fait partie de la nouvelle famille des Pittosporées, établie par R. Brown dans ses *Generals Remarcks*. Il offre les caractères suivans ; son calice est campanulé, formé de cinq sépales distincts, égaux et terminés en pointe ; sa corolle se compose de cinq pétales un peu soudés par leur base et semblant, au premier abord, constituer une corolle monopétale, longuement tubuleuse, dont le limbe serait à cinq divisions réfléchies ; ses étamines, au nombre de cinq, sont alternes avec les pétales, et généralement plus courtes ; elles sont insérées sous l'ovaire. Celui-ci est libre, allongé, à deux loges, renfermant chacune un grand nombre d'ovules disposés sur deux rangées longitudinales. Le style est très-court, terminé par un stigmate qui semble bilobé. Le fruit est une baie à deux loges, tronquée au sommet, contenant plusieurs graines comprimées, dont l'endosperme dur et corné, ayant la même forme que sa graine, renferme près du hile un embryon extrêmement petit. — Ce genre se compose de cinq ou six espèces qui sont des Arbustes tous originaires de la Nouvelle-Hollande, ayant leur tige quelquefois étalée, d'autres fois grimpante ; les feuilles alternes et dépourvues de stipules ; les fleurs axillaires et pédonculées, souvent solitaires, plus rarement réunies au nombre de trois à quatre. Quelques espèces sont cultivées dans nos serres tempérées ; telles sont le *Billardiera scandens*, petit Arbuste grimpant, peu élevé, ayant les feuilles ovales, aiguës, irrégulièrement dentées, velues inférieurement ; les fleurs grandes, blanches, portées sur des pédoncules solitaires, velus, qui naissent à l'aisselle des feuilles supérieures. Le fruit est une baie très-obtuse, de couleur violette. C'est, à ce qu'il paraît, le seul fruit pulpeux bon à manger que les voyageurs aient, jusqu'à présent, trouvé sur les côtes de la Nouvelle-Hollande.

On cultive aussi le *Billardiera longiflora* de Labillard. (*Nov.-Holl.* t. 89), distinct par ses feuilles plus petites, glabres, ciliées sur leurs bords.

Le genre BILLARDIERA de Smith est mentionné sous le nom de *Labillardiera*, dans Rœmer et Schultes.

Quant au genre BILLARDIERA de Vahl, c'est le *Frœlichia* de Willdenow. *V.* FRŒLICHIE. (A. R.)

BILLE D'IVOIRE. MOLL. Nom vulgaire donné par les marchands et les amateurs à la *Venus pensylvanica*, Linné ; *Lucina pensylvanica*, Lam., à cause de sa blancheur parfaite, surtout lorsqu'elle a été polie. *V.* LUCINE. (F.)

* BILLIN ET BILLINGHAS. (Her-

mann.) BOT. PHAN. Syn. d'*Averrhoa Bilimbi* à Ceylan. *V.* CARAMBOLIER. (B.)

BILLON ET BILLOUS. BOT. PHAN. Nom donné dans le commerce au chevelu des racines de Garance, qui donne une teinture de qualité inférieure, et en Languedoc à la Vesce cultivée, *Vicia sativa*, L. (B.)

* BILOBÉ. POIS. Espèce de Spare. *V.* ce mot. (B.)

BILOROT. OIS. Syn. vulgaire de Loriot, *Oriolus Galbula*, L. *V.* LORIOT. (DR..Z.)

BILULO. BOT. PHAN. (Camelli.) Arbre des Philippines, qui paraît appartenir au genre *Mangifera*. *V.* MANGUIER. (B.)

BILZ ET BILZLING. BOT. CRYPT. Noms allemands de divers Champignons du genre Bolet, qu'on rapporte particulièrement aux *Boletus rufus* et *bovinus*, espèces mangeables. (B.)

BIMACULÉ. POIS. et REPT. Espèce des genres Tupinambis, Chétodon et Cycloptère. *V.* ces mots. (B.)

BIMANES. ZOOL. C'est-à-dire *ayant deux mains*. Cuvier, qui n'a point séparé, dans son bel ouvrage intitulé Règne Animal, l'Homme du reste de la création, a cependant établi en sa faveur et parmi les Mammifères, l'ordre des Bimanes que caractérisent, selon lui, des mains aux deux extrémités antérieures seulement.

« L'Homme ne forme qu'un genre, » dit Cuvier (T. 1, p. 71), et ce genre » est unique dans son ordre. Comme » son histoire nous intéresse plus directement, et doit former l'objet de » comparaison auquel nous rapporterons celle des autres Animaux, nous » la traiterons avec plus de détail. »

Ainsi s'exprime l'illustre professeur dont les recherches, sur des créatures antédiluviennes, ont déjà prouvé la grande antiquité de l'existence animale sur notre planète, et les révolutions nombreuses qui se sont succédées à sa surface, où certains ouvrages consacrés ne supposent qu'un grand cataclysme.

Cuvier n'a point, à l'exemple d'un écrivain qui traita poétiquement de l'histoire naturelle, cru qu'il était de la dignité de notre espèce de se singulariser tellement entre toutes les autres, qu'on dût la tirer du règne où son organisation la rejette pour lui donner le vain titre de ROI DE LA TERRE que les réalités démentent. C'est à l'article HOMME que l'on examinera jusqu'à quel point cette suprématie doit être reconnue; en attendant, il suffira de remarquer combien les meilleurs esprits, lorsqu'ils ont le courage d'attaquer les préjugés profondément enracinés, font, à leur propre insu, de concessions à l'antique erreur. Cuvier établit après l'ordre des Bimanes, où l'Homme est comme retranché en dominateur, celui des Quadrumanes où se rangent les nombreuses tribus de Singes, dont plusieurs présentent avec nous de si humiliantes conformités anatomiques; c'est un moyen évasif de se conserver encore un certain degré de noblesse; mais d'une noblesse illusoire, comme celle que n'appuient plus des droits usurpés. Cependant est-il bien vrai qu'on puisse repousser parmi les Quadrumanes cette première division de Singes, qui, de même que l'ordre des Bimanes, ne contiendrait qu'un genre unique. Ce genre est l'Orang; il se compose d'êtres qui, tout comme nous, marchant debout et le front levé, paraissent gênés dans une autre attitude, et qui ne semblent abandonner celle que nous prétendons caractériser la supériorité, que parce qu'ils ont les bras d'une longueur démesurée, et dont la main peut toucher le sol même dans la situation verticale.

Abstraction faite du développement de l'intelligence, il y a certainement plus de différence des Orangs aux Guenons ou Singes à queue, qui sont confondus avec ces Animaux, dans l'ordre des Quadrumanes de Cuvier, que des Orangs à l'Homme. Un pouce, imparfaitement opposable aux autres doigts des pieds de derrière dans les Orangs, qui marchent sur leur plante, ne suffit pas pour établir qu'un pied soit une main.

Un pied est ce qui sert uniquement à la locomotion, et qui soutient l'être qu'en dota la nature. Sous ce point de vue, les Orangs viendront inévitablement prendre place à nos côtés, dans l'ordre des Bimanes, quand notre orgueil aura pris son parti sur des choses dont la saine raison démontre l'évidence.

L'ordre des Bimanes renferme donc pour nous les genres Homme et Orang. *V.* ces mots.

Qu'on reproduise à notre égard les vaines déclamations et les expressions brutales par lesquelles on attaqua celui qui le premier osa comprendre la race humaine dans une classification systématique; qu'on nous reproche de ravaler le prétendu roi de la nature au niveau des Singes; ce tyran de tout ce qu'il peut soumettre à sa puissance n'en sera pas moins un Animal.

Ces mains, qui deviennent caractéristiques dans l'ordre dont il est question, ont été regardées par un grand et profond philosophe comme les principales causes du développement de notre instinct perfectionné : instinct dont le plus haut degré d'étendue est cette raison si rare, que tous les individus de notre race ne peuvent même s'y élever. Il est certain que l'usage des mains donne aux Animaux qui en sont favorisés, d'excellens moyens de rectifier leurs jugemens, et qu'il est l'un des principaux élémens de la supériorité humaine; mais en faire les causes exclusives, c'est tomber dans une autre erreur. Cuvier, qui n'accorde pas à ces organes du tact une aussi grande importance, et qui trouve, avec raison, des mains partout où les membres antérieurs en ont à peu près la conformation, a établi un autre ordre de BIMANES pour un Reptile dont nous nous occuperons au mot CHIROTES, le rapprochement de l'homme et du Reptile dans un même article, cessant d'appartenir à un livre d'histoire naturelle, pour rentrer, au siècle où nous vivons, dans le domaine de la morale et de la politique. (B.)

BIMARGALY. BOT. PHAN. (Nicholson.) Syn. caraïbe d'Eupatoire. (B.)

BIMBELÉ. OIS. Espèce du genre Bec-Fin, *Motacilla palmarum*, L. *V.* SYLVIE. (DR..Z.)

BIN ou mieux BIN-JAWACOK-JANGUR-ECKOR. REPT. OPH. Syn. de Basilic Porte-crête à Amboine. *V.* BASILIC. REPT. (B.)

BINCO. POIS. (Ruysch.) Espèce indéterminée de Poisson d'Amboine. (B.)

* BINDA. BOT. PHAN. Syn. suédois de *Polygonum Convolvulus*, L. *V.* RENOUÉE. (B.)

BINDENFARRN. BOT. CRYPT. (*Fougères.*) Syn. allemand, selon Willdenow, de Vittaria. *V.* ce mot. (B.)

BINECTARIE. *Binectaria.* BOT. PHAN. (Forskalh.) Syn. de *Mimusops obtusifolia*, Lamk., *M. Kauri*, Willd. *V.* MIMUSOPS. (B.)

BINERIL OU BINERY. OIS. Syn. vulgaire du Bruant jaune, *Emberiza Citrinella*, L. *V.* BRUANT. (DR.. Z.)

* BINIA. BOT. PHAN. Noronha nommait ainsi un genre que Stedman, et après lui Du Petit-Thouars, ont consacré à sa mémoire sous le nom de Noronhia. *V.* ce mot. (A. D. J.)

BINKA. BOT. PHAN. Syn. d'*Artemisia vulgaris*, L. dans quelques cantons de la Suède. (B.)

* BINKO. GÉOL. Syn. de Terre dans la langue de Ceylan. (B.)

BINKOHUMBA. BOT. PHAN. (Hermann.) L'un des noms du *Phyllanthus Urinaria* à Ceylan. (B.)

BINNI OU BINNY. POIS. (Forskalh.) Même chose que Benni. *V.* ce mot et CYPRIN.

* BINNIKE-MASK. INTEST. L'un des noms vulgaires des Tœnia en Suède. (LAM..X)

BINOCLE. *Binoculus.* CRUST. Genre fondé par Geoffroy (Hist. des Ins. T. II,

p. 658), qui lui assigne pour caractères : six pates, deux yeux, antennes simples et sétacées, queue fourchue, corps crustacé. Latreille (Considér. génér.) avait déjà restreint ce genre en le caractérisant ainsi : têt d'une pièce ; point de mâchoires ; un bec ; queue bilobée ; deux pates terminées en crochets, deux en forme de ventouses, les autres natatoires. Le *Monoculus Argulus* de Fabricius en était le type. Le genre Binocle n'existe plus dans le règne animal, il répond aux Branchiopodes qui ont deux yeux séparés, et les trois espèces décrites par Geoffroy se classent de la manière suivante : son Binocle à queue en filets appartient au genre Apus, et porte le nom d'*Apus cancriformis* ; son Binocle du Gasterostée constitue le genre Argule, et porte le nom d'*Argulus foliaceus* ; enfin son Binocle à queue en plumet doit aussi former un genre propre, voisin de celui des Argules, et pour lequel on réservera, ainsi que l'a fait Duméril, le nom de Binocle. Il se compose par conséquent d'une seule espèce, le Binocle pisciforme de Duméril, *Bin. piscinus*, décrit par Geoffroy sous le nom de Binocle en queue à plumet, et figuré par lui (*loc. cit.* pl. 21. fig. 5). Ce petit Crustacé se trouve dans les ruisseaux : sa démarche est vive et sa queue sans cesse en action. Il vit en société nombreuse. Duméril l'a souvent rencontré dans des mares qui se forment sur des terrains argileux après de petites pluies, au bois de Boulogne près de la mare du chemin de la Muette. *V.* Apus, Argule et Binocle. (AUD.)

BINTAL. BOT. PHAN. (Hermann.) Syn. de *Basella rubra* à Ceylan. *V.* Baselle. (B.)

BINTAMBURU ET BINTAMBURU-WÆL. BOT. PHAN. (Hermann.) Et non *Bintambaru*. Noms donnés à Ceylan à deux variétés d'un Liseron qui paraît être le *Convolvulus Pes-Capræ*, L. (B.)

*BINTANA. BOT. PHAN. (Hermann.) Graminée peu connue de Ceylan. (B.)

BINTANGOR. BOT. PHAN. Syn. malais de *Calophyllum Inophyllum*. *V.* Calophylle. (B.)

BINTOCO. BOT. PHAN. (Camelli.) Petit Arbre des Philippines qu'on juge appartenir à la famille des Térébinthacées, parce qu'il produit une résine jaunâtre et odorante qu'on a employée dans les vernis. (B.)

BINTU. OIS. Syn. d'Ortolan dans quelques parties du centre de la France occidentale. (DR..Z.)

BINUNGA OU MINUNGA. BOT. PHAN. (Camelli.) Syn. présumé de *Ricinus Mappa*, L. *V.* Ricin. (B.)

BIONDELLA. BOT. PHAN. Syn. toscan de *Gentiana Centaurium*, L., et de *Daphne Gnidium*, L. *V.* Chironie et Lauréole. (B.)

BIORKA, BIORKFISK OU BIORKNA. POIS. Espèce de Cyprin des lacs de Suède et de Norwège. *V.* Cyprin. (B.)

BIORKLICKA. BOT. CRYPT. Syn. suédois d'*Agaricus betulinus*, L. (B.)

BIORN. MAM. Syn. d'Ours dans les dialectes scandinaves. (B.)

BIORNHALLON OU BJORNHALLON. BOT. PHAN. Syn. de *Rubus cæsius*, L. en Ostrogothie. *V.* Ronce. (B.)

*BIORNMOSSA. BOT. CRYPT. Syn. suédois de *Polytrichum commune*, L. *V.* Polytrich. (B.)

BIOURKOUT. OIS. Syn. tartare d'Aigle Royal, *Falco Chrysaetos*, L. *V.* Aigle. (DR..Z.)

BIOUTÉ. BOT. PHAN. Syn. de Peuplier dans quelques cantons du midi de la France. (B.)

BIPAPILLAIRE. *Bipapillaria.* MOLL. Genre formé par Lamarck (Anim. sans vertèbres, 2e édit. T. III, p. 127) d'après une description et un dessin communiqués par Péron, qui a découvert cet Animal sur la côte occidentale de la Nouvelle-Hollande. Il appartient aux Tuniciers libres ou Ascidiens du même auteur. Ses caractères consistent en un corps libre, nu, ovale, globuleux, terminé en queue postérieurement, ayant à son extrémité supérieure deux papilles coniques, égales, perforées et tentaculifères; trois tentacules à chaque oscule.

Les deux papilles, qui l'ont fait ainsi nommer, terminent son extrémité antérieure ou supérieure. Chaque papille finit par une oscule, d'où l'Animal fait sortir, comme à son gré, trois tentacules sétacés, roides, un peu courts, dont il se sert pour saisir sa proie et la sucer. Son corps est membraneux, un peu dur et résistant au tact; il se termine postérieurement en queue de Rat tendineuse et contractile, Lamk.

Dans nos tableaux des Mollusques, nous avons rapporté ce genre à la famille des Téthies, *V.* ce mot, de l'ordre des Tuniciers ou Ascidies Téthydes, dont les Animaux sont tous fixés. Mais si, comme il le paraît, le Bipapillaire est libre, son organisation, qui déjà s'éloigne remarquablement des Ascidies, pourra peut-être le faire rapprocher des Biphores. Car bien que Lamarck considère les deux oscules comme analogues aux deux ouvertures des Ascidies, il est douteux que le Bipapillaire ait une double tunique. Ce genre, inconnu à Savigny, n'a point été mentionné par Cuvier ni par Goldfuss; mais il est adopté par Schweigger. La seule espèce connue est appelée, par Lamarck, Bipapillaire australe, *B. australis*. (F.)

BIPARIA. BOT. PHAN. Syn. caraïbe du *Glycine Phaseoloïdes*, de Swartz, dont la graine rouge est marquée d'une tache noire. (B.)

BIPÈDES. ZOOL. C'est-à-dire *ayant deux pieds*. Les Oiseaux sont essentiellement Bipèdes. Parmi les Mammifères, les Gerboises et les Kanguroos partagent cette prérogative, qui détermine un plus libre exercice des membres antérieurs, avec les Bimanes qui sont les Bipèdes par excellence. Parmi les Reptiles, quelques espèces n'ont aussi que deux pieds, mais on a, chez eux, restreint le nom de Bipède au genre Hystérope. *V.* ce mot. (B.)

BIPHORE. MOLL. *V.* SALPA.

* BIPHYLLE. *Biphyllus*. INS. Genre de l'ordre des Coléoptères, section des Tétramères, établi par le général Dejean (Catal. des Coléopt. p. 102) aux dépens du genre Dermeste de Fabricius; ses caractères ne nous sont pas connus. Il a pour type le *Dermestes lunatus*. Cet Insecte, originaire de la Suisse, compose à lui seul ce nouveau genre. *V.* DERMESTE. (AUD.)

BIPICACA. BOT. PHAN. Syn. caraïbe de *Cytisus Cajan*, L. *V.* CYTISE. (B.)

BIPINNULA. BOT. PHAN. Genre de la famille des Orchidées, établi, d'après Commerson, par Jussieu, et voisin de l'*Arethusa*, L., auquel il a été réuni par plusieurs auteurs sous le nom d'*A. biplumata*, notamment par Lamarck qui l'a figuré *tab.* 729, *fig.* 4 de ses Illustrations des genres. C'est une Plante qui croît à Buenos-Ayres. Ses racines sont fasciculées, et elle porte une seule fleur terminale. Son calice présente trois divisions supérieures, grandes, élargies à leur base, et se rapprochant en forme de casque, et trois divisions inférieures, l'une intermédiaire, courte et en cœur, deux autres latérales, beaucoup plus longues en aleine, et remarquables par les cils qui garnissent les deux côtés de leur sommet, comme les barbes d'une plume. Ce sont elles qui ont fourni le caractère distinctif et le nom du genre. (A. D. J.)

* BIPLEX. MOLL. Genre formé par Perry (*Conchyl.* pl. 5) aux dépens des Murex de Linné, et dans lequel il comprend les Coquilles de ce genre, munies de deux bourrelets opposés, latéraux et longitudinaux qui sont, comme l'on sait, formés à chaque époque de croissance de l'Animal. Cette même considération lui a fourni les caractères de ses genres *Triplex*, *Hexaplex*, *Polyplex*. Le genre Biplex revient au genre Ranelle de Lamarck. *V.* ROCHER et RANELLE. (F.)

BIPOREIE. *Biporeia*. BOT. PHAN.

Du Petit-Thouars, dans ses nouveaux genres de Madagascar, nomme ainsi une Plante à laquelle il donne pour synonyme le *Niota* de Lamarck, qui paraît lui-même devoir être rapporté au *Samadera* de Gaertner. *V*. SAMADERA. (A. D. J.)

* BIPTERALIS. BOT. PHAN. Syn. de Lenticule. *V*. ce mot. (B.)

BIQUE ET BIQUET. MAM. Vieux noms de la Chèvre et de son petit. (B.)

BIRAGO. BOT. PHAN. Syn. d'Ivraie dans quelques cantons de la Gascogne. (B.)

BIRANI OU VIRAHI. BOT. PHAN. même chose à Madagascar que Gaudal. *V*. ce mot. (B.)

BIRA-SOUREL. BOT. PHAN. Qui n'est que la traduction de Tournesol. Syn. languedocien d'*Helianthus annuus*, L. *V*. HÉLIANTHE. (B.)

* BIRAYÉ. POIS. Espèce de Labre. *V*. ce mot. (B.)

BIRCH-TREE. BOT. PHAN. C'est-à-dire *Arbre Bouleau*. Syn. de *Bursera gummifera*, L. à la Jamaïque. *V*. BURSÈRE. (B.)

BIRD. OIS. Syn. d'Oiseau en anglais, et devenant avec une épithète nom propre en beaucoup de cas. Ainsi *Bird black* (Oiseau noir) signifie Merle, etc. (B.)

BIRD-GRAS. BOT. PHAN. C'est-à-dire *Herbe d'Oiseau*. Graminée encore indéterminée, mal à propos désignée comme le *Poa compressa* ou le *Festuca ovina*; répandue dans la Virginie par les Oiseaux, ce qui lui a mérité le nom qu'elle porte; cultivée depuis en Angleterre comme fourrage. (B.)

BIRG-AMSEL. OIS. Syn. allemand de *Turdus torquatus*, L. *V*. MERLE. (B.)

BIRGUE. *Birgus*. CRUST. Genre de l'ordre des Décapodes fondé par Leach (*Trans. Linn. Societ.*, t. XI), et ne différant des Pagures auxquels Latreille (Règne Anim. de Cuv.) le rapporte, que parce que l'abdomen est crustacé, la queue orbiculaire, de trois articles, divisée en tablettes cartilagineuses. Le Pagure voleur, *Pagurus latro* de Fabricius, sert de type à ce nouveau genre. *V*. PAGURE. (AUD.)

BIRIBIN OU BIROU. OIS. Syn. piémontais de Dindon. (DR..Z.)

BIRIBOY. BOT. PHAN. Syn. caraïbe de *Lobelia conglobata*, Lamk. (B.)

BIRIIDRYS. BOT. PHAN. (Surian.) Et non *Biriidrus*. Syn. caraïbe d'*Epigæa cordifolia*, Swartz. *V*. ÉPIGÉE. (B.)

BIRKENSHWAMM ET BIRKENZEIZHER. BOT. CRYPT. Syn. allemand d'*Agaricus betulinus* et *torminosus*, L. (B.)

* BIRKHAN. OIS. (Temminck.) Espèce du genre Tetras; Coq de bruyère à queue fourchue, Buff. pl. enl. 172 et 173; *Tetrao Tetrix*, L. *V*. TETRAS. (DR..Z.)

BIRKILGEN. OIS. Syn. allemand de Sarcelle d'été, *Anas Circia*, L. *V*. CANARD. (B.)

BIRKLING. BOT. CRYPT. L'un des noms allemands de l'*Agaricus betulinus*, L. (B.)

BIROLE. BOT. PHAN. *V*. BIROLIA.

BIROLIA. BOT. PHAN. Et non *Birole* ou *Birola*. Bellardi, dans les Mémoires de l'Académie de Turin pour 1808, a considéré comme un genre nouveau, et nommé ainsi une Plante aquatique que De Candolle a décrite (*Icon. Tar.* tab. 43) sous celui d'*Elatine hexandra*, parce qu'elle présente en effet six étamines, et que Lapierre (Journ. phys. an XI) a regardée comme congénère du Tillæa. *V*. ELATINE. (A. D. J.)

*BIROSTRITE. *Birostrites*. MOLL. FOSS. Genre institué par Lamarck (Anim. s. vert. 2e édit. T. VI, 1re partie, p. 235), pour un corps fossile fort singulier, dont l'intérieur est inconnu et qui paraît composé de deux pièces ou valves qui ne se réunissent point par les bords de leur base, comme dans les Bivalves ordinaires; mais dont l'une enveloppe l'autre en partie par cette même base. Ces valves sont en forme de cône presque droit, légèrement arqué en dedans, inégales et divergeant obliquement sous la forme d'un V fort ouvert. Il semble que l'une sorte de la base de l'autre, et c'est toujours la plus courte qui se trouve enveloppée. Ces considérations ont engagé Lamarck à éloigner ce nouveau genre de la Dicérate. Nous ne pouvons rien ajouter à ce que nous venons de présenter d'après ce savant célèbre; ce Fossile ne nous étant connu que par sa description et la figure qu'en a publiée Boowdich (*Elem. of conch.* p. 2. Bivalves, p. 28, fig. 95). Mais comme il paraît qu'on n'en connaît qu'un seul individu, celui du cabinet de Lamarck, il ne serait pas impossible qu'en en observant un plus grand nombre, on vînt à le mieux connaître et qu'il fût le moule dénaturé d'une Dicérate ou d'un autre corps peu ou mal connu? Ces réflexions, que nous présentons néanmoins avec doute, après l'examen de Lamarck, ne sont point dénuées de vraisemblance, le genre Ichthyosarcolite de Desmarest en est la preuve. *V.* ce mot. Lamarck place ce genre curieux près de la Calcéole et des Radiolites dans ses Conchyfères Rudistes. Nous avons suivi son exemple. Il commence pour nous la famille des Rudistes. *V.* ce mot. Schweigger (*Handb. der Naturg.* p. 708) a rapproché la Birostrite de la Dicérate et de l'Isocarde. Aucun autre auteur ne nous paraît avoir parlé de ce Fossile. Lamarck nomme la seule espèce connue, Birostrite inéquilobe, *B. inæquiloba.* On ignore le lieu où elle se trouve. (F.)

BIROU. OIS. *V.* BIRIBIN.

BIR-REAGEL. OIS. Espèce du genre Engoulevent, *Caprimulgus Strigoides*, Lath. *V.* ENGOULEVENT. (DR..Z.)

BIRRHE. INS. *V.* BYRRHE.

BIRVACH. BOT. PHAN. (Daléchamp.) L'un des noms de l'*Asphodelus fistulosus* en arabe. (B.)

BISA. MOLL. *V.* BIA.

BISAAM OU BIZAAM. MAM. *Chat Bizaam* de Vosmaer; selon Cuvier, variété de la Genette. *V.* ce mot. (B.)

* BISAB. BOT. PHAN. Nom d'une Ketmie au Sénégal, probablement celle qu'on nomme Gombo aux Antilles. (B.)

BISAGO ou MISAGO. OIS. (Kaempfer.) Oiseau japonais que l'on présume être un Aigle pêcheur. (DR..Z.)

BISAILLE. BOT. PHAN. Nom qu'on donne dans quelques cantons de la France au mélange des semences de Vesce et de Pois. (B.)

BISAM. MAM. Nom allemand du Musc, par lequel on désigne plusieurs Animaux qui répandent une odeur musquée plus ou moins forte; ainsi :

BISAM-AFFE, c'est-à-dire *Singe musqué*, est l'Ouistiti.

BISAM-MAUS, *Souris musquée*, est la Musaraigne.

BISAM-SCHWEIN, *Cochon musqué*, est le Pécari.

BISAM-THIER, *venaison musquée*, est le Chevrotain Porte-Musc. (B.)

BISANNUEL, BISANNUELLE. BOT. Qui dure deux ans. *V.* ANNUEL. (B.)

BISBERG. BOT. CRYPT. *V.* BEFFAIGI.

BISCACHO. MAM. (Molina.) Qu'on prononce *Viscatcho*. *V.* LIÈVRE. (B.)

BISCHOFSUT. BOT. CRYPT. Syn. allemand d'Helvelle. *V.* ce mot. (B.)

BISCUTELLE. *Biscutella.* BOT. PHAN. Genre de la famille des Crucifères, ainsi nommé par Linné à cause des deux loges arrondies en forme d'écusson, et connu aussi vulgairement sous le nom de *Lunetière*.

Ses pétales sont onguiculés, à limbe ovale et entier; les filets de ses étamines libres et sans aucun appendice; sa silicule, surmontée d'un long style qui persiste, présente deux loges très-comprimées et articulées, adnées latéralement à l'axe dont, à l'époque de la maturité, elles se séparent depuis la base jusqu'au sommet. Chacune de ces loges contient une seule graine comprimée, dans laquelle la radicule s'infléchit de haut en bas et sur la fente des cotylédons, qui par conséquent sont accombans. De Candolle, dans son *Systema Vegetabilium*, en décrit vingt-trois espèces. Suivant sa remarque, presque toutes habitent le contour de la Méditerranée, c'est-à-dire les régions méridionales de l'Europe, septentrionales de l'Afrique et occidentales de l'Asie. On en voit qui s'avancent jusqu'au centre de l'Europe et jusqu'à la mer Noire. Toutes se plaisent dans des lieux montagneux et exposés au soleil. Ce sont des Plantes herbacées, vivaces ou annuelles, le plus souvent hispides, quelquefois tomenteuses ou glabres; à feuilles oblongues, entières, dentées ou pinnatifides; à tiges arrondies, dressées, ramifiées ordinairement en corymbes vers le sommet; à fleurs jaunes et inodores, portées sur des pédicelles filiformes dépourvus de bractées, et disposées en grappes courtes, mais qui s'allongent après la floraison.

De Candolle distribue ces espèces dans deux sections; la première qu'il appelle celle des *Jondraba*, dans laquelle deux des quatre sépales du calice sont éperonnés à leur base; la seconde, celle des *Thlaspidium*, où ces quatre sépales sont égaux. Celle-ci, où le plus grand nombre est compris, est encore subdivisée d'après la durée des Plantes qu'elle renferme et qui sont, comme nous l'avons dit, les unes vivaces, les autres annuelles. Parmi les Biscutelles indigènes, on peut citer comme exemples de la première section le *B. auriculata*; et comme exemple de la seconde, le *B. lævigata*. (A.D.J.)

BISEM MUS. MAM. Même chose que Bisam-Maus. *V.* BISAM. (B.)

BIS-ERGOT. OIS. Espèce du genre Perdrix, *Tetrao bicalcaratus*, L. Buff. pl. enl. 137. *V.* PERDRIX. (DR..Z.)

BISERRULE. *Biserrula*. BOT. PHAN. Ce genre fait partie du petit nombre des Légumineuses remarquables par une gousse biloculaire. Tournefort l'avait établi sous le nom de *Pelecinus*, que Linné changea en celui de *Biserrula*, pour indiquer les dents qui règnent sur les deux bords du légume et constituent un caractère propre à distinguer ce genre des Astragales. Le calice est monosépale, cylindrique, à cinq divisions linéaires, égales; la corolle polypétale, papilionacée; son étendard oblong, obtus, dépassant à peine les ailes; celles-ci sont stipitées, à limbe allongé, et se prolongent inférieurement d'un côté en un appendice; la carène est de la même longueur et obtuse; des dix étamines, neuf ont leurs filets réunis, une l'a libre; l'ovaire est sessile, oblong ou ovoïde; le style infléchi dès sa base ou plus souvent à son milieu; le stigmate simple, linéaire, légèrement barbu inférieurement. Le fruit est un légume plane, séparé intérieurement en deux loges par une cloison opposée aux valves, qui présentent chacune sur leur dos de sept à neuf dents aiguës; à chacune de ces dents répond une graine plane et à peu près réniforme. — Ce genre renferme une seule espèce, le *Biserrula Pelecinus*, L., Plante herbacée qui croît dans les régions méridionales. Ses tiges sont velues; ses feuilles impari-pinnées, composées de vingt-neuf à trente-sept folioles opposées, sessiles, en cœur renversé, munies à leur base de deux stipules courtes et aiguës; les pédoncules axillaires portent huit à douze fleurs disposées en épi. La forme de son fruit a fait donner à cette Plante le nom vulgaire de Râteau. *V.* Lamk. Ill. tab. 622. (A. D. J.)

BISET. OIS. Nom vulgaire du *Columba livius*, L. regardé par les naturalistes comme la souche des espèces domestiques de Pigeon. *V.* ce mot. (B.)

BISETTE. OIS. (Salerne.) Syn. vulgaire de Macreuse, *Anas nigra*, L. *V.* CANARD. (B.)

BISETTES. BOT. CRYPT. Syn. de Mousserons. *V.* ce mot. (B.)

BISIPHITE. *Bisiphites.* MOLL. FOSS. Genre de Céphalopode institué par Montfort (*Conchyl.* T. I, p. 54), pour des Nautiles caractérisés par deux siphons placés sur une même ligne droite, l'un près de la convexité de l'avant-dernier tour, l'autre vers le bord de l'ouverture. Déjà Montfort avait décrit et figuré celui qui fait le type de son genre dans l'Histoire naturelle des Mollusques du Buffon de Sonnini (vol. IV, p. 208), où il mentionne deux autres espèces de Bisiphites fossiles : celle qui vient de Sombrenon en Bourgogne, est celle qu'il a fait figurer comme type du genre, et dont il cite des fragmens qui indiquent deux pieds de diamètre dans certains individus ; il l'appelle B. quadrille, *B. reticulatus.* Une seconde, trouvée dans les carrières de marbre noir de Barbançon dans les Ardennes, et une troisième qu'il a trouvée aux environs de Bruxelles, et qui ressemble à la première. Il regarde les Bisiphites de Barbançon, qu'il nomme B. flambés, comme les analogues fossiles du Nautile vivant figuré et décrit par Gualtieri (*Test.* t. 18. *Vign.* fig. 4) comme ayant aussi deux siphons ; description et figure empruntées par Favanne (*Conchyl.* T. I, part. 2, p. 724, et pl. VII. D. 5. *Zoom.* pl. 69. fig. A. 4, sous le nom de *Grand Nautile épais à deux siphons*). Il faut observer que le second siphon de l'espèce de Gualtieri n'est tout simplement qu'un creux en entonnoir sans continuité, qui ne pénètre que peu avant dans la loge précédente, et est fermé à son extrémité, en sorte qu'on ne peut assimiler cette partie, destinée, sans doute, à loger un muscle d'attache au tube qui sert de fourreau à l'organe qui remplit le siphon. Il est donc douteux encore qu'il y ait de véritables Nautiles à deux siphons ; mais le caractère qui a fait croire à cette circonstance peut être employé pour diviser le genre Nautile auquel nous rapportons provisoirement les Bisiphites de Montfort. Ocken (*Lehrb. der Zool.* p. 333) en a fait aussi un genre distinct de sa famille des Nautiles. Goldfuss et Schweigger n'en parlent pas. *V.* NAUTILE. (F.)

BISK-HAN. OIS. Syn. allemand de *Tetrao Tetrix*, L. *V.* TETRAS. (B.)

BISLINGUE. BOT. PHAN. C'est-à-dire *à deux langues.* Syn. de *Ruscus hypophyllum*, L. dans quelques anciens auteurs. *V.* FRAGON. (B.)

BISMALVA. BOT. PHAN. Vieux nom de la Guimauve, *V.* ce mot. (B.)

BISMUTH. MIN. *Wismuth*, Werner. Nom d'une substance métallique d'un blanc-jaunâtre, fragile et fusible même à la simple flamme d'une bougie. Elle est la base d'un genre minéralogique composé de trois espèces, savoir : le Bismuth natif, le Bismuth sulfuré et le Bismuth oxydé.

BISMUTH NATIF, *Gediegen-Wismuth*, Werner. Il a pour caractère distinctif d'avoir un tissu très-lamelleux avec une couleur d'un blanc-jaunâtre, et pour forme primitive l'octaèdre régulier. Il est très-fragile et s'égrène sous le marteau, fusible à la flamme d'une bougie, soluble avec effervescence dans l'acide nitrique où il produit une nébulosité d'un vert-jaunâtre. On en a cité des Cristaux en octaèdre primitif et en rhomboïdes de 120 degrés à 60 degrés, semblables à la molécule soustractive. On le trouve plus communément à l'état lamellaire ou sous forme de ramifications éparses dans la gangue, qui est tantôt le Quartz, et tantôt la Chaux carbonatée ou la Baryte sulfatée. Il est ordinairement dans des filons où il accompagne d'autres substances métalliques, principalement le Cobalt, l'Argent natif et le Plomb sulfuré. On en a rencontré à Bieber dans le Hanau, à Wittichen en Souabe, à Poulaouen, à Joachimsthal en Bohême, à Freyberg, à Marienberg et à Schneeberg en Saxe. C'est dans ce dernier endroit que se trouve la variété ramuleuse, engagée dans un Jaspe d'un rouge-brunâtre. — La fonte de Bismuth prend par le refroidissement des formes cristallines très-prononcées, qui sont ordinairement des assemblages de lames rectangulaires disposées en recouvrement, et un peu excavées en trémies, comme celles de la Soude muriatée. L'usage du Bismuth est d'être employé dans des alliages avec diverses substances métalliques, entre autres l'Étain, auquel il donne plus d'éclat et de dureté. Il est un des composans de l'alliage fusible de d'Arcet.

BISMUTH SULFURÉ, *Wismuth-Glanz*, W., divisible en prisme légèrement rhomboïdal; soluble sans effervescence dans l'acide nitrique; facile à racler avec un couteau; couleur, le gris de Plomb avec une nuance de jaunâtre; fusible à la simple flamme d'une bougie. On le trouve à Bieber dans le Hanau, sous la forme d'aiguilles ou de lamelles engagées dans un Fer spathique lamellaire; en Saxe et en Bohême, dans un Quartz-Agathe grossier; à Bastnaès en Suède, dans le Cérium oxydé silicifère.

La variété Plumbo-Cuprifère, ou le Nadelerz de Werner, d'un gris métallique jaunâtre, se trouve en Sibérie, où elle a pour gangue un Quartz gras. Elle a passé d'abord pour une mine de Chrôme; mais l'analyse qui en a été faite par John, a prouvé qu'elle contenait environ les deux cinquièmes de son poids de Bismuth.

BISMUTH OXYDÉ, *Wismuth-Ochrer*, W. Cette espèce n'a encore été trouvée qu'en masses informes ou à l'état pulvérulent, à la surface des mines de Bismuth natif, principalement près de Schneeberg en Saxe. Elle est aisément réductible par le chalumeau en Bismuth métallique; elle est très-tendre et même friable. Sa couleur est le jaune-verdâtre, passant quelquefois au gris-jaunâtre. (G. DEL.)

* BISNAGILLI. BOT. PHAN. (Hermann.) Nom de pays du *Bryonia laciniosa*, L. *V.* BRYONE. (B.)

BISNAGO. BOT. PHAN. Syn. provençal de *Daucus Visnaga*, L. *V.* CAROTTE. (B.)

BISON ET BISON MUSQUÉ. *V.* BOEUF.

BISOTTE. BOT. CRYPT. Syn. d'*Agaricus livescens.* (B.)

BISPÉNIENS. REPT. Ordre troisième de la première sous-classe des Reptiles (les Ornithoïdes), institué par Blainville dans son Tableau de la classification des Animaux, et qui comprend la plupart des Sauriens et les Ophidiens de ses devanciers. « D'A» près l'anatomie détaillée, dit ce na» turaliste, de la plupart des genres » de cet ordre, je suis convaincu qu'il » est impossible de séparer les Sau» riens des Ophidiens, puisqu'en » effet il y a de véritables Serpens qui » ont des pates comme le Bimane, et » de vrais Lézards qui n'en ont pas, » comme les Orvets; ainsi je n'en fais » plus qu'un seul ordre, que je dé» signe par un nom qui indique la » singulière disposition de l'organe » excitateur mâle dont les deux par» ties paires ne sont pas réunies. » *V.* SAURIENS et OPHIDIENS. (B.)

BISSE. OIS. Syn. vulgaire de Rouge-Gorge, *Motacilla rubetra*, L. *V.* SYLVIE. (DR..Z.)

BISSE-MORELLE. OIS. Syn. vulgaire du Mouchet, *Motacilla modularis*, L. *V.* ACCENTEUR. (DR..Z.)

BISSET ET BISSUS. BOT. CRYPT. *V.* BYSSUS.

BISSO. POIS. (Risso.) Syn. de Syngnathe sur la côte de Nice. (B.)

BISSOURDET. OIS. Syn. vulgaire du Troglodyte, *Motacilla Troglodytes*, L. *V.* SYLVIE. (DR..Z.)

BISSOUS. MAM. Syn. de Lapin dans quelques parties de la France méridionale. (B.)

BISTARDE OU BITARDE. OIS. Syn. d'Outarde. *V.* ce mot. (B.)

* BISTELLA. BOT. PHAN. Lippi, botaniste français qui voyagea et périt

dans la Haute-Égypte au commencement du dix-huitième siècle, a laissé manuscrites des lettres et un grand nombre de descriptions de Plantes observées dans les pays qu'il avait traversés. Parmi celles-ci, il en est une qu'il signale comme singulière, et nomme *Bistella*, genre adopté et publié par Adanson dans ses Familles (T. II, p. 226). Il en avait rencontré dans la Nubie deux espèces ou variétés : ce sont des Herbes à tiges nombreuses, hautes d'un pied environ, présentant de distance en distance des nœuds vers lesquels sont opposés les rameaux et les feuilles : ces feuilles sont hastées, assez semblables à celles de plusieurs Lychnis, et des pédoncules axillaires portent à leur sommet des fleurs rapprochées ; leur calice est conique, quinquefide ; leur corolle, dont la forme rappelle les Borraginées, est en roue, à cinq lobes, mais tout-à-fait adhérente par son tube au calice dont il ne peut être séparé, et par conséquent périgyne ; cinq étamines s'insèrent sous l'ovaire né du fond de la fleur et biparti à son sommet ; le fruit est une capsule embrassée étroitement par le calice et le tube de la corolle qui persistent et s'accroissent, à deux loges, suivant Adanson, et contenant des graines petites et nombreuses, attachées à un double trophosperme conique. Telle est en substance la description de Lippi, qui, quoique détaillée, laisse encore incertaine la place de ce genre dans les familles naturelles. (A. D. J.)

BISTORTE. BOT. PHAN. Cette expression s'emploie en botanique pour exprimer une racine qui offre deux coudes rapprochés ; elle est syn. de contournée, *Radix contorta*. (A. R.)

C'est aussi le nom vulgaire d'une espèce de Renouée, *Polygonum bistorta*, L. *V.* RENOUÉE. (B.)

BISTOURNÉE OU HUITRE BISTOURNÉE. MOLL. Nom vulgaire donné à une Coquille bivalve du genre Arche, l'*Arca tortuosa*, Linné et Lamk., à cause que ses valves, assez allongées, sont contournées l'une sur l'autre d'une manière fort singulière. Sans être très-rare, cette Coquille est assez chère lorsqu'elle est belle, étant très-recherchée par les amateurs. Sa forme bizarre a déterminé Ocken à en faire un genre distinct des Arches sous le nom de TRISIS, genre qui n'a pas été adopté. En Hollande, on appelle cette Coquille le *Devidoir*. *V.* ARCHE et TRISIS. (F.)

BISTRE. BOT. CRYPT. L'un des noms vicieux qui, accompagnés de quelque épithète, désignent dans Paulet diverses espèces d'Agarics. (B.)

BISULCE. *Bisulcus*. MAM. Désignation générique des Quadrupèdes qui ont le pied fourchu. (B.)

BISULQUES. MAM. (Duméril.) Même chose que Ruminans. *V.* ce mot. (B.)

BITAFRES. OIS. (Labat.) Oiseaux de la côte d'Afrique, que l'on présume appartenir au genre Vautour. (DR..Z.)

BITANGOR. BOT. PHAN. Nom de pays d'un Arbre du genre Calophyllum. *V.* ce mot. (B.)

BITARDE. OIS. *V.* BISTARDE.

BITESTACÉS. CRUST. On a désigné quelquefois sous ce nom les Crustacés de l'ordre des Branchiopodes et de la section des Lophyropes (Règne Anim. de Cuv.), qui ont le corps entièrement renfermé dans un test imitant les deux battans d'une Coquille bivalve. Du nombre de ces Animaux sont les Cythérées, les Cypris, les Lyncés et les Daphnies de Müller. Duméril les nomme aussi Ostracins. Zool. n° 110. (AUD.)

Cette dénomination pourrait également s'appliquer à plusieurs êtres microscopiques de notre famille des Brachionides, dont le corps est contenu dans deux valves que rendent perceptibles seulement les plus fortes lentilles. (B.)

BITI. BOT. PHAN. (Rhéede, *Hort. Mal.* T. V, t. 58.) Nom malabar d'un bel Arbre qui paraît être un Sophora, et même l'*Heptaphylla*, L. C'est de son tronc qu'on tire le *bois de Bite*, fort estimé pour les constructions. (B.)

BITI-MARAM-MARAVARA. BOT. PHAN. (Rhéede, *Hort. Malab.* T. XII, t. 2.) Plante de la famille des Orchidées, peut-être un Epidendre parasite du Biti. *V*. ce mot. (B.)

BITIN. REPT. OPH. Nom donné par Gronou à plusieurs Serpens de Ceylan ou du Mexique, et qu'il est impossible de déterminer. (B.)

BITITENI OU BITITENIS. MAM. Syn. de Saimiri chez les Indiens de la Guyane espagnole. *V*. SAPAJOU. (A. D..NS.)

BITOME. *Bitoma*. INS. Genre de l'ordre des Coléoptères, section des Tétramères, établi par Herbst, et ne différant des Lyctes de Fabricius que parce que les individus qui le composent ont les antennes plus courtes et les mandibules cachées ou peu découvertes. Le *Bitoma crenata* ou le *Lyctus crenatus* de Fabricius, sert de type à ce genre. Cette espèce se trouve aux environs de Paris, sous les écorces d'Arbres. Elle a été figurée par Panzer (*Hist. Ins.* T. I. t. 24), sous le nom de *Lyctus crenatus*. Dejean (Catal. des Coléop.) en possède une seconde de Saint-Domingue; il la désigne sous le nom de *sulcata*. — Latreille (Considér. génér. et Règne Anim. de Cuv.) substitue, à cause de l'étymologie, le mot de *Ditome* à celui de Bitome. (AUD.)

BITOME. *Bitomus*. MOLL. Genre de Coquilles presque microscopiques, établi par Montfort (*Conchyl.* T. II, p. 226), et auquel il donne les caractères suivans : « Coquille libre, univalve, à spire régulière, écrasée, ayant un ombilic; bouche arrondie, séparée en deux par un prolongement de la lèvre inférieure, mais sans canal et entière; lèvres tranchantes et réunies. » Il nomme l'espèce qui lui sert de type B. Soldanien, *B. Soldani*, parce que cet auteur a figuré le premier cette petite Coquille (Test. microsc. T. I, p. 21, t. 14, fig. Z. vol. 96). (B.)

Montfort prétend l'avoir trouvée en abondance dans les sables de la Manche. Personne ne l'ayant observée que lui depuis Soldani, et n'offrant ni l'un ni l'autre des renseignemens suffisans, ne sachant point si ce ne serait pas une espèce de Spirorbe ou d'autre genre des Annélides, si, au cas qu'elle appartienne aux Mollusques, elle est ou non operculée, nous ne pouvons la rapporter avec certitude à aucune de nos familles. Ce genre n'a été mentionné par aucun des nouveaux auteurs systématiques. (F.)

BITOR ET BITOUR. OIS. Noms vulgaires du Butor, *Ardea stellaris*, L. *V*. HÉRON. (DR..Z.)

BITOU. MOLL. Et non pas *Biton*. Dénomination donnée par les Nègres du Sénégal et conservée comme nom spécifique, par Adanson (Sénég. p. 73. pl. 5), au *Cypræa Pediculus*, L. (B.)

BITRISCHUS. OIS. (Salisbury.) Syn. de Roitelet, *Motacilla Regulus*. (B.)

BITTAQUE. *Bittacus*. INS. Genre de l'ordre des Névroptères, fondé par Latreille aux dépens du genre Panorpe, et rangé (Règ. Anim. de Cuv.) dans la famille des Planipennes, section des Panorpates. Il a pour caractères : ailes égales, couchées horizontalement sur le corps; de petits yeux lisses; abdomen presque cylindrique, à peu près semblable dans les deux sexes; pates très-longues, avec des tarses terminés par un seul crochet et sans pelotte. Les Bittaques, de même que les Némoptères, les Panorpes et les Borées, autres genres de cette section, ont cinq articles à tous les tarses et l'extrémité antérieure de leur tête prolongée et rétrécie en forme de bec ou de trompe; leurs antennes sont sétacées et insérées entre les yeux; le chaperon est prolongé en une lame cornée, conique, voûtée en dessous pour recouvrir la bouche; les mandibules, les mâchoires et la lèvre ont une forme presque linéaire; il existe quatre à six palpes courts, filiformes, et dont les maxillaires ne sont composés que de quatre articles distincts; ils ont enfin le corps allongé avec la tête verticale; ils diffèrent cependant de chacun de ces genres par des caractères assez tranchés. On ne les confondra pas avec les Borées à cause de l'étendue de leurs ailes toujours plus longues que l'abdomen, propres au vol et existant chez la femelle comme chez le mâle; ils se distingueront aussi des Némoptères par la présence des yeux lisses, et des Panorpes par l'absence d'une pince à l'extrémité de l'abdomen des mâles, et par l'existence d'un seul crochet à l'extrémité du dernier article des tarses. Ces Insectes sont peu connus sous le rapport de leurs mœurs; on n'a point encore observé leurs métamorphoses. L'espèce servant de type au genre porte le nom de Bittaque tipulaire, *B. tipularius*, Latr. (*Gener. Crust. et Ins.* T. III, p. 189, et Considér. génér. p. 435). Elle est la même que le *Panorpa tipularia* de Fabricius et de Villers. Ce dernier l'a figurée (Entom. T. III, t. 7, fig. 11). On la trouve dans le midi de la France et en Espagne. (AUD.)

BITTER. OIS. Syn. allemand de Mauvis, *Turdus Iliacus*, L. (B.)

* BITTERBLAD. BOT. PHAN. Syn. de *Polygonum Hydropiper*, L. dans quelques provinces de Suède. *V.* RENOUÉE. (B.)

BITTERLING. POIS. Syn. allemand de Bouvier, espèce de Cyprin. *V.* ce mot. (B.)

BITTER-SALSO. BOT. PHAN. Syn. suédois de *Lepidium sativum*, L. *V.* PASSERAGE. (B.)

BITTERSPATH. MIN. C'est-à-dire *Spath amer*, on ne sait pourquoi, la substance à laquelle on donne ce nom n'ayant aucune amertume. Syn. de Chaux carbonatée magnésifère. *V.* ce mot. (LUC.)

*BITUBULITE. *Bitubulites*. MOLL. FOSS. Blumenbach (*Abbild. Naturh. Gegenst.* T. II, fig. 9) a donné ce nom à un corps fossile qu'il appelle *Bitub. problematicus*, et dont il est assez difficile d'assigner la place naturelle. Schlotheim (*Petrefact.* p. 375) conserve ce nom générique, mais en disant qu'on n'est point encore fixé à l'égard de ces Fossiles, et il ajoute à celui de Blumenbach une seconde espèce, sous le nom de *B. irregularis*. Celle-ci vient du calcaire coquillier des environs de Weimar; la première de celui d'Heinberg près Gottingue. Enfin, Schlotheim rapproche de ce genre les Batolites de Montfort et les Hippurites de Lamarck, nommés d'abord Orthocératites par Picot de la Peyrouse. (F.)

BITUME. MIN. Substance de la classe des corps combustibles non métalliques, dont le principal caractère est de brûler avec une odeur qui lui est propre, et que pour cela on nomme bitumineuse, et de laisser un résidu peu considérable. Il en existe plusieurs variétés qui ne sont distinguées entre elles, pour la plupart, que par une suite de la diversité des époques auxquelles elles ont été trouvées dans la nature, et qui souvent passent l'une à l'autre dans le même individu, par succession de temps.

La première est le Bitume liquide, *Erdol*, Werner; appelé aussi *Naphte* ou *Petrole*, selon que sa couleur est le blanc-jaunâtre ou le blanc-noirâtre. La seconde variété est le Bitume glutineux, *Erdpech*, W.; nommé communément *Pissasphalte* et *Poix minérale*. Il est visqueux et s'attache au doigt par la pression. La troisième variété est le Bitume solide ou l'Asphalte, d'un noir-brunâtre et très-éclatant lorsqu'il est pur. Il est tantôt dur et tantôt fragile. La première modification a été trouvée sous la forme de gouttelettes, à la surface de la Chaux fluatée en cristaux cubiques. La dernière variété est le Caoutchou minéral, *Elastiches Erdpech*, W. Il est d'un brun-noirâtre, et très-flexible; s'électrise d'une manière très-sensible par le frottement, et brûle avec une flamme claire, en répandant une légère odeur.

Le Bitume liquide est assez commun en Perse et au Japon, où on l'emploie comme huile de lampe. Il en existe une source abondante près de Miano, dans l'Etat de Parme. Le Bitume glutineux se trouve dans plusieurs pays de la France, et en particulier dans les environs de Clermont-Ferrand, où il enduit le sol d'une matière visqueuse. Le Bitume solide flotte avec abondance sur la surface du lac Asphaltique, en Judée; il accompagne à Idria, en Carniole, le Mercure natif et le Mercure sulfuré. Quant au Bitume élastique, on le trouve en Angleterre, près de Castleton dans le Derbyshire, où il est associé au Plomb sulfuré et à la Chaux carbonatée. (G. DEL.)

BITUME RÉSINITE. MIN. *V.* RÉTINASPHALTE.

BITURE. INS. *V.* BYTURE.

BIUR. MAM. L'un des noms du Castor. (A. D..NS.)

BIVAI. OIS. Syn. vulgaire du Pic verd, *Picus viridis*, L. *V.* PIC. (DR..Z.)

BIVAL. OIS. L'un des noms de l'Oie en Espagne. (B.)

BIVALVES. ZOOL. et BOT. Dans les nombreuses classifications des conchyliologistes anciens ou modernes, on trouve sous le nom de Bivalves des divisions de famille, d'ordre ou de classe, dont il serait trop long d'énumérer et de signaler ici tous les caractères respectifs. *V.* MOLLUSQUE. (F.)

En général le mot BIVALVE, employé même en botanique, signifie à deux battans : on dit dans ce sens une capsule bivalve. (B.)

BIVALY. MAM. *V.* BIAL.

BIVARO. MAM. qu'on prononce *Bibaro*. Syn. espagnol de Castor. *Bivero* en italien a la même signification. (B.)

BIVERONE OU PIVERONE. MOLL. Rondelet (*de Testac. lib.* I, pl. 26) dit qu'on nomme ainsi à Venise la Coquille bivalve que l'on appelle *Clonisse* ou *Clovisse* à Marseille. Ce nom lui a été donné, dit Favart d'Herbigny, à cause de la saveur très-salée de son habitant, d'où les anciens naturalistes l'ont appelé *Chama Piperata*. Nous avons vu à l'article *Beveraza* que le *Mya hispanica* de Chemnitz a reçu aussi la même dénomination. Il est cependant certain que les noms de *Biverone*, *Piverone* ou *Piperone* sont plus spécialement ceux de la *Venus verrucosa*, Linné et Lamk., ainsi que le dit Poli. On la nomme *Arsella* à Gênes, *Taratufolo* à Naples, *Camadia* à Tarente, *Armilla* en Espagne. (F.)

BIVET. MOLL. Adanson (Sénégal, p. 123, pl. 8) donne ce nom à une de ses Pourpres. C'est la *Voluta cancellata*, Linné; *Cancellaria cancellata*, Lamarck. *V.* CANCELLAIRE et POURPRE. (F.)

BIVIT. OIS. Syn. du Martinet noir, *Hirundo Apus*, L. en Piémont. *V.* MARTINET. (DR..Z.)

* BIVONOEA. BOT. PHAN. Une Plante de la famille des Crucifères recueillie en Sicile par Bivona, et nommée par lui *Thlaspi luteum*, a fourni à De Candolle le type d'un genre nouveau, et il l'a consacré au botaniste qui, le premier, l'avait fait connaître. Il lui assigne les caractères suivans : calice de quatre sépales à peu près égaux; pétales onguiculés, un peu plus longs que le calice, et dont le limbe petit est également échancré au sommet; six étamines dont les filets libres et simples ne présentent pas d'appendices à leur base; silicule déprimée, ovale, supérieurement échancrée et surmontée d'un style très-court et d'un stigmate en tête, intérieurement divisée par une cloison oblongue et s'ouvrant en deux valves pliées en carène et ailées sur le dos; dans chacune des deux loges, de quatre à six graines pendantes, ovoïdes, à cotylédons planes et incombans. C'est une Herbe annuelle, glabre, délicate, de couleur glauque, et longue de quatre à six pouces. Sa tige, filiforme et peu ramifiée, porte des feuilles alternes, grossièrement dentées et obtuses, pétiolées inférieure-

ment, sessiles et embrassantes sur le reste de la tige. Ses fleurs petites et jaunes sont disposées en grappes à peu près terminales. (A. D. J.)

* BIWALDIA. BOT. PHAN. Le genre, établi sous ce nom par Scopoli (*Introductio ad Hist. nat.*), semble devoir rentrer dans le Garcinia de Linné. *V.* ce mot. (A. D. J.)

BIXA. BOT. PHAN. Vieux nom du Rocou, devenu scientifique pour désigner le genre que constitue cet utile Arbuste. *V.* ROCOU. (B.)

BIZAAM. MAM. *V.* BISAAM.

BIZARDA. BOT. PHAN. Individus hybrides de Citronniers, produits par la fécondation où concourent deux variété différentes.

BIZE. POIS. (Rondelet.) Syn. de Scombre sarde, *Scomber Amia*, que l'on confond quelquefois avec la Bonite qui est le *S. Pelamis*. L. *V.* SCOMBRE. (B.)

BIZETT OU MIEUX BIZERT. OIS. Si c'est, ainsi que le dit Catel, l'espèce qu'on nomme Périnque ou Péringle dans le midi de la France, ce n'est point un Oiseau de passage, mais la Mésange charbonnière. (DR..Z.)

* BIZIGAYE. INS. *V.* BIGAYE.

BIZIHUTZH. OIS. Syn. du Pluvier doré, *Charadrius pluvialis*, L. en Laponie. *V.* PLUVIER. (DR..Z.)

BJALLA. BOT. PHAN. *V.* BIALLA.

BJELKA OU WJEKSCHA. MAM. Syn. russe d'Ecureuil. (B.)

* BJORK. BOT. PHAN. Syn. suédois de Bouleau. (B.)

BJORKE-SUPP. BOT. CRYPT. Syn. suédois de *Boletus fomentarius*, L. qui croît sur le Bouleau. (B.)

BJORKNA. POIS. *V.* BIERKNE.

* BJOR-LOKA ET BJORNSTUT. BOT. PHAN. Syn. suédois d'Angélique sylvestre. (B.)

* BJORN-BAR. BOT. PHAN. Nom suédois des Ronces qui croissent dans les haies. (B.)

* BJORNE-KLOR. BOT. PHAN. Syn. suédois de *Lotus corniculata*, L. *V.* LOTIER. (B.)

* BJORNFLOKA. BOT. PHAN. Syn. d'*Heracleum Sphondylium*, en Madelpadie. (B.)

BJORNHALLON. BOT. PHAN. *V.* BIORNHALLON.

* BJORN-MASSA. BOT. CRYPT. Syn. suédois de *Polytrichum commune*, L. dont les Lapons forment des matelas pour leur lit. *V.* POLYTRIC. (B.)

BLA OU BLAD. BOT. PHAN. Syn. de Blé dans les Dialectes gascons. *V.* FROMENT. (B.)

BLAA-FILD. POIS. Syn. norwégien de Hareng. *V.* CLUPÉ. (B.)

BLAAFOT. OIS. Syn. norwégien du Balbuzard, *Falco Haliaetos*, L. *V.* AIGLE. (DR..Z.)

BLAA-HALS ET BLAA-NAKKE. OIS. Syn. norwégien de Canard sauvage, *Anas Boschas*, L. *V.* CANARD. (DR..Z.)

BLAA-KRAAKE. OIS. Syn. norwégien du Rollier vulgaire, *Coracias Garrula*, L. *V.* Rollier. (DR..Z.)

* BLAA-RAAKE. OIS. Et non *Blaa-Rouge*. Syn. norwégien de la Corneille commune, *Corvus Corone*, L. *V.* CORBEAU. (DR..Z.)

BLAA-ROUGE. OIS. *V.* BLAA-RAAKE.

BLAA-STAAL OU BLAU-STAK. POIS. Syn. de Labre bleu en Danemarck. *V.* LABRE. (B.)

* BLABAR ET BLABUK. BOT. PHAN. Syn. de *Vaccinium uliginosum*, L. espèce d'Airelle, et le Myrtyle, autre Airelle, dans quelques parties de la Suède. (B.)

BLAC. OIS. Espèce du genre Faucon, dont Vieillot a formé son genre Couhyeh, Levaill. Ois. d'Af. pl. 36 et 37. *V.* FAUCON. (DR..Z.)

BLACEAS ET BLAX. POIS. (Gesner.) Probablement un Silure du Nil. (B.)

* BLACK-BERRY-EATER. OIS. Syn. anglais de Traquet, *Motacilla rubicola*, L. (B.)

BLACKBURNIA. BOT. PHAN. Le genre établi sous ce nom par Forster, était rapporté par Linné fils au Ptelea, auquel il ressemble par son port et sa fleur, différent néanmoins par son style simple et son fruit monosperme, qui est peut-être une baie. Willdenow et Persoon l'ont rétabli. Il renferme un seul Arbre, trouvé dans l'île déserte de Norfolk, et auquel ses feuilles pinnées ont fait donner le nom spécifique de *pinnata*. (A. D. J.)

BLACK-CAP. OIS. Nom appliqué par les Anglais aux Mésanges à tête noire et des marais, *Parus atricapillus* et *palustris* ainsi qu'au *Larus ridibundus*, L. (DR..Z.)

* BLACKEN. BOT. PHAN. Syn. suédois de *Potam ogoeton natans*, L. et en Smaland de *Menyanthes trifoliata*, L. *V.* POTAMOT et MENYANTHE. (B.)

BLACKFISH. POIS. C'est-à-dire *Poisson noir*. Espèce de Lutjan. *V.* ce mot. (B.)

BLACK UMBER. POIS. Syn. anglais d'Umbre. *V.* SCIÈNE. (B.)

BLACK-WITE. OIS. Syn. de *Corvus melanoleucus*. *V.* CASSICAN. (B.)

BLACOUEL. BOT. PHAN. Même chose que Blakwelia. *V.* ce mot. (B.)

BLAD. BOT. PHAN. *V.* BLA.

BLADHIE. *Bladhia*. BOT. PHAN. Ce genre, dont Thunberg est l'auteur, a été rapporté à la famille des Ardisiacées. Ses caractères sont : un calice quinqueparti, persistant; une corolle en roue, quinquefide, caduque; cinq étamines, à filets courts insérés à l'entrée de la corolle et à anthères conniventes ; un ovaire libre ; un style et un stigmate ; une baie pisiforme, à une seule loge qui contient une graine munie d'un arille. — Ses espèces, dont on trouve quatre décrites dans la Flore du Japon de Thunberg, et deux figurées *tab.* 18 et 19 de cet ouvrage, sont des Arbustes originaires de ce pays, où quelques-uns se cultivent aussi dans les jardins. Les feuilles sont alternes et crépues dans le *Bladhia crispa*; ternées dans le *B. japonica* dont la tige est couchée à sa base; dans le *B. glabra*, dont la tige est dressée, les feuilles sont opposées, glabres et dentées; opposées de même, mais velues, dans le *B. villosa*. Les fleurs sont solitaires ou géminées sur des pédoncules axillaires. (A. D. J.)

BLADO. POIS. (Risso.) Nom de l'Oblade sur la côte de Nice. *V.* BOGUE. (B.)

BLADSCHWAMP. BOT. CRYPT. Syn. suédois d'Agaric. (B.)

BLAETTER SCHWAMME. BOT. CRYPT. C'est-à-dire *Champignon lamelleux*. Syn. allemand d'Agaric. (AD. B.)

BLAGRE. OIS. Espèce du genre Faucon, *Falco Blagrus*, Lath. Levail. Ois. d'Afrique, pl. 5. Vieillot l'a placé dans son genre Balbuzard. *V.* AIGLE. (DR..Z.)

BLAGUE-A-DIABLE. OIS. Nom donné comme syn. de Pélican, aux Antilles. (B.)

BLAGYLTA. POIS. Syn. norwégien de *Labrus Suillus*, L. *V.* LABRE. (B.)

* BLAHALLON. BOT. PHAN. Syn. suédois de *Rubus cœsius*, L. *V.* RONCE. (B.)

* BLAHATTAR. BOT. PHAN. Syn. suédois de Succise. *V.* SCABIEUSE. (B.)

BLAIREAU. *Meles*. MAM. Genre de Carnassiers plantigrades, caractérisé par cinq molaires à la mâchoire supérieure; la première, très-petite, est caduque, et alors manque en apparence. La seconde et la troisième n'ont qu'une seule pointe, et sont suivies, dit Cuvier, d'une que l'on commence à reconnaître pour carnassière au vestige de tranchant qui se montre sur son côté externe ; derrière celle-ci en est une tuberculeuse, carrée, la plus grande de toutes. Six molaires inférieurement, la première très-petite et aussi caduque, les trois suivantes à une seule pointe; la cinquième commence aussi à montrer de la ressemblance avec les carnassières inférieures; mais, comme elle a à son bord interne deux tubercules aussi élevés que son tranchant, elle joue le rôle de tuberculeuse : la dernière est très-petite, mais aussi tuberculeuse. Toutes ces dents se correspondent parfaitement. La grande tuberculeuse supérieure offre deux sillons longitudinaux formés par les trois rangs de ses tubercules : le rang moyen de ces tubercules est encastré dans le sillon unique de la moitié postérieure de la pénultième d'en bas, dont les deux bords tuberculeux sont reçus dans les deux sillons longitudinaux de la supérieure. Cette disposition de réciproque pénétration ne se retrouve pas dans les Ours, dont les dents sont d'ailleurs le plus analogues à celles du Blaireau. A la grosse tuberculeuse supérieure, c'est le rang moyen de tubercules qui s'use le premier. Cet emboîtement des parties saillantes des dents d'une mâchoire dans les cavités réciproques des dents de l'autre mâchoire indique que le mouvement de l'une sur l'autre ne peut se faire que dans le sens vertical; aussi, le col du condyle est-il si serré dans la cavité génoïde du temporal, qu'il faut forcer l'élasticité de l'os pour le faire sortir de ses charnières. Celles-ci, outre leur profondeur, ont une autre cause de solidité. Au lieu que l'axe de leur mouvement soit transversal, il est un peu oblique, de manière que ces axes, prolongés jusque sur la ligne médiane, formeraient un angle obtus en avant. —Malgré sa vie souterraine, la caisse auditive est moins développée dans le Blaireau que dans le Coati et le Raton. Le frontal ni le jugal ne fournissent pas d'arc saillant au cadre de l'orbite; dans le Raton et le Coati, il s'élève, au contraire, une portion d'arc sur le jugal qui augmente ainsi l'amplitude du cadre de l'orbite. — Le trou sous-orbitaire, proportionnellement plus grand que dans les Coatis, Ratons et Gloutons, l'est absolument plus que dans l'Ours. Dans les Carnassiers, la grandeur de ce trou étant en rapport avec le volume des nerfs et des vaisseaux sous-orbitaires, il en doit résulter une sensibilité très-vive au museau du Blaireau. — La fosse ethmoïdale très-grande annonce un odorat fort actif. La tente du cervelet est osseuse. — Cet Animal a l'air de marcher en rampant, à cause de la brièveté de ses jambes; et comme son poil est long, son ventre paraît alors toucher à terre; ses doigts, armés d'ongles très-solides, sont engagés dans la peau; la longueur de ceux de devant les rend propres à fouiller la terre; la queue, à peu près longue comme la tête, a pourtant quinze vertèbres. Le Blaireau a quinze côtes, le Glouton seize, le Raton et le Coati quatorze; il a six mamelles : deux pectorales, quatre ventrales; dans le Coati et le Raton, toutes six sont ventrales. Il y a sous la queue, au-dessus de l'anus, une poche à fente transversale d'où suinte une humeur grasse et fétide. Sa langue est douce, son pelage assez rude. Les poils ont cela de particulier d'être blancs vers la peau, puis noirs dans le tiers extérieur, excepté la pointe qui est blanche, ce qui donne au corps une couleur grisâtre : dans le jeune âge, le noir, qui occupe le milieu de la longueur du poil, est alors d'un fauve isabelle, ce qui donne une teinte jaune au gris du pelage.

Le Blaireau, *Ursus Meles*, L., Encycl. pl. 35, fig. 4. Buff. 7, pl. 7. Schreb. pl. 142, a deux ou trois pieds de long. Le dessus de la tête est presque blanc, la face est traversée de la base des oreilles en passant sur l'œil par une bande noire; une autre bande blanche, inférieure à celle-ci, s'étend depuis l'épaule jusqu'à la moustache. Le dessus du corps est grisâtre, le dessous noir.—Schreber, fig. 142, B., représente, sous le nom d'*Ursus Taxus*, un Blaireau dont le ventre est d'un gris plus clair que les flancs, où l'oreille est de la couleur générale et seulement bordée de noir, où la bande noire de la face est supérieure à l'œil, sans y toucher; est-ce une variété ou une espèce?

Le Blaireau habite l'Europe et l'Asie tempérée : Pallas l'a rencontré dans l'ouest de l'Asie, au nord de la mer Caspienne : les Calmoucks en mangent la chair. C'est un Animal défiant, solitaire, qui recherche les bois les plus déserts et s'y creuse un terrier d'où il ne sort que pour chercher à manger; le boyau de ce terrier est tortueux, oblique, et poussé quelquefois très-loin. Comme la plupart des Animaux, attaché au site où il est né, le Blaireau, débusqué de son souterrain, soit par l'homme qui l'a détruit, soit par les ruses du Renard qui l'en chasse en y déposant ses ordures, ne change pas de pays. Il creuse un nouveau terrier à peu de distance; il n'en sort guère que la nuit, s'en écarte peu, car la brièveté de ses jambes ralentit sa fuite, et les chiens l'ont bientôt atteint, pour peu qu'il en soit éloigné. Dans ce cas, le Blaireau se couche sur le dos, se défend des ongles et des dents. Outre qu'il a beaucoup de courage, il a la vie très-dure, de sorte qu'il regagne le plus souvent son terrier qu'il faut défoncer pour l'y prendre.

Le Blaireau vit principalement de proie; il déterre les nids d'Abeilles-Bourdons, les Lapins et les Mulots; il mange aussi des Sauterelles, des Serpens, des œufs, et sans doute quelquefois des fruits et des racines. Son terrier est toujours propre. On trouve rarement ensemble le mâle et la femelle. C'est en été que celle-ci met bas trois ou quatre petits. (A. D..NS.)

Les chasseurs prétendent qu'il existe deux variétés fort distinctes de Blaireaux: l'une, qu'ils appellent *Blaireau-Chien*, aurait le museau semblable à celui des Chiens, et l'autre, nommée *Blaireau-Cochon*, aurait une sorte de groin. Ces différences ont encore échappé aux naturalistes.

On a encore donné le nom de Blaireau à des Mammifères qui s'en rapprochent plus ou moins par la forme; ainsi l'on a appelé :

Blaireau blanc, un Animal qui fut apporté de New-York à Réaumur, et dont les dépouilles retrouvées dans les galeries du Muséum ont prouvé que ce n'était qu'un Raton atteint de la maladie qui décolore les Albinos.

Blaireau puant, un petit Quadrupède du midi de l'Afrique, encore peu connu, mais qui paraît être le Zorille.

Blaireau de rocher, le Daman, *Hyrax capensis*, L.

Blaireau de Surinam, le *Vivera Quasje* de Linné, Coati noirâtre de Buffon. (B.)

BLAIRIE. *Blairia*. BOT. PHAN. Linné désigne sous ce nom un genre de Plantes de la famille des Ericinées, de la Tétrandrie Monogynie, très-voisin du genre Bruyère dont il diffère surtout par son calice et sa corolle à quatre lobes, ses étamines au nombre de quatre seulement, dont les anthères sont dépourvues d'appendices. Sa capsule est à quatre loges, et s'ouvre par quatre fentes longitudinales qui correspondent aux quatre angles. —Les espèces de ce genre sont toutes de petits Arbustes ayant le même port que les Bruyères et qui croissent au cap de Bonne-Espérance. On cultive quelquefois dans les jardins le *Blæria Ericoïdes*.

Le nom de *Blairia* avait d'abord été donné par Houston à quelques espèces que ce botaniste avait séparées du genre Verveine; Linné les y réunit de nouveau, et appliqua le nom de Blairia qu'il changea en *Blæria* au genre que nous venons de décrire. Gaertner et Thunberg ont cherché à détruire le genre de Linné, le premier en établissant le genre Blairia de Houston pour quelques espèces de Verveine que Lamarck a de nouveau réunies aux genres Priva et Zapania; le second, en faisant rentrer dans le genre *Erica* les Blairies de Linné;

mais cependant le genre de Linné a été adopté par la plupart des botanistes modernes. (A.R.)

BLAKEA. BOT. PHAN. Genre placé au commencement de la famille des Mélastomées, établi par Browne, d'après un Arbuste de l'Amérique. Le calice a son limbe entier, marqué de six angles, et est environné à sa base de six écailles opposées deux à deux. Les pétales sont au nombre de six, et les étamines de douze; leurs filets sont dressés, et leurs anthères grandes forment, en se touchant, un anneau; l'ovaire, couronné par le calice, devient une capsule à six loges.

Un *Blakea* se trouve aussi décrit dans Aublet (Plant. de la Guiane, tab. 210), mais son calice est à cinq lobes caducs, et dépourvu d'écailles à sa base; ses pétales sont onguiculés, au nombre de huit ou neuf, et présentent inférieurement d'un côté un appendice; le nombre des étamines est double; le stigmate est pelté et marqué de stries rayonnantes; le fruit une baie turbinée à huit ou neuf loges.—Ces dissemblances ont engagé plusieurs auteurs à considérer le *Blakea quinquenervia* d'Aublet comme type d'un genre différent que Gmelin a nommé *Webera*, et Necker *Bellucia*. Doit-on suivre leur exemple, ou bien, avec Wahl et Persoon, n'avoir pas égard à la présence ou à l'absence d'écailles à la base du calice, ni aux autres différences énumérées plus haut, et réunir ces divers Arbustes dans un seul genre dont il conviendrait alors de modifier le caractère? (A.D.J.)

* BLAKLETT et BLAKLINT, BLAQUHBAR. BOT. PHAN. Syn. de Bleuet ou Bluet, *Centaurea Cyanus*, L. dans les diverses provinces de Suède. (B.)

BLAKSTONIA. BOT. PHAN. Le nom de *Moronobea*, donné par Aublet à un genre de la famille des Guttifères, a été changé par Scopoli et Necker en celui de *Blakstonia*.—Ce dernier nom est encore donné par Hudson au *Chlora perfoliata*, L. *V.* MORONOBEA et CHLORE. (A.D.J.)

BLAKWELLIA. BOT. PHAN. Genre placé à la suite des Rosacées. Son calice turbiné, faisant dans sa moitié inférieure corps avec l'ovaire, présente supérieurement des divisions oblongues, égales, velues et ciliées, au nombre de seize, de vingt ou de trente. Intérieurement à la base de chacune, sont fixées alternativement une petite glande et une étamine à anthère biloculaire, et le nombre des étamines se trouve conséquemment la moitié de celui des divisions calicinales. L'ovaire velu se termine par quatre ou six styles, et autant de stigmates, et devient une capsule à demi-adhérente au calice persistant, à une seule loge, à quatre ou six valves, et contenant plusieurs graines attachées à des trophospermes pariétaux. A ce genre ont été rapportés trois Arbres ou Arbrisseaux des îles de Mascareigne et de Madagascar, à feuilles alternes, à fleurs axillaires en grappes ou en épis. Il a été ainsi nommé en l'honneur d'Élisabeth Blakwell, auteur d'une suite de Plantes gravées sous le nom de *Curious herbar*. (A.D.J.)

BLAK-WITE. OIS. Même chose que Black-Wite. *V.* ce mot. (DR..Z.)

*BLALACK, BLASIPPA, BLAWES ET BLAWERÖR. BOT. PHAN. Syn. suédois d'*Anemone Hepatica*, L. *V.* ANEMONE. (B.)

* BLALACKER ET BLAWISIL. BOT. PHAN. Syn. suédois de Pensée, *Viola tricolor*, L. *V.* VIOLETTE. (B.)

BLAMARÉE. BOT. PHAN. Syn. de Maïs dans quelques cantons méridionaux de la France. *V.* MAÏS. (B.)

BLANC. BOT. PHAN. Maladie des Végétaux, qui se manifeste par l'apparition, sur leurs feuilles, d'une sorte de poussière blanche : elle passe pour contagieuse, mais sans raison. Il y en a de deux sortes.

Le BLANC SEC, dont ne meurent pas les Plantes qui en sont atteintes, qui est général ou partiel, et que Bosc croit être l'effet d'un Champignon parasite, voisin des *Erésyphie* et des *Uredo*. On l'attribue à l'altération du tissu cellulaire, qui vient de trop d'humidité suivie d'une évaporation trop considérable, et l'on a remarqué qu'elle se développe en été quand des ondées de pluie sont suivies de coups de soleil violens. On remarque que le *Cytisus Laburnum*, le *Balota nigra*, les Rosiers et l'Absinthe sont les Végétaux les plus sujets au Blanc sec.

Le BLANC MIELLEUX, souvent nommé lèpre ou meunier, se manifeste, depuis juillet jusqu'en septembre, par une substance blanchâtre et un peu visqueuse, qui, transsudant à travers les pores des feuilles, paraît, au microscope, composée de petits filamens enlacés; elle détermine l'avortement des boutons qui, dans les Arbres fruitiers, forment l'espoir de l'année suivante. (B.)

BLANC-AUNE. BOT. PHAN. Syn. d'Alisier. *V.* ce mot. (B.)

BLANC BOIS. BOT. PHAN. *V.* BOIS BLANC.

BLANC CUL. OIS. (Belon.) Syn. de Bouvreuil commun, *Pyrrhula vulgaris*, L. *V.* BOUVREUIL. (DR..Z.)

BLANC D'ALBATRE. MIN. Sulfate de Chaux réduit en poudre très-fine, que l'on emploie dans la grosse peinture en détrempe. (DR..Z.)

BLANC D'ARGENT. BOT. CRYPT. Syn. d'*Agaricus argyraceus*, L. (B.)

BLANC DE BALEINE. ZOOL. Matière grasse, solide, d'un blanc nacré, douce au toucher, friable, fusible à 45 degrés environ, insoluble dans l'eau, soluble dans l'Alcohol et l'Ether, miscible aux huiles fixes, formant des savons avec les alcalis, etc., etc. On la trouve abondamment dans la graisse de certains Cétacés, et plus particulièrement dans les cavités qui entourent le cerveau. Chevreul, qui s'est occupé de l'analyse de cette substance, l'a trouvée composée de beaucoup de Cétine et d'huile fluide. Le Blanc de Baleine est employé en pharmacie dans la préparation de quelques topiques gras; on en fait usage dans les arts pour la confection de bougies translucides. (DR..Z.)

BLANC DE BISMUTH. MIN. Oxyde de ce Métal précipité de la dissolution nitrique par l'eau pure : il est léger, très-colorant; aussi l'emploie-t-on très-fréquemment sous le nom de Blanc de Fard, pour rendre au teint flétri l'éclat passager de la fraîcheur. (DR..Z.)

BLANC DE CÉRUSE. MIN. Mélange de sous-Carbonate de Plomb et de Carbonate calcaire réduits en pâte très-fine par la trituration au moulin avec un peu d'eau; on forme de cette pâte des pains coniques que l'on fait ensuite sécher. Ce Blanc est généralement employé dans la peinture; il entre aussi dans la composition de certains vernis ou couvertes de poteries blanches. (DR..Z.)

BLANC DE CHAMPIGNON. BOT. CRYPT. Substance blanche, fugace et filamenteuse, formée d'une multitude de fibriles, et qui n'est que l'état rudimentaire des Champignons. Les jardiniers placent sur des couches préparées à cet effet celui qui produit les espèces comestibles qui se prêtent à cette sorte de domesticité. (B.)

BLANC DE CRAIE. MIN. Même chose que Blanc d'Espagne. *V.* ce mot. (DR..Z.)

BLANC D'EAU. BOT. PHAN. Syn. de *Nymphæa alba*, L. *V.* NÉNUPHAR. (B.)

BLANC D'ESPAGNE. MIN. Carbonate de Chaux pulvérisé, trituré avec de l'eau, puis réduit en pâte, dont on forme des pains pour les employer dans la peinture à la colle. (DR..Z.)

BLANC DE HOLLANDE. BOT. PHAN. Nom vulgaire d'une variété du *Populus alba*, L. *V.* PEUPLIER. (B.)

BLANC D'IVOIRE. BOT. CRYPT. Syn. d'*Agaricus eburneus*, L. (F.)

BLANC DE KREMS. MIN. Même chose que Blanc de Plomb. *V.* ce mot. (DR..Z.)

BLANC DE LAIT. BOT. CRYPT.

Nom vulgaire par lequel on désigne plusieurs Agarics, tels qu'*Agaricus ombelliferus*, *collinus* et *cæsius*. (B.)

BLANC DE PLOMB. CHIM. Sous-Carbonate de Plomb que l'on prépare en grand au moyen du vinaigre. On place dans des pots de terre vernissés des lames de Plomb tournées en spirale, puis on les remplit de vinaigre; on range ces pots sur une couche de fumier qui y entretient une douce chaleur. Au bout de quarante jours, les lames de plomb sont recouvertes d'une écaille de Plomb sous-carbonaté. On le prépare encore en faisant passer un courant de gaz acide carbonique dans une dissolution de sous-Acétate de Plomb, il se précipite du sous-Carbonate de ce Métal. (DR..Z.)

BLANC DE ZINC. CHIM. Oxyde de Zinc précipité de la dissolution de ce Métal dans l'Oxyde sulfurique par le moyen de la potasse. Ce blanc peut remplacer celui de Céruse ou de Plomb, et il n'expose à aucun des dangers que l'on a à redouter avec ces derniers. (DR..Z.)

BLANCHAILLE. POIS. Nom collectif donné aux très-petits Poissons, ordinairement du genre Able, que les pêcheurs emploient pour amorcer leurs lignes. (B.)

BLANCHARD. OIS. Espèce du genre Faucon, *Falco albescens*. Daud. Lath. Levaill. Ois. d'Afriq. pl. 13. *V*. AIGLES. (DR..Z.)

BLANCHE. OIS. Espèce du genre Hirondelle-de-Mer, *Sterna alba*, Gmel. du cap. *V*. HIRONDELLE-DE-MER. (DR..Z.)

BLANCHE-COIFFE. OIS. Espèce du genre Corbeau, division des Geais, *Corvus cayanus*, L. *V*. CORBEAU. (DR..Z.)

BLANCHE-QUEUE. OIS. Syn. vulgaire du Jean-le-Blanc, *Falco gallicus*, Gmel. *V*. AIGLE. (DR..Z.)

BLANCHE-RAIE. OIS. Espèce du genre Etourneau, *Sturnus militaris*, L. des terres Magellaniques. *V*. ETOURNEAU. (DR..Z.)

BLANCHET. ZOOL. On donne ce nom à un Oiseau, la Fauvette grise, *Motacilla Sylvia*, L. *V*. SYLVIE; à un Serpent du genre Amphisbène, ainsi qu'à un Poisson *Salmo fœtens*, L. *V*. SYLVIE, AMPHISBÈNE et SAUMON. (B.)

BLANCHET. BOT. CRYPT. Syn. d'*Agaricus virgineus*. (AD. B.)

BLANCHETTE OU BLANQUETTE. BOT. PHAN. Syn. de *Valeriana locusta*, L. et de *Chenopodium maritimum*. *V*. VALERIANELLE et CHENOPODE. (B.)

BLANCHETTE, BLANCHOTTE ET JAUNOTTE. BOT. CRYPT. Syn. d'*Agaricus risigallinus*, dont les feuillets varient du blanc au jaune. (AD. B.)

BLANCHOT. OIS. Espèce de Pie-Grièche figurée pl. 285 de l'Ornithologie d'Afrique par Levaillant. (B.)

BLANC-JAUNE. POIS. Syn. de *Salmo niloticus*, L. *V*. SAUMON. (B.)

* BLANCKIA. BOT. PHAN. (Necker.) Syn. de Conobea. *V*. ce mot. (B.)

BLANC-NEZ. MAM. Syn. de *Simia Petaurista*, Schreb. Même chose qu'Ascagne d'Audebert. *V*. GUENON. (B.)

BLANCOR. POIS. (Commerson.) *V*. PRISTIPOME.

BLANC-PENDARD. OIS. Syn. vulgaire de la Pie-Grièche grise, *Lanius excubitor*, L. *V*. PIE-GRIÈCHE. (DR..Z.)

BLANCULET. OIS. Syn. de Moteux, *Motacilla Œnanthe*, L. *V*. TRAQUET. (DR..Z.)

BLANDE. REPT. BATR. Syn. de Salamandre ordinaire. (B.)

BLANDFORTIA. BOT. PHAN. Ce nom a été donné par Andrews à une Plante de la Caroline, qui est un *Solenandria* pour Beauvois, un *Erythrorhiza* pour Michaux. *V*. ces mots. — Il a été appliqué par Smith à une autre, de la famille des Asphodélées, qui présente un calice en forme d'entonnoir, partagé supérieurement en six lobes courts; six étamines insérées à ce tube; un style court, conique; un stigmate simple; une capsule trigone, fusiforme, triloculaire et s'ouvrant en trois valves; des graines hérissées et imbriquées, attachées à un trophosperme central. Les feuilles sont radicales, linéaires; les fleurs disposées en belles grappes à l'extrémité d'une hampe haute de deux à trois pieds. (A. D. J.)

BLANDOVIA. BOT. CRYPT. Nom donné par Willdenow dans son Introduction à la Cryptogamie (*Spec. Pl.* vol. V. p. XXXI), à un genre qu'il n'a pas décrit et qui paraîtrait appartenir à la famille des Hépatiques; il lui attribue une capsule biloculaire et bivalve. (AD. B.)

BLANDRUSLER. MAM. Syn. islandais de Phoque à crinière. *V.* PHOQUE. (A. D..NS.)

BLANGLAX. POIS. Syn. suédois de Saumon. (B.)

BLANKARA. BOT. CRYPT. (*Mousses*.) Nom de genre donné par Adanson à quelques Mousses qui font partie des genres *Polytrichum* et *Orthotrichum*, et particulièrement à l'*Orthotrichum crispum*. (AD. B.)

BLANOV. POIS. Syn. de *Mugil cephalus*. *V.* MUGE. (B.)

BLANQUETTE. BOT. PHAN. *V.* BLANCHETTE.

BLAO-MER. OIS. Syn. suédois de Mésange bleue, *Parus cœruleus*, L. (B.)

BLAO-NACK. OIS. Syn. suédois de Canard sauvage, *Anas Boschas*, L. (B.)

BLAOS-KLACKA. OIS. Syn. suédois d'*Anas aterrima*, L. *V.* FOULQUE. (DR..Z.)

BLAPS. *Blaps*. INS. Genre de l'ordre des Coléoptères, section des Hétéromères, établi par Fabricius et subdivisé depuis par les auteurs. Latreille (Règne Anim. de Cuv.) place les Blaps dans la seconde division de la famille des Mélasomes, et leur assigne pour caractères: antennes filiformes, plus courtes que la moitié du corps avec le troisième article long et les derniers presque globuleux; chaperon terminé par une ligne droite, avec le labre en avant et transversal; mandibules à peine dentelées; mâchoires bifides, découvertes jusqu'à leur base; quatre palpes terminés par un article triangulaire.

Ces Insectes ont de grands rapports avec les Pimelies, les Ténébrions, les Hélops, et surtout avec les Asides, les Misolampes et les Pédines. Cependant les caractères tirés des parties de la bouche, des antennes et de la forme générale du corps, suffisent pour les distinguer de chacun de ces genres. Les Blaps ont le corps oblong, plus étroit en devant, avec le prothorax presque carré; en général ils sont privés d'ailes, et leur abdomen est recouvert par les élytres prolongées ordinairement en pointes et soudées entre elles; leur démarche est très-lente; on les rencontre dans les lieux humides, sous les pierres, les solives, dans les caves, sous les tonneaux; ils ne sortent guère de leur retraite obscure que la nuit. Lorsqu'on les saisit, ils répandent par l'anus une liqueur noirâtre qui paraît être la cause de l'odeur désagréable qu'ils exhalent dans cet instant. Leur larve n'est pas connue. On présume qu'elle est très-analogue à celle des Ténébrions et qu'elle vit dans la terre.

Ce genre assez nombreux en espèces a été divisé par Fabricius lui-même qui en a extrait les Platynotes, lequel genre se compose d'Insectes la plupart étrangers. Parmi les Blaps de notre pays nous distinguerons:

Le BLAPS MUCRONÉ, Porte-malheur ou Annonce-mort, *B. mortisaga*, figuré et décrit par Olivier (Col. Tom. 3, n° 60, pl. 1, fig. 2, B), très-commun aux environs de Paris et pouvant être considéré comme le type du genre.

Le BLAPS GÉANT, *B. gigas*, qui se trouve dans le midi de la France. *V.*

pour les autres espèces, les ouvrages d'Olivier et de Sturm et l'Entomographie russe de Fischer. (AUD.)

BLAPSIA OU CEPHALINUS. POIS. Poisson qu'il est impossible de reconnaître sur ce qu'en rapporte Gesner, qui seul le mentionne. (B.)

BLAPSTINE. *Blapstinus*. INS. Genre de l'ordre des Coléoptères, section des Hétéromères, créé par Dejean (Catalogue des Coléoptères, p. 66) qui en compte trois espèces dans sa collection. Ce nouveau genre dont nous ignorons les caractères paraît être fondé aux dépens du genre *Blaps* de Fabricius. (AUD.)

BLAQUET. POIS. Fretin qui s'engage dans les filets, et dont les pêcheurs se servent pour amorcer leurs lignes. Diverses espèces de Clupées le fournissent ordinairement. (B.)

BLARAF. MAM. Syn. suédois d'Isatis ou Renard bleu. *V*. CHIEN. (B.)

* BLARY, BLERIE OU BLERY. Noms de pays de *Fulica atra*, L. *V*. FOULQUE. (DR..Z.)

BLAS-AND OU BLIS-HONE. OIS. Syn. danois de *Fulica aterrima*, L. *V*. FOULQUE. (B.)

BLASIA. BOT. CRYPT. (*Hépatiques*.) Genre établi par Micheli, et adopté depuis par la plupart des auteurs, mais que Hooker a prouvé n'être qu'une *Jungermannia* dont la fructification n'était pas encore développée; la capsule est alors encore enfouie dans une cavité de la fronde et couronnée par un tube qui n'est autre chose que la gaine qui entoure la base des capsules des *Jungermannia*; Hooker l'a observé dans cet état et dans l'état parfait, et l'a très-bien figuré dans sa Monographie des Jungermannes d'Angleterre. *V*. JUNGERMANNE. (AD. B.)

BLASPOL. POIS. Syn. d'Aspe, espèce de Cyprin. *V*. ce mot. (B.)

BLASSENT. OIS. Syn. de Canard sauvage, *Anas Boschas*, L. dans certains cantons limitrophes de la Souabe et de la Suisse. (DR..Z.)

* BLASTE. *Blastus*. BOT. PHAN. Le professeur L.-C. Richard donnait ce nom à toute la partie d'un embryon macrochize ou vitellifère qui est susceptible de se développer; ainsi dans le Blé, le Maïs et les autres Graminées, c'est toute la partie externe de l'embryon. (A.R.)

BLASTE. *Blastus*. BOT. PHAN. Loureiro a décrit sous ce nom un genre dont la structure est bien singulière et fort insolite, si en effet elle est conforme à la description que cet auteur en donne. La seule espèce qui le compose, *Blastus cochinchinensis*, est un Arbrisseau de six à huit pieds de hauteur, très-rameux, ayant des feuilles opposées, lancéolées, trinervées, glabres; des fleurs blanches et formant des faisceaux. Leur calice est tubuleux, à quatre dents; leur corolle se compose de quatre pétales, insérés au fond du calice; les étamines sont au nombre de quatre; les pistils, au nombre de vingt environ, sont placés, d'après la description de Loureiro, sur le dos des anthères qui sont grandes et courbées. Chaque ovaire est surmonté par un style et un stigmate.

Ces caractères sont tellement extraordinaires, et l'on attache généralement si peu d'importance aux descriptions de Loureiro, qu'il est probable que cette description est tout-à-fait inexacte; aussi n'a-t-on pu jusqu'à présent rapprocher le genre *Blastus* d'aucun autre genre connu. (A.R.)

BLASTÊME. *Blastema*. BOT. PHAN. Mirbel distingue dans l'embryon deux parties : l'une qu'il nomme Blastême, comprend la radicule, la gemmule et la tigelle; la seconde est formée par le corps cotylédone. *V*. EMBRYON. (A.R.)

BLAT. BOT. PHAN. Même chose que Bla et Blad. *V*. ces mots. (B.)

BLATIN. MOLL. Nom donné par Adanson à un Buccin du Sénégal. (B.)

BLATTARIA. BOT. PHAN. Genre formé par Tournefort des Molènes qui avaient leur capsule globuleuse et non ovoïde, et dont les fleurs étaient disposées en épis lâches. *V.* MOLÈNE. (B.)

BLATTE. *Blatta.* INS. Genre de l'ordre des Orthoptères, famille des Coureurs (Règne Anim. de Cuv.), établi par Linné et adopté depuis par tous les entomologistes. Ses caractères sont, dans la Méthode de Latreille : antennes longues, sétacées, insérées près du bord interne des yeux, qui environnent en partie leur base, à articles nombreux, très-courts, peu distincts; quatre antennules fort longues, filiformes; les antérieures un peu plus longues, de cinq articles, les postérieures de trois; cinq articles à tous les tarses; pates propres à la course; abdomen terminé par deux courts appendices; élytres horizontales. Les Blattes, à l'aide de ces caractères, se distinguent très-aisément de tous les autres genres de la famille des Coureurs. Elles ont la tête presque entièrement cachée sous le prothorax, et fort inclinée en bas et en arrière; les yeux oblongs, un peu réniformes, limitant à droite et à gauche les bords latéraux de la tête; les antennes plus longues que le corps, à articles très-nombreux, dont le premier plus développé que chacun des autres; la bouche composée d'un labre large, peu avancé; de mandibules fortes, armées de dents solides, inégales; de mâchoires assez consistantes, terminées en pointe longue, ciliées intérieurement, et offrant en dehors les galètes membraneuses, aplaties, aussi longues que les mâchoires; d'antennules et d'une lèvre inférieure échancrée antérieurement; le prothorax aplati supérieurement, débordant sur les côtés et en arrière; le mésothorax donnant insertion aux élytres qui sont coriaces, minces, transparentes, et le recouvrent un peu; le métathorax un peu plus étendu que le mésothorax, et supportant les ailes assez semblables aux élytres, mais plus larges, pliées dans leur longueur et moins consistantes; à la partie inférieure du thorax, les pates à hanches très-développées, comprimées et obliques d'avant en arrière et de haut en bas, avec les jambes longues, épineuses et les tarses pourvus de deux crochets; enfin l'abdomen aplati en dessus, convexe en dessous, terminé par quatre appendices, dont deux inférieurs et deux supérieurs, ceux-ci plus développés, à articles aplatis et fort distincts.

L'anatomie du système digestif de ces Insectes a fait voir qu'ils ont un jabot longitudinal et un gésier garni intérieurement de dents crochues et très-fortes; leur pylore est entouré de huit à dix cœcums.

Les Blattes sont des Insectes qui volent peu, mais qui marchent avec une grande agilité. La plupart sont nocturnes, et c'est à cause de cette habitude que les anciens les nommaient *Lucifugæ*. Quelques espèces vivent dans les bois, d'autres habitent nos demeures et y font un très-grand dégât en mangeant nos comestibles et en se nourrissant de nos vêtemens de laine, de soie, de fil, de cuir, etc. Leurs ravages sont principalement sensibles dans les pays chauds, en Amérique, par exemple, et dans nos colonies où elles ont reçu les noms de *Ravets*, *Cancrelats*, *Kakerlacs* ou *Kakerlaques*. Comme ces Insectes évitent la clarté, et que, pendant le jour, ils se tiennent cachés sous les pierres, dans les fentes de murailles ou entre les planchers, on n'a pu les étudier avec assez de soin pour connaître les circonstances de leur accouplement; on sait seulement que la femelle pond successivement un ou deux œufs cylindriques, arrondis vers les bouts et relevés d'une sorte de côte en carène, de la grosseur de la moitié de l'abdomen environ. Frisch a remarqué que la femelle de la Blatte des cuisines conserve pendant une huitaine de jours, à l'orifice de sa vulve, l'œuf qu'elle vient de pondre, après quoi elle l'abandonne. Les larves qui naissent des œufs présentent les mêmes parties que l'Insecte parfait, à l'exception des élytres et des ailes; les nymphes se font remarquer par le développement du mésothorax et du métathorax : les unes et les autres courent très-vite, et se rencontrent avec les Insectes parfaits.

On ne connaît pas de moyens très-efficaces pour détruire complétement les Blattes. Scopoli indique la racine de Nymphéa ou de Nénuphar cuite avec le lait, ainsi que la vapeur de la Houille et des Lignites en combustion.

Les espèces appartenant à ce genre sont très-nombreuses; Olivier (Encycl. méthodique, T. IV) en a décrit trente-sept. Parmi elles, la Blatte des cuisines, *Blatta orientalis* de Linné et de Degéer (Ins. T. III. t. 25. fig. 1. 2) en est le type. Elle est originaire du Levant, et se trouve aujourd'hui dans presque toute l'Europe. Les femelles sont privées d'ailes, et n'ont que des rudimens d'élytres. Cette espèce se rencontre dans nos habitations, principalement dans les moulins, les boulangeries et les cuisines.

La Blatte Kakerlac, *Blatta americana* de Linné et de Degéer (*loc. cit.* tab. 44. fig. 1, 2 et 3), paraît originaire de l'Amérique méridionale et des Antilles, d'où elle a été importée d'abord dans les contrées chaudes de l'Afrique et de l'Asie, et de-là dans le reste du monde, particulièrement dans les ports de mer d'Europe, où elle infecte les magasins de sucre et autres denrées coloniales. Vorace et fétide, elle cause de grands dégâts. Sonnerat a décrit avec soin les combats que lui livre la Mouche verte, espèce brillante d'Ichneumon. (AUD.)

BLATTE DE BYZANCE. MOLL. Nom anciennement donné aux opercules des Univalves, particulièrement de celles du genre Pourpre, lorsque la pharmacie les employait comme remède. Leur usage en médecine est maintenant abandonné. (B.)

BLATTI. BOT. PHAN. Ce nom de l'*Hortus Malabaricus* a été adopté par Adanson (*Fam. Plant.* T. II, p. 88) pour désigner la Plante dont on forme aujourd'hui le genre Sonneratia. *V.* ce mot. C'est le Bagelbat ou la Pagapat de Sonnerat. (B.)

BLAUFELCHEN. POIS. On appelle ainsi les vieux individus de l'Ombre bleue, *Coregonus Wartmanni*, sur le lac de Constance. *V.* CORÉGONE. (B.)

BLAUFISCH. POIS. Syn. d'Holocentre noir chez les Anglais. (B.)

BLAUKEELEIN. OIS. Syn. allemand de Gorge-Bleue, *Motacilla succia*, L. (B.)

BLAUKOPFT. POIS. C'est-à-dire *tête bleue*. Syn. allemand de *Lutjanus Sciurus*. *V.* LUTJAN. (B.)

BLAU-STAK. POIS. *V.* BLAA-STAAL.

BLAUTIS. POIS. (Gesner.) On ne sait à quelle espèce connue se rapporte ce Poisson dont la tête brûlée passait autrefois pour un remède contre les maux des yeux. (B.)

BLAVELLE, BLAVEOLLE ET BLAVEROLLE. BOT. Noms vulgaires du Bleuet, *Centaurea Cyanus*, L. On donne aussi en Picardie ces noms à un Agaric mangeable qui est le même que celui qu'on appelle, dans le midi de la France, Palomet. *V.* ce mot. (B.)

BLAVET. BOT. CRYPT. L'un des noms vulgaires de l'Agaric nommé Palomet. (AD. B.)

BLAVETTA ET BLAVETTE. BOT. PHAN. Autres noms languedociens du Bleuet. *V.* ce mot. (B.)

BLAVIE. POIS. (Risso.) Nom vulgaire, sur les côtes de Nice, du *Labrus Lapina*. *V.* CRÉNILABRE. (B.)

* BLAWEROR ET BLAWES. BOT. PHAN. *V.* BLALACK.

* BLAWISIL. BOT. PHAN. *V.* BLALACKER.

BLAX. POIS. *V.* BLACEAS.

BLÉ OU BLED. BOT. PHAN. *V.* FROMENT. Ce nom de Blé, qui désigne plus particulièrement l'espèce du genre *Triticum* qui forme en Europe la base de la nourriture de l'homme, a été étendu à d'autres Végétaux, ou désigne, quand il est accompagné de quelque épithète, des variétés de ce Végétal précieux; ainsi l'on appelle :

Blé d'abondance, un Froment dont les épis gros, longs et composés, donnent plus de grain que les épis ordinaires.

Blé avrillé, le Blé semé en avril.

Blé barbu, le Blé dont les épis sont munis d'arêtes.

Blé de Barbarie, le Sarrazin.

Blé de Boeuf, le Mélampyre des champs selon Lemery.

Blé de Canarie, l'Alpiste des Canaries.

Blé charbonné, le Blé atteint d'une maladie occasionée par une Urédinée, vulgairement nommée Charbon. *V.* ce mot.

Blé cornu ou ergoté, le Seigle dont les grains sont atteints d'une maladie produite par un Champignon du genre Sclerotie. *V.* ce mot.

Blé d'Espagne, le Maïs dans quelques cantons de la France.

Blé de Guinée, l'*Holcus Sorghum*, L.

Blé d'hiver, qui n'est pas une espèce comme l'avait cru Linné, le Froment semé en automne.

Blé d'Inde, le Maïs.

Blé Locular, le *Triticum monococcum*, L.

Blé de mars, Marcel ou Marcet, le Froment semé au mois de mars.

Blé méteil, un mélange de Blé et de Seigle qu'on employa long-temps en agriculture, mais qui aujourd'hui est peu d'usage.

Blé de miracle, le Blé d'abondance.

Blé de Nagbour, une variété indienne de Froment dont la graine ne reste que peu de temps en terre.

Blé noir, le Sarrazin, *Polygonum Fagopyrum*.

Blé de providence, une variété de Froment qui produit le plus de grain.

Blé rouge, le Sarrazin et le Mélampyre des champs.

Blé de la Saint-Jean, une variété de Seigle qui se sème en été.

Blé de Smyrne, le Blé d'abondance.

Blé de Tartarie, le *Polygonum tartaricum*, L.

Blé trémois, le Blé semé de façon à ce qu'il ne se passe que trois mois entre la semaille et la récolte.

Blé de Turquie et Blé de Rome, le Maïs.

Blé de Vache, les *Melampyrum arvense* et *cristatum*, L., la Sponaire, et quelquefois le Sarrazin. (B.)

BLEAK et BLIKKE. pois. Syn. d'Able, espèce du genre qui porte ce nom. *V.* Able. (B.)

BLECCA ou BLICCA. pois. Nom collectif suédois des petites espèces de Cyprins. (B.)

BLECHUM. bot. phan. Ce genre, de la famille des Acanthacées, a été établi par de Jussieu dans un Mémoire publié (Annales du Muséum, T. ix, p. 269, t. 21). Il l'a formé en séparant trois espèces du genre Ruellia de Linné, et lui a assigné les caractères suivans : calice à cinq divisions égales ou inégales; corolle tubuleuse dont le limbe se partage en cinq lobes à peu près égaux; quatre étamines didynames, non saillantes, à anthères biloculaires; stigmate simple ou bifide; capsule comprimée, à deux loges, s'ouvrant élastiquement en deux valves, lesquelles, à partir de la base, se séparent des cloisons qui ne leur adhèrent plus qu'au sommet. Chacune de ces cloisons offre à sa partie inférieure et libre environ six dentelures, où sont fixées autant de graines; ou bien elle se partage en deux appendices filiformes, offrant à leur base seulement une ou deux dents où les graines sont attachées. Cette dernière disposition s'observe dans le *Blechum Anisophyllum*, Juss., et c'est à cause de cette différence et de celle qu'offre l'inflorescence en même temps, que R. Brown en forme un genre nouveau sous le nom d'*Æthei-lema*. Ainsi réduit, le genre *Blechum* conserverait trois espèces, le *Ruellia angustifolia* de Swartz, qui lui appartient, au jugement de R. Brown; les

B. Brownei et *laxiflorum*, Juss. *Ruellia Blechum* et *Blechioides*, L., Plantes herbacées originaires des Antilles, à feuilles opposées, à fleurs solitaires, géminées ou ternées à l'aisselle de larges bractées, et disposées à l'extrémité des rameaux en épis conoïdes. (A. D. J.)

BLECHNE. *Blechnum*. BOT. CRYPT. (*Fougères*.) Genre de la tribu des Polypodiacées, établi par Linné et mieux défini depuis par Swartz, Willdenow et Smith qui en ont séparé le *Woodwardia*. R. Brown a distingué depuis, sous le nom de *Stegania*, plusieurs espèces dont les unes appartenaient au genre *Blechnum*, et les autres au genre *Lomaria* de Willdenow; ces trois genres ont entre eux la plus grande affinité, et ne devraient peut-être pas être séparés; les *Stegania* surtout ne nous paraissent différer aucunement des *Lomaria* auxquels nous croyons qu'on doit les réunir. Le caractère le plus important qui pourra alors servir à distinguer les *Blechnum* des *Lomaria*, sera la diversité des frondes fertiles et des frondes stériles dans les *Lomaria*, les premières étant toujours beaucoup plus étroites, et, pour ainsi dire, contractées, de sorte que les capsules couvrent toute cette fronde, et que le tégument se trouve marginal, tandis que, dans les *Blechnum*, les frondes fertiles conservant la même largeur que les frondes stériles, la ligne de capsules se trouve éloignée du bord de la feuille et placée le long de la nervure moyenne. Nous pensons donc qu'on peut ainsi caractériser le genre *Blechnum* : capsules disposées en une ligne continue de chaque côté de la nervure moyenne, recouvertes par un tégument également continu et qui s'ouvre en dedans; fronde fertile, semblable aux frondes stériles.

Si on adopte cette distinction entre les *Blechnum* et les *Lomaria*, le *Blechnum boreale*, la seule espèce de ce genre qui habite en Europe, devra être reportée parmi les *Lomaria* ainsi que quelques autres espèces, telles que le *Blechnum procerum* de Labillardière, dont R. Brown avait fait une espèce de *Stegania*, et qui ne nous paraît pas différer des autres espèces de *Lomaria*. Nous citerons, parmi les espèces qui appartiennent avec certitude au genre *Blechnum*, les *Blechnum occidentale*, L., *australe*, L., *orientale*, L., *denticulatum*, Swartz, *lævigatum*, Swartz, *cartilagineum*, Swartz, *striatum*, R. Brown. Tous sont exotiques, ainsi que les sept ou huit autres espèces de ce genre. (AD. B.)

BLECHON OU GLECHON. BOT. PHAN. (Théophraste.) Syn. de *Mentha Pulegium*, selon Stakhouse, et de *Mentha rotundifolia*, selon Paulet. C'était peut-être aussi le Glecome. *V.* ce mot. (B.)

BLECKE. POIS. (Fabricius.) Syn. norwégien de *Gadus Merlangus*, L. *V.* GADE. (B.)

BLEDA OU BLEDE. BOT. PHAN. Syn. de Poirée dans le Midi. *V.* BETTE. (A. R.)

BLÈGE OU BLÈQUE. POIS. Syn. de Marénule. *V.* CORÉGONE. (B.)

BLÈGNE. BOT. CRYPT. Même chose que Blechne. *V.* ce mot. (B.)

BLEICKE. POIS. Syn. allemand de *Cyprinus latus*, L. *V.* CYPRIN. (B.)

* BLEKNON, BLEKON ET BLEKRON. BOT. PHAN. (Théophraste.) Syn. de Pouliot selon Adanson. *V.* MENTHE. (B.)

* BLEME. *Blemus*. INS. Genre de l'ordre des Coléoptères, section des Pentamères, établi par Ziegler aux dépens des Tréchus de Bonelli, et adopté par Dejean (Cat. des Coléopt., p. 16), qui en possède cinq espèces originaires de la Hongrie, de l'Allemagne et de l'Angleterre. *V.* TRÉCHUS. (AUD.)

BLENDE OU ZINC SULFURÉ. MIN. Ce mot veut dire *substance trompeuse*, parce que le sulfure de Zinc a quelquefois de la ressemblance avec le sulfure de Plomb. C'est pour cela qu'on l'appelle aussi *fausse Galène*. *V.* ZINC SULFURÉ. (G. DEL.)

BLENDE CHARBONNEUSE OU

KOHLENBLENDE. Nom donné par de Born à l'Anthracite. *V.* ce mot. (G. DEL.)

BLENDE LÉGÈRE ou BLENDE VÉRITABLE. Nom donné par Monnet au Fer oxydé résinite des environs de Freyberg. *V.* FER OXYDÉ. (G. DEL.)

BLENNE ou BLENNIE. *Blennius*. POIS. Genre de la famille des Gobioïdes, dans l'ordre des Acanthoptérygiens de Cuvier, qui faisait partie des Jugulaires de Linné, et que Duméril place entre ses Holobranches auchénoptères. Ses caractères consistent dans les ventrales, qui, placées en avant des pectorales, sont composées de deux à quatre rayons, mais de deux seulement dans le plus grand nombre des espèces. Le corps des Blennies est allongé et comprimé, surmonté d'une nageoire dorsale, quelquefois divisée en deux, et composée presque en entier de rayons simples, mais flexibles. L'estomac est sans cul-de-sac; les intestins sont amples et sans cœcum; la vessie natatoire manque. Le nom que porte ce genre vient du grec, et dérive de la mucosité particulière et abondante dont sont enduits les Poissons qui le composent. Tous, d'assez petite taille, vivent sur les rivages et parmi les rochers où ils sautillent et voltigent même presqu'à la manière des Poissons volans. Pénétrant dans les fentes des pierres, les anciens avaient cru qu'ils les fendaient. Vivant un assez long temps hors de l'eau, on les voit quelquefois s'éloigner des vagues et ne s'y précipiter que lorsque leurs nageoires, dont ils s'aident pour s'élancer, commencent à ressentir l'influence du desséchement. Leur nourriture habituelle se compose de Crabes et de Coquillages.

Ce genre nombreux, divisé en quatre sections avant Cuvier, forme, dans le Règne Animal de ce savant, six sous-genres dans lesquels se répartissent les espèces suivantes :

† BLENNIES proprement dits. Ces Poissons ont les dents longues, égales et serrées, ne formant qu'un seul rang régulier à chaque mâchoire, terminé en arrière, dans quelques espèces, par une dent plus longue et en crochet. Leur tête est obtuse; leur museau court; leur front vertical présente une sorte de tentacule, souvent frangée en panache sur chaque sourcil. D'autres portent sur le vertex une proéminence membraneuse qui s'enfle dans la saison de l'amour; un petit nombre n'ont aucun de ces appendices.

α Espèces munies d'un tentacule sur chaque sourcil.

BLENNIE A MOUCHES, *Blennius ocellaris*, L. Bloch. T. CLXV, f. 1;—Lièvre de mer, Encycl. Pois. T. XXXI, f. 113. Il habite la Méditerranée, acquiert jusqu'à six pouces de long; a la nageoire dorsale presque divisée en deux et marquée d'une tache ronde ocellée, environnée d'un cercle blanc; cette tache est située vers le haut entre le cinquième et le septième rayon. Les tentacules superciliaires sont simples, vermiformes et un peu frangés à leur extrémité. D. 26. P. 12. V. 2. A. 16. 17. C. 11.

BLENNIE GATTORUGINE, *Blennius Gattorugine*, L. Encyc. Pois., pl. 32, f. 117. Ce Poisson a été confondu avec plusieurs autres, et Cuvier pense que les Gattorugines de Brunnich, de Bloch et de Pennant en sont trois espèces différentes. Celui dont il est question habite l'Océan, la Méditerranée et la mer Rouge. Les tentacules superciliaires, profondément divisés en quatre, sont comme palmés. Il atteint à huit pouces de longueur. D. 30. P. 13. 14. U. 2. A. 20. 23. C. 12. 13.

Le Cornu, *Blennius cornutus*, L;—la Perce-pierre, Encyc. Pois. pl. 31. f. 114;—*B. fasciatus* de Bloch;—la Molle, *B. Phycis*;—Le *B. tentacularis* de Brunnich, qui n'est peut-être qu'une variété du *cornutus*, et le *B. palmicornis* de Cuvier, sont encore d'autres espèces qui appartiennent à cette section.

β Espèces munies d'une sorte de crête.

BLENNIE COQUILLADE, *Blennius*

Galerita, L. Encyc. Pois. pl. 32. f. 117. Petite espèce des mers d'Europe, qui n'atteint guère que quatre à cinq pouces de longueur. Sa crête, qu'elle remue à volonté, et la multitude de petits points noirs qui couvrent son corps enduit d'une viscosité encore plus grande que dans les autres Blennies, la rendent remarquable. B. 60. P. 10. U. 2. A. 26. C. 16.

L'espèce nouvelle récemment décrite par Risso, sous le nom de *Blennius Pavo*, rentre dans cette section, ainsi que le *B. cristatus*, Gmel.

γ *Espèces dépourvues de tentacules superciliaires ainsi que de crêtes.*

BLENNIE BAVEUX, *Blennius Pholis*, L. Bloch, pl. 71. f. 2. Encyc. Pois. pl. 32. f. 116. Cette espèce, la plus commune, appelée plus particulièrement baveuse à cause de la mucosité dont elle est abondamment enveloppée, vit dans nos mers entre les Fucus. Elle est fort agile, olivâtre, marbrée de taches blanches et noires, a ses narines prolongées en appendices dentelés, et n'a guère que quatre à cinq pouces de longueur. D. 36. P. 13. 14. V. 2. A. 19. C. 10.

BLENNIE BOSCIEN, *Blennius Boscianus*, Lacép. 11. 493. pl. 13. f. 1. Cette petite espèce des mers de Caroline, que Bosc découvrit et appela *morsitans*, a reçu le nom du savant qui la découvrit. D. 30. P. 12. V. 12. A. 18. C. 12.

BLENNIE VIVIPARE, *Blennius viviparus*, L. Bloch. T. LXXII. Encyc. Pois. pl. 32. f. 120; l'ovipare, *Blennius ovoviparus*, Lacépède, T. II, p. 497. « De tous les Poissons dont les petits éclosent dans le ventre de la femelle, viennent tout formés à la lumière, et ont fait donner à leur mère le nom de vivipare, dit le savant continuateur de Buffon, le Blennie dont il est question est l'espèce dans laquelle ce phénomène a pu être observé avec plus de soin et connu avec plus d'exactitude. Voilà pourquoi on lui a donné le nom de *vivipare* que nous n'avons pas cru devoir conserver. » En effet, le Blennie, célèbre par une particularité qui l'eût singularisé dans l'ordre d'Animaux auquel il appartient, n'est pas plus exactement vivipare que les autres Poissons et que ceux des Reptiles qui mettent à la lumière des petits tout formés. Voici à quoi se réduit une singularité qui a fort occupé les naturalistes (nous emprunterons encore les propres expressions du comte de Lacépède) : « Vers l'équinoxe de printemps, les œufs commencent à se développer dans les ovaires de la femelle; on peut les voir alors ramassés en pelotons extrêmement petits et d'une couleur blanchâtre. A la fin de floréal, ou au commencement de prairial, ils ont acquis un accroissement sensible et présentent une couleur rouge. Lorsqu'ils sont parvenus à la grosseur d'un grain de Moutarde, ils s'amollissent, s'étendent et s'allongent. » Dans cet état, on commence à reconnaître au travers les rudimens des yeux; la queue y apparaît bientôt avec les intestins. L'ovaire alors s'étend pour se prêter à ce développement intérieur du fœtus. On a dit que ce fœtus communiquait, par une sorte de cordon ombilical, avec la mère. Dans ce cas, celle-ci eût été réellement vivipare, mais le fait est loin d'être prouvé; il paraît que la fécondation ayant eu lieu, comme dans les Tritons, par l'absorption que font de la liqueur prolifique des mâles les organes génitoires de la femelle, ou par une sorte d'accouplement analogue à celui qui s'observe chez les Sélaciens et les Syngnathes, ce qui se fût passé extérieurement dans le développement des œufs du reste des Poissons, se passe ici en dedans. On a vu dans la même femelle jusqu'à trois cents embryons. Au lieu de se rapprocher du rivage au temps de la ponte, le Blennie vivipare s'en éloigne, et confie sa progéniture animée aux parages pélagiens, loin des lieux où la voracité des espèces qui fréquentent les côtes, détruirait ses petits inexpérimentés. Le Blennie vivipare a les narines cylindriques, les nageoires anales, caudale et dorsale réunies, ce qui forme un ensemble circonscrivant la partie postérieure du Poisson, où se comptent de 146 à 149 rayons. P. 19. 20. V. 2.

Le *Blennius cavernosus* de Schneider et le Poisson que Forskalh avait mentionné comme un Gade, sous le nom de *Gadus Salarias*, rentrent dans cette section. Ce dernier est aussi nommé Garamit.

†† SALARIAS. Les espèces de ce sous-genre se distinguent de celles du précédent par la compression latérale de leurs dents, qui, très-serrées sur une seule rangée et crochues à leur extrémité, sont en nombre énorme, et, pour nous servir de l'expression de Cuvier, d'une minceur inexprimable. Elles se meuvent comme les touches d'un clavecin; les lèvres sont charnues et renflées. Les intestins, roulés en spirale, sont plus minces et plus longs.

Le *Salarias quadripennis* de Cuvier, qui est la Gattorugine de Forskalh, le *Blennius simus*, Gmel. *Syst. Nat.* T. XIII, t. 1, p. 1179, etc.; le Blennie sauteur, *B. saliens* de Lacépède, sont, avec quelques espèces encore non décrites et conservées dans les galeries du Muséum, les Poissons dont se compose ce sous-genre. La dernière avait été nommée *Alticus saltatorius* par Commerson, et mérite quelque attention. Extrêmement petite et dépassant rarement deux ou trois pouces, elle se plaît sur les rochers les plus battus des vagues dans l'hémisphère austral. Découverte sur les côtes de la Nouvelle-Bretagne dans la mer du sud, c'est elle que nous croyons avoir retrouvée à Mascareigne dans les rescifs, où toujours sautant, voltigeant, pour ainsi dire, sur les pointes des rocs de Scories souvent mis à sec, elle est appelée par les Créoles *Boujaron de mer*.

††† CLINUS. Les Blennies de ce sous-genre ont les dents courtes et pointues, éparses sur plusieurs rangées dont la première est la plus grande; leur museau est aussi plus pointu; leurs intestins sont plus courts.

α Espèces dont les premiers rayons de la dorsale forment, au moyen d'une échancrure de la membrane qu'ils soutiennent, comme une première dorsale, et dont les sourcils, comme dans la première division des Blennies proprement dits, sont surmontés de petits tentacules en panaches.

Le BLENNIE BELETTE, l'une des variétés du *Blennius mustelaris*, L., et le SOURCILIER, *Bl. superciliosus*, L. Encyc. Pois. pl. 32, f. 115, se placent dans cette section. Dans ce dernier Poisson, comme dans le *Blennius viviparus*, les œufs éclosent dans le ventre de la mère, et les petits en sortent vivans.

β Espèces dont les premiers rayons de la dorsale sont tellement en avant, qu'ils forment comme une crête pointue et rayonnée sur le vertex. Une seule espèce exotique nouvelle forme jusqu'ici cette section.

γ Espèces dont la nageoire dorsale est continue et unique.

Les *Blennius mustelaris*, L., *spadiceus* et *acuminatus* de Schneider, *punctatus* d'Otho-Fabricius, et *Audifredi* de Risso, composent cette troisième section, selon Cuvier.

†††† GUNNELLES. Ces Blennies ont les ventrales à peine sensibles et souvent réduites à un seul rayon. Leur tête est fort petite; leur corps est allongé en lame d'épée; une dorsale dont tous les rayons sont épineux y règne tout le long. Les dents sont comme dans le sous-genre Clinus, et les intestins d'une seule venue avec l'estomac.

BLENNIE GUNNEL, *Blennius Gunellus*, L. Bloch. pl. 65. Encyc. Pois. pl. 32, f. 119. La longue dorsale de ce joli Poisson est marquée de dix taches noires ocelliformes; elle est munie de soixante-dix-huit rayons. P. 10. V. 2. A. 43. C. 16. On trouve le Gunnel dans nos mers; il acquiert un pied de long.

BLENNIE MURÈNOIDE, *B. Muraenoides*, Gmel. *Syst. Nat.* T. XIII, t. 1, p. 1182. D'après les Mémoires de l'Académie de Pétersbourg, où Sujef a décrit cet Animal devenu le type du genre Murènoïde de Lacépède, genre qui n'a pas été adopté par Cuvier, cette espèce n'a que six pouces de longueur; elle est fort voisine du *punctatus* d'Otho-Fabricius, donné par Gmelin (*loc. cit.*) pour une variété de l'espèce précédente; mais que Cuvier a, comme nous l'avons vu, placé dans le sous-genre Clinus, et qu'il ne faut pas confondre avec le Blennie pointillé de Lacépède, qui, avec le *Blennius Lumpenus*, L., fait encore partie du sous-genre dont il est question.

††††† OPISTOGNATHE, l'*Opistognatus Sonneratii* de Cuvier, seule espèce connue de ce sous-genre, présente la forme des Blennies et surtout leur museau court, mais s'en distingue par ses maxillaires très-grands et prolongés en arrière en une sorte de longue moustache plate. Les dents sont en rape à chaque mâchoire, et la rangée extérieure est plus forte. On compte trois rayons aux ventrales qui sont placées sous les pectorales. L'Opistognathe de Sonnerat a été rapporté par ce naturaliste des mers de l'Inde.

Risso a encore ajouté quelques espèces au genre Blennie, telles que les *B. Boyeri*, *stellatus*, *tripteronotus* et *argenteus*. Plusieurs Poissons également rapportés à ce genre ont flotté entre lui et les Gades; d'autres en ont été distraits pour être placés ailleurs, tels sont le Torsk des mers du Groënland et la Grenouillette de l'Encyclopédie, que Linné dit vivre dans les lacs de la Suède, où, selon le même naturaliste, les autres habitans des eaux douces s'éloignent d'elle; on place aujourd'hui ce dernier Poisson dans le genre Batrachoïde. *V.* ce mot.

Les *Blennius albidus* et *mediterraneus* de quelques auteurs, qui furent les *Gadus albidus* et *mediterraneus*, L., complètent le genre Blennie. (B.)

BLENNIOIDE. POIS. Espèces des genres Gade et Batrachoïde. *V.* ces mots. (B.)

* BLENNOCHOES. BOT. PHAN. Vieux nom de la Nicotiane-Tabac. (B.)

BLENNORINA. BOT. CRYPT. (*Lichens.*) Division du genre *Verrucaria*, qui, dans Achar, renferme les espèces presque gélatineuses. (B.)

BLÉPHARE. *Blepharis*. BOT. PHAN. Jussieu a formé ce genre en séparant des Acanthes de Linné plusieurs espèces qui offraient les caractères suivans : un calice double, l'intérieur à quatre divisions, dont deux beaucoup plus grandes, l'extérieur composé de quatre folioles ciliées et accompagnées de trois bractées ciliées également et plus petites; une corolle dont le tube est court, rétréci et fermé par de petites écailles, et le limbe à deux lèvres, la supérieure denticulée, l'inférieure très-grande et trilobée; un stigmate simple. Ces espèces, au nombre de dix à peu près, sont des Plantes herbacées, à feuilles disposées par verticilles de quatre, à fleurs solitaires, axillaires et terminales, la plupart originaires, soit de l'Inde, soit du cap de Bonne-Espérance. (A.D.J.)

* BLEPHARIA. BOT. CRYPT. (*Mucédinées.*) Nom donné par Persoon, dans sa Mycologie européenne, à une section des Conoplées, *Conoplea*, caractérisée par ses filamens roides, peu rameux, étalés, et ne portant qu'un petit nombre de sporules. *V.* CONOPLÉE. (AD.B.)

BLEREAU. MAM. Même chose que Blaireau. *V.* ce mot. (B.)

BLÉRIE ET BLERY. OIS. Noms vulgaires de la Foulque dans quelques cantons du nord de la France. (B.)

BLESCHIAT. OIS. Syn. hébreu de Pic. *V.* ce mot. (B.)

BLESSING ET BLELZ. OIS. Syn. de *Fulica aterrima*, L. dans la Souabe. *V.* FOULQUE. (DR..Z.)

BLET. BOT. PHAN. Syn. d'*Atriplex tatarica*, L. Espèce d'Arroche dans les parties méridionales de la France où cette Plante est à-peu-près naturalisée. (B.)

BLÈTE. *Blitum*. BOT. PHAN. Genre de la famille des Atriplicées et de la Monandrie Digynie, L., dont les caractères consistent dans un calice persistant, divisé en trois parties; une étamine plus longue que le calice; un ovaire supérieur, ovale, pointu, surmonté de deux styles dont les stigmates sont simples; une semence globuleuse, comprimée et recouverte par le calice devenu bacescent. — Trois Plantes herbacées et annuelles, propres aux climats tempérés de l'Ancien-Monde, composent ce genre assez remarquable pour être cultivé dans quelques jardins, où la singularité des glomérules colorés que forment leurs semences leur a mérité le nom vulgaire d'*Epinards-Fraises*. Ce nom est en effet bien mérité. Les feuilles des Blètes, triangulaires et plus ou moins oléracées, rappellent celles de l'Epinard, au vert près, qui en est moins foncé, et les calices, réunis comme en un fruit sanguinolent, ont la couleur pourpre de celui auquel on les compare.

On a encore appelé BLÈTE ou BLETTE la Betterave ou la Poirée, *V.* BETTE, ainsi qu'une espèce d'Amaranthe, *Amaranthus Blitum*, L. (B.)

*BLETHISE. *Blethisa.* INS. Genre de l'ordre des Coléoptères, section des Pentamères, établi par Bonelli (Obs. entom.), et rangé dans la famille des Carabiques. Dejean (Cat. des Coléoptères, p. 18) le place entre les Elaphres et les Omophrons. Il n'en possède qu'une espèce, originaire de l'Autriche, et qui est le *Carabus multipunctatus* de Fabricius (*Syst. Eleuth.* T. I. n. 68. p. 182), figuré par Panzer (*Faun. Ins.* T. XI. t. 5). (AUD.)

BLÉTIE. *Bletia.* BOT. PHAN. Genre de la famille naturelle des Orchidées et de la Gynandrie Monandrie, fondé par Ruiz et Pavon pour quelques Plantes originaires du Chili et du Pérou, dont voici les caractères communs : calice à six divisions, trois extérieures, lancéolées, aiguës, égales entre elles, ordinairement étalées; trois intérieures, dont deux latérales semblables, tantôt plus larges, tantôt plus étroites que les extérieures; labelle sessile, formant une gouttière profonde, tantôt simple, tantôt profondément trilobée, offrant quelquefois à sa base un éperon court; gynostème libre, dressé, un peu concave antérieurement, convexe à sa face postérieure; aréole stigmatique, concave, présentant à son sommet un bec plane, plus ou moins allongé; anthère terminale operculée, remplissant une fossette qui occupe la partie supérieure et un peu postérieure du gynostème; cette anthère, dont l'opercule est très-convexe, est à deux loges séparées chacune en deux cavités par une cloison membraneuse; chaque loge renferme quatre masses polliniques, solides, ordinairement réunies deux à deux, dépourvues d'appendices caudiformes et de rétinacle. Le fruit est allongé, un peu tordu, à une seule loge qui contient un grand nombre de graines excessivement petites, attachées à trois trophospermes pariétaux séparés de leur côté libre.

Ce genre, établi par les auteurs de la Flore du Pérou pour cinq espèces américaines dont ils ont fait connaître les caractères spécifiques dans leur Abrégé de la Flore Péruvienne (*Systema Floræ Peruvianæ*), a été augmenté d'un égal nombre par Robert Brown, dans la seconde édition du Jardin de Kew. Cet auteur a un peu modifié le caractère donné par Ruiz et Pavon, en faisant entrer dans le genre Blétie des Orchidées munies d'un éperon. Les cinq espèces ajoutées par Brown sont presque toutes des Plantes réunies d'abord au genre *Limodorum* de Linné, que les auteurs modernes ont avec raison partagé en plusieurs genres distincts. L'espèce la plus remarquable est le *Bletia Tankervilliae* de Brown, ou *Limodorum Tankervillae* d'Aiton, si bien figuré dans les Liliacées de Redouté, pl. 43. Cette belle Plante, originaire de la Chine, et qu'il n'est pas rare de voir fleurir dans nos serres, a une racine fibreuse d'où s'élève une tige de deux à trois pieds, accompagnée à sa base d'une touffe de feuilles lancéolées très-aiguës, et se terminant à son sommet par un épi de grandes fleurs purpurines, écartées, ayant le labelle entier et crénelé à son sommet qui est très-obtus. (A. R.)

BLEU. L'une des couleurs primitives. *V.* LUMIÈRE. (B.)

BLEU. POIS. Espèce de Squale, *Squalus glaucus*, L. *V.* CARCHARHIAS. (B.)

BLEU D'AZUR. MIN. *V.* BLEU D'OUTREMER et LAZULITE.

BLEU DE COBALT. MIN. Résultat de la calcination d'un mélange de Phosphate de Cobalt et d'Alumine; cette couleur a l'éclat et la solidité de l'Outremer. Elle est due aux recherches de Thénard. (DR..Z.)

BLEU D'ÉMAIL. MIN. *V.* SMALT.

BLEU D'INDE. BOT. PHAN. Même chose qu'Indigo. *V.* ce mot. (B.)

BLEU DE MONTAGNE. MIN. *V.* CUIVRE CARBONATÉ.

BLEU D'OUTREMER. MIN. Couleur produite par le Lazulite. *V.* ce mot. Pour la préparer, on divise la Pierre, on la broie, puis on pétrit la poussière avec un mélange de résine, de cire et d'huile; on renferme la pâte qui en résulte dans un sachet de toile, et on la malaxe dans l'eau chaude. Le Bleu qui ne contracte aucune adhérence avec les matières grasses ou résineuses, se précipite au fond de l'eau dans laquelle se fait l'opération. Les premières parties qui se séparent sont les plus éclatantes et les plus recherchées. (DR..Z.)

BLEU DE PRUSSE. MIN. Substance qui, depuis l'époque de sa découverte, en 1704, a constamment exercé la sagacité d'un grand nombre de chimistes, sans qu'ils soient encore parvenus à en dévoiler la nature intime. Ce que leurs travaux ont offert jusqu'ici de plus probable, c'est que le Bleu de Prusse serait une combinaison d'Hydrocyanate et de Cyanure de Fer. Pour le préparer en grand, on fait calciner dans un vaste creuset parties égales de matières animales ou du sang desséché, et de sous-Carbonate de potasse du commerce. On projette le produit de cette calcination à feu rouge dans quinze parties d'eau; on filtre la liqueur, et on y verse d'une dissolution de deux parties d'Alun, et d'une de Sulfate de Fer. Le mélange entre en effervescence, ce qui est dû à un dégagement d'acide carbonique et d'Hydrogène sulfuré, et il s'opère un précipité composé d'Alumine, d'Hydrocyanate, de Protoxyde de fer, de Cyanure et d'Hydrosulfure du même Métal. On cesse d'ajouter de la dissolution saline, lorsque la liqueur n'en est plus troublée. On décante le précipité, et on le lave à grande eau, quarante ou cinquante fois. Dans l'espace de vingt jours, il a acquis toute l'intensité de couleur qu'on lui désire; on l'étend sur une toile où on le laisse égoutter et sécher, après l'avoir divisé en tablettes cubiques. Le Bleu de Prusse est d'un très-grand usage dans la peinture, dans la fabrication de papiers de couleurs, et pour donner à la soie la teinte la plus éclatante. (DR..Z.)

BLEU-DORE. POIS. Espèce qui sert de type au genre Harpé de Lacépède. *V.* DENTEX. (B.)

BLEU-MANTEAU. OIS. Syn. vulgaire du Goëland à manteau, *Larus argentatus*, L. *V.* MAUVE. (DR..Z.)

BLEU MARTIAL FOSSILE. MIN. Syn. de Fer phosphaté. (LUC.)

BLEU VERT. OIS. Espèce de Guêpier, *Merops cœrulescens*. Lath. (B.)

BLEUET. OIS. Syn. vulgaire du Martin-Pêcheur, *Alcedo Ispida*, L. *V* MARTIN-PÊCHEUR. (DR..Z.)

BLEUET. BOT. PHAN. L'un des noms vulgaires d'une Airelle du Canada, probablement le *Vaccinium album*, dont le fruit s'importe jusqu'en Angleterre pour mettre dans les poudings. Ce nom est plus communément imposé au *Centaurea Cyanus*, L. *V.* BLUET. (B.)

BLEY, BLEYBLICKE ET BLEYWEIS FISCH. POIS. Noms de divers Poissons du genre Cyprin, particulièrement du C. Saupe et du *Cyprinus latus*, dans les dialectes du nord. *V.* CYPRIN. (B.)

BLEYE. POIS. Syn. saxon de Brème. (B.)

BLEYGLANZ. C'est-à-dire *Plomb éclatant*. Syn. de Galène dans la nomenclature allemande. *V*. PLOMB SULFURÉ. (G. DEL.)

BLEYSCHWEIF. MIN. Aussi nommé *Stahlerz* et *Schattenerz*. Syn. de Plomb sulfuré compacte. *V*. ce mot. (G. DEL.)

BLEYSPATH. C'est-à-dire *Plomb spathique*. *V*. PLOMB CARBONATÉ. (G. DEL.)

BLICCA. POIS. *V*. BLECCA.

BLICKE OU BLIECKE. POIS. Noms du *Cyprinus latus*. (B.)

BLICTA. POIS. Nom suédois d'un Poisson qui appartient au genre Corégone. *V*. ce mot. (B.)

BLIEMA. POIS. (Ruysch.) Poisson indéterminé des Indes, qui est bon à manger, qui a le goût de l'Alose, et a quelques rapports, par sa figure, avec un Baliste. (B.)

BLIGHIE. *Blighia*. BOT. PHAN. Un bel Arbre originaire de Guinée et naturalisé à la Jamaïque, où il atteint soixante pieds de hauteur, avait été décrit par de Tussac, et figuré, tab. 3 de sa Flore des Antilles, sous le nom d'*Akeesia africana*. Ce même botaniste l'a changé depuis en celui de *Blighia*, que Kennedi lui avait donné antérieurement, et qu'on doit pour cette raison lui conserver, quoique le nom d'Akea, consacré dans les colonies, méritât d'un autre côté de faire pencher la balance. Quel que soit le nom sous lequel les botanistes l'inscrivent, ce genre présente les caractères suivans : un calice de cinq sépales, persistant; cinq pétales munis intérieurement d'un appendice pétaloïde, insérés à un disque glanduleux, ainsi que les étamines au nombre de huit. Ce disque porte un ovaire trigone et velu, dont le style cylindrique est terminé par trois stigmates obtus. Le fruit est une grande capsule rouge, s'ouvrant au sommet en trois valves, et à trois loges ; chacune contient une graine sphérique, noire, luisante, insérée à l'angle interne, et à demi enfoncée dans un arille blanc, charnu, qui remplit le fond de la loge, et qu'on recherche comme aliment. Les feuilles sont pinnées sans impaire, et à folioles opposées; les fleurs munies d'une petite bractée et disposées en grappes simples et axillaires. Ce genre se place près du *Paullinia* dans la famille des Sapindacées. (A. D. J.)

BLIKEN. OIS. Syn. de l'Eider, *Anas mollissima*, L. en Islande. *V*. CANARD. (DR..Z.)

BLIK-SKARV. OIS. Syn. du Cormoran, *Pelecanus Carbo*, L. en Norwège. *V*. CORMORAN. (DR..Z.)

BLIMBING, BLIMBYNEN. BOT. PHAN. Même chose que Bilimbi. *V*. ce mot. Rumph écrit *Blinbingum*. (B.)

BLINDNASLA. BOT. PHAN. Syn. de Lamier blanc en Suède. (B.)

BLINDS. POIS. Syn. anglais de Bib, espèce de Gade. *V*. ce mot. (B.)

BLIS-HONE. OIS. *V*. BLAS-AND.

BLIXE. BOT. PHAN. Même chose que Blyxa. *V*. ce mot. (B.)

BLOCHIEN. POIS. Nom spécifique donné par Lacépède à l'un de ses Cœsiomores, et au Poisson dont Bloch forma le genre Kurte. (B.)

BLOD-FINKE. OIS. Syn. danois de Bouvreuil, *Loxia Pyrrhula*. (DR..Z.)

* BLODROT. BOT. PHAN. Syn. suédois de Tormentille droite. (B.)

* BLODYRAS. BOT. PHAN. Syn. suédois de Seneçon vulgaire. (B.)

* BLONDEA. BOT. PHAN. C'est le nom d'un genre établi par L.-C. Richard, dans un Catalogue de Plantes de Cayenne, et consacré à Le Blond, qui avait fait l'envoi de ces Plantes à la Société d'histoire naturelle de Paris. *V*. Actes de la Soc. d'hist. nat. 1792. Le calice est composé de quatre sépales étalés en croix et pétaloïdes; les étamines, très-nombreuses, s'insèrent sous l'ovaire; leurs anthères presque sessiles sont dressées et acuminées au sommet, plus courtes

que le calice; le style est plus long que les étamines, terminé par un stigmate simple; le fruit est à quatre loges polyspermes. Le *Blondea latifolia* est un Arbre à feuilles alternes, grandes, longuement pétiolées; à fleurs disposées en corymbes à l'aisselle des fleurs supérieures. Voisin du *Patrisia*, ce genre doit conséquemment faire partie avec lui de la famille des Tiliacées de Jussieu, ou de celle des Bixinées, récemment établie par Kunth. (A. D. J.)

BLONDIA. BOT. PHAN. Le *Tiarella trifoliata*, qui présente des feuilles ternées, et comme deux capsules, est pour Necker le type de ce genre nouveau. (AD. J.)

BLONGIOS. OIS. Espèce du genre Héron, *Ardea minuta*, L. Buff. pl. enl. 323. *V.* HÉRON. (DR..Z.)

BLONTAS-CHINA. BOT. PHAN. Syn. de *Senecio biflorus*, à Java selon le Dictionnaire de Levrault, à Ceylan selon celui de Déterville. (B.)

BLUET. OIS. Espèce du genre Tangara, *Tanagra gularis*, L. de l'Amérique méridionale. *V.* TANGARA. Edwards donne ce nom à la Poule Sultane, *Fulica Porphyrio*, L. *V.* TALÈVE. (DR..Z.)

BLUET. *Cyanus*. BOT. PHAN. A l'exemple de Tournfort, Jussieu a rétabli ce genre pour les espèces de Centaurées, dont les fleurs centrales sont hermaphrodites; les marginales neutres, beaucoup plus grandes, ayant la corolle évasée en entonnoir, à plusieurs dents; les écailles de l'involucre sont ciliées au sommet. A ce genre se rapportent les *Centaurea Cyanus*, L. vulgairement Bluet ou Bleuet des Blés; *C. montana*, L. vulgairement Bluet ou Bleuet des montagnes; *Cent. uniflora*, *Cent. pullata*, etc. *V.* CENTAURÉE. (A. R.)

BLUET. BOT. CRYPT. L'un des nom vulgaires de l'*Agaricus cyaneus*, Bull. (B.)

BLUET DU CANADA. BOT. PHAN. Syn. présumé de *Vaccinium album*, espèce d'Airelle. *V.* BLEUET. (B.)

BLUET DU LEVANT. BOT. PHAN. Syn. de *Centaurea moschata*, L. (B.)

BLUETTE. OIS. Syn. de *Numida meleagris*, L. *V.* PINTADE. (DR..Z.)

BLUMENBACHIA. BOT. PHAN. Koeler fait sous ce nom un genre distinct de l'*Holcus halepensis*, L. placé depuis parmi les Sorghum. *V.* ce mot. (A. D. J.)

BLUND-HEADED. MAM. Syn. de Trumpo, espèce de Cachalot. *V.* ce mot. (B.)

BLUT-FINCH. OIS. Syn. allemand de Bouvreuil, *Loxia Pyrrhula*, L. (B.)

BLUT-HENFFLING. OIS. (Frisch.) Syn. de la Linotte, *Fringilla cannabina*, L. *V.* GROS-BEC. (DR..Z.)

BLUTTING. BOT. CRYPT. Syn. d'*Agaricus deliciosus*, L. à Vienne. (B.)

BLYXA. BOT. PHAN. Aubert Du Petit-Thouars a mentionné sous ce nom un genre nouveau de la famille naturelle des Hydrocharidées, dont Richard a fait parfaitement connaître la structure dans son Mémoire sur la famille des Hydrocharidées, inséré dans les Mémoires de l'Institut pour l'année 1811. Voici les caractères de ce genre: son port et ses feuilles sont à peu près les mêmes que dans les *Vallisneria*; ses pédoncules sont comprimées, ordinairement plus courts que les feuilles. Les fleurs sont unisexuées et dioïques. Dans les mâles, la spathe est tubuleuse, cylindrique, très-longue, un peu échancrée à son sommet; elle renferme plusieurs fleurs pédicellées qui se développent successivement. Leur calice est à six divisions; trois extérieures, linéaires, oblongues, subspatulées; trois intérieures beaucoup plus longues, très-étroites et comme filamentiformes. Les étamines, dont le nombre varie de trois à huit, ont leurs filets grêles, leurs anthères allongées, terminées en pointe. Au centre de la fleur, on trouve un corps charnu trifide.

Dans les fleurs femelles la spathe est uniflore; le calice, semblable à celui des fleurs mâles, est un peu plus long. L'ovaire est subulé, terminé supérieurement par une longue pointe saillante hors de la spathe. Le style est surmonté de trois stigmates linéaires. Le fruit est une péponide oblongue, uniloculaire, renfermant un très-grand nombre de graines ovoïdes dont la surface est irrégulière.

Deux espèces seulement composent ce genre. Ce sont deux petites Plantes exotiques qui se plaisent dans les ruisseaux. L'une, *Blyxa Auberti* (Rich. *loc.cit.* p. 77, t. 4), a été observée à Madagascar par Aubert Du Petit-Thouars. Elle n'offre que trois étamines.

La seconde, originaire des côtes de Coromandel, décrite sous le nom de *Vallisneria octandra* par Roxburg (*Coromand.* 2, p. 34, t. 165), est le *Blyxa Roxburgii* (Rich. *loc. cit.* p. 77, t. 5). Elle présente constamment huit étamines. (A. R.)

BOA. *Boa.* REPT. OPH. Genre formé par Linné, et qui comprend les Serpens non vénéneux, munis de grandes plaques sous le ventre ainsi que sous la queue, à l'extrémité de laquelle ne se voient pas de ces appendices sonores qui caractérisent les Crotales. Les Serpens qui composent ce genre ont les os mastoïdiens détachés, leurs mâchoires peuvent conséquemment se dilater comme dans les Couleuvres dont ils ont aussi la langue fourchue et fort extensible. Leur occiput est plus ou moins renflé. Ils sont les plus grands Animaux de leur ordre. C'est parmi eux que se rencontrent ces Serpens monstrueux qu'on dit dévorer des Hommes, des Gazelles et des Bulles. Quelques-uns atteignent de trente à quarante pieds de long; mais on doit regarder comme des fables ce qu'on rapporte de Serpens qui en atteignent cent; et le Serpent, qu'on assure avoir arrêté une armée romaine qui dut le combattre avec des machines de guerre, n'est pas une preuve suffisante pour ajouter foi à l'existence d'Ophidiens de cent pieds de long. — Ce nom de Boa se trouve dans Pline; il y désignait sans doute quelqu'une des Couleuvres d'Europe parvenues à la plus grande taille; il vient de l'idée où l'on était, et qui s'est conservée jusqu'à ce jour, parmi les gens de la campagne, que les Couleuvres s'introduisent parmi les troupeaux pour y téter les Vaches.

Les grands Boas, dépourvus de venin, n'en sont pas moins redoutables par leur force et par leur agilité. Ils attaquent et poursuivent leur proie, quand ils croient la pouvoir atteindre et vaincre; sinon la ruse leur devient un moyen. Tapi sous l'herbe, suspendu sur les Arbres dont il enlace le branchage, ou bien enfoncé dans les eaux, le Boa attend à l'affût, sur le bord des fontaines ou dans quelque lieu de passage, que l'occasion lui livre une victime; il s'élance alors sur celle-ci, l'entoure, la presse, l'écrase dans ses replis tortueux, et, comme Laocoon, cette victime est bientôt étouffée; ses os même sont rompus et broyés de façon à ne plus porter obstacle à la déglutition: car le Boa ne mâche point ce dont il se nourrit, il l'avale, et même péniblement, pour peu que l'objet de sa voracité soit d'un volume considérable. Après qu'il a, pour ainsi dire, pétri sa proie, il l'enduit d'une sorte de salive muqueuse et fétide, et, distendant progressivement ses mâchoires, il la hume lentement. Quelquefois on a surpris ce monstre au milieu de cette pénible opération, et alors il est facile de lui donner la mort, parce qu'il ne peut ni fuir, ni se débarrasser de l'objet qui occasione la déformation de sa tête. Quand la déglutition est opérée, la digestion devient encore un pénible travail. Fatigué par le poids de son repas, dont le volume en bloc forme dans sa longueur une grosseur souvent disproportionnée avec l'entrée des lieux où il se pourrait enfouir, le Boa se tapit aux endroits écartés, y demeure à peu près immobile, et attend le moment où son estomac ne sera plus surchargé. Il est inutile de dire qu'une sorte de putréfaction concourant à la digestion des Boas, ces Serpens répandent une odeur horrible. Cependant ils engraissent, et leur chair est fort bonne à manger; certaines peuplades indiennes s'en nourrissent.

Le genre Boa, tel que l'a circonscrit Daudin, est l'un des plus naturels. Cet auteur en a séparé quelques espèces pour former les genres Acanthophis, Coralle, Hurialh et Python, qui nous paraissent devoir être conservés. Cuvier, qui place les deux derniers parmi les Couleuvres, pense qu'ils ne sont fondés que sur des anomalies, et confond comme sous-genres parmi les Boas, les Erix et l'Erpeton. Cependant quels que soient les rapports qui existent entre les Serpens, il est difficile de supposer que la nature ait rapproché aussi intimement des Géans et des Pygmées. Si les Boas sont les plus grands des Reptiles, les deux genres qu'en sépara Daudin sont de véritables nains, extraits du genre Orvet qui n'a jamais contenu que de petites espèces. Quoi qu'il en soit, en adoptant la classification de Daudin, nous n'omettrons pas de mentionner que Blainville a le premier observé le nombre des vertèbres dans les Animaux de ce genre; ce nombre est plus considérable que dans les autres Serpens, et rend compte de la prodigieuse force des Boas.

Il y a beaucoup d'incertitudes sur la patrie des Boas et sur les véritables caractères par lesquels on pourrait distinguer leurs espèces. Celles-ci, établies sur des peaux desséchées ou sur de jeunes individus conservés dans l'esprit-de-vin, ont souvent été regardées comme communes aux régions les plus éloignées des deux mondes. Cependant, à mesure qu'on observe plus soigneusement les Reptiles, on croit s'apercevoir que les véritables Boas sont propres au nouveau continent. Laurentini et Latreille ont débrouillé ce chaos. Entre une douzaine d'espèces à peu près constatées, nous citerons les suivantes comme les plus remarquables :

Le Devin, *Boa Constrictor*, L., Lac. Serp., p. 338, pl. 16. Encyc. Serp., pl. 5. Séba. 1. pl. 36, f. 5 et 101, f. 1. Ce Boa habite les contrées chaudes de l'Amérique, notamment la Guiane, et jamais l'ancien continent. On a mal à propos regardé quelques grands Serpens comme des individus ou des variétés de son espèce. Sa tête est en forme de cœur; sa lèvre supérieure est bordée d'écailles imitant des dentelures; son corps est élégamment varié de gris, de blanc, de noir et de rouge. Il offre sur le dos une sorte de dessin en chaîne, qui, dans ce Serpent, ajoute la beauté à la force. De telles qualités lui ont valu chez les Sauvages un culte, que l'homme rend partout volontiers à l'alliance de la force et de la beauté. On adore en plusieurs pays le Boa Devin sous les noms de *Xaxathua* ou *Xalxathua*, noms qui signifient au Mexique Empereur, de *Boiguacu*, *Giboya* ou *Jiboya*, et *Jauca Acanga*, qui répond à Reine des Serpens, chez les Brasiliens. — C'est à tort qu'on a cru que saint Jérôme avait désigné l'Ophidien, dont il est ici question, sous le nom de Dragon, dans sa vie de saint Hilarion. Saint Jérôme n'a pu connaître aucun Animal d'Amérique. — Plaques ventrales 240-248. Plaques anales, 60.

Le Boa Géant, *Boa Gigas*. C'est Latreille qui, le premier, a reconnu que cette espèce, la plus grande de toutes, y compris même la précédente, différait de toutes les autres Elle habite les mêmes pays, et paraît être celle qu'on nomme à Cayenne la Dépone. Elle n'a point été figurée. Ses écailles sont carrées : une suite de grandes taches ovales, d'un brun noirâtre, disposées transversalement deux à deux, règne le long du dos. Pl. v. 250. P. A. 178.

L'Aboma, *Boa Cenchris*, L. Seb. 1. pl. 56, f. 4. Le Porte-Anneau de Daudin. Sa tête est ovale, marquée dans toute sa longueur de cinq bandelettes brunes. Les lèvres sont crénelées. Le corps est d'un jaune clair avec des taches rondes entourées d'un cercle gris. Ce Boa habite Surinam. Le nom de Cenchris, appliqué sans raison suffisante à un Animal de l'Amérique, désignait dans l'antiquité un Serpent agile, jaunâtre et tacheté, et l'on ne conçoit guère comment, sur cette conformité de noms, Bonnaterre, en décrivant le Cenchris de Linné, lui applique des vers de Lucain et de Nicander. Plaques ventrales 263, pl. anales 57.

Le SCYTALE, *Boa Scytale*, L. Mangeur de Chèvres. Encyc. Serp., pl. 6, f. 7. L'Anacondo de Daudin. Cette espèce, plus petite que les précédentes, qui vit beaucoup plus de Grenouilles et d'Animaux aquatiques que de Bétail, habite près des eaux dans les parties chaudes du Nouveau-Monde; se fixant par la queue à quelque corps submergé, il se laisse flotter au courant, attendant ainsi sa proie qu'il enlace quand elle vient boire. Il n'est point à craindre pour l'homme qui se nourrit de sa chair. Sa tête est oblongue, presque cylindrique et amincie par devant. Son corps est d'un vert de mer avec des taches parsemées sur le dos, demi-circulaires et dont le milieu est blanc. P. V. 250. P. A. 26-70.

Le MANGEUR DE RATS, *Boa murina*, L. Encyc. Serp. pl. 6. f. 6. D'après Séba, 2, pl. 29. f. 1. Cette espèce a tant de rapports avec la précédente, que Cuvier les réunit sous le nom d'Anacondo. Cependant il y a trop de différence dans la forme et la disposition des taches, pour qu'on ne les doive pas séparer. Les mœurs de ces Animaux et les contrées qu'ils habitent sont les mêmes. P. V. 234. P. A. 65-69.

La BRODERIE de Lacépède, Serp., p. 381. *Boa hortulana*, L. Séba, 2. T. 74 1 et 84 1. La Panthère, Encyc. Serp. pl. 3 f. 2, l'Elégant de Daudin. Ce Boa, qui poursuit les Rats et s'en nourrit, est l'une des plus belles espèces; sa tête est marquée de petites raies, et son corps varié de taches de toutes les couleurs. P. V. 290. P. A. 128.

Le MANGEUR DE CHIENS, *Boa canina*. Bojobi, Lacép. Serp., p. 398, pl. 17. L. Encyc. Serp., pl. 2. f. 2. Sa tête est en forme de cœur; sa lèvre supérieure est échancrée sur les côtés; le corps, qui est de couleur verdâtre, est marqué de taches en anneaux. Il habite le Brésil, où l'on a remarqué qu'il préférait les Chiens à toute autre nourriture. On ne la retrouve point à Ceylan, ainsi qu'on l'a avancé; le Serpent de cette île, qu'on a regardé comme identique, n'appartient seulement pas au même sous-genre. P. V. 203-208. P. A. 77-79.—L'Hipnale de Lacépède ne serait, selon Cuvier, qu'un jeune individu du Boa dont il est question. Il ne serait pas dans cette hypothèse l'*Hipnale* de Linné, qui est un Serpent d'Asie, et qui n'est peut-être pas un véritable Boa.

Schneider et Russel ont encore mentionné plusieurs espèces de Boas sous les noms de *phrygia*, *carinata*, *ocellata*, *viperina*, *reticulata*, *amethystina*, *orbiculata* et *Tigris*, dont la plupart avaient été figurés par Séba. Le Boa turc d'Olivier fait aujourd'hui partie du genre Erix. Le Boa de Merem constitue le genre Coralle, et le Boa anguiforme, le genre Clothonie. Le Boa à grosses paupières est le même Serpent que l'Acanthophis. (B.)

BOA. BOT. PHAN. Nom collectif des fruits dans la langue malaise, et dont est venu VOA des Malegaches. Ce mot sert de base à beaucoup de noms de Végétaux asiatiques. Aux Philippines, ce nom de Boa est particulièrement appliqué au Longanier, espèce du genre Euphoria. *V.* ce mot. (B.)

BOAAID ET BOITA. MAM. Dont la femelle se nomme GAA-FE. Syn. de Putois en Laponie. (B.)

BOABAB. BOT. PHAN. Même chose que Baobab. *V.* ce mot. (B.)

BOADSCHIE. *Boadschia*. BOT. PHAN. Syn. de *Peltaria*, L. *V.* CLYPÉOLE. (B.)

BOAJA-HOETAN. Syn. d'Iguane à Malaca. (B.)

BOA-KELAOR. BOT. PHAN. Syn. de *Guilandina Moringa*, L. (B.)

BOA-MASSI. BOT. PHAN. Syn. de *Ziziphus lineatus*, L. *V.* JUJUBIER. On donne aussi ce nom à un autre Arbre d'Amboine. *V.* AMASSI. (B.)

BOAR. MAM. Syn. anglais de Verat. *V.* COCHON. (B.)

BOARINA ET BOARULA. OIS. (Aldrovande.) Noms de la Bergeronette tachetée, *Motacilla nævia*, L. dans divers âges. On appelle aussi BOARINA et BAVARINA la Farlouse, *Alauda pratensis*, L. *V.* PITPIT. (B.)

BOARINO DELLA STELLA. OIS. Syn. du Roitelet, *Motacilla Regulus*, L. *V.* SYLVIE. (DR..Z.)

BOARULA. OIS. Espèce de Bergeronette. *V.* ce mot. (B.)

*BOASBAS, BOBOA ET BOBOAS. BOT. PHAN. Noms vulgaires du Longanier aux Philippines. *V.* EUPHORIA.

BOBAC, BOBAK OU BOBUK. MAM. *Mus Bobac.* (Pallas.) Syn. polonais d'une espèce de Marmotte. *V.* ce mot. Bomare écrit aussi *Bobaque*. (A. D..NS.)

BOBARA ET BOBORA. BOT. PHAN. Noms que les Portugais de l'Inde donnent à diverses Cucurbitacées qu'on appelle aussi BABORA. (B.)

BOBARTIA. BOT. PHAN. Linné avait établi sous ce nom un genre qui a été supprimé d'après un examen plus attentif. Schumacher et Willdenow en font une espèce de *Moræa* qu'ils nomment *spathacea*, à cause de la spathe de deux folioles qui termine sa hampe et enveloppe le capitule des fleurs entouré de spathes plus petites et subulées. Persoon le réunit au genre Sisyrinchium. *V.* MORÆA. (A. D. J.)

BOBOA ET BOBOAS. BOT. PHAN. *V.* BOASBAS.

BOBI. MOLL. (Adanson.) Syn. de *Voluta Persicula*, L. *V.* MARGINELLE. (B.)

BOBOS. REPT. OPH. Nom de pays d'un Serpent des Philippines de la plus grande taille, que l'on présume appartenir au genre Boa, et que nous croyons devoir être un Python. (B.)

BOBR. MAM. Syn. polonais de Castor et de Loutre au Kamtschatka.

BOBRY MORSKI. MAM. C'est-à-dire Castor de mer. Nom russe de la Loutre de mer. *V.* Loutre. (A. D..NS.)

BOBU OU BOMBU. (Hermann.) *V.* DECADIA. C'est aussi une Fougère de l'île de Ceylan, également appelée *Bohomba* et *Bohum*. On croit que cette Fougère appartient au genre Adianthe. (B.)

BOBUK. MAM. *V.* BOBAC.

BOB-WHITE. OIS. Syn. de Colin Colénicui, *Tetrao mexicanus*, L. dans l'Amérique septentrionale *V.* PERDRIX. (DR..Z.)

BOCA. POIS. Syn. présumé de Spare Bogue chez les anciens. (B.)

BOCAMÈLE. MAM. (Cetti et Azuni.) Syn. sarde de Putois. *V.* MARTE. (B.)

BOCCA IN CAPO. POIS. Syn. d'Uranoscope. *V.* ce mot. (B.)

BOCCAS. POIS. Espèce du genre Scombre. *V.* ce mot. (B.)

BOCCONIA. BOT. PHAN. Genre de la famille des Papavéracées, Dodécandrie Monogynie, L. Le calice est composé de deux sépales ovales et caduques : il n'y a pas de pétales. Les étamines, dont le nombre, toujours multiple de quatre, varie de huit à vingt-quatre, suivant les espèces, présentent des filets très-courts, des anthères longues et linéaires ; l'ovaire est un peu stipité et surmonté de deux stigmates étalés. Le fruit est une capsule elliptique et comprimée qui se sépare de la base au sommet en deux valves, et dont le placenta persiste sous forme d'un anneau mince ; au fond de cette capsule est attachée une graine dressée, dont le tégument, crustacé, est parcouru par un hyle filiforme et qu'enveloppe inférieurement une pulpe molle ; l'embryon, très-petit et dressé, est logé à la base d'un périsperme charnu. Ce genre a attiré l'attention des botanistes par deux caractères qui semblent, au premier coup-d'œil, des anomalies, savoir : l'existence d'une graine unique, et l'absence de pétales ; mais il est vraisemblable que la capsule n'est monosperme que par avortement, et le défaut de pétales est en quelque sorte compensé par la persistence des quatre filets extérieurs qui tombent au même instant que le calice. Les espèces de ce genre sont, comme la Chélidoine dont elles se rapprochent, rempl[illegible]s d'un suc jaunâtre. Leurs feuilles sont alternes et pétiolées; leurs fleurs disposées en panicules terminales, parsemées de bractées à la base des pédoncules généraux et partiels. On n'en a jusqu'ici décrit que trois : deux sont des Arbrisseaux originaires d'Amérique; l'un, le *Bocconia frutescens*, ayant huit ou douze ou seize étamines et des feuilles pinnatifides, est cultivé dans les jardins de botanique et figuré par Lamarck. (Ill. tab. 394); l'autre, le *B. integrifolia*, ayant vingt étamines et des feuilles entières ou à peine crénelées, est figuré tab. 35 des Plantes équinoxiales de Humboldt et Bonpland; la troisième, où l'on compte vingt-quatre étamines, est le *B. cordata*, Plante herbacée, originaire de la Chine. (A. D. J.)

* BOCHIMAN. MAM. Espèce du genre Homme. *V.* ce mot. (FL..S.)

BOCHIR. REPT. OPH. (Séba, T. II. p. 38. f. 5.) Espèce de Serpent d'Egypte du genre Couleuvre. (B.)

BOCHO. BOT. PHAN. *V.* BUKKU.

BOCHTAY. BOT. PHAN. (Nicholson.) Nom caraïbe d'un Eupatoire indéterminé. (B.)

BOCIAN-CZARNI. OIS. Syn. de Cigogne commune, *Ardea Ciconia*, L. en Pologne. *V.* CIGOGNE. (DR..Z.)

BOCK. MAM. Dans les idiomes tudesques c'est le Bouc. Ce nom sert de racine aux noms d'un grand nombre de Mammifères des genres Antilope et Chèvre. *V.* ces mots. (B.)

* BOCKÈME. BOT. PHAN. *V.* BONKOM.

BOCKIA. BOT. PHAN. Nom donné par Scopoli et Necker à un genre établi par Aublet sous celui de *Mouriria*. *V.* ce mot. (A. D. J.)

BOCKSHOORN. BOT. PHAN. Syn. de *Bignonia spathacea*, L. chez les Hollandais de l'Inde. *V.* BIGNONE. (B.)

BOCO. BOT. PHAN. (Aublet.) Grand Arbre indéterminé de la Guiane, dont le bois est dur, veiné de vert et de brun, et employé pour faire des meubles. (B.)

BOCULA CERVINA. MAM. Syn. de Bubale. *V.* ANTILOPE. (B.)

BODDAERT. POIS. Espèce du genre Gobie. *V.* ce mot. C'est aussi l'Holocentre-Duc de Lacépède, et point un Acanthopode. (B.)

BODEREAU. POIS. Nom qu'on donne aux jeunes Vives sur quelques côtes. (B.)

* BODHAAMU. BOT. PHAN. *V.* BADHAAMU.

BODIAN. *Bodianus*. POIS. Genre de l'ordre des Acanthoptérygiens, famille des Percoïdes, de la tribu de ceux qui ont les dents en crochet. Les Bodians appartiennent aux Thorachiques de Linné, et sont caractérisés par plusieurs aiguillons aux opercules, tandis que les prépercules ne sont pas dentés; une seule nageoire dorsale règne sur leur corps, dont la physionomie est assez celle des genres voisins. Le nom de Bodian vient des Espagnols et des Portugais, qui l'appliquaient à des Labres exotiques brasiliens; Bloch l'ayant restreint à une espèce qui est devenue type, il a été employé comme générique. Un assez grand nombre de Bodians sont connus et répartis dans les trois sections suivantes. Leur chair est estimée.

† Espèces qui ont trois piquans à chaque opercule. Les principales sont le *Bodianus guttatus* de Bloch, et le *Bœnak* de Schneider. Quelques Labres et Perches des auteurs se viennent ranger dans cette section.

†† Espèces à deux piquans. Nous ne connaissons que le *Bodianus argenteus* qui rentre dans cette section, et qui soit européen, s'il est vrai qu'elle habite la Méditerranée, comme on le croit sans en être certain.

††† Espèces à un seul piquant. Les

Bodianus Aya, *Apua et fasciatus* de Bloch, avec des Poissons épars, jusque ici dans d'autres genres, viennent s'y placer.

On a encore subdivisé en deux sections le genre des Bodians, selon qu'ils ont la queue arrondie et entière ou fourchue en croissant. Les Bodians OEillère, Jaguar, Bloch, argenté, Aya, de Fischer, Vivanet, etc., font partie de la seconde. Les Bodians Rogaa, lunaire, Bœnak, Apua, etc., rentrent dans la première. (B.)

BODIANO VERMEJHO. POIS. Syn. portugais de Bodian Bloch, au Brésil. *V.* BODIAN. (B.)

BODTY. REPT. OPH. Syn. d'Amphisbène. *V.* ce mot.

BOEBERA. BOT. PHAN. Genre de la famille des Corymbifères de Jussieu, caractérisé par un involucre hémisphérique, double et divisé profondément l'un et l'autre en plusieurs parties; un réceptacle nu; des fleurs radiées, dont le centre est occupé par des fleurons tubuleux, hermaphrodites, la circonférence par des demi-fleurons femelles; des anthères nues à leur base; des akènes couronnés par des aigrettes de poils fasciculés. Il comprend des Plantes herbacées, à feuilles alternes ou opposées, profondément pinnatifides; à fleurs terminales et pédonculées, dont le rayon offre une couleur jaune ou orangée. Des glandes éparses sur les feuilles et plus encore sur les involucres, leur donnent une odeur forte et pénétrante. On en connaît trois espèces originaires de l'Amérique septentrionale, où elles ont été recueillies par Michaux et par de Humboldt. Les feuilles du *Boebera chrysanthemoides* de Willdenow, *Tagetes papposa* de Michaux, sont bipinnatifides; celles des deux autres simplement pinnatifides. L'une est le *B. porophyllum*, Willd., qui présente un double involucre à divisions nombreuses, ciliées dans celui qui est extérieur; l'autre, le *B. fastigiata* de Kunth, où ces divisions, au nombre de six ou sept, sont entières. Ce genre est le *Dyssodia* de Cavanilles, et peut-être doit-on y rapporter aussi l'*Aster pinnatus* du même auteur. (A. D. J.)

BOEDLING OU BAELING. BOT. CRYPT. Noms allemands d'Agarics laiteux et âcres qui n'en sont pas moins mangeables pour les paysans de la Bavière et pour ceux de quelques autres pays. (B.)

BOEFFIARD. OIS. *V.* BAFIARD.

BOEGLO. BOT. PHAN. Syn. javanais de *Bignonia indica*, L. *V.* BIGNONE. (B.)

BOEHEIMLE. OIS. Syn. du Jaseur, *Ampelis Garrulus*, L. en Allemagne. *V.* JASEUR. (DR..Z.)

BOEHMÈRE. BOT. PHAN. *V.* BOEHMERIE.

BOEHMERIE. *Boehmeria*. BOT. PHAN. Ce genre, de la famille naturelle des Urticées, a été établi par Jacquin, puis réuni par Linné au genre *Caturus*, et enfin rétabli par Jussieu et par Kunth, qui, dans les *Nova Genera et Species* de De Humboldt, en a décrit six espèces nouvelles. Les espèces de ce genre sont tantôt herbacées, tantôt sous-frutescentes, portant des feuilles alternes ou opposées, marquées de nervures très-prononcées et accompagnées de stipules. Leurs fleurs, qui sont monoïques ou même dioïques, sont axillaires et forment des espèces de capitules ou des épis. Dans les fleurs mâles, le calice est tubuleux, à trois ou quatre divisions profondes; le nombre des étamines est égal à celui des lobes du calice; les fleurs femelles ont le calice simplement denté à son sommet; l'ovaire simple, surmonté d'un style grêle que termine un stigmate simple. Le fruit est un akène renfermé dans l'intérieur du calice qui se resserre dans sa partie supérieure. Les Boehmeries sont presque toutes originaires du Nouveau-Monde. (A. R.)

BOEHMERLE. OIS. *V.* BEEMERLE.

BOELON-BAWANS. BOT. PHAN. Syn. javan de *Croton sebiferum*, L. *V.* SAPIUM. (A. D. J.)

BOEMIN. BOT. PHAN. Syn. de Piment dans les Petites-Antilles. (B.)

BOEMYCE. BOT. CRYPT. Même

chose que Béomyce. *V.* ce mot. (AD. B.)

BOENAC. POIS. Même chose que Bænac. *V.* ce mot. (B.)

BOERHAAVIE. *Boerhaavia.* BOT. PHAN. Ce genre, dédié par Linné à l'illustre Boerhaave, appartient à la famille naturelle des Nyctaginées. Ses fleurs sont réunies dans un involucre composé de folioles caduques et en forme d'écailles. Leur calice, tubuleux et rétréci vers son milieu, offre à son limbe cinq divisions anguleuses et caduques. Le nombre des étamines varie d'une à quatre. Le fruit est un petit akène entièrement recouvert et caché par le tube du calice qui est anguleux. Ce genre se compose d'environ une trentaine d'espèces qui toutes sont des Plantes herbacées ou sous-frutescentes, ayant les feuilles opposées, les fleurs petites, disposées en ombelles, souvent paniculées, et qui croissent en Amérique, dans l'Inde, et en Afrique.

On doit retirer de ce genre le *Boerhaavia arborescens* de Cavanilles, qui constitue un genre nouveau et distinct des véritables Boerhaavies par ses étamines constamment au nombre de dix, son ovaire pédicellé et son style latéral. (A. R.)

BOESCHAA. OIS. Syn. de *Pelecanus Onocrotalus*, L. *V.* PÉLICAN. (B.)

BOETSOI. MAM. Nom du Renne chez les Lapons. *V.* CERF. (B.)

BOEUF. *Bos.* MAM. Genre de Ruminans à cornes creuses, caractérisé : par un long fanon ou replis de la peau sous le col ; par la largeur du mufle ; par l'existence, dans les deux sexes, de cornes dirigées de côté et revenant vers le haut ou en avant en forme de croissant.—Buffon n'a distingué que deux espèces dans ce genre, le Bœuf et le Buffle. Il veut (Suppl. v, page 325) que le Bœuf sauvage, souche du Bœuf domestique, l'Aurochs de l'Asie et de l'Europe, le Bison d'Amérique, le Zébu d'Afrique et des Indes, ne soient que des variétés d'une espèce unique produites par le climat. Il veut que la bosse des Bisons et des Zébus soit un stigmate d'esclavage renforcé par l'excès de nourriture ; il veut encore que l'espèce sauvage bossue descende de Bœufs bossus échappés à la domesticité ; que dans l'état sauvage la bosse se soit renforcée ; que ce soit là la variété qui serait passée en Amérique ; qu'une preuve de l'unité d'espèce du Bison américain et de l'Aurochs, c'est que tous deux portent le Musc ; et, méconnaissant la distinction déjà faite de ces deux espèces par Charlevoix et d'autres voyageurs, il confond le Bœuf musqué et le Bison ; puis, oubliant ce qu'il dit du Bison dont il prolonge l'habitation jusque sous le pôle à la place du Bœuf musqué, il établit que la race de l'Aurochs occupe les zônes froides, et celle du Bison les zônes chaudes ; que tous les Bœufs domestiques sans bosses descendent de l'Aurochs, et tous les Bœufs à bosses des Bisons. Toute l'éloquence de Buffon ne peut faire que ces assertions aient le moindre fondement. — Pallas (T. XIII. *Nov. Comm. Petr.*) a décrit des crânes appartenant à une espèce de Buffle aujourd'hui perdue, et qui se trouvent en Sibérie depuis le Jaïk jusqu'à l'Anadir ; dans ce même espace il n'existe aujourd'hui ni Buffle ni Aurochs. Par sa grandeur et par l'arc saillant de l'occipital en arrière des cornes, le crâne de cette espèce est différent de celui des Buffles aujourd'hui vivans. Dans le T. XVII des *Nov. Comm. Petr.*, Pallas a déterminé sur des crânes trouvés à la surface du rivage, près de l'embouchure de l'Obi, une espèce de Bœuf non décrite et qu'il a rapportée au Bœuf musqué de Charlevoix et de Pennant ; et enfin, dans le tome 2 des Actes de St.-Pétersbourg, détaillant tous les faits relatifs à l'Aurochs, au Bison, au Bœuf musqué et à l'Yack, il en établit quatre espèces distinctes, confondant en une seule le Bison et l'Aurochs ; il réfute l'erreur de Buffon qui admet dans l'Aurochs d'Europe deux variétés, l'Urus et le Bison. Buffon a été induit en erreur d'après les écrivains anciens, à commencer par Pline, par le mot germain *Bisem*, désignant l'odeur musquée des vieux Aurochs, et latinisé dans le nom de *Bison*. Mais tout en reconnaissant que ni l'Aurochs ni le Bison n'existent sur toute l'étendue de l'Asie boréale ou moyenne, Pallas n'en persiste pas moins à croire avec Buffon que l'Aurochs et le vrai Bison américain seraient les variétés d'une espèce unique altérée par un nouveau climat, et il indique le trajet de leur émigration par des communications anciennes entre l'Europe et l'Amérique, communications dont il ne reste que des débris dans les îles Schetland, Feroë et l'Islande. Il admet que l'Aurochs est la souche primitive sauvage du Bœuf aujourd'hui domestique. Il résulte donc des travaux de Pallas, que notre Bœuf domestique, l'Aurochs, le Bison, seraient d'espèce identique, et le Bœuf musqué, l'Yack, le Buffle asiatique et le Buffle du Cap autant d'espèces distinctes; il n'y avait donc avant Cuvier que cinq espèces vivantes déterminées dans le genre Bœuf, plus le grand Buffle fossile de Sibérie. Dans le Dictionnaire des Sciences naturelles, Cuvier en distingue huit espèces : il sépare l'Aurochs du Bison, et établit deux autres espèces, le Buffle Arni et le Taureau domestique dont il voit la souche, non dans l'Aurochs qu'une paire de côtes surnuméraires, l'arc occipital et la distance interorbitaire du front distinguent de notre Bœuf ; mais dans une espèce fossile dont les crânes ont été trouvés dans les tourbières de la France et de l'Allemagne, et dont les dimensions égalent celles des grands Buffles fossiles de Sibérie découverts par Pallas. Cuvier même rapportait à l'espèce du Buffle Arni ces grands crânes fossiles. Aujourd'hui le Cabinet d'Anatomie comparée, enrichi, par les soins de ce savant, de squelettes ou de têtes de toutes les espèces vivantes et fossiles moins les Buffles de Sibérie, figurés par Pallas, T. XIII des *Nov. Comm. Petrop.*, montre évidemment que le Buffle Arni est une espèce distincte du grand Buffle fossile de Sibérie ; la principale différence est l'absence dans l'Arni de l'arc occipital du front plus grand dans le Buffle fossile que dans l'Aurochs même, et la brièveté relative des cornes du fossile. Voyez les figures citées de Pallas, où la tête du Buffle fossile est représentée à côté de celle de l'Aurochs. Cuvier a donc déterminé trois espèces inconnues ou méconnues avant lui : 1° le grand Taureau, souche du domestique ; 2° l'Arni dont le crâne, comparé à celui du fossile de Sibérie, diffère, comme nous venons de le dire ; et le Bison distinct de l'Aurochs.

Aucune espèce de Bœuf n'a été trouvée dans l'Amérique méridionale ; on n'y a pas trouvé non plus de débris fossiles de ces Animaux. Dans l'Amérique du nord, au-delà du tropique, existe le Bison caractérisé par quinze paires de côtes et par la disproportion du train de derrière avec le train de devant : ces caractères sont d'une importance bien plus grande que celle du volume et de la direction des cornes et la longueur ou la distribution des poils. Il faut dire pourtant que le poil du Bison est d'une nature différente de celle de l'Aurochs, il est laineux ; la texture de la peau diffère aussi dans le Bison et dans l'Aurochs; le cuir est dur et compact dans l'Aurochs, il est spongieux dans le Bison comme dans le Bœuf musqué. Le Bison habite depuis le quarantième degré jusqu'au cercle polaire arctique ; en-deçà du même cercle est la patrie du Bœuf musqué.

Dans le nord de l'Asie, il n'y a ni Aurochs, ni Buffles, ni Bisons, et il ne paraît pas y en avoir jamais existé; les crânes que l'on y trouve fossiles appartiennent à une espèce perdue qui paraît avoir occupé aussi le nord de l'Europe. On en retrouve les débris dans les mêmes terrains où se trouvent les ossemens d'Eléphans et de Rhinocéros fossiles; elle n'a donc pas été contemporaine des autres espèces dont, s'il en était autrement, on devrait retrouver les os avec les leurs; les crânes analogues, mais si supérieurs en grandeur à celui de notre Taureau domestique, que leur longueur est de deux pieds quatre lignes, sont au contraire contemporains de la période actuelle de la vie sur le globe, car on les trouve dans des terrains dont la formation se continue encore. Comme les anciens ont distingué deux espèces de Bœufs sauvages en Europe, Cuvier pense, attendu l'existence récente de cette espèce, que c'était elle qu'ils appelaient Bison. L'espèce en serait éteinte à l'état sauvage.

Herberstein, *De Lithuaniâ, cap.* 2; Mathias à Michow, *De Lithuaniâ et Samogitiâ, lib.* 2; Martin Cromer, évêque de Varmia, *De situ Poloniæ et gente polonicâ*, disent positivement que le nom de Bison est constamment donné à l'Animal appelé Zubr ou Zumbr par les Polonais; que cet Animal est improprement nommé Aurochs et Urox par les Germains; que ces deux derniers noms concernent seulement l'Urus ou Thur des Polonais: or, Herbenstein et Martin Cromer disent aussi positivement que le Thur ne se trouve que dans la seule Massovie près de Varsovie, ils citent les villages chargés de leur conservation. A cette époque l'espèce du Thur était conservée par curiosité, comme l'est encore aujourd'hui celle du Zubr en Lithuanie d'après Gilibert, *Exercit. Phitolog. Zool.* Wilna, 1792. Enfin d'autres observateurs du pays, cités par Gesner, le baron Bonarus, *Ant. Schneebergen*, désignent par Thur une espèce de Bœuf sauvage qui ne diffère du domestique que par la supériorité de la taille, la constance de la couleur noire dans les mâles, et un pelage plus élégant; leurs cornes sont dirigées en avant. Ce dernier caractère exclut l'identité avec le Buffle, présumée par Pallas. Cette direction des cornes en avant, cette supériorité de taille, cette identité de la forme avec celle du Bœuf domestique, précisées par des observateurs qui connaissaient le Zubr (notre Aurochs), et qui en décrivent les caractères, ne peuvent concerner évidemment ce dernier Animal. Le Thur en diffère donc; c'est encore moins le Buffle dont la taille est beaucoup plus basse, qui n'a jamais habité un climat aussi froid, et qui alors était bien connu. J.-C. Scaliger, *Exercit. Exoteric.* 206 *ad Cardan.*, le décrit aussi exactement que les modernes; il insiste sur l'aplatissement de ses cornes. Albert-le-Grand l'avait aussi déjà bien caractérisé deux siècles plus tôt; les auteurs polonais cités, qui avaient passé plusieurs années en Italie, qui par leur savoir ne pouvaient ignorer les écrits d'Albert et de Scaliger, et surtout Herberstein qui avait été en Italie et en Grèce, ne pouvaient donc prendre l'un pour l'autre. J.-C. Scaliger avait vu des cornes de l'Urus (ou le Thur); il dit que l'Urus ne diffère en rien du Taureau domestique. Il aurait bien reconnu une corne de Buffle; il parle de leur usage actuel en Massovie pour vases à boire dans les festins, comme en Germanie au temps de César; Aldrovande, *Quadr. Bisulc.* p. 350, dit que les cornes de l'Urus sont beaucoup plus longues que celles du Bison et d'une autre couleur: or, nous avons vu que leur direction est aussi différente. Gesner avait vu à Mayence et à Worms de grands crânes de Bœufs sauvages (et toujours il appelle le Thur, Bœuf sauvage), doubles en grandeur de ceux des Bœufs domestiques, attachés, quelques siècles auparavant, à des édifices publics. A la même époque, le médecin J. Caïus avait vu, dans le château de Warwick en Angleterre, de grands crânes pareils à ceux que l'on trouve bien plus souvent que ceux d'Aurochs dans les tourbières de France et d'Allemagne, et dont le front se termine sur une ligne droite passant par les cornes comme dans les Bœufs domestiques. Et ces crânes vus à Warwick et ceux de nos tourbières ont les cornes très-grandes, dirigées en avant. *V.* Gesner, *Quadrup.* p. 137, et Cuvier, Ossem. Foss. t. 4. — Ces caractères de la direction des cornes, de la supériorité de taille, et, pour le répéter, cette ressemblance du Thur avec les Bœufs domestiques, précisée par des observateurs qui connaissaient le Zubr et le Buffle, n'implique-t-elle pas l'identité du Thur avec le grand Taureau fossile; ce grand Taureau est pour nous l'ancien Urus de César, dont l'espèce a été la première anéantie parce que les progrès de la civilisation ont été plus rapides dans l'ouest de l'Europe. Au quinzième siècle, elle n'existait plus que dans les forêts royales de Pologne, comme l'espèce de l'Aurochs, originaire de l'est de l'Europe, se conservait, en 1778, dans la forêt de Bialoviczenski en Lithuanie. Le Buffle introduit en Europe sous le règne de Justinien, en 595, se trouve aujourd'hui en Asie, en Afrique et en Europe. Le Buffle du Cap appartient à l'Afrique australe; il n'y a pas d'indice de son existence dans l'Afrique boréale. On verra à son article qu'il diffère autant de l'autre Buffle que des autres Bœufs; qu'en conséquence on ne peut attribuer ces différences à l'influence du climat. L'Arni ne se trouve que dans la partie montagneuse de l'Asie méridionale, et l'Yack dont il paraît qu'il existe plusieurs variétés différentes par la taille, le chevelu de la queue et l'existence des cornes, ne se rencontre pas hors de l'Asie centrale circonscrite par les monts Hymalaïa au sud, les Altaï et Sayansk au nord, et ceux de Belur à l'ouest. Chacune de ces espèces est donc séparée des autres par les limites de son organisation, et par celles de sa répartition géographique. Les deux espèces qui ont le plus d'analogie, l'Aurochs et le Bison, sont précisément celles que séparent les plus grands intervalles. On ne peut donc faire dériver l'une de l'autre. Pallas, embarrassé de l'absence de l'Aurochs dans toute la Sibérie, et de ce qu'à l'époque de la découverte de l'Amérique, le Bison y était plus nombreux que l'Aurochs ne l'a jamais été en Europe; réfléchissant que tous les Animaux communs à l'Amérique et à l'ancien continent, les Elans, les Rennes, le Loup, le Renard, l'Isatis, etc., se trouvent sur les deux bords du détroit de Behring; n'ayant d'ailleurs pu s'assurer, par l'examen, de la différence du Bison et de l'Aurochs, inclinait à le croire une variété de celui-ci, passée en Amérique par un grand isthme dont les îles Schetland, Feroë et l'Islande seraient des débris; mais si cela était, on en devrait retrouver l'espèce dans ces mêmes îles, et leur route devrait être ainsi jalonnée: or il n'en est rien. D'ailleurs l'instinct n'aurait pas dû se métamorphoser par l'émigration, lorsque tous les rapports d'existence de l'Animal seraient restés les mêmes, puisqu'en changeant de contrée, il n'aurait pas changé de climat. Ainsi l'Aurochs aurait conservé en Amérique l'instinct de la vie solitaire dans le fond des forêts où il n'a pas été refoulé par l'homme. Car du temps de César, on ne le trouvait que dans la forêt Hercinie, comme aujourd'hui dans les forêts de la Lithuanie et des monts Crapacks. Au contraire, le Bison en grandes troupes se plaît dans les vastes plaines découvertes qui produisent une herbe longue et épaisse. Il est en outre plus rare et plus petit du côté de la baie d'Hudson que dans l'intérieur du Continent; il n'entre dans les bois que quand il est chassé. — Le Bœuf musqué habite les rochers et les parties hautes et rocailleuses, les terres stériles, sans pourtant s'éloigner des bois. Le Buffle asiatique préfère les marécages où il se tient des heures entières submergé jusqu'au museau, comme le dit J.-C. Scaliger, et comme Quoy l'a vu à Timor. Le Yack habite les étages supérieurs des montagnes ou les plateaux froids de l'Asie centrale. Le Buffle du Cap, comme l'Aurochs, habite les forêts impénétrables de l'Afrique australe. Par la figure de ses cornes, et leur énorme volume, ce Buffle ressemble davantage au Bœuf musqué qui habite à l'autre extrémité du diamètre terrestre, qu'à aucun autre Bœuf; ses habitudes d'ailleurs sont différentes. Il est évidemment impossible de lier par des espèces intermédiaires ces deux espèces entre elles; toutes deux sont sauvages, leur résistance invincible à quitter leurs sites ne peut être une disposition acquise. Toutes ces espèces sont donc aborigènes, non-seulement des régions, mais des sites où on les trouve.

Les différences d'organisation correspondent dans chacune de ces espèces aux différences d'instincts et des répartitions géographiques. Dans le Buffle du Cap, la boîte cérébrale n'a pas le quart d'amplitude que comporterait le même volume extérieur dans le Bœuf : les deux tables de tous les os du crâne sont écartées l'une de l'autre, comme dans les Cochons, par de vastes cellules dont les cloisons sont aussi compactes que la substance même des tables : l'écartement des deux tables dans le frontal, le pariétal et l'occipital, est au moins de trois pouces. Du raccourcissement du rayon descriptif de la cavité cérébrale, résulte une diminution proportionnelle du volume du cerveau allongé d'avant en arrière. Dans le Buffle, la disposition est la même, mais à un moindre degré. Dans le Buffle du Cap, la pointe nasale des inter-maxillaires reste distante d'un pouce de l'articulation naso-maxillaire, comme dans le Bœuf musqué ; dans le Buffle ordinaire, cette pointe de l'inter-maxillaire est comprise dans la moitié de la longueur de cette articulation.

Dans le Buffle Arni, cette partie de l'inter-maxillaire forme les trois quarts antérieurs de la même articulation, mais les parois du crâne ne sont plus creusées de cellules. Dans le Bœuf musqué, les parois du crâne ont une épaisseur proportionnelle presque égale à ce qui existe dans le Buffle ; mais ces parois sont solides, et leur tissu est fort compact, ce qui rend ce crâne plus pesant que toutes les autres à égalité de volume. Ce n'est pourtant pas au climat que ces différens caractères peuvent s'attribuer, car le Bison limithrophe du Bœuf musqué n'y participe pas, et la même compacité se retrouve dans les cloisons du Buffle du Cap. Toutes ces différences sont donc primitives ; il n'y a pas de différences, sous le rapport de la structure des os, entre les autres espèces de Bœufs.

Outre les différences de figure qui distinguent les crânes d'Aurochs et de Bison de celui de l'espèce domestique, il y a surtout un caractère commun à ces deux espèces. C'est la distance où reste l'inter-maxillaire de l'articulation naso-maxillaire. Dans tous deux encore, les os du nez sont courts, larges et bombés ; enfin un caractère plus décisif que tous les autres pour la séparation de l'Aurochs et du Bison c'est que celui-ci a quinze côtes, l'Aurochs et l'Yack quatorze, et tous les autres treize. Ces côtes surnuméraires n'entraînent pas un supplément de vertèbres ; elles s'insèrent aux vertèbres lombaires qui, au nombre de six dans les autres Bœufs, sont de cinq dans l'Aurochs et de quatre seulement dans le Bison. Dans toutes les espèces, les cornes continuent de croître après l'achèvement de la taille ; cet accroissement local est renforcé par l'abondance de la nourriture. Des crânes de même grandeur, et par conséquent des individus de même taille dans la même espèce, offrent donc nécessairement, d'après ces circonstances, des cornes fort inégales. La taille ne peut donc se conclure de la grandeur des cornes, mais bien de celle des crânes qui lui est toujours proportionnelle. Au moyen de ces rapports qu'il a déterminés, Cuvier a ramené les Buffles Arnis évalués jusqu'à quatorze et quinze pieds de hauteur d'après les cornes les plus gigantesques, à la taille des Bœufs de Hongrie, cinq pieds cinq à six pouces. Dans plusieurs espèces, le Taureau, le Yack, les cornes n'existent pas toujours ; quand elles manquent, le frontal se bombe sur le milieu en même temps qu'il y devient plus compact.

La même espèce ne souffre guère d'altération par les changemens de climats ; le Buffle, en Italie, a le poil rare, dur et noir comme dans l'Archipel asiatique sous l'équateur. Le Bœuf domestique redevenu libre, et presque sauvage dans les llanos de Caracas, et les pampas de Buenos-Ayres, n'a pas moins de poils et n'est pas autrement coloré qu'en Europe. Les diversités de pelages et de couleurs dans les espèces différentes sont donc primitives aussi bien que les diversités plus profondes d'organisation : ce ne sont donc pas des accidens perpétués par la permanence de l'influence qui les aurait produits. La couleur des cornes varie d'une espèce à l'autre, comme la couleur et la nature du poil ainsi que sa direction.

Voici la distribution géographique des espèces : deux propres à l'Amérique du Nord, le Bœuf musqué en dedans du cercle polaire, le Bison, depuis ce cercle jusqu'au trente-cinquième degré; deux à l'Europe, l'Aurochs, Zubr, et le Taureau, Thur du moyen âge, Urus des anciens; quatre à l'Asie, le Yack, le Buffle Arni, le Buffle ordinaire et le grand Buffle fossile; un à l'Afrique australe, le Buffle du Cap.

La zône, habitée par le genre Bœuf, s'étend donc obliquement dans le sens des méridiens à travers tous les climats : chaque espèce, excepté le Taureau et le Buffle, dispersée par l'Homme, reste circonscrite dans des régions limitées autant par des barrières naturelles que par celles de leur instinct, et dans chaque région l'espèce aborigène affecte exclusivement un seul site. (*V.*, pour ces règles, notre Mémoire sur la distribution géographique des Animaux vertébrés, moins les Oiseaux, Journal de phys., février 1822.)

1°. L'Aurochs, *Bos ferus*, Linné; Zubr des Polonais; Bison et Wisen des écrivains du moyen âge; Bonasus d'Aristote.—La plus grande des espèces de Bœufs vivantes. D'après Gilibert (*Exercit. phitol. Zool.* Wilna, 1782), le Zubr surpasse les plus grands Bœufs de Hongrie. Pallas en a mesuré un vieux mâle de six pieds de haut à la croupe et au garot. La tête était longue de deux pieds six pouces, l'intervalle des yeux de dix-huit pouces, celui de la naissance des cornes d'un pied : les cornes avaient treize pouces de hauteur, et autant de circonférence à la base. On a trouvé dans le Kentuckey une portion de crâne fossile dont le contour de l'origine de la corne est de dix-huit pouces; ce contour est de 21 pouces dans un crâne fossile cité par Mayer : mais nous avons vu que l'on ne peut rien conclure des dimensions des cornes.

Cuvier a fait voir les différences du crâne dans l'Aurochs et le Bœuf. Le front du Bœuf est plat et même un peu concave; celui de l'Aurochs est bombé; il est carré dans le Bœuf, sa hauteur égalant à peu près sa largeur, en prenant sa base entre les orbites. Dans l'Aurochs, mesuré de même, il est beaucoup plus large que haut; le front du Bœuf se termine sur une ligne droite tangente aux cornes en arrière; dans l'Aurochs cette ligne se courbe en arc deux pouces en arrière des cornes; la tête osseuse de l'Aurochs ne diffère pas de celle du Bison. L'Aurochs a quatorze paires de côtes.

Tout le devant du corps est garni de poils, longs de plus d'un pied, disposés en crinière; ceux des épaules, des bras et du fanon, tombent presque jusqu'aux sabots : il y a deux sortes de poils, l'un plus court, laineux et fauve, est une espèce de bourre. Les longs poils de la crinière sont droits et rudes, mais encore laineux : ces longs poils tombent du printemps à la fin de juin; ils ont repoussé à la fin de novembre. L'Animal ne porte donc sa livrée que pendant l'hiver. La crinière est quatre fois plus courte dans la femelle; les poils du train de derrière, au lieu d'être couchés, restent écartés de la peau à cause de la bourre; les lèvres, les gencives, la langue et le palais sont bleus; la base de la langue est hérissée de grands tubercules durs déjà observés par l'évêque Cromer; les cornes sont noires, bien plus compactes et plus épaisses que dans les Bœufs; elles ont ordinairement un demi-pied de haut et sont semi-lunaires; les poils de la nuque ont une odeur musquée, plus forte en hiver. Gilibert en a observé quatre jeunes, pris en janvier dans la forêt de Bialoviezenski; ils refusèrent de teter des Vaches; on leur fit teter des Chèvres posées à leur hauteur sur une table : quand ils étaient rassasiés, ils jetaient d'un coup de tête leur nourrice à six ou huit pieds de distance. Les deux jeunes mâles moururent au bout d'un mois. A la fin de la première année, la crinière des Génisses était faite. Le rut vint à deux ans : on offrit à l'une un grand et beau Taureau qu'elle repoussa avec fureur, quoique depuis plusieurs jours ses mugissemens d'amour et le gonflement de la vulve, rouge et entr'ouverte, annonçassent ses besoins. D'ailleurs l'Aurochs est docile, il caressait de la voix son gardien, lui léchait les mains, lui frottait le corps avec les lèvres et la tête, et venait à sa voix ; mais la vue d'un étranger et la couleur rouge le mettaient en colère ; il ne choisissait dans le foin qu'un petit nombre d'Herbes, c'étaient surtout des Ombellifères ; il ne souffrait pas de vaches dans sa pâture. — Dans la forêt de Bialoviezenski, les Aurochs ne s'écartent pas des rivages ; ils en broutent l'Herbe en été, et en hiver ils se nourrissent des pousses des Arbustes et les Lichens. L'espèce s'y conserve aujourd'hui par les soins des gardes-forestiers. — Dans le temps du rut, les mâles combattent entre eux ; la chasse en est alors très-périlleuse. D'un coup de tête, ils brisent des Arbres gros comme la cuisse. La femelle porte onze mois. Il paraît, par l'époque où l'on prit ceux qu'observa Gilibert, qu'elle met bas en décembre. Herberstein dit au contraire que le Thur met bas au printemps et que ceux qui naissent en automne ne vivent pas.

Les intestins et les estomacs de l'Aurochs sont, proportionnellement à la taille, un tiers plus étroits que dans le Bœuf ; le cerveau même sent le musc ; cette odeur de musc est l'origine du nom de Bison donné à cet Animal par les auteurs du moyen âge qui ont latinisé le mot allemand *Wisen* ou *Bisem* lequel signifie Musc. L'Aurochs a vécu dans toutes les forêts marécageuses de l'Europe tempérée ; son espèce n'y fut pourtant jamais nombreuse ; il n'y en a point en Scandinavie. Erasme Stella y parle bien de Bison et d'Urus ; mais comme il dit en même temps que dans la langue du pays ces Animaux s'appellent *Elk*, nom de l'*Elan* dans toutes les langues germaniques, il est évident que c'est de cet Animal qu'il a parlé.

Il subsiste encore en Écosse une race de Bœufs blancs avec les oreilles et le museau noirs, qui sont hauts sur jambes comme l'Aurochs. Au temps d'Hector Boethius, dans le 16e siècle, ils avaient une crinière qu'ils n'ont plus aujourd'hui. Cuvier pense que ce n'est qu'une variété de l'Aurochs. C'est ce que l'examen du squelette poura seul décider ; leur taille est celle d'un Bœuf moyen ; leur cuir, comme celui du grand Aurochs, passe pour être plus dur et plus compact que celui du Bœuf.

2°. Le Bison, *Bos americanus*. Gmel. Buff. Sup. T. III. p. 5. Encyc. pl. 45. fig. 3. Tête osseuse comme celle de l'Aurochs ; les os du nez sont un peu plus courts, plus larges et plus bombés, et les orbites un peu moins saillans ; mais des caractères plus décisifs, c'est une quinzième paire de côtes, de sorte qu'il ne reste que quatre vertèbres lombaires, et la disproportion du train de derrière à celui de devant dépendant moins d'une inégalité de longueur des membres que de l'excès de hauteur des apophyses épineuses dorsales, à commencer de la deuxième et surtout de la troisième qui est la plus haute. Il existe au Muséum une colonne vertébrale fossile où les empreintes de côtes ne laissent que quatre vertèbres entre la dernière côte et le sacrum ; ce caractère appartient au seul Bison américain. L'apophyse épineuse de la douzième vertèbre en avant du sacrum a bien vingt-deux pouces de longueur, ce qui en suppose encore davantage pour les trois précédentes ; le Bison seul a quatre vertèbres lombaires ; cette colonne, trouvée dans la vallée de la Somme, appartient-elle à un Bison ? ou bien l'ancien Aurochs fossile avait-il une paire de côtes de plus ou une vertèbre lombaire de moins ? Cette excessive hauteur des apophyses épineuses dorsales détermine cette gibbosité dont Charlevoix avait reconnu la cause; il n'y a pas de loupe comme dans le Zébu.

D'après Hearne, la taille du Bison, moindre que celle de l'Aurochs, surpasse celle de tous les autres Bœufs; il a vu huit Indiens ne pouvoir retourner le cadavre des vieux mâles. Le cuir est spongieux comme celui du Buffle; au cou, il a un pouce d'épaisseur; les cornes, plus courtes que dans tous les autres Bœufs, sont presque droites et très-fortes à la racine. D'après cela, il n'est pas certain que le crâne fossile du Musée, de Péal, ne soit pas d'un Bison, puisque d'ailleurs le crâne du Bison diffère si peu de celui de l'Aurochs. Depuis le chanfrein jusque derrière les épaules, règne une épaisse et longue crinière; plus touffue entre les cornes, elle s'étend sur le flanc de tout l'avant-train et sous le fanon. Il n'y a pas deux sortes de poils comme dans l'Aurochs; c'est une laine longue, très-fine et soyeuse; elle forme des manchettes aux poignets. Le train de derrière est couvert d'un poil plus court que celui de l'Aurochs, et plus noir; la queue, d'un pied de long, est terminée par un flocon de laine noire dans les mâles, et roux dans les femelles à cause de l'urine; la toison d'un Bison pèse huit livres, selon Charlevoix. Au contraire de l'Aurochs qui vit solitaire dans la profondeur des forêts, le Bison se plaît en grandes troupes dans les vastes savanes découvertes qui produisent une Herbe longue et épaisse; il paît soir et matin, se retire pendant la chaleur dans les lieux marécageux, et n'entre dans les bois que pour fuir les chasseurs. Ils sont très-légers à la course; quelque profonde que soit la neige, et malgré les sillons qu'y trace leur poitrine, ils la franchissent plus vite que le plus agile Indien avec ses raquettes.

Le Bison habite depuis la Louisiane jusqu'au cercle polaire; il est plus rare et plus petit du côté de la baie d'Hudson, que dans l'intérieur du continent, sur la grande région qui verse dans l'Océan polaire les rivières d'Hearme et de Makensie. C'est près du lac Athapescow qu'Hearne a vu les plus gros Bisons.

D'après Raffinesque, le Bison est domestique dans les fermes du Kentuckey et de l'Ohio. Il se plaît et s'accouple avec les Vaches. Les métis se nomment *Naals Bread Buffaloes*: ils ont la couleur, la tête et la demi-toison du Bison; ils n'ont plus de bosse, mais le dos est toujours incliné. Ils s'accouplent indifféremment entre eux ou avec leurs pères et mères, et produisent de nouvelles races fécondes. La fécondité des produits n'est donc pas une preuve de l'unité des espèces croisées, comme on le croit d'après Buffon; or, rien n'est plus évident en zoologie que la diversité d'espèces du Bison et du Bœuf domestique.

3°. Le Buffle, *Bos bubalus*, Buff. T. II. pl. 25. La figure de l'Encycl. sous ce nom appartient à l'espèce suivante: — Le front plus bombé que dans le Bœuf, à cause de la procidence des cornes dirigées en bas et en arrière; elles sont aplaties sur deux faces et striées en travers. Il a été bien décrit par Albert-le-Grand, et surtout par J.-C. Scaliger (*Exoteric. Exercit.* 206 *ad Cardan.*). Sa peau noire est presque nue, excepté à la gorge et aux joues parsemées de poils courts et roides; cette nudité et l'épaisseur de son cuir indiquent sa patrie dans les régions marécageuses des climats chauds; il n'a presque pas de fanon. Il paraît avoir été inconnu aux Grecs et aux Romains, au moins n'a-t-il pas vécu chez eux. Cuvier observe qu'Aristote en a parlé sous le nom de Bœuf sauvage d'Arachosie, dont le pelage était noir, le museau retroussé et les cornes couchées en arrière. Il n'a que treize paires de côtes comme notre Bœuf; mais ses mamelles sont sur une même ligne transverse. Il est aujourd'hui très-commun en Grèce et en Italie, où il fut introduit dans le septième siècle. C'est à tort que Pallas le prend pour le Thur, décrit par Herberstein, et vivant sauvage dans les environs de Varsovie. Le Buffle, comme l'observait déjà J.-C. Scaliger, ne supporte pas le froid; or le Thur était sauvage; pourquoi donc serait-il resté sous l'inclémence d'un ciel qu'il était libre de fuir? Herberstein qui avait été ambassadeur à Constantinople, le médecin Mathias à Michow, l'évêque de Warmie, Cromer, qui tous deux avaient passé en Italie plusieurs années et qui ne pouvaient manquer d'y avoir vu des Buffles, d'ailleurs bien décrits dans Albert et dans J.-C. Scaliger, auraient reconnu le Thur pour un Buffle, puisque tous trois connaissaient le Buffle, l'Aurochs et le Thur. Ils disent précisément que le Thur est beaucoup plus grand que le Bœuf, et que ses cornes sont dirigées en avant, au contraire du Buffle. Le Thur n'est donc pas le Buffle, qui d'ailleurs est en Europe moins haut que le Bœuf. Pallas ne se trompe pas moins en considérant le Buffle comme originaire de la partie montagneuse et froide de l'Asie, au nord de l'Inde, où il serait primitivement couvert d'un poil long et touffu, devenu dur et rare sous les zônes chaudes de l'Asie. Nous voyons que les Buffles, acclimatés en Europe, n'y ont pas la peau beaucoup moins rude que ceux de l'Archipel asiatique. La nudité de leur peau est donc primitive: ce qui induisit Pallas dans une erreur, c'est que n'ayant pas eu occasion apparemment d'anatomiser le Buffle, il ne put reconnaître ses différences d'avec l'Yack qu'il en supposait la tige. Or nous allons voir combien l'Yack en diffère; le naturel du Buffle est le même dans tous les pays. Quoy, médecin de l'Uranie, l'a vu à Timor rester des heures entières enfoncé dans l'eau jusqu'au museau, ainsi que Scaliger l'observait en Italie. Si le Buffle était originaire des montagnes du Thibet, comme le supposait Pallas, en vertu de cet instinct qui, dans tous les Animaux, survit à la déportation, il rechercherait les sites de son pays quelque part qu'on l'eût transporté. Or, c'est dans les plaines humides de la Lombardie, dans les marais Pontins que le Buffle prospère; sa patrie est donc l'Asie méridionale, d'où l'homme l'a propagé en Afrique et jusqu'en Grèce et en Italie. On dit qu'il y en a d'échappés et redevenus sauvages dans quelques contrées du royaume de Naples. Son cuir, comme celui du Bison, est spongieux et perméable à l'eau: il en résiste mieux aux armes tranchantes; on l'emploie pour armes défensives.

D'après un squelette d'Arni, que Cuvier a fait venir de l'Inde, il paraît que cet Animal n'est qu'une variété à grandes cornes du Buffle ordinaire. Son crâne présente néanmoins quelques différences, par exemple, l'absence de cellules périéraniennes: nous manquons de renseignemens sur le pelage.

4°. Buffle du Cap, *Bos Caffer*. Sparm. Schreb. pl. 301. Encycl. pl. 45, f. 4. Cette espèce se distingue des précédentes par ses énormes cornes noires dont les bases aplaties et raboteuses couvrent comme un casque tout le sommet de la tête; l'épaisseur du crâne est ici bien plus grande encore que dans le Buffle. Cette épaisseur résulte de l'écartement des deux tables par des cellules à cloisons compactes, qui ont presque trois pouces de hauteur. La boîte cérébrale est allongée et deux fois plus petite que dans le Bœuf; les fosses ethmoïdales sont très-grandes; les cornes sont séparées à leur base par une rainure étroite d'un pouce, qui s'élargit en avant dans quelques individus, mais dont les deux bords restent parallèles dans d'autres, comme dans le Bœuf musqué, s'étendant depuis la nuque jusqu'à trois pouces de l'œil; elles se recourbent en bas, en devenant plus cylindriques; chacune d'elles forme un arc à concavité supérieure; la distance d'une pointe à l'autre excède quelquefois cinq pieds; l'Animal lui-même en a plus de huit de longueur sur cinq de hauteur au garot. Encore plus gros et plus massif que le Buffle asiatique, ses jambes sont courtes, son fanon pendant, son poil ras et brun foncé. Il vit en grandes troupes depuis le cap de Bonne-Espérance jusqu'en Guinée, dans les forêts les plus épaisses, où ils se fraient des chemins étroits dont ils ne s'écartent jamais; il aime à se plonger dans l'eau. Il attaque tout ce qu'il trouve sur son passage; mais en rase campagne il fuit l'homme. Sa langue paraît encore plus hérissée de tubercules que celle de l'Aurochs; car on dit qu'il écorche, en les léchant, les Animaux qu'il a tués.

5°. Yack ou Vache grognante de Tartarie, Schreb. pl. 299. Turner, Voy. au Thib. Atlas. Act. pétropol. T. II, pl. 10. Encycl. pl. 45, fig. 3, n° 2, fig. copiée d'après la pl. de Gmelin, tab. 7 *Nov. Comm. Petrop.* t. 5.

Le Yack a quatorze paires de côtes comme l'Aurochs, et quatre mamelles sur une seule ligne transverse comme le Buffle. Pallas (*Act. petr.* t. 2, *Pars post* 1777, Mém. sur les esp. sauvages de gros bétail) a le premier fixé ses caractères anatomiques, Mais ignorant l'anatomie du Buffle, il l'avait rattaché au même type que l'Yack. Cette erreur, d'un aussi excellent zoologue, est un exemple de la faillibilité des caractères extérieurs et de la nécessité de les combiner avec des modifications plus intimes de l'organisation. L'Yack se distingue de tous les autres par sa queue dont le crin long et élastique comme celui du Cheval, est fin et lustré comme la plus belle soie; il a sur les épaules une proéminence recouverte d'une touffe de poils plus longs et plus épais que celui de l'épine; cette touffe s'allonge sur le cou en forme de crinière jusqu'à la nuque; les poils supérieurs sont récurrens comme dans le Zèbre et plusieurs Antilopes; les épaules, les reins et la croupe sont couverts d'une sorte de laine épaisse et douce; des flancs et du dessous du corps et du gros des membres, pendent, jusqu'à mi-jambe, en traversant cette laine, des poils très-droits et touffus. Turner en a vu dont le poil traînait jusqu'à terre. Sur le bas des jambes, le poil est lice et roide, les sabots, surtout devant, sont très-grands, semblables à ceux du Buffle; les ongles rudimentaires très-saillans. La race du Thibet a des cornes longues, minces, rondes et pointues; peu arquées en dedans et un peu en arrière, sans arêtes ni aplatissement; elle a aussi les oreilles petites, d'après Turner. Or Witsen dit qu'en Daourie les mâles de ces Bœufs portent de très-grandes cornes aplaties et courbées en demi-cercle. Comme la figure des cornes est invariable dans les espèces, cette diversité entre les deux races, vue d'une part par Gmelin et Turner, de l'autre, par Witsen, n'indique-t-elle pas deux espèces? Les individus vus et décrits par Pallas (*loc. cit.*) étaient sans cornes, de la taille d'une petite Vache; le front très-bombé et couronné d'un épi de poils rayonnans; ils étaient bossus au garot comme ceux du Thibet. Ils venaient de la Mongolie. Les oreilles étaient grandes, larges, hérissées de poils, dirigées en bas sans être pendantes. A trois mois, le Veau a le poil crépu, noir et rude comme un Chien barbet, et les longs crins commencent à pousser partout sous le corps depuis la queue jusqu'au menton; tout le corps était noir. L'été de la Sibérie, à Irkoutsk, était encore trop chaud pour eux; dans le milieu du jour, ils cherchaient l'ombre ou se plongeaient dans l'eau. Les Chinois, qui en ont introduit chez eux, l'appellent *Si-Nijou*, Vache qui se lave, à cause de cette habitude.—Au Thibet, les Yacks vivent dans les étages les plus froids des montagnes, surtout dans la chaîne qui sépare le Thibet du Boutan. Les Tatares nomades se nourrissent de leur lait dont ils font aussi d'excellent beurre qui s'envoie dans des sacs de peau par toute la Tatarie. On emploie l'Yack, suivant les lieux, à porter des fardeaux ou à tirer des chariots et même la charrue. Leur queue est dans tout l'Orient un objet de luxe et de parure. Les Chinois avec ses crins teints en rouge font les houppes de leurs bonnets d'été. C'est un signe de dignités militaires chez les Turcs. Pennant en a vu une de six pieds de long au Musée britannique.

Les deux sexes ont un grognement grave et monotone comme celui du Cochon. Les mâles le répètent moins souvent que les Vaches, et les Veaux encore plus rarement. Turner dit qu'ils ne grognent que quand ils sont inquiétés ou en colère. Les Thibétains ont pour le Yack le même respect que les Indous pour le Zébu.

Ælien seul des anciens en a parlé. Il dit, *lib.* 15, que les Indiens ont deux espèces de Bœufs : l'une, rapide à la course, noire, et dont la queue blanche sert à faire des chasse-mouches. Il en reparle, *lib.* 16, sous le nom de *Poephagus*.

6°. Bœuf musqué, *Bos moschatus*, Linn. Buff. Sup. Pennant, Zool. arct. T. I. p. Son crâne est figuré *Nov. Comm. Petrop.* T. XVII. pl. 17. Les caractères de cette espèce consistent dans les cornes disposées à peu près comme dans le Buffle du Cap; leurs bases aplaties ont leurs bords internes parallèles, se prolongeant depuis la crête occipitale jusqu'à l'orbite, beaucoup plus saillant ici que dans tous les autres, y compris l'Aurochs; ces cornes sont blanches dans le mâle, où elles pèsent jusqu'à soixante livres sans le crâne. Les cornes ont leur base séparée par une rainure à bords droits, d'un pouce de large, s'étendant depuis l'orbite jusqu'à la crête occipitale qu'elles débordent en arrière, en occupant ainsi le tiers de la longueur de la tête; les cornes elles-mêmes se réfléchissent presque perpendiculairement entre l'orbite et l'apophyse mastoïde, jusqu'au-dessous de l'œil, et se redressent vers la pointe seulement. Dans la femelle, les bases des cornes sont plus écartées, et leurs bords ne sont pas parallèles, mais arrondis; la boîte cérébrale est très-petite, à cause de l'épaisseur du crâne; elle est presque trois fois plus longue que large, et presque cylindrique; c'est comme dans le Buffle du Cap, mais ici les parois sont solides au lieu d'être creuses. Camper (*Nov. Act. Petrop.* T. II) dit que, sur le crâne qu'il a examiné à Londres et trouvé semblable aux figures citées de Pallas, il y a des fosses lacrymales, indices de larmiers; que les intermaxillaires ne montent pas jusqu'à l'articulation naso-maxillaire, et que sur deux pieds quatre pouces de longueur de crâne, l'espace inter-orbitaire était d'un pied quatre pouces.

Le Bœuf musqué habite l'Amérique, sous le cercle polaire, par troupes de quatre-vingts à cent : il n'y a que deux ou trois mâles par troupeau. Quoique ce nombre en soit par conséquent fort petit, on en trouve beaucoup de morts dans le temps du rut, parce qu'ils se battent pour les femelles. Ce fait réfute assez l'opinion que c'est à l'ardeur du climat que tient celle du tempérament. A cette époque, ils se jettent sur tout ce qui approche des Genisses, et poursuivent même les Corbeaux par leurs mugissemens. Les femelles conçoivent en août et mettent bas, à la fin de mai ou au commencement de juin, un seul petit. Cette espèce est moins grande que le Bœuf, très-basse sur jambes; sa queue est cachée dans le poil, qui a jusqu'à dix-sept pouces de long et pend jusqu'à terre. Comme dans la plupart des Quadrupèdes des climats froids, il y a deux poils : l'un droit et soyeux, long, surtout sous le ventre et à la queue. Chez les mâles, il est permanent et noir; il forme sous le cou une crinière dont les Esquimaux font des chasse-mouches. L'autre pousse en hiver; c'est une belle laine épaisse, serrée en bourre à la racine des poils longs : elle est de couleur cendrée; elle se détache à l'approche de l'été, et l'Animal s'en débarrasse en se roulant par terre.

Ils errent dans les parties hautes et rocailleuses des terres stériles; rarement ils s'éloignent beaucoup des bois. Lourds en apparence, ils gravissent les rochers d'un pied aussi agile et aussi sûr que la Chèvre. En hiver, ils broutent les sommités de Saule et de Pin. La chair ressemble à celle de l'Elan; la graisse est blanche, nuancée de bleu. Les jeunes sont bons à manger. Le couteau dont on a dépécé un vieux Taureau ne perd l'odeur de musc qu'en le repassant. C'est au fourreau de la verge que l'odeur de musc est la plus forte, le smegma du gland est aussi odorant que dans la Civette : il conserve sa force plusieurs années.

Pallas en a décrit des crânes trouvés

à l'embouchure de l'Obi. Il dit, dans une note jointe au Mémoire de Camper, cité plus haut, que ces crânes étaient épars sur le rivage, qu'ils étaient récens et non fossiles, et altérés par l'air. Ils avaient été évidemment apportés d'Amérique par les glaces.

7°. Boeuf domestique, *Bos, Taurus domesticus*, Lin. Buff. t. 4, pl. 14. Cuvier a déterminé la souche du Bœuf domestique et de toutes ses variétés avec ou sans cornes, à bosses ou sans bosses, dans le grand Taureau dont on trouve les crânes fossiles dans les tourbières de France, d'Allemagne et d'Angleterre. La figure et les proportions de ces crânes ne diffèrent en rien de celles des crânes de toutes les races du Bœuf domestique, si ce n'est par la direction des cornes arquées en dehors, en avant et un peu en haut. On connaît ces crânes depuis le 16e siècle. Gesner les a figurés (*Quadrup.* p. 137). Le médecin J. Caïus lui en avait envoyé les dessins d'après des têtes conservées au château de Varwik, avec des côtes et des vertèbres d'une grandeur proportionnée. Elles passaient pour provenir d'individus tués par le dernier maître du château. Aux auteurs dont les témoignages rapportés au commencement de cet article nous semblent établir l'identité du Thur ou Urus avec l'espèce aux grands crânes, qui ne se serait éteinte que depuis leur époque, nous ajouterons que Conrad Celtis, leur contemporain (*Carmen ad Vistulam in Script. rerum polonic.*), distingue aussi l'Urus du Bison dont il décrit la chasse. Au 16e siècle, l'espèce sauvage du Bœuf existait donc encore dans les forêts de la Massovie où les auteurs précités l'avaient observée; elle paraît avoir existé encore en Angleterre, quelque temps auparavant. Comme les crânes s'en trouvent en plus grand nombre que ceux d'Aurochs, et sur une plus grande étendue de pays, il suit qu'elle a dû être plus nombreuse que l'Aurochs. Ces crânes ne sont pas rares dans la vallée de la Somme; on en trouve des cornes de six pouces de diamètre dans les tourbières de Midelfingen près de Stuttgard. Près d'Arezzo, on en trouve dont les cornes avaient deux pieds sept pouces de long et quatorze pouces de contour à la base. Sur un trouvé à Rome, ce contour était de dix-huit pouces, et l'intervalle des orbites de quatorze pouces; le crâne du Muséum a vingt-trois pouces de long. (Voir sa figure. Cuvier. Ossemens foss. nouv. édit. t. 4.) — Cette espèce, dit Cuvier, a donc été répandue dans la plus grande partie de l'Europe; et comme les auteurs polonais dont j'ai cité les passages distinguaient l'Urus du Bison, il pense que cette espèce était l'une des deux. Il croit néanmoins avec Pallas que le Thur, appelé Urus par les mêmes auteurs, est le Buffle. Nous croyons, d'après les rapprochemens précités, que le Thur du moyen âge est cette grande espèce qui n'existait plus alors que dans la forêt Hercinie près de Viskitk, selon l'évêque Cromer; près de Sochaczow et de Koszkam, selon Schnebergen. Elle était, suivant tous ces auteurs, beaucoup plus grande que les Bœufs domestiques, et d'un poil plus élégant. Ses cornes étaient recourbées en avant; le Bœuf fossile offre seul ce caractère. Elle avait sur le dos une ligne blanche; les femelles n'étaient jamais noires mais chatains; le rut était en septembre; la mise bas en mai; c'est neuf mois comme la Vache; la Buffle porte dix mois, l'Aurochs onze. Bonarus attribuait leur origine à une belle race de Bœufs redevenue sauvage, ou à un produit du Bison Zubr avec la Vache; cette opinion est démentie par l'expérience de Gilibert; il s'accouplait avec la Vache, mais les petits ne pouvaient s'élever. La disproportion des tailles respectives l'explique assez; la hauteur paraît avoir été de six pieds et demi au garot; les grands Bœufs de Podolie et de Hongrie y atteignent encore.

Le Zébu, Buff. Hist. xi, p. 285, T. 42, *Bos indicus* de la deuxième édition du *Systema naturæ*, est une petite variété de Bœufs domestiques, qui en diffère par le développement d'une loupe graisseuse sur le dos. Les apophyses épineuses n'y sont pas plus longues que dans les Bœufs ordinaires. Dans cette variété, les jambes sont généralement plus hautes ; ils en sont plus légers à la course ; aussi en Asie et en Afrique, on les monte et on les attèle comme des Chevaux. Leur naturel est moins brute que celui du Bœuf ; ils sont plus intelligens et plus dociles. Le Zébu est figuré dans la ménagerie du Muséum et dans l'Encycl. pl. 45, f. 5.

On doit encore regarder comme une variété remarquable du *Bos domesticus*, la grande race désignée par Pennant sous le nom de *Bos madagascarensis niveus Cameli magnitudine gibbosus*. Elle habite à Madagascar, où les Européens la trouvèrent répandue lors de la découverte de l'île. On en fait un grand trafic avec les îles de France et de Mascareigne, où Bory de Saint-Vincent en a mentionné d'une taille gigantesque.

8°. Grand Buffle fossile de Sibérie, Pallas, *Nov. Comm. Petr.* T. xiii, et *Nov. Acta Petropol.* t. 2. Les têtes que l'on trouve en Sibérie sont d'un quart plus grandes que celles des plus grands Bœufs aujourd'hui vivans. La figure est celle du crâne de l'Aurochs ; mais le front est encore plus large à proportion, quoiqu'il ait quatre pouces de plus de hauteur depuis l'échancrure nasale jusqu'au sommet de l'arc occipital. Pallas les rapportait mal à propos au Buffle dont il ne connaissait pas de crânes. Ils n'ont pas plus d'analogie, quoi qu'on en ait dit, avec le crâne du Buffle Arni : c'est à l'Aurochs qu'il ressemble davantage ; mais il en diffère par l'arète saillante qui règne le long du devant de la corne sillonnée transversalement près de sa base. On en trouve en Sibérie depuis le Jaik jusqu'à l'Anadir, gisant dans les mêmes couches que les crânes d'Éléphans et de Rhinocéros. C'est surtout par l'érosion des berges, lors des grandes eaux, qu'ils se découvrent. En creusant le canal de l'Ourcq, on a trouvé des os de Bœuf d'un cinquième plus grands que ceux du Buffle d'Italie. Ces os se font remarquer par leur grosseur relative. Comme les jambes sont plus longues et plus minces dans l'Aurochs que dans le Taureau, et surtout que dans le Buffle, ces os doivent être rapportés au grand Buffle de Sibérie, d'autant mieux qu'ils gisaient aussi avec des os d'Eléphans. Camper avait trouvé pêle-mêle avec des os d'Eléphans et de Rhinocéros une tête supérieure de radius de Bœuf, si grosse qu'il la rapportait à une Giraffe. Les circonstances du gisement ne laissent pas de doute que ces os n'aient appartenu à un grand Bœuf contemporain des Éléphans et des Rhinocéros fossiles. Comme le synchronisme en est prouvé pour les crânes de Sibérie, le grand Buffle habitait donc avec les Éléphans tout le nord de l'ancien continent. Il ne peut donc exister aujourd'hui ; c'est le seul Ruminant des terrains de transition. On a donc eu tort de dire que tous les débris fossiles de Bœufs se trouvaient dans les terrains dont la formation se continue encore. (A. D..NS.)

Geoffroy-Saint-Hilaire a lu à l'Académie des Sciences une notice sur une espèce nouvelle de Bœuf des parties septentrionales et intérieures de l'Inde, qui présenterait une particularité singulière dans la classe des Mammifères, si son existence était parfaitement constatée. Le savant professeur n'a parlé de cet étrange Animal qu'avec doute, et s'est borné à démontrer la possibilité anatomique de l'anomalie dont il serait l'exemple unique. Désigné sous le nom de Gaour par les habitans du pays, selon les personnes qui en ont écrit à Geoffroy, ce Bœuf a les apophyses des vertèbres cervicales et dorsales tellement allongées, que formant une saillie considérable le long de l'échine, elles donnent à cette partie la forme dentelée d'un peigne, ou plutôt de l'un des côtés de la scie d'un Prystobate. Il est singulier que l'existence d'un si étrange Animal, qui doit avoir une physionomie digne de fixer toute l'attention des hommes, ait tant tardé à nous être connue.

On trouve dans les voyageurs et dans les anciens naturalistes divers Animaux mentionnés sous le nom de BOEUF, qui tous n'appartiennent pas au genre dont il vient d'être question, ou qui par l'épithète qu'on y joint en désignent quelque espèce. Ainsi l'on a appelé :

BOEUF D'AFRIQUE et BOEUF CAFRE, le Buffle du Cap, n° 4.

BOEUF A BOSSE, les Bisons et le Zébu, et par opposition BOEUF SANS BOSSE, tout Animal du même genre qui ne présente point ce caractère.

BOEUF CAMELITE ou BOEUF CHAMEAU, la variété de grande taille comparée par Pennant au Chameau, et qui se trouve à Madagascar. *V.* BOEUF, n° 7.

BOEUF CARNIVORE, un Animal qui n'existe point.

BOEUF GRIS DU MOGOL, le Nilgaut. *V.* ANTILOPE.

BOEUF GUERRIER, la variété du Bœuf domestique dressée par les Hottentots à garder les troupeaux, et qui sert aussi dans les combats comme l'Éléphant. *V.* BACKELYS.

BOEUF HUMBLE, une race de Bœufs sauvages qu'on dit être dépourvue de cornes, et se trouver dans les montagnes d'Écosse.

BOEUF DES ILLINOIS, le Bison, n° 2.

BOEUF DE MER, l'Hippopotame, le Lamantin et divers Phoques.

BOEUF DE MONTAGNE OU DE PANNONIE, l'Aurochs, n° 1.

BOEUF DE SCYTHIE, probablement le Zébu.

BOEUF-STREPICEROS, un Antilope. *V.* ce mot.

BOEUF DE THIBET, l'Yack qui est la cinquième espèce décrite dans cet article, etc., etc. (B.)

BOEUF. OIS. Syn. vulgaire du Pouillot, *Motacilla Trochilus*, L. et du Bouvreuil, *Loxia Pyrrhula*, L. *V.* SYLVIE et BOUVREUIL.

BOEUF DE DIEU, le Troglodyte. *V.* SYLVIE.

BOEUF DES MARAIS, le Butor. *V.* HÉRON. (DR..Z.)

BOEUF. POIS. L'un des noms vulgaires de la Raie Oxyrhynque. (B.)

BOEWA. REPT. SAUR. (Séba.) Même chose que Senembi. *V.* IGUANE. (B.)

* BOGA. POIS. (Delaroche.) Syn. de *Sparus Boops*, L. aux îles Baléares. *V.* SPARE. (B.)

BOGA. BOT. PHAN. *V.* BOJA.

BOGARAVEO. POIS. (Lacépède.) Espèce du genre Spare. *V.* ce mot.

BOGFINCKE OU BOGFINCKENS. OIS. (Müller.) Syn. du Pinson d'Ardennes, *Fringilla Montifringilla*, L. en Norwége. *V.* GROS-BEC. (DR..Z.)

BOGGO OU BOOGOC. MAM. (Smith, Voy. en Guinée.) Singe qui paraît être le Chimpanzée, et non le Mandrill, comme l'avait cru Buffon. (B.)

BOGHAS, BUDUGHAHA OU BUDUGHAS. BOT. PHAN. Arbre sacré chez les habitans de Ceylan, et probablement le *Ficus religiosa*, L. *V.* FIGUIER. (B.)

BOGIO OU BUGIO. MAM. Syn. portugais de Magot, espèce de Singe. (A. D..NS.)

BOGLOSSA. POIS. De Buglosse (langue de Bœuf). Nom donné par quelques anciens auteurs, ainsi que Boglosson, Boglossos et Boglotta qui en sont des corruptions, à la Sole, espèce de Pleuronecte. *V.* ce mot. (B.)

BOGMAM. POIS. Syn. de Gymnogastre. *V.* ce mot.

BOGOA. BOT. PHAN. Probablement une espèce de Figuier, selon Bosc, et qui pourrait bien être la même chose que Boghas. *V.* ce mot. (B.)

BOGRUSH. OIS. (Pennant.) Syn. de la Fauvette roussette, *Motacilla schœnobœnus*, L. *V.* SYLVIE. (DR..Z.)

BOGUE. *Boops*. POIS. Genre de l'ordre des Acanthoptérygiens, famille des Percoïdes à dorsale unique, et le seul dans la section où les mâchoires sont garnies d'un rang unique de dents tranchantes. Confondue parmi les Spares, l'espèce qui lui sert de type faisait conséquemment partie des Thorachiques de Linné. Les Bogues se distinguent des Spares dont on les a séparés par leurs mâchoires peu extensibles, ayant leurs dents tantôt échancrées, tantôt en partie pointues, et par la forme du corps oblong et comprimé, garni d'écailles assez grandes. Les trois espèces suivantes, qui se trouvent dans la mer Méditerranée, en sont les principales :

La SAUPE, *Boops Salpa ; Sparus Salpa* ; L. Bloch. pl. 265. Encyclop. Pois. pl. 49. f. 188. Ce Poisson a les dents supérieures fourchues, les inférieures pointues, le corps argenté et rayé longitudinalement de dix bandelettes rousses sur chaque côté. Il dépasse une palme de longueur. Sa chair est peu estimée. B. 6. D. 11/28. P. 16. V. 1/6. A 3/16. C. 17.

L'OBLADE, *Boops melanurus; Sparus melanurus*, L. Encyc. Pois. pl. 48. f. 181. Cette espèce a les dents moyennes échancrées, les latérales fines et pointues ; son corps est d'un gris argenté, rayé en long de brun, et marqué d'une tache noire à chaque côté de la queue. Son poids est d'une livre environ. B. 6. D. 16. P. 13. V. 1/6. A. 3/14. C. 17.

Le BOGUE ORDINAIRE, *Boops Boops; Sparus Boops*, L. Rondelet, p. 136. Ce Poisson a les dents supérieures dentelées, les inférieures pointues ; le corps d'un gris argenté, rayé en long de brun avec des teintes dorées. Sa chair est savoureuse. Les anciens supposaient une voix à ce Poisson dont le nom, qui signifie œil de Bœuf, fait allusion à la grosseur de ses yeux. B. 6. D. 29. P. 9 V. 1/6. A. 19. C. 17.

Delaroche décrit sous le nom de Centrodonte, *Sparus Centrodontus*, un Poisson des îles Baléares, qui, avec le *Sparus chrysurus* de Bloch, doit grossir le genre dont il vient d'être question. (B.)

BOHAR. POIS. Espèce du genre Diacope. *V.* ce mot. (B.)

BOHEA. BOT. PHAN. Nom de pays, devenu scientifique, d'une espèce de Thé, nommée Thé Bou ou Thé Boui dans le commerce. (B.)

BOHKAT. POIS. Syn. arabe de *Raja Djiddensis*, Forsk. *V.* RAIE. (B.)

BOHOM - JAMBOULAN. BOT. PHAN. Syn. javan de Jambolier. *V.* ce mot.

BOHON ET BUHON-UPAS. BOT. PHAN. Même chose que Boom-Upas. *V.* UPAS. (B.)

BOHU. BOT. PHAN. (Burmann.) Même chose que Bobu. *V.* ce mot, de même que pour BOHOMBU et BOHUM. (B.)

* BOHUR. MAM. Nom de l'Antilope Caama en Abissinie. *V.* ANTILOPE. (A. D..NS.)

* BOHWETE. BOT. PHAN. Syn. suédois de *Polygonum Fagopyrum*, L. *V.* RENOUÉE. (B.)

BOI. REPT. OPH. D'où est probablement venu *Boa*, et qui doit signifier Serpent ; du moins cette syllabe entre-t-elle dans la composition de beaucoup de noms de pays donnés aux grands Animaux de cet ordre dans l'Amérique méridionale. Ainsi :

BOICININGA est au Brésil synonyme de BOIQUIRA, espèce de Crotale. *V.* ce mot.

BOICUABA est un grand Serpent dont on mange la chair et qu'on présume être un Boa. *V.* ce mot.

BOICUPECANGA, un Serpent brésilien mentionné par Ray, mais qu'on ne peut reconnaître par ce qu'il en rapporte dans son *Synopsis Animalium*.

BOIGA, le *Coluber Ahætula*, L. *V.* COULEUVRE.

BOIGUACU, BOIGUAGU et BOIGUAGU, c'est-à-dire, *grands Serpens*. Plusieurs espèces du Brésil, dépourvues de venin, et qui sont encore probablement des Boas. On trouve dans Déterville *Boiguaca* qui ne peut convenir, puisque *Guacu* et non *Guaca*, en brésilien, signifie grand. Le même ouvrage donne *Boiguacu* pour syn. du *Coluber Argus*.

BOIGUATRARA une espèce de Serpent de Surinam, qu'il est impossible de déterminer. (B.)

BOIAH OU BOUIAH. REPT. SAUR. (Shaw.) Syn. de Caméléon en Barbarie. (B.)

* BOIDE. BOT. PHAN. Syn. de Tapsia selon Adanson. (A. R.)

BOIGUE. BOT. PHAN. (Feuillée.) Syn. présumé de *Drymis Winteri*. *V*. DRYMIS. (B.)

BOIJUKU. MAM. Syn. tongous de Loup. *V*. CHIEN. (B.)

BOIN-CARO. BOT. PHAN. (Rhéede.) Syn. de *Justicia gangetica*, L. *V*. CARMANTINE. (B.)

BOIN-ERANDO. BOT. PHAN. Comme qui dirait *petit Ricin*. Syn. indou de *Tragia Chamel*, L. *V*. TRAGIE. (B.)

BOIN-GOLI. BOT. PHAN. Nom malabar d'une petite Plante que Burmann croyait être un Oldenlandia, mais qu'Adanson regarde avec plus de raison comme un Pourpier, peut-être le *Portulaca meridiana*. (B.)

BOIN-KAKELI. BOT. PHAN. Espèce d'Epidendre des Indes, imparfaitement connue. (B.)

BOIQUIRA. REPT. OPH. *V*. BOI et CROTALE.

BOIS. ZOOL. La tête du Daim, du Cerf, du Chevreuil, du Renne, de l'Elan et de la Giraffe, de même que celle des Antilopes, des Chèvres, des Moutons et des Bœufs, est surmontée d'armes qui ont reçu le nom de Bois chez les premiers, et de CORNES chez les seconds. Quoique les Bois et les Cornes suivent le même mode de la formation, en ce sens que ce sont toujours des prolongemens de l'os frontal, dont les matériaux sont versés par des vaisseaux sanguins, il existe cependant entre eux des différences données par le mode de distribution de ces mêmes vaisseaux; ce qui en même temps donne la raison de la chute des uns lorsque les autres persistent toute la vie. Dans les cornes, les vaisseaux sont intérieurs; dans les Bois ils sont extérieurs. Les cornes, à l'exception de celle du Rhinocéros qui n'en est point une, *V*. RHINOCÉROS, sont, comme les Bois, un prolongement de l'os frontal, mais revêtu d'une substance cornée qui n'existe pas dans le Bois où elle se trouve remplacée par la peau elle-même. Les Bois poussent par l'extrémité supérieure; dans les cornes la substance de ce nom s'accroît par le bas.

Dans le Cerf, la pousse et la chute du Bois ont lieu dans l'ordre suivant: lorsque le printemps vient offrir à ces Animaux une nourriture abondante et d'autant plus réparatrice qu'elle se compose de bourgeons qui renferment les élémens les plus actifs de la végétation, ils ne tardent point à recouvrer toutes leurs forces et à acquérir un prompt embonpoint; aussi du mois de mars au mois d'avril renaissent les Bois dont la chute avait suivi l'épuisement causé par le rut. Les vaisseaux sanguins du front versent au lieu où l'os doit se prolonger en Bois, une certaine quantité d'un fluide qui soulève la peau et ne tarde pas à passer à l'état cartilagineux, puis à s'ossifier entièrement. Mais à mesure que ce travail s'opère, les vaisseaux sanguins qui s'élèvent avec le nouveau prolongement, continuent à verser du fluide au sommet de ce commencement de Bois qui ainsi s'élève sans cesse et entraîne avec lui la peau et les vaisseaux. Dans les premiers temps, le Bois est, comme on le voit, revêtu par la peau qui renferme les vaisseaux qui l'alimentent, mais l'Animal, dont les pertes sont entièrement réparées, ne tarde pas à éprouver le besoin de l'accouplement. Le sang se porte en abondance aux organes génitaux, et abandonne les vaisseaux de la tête, qui de plus se trouvent étranglés par les nombreux tubercules que présente la couronne du Bois, et qui sont autour des petits versemens qu'ont faits les vaisseaux sanguins dont cette base abonde. La peau alors se dessèche et s'exfolie, ce qui engage l'Animal à se frotter contre les Arbres pour se soulager de la démangeaison qu'il y éprouve, et ce qui contribue à la destruction complète de la peau. L'os, se trouvant ainsi à nu, ne tarde pas à se dessécher et à mourir; il s'établit à la base du Bois une ligne de démarcation entre la partie morte et la partie vivante encore, et le moindre effort suffit alors pour faire tomber la tête de l'Animal.

Trois semaines à un mois suffisent pour que le Bois acquière toute sa hauteur; c'est en automne que la peau se dessèche et que le Bois meurt et tombe.

Ce qui porterait à croire que c'est à l'appel du sang des vaisseaux de la tête vers les organes génitaux qu'est due la chute du Bois, opinion de Geoffroy-Saint-Hilaire, c'est que dans l'Amérique méridionale où l'égalité de température se répète dans la végétation, les Cerfs, trouvant une nourriture toujours abondante, n'offrent point un rut aussi marqué, et par suite leur Bois ne tombe jamais. Celui de la Giraffe persiste aussi pendant toute sa vie.

Les Bois sont l'apanage du mâle, la femelle du Renne seule en est pourvue. Ils sont l'indice et semblent la mesure de la faculté génératrice, et paraissent le produit d'un superflu de nourriture; car dans les lieux où la végétation est vigoureuse, les Bois des Cerfs croissent avec force et rapidité; tandis que, dans les lieux stériles et dans les années de disette, ils sont faibles et peu nourris, comme toute la végétation qui entoure l'Animal.

Si l'on coupe un Cerf pendant que son Bois est tombé, il ne refait plus sa tête; si on le coupe quand il porte encore son Bois, il ne le perd jamais, ce qui confirme merveilleusement la manière dont Buffon et Geoffroy en conçoivent la chute.

Chaque année, le Bois s'augmente ordinairement d'un rameau ou *andouiller*, ce qui sert à reconnaître l'âge de l'Animal. Il n'y a cependant rien d'absolument constant à cet égard, et quel que soit le nombre des andouillers, il est inférieur au nombre de l'année précédente. La tête en porte jusqu'à vingt et vingt-deux.

La forme des Bois varie chez les différentes espèces; il est triangulaire dans l'Elan, en palme dans le Renne, et arrondi dans le Cerf.

En terme de chasseur on nomme *tête* les Bois du Cerf, *perche* chaque bois, *andouillers* chaque rameau. On nomme *dague* le premier Bois que porte l'Animal, et *daguet* le jeune Cerf qui le porte. On dit qu'un Cerf est de *dix cors jeunement* pour dire qu'il est dans sa sixième année, de *dix cors* pour dire qu'il est dans sa septième; on nomme vieux Cerf celui qui passe cet âge. (PR. D.)

BOIS. BOT. On désigne généralement sous le nom de Bois toute la tige des Végétaux ligneux dépouillée de l'écorce. Mais ce Bois présente des caractères bien différens, suivant qu'on l'examine dans le tronc d'un Arbre dicotylédoné, ou le stype d'un Palmier ou de tout autre Arbre monocotylédoné. Si l'on étudie la structure du Bois d'un Chêne, d'un Tilleul, sur la coupe transversale de leur tronc, on le verra composé de zônes concentriques. Ces zônes ou couches ligneuses forment chacune autant de cylindres ou de cônes creux très-allongés, immédiatement emboîtés les uns dans les autres. Tels sont les objets qu'une première inspection fait distinguer. Mais si cet examen est plus approfondi, on reconnaît que les couches ligneuses elles-mêmes se composent de plusieurs parties que nous allons énumérer. Le centre de la tige présente un petit canal, tantôt cylindrique, tantôt triangulaire, carré ou anguleux, dont l'intérieur est rempli par un tissu cellulaire lâche et généralement très-régulier. Ce tissu cellulaire est la moelle, et le canal qui la renferme porte le nom d'étui médullaire. Dans certains Végétaux, le canal médullaire est presque imperceptible, soit que naturellement ses dimensions soient fort petites, soit, ainsi qu'on le pense généralement, qu'il diminue et finisse même par s'oblitérer entièrement, par le rapprochement insensible de ses parois. Les couches ligneuses, disposées circulairement en dehors du canal médullaire, n'ont pas toutes la même structure. Ainsi il est facile de remarquer que les plus intérieures, celles qui avoisinent de plus près l'étui médullaire, sont généralement d'une teinte plus foncée, d'un grain plus ferme et plus serré, que les extérieures, dont la couleur est plus pâle et le tissu plus lâche. De-là la distinction des couches ligneuses en Bois proprement dit et en aubier. Le Bois ou cœur de Bois se compose de toutes les couches ligneuses intérieures. Sa couleur et sa consistance le distinguent facilement de l'aubier. Ainsi, dans le Bois de Campêche, l'Ebène, le Bois est rouge ou noir, tandis que l'aubier est blanchâtre. Ici la différence est fort tranchée; mais dans la plupart des autres Végétaux, le passage est presque insensible, et il est souvent fort difficile de reconnaître positivement où s'arrête l'aubier et où commence le Bois. Cette similitude entre les deux parties de la tige, est d'autant plus grande, qu'on l'observe sur des Arbres dont le bois est plus tendre et plus blanc. Ainsi dans le Peuplier, le Tilleul, le Sapin, etc., il est assez difficile de les distinguer l'une de l'autre, tandis que cette distinction est facile dans le Chêne, l'Orme, le Merisier, etc.

L'ensemble des couches ligneuses est traversé par des sillons de tissu cellulaire, qui sur la coupe horizontale d'un tronc de Chêne, par exemple, se présentent sous l'aspect de lignes rayonnantes du centre vers la circonférence, comme les lignes horaires d'un cadran; on les appelle insertions ou prolongemens médullaires, parce qu'en effet ils servent à établir une communication directe entre la moelle intérieure et le parenchyme de l'écorce que l'on doit considérer comme une substance entièrement analogue à la moelle. Les prolongemens médullaires, qui forment des espèces de lames placées de champ, traversent toute la masse des couches ligneuses sans éprouver de déviation sensible. Considérées sous le rapport de leur structure anatomique, les couches ligneuses se composent d'un réseau de fibres résistantes, perpendiculaires, laissant entre elles des espèces de mailles ou d'aréoles très-allongées, que remplit un tissu cellulaire plus ou moins dense. Au milieu de cette sorte de trame, on distingue des vaisseaux ou tubes souvent anastomosés, destinés à charier les fluides séveux dans toutes les parties de la tige. Ces vaisseaux, s'il faut en croire la plupart des physiologistes, n'existeraient que dans les couches ligneuses les plus intérieures, et nullement dans l'aubier. Mais l'observation des phénomènes de la végétation nous paraît repousser entièrement une pareille assertion. En effet, avant d'être parvenus à l'état de bois proprement dit, les couches ligneuses les plus intérieures ont d'abord été à l'état d'aubier, puisque chaque année, la couche la plus intérieure de l'aubier se transforme en Bois. Or, si les vaisseaux n'existaient point dans l'aubier, comment pourraient-ils se former dans le Bois, organe devenu en quelque sorte passif, par l'endurcissement des parois de son tissu et l'oblitération plus ou moins complète des cavités de ses cellules? Il nous paraît donc résulter nécessairement de ce fait, que les vaisseaux séveux existent également et dans l'aubier et dans le corps du Bois. Ces vaisseaux sont tantôt isolés les uns des autres, tantôt ils sont réunis et groupés par faisceaux, qui communiquent ensemble au moyen des anastomoses fréquentes qu'ils établissent entre eux.

Si nous comparons cette organisation du tronc des Arbres à deux cotylédons avec celui des Arbres monocotylédonés, nous trouverons des différences extrêmement tranchées. Ainsi le stype d'un Yucca, d'un Palmier, en un mot d'un Arbre monocotylédoné, ne nous offre point à son centre un canal médullaire, autour duquel le Bois est disposé par couches circulaires. Ici la moelle forme en quelque sorte toute la masse de la tige, et le Bois se compose de faisceaux de fibres, plus ou moins rapprochés les uns des autres, épars au milieu du tissu médullaire. Dans les Arbres dicotylédonés, les fibres ligneuses sont d'autant plus résistantes et plus solides qu'on les observe plus vers l'intérieur, tandis qu'au contraire, dans un Palmier, le Bois est d'autant plus dur, qu'il avoisine de plus près l'extérieur du tronc. On concevra facilement les causes de cette différence, lorsque nous aurons rappelé en peu de mots celle qui existe entre ces deux grandes classes de Végétaux sous le rapport de leur accroissement. Voyons en effet comment se forment les couches ligneuses dans chacune de ces deux divisions des Plantes phanérogames, et pour cela prenons le Végétal à l'époque de son premier développement. Le jeune embryon d'un Arbre à deux cotylédons est, dans l'état de repos, entièrement composé de tissu cellulaire. La germination, en donnant à chacun des organes qui le constituent le principe *animateur* de la vie et de l'accroissement, détermine la formation des premiers vaisseaux de la Plante. Ces vaisseaux commencent à se montrer à peu de distance du centre de la tige, et par leur réunion ils constituent les parois de l'étui médullaire. En dehors de l'étui médullaire, on voit le tissu cellulaire s'organiser, les cellules s'allongent, les plus intérieures constituent le commencement du corps ligneux, tandis que les plus extérieures, s'unissant au tissu cellulaire ou parenchyme de l'écorce, forment le liber. Par les progrès de la végétation, ces deux couches de fibres, c'est-à-dire l'aubier et le liber, s'accroissent par l'extension du tissu cellulaire interposé entre les mailles de leur réseau. Elles finissent par se séparer entièrement l'une de l'autre, et à l'époque où la végétation est dans sa force, on peut très-facilement les isoler. C'est en effet le moment que choisissent les cultivateurs pour pratiquer la greffe en écusson. A la fin de la première année, le corps ligneux se compose donc d'une première couche de Bois encore tendre et peu solide. A la seconde année, il se forme, entre l'aubier et le liber, une couche de mucilage épais, visqueux, sorte de fluide organisé auquel Grew et Duhamel ont donné le nom de *Cambium*. Ce fluide régénérateur qui suinte à la fois du liber et de l'aubier, s'organise petit à petit en tissu cellulaire, et par la suite il forme une nouvelle couche d'aubier et une nouvelle couche de liber. Le même phénomène se répète les années suivantes, en sorte que tous les ans il se crée une nouvelle couche de fibres ligneuses et une nouvelle lame de liber. Ce n'est donc point ce dernier organe qui se transforme en aubier, ainsi que l'ont avancé la plupart des physiologistes à l'exemple de Duhamel. L'aubier est entièrement indépendant du liber. Ces deux parties ont une même origine dans le fluide organique nommé cambium, mais ils ne se transforment nullement l'un dans l'autre.

A mesure que chaque année le nouveau cambium forme une couche d'aubier, les zônes, déjà formées, acquièrent plus de solidité ; leurs fibres deviennent plus dures, plus résistantes, en un mot prennent tous les caractères que nous avons assignés au Bois proprement dit ; en sorte que lorsque le travail de la végétation est en pleine activité, la couche la plus intérieure de l'aubier se transforme tous les ans en bois. C'est pour cette raison que dans les Arbres dicotylédonés, les couches les plus intérieures du Bois, étant les premières formées, sont et plus résistantes et plus compactes ; tandis que dans le stipe d'un monocotylédoné, comme c'est toujours par le centre que se fait l'addition des nouvelles fibres ligneuses, celles qui occupent la partie externe de la tige, étant les plus anciennes, sont les plus dures. La tige ne s'accroît point seulement en *épaisseur* par l'addition successive de nouvelles couches de fibres; elle augmente encore en *largeur* par la dilatation latérale de son tissu cellulaire et la formation de nouvelles fibres ligneuses au milieu des insertions médullaires. Mais cet accroissement en largeur, dont la connaissance est due principalement aux observations de Dutrochet, n'a lieu que dans les parties herbacées des Végétaux, c'est-à-dire dans celles qui sont encore susceptibles de dilatation; il s'arrête et cesse entièrement dans ces parties, lorsqu'elles se sont lignifiées.

Le Bois ne présente pas la même dureté ni la même compacité dans tous les Végétaux ligneux. Il existe à cet égard une très-grande différence entre le Buis, le Chêne, le Tilleul et le Peuplier. Une remarque qui n'a point échappé aux observateurs attentifs, c'est que les Végétaux qui croissent lentement ont généralement le Bois plus dense et plus solide que ceux dont l'accroissement est très-rapide. C'est ainsi par exemple qu'il faut au Chêne presqu'un siècle pour acquérir les dimensions que le Peuplier prend en une trentaine d'années. Les localités exercent encore une influence très-marquée sur la nature du Bois, et un Arbre qui croît dans un terrain sec, rocailleux et sur le penchant d'une colline, aura son bois infiniment plus dur que la même espèce végétant dans un pré bas et humide.

Quant aux phénomènes de l'augmentation en hauteur du bois dans les Arbres à un et à deux cotylédons, nous en avons parlé avec quelques détails en traitant d'une manière générale de l'accroissement de la tige. Nous renvoyons donc au mot ACCROISSEMENT afin de ne pas faire ici d'inutiles répétitions. (A. R.)

Le mot de Bois est devenu générique pour désigner un grand nombre d'Arbres, et alors il est accompagné de quelque épithète tirée des usages auxquels ces Arbres sont employés ou des qualités qu'on leur suppose. Du Petit-Thouars remarque avec raison que ce nom de Bois, s'appliquant à des Plantes ligneuses, est bien plus fréquemment employé pour désigner des Végétaux de la zône torride, parce que les Arbres y sont en plus grande proportion que dans nos zônes tempérées. Ces noms, au reste, sont tous vagues et vicieux; il serait à souhaiter qu'on les fît disparaître des ouvrages d'Histoire naturelle. En attendant que ce vœu soit réalisé, nous nous bornerons à indiquer succinctement ici ce que signifient ceux dont on trouve la nomenclature dans les Dictionnaires précédens, et qui la plupart ont été pris dans l'ouvrage allemand de Nemnick qui en donne une liste française fort considérable.

BOIS D'ABSINTHE OU AMER, Apocynée de Mascareigne, qui paraît appartenir au genre Carissa.

BOIS D'ACAJOU. *V*. ACAJOU.

B. D'ACOSSOIS, B. BAPTISTE, A LA FIÈVRE OU DE SANG, un Millepertuis à Cayenne.

B. D'ACOUMA, même chose qu'Acomat. *V*. ce mot.

B. D'AGARA. Ce Bois très-odorant vient de la Chine; on ne sait quel Arbre le produit.

B. D'AGOUTI ou BOIS DE LÉZARD, aux Antilles. C'est le *Vitex divaricata*.

B. D'AGUILLA, Bois aromatisé d'Afrique, provenant d'un Arbre indéterminé.

B. D'AIGLE, D'ALOES, D'AGALLOCHE OU DE CALAMBAC, est fort célèbre dans l'Orient, par son odeur agréable; on en fait de petites boîtes, et on en brûle des éclats ou la rapure pour parfumer les appartemens. Il est surtout fort recherché à la Chine et au Japon, où, selon quelques voyageurs, il se paie au poids de l'or. C'est le Bois d'un Arbre désigné par les botanistes sous le nom d'*Excœcaria*. *V*. ce mot. — On donne aussi les noms de Bois d'Aloës et de Bois d'Aigle au Bois de l'Aquilaria de Cavanilles.

B. D'AINON, le *Robinia Sapium*.

B. D'AMANDE, c'est le *Marila racemosa* de Swartz et un Laurier peu connu des Antilles.

B. D'AMARANTHE, probablement il provient d'un *Swietenia*.

B. AMER. *V.* B. D'ABSINTHE. On appelle ainsi quelquefois le *Quassia amara*.

B. D'AMOURETTE et PETIT BOIS D'AMOURETTE, *Mimosa tenuifolia* et *tamarindifolia*.

B. D'ANGELIN. *V.* ANGELIN.

B. D'ANIS, *Ilicium anisatum*, *Limonia madagascarensis* et *Laurus Persea*.

B. D'ANISETTE, probablement le *Piper aduncum*, nommé aussi aux Antilles Bihimitrou.

B. ARADA, espèce nouvelle du genre *Chrysobalanus*, aussi nommé à Saint-Domingue Tavernon et Bois piquant.

B. D'ARC, le *Cytisus alpinus* ou *Laburnum*.

B. D'ARGENT, *Protea argentea*, L.

B. D'AROLE. *V.* AROLE.

B. D'ARONDE. *V.* B. DE RONGLE.

B. D'ARTRE OU DE SANG, un Millepertuis à Cayenne.

B. D'ASPALATH, le Bois de Rhode ou de Rose, ou bien le Bois odorant de certains Arbustes épineux mal observés, qui ne sont probablement pas de ceux que Linné a réunis dans son genre *Aspalathus*.

B. BACHA OU A CALEÇONS, les diverses espèces de Bauhinies à Saint-Domingue.

B. BAGUETTE, les espèces de Cocolaba qui croissent à Saint-Domingue et le Sebestier.

B. A BALAIS, un Erythroxylon et le *Fresnelia* ou faux Buis à Mascareigne; en Europe, le Bouleau, l'*Erica scoparia*, le *Spartium scoparium*, etc.

B. BALLE, le *Guarea trichilioides*, à Cayenne.

B. BAN, *Cordia callococca* à Saint-Domingue.

B. DE BANANES, un *Uvaria* à Mascareigne.

B. BAPTISTE. *V.* B. d'ACOSSOIS.

B. BAROIT, à Saint-Domingue, même chose que B. de Féroles. *V.* ce mot.

B. BARDOTTIER. *V.* B. DE NATTE.

B. A BARRAQUES, *Combretum laxum* à Saint-Domingue.

B. A BARRIQUE, *Bauhinia porrecta* à la Martinique.

B. DE BASSIN DES BAS, *Comteia* de Du Petit-Thouars, à Mascareigne.

B. DE BASSIN DES HAUTS, *Blakwellia* dans la même île.

B. DE BAUME OU DE PETIT BAUME, *Croton balsamiferum* à la Martinique.

B. BÉNIT, le Buis dont on porte des rameaux dans les processions des Chrétiens.

B. BENOIST, paraît être aux Antilles la même chose que B. Baroit et que le B. de Féroles de Cayenne.

B. DE BIGAILLON, un *Eugenia* à l'Ile-de-France.

B. DE BITTE, *Sophora heterophylla*. *V.* BITI.

B. BLANC, nom collectif des Peupliers et des Saules dans l'économie rurale. A Mascareigne, c'est l'*Hernandia sonora*; à l'Ile-de-France, le *Sideroxylum laurifolium*; à la Nouvelle-Hollande, le *Melaleuca leucodendra*; à la Martinique, un Arbre indéterminé qu'on croit être un Cassia.

B. BLANC-ROUGE, le *Poupartia*.

B. DE BENJOIN, les Badamiers à l'Ile-de-France.

B. BOCO. *V.* BOÇO.

B. DE BOMBARDE, à l'île de Mascareigne l'*Ambora Tambourissa*.

B. DE BOUC, le *Premna* à l'Ile-de-France, à cause de son odeur forte.

B. A BOUTONS, le *Cephalanthus*.

B. BRACELETS, le *Jacquinia armillaris* aux Antilles.

B. BRAI, le *Cordia macrophylla* à la Martinique.

B. DE BRÉSIL. *V.* BRÉSILLET.

B. CABRIL. *V.* ÆGIPHILE.

B. CACA ou B. DE MERDE, les *Capparis ferruginea* et *Breynia*, avec un

Sterculia aux Antilles ; à l'Ile-de-France, le *Mimosa farnesiana.*

B. CAIPON, une espèce de Chionanthe, selon Poiteau, à Saint-Domingue.

B. A CALEÇONS. *V.* B. BACHA.

B. DE CALAMBAC. *V.* B. D'ALOES.

B. DE CALAMBAC JAUNE. *V.* OCHROXYLUM.

B. A CALUMET, le *Macea Piriri* d'Aublet à Cayenne, que les habitans noment *Piriri mobe.*

B. DE CAMPÊCHE, *Stematoxylum campechianum*, L.

B. CANNELLE, on donne ce nom à l'Ile-de-France à trois Arbres qu'on désigne par BLANC, c'est le *Laurus capsuliformis*; GRIS, c'est un *Elœocarpus*; et NOIR, peut-être encore un Arbre du même genre. En Amérique, c'est le *Drymis.*

B. CANON, le *Cecropia peltata* aux Antilles.

B. CANON BATARD, *Panax chrysophyllum* à Saint-Domingue; on l'appelle Morototoni à Cayenne.

B. DE CANOT, le *Terminalia Catalpa* aux Sechelles; à l'Ile-de-France, le *Calophyllum Inophyllum*; en Amérique, le Tulipier et le Cyprès distique.

B. DE CAPITAINE, *Malpighia urens* à Saint-Domingue.

B. CAPUCIN ou BOIS SIGNOR, un grand Arbre de Cayenne, indéterminé et fort employé dans la bâtisse.

B. DE CAQUE, le *Cornutia pyramidata.*

B. CARAIBE, Arbre de Saint-Domingue, peu connu, employé dans les constructions.

B. CARRÉ, le Fusain en quelques cantons de la France.

B. CASSANT, à Mascareigne, syn. de Psathura.

B. A CASSAVE, *Aralia arborea* à Saint-Domingue.

B. DE CAVATAM, *Sterculia Balanghas* à Saint-Domingue.

B. DE CAYAN. Syn. de Simarouba. *V.* ce mot.

B. DE CÈDRE DE LA GUIANE. *V.* ANIBE.

B. DE CHAM, le *Tespesia* d'Afzelius en Afrique.

B. DE CHAMBRE, tige d'une Plante indéterminée de Saint-Domingue, qui, haute de six pieds, cannelée et spongieuse, est employée en guise d'Amadou. C'est peut-être un Agave.

B. CHANDELLE, hampes sèches de l'*Agave fœtida* qu'on brûle pour s'éclairer; on donne aussi le même nom à l'*Amyris elemifera*, ainsi qu'à l'*Erithalis fruticosa* et à plusieurs Végétaux résineux, employés comme torches.

B. DE CHAUVE-SOURIS, une espèce de Gui, dont les Chauve-Souris recherchent les fruits, à Mascareigne.

B. DE CHÊNE, à Saint-Domingue le *Bignonia longissima.*

B. DE CHENILLE, *Volkameria heterophylla* à l'Ile-de-France.

B. DE CHEVAL ou B. MAJOR, est dans Nicholson un Arbre de Saint-Domingue employé dans l'Hippiatrique, et qu'il est impossible de reconnaître sur ce qu'en dit cet auteur.

B. DE CHIK, le *Cordia Sebestana.*

B. DE CHINE, nom impropre d'un Bois de la Guiane, provenant d'un Arbre indéterminé, et ressemblant à ce qu'on nomme Bois de Palixandre. *V.* ce mot.

B. DE CHYPRE, même chose que Bois de Rose, et Bois de Cyprès dans le midi de la France; quelquefois le B. d'Aspalath. *V.* ce mot.

B. DE CITRON, *Erithalis fruticosa* aux Antilles. On désigne quelquefois par ce nom le Bois du Citronier.

B. DE CLOU, de Madagascar, le *Ravenala.*

B. DE CLOUX, un petit *Eugenia* à l'Ile-de-France.

B. DE CLOUX DE PARA, *Myrtus caryophyllata.*

B. A COCHON. *V.* HEDWIGIA.

B. COLLANT, le *Psatura* à l'Ile-de-France.

B. DE COLOPHANE FRANC, *Colophania* de Commerson. *V.* ce mot.

B. DE COLOPHANE BATARD, *Marignia* du même botaniste.

B. DE COMBAGE, espèce indéterminée de Myrte des Antilles.

B. DE COMPAGNIE, à l'Ile-de-France,

même chose que Bois de Colophane bâtard. *V.* ce mot.

B. DE CORAIL, *Corolladendron* (Tournefort), syn. d'*Erythrina* et d'*Adenanthera*.

B. DE CORNE, *Garcinia cornea* à Amboine, et *Oxycarpus* de Loureiro à la Cochinchine.

B. COSSAIS, même chose que Bois d'Acossais. *V.* ce mot.

B. COTELET ou A COTELETTES, le *Cytharexylum*, le *Cornutia pyramidata*, l'*Ehretia Bourreria*, un *Psychotria* et un *Casearia* dans les îles de l'Amérique.

B. COULEUVRE, en beaucoup de pays, des Végétaux qu'on a crus des spécifiques contre la morsure des Serpens, d'où *Ophixylum* et *Ophiorhiza*, arbre et racine de Serpent. Les *Dracontium pertusum*, *Rhamnus colubrinus*, et *Strychnos colubrina* portent également ce nom.

B. DE CRABE ou de CRAVE, *Myrtus caryophyllata*.

B. DE CRANGOR, le *Pavetta indica*.

B. CREUX, *Lisianthus aculeatus*, à Cayenne.

B. DE CROCODILE, *Clutia Elateria*, L.

B. DE CUIR ou B. DE PLOMB, *Dirca palustris*, dans l'Amérique septentrionale.

B. DE CYPRÈS, *Cordia Gerascanthes*, aux Antilles.

B. DE DAMES ou D'HUILE, un *Erythroxylum*, à l'Ile-de-France.

B. DAMIER ou BADAMIER. *V.* ce mot.

B. DARD ou de FLÈCHE, un *Petaloma* et le *Possira* d'Aublet à Cayenne.

B. DE DARTRES ou DE SANG, un Mille-pertuis en Amérique; le *Danais* de Commerson à Mascareigne.

B. DE DEMOISELLE, *Kirganelia*, à l'Ile-de-France.

B. DENTELLE, *Lagetta*, de Jussieu, aux Antilles.

B. DOUX, même chose que B. Cassave. *V.* ce mot.

B. DUR, *Carpinus Ostrya*, dans l'Amérique septentrionale; *Semrinega* de Commerson à l'Ile-de-France.

B. DYSSENTÉRIQUE, *Malpighia spicata*, aux Antilles.

B. D'EBÈNE. *V.* EBÉNIER.

B. D'EBÈNE ROUGE. *V.* B. DE GRENADILLE.

B. D'ÉBÈNE VERT, *Bignonia leucoxylon*, L. à Cayenne.

B. D'ÉCORCE, un *Uvaria*.

B. D'ÉCORCE BLANCHE, un *Blackwellia* et le *Nuxia* à l'Ile-de-France.

B. D'ENCENS, *Icica enneandra*, à Cayenne.

B. A ENIVRER ou ENIVRANT, d'où est venu *Bois ivrant* des Créoles; à l'Ile-de-France, un Euphorbe arborescent dont le lait fait sur les Poissons l'effet de la Coque-du-Levant; à Cayenne, un Phyllante; aux Antilles, les Arbres du genre Piscidia.

B. ÉPINEUX, le *Bombax pentandrum*, le *Xanthoxylum caribæum* et l'*Ochroxylum* aux Antilles.

B. D'EPONGE, le *Gastonia* de Commerson, *Cissus mappia* de Lamarck à Mascareigne.

B. ETI, un *Eugenia* à la Martinique.

B. FALAISE, un Myrte indéterminé à la Martinique.

B. DE FER, *Robinia Panacoco*, à Cayenne suivant Aublet; *Mesua ferrea*, L. à Ceylan; *Stedmannia*, à l'Ile-de-France; un *Syderoxylon*, à Mascareigne; un *Metrosideros*, chez les Malais; le *Rhamnus ellipticus* et l'*Ægiphila martinicensis* aux Antilles.

B. DE FER BLANC, *Syderexylon cinereum*, à l'Ile-de-France.

B. DE FER A GRANDES FEUILLES, *Coccoloba grandifolia*, aux Antilles.

B. DE FER DE JUDA, le *Cossignia* de Commerson à Mascareigne.

B. DE FERNAMBOUC. *V.* BRESILLET.

B. DE FÉROLE, *V.* le *Ferolia* d'Aublet, Arbre de Cayenne et des Antilles.

B. A GRANDES FEUILLES, nom donné à plusieurs Arbres des Antilles, particulièrement au *Coccoloba pubescens*.

B. A PETITES FEUILLES, plusieurs Arbres de la famille des Myrtes, particulièrement l'*Eugenia divaricata*.

B. A LA FIÈVRE. *V.* QUINQUINA.

B. A FLAMBEAU, le Bois de Campêche, *Hœmatoxylum*, en Amérique;

le *Fragara heterophylla*, et l'*Erythroxylum laurifolium*, à Mascareigne.

B. Fléau ou B. Siffleux, *Bombax Gossypium*, aux Antilles, et selon Poiteau, le *Cordia macrophylla*.

B. a Flèche, *V.* B. Dard.

B. de Flot, *Hibiscus tiliaceus*, dans quelques parties de l'Inde. *V.* aussi Ochrome.

B. Fragile, *Casearia fragilis*, à Mascareigne.

B. de Fredoche ou d'Ortie ou pelé, *Citharexylum melanocardium* de Swartz aux Antilles.

B. de Frêne ou de petit Frêne, *Bignonia radicans*, en Amérique, quelquefois le *Quassia amara*.

B. de Fustet. *V.* Fustet.

B. galeux ou B. de Senteur bleu, *Assonia populnea*, à Mascareigne.

B. de Garoux, le *Daphne Mezereum*.

B. de Gaulettes, *Hirtella racemosa*, aux Antilles, *Melicocca apetala* à Mascareigne.

Bois gentil ou joli, en Europe le *Daphne Mezereum*, dans la plupart des cantons où croît cet Arbuste.

B. de Gérofle, *Myrtus caryophyllata*.

B. de Glu, *Sapium aucuparium* à Cayenne.

B. de Gouyave, une espèce de *Prockia* à Mascareigne.

B. de Grenadille, le Dictionnaire des Sciences naturelles renvoie pour ce mot à *Ebène rouge* qui est, à ce qu'il paraît, le Bois d'un Arbre peu connu, qu'on croit être le *Tanionus* de Rumph.

B. de Grignon, *Bucida Buceras* à la Guiane.

B. gris, diverses Mimeuses, particulièrement les *Mimosa Inga* et *fagifolia*.

B. Guillaume, diverses Conyzes et Baccharides frutescentes et visqueuses, à l'île de Mascareigne.

B. de Guitare ou Guitarin, *Cytharexylum* aux Antilles.

B. Hinselin, *Malpighia urens* à la Guadeloupe.

B. d'Huile. *V.* B. de Dames.

B. immortel, *Endrachium madagascarense*, à cause de la grande dureté de son Bois; *Erythrina Corallodendron* à cause de la facilité avec laquelle cet Arbre se propage.

B. d'Inde, même chose que B. de Campêche et que les *Myrtus Pimenta* et *acris* à Saint-Domingue.

B. Indien, même chose que Ballieria. *V.* ce mot.

B. incorruptible, même chose qu'Acomat. *V.* ce mot.

B. Isabelle, *Laurus borbonia* à Saint-Domingue, le *Schœferia* et le *Myrtus Gregii* à Surinam.

B. Ivrant, *V.* B. a enivrer. Ce nom est adopté par Poiret pour désigner le genre Piscidia. *V.* ce mot.

B. Jacot, plusieurs Arbres dont les Singes recherchent les fruits, entre autres un *Eugenia* à l'Ile-de-France.

B. de la Jamaïque, même chose que B. de Campêche.

B. de Jamone ou Zamone, probablement le *Cupania* aux Antilles.

B. jaune, *Laurus Ochroxylum*, à la Jamaïque; *Morus tinctoria*, au Brésil; l'*Ochrosia*, de Juss. à l'Ile-de-France; un *Carissa*, à Mascareigne; le *Liriodendron Tulipifera*, dans l'Amérique septentrionale; *Erithalis fruticosa*, aux Antilles; un Arbre que Nemnick nomme *Leucoxylum*, à Madagascar.

B. joli. *V.* B. gentil.

B. de joli-coeur, *Senacia* de Commerson à Mascareigne.

B. de Juda, même chose que B. de Fer de Juda. *V.* ce mot.

B. de Lait, plusieurs Végétaux qui produisent un suc dont la consistance et la couleur sont celles du lait, tels que l'Antafara, Arbre indéterminé de Madagascar, qui est peut-être le *Plumieria retusa*, divers *Sapium* et *Tabernæmontana* à Mascareigne et à l'Ile-de-France.

B. laiteux, les *Tabernæmontana citrifolia* et *cymosa*, et le *Rauwolfia canescens* en Amérique. Ce nom est souvent synonyme du précédent.

B. Lamon, même chose que Brésillet.

B. de Lance franc et batard, selon Plumier, les *Randia aculeata* et *mitis*, et selon Poiteau, deux *Uvaria* à Saint-Domingue.

B. DE LARDOIRE, le Fusain, *Evonymus europœus*; et à l'Ile-de-France un *Prockia*.

B. DE LATANIER, un Arbre indéterminé mentionné par Nicholson qui prévient qu'il n'a aucun rapport avec le Palmier appelé Latanier.

B. DE LAURIER, le *Croton corylifolium* aux Antilles.

B. LÉGER, Arbre de l'isthme de Panama, qu'on ne peut reconnaître, sur ce qu'ont dit les voyageurs de la légèreté de son Bois, qu'on a comparée à celle du Liége.

B. DE LESSIVE, probablement un *Anavinga* aux Antilles.

B. DE LETTRES, le *Sideroxylum inerme* et le *Piratinera* d'Aublet à la Guiane.

B. LÉZARD. *V*. B. d'AGOUTI.

B. DE LIÉGE, l'*Hibiscus tiliaceus*, à l'Ile-de-France; le *Bombax Gossypium* et un *Cordia* dans l'Inde; et le Moutouchi d'Aublet, voisin du Ptérocarpe à Cayenne.

B. DE LIÈVRE, le Cytise dans les Alpes.

B. LONG, probablement le Caoutchouc chez les Portugais du Para.

B. DE LOUSTAU, et non L'OSTAU, comme le dit Aublet, l'*Anthirhœa* de Commerson à l'Ile-de-France. En France c'est quelquefois le Fusain.

B. DE LUMIÈRE, *Palo de luz* des Espagnols; même chose que B. Chandelle. *V*. ce mot.

B. LUCÉ, *Petaloma edulis* de Richard.

B. MABOUYA, selon Jacquin, le *Morisonia americana* à la Martinique; le *Capparis Breynia* dans les autres Antilles.

B. MACAQUE, à Cayenne le Tococa d'Aublet, que les naturels appellent *Tococo*.

B. MADAME, le *Mathiola scabra*, à la Martinique.

B. MADRE, le *Gymnanthes lucida*, aux Antilles.

B. DE MAFOUTRE, deux Arbres de Madagascar, dont l'un est peu connu, et l'autre l'*Antidesma*.

B. DE MAHOGONI, une espèce du genre *Switenia* aux Antilles.

B. DE MAI, même chose qu'Aubépine. *V*. ALIZIER.

B. MAIGRE, le Psyloxylon de Du Petit-Thouars, à l'Ile-de-France.

B. DE MAÏS, le *Memecylon cordatum* dans la même île.

B. MAJOR, à Saint-Domingue les *Erythroxylum areolatum* et *havanense*, et un Arbuste trop imparfaitement indiqué par Nicholson, pour qu'on puisse le reconnaître. Ce dernier est le même qu'on appelle aussi B. de Cheval. *V*. ce mot.

B. MALABAR OU DE MALBOUCK, le *Nuxia* à l'Ile-de-France.

B. DE MALEGACHE, le *Forgesia* à Mascareigne.

B. A MALINGRES, un Tournefortia, aux Antilles.

B. MANDRON, Arbre indéterminé d'Amérique mentionné par Nicholson.

B. MARBRÉ, Arbre de Saint-Domingue que Palisot de Beauvois soupçonne être le même que le B. Baroit ou Benoit, et que le B. de Féroles de Cayenne.

B. MARBRÉ BATARD, l'*Erythroxylum areolatum*, à la Martinique.

B. MARCHÉ-HOUE, un *Xantoxylum*, à Cayenne, dont le nom indique l'usage.

B. MARGUERITE, le *Cordia tetraphylla* à la Guiane.

B. MARIE, le Calophyllum qui donne la Résine balsamique connue sous le nom de Baume Marie. *V*. BAUME.

B. DE MATURE, divers grands Arbres de l'Inde, entre autres un *Uvaria*.

B. DE MÊCHE, l'*Apeiba glabra* et l'*Agave fœtida*, à Cayenne.

B. MENUISIER, le *Portesia* à Saint-Domingue.

B. DE MERDE. *V*. B. CACA.

B. DE MERLE, plusieurs Arbustes dans les îles de France et de Mascareigne, entre autres l'*Andromeda salicifolia*, l'*Olea capensis*, celui dont Commerson a formé son genre *Ornitrophe* et un *Celastrus*.

B. DE MOLUQUES, le *Croton Tiglium*.

B. MONDONGUE, le *Picramnia* de Swartz, à la Martinique.

B. MOUSSÉ, Arbre indéterminé à Cayenne.

B. DE MUSC, même chose que B. de Crocodile.

B. DE NAGHAS, même chose que B. de Fer.

B. NAGONE, une espèce de Mirobolan à Cayenne.

B. DE NATTE ou BARDOTTIER, divers grands Arbres des forêts des îles de France et de Mascareigne, employés en planchettes pour les couvertures des cases. La plupart appartiennent au genre *Mimusops*; mais ce nom, arbitrairement appliqué, change de signification, non-seulement d'une île, mais d'un quartier à l'autre, et ne désigne proprement que l'espèce dont s'est servi pour sa propre toiture celui qui l'emploie.

B. DE NÈFLE, divers *Eugenia* aux îles de France et de Mascareigne, où des habitations ont pris ce nom de la quantité de ces Arbres qu'on y trouva lors du défrichement.

B. NÉPHRÉTIQUE, Arbre du Mexique, indéterminé et regardé mal à propos comme le *Moringa* qui est un Arbre de l'Asie.

B. DE NICARAGUA, même chose que B. de Campêche.

B. NOIR, le *Mimosa Lebbek* à l'Ile-de-France; un *Diospyros*, voisin de l'Ebénier, à l'Ile-de-France; l'*Aspalathus Ebenus* aux Antilles.

B. D'OLIVE, à Mascareigne, les espèces d'*Olea* qui s'y trouvent indigènes; l'*Elœodendrum* à l'Ile-de-France; et un *Rhamnus* dont on mange les fruits appelés improprement Olives à grosse peau.

B. D'OR, le *Carpinus americana* chez les Canadiens.

B. D'OREILLE, les *Daphne Laureola* et *Mezereum* dans quelques cantons de la France.

B. D'ORME, aux Antilles, le *Celtis micranthus*, et le *Theobroma Guazuma*.

B. D'ORTIE. *V.* B. de FREDOCHE.

B. DE LA PALILLE, n'est pas celui du Dragonier, comme on l'a dit, mais désigne de petits morceaux de bois quelconque, qu'on taille en forme de curedents aux Canaries, et qu'on aromatise en les teignant en rose avec la Résine appelée Sang-de-Dragon. *V.* ce mot. Ce nom vient de *Pallilos*, qui, en espagnol, signifie petits bâtons, et s'applique à toute sorte de curedents en bois.

B. DE PALIXANDRE OU VIOLET, Arbre inconnu des possessions hollandaises de l'Amérique méridionale, dont on rapporte le Bois vivement coloré, employé dans la marqueterie et pour faire des archets de violons.

B. PALMISTE, qui n'est point un Palmier, mais le *Geoffroya spinosa*, Légumineuse de St.-Domingue.

B. DE PÊCHE-MARRON, un *Eugenia* à Mascareigne.

B. PERDRIX, l'*Heisteria* à la Martinique.

B. PELÉ. *V.* B. de Fredoche. Aux îles de Mascareigne et de France, c'est aussi le B. sans écorce. *V.* ce mot.

B. DE PERPIGNAN, le *Celtis australis*.

B. PERROQUET, le *Fissilia* de Commerson aux îles de France et de Mascareigne.

B. A PIAN, aux Antilles, probablement un *Fragara* et le *Morus tinctoria*.

B. DE PIED DE POULE ou de RONCE, à l'Ile-de-France le *Todalia*, dont la feuille est palmée et la tige munie d'aiguillons accrochans.

B. DE PIEUX ou CAJU-BÉLO, aux Moluques, le *Pometia* de Forster.

B. PIGEON, le *Prockia* à l'Ile-de-France.

B. PIN, le *Talauma* de Jussieu à la Martinique.

B. DE PINTADE, l'*Ixora coccinea* et un *Ardisia* dans les colonies françaises à l'est du cap de Bonne-Espérance.

B. PIQUANT. *V.* B. ARADA.

B. PISSENLIT, le *Bignonia stans*, aux Antilles.

B. PLIANT, syn. d'*Osyris alba*, cultivé dans quelques jardins d'Italie.

B. PLIÉ BATARD, le *Brunsfelsia* dans quelques Antilles.

B. DE PLOMB. *V.* B. de CUIR.

B. DE POIVRIER, à l'Ile-de-France,

l'*Erythroxylum laurifolium* et plusieurs *Fagara*, entre autres celui dont Commerson avait fait son *Macqueria*.

B. DE POMME, un *Eugenia* aux îles de France et de Mascareigne.

B. DE POUPART, le *Poupartia*. *V.* ce mot.

B. PUANT, l'*Anagyris fœtida* en Europe; le *Fœtidia* de Lamarck, et le *Mimosa farnesiana* à l'Ile-de-France; à Cayenne le *Pinigara* d'Aublet.

B. PUNAIS, le *Cornus sanguinea*.

B. DE QUASSIE, le *Quassia amara*.

B. DE QUEVIS ou de QUIVIS, à l'Ile-de-France, le *Quivisia* de Commerson.

B. DE QUINQUIN ou de TEZÉ, le *Securigena* de Commerson à Mascareigne.

B. DE QUINQUINA, improprement à Cayenne un *Malpighia*.

B. DE RAINETTE, le *Dodonea angustifolia* à Mascareigne.

B. RAMIER, un *Psychotria*, un *Sapindus* et le *Muntingia Calabura* aux Antilles.

B. RAMON, le *Trophis americana*, le *Sapindus Saponaria* et l'*Erythroxylum rufum* aux Antilles.

B. DE RAPE, le *Cordia Sebestena*, plusieurs Figuiers, et, selon Du Petit-Thouars, son *Monimia*, auquel cependant nous n'avons pas trouvé la rudesse suffisante pour justifier ce nom.

B. DE RAT, le *Myonyma* de Commerson.

B. DE RHODES, la même chose que B. de Rose. *V.* ce mot. C'est à Cayenne l'*Amyris balsamifera*.

B. DE RIVIÈRE, le *Chimarrhis* de Jacquin, un *Inga* et le *Casearia parvifolia* à la Martinique.

B. DE ROLE BATARD, l'*Ehretia Bourreria* aux Antilles.

B. DE RONCE. *V.* B. de PIED DE POULE.

B. DE RONDE, DE RONGLE ou d'ARONDE, l'*Erytroxylum laurifolium* aux îles de France et de Mascareigne, dont les tiges se brûlent en guise de flambeau.

B. DE ROSE, DE RHODES OU DE CHYPRE, un Bois long-temps employé dans la marqueterie, remarquable par l'odeur qui lui mérita son nom, et dont l'origine fut long-temps incertaine. On le croyait originaire de Rhodes ou de Chypre; on a récemment reconnu qu'il provenait d'un Liseron, *Convolvulus scoparius*, commun aux Canaries, d'où il se répandait dans le commerce. On étend ce nom dans les Antilles à l'*Ehretia fruticosa*; à la Jamaïque, particulièrement à l'*Amyris elemifera*; à Cayenne, au *Licaria guianensis*. Le *Tse-Tau* des Chinois désigne aussi un Bois de Rose, mais auquel on ne peut appliquer aucun nom botanique.

B. ROUGE, selon les divers pays, beaucoup d'Arbres trop différens et trop arbitrairement nommés pour qu'on les puisse désigner botaniquement avec le moindre degré de certitude. *V.* AZIMÈNE.

B. DE RUCHE. *V.* B. DE BOMBARDE.

B. SAGAIE, même chose que B. de Gaulettes. *V.* ce mot.

B. SAIN ou SAIN BOIS, le *Daphne Gnidium*.

B. SAINT ou de SANTÉ, le Gaïac.

B. DE SAINT-JEAN, le *Panax Morototoni* à Cayenne.

B. DE SAINTE-LUCIE, le *Prunus Mahaleb*.

B. SANGLANT ou de SANG, même chose que B. d'Acossois à Cayenne, et le B. de Campêche en quelques parties de l'Amérique.

B. SANS ÉCORCE, plusieurs petits Arbres aux îles de France et de Mascareigne, et plus particulièrement le *Ludia* de Commerson, également nommé B. pelé.

B. DE SAPAN, un *Cœsalpinia* dans l'Inde.

B. SARMENTEUX, le *Cordia flavescens* d'Aublet, à Cayenne.

B. DE SASSAFRAS, un *Laurier* de l'Amérique septentrionale.

B. SATINÉ, probablement la même chose que B. de Férole. *V.* ce mot.

B. DE SAUGE, divers *Lantana* aux Antilles.

B. DE SAULE, un Arbre du genre *Sapindus* aux Antilles.

B. DE SAVANNE, le *Couma* d'Aublet

à Cayenne; le *Cornutia pyramidata*, un *Vitex* et un troisième Arbre indéterminé à St.-Domingue.

B. DE SAVONNETTE ou SAVONNEUX, le *Sapindus Saponaria* aux Antilles.

B. DE SAVONNETTE BATARD, un Arbre de St.-Domingue du genre *Dalbergia*.

B. DE SÉNIL, le *Coniza salicifolia* de Lamarck, à Mascareigne.

B. DE SENTE ou de SENTI, le *Rhamnus circumscissus* à l'Ile-de-France.

B. DE SENTEUR BLEU. *V.* B. GALEUX.

B. DE SERINGUE, l'Arbre qui donne le Caoutchouc avec lequel on fait des vessies propres à donner des clystères.

B. SIFFLEUX. *V.* B. FLÉAU.

B. SIGNOR. *V.* B. CAPUCIN.

B. DE SOIE, le *Muntingia Calabura* aux Antilles.

B. DE SOURCE, l'*Aquilicia sambucina* à Mascareigne.

B. TABAC, le *Manabea villosa* d'Aublet, à Cayenne.

B. DE TACAMAQUE, le *Calophyllum Coloba* et le *Populus balsamifera*.

B. TAMBOUR, même chose que Bois de Bombarde. *V.* ce mot.

B. TAN, même chose que B. dyssentérique. *V.* ce mot.

B. DE TAN ROUGE, diverses espèces du genre *Wenmannia*.

B. TAPIRÉ, Bois d'un Arbre indéterminé de Cayenne, tacheté, qui est employé par les ébénistes.

B. DE TEK, le *Tectona grandis* dans les Indes.

B. TENDRE A CAILLOUX, le *Mimosa arborea* aux Antilles.

B. TÊTE DE JACOT, même chose que B. de Natte. *V.* ce mot.

B. DE TEZÉ. *V.* B. QUINQUIN.

B. DE TISANE, Plante sarmenteuse de Cayenne, qui pourrait bien être un Smilax.

B. TROMPETTE et B. TROMPETTE BATARD, même chose que B. Canon. *V.* ce mot.

B. VERDOYANT, le *Laurus chloroxylon* aux Antilles.

B. VERT, le *Bignonia leucoxylon* aux Antilles.

B. VIOLET. *V.* B. de PALIXANDRE.

B. VIOLON, une espèce du genre *Macaranga* de Du Petit-Thouars à l'Ile-de-France. (B.)

BOIS AGATISÉ, BITUMINEUX, FOSSILE, MINÉRALISÉ ET PÉTRIFIÉ. GÉOL. et MIN. *V.* FOSSILES. On appelle aussi l'Asbeste BOIS DE MONTAGNE. (LUC.)

* BOIS DE CERF. MOLL. Nom donné en Hollande, selon Séba et Davila (*Cat.* p. 200), au *Murex Scorpio*, L. et Lam. *V.* ROCHER. (F.)

BOIS DE REAU OU DE ROC. POIS. Syn. de jeune Vive, *Trachinus Draco*, sur les côtes de la France méridionale. *V.* VIVE. (B.)

BOIS VEINÉ. INS. (Geoffroy.) Syn. de *Bombyx Zig-zag*. (B.)

BOIS VEINÉ. MOLL. Nom vulgaire, parmi les marchands et les amateurs, de la *Voluta hebræa*, L. et Lam. *V.* VOLUTE. (B.)

* BOISSELIÈRE. OIS. *V.* AGASSE CRUELLE.

* BOISSIERA. BOT. PHAN. On trouve indiqué, dans l'Herbier de Dombey, sous le nom de *Boissiera triternata*, le *Lardizabala biternata* de Ruiz et Pavon, qui appartient à la famille des Ménispermes. *V.* LARDIZABALA. (A.R.)

BOITE A SAVONNETTE. BOT. PHAN. On désigne quelquefois sous ce nom un péricarpe capsulaire bivalve qui s'ouvre en travers, *capsula circumcisa*, L. La Jusquiame en offre un exemple remarquable. (B.)

BOITE OSSEUSE. REPT. CHEL. Enveloppe osseuse des Tortues. *V.* ce mot. (B.)

BOITIAPO. REPT. OPH. (Pison.) Serpent venimeux du Brésil, trop imparfaitement connu pour être classé. (B.)

BOITOS. POIS. (Aristote.) Le Chabot. *V.* COTTE. (B.)

BOITTA. MAM. Syn. de Putois chez les Lapons. (B.)

* BOJA. BOT. PHAN. Qu'on pro-

nonce *Boxa.* On donne ce nom, dans les parties de l'Espagne où l'on élève des Vers-à-soie, aux Cistes un peu sous-arborescens et non glutineux, dont les rameaux grêles offrent de bons points d'attache aux cocons. (B.)

BOJOBI. REPT. OPH. Espèce du genre Boa. *V.* ce mot. (B.)

* BOK. BOT. PHAN. Syn. suédois de *Fagus sylvatica*, L. *V.* HÊTRE. (B.)

BOKEE-SORRA. POIS. (Russel.) C'est, à la côte de Coromandel, un Squale peu connu voisin de la Roussette. (B.)

BOKKEN-VISCH. POIS. Nom du Chétodon Teira chez les Hollandais de l'Inde. (B.)

BOKULAWA, BONIKULAWA ET BONKULAWA. REPT. OPH. Serpent fabuleux de l'archipel de l'Inde, que les Macassars et les insulaires disent vomir l'Ambre gris, et descendre à la mer, quand il est vieux, pour s'y métamorphoser en Baleine. (B.)

BOL. MIN. On comprend sous ce nom général des Argiles diversement colorées par des Oxydes métalliques. Les Bols sont quelquefois employés en médecine comme astringens; ils servent dans la peinture comme terres colorées. On désigne communément, sous les noms de BOL D'ARMÉNIE et de LEMNOS, l'Argile craïeuse rouge. *V.* ARGILE. (DR..Z.)

BOLA. BOT. PHAN. (L'Ecluse.) Syn. de Myrrhe. *V.* ce mot. (B.)

BOLAX. BOT. PHAN. Jussieu a, d'après Commerson, établi sous ce nom un genre qui fait partie de la famille des Ombellifères, de la Pentandrie Dyginie, et que ses caractères rapprochent singulièrement des Hydrocotyles et des Azorelles. Gaertner avait cru devoir réunir en un seul genre, sous le nom de *Chamitis*, les deux genres *Bolax* de Commerson et *Azorella* de Lamarck. Mais nous avons prouvé, dans notre Monographie des Hydrocotyles, que ces deux genres devaient demeurer séparés, offrant des caractères qui les font distinguer facilement. En effet, dans le Bolax dont nous avons figuré les caractères (Annales gén. des Sc. Phys. T. IV. pl. 2. n° 5), les fleurs sont toutes hermaphrodites, fertiles; le fruit globuleux, lisse ou à trois côtes peu saillantes; les styles plus courts que les étamines. Dans l'*Azorella*, au contraire, les fleurs sont polygames, c'est-à-dire que sur le même rameau, on trouve des ombellules de fleurs purement mâles et sans nulle apparence d'ovaire; le fruit est tuberculeux, et les styles, plus longs que les étamines, sont persistans.

Le genre Bolax se compose de cinq à six espèces de petites Plantes vivaces qui forment des touffes épaisses et serrées. Leurs fleurs sont petites et disposées en ombellules simples accompagnées à leur base de deux ou trois folioles qui constituent une sorte d'involucre. C'est à ce genre qu'appartient le *Gommier des Malouines*, appelé par Commerson *Bolax glebaria*, que Lamarck a réuni au genre Hydrocotyle sous le nom d'*Hydrocotyle gummifera*. Cette petite Plante, qui est originaire du pays des Patagons, est remarquable par la grande quantité de substance résineuse qu'elle renferme. (A. R.)

BOLAYE. OIS. Syn. de la Pie-Grièche Gonolek, *Lanius barbarus*, L. en Afrique. *V.* PIE-GRIÈCHE. (DR..Z.)

BOLBIDIUM. MOLL. Selon Blainville (Dict. des sc. nat. suppl.), c'est une petite espèce de Poulpe qu'Hippocrate recommande cuite dans l'huile et le vin, dans plusieurs maladies, entre autres dans l'aménorrhée. (F.)

BOLBINA. BOT. PHAN. (Theophraste.) Syn. d'*Ixia Bulbocodium.* (B.)

* BOLBOCERAS. *Bolboceras.* INS. Genre de l'ordre des Coléoptères, section des Pentamères, famille des Lamellicornes, tribu des Scarabéides fondé par Kirby (*Linn. Societ. Trans.* T. XII. P. 459) et ayant la plus grande

analogie avec le genre Géotrupe auquel on arriverait insensiblement en plaçant, entre celui-ci et le genre que nous décrivons, le *Geotrupes vernalis* des auteurs. Kirby tire ses caractères génériques de l'espèce qu'il nomme *Bolboceras quadridens*. Il en décrit et figure une deuxième, le *Bolboceras Australasiæ*, qui est originaire de la Nouvelle-Hollande. *V*. GÉOTRUPE. (AUD.)

BOLBONACH OU BULBONACH. BOT. PHAN. L'un des noms vulgaires du *Lunaria rediviva*, L. *V*. LUNAIRE. (B.)

BOLBOTINA. MOLL. (Athénée.) Probablement la même chose que Bolitæne. *V*. ce mot. (B.)

BOLDEAU, BOLDU. *Boldea*. BOT. PHAN. Jussieu a décrit, sous le nom de *Boldea*, le genre *Peumus* de Molina et de Persoon, qui est le même que le *Ruizia* de Ruiz et Pavon. Ce genre singulier a pour type le *Boldu du Chili*, Arbre décrit et figuré pour la première fois par le père Feuillée. Jussieu l'a avec raison placé dans sa nouvelle famille des Monimiées, à cause de sa grande analogie avec le genre *Monimia*. Voici les caractères qu'il présente : les fleurs sont unisexuées et dioïques ; les mâles offrent un calice subcampanulé, évasé, dont la base est turbinée; le limbe est à huit ou dix segmens ovales, obtus, inégaux et disposés sur deux rangs ; les intérieurs plus étroits, plus minces et presque glabres, tandis que les extérieurs sont recouverts de poils étoilés. Ce calice doit être plutôt considéré comme un véritable involucre analogue à celui qu'on observe dans les genres *Ambora*, *Monimia*, etc., qui appartiennent à la même famille. Les étamines sont fort nombreuses, attachées à toute la partie tubuleuse de l'involucre, portées sur des filamens inégaux en longueur; celui des étamines qui avoisinent le limbe est plus long, et porte à sa partie inférieure deux petits appendices pedicellés, analogues à ceux que l'on observe sur les filets staminaux dans certains Lauriers; mais les deux loges des anthères s'ouvrent par un sillon longitudinal. Dans les fleurs femelles, l'involucre calyciforme offre la même structure que dans les fleurs mâles ; mais il est beaucoup plus petit. Les pistils sont au nombre de cinq à neuf, rapprochés et dressés au centre de l'involucre ; ils sont allongés et couverts de poils rudes et dressés ; l'ovaire est à une seule loge contenant un seul ovule, et se termine par un style court, surmonté d'un stigmate linéaire, glanduleux et comme tronqué à son sommet. — Les fruits sont environnés par la partie la plus inférieure de l'involucre qui persiste, tandis que sa partie supérieure se détache circulairement après la fécondation. Ces fruits, de la grosseur d'un Pois, recouverts de poils, se composent d'un péricarpe charnu extérieurement, contenant une Noix réticulée qui contient une seule graine, composée d'un tégument mince, d'un endosperme charnu, dans la partie supérieure duquel est un embryon renversé, dont les deux cotylédons sont planes, très-écartés l'un de l'autre et embrassant en quelque sorte l'endosperme.

Ce genre ne renferme qu'une seule espèce, le Boldu du Chili, que Jussieu a nommé *Boldea fragrans*. (A. R.)

* BOLDUCIA BOT. PHAN. Necker a donné ce nom à un genre de la famille des Légumineuses, établi par Aublet sous celui de *Taralea*. *V*. ce mot. (A.D.J.)

BOLET. *Boletus*. BOT. CRYPT. (*Champignons*.) Le nom de Bolet, *Boletus*, a été appliqué par les anciens botanistes à des Champignons très-différens de ceux auxquels Linné et ensuite presque tous les auteurs l'ont restreint; ainsi Micheli a désigné sous le nom de Bolet les Plantes qui forment maintenant le genre Morille, *Morchella*, et il a dérivé ce mot du nom grec *Bôlitês*, que les anciens donnaient à une espèce de Champignons à cause de sa forme irrégulière et mamelonnée, semblable à une motte de terre appelée *Bôlos*.

Cette expression, qui convenait assez bien aux Morilles, a été conservée par Haller, Jussieu, etc. Linné, on ne sait par quelle raison, a transporté ce nom aux Champignons que les anciens botanistes désignaient sous les noms de *Suillus*, *Polyporus*, et à une partie de leur genre *Agaricus*. Cette dénomination étant maintenant adoptée généralement, c'est du genre Bolet de Linné que nous devons traiter ici.

Mais cet auteur, voyant que les caractères sur lesquels les botanistes qui l'avaient précédé avaient fondé leurs divisions, étaient souvent très-mauvais, n'a pas donné assez d'attention aux genres établis par Micheli, car il aurait vu que la distinction des deux genres *Suillus* et *Polyporus* de cet habile botaniste était tirée de caractères très-importans, liés à la structure intime du Champignon, et que ces caractères étaient joints à un port et une manière de croître très-différens ; aussi ces deux genres ont été séparés de nouveau par Fries (*Systema mycologicum*), en faisant rentrer cependant dans ce dernier une grande partie des espèces que Micheli rangeait parmi les Agarics. Fries a réservé aux premiers le nom de Bolet, et a laissé aux seconds celui de Polypore; enfin il a adopté un troisième genre proposé par Bulliard sous le nom de *Fistulina*. Ainsi le genre Bolet de Linné se trouve divisé en trois genres très bien caractérisés. Nous ne parlerons, dans cet article, que des Bolets proprement dits, dont cette division a beaucoup réduit le nombre. Nous renverrons pour les autres aux mots POLYPORE et FISTULINE. Le genre Bolet est ainsi caractérisé : chapeau présentant à sa surface inférieure des tubes libres, cylindriques, rapprochés, formés d'une substance différente de celle du chapeau, et pouvant facilement s'en séparer. Ces tubes renferment dans leur intérieur de petites capsules cylindriques (*asci*) contenant des sporules très-fines.

Toutes les espèces de ce genre ont le chapeau charnu, hémisphérique, porté sur un pédicule central, dont la surface est souvent réticulée ou veinée. La surface inférieure est assez fréquemment recouverte, avant le développement complet du chapeau, par une membrane très-mince qui se détruit très-promptement. Ce caractère est surtout remarquable dans le Bolet annulaire de Bulliard (*Boletus luteus*, Schœff.).

On connaît environ vingt espèces du genre Bolet tel que nous venons de le définir. La plupart de ces espèces ne paraissent pas vénéneuses, mais plusieurs ne sont pas agréables à manger, soit à cause de la consistance molle et spongieuse de leur chair, soit à cause de leur amertume ; c'est ce qu'on observe surtout dans le Bolet chicotin, *Boletus felleus*, Bull. t. 379.

Les espèces comestibles portent le nom général de *Cepe* ou *Ceps*, qui paraît provenir de la forme de leur pédicule renflé comme un Oignon. On en fait un usage beaucoup plus fréquent dans le midi et dans l'ouest de la France et en Italie, que dans le Nord; cependant on en conserve souvent dans les pays où cette nourriture est la plus répandue, soit en les faisant sécher, soit en les préparant au vinaigre ou à l'huile, et on en envoie ainsi dans le Nord pour les employer comme assaisonnement. Les espèces les plus estimées sont :

Le BOLET BRONZÉ, *Boletus æreus*, Bull. t. 375, connu sous le nom de Ceps noir. Il est assez rare aux environs de Paris ; son chapeau est d'un brun foncé ; sa chair devient d'un rose vineux en la coupant, surtout près de la peau ; les tubes sont courts et jaunâtres ; le pédicule présente des veines réticulées.

Le BOLET COMESTIBLE, *Boletus edulis*, Bull. tab. 60-494, ou Ceps ordinaire. Il est très-commun dans les bois. Son chapeau est fauve ; les tubes sont longs, jaunâtres ; la chair devient aussi rosée ; le pédicule est renflé à la base, et présente également des veines réticulées.

Le Bolet orangé, *Boletus aurantiacus*, Bull. tab. 236, connu sous le nom vulgaire de Gyrole rouge, Roussile, etc. Son chapeau est d'un beau rouge orangé; son pédicule est gros, renflé, hérissé de petites pointes rouges; sa chair est blanche et se colore un peu en rose en la brisant.

Le Bolet rude, *Boletus scaber*, Bull. tab. 132. Il ressemble beaucoup au précédent, et porte les mêmes noms vulgaires, mais il est moins bon; sa chair est plus molle; son chapeau est brun, son pédicule est plus mince, cylindrique, hérissé de petites pointes noires.

Ces quatre espèces, qu'on pourrait peut-être réduire à deux, les deux premières se ressemblant beaucoup, et les deux autres ayant aussi plusieurs caractères communs, sont les seules qu'on mange fréquemment, quoique plusieurs autres paraissent n'être pas dangereuses; on doit toujours les choisir de préférence jeunes et encore peu développées; leur chair doit être bien blanche et ferme. Pour les manger on retranche le pédicule qui est fibreux, et les tubes qu'on nomme vulgairement le *foin*; on enlève ensuite la peau du dessus du chapeau. C'est la chair de ce chapeau ainsi isolée qui est bonne à manger. Ce Champignon peut s'accommoder comme le Champignon de couche ordinaire; on peut aussi le manger cru avec du sel et du poivre, ou le faire frire. Dans le midi, il est beaucoup plus estimé que l'Agaric comestible; son goût est en effet très-délicat, et sa chair est plus tendre.

Quelques Champignons de ce genre présentent un phénomène fort remarquable, et qui n'a pas encore été bien étudié par les physiologistes et les chimistes : je veux parler de la coloration en bleu, en violet ou en vert, qui a lieu lorsqu'on rompt le chapeau de quelques Bolets, tels que le Bolet indigotier, *Boletus cyanescens*, Bull. t. 369; le Bolet rubéolaire, Bull. t. 100, *Boletus luridus*, Persoon; le Bolet chrysentère, Bull. t. 393, *Boletus subtomentosus*, Persoon. C'est dans le premier de ces Champignons que ce phénomène est le plus frappant, à cause de la belle couleur bleue que sa chair prend presque instantanément au moment où on l'entame. On avait d'abord attribué cette coloration à l'action chimique de l'air ou de la lumière sur les sucs de cette Plante, mais des expériences de Saladin, rapportées par Bonnet, prouvent que le même effet a lieu dans l'obscurité et dans divers milieux, tels que l'eau, l'huile, etc. Bulliard attribue cette coloration à l'écoulement d'un liquide coloré renfermé dans des vaisseaux très-petits et dans lesquels sa couleur n'est pas sensible, tandis que quand il est réuni en gouttelettes, cette couleur prend plus d'intensité. Cette explication, quoique paraissant assez vraisemblable, mériterait pourtant qu'on fît quelques expériences pour la vérifier et s'assurer de la nature de ce suc.

Le Bolet amadouvier, ainsi que la plupart des espèces ligneuses et toutes celles qui croissent sur les Arbres, appartiennent au genre Polypore. *V.* ce mot et Agaric des Pharmacies.

(AD. B.)

* BOLET DE MER. POLYP. Marsigli donne ce nom à l'*Alcyonium papillosum* de Pallas, espèce douteuse et peu connue. (LAM..X.)

BOLETITES. POLYP. FOSS. Aldrovande et Feuillée ont donné ce nom à des Alcyonites. *V.* ce mot. (LAM..X.)

BOLETOIDES. BOT. CRYPT. (*Champignons.*) Seconde division de la première classe des Champignons dans la Méthode de Persoon, et qui renferme les genres Bolet et Polypore. *V.* ces mots. (B.)

BOLETOPHAGE. *Boletophagus.* INS. Dénomination appliquée par Illiger à un genre de l'ordre des Coléoptères, que Latreille avait établi (Précis des Caractères génériques des Insectes) sous le nom d'Élédone. *V.* ce mot. (AUD.)

* BOLETOPHILE. *Boletophila.* INS. Genre de l'ordre des Diptères,

établi par Hoffmansegg, et que nous trouvons décrit dans l'ouvrage de Meigen. Cet observateur scrupuleux, dans sa Description systématique des Diptères d'Europe (T. I. p. 220), assigne à ce nouveau genre les caractères suivans : antennes longues, sétiformes, étendues, avec les deux articles de la base plus gros; trois yeux lisses, frontaux, placés sur une ligne transversale; ailes à recouvrement, parallèles, obtuses.

Les Bolétophiles que Meigen nomme *Bolitophile*, ont de grands rapports avec les Dixes et surtout avec les Macrocères; ils se distinguent cependant de ces derniers par la position des yeux lisses. Ils appartiennent au reste à la famille des Némocères (*Tipulariæ*, Latr.), et peuvent être rapportés au genre Mycétophile. Meigen n'en décrit que deux espèces : la première, sous le nom de *B. cinerea*, et la seconde sous celui de *B. fusca*. *V.* MYCÉTOPHILE. (AUD.)

* BOLEUM. *Boleum.* BOT. PHAN. Desvaux a désigné sous le nom de *Boleum asperum* le *Vella aspera* de Persoon, petite Plante vivace qui croît en Espagne. Ce genre, adopté par De Candolle (*Syst. Regn. veg.* T. II. p. 640), diffère à peine du Vella, si ce n'est par son style beaucoup plus étroit, et sa silicule presque indéhiscente. (A. R.)

BOLHIDA OU BOLHINDA. BOT. PHAN. Syn. de *Tradescantia cristata*, L. à Ceylan. *V.* TRADESCANTE. (B.)

BOLIDES. GÉOL. *V.* AÉROLITHE et FER MÉTÉORIQUE.

BOLIGOULE ET BOULIGOULE. BOT. CRYPT. Syn. d'*Agaricus Eryngii*. (B.)

BOLIMBA. BOT. PHAN. *V.* BALIMBA.

BOLIN. MOLL. Nom donné par Adanson (Sénég. p. 127, pl. 8, f. 20) à une de ses Pourpres. C'est le *Murex cornutus* de L. et de Lamk. *V.* ROCHER. (F.)

BOLITÆNA. MOLL. Selon Blainville (Dict. des Sc. nat. suppl.), c'est une espèce de Poulpe mentionnée par Aristote, mais dont il dit trop peu de chose pour qu'on puisse la rapporter à une des espèces connues de nos jours. Selon le même naturaliste, le *Bolbotina* d'Athénée serait, par une erreur de copiste, le même Animal que le *Bolitæna* d'Aristote. (F.)

BOLITAINE. MOLL. Selon Gérardin (Dict. des Sc. nat.), c'est une dénomination sous laquelle les anciens Grecs et les modernes désignent les émanations musquées de certains Mollusques (des Seiches par exemple), dont les Cachalots se nourrissent, et qui sont censées communiquer à leurs excrémens cette odeur qui leur est particulière. (F.)

BOLITES. BOT. CRYPT. (*Champignons.*) Ce nom, chez les anciens, paraît désigner l'Oronge, *Agaricus aurantiacus*, L. (B.)

BOLITHAO. BOT. CRYPT. (*Hydrophytes.*) Le *Fucus vesiculosus*, *var. divaricatus* (*Fucus divaricatus*, Gmel.) est ainsi nommé par les Portugais, suivant Leman. Nous croyons que c'est une autre Plante que celle que Gmelin a décrite. Cette dernière, très-commune sur les côtes de la Manche, devient d'autant plus rare que l'on se rapproche davantage du Midi; à peine si l'on en trouve quelques individus dans le golfe de Gascogne : ce qui nous fait présumer que le *Fucus divaricatus* de Gmelin n'existe point dans les mers du Portugal, et qu'il faut attribuer à quelque autre Hydrophyte ce nom de Bolithao. (LAM..X.)

BOLITOPHAGE. INS. Même chose que Boletophage. *V.* ce mot. (AUD.)

BOLITOPHILE. INS. *V.* BOLÉTOPHILE. (AUD.)

* BOLLION. BOT. PHAN. Le Myrtil en Scanie. *V.* AIRELLE. (B.)

* BOLMOR. BOT. PHAN. Syn. suédois de *Hyoscyamus niger*, L. *V.* JUSQUIAME. (B.)

BOLON. BOT. PHAN. (Dioscoride.)

Syn. de *Sparganium erectum*, L. *V.* RUBAN D'EAU. (B.)

BOLOUTAS. BOT. PHAN. (Burmann.) Syn. de *Baccharis indica* à Java. (B.)

* BOLTÉNIE. *Boltenia*. MOLL. Genre de la classe des Ascidies de Savigny ou des Tuniciers de Lamarck, institué par le premier de ces savans (Mém. sur les An. s. vert. 2ᵉ partie, 1ᵉʳ fasc. p. 88 et 140), et qui fait partie de la famille des Téthies de Savigny et des Tuniciers libres de Lamarck. Les deux espèces qui composent ce nouveau genre étaient déjà connues. Elles furent placées, l'on ne sait trop pourquoi, dans le genre *Vorticella*, par Linné. Bruguière et Shaw les ont rétablies parmi les Ascidies, dans lesquelles Cuvier, Lamarck, Schweigger et Goldfuss les ont laissées. Ces deux derniers en forment cependant des coupes distinctes dans le genre Ascidie. Voici les caractères génériques assignés à ce genre par Savigny : corps pédiculé par le sommet, à test coriace; orifice branchial fendu en quatre rayons; l'intestinal de même; sac branchial plissé longitudinalement, surmonté d'un cercle de filets tentaculaires composés; mailles du tissu respiratoire dépourvues de bourses ou de papilles; abdomen latéral; foie nul; ovaire multiple. — Les seules espèces connues sont :

BOLTÉNIE OVIFÈRE, *B. ovifera*, Sav. Mém. p. 88 et 140, pl. 1, f. 1, et pl. 5, f. 1; *Animal Plante*, Edw. Ois. 356; *Vorticella ovifera*, Linné; *Ascidia pedunculata*, Brug., Shaw.; *Ascidia globifera*, Lam. (Anim. s. vert. T. III, p. 127). Elle habite l'Océan américain et boréal.

B. FUSIFORME, *B. fusiformis*, Sav. Mém. p. 89 et 140; Bolten (*Ad Car. à Lin. Epist.*); *Vorticella Bolteni*, L.; *Ascidia clavata*, Shaw; *Ascidia pedunculata*, Lam. *loc. cit.* p. 127. Elle habite le détroit de Davis. *V.* TÉTHIES. (F.)

BOLTONE. *Boltonia*. BOT. PHAN. Genre de la famille des Corymbifères de Jussieu, de la tribu des Astérées de Cassini, de la Syngénésie superflue de Linné. Il présente un involucre convexe, composé de plusieurs rangs de folioles imbriquées; un réceptacle nu; des fleurs radiées, ou des demi-fleurons nombreux occupant la circonférence; des akènes planes, comprimés, entourés d'un rebord membraneux et couronnés de petites soies, dont deux opposées s'allongent en arêtes roides et persistantes. Les deux espèces connues de ce genre sont originaires de l'Amérique septentrionale et cultivées dans nos jardins de botanique. Les feuilles inférieures sont dentées, les pédoncules courts, les akènes en cœur renversé, et leurs rebords pubescens dans le *Boltonia glastifolia*; toutes les feuilles très-entières, les fleurs longuement pédonculées, les akènes ovales et glabres dans le *B. Asteroides*. (A. D. J.)

BOLTY. POIS. (Sonnini). Syn. de *Labrus niloticus*, L. *V.* LABRE. (B.)

BOLUFANG. BOT. CRYPT. Syn. de *Fucus vesiculosus*, L. en Norwège. (B.)

BOLUMBAC. BOT. PHAN. L'un des noms de pays de l'*Averrhoa Bilimbi*. *V.* CARAMBOLIER. (B.)

BOM ET BOMA. REPT. OPH. Proyart nous dit que les Africains donnent le nom de Boma, au nord du Zaire, à un gros Serpent non venimeux, mais redoutable par sa force, qui acquiert jusqu'à quinze pieds de longueur, et dévore quelquefois les enfans. C'est probablement un Boa. Le même nom se retrouve au Brésil pour désigner un Animal du même genre. Bom signifie la même chose au pays d'Angora. (B.)

BOMAREA. BOT. PHAN. Genre formé par Mirbel des trois espèces d'Alstroemeria, le *Salsilla*, l'*ovata*, et le *multiflora*, qui ont leur tige grimpante, les divisions extérieures du calice droites de même que les étamines, et la capsule arrondie et aplatie du haut en bas. *V.* ALSTROEMERIE. (B.)

BOMARIN. MAM. Nom de l'Hippopotame dans Klein. Ce nom vient de Bœuf marin. (A. D..NS.)

BOMBA. MAM. Selon Labat dans sa Relation de l'Afrique, les Nègres des environs du Cap-Verd nomment ainsi un Quadrupède de la taille d'un jeune Cochon, dont les dents sont tranchantes, le poil roide, les griffes aiguës, et qui grimpe aux Arbres. On a cru y reconnaître le Cabiais qui n'en peut être cependant rapproché. Le Bomba serait amphibie et se nourrirait de Poissons, si l'on s'en rapportait à une mauvaise figure qu'on en trouve dans l'Atlas de Durand. Il est impossible de reconnaître ce que peut être un pareil Animal. (B.)

* BOMBACE. BOT. PHAN. L'un des noms du Coton, particulièrement en Italie. (B.)

BOMBARDE. BOT. Qui signifie une ruche à l'île de Mascareigne. *V.* BOIS BOMBARDE.

Ce nom désigne un petit Champignon du genre *Sphæria* dans Gmelin. (B.)

BOMBARDIER. INS. Dénomination vulgaire appliquée au Brachine pétard, *Brachinus crepitans*. *V.* BRACHINE. (AUD.)

BOMBARDIERS. *Crepitantes*. INS. Latreille (*Gener. Crust. et Insect.*) a établi sous ce nom une division de la famille des Carabiques, comprenant les genres *Brachine*, *Cimynde*, *Lébie*, *Agre* et *Odacanthe*. Les espèces du premier de ces genres jouissent de la propriété très-remarquable et très-prononcée de faire jaillir par l'ouverture anale un fluide vaporeux caustique; c'est un moyen de défense qu'ils mettent en usage lorsqu'ils ont un danger à craindre. *V.* BRACHINE et CARNASSIERS. (AUD.)

BOMBAX. BOT. PHAN. *V.* FROMAGER.

BOMBECYLON. BOT. PHAN. Même chose que Bombokulon. *V.* ce mot. (B.)

BOMBÉE. REPT. CHEL. Espèce de Tortue. *V.* ce mot. (B.)

BOMBÉENEN. BOT. PHAN. Un des noms du *Cratava religiosa* dans l'Inde.

* BOMBIATES OU MIEUX BOMBYATES. Sels résultant de la combinaison de l'Acide bombyque avec les différentes bases salifiables. (DR..Z.)

* BOMBICES. *Bombices*. INS. Ou mieux Bombyces. Première division formée par Scopoli (Ent. Carn. 191), dans son genre *Phalæna*. *V.* BOMBYCE. (B.)

BOMBICIN OU BOMBIQUE, ou mieux Bombycin et Bombyque. *V.* ACIDE.

BOMBILIERS. INS. Syn. de Bombyliers. *V.* ce mot. (AUD.)

BOMBILLE. INS. Syn. de Bombylle. *V.* ce mot. (AUD.)

BOMBIQUE. *V.* BOMBICIN.

BOMBIX. INS. *V.* BOMBYCE.

* BOMBIX. MOLL. Genre institué par Humphrey (*Mus. Calonnianum*, p. 62) pour quelques Coquilles univalves, terrestres à ce qu'il paraît; mais comme cet auteur n'indique ni les caractères du genre, ni ceux des Coquilles qu'il y comprend, lesquelles n'offrent d'ailleurs aucune synonymie, il est impossible de se former une idée, ni de ce genre, ni de ses espèces. (F.)

* BOMBOKULON. BOT. PHAN. L'un des noms de la Mandragore dans Dioscoride, suivant Adanson. *V.* BELLADONE. (B.)

BOMBOR. BOT. PHAN. Une variété de Bananier, selon Adanson. (B.)

BOMBOS OU BUMBOS. REPT. SAUR. Noms africains du Crocodile. *V.* ce mot. (B.)

BOMBU OU BOHUMBU. BOT. PHAN. *V.* BOBU.

BOMBUÆLA. BOT. PHAN. (Hermann.) Syn. de Mendya à Ceylan. (B.)

BOMBUS. INS. *V.* BOURDON.

BOMBYCE. *Bombyx*. INS. Genre de l'ordre des Lépidoptères, famille des Nocturnes, tribu des Bombycites

(Règne Anim. de Cuv.), établi par Fabricius et déjà indiqué par Linné qui en avait fait une section dans son grand genre Phalène. Le genre Bombyce tel qu'il a été adopté par Latreille et tel que nous l'envisageons ici, est très-nombreux en espèces et comprend une partie des *Attacus* et des *Bombyx* de Linné, ainsi qu'une partie des Hépiales et des Bombyces de Fabricius. Ses caractères sont ceux de la tribu des Bombycites (*V.* ce mot), et il a de plus les suivans qui servent à le distinguer des genres Hépiale, Cossus et Zeuzère : antennes entièrement ou presque entièrement pectinées de chaque côté, soit dans les deux sexes, soit au moins dans les mâles; trompe à peine sensible, ne dépassant pas les palpes (à filets toujours disjoints); cellule discoïdale des ailes inférieures formée par une nervure en chevron plus ou moins prononcé et tournant sa convexité du côté du corps (Chenilles vivant des parties extérieures des Végétaux; segmens de la chrysalide non dentelés sur leurs bords).

Les Bombyces, à l'état parfait, ont beaucoup d'analogie avec les Phalènes proprement dites; ils ne s'en distinguent rigoureusement que par leurs Chenilles qui ont le plus souvent seize pates, quelquefois quatorze, et dans ce dernier cas, une sorte de queue formée par deux appendices mobiles qui remplacent les deux pates manquantes; de plus, ces Chenilles ne sont jamais arpenteuses; leur corps est velu, hérissé, tuberculeux ou appendiculé; une grande quantité de matière soyeuse est sécrétée par leurs glandes salivaires, et elles filent tantôt des coques isolées, tantôt des toiles en commun; la *Soie*, devenue une branche très-importante de notre industrie, est fournie par la Chenille d'un Bombyce. Plusieurs au contraire dépouillent nos Arbres de leurs feuilles, et font le plus grand tort à notre agriculture.

Les larves, après avoir construit leurs enveloppes, passent à l'état d'Insectes parfaits, souvent dans l'espace de quelques mois, et quelquefois aussi au bout de deux et même trois années. A peine les Bombyces ont-ils subi leur dernière métamorphose qu'ils sont aptes à la fécondation; les mâles recherchent avec un très-grand empressement les femelles, et l'accouplement s'effectue en un instant et sans beaucoup de préludes.

Le genre Bombyce contient un nombre considérable d'espèces que les auteurs ont cherché à classer dans un certain nombre de coupes ou sections. Nous adopterons ici les divisions établies dans ces derniers temps par Latreille en rapportant à chacune d'elles les espèces les plus dignes de fixer l'attention.

I. Ailes inférieures sans crin.

(Chenilles sans fourreau, allongées, et à seize pates distinctes.)

† Ailes presque horizontales dans le repos : les inférieures découvertes aux bords internes.

α Chaque article des antennes du mâle birameux ou bidenté des deux côtés.

BOMBYCE MYLITTE, *B. Mylitta* de Fabricius ou la *Phalæna Paphia* de Cramer (*Pap. exot.* pl. 146, fig. A; pl. 147, fig. A B; pl. 148, fig. A). Il est originaire du Bengale où il fournit une soie grossière nommée *Tusseh-Silk* dont on fait une étoffe appelée *Tusseh-Dooth'ies*, très en usage chez les Brames. William Roxburg a donné à ce sujet des détails fort curieux (*Linn. Societ. Trans.* T. VII). En Chine et dans l'île d'Amboine, on trouve une variété de cette espèce dont on retire aussi de la soie.

BOMBYCE CYNTHIE, *B. Cynthia* de Fabricius, figuré par Drury (*Ins. exot.* T. II, pl. 6, fig. 2), et par Cramer (*loc. cit.* pl. 39, fig. A). Il vit au Bengale; les Indiens l'élèvent avec soin en le nourrissant avec les feuilles du *Ricinus Palma Christi;* ils le nomment, à cause de cela, *Arrindy*. On fabrique, avec la soie qu'il produit, des vêtemens dans les districts bien connus de Dinagepore et de Rungpore. La même espèce se trouve aussi à la Chine et fournit également de la soie.

Bombyce grand Paon, *B. Pavonia major* de Fabricius, représenté par Roesel (Ins. T. iv, t. 15, 16 et 17), très-bien figuré aussi (le mâle) par Vauthier (Figures et Synonymie des Lépid. noct. de France, 2e Livraison). Il est le plus grand des Lépidoptères d'Europe, et se trouve dans toute la France, vers les premiers jours de mai, neuf mois après que sa Chenille s'est filée une coque. On remarque souvent des individus qui passent trois ans à l'état de chrysalide. On ne fait aucun usage du tissu de son cocon.

Le moyen et le petit Paon sont deux espèces distinctes de notre pays; la première y est très-rare. Godart (Hist. nat. des Lépidoptères de France, T. i. pl. 5) nous a donné d'excellentes figures de ces espèces, accompagnées de descriptions fort exactes.

ß Chaque article des antennes du mâle unirameux ou unidenté de deux côtés.

Bombyce Tau, *B. Tau* de Fabricius figuré par Roesel (*loc. cit.* pl. 7, fig. 3 et 4; et T. iii, class. 2, Pap. noct. pl. 67, fig. 1. (la Chenille).

†† Ailes en toit dans le repos : les inférieures débordantes.

* Palpes avançant en bec.

Bombyce feuille morte, *B. Quercifolia* de Fabricius, ou le *Paquet de feuilles mortes* de Réaumur (*Mem. Ins.* T. ii), figuré par Roesel (*loc. cit.* T. i, class. 2, Pap. noct. pl. 41, fig. 1-7). Il se trouve en France et aux environs de Paris.

** Palpes n'avançant point en bec.

Bombyce processionnaire, *B. processionea* de Fabricius. Les Chenilles vivent en société sur le Chêne; elles y filent en commun un vaste nid dans lequel elles se mettent à l'abri; une ouverture fort petite en est l'unique entrée. Ces Chenilles ont été très-bien observées par Réaumur (*loc. cit.* T. ii, pl. 10 et 11) qui a décrit, avec son exactitude ordinaire, leurs habitudes singulières dont la plus remarquable est l'ordre qu'elles suivent dans leur marche et qui leur a valu le nom de Processionnaires. Nous renvoyons pour toute espèce de détails à cet excellent Mémoire.

Bombyce a soie, *B. Mori* de Fabricius, c'est l'espèce que nous élevons en Europe et qui nous fournit la soie; elle est originaire des provinces septentrionales de la Chine; nous traiterons ailleurs de son éducation. *V.* Ver-a-soie et Soie.

II. Ailes inférieures avec un crin.

(Ailes en toit dans le repos : les inférieures entièrement couvertes.)

† Chenilles sans fourreau.

α Chenilles allongées à seize ou quatorze pates distinctes.

* Chenille à seize pates.

Bombyce disparate, *B. dispar* de Fabricius, représenté par Roesel (*loc. cit.* T. i, class. 2, Pap. noct. pl. 3). Cette espèce se trouve en Europe et dévaste quelquefois les Arbres fruitiers et les Ormes; le mâle et la femelle diffèrent beaucoup l'un de l'autre; celle-ci recouvre, avec des poils détachés de son anus, ses œufs qu'elle dépose sur un Arbre ou sur un mur.

** Chenilles à quatorze pates, les anales manquant : une queue fourchue.

Bombyce queue-fourchue, *B. vinula* de Fabricius, figuré par Roesel (*loc. cit.* T. i, class. 2, Pap. noct. t. 19). Cette espèce se rencontre en France. Elle se construit une coque dans laquelle entre de la sciure de bois.

b Chenilles ovales à pates peu distinctes.

Bombyce Tortue, *B. Testudo* de Fabricius, figuré par Esper (Ins. T. iii, pl. 26, fig. 3-9). Il se trouve en Europe, et est très-petit. La Chenille vit sur le Chêne et le Hêtre; elle est remarquable par l'absence des pates membraneuses.

†† Chenilles renfermées dans un fourreau qu'elles traînent après elles.

Bombyx Hieracii, *Viciella*, *Muscella*, etc., etc., de Fabricius. (aud.)

BOMBYCILLA. ois. (Brisson.) Syn. du grand Jaseur, *Ampelis Garrulus*, L. *V.* Jaseur. (dr..z.)

BOMBYCITE. *Bombycites.* ins.

Famille de l'ordre des Lépidoptères, établie par Latreille (Considér. gén.), et convertie par lui (Règne Anim. de Cuv.) en une tribu de la famille des Nocturnes, avec ces caractères : ailes entières ou sans fissures, étendues horizontalement ou en toit, et formant un triangle avec le corps; bord extérieur des supérieures droit, ou point arqué à sa base; palpes supérieurs cachés, les inférieurs très-courts, en forme de tubercules dans les uns, presque cylindriques ou presque coniques et diminuant graduellement d'épaisseur vers leur extrémité, dans les autres; langue nulle ou peu distincte; antennes pectinées ou en scie, du moins dans les mâles; Chenilles du plus grand nombre à seize pates; les deux postérieures ou les anales manquant dans les autres, et remplacées par deux appendices imitant une queue fourchue. — Cette tribu comprend, dans la Méthode de Latreille, les genres Hépiale, Cossus, Zeuzère et Bombyce, *V.* ces mots, c'est-à-dire qu'elle se compose de la première division (*Attacus*), et d'une partie de la seconde (*Bombyx*) du genre *Phalæna* de Linné. Germar (*Dissert. sistens Bombyc. spec.*) a fait une étude particulière de cette tribu, et a institué un grand nombre de genres que Latreille réunit pour la plupart à ceux que nous avons cités. *V.* NOCTURNES et PHALÈNE. (AUD.)

BOMBYCIVORA. OIS. Syn. de Jaseur de Bohême. (B.)

BOMBYLIERS. *Bombyliarii.* INS. Famille de l'ordre des Diptères, instituée par Latreille (Considér. génér.), et qui répond au grand genre Bombylle, tel que l'avait établi Linné. Cette famille constitue (Règne Anim. de Cuv.) une tribu de la famille des Tanystomes, avec ces caractères : antennes de trois articles, dont le dernier sans divisions; suçoir de quatre soies; trompe saillante, avancée, filiforme ou sétacée; corps court, ramassé; ailes écartées; tête plus basse que le corselet; antennes presque contiguës à leur naissance. Ainsi caractérisée, cette tribu ou famille comprend les genres Bombylle, Usie, Phthirie et Cyllénie. *V.* ces mots.

Les Bombyliers ont les antennes de la longueur de la tête ou guère plus longue, très-rapprochées à leur naissance, insérées sous le front, composées de trois articles dont le second est le plus court, et le dernier allongé, presque en fuseau, comprimé, tronqué ou obtus, et souvent muni d'un petit stylet. La trompe est ordinairement fort longue et plus grêle vers le bout, où elle offre deux divisions qui résultent de la présence des deux lèvres au sommet de la gaîne; vers sa base et de chaque côté, on observe deux palpes velus, très-petits, formés par deux articles; les yeux à réseau ont une forme ovale, et dans les mâles ils se rencontrent souvent postérieurement sur la ligne moyenne. Les yeux lisses occupent le vertex et y figurent un triangle. La tête est plus petite et moins élevée que le thorax; celui-ci est convexe et comme bossu. Les ailes sont grandes et étendues horizontalement de chaque côté du corps; les pates sont longues et très-déliées, épineuses ou ciliées; les tarses se terminent par deux crochets entre lesquels on voit deux pelottes; l'abdomen est triangulaire, et le corps en général velu. La tête, qui est plus basse que le corselet, sert à distinguer les Bombyliers des Taoniens et des Anthraciens avec lesquels ils ont plusieurs points de ressemblance. Les Bombyliers volent avec rapidité et en faisant entendre un bourdonnement aigu. Ils planent au-dessus des fleurs, et, sans prendre sur leurs pates aucun point d'appui, ils y introduisent leur trompe. On les rencontre dans les lieux secs et exposés au soleil. Leurs métamorphoses ne sont pas connues. Latreille soupçonne que les larves sont parasites. (AUD.)

BOMBYLLE. *Bombyllus.* INS. Genre de l'ordre des Diptères, établi par Linné et correspondant à la tribu ou à la famille des Bombyliers. *V.* ce mot. Démembré à plusieurs reprises, le genre Bombylle appartient, dans la Méthode de Latreille (Règne Animal de Cuv.), à la famille des Tanystomes, et ne renferme plus que les espèces encore assez nombreuses qui offrent pour caractères : corps ramassé, large, très-garni de poils, avec la tête petite, arrondie, presque entièrement occupée par les yeux à réseau; trois petits yeux lisses, placés en triangle sur son sommet; antennes presque cylindriques, de la longueur de la tête, ou un peu plus courtes, de trois articles dont le dernier, un peu aminci vers le bout et terminé par un petit stylet, est plus grand que le premier, et celui-ci beaucoup plus long que le suivant; trompe filiforme ou sétacée, plus longue que la tête; thorax élevé; ailes grandes, écartées, horizontales; abdomen aplati, triangulaire et large; pieds longs et très-menus. Les Bombylles diffèrent essentiellement des Usies et des Phthiries par le premier article des antennes beaucoup plus allongé que le second; ils se distinguent aussi des Ploas et des Cyllénies par la trompe évidemment plus longue que la tête. Ils volent avec rapidité et planent sans se reposer sur les fleurs dont ils pompent les sucs mielleux au moyen de leur trompe. Ils font entendre, en volant, un bourdonnement assez fort. On ne sait rien sur leurs métamorphoses, et leur larve n'est pas encore connue.

Ce genre est nombreux en espèces. Meigen (Descript. syst. des Diptères d'Europe, T. II, p. 186) en décrit quarante sept; parmi elles nous citerons : le Bombylle Bichon, *B. major* de Fabricius, ou le *B. variegatus* de Degéer (Ins. T. VI, pl. 15, fig. 10) qui est le même que le *B. sinuatus* de Mikan (*Monogr.* tab. 2, fig. 4), et le *Bichon* de Geoffroy (Ins. T. II, p. 466); il sert de type au genre et se trouve aux environs de Paris.

Le Bombylle ponctué, *B. medius* de Linné, ou le *B. discolor* de Mikan (*loc. cit.* tab. 2, fig. 1); il se trouve aussi dans nos environs. *V.*, pour les autres espèces, Olivier (Encycl. méthod.) et Meigen (*loc. cit.*) (AUD.)

* BOMBYLOPHAGE. *Bombylophagus.* INS. On a donné ce nom et celui de *Ver-Assassin* à la larve du Calosome Sycophante qui se nourrit des Chenilles du Bombyx processionnaire. *V.* CALOSOME. (AUD.)

BOMBYX. INS. *V.* BOMBYCE.

* BOMBYX. BOT. PHAN. L'*Hibiscus phœniceus*, dont les graines recouvertes d'une enveloppe laineuse simulent ainsi en quelque sorte les cocons du Ver-à-soie, avait été séparé, comme devant former un genre nouveau sous le nom de *Bombyx*, par Médicus et Moench. Il n'a pas été adopté. *V.* KETMIE. (A. D. J.)

BOME. REPT. OPH. Même chose que Bom et Boma. *V.* ces mots. (B.)

BOM-GORS. OIS. Syn. de Butor, *Ardea stellaris*, L. en Bretagne. *V.* HÉRON. (DR..Z.)

BOMI. BOT. PHAN. (Hermann.) Liseron indéterminé, à feuilles trilobées et de Ceylan. (B.)

BOMOLOCHOS. OIS. Syn. du Choucas, *Corvus Monedula*, L. en Grèce. *V.* CORBEAU. (DR..Z.)

BOMPORROETANG. BOT. PHAN. Syn. de *Corchorus javanicus* et de *Melochia erecta*, selon Burmann, à Java. (A. R.)

BOM-UPAS. BOT. PHAN. *V.* UPAS.

BON. BOT. PHAN. (Prosper Alpin.) Nom arabe du Café. (B.)

* BONA. BOT. PHAN. L'un des noms suédois d'*Artemisia vulgaris* en Scanie. (B.)

BONA. BOT. PHAN. Arbre indéterminé des Philippines, dont les feuilles grandes, longues et charnues, portées sur un pétiole ailé, sont composées de folioles. — Dodoens donnait le même nom à la Fève de marais, *Vicia Faba*, L.

* BONAFIDIA. BOT. PHAN. *V.* AMORPHA.

BONAGA. BOT. PHAN. (Cœsalpin.) Syn. de Haricot à Ceylan. (B.)

BONAMIA. BOT. PHAN. Du Petit-Thouars a établi ce genre d'après un Arbuste élégant de Madagascar, haut de cinq à six pieds, à feuilles alternes, ovales et ondulées, à fleurs disposées, au sommet des rameaux, en une courte panicule. Leur calice est profondément divisé en cinq portions qui se recouvrent par leurs bords; la corolle monopétale présente un tube et un limbe quinquelobé; cinq filets s'insèrent à ce tube qu'ils dépassent à peine, alternent avec ces lobes, et portent les anthères attachées par le dos et introrses. Le style presque double des étamines se partage vers le tiers de sa hauteur en deux portions terminées chacune par un stigmate capité. L'ovaire renferme deux loges, et chaque loge deux ovules; mais l'un avorte ordinairement, de sorte qu'on ne rencontre en général que deux graines dans la capsule qu'environne à sa base le calice persistant. Les graines sont fixées par un hile élargi au fond de la loge. Leur embryon, dépourvu de périsperme, présente une radicule inférieure et des cotylédons foliacés, plissés ensemble et repliés vers le bas. Ce genre appartient aux Borraginées, où il se place auprès du *Cordia* dont il rappelle le port; et ils paraissent faire ensemble la transition de cette famille à celle des Convolvulacées. (A. D. J.)

BONANA. OIS. *V*. BANANA.

BONAPARTEA. BOT. PHAN. Genre formé dans la Flore du Pérou par Ruiz et Pavon, pour un Végétal qui, mieux examiné, n'a pas été trouvé suffisamment distinct du *Tillandsia* pour en être séparé. *V*. TILLANDSIE. (A. R.)

BONAROTA. BOT. PHAN. Micheli et Adanson nomment ainsi le genre *Pæderota* de Linné. *V*. ce mot. (A. D. J.)

BONASE ET BONASUS. MAM. Syn. d'Aurochs. *V*. BOEUF. (B.)

BONASIA. OIS. (Albert-le-Grand.) Syn. du Tetras Gélinotte, *Tetrao Bonasia*. *V*. TETRAS. (DR..Z.)

* BONASLA. BOT. PHAN. Syn. de *Leonurus Cardiaca*, L. vulgairement Agripaume. *V*. LÉONURE. (B.)

BONASUS. MAM. (Aristote.) *V*. BONASE.

BONATE. BOT. PHAN. Même chose que Bonatea. *V*. ce mot. (A. R.)

BONATEA. BOT. PHAN. Dans son *Species Plantarum*, Willdenow a fait un genre nouveau de l'*Orchis speciosa* de Thunberg, auquel il a donné le nom de *Bonatea speciosa*. Ce genre, qui se compose de cette seule espèce originaire du cap de Bonne-Espérance, diffère des *Orchis* par son gynostême membraneux et ailé sur les parties latérales, et par son anthère dont les deux loges sont écartées et attachées sur chacun des angles supérieurs de ce support commun. (A. R.)

BONAVERIA. BOT. PHAN. Une espèce de Coronille, le *Coronilla Securidaca* de Linné, se distingue de ses congénères par ses gousses très-comprimées et non articulées. Aussi Scopoli en avait-il fait son genre *Bonaveria*, que Desvaux a rétabli, *Journ. de Bot. tom.* 3, *tab.* 4, *fig.* 8. *V*. CORONILLE. (A. D. J.)

BONBA. MAM. Même chose que Bomba. *V*. ce mot. (B.)

BONDA-CALO. BOT. PHAN. Syn. indou de l'*Hibiscus Abelmoschus*, L. *V*. KETMIE. (B.)

BONDA-GARÇON. BOT. PHAN. Une Liane aux Antilles selon Nicholson. (B.)

* BONDEA. BOT. PHAN. Plante vénéneuse indéterminée des régions africaines que baigne le Zaire. Sa racine enivrante et narcotique fournit, selon d'anciens voyageurs, un moyen de preuve judiciaire aux hommes barbares du pays. On en fait avaler l'infusion. Si l'accusé en est malade, il est déclaré coupable. S'il supporte la boisson sans accident, son innocence est proclamée. C'est abso-

lument le jugement de Dieu de nos premiers temps historiques. (B.)

BONDRÉE. OIS. Espèce du genre Faucon d'Europe, *Falco Apivorus*, L. Buff. pl. enl. 420. *V.* FAUCON. (DR..Z.)

BONDRÉE. *Pernis*. OIS. (Cuvier.) Sous-genre d'*Accipitres*, qui ne renferme encore que deux espèces, lesquelles font partie de celui des Buses de Temminck. *V.* FAUCON. (DR..Z.)

BONDUC. BOT. PHAN. *V.* GUILLANDINA.

BONDUCELLA. BOT. PHAN. Espèce du genre Guillandina. *V.* ce mot. (B.)

BONGA-BIRU. BOT. PHAN. Syn. malais de *Clitoria ternatea*. (B.)

BONGA-MANOOR. BOT. PHAN. Syn. malais de *Mogorium Sambach*. *V.* MOGORI. (B.)

BONGA-PENJALON (Burmann.) BOT. PHAN. *Ovieda mitis* à Java. (B.)

BONGARE. *Bongarus*. REPT. OPH. *Pseudoboa* d'Oppel. Genre formé par Daudin, adopté par Cuvier qui le place dans la famille des Serpens venimeux à plusieurs crochets, encore qu'il ne soit pas clair que ce Serpent ait des crochets à venin. Ses caractères consistent : dans une rangée longitudinale de grandes écailles hexagonales sur le dos; dans l'absence de grelots à la queue et d'ergots à l'anus; dans la forme de la tête qui est oblongue, triangulaire, à museau obtus; enfin dans le corps qui est très-grêle, allongé et comprimé sur les côtés.

Les Bongares, voisins des Boas et des Couleuvres, habitent l'Amérique. Ils acquièrent une taille moyenne. Les espèces innocentes de ce genre sont : le Cenco, *Bongarus Cencoalt* d'Oppel, *Coluber Cencoalt* de Linné, du Brésil; la NYMPHE qui est le *Kalta-Vyrien* du Bengale; le COMPRIMÉ, qui vient de Surinam; et le *Coluber venosus*, L. espèce peu connue que Séba dit être américaine. (B.)

BONGARUM-PAMMA. REPT. OPH. Nom donné, au Bengale, aux plus gros Serpens, et duquel Daudin a tiré celui d'un genre qu'il a institué parmi les Ophidiens. *V.* BONGARE. (B.)

BONGA-TANJONG-LAUT. BOT. PHAN. *Mimusops Elengi* à la côte de Malabar. (B.)

BONGLE. BOT. PHAN. Aux Philippines même chose qu'Ababangay. *V.* ce mot. (B.)

BONGUATRORA. REPT. OPH. (Séba, T. II. tab. 82, fig. 1.) Serpent d'Amboine, qui paraît être la Couleuvre Boiga. (B.)

BON HENRY. BOT. PHAN. *Chenopodium Bonus Henricus*. Espèce du genre Chénopode. *V.* ce mot. (B.)

BON HOMME. BOT. PHAN. Quelquefois *Herbe au Bon Homme*. Noms vulgaires du *Verbascum Thapsus*. *V.* MOLÈNE. (B.)

BON HOMME-MISÈRE. OIS. Syn. vulgaire du Bec-Fin Rouge-Gorge, *Motacilla Rubecula*, L. *V.* Sylvie. (DR..Z.)

BONIANA. BOT. PHAN. Nicholson donne ce nom, qui n'est peut-être qu'un double emploi de *Bonjama*, *V.* ce mot, comme celui par lequel les Caraïbes désignent l'Ananas. (B.)

BONIFACIA. BOT. PHAN. (J. Bauhin.) Syn. de *Ruscus Hypophyllum*, L. *V.* FRAGON. (B.)

BONIKAKELI. BOT. PHAN. Nom vulgaire d'un *Epidendrum* dans l'Inde. (A. R.)

BONIKULAWA ET BONKULAWA. REPT. OPH. *V.* BOKULAWA.

BONITE. POIS. Plusieurs espèces du genre Scombre ont reçu ce nom qui convient particulièrement au *Scomber Pelamis*. *V.* SCOMBRE. (B.)

BONITOL. POIS. (De Laroche.) Syn. de *Scomber mediterraneus*, aux îles Baleares et en Catalogne. (B.)

BONITON ET BONITOUN. POIS. Syn. de Sarde, *Scomber Amia*, L. Espèce de Scombre du sous-genre Caranx. *V.* SCOMBRE. (B.)

BONJAMA. BOT. PHAN. (Oviédo.)

L'un des noms de pays du *Bromelia Pinguin*. *V.* BROMELIE. (B.)

BONJOUR-COMMANDEUR. OIS. *Fringilla capensis*. Espèce de Cayenne, placée par Mauduit dans le genre Gros-Bec, mais que le genre Bruant réclame, ainsi que l'avait jugé Linné. *V.* BRUANT. (DR..Z.)

BONKOM OU BOKÈME. BOT. PHAN. Nom arabe du *Solanum armatum*, Forsk. *V.* MORELLE. (B.)

BONKOSE. POIS. Nom arabe du *Sciæna nebulosa* de Forskalh, qui est un Labre. *V.* ce mot. (B.)

BONNARON. BOT. PHAN. (Daléchamp.) Probablement pour Bonvaron. *V.* ce mot. (B.)

* BONNAYA. BOT. PHAN. Genre nouveau proposé par Linck et Otto, dans le second fascicule des *Icones* du jardin de Berlin, pour une petite Plante annuelle qui croît à Manille et dans d'autres parties de l'Inde, et qui présente une tige rameuse, carrée et dichotome, des feuilles opposées, sessiles, ovales et dentées en scie, d'un vert clair et glabre; les fleurs sont blanches, lavées de pourpre, sessiles, réunies au sommet des ramifications de la tige; leur calice est tubuleux, à cinq divisions dressées; leur corolle est bilabiée; la lèvre supérieure entière; l'inférieure à trois lobes; les étamines sont au nombre de deux, plus courtes que la corolle; l'ovaire est allongé, à deux loges. Le fruit est une capsule linéaire presque tétragone, à deux loges et à deux valves, et contenant un grand nombre de graines attachées à un trophosperme axille. La *Bonnaya brachiata*, Linck et Otto, que ces auteurs ont figurée pl. 2, a été décrite d'après un échantillon provenant de graines recueillies à Manille par le botaniste voyageur de Chamisso.

Ce genre nous paraît devoir être placé dans la famille des Acanthacées près des genres *Ruellia* et *Justicia* avec lesquels il a beaucoup d'affinités, et non parmi les Scrophulariées, ainsi que l'indiquent les auteurs qui l'ont établi. (A. R.)

BONNE-DAME. BOT. PHAN. Espèce d'Arroche. *V.* ce mot. (B.)

BONNET. MAM. On appelle ainsi le second estomac des Ruminans. *V.* RUMINANS. (B.)

BONNET. *Pileus*. OIS. On nomme ainsi, en ornithologie, la partie supérieure de la tête. (DR.. Z.)

BONNET. POIS. L'un des noms vulgaires de la Bonite. Espèce de Scombre. *V.* ce mot. (B.)

BONNET. MOLL. Nom vulgaire donné à plusieurs Coquilles, par les marchands ou les amateurs, en y ajoutant diverses épithètes distinctives; ainsi:

Le BONNET CHINOIS, est la *Patella sinensis* de Linné, avec laquelle Gmelin a confondu deux espèces distinctes : le *Bonnet chinois de la Méditerranée* de Favanne; Martini, t. 13, f. 121 et 122 (*B. sinensis*, Chem.); et le *Bonnet chinois rayé* de Favanne, qui est peut-être aussi le Bonnet de matelot de Davila ; Martini, t. 13, fig. 123 et 124. (*Pat. auriculata*, Chem.) Ces deux Coquilles font partie du genre Calyptrée de Lam. *V.* ce mot.

Le BONNET DE DRAGON, est la *Patella ungarica* de Linné, *Pileopsis ungarica*, Lamarck, dont Favart d'Herbigny distingue deux variétés : l'une à base large, l'autre couleur de rose. *V.* CABOCHON.

Le BONNET DE FOU OU DE MOMUS, ou le COEUR DE BOEUF, est le *Chama Cor* de Linné; *Isocardia Cor*, de Lamk. *V.* ISOCARDE.

Le BONNET DE NEPTUNE ou la CLOCHE, la CLOCHETTE, la SONNETTE, est la *Patella equestris*, de Linné; *Calyptræa equestris*, Lamk. *V.* CALYPTRÉE.

Le BONNET DE POLOGNE, est le *Buccinum Testiculus* de Linné; *Cassis Testiculus*, Lamk. *V.* CASQUE. (F.)

BONNET. BOT. CRYPT. Plusieurs Champignons, chez les paysans et dans certains auteurs dont la détestable nomenclature devrait être exclue des ouvrages d'Histoire naturelle, portent ce nom avec quelques épithètes qui ne les rendent pas plus reconnaissables, et dont il est inutile de grossir cet ouvrage. (B.)

* BONNET BLANC. ECHIN. Nom donné à une espèce d'Oursin du genre Ananchite. (LAM..X.)

BONNET CARRÉ. BOT. PHAN. Nom vulgaire du Butonic. *V.* ce mot. (B.)

BONNET CHINOIS. MAM. Espèce de Macaque. *V.* SINGE. (A. D..NS.)

BONNET D'ÉLECTEUR OU DE PRÊTRE. BOT. PHAN. Variété de Patissons. *V.* COURGE.

Le nom de BONNET DE PRÊTRE se donne aussi à l'*Evonymus europæus*, L. *V.* FUSAIN. (B.)

BONNET DE NEPTUNE. POLYP. On a donné ce nom au *Fungia Pileus* de Lamarck, différant du *Madrepora fongites* de Linné, nommé par Lamarck *Fungia agariciformis*. (LAM..X.)

BONNET NOIR. OIS. (Albin.) Syn. de la Fauvette à tête noire, *Motacilla atricapilla*, L. *V.* BEC-FIN. (DR..Z.)

BONNET D'OR. OIS. Même chose que Chrysomitris, *V.* ce mot. (B.)

* BONNETIE. *Bonnetia.* BOT. PHAN. Sous le nom de *Bonnetia palustris*, Vahl a décrit (*Eclog.* 2, p. 41) le Mahuri de Cayenne ou *Mahurea palustris* d'Aublet. *V.* MAHURI. (A. R.)

* BONNY. BOT. PHAN. Même chose que Benjan. *V.* BEN. (B.)

BONPLANDIE. *Bonplandia.* BOT. PHAN. Cavanilles a dédié à Aimé Bonpland, compagnon de l'illustre Humboldt dans ses voyages de l'Amérique équinoxiale, ce genre qui doit être rangé dans la famille naturelle des Polémoniacées et dans la Pentandrie Monogynie, L. Ses caractères sont les suivans : calice tubuleux, pentagone, persistant, à cinq dents disposées en deux lèvres; corolle deux fois plus longue que le calice, tubuleuse, à deux lèvres; la supérieure dressée et bipartie, à divisions cunéiformes et émarginées; l'inférieure tripartie, à lobes obcordés, presque égaux; étamines au nombre de cinq, égales entre elles et déclinées; ovaire appliqué sur un disque hypogyne et annulaire; style grêle, de la longueur des étamines, terminé par un stigmate à trois segmens linéaires et recourbés. Le fruit est une petite capsule renfermée dans le calice; elle est ovoïde, allongée, obtuse, creusée de trois sillons longitudinaux, à trois loges qui contiennent chacune une seule graine, à surface chagrinée; elle se compose d'un embryon dressé, renfermé dans un endosperme cartilagineux; la capsule s'ouvre, par sa moitié supérieure seulement, en trois valves qui restent adhérentes par toute leur moitié inférieure.

Ce genre ne renferme qu'une seule espèce, le *Bonplandia geminiflora* de Cavanilles, Plante vivace, originaire de la Nouvelle-Espagne, dont la tige herbacée, haute de deux à trois pieds, porte des feuilles éparses, sessiles, lancéolées, aiguës, dentées, pubescentes et d'une odeur désagréable, et des fleurs axillaires géminées, pédicellées et violettes.

Willdenow, ayant donné à l'Arbre qui fournit l'écorce d'Angustura le nom de *Bonplandia trifoliata*, a changé le nom du genre de Cavanilles en celui de *Caldasia*. Mais ce changement n'a point été sanctionné par tous les botanistes, et l'Arbre dont l'écorce est désignée dans le commerce sous le nom d'Angustura vraie, est appelé par Humboldt *Cusparia febrifuga*. *V.* CUSPARIE. (A. R.)

BONPORROËTANG. BOT. PHAN. Syn. javanais de *Corchorus javanicus* et de *Melochia erecta* dans Burmann. (A. D. J.)

BONTE-BOK. MAM. Nom de pays du Pygargue, espèce d'Antilope. *V.* ce mot. (B.)

BONTE-LAERTJE. POIS. Syn. hollandais du *Zeus Gallus*, L. *V.* GAL. (B.)

BONTI. BOT. PHAN. (L'Ecluse.) L'un des noms de la racine de Squine. *V.* ce mot. (B.)

* BONTIA. BOT. PHAN. Genre placé par Jussieu à la suite des Solanées, et dont les caractères sont : un calice petit, quinquefide, persistant; une corolle beaucoup plus longue et tubuleuse, dont le limbe est à deux lèvres, la supérieure dressée, échancrée, l'inférieure réfléchie, velue et trifide; quatre étamines didynames; un style que termine un stigmate bilobé; une baie acuminée et de la forme d'une Olive, à deux loges divisées incomplétement par une cloison élevée et contenant dans chacune de ces demi-loges une ou deux graines. Les auteurs ne sont pas d'accord sur tous ces caractères, puisque Dillenius n'admet dans cette Plante que trois étamines; que Jussieu, au contraire, met en doute s'il n'y en avait pas cinq, dont une avait avorté; et qu'enfin, Plumier et Lamarck décrivent le fruit comme une baie monosperme. La seule espèce qu'on en connaît est un Arbre des Antilles, qui atteint trente pieds d'élévation. Ses feuilles sont alternes et lancéolées; ses fleurs d'un jaune sale, pédonculées et solitaires à l'aisselle des feuilles. On lui a donné le nom spécifique de *daphnoides*, et on l'appelle Daphnot en français. Elle est figurée tab. 547 des Illust. de Lamarck. (A. D. J.)

BONTON. BOT. PHAN. (Rochon.) Arbre indéterminé de l'Inde, dont la racine sert à teindre en jaune, et qu'on croit appartenir au genre Ambora. *V.* AMBORE. (B.)

BONTSEM. MAM. Syn. belge de Putois, espèce du genre Marte. *V.* ce mot. (B.)

BONUK. POIS. Syn. d'Argentine Glossodonte chez les Arabes. *V.* ARGENTINE.

BONVARO. BOT. PHAN. Même chose que Cumbulu. *V.* ce mot. (B.)

BON-VARON. BOT. PHAN. L'un des noms espagnols du *Senecio vulgaris*. *V.* SENEÇON. (B.)

BOO. BOT. PHAN. (Kempfer.) Nom japonais du *Saccharum japonicum*, L. *V.* ERIANTHE. (B.)

BOOBA. POIS. (Rondelet.) Syn. de Bogue à Venise. *V.* BOGUE. (B.)

BOOBOOK. OIS. Espèce du genre Chouette, *Strix Boobook*, Lath. de la Nouvelle-Hollande. *V.* CHOUETTE. (DR..Z.)

BOOBY OU BOUBIE. OIS. Syn. de diverses espèces du genre Fou dans plusieurs relations de navigateurs. *V.* FOU. (DR..Z.)

BOODFI. REPT. OPH. Syn. d'Ibiare, espèce du genre Cœcilie. *V.* ce mot. (B.)

BOOGOC-BOGOG ET BOOGOO. MAM. *V.* BOGGO.

BOOLLU-CORY. OIS. Même chose qu'Angoli. *V.* ce mot. (B.)

BOOM-UPAS. BOT. PHAN. *V.* UPAS.

BOOM-WAREN. BOT. CRYPT. (*Fougères.*) Syn. hollandais de *Polypodium vulgare*, L. *V.* POLYPODE. (B.)

BOONGO. BOT. PHAN. Syn. de fleur dans la langue de Sumatra, d'où:

BOONGO-MALLOOR, qui est la fleur des Nyctantes, *Magorium Sambac*.

BOONGO-TANJANG, qui est celle d'un *Mimusops*, etc. (B.)

BOO-ONK. OIS. (Shaw.) Syn. du Blongion, *Ardea minuta*, L. *V.* HÉRON. (DR..Z.)

BOOPE. POIS. L'un des noms vulgaires, sur les côtes de la Méditerranée, du Spare Bogue. (B.)

BOOPIDÉES. BOT. PHAN. Famille de Plantes proposée par H. Cassini, et qui répond à celle qu'a établie L.-C. Richard sous le nom de Calycérées. *V.* ce mot. (B.)

BOOPIS. BOT. PHAN. Genre de la nouvelle famille des Calycérées et de la Syngénésie Monogamie, qui offre pour caractères : des fleurs réunies en capitules entourés d'un involucre monophylle, à sept ou huit divisions peu profondes; un réceptacle portant de petites écailles allongées et des fleurs distinctes, hermaphrodites, fertiles, toutes égales et semblables entre elles. Le calice, adhérent avec l'ovaire infère, a son limbe partagé en cinq lobes membraneux, plus courts que l'ovaire, tantôt entiers, tantôt dentés. La corolle a son limbe régulier et campaniforme, à cinq divisions; les ovaires sont tous libres et distincts; les anthères ne sont soudées que dans leur moitié inférieure.

Ce genre établi par Jussieu se compose d'une seule espèce, *Boopis anthemoides*, petite Plante ayant le port d'une *Anthemis* observée à Buenos-Ayres par Commerson, et figurée par Jussieu (Ann. du Mus. 2. p. 347. t. 58. f. 2), et par Richard (Mém. du Mus. 6, t. 11). Jussieu en a décrit une seconde espèce sous le nom de *Boopis balsamitæfolia*, dont Richard a fait une espèce du genre *Calycera*. *V.* Calycère et Calycérées. (A. R.)

BOOPS. mam. Espèce de Baleine. *V.* ce mot. (A. D..NS.)

BOOPS. pois. Nom scientifique du genre Bogue et d'une espèce du genre Sciène, décrite par Schneider. (B.)

BOORA-MORANG. ois. Et non *Boora-Marang*. Vautour très-courageux de la Nouvelle-Hollande, mentionné par Latham, sous le nom de *Vultur Bold*, entre le Secrétaire et l'Oricou. (DR..Z.)

BOORING-OOLAR ou BOORONG CAMBING. ois. Syn. malais d'Argala, *Ardea Argala*, Lath. *V.* Cicogne. (DR..Z.)

BOOSCHRATTE. mam. C'est-à-dire *Rat des bois*. Nom hollandais d'une espèce de Sarigue. *V.* ce mot. (A. D..NS.)

BOOTIA. bot. phan. Ce nom a été donné comme générique par Adanson au *Borbonia* de Linné, et par Necker à la Saponaire officinale. *V.* Borbonia et Saponaire. (A D.J.)

BOOT-KOPES, BUTS-KOPF et BUTZ-KOP. mam. C'est-à-dire *Tête de canot* ou de *chaloupe*. Nom du *Delphinus Orca*, L. dans les langues germaniques. *V.* Dauphin. (A. D..NS.)

BOOTSHAAC. pois. Espèce de Bogue, selon Ruisch qui l'a fait connaître dans les Poissons d'Amboine, et qui lui attribue quatre barbillons autour de la bouche, avec quatre aiguillons sur le dos. Sa chair se mange et se sale. (B.)

BOPYRE. *Bopyrus*. crust. Genre de l'ordre des Isopodes, section des Ptérygibranches (Règne An. de Cuv.), établi par Latreille, et qui a, selon lui, pour caractères : antennes, yeux et mandibules nuls ou point distincts. —Les Bopyres, placés à la fin de l'ordre des Isopodes, ont une organisation si singulière, qu'il existe entre eux et les genres dont on les rapproche le plus une très-grande lacune. De même que les Cymothées auxquels ils ressemblent à quelques égards, les Bopyres sont parasites; on les rencontre très-communément sous le test du thorax du Palémon Squille où ils donnent lieu, sur les côtés, à une tumeur très-remarquable. Leur corps est membraneux, court, aplati, ovale, terminé en pointe postérieurement. Il donne attache par un rebord inférieur aux pates qui, très-petites, rétractées et au nombre de sept paires, ont, au-dessous d'elles, de petites lames membraneuses dont les deux dernières sont allongées; la queue est garnie en dessous de deux rangées de feuillets ciliés, et n'offre point d'appendices à son extrémité. La femelle porte sous son ventre une prodigieuse quantité d'œufs qu'elle dépose dans les lieux habités par des Palémons. L'autre sexe n'a pas été encore positivement reconnu; on a cependant regardé comme le mâle un très-petit Bopyre qui se rencontre souvent près de la queue des individus chargés d'œufs. Les pêcheurs sont imbus, à l'égard de ces Animaux parasites, d'un préjugé absurde; ils croient que les Soles et quelques espèces de Pleuronectes sont engendrées par les Palémons, et ils prennent les Bopyres pour ces Poissons encore fort jeunes. Fougeroux de Bondaroy a fait voir, dans un Mémoire lu à l'Académie des sciences en 1772 et imprimé dans le Recueil de cette même année, que l'Animal parasite qui vivait sur les Palémons n'avait aucun rapport avec les Poissons, et que l'opinion émise (*loc. cit.*) en 1722, par Deslandes qui pensait que les œufs de Soles s'attachaient aux Chevrettes, était dénuée de fondement.

On n'a connu pendant long-temps qu'une espèce de Bopyre, le B. des Chevrettes, *B. Squillarum*, Latr. ou le *Monoculus crangorum* de Fabricius, figuré dans les Mémoires de l'Académie des sciences (1772, pl. 1) ainsi que dans le *Genera Crustaceorum et Insectorum* de Latreille (T. 1, pl. 2, fig. 4). Il sert de type au genre. Depuis, Latreille en a découvert une autre espèce sous la carapace d'un Crustacé du genre Alphée, envoyé de l'île de Noirmoutier. Enfin, Risso (Hist. nat. des Crustacés des environs de Nice, p. 148) en a décrit une troisième qui se trouve sur plusieurs espèces de Palémons, et à laquelle il impose le nom de Bopyre des Palémons, *B. Palemonis*. (AUD.)

BOQUEREL. OIS. Syn. vulgaire du Gros-Bec Friquet, *Fringilla montana*, L. *V.* GROS-BEC. (DR..Z.)

BOQUETTIER. BOT. PHAN. L'un des noms vulgaires du Pommier sauvage dans quelques cantons de la France septentrionale. (B.)

BOR. MAM. Syn. de Loup en Bucharie. (B.)

BOR OU BORI. BOT. PHAN. Syn. de Jujubier. (B.)

BORA. REPT. OPH. Nom de pays d'un Serpent qui paraît être le *Boa orbiculata* de Schneider. *V.* PYTHON. (B.)

BORACIQUE. *V.* ACIDE.

BORACITE. MIN. (Werner.) *V.* MAGNÉSIE BORATÉE.

BORAMETS. BOT. CRYPT. Même chose que Baromets. *V.* ce mot. (B.)

BORASSOS. BOT. PHAN. Dont Linné a tiré le nom de Borassus appliqué à un genre de Palmier. Ce mot désigne dans Dioscoride le spathe du Dattier. (B).

BORASSUS. BOT. PHAN. Genre de la famille des Palmiers, que Jussieu et Gaertner nomment *Lontarus* d'après Rumph, et qui porte aussi en français les noms de *Lontar* et de *Ron*[illegible]*r*. Ses fleurs sont dioïques. Dans les mâles, d'une spathe de plusieurs folioles partent les spadices qui se terminent par des chatons serrés, simples, ou géminés, ou ternés. Six étamines sont contenues dans un calice triparti, élevé sur un pédicule qu'environne à sa base un involucre de trois bractées. Dans les femelles, une spathe semblable émet un spadice ordinairement bifurqué, sur lequel les fleurs sont plus lâchement éparses. Un calice de huit à douze sépales inégaux et imbriqués, embrasse l'ovaire avec lequel il persiste et s'accroît, et six ou neuf anthères stériles s'insèrent à sa base en se soudant en un anneau. Cet ovaire, surmonté de trois styles dont chacun offre un stigmate simple, devient un énorme fruit, contenant dans une enveloppe pulpeuse, entremêlée de fibres, trois nucules trilobées, environnées de longs filamens, anguleuses sur l'une de leurs faces, convexes sur l'autre. La graine, renfermée dans chacune de ces nucules, est composée pour la plus grande partie d'un périsperme de même forme, creusé intérieurement, et qui loge à la base de son lobe moyen un embryon dressé, représentant une sorte de cône porté sur un disque strié.

L'espèce la plus connue et la plus complétement décrite est le *Borassus flabelliformis*, Arbre des Indes-Orientales, dont la tige haute en général de quarante à cinquante, quelquefois de cent pieds, est couronnée à son sommet par de grandes feuilles en éventail, pliées longitudinalement dans leur première moitié, découpées dans l'autre, et soutenues par des supports armés de pointes. On se sert de ses tiges pour la construction des maisons, de ses feuilles pour écrire avec un stylet, et ses spadices incisés avant la maturité, fournissent une liqueur en usage dans les Indes sous le nom de vin de Palmier. Roxburgh, dans son bel ouvrage sur les Plantes de Coromandel, a décrit avec détail et figuré (tab. 71 et 72) les fleurs mâles et femelles du *Borassus flabelliformis*; et Gaertner, sous le nom de *Lontarus domestica*, a aussi donné l'analyse de son fruit (T. I. p. 21. tab. 8). Loureiro en a indiqué une autre espèce également originaire de l'Inde, le *Borassus tunicata*, dans lequel les supports des feuilles sont inermes. Celle qu'il nomme *B. Gomutus* forme le genre *Arenga*. *V.* ce mot. Et enfin du *B. pinnatifrons* de Jacquin, Willdenow a fait le genre *Chamædorea*. *V.* ce mot. (A. D. J.)

BORATES. MIN. Sels résultant de la combinaison de l'Acide boracique avec les bases salifiables. Le Borate de Magnésie et celui de Soude sont produits par la nature. *V.*, pour ces derniers, SOUDE et MAGNÉSIE BORATÉES. (DR..Z.)

BORAX. MIN. Nom sous lequel on vend dans le commerce le sous-Borate de Soude purifié. La même substance non purifiée est nommée *Tinkal*. *V.* ce mot. Le Borax est en Cristaux prismatiques, blancs et limpides; il est peu soluble, d'une saveur douceâtre, fusible, avec boursouflement considérable, en un verre transparent. On emploie le Borax, comme fondant, dans les essais docimasiques, dans la peinture sur verre et sur émail, dans la soudure des métaux dont il facilite les alliages, etc. (DR..Z.)

BORBOCHA. POIS. (Olaüs Magus.) Syn. de Lotte. *V.* GADE. (B.)

BORBONIA. BOT. PHAN. Genre de la famille des Légumineuses, voisin de l'Aspalat. Il présente un calice turbiné, à cinq divisions à peu près égales, roides et acuminées; une corolle papilionacée dont la carène est composée de deux pétales connivens au sommet; un stigmate échancré; une gousse oblongue, comprimée, terminée en pointe, s'ouvrant en deux valves, et renfermant dans une seule loge des graines en petit nombre. Les espèces de ce genre, dont Persoon décrit huit, sont des Arbrisseaux dont les feuilles sont roides, simples, sessiles, linéaires, ou lancéolées, ou cordiformes, marquées souvent de plusieurs nervures, pourvues de stipules à peine visibles, et dont les pédoncules terminaux portent une seule ou plusieurs fleurs. (A. D. J.)

BORBONIA est aussi le nom spécifique d'un Laurier dont Adanson (*Fam. Plant.* T. II. p. 341) avait fait un genre sous ce même nom, en y rapportant l'Andira de Marcgrave. *V.* ANDIRA, BOT. PHAN. (B.)

BORBOTHA. POIS. Même chose que Borbocha. *V.* ce mot. (B.)

*BORCKHAUSENIE. *Borckhausenia*. BOT. PHAN. On trouve décrites sous ce nom, dans la Flore Wettéravienne, les espèces de Fumeterre dont Persoon a fait le genre Corydalis. *V.* CORYDALIS et FUMETERRE. (A. R.)

BORD. *Margo*. ZOOL. Ce mot, qui indique la limite d'une surface, est très-employé dans les descriptions zoologiques et anatomiques, et l'acception qu'on lui accorde est trop universellement reçue pour que nous insistions ici sur sa définition. Nous ferons seulement observer qu'il ne faut pas le confondre avec les expressions de rebord ou de rebordé qui se disent d'une ligne saillante existant sur les contours d'une surface quelconque. Les Bords peuvent être déchirés, épineux, en scie, dentés, crénelés, ciliés, etc. (AUD.)

BORDA. BOT. PHAN. (Dodoens.) Syn. de *Chenopodium maritimum*, L. *V.* CHÉNOPODE. (B.)

BORDE. POIS. Syn. d'Able. *V.* ce mot. (B.)

BORDÉ. POIS. Nom spécifique d'un Chétodon, d'un Labre et d'un Holocentre. *V.* ces mots. (B.)

BORDÉE. REPT. CHEL. Espèce de

Tortue voisine de la grecque et souvent confondue avec elle. (B.)

BORDELAIS OU BOURDELAS. BOT. PHAN. Variété de Vigne dont les fruits demeurent acerbes en mûrissant, et sont ordinairement appelés Verjus. (B.)

BORDELIÈRE. POIS. Nom vulgaire donné à diverses espèces de Cyprins, tels que le *Blicca* ou le *latus*, mais qui convient particulièrement au *Cyprinus Ballerus* de la division des Brêmes. *V.* CYPRIN. (B.)

BORD-EN-SCIE. REPT. CHEL. Espèce d'Emyde. *V.* ce mot. (B.)

BORE. Substance particulière, encore regardée comme élémentaire, formant le radical de l'Acide borique et n'existant naturellement que sous cette forme. Le Bore est solide, pulvérulent, brun-verdâtre, inodore, insipide, infusible et insoluble dans l'eau comme dans l'Alcohol; il ne se combine à l'Oxygène qu'à une température voisine de la chaleur rouge. Sa découverte, qui date de 1809, est due à MM. Gay-Lussac et Thénard qui obtinrent cette substance dans leurs recherches pour connaître l'action de la pile voltaïque sur différens corps. On extrait le Bore de l'Acide borique au moyen du Potassium; à cet effet, on réduit en poudre l'Acide préalablement vitrifié, et on en introduit une couche dans un tube de cuivre scellé à l'un des bouts; sur cette couche on en applique une autre de Potassium, et ainsi de suite alternativement, jusqu'à ce que le tube soit rempli; on ferme l'appareil et on le soumet à une chaleur rouge. L'Oxygène de l'Acide se porte sur le Potassium qu'il convertit en Potasse, et le Bore reste à nu. On le détache du tube au moyen de l'eau chaude, qui dissout en même temps la Potasse; on le laisse se déposer et sécher. Le Bore n'est encore employé que dans les travaux du laboratoire de recherches. (DR..Z.)

BORÉE. *Boreus.* INS. Genre de l'ordre des Névroptères, famille des Planipennes, section des Panorpates (Règne Anim. de Cuv.), établi par Latreille qui lui assigne pour caractères : cinq articles à tous les tarses; tête prolongée antérieurement en forme de bec; premier segment du tronc grand, en forme de corselet; les deux suivans couverts par les ailes dans les mâles; ailes subulées, recourbées au bout, plus courtes que l'abdomen; femelles aptères, avec une tarière en forme de sabre au bout du ventre. Les métamorphoses des Borées ne sont pas connues. L'espèce unique, et qui sert de type à ce nouveau genre, a été nommée *Panorpa hyemalis* par Linné, et figurée par Panzer (*Fauna. Insect. Germ.* XXII. tab. 18) sous le nom de *Gryllus proboscideus.* La Borée hyémale se trouve, en hiver, sous la mousse au nord de l'Europe, et dans les Alpes à la hauteur des neiges. Elle n'a guère qu'une ligne de longueur, et est d'un noir cuivreux. Le nom de Borée a aussi été donné à un Papillon du genre Satyre. *V.* ce mot. (AUD.)

BORELIE. *Borelis.* MOLL. Genre de Coquille multiloculaire, établi par Montfort (*Conchyl.* T. 1er p. 170) pour le *Nautilus Melo* de Fichtel et Moll. (*Test. micros.* p. 123, t. 24, fig. G, H), et dont Lamarck a fait son genre Mélonite en copiant la figure de Fichtel et Moll. (Encycl. méth. pl. 469, fig. G, H) sous le nom de *Melonites sphæroidea. V.* MÉLONIE. (F.)

BORELLIE. *Borellia.* BOT. PHAN. Necker nomme ainsi un genre qu'il établit d'après le *Cordia tetrandra* d'Aublet, espèce distincte par sa corolle quadrifide, ses quatre étamines et son fruit qui est une baie à quatre noyaux. (A. D. J.)

* BORETTA. BOT. PHAN. Sous ce nom, Necker fait un genre nouveau de l'*Erica Daboecia* qui doit être en effet séparée des Bruyères, mais pour rentrer dans un autre genre connu, le *Menziezia* de Smith. Cette Plante fait le sujet d'une Dissertation de Jussieu, insérée dans le premier volume des Annales du Muséum, et c'est là qu'est démontrée cette affinité fondée non-seulement sur les valves

rentrantes de la capsule de l'*Erica Daboecia*, mais aussi sur l'inspection de ses autres caractères. On observe néanmoins quelque différence dans le port et dans le calice qui est de quatre sépales, au lieu d'être d'une seule pièce et à quatre lobes, souvent presque nuls, comme dans le *Menziezia*. *V*. ce mot. (A. D. J.)

BORGNAT. OIS. Syn. du Roitelet, *Motacilla Regulus*, L. en Piémont. *V*. BEC-FIN. (DR..Z.)

BORGNE. OIS. L'un des synonymes vulgaires de la Mésange charbonnière, *Parus ater*, L. *V*. MÉSANGE. (DR..Z.)

BORGNE. REPT. OPH. L'un des noms vulgaires et impropres de l'*Anguis fragilis*, L. en quelques parties orientales de la France. *V*. ORVET. (B.)

BORGNIAT. OIS. Syn. vulgaire de la Bécassine sourde, *Scolopax Gallinula*, L. *V*. BÉCASSINE. (DR..Z.)

BORI. BOT. PHAN. *V*. BOR.

BORIDIA ET BURIDIA. POIS. (Gesner.) Syn. d'Aphye, *Leuciscus Aphya*, espèce du genre Able. *V*. ce mot. (B.)

BORIN. OIS. Syn. de la Passerinette, *Motacilla passerina*, L. en Italie. *V*. SYLVIE. (DR..Z.)

BORION. BOT. PHAN. (Dioscoride.) Probablement un Serapias. *V*. ce mot. (B.)

BORIQUE *V*. ACIDE.

BORISSA. BOT. PHAN. (Cæsalpin.) Syn. de *Lysimachia Nummularia*, L. *V*. Lysimache. (B.)

BORIT. BOT. PHAN. Nom arabe de l'Anabasis de Linné, conservé comme générique pour la même Plante par Adanson (*Fam. Plant.* T. II, p. 262). *V*. ANABASIS. (B.)

BORITH. Qualification que les Hébreux ont donnée à une substance qui paraît être la Soude. (DR..Z.)

BORITI. BOT. PHAN. Nom malabar des Arbustes du genre Toddalie. *V*. ce mot. (B.)

BORJU. MAM. Syn. de Veau en Hongrie. (A. D..NS.)

BORKHAUSENIE. BOT. PHAN. (Roth.) *V*. TEEDIA et BORCKHAUSENIE.

BORONIE. *Boronia*. BOT. PHAN. Genre de la famille naturelle des Rutacées et de l'Octandrie Monogynie, établi par Smith pour des Arbustes tous originaires de la Nouvelle-Hollande, et qui ont pour caractères communs : un calice à quatre divisions ; une corolle formée de quatre pétales simples, insérés, ainsi que les étamines, à la base d'un gros disque hypogyne ; les étamines, au nombre de huit, rapprochées les unes contre les autres, ayant les anthères introrses et les filets glanduleux à leur sommet qui est renflé. Les pistils sont au nombre de quatre, portés sur un disque hypogyne, très-saillant, plus large qu'eux ; ils sont très-rapprochés les uns des autres, soudés seulement par une portion de leurs styles, et simulent un pistil unique à quatre sillons très-profonds. Chaque ovaire est uniloculaire et renferme deux ovules alternes, attachées vers l'angle interne ; le style est surmonté d'un stigmate renflé. Le fruit est formé de quatre petites capsules rapprochées. —Ce genre forme une exception très-remarquable dans la famille des Rutacées, par ses quatre pistils distincts, seulement soudés par une partie des styles. Ce caractère indiquerait une sorte d'affinité avec la famille des Simaroubés, et servirait à établir le passage entre elle et celle des Rutacées.

Pendant long-temps, on n'a connu qu'une seule espèce de Boronie, décrite par Smith sous le nom de *Boronia pinnata*, et figurée par Andrews (*Bot. rep.* t. 58). C'est un petit Arbuste grêle et peu élevé, à rameaux opposés et à feuilles opposées, pinnées, dont les folioles, au nombre de cinq à neuf, sont linéaires, lancéolées, aiguës. Les fleurs, qui sont d'un rose pâle, forment une sorte de grappe à la partie supérieure des rameaux. On cultive cet Arbuste dans nos orangeries. Aujourd'hui, on compte environ une dixaine d'espèces de ce genre, qui toutes ont été observées à la Nouvelle-Hollande. (A. R.)

BOROS. *Boros*. INS. Genre de l'ordre des Coléoptères, section des Hétéromères, fondé par Herbst, rangé par Fabricius dans les Hypophlées et réuni par Latreille au genre Ténébrion. *V*. ce mot. (AUD.)

BOROSITIS. OIS. Syn. vulgaire de *Corvus Corone*, L. *V*. CORBEAU. (DR..Z.)

BOROVIK OU KOROVIK. BOT. CRYPT. (*Champignons*.) Syn. de *Boletus bovinus* dans quelques cantons de la Russie d'Europe. *V*. BOLET. (B.)

BORRAGINÉES. *Borragineæ*. BOT. PHAN. Cette famille naturelle, qui fait partie du groupe des Dicotylédones monopétales, dont la corolle est hypogyne, présente dans son ensemble les caractères suivans : les fleurs forment ordinairement des épis simples ou rameux, roulés en crosse à leur partie supérieure, ayant les fleurs toutes tournées d'un même côté; le calice est monosépale, ordinairement à cinq divisions plus ou moins profondes, quelquefois seulement à cinq dents; la corolle est toujours monopétale, le plus souvent régulière; son tube est plus ou moins allongé, et donne attache aux étamines; son limbe offre cinq lobes; l'entrée du tube est tantôt nue, tantôt garnie de cinq appendices saillans, de forme variée, qui sont creux et s'ouvrent extérieurement par autant de petites ouvertures au-dessous du limbe de la corolle; le nombre des étamines est constamment de cinq, qui sont tantôt saillantes hors du tube, tantôt incluses; l'ovaire est appliqué sur un disque hypogyne jaune, qui forme un bourrelet circulaire un peu saillant; il est toujours simple, tantôt ovoïde, arrondi, tantôt bilobé, plus souvent à quatre lobes profondément séparés, au centre desquels est attaché le style. Ces lobes ont été considérés par plusieurs auteurs, même parmi les modernes, comme quatre ovaires distincts qui auraient un seul style commun pour eux tous; mais cette opinion nous paraît erronée, et chacun des lobes de l'ovaire dans la Bourrache, les Pulmonaires, etc., doit être considéré comme une des loges d'un ovaire quadriloculaire. Chaque loge contient constamment un seul ovule qui est attaché vers son angle rentrant; le style est presque toujours simple, rarement il est bifide ou dichotome à son sommet (*Cordia*); le stigmate est simple, bilobé ou même biparti.

Le fruit, dans la famille des Borraginées, paraît au premier abord présenter les différences les plus frappantes, et pour ceux qui n'étudieraient la structure du fruit qu'à l'époque de sa maturité, les genres de cette famille pourraient être facilement partagés en deux ordres distincts, ainsi que l'a fait Ventenat, et en trois comme Schrader l'a plus récemment proposé. Mais si l'on remonte à l'organisation primitive de l'ovaire pour connaître l'organisation du fruit, ces différences tranchées disparaîtront, et la structure du fruit offrira une régularité et presque une parfaite conformité dans tous les genres des Borraginées. En effet, l'ovaire doit toujours être considéré comme à quatre loges uniovulées. Quand il est simple et indivis, tantôt le péricarpe est sec, tantôt il est charnu; dans le premier cas, les quatre loges peuvent être fertiles comme on l'observe dans le genre Héliotrope; ou bien trois peuvent avorter et rester rudimentaires, et le péricarpe ou fruit mûr être uniloculaire et monosperme, ainsi que dans le genre *Hydrophyllum*. Lorsque le péricarpe est charnu, la paroi interne de chaque loge ou l'endocarpe devient osseux; dans ce cas tantôt chaque loge, qui forme une sorte de petit noyau ou de *nucule*, reste distincte, et le fruit offre quatre nucules uniloculaires et monospermes; d'autres fois ces nucules se soudent deux à deux, et le fruit offre deux noyaux biloculaires comme dans les genres *Ehretia*, *Tournefortia*, etc., ou bien enfin les quatre loges ou nucules se soudent ensemble, et le péricarpe semble former une drupe dont le noyau présente quatre, deux ou une seule loge uniovulée, suivant que tous les ovules ont été fécondés ou que deux ou trois ont avorté. Les genres *Cordia*, *Varronia*, etc., nous offrent des exemples de cette dernière disposition.

Dans les genres très-nombreux où l'ovaire est quadrilobé, le fruit offre quatre akènes réunis et soudés par leur côté interne et inférieur, mais pouvant facilement se séparer les uns des autres. L'ovaire, dans le genre *Cerinthe*, est simplement bilobé, et chaque lobe, dont un avorte quelquefois dans le fruit mûr, est biloculaire.

Les graines se composent d'un épisperme dans lequel est une amande formée par un embryon renversé, dont les deux cotylédons sont planes et quelquefois plissés. Dans quelques genres, un endosperme mince et membraneux recouvre l'embryon.

Les Borraginées se composent de Végétaux herbacés ou ligneux. Leurs feuilles sont alternes, presque toujours recouvertes de poils, souvent très-rudes, ce qui leur a fait donner, par Linné, le nom de *Plantæ asperifoliæ*, nom qui convient également à beaucoup d'autres Plantes de familles différentes. Les fleurs sont disposées en épis unilatéraux.

De Jussieu a, dans son *Genera Plantarum*, partagé en cinq sections les genres de la famille des Borraginées, et réuni, dans chacune d'elles, les genres suivans : 1° fruit charnu : *Patagonula*, *Cordia*, *Ehretia*, *Menais*, *Varronia* et *Tournefortia*; 2° fruit capsulaire simple : *Hydrophyllum*, *Phacelia*, *Ellisia*, *Dichondra*, qui doit être placé parmi les Convolvulacées, *Messerschmidia* et *Cerinthe*; 3° fruit formé de quatre graines nues (*Gymnotetraspermus*), tube de la corolle sans appendices : *Coldenia*, *Heliotropium*, *Echium*, *Lithospermum*, *Pulmonaria*, *Onosma*; 4° tube de la corolle garni de cinq appendices : *Symphytum*, *Lycopsis*, *Myosotis*, *Anchusa*, *Borrago*, *Asperugo*, *Cynoglossum*; 5° enfin, dans la dernière section se trouvent les genres *Nolana*, qui est une Solanée, *Siphonanthus*, qui appartient aux Verveines, et *Falkia*, qui est un Liseron.

Ventenat (Tableau du Règne Végétal) a fait deux familles des Borraginées de Jussieu, savoir : les SÉBESTENIERS, où il place tous les genres où l'ovaire est indivis et le fruit une capsule ou une baie, tels sont *Hydrophyllum*, *Ellisia*, *Cordia*, *Ehretia*, *Varronia*, *Tournefortia* et *Messerschmidia*; et les vraies BORRAGINÉES, qui comprennent les genres dont l'ovaire est quadrilobé.

Dans un Mémoire fort remarquable intitulé : *De Plantis asperifoliis Linnæi*, Schrader propose de diviser les Borraginées en trois familles distinguées les unes des autres par la structure de leur fruit. La première, que ce professeur célèbre appelle *Borraginées*, comprend tous les genres des Borraginées de Ventenat, à l'exception du genre Héliotrope; elle est caractérisée par son fruit formé de quatre akènes. La seconde, ou les *Héliotropiées*, se compose du seul genre Héliotrope dont le fruit est, pour Schrader, une drupe sèche, renfermant quatre petits noyaux. Enfin il place dans la troisième qu'il nomme *Hydrophyllées*, les genres *Hydrophyllum*, *Ellisia*, *Phacelia*.

En faisant connaître la structure organique du fruit, nous avons démontré combien, malgré les altérations apparentes qu'il éprouve, cet organe présente de conformité dans tous les genres. Il nous semble donc impossible d'établir, d'après ces différences qui ne détruisent en rien l'organisation primitive, des ordres naturels distincts, et nous pensons que les genres de la famille des Borraginées doivent demeurer réunis en un seul ordre naturel, ainsi que de Jussieu l'avait déjà établi précédemment. Cette famille naturelle, voisine des Labiées, surtout par ses genres à ovaire quadrilobé, s'en distingue par sa corolle régulière, ses étamines au nombre de cinq, ses feuilles alternes et sa tige non carrée; elle s'éloigne des Scrophulariées et des Solanées, par son fruit à quatre loges qui contiennent chacune une seule graine. Nous classerons de la manière suivante les genres de la famille des Borraginées.

Ire Section. *Ovaire indivis.*

† Fruit charnu.

Cordia, L.;—*Cerdana*, Ruiz et Pavon;—*Varronia*, L., ces deux genres doivent être réunis au *Cordia*, suivant Rob. Brown et Kunth; —*Ehretia*, L.; —*Beurreria*, Jacquin; —*Tournefortia*, L.; —*Messerschmidia*, L., qui en est peu distinct; —*Rochefortia*, Swartz; — *Carmona*, Cavan.; —*Cortesia*, Cavan.; —*Bonamia*, Du Petit-Thouars; —*Patagonula*, L.; —*Menais*, L.

†† Fruit capsulaire.

Heliotropium, L.; —*Hydrophyllum*, L.; —*Aldea*, Ruiz et Pavon, qui, selon Jussieu, doit être réuni au précédent; —*Phacelia*, J.; —*Ellisia*, L.

IIe Section. *Ovaire bilobé.*

Cerinthe, L.

IIIe Section. *Ovaire quadrilobé.*

† Corolle sans appendices.

Coldenia, L.; —*Echium*, L.; —*Echiochilum*, Desfontaines;—*Echioides*, Desf.; —*Lithospermum*, L., auquel Jussieu réunit les genres *Oskampia* et *Buglossoides* de Mœnch, *Batschia* de Gmelin, et *Tiquilia* de Persoon; —*Pulmonaria*, L.; —*Trichodesma*, Brown, qui comprend le *Pollichia* de Medicus;—*Onosma*, L.; —*Onosmadium*, Richard.

†† Corolle garnie de cinq appendices.

Symphytum, L.; —*Lycopsis*, L.; —*Myosotis*, L.; —*Exarrhena*, Brown; —*Anchusa*, L.; —*Borrago*, L.; —*Asperugo*, L.; —*Cynoglossum*.

Les Borraginées sont peu remarquables par leurs propriétés médicales; leur odeur est nulle, et leur saveur est fade et mucilagineuse; aussi les emploie-t-on surtout comme adoucissantes. Plusieurs d'entre elles contiennent une assez grande quantité de Nitre, ce qui leur communique une action diurétique assez marquée. Les racines, dans plusieurs espèces, fournissent un principe colorant fort en usage dans l'art de la teinture; telles sont celles de l'*Anchusa tinctoria*, du *Lithospermum tinctorium*, de l'*Echium rubrum*, connues dans le commerce sous le nom d'*Orcanette*. (A. R.)

* BORRAGINOIDES. BOT. PHAN. Le genre Bourrache a été divisé autrefois et récemment par divers auteurs. Celui que Boerhaave avait établi sous le nom de Borraginoïdes, l'a été de nouveau par Rob. Brown, qui en a perfectionné et fixé les caractères sous celui de *Trichodesma*. *V.* ce mot. (A. D. J.)

BORRAIA. BOT. PHAN. Syn. espagnol de Bourrache. (B.)

*BORRAR. BOT. PHAN. Syn. d'Arctium Lappa, L. en Scanie. *V.* BARDANE. (B.)

BORRE-FIART. OIS. *V.* BAFIAR.

BORRERA. BOT. CRYPT. (*Lichens.*) Ce genre, décrit par Achar dans la Lichenographie universelle, répond à la première section des Physcia de De Candolle. Il est ainsi caractérisé : fronde membraneuse, cartilagineuse, étalée, ou rarement redressée, irrégulièrement lobée, à divisions étroites, profondes, presque toujours canaliculées en dessous et ciliées sur les bords; apothécies épaisses, en forme de scutelles, pédicellées, recouvertes par une membrane colorée, et entourées par un rebord saillant de la fronde. Peut-être devrait-on réunir à ce genre les *Cetraria* du même auteur, qui en diffèrent à peine. La position des scutelles sur le bord de la fronde et leur insertion oblique sont en effet les seuls caractères qui distinguent ce dernier genre des *Borrera*. *V.* CETRARIA.

On connaît environ vingt espèces de Borrera qui, presque toutes, croissent sur le tronc des Arbres ou quelquefois sur les Rochers. Plusieurs se trouvent en même temps en Europe et jusque dans les îles les plus chaudes de l'Amérique et de l'Afrique. Les espèces les plus remarquables de ce genre sont : le *Borrera flavicans*, dont la fronde est d'un beau jaune d'or et les scutelles rougeâtres, sans cils sur leur bord ; il croît en Europe et a été observé à l'île de France, par Bory de Saint-Vincent. Le *Borrera chrysophthalma*, également d'un beau jaune et dont les scutelles sont d'une belle couleur orangée et entourées de cils ; il se rencontre en France sur les Arbres fruitiers et l'Aubépine ; on le retrouve au cap de Bonne-Espérance. Le *Borrera leucomelas*, dont les frondes sont d'un blanc très-pur et les scutelles d'un violet noirâtre, également bordées de cils : on le trouve depuis la France et l'Espagne jusque dans l'île de Ténériffe. (AD. B.)

BORRICHIA ET BORRIKIA. (Adanson.) BOT. PHAN. *V.* BUPHTALMUM et DIOMEDEA.

BORRICO ET BORRICA. MAM. L'Ane et l'Anesse en espagnol et en portugais. (A. D..NS.)

BORS. MAM. Syn. de Blaireau en Hongrie. (B.)

BORSONE. BOT CRYPT. Nom de pays d'un Agaric, cité par Micheli. (B.)

* BORSTAR. BOT. PHAN. Syn. de *Carduus heterophyllus*, L. dans la Dalie, province de Suède. *V.* CHARDON. (B.)

BORSTELEFIN. POIS. Nom vulgaire donné, par les marins hollandais, à une espèce de Clupée du sous-genre Hareng, qui est le Clupanodon Cailleu-tassart de Lacépède. *V.* CLUPÉE. (B.)

BORSTLING. POIS. Même chose que Bars. *V.* ce mot. (B.)

BORSUC. MAM. Syn. de Blaireau en polonais. (B.)

BORTAM. BOT. PHAN. L'un des noms arabes d'*Acalypha fruticosa*. (B.)

BORTING. POIS. Syn. de Truite saumonée en Suède. *V.* SAUMON. (B.)

BORTOM. ET BORTOUM. BOT. PHAN. Noms arabes de l'*Acalypha fruticosa* de Forskalh, qui est le *betulina* de Vahl. *V.* ACALYPHE. (B.)

BORURES. CHIM. Combinaisons de Bore avec les bases alcalines ou métalliques. On ne connaît encore que le Fer et le Platine qui s'unissent au Bore. (DR..Z.)

BORUS. INS. Même chose que Boros. *V.* ce mot. (AUD.)

BORYA. BOT. PHAN. Genre de la famille des Joncées, consacré par Labillardière à Bory de Saint-Vincent. Il présente un calice tubuleux et cylindrique, dont le limbe se partage en six lobes, et dont la base est munie de deux écailles ; ces écailles sont pour Labillardière des glumes calicinales ; ce que nous appelons calice, est pour lui une corolle. Au sommet du tube sont insérées six étamines qui alternent avec les lobes et ne les dépassent pas. L'ovaire est libre, le style allongé jusqu'au niveau des anthères, le stigmate simple et capité. Le fruit est une capsule à trois valves ; des cloisons nées du milieu de ces valves le séparent en trois loges qui renferment plusieurs graines attachées à leurs bords. On ne connaît jusqu'ici qu'une seule espèce de ce genre, le *Borya nitida* (tab. 107 des Plantes de la Nouvelle-Hollande) ; c'est une Plante herbacée croissant dans les sables où ses rameaux se fixent, de distance en distance, par des radicules émises de leur face inférieure. Ses feuilles étroites, engaînantes à leur base, aiguës et dures à leur sommet, sont éparses et serrées sur la tige. Ses fleurs sont disposées en un capitule qu'entourent à sa base de trois à six bractées inégales entre elles, semblables aux feuilles, mais plus courtes, et qui présente, imbriquées sur plusieurs rangs, les écailles calicinales : les plus intérieures seules portent des fleurs, les extérieures sont stériles.

Ce n'est pas le seul genre qui ait reçu le nom de Bory. Willdenow l'avait aussi donné à des Plantes de la famille des Jasminées, pour un genre que Michaux, avec plusieurs autres, désigne sous celui d'*Adelia*. Mais ici se présente de nouveau un double emploi; il existe en effet un genre de Linné portant ce dernier nom et fort différent, puisqu'il appartient à la famille des Euphorbiacées. Comme c'est lui qui a été décrit à l'article *Adelia*, il convient de donner ici les caractères de l'Adelia de Michaux, qui est le *Borya* de Willdenow, et pour lequel Poiret a proposé le nom de *Forestiera*.

Ses fleurs sont dioïques; les mâles présentent un calice très-petit, à quatre divisions égales, et deux, plus rarement trois étamines saillantes, à anthères ovoïdes. Le calice des fleurs femelles a également quatre divisions, dont deux opposées, quelquefois nulles, toujours très-petites; les deux autres plus grandes et pétaloïdes. Le style est simple; le stigmate capité et sillonné; l'ovaire libre, à deux loges contenant chacune deux ovules. Il arrive le plus souvent que des quatre ovules trois avortent; de sorte que, dans le fruit, on ne trouve qu'une seule graine fixée au sommet d'une seule loge. Ce fruit est une drupe semblable à celle de l'Épine-Vinette. L'embryon à cotylédons planes, à radicule supère, est renfermé dans un périsperme charnu. On a décrit quatre espèces de ce genre: ce sont des Arbustes ou des Arbrisseaux de l'Amérique septentrionale, à rameaux opposés ainsi que les feuilles qui sont simples, et logent à leur aisselle des fascicules de fleurs munies de bractées.

Tels sont les deux genres désignés sous ce même nom. Auquel doit-on le conserver? C'est au savant à qui on les a consacrés à choisir entre eux, et les botanistes devront alors se hâter de nommer l'autre et de fixer cette synonymie incertaine et confuse.

(A. D. J.)

BORYNE. *Boryna*. BOT. CRYPT. (*Céramiaires*.) Genre formé depuis long-temps par le savant algologue Grateloup, mais qui, n'ayant pas été publié, fut confondu avec tant d'autres Plantes disparates dans l'indigeste ramas que certains botanistes appelaient *Ceramium*. Lyngbye, qui vient de porter quelque lumière dans ce chaos, ayant divisé les Céramies en plusieurs genres, celui auquel il conserva ce nom se trouve renfermer les Borynes, et les caractères qu'il lui assigne sont assez convenables. Mais ce même savant, ne respectant pas les caractères qu'il avait tracés lui-même, a encore laissé ensemble des êtres qui ne sauraient se convertir. Nous étant joint depuis long-temps à Grateloup pour réserver la dénomination de *Ceramium* à un autre démembrement de ce genre devenu un ordre pour nous, les Borynes, formant un genre très-naturel, en demeureront rapprochées dans notre famille des Céramiaires. *V*. ce mot. Leurs caractères consisteront: en des filamens cylindriques, dichotomes, alternativement renflés et rétrécis, sans tube intérieur ni véritables articulations visibles; les rétrécissemens sont parfaitement diaphanes, et les renflemens plus ou moins colorés; les capsules extérieures, sphériques, sessiles, adnées aux rameaux, sont comme involucrées au moyen de deux à quatre ramules qui protègent le point d'insertion. Les Borynes sont peut-être les plus élégans des Végétaux de la mer. Grateloup en a distingué dix espèces auxquelles nous en ajoutons deux. Toutes sont colorées de rose ou de pourpre, et forment sur les fucus ou sur les rochers qui les supportent de petites touffes flexibles. Ces touffes ont rarement plus de trois à quatre pouces de hauteur, s'appliquent fort bien sur le papier, et y forment l'ornement des collections cryptogamiques. On trouve les Borynes depuis les limites mitoyennes que tient la marée, jusqu'à deux ou trois pieds au-dessous de l'eau dans la basse mer. La plupart ont déjà été mentionnées comme espèces ou comme variétés, mais si confusément, qu'il est bien difficile d'en reconnaître plus de deux ou trois dans les auteurs. Celles qui sont invariablement caractérisées sont : 1°. *Boryna axillaris*, G. *Conferva elegans*, Roth. cat. 1, p. 199; *diaphana*, Dillw.; *Ceramium axillare*, Cand. Fl. fr., n° 108. — 2°. *B. elegans*, G. *Cer. axillare*, *variet.* Fl. fr. *loc. cit.* — 3°. *B. diaphana*, G. *Cer. diaphanum*, Roth. δ, 154, *var.* α Lyngb., t. 37; Dillw. t. 40 et 41; *Conferva elegans*, *var.* 2, Ducluseau. — 4°. *B. fastigiata*, G. *Cer. diaphanum* ε Roth. Cat. 3, p. 155, *diaphanum* β Lyngb. p. 120. — 5°. *B. cinabarinna*, G. *Cer. elegans*, *var.* 4. Ducluseau. — 6°. *B. arenacea*, G. *Cer. elegans*, *var.* 6, Duclus. — 7°. *B. vinosa*, N. Rigide, courte, de couleur vineuse, subciliée, ayant ses entrenœuds hyalins allongés, et trouvée par nous sur les rescifs des îles de France et de Mascareigne. — 8°. *B. ciliata*, G. *Conferva ciliata*, Roth. cat. 3, n° 85; Dyllw. t. 53; *Ceramium*, Lyng., t. 37. — 9°. *B. forcipata*. N. (*V.* pl. de ce Dic.). *Cer. forcipatum* α Cand. Fl. fr. n° 110. *Conf. forcipata* *var. glabellum*, Duclus. — 10°. *B. pedicellata*, G. *Ceramium*, Fl. fr. n° 103, *Cer. variegatum*, Roth. cat. 1, p. 148. — 11°. *B. elongata*, N. *Ceram. elongatum*, Roth. cat. 3, p. 128, Cand. Fl. fr. n° 104. — 12°. *B. nodulosa*, G. *Ceram. rubrum* des auteurs, mais probablement pas celui de Lyngbye. — 13°. *B. ramulosa*, G. *Cer. tuberculosum*, Roth. cat. 3, pl. 112; probablement pas celui de Lyngbye. — 14°. *B. corymbosa*, N., du plus beau rouge de carmin, ayant les ramules de ses extrémités serrées, et formant de petits pinceaux en corymbe.

Il est certain que les *Ceramium brachygonium* et *diaphanum*, variété *tenuissimum* de Lyngbye, qui représentent les fruits de ces espèces dépourvues d'involucre, ne sont ni des Borynes, ni même des Céramies de l'auteur qui les place cependant dans ce genre. (B.)

BORZ. MAM. Même chose que Bors. *V.* ce mot. (B.)

BOSAYA. BOT. CRYPT. Nom indien d'une espèce indéterminée d'*Asplenium*. *V.* ASPLÉNIE. (B.)

BOSBOK ou BOSCH-BOCK. MAM. Nom hollandais de l'*Antilope sylvatica*. *V.* ANTILOPE. (A. D..NS.)

BOSCAS. OIS. (Gesner.) L'un des noms étrangers de la Sarcelle d'été, *Anas Querquedula*, L. *V.* CANARD. (DR..Z.)

BOSCH. POIS. Probablement la même chose que Botche. *V.* ce mot. (B.)

BOSCH-CAYMAN. REPT. SAUR. C'est-à-dire *Cayman des bois*. Nom donné par les hollandais de la Guiane à l'Iguane ordinaire. (B.)

BOSCHRAT. MAM. Même chose que Booschratte. *V.* ce mot. (A. D..NS.)

BOSCIA. BOT. PHAN. Genre de la famille des Térébinthacées, voisin du Toddalia, établi d'après un Arbre du cap de Bonne-Espérance. Ses feuilles sont alternes, pétiolées, et le plus souvent ternées, à folioles marquées de nervures parallèles, rarement géminées, plus rarement encore simples inférieurement; ses fleurs, très-petites, sont disposées en panicules terminales; elles ont un calice monosépal, court, à quatre ou cinq dents; quatre ou cinq pétales linéaires; autant d'étamines plus courtes, portant des anthères introrses, et présentant, suivant Thunberg, une insertion hypogynique; un ovaire libre; trois styles; trois stigmates; une capsule pisiforme, marquée supérieurement d'un ombilic, et sur les côtés, de quatre sillons, s'ouvrant en quatre valves et contenant quatre loges monospermes. Thunberg, auteur de ce genre, l'avait consacré à notre savant compatriote Bosc; mais, après l'avoir établi dans son *Prodromus*, il l'a supprimé dans ses Dissertations. D'un autre côté, Lamarck avait donné à une Plante de la famille des Capparidées, le nom de *Boscia*, que Persoon a changé en celui de *Podoria*. *V*. ce mot. Après avoir appartenu à deux genres à la fois, n'est-il donc resté à aucun ? (A. D. J.)

BOSCOTE ou BOSOTE. ois. Syn. vulgaire du Rouge-Gorge, *Motacilla Rubecula*. On donne quelquefois aussi le nom de Bosote au Rouge-Queue, *Motacilla erithacus*, L. *V*. SYLVIE. (DR..Z.)

BOSÉE. *Bosea*. BOT. PHAN. Genre placé dans la famille des Atriplicées, Pentandrie Monogynie, L., et caractérisé par un calice quinqueparti; cinq étamines, deux stigmates sessiles et une baie globuleuse monosperme. On en a décrit deux espèces, l'une, la *B. Yervamora*, originaire des Canaries, observée pour la première fois à Leipsick, dans le jardin du professeur Gaspard Bose, par Linné qui établit le genre et en tira son nom; l'autre, le *B. cannabina*, rencontré dans la Cochinchine par Loureiro. Ce sont des Arbustes à feuilles alternes, à fleurs disposées en grappes axillaires, rougeâtres dans la première espèce, blanches dans la seconde. *V*. Lamk. *Ill. tab.* 182. (A. D. J.)

BOSÉLAPHES. MAM. Nom de notre septième tribu des Antilopes d'après Blainville. *V*. ANTILOPE. (A. D..NS.)

BOSHOND. MAM. (Bosmann.) C'est-à-dire *Chien de bois* et non *Chien méchant*. Nom du Chacal dans les colonies hollandaises d'Afrique. *V*. CHIEN. (A. D..NS.)

BOSIA. BOT. PHAN. Même chose que *Bosea*. *V*. BOSÉE. (A. D. J.)

BOSON. MOLL. Nom donné par Adanson (Sénég. p. 171, pl. 12, f. 2) à une des espèces de son genre Toupie, *Trochus*, composé de Paludines marines dont nous avons fait le sous-genre Littorine. Le Boson est le *Turbo muricatus* de Linné et de Lamarck, ainsi que l'avait dit Duvernoy, et non le *Turbo Boson* de Linné, ainsi que l'a pensé Blainville; ce dernier nom n'existant pas d'ailleurs dans le *Systema naturæ*. *V*. PALUDINE et LITTORINE. (F.)

BOSOTE. OIS. *V*. BOSCOTE.

BOSQUIEN ET BOSQUIENNE. ZOOL. Et non *Bosquen*, c'est-à-dire de *Bosc*. Nom spécifique donné par Lacépède à un Lézard, à un Blennie, à un Piméloptère et à un Gobie. *V*. tous ces mots. (B.)

BOSSAC. BOT. PHAN. Nom malegache d'une Lobélie à tige triangulaire, qui croît en rampant dans les pelouses où les Oies s'en montrent friandes. (B.)

BOSSAI. BOT. PHAN. (Thunberg.) Syn. japonais du *Scirpus articulatus* qui se trouve en Egypte, et que nous avons observé aux îles de France et de Mascareigne. (B.)

BOSSE OU BASSE. POIS. Syn. de Loup. Espèce du genre Centropome en Angleterre. (B.)

BOSSE. BOT. CRYPT. On donne ce nom, en quelques endroits, au Charbon, maladie du Blé, qu'on fait provenir d'un Champignon de l'ordre des Urédinées. (B.)

BOSSIÉE. *Bossiæa*. Ce genre, que Persoon nomme *Bossieua*, fut établi par Ventenat et consacré à la mémoire d'un naturaliste, compagnon de Lapeyrouse dans son voyage autour du monde, Boissieu-Lamartinière. Le *Bossiæa* appartient à la famille des Légumineuses, où il se place près des Crotalaires. Son calice tubuleux présente deux lèvres, l'inférieure trifide, la supérieure en forme de cœur renversé; l'étendart de la corolle porte à sa base deux glandes, et les ailes ont deux appendices, ainsi que la carène bipartie, qui offre de plus, au-dessus, une gibbosité; les étamines sont monadelphes; la gousse, portée sur un court pédicelle, est oblongue, comprimée et polysperme. Le *Bossiæa heterophylla*, figuré t. 7 du *Jardin de Cels* par Ventenat, est un Arbrisseau de la Nouvelle-Hollande, à rameaux alternes, comprimés et plians; à feuilles alternes sur deux rangées, pétiolées, munies de courtes stipules,

les inférieures elliptiques et parsemées de quelques taches blanchâtres; les supérieures oblongues, aiguës et d'un vert sombre, à pédoncules axillaires et uniflores. (A. D. J.)

BOSSILLONS. BOT. CRYPT. Nom vulgaire et vicieux de petits Agarics indéterminés qui ne sont pas vénéneux. (B.)

BOSSO OU BUXO. BOT. PHAN. Syn. italien de Buis. *V.* ce mot. (B.)

BOSSON. MOLL. Probablement double emploi de Boson. *V.* ce mot. (B.)

BOSSU. POIS. Ce nom provenu de la ressemblance qu'on a cru voir entre une bosse et le dos voûté de certains Poissons, est devenu spécifique pour un Kurte, un Cyprin, un Ostracion, un Labre, etc., etc. *V.* tous ces mots. (B.)

BOSSUE. MOLL. Nom vulgaire, parmi les marchands et les amateurs, de plusieurs Coquilles de genres divers, mais qui a été plus spécialement appliqué aux deux Ovules suivantes.

La BOSSUE proprement dite est la *Bulla verrucosa* de L.; *Ovula verrucosa*, Lam.

La BOSSUE SANS DENTS ou la BULLE A CEINTURE, est la *Bulla gibbosa*, L.; *Ovula gibbosa*, Lam. *V.* OVULE.

La BOSSUE est encore le *Murex anus* de L., appelé plus communément la Grimace. *V.* ce mot. (F.)

BOSSY. BOT. PHAN. Arbre de la côte d'Afrique dont le fruit ressemble à la Prune et se mange, mais qu'on ne peut reconnaître sur ce qui en est dit dans l'Histoire des voyages. (B.)

BOSTKOP, BOTSKOP ET BUTZKOPH. MAM. C'est-à-dire *Tête de Bœuf*. Syn. de l'Orque. (B.)

*BOSTRICH OU BOSTRIS. POIS. Syn. de *Squalus Galeus*, L. aux îles Baléares. *V.* SQUALE. (B.)

BOSTRICHE. *Bostrichus.* INS. Genre de l'ordre des Coléoptères, section des Tétramères, extrait des genres Dermeste de Linné et Ips de Degéer, par Geoffroy qui lui a donné pour caractères : antennes en masse composée de trois articles, posées sur la tête; point de trompe; corselet cubique dans lequel est cachée la tête; tarses nus et épineux. Fabricius, en adoptant ce genre, a introduit une très-grande confusion dans la science. En effet, ayant donné le nom d'Apate aux Bostriches, il a substitué ce dernier à celui de Scolyte de Geoffroy, et a transmis celui-ci à quelques espèces de Carabes aquatiques. Plus tard, ne s'en tenant pas au désordre qu'il avait établi si gratuitement, il a introduit le genre Hylesine pour le Scolyte destructeur. Les entomologistes, ses contemporains ou ses successeurs, ont signalé ces abus, et ils y ont remédié en rétablissant les choses dans leur premier état, et en introduisant des changemens vraiment utiles. Latreille (Règne Anim. de Cuv.), place le genre Bostriche dans la famille des Xylophages, et lui assigne pour caractères distinctifs : palpes filiformes; mâchoires à deux lobes; massue des antennes perfoliée ou en scie, quelquefois pectinée; corps allongé, convexe; corselet élevé, globuleux ou cubique. Ce genre diffère des Scolytes par les antennes et les tarses. On ne le confondra pas non plus avec les Psoas à cause de la forme du corps et le nombre des lobes des mâchoires.

Les Bostriches sont reconnaissables à leur prothorax épineux ou denté supérieurement et antérieurement; à leurs élytres souvent tronquées et dentées vers leur sommet et recouvrant les ailes du métathorax; à leurs tarses de quatre articles, simples et filiformes; à leurs antennes courtes, de dix articles avec les trois derniers en massue perfoliée; à leur bouche offrant un labre, deux mandibules cornées, deux mâchoires membraneuses, une lèvre petite et quatre palpes filiformes.

Leurs larves ont le corps composé de douze anneaux, une tête écailleuse et des pates de même nature, des mâchoires de consistance cornée, fortes et tranchantes. Elles creusent, dans les vieux bois et à la manière des Vrillettes, des chemins tortueux que l'on trouve souvent remplis d'une sorte de sciure qui n'est autre chose que leurs excrémens et le résidu de leur travail. Ce n'est qu'après avoir vécu deux ans dans cet état et à l'époque de l'hiver, qu'elles se construisent une coque avec de la poussière de bois et une sorte de matière soyeuse. Elles subissent dans son intérieur leur métamorphose en nymphes, et deviennent Insectes parfaits au printemps suivant. Les Bostriches ne se rencontrent jamais sur les fleurs, mais on les trouve communément dans les vieux bois, sous les écorces des Arbres.

Ce genre est nombreux en espèces. Le général Dejean (Catal. des Coléoptères, p. 100) en mentionne vingt-quatre. Plusieurs se rencontrent aux environs de Paris; parmi elles nous citerons : le Bostriche Capucin, *B. Capucinus* d'Olivier, ou le *Dermestes Capucinus* de Linné. Il a été figuré par Geoffroy (Ins. T. I, tab. 5, fig. 1), et par Schœffer (*Icon. Ins.* t. 189, fig. 1). On peut le regarder comme le type du genre; il est assez commun. (AUD.)

BOSTRICHINS. *Bostrichini.* INS. Famille de l'ordre des Coléoptères et de la section des Tétramères, instituée par Latreille (Considér. génér.), et faisant maintenant partie de la première section de la grande famille des Xylophages (Règne Anim. de Cuv.). Les caractères suivans lui sont assignés : articles des tarses presque toujours sans divisions; corps cylindrique; tête globuleuse; antennes de huit à dix articles distincts, dont le premier allongé, et les deux ou trois derniers formant une grande massue le plus souvent solide; palpes très-courts, coniques dans la plupart; jambes ordinairement comprimées; les antérieures dentelées. — Cette famille comprend plusieurs genres qui se classent de cette manière :

† *Palpes très-petits, coniques; antennes en massue solide, plus courtes ou guère plus longues que la tête.*

1. *Massue des antennes commençant plus bas que le neuvième article.*

Genres Hylurge, Tomique, Platype.

2. *Massue des antennes commençant au neuvième article; pénultième article des tarses bifide.*

Genres Scolyte, Hylésine.

†† *Palpes très-petits, coniques; massue des antennes formée de trois feuillets très-allongés; pénultième article des tarses bilobé.*

Genre Phloïotribe.

††† *Palpes filiformes; massue des antennes perfoliée ou en scie, quelquefois pectinée; corps allongé; articles des tarses entiers.*

Genres Bostriche, Psoa. *V.* ces mots. (AUD.)

BOSTRICHTE. MIN. (Walker.) Syn. de Préhnite. *V.* ce mot. (LUC.)

BOSTRYCHE. *Bostrychus.* POIS. Genre formé par Lacépède (Pois. T. III. p. 143) d'après des images venues de la Chine par la Hollande au Muséum d'Histoire naturelle de Paris, et dans lequel ce savant a établi deux espèces, le Chinois et le tacheté. On ne sait pas même si ces Animaux, dont l'aspect rappelle un peu celui des Anguiformes, sont thoraciques ou apodes. Cuvier n'a pas cru devoir, sur de pareilles indications, comprendre les Bostryches dans son Traité du Règne Animal. (B.)

BOSTRYCHIA. BOT. CRYPT. (*Hypoxylons.*) Genre séparé par Fries du genre *Sphœria*, mais dont il n'a pas encore donné la description. *V.* SPHOERIA. (AD. B.)

BOSTRYCHOIDE. *Bostrychoides.* POIS. Genre non moins douteux que le genre Bostryche, puisé aux mêmes sources par le même auteur. Ses caractères consisteraient en un corps anguiforme avec une grande dorsale séparée de la nageoire de la queue, et dans deux barbillons à la mâchoire supérieure. Une seule espèce y est renfermée, et tire ce nom d'OEillée qui la caractérise de deux taches ocelliformes vertes, entourées d'un cercle jaune, et situées de chaque côté de la queue. (B.)

BOSVALLÉE. BOT. PHAN. Espèce du genre Verbesine, *Verbesina Bosvallea*, L. (B.)

BOSWELLIE. *Boswellia*. BOT. PHAN. Genre de la famille des Térébinthacées et de la Décandrie Monogynie, L., qui a été établi par Roxburg, et qui se compose d'une seule espèce très-intéressante, puisque, selon cet auteur et le docteur Hunter, c'est d'elle que l'on tire la gomme-résine, connue sous les noms d'ENCENS ou d'OLIBAN. Le docteur H.-T. Colebrooke a publié, dans le neuvième volume des Recherches asiatiques, une description et une figure de ce Végétal qu'il nomme *Boswellia serrata*. Ses caractères génériques sont les suivans : calice libre, à cinq dents ; corolle formée de cinq pétales ; disque crénelé, charnu, en forme de coupe, embrassant la base de l'ovaire, inséré, ainsi que les étamines, à son pourtour ; étamines au nombre de dix ; capsule à trois côtes, à trois loges, à trois valves ; graines solitaires dans chaque loge.

Le *Boswellia serrata* est un grand Arbre originaire des contrées montueuses de l'Inde. Ses feuilles sont imparipinnées, situées aux extrémités des rameaux ; les folioles sont alternes, oblongues, obliques, pubescentes, dentées en scie : on en compte ordinairement dix paires. Les fleurs sont petites, verdâtres, disposées en épis axillaires dressés, longs de deux à trois pouces, plus courts que les feuilles ; les étamines, au nombre de dix, ont les filets alternativement plus courts ; le style est cylindrique ; le stigmate partagé en trois lobes.

Le nombre des divisions du calice, des pétales, des étamines et des loges du fruit, est très-sujet à varier.

C'est par les incisions profondes que l'on pratique au tronc de cet Arbre que s'écoule l'Oliban, d'abord sous la forme d'une résine fluide qui ne tarde point à se solidifier. Les auteurs, jusqu'en ces derniers temps, n'étaient pas encore d'accord sur l'Arbre qui produit cette substance résineuse. Linné croyait qu'elle s'écoulait du *Juniperus lycia*, qui croît communément dans les contrées méridionales de la France ; Broussonet, et avec lui plusieurs auteurs, la croyaient produite par le *Juniperus thurifera* ; enfin Roxburg l'attribue à son *Boswellia* de la famille des Térébinthacées. On peut conclure de cette diversité d'opinions, que les trois Arbres fournissent chacun une substance résineuse, qui offre les mêmes caractères et jouit des mêmes propriétés. *V.* ENCENS et OLIBAN. (A. R.)

BOT. POIS. Nom hollandais qui paraît être appliqué à divers Pleuronectes, et qu'on a donné à ceux des Poissons de ce genre qu'on a trouvés, soit à Surinam, soit aux Moluques. (B.)

BOTABOTA. OIS. Syn. indien de la Salangane, *Hirundo esculenta*, L. *V.* HIRONDELLE. (DR..Z.)

BOTAN. BOT. PHAN. Syn. de Pivoine au Japon. (B.)

BOTANIQUE. Science des Plantes, qui embrasse non-seulement la connaissance de celles-ci, mais les moyens de parvenir à cette connaissance, soit par la voie d'un système qui les soumet à une classification artificielle, soit par celle d'une méthode qui les coordonne dans leurs rapports naturels. Cette science se divise maintenant en deux parties bien distinctes : la Physiologie végétale qui traite de l'organisation intime des Végétaux, et la Phytographie qui donne les moyens de les reconnaître et de les caractériser ; c'est donc aux mots SYSTÈME, MÉTHODE, PHYSIOLOGIE VÉGÉTALE et PHYTOGRAPHIE, que nous renverrons pour plus de détails. (B.)

BOTARCHA ET BOTARGUE. POIS. Même chose que Boutargue. *V.* ce mot. (B.)

* BOTARGO. POIS. Syn. de Centropome Loup. (B.)

BOTAURUS. OIS. Syn. de Butor, *Ardea stellaris*, L. *V.* HÉRON. (B.)

* BOTCHE. POIS. Espèce du genre formé par Cuvier sous le nom de Scolopsis. *V.* ce mot. (B.)

BOTEIT. POIS. Nom arabe du *Spa-*

rus crenidens de Schneider. *V.* SPARE. (B.)

BOTELUA. BOT. PHAN. *V.* BOUTELOUA.

BOTHE. POIS. Syn. de Flétan, espèce de Pleuronecte. *V.* ce mot. (B.)

BOTHORMARIE, BUCHORMARIEN ET BUTHERMARIEN. BOT. PHAN. (Daléchamp.) Syn. arabes de Cyclamen. *V.* ce mot. (B.)

BOTHUS. POIS. Genre formé par Rafinesque dans son Ichthyologie sicilienne, aux dépens des Pleuronectes, et qui, muni de deux thoraciques, a ses deux yeux situés sur la partie gauche. Le type de ce genre est un joli petit Poisson, long d'un pouce environ, de la forme d'une Sole, si mince et si transparent, qu'on peut lire à travers son corps dont la dorsale commence sur la bouche. Il a une tache rouge sur l'opercule, deux à la base de la queue, et douze autour du corps. (B.)

BOTHYA. BOT. PHAN. (Hermann, Zeyl. 10.) Syn. de *Melastoma Malabathrum.* *V.* MÉLASTOME. (B.)

BOTIN ET BOTON. BOT. PHAN. Même chose qu'Albotin. *V.* ce mot. (B.)

BOTIS. POIS. (Gesner.) Nom donné par les anciens à un Poisson que l'on ne peut reconnaître. (B.)

BOTLA-PASERIKI. REPT. OPH. Syn. de Nasique, espèce de Couleuvre, à la côte de Coromandel. (B.)

BOTLAVOO-CHAMPAH. POIS. (Russel.) Syn. de *Diacopus Sebæ* à la côte de Coromandel. *V.* DIACOPE. (B.)

BOTONARIA. BOT. PHAN. Syn. de *Globularia vulgaris*, L. en Italie. *V.* GLOBULAIRE. (B.)

BOTOR. *Botor.* BOT. PHAN. Nom de pays donné par les Malais à la Plante que Rumph (*Amb.* T. V. tab. 153.) appelle *Lobus quadrangularis*, et dont Linné forma son *Dolichos tetragonolobus*. Adanson (*Fam. Plant.* T. II. p. 326), adoptant ce nom pour le genre qu'il forma de la Plante de Rumph, crut devoir y réunir le *Pseudoaçacia* de Plumier, qui est le *Piscidia Erythrina*, L. Ce rapprochement paraît peu naturel. Du Petit-Thouars ayant mieux examiné le Botor d'Adanson, l'a conservé, et en a donné les caractères suivans : calice urcéolé, à deux lèvres inégales ; pavillon aussi large que long et recourbé en dehors ; ailes de la longueur de la carène, à ongle fort allongé et muni d'un appendice filiforme qui s'emboîte dans les bords du pavillon ; carène oblongue, remontante ; étamines diadelphes ; ovaire à quatre angles, surmonté d'un style recourbé et terminé par un stigmate logé dans un touffe de poils ; gousse à quatre ailes membraneuses, contenant sept ou huit semences attachées latéralement.

Deux espèces forment jusqu'à présent ce genre : celle de Rumph et le Pois carré qu'on cultive comme Légume à l'Ile-de-France. (B.)

BOTRIA. BOT. PHAN. Loureiro a établi ce genre dans la Flore de la Cochinchine, et il le caractérise ainsi : calice campanulé, terminé par cinq courtes crénelures ; cinq pétales charnus, recourbés en dedans à leur sommet ; cinq étamines courtes, aplaties, insérées à la base des étamines ; pas de style ; un stigmate concave ; une baie arrondie dont la chair est aqueuse, et dans laquelle on trouve une graine comprimée. C'est un Arbrisseau rameux et grimpant, dont les feuilles sont éparses ; échancrées à la base, découpées en trois ou cinq lobes ; les fleurs en grappes terminales, à pédoncules allongés et terminés par des vrilles bifurquées ; la baie, de couleur noire, est douce, bonne à manger, et rappelle la forme du Raisin, de même que la Plante présente le port de la Vigne. Le *Botria* appartient en effet à la même famille, celle des Vinifères, où il se place auprès du genre *Cissus* dont il est peut-être même congénère. Les Portugais lui donnent, mais à tort, le nom de *Pareira Brava*, qui appartient véritablement à une espèce de *Cissampelos.* (A. D. J.)

BOTRIOLIT. MIN. Nom donné par Leonhard à la variété de Chaux boratée, siliceuse, en concrétions mamelonnées, que l'on trouve à Arendal en Norwège. *V.* CHAUX BORATÉE. (G. DEL.)

BOTRYCÈRE. *Botryceras.* BOT. PHAN. (Willdenow. Mag. des Cur. de la Nat. T. III. pl. 9. n.° 10.) Famille des Protéacées; Tétrandrie Monogynie, L. Genre formé de deux Arbrisseaux du cap de Bonne espérance, et dont le caractère essentiel consiste dans un calice divisé en quatre parties, dans quatre pétales et dans la capsule qui est uniloculaire et monosperme. (B.)

BOTRYCHIUM. BOT. CRYPT. (*Fougères.*) *Botrychion* de quelques auteurs. Ce genre, désigné aussi sous le nom de *Botrypus* par Richard, a été séparé par Swartz des Osmondes de Linné. Les caractères qui les en distinguent, quoique paraissant d'abord très-peu importans, sont unis à un port si particulier et si semblable dans toutes les espèces, que ce genre est un des plus naturels de la famille des Fougères. Les capsules sont disposées en une grappe rameuse, provenant évidemment d'une feuille avortée; elles sont globuleuses, sessiles, lisses, épaisses, tapissées en dedans par une membrane blanche, et ne s'ouvrent qu'à moitié par une fente transversale; les graines sont très-nombreuses, blanchâtres. On voit que ce genre diffère surtout des *Osmunda* par ses capsules parfaitement sessiles et même plongées en partie dans la fronde, et qui ne s'ouvrent pas aussi profondément en deux valves; on doit aussi remarquer le caractère fort important, et qui n'avait pas encore été indiqué, de la membrane double qui les forme et qui se retrouve aussi dans les Ophioglosses. Il diffère encore plus des Anémies dont il a un peu le port, ces derniers ayant les capsules régulièrement striées au sommet; enfin, le mode d'enroulement de la fronde qui paraît un assez bon caractère dans les Fougères, est très-différent, la fronde étant roulée en crosse dans les Osmondes et les Anémies comme dans la plupart des Fougères, tandis que dans les Botrychium elle est droite et seulement repliée latéralement pour embrasser l'épi de fructification. La disposition des jeunes Botrychium, avant leur développement, est assez curieuse: la petite Fougère qui doit pousser l'année suivante, et dont toutes les parties sont déjà parfaitement distinctes, est renfermée dans une cavité que présente la tige déjà développée presque dans son centre, cavité qui est fermée de toutes parts, de sorte que la Plante de l'année suivante est réellement renfermée dans celle de l'année, et n'en sort que lorsque cette Plante elle-même s'est desséchée, après avoir fructifié. Tel est du moins la structure que nous avons eu occasion d'observer sur l'*Osmunda Lunaria*, la seule espèce qui croisse aux environs de Paris. Mais les autres Plantes de ce genre ont toutes un port si semblable, qu'il est probable que le même mode de développement existe chez elles. Ces espèces sont au nombre de dix à douze; trois à quatre habitent en Europe; la plus commune, le *Botrychium Lunaria*, est connue sous le nom vulgaire de Lunaire, à cause de ses feuilles dont la forme imite un peu celle d'un croissant de lune. On en trouve aussi à peu près quatre à cinq dans l'Amérique septentrionale: une autre a été indiquée par R. Brown dans la partie méridionale de la Nouvelle-Hollande; enfin le *Botrychium zeylanicum*, qui habite Ceylan, Amboine et le reste des Moluques, pourrait, ainsi que R. Brown l'indique, former un genre à part, à cause de la disposition de ses capsules en un épi cylindrique, composé d'épis partiels verticillés. Kaulfuss, dans une dissertation sur les genres *Botrychium* et *Ophioglossum* (Journal de Botanique de Ratisbonne, 1822. p. 103), a proposé de lui donner le nom de *Helminthostachys*. La plupart des observations que nous avons rapportées sur la structure du *Botrychium Lunaria*, et que nous avions faites aux environs de Paris, sont confirmées par celles de cet auteur. (AD. B.)

BOTRYLLAIRES OU TUNICIERS RÉUNIS. MOLL. Premier ordre de la classe des Tuniciers dans la Méthode de Lamarck (An. sans vert. 2e édit. T. III. p. 93), auquel il donne pour caractères : « Animaux agglomérés, » toujours réunis, constituant une » masse commune, paraissant quel- » quefois communiquer entre eux. » Il y comprend les Téthyes et les Lucies composées de Savigny. *V.* ces deux mots. Déjà Lamarck avait appliqué un nom analogue, celui de BOTRYLLIDES (Mém. Mus. T. I. p. 334) à une famille composée du genre Botrylle, type de son ordre actuel et du genre Polycycle qu'il institua pour un Botrylle observé et décrit pour la première fois par Renier.

L'ordre des Botryllaires de Lamarck, et par conséquent les Téthyes et les Lucies composées de Savigny, sont rangés par notre confrère Lamouroux dans la classe des Polypiers. Ce sont ses Polypiers polyclinés (Ellis et Soland. Nouvelle édit. p 72). Nous observerons que dans la division des Tuniciers en deux ordres, les Tuniciers réunis ou Botryllaires et les Tuniciers libres ou ascidiens, Lamarck est parti d'un principe opposé à celui de Savigny qui ne sépare pas les Ascidies simples des Ascidies composées, le caractère d'agglomération ne paraissant naturellement à ce dernier que secondaire, puisque les individus des unes et des autres ont une organisation semblable. Mais il sépare en ordres distincts les Tuniciers qui offrent réellement des caractères organiques différens. *V.* TUNICIERS et ASCIDIES. (F.)

BOTRYLLE. *Botryllus.* MOLL. Genre de la classe des Tuniciers de Lamarck ou des Ascidies de Savigny, placé par le premier de ces savans dans le premier ordre de cette classe, les Tuniciers réunis ou Botryllaires, et par le second, dans l'ordre des Ascidies téthides, famille des Téthyes. *V.* ces mots pour les généralités. Nous avons suivi l'exemple de Savigny, et adopté, dans nos tableaux des Mollusques rangés en familles naturelles, le beau travail de cet excellent observateur. Comme lui, nous divisons les Téthyes en *simples* et *composées*, et c'est dans cette dernière division que se trouve compris le genre Botrylle.

L'espèce de ce genre la plus anciennement connue avait été observée par Rondelet sur des œufs de Seiches (*de Piscib.* P. 2. p. 90). Gesner, Aldrovande et Jonston copièrent cette observation de Rondelet. Schlosser en fit une description curieuse, et la figura (*Act. Angl.* T. XLIX, 1757. p. 449. T. XIV. f. A-C) sous le nom d'*Alcyonium carnosum.* Borlase, un an après, en donna une assez mauvaise figure (*N. Hist. of Cornw.* p. 254. t. 25. f. 1 à 4). Pallas (*Elenchus Zoophyt.* n° 208) l'appela *Alcyonium Schlosseri*, dénomination adoptée par Linné dans la 12e édit. du *Syst. Nat.*, et par Ellis et Solander (*Zooph.* p. 177). Ces derniers ont publié, à son sujet, des observations intéressantes. C'est à Gaertner que l'on doit l'établissement de cette espèce qu'il appela *stellatus*, en genre distinct sous le nom de Botrylle (*apud* Pallas; *Spicil. Zool.* fasc. 10. p. 37. t. 4. f. 1-5). Ce célèbre naturaliste en fit, en même temps, connaître une seconde sous le nom de *Botryllus conglomeratus* (*loc. cit.* p. 39. tab. 4. f. 6. a, A); l'une et l'autre ont été décrites, d'après Gaertner et sous les mêmes noms, par Bruguière (Encycl. méth.). La dernière est devenue l'*Alcyonium conglomeratum* de Gmelin qui n'adopta pas les idées de Gaertner.

Une troisième espèce a été observée par Renier (*Opusc. Scelt.* T XVI. p. 256. tab. 1) qui la prit pour le *Botryllus stellatus* de Gaertner. C'est celle-ci dont Lamarck a cru devoir faire un genre nouveau sous le nom de Polycycle (Mém. Mus. T. I. p. 338), et c'est, en même temps, l'espèce qui a été observée dans ces derniers temps par Lesueur et Desmarest qui rapportèrent les premiers ces Animaux à la classe des Mollusques, et dont les observations ont jeté le premier jour sur leur organisation singulière. Savigny, de son côté, observait des Animaux analogues, et confirma sur cette espèce même les observations et les faits mentionnés par Lesueur et Desmarest.

Les remarques très-intéressantes de

Schlosser, Ellis et Gaertner avaient déjà fait connaître leurs facultés, mais n'avaient pas encore dévoilé leur organisation intérieure. Gaertner avait cependant remarqué que chaque rayon des étoiles des Botrylles avait deux ouvertures distinctes, l'une pour la bouche, l'autre pour l'anus : d'où on pouvait conclure que chaque rayon était un Animal particulier, et chaque étoile une réunion d'Animaux. Mais Pallas, trompé par l'analogie apparente des Botrylles avec les Animaux des Polypiers pierreux, ne vit dans chaque étoile qu'un seul Animal dont les rayons n'étaient que les tentacules qu'on observe chez ceux-ci. Depuis lors, les naturalistes furent partagés entre ces deux opinions. Ellis d'abord, et Renier ensuite, ont regardé les étoiles des Botrylles comme formées d'autant d'Animaux qu'on y comptait de rayons. Bruguière, Bosc, Lamarck et Cuvier, dans leurs premiers ouvrages, ont considéré ces rayons comme étant des membres d'un même Animal. Ces deux derniers savans ont adopté la première depuis les travaux de Lesueur, Desmarest et Savigny; mais Lamouroux paraît persister dans la seconde, puisqu'il continue à ranger tous les Botryllaires dans la classe des Polypiers. On peut consulter, pour les détails des observations sur l'organisation des Botrylles, les mémoires de Lesueur et Desmarest (Nouv. Bullet. des Sc. de la Soc. philom., 1815. p. 74, et Journ. de Phys., 1815. p. 424), et le second mémoire de Savigny sur les Ascidies composées, p. 47 (Mém. sur les An. sans vert. 2ᵉ p. 1ʳᵉ fasc.)

Selon Savigny, le *Botryllus stellatus* de Renier, qui forme le genre Polycycle de Lamarck, conservé par ce savant (An. sans vert. 2ᵉ édit. T. III. p. 105), ne doit pas être séparé des Botrylles. En 1815, Ocken fit paraître son *Lehrb. der Zool.* dans lequel on voit, p. 82, le genre Botrylle de Gaertner faisant partie de la famille des Alcyons, et composé des espèces qu'y rapportait ce dernier, et de son *Distomus variolosus.*

Schweigger (*Handb. der Naturg.* p. 694) a adopté les genres Botrylle et Polycycle de Lamarck. Goldfuss (*Handb. der Zool.* p. 593) a suivi l'exemple de Savigny dans la réunion de ces deux genres en un seul.

Cuvier (Règ. Anim. T. II. p. 499), en adoptant le genre Botrylle de Gaertner, ne parle pas du Polycycle.

Telle est l'histoire du genre Botrylle dont les espèces se présentent comme une croûte mince, gélatineuse et transparente, fixée sur des corps marins. Des animalcules oblongs, ovoïdes, tachetés de pourpre et de bleu, et disposés en rayons autour d'une cavité centrale, forment à la surface de cette croûte différens systèmes orbiculaires et stelliformes plus ou moins contigus les uns aux autres. Dans chaque système, les Animaux varient en nombre, comme de 3 à 12, et quelquefois davantage. L'ouverture centrale de chaque système a son bord circulaire un peu élevé et contractile. En s'allongeant et en se raccourcissant, il semble favoriser l'entrée et la sortie de l'eau. C'est dans cette cavité centrale qu'aboutit l'oscule anal de chaque animalcule.

Les Animaux des Botrylles, quoique légèrement enfoncés à la surface de cette croûte, présentent des étoiles un peu saillantes à cette surface. LAMARCK.

Voici les caractères génériques du genre Botrylle, d'après Savigny.

Corps commun, sessile, gélatineux ou cartilagineux, étendu en croûte, composé de systèmes ronds qui ont une cavité centrale et une circonscription distinctes; Animaux disposés sur un seul rang ou sur plusieurs rangs réguliers et concentriques; orifice branchial dépourvu de rayons et simplement circulaire; l'intestinal petit, prolongé en pointe et engagé dans le limbe membraneux et extensible de la cavité du système.

Thorax oblong; mailles du tissu respiratoire dépourvues de papilles.

Abdomen demi-latéral et appuyé contre le fond de la cavité des branchies, plus petit que le thorax.

Ovaires deux, opposés, appliqués sur les deux côtés du sac branchial.

Savigny divise ce genre en deux sections dont la première est subdivisée en deux tribus.

† BOTRYLLES ÉTOILÉS, *Botrylli stellati*. Animaux disposés sur un seul rang.

α. Animaux particuliers, cylindriques, à orifices rapprochés; limbe de la cavité centrale non apparent après la mort, et probablement très-court. A cette tribu appartiennent les espèces suivantes :

1. *Botryllus rosaceus,* Sav. Mém. p. 198. pl. 20. f. 3. Il habite le golfe de Suez.—2. *B. Leachii,* Sav. p. 199. pl. 4. f. 6 et pl. 20. f. 4. Il habite les côtes d'Angleterre

β. Animaux particuliers, ovoïdes, à orifices éloignés; limbe de la cavité centrale toujours apparent et dentelé.

3. *B. Schlosseri*, Sav. Mém. p. 200. pl. 20. f. 5. *V.* plus haut la synonymie de cette espèce. *Alcyonium carnosum*, Schlosser, Borlase. *Alcyon. Schlosseri*, Pallas, Linné, Ellis et Solander. Habite les côtes de France et d'Angleterre.—4. *B. Polycyclus*, Sav. Mém. p. 202. pl. 4. f. 5 et pl. 21. *Id.* Goldfuss. *B. stellatus*, Renier, Lesueur, Desmarest. *Polycyclus Renierii*, Lamx., Schweigger. Habite la Manche, la mer Adriatique. — 5. *B. gemmeus,* Sav. Mém. p. 203.—6. *B. minutus*, Sav. Mém. p. 204. Ces deux derniers se trouvent dans la Manche.

†† BOTRYLLES CONGLOMERÉS, *Botrylli conglomerati*. Animaux disposés sur plusieurs rangs.

7. *B. conglomeratus,* Gaertner, Brug., Lamx., Sav. Mém. p. 204. *Alcyonium conglomeratum,* Gmelin. Habite sur les côtes d'Angleterre.

V., pour la description de ces espèces, le travail de Savigny. (F.)

* BOTRYLLIDES. MOLL. *V.* BOTRYLLAIRES.

BOTRYOCÉPHALE. *Botryocephalus.* INTEST. Genre de l'ordre des Cestoïdes, ayant pour caractères un corps allongé, aplati, articulé; la tête oblongue, subtétragone ou arrondie, et munie de deux ou de quatre fossettes opposées. Ce genre établi par Rudolphi, adopté par Cuvier, Lamarck et Schweigger, a été long-temps confondu avec le genre Tœnia. Zeder lui avait donné le nom de Rhytis. *V.* ce mot.—Les Botryocéphales et les Tœnias ont entre eux une si grande analogie, que la plupart des auteurs les ont confondus. Zeder le premier les sépara, et forma aux dépens des Tœnias un nouveau genre qu'il nomma d'abord *Rhytelminthus*, et ensuite *Rhytis;* mais les caractères qu'il lui assigna étaient vagues et mal déterminés. Rudolphi rectifia ces caractères, les basa sur la forme et la position des suçoirs qui sont très-différens de ceux des Tœnias, et donna à ce genre un nom qui exprime cette différence. La tête des Botryocéphales consiste en un renflement terminal, dont la forme varie suivant les espèces. Au lieu de suçoirs arrondis et peu mobiles, comme dans les Tœnias, on y remarque des fossettes susceptibles de se dilater et de se contracter considérablement; elles leur servent à absorber les sucs dont ils se nourrissent. De leur centre naissent deux ou quatre vaisseaux qui parcourent toute la longueur du corps, et qu'on peut quelquefois apercevoir au travers de la peau. La ténuité de la tête des Botryocéphales ne permet pas de distinguer son organisation; sa très-grande mobilité fait supposer qu'elle est entièrement musculeuse. Nous avons plusieurs fois soumis à diverses lentilles du micoscrope composé des fragmens coupés ou déchirés de la tête, nous n'avons pu apercevoir qu'un tissu homogène sans aucune trace de fibres musculaires. Le corps est aplati et formé d'une série plus ou moins nombreuse d'articulations offrant la plus grande ressemblance avec celle des Tœnias. Les ovaires et leurs dépendances sont placés de la même manière, leur organisation ne paraît nullement différer. Aussi pour éviter les répétitions, nous renvoyons au mot TOENIA pour les détails anatomiques et physiologiques.

Les Botryocéphales peuvent être partagés en quatre groupes bien distincts, et dans chaque groupe la forme de la tête, le nombre et la figure des fossettes, présentent des différences assez grandes pour devoir être décrites séparément.

† DIBOTRYDES. Tête plus ou moins aplatie, en général longue, quelquefois sagittée ou cunéiforme, dépourvue de crochets; deux fossettes placées sur les côtés de la tête, correspondant aux deux faces du Ver. On dit alors qu'elles sont latérales; on les appelle marginales, lorsqu'elles sont placées sur les côtés de la tête qui correspondent aux bords de l'Animal. Elles sont en général oblongues, plus ou moins profondes, quelquefois partagées par une élévation transversale. Pendant la vie, la tête et les fossettes jouissent d'une grande mobilité; elles s'allongent, se raccourcissent, s'étendent ou se contractent partiellement ou en totalité, et prennent une infinité d'aspects. Aussi n'est-ce qu'après la mort que l'on peut bien juger quelle est leur véritable forme.

Les espèces de la division des Dibotrydes sont les *Botryocephalus latus*, *plicatus*, *claviceps*, *proboscideus*, *infundibuliformis*, *rugosus*, *microcephalus*, *fragilis*, *granularis*, *rectangulum*, *punctatus*, *angustus*, *crassipus*, *solidus* et *nodosus*.

†† TÉTRABOTRYDES. Tête subtétragone ou arrondie, dépourvue de crochets et munie de quatre fossettes. La forme et la position de ces fossettes varient selon les espèces qui sont les *Botryocephalus macrocephalus*, *cylindraceus*, *auriculatus*, *spherocephalus* et *tumidulus*.

††† ONCHOBOTRYDES. Tête tétragone, munie antérieurement de crochets cornés, dont la pointe est dirigée en arrière; deux des fossettes ovalaires correspondant aux faces et aux bords de l'Animal. Les espèces de cette division sont les *Botryocephalus coronatus*, *uncinatus* et *verticillatus*.

†††† RHYNCHOBOTRYDES. La forme de leur tête s'éloigne beaucoup de celle des Animaux de même genre; elle est munie antérieurement de quatre trompes rétractiles, tétragones, garnies sur leurs angles d'un grand nombre de petits crochets dirigés en arrière; les fossettes sont au nombre de quatre. —Les espèces de cette division sont les *Botryocephalus corollatus* et *paleaceus*.

Le plus grand nombre des Botryocéphales habitent les voies digestives des Poissons. Un petit nombre d'espèces se rencontrent dans les intestins de quelques Oiseaux aquatiques. Jusqu'à présent, on n'a point rencontré de Botryocéphales dans les Reptiles non plus que dans les Mammifères, excepté chez l'Homme où se trouve le Bothryocéphale large que l'on avait regardé pendant long-temps comme un Tœnia. Nous décrirons ici quelques-uns des Bothryocéphales les plus remarquables.

BOTRYOCÉPHALE LARGE, *Botryocephalus latus*, Encycl. Ver. pl. 41. fig. 5-9, d'après Pallas. Cette espèce a été nommée *Tœnia vulgaris* par Linné, Werner, Jordens; *Tœnia lata* encore par Linné, Bloch, Batsch, Carliste; *Tœnia grisea* par Pallas et Schrank; *Tœnia membranacea* par Pallas et Batsch; *Tœnia tenella* encore par Pallas; *Tœnia dentata* par Batsch et Gmelin; *Halysis lata* par Zeder; *Halysis membranacea* par le même; *Tœnia larga* par Cuvier, et Botryocéphale de l'Homme par Lamarck. D'après cette longue synonymie, il est inutile de démontrer que le Botryocéphale large a depuis long-temps occupé les naturalistes. Ils ont donné plusieurs noms au même Animal, à cause de quelques différences individuelles qu'ils avaient regardées comme spécifiques. La longueur la plus ordinaire de ce Ver intéressant, puisqu'il est l'un de nos parasytes, est de trois à sept mètres; il y en a de plus longs, mais ils sont rares: sa largeur varie de trois millimètres à trois centimètres; sa couleur est blanche lorsqu'il est vivant, et devenant grise ou jaunâtre par son séjour dans l'Alcohol; la tête est plus longue que large, à fossettes marginale oblongues, quelquefois réunies en avant; le corps est aplati; les premières articulations sont très-courtes, ressemblant à des rides; elles augmentent peu à peu de longueur et de largeur. Ce dernier caractère varie souvent dans le même individu; les bords des articulations sont crénelés ou ondulés; les angles postérieurs petits et un peu saillans; les ovaires, d'une couleur rougeâtre ou brunâtre, placés au centre des articulations. Au milieu existent deux oscules placés sur la même ligne l'un au-devant de l'autre, le premier ou l'antérieur plus grand; les œufs sont grands et elliptiques.

Le Botryocéphale large se trouve dans les intestins de l'Homme, rarement en France, encore plus rarement en Allemagne et en Angleterre, assez communément en Suisse et en Russie.

Botryocéphale ponctué, *Botryocephalus punctatus*, Rudolphi. Ce Ver a été nommé *Tænia Scorpii* par Müller, Fabricius, Batsch et Schrank, et *Halysis Scorpii* ou *Alyselminthus bipunctatus* par Zeder; sa longueur varie de trois à six décimètres, sa largeur de deux à cinq millimètres; couleur blanche. Pendant la vie, sa tête prend une infinité de formes; après la mort, elle est en général subtétragone, tronquée et plus étroite en avant qu'en arrière, à fossettes marginales oblongues, assez profondes; le corps est aplati, à bords finement crénelés; ses articulations sont d'abord tres-longues, étroites, presque cunéiformes, se contractant par la mort; les suivantes plus courtes et plus larges, les dernières égales et presque carrées, à bords légèrement incisés; les ovaires, sous forme de points en ligne longitudinale, sont situés sur les plus grandes articulations; leur couleur varie; les œufs sont elliptiques et de grosseur médiocre.—Ce Botryocéphale habite l'intestin du Turbot, de la Barbue, du Pleuronecte de Bosc, de la Pégouse, du Capelan, du Scorpion de mer, de la Torpille, de la Sole et du Trigle de l'Adriatique.

Botryocéphale solide, *Botryocephalus solidus*, Rudolphi. Cette espèce a été nommée *Fasciola hepatica* par Linné; *Tænia acutissima* par Pallas; *Tænia Gasterostei* par Müller, Fabricius, Batsch, Abildgaard; *Tænia solida* par Schrank, Gmelin, et *Rhytis solida* par Zeder. Sa longueur varie de deux à quatre centimètres, et sa largeur de quatre à six millimètres; couleur lactée; la tête est petite, déprimée, triangulaire, plus large en arrière qu'en avant, à sommet et bords obtus; les fossettes sont suborbiculaires, peu profondes, partagées par une petite saillie longitudinale, placées sur les faces dorsales, abdominales, un peu aplaties; la largeur du corps varie suivant qu'il est contracté ou étendu; les bords un peu épais sont dentés en scie; la première articulation paraît échancrée, lorsque la tête est rétractée; les suivantes ont leur bord antérieur un peu arqué en avant ou droit, les autres arqué en arrière; la dernière est petite, obtuse, presque ronde; toutes sont très-larges, très-courtes et au nombre de 90 à 200. Il habite la cavité abdominale de l'Épinoche, *Gasterosteus aculeatus*, L., où il produit une saillie extérieure qui fait bientôt reconnaître sa présence; il se trouve presque toujours seul. On le rencontre quelquefois dans le canal intestinal des Animaux qui ont mangé des Épinoches.

Botryocéphale noueux, *Botryocephalus nodosus*, Rudolphi. Ce Ver a été nommé *Tænia lanceolato-nodosa* par Bloch, Batsch et Gmelin; *Tænia nodularis* par Schrank; *Tænia Gasterostei* par Abildgaard, et *Halysis lanceolato-nodosa* par Zeder. Sa longueur varie d'un à trois décimètres, sa largeur de quatre à dix millimètres; son corps aplati est presque toujours subovale, lancéolé, à bords dentés en scie, ayant ses articulations plus larges au milieu qu'aux deux extrémités, en général plus larges que longues; les ovaires sont apparens à la quinzième ou seizième articulation, en forme de sacs remplis d'œufs, grands et elliptiques dans l'état frais.—Il habite les intestins du Grèbe huppé, du petit Plongeon, de la grande Hirondelle de mer, etc.—Rudolphi ayant examiné ce Ver qu'il avait conservé quelque temps dans l'esprit de vin, observa que la membrane qui enveloppe chaque œuf était fendue dans la partie moyenne, et contenait deux corpuscules concaves et elliptiques. Aucun Ver intestinal connu ne présente ce phénomène.

Botryocéphale verticillé, *Bothryocephalus verticillatus*, Rudolphi. Cet auteur est le seul qui fasse mention de ce Ver singulier qu'il a trouvé dans le gros intestin du Squale Milandre. Il tire son nom de sa ressemblance avec les tiges des Plantes verticillées, produite par la disposition des languettes à la base des articulations. Après quelques heures de séjour dans l'eau, les bords et les ovaires des plus grandes articulations prennent une belle couleur verte.

Botryocéphale Fleur, *Botryocephalus corollatus*, Rudolphi. Cuvier a fait un genre particulier de ce Ver, sous le nom de *Floriceps*; Abildgaard l'avait nommé *Tœnia corollata*, et Zeder *Halysis corollata*. Sa longueur varie de trois centimètres à plus de deux décimètres; sa largeur dépasse rarement un millimètre; sa couleur est blanchâtre; sa tête oblongue, subtétragone, déprimée, obtuse en avant, à fossettes marginales grandes, oblongues, profondes, avec des rebords épais, connivens en arrière. De l'extrémité antérieure de ces fossettes sortent quatre trompes rétractiles, tétragones, garnies de vingt ou trente crochets, plus longues que la tête, et dirigées tantôt en avant, tantôt en arrière; les articulations sont beaucoup plus longues que larges, et les ovaires rameux.—Ce Ver habite l'intestin de la Raie blanche, l'estomac de la Raie rousse, le gros intestin du Squale Milandre, etc. La forme singulière de la tête de cet Animal avait engagé Cuvier à le séparer du genre Botryocéphale, et à en constituer un nouveau auquel il avait réuni un autre Ver ayant quelques rapports avec celui-ci, mais en différant par plusieurs caractères essentiels, principalement par celui d'une double vésicule dans laquelle il est toujours enveloppé. Ce dernier a servi de type à Rudolphi pour établir son genre Anthocéphale nombreux en espèces, mais auquel nous croyons devoir conserver le nom que lui a imposé le célèbre professeur d'anatomie comparée. *V.* Floriceps. Le Botryocéphale Fleur doit-il former un genre particulier composé d'une seule espèce? Si les helminthologistes le pensent ainsi, on pourrait bien lui donner le nom d'Anthocéphale que Rudolphi avait donné au genre pour lequel nous conservons le nom de *Floriceps*.

Quelques autres espèces de Botryocéphales douteuses ont été mentionnées par les auteurs qui les ont nommées d'après les Poissons où elles ont été trouvées; telles sont les *B. Squali glauci*, *Lophii piscatorii*, *Gadi Morhuœ*, *Gadi collariœ*, *Cepolœ rubescentis*, *Cobitis barbatulœ*, *Salmonis Eriocis* et *Salmonis carpionis*. (LAM..X.)

BOTRYOIDE. *Botryoides*. ECHIN. Nom donné à un groupe d'Oursins pour constituer un genre qui n'a pas été adopté; ce sont des Ananchites de Lamarck. *V.* ce mot. (LAM..X.)

BOTRYPUS. BOT. CRYPT. (Richard.) *V.* Botrychium.

BOTRYS. BOT. PHAN. Espèce des genres Chénopode et Teucrium. *V.* ces mots. On appelle aussi quelquefois Botrys du Mexique le *Chenopodium Ambrosioides*, L. (B.)

* BOTRYTELLE. *Botrytella*. BOT. CRYPT. (*Céramiaires.*) Genre tellement remarquable par la singularité de sa fructification, qu'on ne conçoit guère comment un observateur aussi exact que Lyngbye a pu regarder l'espèce qui lui sert de type comme une simple variété de l'un de ses Ectocarpes. Les caractères des Botrytelles consistent: en des filamens rameux, cylindriques, articulés, par sections transverses, ayant des entrenœuds qui surpassent de beaucoup en longueur leur diamètre, et qui sont quelquefois munis d'une seule macule

de matière colorante; les gemmes externes, terminales ou latérales, sessiles ou substipitées, sont formées de corpuscules glomérulés et fort serrés, dépourvues d'enveloppe transparente et d'involucre. Nous citerons comme exemple du genre le *Botrytella micromora*, N. *Ectocarpus siliculosus*, B. *Uvæformis*, Lyngb. Tent. p. 136. pl. 34. D. Cette charmante Plante marine est remarquable par les petits glomérules verds qui la caractérisent et qui, vus au microscope, ont l'aspect le plus élégant. (B.)

BOTRYTIS. BOT. CRYPT. (*Mucédinées*.) Ce genre tel que Persoon le définit dans sa Mycologie européenne renferme plusieurs genres établis par Link et par Nées, savoir: *Cladobotryum*, *Virgaria*, *Stachylidium*, *Verticilium* et *Botrytis* proprement dit. Cet auteur sépare au contraire, sous le nom de *Spicularia*, plusieurs des espèces qui entraient dans le genre *Botrytis* de son *Synopsis Fungorum*. En adoptant cette classification qui nous paraît assez naturelle, le genre *Botrytis* est caractérisé ainsi: filamens droits, très-rameux; sporules distinctes et isolées les unes des autres, éparses ou rapprochées en verticilles ou en sorte de corymbes vers l'extrémité des filamens. Dans le genre *Spicularia* au contraire, les sporules sont réunies en petites grappes à l'extrémité des rameaux, la tige est presque simple, seulement divisée à son extrémité en quelques branches en ombelles.

Cette division, quoique assez naturelle, a l'inconvénient de donner un nouveau nom aux espèces qui composaient primitivement le genre *Botrytis*, tel que Micheli (*Nova Genera*, t. 91) l'avait établi, toutes les espèces placées par ce fondateur dans son genre, rentrant dans les Spiculaires de Persoon. D'un autre côté, le genre *Botrytis*, tel que Persoon le conserve, renferme presque toutes les espèces rapportées par les auteurs modernes à ce genre.

Ce genre, tel que Persoon l'a admis dans sa Mycologie européenne, renferme une trentaine d'espèces toutes microscopiques, croissant la plupart sur les matières en fermentation, sur les substances pourries, ou sur le Bois et les Herbes mortes et humides; observées au microscope, elles forment de petits buissons très-rameux et de forme très-variée, qui permettent d'y admettre trois sections. La première, ou celle des *Botrytis* proprement dits, renferme les espèces dont les rameaux sont étalés en corymbes ou en grappes; la seconde comprend les espèces dont les branches sont toutes redressées, roides et presque fastigiées; ce sont les *Virgaria* de Nées; la troisième qui correspond aux genres *Stachylidium* et *Verticilium* du même auteur renferme les espèces dont les sporules sont disposées en verticilles autour des rameaux.—On peut voir de très-bonnes figures de plusieurs espèces de ce genre dans Dittmar, Champignons de l'Allemagne, et dans Nées. Bulliard en a figuré deux espèces dans son Herbier de la France, pl. 584, fig. 6, 9. (AD. B.)

BOTSK. BOT. PHAN. Syn. lapon d'Angélique. *V*. ce mot. (B.)

BOTTATRIA. POIS. (Salviani.) Syn. de Gade Lotte. (B.)

BOTTE. POIS. Syn. de Turbot dans quelques pays du Nord. (B.)

BOTTI. POIS. Probablement un double emploi de Bolti. *V*. ce mot.

BOTTLE-HEAD OU BUDS-KOPS. MAM. Syn. d'Hyperoodon. *V*. ce mot. (AD..NS.)

BOTTLENOSE. OIS. Syn. anglais du Macareux Moine, *Alca arctica*, L. *V*. MACAREUX. (DR..Z.)

BOTTO. POIS. (Risso.) Le Chabot sur les côtes de Nice. *V*. COTTE. (B.)

BOTTON OU BATTON. BOT. PHAN. Nom indien d'une Graminée du genre Panic, d'après Rumph. (B.)

BOTYS. *Botys*. INS. Genre de l'ordre des Lépidoptères, famille des Nocturnes, tribu des Deltoïdes, établi par Latreille (Règne Animal de Cuv.) aux dépens des Phalènes géomètres et des Phalènes pyrales de Linné, et ayant pour caractères: ailes entières, horizontales, formant avec le corps un triangle ou la figure d'un delta ; les quatre palpes découverts ou apparens, avancés en forme de bec; antennes ordinairement simples; une trompe distincte; chenilles à seize pates, se logeant, pour la plupart, entre des feuilles qu'elles plient ou qu'elles entortillent, et dont elles se nourrissent. Latreille (*loc. cit.*) réunit à ce genre celui des Aglosses. — Les Botys sont des Lépidoptères plus remarquables à l'état de Chenille qu'à celui de Papillon. Réaumur, Degéer, Geoffroy nous ont fait connaître les mœurs singulières de plusieurs d'entre eux : nous citerons ici les espèces qui nous paraîtront les plus dignes d'attention.

Le BOTYS DE LA GRAISSE, *Phalœna pinguinalis* de Linné, se trouve dans l'intérieur des maisons ; sa chenille n'est pas velue et offre seulement quelques poils disséminés. Réaumur (Mém. Ins. T. III. p. 270 et pl. 20. fig. 5-11) a décrit et figuré cette larve; il l'a nommée *fausse Teigne des cuirs*; elle ronge en effet ces matières, et aussi celles qui sont butyreuses ou graisseuses. De même que la fausse Teigne de la cire (*Galleria cereana*), elle se fait un long tuyau qu'elle attache contre le corps qu'elle ronge journellement, et elle le recouvre de grains qui ne sont presque que ses excrémens. Linné assure qu'on l'a rencontrée dans l'estomac de l'Homme, et qu'elle occasione des accidens très-fâcheux.

Le BOTYS DE LA FARINE, *Phalœna farinalis* de Linné. On le trouve dans les habitations ; sa chenille se nourrit de farine.

Le BOTYS QUEUE-JAUNE, Phalène queue-jaune de Geoffroy, *Phalœna urticata* de Linné. Sa chenille plie les feuilles de l'Ortie, et reste neuf mois sous cette forme, dans l'espèce de coque qu'elle s'est construite; après quoi, elle se transforme en nymphe.—On trouve sur la même Plante la *Phalœna verticalis* de Linné qui appartient aussi au genre Botys.

Les autres espèces fréquentent habituellement les lieux aquatiques à l'état de chenilles, vivent dans l'eau, et sont pourvues du même genre d'industrie que les précédentes. On les voit construire, avec les Plantes qui leur servent de nourriture, des tuyaux dans lesquels elles subissent leurs métamorphoses. Réaumur, qui a eu occasion d'observer trois espèces de ces larves, leur donne, à cause de leurs habitudes, le nom d'*aquatiques*. L'une d'elles, *Phalœna lemnata* de Linné (Réaumur, Ins. t. 2. pl. 32. fig. 14, 15), fabrique son tuyau avec la Lentille d'eau. Les deux autres se nourrissent des feuilles du *Potamogeton natans*. Parmi celles-ci, le Botys du Potamogeton, *Phalœna Potamogeton* de Linné, applique, l'un contre l'autre, deux morceaux égaux de feuilles de cette Plante, et fixe sa coque entre les portions de feuilles qu'elle a découpées (Réaumur, *loc. cit.* pl. 32. fig. 11). La seconde fait une enveloppe plus irrégulière et composée de portions de feuilles plus petites. Réaumur n'a pas observé cette larve à l'état d'Insecte parfait.

Degéer (Ins. T. 1. pl. 37. fig. 2, 4, 12, 16, 17, 18) a représenté un Botys dont la larve également aquatique se nourrit des feuilles du *Stratiotes*. Le Lépidoptère qui en provient est la *Phalœna stratiota* de Linné. Cet auteur a décrit plusieurs Phalènes sous les noms de *purpuralis*, *sulphuralis*, *paludata*, *nympheata*, *forficalis*, etc., qui appartiennent au genre Botys. (AUD.)

BOU. BOT. PHAN. Syn. de Figuier sauvage dans quelques parties du midi de la France. (B.)

BOUARINA. OIS. Syn. de la Bergeronnette jaune, *Motacilla Boarula*, L. en Piémont. *V.* BERGERONNETTE. (DR..Z.)

BOUATI ou BOUHATI. BOT. PHAN. On connaît sous ce nom, à Amboine, les fruits du genre *Soulamea* de Lamarck. *V.* SOULAMÉE. (A. R.)

BOUBACH. MAM. Même chose que Bobac. *V.* ce mot. (B.)

BOUBIE. OIS. *V.* BOOBY. Cuvier (Règne Anim. T. I. p. 525) a formé sous ce nom un sous-genre des Fous dans le genre Pélican. Il répond au *Dysporus* d'Illiger. (B.)

BOUBIL. OIS. Même chose que Baniahbou. *V.* ce mot. (B.)

BOUBOU. OIS. (Levaillant.) Espèce du genre Pie-Grièche, figurée pl. 68 des Oiseaux d'Afrique. Cette espèce, ainsi que plusieurs autres, se rapprochent tellement des Merles, qu'il est difficile de trancher les limites des deux genres ; néanmoins Cuvier laisse le Boubou parmi les Pies-Grièches. *V.* ce mot. (DR..Z.)

BOUBOUT OU BOULBOUL. OIS. Syn. vulgaire de la Huppe, *Upupa Epops*, L. *V.* HUPPE. (DR..Z.)

BOUC. MAM. Mâle de la Chèvre. *V.* ce mot. — On a étendu ce nom à plusieurs autres Animaux, d'après les rapports qu'on a cru découvrir entre eux et le Bouc. Ainsi l'on appelle :

BOUC D'AFRIQUE, la Chèvre naine.

BOUC DES BOIS, l'Antilope sylvatique et celle de Sumatra, etc. (B.)

BOUC. POIS. Quelques pêcheurs nomment ainsi le Boulerot et la Mendole, à cause de la médiocrité et de la mauvaise odeur de leur chair. (B.)

BOUCAGE. *Pimpinella.* BOT. PHAN. Genre de la famille des Ombellifères, dans lequel on observe : en général ni involucre ni involucelle ; un calice terminé par un bord entier ; cinq pétales recourbés en cœur et à peu près égaux ; deux stigmates globuleux ; un fruit ovoïde-oblong, marqué de trois côtes longitudinales sur chacune de ses faces ; les feuilles sont ailées. Dans le *Pimpinella dissecta*, elles sont toutes semblables, et leurs folioles présentent toutes des lobes profonds et presque linéaires. Les folioles des feuilles inférieures des *P. Saxifraga* et *magna* sont ovales ou arrondies et simplement dentées, et les feuilles supérieures simples et linéaires dans le premier, pinnatifides ou incisées dans le second. Le *P. dioica* se distingue, comme son nom l'indique, par la présence de sexes différens sur différens pieds. Outre les quatre espèces précédentes et qui sont indigènes, on en compte douze autres environ, originaires de diverses contrées, et parmi lesquelles nous indiquerons le *P. Tragium*, formant un genre à part dans quelques ouvrages, et offrant, ainsi que plusieurs autres, un fruit velu ; et le *P. Anisum*, qui fournit les graines si connues et usitées sous le nom d'Anis, dont l'ombellule est munie d'un involucelle monophylle, et d'après lequel un genre a été établi par Adanson et par Gaertner. *V.* ANIS. (A. D. J.)

BOUCARDE. MOLL. *V.* BUCARDE et COEUR-DE-BOEUF.

BOUCARDITES. MOLL. FOSS. Dénomination fréquemment employée dans les anciens ouvrages de lithologie, et même dans quelques ouvrages modernes. On désignait sous ce nom une foule de Moules ou noyaux de Coquilles bivalves, pétrifiés, de genres très-différens, surtout d'Isocardes, de Bucardes, d'Arches, etc., dont les sommets sont écartés. *V.* BUCARDITES. (F.)

BOUCCANÈGRE. POIS. (Plumier.) Syn. de Pagel aux Antilles. (B.)

BOUCCO-ROUGE. POIS. (Risso.) Syn. de Spare Gros-OEil de Lacépède, sur la côte de Nice. *V.* DENTEX. (B.)

BOUCHAGE. BOT. PHAN. Même chose que Boucage. *V.* ce mot. (A. D. J.)

BOUCHAOMIBI OU BOUCOMIBI. BOT. PHAN. Noms caraïbes d'un *Bignonia*, appelé aussi Liane à Crabe. (B.)

BOUCHARI OU POUCHARI. OIS. Syn. vulgaire de la Pie-Grièche grise, *Lanius Excubitor*, L. *V.* PIE-GRIÈCHE. (DR..Z.)

BOUCHE. ZOOL. Orifice généralement antérieur, par lequel les Animaux prennent leur nourriture, et qui s'étend par un canal dans l'intérieur du corps où s'opère la nutrition ; ce qui est le contraire de la manière dont cette nutrition a lieu dans les Végétaux qui reçoivent leurs alimens par des pores extérieurs et nombreux. La Bouche varie prodigieusement dans les Animaux, et son appareil semble déterminer le mode d'existence de ceux-ci. Elle est toujours transversale chez les créatures d'ordres élevés dans l'échelle de l'organisation, c'est-à-dire dans les Animaux qui ont le sang rouge et un squelette articulé osseux ; chez eux la mâchoire inférieure seule est réellement mobile, et la plupart ont des dents ou du moins les rudimens d'un système dentaire que Geoffroy de Saint-Hilaire a démontré exister jusque dans les Oiseaux. Le phénomène le plus extraordinaire que présente la Bouche dans les Animaux appartenant aux premières classes, est la métamorphose qu'elle subit dans les Batraciens où le Têtard présente une sorte de bec dans lequel existent, d'abord à peine rudimentairement, les pièces qui constituent la Bouche de l'Animal parfait. Chez les Mollusques, cette Bouche présente des variations étonnantes; il en est qui en ont plusieurs; quelques Infusoires en paraissent manquer. *V.* ANIMAL, BEC, DENTS et NUTRITION. (B.)

—Dans les ANIMAUX ARTICULÉS et à PIEDS ARTICULÉS, les organes de la manducation offrent une telle variété de formes et de combinaisons, jouent un rôle si important dans leur économie et leurs habitudes, fournissent tant de secours à la méthode, que, pour développer ce sujet avec une étendue convenable, il est nécessaire de le détacher de l'article général dont il fait naturellement partie, celui d'ENTOMOLOGIE. Quelques observations sur l'application du mot Bouche, sur la variété de composition de celle des Animaux précités, l'explication des différences principales qu'elle nous présente ou le tableau des modifications essentielles de son type organique, l'utilité de l'emploi de ces considérations, voilà ce que nous exposerons successivement dans cet article.

Relativement aux Animaux pourvus d'une tête et particulièrement aux Vertébrés, il est évident que le mot de Bouche s'applique toujours et exclusivement à un ensemble de parties situées extérieurement à l'entrée du canal intestinal et opérant directement la déglutition des substances alimentaires; mais lorsqu'il s'agit d'Animaux acéphales ou dont la tête est très-imparfaite, comme des Annelides, des Vers et des Radiaires, cette application, quant à la correspondance des parties, n'est plus la même; car ici, tantôt le pharynx et ses bords, ou cette ouverture avec ses appendices, tantôt les parois internes de l'œsophage, ou bien les dents dont elles sont garnies et le suçoir rétractile qu'il renferme, ont reçu indistinctement le nom de Bouche. Ces pièces dures et internes du canal intestinal, et qui, dans les Crustacés décapodes, nous paraissent être représentées par les dents de leur estomac, ont quelquefois, comme dans les Néréïdes, été assimilées à des mâchoires. Les Animaux désignés par Linné sous le nom d'Insectes ayant tous une tête, il ne peut y avoir d'équivoque à l'égard de l'acception du mot Bouche. Nous remarquerons cependant que le suçoir des larves des dernières familles de Diptères étant entièrement intérieur, lorsqu'elles n'en font pas usage, ces Animaux se rapprochent singulièrement, sous ce point de vue, des Vers intestinaux. Déjà même dans l'Hippobosque du Mouton en état parfait, la portion inférieure du suçoir est tout-à-fait cachée par la membrane fermant la cavité buccale, et cette membrane se prolonge jusque sur la poitrine. On sent que l'appareil masticatoire des Insectes doit être approprié à leur manière de vivre, à la nature de leurs alimens, et varier ainsi dans son mode de structure. L'observation vient à l'appui de cette idée à priori, et il ne faut pas avoir un œil bien exercé pour découvrir qu'un Scarabée, qu'une Sauterelle, qu'une Abeille, qu'une Cigale, qu'une Mouche, etc., ont, sous ce rapport, une organisation très-différente, du moins quant aux formes et à la disposition de ses parties constitutives: aussi les traces des principales distinctions que l'on peut établir à cet égard existent-elles dans les écrits des premiers naturalistes. Selon eux, plusieurs Insectes ont des dents, mais nullement semblables à celles des Animaux vertébrés; d'autres ont une espèce de langue, tantôt courte, tantôt allongée en manière de trompe; quelquefois même cette trompe est offensive, comme dans les Cousins, les Taons, etc. : on la compare alors à un aiguillon ou au dard de l'extrémité postérieur du corps des Abeilles, des Guêpes, etc. L'usage du microscope et le désir d'approfondir l'étude de l'organisation animale nous ont procuré, vers la fin du dix-septième siècle et au commencement du suivant, des connaissances détaillées et très-exactes sur la Bouche de divers Insectes; témoins les ouvrages de Leeuwenhoek, de Swammerdam, de Réaumur, etc. Scopoli et Degéer généralisèrent davantage ces observations, et le premier s'en servit même pour caractériser les genres de l'ordre des Hyménoptères et de celui des Diptères. Mais c'est à l'un des plus célèbres disciples de Linné, à Jean-Chrétien Fabricius, que l'on doit la première théorie générale des organes de la manducation des Insectes, et son application à tout l'ensemble de l'entomologie. Nous allons exposer les fondemens de son système, ou les bases sur lesquelles il repose.

« Les matières alimentaires de ces Animaux sont, ainsi que nous l'avons dit ailleurs (Nouv. Dict. d'Hist. natur., seconde édit.), concrètes ou fluides; les instrumens qui sont destinés à agir sur elles, pour le but de la nutrition, doivent donc être construits sur des modèles différens et appropriés à leur usage. Aussi, parmi les Animaux dont nous traitons, les uns ont une bouche qui, par la forme et la nature de ses organes, annonce au premier coup-d'œil qu'ils déchirent ou broient les corps dont ils se nourrissent; et de-là les noms de *Broyeurs* ou de *Dentés* sous lesquels on les désigne. La Bouche des autres a tantôt la figure d'un tube ou d'un bec, et tantôt celle d'une trompe ou d'une sorte de langue très-déliée et roulée en spirale sur elle-même. On conçoit que ce mode de structure ne peut convenir qu'à des Animaux vivant de substances liquides, ou dont les parties ont peu d'adhérence entre elles; ce sont les *Suceurs* ou les *Edentés*. » Quelle que soit la composition de la Bouche, c'est toujours essentiellement à l'un de ces deux types que cette Bouche se rapporte, ou pour l'une de ces deux destinations qu'elle a été formée.

Jusqu'à l'époque (1814) où Savigny a publié le fruit de ses belles recherches sur l'analyse des parties de la Bouche des Condylopes ou des Animaux articulés et à pieds articulés, aucun naturaliste n'avait essayé de montrer les relations de ces parties, d'en suivre les modifications et de les coordonner au même plan. Quelques-uns de ces organes n'avaient pas été observés avec assez d'exactitude; il en existait d'autres qu'on n'avait pas aperçus ou dont on n'avait point fait mention. On nous permettra cependant de revendiquer l'idée de comparer les parties de la Bouche des Insectes suceurs avec celles de la Bouche des Insectes broyeurs, et cette justice nous à été rendue par Lamarck, dans son rapport sur le travail de Savigny, ainsi qu'il résulte de la citation expresse de divers passages de nos écrits.

Savigny partage les Insectes en deux coupes : les *Hexapodes* ou ceux qui n'ont que six pieds, et les *Apiropodes* ou ceux qui en ont un plus grand nombre. Suivant lui, la Bouche des derniers formerait deux types propres et distincts de celui de la Bouche des Hexapodes. Ne nous occupons d'abord que de celle des Hexapodes polymorphes ou subissant des métamorphoses, c'est-à-dire des Insectes proprement dits, d'après la méthode de Lamarck, et considérons cette Bouche d'abord dans les Insectes broyeurs. Elle se compose, 1° de deux lèvres opposées; l'une supérieure, fixée horizontalement au bord antérieur de la tête, et l'autre inférieure, fermant en dessous la cavité buccale; 2° de quatre autres pièces mobiles et opposées par paires, et formant des espèces de mâchoires. Les deux supérieures sont insérées sur les côtés de la tête, souvent recouvertes en partie par la lèvre supérieure, d'une seule pièce ou sans articulations, ordinairement très-dures et cornées, parfaitement transverses, dépourvues de tout appendice articulé, et ressemblant à une dent forte, qui, par la diversité de ses formes et des dentelures, représente celles que, dans les Animaux vertébrés, on a désignées sous les noms de laniaires, d'incisives et de molaires. Les deux autres mâchoires naissent de la partie inférieure et interne de la cavité buccale, près de l'origine de la lèvre inférieure, et adhèrent à leurs points d'insertion avec les côtés de la portion membraneuse, revêtant sa face interne ou l'antérieure. Elles se dirigent d'abord obliquement et en arrière, puis présentent une articulation et un coude; remontent ensuite longitudinalement, mais en se rapprochant l'une de l'autre ou en convergeant; offrent près du bout et sur son côté extérieur un petit filet articulé, appelé *palpe* ou *antennule*, et se terminent ordinairement par une portion plus membraneuse, distinguée de la tige par une articulation et souvent garnie de poils et de cils; très-souvent encore la même extrémité fait intérieurement une saillie en manière de lobe aigu ou de dent. Dans plusieurs même, comme dans les Coléoptères carnassiers, les Orthoptères, les Termès, etc., cette portion terminale et interne de la mâchoire s'assimile, à raison de sa consistance écailleuse, de sa grandeur, du crochet ou de l'onglet de son extrémité, et quelquefois même de ses dentelures, aux mâchoires précédentes; alors la pièce terminale extérieure prend une forme particulière: tantôt, ainsi que dans les Orthoptères, elle s'est agrandie, et voûtée inférieurement elle devient pour l'autre une sorte de demi-gaine, en forme de petit casque ou de galète, *galea*; tantôt, comme dans les Coléoptères carnassiers, elle est transformée en un palpe très-court, de deux articles, et couché sur le dos du sommet de la mâchoire; diverses sutures ou impressions semblent indiquer que ces mâchoires sont une réunion de plusieurs pièces intimement réunies. Ces caractères les distinguent éminemment des mâchoires supérieures, et l'on est convenu d'appeler celles-ci mandibules, *mandibula*. Lorsqu'il y a deux palpes, l'un est le palpe maxillaire extérieur, et l'autre le palpe maxillaire interne. La lèvre supérieure consiste simplement en une pièce plate, le plus souvent coriace ou presque membraneuse, ordinairement extérieure ou découverte, carrée ou demi-circulaire, soit entière, soit échancrée ou bifide, et tenant au bord antérieur de la tête au moyen d'une très-courte articulation. Depuis Fabricius, on la distingue par la dénomination de labre, *labrum*. Mais la lèvre inférieure, ou plus simplement la lèvre, *labium*, *glossarium*, est bien autrement composée; elle représente en quelque sorte deux des mâchoires précédentes, mais réunies, par leur côté interne, avec des proportions plus courtes et plus larges, portant deux palpes plus petits que les maxillaires, et souvent recouvertes en grande partie par une dilatation, en forme de bouclier, de la portion coriace ou cornée et antérieure de la base, partie que nous avions d'abord distinguée sous le nom de ganache, mais que l'on appelle aujourd'hui menton, *mentum* (*labium*, Fab.). La portion découverte de la lèvre, ou celle qui dépasse son support, forme la languette, *ligula*. Dans un très-grand nombre d'Insectes broyeurs, à chaque côté antérieur de cette languette, est adossée une petite pièce en manière de support ou d'article, prenant naissance un peu au-dessus du pharynx, et terminée par un appendice saillant, ordinairement rétréci en pointe, et formant une sorte d'oreillette: ce sont les paraglosses, *paraglossa*, de quelques auteurs, et qui, selon nous, paraissent représenter la langue des Vertébrés. Les palpes sont insérés sur les côtes antérieurs de la languette, et distingués des autres par la dénomination de *labiaux*. Ils n'ont jamais plus de quatre articles, tandis que les maxillaires extérieurs en ont communément de quatre à six. Dans quelques Insectes, tels que les Orthoptères, les Libellules, la portion membraneuse qui garnit la face antérieure ou interne de la languette, est épaissie et dilatée près de son milieu, sous la forme d'une petite langue ou de palais, et divisée souvent dans son milieu par un sillon. Cette langue tient probablement lieu des paraglosses; car alors ces dernières parties manquent ou du moins sont méconnaissables. Immédiatement à la racine antérieure de la languette et un peu plus bas que l'entre-deux des mandibules, est situé le pharynx. Dans plusieurs Hyménoptères, cette entrée de l'œsophage s'ouvre et se ferme au moyen d'un appendice, déjà observé par Réaumur relativement aux Bourdons, que nous avions aussi remarqué dans les Guêpes, en le prenant pour le labre (*Gener. Crust. et Insect.*), auquel Savigny a depuis donné une attention particulière, et qu'il nomme *épipharynx* ou *épiglosse*, mais qu'il serait plus simple d'appeler *sous-labre*, parce qu'il est inséré sous le bord antérieur et supérieur de la tête, immédiatement après l'origine du labre. Il est formé de deux pièces aplaties, entièrement ou en grande partie membraneuses, appliquées l'une sur l'autre, triangulaires, et dont la supérieure, plus avancée et carénée longitudinalement au milieu de sa face inférieure, se termine en pointe recourbée, ou bien, comme dans les Guêpes, en manière de languette coriace et velue sur ses bords. Ici même, immédiatement au-dessous de l'autre pièce, l'on en aperçoit une autre, mais très-courte, en forme de lame coriace, transverse et linéaire; mais ce n'est peut-être qu'un renforcement de la base de la pièce précédente. Il serait étrange que l'épipharynx fût exlusivement propre à ces Hyménoptères; nous présumons dès-lors que dans les autres Insectes broyeurs, notamment les Coléoptères, il est représenté par la membrane qui revêt la portion correspondante de la tête. Suivant Savigny, dans quelques genres, principalement les Eucères, le bord inférieur du pharynx produit un autre appendice plus solide que le précédent, s'emboîtant avec lui, et qu'il désigne sous le nom de *langue* ou d'*hypopharynx*. Il est possible que ce soit la pièce inférieure de l'épipharynx; mais ce profond observateur n'étant entré, à cet égard, dans aucun détail, et n'ayant point figuré ces parties, du moins quant aux Hyménoptères, nous ne pouvons rien affirmer de positif. Si notre application à l'égard de l'hypopharynx est juste, cette pièce serait située en avant du pharynx et lui formerait comme une espèce de second opercule; mais alors elle ne répondrait plus à la pièce que cet auteur désigne de la même manière dans l'explication des figures de son Mémoire, relatives à quelques Hémiptères et à une espèce de Diptère du genre des Taons, puisqu'elle est insérée en arrière du pharynx. Nous croirons plutôt que celle-ci est l'analogue des paraglosses, et avec d'autant plus de vraisemblance que, dans les Cigales, ce prétendu hypopharynx est composé de deux pièces longues, subulées, contiguës et presque semblables aux paraglosses d'un grand nombre d'Hyménoptères; peut-être encore remplacerait-elle cette partie en forme de langue, propre aux Orthoptères et à d'autres Insectes, et dont j'ai parlé plus haut. Telles sont les parties qui composent la Bouche des Insectes broyeurs, sans en exclure même les Hyménoptères. Quoique ces derniers s'éloignent des autres par l'allongement de leurs mâchoires et de leur lèvre inférieure, la forme valvulaire de ces mâchoires, leur appareil masticatoire ne diffère pas néanmoins essentiellement de celui des autres Insectes broyeurs. Jusqu'à ce que Savigny nous en ait fourni la preuve, nous ne pouvons admettre avec lui que l'un des caractères principaux des Hyménoptères est de ne pas avoir de menton proprement dit. Ces Insectes néanmoins s'éloignent déjà notablement des Broyeurs, en ce que leurs mâchoires engaînant longitudinalement les côtés de la lèvre, ces parties sont réunies en un faisceau, et composent ainsi un corps tubulaire ou une trompe, *promuscis*, servant de suçoir, puisque les substances alimentaires, ordinairement molles ou liquides, passent entre les mâchoires et la lèvre, et arrivent au pharynx par la pression qu'exercent successivement sur cette dernière pièce les deux autres : aussi ces Insectes sont-ils des demi-Suçeurs. Plusieurs Coléoptères, il est vrai, tels que les Rhinchophores et les Panorpates parmi les Névroptères, ont aussi une espèce de trompe (promuseau, *prorostrum*); mais elle n'est formée que par un prolongement de la partie antérieure de la tête, et les organes de la manducation, situés au bout, ne diffèrent point, quant à leur structure et leur disposition, de ceux des autres Insectes broyeurs; ils sont seulement, proportions gardées, beaucoup plus petits. Nous ajouterons que la lèvre inférieure des Hyménoptères est généralement mobile dès sa base, ainsi que la pièce correspondante de la bouche des Suceurs.

Nous venons de voir que dans les Hyménoptères les mâchoires et la lèvre, réunies longitudinalement en manière de faisceau, formaient une trompe mobile à son origine, ayant au centre de cette base le pharynx. Un rapprochement semblable et une disposition pareillement tubuleuse des parties de la bouche, ou de quelques-unes d'entre elles, caractérisent aussi les Insectes suceurs. Mais ici les organes de la manducation semblent, au premier aperçu, n'avoir avec les précédens que des rapports très-éloignés ou même en différer totalement. Les parties que l'on prend pour les analogues des mâchoires, souvent même celles qui représentent les mandibules, sont fixes et immobiles, soit entièrement, soit vers leur base (jusqu'à l'origine des palpes à l'égard des mâchoires), et lorsque l'autre partie ou la terminale est mobile, celle-ci est longue, étroite, linéaire, soit en forme de fil ou de soie, soit en forme de lame écailleuse, lancéolée ou subulée, propre à piquer, et imitant ainsi un dard ou une lame de lancette. Le pharynx est le point central autour duquel les portions terminales et mobiles de ces organes se rapprochent en manière de tube, et où commence leur jeu. Tantôt la lèvre inférieure, réunie avec la portion inférieure des mâchoires et fixe comme elle, ferme la cavité buccale, et les mâchoires constituent alors une sorte de langue roulée en spirale. Tantôt elle se prolonge beaucoup et se convertit en un tube articulé ou en une trompe coudée et terminée ordinairement par deux lèvres susceptibles de se dilater. Ici, dans l'un et l'autre cas, elle sert de gaîne à des pièces toujours écailleuses et forantes, en forme de soie ou de lancette, représentant d'autres parties de la Bouche, souvent même le labre. Quelquefois cette gaîne (*Pulex*) est bivalve, mais, en général, elle est d'une seule pièce, repliée latéralement pour former un tube ouvert en dessus et jusque près du bout; c'est dans ce canal longitudinal ou cette gouttière, que sont logées les pièces précédentes, composant par leur ensemble un *suçoir* (*haustellum*). Ici les palpes ont disparu; là on n'en voit que deux; lorsqu'il y en a quatre, deux d'entre eux, ou les maxillaires, sont très-petits et souvent à peine distincts. Quelquefois encore, comme dans les Diptères pupipares, la lèvre inférieure n'existe plus ou n'est que rudimentaire, et les palpes deviennent la gaîne du suçoir. Cette dernière dénomination, ainsi que celle de suceurs, sont, ainsi que le remarque judicieusement Lamarck, très-impropres, puisque ces Animaux n'aspirent point les sucs fluides et nutritifs, en formant un vide : mais qu'ils les font remonter successivement à l'entrée de l'œsophage, en rapprochant graduellement les unes des autres, et de manière à laisser entre elles le moindre vide possible, les pièces du suçoir, à commencer par son extrémité inférieure. C'est ainsi, par exemple, qu'une matière contenue dans un vase élastique, conique ou cylindrique, en serait expulsée, si l'on comprimait successivement ce vase de bas en haut ou du fond à l'ouverture.

Concluons de ces observations que

le suçoir est nu ou à découvert dans les uns, et caché et engaîné dans les autres. Pour exemple du premier de ces cas, nous citerons les Lépidoptères, et quant au second, les Hémiptères, les Diptères et nos Insectes suceurs proprement dits, ou le genre *Pulex*. De tous ces Insectes, les premiers ou les Lépidoptères sont ceux dont la Bouche s'éloigne le moins du type de celle des Insectes broyeurs, et dans un ordre naturel, ils doivent, sous ce rapport, venir immédiatement après les Hyménoptères. Elle se compose en effet, 1° d'un labre et de deux mandibules extrêmement petites; 2° d'une trompe roulée en spirale, considérée mal à propos comme une langue, offrant à l'intérieur et dans toute sa longueur trois canaux, mais dont celui du milieu sert seul à l'écoulement des matières alimentaires, et formée de deux corps linéaires ou filiformes, entourant à leur origine et immédiatement au-dessous du labre le pharynx, représentant, mais sous d'autres formes et d'autres proportions, la portion terminale des mâchoires, à partir depuis les palpes, réunis, fistuleux, creusés en gouttière profonde, au côté interne, et portant chacun un palpe, ordinairement très-petit et tuberculiforme; 3° d'une lèvre inférieure, presque triangulaire, immobile, réunie, ainsi que je l'ai dit plus haut, avec la portion inférieure des mâchoires ou du support des filets de la trompe, et portant deux palpes triarticulés, très-garnis d'écailles ou de poils, s'élevant de chaque côté de la trompe et lui formant ainsi une sorte de gaîne. Le canal intermédiaire de la trompe est produit par la réunion des gouttières de la face interne des filets. *V.* les Mémoires de Réaumur.

Personne, jusqu'à Savigny, n'avait bien fait connaître ces détails d'organisation, et l'on s'était presque borné à l'examen général de la trompe.

Celle des Hémiptères a reçu de Fabricius le nom de *rostrum*, qu'Olivier a rendu dans notre langue par celui de *bec*. Une lame plus ou moins linéaire, coriace, divisée en trois à quatre articles, roulée sur ses bords pour former un corps tubulaire, cylindrique ou conique, toujours dirigée inférieurement dans l'inaction, ayant le long du milieu de sa face supérieure ou antérieure un canal formé par le vide que laissent les bords latéraux au point de leur rapprochement; un suçoir, composé de quatre filets très-grêles ou capillaires, cornés, flexibles et élastiques, disposés par paires, mais rassemblés en faisceau et dont les deux inférieurs réunis en un, à peu de distance de leur origine; une petite pièce en forme de languette triangulaire, ordinairement dentée au bout, plutôt coriace ou presque membraneuse que de consistance d'écaille, recouvrant, par derrière ou du côté du corps tubulaire, la base du suçoir, et renfermée avec lui dans la rainure de ce corps engaînant; une autre pièce de la consistance de la précédente, répondant par son insertion et la place qu'elle occupe à la lèvre supérieure, couvrant en dessus la base du suçoir, le plus souvent renfermé aussi dans la gaîne, en forme de triangle plus ou moins allongé : telles sont les parties qui composent le bec des Hémiptères. L'impaire supérieure est l'analogue du labre, et nous a paru, du moins par rapport aux Cigales, recouvrir la base d'une autre pièce plus allongée, terminée aussi en pointe; celle-ci répondrait dès-lors à l'épipharynx. L'autre pièce impaire, mais opposée, protégeant par derrière la naissance du suçoir, et située immédiatement derrière le pharynx, représente, selon Savigny, la langue ou l'hypopharynx. Les deux soies supérieures du suçoir, ou les plus extérieures, remplacent les mandibules, et les deux autres les mâchoires. Enfin, leur gaîne tubulaire s'assimile à la lèvre inférieure, même quant à ses articulations. Quelquefois cette gaîne est bifide, comme dans les Thrips, et quelquefois même divisée en deux lames, ainsi que dans les Puces. Les premiers de ces Hémiptères sont les seuls où nous ayons découvert des palpes. Les parties que ce savant prend pour telles dans l'*Hepa neptunia*, ne sont peut-être que les rudimens d'un article de la gaîne. Germar admet quatre palpes dans un nouveau genre de la famille des Cicadaires, qu'il nomme *Cobax*. Mais Kirby, qui a publié, dans le même temps, une autre coupe générique, celle d'*Otiocère*, offrant des parties semblables, ne considère point ces parties comme des palpes, mais comme de simples appendices accompagnant les antennes.

La Bouche des Diptères, tels que le Cousin, le Taon, la Mouche domestique, a les plus grands rapports avec celle des Insectes précédens. L'ensemble de ses pièces forme ce qu'on appelle la *trompe* (*proboscis*). Distinguons également ici le suçoir de sa gaîne, et quelle que soit la consistance et la forme de ce fourreau, conservons-lui la même dénomination, sans nous en laisser imposer par l'autorité de Fabricius et de quelques autres naturalistes, qui, lorsqu'elle est plus ferme, plus roide, conique ou cylindrique, sans empâtement remarquable au bout, l'appellent suçoir, *haustellum;* tandis qu'ils désignent exclusivement ainsi l'ensemble des pièces qu'elle contient, lorsqu'elle est membraneuse, rétractile et bilabiée. Elle se divise en trois parties principales : 1° le *support*, distingué de la suivante par un coude, et souvent par un petit article géniculaire, mais que nous réunissons avec le support; 2° la *tige*; 3° le *sommet* ou la *tête*, formé par deux lèvres, tantôt membraneuses, grandes, vésiculeuses, dilatables, striées, offrant au microscope un très-grand nombre de ramifications de trachées; tantôt coriaces, soit petites et peu distinctes de la tige, soit grêles, allongées et formant un article plus distinct, presque aussi long même que la division précédente (*Myope*). Le support est remarquable en ce qu'il est le résultat du prolongement de la membrane cutanée de la partie antérieure et supérieure de la tête ou de l'épistome, réunie avec les parties analogues au labre, aux mandibules, aux mâchoires et à la portion inférieure de la lèvre jusqu'au menton inclusivement. Ces caractères distinguent particulièrement les Insectes de cet ordre de ceux de l'ordre des Hémiptères. On voit d'ailleurs que cette gaîne est construite sur le plan de celle des derniers. Le milieu de la face supérieure de la tige présente aussi une gouttière recevant le suçoir. Le nombre des pièces de ce suçoir varie selon une progression arithmétique de trois termes, et dont la différence est toujours de deux : 2, 4, 6; mais, dans tous les cas, il y en a toujours deux d'impaires, l'une supérieure et représentant le labre, l'autre inférieure, placée derrière le pharynx, et l'analogue de la langue ou de l'hypopharynx. Ici, ou dans les Diptères, ainsi que dans nos Suceurs (*Pulex*), cette soie est toujours écailleuse, forante, et contribue, au moins autant que les autres, aux actes de la nutrition; mais il n'en est pas ainsi dans les Hémiptères, et voilà une nouvelle considération qui sépare ces Insectes des précédens. Les parties représentant les mâchoires existent toujours, et souvent même sont accompagnées chacune d'un palpe; mais ces mâchoires sont soudées avec le support, et ne sont bien distinctes que lorsque leur portion apicale devient mobile, s'allonge et présente la forme d'une soie ou d'une lancette cornée : c'est ce qui a lieu toutes les fois que le suçoir est de quatre ou de six pièces. Dans cette dernière circonstance, deux d'entre elles représentent les mandibules; dans l'autre, ou si le suçoir n'est composé que de quatre soies, les deux soies précédentes manquent ou ne sont au plus que rudimentaires. Quelquefois aussi le labre, presque toujours voûté et assez grand, semble offrir les vestiges d'une autre pièce : celle-ci deviendrait pour lors l'épipharynx. Quelquefois encore le support est très-court, et, dans ce cas, les pièces du suçoir sortent de la cavité buccale, et les palpes (maxillaires) sont insérés sur les côtés. Les Diptères pupipares ou les Hippobosques diffèrent de tous les autres par l'absence de la gaîne ; les palpes, sous la forme de deux lames allongées, coriaces, s'avançant parallèlement et recouvrant le suçoir, en tiennent lieu.

D'après nos observations et celles de Savigny, de Leclerc de Laval et du professeur Nitzsch, relatives aux Ricins, la bouche des Insectes hexapodes homotènes, ou ne subissant pas de métamorphoses, serait assujettie au même plan d'organisation que celle des Insectes polymorphes. Dans les Poux proprement dits, les seuls Suceurs connus de cette division, la trompe (*rostellum*) consisterait en un petit tube inarticulé, renfermant le suçoir, et se retirant à volonté dans l'intérieur d'un avancement en forme du museau de la partie antérieure de la tête. Mais en général, l'organisation buccale de ces Insectes parasites sollicite un nouvel examen et de bonnes figures de détails. Les Ricins, quoique pourvus de mandibules, de mâchoires et d'une lèvre inférieure, ont ces parties très-concentrées, à l'instar des Insectes suceurs ; le labre fait l'office de ventouse, caractère unique dans cette classe d'Animaux, et qui semble, de concours avec d'autres, indiquer un type particulier.

Telles sont les modifications principales que nous offrent les organes masticatoires des Insectes hexapodes. Suivant Marcel de Serres, les appendices qu'on nomme *palpes* ou *antennules* jouiraient, du moins dans les Orthoptères, d'une propriété particulière, celle d'être le siége de l'odorat. D'autres, comme Lamarck, ont soupçonné qu'ils pourraient être l'organe du goût. Il me semble d'abord que ces opinions sont fausses relativement à un grand nombre d'Animaux de cette classe, ceux où les palpes sont nuls, ou très-petits, et fort peu développés ; mais il faut convenir que ces présomptions peuvent être fondées par rapport à quelques autres Insectes. Ainsi dans les Coléoptères de la sous-famille des Lime-bois, les palpes maxillaires des mâles sont laciniés ou pectinés ainsi que certaines antennes. Dans plusieurs autres, le dernier article des palpes ou de quelques-uns d'entre eux est très-dilaté et terminé par une substance pulpeuse ; peut-être même que les lèvres de l'extrémité de la trompe de plusieurs Diptères ont quelque propriété de cette nature. Roffredi (Mém. de l'Acad. de Turin) a vu dans ces lèvres un épanouissement de trachées très-remarquable.

Si, avec feu Jurine et Kirbi, l'on admet que des Insectes très-singuliers et désignés par celui-ci sous le nom de *Strepsitères*, ont de véritables mandibules, ces Animaux devront être associés aux Broyeurs. Mais comme dans les Insectes imparfaits, ainsi que les précédens, sous le rapport des organes manducatoires, les mandibules ont disparu ou sont oblitérées, nous soupçonnons que les parties, considérées comme telles dans les Strepsitères, sont plutôt maxillaires, et leur bouche aurait dès-lors plus d'affinité avec celle des Lépidoptères qu'avec celle des Insectes broyeurs.

Exposons maintenant la composition de la bouche des Crustacés et des Arachnides ou des Insectes Apirodes de Savigny.

La bouche des Crustacés décapodes est composée d'un labre, de deux mandibules portant chacune sur le dos un palpe de trois articles, d'une langue bilobée insérée près du pharynx, et de cinq paires de pièces, appelées mâchoires par Savigny, disposées sur deux rangs longitudinaux, mais dont les trois dernières et surtout la quatrième et la cinquième sont articulées en manière de pates (*barbillons* ou *petits bras* de quelques auteurs), et ont à leur base extérieure un appendice sétacé, représentant un palpe ou une petite antenne, porté sur un long pédoncule : c'est la *palpe en forme de fouet* (*palpus flagelliformis*) de Fabricius, ou le *flagre* du naturaliste précédent. Les quatre mâchoires postérieures dépendent du thorax, et portent des branchies, ainsi que les pieds thoraciques, mais moins développées que celles de ces derniers organes. Savigny désigne les trois dernières paires de mâchoires par l'épithète d'auxiliaires : ce sont pour nous des *pieds-mâchoires*. Les quatre pièces supérieures seront des mâchoires proprement dites.

Nous retrouverons, à quelques modifications près, la même composition buccale dans les Crustacés stomapodes, amphipodes et isopodes. Ici les mâchoires auxiliaires, ou du moins celles des deux dernières paires, ressemblent tout-à-fait à des pieds, ou font même l'office de serres. Les mandibules des Isopodes n'offrent plus de palpes. Dans quelques-uns, comme les Cyames, les deux paires de mâchoires proprement dites sont réunies sur un plan transversal, et imitent une sorte de lèvre inférieure. Ce caractère est commun aux Insectes myriapodes qui, sous la considération des organes manducatoires, ont une grande affinité avec les Crustacés précédens. Leurs premiers pieds-mâchoires ou leurs palpes, et ceux de la paire suivante, tantôt sous la forme de véritables pieds (*Chilognathes*), tantôt sous celle d'une lèvre inférieure armée de deux crochets (*Chilopodes*), sont réunis à leur base, dans toute la longueur de leur premier article, de sorte qu'ils forment une sorte de *lèvre auxiliaire*. Savigny emploie uniquement cette expression à l'égard des Scolopendres ou des Chilopodes, parce qu'ici les pieds-mâchoires ont moins de ressemblance avec les pieds propres. Tous les Myriapodes sont encore, suivant lui, privés de langue, et quelques-uns, tels que les Scolopendres, ont une espèce de palpe ou d'appendice articulé aux mandibules.

Parmi les Crustacés branchiopodes, les uns ont un labre, des mandibules et des mâchoires situés comme de coutume; d'autres ont une espèce de bec ou de rostre inarticulé; enfin les derniers, tels que les Limules, n'offrent ni mandibules, ni mâchoires, ni bec; mais, ainsi que dans plusieurs Arachnides, l'article radical de leurs pieds devient un organe maxillaire. D'après les belles observations de Strans et d'Adolphe Brongniart sur divers Crustacés branchiopodes à mâchoires, leur appareil manducatoire n'est point composé numériquement des mêmes pièces que celui des Crustacés des ordres précédens. Les premiers pieds-mâchoires n'en font point partie, et ne recouvrent point les organes supérieurs, en manière de lèvre. Quant au bec ou rostre des Branchiopodes suçeurs, ou ceux de notre seconde division, il est probablement formé de parties analogues à celles qui composent la bouche des Branchiopodes précédens. Savigny suppose que dans les Caliges les pièces représentant les mandibules n'existent point. Un labre prolongé, engaînant un suçoir de deux à trois soies, nous a paru constituer le bec des Pandares. A en juger d'après les Argules, si bien décrits par Jurine fils, ce bec renfermerait un suçoir rétractile. Mais si les Pycnogonides sont de véritables Crustacés, leur bec ou leur siphon (*siphunculus*, et de même dans la classe des Arachnides), antérieur et avancé, et non inférieur, ainsi que celui des précédens, semblerait être formé de pièces disposées circulairement et soudées les unes avec les autres. Les Limules branchiopodes formant, sous le rapport des organes masticatoires, une troisième division dans cet ordre, se rapprochent à cet égard, ainsi que nous l'avons remarqué plus haut, des Arachnides, et doivent être rapportés au même type. Or, suivant Savigny, on peut comparer une Arachnide à un Crabe dont on aurait retranché les antennes, les mandibules, les quatre mâchoires, les premières mâchoires auxiliaires ou les deux premiers pieds-mâchoires supérieurs, et les pinces ou les premiers pieds thoraciques. Il distingue, par les dénominations de *fausses mandibules* ou de *mandibules succédanées*, les pièces de la bouche des Arachnides appelées jusqu'alors mandibules. Ces mêmes distinctions de succédanées, de fausses, sont aussi données par lui aux parties nommées mâchoires, et qui sont formées par l'article radical (la hanche) des palpes, ou celui encore, ainsi que dans les *Phalangium* ou Faucheurs, des pieds. Les mâchoires formées de cette manière-ci sont censées *surnuméraires*, tandis que les deux premières ou celles que produisent les palpes sont principales; mais pour simplifier, on peut se contenter de les désigner numériquement, selon leur ordre de succession, *premières mâchoires*, *secondes mâchoires*, etc. Nous les avons distinguées de celles des Insectes par la dénomination adjective de *sciatiques* ou *coxales*. Dans diverses Arachnides munies de mandibules (*Galéodes*, *Scorpions*, *Faucheurs*, *Mygales*, etc.), on voit au-dessous de ces organes une saillie finissant en pointe, que Savigny nomme *langue sternale*, et qu'il ne faut pas confondre avec cet avancement pectoral semblable à une lèvre et désigné même ainsi, que l'on observe dans les Aranéïdes, les Thélyphones, et qui dans les Ixodes forme la lame inférieure de leur suçoir. Ce naturaliste a découvert de chaque côté de cette langue sternale, un trou presque imperceptible, destiné au passage des alimens. Ce double Pharynx paraîtrait, selon lui, propre aux Arachnides. Sans contester la véracité de ces faits, nous croyons avoir observé que le pharynx consiste, ainsi que de coutume, en une seule ouverture située plus bas et immédiatement au-devant de la lèvre, qui devient ainsi une espèce de langue (*Glossoïdes*). On a d'ailleurs reconnu dans des excrémens d'Araignées des parcelles de cadavres d'Insectes dont elles s'étaient nourries, et il est difficile de croire que ces fragmens eussent pu passer par ces trous presque imperceptibles, situés sur les côtés de la langue sternale.

Mais l'hypothèse si extraordinaire de Savigny à l'égard des Arachnides est-elle fondée? la Bouche de ces Animaux, ainsi que celle de tous les autres composant la classe des Insectes de Linné, dériveraient-elles, quant à leurs principes élémentaires, d'un type unique et simplement modifié? C'est ce que nous pensons.

Observons d'abord, 1° que l'absence des antennes, serait, relativement aux Arachnides, une anomalie fort étrange; 2° que la forme et les usages de ces organes varient, et que dans plusieurs Crustacés ils servent de pieds, de serres, de mains, et quelquefois même de ventouses (Pandares); 3° que, comme nous l'avons vu, la nature se borne à supprimer, dans quelques circonstances, les mandibules, les mâchoires et les palpes; 4° que lorsqu'elle retranche ou augmente le nombre des pieds, ou qu'elle affaiblit ces organes, c'est toujours à partir de l'extrémité postérieure du thorax qu'elle commence, ainsi que nous le montrent les Arachnides même, puisque dans quelques-unes les deux pieds postérieurs n'existent plus, et que ces espèces sont hexapodes; 5° que dans plusieurs Crustacés décapodes, le second article des derniers pieds-mâchoires fait beaucoup plus l'office de mâchoires que leurs mâchoires proprement dites; 6° que les secondes mâchoires de plusieurs Branchiopodes sont transformées en palpes ou deviennent même des pieds. Cela posé, l'organisation des Arachnides s'explique facilement et rentre dans les lois ordinaires. Les antennes (les fausses mandibules de Savigny), et les mêmes que les deux intermédiaires des Crustacés, sont transformées en organes prenans, font partie de la bouche, et, à raison de ces usages et de leur situation, remplacent les mandibules. Les mâchoires supérieures manquent. Cependant dans quelques Arachnides pourvues d'une langue sternale, notamment les Galéodes, on découvre, immédiatement au-dessous d'elle et sur une sorte de palais, des appendices ou des éminences qui semblent avoir de l'analogie avec quelques-unes des pièces précédentes ou avec l'épipharynx. Car, d'après une étude suivie de ces Animaux et particulièrement des Faucheurs, la langue sternale est une espèce de labre, et le chaperon ou l'épistome même, quoique très-petit, est bien prononcé dans ces dernières Arachnides. Quoi qu'il en soit, ces mandibules, les secondes mâchoires converties en palpes, les fausses mâchoires ou celles que nous avons nommées *sciatiques* ou *coxales*, et qui sont formées par le premier article des palpes et celui des pieds suivans, le labre, la lèvre et les appendices dont nous venons de parler, composent, en tout ou en partie, l'appareil masticatoire.

Les deux appendices articulés ou les palpes répondent aux secondes mâchoires des Cyclopes, aux deux pieds antérieurs des Limnadies, etc. Les six pieds suivans représentent les six pieds-mâchoires des Crustacés, et le nombre des pieds proprement dits n'est plus que de deux. Ainsi donc, sous le rapport des organes manducatoires, les Arachnides sont peu éloignés de divers Crustacés. La bouche des Insectes hexapodes broyeurs nous présente les mêmes analogies; mais, pour s'en convaincre, il faut étudier cette organisation dans les Myriapodes ou Mille-pieds, Animaux qui semblent faire le passage des Crustacés à ces Insectes hexapodes. On voit que les secondes mâchoires se trouvent maintenant entre les deux premières, et forment immédiatement derrière le pharynx une sorte de langue ou de lèvre; que dans les Scolopendres, dernière famille de cet ordre, les premiers pieds-mâchoires ou les palpes sont soudés avec les parties précédentes; que les deux pieds-mâchoires suivans forment une sorte de lèvre inférieure, et que le segment auquel il est annexé est très-petit et paraît déjà se réunir avec la lèvre; enfin, que les deux autres ont la forme de véritables pieds, et sont portés sur un segment très-distinct. D'après ces faits et en adoptant, relativement aux Myriapodes, les désignations de Savigny, nous avons émis et développé (*Mém. du Mus. d'hist. nat.*) l'opinion suivante. Nous pouvons supposer un nouvel ordre d'organisation plus éloigné encore des Crustacés que celui que nous présentent les Myriapodes; alors les deux mâchoires supérieures de ces Animaux seront réunies avec les deux premiers pieds-mâchoires, et deviendront des lobes maxillaires internes; le segment portant les seconds pieds-mâchoires sera soudé ou confondu avec la partie inférieure de la tête, et ces pieds-mâchoires, réunis à leur base, composeront la lèvre inférieure; leur premier article agrandi, ainsi que dans les pieds-mâchoires correspondans des Scolopendres, et semblable encore, par la confusion des deux articles en un, à un bouclier ou une sorte de lèvre, formera le menton; un appendice terminant ce menton deviendra la languette ou la division intermédiaire lorsqu'elle est trifide; les pièces que nous avions désignées sous la dénomination de secondes mâchoires seront maintenant des paraglosses, qui, adossées aux côtés antérieurs ou internes du menton, lui formeront des appendices latéraux. Dans les larves des grands Dytiques, les palpes maxillaires extérieurs sont composés de sept articles, et les labiaux de cinq, non compris le menton. Nous pourrions confirmer ces rapprochemens par d'autres comparaisons, et notamment quant à la lèvre inférieure, par l'exemple des Libellules. Dès-lors, les deux pieds antérieurs des Insectes hexapodes représenteront, de même que dans les Myriapodes, les deux derniers pieds-mâchoires, et le nombre des pieds proprement dits sera de quatre.

Si la gaîne du suçoir des Hémiptères répond, comme on n'en peut guère douter, à la lèvre inférieure des Insectes broyeurs, on sera convaincu, par l'examen des Cigales, que cette partie n'est pas essentiellement dépendante de la tête; car l'on voit ici que cette gaîne en est séparée, et qu'elle naît de la membrane joignant la tête au prothorax. On pourra aussi se convaincre que nos idées, à l'égard de la composition des mâchoires, ne sont point hasardées; car, si l'on choisit celles d'un Coléoptère assez gros, on séparera facilement les parties dont elles sont formées.

Mais à l'hypothèse que nous venons d'exposer, nous pouvons en substituer une autre plus simple et plus naturelle : c'est de considérer la lèvre inférieure des Insectes, comme formée de deux mâchoires, portant des palpes ainsi que les premières, mais réunies et sous une forme analogue à celle des deux premiers pieds-mâchoires de divers Crustacés, Amphipodes et Isopodes, ou même encore à celle qui résulterait de la combinaison des mâchoires et de la lèvre des Aranéides. Dès-lors les pieds représenteront les six pieds-mâchoires des Crustacés décapodes, et les pieds thoraciques de ceux-ci manqueront.

Vu la distance qui sépare les Animaux invertébrés des vertébrés, les rapports d'organisation extérieure que l'on peut établir entre eux sont forcés ou arbitraires. On peut cependant dire qu'en quelque sorte, les mandibules représentent la mâchoire supérieure; et les mâchoires proprement dites (Crustacés), le palais, la langue et la mâchoire inférieure. Les pieds-mâchoires sont des espèces de pieds-jugulaires que la nature emploie, modifie et combine au besoin, de diverses manières. On peut les comparer aux nageoires pectorales des Poissons. Les mandibules des Crustacés des premiers ordres peuvent aussi être assimilées, à raison du palpe qui les accompagne, à des sortes de pieds-mâchoires. Ainsi, la plupart des organes maxillaires de ces Animaux, sont des pieds raccourcis et uniquement appropriés aux fonctions nutritives. Selon Cuvier, l'un des caractères principaux des Poissons cartilagineux, serait l'absence des os maxillaires et intermaxillaires; d'autres os analogues aux palatins, quelquefois même le vomer, y suppléeraient : or, dans les Arachnides, les mandibules, qui sont les représentans des os maxillaires, manquent; le labre ou l'analogue du vomer et les antennes situées immédiatement au-dessus, remplissent, dans l'action masticatoire, cette lacune. Mais nous insisterons d'autant moins sur ces rapprochemens que, d'après les curieuses recherches de Geoffroy de Saint-Hilaire, il serait faux que les Poissons cartilagineux sortissent, sous ce rapport, de la loi ordinaire.

Nous avons essayé, dans un Mémoire supplémentaire sur l'organisation extérieure des Insectes (Mém. du Mus. T. 8. p. 188), d'expliquer de quelle manière les organes masticatoires peuvent être transformés en organes uniquement propres à puiser des liquides.

Remarquons d'abord que les pieds sont insérés tantôt sur les côtés du corps, tantôt près de la ligne médiane; qu'ici le premier article des hanches est mobile; que là, comme dans les Coléoptères carnassiers, il est fixe; en un mot, que le point initial de leur mobilité peut varier transversalement dans une portion inférieure et plus ou moins étendue de la longueur de ces organes. La même variation a lieu relativement aux mâchoires, et même aux mandibules. Celles des Crustacés, comparées sous ce rapport avec celles des Insectes, nous en fournissent la preuve. Ces organes, ainsi que les mâchoires, sont écartés et mobiles dès leur base dans les Insectes broyeurs, tandis que dans les Suceurs, ces parties, ou du moins les mâchoires, sont fixées inférieurement et ne deviennent mobiles que près du pharynx. Toutes les parties agissantes de la bouche sont ici rapprochées autour de lui en manière de faisceau tubulaire; ainsi, relativement aux mâchoires, leur tube terminal, à partir de l'insertion des palpes, est la seule portion qui se meuve et coopère à l'ascension du liquide nourricier. Allongez et rétrécissez ces lobes, ainsi que les extrémités des mandibules, pour leur donner la forme de lancettes ou de soies; solidifiez ces lobes maxillaires; faites éprouver les mêmes changemens au labre ou au sous-labre, aux paraglosses, et vous aurez transformé ces parties en un suçoir complet, tel qu'on l'observe dans les Hémiptères et plusieurs Diptères. Si vous supprimez quelques-unes de ces pièces et leurs gaînes, vous réduirez la bouche d'un Insecte à sa composition la plus simple; celle, par exemple, qui caractérise les Hippobosques.

Fabricius, à en juger d'après la série des coupes ordinales de sa Méthode, Lamarck et Clairville ont distribué les Insectes en deux grandes sections, les Broyeurs et les Suceurs. C'est par ceux-ci que Lamarck ouvre sa classe des Insectes, et il suppose que les parties de leur bouche se sont insensiblement converties en organes propres à la mastication. Mais ce n'est qu'une simple hypothèse, ayant pour seul appui ses idées sur la formation graduelle des êtres, qui, dans notre opinion, nous paraissent elles-mêmes dénuées de preuves. Dans l'état actuel de la science, il est impossible de lier, par des transitions insensibles, les ordres les uns aux autres. Ce célèbre naturaliste passe des Hémiptères aux Lépidoptères, et de ceux-ci aux Hyménoptères. Si cependant l'on compare ces Insectes les uns aux autres, tant sous le rapport des parties de la Bouche que sous celui des organes du mouvement, on trouvera, à cet égard, des dissemblances très-frappantes et qui interdisent toute liaison prochaine et manifeste. Je pense qu'au lieu d'admettre avec lui une série continue, il faut diviser la classe des Insectes en deux lignes : l'une composée de Broyeurs et de ceux dont le suçoir est à nu; et l'autre, des Insectes où le suçoir est reçu dans une gaîne. On pourrait encore considérer les Hémiptères comme formant un appendice latéral des Insectes à étuis, et conduisant à l'ordre des Aptères de Lamarck, qui est intermédiaire entre le précédent et celui des Diptères.

Quelle que soit, en fait de méthode entomologique, la manière de voir, il est incontestable que la connaissance des organes de la manducation des Insectes, est, si l'on veut approfondir leur étude, un complément non-seulement utile, mais nécessaire. Il est encore certain que l'examen de ces parties n'exige point, malgré leur exiguïté, une attention extraordinaire, ni l'usage du microscope composé, et qu'à l'égard des faits, il n'y a jamais de variations importantes toutes les fois qu'ils sont recueillis par des observateurs patiens et exercés, tels que Savigny, Kirby, Klüg, Germar, Mac Leay fils, etc. Mais l'emploi de ces considérations est-il indispensable dans l'établissement des genres? voilà ce que contestent des naturalistes qui voudraient faciliter l'étude de l'entomologie, en faisant usage de caractères plus apparens. Je partage leur opinion quant aux coupes génériques qui sont susceptibles d'être autrement signalées. Je suis aussi d'avis qu'on a abusé des principes introduits par Fabricius; qu'il en a le premier donné l'exemple; et que, lorsqu'on est forcé de se servir des caractères fournis par les organes de la manducation, il faut, autant que possible, se restreindre aux parties que l'on peut observer sans dissection ou sans peine, et à imiter, à cet égard, Clairville qui n'emploie que les mandibules et les palpes. Mais le désir de familiariser promptement les élèves avec cette science ou d'être élémentaire, doit être subordonné à cette règle : qu'ici, de même que dans les Animaux vertébrés, l'on ne peut établir aucune bonne coupe naturelle sans l'examen préalable de ces organes, et que l'on ne peut réunir génériquement des Animaux qui, quoique semblables par leur physionomie générale, diffèrent néanmoins sous ce point de vue. Il est bien évident, par exemple, que le *Sphex spirifex* et d'autres espèces analogues s'éloignent de leurs congénères par la manière dont ils pourvoient à la conservation de leur postérité, et qu'ils composent ainsi une coupe très-naturelle. Faites abstraction des parties de leur bouche, vous ne pourrez les détacher du genre primitif, ou vous ne pourrez le faire qu'au moyen de considérations minutieuses et peu sûres. Ces organes, en général, servent plus souvent au signalement des genres qu'à celui des familles : les Lamellicornes, les Clavicornes, les Longicornes, les Brachélytres, etc., nous en fournissent la preuve. Il est cependant des familles, telles que celle des Coléoptères carnassiers, celle des Mellifères, etc., que l'on ne peut bien caractériser qu'en employant ces parties. Considérées quant à leurs fonctions générales, elles deviennent pour l'établissement des ordres un appui nécessaire. Aussi Linné, attachant alors plus d'importance à ces organes qu'il ne l'a fait depuis, divisa, dans les premières éditions de son *Systema Naturæ*, la classe des Insectes d'une manière plus naturelle que dans les éditions postérieures du même ouvrage. Aussi Degéer, mettant à profit et perfectionnant ces premières idées, donnant aussi une attention spéciale aux métamorphoses, a-t-il établi une méthode qui a servi de base à toutes celles qu'on a proposées depuis, celle de Fabricius seule exceptée. L'exposition de ce dernier système, système uniquement fondé sur les instrumens de la manducation, semblerait devoir terminer cet article. Mais comme cette analyse fait partie du tableau des principales méthodes que l'on offrira à l'article ENTOMOLOGIE, nous nous bornerons à dire que celle de ce naturaliste est établie sur les principes généraux suivans : 1° deux mâchoires, *Eleutherates*, *Ulonates*, *Synistates*, *Piezates*, *Odonates*, *Mitosates*, *Unogates*; 2° plusieurs mâchoires : *Polygonates*, *Kleistagnathes*; 3° un suçoir : *Glossates*, *Ryngotes*, *Antliates*. (LAT.)

Dans les MOLLUSQUES. Le mot BOUCHE est très-souvent employé par les conchyliologistes, au lieu de celui d'*ouverture*, pour désigner, chez les Coquilles univalves, la base du cône spiral par laquelle l'Animal sort de son test. *V*. OUVERTURE et COQUILLE. Par suite, la couleur ou la forme de cette Bouche ont fait donner à plusieurs Coquilles des noms vulgaires que nous mentionnerons ici.

BOUCHE d'ARGENT. C'est le *Turbo argyrostomus* de Linné; mais depuis on en a distingué plusieurs espèces. La Bouche d'Argent CHAGRINÉE de Favanne paraît n'être qu'une variété du *Turbo argyrostomus* de Lamarck, dont la Bouche d'Argent ÉPINEUSE est le type. La Bouche d'Argent CORNUE ou à GOUTTIÈRE, ou le BURGAU DE LA CHINE, est le *Turbo cornutus* de Gmelin et de Lamarck. La Bouche d'Argent à RIGOLE est le *Turbo canaliculatus* de Gmelin. La Bouche d'Argent MARQUETÉE, ou le LÉOPARD, est le *Turbo setosus* de Gmelin et de Lamk.

La BOUCHE d'OR ou le FOUR ARDENT est le *Turbo Chrysostomus* de Linné et de Lamarck.

V. pour toutes ces espèces, SABOT ou TURBO dont le genre a été supprimé, et TOUPIE, genre dont elles doivent faire partie.

La DOUBLE BOUCHE, BOUCHE DOUBLE GRANULEUSE, ou BOUCHE DOUBLE SABOT, ou SABOT A DOUBLE LÈVRE de Favart d'Herbigny, est le *Trochus Labio* de Linné, *Monodonta Labio* de Lamarck. *V*. MONODONTE et TOUPIE.

La BOUCHE DE LAIT de Davila et de Favart d'Herbigny est le *Buccinum rusticum* de Gmelin, *Turbinella rustica* de Lamk. *V*. TURBINELLE.

La BOUCHE JAUNE OU SAFRANÉE de Favart d'Herbigny est le *Buccinum hæmastoma* de Linné, *Purpura hæmastoma*, Lamk., très-distinct du Buccin de même nom dans Chemnitz. *V*. POURPRE.

La BOUCHE NOIRE ou GUEULE NOIRE de d'Argenville et de Martini est le *Strombus gibberulus*, Linné et Lamk. *V*. STROMBE.

La BOUCHE SANGLANTE est le *Bulimus hæmastomus* de Scopoli, appelé aussi la Fausse Oreille de Midas, *He-*

lix (*Cochlogena*) *oblonga*. *V*. HÉLICE et COCHLOGÈNE.

Enfin, la direction de la volute autour de l'axe spiral, variant tantôt à droite, tantôt à gauche, on a distingué les Coquilles en BOUCHE A DROITE et BOUCHE A GAUCHE; celles-ci, nommées aussi Uniques, étaient rares et très-recherchées. Les individus de ces Uniques (dont le caractère est d'être tournées à gauche) qui, par monstruosité, se trouvaient tournés à droite, furent appelés Contre-Uniques. L'un de ceux-ci, par spécialité, fut appelé BOUCHE A DROITE; c'est l'*Helix dextra* de Müller et de Gmelin, *Helix* (*Cochlogena*) *aurea*, *Monstrum* de notre Histoire des Mollusques. *V*. HÉLICE et COCHLOGÈNE. (F.)

BOUCHE DE LIÈVRE. BOT. CRYPT. L'un des noms vulgaires du *Merulius Cantarellus*, qui était un Agaric de Linné. (B.)

BOUCHE EN FLUTE. POIS. *V*. FISTULAIRE.

BOUCHEFOUR. OIS. Syn. vulgaire du Pouillot, *Motacilla Trochilus*, L. *V*. SYLVIE. (DR..Z.)

*BOUCHÈTE. REPT. BATR. Syn. de Crapaud à Madagascar où Flacourt dit qu'il en existe de fort gros. (B.)

BOUCHRAIE OU BOUCRAIE. OIS. Syn. vulgaire de l'Engoulevent, *Caprimulgus europœus*, L. *V*. ENGOULEVENT. (DR..Z.)

BOUCHROMIBI. BOT. PHAN. Double emploi de Bouchaomibi. *V*. ce mot. (B.)

BOUCIAR. OIS. Syn. piémontais de Rossignol de muraille. (DR..Z.)

BOUCIROLLE. OIS. *V*. BECQUEROLLE.

BOUCLE. POIS. *V*. AIGUILLON. On a appelé Boucle et Bouclée un Squale et une Raie dont le corps est parsemé de ces aiguillons nommés boucles. *V*. RAIE et SQUALE. (B.)

BOUCLIER. POIS. On a donné ce nom à des espèces appartenant aux genres Cycloptère, Spare, Lépadogastère et Centrisque. *V*. ces mots. (B.)

* BOUCLIER. *Clypeus*. INS. Syn. de Chaperon ou Épistome. *V*. ces mots ainsi que l'article BOUCHE. (AUD.)

BOUCLIER. *Silpha*. INS. Genre de l'ordre des Coléoptères, section des Pentamères, fondé par Linné et subdivisé depuis en plusieurs genres. Celui des Boucliers proprement dits, tel qu'il a été circonscrit par Fabricius, et tel que l'a adopté Latreille, appartient (Règne Anim. de Cuv.) à la famille des Clavicornes, et a pour caractères : mandibules cornées, terminées en une pointe simple; mâchoires garnies au côté interne d'une dent cornée et aiguë; quatre palpes inégaux, filiformes, terminés par un article presque cylindrique; antennes un peu comprimées, en massue perfoliée, allongée et formée insensiblement, presqu'aussi longues que le prothorax, avec onze articles, dont le premier, gros, allongé, en massue, et le dernier presque ovale; prothorax grand, dilaté, presque aussi large que les élytres, et cachant la tête; corps un peu déprimé, souvent ovale, ayant la forme d'un bouclier. Au moyen de ces caractères, les Boucliers ne seront pas confondus avec les Nécrophores, les Nitidules, les Scaphidies et même avec le genre Thymale qui en a été distingué par Illiger sous le nom de *Peltis*.

Ces Insectes sont essentiellement carnassiers, mais la plupart préfèrent les cadavres en putréfaction et les excrémens à toute autre nourriture; on les trouve dans tous les lieux où ces matières se rencontrent; ils répandent une odeur très-désagréable qui paraît être due au genre de nourriture qu'ils prennent. Lorsqu'on les saisit, ils font sortir par la bouche et par l'anus un liquide noir et épais qui est sans doute sécrété par quelques glandes situées dans le voisinage de ces orifices.

Les larves des Boucliers habitent le même lieu que l'Insecte parfait, et se nourrissent également de charognes; elles ont six pates de trois articles; leur corps est aplati, formé par douze anneaux dont les côtés sont terminés en angles aigus, et dont le dernier est muni de deux appendices coniques; la tête est petite, et supporte des antennes filiformes de trois articles, et deux mâchoires très-fortes. Ces larves courent avec agilité, et se déplacent souvent pour chercher ailleurs une nourriture qu'elles ont épuisée, ou pour s'enfoncer en terre et y subir leur métamorphose.

Ce genre est assez nombreux en espèces. Dejean (Cat. des Coléoptères, p. 42) en possède vingt-sept. Plusieurs se rencontrent aux environs de Paris; parmi elles, nous citerons le Bouclier atre, *Silpha atrata* des auteurs, et le Bouclier à quatre points, *Silpha quadripunctata* de Linné, différant un peu pour ses habitudes de la plupart des autres espèces, en ce qu'il se tient sur les Chênes et se nourrit de Chenilles. (AUD.)

BOUCLIER OU ÉCAILLE DE ROCHERS, BOUCLIER D'ÉCAILLE DE TORTUE, BOUCLIER COULEUR D'ÉCAILLE. MOLL. Noms vulgaires de la *Patella testudinaria*, L. et Lamk.

Le Bouclier d'écaille de Tortue, radié ou à bande, de Favart d'Herbigny, paraît n'en être qu'une variété. Cet auteur mentionne encore deux espèces, le petit Papyracé et le petit Strié et Radié, auxquelles il ne donne aucun synonyme, et qu'il serait difficile de déterminer. *V.* PATELLE. (F.)

BOUCLIER. *Pelta*. BOT. CRYPT. Sorte d'Apothécie. *V.* LICHEN. On a également donné ce nom à un petit Agaric dont la synonymie n'est pas bien fixée. (B.)

* BOUCLIERS. ECHIN. Nom donné par Klein à la seconde section des Oursins Anocystes; presque tous appartiennent aux Ananchites de Lamarck. (LAM..X.)

BOUCOMIBI. BOT. PHAN. *V.* BOUCHAOMIBI.

BOUCRAIE. OIS. *V.* BOUCHRAIE.

BOUCRIOLLE. *V.* BECQUE ROLLE.

BOUDE. POIS. Nom de pays qui convient probablement à un Éléotris, si l'on en juge par une espèce desséchée, conservée au Muséum, et qui vient du Sénégal. (B.)

BOUDIN DE MER. ANNEL. (Jour. de phys., octobre 1778.) Animal qui paraît n'être qu'une Néréïde, trouvée sur les côtes du Hâvre, rempli de ce que Dicquemare appelait un Æthiops. Sa forme, fort extraordinaire et presque incompréhensible, a été si imparfaitement décrite qu'il est difficile de s'en former une idée. (B.)

BOUDIN NOIR OU TRIPANS. BOT. CRYPT. Champignon d'Italie fort bon à manger, et dont on trouve pour toute indication dans Paulet qu'il se rapproche de son *Mascarille* ou *Champignon masqué*; et qu'est-ce que *Mascarille* ou *Champignon masqué?* (B.)

BOUDRINE. BOT. CRYPT. Le Blé ergoté en quelques cantons de la France. (B.)

BOUE. GEOL. On entend ordinairement par ce mot les débris de tous les corps qui, s'usant et se décomposant à la surface de la terre, et se mêlant dans l'eau, forment un sédiment mou et souvent fétide à la surface du sol surtout des chemins de village et du pavé des villes. Cette Boue entraînée par les pluies dans les rivières, à l'aide des ruisseaux, est un des élémens principaux des alluvions et des attérissemens. (B.)

Il existe aussi des BOUES MINÉRALES; on nomme ainsi les sédimens des fontaines dont les eaux sont fortement imprégnées de gaz hydrogène sulfuré. On dirige ces sédimens où le soufre se dépose naturellement vers des endroits commodes où les malades puissent demeurer, pendant un temps déterminé, plongés dans les Boues. Il paraît que le soufre que contiennent les sédimens, s'y trouvant à l'état de division extrême, pénètre facilement dans les pores de la peau, et concourt puissamment à la guérison des maladies de cet organe. (DR..Z.)

BOUÉE, VIS BOUÉE OU TÉLESCOPE. MOLL. Nom vulgaire du *Trochus Telescopium* de Linné que, par une singulière méprise de caractères, Bruguière, et d'après lui Lamarck, ont placé dans le genre Cérite. C'est le *Cerithium Telescopium* de ces deux auteurs, dont Montfort a fait son genre TÉLESCOPE. *V.* ce mot. Cette Coquille doit être replacée dans le genre Trochus. *V.* TOUPIE. (F.)

BOUENNO-BRUISSO. BOT. PHAN. Syn. provençal de Sideritis. (B.)

BOUEN-RIBLÉ. BOT. PHAN. Syn. de *Marubium album* en Provence. (B.)

BOUENS-HOMES. BOT. PHAN. (Garidel.) Syn. provençal de *Salvia verbenaca*, L. (B.)

BOUFFE. MAM. Variété metisse du Barbet et de l'Epagneul. *V.* CHIEN. (A. D..NS.)

* BOUFFE. POIS. L'un des noms vulgaires de la Raie bouclée. (B.)

BOUFFRON. MOLL. L'un des noms vulgaires de la Sèche. *V.* ce mot. (F.)

BOUGAINVILLÉE. *Buginvillæa.* BOT. PHAN. Commerson a dédié ce genre de Plantes de la famille des Nyctaginées et de l'Octandrie Monogynie, L., au célèbre navigateur français de Bougainville, commandant l'expédition dont Commerson faisait partie. Il se distingue par son calice tubuleux coloré, dont le limbe est entier ou plissé; par ses étamines incluses et au nombre de sept ou huit; par son style qui est latéral et terminé par un stigmate renflé en forme de massue. L'ovaire est environné par un disque avec lequel la base des étamines est soudée. Le fruit est un akène recouvert par le calice qui est persistant.

Ce genre ne se compose encore que de deux espèces, toutes deux originaires de l'Amérique méridionale; ce sont deux Arbustes à feuilles alternes, ayant la tige garnie d'épines. Ses fleurs portées sur des pédoncules axillaires ou terminaux, sont groupées par trois, et environnées d'un involucre formé de trois larges bractées colorées.

L'une de ces espèces, découverte au Brésil par Commerson, porte le nom de *Buginvillæa spectabilis.* La seconde, rapportée par Humboldt et Bonpland, a été décrite et figurée dans le premier volume des Plantes équinoxiales, t. 49, sous le nom de *Buginvillæa peruviana.* Elle se distingue surtout par son calice dont le limbe offre dix dents, et par ses fleurs qui semblent naître sur la face supérieure des bractées. (A. R.)

BOUGAINVILLIEN. POIS. Espèce du genre Triure de Lacépède. *V.* ce mot. (B.)

BOUGIR. OIS. Syn. du Pétrel Puffin, *Procellaria Puffinus*, L. *V.* PÉTREL. (DR..Z.)

BOUGRAINE, BOUGRANE ou BUGRANE. BOT. PHAN. Noms vulgaires des *Ononis spinosa* et *arvensis*, L. *V.* ONONIDE. (B.)

BOUH. OIS. Syn. du Hibou Moyen-Duc, *Strix Otus*, L. *V.* CHOUETTE. (DR..Z.)

BOUI. BOT. PHAN. L'un des noms de pays du Baobab. *V.* ce mot. (B.)

BOUILLARD. OIS. Syn. vulgaire du Chevalier Gambette, *Scolopax Ca-*

BOUILLE. GÉOL. *V.* HOUILLE.

lidris, L. *V.* CHEVALIER. (DR..Z.)

BOUILLEUR DE CANARI. OIS. Syn. vulgaire des Anis, *Crotophaga*, L. à la Guiane. *V.* ANI. (DR..Z.)

BOUILLON. BOT. PHAN. Nom vulgaire des Végétaux du genre *Verbascum*, qui croissent le plus communément en Europe. Ainsi l'on appelle :

BOUILLON BLANC, le *Verbascum Thapsus.*

BOUILLON MITIER, le *Verbascum Blattaria.*

BOUILLON NOIR, les *Verbascum nigrum* et *Lychnitis.* *V.* MOLÈNE. (B.)

BOUILLON SAUVAGE. BOT. PHAN. Syn. de *Phlomis fruticosa*, L. *V.* PHLOMIDE. (B.)

BOUILLOT. BOT. PHAN. Syn. d'*Anthemis Cotula* dans quelques cantons de la France. *V.* CAMOMILLE. (B.)

* BOUIRE. MOLL. *V.* BUIRE.

BOUIS. OIS. Syn. du Pilet, *Anas acuta*, L. en Provence. *V.* CANARD. (DR..Z.)

BOUIS. BOT. PHAN. Vieux nom français du Buis, *Buxus.* Aux Antilles, il désigne deux Arbres du genre *Chrysophyllum*, et quelquefois le Baobab en Afrique. (B.)

BOUJARON DE MER. POIS. *V.* BLENNIE.

BOUKA-KELY. BOT. PHAN. (Rhéede. *Hort. Mal.* T. XII, t. 33.) L'une des Orchidées du Malabar, confondue par Lamarck avec l'Angrec stérile, et qui mérite d'être mieux examinée. (B.)

BOUKCH. MOLL. Selon Adanson (Sénégal, p. 218 et 221), les Nègres du Sénégal appellent ainsi la Clonisse des Marseillais, *Venus verrucosa* de Linné et Lamarck. *V.* BIVERONE, CLONISSE et VÉNUS. (F.)

BOUKRANION. BOT. PHAN. L'un des noms de l'*Antirrhinum majus* dans Dioscoride. (B.)

BOULA. BOT. CRYPT. L'un des noms vulgaires des *Boletus ungulatus* et *igniarius*, L. dont on fait de l'Amadou. *V.* AGARIC DES PHARMACIES. (B.)

BOULANG. POIS. *V.* IKAN-BOULANG.

BOULAR. OIS. (Cotgrave.) Syn. de la Mésange à longue queue, *Parus caudatus*, L. *V.* MÉSANGE. (DR..Z.)

BOULATOBI. BOT. PHAN. Syn. caraïbe d'*Eupatorium punctatum*. (B.)

BOULBOUL. OIS. *V.* BOUBOUT.

BOULE DE NEIGE. BOT. PHAN. Nom vulgaire de la variété du *Viburnum Opulus*, dont la culture a rendu toutes les fleurs stériles et disposées en forme de boule. *V.* VIORNE. (B.)

BOULEAU. *Betula*. BOT. PHAN. Les auteurs modernes ont avec raison, à l'exemple de Tournefort, retiré du genre *Betula* les Aunes qui en diffèrent par plusieurs caractères essentiels. Le genre Bouleau de Tournefort est devenu, avec l'*Alnus*; le type d'une famille nouvelle dont nous exposerons les caractères au mot BÉTULACÉES. (*V.* ce mot au Supplément.) Les Bouleaux présentent pour caractères distinctifs : des fleurs monoïques, disposées en chatons; les chatons mâles sont longs, cylindriques et terminaux; les écailles sont groupées et soudées par six, et donnent attache à six étamines, dont les anthères ont les loges écartées et distinctes, et que l'on pourrait considérer comme formant trois fleurs, ainsi que cela s'observe dans les Aunes. Les chatons femelles sont beaucoup plus petits, également cylindriques, latéraux; les écailles offrent deux ou trois fleurs à leur aisselle : elles se composent d'un ovaire membraneux sur les bords, terminé par deux stigmates filiformes. Les fruits sont de petites samares membraneuses à une seule loge et à une seule graine, renfermées entre les écailles du chaton, qui sont minces et caduques.

Tous les Bouleaux sont des Arbres ou plus rarement des Arbrisseaux à feuilles simples et alternes, accompagnées de deux stipules caduques à leur base. On en compte environ vingt espèces, dont près de la moitié sont originaires de l'Amérique septentrionale; les autres croissent en Europe ou en Asie. L'espèce la plus remarquable est le Bouleau blanc, *Betula alba*, indigène de toute l'Europe, et qui se distingue par son tronc couvert d'une écorce qui s'enlève par feuillets blancs et nacrés, par ses rameaux grêles et pendans à la manière du Saule pleureur, et par ses feuilles glabres, un peu visqueuses, deltoïdes et dentées. Cet Arbre est d'une grande utilité dans les plantations; en effet, il croît dans les terrains les plus maigres, les plus sablonneux, et là où aucun autre Arbre ne pourrait végéter. Son bois est blanc, tendre, léger, et sert principalement pour le chauffage des fours; les jeunes rameaux sont employés à faire des balais; mais c'est particulièrement pour les habitans du nord de l'Europe et de l'Asie que le Bouleau est d'une grande utilité. Cet Arbre, en effet, est le seul que l'on rencontre sur les montagnes et dans les plaines glacées de la Laponie, du Groënland et du Kamtschatka. On se sert de son écorce, qui est très-durable et inaltérable par la pluie, pour recouvrir les cabanes; on prépare aussi avec elle des espèces de sandales ou de brodequins. Lorsque l'écorce intérieure du Bouleau est encore abreuvée des sucs fournis par la végétation, elle est tendre et sucrée, et les Kamtschadales s'en nourrissent. On prépare aussi avec la sève que l'on retire, en pratiquant à la tige des trous profonds, une liqueur fermentée, très-employée en Russie, en Suède et dans les autres parties du nord de l'Europe.

Le Bouleau noir de l'Amérique septentrionale a une écorce légère, mince et très-résistante ; les Sauvages s'en servent pour fabriquer des pirogues très-légères, qu'ils enlèvent facilement sur leurs épaules, lors de leurs incursions dans l'intérieur des terres ; de-là le nom de Bouleau à canot donné à cet Arbre. (A. R.)

BOULECH. BOT. PHAN. Syn. d'*Anthemis arvensis*, L. dans quelques cantons de la France méridionale. (B.)

BOULEOLA. BOT. PHAN. Syn. caraïbe d'*Aristolochia triloba*. *V*. ARISTOLOCHE. (B.)

BOULEREAUX ET BOULEROT. POIS. *V*. GOBOUS. (B.)

BOULES DE MARS OU DE NANCY. MIN. C'est le résultat d'un mélange de tartrate de Potasse et de limaille de Fer, que l'on a fait bouillir avec de l'Alcohol jusqu'à consistance de pâte, dont on a ensuite formé des boulettes de la grosseur d'une noix. On emploie l'eau, animée d'un peu d'Alcohol, dans laquelle on a fait tremper la boulette, comme topique pour la guérison des plaies et blessures. (DR..Z.)

BOULES DE MERCURE. MIN. Un amalgame de Mercure et d'Etain réduit en poudre était autrefois employé à la clarification des eaux impures. Les progrès de la science ont fait justice d'une coutume absurde dont les résultats pouvaient ne pas toujours être sans danger. (DR..Z.)

BOULESIE. BOT. PHAN. Même chose que Bowlesie. *V*. ce mot. (B.)

BOULET. BOT. CRYPT. Par corruption de *Boletus*, syn. provençal de Bolet, et quelquefois de l'Oronge, *Agaricus Aurantiacus*, L. *V*. ce mot. (AD. B.)

BOULET DE CANON. BOT. PHAN. *V*. COUROUPITE.

BOULETTE. BOT. PHAN. L'un des noms vulgaires du *Globularia vulgaris*, du *Cephalanthus* et des *Echinops*, dont les fleurs sont disposées en boules. (F.)

BOULEVART OU BOULEVERT. BOT. CRYPT. Nom vulgaire que Leman présume convenir à une variété du *Boletus bovinus*, L. (B.)

BOULI. OIS. Syn. vulgaire du grand Pluvier, *Charadrius hiaticula*, L. *V*. PLUVIER. (DR..Z.)

* BOULIER. POIS. Nom vulgaire indifféremment appliqué au Thon et à l'Ombre. *V*. SCOMBRE et SCIÈNE. (B.)

BOULIGAULE ET BOULIGOULOU. BOT. CRYPT. *V*. BALIGOULE.

BOULOU OU VOULOU. BOT PHAN. Syn. de Bambou à Madagascar et chez les Malais. (B.)

BOULOUSE. REPT. CHEL. Nom de pays du *Trionyx javanensis*. Espèce de Tortue. *V*. TRIONYX. (B.)

BOULTON. POIS. Une espèce d'Holocentre. *V*. ce mot. (B.)

BOUM, BOUMAH, BOMEH. OIS Syn. égyptien de la Chevêchette, *Strix acadica*, L. *V*. CHOUETTE. (DR..Z.)

BOUMELIA. BOT. PHAN. (Theophraste.) Syn. de Frêne. (B.)

BOUNARD DI ROC. OIS Syn. de *Motacilla Rubecula* dans les Alpes. (DR..Z.)

BOUNCE. POIS. Syn. de Roussette, espèce de Squale, sur la côte de Cornouaille. (B.)

BOUNICOU. POIS. (Risso.) Syn. de Rochier, espèce de Squale sur la côte de Nice. (B.)

BOUON. MAM. L'un des noms provençaux du Bœuf selon Desmarest. (A. D..NS.)

BOUQUET. BOT. PHAN. Disposition particulière des fleurs dans certaines Plantes, à laquelle Richard a donné le nom plus convenable de Sertule. *V*. ce mot. (B.)

BOUQUET PARFAIT. BOT. PHAN. Syn. de *Dianthus Armeria*, L. *V*. ŒILLET. (B.)

BOUQUETIN ET BOCK-STEIN.

MAM. *Capra Ibex*. Espèce du genre Chèvre.

Brown appelle BOUQUETIN BATARD la Chèvre transportée à la Jamaïque où elle paraît s'être modifiée par l'effet du climat.

Ce qu'on a nommé BOUQUETIN DU CAUCASE est le *Capra caucasica* de Geoffroy.

Le BOUQUETIN A CRINIÈRE D'AFRIQUE est encore une Chèvre. *V*. ce mot. (B.)

BOUQUETINE. BOT. PHAN. Syn. languedocien de Boucage. *V*. ce mot. (B.)

BOUQUIN. MAM. Le mâle dans l'espèce du Lièvre. *V*. ce mot. C'est aussi un Bouc en vieux français. (B.)

BOUQUIN BARBE. BOT. CRYPT. L'un des noms vulgaires du *Clavaria coralloides*, L. (B.)

BOUR ET BOURRE. OIS. Syn. vulgaire de la Canne Bouret et du Canardeau ou jeune Canard. *V*. CANARD. (DR..Z.)

BOURANDES. BOT. PHAN. Même chose que Bugrane. (B.)

BOURASAHA. BOT. PHAN. *V*. BURASAIA.

BOURBEUSE. REPT. CHEL. Espèce de Tortue du genre Émyde. *V*. ce mot. (B.)

BOURBONNAISE. BOT. PHAN. Nom vulgaire de la variété double du *Lychnis viscaria*, Plante assez triste et sans utilité, que l'on conserve cependant dans quelques jardins. (B.)

BOURDAINE OU BOURGÈNE. BOT. PHAN. Syn. vulgaire de *Rhamnus Frangula*, L. *V*. NERPRUN. (B.)

BOURDELAS. BOT. PHAN. *V*. BORDELAIS.

BOURDIN. MOLL. Nom donné par Belon, selon d'Argenville, aux Oreilles de mer, *Haliotis* de Linné. Mais nous ne savons sur quelle autorité Bosc et Blainville (Nouv. Dict. d'Hist. nat. et Dict. des Sc. nat.) désignent cette dénomination comme se rapportant à l'*Haliotis striata* de Linné, que Belon n'a pas connu. Bruguière, qui renvoie pour ce nom à l'Haliotide strié, n'a pas décrit ce genre, et l'on ne peut savoir l'espèce qu'il voulait désigner ainsi. (F.)

* BOURDIQUE. POIS. Syn. de *Cobitis fossilis*. *V*. COBITE. (B.)

BOURDON. *Bombus*. INS. Genre de l'ordre des Hyménoptères, famille des Mellifères, tribu des Apiaires, compris par Linné dans sa division des Abeilles très-velues, *Bombinatrices hirsutissimæ*, distingué par nous, adopté ensuite par les autres entomologistes, et formant avec nos Euglosses le genre *Brême* de Jurine. Ces Insectes qu'il ne faut pas confondre, à raison de l'homonymie, avec les mâles de notre Abeille domestique, vivent comme elle en société composée de trois sortes d'individus, de mâles, de femelles, de neutres ou d'ouvriers, mais beaucoup moins nombreuse et temporaire, du moins dans nos climats, où se renouvelant chaque année. La nature a pourvu les deux dernières sortes d'individus de ces instrumens, propres à récolter le pollen des fleurs, désignés sous les noms de corbeilles, de palettes et de brosses, dont il a été fait mention à l'article Abeille. Le premier article des tarses postérieurs (et celui aussi des intermédiaires, quoique moins dilaté) forme de même une palette en carré long, garnie à sa face interne d'une brosse, mais continue, ou sans ces stries transverses que l'on observe à celle de notre Abeille domestique. Les Bourdons, en outre, se distinguent des Abeilles et des autres genres d'Apiaires vivant en société, par la réunion des caractères suivans : labre transversal; mandibules des femelles et des neutres presque en forme de cuiller, sillonnées sur le dos, avec deux petites échancrures à leur extrémité supérieure interne; celles des mâles plus étroites, barbues à leur base, fortement bidentées au bout; trompe plus courte que le corps; palpes maxillaires composés d'un seul article, très-petit, subelliptique; le troisième et le quatrième ou dernier des labiaux rejetés en dehors, ou obliques relativement aux précédens; paraglosses courtes, en forme d'écaille pointue; antennes filiformes, coudées; petits yeux lisses, disposés sur une ligne transverse; corps épais, bombé, garni de poils nombreux, formant souvent des bandes de diverses couleurs; écusson point prolongé; trois cellules cubitales dont la première est coupée perpendiculairement dans son milieu par une petite nervure; jambes postérieures terminées par deux épines. Quelques Abeilles Perce-bois ou Xylocopes étant assez velues, colorées aussi par zones, Fabricius, trompé par ces faibles rapports extérieurs, a réuni ces Insectes avec les Bourdons. N'ayant point fait une étude particulière des différences sexuelles, il a distingué comme espèces propres quelques mâles de ce dernier genre, autrement colorés que les deux autres individus. Huber fils, dans un excellent Mémoire sur les Bourdons, qui fait partie du sixième volume des Transactions de la Société Linnéenne, et Kirby, dans son beau travail sur les Abeilles de la Grande-Bretagne, nous ont fait connaître ces particularités sexuelles. Mais le premier a de plus enrichi de nouveaux faits l'histoire de ces Insectes, déjà bien éclaircie par Réaumur. A l'égard des mêmes différences sexuelles, un bon observateur qui nous a été enlevé à la fleur de son âge, Lachat, et l'un des collaborateurs de cet ouvrage, dont le public, par la lecture des articles qui lui sont propres, a dû, ainsi que nous, apprécier le talent, Victor Audouin, ont porté leurs recherches plus loin que Réaumur, et par des descriptions plus détaillées et plus exactes des parties masculines, fixé, d'une manière invariable, les limites de certaines espèces. Les organes sexuels des mâles des Bourdons ont, en général, plus de ressemblance avec ceux des Apiaires solitaires, qu'avec ceux des faux Bourdons ou des mâles de l'Abeille domestique. Nous ne pouvons d'autant moins présenter ces détails, qu'ils ne pourraient être bien compris sans le secours de figures nombreuses que la nature de cet ouvrage nous interdit; il suffira de dire que l'appareil de ces organes est composé : 1° de deux pinces extérieures, courbées et terminées par un petit appendice à leur extrémité, formant, réunies, une espèce de lyre; 2° de deux pièces intérieures, imitant un fer de lance; et 3° d'un pénis membraneux, grand, presque cylindrique, et d'où Réaumur a vu sortir une liqueur gluante. Lachat et Audouin ont donné des noms particuliers à ces diverses parties, mais que nous ne reproduirons point ici, attendu que le dernier, s'occupant actuellement d'un travail général et comparatif sur ces parties considérées dans tous les Insectes, exposera probablement en temps et lieu le fruit de ses intéressantes recherches. Un sujet plus agréable pour le commun de nos lecteurs, l'histoire succincte des Bourdons, va fixer notre attention. Réaumur et Huber fils seront nos guides.

Ainsi que dans la plupart des Insectes, les femelles sont d'une taille plus grande que les mâles. Celle des ouvrières tient le milieu. Réaumur avait aperçu parmi ces derniers individus deux variétés de grandeurs, et dont les plus petits lui avaient paru plus alertes et plus actifs. Le fait a été vérifié par Huber fils. D'après ses observations, plusieurs de ces ouvrières nées au printemps, s'accouplent, au mois de juin, avec des mâles provenus, comme elles, de la même mère, pondent peu de temps après, mais exclusivement des œufs de mâles. Ces ouvrières sont donc de véritables femelles, mais plus petites, et avec des fonctions génératrices bornées. Les mâles auxquels ils donnent le jour, sont destinés à féconder les femelles qui n'éclosent que dans l'arrière-saison, et du nombre desquelles celles qui échappent aux rigueurs de l'hiver, jetteront, au printemps prochain, les fondemens d'une nouvelle colonie; les autres individus, sans en excepter les petites femelles, périssent aux approches de l'hiver.

Les femelles ordinaires survivantes s'occupent, dès les premiers beaux jours du printemps, de la construction de leur nid, le plus souvent placé dans la terre, à un ou deux pieds de profondeur; les prairies en pente, les collines, les plaines sèches et les lisières des bois ou des bosquets, sont les lieux qu'elles choisissent. Quelques-unes s'établissent au bas des murs ou dans leurs fentes, sous des pierres même (*Apis lapidaria*) et à la surface du sol. Les cavités qu'elles y pratiquent sont assez considérables, plus basses que hautes et en forme de dôme. De la terre, de la mousse cardée brin à brin, et qu'elles y transportent en entrant dans ces demeures souterraines à reculons, en composent la voûte; les parois intérieures sont revêtues d'une calotte de cire brute et grossière. Là, une galerie tortueuse, couverte de mousse, longue d'un à deux pieds, conduit à l'habitation; ici, une simple ouverture, pratiquée au bas du nid, sert uniquement de passage; une couche de feuilles sur laquelle reposera la couvée tapisse le fond de la cavité. La mère y place ensuite la pâtée consistant en des masses de cire brune, irrégulières, mamelonnées et comparées par Réaumur, à raison de cette forme et de la couleur, à des truffes. Les œufs et les larves qui en sortent occupent l'intérieur des vides celluleux compris entre les masses. Trois à quatre petits corps, de la même matière, en forme de petits pots, presque cylindriques, toujours ouverts et plus ou moins remplis de bon miel, se voient aussi au fond de l'habitation, mais non constamment à la même place. Les ouvrières, dit-on, emploient quelquefois à la même fin des coques d'où les nymphes sont sorties; mais comme ces coques sont de consistance soyeuse et percées extérieurement d'un trou, ce fait me paraît réclamer de nouvelles observations.

Les larves éclosent quatre à cinq jours après la ponte, et vivent en société jusqu'au moment où elles doivent passer à l'état de nymphe; alors elles se séparent et filent des coques de soie fixées verticalement les unes contre les autres et de forme ovoïde. La nymphe, de même que celle de la femelle de l'Abeille ordinaire, s'y tient dans une situation renversée, et lorsqu'elle devient Insecte parfait, en sort par une ouverture inférieure. Suivant Réaumur, les larves se nourrissent de la cire ou de la pâtée sur laquelle elles reposent; mais, au témoignage de Huber, cette matière les garantit simplement du froid et de l'humidité, et leur nourriture, ainsi que celle des larves des autres Apiaires, consiste dans une certaine quantité de pollen, humecté d'un peu de miel, que les femelles et les ouvrières ont soin de leur fournir. Lorsque les larves ont épuisé leurs provisions, leurs nourrices, après avoir percé le couvercle de leurs cellules, leur en donnent de nouvelles, et ajoutent même une nouvelle pièce à l'habitation, ou l'agrandissent, si les larves, par l'effet de la croissance, se trouvent logées trop à l'étroit. Au moment où ces larves doivent quitter l'état de nymphe, ce qui a lieu en mai et juin, les mêmes nourrices dégagent les coques en enlevant la cire du massif qui les embarrasse, et facilitent ainsi la sortie de l'Animal. Les ouvrières qui viennent de naître s'empressent d'aider leur mère dans ses travaux, et bientôt après, le nombre des cellules et des coques servant d'habitation soit aux larves, soit aux nymphes, s'accroît tellement, qu'avec les réservoirs à miel, elles forment des gâteaux irréguliers, s'élevant par étages, mais sur les bords desquels on remarque toujours la matière brune que Réaumur considère comme de la pâtée. Au rapport de Huber, les ouvrières sont très friandes des œufs, et profitent quelquefois de l'éloignement de la femelle pour entr'ouvrir les cellules qui les contiennent, afin de sucer une matière laiteuse de leur intérieur. Un fait si extraordinaire paraîtrait démentir l'attachement connu de ces Insectes pour les germes de leur postérité, et nous avons tout lieu de soupçonner qu'il tient à quelque circonstance particulière qui n'a pas encore été approfondie. D'après le même observateur, les Bourdons ont, comme l'Abeille, des organes sécrétant la cire, et cette substance, provenant aussi d'un miel élaboré, transsude encore de la même manière que dans l'Abeille. Cependant, ainsi que nous l'avons dit dans notre Mémoire sur l'origine de la cire (Mém. du Mus. d'Hist. natur. tom. 8, pag. 147), la portion des segmens abdominaux, transsudant cette matière, est beaucoup plus étroite, surtout au milieu, que dans l'Abeille domestique, et l'on n'y distingue point de poche, attendu que chaque membrane de ces segmens est homogène et continue, et que cette portion de segmens ciriers n'est elle-même qu'une poche occupant toute son étendue. Nous n'avons pas encore aperçu entre eux des lames de cire. Chaque habitation offre plusieurs femelles vivant en paix et en bonne intelligence. L'accouplement a lieu au dehors ou dans l'air, et l'on rencontre quelquefois les deux sexes réunis sur les Plantes. Leur fécondité est très-inférieure à celle de l'Abeille.

Ces Hyménoptères ont plusieurs ennemis, tels que les Renards, les Blaireaux, les Belettes, les Fouines, les Mulots, des Rats, des Fourmis et des Teignes. Malheur surtout à eux, si des cultivateurs avides de leur miel viennent à découvrir leur habitation, ou s'ils vont recueillir ce miel dans des lieux trop fréquentés par des enfans qui, tels que ceux des cités populeuses, connaissent la partie du corps de ces Insectes où le réservoir de cette liqueur est situé. Des Volucelles (*Syrphus*, Fab.) vont déposer leurs œufs dans les nids des Bourdons, où les larves auxquelles ces œufs donnent le jour dévorent les œufs des possesseurs. Celle d'une espèce de Conops décrite par Lachat et Audouin (Journ. de Phys., mars 1819) vit, à la manière des Vers intestinaux et des larves de Rhipiptères, dans l'intérieur de l'abdomen des Bourdons en état parfait, et ayant acquis des ailes, en sort par les intervalles des anneaux.

Les Bourdons composent un genre nombreux et dont les espèces sont répandues dans toutes les parties du monde. Celle que Jurine a représentée comme type, *Bremus scutellatus* (Hyménopt. pl. 12, genr. 37), le B. écusson-jaune, est toute noire, avec la partie antérieure du thorax et la région scutellaire jaunes. Elle se trouve dans la ci-devant Provence et en Piémont. Une autre des mêmes contrées, mais qui remonte plus au nord, et qu'Allioni, dans un catalogue des Insectes du Piémont, avait le premier bien caractérisée, est le B. à quatre bandes, *B. ruderatus* de Fabricius. Il est noir avec le dessus du thorax jaune, et coupé dans son milieu par une bande noire; l'abdomen est jaune en devant, et blanc à l'extrémité opposée. Dans le B. terrestre, *B. terrestris*, Réaum. Mém. des Insectes, tom. 6, pl. 3, fig. 1, le corps, pareillement noir et terminé aussi postérieurement par des poils blancs, a le devant du thorax et le second anneau de l'abdomen garnis de poils jaunes. Dans les femelles et les neutres du B. des pierres, *B. lapidarius* de Fabricius, espèce la plus commune de toutes, le corps est tout noir, avec les derniers anneaux de l'abdomen fauves. Mais dans le mâle, *B. Arbustorum*, le devant de la tête et les deux extrémités du corselet ont des poils jaunes. Le B. des rochers, *B. rupestris* de Fabricius, ressemble, au premier coup-d'œil, à la femelle du précédent, mais ses ailes sont noirâtres; il est rare dans nos environs. Le B. des Mousses, *B. Muscorum* de Fab., Réaum. *Ibid.* pl. 2, fig. 1—3, est jaunâtre, avec le thorax fauve. Le B. de Laponie, *B. laponicus*, s'étend au nord de l'Amérique jusqu'à la Nouvelle-Écosse. On rangera avec les Xylocopes un Insecte que Réaumur représente comme une espèce égyptienne de Bourdon, *ibid.* pl. 3, fig. 2—3. *V.*, relativement aux

Brêmes exotiques citées par Jurine, et dont la corbeille des jambes postérieures est différente de celle des Bourdons, l'article EUGLOSSE. (LAT.)

BOURDON DE SAINT-JACQUES. BOT. PHAN. Syn. d'*Alcea rosea*, L. *V.* GUIMAUVE. (B.)

BOURDONNEMENT. *Bombus.* INS. On donne ce nom au bruit que font entendre certains Insectes en volant. La cause de ce bruit a beaucoup occupé les observateurs qui ne s'accordent nullement sur ce point; nous chercherons à l'éclaircir en traitant du vol et de la respiration. *V.* ces mots; ainsi que TRACHÉES et STIGMATES. (AUD.)

BOURDONNEURS. OIS. Nom vulgaire des Colibris et Oiseaux-Mouches, que leur a valu, chez les Créoles, le bruit semblable à celui d'un rouet, que produit leur vol. (DR..Z.)

BOUREAU. POIS. Pour Bourreau. *V.* ce mot. (B.)

BOUREL DE MER. MOLL. Bosc (Nouv. Dict. d'Hist. nat.) renvoie au *Buccin des Tritons* pour expliquer ce que c'est, mais il ne mentionne pas ce mot dans le Dictionnaire, de sorte qu'il est impossible d'en dire autre chose. (F.)

BOURET. OIS. Syn. de jeune Canard, en Normandie, selon Sonnini. (DR..Z.)

BOURGÈNE. BOT. PHAN. *V.* BOURDAINE.

BOURGEON. *Gemma.* BOT. PHAN. La plupart des botanistes désignent sous ce nom de petits corps ordinairement de forme conique, composés d'écailles imbriquées, que l'on observe à l'aisselle des feuilles ou au sommet des rameaux dans les Végétaux ligneux, ou au collet de la racine dans les Plantes herbacées vivaces. Les Bourgeons doivent être considérés comme les rudimens des tiges des feuilles et des organes de la fructification. Formés d'écailles appliquées intimement les unes sur les autres, ils offrent à leur intérieur un petit rameau chargé de feuilles rudimentaires diversement plissées sur elles-mêmes, parmi lesquelles on observe souvent aussi les fleurs qui doivent plus tard se développer. Mais le mot de Bourgeon a un sens encore plus étendu, car les bulbes, les bulbilles, certaines espèces de tubercules charnus, sont pour nous de véritables Bourgeons. En effet, si l'on examine la structure intérieure d'un Oignon ou Bulbe, on verra qu'elle est absolument la même que celle des autres Bourgeons, c'est-à-dire qu'il renferme, au milieu d'écailles diversement disposées, les rudimens d'une jeune tige, des feuilles et des fleurs qu'elle doit porter. Quant aux bulbilles, leur analogie, ou, pour mieux dire, leur similitude avec les Bourgeons, est encore plus facile à saisir : comme ces derniers, elles naissent à l'aisselle des feuilles; comme eux, elles se composent d'écailles imbriquées au centre desquelles repose la jeune pousse. La seule différence bien notable, c'est que les bulbilles détachées du Végétal, sur lequel elles se sont formées et placées dans des circonstances favorables, peuvent se développer et se changer, comme les véritables graines, en une autre Plante entièrement semblable à celle dont elles ont tiré leur origine. Nous avons dit également que certaines espèces de tubercules charnus, qu'on observe à la base des tiges ou sur des racines, devaient également être regardés comme de véritables Bourgeons. C'est ainsi, par exemple, que les deux tubercules que l'on trouve à la base de la tige des Orchis, remplissent absolument les mêmes fonctions que les Bourgeons écailleux des autres Végétaux. En effet, que l'on fende longitudinalement un de ces tubercules au printemps; et l'on trouvera dans son intérieur les rudimens de la tige et des feuilles, qui, plus tard, se développeront pour reproduire la Plante. Au reste, nous traiterons plus en détail de cette analogie aux mots BULBE, BULBILLES et TUBERCULES.

Revenons aux Bourgeons proprement dits.

Les botanistes ont donné le nom de Turion, *V.* ce mot, au Bourgeon souterrain qui s'élève chaque année de la racine des Plantes vivaces. Ainsi, dans l'Asperge, dans les Pivoines, etc., la jeune pousse, au moment où elle commence à se montrer, porte le nom spécial de Turion.

Les Bourgeons écailleux n'existent généralement que sur les Arbres des régions septentrionales ou tempérées; ceux des pays méridionaux ont les leurs dépourvus d'écailles, qui sont des organes protecteurs destinés à abriter la jeune pousse contre les rigueurs et l'intempérie de l'hiver. Outre plusieurs rangées d'écailles, la jeune pousse est souvent protégée contre le froid par un amas plus ou moins considérable d'un tissu tomenteux ou d'une sorte de bourre, au milieu de laquelle elle repose mollement; elle est protégée contre la pluie et l'humidité par un enduit résineux qui recouvre la surface externe des Bourgeons. Cependant certains Arbres des pays chauds ont des Bourgeons écailleux et même enduits d'un vernis résineux : ce sont particulièrement ceux qui sont susceptibles de s'acclimater dans nos jardins. Ainsi l'Hippocastane ou Marronnier d'Inde, qui fait aujourd'hui l'ornement de nos promenades, et qui est originaire des Grandes-Indes, est pourvu de Bourgeons écailleux, très-gros et très-résineux. Les écailles qui composent les Bourgeons sont toujours des organes avortés et rudimentaires dont la nature et l'origine varient singulièrement. Le plus souvent ce sont de jeunes feuilles qui trop extérieures ne reçoivent point assez de nourriture pour se développer, et restent rudimentaires, comme dans le Bois gentil (*Daphne Mezereum*, L.) et la plupart des Plantes herbacées; ces Bourgeons portent dans ce cas le nom de Bourgeons *foliacés*. D'autres fois les stipules en se groupant constituent les enveloppes de la jeune pousse. Le Charme, le Hêtre, le Tulipier nous en offrent des exemples, mais qui sont encore plus remarquables dans les Figuiers et les Magnolia, où une seule stipule, souvent d'une grandeur considérable, recouvre tout le Bourgeon à la manière d'une spathe; on les nomme Bourgeons *stipulacés*. Les feuilles et les stipules ne sont pas les seuls organes capables de former les Bourgeons écailleux, les pétioles nus ou garnis de stipules concourent quelquefois à leur formation. Le Noyer nous offre un exemple de cette première disposition où les Bourgeons se nomment *pétiolacés*, et nous en trouvons un de la seconde dans les Bourgeons des Pruniers, qu'on appelle alors *fulcracés*.

On distingue encore les Bourgeons suivant les organes qu'ils développent au moment de leur évolution, en Bourgeons à feuilles, Bourgeons à fruits et Bourgeons mixtes. Cette distinction se fait particulièrement pour les Arbres fruitiers. Les Bourgeons à feuilles ou *foliifères*, sont ceux qui ne sont composés que de feuilles; on les reconnaît à leur forme allongée et pointue. On nomme Bourgeons à fruits ou *fructifères* ceux qui renferment les fleurs; ils sont plus gros, plus arrondis. Enfin les Bourgeons mixtes renferment à la fois des feuilles et des fleurs; leur forme tient le milieu entre celles des Bourgeons foliifères et fructifères, c'est-à-dire qu'ils sont plus renflés que les premiers et plus allongés que les seconds. Cette distinction est fort utile dans la pratique du jardinage, à l'époque de la taille des Arbres, où le jardinier doit retrancher les Bourgeons à feuilles pour favoriser l'évolution des Bourgeons qui doivent porter du fruit.

Les Bourgeons ne sont pas toujours très-apparens à l'extérieur; il est même certains Arbres dans lesquels ils ne sont pas du tout visibles. Ainsi dans l'Acacia et plusieurs autres Légumineuses, ils sont engagés dans la substance même du bois. Dans les Sumacs, les Platanes, beaucoup de Polygonées, les Bourgeons sont cachés sous la base des pétioles qui semble creusée à cet effet. — En général les Bourgeons ne contiennent dans leur intérieur qu'une seule pousse : on dit alors qu'ils sont *simples*. Mais il y a certains Arbres dont les Bourgeons sont *composés* de plusieurs pousses qu'ils développent simultanément ; ainsi dans les Pins, les Sapins, les Epicea, etc., on voit le Bourgeon terminal produire, outre la continuation de la tige, un verticille de jeunes rameaux.

Les Bourgeons commencent à se montrer en été, c'est-à-dire dans le moment où la végétation a le cours le plus rapide et la force la plus grande ; ils sont alors sous la forme d'un petit tubercule qui porte spécialement le nom d'*œil;* après la chute des feuilles, ils s'accroissent insensiblement, et on les nomme alors *boutons*; enfin après être restés stationnaires pendant la froide saison, au retour du printemps ils se gonflent rapidement ; leurs écailles s'écartent, s'entr'ouvrent, et l'on en voit sortir la jeune branche. Celle-ci s'allonge rapidement ; les jeunes feuilles qu'elle supporte et qui étaient d'abord repliées plusieurs fois sur elles-mêmes et très-rapprochées les unes des autres, se déploient, s'étalent, s'éloignent, et la jeune pousse porte alors le nom de *scion*. Si l'on fend longitudinalement l'axe du Bourgeon ou le jeune scion au moment où il commence à se développer, on voit à son centre une ligne de tissu cellulaire, qui représente le canal médullaire et qui communique, au moins pendant un certain temps, avec la moelle du jeune rameau sur lequel les Bourgeons ont pris naissance. Autour du canal médullaire, sont des fibres ou tubes qui tirent leur origine des faisceaux les plus externes de la couche ligneuse du jeune scion, et avec lesquels elles finissent par se confondre entièrement.

Il existe, entre le Bourgeon écailleux des Arbres dicotylédons et le jeune embryon contenu dans les enveloppes séminales, une ressemblance de structure assez grande, pour que la comparaison qui a été faite de ces deux parties par quelques botanistes ne paraisse point dénuée de ressemblance. En effet, le tégument propre de la graine et l'endosperme lui-même, quand il existe, ne sont que des organes accessoires, destinés seulement à abriter et à protéger la plantule avant la germination, comme les écailles du Bourgeon avant l'élongation du scion.

Aubert Du Petit-Thouars, dans sa Théorie de l'organisation végétale, fait jouer aux Bourgeons un rôle beaucoup plus important que celui qu'on leur attribue communément. Il les considère comme les seuls agens de l'accroissement en diamètre du tronc dans les Arbres dicotylédons. Ce sont pour lui autant d'embryons germans, qui, de leur partie inférieure ou du point par lequel ils adhèrent à la branche, envoient entre la dernière couche ligneuse et le liber des faisceaux de fibres descendantes qui, par leur réunion, constituent chaque année une nouvelle couche de jeune bois ; tandis que par leur partie supérieure qui est libre, ils s'allongent et poussent une jeune tige. Nous renvoyons au mot ACCROISSEMENT dans les Végétaux, où nous avons exposé, avec quelques détails, cette ingénieuse théorie. (A. R.)

BOURGEONNEMENT. *Gemmatio*. BOT. PHAN. C'est l'ensemble des phénomènes qui accompagnent le développement et l'évolution des Bourgeons. L'époque du Bourgeonnement dans les Végétaux est ordinairement celle du printemps, où la chaleur du soleil gonfle le Bourgeon, entr'ouvre les écailles pour mettre en liberté la jeune pousse emprisonnée pendant la froide saison. De Candolle donne le nom de Bourgeonnement à l'ensemble des Bourgeons. (A. R.)

BOURGEON SÉMINIFORME. BOT. et ZOOL. Palisot Beauvois a imposé ce nom aux corps reproducteurs des Conferves, des Varecs, des Champignons, des Polypes et autres Plantes ou Animaux qui n'ont point d'organes apparens de reproduction, et que d'autres naturalistes ont, selon le même auteur, appelés Ovules. Les ovules sont des corps reproducteurs tellement visibles et constatés, et si différens de tout ce qui peut avoir rapport à un Bourgeon, que le nom proposé par Beauvois ne saurait être adopté relativement à ces ovules qui sont de véritables graines ou plutôt des gemmes quand ils ne sont pas des Animaux comme dans nos Zoocarpées. *V.* ARTHRODIÉES et ZOOCARPES. On pourrait réserver le nom de Bourgeons séminiformes à ces sortes de bourrelets ou de tubercules, qui se développent à la vérité en certains cas dans les filamens de nos Vaucheries (*Prolifères* de Vaucher) ou sur les frondes de quelques Hydrophytes qui semblent alors devenir prolifères. Les Hydres, ou Polypes d'eau douce de Trembley, offrent quelque chose d'analogue; mais le mot Bourgeon peut-il s'appliquer à des parties quelconques d'êtres dont l'animalité est déjà si développée? Autant vaudrait l'appliquer au rudiment des pates dans le Têtard. (B.)

BOURGEONNIER. OIS. Syn. vulgaire du Bouvreuil, *Pyrrhula vulgaris*, L. en Normandie. *V.* BOUVREUIL. (DR..Z.)

BOURG-ÉPINE ET BOURGUE-ÉPINE. Syn. de *Rhamnus Alaternus* et de *Phyllirea latifolia*, Arbrisseaux que l'on confond mal à propos dans quelques cantons de la France méridionale. *V.* NERPRUN et FILARIA. (B.)

BOURGIE. *Burgia.* BOT. PHAN. (Scopoli.) *V.* SALIMORI.

* BOURGIN. POIS. Syn. de Dorade, espèce du genre Spare. *V.* ce mot. (B.)

BOURGMESTRE. OIS. *V.* BOURGUEMESTRE.

BOURGOGNE. BOT. PHAN. Syn. d'*Hedysarum Onobrychis*, L. dans quelques parties de la France méridionale. *V.* SAINFOIN. (B.)

BOURGONI. BOT. PHAN. (Aublet, Guian. t. 358.) Espèce de Mimeuse à laquelle son nom de pays a été conservé comme spécifique. (B.)

BOURGUE-ÉPINE. BOT. PHAN. *V.* BOURG-ÉPINE.

BOURGUEMESTRE. OIS. Et non *Bourgmestre*. Espèce du genre Mauve, division des Goëlands, *Larus glaucus*, L. Buff. pl. enl. 448. *V.* MAUVE. (DR..Z.)

BOURI. MAM. (Flaccourt.) Syn. de Zébu à Madagascar. *V.* BOEUF. (B.)

* BOURI. POIS. (Sonnini.) Syn. arabe de *Mugil cephalus*, L. *V.* MUGE. (B.)

BOURICHON. OIS. Syn. vulgaire du Troglodyte, *Motacilla Troglodytes*, L. *V.* SYLVIE. (DR..Z.)

BOURIOLLE. OIS. *V.* BECQUEROLLE.

BOURLOTTE. ANNEL. Ver marin indéterminé, dont les pêcheurs se servent sur les côtes de l'Armorique pour amorcer l'hameçon. (B.)

BOURMÈRE. OIS. Syn. vulgaire des Pies-Grièches, *Lanius*, L. *V.* PIE-GRIÈCHE. (DR..Z.)

BOURNONITE. MIN. Nom donné à l'espèce Endellione, créée par de Bournon qui la considère comme un triple sulfure d'Antimoine, de Plomb et de Cuivre. Suivant Haüy, ce ne serait qu'une variété d'Antimoine, mélangée de Cuivre et de Plomb, qu'il a décrite sous la dénomination d'*Antimoine sulfuré plumbo-cuprifère*. *V.* ANTIMOINE SULFURÉ. (G. DEL.)

* BOURONDOUK. MAM. Nom russe du *Sciurus striatus*. *V.* ECUREUIL. (A. D..NS.)

BOURRACHE. *Borrago.* BOT. PHAN. Famille naturelle des Borraginées, Pentandrie Monogynie. Ce genre se compose de cinq ou six espèces qui sont des Plantes herbacées, à feuilles rudes, et offre pour caractères : un calice étalé, à cinq divisions étroites et aiguës; une corolle monopétale, régulière, rotacée, à cinq lobes aigus, ayant à l'entrée de son tube cinq appendices obtus et émarginés; les cinq étamines ont leurs filets prolongés en une sorte de corne à leur sommet, et les anthères attachées à la base interne de cette corne. Le fruit est un tétrakène, c'est-à-dire qu'il se compose de quatre petites coques indéhiscentes, qui se séparent les unes des autres à l'époque de leur maturité.

Robert Brown a retiré du genre *Borrago* de Linné et de Jussieu, un certain nombre d'espèces pour en former un genre distinct sous le nom de *Trichodesma*. Ce genre qui comprend les *Borrago zeylanica*, *B. indica* et *B. africana*, se distingue des véritables Bourraches par sa corolle dépourvue d'appendices, par les anthères réunies au moyen de deux rangées de poils, et dont la corne est tordue en spirale, et par les akènes portés sur une sorte de columelle à quatre ailes. Ce genre renferme les espèces dont Medicus avait fait son genre *Pollichia*.

La BOURRACHE COMMUNE, *Borrago officinalis*, L. est une Plante annuelle qui croît abondamment dans les champs cultivés et dans les jardins. Ses feuilles sont grandes et très-rudes; sa tige est charnue et rameuse; ses fleurs d'un beau bleu d'azur, mais quelquefois roses ou blanches, forment une sorte de panicule au sommet des ramifications de la tige. Les feuilles de la Bourrache sont employées en médecine comme diaphorétiques et diurétiques. (A. R.)

BOURRA-COURRA. BOT. PHAN. (Stedman.) A la Guiane hollandaise, même chose que Bois de lettre, *Piratinera* d'Aublet. (B.)

BOURRE. MAM. et BOT. C'est proprement le poil de quelques Animaux, que l'on emploie dans la fabrication des meubles, après que les tanneurs et les mégissiers l'ont détaché des peaux qu'il revêtait. Quelques parties de certains Végétaux sont recouvertes de poils analogues à cette Bourre animale, et ces poils y sont tellement semblables sur le spathe d'une espèce de Palmier, qu'ils lui ont mérité à Mascareigne le nom de *Palmiste Bourre*. *V*. AREC. (B.)

BOURRE. OIS. *V*. BOUR.

BOURREAU. POIS. Nom de la Lyre, espèce du genre Trigle, sur les côtes du pays de Labour. (B.)

BOURREAU. INS. Syn. de *Copris Carnifex*, espèce du genre Bousier. *V*. ce mot. (B.)

BOURREAU DES ARBRES. BOT. PHAN. On a quelquefois donné ce nom au Lierre, au *Celastrus scandens*, L. et aux Lianes qui, en serrant fortement les troncs de certains Arbres, leur causent quelquefois la mort. (B.)

BOURREAU DU LIN. BOT. PHAN. Même chose qu'Agourre ou Angoure de Lin. *V*. ces mots. (B.)

BOURRÉE OU FLEUR DU TAN. BOT. CRYPT. Nom vulgaire d'un petit Champignon dont Link a fait son genre *Æthalium*. *V*. FULIGO. (B.)

BOURREL. OIS. Syn. vulgaire de la Buse, *Falco Buteo*, L. *V*. FAUCON. (DR..Z.)

BOURRELET. MOLL. Renflement qui se remarque sur le bord ou sur la surface externe de certaines Coquilles. *V*. ce mot. (B.)

BOURRELET. BOT. PHAN. On appelle ainsi un renflement plus ou moins considérable qui se forme sur le tronc des Végétaux ligneux. Ces Bourrelets peuvent être complets ou circulaires, c'est-à-dire occuper toute la circonférence de la tige; ils peuvent être partiels ou latéraux, quand ils n'affectent qu'un des côtés du tronc. Les Arbres et les Arbrisseaux dicotylédons sont les seuls sur lesquels on observe ce phénomène; les Arbres monocotylédons ne le présentent jamais. Tantôt le Bourrelet se forme naturellement et sans cause connue; d'autres fois il est produit par une cause apparente et appréciable. Examinez avec soin, sur le tronc d'un Chêne, le point d'origine des branches, et sur celles-ci le point d'origine des rameaux, des feuilles et des fleurs, et vous verrez constamment au-dessous de ce point un renflement plus ou moins considérable, un véritable Bourrelet *naturel* et *latéral*. Que l'on pratique une forte ligature circulaire au tronc d'un Arbre dicotylédon, en pleine végétation, et l'on trouvera, une ou plusieurs années après cette opération, un Bourrelet *circulaire* au-dessus de la ligature. Il en sera de même encore lorsqu'on fait une entaille profonde à l'écorce d'un Arbre, ou qu'on enlève en totalité une plaque plus ou moins étendue de cette écorce. Dans ces deux cas, les lèvres de la plaie, et surtout la lèvre supérieure, se gonflent et forment un Bourrelet très-sensible.

Une des conséquences les plus remarquables qui résultent de la ligature faite au tronc, et de la formation du Bourrelet circulaire, c'est que le tronc cesse de s'accroître en diamètre au-dessous de la ligature, et qu'il ne s'y forme plus de nouvelles couches ligneuses. Nous verrons bientôt les explications données par les auteurs de ce singulier phénomène.

Les causes qui produisent le Bourrelet circulaire dans les Arbres dicotylédons, ont été diversement expliquées, suivant les théories émises sur l'accroissement des Végétaux. La plupart des auteurs s'accordent à considérer le Bourrelet circulaire accidentel comme le résultat de l'obstacle que les fluides nourriciers éprouvent lorsqu'ils redescendent, de la partie supérieure du Végétal, vers l'inférieure. Ces fluides s'accumulent au-dessus de l'obstacle, distendent la partie et forment ce renflement que l'on nomme Bourrelet. La sève descendante, ne pouvant franchir la ligature, cesse de se répandre au-dessous de ce point, et l'accroissement en diamètre, c'est-à-dire la formation de nouvelles couches de bois, n'y a plus lieu. Telle est l'explication la plus généralement admise sur la formation du Bourrelet circulaire, suite d'une ligature. Aubert Du Petit-Thouars donne une explication tout-à-fait différente de ce phénomène, et qui est en rapport avec sa théorie sur l'accroissement en diamètre du tronc. Selon cet habile botaniste, les fibres, qui descendent de la base des Bourgeons, en glissant entre le liber et l'aubier dans la couche de cambium, rencontrant, au point de la ligature, un obstacle qu'elles ne peuvent vaincre, s'y arrêtent, s'y accumulent et déterminent la formation du Bourrelet circulaire; dès-lors le tronc doit cesser d'augmenter de diamètre, puisque ce sont les fibres émanées de la base des Bourgeons qui forment les nouvelles couches ligneuses.

Si l'on étudie la structure d'un Bourrelet accidentel, on voit qu'il se compose de tissu cellulaire et surtout d'une multitude de vaisseaux entrelacés et courbés en différens sens, disposition qui provient évidemment de l'obstacle que les fluides nourriciers ont rencontré à leur libre circulation.

Les Bourrelets accidentels produisent fréquemment des Bourgeons, qui, suivant qu'ils sont exposés à l'air ou enfouis dans le sein de la terre, s'allongent en scions ou se développent en racines. Le cultivateur se sert même fréquemment de ce moyen pour favoriser la reprise des marcottes, en déterminant, par une ligature ou une incision, la formation d'un Bourrelet d'où les racines ne tardent point à percer. (A. R.)

BOURRERIE. BOT. PHAN. (Browne et Adanson.) Même chose que Beurrerie. *V.* ce mot. (B.)

BOURRET. MAM. Dans quelques cantons du midi de la France, les laboureurs ont l'habitude d'appeler *Calbet* ou *Caubet* et *Bourret* leurs Bœufs de labour, selon qu'ils sont attelés à droite ou à gauche de la charrue, c'est-à-dire sur la main ou sous la main, en terme d'agriculture. Ces noms qui changent selon que le Bœuf change de côté, ont été donnés dans quelques ouvrages et dans certaines provinces comme des synonymes de Bœuf et de Veau. (B.)

BOURRIQUE. MAM. Femelle de l'Ane. *V.* CHEVAL. (B.)

BOURSE. BOT. CRYPT. *V.* VOLVA.

BOURSE OU GIBECIÈRE. MOLL. Noms vulgaires de l'*Ostrea Radula*, L., *Pecten Radula*, Lamk., et non pas de l'*Ostrea Pes-Felis*, comme l'ont indiqué quelques auteurs. Nous ne connaissons pas de Casques qui aient reçu cette dénomination, selon le Nouveau Dictionnaire d'Histoire naturelle. *V.* PEIGNE. (F.)

BOURSE A BERGER OU BOURSETTE. POLYP. Quelques auteurs ont donné ce nom à notre *Dynamena bursaria*, *Cellaria bursaria* de Solander et d'Ellis, qui était une *Sertularia* de Linné. (LAM..X.)

BOURSE DE MER. *Bursa marina*. BOT. CRYPT. (*Hydrophytes.*) Notre *Spongodium Bursa*, ou *Alcyonium Bursa* de Pallas, porte ce nom dans quelques auteurs. C'est un Hydrophyte et non un Polypier. (LAM..X.)

BOURSE A PASTEUR OU A BERGER. BOT. PHAN. *Thlaspi Bursa-Pastoris*, L. Espèce la plus commune du genre Thlaspi. *V.* ce mot. On la nomme aussi Boursette. (B.)

BOURSES. POIS. On donne ce nom dans les pays chauds aux Tétrodons, et même aux espèces de Balistes qui ont la faculté de se remplir d'air, au point de se rendre trop légères pour nager et de tourner sur le dos. (B.)

BOURSES. BOT. PHAN. Branches qui, dans les Arbres fruitiers, doivent produire le tribut qu'en attend le cultivateur. Leur nom vient sans doute de ce qu'elles renferment les richesses de la floraison. (B.)

BOURSETTE. POLYP. et BOT. PHAN. *V.* BOURSE A BERGER et A PASTEUR.

BOURSOUFLUS. POIS. Nom vulgaire donné aux Tétrodons et aux Balistes appelés Bourses par la même raison. *V.* BOURSES. (B.)

BOURTOULAIGA. BOT. PHAN. Syn. de *Portulaca oleracea* et d'*Atriplex portulacoides* dans quelques cantons méridionaux de la France. (B.)

BOUSANT OU BOUSAT. OIS. Syn. savoyard de Buse, *Falco Buteo*, L. *V.* FAUCON. (DR..Z.)

BOUSCARDE. OIS. Syn. de Fauvette tachetée, *Sylvia fluviatilis*, Meyer, en Provence. *V.* SYLVIE. (DR..Z.)

BOUSCARLE. OIS. (Buff. pl. enl.) Autre espèce du même genre dans le même pays. *V.* encore SYLVIE. (DR..Z.)

BOUSE DE VACHE OU GRAND PINEAU. BOT. CRYPT. Nom barbare et présentant une image dégoûtante qui devrait d'autant plus cesser d'être reproduit dans les ouvrages scientifiques, que le Champignon auquel on l'applique n'est pas bien déterminé. En le reproduisant, on dit seulement que ce Champignon est suspect, et qu'il ressemble au *Boletus edulis*. *V.* BOLETS. (B.)

BOUSIER. *Copris*. INS. Genre de l'ordre des Coléoptères, section des Pentamères, famille des Lamellicornes, tribu des Scarabéïdes (Règne Anim. de Cuv.), extrait du grand genre Scarabée de Linné par Geoffroy (Ins. T. 1. p. 87) qui lui assigne pour caractères: antennes en masse à feuillets; point d'écusson distinct.—La division des Bousiers, telle qu'elle avait d'abord été instituée, et telle que l'a adoptée Olivier, renfermait un très-grand nombre d'espèces. Plusieurs en ont été distraites pour constituer de nouveaux genres dont quelques-uns sont parfaitement caractérisés. Le genre Bousier s'est trouvé ainsi de beaucoup restreint. Latreille ne réunit aujourd'hui sous ce nom que les espèces qui ont les caractères suivans: labre, mandibules et lobe terminal des mâchoires membraneux; labre caché sous le chaperon; pieds de la seconde paire beaucoup plus écartés entre eux à leur naissance, que les autres; les quatre jambes postérieures en forme de cône allongé, très-dilatées, ou beaucoup plus épaisses à leur extrémité; premier article des palpes labiaux notablement plus grand que les deux suivans ou les derniers ; antennes de neuf articles ; point d'écusson.

Ces Insectes diffèrent des Ateuchus, des Sisyphes et des Gymnopleures par la forme des quatre jambes postérieures qui sont courtes ou peu allongées, en cône long, très-dilatées ou beaucoup plus épaisses à leur extrémité. Ils se distinguent des Aphodies par leurs palpes labiaux très-velus ; par les pates intermédiares, séparées à leur naissance par un intervalle pectoral, beaucoup plus large que celui qui est entre les autres ; enfin, et ce caractère est le plus apparent, parce que l'écusson du mésothorax n'est pas distinct. On ne confondra pas non plus les Bousiers avec les Onthophages à cause du dernier article des palpes labiaux très-distinct, et du prothorax plus court que les élytres. Ils se rapprochent davantage des Onitis, mais s'en éloignent par leur abdomen élevé, convexe, et par leurs pates antérieures, différant peu en longueur des autres, et terminées par un tarse dans le mâle. Les Bousiers habitent les bouses de Vache et les fumiers. Les mâles, principalement dans plusieurs espèces exotiques, sont remarquables par des éminences très-considérables sur le prothorax et sur la tête. — Ce genre, quoique fort limité par les classificateurs modernes, renferme encore un très-grand nombre d'espèces. Le général Dejean (Catal. des Coléopt. p. 52) en possède trente-huit, dont les deux suivantes appartiennent à la France.

Bousier lunaire, *Copris lunaris* (mâle) de Fabricius qui a décrit la femelle sous le nom de *C. emarginatus*. Il a été figuré par Olivier (Col. T. 1. n° 3. pl. 5. fig. 36 et pl. 8. fig. 64). Son prothorax a une corne de chaque côté.

Le Bousier espagnol, *Copris hispanus* de Fabricius, représenté par Olivier (*loc. cit.* pl. 6. fig. 47). Il se trouve dans la France méridionale et en Espagne. Son prothorax est dépourvu de cornes, mais il en existe une sur la tête. (AUD.)

BOUSOUN. ois. Syn. vulgaire du Grèbe huppé, *Colymbus cristatus*, L. *V.* Grèbe. (DR..Z.)

BOUSSEROLE ou BUSSEROLLE. bot. phan. Fruit de l'*Arbutus Uva-Ursi*, L. *V.* Arbousier. (B.)

* BOUT. pois. Syn. de Lune, espèce de Tétrodon. *V.* ce mot. (B.)

* BOUT DE CHANDELLE ou le CIERGE JAUNE ou BLANC, le CIERGE ÉTEINT, etc. moll. C'est le *Conus Virgo*, L. et Lamarck. *V.* Cone. (F.)

BOUT-DE-PETUN ou BOUT-DE-TABAC. ois. Syn. dans les colonies des Anis, *Crotophagæ*, L. *V.* Ani. (DR..Z.)

BOUTAILLOU ou Bouteillaou. bot. phan. L'un des noms languedociens de l'Olivier. (B.)

* BOUTARGUE. pois. Syn. de Muge céphale et de Centropome Loup. (B.)

BOUTARQUE ou POUTARQUE. pois. Œufs et sang de Muges préparés à la manière du Caviar. (B.)

BOUTE-EN-TRAIN. ois. Syn. vulgaire du Sizerin, L. *V.* Gros-Bec. (DR..Z.)

BOUTEILLAOU. bot. phan. *V.* Boutaillou.

BOUTEILLE. bot. phan. On appelle ainsi en quelques endroits les fruits du *Cucurbita lagenaria*. *V.* Courges. (B.)

BOUTEILLE A L'ENCRE. bot. crypt. Nom vulgaire donné à divers Champignons déliquescens, tels que l'*Agaricus Atramentarius*, L. (B.)

BOUTE-LON ou BOUTE-QUE-LON. ois. Syn. vulgaire du Mauvis, *Turdus Iliacus*, L. *V.* Merle. (DR..Z.)

BOUTELOUA. bot. phan. Et non *Boteloue*, si l'on se conforme à l'étymologie. Lagasca a formé sous ce nom, et dédié à Bouteloup, savant botaniste de Madrid, un genre de Graminées qui rentre dans celui qu'on appelle Dinebra. *V.* ce mot. (B.)

BOUTE-QUELON. OIS. *V.* BOUTELON.

BOUTET. BOT. PHAN. Syn. de *Nigella arvensis*, L. dans certains cantons de la Gascogne. (B.)

BOUTIGIANN. BOT. PHAN. Syn. d'*Abrus precatorius*, et non d'un Glycine au Sénégal. *V.* ABRUS. (B.)

BOUTON. MOLL. Dénomination vulgaire appliquée à plusieurs Coquilles dont la forme rappelle celle d'un Bouton.

Le BOUTON DE CAMISOLE ou le TURBAN DE PHARAON, est le *Trochus Pharaonis*, L. et non le *T. Labio*, comme le dit Blainville par inadvertance (Dict. des Sc. nat.). Lamarck l'a d'abord placé dans les Monodontes, sous le nom de *Mon. Pharaonis* (Encycl. méthod.); il l'a replacé ensuite dans les *Trochus* sous le même nom (An. s. vert. 2e édit. T. VI, p. 28). Cette espèce est le type du genre BOUTON, *Clanculus* de Montfort (Conchyl. T. II. p. 190), qui n'est basé sur aucun caractère générique, et qui n'a été adopté par personne. *V.* MONODONTE et TOUPIE.

Le BOUTON DE LA CHINE de Favart-d'Herbigny et de Favanne, ou le GRAND CUL-DE-LAMPE, le SABOT FLAMBÉ, est le *Trochus niloticus*, L. et Lamk., et non le *Tr. maculatus* qui est l'espèce suivante. *V.* TOUPIE.

Le GRAND BOUTON DE LA CHINE de Favart-d'Herbigny ou le GRAND SABOT PYRAMIDAL de Favanne, est le *Trochus maculatus*, plus connu sous le nom de Cardinal vert. *V.* TOUPIE.

Le BOUTON DE ROSE est la *Bulla Amplustra*, L.; *Aplustre*, Lam. *V.* BULLE.

Le BOUTON TERRESTRE est une petite coquille des environs de Paris, décrite par Geoffroy (Traité, etc. p. 39); l'*Helix rotundata* de Müller. *V.* HÉLICE et HÉLICELLE. (F.)

BOUTON. BOT. PHAN. Mirbel et plusieurs autres botanistes désignent, sous le nom de Boutons, les Bourgeons à leur état stationnaire, c'est-à-dire avant qu'ils commencent à se développer, époque où on les nomme, à proprement parler, des Bourgeons. Mais Link et De Candolle appellent Bouton (*Alabastrum*) la fleur avant son épanouissement. C'est dans ce sens que ce mot est généralement employé dans le langage commun. *V.* BOURGEON. (A. R.)

BOUTON D'ARGENT. BOT. Nom donné par les jardiniers à l'*Achillea Ptarmica*, aux *Ranunculus aconitifolius* ou *platanifolius*, et aux Matricaires, lorsque la culture, en ayant doublé les fleurs, donne à celles-ci la forme d'une petite sphère blanche. (B.)

BOUTON D'OR. BOT. Syn. de *Ranunculus acris*, soit qu'elle croisse dans les prés, soit qu'elle ait doublé dans les jardins. C'est aussi le *Gnaphalium Stœchas*. (B.)

BOUTON ROUGE. BOT. PHAN. Syn. de *Cercis canadensis*. *V.* GAINIER. (B.)

* BOUTONNIÈRES. INS. Syn. de stigmates dans les Chenilles. *V.* STIGMATES et LARVE. (AUD.)

BOUTONS. BOT. CRYPT. Nom donné avec des épithètes qui ne sont guère plus convenables à divers Champignons communs aux environs de Paris, « qui, dit Leman, sont peut-être mentionnés dans l'ouvrage de Bulliard et dans ceux de Persoon, mais où il est impossible de les reconnaître. » Ce qui prouve combien ces noms, empruntés pour la plupart de Paulet, sont vicieux et peu importans en histoire naturelle. (B.)

BOUTROUET. OIS. Syn. de la Mésange à longue queue, *Parus caudatus*, L. *V.* MÉSANGE. (DR..Z.)

BOUTSALLICK. OIS. (Brisson.) Syn. du Coucou tacheté du Bengale, *Cuculus scolopaceus*, L. *V.* COUCOU. (DR..Z.)

BOUTURE. POLYP. On a prétendu que certains Polypes, les Hydres particulièrement, dont les fragmens deviennent des Animaux complets, se reproduisent par boutures. Cette question sera examinée aux mots POLYPES et HYDRES. (B.)

BOUTURE. *Talea*. BOT. PHAN. Partie d'une tige ou d'une branche qui, mise en terre par le gros bout, doit pousser des racines, et reproduire l'Arbre dont on l'a détachée. La propagation par boutures conserve exactement les espèces et variétés, tandis que celle qui résulte de la graine produit presque autant de variétés qu'il naît d'individus. (T. D. B.)

BOUVARDIE. *Bouvardia*. BOT. PHAN. Famille des Rubiacées, Tétrandrie Monogynie, L. Genre établi par Salisbury, et qui renferme des Arbrisseaux et des Arbustes exotiques, à feuilles opposées, quelquefois même verticillées par trois ou par quatre, ayant à leur base des stipules qui se soudent avec les pétioles. Les fleurs qui sont rouges ou blanches sont terminales, solitaires ou disposées en corymbes. Leur calice adhérent avec l'ovaire infère se termine par un limbe court et à quatre dents; il est accompagné à sa base par deux bractées; leur corolle est monopétale, régulière et tubuleuse; son limbe qui est étalé offre quatre divisions. Les quatre étamines sont renfermées dans l'intérieur du tube de la corolle qu'elles ne dépassent pas; l'ovaire est à deux loges, contenant chacune un grand nombre d'ovules; il se termine par un style simple, au sommet duquel est un stigmate composé de deux lamelles. Le fruit est une capsule bilobée, couronnée par les dents du calice, à deux loges, s'ouvrant par la partie supérieure en deux valves, et renfermant des graines très-petites, planes, imbriquées et membraneuses sur les bords.

Ce genre voisin du genre *Rondeletia* s'en distingue surtout par les étamines, au nombre de quatre seulement, et par les bractées qui entourent son calice. Kunth y a réuni le genre *Ægynetia* de Cavanilles, l'*Houstonia coccinea*, joli Arbuste décrit et figuré par Andrews (*Repository*. t. 106) que l'on cultive dans nos jardins, et enfin les espèces de *Rondeletia* qui n'ont que quatre étamines. (A. R.)

BOUVERET. OIS. (Buffon.) Espèce du genre Bouvreuil, *Loxia aurantia* d'Europe, L. *V*. BOUVREUIL. (DR..Z.)

BOUVERON. OIS. (Buffon.) Syn. du petit Bouvreuil noir d'Afrique, *Loxia lineola*, L. *V*. BOUVREUIL. (DR..Z.)

BOUVIER. OIS. Syn. qui paraît convenir à plusieurs petits Oiseaux appartenant à des genres différens, tels que le Gobe-Mouche gris, *Muscicapa Grisola*, L. suivant Salerne et Vieillot; le Boarina, *Motacilla nœvia*, L. suivant Aldrovande; le Bouvreuil, *Loxia Pyrrhula*, L., le Traquet Motteux, *Motacilla œnanthe*, L.; les Bergeronnettes, *Motacillæ alba* et *Boarula*, L. etc. (DR..Z.)

BOUVIÈRE. POIS. Espèce d'Able. *V*. ce mot. (B.)

BOUVREUIL. OIS. *Pyrrhula*. (Briss.) Genre de l'ordre des Granivores. Caractères : bec court, conicoconvexe, bombé sur les côtés, comprimé à la pointe et vers l'arête qui s'avance sur le front; mandibule supérieure courbée; narines placées à la base du bec, latérales, arrondies, souvent cachées par les plumes du front. Quatre doigts, trois devant, l'intermédiaire plus long que le tarse; un derrière. Ailes courtes, les trois premières rémiges étagées, la quatrième la plus longue. — Les Bouvreuils, long-temps confondus avec les Gros-Becs par une grande analogie de mœurs et d'habitudes, en ont été séparés à cause de la différence que l'on a remarquée dans la conformation de leur bec avec celui des Loxies ou Gros-Becs. Cependant, il faut l'avouer, ces différences ne sont souvent pas faciles à saisir, et il est des espèces, surtout parmi les exotiques, où la limite n'est aucunement tracée. En général, ces Oiseaux se font chérir, non-seulement par les agrémens de leur plumage, mais par une sorte de sociabilité et de confiance dans l'approche de l'Homme. Pendant l'hiver, on les voit dans les campagnes, répandus sur les routes, autour des habitations, y chercher les petites graines que la nature semble leur avoir réservées à dessein sur les tiges flétries et desséchées, et c'est avec beaucoup de grâce et de vivacité qu'ils emploient leur instrument nourricier à briser l'enveloppe cornée ou ligneuse qui recouvre et cache l'amande salutaire. Au retour de la belle saison, ils se retirent dans les bois pour s'y adonner entièrement à l'amour; le nid qu'ils construisent dans les buissons, consiste en un peu de duvet qu'entoure un tissu de mousse et de lichen, qui prend son point d'attache entre la bifurcation d'une branche: la ponte est de quatre à six œufs. Les Bouvreuils, dont le chant n'a rien de bien agréable, sont cependant susceptibles d'éducation; avec des soins peu extraordinaires on parvient à leur faire imiter le ramage de divers Oiseaux dont on admire la flexibilité de gosier. Ils rendent même les inflexions de la voix humaine au point que l'on y reconnaît des mots bien articulés. Quelques espèces, plus craintives que d'autres, paraissent beaucoup plus sédentaires dans les forêts; mais il n'en est aucune que l'on ne puisse élever en cage et conserver long-temps dans cet état de captivité.

Bouvreuil Atick, *Loxia hudsonica*, Vieill. Parties supérieures variées de brun et de roux; parties inférieures blanches avec des traits blancs sur la poitrine et les flancs; extrémité des tectrices alaires rousses, ce qui forme deux bandes de cette couleur sur l'aile. Longueur, cinq pouces. De l'Amérique septentrionale.

Bouvreuil a bec blanc, *Loxia torrida*, Lath.; *Loxia angolensis*, Lath.; *Coccothraustes rufiventris*, Vieill. Parties supérieures noires, les inférieures rousses; épaules, tectrices inférieures et base des rémiges extérieures blanches; bec et pieds gris. Longueur, quatre pouces six lignes. La femelle est brune en dessus et rousse en dessous. De l'Amérique méridionale.

Bouvreuil bleu a gorge blanche, *Loxia grossa*, Lath; *Coccothraustes grossa*, Vieill. Parties supérieures d'un gris ardoisé foncé; gorge blanche; côtés des joues, de la gorge, de la poitrine et rectrices noires; rémiges noirâtres; bec rouge; pieds gris. Longueur, sept pouces. De l'Amérique méridionale.

Bouvreuil bleu a gorge noire, *Coccothraustes cœrulescens*, Vieill. Parties supérieures d'un bleu ardoisé foncé; front, joues, gorge, devant du cou, poitrine, rémiges intérieures et rectrices noirs; bec rouge. Longueur, huit pouces. Du Brésil. Il est possible que ce soit une variété du précédent.

Bouvreuil Bouveron, *Loxia lineola*, Lath.; Briss. T. III, pl. 17. f. 2. Parties supérieures noires; parties inférieures blanches, ainsi que les moustaches et un trait sur le milieu de la tête, et un autre sur le milieu des tectrices primaires; bec noir. Longueur, quatre pouces. Des parties méridionales des deux continens.

Bouvreuil brun, *Loxia fusca*, Lath. Parties supérieures brunes; parties inférieures cendrées; abdomen blanc; rectrices noires ainsi que les rémiges dont plusieurs ont la base blanche. Longueur, quatre pouces. Du Bengale.

Bouvreuil du Cap. *V*. Gros-Bec Bouveret.

Bouvreuil Carlsonien, *Loxia cardinalis*, var. Lath.; *Coccothraustes Carlsonii*, Vieill. Parties supérieures rouges avec l'extrémité des rémiges et des rectrices brunes; parties inférieures d'un rouge plus pâle; lorum et menton noirs; bec rouge; pieds brunâtres. Longueur, sept pouces six lignes. Des îles de l'Océan austral.

Bouvreuil commun, *Pyrrhula vulgaris*, Briss.; *Loxia Pyrrhula*, L.; *Pyrrhula europœa*, Vieill., Buff. pl. enl. 145. Parties supérieures cendrées; parties inférieures rouges; tête, occiput, rémiges et rectrices d'un noir irisé; une bande transversale d'un blanc sale sur l'aile; tectrices caudales inférieures blanches ; bec et pieds bruns. Longueur, six pouces. On le trouve quelquefois moindre, d'où sont venues les variétés de grand et petit Bouvreuil. Le rouge est remplacé par un brun clair chez le femelles. On rencontre quelquefois des variétés dont le plumage est entièrement blanc ou presque blanc. D'Europe.

BOUVREUIL CRAMOISI, *Pyrrhula erythrina*, Temm.; *Loxia erythrina*, Gmel., Pall.; *Loxia cardinalis*, Bescke; *Loxia obscura*, Lath.; *Fringilla flammea*, Retz. Parties supérieures brunes, mêlées de rougeâtre; parties inférieures d'un cramoisi clair; lorum d'un rose terne; tête, nuque et haut du dos d'un cramoisi vif; rémiges et rectrices brunes, lisérées de rougeâtre; tectrices caudales inférieures blanches; bec et pieds bruns. Longueur, cinq pouces six lignes. Du nord de l'Europe. La femelle a les parties supérieures d'un brun cendré, avec de grandes taches longitudinales brunes, les inférieures blanches, tachetées de brun.

BOUVREUIL DUR-BEC, *Pyrrhula enucleator*, Temm.; *Loxia enucleator*, L.; Dur-Bec du Canada, Buff. pl. enl. 135. fig. 1. Parties supérieures d'un brun noirâtre avec la bordure des plumes d'un jaune orangé; parties inférieures d'un rouge orangé, ainsi que la tête et le cou; rémiges et rectrices noires lisérées de jaune orangé. Longueur, sept pouces trois lignes. Les femelles ont le haut de la tête et le croupion rougeâtres, et les parties inférieures cendrées. Les jeunes ont d'un rouge cramoisi tout ce qui est orangé dans les adultes, en outre deux bandes roses sur les ailes. Du nord de l'Europe et de l'Amérique.

BOUVREUIL FLAMENGO, variété du précédent, d'un blanc pur ou rose clair, avec les parties inférieures rouges.

BOUVREUIL FLAVERT, *Loxia canadensis*, Lath.; *Coccothraustes viridis*, Vieill., Buff. pl. enl. 152, f. 2. Parties supérieures vertes, les inférieures jaunâtres, ainsi que les joues et la gorge; lorum et menton noirs, rémiges et rectrices brunes intérieurement, et jaunes à l'extérieur. Longueur, six pouces six lignes. La femelle est d'une teinte plus sombre, et n'a point de noir autour du bec. De l'Amérique méridionale.

BOUVREUIL FRISÉ, *Pyrrhula crispa*, Vieill. Ois. Chant. pl. 47. Buff. pl. enl. 319. f. 1. Parties supérieures noires, les inférieures blanches, avec les plumes à barbes désunies et recourbées en sens inverse; un trait blanc sur la tête, qui descend sur la joue; une tache de la même couleur sur les tectrices alaires. Longueur, quatre pouces. D'Afrique.

BOUVREUIL A GORGE ORANGÉE, *Pyrrhula auranticollis*, Vieill.; *Loxia portoricensis*, Daud. Parties supérieures noires; sommet de la tête, côtés de la nuque, gorge et tectrices caudales inférieures d'un rouge orangé foncé. Longueur, six pouces neuf lignes. Le rouge orangé passe au roux dans la femelle, et le noir au brun. Aux Antilles.

BOUVREUIL A GORGE ROUSSE, *Loxia gularis*, Daud. Parties supérieures d'un noir irisé; parties inférieures brunes; gorge rousse; rectrices latérales blanches à l'extrémité. Longueur, six pouces six lignes. De l'Amérique septentrionale.

BOUVREUIL A GORGE et SOURCILS ROUGES. *V.* BOUVREUIL A SOURCILS ROUX.

BOUVREUIL GRIS A GORGE NOIRE, *Coccothraustes atricollis*, Vieill. Parties supérieures d'un gris foncé ; parties inférieures blanchâtres, nuancées de jaune; gorge et dessus de la tête noirs; bec supérieur et pieds rougeâtres. Longueur, huit pouces six lignes. Amérique méridionale.

BOUVREUIL GROS-BEC, *Pyrrhula crassirostris*, Vieill.; *Loxia crassirostris*, Lath. Entièrement noir, à l'exception de quelques rémiges et des tectrices intermédiaires qui sont blanches à la base; bec jaune; pieds blanchâtres. Longueur, cinq pouces six lignes. Patrie inconnue.

BOUVREUIL HAMBOUVREUX ou BOUVREUIL D'HAMBOURG. *V.* GROS-BEC FRIQUET.

Bouvreuil huppé d'Amérique, *Loxia coronata*, Lath. Séba, pl. 202. f. 3. Parties supérieures rouges, les inférieures bleues; tête, huppe et gorge noires; bec blanc. Longueur, six pouces. Espèce fort incertaine.

Bouvreuil de l'île Bourbon. *V.* Gros-Bec Bouveret.

Bouvreuil a longue queue, *Pyrrhula longicauda*, Vieill. Le plumage est d'un gris-blanc avec des traits longitudinaux noirâtres; tectrices alaires blanches; rémiges noires à l'extérieur; queue deux fois plus longue que le corps; les rectrices intermédiaires noires, les latérales blanches et noires. Longueur, onze à douze pouces. De l'Amérique méridionale.

Bouvreuil Misye, *Pirrhula Misya*, Vieill. Ois. Chant. pl. 46. Parties supérieures d'un noir lustré; parties inférieures, joues et gorge blanches; une bandelette noire de chaque côté de cette dernière; flancs et croupion d'un gris bleuâtre; bec noir; pieds rougeâtres. Longueur, deux pouces. De l'Amérique méridionale.

Bouvreuil Nain, *Loxia minima*, Lath. Parties supérieures brunes, les inférieures d'un rouge obscur; rémiges blanches à la base; rectrices et pieds bruns. Longueur, trois pouces six lignes. Des Indes.

Bouvreuil noir, *Pyrrhula nigra*, Vieill.; *Loxia nigra*, Lath. Catesb. pl. 68. Entièrement noir, à l'exception d'une petite tache blanche à la base des premières rémiges. Longueur, quatre pouces trois lignes. Du Mexique.

Bouvreuil noir d'Afrique, *Loxia panicivora*, Lath. Briss. Tout le plumage noir, à l'exception de l'extrémité des tectrices alaires qui est blanche; bec et pieds cendrés. Longueur, sept pouces trois lignes.

Bouvreuil noir d'Afrique (petit). *V.* Bouvreuil Bouveron.

Bouvreuil noir et brun, *Loxia angolensis*, Lath. *V.* Bouvreuil a ventre roux.

Bouvreuil Pallas, *Pyrrhula rosea*, Temm.; *Fringilla rosea*, Gmel. Pall. Parties supérieures noires avec l'extrémité des plumes d'un rouge cramoisi; parties inférieures cramoisies, ainsi que la tête, la nuque et les épaules; front et gorge d'un blanc argentin; tectrices alaires brunes, bordées de blanc sale et avec deux bandes d'un blanc rosé; rectrices brunes, lisérées de cramoisi. Longueur, cinq pouces six lignes. Du nord de l'Europe.

Bouvreuil a poitrine noire, *Pyrrhula pectoralis*, Vieill.; *Loxia pectoralis*, Lath. Parties supérieures noires, les inférieures blanches; un collier blanc; un plastron noir sur la poitrine; une petite marque blanche de chaque côté du front; tectrices alaires supérieures d'un gris bleuâtre; extrémité des rectrices blanche. Longueur, cinq pouces. De l'Amérique méridionale.

Bouvreuil Prasin. *V.* Gros-Bec a croupion rouge.

Bouvreuil roussatre, *Pyrrhula rufescens*, Vieill. Parties supérieures d'un brun roux; parties inférieures roussâtres; bec noir; pieds rougeâtres. Longueur, cinq pouces. Patrie inconnue.

Bouvreuil de Sibérie, *Pyrrhula longicauda*, Temm.; *Loxia sibirica*, Gmel. Lath. Pallas; *Cardinal de Sibérie*, Sonn. Parties supérieures noires, avec la bordure des plumes d'un rouge cramoisi; parties inférieures, lorum, sommet de la tête, gorge et devant du cou d'un rouge rose; poitrine cramoisie; petites tectrices alaires blanches; les moyennes terminées par une grande tache de cette couleur; rémiges noires, bordées de blanc; rectrices intermédiaires noires, bordées de rose; les latérales blanches. Longueur, six pouces trois lignes, la queue en trois. La femelle a brun verdâtre ce qui est rouge chez le mâle.

Bouvreuil sourcilleux ou a sourcils noirs, *Loxia superciliosa*, Daud. Parties supérieures d'un brun foncé, les inférieures d'un roux clair; un trait noir au-dessus des yeux; gorge et abdomen blanchâtres; rémiges, rectrices, bec et pieds noirs. Longueur, six pouces. Amérique septentrionale.

Bouvreuil a sourcils roux, *Pyrrhula superciliosa*, Vieill.; *Loxia violacea*, Lath. Catesb. pl. 40. La couleur du plumage est le noir avec quelques reflets violets sur les parties supérieures; sourcils, gorge et tectrices caudales inférieures, roussâtres. Longueur, cinq pouces six lignes. La femelle a les parties supérieures d'un brun verdâtre, les inférieures d'un gris olivâtre. Du Mexique.

Bouvreuil a tête noire, *Coccothraustes erythromelas*, Vieill.; *Loxia erythromelas*, Lath. Parties supérieures d'un rouge brun; les inférieures d'un rouge plus clair; tête et gorge noires; bec blanchâtre à la base. Longueur, neuf pouces. La femelle a les parties supérieures d'un verdâtre orangé, et les inférieures jaunâtres. De l'Amérique méridionale.

Bouvreuil a ventre roux, *Pyrrhula minuta*, Vieill.; *Loxia minuta*, Lath; le Bec-Rond, Buff. pl. enl. 319. Parties supérieures d'un gris brun; parties inférieures, gorge et croupion d'un marron foncé; bec et pieds bruns. Longueur, trois pouces six lignes. Amérique méridionale.

Bouvreuil a ventre roux, *Loxia torrida*, Lath.; *Coccothraustes rufiventris*, Vieill. *V.* Bouvreuil a bec blanc.

Bouvreuil vert a croupion rouge. *V.* Gros-Bec.

Bouvreuil violet. *V.* Gros-Bec.

Bouvreuil violet de Bahama. *V.* Bouvreuil a sourcils roux.

Bouvreuil violet, *Pyrrhula purpurea*, Vieill.; *Fringilla purpurea*, Lath. Parties supérieures d'un violet pourpré; parties inférieures blanches; rectrices et rémiges brunes intérieurement. Longueur, cinq pouces huit lignes. La femelle est brune, tachetée de blanc sur la poitrine. Amérique septentrionale. (DR..Z.)

BOUVREUX. ois. Syn. vulgaire du Bouvreuil commun, *Loxia Pyrrhula*, L. *V.* Bouvreuil. (DR..Z.)

BOUZE DE VACHE. bot. crypt. *V.* Bouse de vache.

BOUZI-CABRITTA. mam. Nom donné par les Nègres au Cerf de la Guiane selon Sonnini. (B.)

* BOVARINA. ois. Syn. italien de la Lavandière, *Motacilla alba*, L. *V.* Bergeronnette. (DR..Z.)

BOVATTI. bot. phan. Syn. indou du *Bignonia chelonoides*, qui est le *Padri* de la côte de Malabar. (B.)

BOVI-CERVUS. mam. Syn. de Bubale. *V.* Antilope. (B.)

BOVISTA. bot. crypt. (*Lycoperdacées.*) Les Plantes de ce genre diffèrent des Lycoperdons, dont Persoon les a séparées, par leur péridium double; l'extérieur, blanc, se détruit et s'enlève par morceaux avant son développement complet, l'autre, interne, persiste et s'ouvre au sommet par un orifice irrégulier; il renferme des sporules nombreuses entremêlées de filamens; ces sporules s'échappent sous forme de poussière d'un brun rougeâtre. L'espèce la plus commune de ce genre est le *Bovista plumbea*, Lycoperdon ardoisé de Bulliard (Champ. t. 192). Il croît sur la terre, dans les pelouses sèches, et non pas sur les Arbres, comme Bulliard l'a figuré; il est globuleux, de couleur d'ardoise; sa surface est lisse; sa chair, d'abord rougeâtre, se change en une poussière violâtre. On connaît encore quatre à cinq espèces de ce genre qui diffère très-peu, comme on voit, des Lycoperdons. *V.* ce mot. (AD. B.)

BOWLESIA. bot. phan. Ruiz et Pavon (*Flor. Peruv.* III, p. 28, t. 251) ont établi ce genre de la famille des Ombellifères, en l'honneur de Bowles, savant minéralogiste, qui fit le premier connaître l'Espagne sous ses rapports géologiques. Il a un calice à cinq dents; cinq pétales entiers et égaux; cinq étamines; deux styles et deux stigmates. Le fruit offre la forme d'une pyramide quadrangulaire rétrécie et tronquée au sommet. Il résulte de la soudure de deux akènes hérissés de petites pointes sur leurs angles et extérieurement concaves. L'ombelle, portée sur un pédoncule axillaire, est composée de trois fleurs sessiles et dépourvues d'involucre. On en rencontre trois espèces au Pérou, à feuilles diversement lobées, parsemées, ainsi que les tiges, de soies fasciculées ou étoilées, fréquentes surtout à la base des pédoncules. (A. D. J.)

BOX. POIS. Syn. grec de Bogue. *V.* ce mot. (B.)

BOX. BOT. PHAN. Syn. de Buis chez les Anglais. (B.)

BOY. MAM. Syn. portugais de Bœuf. (B.)

BOYAU OU LACET DE MER. BOT. CRYPT. (*Hydrophytes.*) Nom vulgaire du *Fucus Filum*, L., du genre Chordus. *V.* ce mot. (LAM..X.)

BOYAUX. MAM. *V.* INTESTINS.

BOYAUX DE CHAT. ANNEL. Nom barbare donné quelquefois aux Tarets et aux Tubipores. *V.* ces mots. (B.)

BOYAUX DE CHAT. BOT. CRYPT. (*Hydrophytes.*) On a donné ce nom à l'Ulve intestinale, Plante dont la forme varie à l'infini, et qui se trouve dans les eaux douces, dans les eaux saumâtres et dans les eaux salées. (LAM..X.)

BOYAUX DU DIABLE. BOT. PHAN. Syn. de Salsepareille parmi les Créoles grossiers des Antilles. (B.)

BOYCININGA. REPT. OPH. Nom de pays du Boïquira, espèce de Crotale. *V.* ce mot. (B.)

BOYGLOTTON. POIS. Par composition et corruption de *Buglossum* (langue de Bœuf.) Diverses espèces de Pleuronectes, et particulièrement la Sole chez les Grecs. (B.)

BOYUNA. REPT. OPH. Nom de pays d'un Serpent du Brésil, indéterminé encore que Séba l'ait mentionné. (B.)

BOZUÉ. MOLL. Nom de pays de l'Ampullaire ovale. *V.* AMPULLAIRE. (B.)

BOZZOLO. BOT. CRYPT. (Micheli.) Syn. italien de l'*Agaricus porcellaneus*, Gmel. (B.)

BRAADSVAMP. BOT. CRYPT. Syn. danois d'Hydne. *V.* ce mot. (AD. B.)

BRABEI. BOT. PHAN. Même chose que Brabeium. *V.* ce mot. (A. D. J.)

BRABEIUM OU BRABEJUM. BOT. PHAN. Ce genre établi par Linné, et qui, dans son *Mantissa Plantarum*, porte un nom différent, celui de *Brabyla*, appartient à la famille des Protéacées. Il présente un calice de quatre sépales réguliers, à la base de chacun desquels s'insère une étamine dont l'anthère est saillante. L'ovaire sessile est entouré à sa base d'une petite gaine, résultant de la soudure de glandes hypogynes, et a son sommet surmonté d'un stigmate vertical. Il devient un fruit velu, sec et monosperme, à noyau. On en connaît une seule espèce, le *Brabejum stellatum*, Arbrisseau du cap de Bonne-Espérance, dont les feuilles sont verticillées et dentées en scie, les fleurs disposées en épis axillaires sur lesquels elles se distribuent par faisceaux de trois ou plus, munis d'une bractée commune. La plupart sont mâles par suite de l'avortement de l'ovaire. *V.* Lamk. Illust. tab. 847. (A. D. J.)

BRABILA. BOT. PHAN. Browne, p. 370, désigne sous ce nom un Arbre de la Jamaïque encore imparfaitement connu. (A. D. J.)

BRABRA. BOT. PHAN. Syn. arabe de *Portulaca oleracea*. *V.* POURPIER. (B.)

BRABYLA. BOT. PHAN. *V.* BRABEIUM ou BRABEJUM.

BRAC. MAM. Même chose que Braque. *V.* ce mot. (B.)

BRAC. OIS. Espèce du genre Calao, *Buceros africanus*, Lath. *V.* CALAO. (DR..Z.)

BRACCO. MAM. Syn. italien de Braque. *V.* ce mot. (B.)

BRACELETS. BOT. PHAN. Selon

Plumier, ce sont aux Antilles les gousses du *Mimosa Unguis-Cati*. (B.)

BRACHBULZ. BOT. CRYPT. Syn. d'*Agaricus edulis* en Silésie. (B.)

BRACHELYTRES. INS. Seconde famille des Coléoptères Pentamères (Règne Anim. de Cuv.), répondant aux *Microptera* de Gravenhorst et à la famille des Staphyliniens (Considér. génér.). Nous en traiterons à ce dernier mot. (AUD.)

* BRACH-HUN. OIS. Syn. du Courlis, *Scolopax arquata*, L. en Allemagne. *V*. COURLIS. (DR..Z.)

BRACHINE. *Brachinus*. INS. Genre de l'ordre des Coléoptères, section des Pentamères, famille des Carnassiers, tribu des Carabiques (Règne Anim. de Cuvier), établi par Weber (*Observationes entomologicæ*, p. 22) aux dépens des Carabes de Linné et de Fabricius, adopté ensuite par les entomologistes. Ses caractères sont suivant Latreille (Hist. des Coléopt. d'Europe, 1re livraison, pag. 76) : palpes extérieurs points terminés en manière d'alène ou subulés; côté interne des deux jambes antérieures fortement échancré ; extrémité postérieure des élytres tronquée ; crochets des tarses simples ou points dentelés en dessous ; point de paraglosses sur les côtés de la languette, cette partie tantôt entièrement cornée, tantôt cornée au milieu avec les bords latéraux membraneux, et s'avançant au-delà du bord supérieur dans quelques-uns.

Les Brachines ont encore le corps oblong avec la tête et le prothorax ordinairement plus étroits que l'abdomen ; le prothorax est presque en forme de cœur, tronqué postérieurement ; la tête est triangulaire, rétrécie immédiatement après les yeux, et ne tient jamais au corselet par un col en forme de petit nœud ; les tarses sont presque semblables dans les deux sexes ; leur pénultième article est toujours entier ou point bilobé. Ces derniers caractères n'appartiennent pas exclusivement aux Brachines, mais aussi aux genres Anthie, Graphiptère, Helluo et Aptine : ceux qui pourraient leur être propres et les distinguer des genres précédens, seraient l'abdomen carré, long ou ovale, épais, avec des glandes intérieures, sécrétant un liquide volatil qui sort avec bruit par l'anus. Ce phénomène remarquable est produit lorsque l'Insecte est inquiété, ou lorsqu'il craint un danger : on voit alors sortir par l'anus une vapeur blanchâtre ou jaunâtre, d'une odeur acide, et qui l'est réellement, Duméril et Léon Dufour s'en étant assurés au moyen du papier de Tournesol. Ces deux observateurs distingués nous ont donné quelques détails sur l'appareil de cette fonction. Il consiste en deux corps auxquels on distingue deux parties, l'une qui prépare, et l'autre qui conserve le liquide. La première se présente sous deux aspects différens : ou bien elle est contractée, et ressemble à un corps blanchâtre et mou, comme glanduleux, ou bien elle est dilatée, et figure un sac oblong, diaphane, rempli d'air et occupant tout l'abdomen ; la seconde partie ou la partie conservatrice fait suite de chaque côté à celle qui précède ; elle est le réservoir de tout l'appareil ; sa forme est sphérique, et sa place est fixée entre le rectum et le dernier segment dorsal de l'abdomen ; elle s'ouvre de chaque côté de l'anus par un pore. Tel est l'organe fort simple qui produit le phénomène de la détonation dans les Brachines ; il offre sans doute quelques différences suivant les espèces. Ce que nous en avons dit et les autres détails que nous allons donner sur l'anatomie, ont été observés par Léon Dufour (Annal. du Mus. d'Hist. nat. T. XVIII. p. 70, et Nouveau Bulletin de la Société philomathique, juillet 1812) sur le Brachine tirailleur.

Duméril a remarqué qu'aussitôt que l'on ouvre le réservoir, le liquide qu'il contient entre en effervescence et s'évapore à l'instant. Il nous apprend encore que l'action de cet acide est telle que le papier bleu végétal, d'abord rougi, ne tarde pas à jaunir, et que si on place la vésicule sur la langue, et qu'on la comprime, le liquide qui en sort répand dans toute la bouche une saveur particulière et assez agréable qui ne tarde pas à dégénérer en une vive douleur, se faisant sentir au point d'application, et laissant là une tache jaune, semblable à celle que produirait une très-petite quantité d'acide nitrique. L'appareil digestif se compose des vaisseaux hépatiques au nombre de quatre, de l'épiploon formé par des lambeaux de graisse, et du canal digestif qui a deux fois environ la longueur du corps; on lui distingue: l'œsophage droit, aussi long que le prothorax; l'estomac qui, lorsqu'il est contracté, a des parois très-épaisses et présente une surface granuleuse et ridée; tandis que lorsqu'il est dilaté, toutes les rides disparaissent, et qu'il n'existe plus que des lignes enfoncées, longitudinales, laissant entre elles des intervalles légèrement convexes, divisés par des raies transversales; en arrière de l'estomac et à une ligne environ, un petit renflement presque globulaire; l'intestin qui est un tube cylindrique, hérissé de petites papilles, faisant une circonvolution sur lui-même, et offrant, avant de se terminer au rectum, un renflement assez semblable à l'estomac; enfin le rectum long d'une ligne. Les organes de la génération dans les deux sexes consistent dans ceux qui servent à la préparation et ceux qui opèrent la copulation. L'organe préparateur du mâle se compose de deux testicules ovales, pyriformes, et de deux vésicules séminales, sur la nature desquelles Léon Dufour s'était d'abord mépris, en les regardant comme les testicules. Elles sont cylindriques, repliées sur elles-mêmes, et ont six lignes de longueur. Chacune reçoit une petite vésicule composée d'un vaisseau unique replié sur lui-même, après quoi elles se réunissent en un canal spermatique commun, lequel aboutit à l'organe copulateur, après avoir traversé un corps blanchâtre, spongieux en dehors et calleux en dedans. L'organe copulateur est formé par des pièces cornées que l'auteur décrit avec soin, mais dont l'exposition serait difficile à donner, et plus encore à saisir à cause de la nomenclature encore très-incertaine de chacune de ces pièces. Nous renvoyons pour ces détails au Mémoire lui-même. L'organe préparateur de la femelle est formé de deux ovaires très-distendus lorsqu'ils sont remplis par les œufs fécondés, et ressemblant à deux sacs membraneux qui, après s'être réunis pour former un canal commun, aboutissent à un corps spongieux qui est la base de l'organe copulateur; celui-ci se compose de trois pièces dont deux latérales, en forme de crochets, et l'intermédiaire aplatie, droite, dilatée et échancrée. Ces parties jouent les unes sur les autres. Nous avons eu occasion de les étudier, et nous les avons trouvées composées des mêmes pièces principales que la tarière et l'aiguillon des Hyménoptères. Nous reviendrons sur tous ces objets dans le travail général et déjà fort avancé que nous préparons sur les organes de la génération dans les Animaux articulés.

Outre les caractères extérieurs et distincts que nous avons fait connaître, les Brachines ont encore les antennes filiformes, un peu plus longues que la tête et le prothorax; la tête ovale; les yeux saillans; les mandibules à peine dentelées; l'écusson petit ou presque nul dans certaines espèces. Ce sont des Insectes carnassiers, vivant quelquefois en société nombreuse sous les pierres et dans des lieux humides, et se rencontrant principalement au printemps.

Latreille réunit au genre Brachine celui des Aptines de Bonelli, qui n'en est qu'un démembrement; mais il établit dans ce premier genre deux divisions dont la première répond au genre Aptine, et la seconde au genre Brachine, proprement dits du même auteur. Nous ne citerons qu'une espèce comme type de chaque section.

† Point d'ailes; dernier article des

palpes extérieurs dilaté, presque en cône renversé; menton échancré, avec une dent bifide; troisième article des antennes n'étant pas une fois plus long que le premier.

Brachine tirailleur, *Brachinus displosor* de Dufour (*loc. cit.*). Il habite l'Espagne, et paraît être la même espèce que le *B. ballista* d'Illiger.— Dejean (Catal. des Coléopt. p. 3) mentionne neuf espèces appartenant à cette division ou au genre Aptine qu'il adopte.

††. Des ailes; dernier article des palpes extérieurs presque ovoïde; menton échancré, sans dents; troisième article des antennes au moins une fois aussi long que le premier.

Brachine pétard, *Brachinus crepitans* de Fabricius, figuré par Panzer (*Fauna Ins. Germ.* fasc. 30. pl. 5). Il sert de type au genre, et est commun aux environs de Paris, ainsi que plusieurs autres. Dejean (*loc. cit.*) possède quinze espèces dont six se trouvent en France. (aud.)

BRACHIOBOLE. bot. phan. Pour *Brachylobos*. *V.* ce mot. (b.)

BRACHIOLE et BRACHIOGLE. bot. phan. Noms francisés de *Brachyglottis*. *V.* ce mot. (b.)

BRACHION. pois. Espèce du genre Spare. *V.* ce mot. (b.)

BRACHION. *Brachionus.* crust? polyp? Genre entrevu d'abord par Hill, dont le nom fut appliqué ensuite par Pallas aux Animaux appelés Vorticelles par Linné, et enfin mieux constitué par Müller qui lui donna pour caractères: un corps susceptible de contraction, couvert par un test membraneux, terminé en avant par un organe rotifère garni de cils. Ce grand observateur sentit que ces Brachions, qu'il plaçait à la fin des Infusoires, comme d'une organisation plus compliquée, et formant un passage aux Articulés, offraient entre eux des différences susceptibles de devenir plus tard des caractères génériques. Il y indiqua les sections des Univalves, des Bivalves et des Capsulaires. Depuis, Lamarck, et après lui Cuvier, ont retiré les Brachions de l'ordre des Infusoires, et les ont transportés dans celui des Polypes rotifères. Blainville a encore mieux indiqué leur élévation dans l'ordre naturel, et les a compris parmi ses Entomozoaires hétéropodes. Aujourd'hui que nous avons acquis sur ces êtres singuliers de nouvelles connaissances, nous ne pouvons plus les laisser dans des rangs déjà trop obscurs, et nous devons les élever encore dans la chaîne des êtres, comme passage aux Crustacés dont ils sont presque un genre microscopique. Restreint dans ses justes limites, le genre Brachion sera l'un de ceux de la famille des Brachionides, *V.* ce mot, et aura pour caractères: test transparent, capsulaire, antérieurement denté ou simplement émarginé, postérieurement foraminé pour donner passage à une queue rétractile, fissée; organes gastriques centraux; les ciliaires se développant en deux rotifères complets.

Les Brachions habitent les eaux douces et pures, parmi les Conferves et les Lenticules; nagent avec rapidité; ont une figure fort bizarre; ne se sont jamais montrés à nous dans des infusions fœtides. Nous en connaissons diverses espèces entre lesquelles nous citerons le *Brachionus urceolaris*, Müll. Inf. t. 50. f. 15-21. Encyc. Vers. pl 28, f. 22-28; et le *Brachionus Bakeri*, Müll. *ibid.* t. 50, f. 22-23. Encycl. Vers. pl. 28, f. 29-31. Baker, Micr. 2. t. 12. fig. 11-13. (b.)

* BRACHIONIDES. crust? polyp? Famille dont nous proposerons l'établissement aux dépens de ce que Müller nommait Infusoires, et que nous détacherons de la division des Polypes de Lamarck et de Cuvier. Nous ne pensons pas que des êtres essentiellement apodes, dépourvus de tout organe locomoteur rappelant l'idée de membres, qui valurent le nom de Polypes aux Animaux auxquels on le donna primordialement, puissent être désignés par une dénomination qui trouve sa racine dans une multitude

de pieds. Nos Brachionides auront pour type l'ancien genre Brachion des auteurs modernes.

Les caractères de cette famille, qui nous paraît former le chaînon le plus inférieur de la classe des Crustacés, et préparer, pour ainsi dire, cette classe dans la création par un passage aux Branchiopodes de Cuvier, sont: corps microscopique invisible à l'œil nu, contractile et recouvert d'un test solide qui laisse apercevoir dans sa transparence un organe plus ou moins agité, paraissant avoir rapport à la digestion; évidemment ovipares; émettant des glomérules productifs qu'on a vus enfermés dans leurs corps plus ou moins de temps avant leur émission. Les genres contenus dans la famille des Brachionides seront répartis ainsi qu'il suit: tous sont aquatiques et se trouvent soit dans les eaux douces, soit dans l'eau de mer.

† Où l'on reconnaît distinctement des organes ciliaires.

A. Sans queue.

α *Univalves.*

1. ANOURELLE, *Anourella.*

β *Capsulaires.*

2. KERATELLE, *Keratella.*

B. Munis de queue.

α *Queue centrale.*

3. TESTUDINELLE, *Testudinella.*

β *Queue terminale.*

* *Univalves.*

4. LEPADELLE, *Lepadella.*

** *Bivalves.*

5. MITILLINE, *Mitillina.*

*** *Capsulaires.*

6. SQUATINELLE, *Squatinella.*

7. BRACHION, *Brachionus.*

γ *Queue terminale simple.*

8. SILIQUELLE, *Siliquella.*

†† Où l'on n'a pas reconnu d'organes ciliaires.

A. Univalves.

9. SQUAMULELLE, *Squamulella.*

B. Bivalves.

10. COLURELLE, *Colurella.*

C. Capsulaire.

11. SILURELLE, *Silurella.* *V.* tous ces mots.

Les Anourelles, à qui l'absence de leur queue mérita ce nom, et qui ont été omises à leur place alphabétique, sont les *Brachionus Pala*, Müll. Inf. tab. 48, f. 1-2; Encycl. Vers. pl. 27, f. 89.—*B. Squamula*, Müll. Inf. tab. 48, fig. 4-7; Encycl. Vers. pl. 27, f. 4-7. — *B. striatus*, Müll. Inf. pl. 47, f. 1-3; Encycl. pl. 27, f. 1-3; — et *B. Bipalium*, Müll. Inf. tab. 48, f. 3-5; Encycl. Vers. pl. 27, f. 10-12.

Les Brachionides de ce genre sont tous invisibles, fort agiles et d'une transparence que tempèrent quelquefois des teintes brunâtres. On les voit comme tâter avec leur partie antérieure les corps parmi lesquels le microscope nous les montre nageans. Nous ne les avons pas rencontrés dans les infusions, mais parmi les Conferves et les Lenticules. L'absence de leur queue les oblige à une allure si différente de celle des autres Brachionides, qu'on a peine à concevoir comment Müller les confondit avec ceux-ci dans un même genre. (B.)

BRACHIOPODE. *Brachiopoda.* MOLL. Cette dénomination, formée de deux mots grecs, *brachiôn*, bras, et *pous*, pied, a été créée par Duméril pour caractériser une nouvelle coupe dans les Mollusques, dont Cuvier avait senti la nécessité en étudiant l'Animal de la Lingule (Bulletin des Sc. par la Soc. philom. T. I, p. 3, et Ann. du Mus. T. I, p. 69). Duméril en fit le cinquième ordre de la classe des Mollusques, mais en y comprenant les Anatifes et les Balanes qui en ont été séparés depuis par Lamarck, pour former la classe des Cirrhipèdes, en laissant les Brachiopodes comme famille distincte dans l'ordre des Acéphalés (Extr. de son cours, p. 97 et 104). De Roissy suivit les idées de Duméril en conservant réunis ces divers Animaux; mais il n'en fit qu'une division des Acéphalés (Moll. de Sonnini, T. VI, p. 460). Megerle de Muhlfeld, dans sa classification des Bivalves, n'a point fait de coupe distincte pour les Brachiopodes. Ocken (*Lehrb. der Zool.* 1815, p. 249) a adopté la séparation effectuée par Lamarck, et a formé, avec les Brachiopodes, une famille particulière dans son ordre des Huîtres, composée des genres Térébratule, Orbicule et Lingule. En 1816, Bosc (Nouv. Diction. d'Hist. nat.) admit encore la coupe de Duméril dans son intégrité. En 1817, Cuvier forma enfin avec ces Mollusques une classe à part, et adopta, ainsi qu'Ocken, celle des Cirrhipèdes de Lamarck (Règn. Anim. T. II, p. 522). Cette classe, distincte pour les Brachiopodes, n'a pas été adoptée par ce dernier savant dans la 2ᵉ édit. des Anim. s. vert., comme, dans l'Extrait de son cours, il en compose une famille dans ses Conchyfères monomyaires. Blainville, en adoptant cette coupe comme ordre dans ses Acéphalophores, a changé le nom de Brachiopode en celui de Palliobranche (Bullet. des Sc., 1817, p. 122). Goldfuss n'en fait qu'un ordre de la classe des Mollusques (*Handb. der Zool.* p. 664). Il en est de même de Schweigger (*Handb. der Naturg.* p 689); mais le premier ne conserve point les Cirrhipèdes en classe distincte, tandis que le second suit, à ce sujet, l'exemple de Lamarck et de Cuvier. Nous avons dû adopter la classe des Brachiopodes dans nos Tableaux des Mollusques classés en familles naturelles, p. 38, l'établissement de cette classe étant bien justifié par les caractères essentiels des Animaux qui la composent. Les Brachiopodes forment un petit nombre de genres très-peu abondans en espèces, excepté le genre Térébratule dont les espèces fossiles seulement sont très-variées et remplissent les couches de formation secondaire dans certains pays. La plupart d'entre elles paraissent être anéanties. Tous ces Mollusques étaient en grande partie confondus, jusque dans ces derniers temps, parmi les Lamellibranches, savoir : la Lingule dans les Patelles de Linné et dans les Jambonneaux de Chemnitz. C'est Bruguière qui le premier en a fait un genre à part, mieux connu depuis la Dissertation et les figures de Cuvier. On ne connaît encore qu'une seule espèce dans ce genre, et elle n'a point encore été rencontrée à l'état fossile. — Les Térébratules, genre que l'on doit aussi à Bruguière ou mieux à Klein (*Ostrac.* pl. 171, tit. 426) qui a emprunté ce mot à Luid, et dont Fabius Columna a donné les premières figures, n'étaient point séparées des Anomies par Linné, et cette confusion est encore respectée par les naturalistes attachés à la lettre du *Systema Naturæ*. Ainsi, par exemple, le baron de Schlotheim (*Petrefact.* p. 246) suit encore cette marche; mais il divise les Anomies fossiles, qu'il appelle Anomites, en trois sections, les Craniolites, les Hystérolites et les Térébratulites, dont il ne distingue pas les Productus et les Spirifer de Sowerby. Schlotheim décrit un grand nombre de Térébratulites dans l'ouvrage que nous venons de citer, et cet ouvrage, avec son supplément publié en 1822, et surtout avec les planches qui accompagnent celui-ci, et où l'on trouve beaucoup d'espèces très-bien figurées, sont, avec l'article TÉRÉBRATULE des Animaux sans vertèbres, les figures de l'Encyclopédie méthodique, le Traité des pétrifications du Derbyshire par Martins, et le *Mineral Conchology* de Sowerby, les ouvrages les plus importans à consulter pour la détermination assez difficile des nombreuses espèces de Térébratules. Nous devons faire observer que les Hystérolites paraissent n'être que des moules intérieurs de Térébratules, et ne doivent pas être considérés comme formant une section à part dans ce genre, et encore moins un genre distinct. Schlotheim en distingue cependant trois espèces, et cet exemple devra sans doute être suivi, si l'on ne parvient pas à reconnaître les Térébratules auxquelles elles appartiennent, ne fût-ce que pour servir à la distinction des couches qu'elles caractérisent. Megerle a changé le nom générique de Térébratule pour celui de *Gryphus*, qui, en outre, a l'inconvénient d'avoir trop de ressemblance avec celui de Gryphée. On ne connaît encore qu'une douzaine d'espèces vivantes dans ce genre qui en compte peut-être plus de cent à l'état fossile. On doit à Grundler une description et des figures de l'Animal de la *Terebratula Caput-Serpentis* (*Natur. Forsch.* II, st. pl. III), copiées par Bruguière (Encycl. méthod. pl. 246, fig. 7), lesquelles, avec celle de l'*Anomia truncata* de Poli, forment toutes nos connaissances sur les Animaux de ce genre. — Les Cranies, genre que l'on doit vraiment à Bruguière, et dont Linné ne connaissait qu'une seule espèce qu'il plaçait aussi parmi les Anomies, ne sont point séparées des Térébratules dans la Méthode de Cuvier. Lamarck ne les comprend point dans la famille des Brachiopodes. Il les place dans la famille des Rudistes immédiatement avant les Orbicules qui commencent la première de ces deux familles. On ne connaît encore qu'une seule Cranie à l'état vivant, et quatre à cinq à l'état fossile. — L'Orbicule est un genre formé par Cuvier avec la *Patella anomala* de Müller, sur le seul examen de la description et des figures du savant Danois (Zool. Dan. 1, p. 14, t. 5, fig. 1-7). Ce genre avait déjà été établi par Poli, sous le nom de *Criopus*, *Criopoderma*, pour une autre espèce, mais très-rapprochée, qu'il a décrite et figurée sous le nom d'*Anomia turbinata* (*Test. utriusq. Sicil.* T. II, p. 189, t. 30, fig. 15, c, et 21 à 24). Nous aurions conservé ce nom comme ayant l'antériorité, si Poli n'eût pas placé dans le même genre deux Térébratules dont l'Animal est au reste fort voisin de celui de l'Orbicule. Malgré cette analogie, les différences qu'ils présentent et les caractères qu'offrent les Coquilles ne permettent pas de les confondre. Il n'en est pas de même du genre Discine, *Discina*, créé par Lamarck dans la famille des Rudistes. La Coquille qui a servi à l'établissement de ce genre, est la *Patella distorta* de Montagu (*Transact. of Linn. Soc.* vol. II. p. 195. tab. 13, fig. 5), ou une espèce voisine, évidemment de même genre; et celle-ci paraît être, comme l'a fait voir Blainville (Bull. des Sc., 1819, p. 72), la *Patella anomala* de Müller. Ainsi le genre Discine n'est qu'un double emploi du genre Orbicule, quand bien même les différences qu'offrent les figures de Müller et de Montagu, comparées entre elles et avec la Discine que nous avons sous les yeux et que nous tenons de l'amitié de Sowerby, pourraient faire admettre trois espèces au lieu d'une seule.

Outre les genres Lingule, Térébratule et Orbicule, dont nous venons de parler, Sowerby a établi dans ces derniers temps trois nouveaux genres, savoir : le genre Producte, *Productus* (*Min. Conchol.* n° 13), dont Martins avait fait une section des Térébratules, et dont quelques espèces sont confondues parmi celles figurées dans les planches de l'Encyclopédie méthodique. Il est bien distinct de ses congénères par l'absence d'ouverture au sommet des valves, ce qui le rapproche un peu des Orbicules et des Cranies qui cependant ont une fissure à la valve inférieure, pour le passage du muscle qui les fixe aux corps sous-marins, tandis que le Productus en paraît entièrement dépourvu. Cette circonstance, jointe à l'impossibilité d'étudier l'Animal qui habitait ces Coquilles qui ne sont connues qu'à l'état fossile de pétrification, laisserait de l'indécision sur son placement dans les Brachiopodes, sans la grande analogie des formes des espèces de ce genre avec les Térébratules et les Spirifer. Le genre Magas, second des genres dus à Sowerby (*Min. Conch.* n° 2, pl. 119), est formé pour une très-petite Coquille fossile qui paraît se rapprocher beaucoup des Térébratules, et surtout des Thécidées de Defrance, dont il ne diffère peut-être pas. Enfin, le genre Spirifer, dont l'organisation est fort singulière par la présence d'une double spirale qui se rend vers les angles latéraux de la Coquille, et qui en remplit presque tout l'intérieur. Tels sont les trois genres dus à Sowerby. Le dernier offre aussi quelques espèces confondues avec les Térébratules dans l'Encyclopédie méthodique, et n'est encore connu qu'à l'état fossile. Sowerby a décrit ce nouveau genre avec plus de détails dans les Transactions de la Société Linnéenne (T. XII, 2e partie, p. 514). Ce Mémoire est accompagné de bonnes figures. Selon Sowerby (*Min. Conch.* n° 21), les Térébratules de Lamarck, dont l'ouverture triangulaire est placée sous les crochets, appartiendraient au genre Spirifer : nous observerons cependant que la *Terebratula psittacea*, espèce vivante qui est dans ce cas, ne diffère pas à l'intérieur des autres Térébratules.

Le genre Thécidée de Defrance, non encore décrit, renferme plusieurs petites Coquilles fossiles, découvertes par Gerville dans les environs de Valognes. Leur organisation intérieure est aussi fort singulière, la petite valve presque plate offrant à son côté interne des lamelles saillantes semi-circulaires, et laissant entre elles de profonds sillons. Nous avons une ou deux espèces vivantes qui paraissent appartenir à ce genre, qui, par son organisation intérieure, pourrait bien être un double emploi du genre Magas; mais, n'ayant pas celui-ci, nous ne sommes pas fixés à ce sujet.

Nous n'avons point rapporté à la classe des Brachiopodes le genre Pentamère de Sowerby, dont l'organisation intérieure a quelque analogie avec celle des Magas et des Thécidées, n'ayant pas eu occasion de le voir, l'exemple du genre Productus pouvant autoriser à rapporter à cette classe des Coquilles qui n'offrent pas d'ouverture pour le passage du muscle d'attache. Reste cependant à savoir si le genre Productus y est bien convenablement placé? Car tous les autres genres de cette famille offrent un trou ou une fissure destinée à cet usage. Aussi est-il présumable que les Productus n'étaient pas fixés ou l'étaient différemment. Quelquefois ce muscle est très-saillant, et a l'air d'une petite queue comme dans la *T. Caput-Serpentis*; d'autres fois il l'est moins, et la valve est très-rapprochée du corps auquel l'Animal est attaché. Dans les Orbicules, la valve inférieure tient à ce corps ou en prend les formes, et la valve supérieure offre l'apparence d'une petite patelle à sommet très-surbaissé. La charnière manque presque totalement dans ce genre, comme dans la Lingule, mais elle est plus ou moins compliquée dans les autres.

Les Brachiopodes ont beaucoup de rapports avec les Lamellibranches. A ne considérer que leur coquille, ce sont de véritables Bivalves. Il n'est pas douteux, par exemple, que le test des Cranies, et surtout celui des Orbicules, ont beaucoup d'analogie avec celui des Anomies. Quant à leurs Animaux, ils s'éloignent moins des Lamellibranches qu'on ne le croirait au premier coup-d'œil; mais leur organisation est cependant assez remarquable pour devoir les séparer en classe distincte. Ils ont, comme les Lamellibranches, « un manteau à deux lobes, et ce manteau est toujours ouvert; mais leurs branchies ne consistent qu'en petits feuillets rangés, tout autour de chaque lobe, à sa face interne; au lieu de pieds, ils ont deux bras charnus et garnis de nombreux filamens qu'ils peuvent étendre hors de leur coquille et y retirer; leur extérieur a paru montrer deux cœurs aortiques et un canal intestinal replié autour du foie; la bouche est entre les bases des bras et l'anus sur un des côtés. On ne connaît pas bien leurs organes de la génération, ni leur système nerveux. » (Cuvier, Règn. Anim.) Leurs bras cirrheux ne sont point articulés comme ceux des Cirrhipodes; le cordon tendineux qui les soutient ne ressemble pas au pédoncule de ceux-ci, avec lesquels ils ont cependant le rapport marqué d'avoir des membres distincts qui manquent aux Lamellibranches. Les branches testacées, grêles, fourchues, qu'on remarque à l'intérieur des Térébratules, pénètrent dans le corps de l'Animal, le soutiennent et donnent surtout attache aux bras. Ces bras très-singuliers sont allongés, ciliés et cirrheux. Dans l'état de repos, ils sont roulés en spirale dans la coquille, et ne sortent que lorsque l'Animal veut s'en servir. Serait-il possible que les filets spiraux, que Sowerby a reconnus dans l'intérieur du genre Spirifer, fussent les bras en question, différemment organisés et passés à un état de solidification? ou ne sont-ils qu'une charpente testacée analogue à celle des Térébratules?

Nous ne terminerons pas cet article sans appeler l'attention sur l'analogie singulière que présentent les Orbicules avec les *Hipponyx* de Defrance ou les Cabochons pourvus d'un support tout-à-fait comparable à la valve adhérente des Orbicules, dont la valve supérieure est si semblable à une Patelle, qu'elle a souvent été classée dans ce genre. Ce passage remarquable des Céphalés aux Acéphalés, sur lequel Blainville a promis des considérations qui méritent d'être développées, prouve encore bien évidemment combien l'enveloppe testacée des Mollusques peut induire en erreur pour leur classement, et qu'il n'y a que l'étude des Animaux qui puisse fonder une méthode qui permette de saisir leurs véritables rapports.

Nous avons établi trois familles dans la classe des Brachiopodes : celle des Lingules, qui ne comprend que le genre de ce nom ; celle des Térébratules, qui renferme les genres Producte, Térébratule, Spirifer, Magas et Thécidée; et enfin celle des Cranies, qui comprend les genres Cranie et Orbicule. *V.* ces mots. (F.)

BRACHIURE. CRUST. *V.* BRACHYURE. (AUD.)

* BRACH-LERCHE. OIS. (Frich.) Syn. de la Rousseline, *Anthus rufescens*, Tem. *V.* PIPIT. (DR..Z.)

BRACHMÆNNCHEN. BOT. CRYPT. Syn. allemand d'*Agaricus edulis*, L. (B.)

BRACHSENFARREN ET BRACHESENKRAUT. BOT. CRYPT. Syn allemand d'*Isoetes lacustris*. *V.* ISOËTE. (B.)

BRACH-VOGEL. OIS. Syn. allemand de Corlieu, *Scolopax Phæopus*, L. *V.* COURLIS. (DR..Z.)

* BRACHYCARPÆA. BOT. PHAN. Genre établi par De Candolle, ayant pour type, et jusqu'ici pour unique espèce, une Héliophile, *H. flava* de Linné fils. Les sépales du calice sont légèrement dressés; les pétales ovales oblongs; les étamines dépourvues d'appendices: la silicule à peu près sessile, didyme, surmontée d'un style très-court, à deux loges monospermes. Le *B. varians*, Cand., est un sous-Arbrisseau du Cap, glabre, à feuilles oblongues, linéaires, ayant à peu près le port des Héliophiles à tige frutescente, mais la silicule beaucoup plus courte que dans ce genre, caractère d'où lui vient son nom. Cette silicule rappelle le fruit du Senebiera ou du Biscutella. (A. D. J.)

BRACHYCARPÉES. BOT. PHAN. De Candolle nomme ainsi la vingt-unième tribu des Crucifères, qu'il caractérise par une silicule didyme, une cloison très-étroite, des valves extrêmement ventrues, des loges monospermes et un style court. Elle renferme un seul genre, le *Brachycarpæa*. *V.* ce mot. (A. D. J.)

BRACHYCÈRE. *Brachycerus*. INS. Genre de l'ordre des Coléoptères, section des Tétramères, fondé par Olivier aux dépens du grand genre Charanson. Latreille (Règne Anim. de Cuv.) le place dans la famille des Porte-Bec ou Rhinchophores. Ses caractères sont, suivant Olivier : antennes droites, plus courtes que la tête, grossissant insensiblement, de neuf articles, le premier un peu plus gros que les autres, le dernier le plus long et tronqué à son extrémité; tête inclinée, allongée en forme de trompe épaisse; bouche placée à l'extrémité de la trompe et pourvue de mandibules, de mâchoires et d'antennules; celles-ci, au nombre de quatre, les deux antérieures très-courtes, composées de quatre articles dont le premier, plus large que les autres, terminé extérieurement par une pointe longue, avancée, et le dernier très-petit, les deux postérieures composées de trois articles diminuant de grosseur; tarses filiformes, sans houppes, de quatre articles, les trois premiers égaux entre eux. Les Brachycères ont beaucoup de rapports avec les Charansons, mais ils en diffèrent essentiellement par les caractères tirés des antennes, des parties de la bouche et des tarses; ils en sont distingués encore par leurs habitudes, car ils ne se rencontrent jamais sur les Plantes, et vivent dans les lieux sablonneux où on les voit marcher lentement. Leurs élytres embrassent l'abdomen sur les côtés, et sont soudées à leur suture; il n'existe pas d'ailes membraneuses; le corps de plusieurs espèces est recouvert d'une poussière écailleuse qui s'enlève aisément et que l'Insecte perd en avançant en âge. La larve n'est pas connue. Ces Insectes sont presque tous étrangers; quelques-uns se rencontrent cependant dans le midi de l'Europe. Parmi ces derniers, nous remarquerons :

Le BRACHYCÈRE ONDÉ, *B. undatus* d'Olivier (Coléopt. T. v, pl. 2, fig. 16. A, B), qui se trouve dans les départemens de la France les plus voisins des frontières de l'Italie.

Le BRACHYCÈRE BARBARESQUE, *B. barbarus* d'Olivier (*loc. cit.* pl. 2. fig. 15. A, B), servant de type au genre et habitant les côtes de la Barbarie. Bory de Saint-Vincent l'a retrouvé, mais fort rarement, dans les dunes de sable des côtes d'Arcachon. (AUD.)

BRACHYÉLYTRE. *Brachyelytrum*. BOT. PHAN. Genre de Graminées formé par Palisot Beauvois (*Agrost.* p. 39, T. IX, f. 11) du Dilepyrum de Michaux (*Flor. bor. Am.* 1, pl. 40), qu'il nomme *Brachyelytrum erectum*. Ses caractères sont : épillets pédicellés, alternes; balle calicinale à deux valves, dont l'inférieure est quatre fois plus courte et renferme deux fleurs, l'une fertile, à balle bivalve accompagnée d'écailles; la valve inférieure entière, accompagnée d'une longue soie; la supérieure bifide; la fleur stérile, pédiculée, pubescente; les fleurs sont disposées en un épi simple dont les épillets sont alternes. C'est une Plante dont l'aspect est celui d'un Agrostis, et qui habite les bois ombragés de la Caroline et de la Géorgie. Elle a été décrite par Schreber sous le nom de *Muhlenbengia erecta*, et paraît devoir être réunie au genre Trichochloa de De Candolle. (B.)

BRACHYGLOTTIS. BOT. PHAN. Et non BRACHIOGLOTIS ou BRACHIGLOTIS. Genre de la famille des Corymbifères, caractérisé par un involucre cylindrique composé de plusieurs folioles égales et conniventes; un réceptacle nu; des fleurs radiées dans lesquelles les demi-fleurons sont en petit nombre, courts, réfléchis et terminés par trois dents; une aigrette plumeuse. Ce genre, établi par Forster, est réuni par Willdenow et Persoon aux Cinéraires. Il ne comprend que deux espèces originaires de la Nouvelle-Zélande et peu connues, l'une à feuilles ovales et sinuées, l'autre à feuilles entières et arrondies. (A. D. J.)

BRACHYLOBOS. BOT. PHAN. Et non BRACHIOBOLE. Genre formé par Allioni (*Flor. Ped.* 1, p. 278) aux dépens des Sisymbres de Linné, et dont le *Sisymbrium silvestre* était le type. De Candolle (Syst. Végét. 2, p. 190) n'en fait que la seconde section de son genre *Nasturtium*, dans laquelle il renferme quatorze espèces dont la silique est courte ou même ovale. Le *Sisymbrium amphibium* est du nombre. *V.* CRESSON et SISYMBRE. (B.)

BRACHYN. INS. Même chose que Brachine. *V.* ce mot. (B.)

* BRACHYOPE. *Brachyopa*. INS. Genre de Diptères établi par Meigen, d'après le comte de Hoffmanseg,

et de la famille des Syrphiques du premier. Il se confond dans notre méthode avec les Milésies, *V.* ce mot; mais il en serait spécialement distingué, selon Meigen, par la soie des antennes, qui est garnie de poils. Cet auteur y rapporte la *Mouche conique* de Panzer (*Faun. Germ.* fasc. 60, pl. 20); la *Mouche arquée* du même (*ibid.*, pl. 15); les *Rhingies bicolor*, *fauve* et *Scævoïde* de Fallen, et l'*Oscinis Oleæ* de Fabricius. Mais cette dernière espèce s'en éloigne totalement par la forme des antennes, la composition du suçoir et la disposition des nervures des ailes. C'est une vraie Muscide. Les espèces précédentes me sont inconnues. (LAT.)

BRACHYOPODE. *Brachyopodium*. BOT. PHAN. Palisot Beauvois (*Agrost.* p. 100, t. 19, fig. 3) a établi ce genre dans la famille des Graminées, et lui a imposé pour caractères : épillets alternes sur un large pédicule articulé; balle calicinale à deux valves courtes, renfermant trois à quinze fleurs, composées chacune de deux valves entières, dont l'inférieure est terminée par une soie, et la supérieure est tronquée, garnie de poils roides, recourbés et hérissés; écailles ovales velues. Des espèces, autrefois dispersées dans les genres Brome, Froment et Fétuque, le composent. Trinius pense qu'il doit être réuni à ce dernier. (B.)

BRACHYOPODES. MOLL. *V.* BRACHIOPODES.

* BRACHYPTÈRE. *Brachypterus*. INS. Genre de l'ordre des Coléoptères, établi par Schneider et synonyme de Cerque. *V.* ce mot. (AUD.)

BRACHYPTÈRES. OIS. C'est, dans la Zoologie analytique de Duméril, une famille de l'ordre des Gallinacés: elle comprend les genres dont les espèces ont les ailes trop courtes pour servir au vol. Ces genres sont : Autruche, Touyou, Casoar et Dronte. Cuvier et Vieillot ont appliqué ce nom à une famille d'Oiseaux plongeurs aquatiques, et dont les ailes sont très-courtes : ils y comprennent les Plongeons, les Pinguins et les Manchots. (B.)

BRACHYRHINE. *Brachyrhinus*. INS. *V.* RHINCHOPHORE et CHARANSON. (AUD.)

* BRACHYRIS. BOT. PHAN. Nuttal établit ce genre nouveau dans la vaste famille des Synanthérées et dans la Syngénésie Polygamie superflue, pour le *Solidago Sarothræ* de Pursh, qui diffère surtout des autres *Solidago* par son aigrette non poilue, mais composée d'environ cinq à huit écailles allongées et persistantes. Le *Brachyris Euthamiæ*, Nuttal, ou *Solidago Sarothræ* de Pursh, est une Plante vivace dont les tiges sont anguleuses et scabres, les feuilles rapprochées et linéaires. Les fleurs sont terminales et forment une sorte de corymbe. Elle croît dans les lieux arides sur les bords du Missouri. Elle répand une odeur forte et peu agréable; les habitans s'en servent comme d'un médicament diurétique. (A. R.)

* BRACHYSCOME. BOT. PHAN. Labillardière avait décrit et figuré t. 206 de ses Pl. de la Nouvelle-Hollande, sous le nom de *Bellis aculeata*, une Plante dont H. Cassini forme un genre particulier distingué par les caractères suivans : involucre formé de folioles égales et linéaires, disposées à peu près sur un seul rang; réceptacle conique; fleurs radiées, les demi-fleurons de la circonférence femelles, les fleurons du centre mâles; akènes comprimés, munis sur leurs deux faces d'un rebord membraneux, et couronnés par une petite aigrette de poils simples extrêmement courts. La seule espèce connue, à laquelle Cassini donne le nom de Labillardière, est une Plante herbacée, à tige rameuse, garnie de feuilles dont les dents sont écartées les unes des autres et aiguës, et à fleurs solitaires et terminales. (A. D. J.)

BRACHYSÈME. *Brachysema*. BOT. PHAN. Dans la seconde édition du Jardin de Kew, Robert Brown décrit sous ce nom un genre nouveau de la famille des Légumineuses et de la Décandrie Monogynie, auquel il attribue les caractères suivans : calice renflé, à cinq dents un peu inégales ; corolle papilionacée, ayant l'étendart plus court que la carène qui est comprimée et de la même longueur que les ailes ; ovaire pédiculé et entouré à sa base d'une petite gaîne, terminé supérieurement par un style grêle et allongé ; gousse renflée et polysperme. Ce genre, voisin du *Gompholobium*, ne renferme qu'une seule espèce observée par Brown sur les côtes de la Nouvelle-Hollande, et qu'il nomme *Brachysema latifolium*, à cause de ses feuilles qui sont larges, ovales et planes. (A. R.)

* BRACHYSOME. *Brachysoma.* INS. Genre de l'ordre des Coléoptères, section des Tétramères, établi par Dejean (Catal. des Coléopt. p. 96) dans la grande famille des Rhinchophores. Il en possède trois espèces dont deux originaires de Cayenne, et la troisième de la Nouvelle-Hollande. Les caractères de ce nouveau genre sont encore inédits. (AUD.)

BRACHYSTEMME. *Brachystemma.* BOT. PHAN. Le genre établi sous ce nom dans la Flore de l'Amérique septentrionale de Michaux a trop de rapports avec le genre qu'il a désigné sous le nom de Pycnanthème, pour ne pas devoir lui être réuni. Nous pensons donc, à l'exemple de Persoon, de Pursh et de Nuttal, que les espèces décrites sous ce nom par Michaux doivent être rapportées au Pycnanthème. *V.* ce mot. (A. R.)

* BRACHYSTOME. *Brachystoma.* INS. Genre de Diptères, établi par Meigen, de la famille des Empidies, et ayant pour caractères : trompe perpendiculaire, de la longueur de la tête, conique ; palpes couchés sur elle ; antennes avancées, de trois articles, dont le troisième conique, terminé par une soie très-longue. Il en cite et figure deux espèces, la longicorne et la vésiculeuse ; celle-ci avait été rangée par Fabricius, et sous la même dénomination spécifique, avec les Syrphes. Elle est longue de près de trois lignes, noire, avec l'extrémité de l'abdomen, du moins dans l'un des sexes (le mâle), renflée, vésiculeuse, demi-transparente et roussâtre. Les cuisses sont de cette couleur, avec une ligne noirâtre le long de leur tranche supérieure. Elle est rare aux environs de Paris. (LAT.)

BRACHYSTOME. BOT. CRYPT. Persoon a donné ce nom à la troisième division qu'il établit dans son nombreux genre SPHÆRIA. *V.* ce mot. (B.)

* BRACHYTOPHYTUM. BOT. PHAN. Necker (*Elem.* 3. p. 70 et 85) désigne ainsi la seconde division des Crucifères ou Tétradynames. (B.)

BRACHYURES. *Brachyura.* CRUST. Leach et Blainville ont employé ce mot pour désigner un ordre des Crustacés. Latreille (Règne Anim. de Cuv.) l'a donné à la première famille de l'ordre des Décapodes, répondant à celui des *Kleistagnatha* de Fabricius. Nous adopterons ici cette dernière application. La famille des Brachyures a pour caractères distinctifs : queue plus courte que le tronc, sans appendices ou nageoires à son extrémité, et se repliant en dessous dans l'état de repos, pour se loger dans une fossette de la poitrine ; branchies formées d'une seule pyramide à deux rangées de feuillets vésiculeux, et point séparées entre elles par des lames tendineuses. Cette famille embrasse celles que Latreille avait antérieurement établies (Considér. génér.) sous les noms de CANCÉRIDES et d'OXYRHYNQUES.

Tous les Crustacés qui la composent ont, outre les caractères que nous avons indiqués déjà, les suivans que nous transcrirons d'après Latreille. Le tronc est tantôt en segment de cercle ou presque carré, tantôt arrondi, ovoïde ou triangulaire ; les antennes sont petites, surtout les intermédiaires qui sont ordinairement logées dans une fossette sous le bord antérieur de la carapace. Celles-ci se terminent chacune par deux filets très-courts ;

les antennes extérieures, insérées au côté interne des yeux, ont plus de longueur, et sont pourvues d'un seul filet; les yeux sont, dans plusieurs, portés sur de longs pédicules; le tube auriculaire est presque toujours entièrement calcaire. La première paire de pieds se termine en serres; dans le plus grand nombre, la dernière paire de pieds-mâchoires, à l'état de repos, forme comme une sorte de lèvre qui recouvre toute la bouche. L'abdomen a l'apparence d'une queue triangulaire, étroite et aplatie dans les mâles; plus large, arrondie et bombée dans les femelles; il présente inférieurement chez ces dernières quatre paires d'appendices formés chacun par deux filets, lesquels ont pour usage de supporter les œufs. Les mâles sont dépourvus de ces parties, et offrent cependant deux ou quatre appendices qui sont des organes de copulation. Les deux ouvertures de la vulve dans la femelle se remarquent à la face inférieure de la poitrine, en avant de la troisième pièce sternale. Latreille (Règne Anim. de Cuv.) divise la famille des Brachyures en sept sections, de la manière suivante :

† Tous les pieds insérés sur les côtés de la poitrine.

1. Les NAGEURS, *Natatoria*.

Pieds toujours découverts; les deux derniers au moins terminés en nageoire.

Genres : ETRILLE ou PORTUNE, PODOPHTHALME, MATUTE, ORITHYE.

2. Les ARQUÉS, *Arcuata*.

Pieds toujours découverts, sans nageoire; test évasé, en forme de segment de cercle, rétréci et tronqué postérieurement.

Genres : CRABE, HÉPATE.

3. Les QUADRILATÈRES, *Tetraedra*.

Pieds toujours découverts, sans nageoire; test presque carré ou en cœur; le bord antérieur infléchi ou incliné.

Genres : PLAGUSIE, GRAPSE, OCYPODE, GONÉPLACE, GÉCARCIN, POTAMOPHILE, ERIPHIE.

4. Les ORBICULAIRES, *Orbiculata*.

Pieds toujours découverts, sans nageoire; test presque orbiculaire ou elliptique.

Genres : PINNOTHÈRE, ATÉLÉCYCLE, THIA, CORYSTE, LEUCOSIE, IXA, MICTYRE.

5. Les TRIANGULAIRES, *Triquetra*.

Pieds toujours découverts, sans nageoire; test presque triangulaire ou rhomboïdal, se rétrécissant de sa base en avant.

Genres : INACHUS, EGÉRIE, LITHODE, MACROPODE, PACTOLE, DOCLÉE, MITHRAX, PARTHENOPE.

6. Les CRYPTOPODES, *Cryptopoda*.

Pieds sans nageoire; les quatre dernières paires susceptibles de se retirer et de se cacher sous une avance en forme de voûte de l'angle postérieur de chaque côté du test.

Genres : MIGRANE ou CALAPPE, ÆTHRE.

†† Les deux ou quatre pieds postérieurs, insérés à l'extrémité postérieure du dos et relevés.

7. Les NOTOPODES, *Notopoda*.

Genres : DROMIE, DORIPPE, HOMOLE, RANINE.

V. chacun de ces noms génériques. (AUD.)

BRACK. OIS. Syn. de Canard en Barbarie. (DR..Z.)

BRACKEN. BOT. CRYPT. Syn. écossais de Fougère femelle, espèce de Polypode de Linné, maintenant appartenant au genre Polystich. *V.* ce mot. (B.)

BRACKENDISTEL. BOT. PHAN. Syn. allemand d'*Eryngium campestre*, L. *V.* PANICAUT. (B.)

BRACKENKAUPT. BOT. PHAN. Syn. d'*Antirrhinum majus*, L. en Allemagne. (B.)

BRACON. *Bracon*. INS. Genre de l'ordre des Hyménoptères, section des Porte-Tarière, établi par Jurine (Classif. des Hyménopt. p. 117) qui lui assigne pour caractères : une cellule radiale grande; trois cellules cubitales, les deux premières carrées, presque égales, la première recevant seule une nervure récurrente, la troisième grande, atteignant l'extrémité de l'aile; mandibules bidentées (le sommet aigu de la mandibule étant compté pour une dent); antennes sétacées, composées de plus de vingt articles. Latreille (Règne Anim. de Cuv.) place ce genre dans la famille des Pupivores, tribu des Ichneumonides, et lui donne pour caractères distinctifs : mandibules bidentées; cinq articles aux palpes maxillaires et trois aux labiaux; languette profondément échancrée et prolongée avec les mâchoires en forme de bec ou de museau. A ces caractères on peut ajouter que les mandibules sont prolongées en avant, et qu'il en résulte une espace vide entre elles et le labre; que celui-ci est triangulaire, courbé inférieurement et terminé en pointe; qu'enfin les femelles ont l'extrémité de l'abdomen armé d'une longue tarière recouverte à sa base par un prolongement lamelliforme, figurant un soc de charrue. — Les Bracons ressemblent, sous plusieurs rapports, aux Ichneumons; mais ils s'en distinguent par le nombre des articles des palpes labiaux et par la forme de la seconde cellule cubitale de leurs ailes; ils ont encore beaucoup d'analogie avec les Alysies, sous le rapport des cellules des ailes, et en diffèrent cependant par les pièces de la bouche. Les Agathis ont aussi avec les Bracons une telle ressemblance que Latreille (*loc. cit.*) les réunit à ces derniers.

Ces Insectes, nommés autrefois par Latreille *Vipions*, sont très-nombreux et fort peu connus, quant à leur organisation et leurs mœurs. On les trouve ordinairement sur les fleurs de Chardons et sur les bois pourris. Le Bracon déserteur, *B. desertor* de Fabricius, peut être considéré comme type du genre; il n'est pas rare aux environs de Paris. On rencontre aussi dans presque toute la France le Bracon dénigrateur, *B. denigrator* de Fabricius, figuré par Panzer (*Faun. Ins. Germ.* fasc. 45. tab. 14.) (AUD.)

BRACTÉES. BOT. Feuilles florales. Ce sont de petites feuilles particulières, différant pour la forme, et la plupart du temps pour la couleur, de celles dont se compose la Plante. Elles accompagnent les fleurs, les soutiennent, les protègent, les ornent même, et dans certaines Sauges ou dans quelques Lavandes, en effacent l'éclat.

On nomme BRACTÉOLES les plus intérieures et les plus petites des Bractées, lorsque dans un amas de fleurs il en existe plusieurs rangées. (B.)

BRADEN OU BRAFFEN. POIS. Syn. de Brême, *Cyprinus Brama*. *V.* CYPRIN. (B.)

BRADFISH. POIS. En Autriche c'est l'Ide. On donne encore ce nom à la Jesse, autre espèce d'Able. *V.* ce mot. (B.)

BRADIPE. MAM. Même chose que BRADYPE. *V.* ce mot. (A. D.. NS.)

BRADLEA. BOT. PHAN. Le genre Glycine de Linné porte ce nom dans les familles des Plantes d'Adanson (*Fam. Plant.* t. 2. p. 224. *V.* GLYCINE. (A. D. J.)

BRADLEIA. BOT. PHAN. Sous ce nom, Gaertner a établi un genre très-voisin du Phyllantus, dont il se distingue cependant par la structure singulière de ses graines. Comme il comprend la Plante dont Forster avait auparavant fait son genre *Glochidion*, c'est ce dernier nom qu'il convient de lui conserver et auquel nous renvoyons ici. — Sous ce même nom de *Bradleia*, Necker avait distingué une espèce de Laser dont l'involucre offre un petit nombre de folioles et dont l'akène est ailé. (A. D. J.)

BRADYPE. *Bradypus*. MAM. Genre de Mammifères de l'ordre des Édentés auxquels il appartient par l'absence de dents incisives, et même de l'intermaxillaire dans une des deux espèces qui composent ce genre, et par de gros ongles embrassant toute l'extrémité libre des doigts. — C'est à tort que Buffon a dit que les Paresseux étaient des monstres par défaut;

ils offrent au contraire un excès de parties surnuméraires dans le nombre des côtes, des vertèbres cervicales, et dans l'existence des clavicules chez une des deux espèces; celui qui a moins de doigts en a deux complets, et à côté, les rudimens de deux autres : le pied des Solipèdes est donc moins complet. On n'a pas eu plus de raison de parler de leur imperfection; c'est en changeant leurs rapports d'existence qu'ils seraient imparfaits. Les modifications de leur organisation, très-éloignées du mécanisme des autres Mammifères, sont au contraire en harmonie parfaite avec leur destination. D'abord leurs dents, comme l'a montré Cuvier à qui appartient presque tout ce que nous allons dire, étant un cylindre d'os enveloppé d'émail et creux aux deux bouts, seraient impuissantes pour broyer des tiges ou des racines; elles suffisent pour écraser des feuilles. Aussi l'existence de l'Animal est-elle liée à celle des Arbres et peut-être d'un seul qu'il préfère, le *Cecropia peltata;* le cylindre d'émail est rempli par une pile de petits disques osseux, qui s'usent plus facilement que l'enveloppe; la surface de la dent est toujours plus ou moins excavée; l'excès de longueur des membres antérieurs sur les postérieurs, qui se retrouve dans les Orangs et dans les Wouwous, la direction en arrière des cavités cotyloïdes, qui dans l'action de grimper, rend perpendiculaire l'application de la force, sont deux circonstances aussi favorables au grimpement qu'incommodes pour la marche. L'articulation péronéo-astragalienne, transmettant obliquement le poids du corps sur le pied par l'apophyse coudée qui termine inférieurement le péroné, rend bien, comme l'observe Cuvier, le plan du pied perpendiculaire au sol quand l'Animal est à terre, ce qui fait qu'il n'appuie que par le bord externe; mais réciproquement, quand il grimpe, toute la plante du pied porte parallèlement contre l'Arbre. L'élargissement du bassin et la soudure de l'ischion sur le sacrum, en augmentant les surfaces d'insertion musculaire, ont un double avantage, 1° pour l'écartement des jambes en grimpant, et 2° pour le volume des muscles insérés. La longueur de l'apophyse post-astragalienne du calcanéum égale au moins à ce qu'elle est dans les Gerboises, facilite l'application au pied de la force musculaire entièrement transmise, puisque tous les os sont soudés en un seul levier jusqu'au devant de la première phalange. Quoy et Gaimard ont constaté un excès proportionnel de volume et de force des muscles fléchisseurs sur les extenseurs, bien supérieur à ce qui existe chez tous les autres Animaux; il en résulte la facilité de perpétuer pour ainsi dire les mouvemens et les attitudes de flexion indispensables à des Animaux toujours suspendus ou accrochés aux Arbres. La réflexion des ongles sous le pied et sous la main dans l'état de repos, qui serait un inconvénient à terre, est justement le mécanisme le plus commode pour les Paresseux. Sans aucun effort et par la seule élasticité de ligamens jaunes analogues à ceux qui tiennent redressées les phalanges unguéales des Chats, ces mêmes phalanges sont maintenues fléchies chez les Bradypes. Elles ne s'étendent que lorsque l'élasticité de ces ligamens est surmontée par la contraction des muscles extenseurs. Ajoutez à cela cet excès des muscles fléchisseurs, et il n'y a rien d'étonnant à les voir s'accrocher aux branches par les quatre pates rapprochées, pour reposer et dormir. L'on voit aussi que la soudure des os des pieds et le défaut de mobilité séparée des doigts sont parfaitement combinés pour ce résultat. Ces ongles surpassent aussi en longueur le reste de la main, et comme ils sont courbes, cela augmente d'autant la grandeur du crochet. Un autre obstacle, outre le ligament jaune inférieur à l'extension de la phalange unguéale, c'est que l'arc de cercle qui en échancre la tête, saille bien davantage en dessus, de sorte que ce prolongement, en s'appuyant contre le dos de la phalange suivante, rend l'extension impossible. (*V.*, pour la figure de cette phalange et tous les détails d'ostéologie, le 4e vol. des Ossemens fossiles de Cuvier.) L'axe de la tête étant le même que celui de la colonne vertébrale, la bouche regarde en haut quand l'Animal est debout; ce serait un inconvénient pour paître à terre; c'est un avantage pour vivre sur des branches, et qui dispense l'Animal de relever la tête par un effort musculaire soutenu.

Ce genre offre d'espèce à espèce les plus grandes différences connues. Il est l'exemple le plus évident de la diversité primitive des espèces, et la réfutation de l'opinion que les diversités d'espèces ne sont que des transformations successives et maintenues à divers degrés, d'un type primitif, par l'influence du climat, des alimens, etc. Or, ici tout est égal pour les deux espèces, habitudes, climat, nourriture, et cependant les Aïs ont deux vertèbres cervicales de plus que l'Unau et les autres Mammifères. L'Unau, qui seul a des clavicules, a vingt-trois côtes; l'Aï dos-brûlé en a quinze, et celui à collier seize. Dans les Aïs, l'axe du condyle maxillaire est longitudinal; il est transversal dans l'Unau; tout le crâne de celui-ci a les deux tables osseuses écartées par des sinus pareils à ceux qui coiffent le crâne du Cochon, et propagés jusque dans l'apophyse ptérygoïde qui est renflée comme la caisse auditive des Chats. Dans les Aïs, l'apophyse ptérygoïde est une lame mince, et partout le crâne a ses deux tables compactes rapprochées sans diploé; la caisse auditive y est fort renflée, indice d'une audition très-active. La hauteur des arrières-narines est presque double de ce qui a lieu dans l'Unau. L'Unau, en avant de la suture des os du nez, a un os internasal qui manque dans l'Aï ainsi que les intermaxillaires; les maxillaires y sont aplaties en avant, d'où suit la petitesse des canines qui sont contiguës aux molaires tandis qu'une barre les en sépare dans l'Unau. Enfin, il n'est pas une partie du squelette, pour ainsi dire, qui n'offre des différences aussi grandes d'une espèce de Paresseux à l'autre, que d'un genre à l'autre dans les autres Mammifères. Aussi est-ce à l'occasion des Paresseux que Buffon a dit : Les différences intérieures sont la cause des extérieures; l'intérieur dans les êtres vivans est le fond du dessin de la nature. Persuadés de l'importance de cette vérité réalisée sous tant de formes et de plans divers, nous avons insisté et nous continuerons d'insister sur les diversités spécifiques d'organisation. *V.* ANATOMIE.— Les viscères de ces Animaux offrent encore des différences assorties à leur mode d'existence. Sans être ruminans, ils ont quatre estomacs, mais sans feuillets ni autres lames saillantes à l'intérieur, tandis que le canal intestinal est court et sans cæcum. Les feuilles, qui sont leur aliment, contenant bien moins de parties fibreuses proportionnellement, que les tiges herbacées dont se nourrissent les Ruminans, les Bradypes n'ont pas besoin d'ingérer une aussi grande quantité d'alimens. — La verge seule est extérieure dans le mâle, les testicules sont dans l'abdomen. Quoy et Gaimard ont eu vivans quelques jours sur l'Uranie, et ensuite disséqué deux Paresseux Aïs. Voici leurs observations qui rectifient plusieurs erreurs : sur la femelle, la vulve, surmontée d'un clitoris, est antérieure de trois à quatre lignes à l'anus; l'urètre, fort court, s'ouvre dans le vagin, long de deux pouces. Il y avait un fœtus bien conformé dans l'utérus, qui n'offrait pas de museau de Tanche, peut-être à cause de son état de dilatation; la vessie était fort distendue par l'urine, ce qui les étonna d'autant plus, que l'Aï, pendant les huit jours qu'ils le possédèrent, avait refusé de boire avec une sorte d'horreur. L'anus a plus de longueur que la vulve. L'estomac était rempli de tiges de Céleri : c'était la seule nourriture acceptée par l'Aï depuis l'épuisement de la provision de feuilles de

Cecropia. L'injection artérielle n'a pas confirmé la division des artères des membres en artérioles ensuite réunies pour reformer le tronc primitif. Seulement beaucoup de petites artères formaient une sorte de gaîne au tronc des artères brachiales et crurales, mais ne rentraient pas dans le calibre de celles-ci. Enfin, ils ont vu l'excès de prédominence des muscles fléchisseurs sur les extenseurs rendre raison des attitudes de ces Animaux; ils ont vu aussi qu'il faut beaucoup rabattre de la lenteur attribuée à l'Aï. Tout l'équipage de l'Uranie a vu l'Aï monter en vingt-cinq minutes du gaillard d'arrière au haut du grand mât; il parvint successivement, en moins de deux heures, au sommet de tous les mâts en allant de l'un à l'autre par les étais. Une autre fois, étant descendu par l'échelle du gaillard d'arrière et touchant l'eau par une de ses pates, il s'y laissa volontairement tomber, et nagea aisément la tête élevée.

L'on voit donc, en rapprochant ces faits des considérations anatomiques précédentes, combien d'erreurs défiguraient l'histoire de ces Animaux qui habitent entre la rivière des Amazones, celle de la Plata et l'océan Atlantique. On n'en a point trouvé ailleurs de fossiles. Les Fossiles les plus analogues, sont le Mégalonix et le Mégatherium, qui forment pourtant chacun des genres bien différens, quoique susceptibles d'être encadrés dans un même ordre. Ceux-ci ont été trouvés dans le nord des deux continens. Les espèces du genre Bradype sont :

L'Aï, *Bradypus tridactylus*, L. Buff. 13, pl. 5 et 6. La figure de l'Encyclopédie est ridiculement mauvaise! Trois doigts complets à chaque pied, les deux doigts extrêmes en rudimens cachés sous la peau, deux vertèbres cervicales de plus, distinguent cette espèce de l'Unau. Les bras sont deux fois longs comme les jambes, ce qui facilite le grimpement. Le poil de la tête, du dos et des membres, long, gros et sans ressort, donne à cet Animal l'air d'être enveloppé de foin. Sa couleur est grise, souvent tachetée sur le dos de brun et de blanc. Comme il existe au cabinet d'anatomie du Muséum des squelettes d'Aïs, où le nombre des côtes et d'autres circonstances ostéologiques sont différens, quoique tous se séparent de l'Unau par les trois doigts de devant, l'absence de sinus pépicraniens, etc., et comme les voyageurs, et dernièrement Temminck, d'après un individu rapporté par Neuwied, distinguent une espèce d'Aï, dite à collier, il est probable qu'il existe deux espèces d'Aïs. D'après les squelettes, l'Aï dos-brûlé aurait quinze côtes.

L'Aï A COLLIER aurait seize côtes. *V.* sa fig. Annal. génér. des Sc. phys. T. VI. Sa taille est plus grande que celle des plus forts Aïs : il n'y a de nu à la face que le bout du nez, qui est noirâtre; la face est à peu près perpendiculaire; le crâne élevé en avant; trois griffes à tous les pieds, l'extérieure la plus courte, celle du milieu la plus longue; crâne, face et gorge couverts de poils courts dont la pointe paraît brûlée et crépue; une grande tache de longs poils noirs sur la nuque, souvent étendue en collier; feutre ou poils cotonneux d'un brun foncé. (Temminck, *ibid.*). Le Paresseux à nuque ou à collier noir, est l'espèce la plus rapprochée du Paresseux Aï. Il paraît vivre sur une grande étendue du Brésil.

Les Aïs ne manquent pas de queue, comme on l'a dit; celle-ci a onze vertèbres; les canines forment une ligne continue avec les molaires, et sont de la même grandeur.

L'UNAU, *Bradypus didactylus*, L. Encycl. pl. 25, fig. 2, un peu moins mauvaise que celle de l'Aï. Deux ongles aux pieds de devant; une queue fort courte de trois vertèbres, cachée dans le poil; ses bras, moins longs à proportion que ceux des Aïs, sont aux membres postérieurs comme 6 : 5. Il ne se soude pas un si grand nombre d'os à ses pieds et à ses mains; les premières phalanges sont libres, quoique toujours soudées avec les sésamoïdes; les ongles sont moitié plus courts; les dents canines sont grandes, prismatiques et séparées des molaires par une barre; le poil de l'avant-bras est récurrent comme dans l'Homme; le pelage est plus court et plus gros que dans les deux autres espèces, il est uniformément d'un brun roussâtre terne; il a vingt-trois vertèbres dorsales et quatre lombaires.

On a beaucoup exagéré, avons-nous dit, la lenteur de ces Animaux: ils sont plus actifs la nuit que le jour, marchent à terre comme les Chauve-Souris. Quand on les approche, ce qui est rare, ils s'asseoient, les jambes étendues sur une même ligne, et levant l'un après l'autre les bras qu'ils étendent et ramènent sur la poitrine pour accrocher ce qu'on leur présente. S'ils le saisissent, on ne peut leur faire lâcher prise qu'après la mort, et il faut attendre long-temps, car ils ont la vie extraordinairement dure. On ne les décroche des Arbres qu'après plusieurs coups de fusil. De Lalande, aidé de son domestique, a inutilement essayé pendant une demi-heure d'étrangler un Aï avec une corde de la grosseur du doigt; l'Animal ne cessait d'étendre et de ramener ses bras en crochets sur la poitrine par intervalles, ce qu'il fit encore pendant plusieurs heures au fond d'un tonneau d'Alcohol où on le tint ensuite submergé. Pison avait disséqué vivante une femelle pleine d'Unau. Elle se remuait encore en totalité et contractait ses pieds longtemps après l'arrachement du cœur et des viscères. Les Paresseux craignent le froid et la pluie; leur voix se fait rarement entendre. L'Aï articule son nom. Le Paresseux à collier pousse de temps en temps un petit cri aigu et court, peu différent de celui de l'Aï. Tous se tiennent continuellement sur les Arbres, principalement sur l'Ambaïba (*Cecropia peltata*). Ils ne viennent à terre où l'on dit qu'ils se laissent choir du haut des Arbres, que lorsqu'ils en ont épuisé le feuillage. Nous avons déjà dit que des Aïs, observés sur l'Uranie, descendaient très-bien des mâts. Un Arbre est encore plus facile à descendre: la position la plus fatigante pour eux, c'est d'être à terre; leur repos, c'est de se tenir accrochés: l'extrême prédominance des muscles fléchisseurs et le mécanisme de leur squelette l'expliquent assez. A chaque portée, ils mettent bas un seul petit. Buffon a vu en France un Unau qui montait et descendait plusieurs fois par jour l'Arbre le plus élevé; son sommeil était plus long par un temps froid. Il dormait quelquefois dix-huit heures de suite. (A. D..NS.)

* BRADYPIPTUM. BOT. PHAN. De Candolle (Syst. Végét. 2. p. 531) désigne sous ce nom la troisième section du genre *Lepidium* qui renferme ces espèces dont la silicule est elliptique, entière ou submarginée, les valves carinées et le calice persistant. Cette section contient trois espèces: *Lepidium cæspitosum*, *coronopifolium* et *Humboldtii*. (B.)

BRÆXEN. POIS. La Brème en Portugal. *V.* CYPRIN. (B.)

BRAGALOU. BOT. PHAN. Et non *Bagalon*. *V.* APHYLLANTHE.

BRAGANTIA. BOT. PHAN. Loureiro a nommé *Bragantia racemosa* un Arbrisseau observé par lui dans les montagnes de la Cochinchine, et qui présente des feuilles grandes, alternes et très-entières, des fleurs d'un rouge brun disposées en petites grappes axillaires. Leur calice qu'il appelle corolle est d'une seule pièce, supère, globuleux, marqué de dix sillons, coloré, et se termine par un limbe à trois lobes égaux et réfléchis. L'ovaire, adhérent, oblong et linéaire, est surmonté d'un style épais que cache le calice et que couronne un stigmate concave et entier. Sur le contour de ce style et à sa partie moyenne, sont disposées en cercle six anthères sessiles. Le fruit auquel Loureiro donne le nom de silique est une capsule allongée, quadrangulaire, s'ouvrant par quatre valves et divisée intérieurement en autant de loges qui contiennent plusieurs graines trigones, disposées sur un seul rang. Cette Plante est sans aucun doute voisine de l'Aristoloche, dont elle diffère par les lobes de son calice, au nombre de trois, et son fruit quadriloculaire. (A. D. J.)

BRAGON. BOT. PHAN. Syn. de *Rhamnus Frangula* dans quelques cantons de la Suède. (B.)

BRAI. Suc résineux que l'on fait découler des Pins et des Sapins, au moyen d'incisions longitudinales pratiquées sur l'écorce de ces Arbres. Selon que ce suc est mêlé à du suif ou desséché au feu, il prend les noms de BRAI GRAS ou de BRAI SEC. *V*. ARCANSON. (DR..Z.)

BRAIETAS. BOT. PHAN. Syn. languedocien d'Oreille d'Ours, *Primula Auricula*, L. (B.)

BRAIMENT OU BRAYEMENT. ZOOL. Voix de l'Ane. L'usage semble devoir faire substituer le braire à ces mots qui ne se trouvent pas dans le Dictionnaire de l'Académie, mais qui sont cependant dans d'autres ouvrages du même genre. (B.)

* BRAINSTONE. POLYP. Syn. de *Madrepora mæandrites*, L. Espèce de Méandrine de Lamarck en Angleterre. (LAM..X.)

BRAINVILLIÈRE. BOT. PHAN. Syn. de *Spigelia anthelmentia*, L. aux Antilles où l'on voulut donner à cette Plante le nom de la célèbre empoisonneuse Brinvilliers, parce qu'on l'y croyait dangereuse. *V*. SPIGELIA. (B.)

BRAIRÈTE. BOT. PHAN. L'un des noms vulgaires du *Primula veris officinalis*, L. *V*. PRIMEVÈRE. (B.)

BRAKALA. OIS. Syn. grec de la Calandre, *Alauda Calandra*, L. *V*. ALOUETTE. (DR..Z.)

* BRAKE. BOT. PHAN. Syn. de *Spiræa ulmaria* en Gothlande. *V*. SPIRÆA. (B.)

BRAKES. BOT. CRYPT. Syn. anglais de *Pteris aquilina*, L. *V*. PTERIS. (B.)

* BRAKSNAGRAS. BOT. CRYPT. Syn. d'*Isoetes lacustris* en Smaland; cette Plante y remplit le lac Mocklen où les Brèmes s'en nourrissent. (B.)

* BRAMA. POIS. Genre formé par Schneider, et qui n'ayant pas été adopté par Cuvier, a été réparti dans ses nouveaux genres Castagnole et Atrope. *V*. ces mots. (B.)

* BRAMBAR, BRINGBAR ET BROMBAR. BOT. PHAN. Syn. suédois de Framboisier, *Rubus Idæus*, L. *V*. RONCE. (B.)

BRAMBE OU BRAMBLING, et non pas BRAMBLE. OIS. Noms vulgaires du Pinson d'Ardennes, *Fringilla Montifringilla*, L., et de l'Ortolan de montagne, *Emberiza montana*, L. *V*. GROS-BEC et BRUANT. (DR..Z.)

BRAMBLE. BOT. PHAN Syn. anglais de Ronce. *V*. ce mot. (B.)

BRAMBLING. BOT. PHAN. *V*. BRAMBE.

BRAME. POIS. Même chose que Brème. *V*. ce mot et CYPRIN. (B.)

* BRAMER (le). MAM. Voix du Cerf. Quelques autres Animaux ont une voix qu'on y compare, et même parmi ceux qui appartiennent à des ordres fort différens. Le traducteur François de Rondelet dit, dans son vieux langage, que l'Orque poursuivant d'autres Cétacés, *les fait bramer comme un Animal pris de Chiens*. (B.)

BRAMI. BOT. PHAN. Nom donné par Rhéede (*Hort. Mall.* T. X, t. 14) à une Plante de l'Inde retrouvée depuis par Du Petit-Thouars, par nous et par Sonnerat, dans d'autres parties des régions équinoxiales. C'est d'après des échantillons tirés de l'herbier de ce dernier, que Lamarck, dans l'Encyclopédie par ordre de matières, en forma un genre sous le nom de Bramie, *Bramia*; genre qu'il détruisit depuis, pour rapporter la Plante qui lui avait servi de type aux Gratioles. Bernard de Jussieu avait déjà formé de la même Plante, cultivée anciennement au Jardin du roi, son *Monnieria* dédié au médecin Lemonnier, et adopté par Browne dans ses Plantes de la Jamaïque: car le Brami se retrouve, à ce qu'il paraît, entre les tropiques jusqu'aux Antilles. Le genre *Septas* de Loureiro, créé pour une Plante qui croît dans les faubourgs de Canton, paraît encore être le Brami dont il est question. *V.* MONNIERIA et SEPTAS. (B.)

BRAMIE. *Bramia.* BOT. PHAN. *V.* BRAMI. (B.)

BRAMINE. REPT. OPH. Espèce de Couleuvre et d'Erix du Bengale. *V.* l'un et l'autre mot. (B.)

BRANCHES. BOT. On appelle ainsi les premières ramifications de la tige; les divisions des Branches portent le nom de rameaux. Les Branches offrent en général la même disposition sur les tiges que les feuilles. Ainsi tantôt elles sont opposées, comme dans le Lilas, l'Hippocastane, le Frêne; tantôt elles sont alternes, comme dans le Chêne, le Tilleul, etc.; enfin elles peuvent être verticillées, comme on l'observe dans le Laurier-Rose et plusieurs autres Végétaux. Il est cependant important de remarquer que par suite d'avortemens accidentels, cette disposition éprouve des changemens notables. En effet, les Branches provenant toujours de l'élongation aérienne d'un bourgeon, il arrive assez souvent que, dans un Arbre à feuilles opposées, un des deux bourgeons terminaux avorte, en sorte qu'il ne se développe qu'une seule Branche qui est alors accidentellement alterne.—C'est à la disposition générale des Branches, que les Arbres doivent le port qui est particulier à chacun d'eux. Ainsi dans le Cyprès commun, le Peuplier d'Italie, les Branches sont dressées, presque verticales, et donnent à ces Arbres cette forme pyramidale qui les fait distinguer de loin; tandis que dans le Saule pleureur, le Bouleau, etc., les rameaux souples et pendans s'inclinent toujours vers la terre, et leur impriment un port tout-à-fait caractéristique.

V., pour l'organisation des Branches le mot TIGE où nous traiterons en détail de tout ce qui est relatif à cette partie du Végétal. (A. R.)

*BRANCHELLION. *Branchellion.* ANNEL. Genre établi par Savigny (Syst. des Annelides), de l'ordre des Hirudinées et de la famille des Sangsues. Il se distingue de tous les autres par des branchies saillantes, une ventouse orale à ouverture circulaire d'une seule pièce, séparée du corps par un fort étranglement, et il constitue à lui seul, dans sa famille, la première section ou celle des Sangsues branchelliennes. Les Branchellions ont: la bouche très-petite, rapprochée du bord inférieur de la ventouse orale, et munie de mâchoires reduites à trois points saillans; les yeux, au nombre de huit, disposés sur une ligne transverse derrière le bord supérieur de la ventouse orale; la ventouse orale d'un seul anneau, séparée du corps par un fort étranglement, très-concave avec l'ouverture inclinée, circulaire, garnie extérieurement d'un rebord; la ventouse anale, grande, très-concave, dirigée en arrière et très-exactement terminale; enfin les branchies nombreuses, très-comprimées, très-minces à leur bord, formant autant de feuillets demi-circulaires, insérés sur les côtés des anneaux intermédiaires et postérieurs du corps, deux à chaque anneau. — Le caractère tiré de la présence des branchies suffit seul pour éloigner les Branchellions des autres genres qui, dans la famille, en sont privés; ils ont le corps allongé, déprimé, formé d'anneaux assez nombreux; les treize premiers, après la ventouse orale, nus, très-serrés, constituant une partie rétrécie et cylindrique, distinguée du reste du corps par un étranglement; le quatorzième et les suivans portant les branchies; le dernier égalant au moins trois des précédens en longueur; le vingt-unième et le vingt-quatrième offrant les orifices de la génération.

L'espèce servant de type au genre, est le Branchellion de la Torpille, ou le Branchiobdellion de Rudolphi,

Branchellion Torpedinis, Sav. Il vit dans la mer sur la Torpille. D'Orbigny l'a découvert dans l'Océan sur les côtes ouest de la France, Rudolphi l'a rencontré dans la Méditerranée à Naples. Sa couleur est d'un brun noirâtre.

En modifiant légèrement le caractère naturel de ce genre, on pourrait, selon Savigny, l'augmenter d'une seconde espèce, l'*Hirudo branchiata* d'Archibald Menzies (*Linn. Trans. Societ.* T. 1. p. 188. t. 17. fig. 3), sous le nom de *Branchellion pinnatum*, qui appartiendrait à une tribu particulière. (AUD.)

BRANCHE-URSINE. BOT. PHAN. Même chose que Branc-Ursine, *V.* ce mot, et chez les anciens, le *Cnicus oleraceus* et le *Carduus tuberosus*. On a étendu ce nom à diverses Plantes, et appelé :

BRANCHE-URSINE CULTIVÉE (Mathiole), l'*Acanthus mollis*.

BRANCHE-URSINE SAUVAGE, le *Cnicus oleraceus*.

BRANCHE-URSINE PIQUANTE, l'*Acanthus spinosus*, etc. (B.)

BRANCHIALE. POIS. Syn. d'Ammocète Lamprillon. *V.* AMMOCÈTE. (B.)

BRANCHIALES OU PULMONAIRES. ARACH. Ordre d'Arachnides. *V.* ce mot.

BRANCHIELLE. BOT. CRYPT. Nom imposé par Bridel à un genre de Mousses, mais qui n'a pas été adopté. (AD. B.)

BRANCHIES. ZOOL. Organes respiratoires, formés pour respirer par l'intermède de l'eau. Le sang n'y éprouve d'action que de la part de la portion d'Oxygène dissoute ou mêlée dans cette eau, en sorte que la quantité de respiration y est moindre que dans le poumon le plus imparfait. — Comme l'intensité des mouvemens dépend de la quantité de respiration, attendu que les fibres musculaires tirent de la respiration l'énergie de leur irritabilité, et comme cette quantité est la plus restreinte possible dans les Branchies, les Animaux branchifères ont besoin, pour se mouvoir, d'être soutenus dans un milieu spécifiquement presque aussi pesant qu'eux; aussi tous ces Animaux sont-ils exclusivement aquatiques. La respiration branchiale, appartenant à des Animaux des trois premières classes du Règne Animal, la structure des Branchies doit être diversifiée d'après l'organisation de chacune de ces classes. Il y a des Branchies dans les larves de quelques Reptiles, dans les Poissons, les Crustacés, la plupart des Mollusques, quelques larves aquatiques d'Insectes, et presque tous les Vers. En voici la composition dans les Poissons osseux, d'après Geoffroy : Il existe dans leur bouche, au-devant de l'œsophage, une espèce de cage ouverte de chaque côté par cinq fentes dans le sens vertical; ces fentes sont interceptées par quatre arceaux libres par leur extrémité supérieure, et fixés inférieurement sur une quille osseuse, qui se termine en avant par la langue et s'échancre plus ou moins en arrière pour l'insertion du pourtour inférieur de l'œsophage. L'axe de cette quille est formé par les trois pièces impaires ou centrales de l'hyoïde. Cet axe est flanqué antérieurement par les deux pièces paires de l'hyoïde, lesquelles supportent les grands os de la membrane branchiostège, et postérieurement, d'abord par les deux élémens osseux de chaque moitié du tyroïde disloqué, élémens qui ont cessé d'être de front pour se mettre l'un derrière l'autre, puis par les arythénoïdes, puis encore par les deux moitiés du cricoïde.

Il faut donc admettre dislocation en dehors du thyroïde et du cricoïde, dont chaque moitié se serait écartée de l'autre par ou pour l'intercalation de l'axe de l'hyoïde. Chaque arceau est constamment formé de deux pièces, jointes bout à bout par une articulation bornée à des mouvemens de charnière. L'osselet supérieur est toujours plus court et plus courbé que l'inférieur; la convexité de tous deux est creusée par une rainure où passe l'artère branchiale : chaque bord de la rainure porte les franges filamenteuses ou lames, sur lesquelles s'étalent les divisions vasculaires. Les bords de la concavité de l'arc sont hérissés d'épines ou de denticules plus petites et moins nombreuses aux osselets supérieurs. D'après Geoffroy, les deux osselets de chaque arceau sont analogues aux demi-cerceaux cartilagineux des bronches, cerceaux dont trois ou quatre dans les Oiseaux, entre autres l'Oie et l'Autruche, paraissent formés chacun de deux tiges très-légèrement convexes et coudées sous un angle de 40 ou 50 degrés : ce sont les pleuréaux inférieur et supérieur; les denticules des bords des arceaux sont analogues aux demi-cerceaux de la trachée : ce sont les trachéaux. Dans les Poissons qui n'ont pas de dents pharyngiennes ni d'os pharyngiens supérieurs, exemple les Cyprins, le pleuréal supérieur termine l'arceau par en haut; et l'ensemble des arcs n'est fixé au crâne, que par les muscles qui, des apophyses des pleuréaux, se portent aux os sphénoïdes et basilaires.

Mais dans tous les Poissons pourvus de dents pharyngiennes supérieures, les arceaux branchiaux sont terminés supérieurement par une troisième pièce; l'antérieure de ces pièces, répond au premier arceau : c'est le ptéréal ou l'analogue de l'aile interne de l'apophyse ptérigoïde des Mammifères et du palatin postérieur des Oiseaux. Les trois autres sont analogues des points osseux qui se développent accidentellement dans le cartilage de la trompe d'eustache des Mammifères, et de la plaque triangulaire qui double inférieurement le sphénoïde postérieur des Oiseaux, os sous lequel, par son écartement, elle ouvre une communication de la caisse auditive avec la gorge : ce sont les pharyngeaux; selon les genres ils sont isolés ou groupés deux à deux, ou trois à trois : les muscles, qui fixent ces os au crâne, sont alors supports auxiliaires des Branchies.

Les principaux muscles qui meuvent cette charpente sont : quatre paires de muscles, étendues de la base du crâne en avant du premier arceau aux apophyses des pleuréaux supérieurs, tirent les arceaux en dehors et en avant, en les écartant les uns des autres. Quatre autres paires, étendues transversalement de la quille à la convexité des pleuréaux inférieurs, sont congénères des précédentes, et de plus abaissent les arceaux en dehors. Deux autres muscles rapprochent les arceaux les uns des autres. Leurs fibres s'implantent aux apophyses des deux pleuréaux postérieurs d'en haut, et se réunissent sur un tendon commun fixé aux points correspondans des deux pleuréaux antérieurs d'en haut. (Pour les autres muscles, voir Cuvier. Anat. T. IV.)

Cuvier (Mémoire sur les Reptiles douteux, Obs. zool. de Humboldt) a décrit une organisation respiratoire qui cumule les élémens de la respiration pulmonaire et de la respiration branchiale dans la Sirène, le Protée et l'Axolotl. Le larynx de la Sirène est même assez complet pour produire des sons. L'appareil osseux de leurs Branchies consiste en une pièce longitudinale qui sert d'axe, et dont les extrémités sont flanquées, l'antérieure par une, la postérieure par deux paires de pièces latérales. La paire antérieure porte des os analogues pour leurs fonctions avec les grands os de la membrane branchiostège, mais dépourvus de rayons. Les deux paires postérieures, dont la première seule est articulée sur l'hyoïde, portent de chaque côté quatre rayons dans les larves de Batraciens et la Sirène; trois dans les Protées. L'extrémité supérieure des arcs est suspendue à la deuxième côte dans la Sirène, à la première vertèbre dans l'Axolotl. Dans les larves de Batraciens, il y a quatre arceaux fixés sous le crâne supérieurement, et en bas sur un hyoïde.

Dans tous ces Reptiles, les arcs branchiaux sont bordés de petits tubercules, et les rapports de la circulation avec cet appareil sont comme chez les Poissons.

Les Branchies des Têtards diffèrent de ceux des Cordyles, en ce que dans les premiers elles sont enfermées sous un sac de peau, qui tient lieu d'opercule, et est percé, pour le passage de l'eau, d'un nombre de trous différens pour chaque espèce; il n'y a même qu'un seul trou au côté gauche dans la Jackie et le Crapaud brun. Dans les Cordyles de Salamandres, l'Axololt, la Sirène et le Protée, les Branchies sont flottantes extérieurement et sous forme de panaches tout-à-fait dépourvus de tiges osseuses. De la simultanéité chez ces Reptiles, de poumons et de larynx avec des Branchies, il suit que, relativement à eux, on ne peut évidemment reconnaître dans les arceaux des Branchies et dans les pièces qui flanquent l'hyoïde, les analogues des pleuréaux d'une part, et des pièces du thyroïde d'autre part, puisque ces derniers élémens sont à leur place: néanmoins Cuvier n'a pu reconnaître de cerceaux dans leur trachée.

La circulation, depuis le cœur jusqu'au-delà des Branchies, est uniforme dans les Poissons et les Reptiles branchifères. L'artère branchiale, d'une élasticité extrême à sa sortie du cœur, donne une branche vis-à-vis de chaque arceau. Cette branche en suit la convexité, et fournit à la base de chaque lame ou frange deux artérioles qui se continuent avec les racines veineuses. Les veinules des franges s'ouvrent dans deux veines qui remontent de chaque côté de l'arceau où elle a pour satellite un rameau du nerf pneumno-gastrique. Nous avons montré dans notre Mémoire couronné à l'Institut que ces rameaux, et surtout les antérieurs, avaient constamment un excès relatif de volume évidemment en rapport avec la sensibilité nécessaire aux surfaces branchiales, pour que l'Animal averti du contact ou du séjour des corps étrangers qui auraient échappé au criblage de l'eau, à travers les dentelures des arceaux, et qui diminueraient par leur adhérence l'étendue des surfaces respirantes, secoue ses Branchies et les nettoie. Les huit veines branchiales se réunissent sous le crâne en un tronc qui redevient artériel, sans renflement contractile, et porte le sang à tout le corps. Dans les Raies et les Squales, il y a cinq arceaux articulés supérieurement au crâne et aux premières vertèbres, et inférieurement sur une quille analogue à l'axe de l'hyoïde; de la convexité de ces arcs divergent dix à douze rayons interposés à deux rangées de lames purement membraneuses et vasculaires. En outre, de petites côtes branchiales affermissent en dehors la membrane qui, des arceaux branchiaux, se porte vers elles en s'appuyant sur les rayons cartilagineux; de-là leur nom de Branchies fixes. Dans les Lamproies, il n'y a plus d'arcs ni de rayons branchiaux; mais les côtes branchiales forment un véritable thorax. Dans tous les cas de Branchies fixes, leur forme est une bourse plus ou moins sphérique, s'ouvrant séparément au dehors par un trou de la peau, et intérieurement dans l'œsophage, directement comme chez les Sélaciens et les Gastrobranches, ou par l'intermédiaire d'un canal particulier qui s'ouvre dans la bouche, comme chez les Lamproies.

C'est dans les Mollusques que la forme et la situation des Branchies sont plus diversifiées. Elles ont de commun d'être purement membraneuses et vasculaires.

Les Céphalopodes ont deux Branchies en forme de feuille de Fougère, situées dans le sac du corps. En se portant vers elles, chaque division de la veine cave donne dans un ventricule charnu, isolé, qui est un vrai cœur pulmonaire. En outre, il y existe, comme dans tous les autres Mollusques, un cœur aortique à la réunion des veines branchiales. (*V.* la description et les excellentes figures de ces organes pour la classe des Mollusques dans Anatom. des Mollusq. Cuvier, in-4°. 1817.)

Dans tous les Mollusques où les Branchies sont extérieures, quelque soit leur situation, elles sont en forme de fleurs ou de panaches ; dans les Aplysies et les autres Tectibranches, ce sont des feuillets plus ou moins divisés ; ces feuillets sont rangés comme les dents d'un peigne dans la grande généralité des Coquilles univalves en spirale ou coniques. Dans les Bivalves, ce sont de grands feuillets enveloppés par le manteau comme les feuilles d'un livre par son couvert. Dans les Mollusques cyrrhopodes dont l'organisation est moyenne entre celle des Crustacés et des Mollusques, les Branchies, en forme de pyramydes allongées, adhèrent à la base des pieds chez les Anatifes ; ce sont deux grands feuillets garnis de petites lames et adhérens au côté du manteau dans les Balanes. Parmi les Animaux articulés, les Crustacés et la plupart des Annelides respirent par l'intermède de l'eau. Les Annelides tubicoles ont des Branchies en forme de panache ou d'arbuscules, flottantes sur la tête ou les anneaux antérieurs du corps.

Les Néréïdes les portent flottantes sur toute la longueur du dos. Ce sont de petites lames simples ou des languettes pectinées d'un seul côté ; elles sont cachées dans les Aphrodites sous de larges écailles membraneuses qui recouvrent le dos, et en forme de petites crêtes charnues.

Les Branchies des Crustacés sont des pyramides composées de lames ou hérissées de filets, ou des panaches, ou des lames simples, attachées aux bases d'une partie des pieds. Il n'y a pas de ventricule aortique, mais un pulmonaire.

Pour le complément du mécanisme des Branchies chez les Poissons, *V.* OPERCULE. Nous avons extrait presque littéralement cet article des divers ouvrages de Cuvier et de Geoffroy.

(A. D.. NS.)

BRANCHIFÈRES. ZOOL. Blainville propose, dans son Tableau analytique d'une nouvelle division systématique du Règne Animal, de substituer ce nom à celui de Poissons, pour désigner la quatrième classe des Vertébrés, qui est la cinquième du même auteur. *V.* POISSONS et AMASTOZOAIRES. (B.)

* BRANCHIOBDELLE. *Branchiobdella.* ANNEL. Genre de l'ordre des Hirudinées et de la famille des Sangsues (Méthode de Savigny), établi par notre ami Auguste Odier, d'après une Annelide observée sur les branchies de l'Écrevisse ; il nomme cette espèce figurée par Roesel Branchiobdelle de l'Écrevisse, *B. Astaci.* Le mémoire très-curieux que l'auteur a fait sur son anatomie et ses mœurs étant inédit et entre ses mains, nous y reviendrons soit au mot HIRUDINÉES, soit au mot SANGSUE. Ce travail sera d'ailleurs imprimé très-incessamment dans le premier volume des Mémoires de la Société d'Histoire naturelle de Paris, publiés chez Baudouin. (AUD.)

* BRANCHIOBDELLION. ANNEL. Nom sous lequel Rudolphi a désigné le Branchellion de la Torpille de Savigny. *V.* BRANCHELLION. (AUD.)

* BRANCHIODÈLES. ZOOL. C'est-à-dire *qui ont des branchies manifestes.* Première famille des Vers, huitième classe de la Zoologie analytique de Duméril. Elle renferme les Animaux sans vertèbres munis de vaisseaux et de nerfs, mais privés de membres articulés, ayant des organes respiratoires ou branchies visibles au dehors. Les genres Néréïde, Amphinome, Aphrodite, Arénicole, Dentale, Serpule, Spirorbe, Arrosoir, Amphitrite, Térébelle et Sabelle, complètent la famille des Branchiodèles. *V.* tous ces mots. (B.)

BRANCHIOGASTRE. CRUST. Nom sous lequel Latreille avait désigné un ordre de Crustacés ayant pour caractères : une tête distincte, des branchies extérieures, et le plus souvent quatorze pates. Cet ordre a été subdivisé depuis (Règne Anim. de Cuv.), et répond aujourd'hui à ceux de Stomapodes et d'Amphipodes. *V.* ces mots. (AUD.)

* BRANCHIOPE. *Branchiopus.* CRUST. Syn. de Branchipe. *V.* ce mot. (AUD.)

BRANCHIOPODES. *Branchiopoda.* CRUST. Cette dénomination, composée des mots grecs *Branchie* et *Pieds*, avait été employée par Othon Frédéric Müller, comme synonyme de celle d'Entomostracés, Crustacés qui sont l'objet de cet article. Elle n'était qu'une légère modification de celle de *Branchipus*, consacrée génériquement par Schæffer aux mêmes Animaux. Une espèce de ce groupe, le *Cancer stagnalis* de Linné, que le naturaliste allemand avait fait connaître sous le nom d'*Apus pisciformis*, est devenue pour l'un de nos savans les plus célèbres, Lamarck, le type d'un nouveau genre auquel il a appliqué cette dénomination de Branchiopode, genre que Bénédict Prévost a reproduit depuis, mais d'après une autre espèce, sous celle de Chirocéphale. Tous les ordres que nous avons établis dans la classe des Crustacés ayant reçu des noms dont l'étymologie dérive de la considération des pieds, nous avons rendu au sens du terme de Branchiopode sa valeur primitive. Il désigne (Cuvier, Règ. An.) le cinquième et dernier ordre de la classe des Crustacés, répondant au genre *Branchipe* de Schæffer, et composé du genre *Monoculus* de Linné, ainsi que des deux dernières espèces des genres *Cancer* et *Lernæa* du même auteur. Le docteur Leach (Dict. des Scienc. nat.) a conservé à cet ordre la dénomination d'Entomostracés ou Insectes à coquille, donnée par Müller à une réunion de genres qu'il avait établis par le démembrement de ceux des Monocles et des Lernées de Linné. Il paraît que plus anciennement Frisch avait désigné ces Crustacés sous le nom générique d'*Apos*, adopté d'abord par Schæffer et restreint ensuite par Cuvier à un groupe d'espèces que Müller plaçait dans son genre Limule, et que Fabricius en avait distraites, pour les reporter dans celui des Monocles auquel d'ailleurs il n'a fait aucun autre changement. Si l'on s'occupe plus particulièrement de la détermination des espèces, c'est à l'ouvrage précité de Müller qu'il faut recourir; mais si l'on désire connaître à fond leur organisation et leurs mœurs, ce sont les écrits de Schæffer, de Degéer, et surtout l'excellent Mémoire sur l'Argule de Jurine fils, la belle Histoire des Monocles de son père, publiée après sa mort, le travail de Rambohr sur plusieurs de ces animaux, les Monographies des Daphnies et des Cypris par Straus, qui supposent des yeux de Lynx et une patience admirable, enfin celle d'Adolphe Brongniart, relative au genre Limnadie, qu'il faut étudier. L'extrait de ces intéressantes observations sera réparti dans les articles qui ont pour objet ces divers genres.

Le genre *Oniscus* de Linné se lie par des nuances insensibles avec celui qu'il nomme *Cancer*, et qui forme un groupe très-naturel. Mais il existe plusieurs autres Crustacés, mixtes en quelque manière, à raison de leurs affinités avec les Arachnides et les Insectes, pour la plupart très-petits et tous aquatiques, ayant ordinairement un test ainsi que les Crabes et les Ecrevisses, très-remarquables en ce que sous le rapport de l'organe de la vue, ce sont des espèces de Polyphèmes, ou que leurs yeux sont très-rapprochés, quelquefois même très-peu distincts, et qui, par ce caractère et quelques autres, ne peuvent être associés à aucun de ces genres. Tels sont les Crustacés dont il a formé celui des Monocles, et auxquels, comme nous l'avons dit, nous réunissons ordinalement deux de ses Cancers et deux de ses Lernées. Si l'on sépare de l'ordre des Branchiopodes le genre que Lamarck désigne ainsi, on pourra, à quelques légers changemens près dans les caractères, signaler ces Animaux de la même manière que Linné l'a fait relativement aux Monocles : un ou deux yeux sessiles; un test; pieds ou plusieurs d'entre eux nageurs. Mais il n'est pas aussi facile de caractériser rigoureusement cet ordre, si l'on ne change point les limites que nous lui assignons. L'absence des palpes mandibulaires dont nous avions d'abord fait usage, ne peut plus, depuis les dernières recherches de Straus sur les Cyclopes et les Cypris, nous aider. Nous avons tâché d'y suppléer par d'autres moyens et d'autres combinaisons. Voici donc, en dernier résultat, les traits distinctifs de cet ordre: un ou deux yeux sessiles, ou portés simplement par des prolongemens inarticulés des côtés de la tête; un test corné, membraneux, univalve ou bivalve, dans le plus grand nombre; bouche tantôt composée d'un labre, de deux mandibules, d'une languette et de deux paires de mâchoires, dont les secondes articulées ou appendicées, le plus souvent en forme de palpes ou de petits pieds; tantôt consistant en un suçoir formé par ces parties, les secondes mâchoires exceptées; premier article des pieds servant de mâchoire dans d'autres; nombre de pieds jusqu'aux organes sexuels inclusivement et dont les premiers représentent les pieds-mâchoires, de quatre à dix dans les uns, de vingt-deux dans les autres; les premières branchies situées, soit sur des parties de la bouche, soit sur quelques-uns au moins des pieds antérieurs, dans ceux qui sont munis de mandibules; toujours situées sur des pieds postérieurs ou en arrière dans les autres.

Les observations de Rambohr, de Straus, de Jurine et d'Adolphe Brongniart sur les organes maxillaires de divers Branchiopodes, ainsi que les nôtres propres, nous ont fait connaître les diverses modifications de ces parties, et nous ont déterminés à abandonner l'opinion de Savigny au sujet de leur désignation, et à revenir à notre premier sentiment. (*V.* l'article LIMULE de la seconde édition du Nouv. Dict. d'Hist. nat., et l'article BOUCHE de celui-ci.)

En donnant à l'ordre des Branchiopodes une aussi grande étendue, nous n'avons pu éviter cette complication de caractères que nous venons d'exposer. Mais si l'on formait des trois familles (*V.* plus bas) qui le composent autant d'ordres particuliers, savoir: les *Lophyropodes* (au lieu de *Lophyropes*), les *Phyllopodes* et les *Pœcilopodes*, la méthode serait extrêmement simplifiée. En effet, l'existence d'un siphon ou de mâchoires coxales distinguerait le dernier de tous les autres. Le second, qui dans la classe des Crustacés représente les Myriapodes de celle des Insectes, est le seul où l'on observe onze paires de pieds thoraciques. Le premier, ou celui des Lophyropodes, serait restreint aux Branchiopodes n'ayant qu'un œil, pourvus d'un test corné et de quatre à dix pates, toutes ou presque toutes uniquement natatoires et ordinairement branchiales. Telle est la marche que nous suivrons dans l'histoire générale des Crustacés que nous préparons: la dénomination équivoque de Branchiopode sera ainsi supprimée.

Dans notre Précis des caractères génériques des Insectes, que nous livrâmes à l'impression en 1796, nous avions formé un ordre particulier des Branchiopodes, que nous appellions avec Müller Entomostracés, et nous le plaçâmes entre celui des Acéphales (Arachnides palpistes de Lamk.) et celui des Crustacés. Tel est en effet le rang qu'il occupe dans une série naturelle, mais en considérant ces Animaux comme formant avec les Arachnides une branche latérale qui, par son extrémité supérieure, se lie avec les derniers Crustacés décapodes et quelques autres des ordres suivans.

Ainsi que les autres Animaux de la même classe, les Branchiopodes ont quatre antennes dont deux, à raison de leurs usages, ont été prises pour des pieds par quelques auteurs. Mais quelles que soient leurs formes et leurs fonctions, toute difficulté nominale disparaîtra, si l'on fait attention à l'insertion de ces organes. C'est toujours avec la tête et au-dessus des mandibules, ou du moins dans leur plan, qu'ils s'articulent. Lorsqu'il y en a quatre, leur situation relative varie de la même manière que dans les Salicoques, les Crevettes, etc. D'après ces principes incontestables, il est évident que les bras des Daphnies, et que les deux appendices que Straus, à l'égard des Cypris, prend pour les deux pieds antérieurs, répondent aux antennes latérales et inférieures des Crustacés précédens. En général, ces deux antennes sont spécialement destinées à favoriser, lorsqu'elles sont grandes, la locomotion, ou bien, lorsqu'elles sont petites, à faire tourbillonner l'eau. Les deux intermédiaires et souvent supérieures aux précédentes, sont des organes de préhension, surtout dans les Branchiopodes suceurs et dans les Arachnides : voilà pourquoi dans les mâles des Cyclopes, des Daphnies, des Branchipes, etc., ces organes offrent des caractères sexuels. Mais ce n'est pas là que sont situées, ainsi qu'on l'avait cru jusqu'à ce jour, les parties masculines. Jurine a détruit cette erreur, et déjà aussi Treviranus a combattu, relativement aux Aranéïdes, une opinion semblable et non moins générale. C'est près de la base du ventre que, dans tous ces Animaux, tant mâles que femelles, sont placés les organes de la génération. Jusqu'à ces observateurs, on n'avait vu que les préludes de l'accouplement. Il n'est pas sûr néanmoins que tous les Branchiopodes mâles aient des parties propres à la copulation. Elles ont, du moins à l'égard de plusieurs espèces, échappé aux regards d'observateurs très-attentifs, et Straus présume que dans les Daphnies, la fécondation s'opère par le simple contact de la liqueur vivifiante que le mâle éjacule.

Jurine, dans son excellente Histoire des Monocles, a employé quelques dénominations qui ne sont point en rapport avec la nomenclature moderne. C'est ainsi que les antennes extérieures des Cyclopes sont pour lui des antennules ; qu'il appelle mandibules internes et mandibules externes, les parties que nous nommons mandibules et premières mâchoires ; qu'il désigne même une autre fois ces mâchoires par la dénomination de barbillons ; que les secondes mâchoires lui ont paru être des espèces de mains, et qu'il prend pour des lèvres la languette.

Le corps des Branchiopodes est ovale-oblong, mou ou presque gélatineux, et va, en se rétrécissant, de la base du thorax à son extrémité postérieure, de sorte que l'abdomen a la forme d'une queue, toujours terminée par des appendices. Les espèces dont le test est bivalve ou du moins plié longitudinalement en deux, s'y renferment en tout ou en grande partie, et y font rentrer cette queue en la courbant en dessous.

Tous ces Animaux sont exclusivement aquatiques. Ceux qui ont un siphon ou qui sont suceurs, habitent plus généralement les mers, parce que c'est là aussi que se tiennent un plus grand nombre de Poissons à la peau desquels ils se fixent pour en sucer le sang. Quelques espèces cependant vivent sur des Poissons d'eau douce ou sur des Têtards de Batraciens. C'est sur les rivages maritimes ou près de l'embouchure des fleuves, qu'il faut chercher les Limules. Les autres Branchiopodes et qui sont tous broyeurs ou munis de mandibules et de mâchoires, font leur séjour, à l'exception d'un petit nombre, dans les eaux douces, mais point ou peu coulantes, telles que celles des mares, des bassins et des fossés ; souvent même ils y fourmillent et y paraissent et disparaissent presque subitement. Aussi, pour expliquer cette subite apparition, a-t-on pensé que leurs œufs pouvaient se conserver assez longtemps dans des lieux où ils avaient été déposés, lorsqu'ils étaient remplis d'eau, sans que leur germe s'altérât. Mais les expériences de Straus et de Jurine sembleraient prouver qu'une dessiccation absolue les fait périr. Celui-ci a observé que le nombre des mâles était à celui des femelles comme un est à dix ou à douze, et que les premiers étaient beaucoup plus rares au printemps qu'en automne.

Relativement aux espèces du genre Apus, Schæffer n'ayant jamais trouvé que des individus portant des œufs, a soupçonné que ces Crustacés étaient hermaphrodites ; mais, à ne consulter que l'analogie, ce sentiment est invraisemblable.

Divers Branchiopodes, comme les Phyllopes et les Cyclopes, portent leurs œufs dans des sacs particuliers, placés près de l'origine de la queue, ou bien sur celle de leurs pates, qui séparent le thorax de l'abdomen, et dont deux quelquefois, ainsi que dans les Apus, offrent une capsule particulière appelée matrice par Schæffer. Tous les autres Branchiopodes les font passer au-dessus du dos, et l'espace qu'ils occupent de chaque côté, représente, avec la substance verte qui les accompagne, une sorte de selle, *ephippium*. Chacun de ces espaces est quelquefois partagé en deux loges. Cette sorte de matrice est sujette à une maladie indiquée par une tache noire, et produisant un avortement, mais qui, d'après les observations de Jurine, cesse ordinairement aux mues suivantes. Ces mues sont très-fréquentes, et ce n'est guère qu'après la troisième que ces Animaux sont capables de se reproduire. Quelquefois même il en faut cinq pour qu'ils soient parfaitement semblables a leurs parens. Leurs pontes ont lieu toute l'année; mais les intervalles qui s'écoulent entre elles sont plus ou moins courts, selon que la température est plus ou moins élevée. Terme moyen, plusieurs Branchiopodes en font trois par mois. Les métamorphoses qu'ils éprouvent dans leur jeune âge sont si remarquables que Jurine les désigne dans cet état, ou sous la forme de larve, par le mot de Têtards. Il nous a donné d'excellentes observations sur le développement du fœtus dans l'œuf, et sur les phénomènes qui ont lieu lorsqu'on asphyxie un instant ces Animaux et qu'on les rappelle à la vie. Il a relevé quelques erreurs commises par Müller, et réformé notamment deux de ses genres, Amymone et Nauplie, établis sur des Branchiopodes observés seulement dans leur jeune âge. Il s'est encore assuré qu'une première fécondation, mais indispensable, suffisait au même individu pour plusieurs générations. Schæffer l'avait déjà avancé d'après ses propres expériences. Desmarest nous a fait connaître quelques Branchiopodes en état fossile. L'étude de ces Animaux vient aussi d'acquérir un nouvel intérêt par les recherches sur les Trilobites de Brongniart père, notre collègue à l'Académie royale des sciences.

Nous ne pouvons exposer ici les diverses manières dont on a divisé le genre *Monoculus* de Linné. En général, elles se rappprochent plus ou moins de celle que Schæffer avait employée dans son genre Branchipe. Le docteur Leach a étudié avec un soin particulier ces Animaux, et a introduit dans cet ordre quelques nouvelles coupes qu'il nous semble convenable d'admettre. Hermann fils et Tilésius nous ont aussi donné sur le même sujet de bonnes observations et très-propres à éclairer la méthode. Celle que nous suivrons ici est la même que celle que nous avons exposée dans le Règne Animal de Cuvier. L'ordre des Branchiopodes y est partagé en trois sections ou familles, les Pæcilopes, les Phyllopes et les Lophyropes; nous renvoyons à ces articles, en prévenant seulement que le nouveau genre de Limnadie établi par Adolphe Brongniart appartient à la seconde, et qu'il se compose de plusieurs espèces rangées avec les Lyncés par Müller. (LAT.)

BRANCHIOSTÈGE. ZOOL. Nom d'un appareil osseux dont les mouvemens sont relatifs à la respiration des Poissons. Comme son mécanisme est lié à celui de l'opercule, il en sera question à cet article. V. OPERCULE.

Le nom de BRANCHIOSTÈGE avait été donné au cinquième ordre de la classe des Poissons dans le *Systema Naturæ* de Linné, où ses caractères consistaient : dans un squelette cartilagineux dépourvu de côtes et d'arètes, avec des branchies libres. Les genres Mormyre, Ostracion, Tétraodon, Diodon, Syngnathe, Pégase, Centrisque, Baliste, Cycloptère et Lophie le composaient. *V.* tous ces mots. (B.)

BRANCHIPE. *Branchipus.* CRUST. Schæffer a le premier établi sous ce nom un genre très-étendu, comprenant les Entomostracés de Müller, les Monocles de Linné, et répondant à l'ordre des Crustacés Branchiopodes de Latreille. Ce genre a été considérablement restreint par Scopoli qui lui a substitué le nom d'*Apos*, en lui rapportant à tort, et en quelque sorte par inadvertance, le *Monoculus Apus* de Linné, au lieu de *son Cancer stagnalis.* Lamarck (Syst. des Anim. sans vert p. 161) a cru devoir remplacer le nom qu'avait imposé Scopoli par celui de Branchiopode; mais Latreille s'est depuis servi de ce mot pour désigner le cinquième ordre des Crustacés, et il a appliqué celui de Branchipe au genre Branchiopode de Lamarck. Ce dernier (Hist des Anim. sans vert. T. v. p. 133) s'est conformé à ce changement, et il est à désirer que les zoologistes suivent cet exemple. — Le genre Branchipe appartient (Règne Anim. de Cuv.) à l'ordre des Branchiopodes et à la section des Phyllopes; il a pour caractères, suivant Latreille : tête distincte avec deux yeux à réseaux pédiculés; des antennes capillaires au nombre de quatre chez le mâle et de deux chez la femelle; deux espèces de cornes sur le front, beaucoup plus grandes, très-avancées, en forme de mandibules dans les mâles; la bouche composée dans les individus de ce sexe d'une sorte de chaperon bifide avancé, d'une papille en forme de bec et de quatre autres pièces latérales; corps nu ou sans bouclier, allongé, portant onze paires de pieds en nageoires de quatre articles, et dont les trois derniers en forme de lames ovales et ciliées sur leurs bords; queue de la longueur du corps, conique, formée par six à neuf anneaux dont le dernier muni de deux feuillets garnis de poils. Ainsi caractérisés, les Branchipes peuvent être facilement distingués de tous les Crustacés de l'ordre auquel ils appartiennent; mais il s'en faut de beaucoup qu'ils soient connus complétement. L'histoire de leur organisation et de leurs mœurs mérite une étude particulière, et c'est aux savans qui les ont observées que nous emprunterons les détails principaux dans lesquels nous allons entrer.

Les Branchipes vivent dans les eaux stagnantes. On en admet généralement deux espèces, l'une le Branchipe stagnal, *Br. stagnalis*, ou le *Cancer stagnalis* de Linné, *Gammarus stagnalis* de Fabricius (Entom. Syst. T. II. p. 518) figuré par Herbst (Crust. tab. 35. fig. 9, 10). C'est à cette espèce qu'il faut rapporter le travail important de Schæffer (*Apus pisciformis*, *Insecti aquat. Spec. nov. detecta*, in-4. Ratisb. 1754 et 2e édit., 1757). On l'a rencontré, dans plusieurs lieux de la France, aux environs de Paris et dans la forêt de Fontainebleau.

L'autre, le Branchipe paludeux, *Br. paludosus*, ou le *Cancer paludosus* de Müller (*Zool. Dan.* pl. 48. fig. 1, 8) figuré par Herbst (*loc. cit.* fig. 3, 4 et 5) qui a copié Müller. Nous rapportons à cette espèce, et Latreille partage notre avis, le Branchipe décrit par Bénédict Prévost (Journ. de Phys. T. LVII, juillet 1803. p. 37-54 et 89-117), sous le nom générique de *Chirocéphale*, dans un Mémoire imprimé à la suite de l'ouvrage de Jurine, sur les Monocles (in-4. Genève, 1820). Les très-bonnes figures qui accompagnent ce travail ne nous permettent pas de douter que cette espèce ne soit tout-à-fait distincte du *Branchipus stagnalis*, et elles nous offrent dans les parties de la tête, la longueur du sac contenant les œufs et la ténuité des appendices de la queue, quelque ressemblance avec le Branchipe paludeux. Il serait cependant possible que le Chirocéphale de Prévost n'appartînt ni à l'une ni à l'autre espèce; des observations ultérieures nous l'apprendront peut-être. Quoi qu'il en soit, les recherches de Schæffer étant moins étendues, moins complètes, et en général plus connues que celles de Bénédict Prévost, nous essaierons de donner une esquisse des observations de ce dernier, en faisant ressortir les principales différences qui existent entre l'espèce qu'il a étudiée et celle qui, dès l'année 1754, avait exercé la patience de l'anatomiste allemand.

Le Branchipe paludeux ou Chirocéphale, étudié à l'extérieur, présente une tête en arrière de laquelle on voit une sorte de cou qui n'est autre chose que le premier anneau du corps dépourvu de pates. Elle supporte deux antennes terminées par quelques poils roides et inégaux; deux appendices nommés mains, se rencontrant seulement dans le mâle et servant à saisir la femelle et à la retenir pendant l'accouplement; leur organisation n'est pas moins remarquable que leurs usages. On distingue à chacune d'elles deux pièces principales, appelées doigts; le premier de ces doigts ressemble à deux serres ou pinces composées de deux parties articulées entre elles. Ces pinces répondent à ce que Latreille a nommé mandibules, non parce qu'il regardait de tels appendices comme les analogues des mandibules des Insectes, mais seulement parce qu'il leur trouvait avec elles une ressemblance de forme. Le second doigt est bien plus composé que le premier, car il porte à son côté externe quatre appendices ressemblant à autant de petits doigts terminés chacun par des crochets; il est accompagné en outre par une membrane triangulaire, languetée, et offre à la surface de toutes ses parties des épines d'autant plus visibles que le mâle est plus âgé. Cet appareil, de même que ceux qui précèdent, existe de chaque côté. Bénédict Prévost le compare à une trompe d'Éléphant, parce que dans l'état ordinaire, il est enroulé sur sa tête, et ne se déploie guère que dans l'accouplement. Si, guidé par notre description, on recherche l'analogue du second doigt dans le Branchipe stagnal de Schæffer, on ne trouvera certainement rien qui lui ressemble; cependant cette partie y existe, non avec les mêmes pièces constituantes, mais dans la même place, et organisée bien plus simplement. Prévost n'a pas connu le travail de Schæffer, il n'a même jamais vu le Branchipe stagnal, et c'est en partie à cette ignorance qu'est due la contradiction qu'il a cru observer entre les descriptions zoologiques de Latreille et ses propres recherches. Si, comme nous l'avons fait, il eût étudié comparativement les mâles des deux espèces, il se fût certainement convaincu que le second doigt très-composé du Chirocéphale n'était autre chose que les deux longs appendices du Branchipe stagnal mâle, fort improprement nommés secondes antennes, et qui, flexibles et non articulés, partent d'une sorte de chaperon, et descendent en avant du premier doigt ou des deux corps en forme de mandibules. Le développement dans lequel nous sommes entrés était nécessaire pour fixer d'une part l'opinion des savans sur la conformation dite *extraordinaire* des appendices de la tête du Chirocéphale, et pour établir de l'autre la différence principale qui existe entre cette espèce et le Branchipe stagnal. — Nous nous bornerons à cette seule comparaison.

La tête supporte encore des yeux pédiculés et au-dessous la bouche composée de deux mandibules et de deux organes particuliers, terminés chacun par une vingtaine de filets déliés, lesquels, placés en arrière des mandibules, font l'office de tamis, et ne donnent passage qu'aux alimens très-ténus qui doivent être broyés. Prévost nomme ces parties *barbillons* des mandibules. On aperçoit aussi deux petites papilles situées sur le corps et servant probablement à pousser les alimens entre les filets; enfin on observe une sorte de lèvre ou soupape passant par-dessus les mandibules et les barbillons, et expulsant les alimens qui n'ont pu s'introduire entre ces parties. L'entrée de l'œsophage est située entre les mandibules.

Le corps est formé par onze anneaux qui supportent chacun une paire de pates natatoires composée de quatre articles représentant la hanche, la cuisse, la jambe et le tarse.

La queue, terminée par deux palettes allongées, plumeuses sur leurs bords, est composée de neuf anneaux dont les deux premiers soutiennent les organes de la génération; ces parties consistent, extérieurement dans le mâle, en un corps conoïde, obtus et bifide. Dans la femelle, le corps conoïde est plus saillant, et constitue une véritable matrice qui, s'ouvrant à son extrémité libre comme le bec d'un Oiseau, livre passage aux œufs; cependant l'ouverture dans laquelle les organes mâles sont introduits dans l'acte de l'accouplement est très-singulière, et a une position fort différente; elle consiste en deux vagins situés l'un à droite, l'autre à gauche de l'ouverture anale, de sorte que l'orifice de la matrice et celui du vagin sont tout-à-fait distincts et très-éloignés l'un de l'autre; le premier occupant la base de la queue, et le second son extrémité.

Ce que nous avons dit du Branchipe paludeux a pu donner une idée assez complète de ses caractères extérieurs. L'anatomie qu'en a faite Prévost nous fournira quelques données fort importantes. Muni d'un micoscrope, et favorisé par la transparence de l'Animal, il a distingué, 1° des muscles fort nombreux; 2° un cœur consistant en un vaisseau dorsal, étendu de la tête à l'avant-dernier anneau, et qui paraît comme étranglé à chaque segment, de manière à offrir l'aspect d'autant de cœurs ajoutés à la suite les uns des autres. Ces cœurs, ou plutôt ces espaces qui en ont l'apparence, jouissent tous en même temps des mouvemens de systole et de diastole; dans ce dernier effet, les échancrures disparaissent instantanément; 3° des globules analogues à ceux du sang de plusieurs autres Animaux, d'abord immobiles, lorsque le Branchipe est fort jeune, circulant ensuite dans toutes les parties du corps, s'arrêtant et rétrogradant même par intervalles dans leur route; 4° l'intestin qui, généralement droit, est accompagné et soutenu par un mésentère existant depuis l'extrémité de la queue jusqu'à la tête où il se fixe après s'être divisé en deux branches; 5° dans le mâle, des vaisseaux spermatiques sous forme de grands sacs ou tubes recourbés; 6° enfin chez la femelle, des grappes d'ovaire se déchargeant dans la matrice. Tel est en quelque sorte l'énoncé pur et simple des organes intérieurs de l'Animal que nous désirons faire connaître. Ses mœurs et ses développemens offriraient à chaque âge un tableau digne d'intérêt, et cependant nous ne pourrons qu'en tracer l'esquisse. Il habite les eaux stagnantes, les petites mares, les ornières, les fossés; il nage sur le dos, et le mouvement de ses pates ou nageoires amène vers sa bouche les alimens très-ténus dont il fait sa nourriture; il est omnivore, mange presque sans discontinuer, digère et excrète de même; tous ses mouvemens sont très-prompts, et c'est dans l'accouplement qu'on remarque surtout sa vivacité; il ne dure qu'un instant. « La femelle, dit Prévost, suit long-temps le mâle qui quelquefois, se lassant de la poursuivre, semble renoncer à l'atteindre. On dirait quelquefois qu'elle devient ensuite l'agresseur, puis elle se met à fuir de nouveau. Cependant le mâle, passant par dessous, la saisit avec les mains, et l'embrasse dans l'espèce d'anneau que forment les crochets ou cornes qui terminent deux de ses doigts; elle se débat alors, et parvient souvent à se débarrasser. Le mâle revient à la charge, et par la vivacité de ses étreintes, la force à replier sa queue dont elle porte le bout vers les parties du mâle. » Ce mode de copulation ne rappelle-t-il pas celui des Libellules? — La femelle fait plusieurs pontes distinctes; chacune d'elles dure plusieurs heures, et le résultat est en général de cent à quatre cents œufs, formant une masse d'environ dix millimètres. Ces œufs sont lancés au dehors avec assez de force pour s'enfoncer sous la vase; ils ont plusieurs enveloppes, et, entre autres, une externe, épaisse et dure, à la faveur de laquelle ils peuvent, étant restés à sec et dans la poussière pendant la saison chaude, éclore lorsqu'on les met dans l'eau et dans les conditions nécessaires de température. Le Branchipe nouvellement né ressemble fort peu à l'adulte. On remarque comme principales différences: 1° un seul œil qui disparaît à mesure que les yeux pédiculés se développent, de sorte que dans l'Animal parfait il n'est plus représenté que par un petit point noir, à peine perceptible; 2° la soupape qui, passant devant la bouche, s'avance jusqu'au ventre et le recouvre en partie; 3° d'abord aucune trace des vingt-deux pates de l'adulte, mais seulement deux paires de nageoires plumeuses, les unes grandes, les autres petites, lesquelles disparaissent à mesure que les pates natatoires se développent: ce qui n'a lieu que successivement après plusieurs mues ou dépouilles.

Le Branchipe paludeux ou Chirocéphale a été trouvé aux environs de Montauban par Bénédict Prévost. Ce savant, outre les observations dont nous avons rendu compte, a fait connaître les maladies auxquelles cet Animal est sujet. Il a aussi donné un précis de quelques expériences qui ont fourni, entre autres résultats fort remarquables, ceux-ci: si on laisse séjourner de l'eau sur certains Métaux, tels que le Mercure, l'Argent, le Zinc, et qu'on y place le Branchipe, il périt en très-peu de temps; il vit au contraire plusieurs jours dans de l'eau mise de la même manière en contact avec de l'Or, de l'Étain, du Plomb et du Verre; il est fortement incommodé si l'eau contient seulement un trois centième de son poids de Sel commun, et il périt promptement si elle renferme un douze millième de dissolution nitro-muriatique d'Or; il supporte difficilement, surtout lorsqu'il est jeune, une température de 26 ou 27° du thermomètre de Réaumur. Vieux, il meurt sur-le-champ à 31 ou 32°. Des détails plus longs et plus circonstanciés nous éloigneraient du plan de ce Dictionnaire; on les trouvera aux sources que nous avons indiquées. Outre les travaux dont nous avons fait mention, il en existe quelques autres, et parmi eux il nous suffira de citer les observations que Shaw a lues, en 1789, à la Société Linnéenne (1er vol. des Actes de la Soc. Linn. de Londres) sur un Branchipe qui est peut-être le même que le B. paludeux. Déjà Édouard King avait publié, dès l'année 1767 (*Linn. Societ. Trans.* T. LVII), quelques travaux sur un Branchipe assez analogue à celui de Shaw, se rapportant peut-être au *Cancer Salinus* de Linné, et appartenant au genre Artémie de Leach, que Latreille et Lamarck écrivent Artémise. Ces Mémoires et les figures qui les accompagnent sont bien imparfaits en comparaison des travaux de Bénédict Prévost et des dessins de mademoiselle Jurine. (AUD.)

* BRANCHIURE. *Branchiurus*. ANNEL. Viviani (*Phosphorescentia Maris*, tab. 2, fig. 13 et 14) représente et décrit sous ce nom de très-petits Animaux qu'il rapporte à la classe des Annelides, mais qui, d'après l'opinion de Cuvier, ne sont pas assez caractérisés pour qu'on puisse assurer que ce ne sont pas des larves. Viviani n'en a d'ailleurs observé qu'une seule espèce qu'il nomma *Branchiurus quadripes*. (AUD.)

BRANC URSINE. BOT. PHAN. Nom vulgaire de l'*Acanthus mollis*, L. *V.* ACANTHE. (B.)

BRANDE. BOT. PHAN. Syn. de Bruyère dans le sens collectif, au pays des grandes Landes aquitaniques. (B.)

BRANDERIENNE. POIS. *Cécilie* de Lacépède. Même chose qu'*Aptérichte* de Duméril. *V.* MURÈNE. (B.)

BRAND-FUCHS. MAM. C'est-à-dire *Renard de feu* en allemand. Syn. de Renard rouge ou d'une couleur très vive. (A. D..NS.)

BRAND-HIRSCH. MAM. Nom allemand du Cerf des Ardennes. *V.* CERF. (A. D., NS.)

BRAND-LOUET. OIS. Syn. vulgaire de la Corneille mantelée, *Corvus Cornix*, L. *V.* CORBEAU. (DR..Z.)

BRANDON D'AMOUR OU PRÉPUCE. MOLL. Noms vulgaires de la *Serpula Penis* de L. *Aspergillum javanum*, Lam. *V.* ARROSOIR. (F.)

BRANDONE. BOT. CRYPT. (Imperatus.) Syn. de *Fucus palmatus*, espèce du genre Laminaire. *V.* ce mot. (B.)

BRANDRAF. MAM. Syn. suédois de Renard charbonnier. BRAND-FOX a la même signification en anglais. *V.* CHIEN. (A. D..NS.)

BRANDT-ENTE. OIS. Syn. du Canard siffleur huppé, *Anas rufina*, L. en Allemagne. *V.* CANARD. (DR..Z.)

BRANDT-MEISS. OIS. Syn. de Mésange charbonnière, *Parus major*, L. en Saxe. (B.)

BRANLE-QUEUE. OIS. Syn. vulgaire de la Lavandière, *Motacilia alba*, L. *V.* BERGERONNETTE. (DR..Z.)

BRANTA ET BRENTA. OIS. (Willugby.) Syn. du Cravant, *Anas Bernicla*, L. *V.* CANARD. (DR..Z.)

* BRANTE. *Branta*. MOLL. dénomination générique proposée par Ocken (*Lehrb. der Zool.* p. 362) dans sa famille des Lépas, *Lepaden*, pour le *Lepas aurita* de Linné, dont Leach a fait postérieurement le genre *Otion*, adopté par Lamarck, et Blainville le genre *Aurifera*. Fidèle aux principes consacrés dans la science, nous avons adopté le nom de l'auteur primitif de ce genre, de préférence à ceux qui lui ont été donnés depuis. Déjà Bruguière avait indiqué la formation de ce genre qu'a effectuée Ocken. Il fait partie de la famille des Anatifes, *V.* ce mot, et de la section de cette famille dans laquelle les valves ou lames testacées, adhérentes sur la tunique, ne sont point contiguës les unes aux autres. A le bien prendre, ces lames ne sont plus qu'en rudiment chez les Brantes et au nombre de deux seulement. Aussi c'est par erreur, sans doute, que Blainville en donne cinq à son genre Aurifère (Dict. des Sc. natur.). Les Brantes se groupent à la manière des Anatifes, et s'attachent comme eux aux vaisseaux et à tous les corps marins, en s'y fixant par leur pédoncule. Ils paraissent peu abondans dans nos mers; car on les voit rarement dans les collections.

Voici les caractères du genre Brante: tunique membraneuse, presque nue, renflée supérieurement, et plus ou moins déprimée; pédoncule assez gros et cylindrique; deux tubes en forme de cornes, cylindriques et dirigés en arrière, placés au sommet de la partie renflée, laquelle offre en avant une ouverture assez grande, longitudinale pour le passage des bras ciliés. Test : deux petites valves testacées, presque membraneuses, en croissant et opposées par leur circonférence, adhérentes au bord de l'ouverture et de chaque côté de celle-ci. — D'après Lamarck et Blainville, les cornes sont tronquées et ouvertes à leur sommet; cependant, dans les exemplaires de l'*Otion Blainvillii* de Leach, que nous possédons, ces cornes paraissent fermées à leur extrémité. Blainville ajoute que la corne droite a une autre ouverture inférieure. Nous ne la trouvons pas non plus dans l'espèce citée; mais quant au *Branta Cuvieri*, il a véritablement ses cornes ouvertes, et Poli et Wood le prouvent par leur figure. L'Animal contenu dans cette tunique offre, selon Blainville, un corps ovalaire, comprimé, recourbé, terminé postérieurement par une sorte de queue articulée, pourvue de douze paires de longs appendices cornés, articulés, et par un long tube médian à la base duquel est percé l'anus.

Les deux seules espèces connues de ce genre curieux sont : 1° le *Branta Cuvieri*, *Lepas aurita*, L.; *Lepas leporina*, Poli (*Test.* 1, t. 6, fig. 21); *Otion Cuvieri*, Leach, Lam. (Anim. s. vert., 2ᵉ édit. T. v, p. 410), Wood

(*Gener. Conch.* pl. 12, fig. 4). — 2° *Branta Blainvillii*, *Otion Blainvillii*, Leach, Lam. (*loc, cit.* n° 2).—La première de ces deux espèces habite la Méditerranée et l'Océan. La seconde la mer du Nord, les côtes d'Angleterre et celles de France vers La Rochelle. Il n'est pas impossible que l'on ait confondu, avec ces deux espèces, d'autres Brantes distinctes des deux premières.

Le *Branta Blainvillii* offre en arrière, sur la partie opposée à l'ouverture et aux deux valves, le rudiment d'une troisième valve : c'est un petit point testacé, allongé, presque imperceptible.

Nous possédons un individu du *B. Cuvieri* sur l'oreille droite duquel s'est attaché un *Cineras vittata*. (F.)

BRAQUE. MAM. Race de Chiens de chasse. On appelle Braque du Bengale ceux qui ont la robe mouchetée. (A. D..NS.)

* BRAS. POIS. L'un des noms vulgaires de la Raie bouclée. (B.)

BRAS. BOT. PHAN. L'un des noms malais du Riz. (B.)

BRASEM. POIS. Syn. danois de Brème. Espèce du genre Cyprin.

On trouve dans le Dictionnaire de Déterville que ce mot est synonyme de *Breine*, mais Breine ne se retrouvant pas dans le reste de l'ouvrage, on ne sait à quoi le rapporter. (B.)

BRASEN. POIS. Syn. norwégien de *Cyprinus latus*. *V*. CYPRIN. (B.)

BRASENIA. BOT. PHAN. (Pursh.) *V*. HYDROPELTIS.

BRASIL. MIN. Syn. de *Pyrite cuivreuse feuilletée* chez les mineurs de Cornouailles selon Patrin. (LUC.)

BRASILIASTRUM ET BRASILIUM. BOT. PHAN. *V*. PICRAMNIA. *Brasilium* et *Brasilion* sont encore des noms donnés au Brésillet. *V*. CÆSALPINIA. (A. D. J.)

BRASLER. OIS. Syn. allemand du Proyer, *Emberiza Miliaria*, L. *V*. BRUANT. (DR..Z.)

* BRASSADE. POIS. L'un des noms vulgaires du Thon. *V*. SCOMBRE. (B.)

BRASSAVOLA. BOT. PHAN. Ce nom avait été d'abord donné par Adanson au genre *Helenium* de Linné. — Depuis, R. Brown s'en est servi pour désigner un nouveau genre des Orchidées, établi par lui d'après le *Cymbidium cucullatum* de Willdenow, et quelques autres espèces. *V*. CYMBIDIUM. (A. D. J.)

BRASSEM. POIS. On trouve dans la collection des Poissons d'Amboine par Ruisch, six ou sept Poissons différens, et qu'il est impossible de déterminer, compris sous ce nom. (B.)

BRASSEN. POIS. *V*. BRADEN. On trouve BRASSE dans quelques ouvrages. (B.)

BRASSICAIRES. *Brassicarii*. INS. Dénomination appliquée par Geoffroy à des Lépidoptères du genre Piéride, dont les Chenilles se nourrissent de Plantes crucifères, particulièrement du Chou appelé *Brassica* en latin. *V*. PIÉRIDE. (AUD.)

BRASSICÉES. BOT. PHAN. De Candolle sépare en cinq sous-ordres et en vingt-une tribus la grande famille des Crucifères, et il nomme tribu des Brassicées la douzième qui appartient au troisième sous-ordre, celui des Orthoplacées. *V*. ce mot. Elle a pour caractères : une silique allongée, dont la cloison est linéaire, dont les valves s'ouvrent longitudinalement, et qui contient des graines globuleuses, à cotylédons incumbans condupliqués, c'est-à-dire que la radicule se replie sur le dos des cotylédons, qui, ployés dans leur longueur, l'embrassent dans l'angle qu'ils forment entre eux. Cette tribu comprend les genres *Brassica* ou Chou, *Sinapis* ou Moutarde, *Moricandia*, *Dyplotaxis* et *Eruca*. *V*. tous ces mots. (A. D. J.)

BRASSIE. *Brassia*. BOT. PHAN. C'est à la famille des Orchidées qu'appartient ce genre établi par R. Brown, dans la seconde édition du Jardin de Kew, pour une Plante parasite originaire de la Jamaïque, dont Link et Otto ont donné une excellente figure dans leurs *Icones* du Jardin de Berlin, pl. 12. C'est un Végétal parasite et sans tige, ou dont la tige est formée simplement par un renflement charnu, elliptique et un peu comprimé. Ses feuilles sont carénées, longues d'un pied, épaisses et roides; ses fleurs sont grandes, au nombre de cinq à six, et forment une sorte d'épi au sommet de la hampe; les cinq divisions extérieures du calice sont lancéolées, étalées, jaunes, maculées de pourpre; le labelle est plane, blanc avec quelques taches pourpres. On cultive cette Plante en serre chaude. Le genre Brassie est voisin des genres *Cymbidium* et *Oncidium*. Il se distingue du premier par son labelle plane indivis et non soudé avec le gynostème; du second, par son labelle entier et par son gynostème qui n'offre point d'ailes sur les côtés. (A. R.)

BRASSLE. POIS. Même chose que Brassen. *V.* ce mot et BRADEN. (B.)

BRASSOLIDE. *Brassolis*. INS. Genre de l'ordre des Lépidoptères et de la famille des Diurnes, fondé par Fabricius qui le composait des espèces dont les palpes inférieurs sont très-comprimés avec la tranche antérieure presque aiguë ou fort étroite, et les ailes inférieures arrondies. Ces caractères appartiennent également au genre Satyre de Latreille. *V.* SATYRE. (AUD.)

BRATHYS. BOT. PHAN. Et non *Bratis*. Genre formé par Mutis et adopté par Linné fils, mais rapporté depuis au genre *Hypericum*. *V.* MILLEPERTUIS. (B.)

BRATYS. BOT. PHAN. (Dioscoride.) Syn. de Genevrier. (B.)

BRAULET. BOT. PHAN. Nom vulgaire du fruit du *Mimosa Unguis-Cati* aux Antilles. (B.)

BRAUM-LEBER-KRAUT. BOT. CRYPT. Syn. allemand de *Marchantia polymorpha*, L. *V.* MARCHANTE. (B.)

BRAUNEA. BOT. PHAN. Willdenow a décrit dans son *Species Plantarum*, sous le nom de *Braunea menispermoides*, le *Valli-Caniram* de Rhéede (*Hort. Mal.* VII, p 5, t. 3) qui est le *Menispermum radiatum* de Lamarck et le *Cocculus radiatus* de De Candolle. *V.* MÉNISPERME. (A. R.)

BRAUNE-HIRSCHZUNGE. BOT. CRYPT. Syn. bavarois d'Érinace Barbe de Bouc. *V.* HYDNE. (B.)

BRAUN-ENTE. OIS. Syn. du Milouin, *Anas ferina*, L. en Silésie. *V.* CANARD. (DR.. Z.)

BRAUNERIA. BOT. PHAN. Necker sépare le genre *Rudbeckia* en deux: l'un auquel il conserve ce nom et dans lequel les folioles de l'involucre sont sur deux ou trois rangs, et l'aigrette nulle; autre, qu'il nomme *Brauneria*, dans lequel ces folioles se recouvrent graduellement, et l'aigrette est dentée. *V.* RUDBECKIA. (A. D. J.)

BRAUN-FISCH. MAM. C'est-à-dire *Poisson brun*. L'un des noms allemands du Marsouin. *V.* DAUPHIN. (B.)

BRAUN-FRETT. MAM. Syn. de *Vivera fusca*, selon Desmarest. (A. D.. NS.)

BRAUN-SPATH. MAM. C'est-à-dire *Spath brun*. Syn. allemand de Chaux carbonatée ferrifère. (LUC.)

BRAX ET BRAXEN. POIS. Dans les langues du Nord, noms vulgaires de divers Cyprins, tels que la Brème et la Saupe.

Les Anglais désignent les mêmes Poissons sous le nom de BREAM. (B.)

BRAYA. *Braya*. BOT. PHAN. Ce genre, établi dans la famille des Crucifères par Sternberg et Hoppe, et adopté par De Candolle dans le second volume de son *Systema Vegetabilium*, offre pour caractères: un calice formé de quatre sépales dressés; des pétales ovales, oblongs, étalés et entiers; six étamines libres, et dont les filets ne sont pas dentés; une silique oblongue, presque cylindrique, toruleuse, terminée par un stigmate sessile et un peu renflé. Les graines sont ovoïdes, terminées par une sorte de petit bec. Ce genre ne renferme qu'une seule espèce qui croît dans les Alpes de la Carinthie et du Salzburg. C'est le *Braya alpina*, petite Plante vivace qui a à peu près le port de l'*Arabis cœrulea*. Elle diffère des *Draba* par ses siliques cylindriques et toruleuses, et des *Arabis* par ses valves convexes et non planes. Ce genre semble faire le milieu entre les Crucifères siliqueuses et les Crucifères siliculeuses. (A. R.)

*BRAYERA. *Brayera*. BOT. PHAN. Genre de la famille des Rosacées, récemment formé par notre savant et patient ami et collaborateur Kunth pour une Plante précieuse, qu'il a, pour ainsi dire, fait renaître de ses débris : cette Plante devient trop intéressante par sa vertu médicinale, pour que nous n'entrions pas dans quelques détails sur son compte. Nous laisserons parler Brayer, praticien français, qui demeura longtemps en Turquie.

« Rien n'est plus commun, dit-il, dans la pratique de la médecine à Constantinople et dans le Levant, que d'entendre vanter les propriétés merveilleuses des Plantes de l'Arabie. Dieu parla arabe, disent les Orientaux; en montrant à Adam les diverses Plantes médicinales, il leur imposa un nom significatif de leurs vertus, afin que l'Homme y eût recours dans ses maladies. Il suffit d'être né en Arabie pour avoir la réputation d'être un grand botaniste. Beaucoup de médecins du pays, qui ne savent ni lire ni écrire, se vantent d'avoir parcouru ces contrées, louent sans cesse les propriétés des Plantes qui y croissent, bien supérieures, suivant eux, à celles de l'Europe, et racontent en termes emphatiques les cures étonnantes qu'ils ont vu opérer ou qu'ils ont eux-mêmes opérées par leur moyen. Ils leur attribuent la longévité des anciens patriarches. Si quelques maladies sont rebelles à présent, c'est, ajoutent-ils, que la langue arabe primitive ayant subi de grandes altérations, les mots ne signifient plus la même chose, et que plusieurs espèces de Plantes ne se retrouvent plus. Ils déprécient les préparations chimiques dont ils n'ont aucune connaissance, et les regardent comme des poisons, ou au moins comme des médicamens trop énergiques pour le corps de l'Homme. Amateurs passionnés du merveilleux, les Orientaux écoutent avidement tout ce qui frappe leur imagination ou flatte leur crédulité. Les vertus des Plantes sont donc un grand sujet de conversation chez un peuple à qui il est défendu de parler de religion et de gouvernement, et qui, effectivement, n'en parle jamais. Les femmes, plus crédules que les hommes, font entre elles un grand usage des Plantes : elles y ont recours dans leurs moindres indispositions, pour devenir enceintes, surtout pour avoir des enfans mâles. Si, pour une maladie grave, le chef de la famille, après avoir fait les remèdes indiqués par sa femme, puis par la sage-femme grecque ou juive, par le barbier voisin, après avoir recouru aux prières d'un ou de plusieurs imans, puis à l'herboriste, à l'apothicaire, aux médecins turcs, arabes, juifs, arméniens, etc., etc., croit devoir enfin appeler un médecin Franc, leur premier soin est de lui recommander de ne pas ordonner de médicamens chimiques, qui, assurent-elles, ne manqueraient pas de tuer le malade; et tel praticien ne doit une grande partie de sa réputation qu'à l'horreur qu'il manifeste pour de telles préparations. Si l'on peut accuser d'exagération de pareilles opinions, il arrive souvent aussi que des faits bien avérés semblent les accréditer. Nous allons en offrir une preuve. — Je rencontrais souvent dans un café de Constantinople un vieux négociant arménien, qui, dans sa jeunesse, avait fait de fréquens voyages en Abissinie. Ce vieillard vénérable aimait à me parler des pays qu'il avait parcourus, des marchandises précieuses que les caravanes dont il avait fait partie apportaient annuellement au Grand-Caire, mais surtout des Plantes que l'on trouve dans ces régions éloignées, et de leurs propriétés miraculeuses. Le premier garçon du café où nous nous entretenions ainsi, était depuis plusieurs années attaqué du *Tœnia;* il avait, suivant l'usage, demandé à tous les médecins nationaux et étrangers qu'il avait rencontrés, non un traitement, mais un secret contre sa maladie. En faisant, tant bien que mal, les remèdes indiqués, il avait souvent rendu des fragmens du Tœnia, éprouvé quelque soulagement; mais, peu après, les symptômes avaient reparu aussi violens qu'auparavant. Sa maigreur était excessive; il éprouvait de fréquentes lipothymies; des douleurs cruelles l'obligeaient souvent à cesser son travail. « Voyez-vous cet être malheu-» reux, me dit un jour l'Arménien : » il a fait tous les remèdes connus en » Europe; en Abissinie, sa maladie » n'aurait pas duré vingt-quatre heu-» res, et il souffre depuis dix ans ! » Mais j'ai écrit l'année dernière à » mon fils, qui fait à ma place les » voyages d'Abissinie, de m'en-» voyer le spécifique connu dans ce » pays-là contre le Tœnia; ce Ver y » est très-commun. Ce sont les fleurs » d'une plante appelée en arabe vul-» gaire *Cotz*, en abissinien *Cabotz*, » mot qui signifie aussi Tœnia. La » caravane doit être arrivée; mon » fils est sans doute au Caire; ces » fleurs me parviendront bientôt; » j'en ferai prendre à cet infortuné, » il sera guéri. » J'avais écouté ce discours avec cette complaisance à laquelle on s'habitue peu à peu dans l'Orient, à force d'entendre des récits d'histoires incroyables et de cures merveilleuses. Je n'y pensais plus, lorsque, le 7 janvier 1820, je vis venir à moi, tout rayonnant de joie, le garçon du café, qui me dit être parfaitement guéri. Les fleurs étaient enfin arrivées le 5 janvier; le soir même il en avait fait macérer cinq gros (le gros est de soixante grains) dans environ douze onces d'eau. Le jour suivant, de très-bon matin, il en avait pris la moitié à jeun. L'odeur et le goût désagréables de ce médicament lui avaient occasioné de fortes nausées; une heure après, il avait bu l'autre moitié, et s'était couché. De vives douleurs s'étaient fait sentir dans les intestins, et, après de nombreuses déjections, il avait rendu le Tœnia tout entier. Ce Ver était mort; son extrémité la plus grosse était sortie la dernière. Après plusieurs autres évacuations de mucosités, tous les symptômes de la maladie étaient complétement disparus. Pendant six mois que j'eus encore occasion de voir cet homme, sa santé s'était améliorée de jour en jour.

» Je fus très-curieux de voir ces fleurs. Avec beaucoup de peine je parvins à m'en procurer un demi-gros environ. Contuses, réduites presque en poussière, il était difficile d'en reconnaître la famille et le genre. Je les apportai donc soigneusement à Paris. M. Kunth, botaniste célèbre, a bien voulu se charger de les examiner. A force de patience, il a reconnu qu'elles appartiennent à une Plante de la famille des Rosacées, et qu'elle en forme un nouveau genre. Je ne puis mieux faire que de joindre ici la description qu'il en a donnée, et dont il a fait lecture à la Société d'histoire naturelle dans le mois de juillet dernier. »

« Quatre fleurs pédicellées, entourées d'autant de bractées membraneuses; calice tubuleux, persistant, rétréci à son orifice; limbe à dix lobes, dont les cinq extérieurs plus grands; cinq pétales très-petits, linéaires, insérés au limbe du calice; étamines, douze à vingt-une, insérées au même endroit, à filets libres; anthères biloculaires; deux ovaires attachés au fond du calice, parfaitement libres, uniloculaires, monospermes; ovule pendant; deux styles terminaux; stigmates élargis, légèrement lobés. Fruit point observé. — D'après ces caractères, cette Plante doit être rapprochée du genre *Agrimonia*, dont elle ne diffère que par son limbe double, par ses pétales extrêmement petits, et par ses stigmates élargis; différences qui suffisent pour constituer un genre distinct. Le fruit doit être semblable à celui des Agrimonia. — Je propose de donner à ce nouveau genre le nom de *Brayera*, en l'honneur de M. Brayer à qui nous devons la première connaissance de cette Plante. Le nom spécifique d'*anthelmintica* doit rappeler ses propriétés anthelmintiques.»

Les Végétaux qui constituent la famille des Rosacées sont dans toutes leurs parties plus ou moins astringens, propriété qui les a fait employer avec succès tantôt comme fébrifuges, tantôt pour arrêter les hémorragies, les diarrhées, les dyssenteries, etc. Dans certaines contrées des États-Unis, la racine du *Spirœa trifoliata* remplace l'Ipécacuanha dont elle partage les vertus. Les noyaux et les feuilles du Laurier-Cerise contiennent un principe délétère, qui, concentré par la distillation, agit comme un des poisons les plus violens sur l'économie animale, en détruisant son irritabilité. A plus faible dose, il est purgatif ou émétique. Il est probable que la vertu anthelmintique des fleurs du *Brayera anthelmintica* est due à son effet drastique. L'Aigremoine, sa congénère, est seulement astringente, et entre pour cette raison dans les gargarismes dont on se sert contre les maux de gorge. L'importance du *Brayera* et le désir de concourir aux efforts qui pourront être faits pour retrouver ce Végétal et le répandre dans le commerce, nous détermine à reproduire sa figure telle que Kunth l'a pour ainsi dire devinée. *V*. pl. de ce Dictionnaire.

1. Portion de la Plante. 2. Fleur entière considérablement grossie. La grandeur naturelle est celle de l'Aigremoine ordinaire. 3. *Idem*. coupée verticalement, afin de faire voir la situation des pistils et l'insertion périgyne des étamines. 4. Fragment de la fleur dans l'état de dessiccation. 5. Foliole extérieure du calice. 6. Foliole intérieure. 7. Pétale. 8. Étamine. 9. La même, grossie. 10. Pistils. 11. Coupe verticale d'un pistil, pour faire connaître le point d'attache de l'ovule. 12. Ovule isolé.

La famille et le genre de cette Plante étant reconnus, il sera facile de se procurer, soit par la voie du commerce, soit par l'entremise du consul général de France au Grand-Caire, une quantité suffisante de ses fleurs, pour faire les expériences nécessaires et constater si c'est à une vertu spécifique, comme les Orientaux se plaisent à le dire, ou à un effet simplement drastique, que l'on doit attribuer, dans l'observation de Brayer, la guérison si prompte d'une maladie opiniâtre et réputée jusqu'ici presque sans remède. (B.)

BRAYES DE COUCOU. BOT. PHAN. (Lobel.) Vieux nom du *Primula veris*, L., vulgairement nommé Coucou encore de nos jours dans quelques cantons de la France. (B.)

BRÉANT. OIS. Syn. vulgaire du Bruant jaune, *Emberiza Citrinella*. *V*. BRUANT. (DR..Z.)

BREBIS. MAM. Femelle du Bélier. *V*. MOUTON, ainsi que pour Brebis d'Islande ou à plusieurs cornes, Brebis à longue queue, Brebis de Guinée, Brebis des Indes et autres Animaux qu'on trouve mentionnés dans divers ouvrages sous le nom de Brebis. (B.)

BRÈCHES. GÉOL. *V*. ROCHES.

BRECHITES. POLYP. FOSS. Guettard, dans ses Mémoires, tom. 3, p. 418, a donné ce nom à des Fossiles voisins des Alcyons, que l'on a désignés quelquefois, mais à tort, sous les noms de Goupillon de mer et d'Arrosoir : ne serait-ce pas plutôt des Polypiers actinaires voisins du genre Lymnorée? *V*. ce mot. (LAM..X.)

BRECHTENFEL. BOT. CRYPT. Syn. allemand d'*Agaricus purpureus*, L., *sanguineus* de Bulliard. (B.)

-BRECOS et BREKOS. bot. phan. Syn. de Lupin en Egypte. (B.)

BREDEMEYERA. bot. phan. Willdenow a établi dans les Actes de la Société de Berlin (3. 411. t. 6) ce genre que Jussieu place dans la seconde section de sa famille des Polygalées (Mém. du Muséum, 1, page 389). Son calice est à trois divisions colorées. Sa corolle irrégulière, papilionacée, qui présente un étendard formé de deux pétales, deux ailes et une carène plus courte que ses autres parties, semble, ainsi que la monadelphie de ses huit étamines à anthères oblongues et incumbantes, le rapprocher des Légumineuses. Mais cette affinité disparaît, si l'on considère ce que nous avons appelé les ailes de sa corolle comme deux autres divisions du calice. Il s'éloigne d'ailleurs des Légumineuses par son fruit qui est une drupe ovoïde, très-petite, renfermant une noix de même forme et biloculaire. Willdenow en décrit une seule espèce, le *Bredemeyera floribunda*, Arbrisseau de cinq à huit pieds, originaire de l'Amérique méridionale, à feuilles alternes, à fleurs disposées en panicules terminales munies de petites bractées à la base de leurs ramifications nombreuses. (A. D. J.)

BRÈDES ou BRETTES. bot. phan. Feuilles et pousses de divers Végétaux, la plupart herbacés, dont les Créoles ont pris, des Nègres, l'usage habituel dans la cuisine, et qui, dans les colonies à l'est du cap de Bonne-Espérance, forment une grande partie de la nourriture habituelle. Plusieurs de ces Brèdes ou Brettes passent cependant pour vénéneuses, et l'on ne saurait douter que certaines parties de quelques-unes ne le fussent réellement. On se borne à les faire bouillir, en jetant quelquefois la première eau; on les assaisonne ensuite avec du Piment ou bien avec quelques épices; enfin on les mêle au Riz.

La Brède-Morelle est la Brède par excellence, et nous citerons ce qu'en dit Du Petit-Thouars, qui s'est fort occupé des Végétaux de nos îles d'Afrique, non-seulement comme botaniste profond, mais encore sous les rapports de leur utilité. La Brède-Morelle, dit-il, fait la base de la nourriture du plus grand nombre des Créoles de l'Ile-de-France, depuis le dernier noir jusqu'au plus somptueux habitant. Les Européens récemment débarqués voient cet aliment avec répugnance, surtout ceux qui ont une teinture de botanique, en apprenant que c'est une espèce de *Solanum*, au moins très-voisine du *Solanum nigrum*, L. qui passe en France pour un poison; mais on s'y fait très-promptement. Alors on partage le goût général, et ce mets est l'un de ceux dont on se lasse le moins. Son accommodage est fort simple; pour les noirs, il suffit de le faire bouillir et d'y mettre un peu de sel, et plus ou moins de baies de Piment : les habitans y ajoutent un peu de Saindoux, qui tient lieu de Beurre dans la cuisine du pays. Quelques-uns y mettent du Gingembre; dans cet état, la Brède-Morelle paraît au déjeuner dont elle fait le fond avec un morceau de viande salée ou du Poisson. Elle reparaît au dîner, où elle se mêle au Carris; enfin, avec un Poisson frit, elle forme le souper du plus grand nombre des habitans. Dans tous ces repas, on la mange avec du Riz cuit à l'eau. On peut juger, d'après cela, de la consommation journalière de ce Légume : aussi est-il la denrée la plus commune au bazar ou marché. A l'Ile-de-France on ne fait usage que de celle qui croît naturellement dans les habitations; mais on est plus industrieux à la Réunion (Mascareigne), où on la sème dans les jardins, où on la repique par planches, où on la soigne comme tous les autres Légumes, et où elle prend un accroissement qui la rend méconnaissable. Sa saveur est beaucoup plus douce, ce qui n'est pas regardé comme une qualité par plusieurs Créoles qui préfèrent ramasser celle qui croît sur les habitations et qui est plus amère. On l'appelle Brède-Martin. Il est à remarquer que plus on monte, plus elle a d'amertume, ce qu'il faut attribuer à la température. On peut expliquer par-là comment la même Plante serait dangereuse sous la zône tempérée, et ne le serait pas sous le tropique où le principe vireux serait évaporé par la chaleur. Il paraît que la Morelle noire n'est pas aussi dangereuse en France qu'on le pense communément; car beaucoup de Créoles venus en Europe, l'apercevant dans leurs promenades, en ont voulu manger malgré les représentations qu'on leur a faites, et n'en ont éprouvé aucun accident: malgré cela, elle a une odeur vireuse que n'a point celle des régions équinoxiales. Ce mets n'est point particulier à l'Ile-de-France: il est usité dans l'Inde. On l'appelle *Sajor* dans les îles Malaises, *Anghive* à Madagascar, et *Laman* dans nos colonies américaines.

Nous pourrions facilement donner la liste de plus de trente espèces de Brèdes. On se bornera à mentionner les plus en usage, le nom de la plupart n'étant que celui de la Plante employée, précédée du mot Brède.

La Brède d'Angole ou Brède Gandole est le *Basella rubra*.

La B. Bengale, une espèce de Chénopode récemment introduite à l'Ile-de-France sous le nom d'*Epinard de la Chine*.

La B. Chou caraïbe, les jeunes pousses de l'*Arum esculentum*.

La B. Chou de Chine, une espèce de Chou de ce pays, introduite dans les colonies françaises à l'est du cap de Bonne-Espérance.

La B. Cresson, notre Cresson naturalisé dans les îles d'Afrique, où il acquiert souvent des proportions démesurées.

La B. de France, notre Épinard.

La B. Giraumon, la Citrouille ordinaire, dont les pousses produisent une Brède beaucoup plus tendre et plus savoureuse, mais plus chère que les autres Végétaux.

La B. glaciale, le *Mesembyanthemum cristallinum* et même l'*Aizoon canariense* naturalisés à la Réunion.

La B. malabare, l'*Amaranthus spinosus* ou toute autre espèce, quelquefois le *Corchorus olitorius*.

La B. malegache, le *Spilanthus Acmella*.

La B. Morongue, celle qu'on obtient du *Guilandina Moringa*, L.

La B. Moutarde, le *Sinapis indica*, L.

La B. Piment, la pousse du Piment ordinaire, qui n'a rien de l'âcreté du fruit de cette Plante.

La B. puante ou Pissat de Chat, la feuille du *Cleome pentaphylla*, qui croît sur les vieux murs. (B.)

BREDHORN. bot. crypt. Nom norwégien de divers Lichens que Lemân croit appartenir au genre *Physcia*. (B.)

BREDIN. moll. Même chose que Berdin. *V.* ce mot. (B.)

BRED-NEB. ois. Syn. norwégien de la Spatule blanche, *Platalea Leucorodia*, L. *V.* Spatule. (DR..Z.)

BREDOL DE RIO. bot. phan. Syn. portugais de *Phytolacca decandra*. (B.)

BREDOS et BLEDOS. bot. phan. (Mots dans lesquels on doit chercher l'étymologie de Brèdes et Blettes plutôt que dans le grec *Briton* ou dans le latin *Olus*.) Syn. espagnol et portugais d'Amaranthes, Bettes et Arroches oleracées. (B.)

BREDO-TALI. bot. phan. Syn. de Baselle. (B.)

BREDTANG. bot. crypt. Les Norwégiens donnent ce nom au *Fucus serratus* de Linné. (LAM..X.)

BREEDENOS. bot. crypt. Syn. d'*Agaricus edulis*, L. dans quelques parties de la Russie. (B.)

BREEDSMOEL ou BREITMAUL. mam. L'un des noms du Rorqual dans les langues du Nord *V.* Baleine. (B.)

BREET. pois. L'un des noms anglais du Turbot. *V*. PLEURONECTE. (B.)

BRÈGNE ET BUJAESKE. BOT. CRYPT. Syn. danois de *Pteris aquilina* et de *Polypodium Filix-mas*, L. (B.)

BREH. MAM. Animal unicorne, probablement fabuleux, que Flacourt dit se trouver à Madagascar ou pays des Antsianactes. *V*. LICORNE. (B.)

BREHÈME. BOT. PHAN. Même chose que Mélongène. Espèce du genre Solanum. *V*. MORELLE. (B.)

BREHIS. MAM. Ce que dit Dapper de cette prétendue Chèvre unicorne, et que répète l'ancienne Encyclopédie, se rapporte au Breh. *V*. ce mot. (B.)

BREINIA. BOT. PHAN. Même chose que Breynia. *V*. ce mot.

BREIN-VOGEL. OIS. Syn. allemand de la Farlouse, *Alauda pratensis*, L. *V*. PIPIT. (DR..Z.)

BREIT-MAUL. MAM. *V*. BREEDSMOEL.

BREIT-SCHANABEL. OIS. Syn. de Souchet, *Anas clypeata*, L. en Allemagne. *V*. CANARD. (DR..Z.)

BREKOS. BOT. PHAN. *V*. BRECOS.

BRELOT. POIS. Espèce du genre Spare. *V*. ce mot. (B.)

BRÈME. *Abramis*. POIS. Espèce de genre Cyprin devenu type d'un sous-genre de Cuvier. On a appelé :

BRÈME DENTÉE (Bonnaterre), la Castagnole. *V*. ce mot.

BRÈME GARDONNÉE, la Brème avancée en âge. *V*. Cyprin.

BRÈME DE MER, le *Sparus Brama* et le *Sparus rhomboidalis*. *V*. SPARE. (B.)

* BRÈME. *Bremus*. INS. Nom appliqué par Jurine (Classif. des Hyménoptères, p. 257) à un genre d'Insectes hyménoptères désigné par Fabricius, Latreille et la plupart des entomologistes, sous le nom de Bourdon. *V*. ce mot. (AUD.)

* BREÑA. BOT. PHAN. Qu'on prononce *Bregna*. Syn. espagnol de Ronce. Ce mot se prend la plupart du temps pour Buisson, quand on l'emploie au pluriel. (B.)

BRENACHE. OIS. Même chose que Bernache. *V*. ce mot. (DR..Z.)

BRÉNOND. OIS. (Commerson.) Écrit aussi *Brenoud*. Syn. de la Grande Veuve, *Emberiza Vidua*, L. dans l'île de Mascareigne où nous ne croyons pas cependant que se soit jamais trouvé cet Oiseau. *V*. BRUANT. (DR..Z.)

BRENTA. OIS. *V*. BRANTA.

BRENTE. *Brentus*. INS. Genre de l'ordre des Coléoptères, section des Tétramères, famille des Porte-Bec ou Rhinchophores (Règne An. de Cuvier), établi par Fabricius et ayant pour caractères, suivant Latreille : antennes droites et filiformes, ou grossissant à peine vers leur extrémité : trompe avancée ; corps allongé, linéaire. Les Brentes ont les antennes formées par onze articles ; la tête allongée, cylindrique, constituant une sorte de trompe à l'extrémité de laquelle on aperçoit la bouche composée de mandibules, de mâchoires et de quatre palpes courts et sétacés. Leur corps est remarquable par son allongement excessif ; le thorax n'est guère plus large que les autres parties, il supporte les pates dont les cuisses sont simples ou dentées, et le pénultième article des tarses bifide. Ces Insectes s'éloignent des Charansons par leurs antennes droites ; ils partagent ce caractère avec les Cylas dont on les distingue cependant, parce que ces appendices augmentent à peine de volume vers leur sommet. Les Brentes habitent les pays très-chauds. On n'en connaît qu'une espèce en Europe. On les trouve sur les fleurs et les écorces d'Arbres. Leur larve n'a pas encore été observée.

Le *Brenta Anchorago* de Fabricius peut être considéré comme type du genre. On le rencontre fréquemment à Cayenne, à Surinam, aux Antilles. Dejean en possède plus de vingt-deux espèces dans sa magnifique collection. (AUD.)

* BRENT-GOOSE. OIS. Syn. anglais du Cravant, *Anas Bernicla*, L. *V*. CANARD. (DR..Z.)

BRENTHUS. OIS. (Aldrovande.) Syn. d'*Anas leucoptera*, L. *V*. CANARD. (DR..Z.)

BREPHOCHTONON. BOT. PHAN. (Dioscoride.) Probablement un Inula ou une Conyze. (B.)

BRESAGUE. OIS. (Salerne.) Syn. de l'Effraie, *Strix flammea*, L. *V*. CHOUETTE. (DR..Z.)

BRÉSILIENNE. MIN. (Saussure.) Syn. de Topaze du Brésil, variété dioctadre d'Haüy. *V*. TOPAZE. (LUC.)

BRÉSILLET OU BOIS DE BRÉSIL. BOT. PHAN. Syn. de *Cæsalpinia*. *V*. ce mot. (B.)

BRÉSILLOT. BOT. PHAN. Même chose que *Brasiliastrum* et *Brasilium*. *V*. ces mots. (A. D. J.)

BRÉSINE. BOT. PHAN. Nom vulgaire du *Zinnia multiflora*, L. *V*. ZINNIA. (B.)

BRESLINGUE. BOT. PHAN. Variété de Fraisier. (B.)

BRESSAN. OIS. Syn. vulgaire de Canard sauvage, *Anas Boschas*, L. *V*. CANARD. (DR..Z.)

BRESSDIUR. MAM. Syn. du grand Ours brun. *V*. OURS. (A. D..NS.)

BRESSMEN. POIS. Syn. de Brème en Poméranie. *V*. CYPRIN. (B.)

BRETANNIA. BOT. PHAN. (Cæsalpin.) Syn. de *Rumex aquaticus*, L. *V*. PATIENCE. (B.)

BRETANNICA. BOT. PHAN. (Dioscoride.) Même chose que Bretannia. *V*. ce mot. (B.)

* BRETEAU. POIS. Syn. d'Anguille ordinaire. (B.)

* BRETELIÈRE OU BRETELLES. POIS. Syn. de Rochier, espèce de Squale. (B.)

BRETEUILLIA. BOT. PHAN. Nom donné par Buchoz, et qui conséquemment ne pouvait être adopté, au genre appelé Didelta par l'Héritier. *V*. DIDELTA. (B.)

BRETON. POIS. Nom vulgaire du *Sparus britannus* de Lacépède. *V*. SPARE. (B.)

BRETONNE. OIS. Syn. vulgaire de la Passerinette, *Motacilla passerina*, L. *V*. BEC-FIN. (DR..Z.)

BRETTES. BOT. PHAN. *V*. BRÈDES.

BRÈVE. *Pitta*. OIS. Genre de l'ordre des Insectivores. Caractères : bec médiocre, épais à sa base, dur, comprimé dans toute sa longueur, légèrement incliné depuis la base, fléchi à la pointe qui est un peu échancrée ; mandibules presque inégales; leurs bords faiblement comprimés en dedans ; fosses nasales grandes; narines, latérales, placées à la base, recouvertes à moitié par une membrane nue; pieds longs, grêles; tarses élevés; trois doigts par devant, l'interne réuni à l'intermédiaire jusqu'à la première articulation ; ailes courtes, arrondies ; les trois premières rémiges étagées également, les quatrième et cinquième les plus longues ; queue courte ou arrondie. — Les Brèves dont Buffon a fait un groupe séparé des Fourmiliers et des Merles auxquels plusieurs auteurs les ont réunis, sont tous des Oiseaux de l'Inde, encore assez peu connus. Un caractère assez sauvage, une vie solitaire dans les régions les plus centrales, sont probablement les causes principales qui ont dérobé les mœurs des Brèves aux observations des naturalistes qui ont parcouru les Indes, car on ignore non-seulement toutes les particularités qui, chez ces Oiseaux, concernent l'incubation, mais encore jusqu'à l'espèce de nourriture dont ils font usage, et ce point essentiel n'a pas peu contribué à l'hésitation que l'on a manifestée de les confondre avec les Fourmiliers dont ils se rapprochent par de très-grandes analogies.

BRÈVE AZURIN, *Pitta cyanura*,

Vieill. *Turdus cyanurus*, Lath. Buff. pl. enl. 555. Parties supérieures d'un brun rougeâtre; tête d'un noir bleuâtre, ornée de bandes d'un jaune orangé; ailes noires avec une bande blanche dentelée; queue bleue; parties inférieures jaunes avec une grande tache jaune sur la poitrine et des raies transversales sur le ventre. La femelle a un collier noir sur le devant du cou, les parties supérieures brunes, les inférieures rayées en travers de noir et de roux; la queue brune. Longueur, huit pouces quatre lignes.

Brève d'Angole, *Pitta angolensis*, Vieill. Deux bandes noires et une troisième d'un vert jaunâtre sale sur la tête; gorge d'un rose pâle, bordée de jaune clair; un collier d'un jaune foncé; parties inférieures d'un vert jaunâtre; ailes vertes avec deux taches bleues à l'extrémité des rémiges. Longueur, six pouces neuf lignes.

Brève du Bengale, *Corvus brachyurus*, Buff. pl. enl. 258. Parties supérieures d'un vert foncé; tête et cou noirs; moustaches et sourcils orangés; petites tectrices alaires d'un bleu vert éclatant; une tache blanche sur le milieu des six premières rémiges; rectrices noires, vertes à l'extrémité; pieds orangés. Longueur, six pouces six lignes.

Brève de Ceylan, *Corvus brachyurus*. Var. B. L. Edw. pl. 324. Parties supérieures d'un vert foncé; une bande noire sur le milieu de la tête et le cou; une autre au-dessous de l'œil qui descend sur les côtés; une troisième blanche, bordée de jaunâtre entre les précédentes; parties inférieures jaunâtres; abdomen rose; tectrices alaires et caudales supérieures bleues; rectrices noirâtres, terminées de vert; pieds rougeâtres.

Brève de la Chine, *Corvus brachyurus*, Lath. Var. F. Parties supérieures vertes; dessus de la tête brun; une bande noire de chaque côté; un collier blanc; parties inférieures blanches, avec une tache rouge sur le ventre; ailes noires; queue noire et verte.

Brève de Madagascar, *Corvus brachyurus*, L. Var. C. Buff. pl. enl. 257. Sommet de la tête d'un brun noirâtre; occiput et joues jaunes; un demi-collier noir sur la nuque, avec deux bandes de la même couleur au-dessous des yeux; gorge jaune mêlée de blanc; parties inférieures brunâtres; ailes noires, tachées de blanc; queue noire bordée de bleu. *V.* les planches de notre Dictionnaire.

Brève du Malabar, *Corvus brachyurus*, Lath. Var. Æ. Parties supérieures d'un vert terne; tête noire, avec une large bande roussâtre sur les côtés; gorge blanche; poitrine d'un roux clair; abdomen rouge; tectrices alaires et croupion d'un bleu céleste brillant; pieds jaunes.

Brève de Malaca, *Corvus brachyurus*, Lath. Sonnerat. Voy. aux Indes. pl. 110. Parties supérieures vertes; tête et moitié du cou noires avec une large bande noire bordée de bleu pâle sur les côtés; gorge blanche; poitrine et ventre d'un roux clair; petites tectrices alaires et croupion d'un bleu pâle éclatant; grandes tectrices alternativement vertes et noires, mélangées de blanc et de gris; queue noire et verte, avec les tectrices inférieures rouges; pieds jaunes.

Brève thorachique, *Pitta thoracica*, Temm. Ois. Color. pl. 76. Tout le plumage d'un brun rouge, à l'exception de la gorge qui est d'un gris bleuâtre foncé, et d'un large hausse-col blanc; bec et pieds d'un noir plombé; iris rouge. Taille, six pouces. De Java.

Brève a ventre rouge. *V.* Brève du Malabar.

L'incertitude qui règne dans ces espèces nous a portés à énumérer toutes les variétés données par Linné et Latham; il n'y a point de doute que, parmi ces variétés, plusieurs devront prendre rang comme espèces. (DR..Z.)

BREVER. BOT. CRYPT. (*Mousses.*) Adanson avait désigné par ce nom un genre de la famille des Mousses, qui renfermait les *Bryum palustre*, *pseudotriquetrum*, *stellare*, et le *Bartramia fontana*. (AD. B.)

BRÉVIER. OIS. Syn. vulgaire des grands Oiseaux de proie. (DR..Z.)

BRÉVIPÈDES. OIS. Nom donné par Scopoli aux Oiseaux qui font partie du troisième ordre de sa deuxième famille où sont placés les Hirondelles, les Engoulevens, etc. (DR..Z.)

BREVIPENNES. ZOOL. Cuvier (Règne Anim., édit. 2e, T. I, p. 459) a créé sous ce nom une famille d'Oiseaux dans l'ordre des Échassiers; l'Autruche y est comprise avec le Casoar. La brièveté des ailes inutiles au vol la caractérise. (B.)

Ce nom est encore donné à une famille de l'ordre des Coléoptères dont les élytres sont courtes, et qui renferme entre autres le genre Staphylin. *V.* BRACHÉLYTRES. (AUD.)

BRÉVIROSTRES. OIS. Nom adopté par plusieurs méthodistes pour désigner des familles d'Oiseaux dont les individus ont le bec très-court. (DR..Z.)

BREWERIE. *Breweria*. BOT. PHAN. Le genre que R. Brown a établi sous ce nom dans son Prodrome, fait partie de la famille des Convolvulacées et vient se ranger à côté du genre *Bonamia* de Du-Petit-Thouars, dont il offre tous les caractères, et dont il ne diffère que par son port et quelques différences peu importantes. Il se rapproche aussi beaucoup du genre *Porana* de Burmann.

Brown indique trois espèces originaires de la Nouvelle-Hollande, qui sont des Plantes herbacées et non lactescentes, portant des feuilles entières et des fleurs axillaires et solitaires. Leur calice offre cinq divisions profondes; leur corolle est infundibuliforme et plissée. L'ovaire est surmonté de deux styles soudés par leur base et terminés chacun par un stigmate globuleux. Le fruit est une capsule biloculaire, dont les loges sont dispermes, et qui est revêtue par le calice. (A. R.)

BREXIA. BOT. PHAN. *V.* VENANA.

BREYNIE. *Breynia*. BOT. PHAN. Le genre décrit par Forster sous ce nom, doit être rapporté, selon Willdenow et Jussieu, au genre Phyllanthe de la famille des Euphorbiacées. *V.* Phyllanthe. Ce nom a également été appliqué à certaines espèces de Capriers et au genre Seriphium par Petiver. (A. R.)

BRIA. BOT. PHAN. (Daléchamp.) Syn. de *Tamaris gallica* dans les parties de l'Amérique septentrionale où cet Arbre a été transporté. (B.)

BRIBRI. OIS. Syn. vulgaire du Bruant de haie, *Emberiza Cirlus*. *V.* BRUANT. (DR..Z.)

BRICCANS. POIS. Syn. d'Uranoscope. (B.)

BRICKE. POIS. Syn. allemand de Pricka, *Petromyzon fluviatilis*, L. *V.* LAMPROIE. (B.)

BRICKE-BROMME. BOT. PHAN. Syn. de *Genista anglica*, L. dans quelques parties des Iles-Britanniques. *V.* GENET. (B.)

* BRICKELLIE. *Brickellia*. BOT. PHAN. Le genre décrit par Rafinesque sous ce nom, est le même que l'*Ipomopsis* de Michaux. *V.* IPOMOPSIS. (A. R.)

BRIDÉ. POIS. Sous ce nom on a désigné plusieurs Poissons des genres Baliste, Chétodon, Scare et Spare. *V.* ces mots. (B.)

BRIEDELIA. BOT. PHAN. Roxburgh, dans ses Plantes de Coromandel, décrit et figure, tab. 171, 172 et 173, trois espèces de *Cluytia*, qu'il nomme *montana*, *fruticosa* et *scandens*, mais qui diffèrent des véritables *Cluytia* ou *Clutia* en ce que leurs fleurs sont polygames au lieu d'être simplement dioïques, en ce que, au lieu d'avoir trois styles bifides, ils n'en ont que deux, et enfin en ce que leur fruit est une baie biloculaire et disperme, au lieu d'être une capsule à trois loges et trois graines. Ces différences ont engagé Willdenow à les séparer sous le nom de *Briedelia*. (A. D. J.)

BRIER-FINK. OIS. (Charleton.) Syn. du Pinson d'Ardennes, *Fringilla Montifringilla*, L. *V.* GROS-BEC. (DR..Z.)

BRIGNE. POIS. Syn. de Centropome Loup parmi les pêcheurs de la Garonne et de la Gironde, qui nomment Brigne bâtarde, la Dobule, espèce d'Able. *V.* ce mot et CENTROPOME (B.)

BRIGNOLE. BOT. PHAN. Nom d'une variété de Prunes. *V.* PRUNIER. (B.)

BRIGNOLIE. *Brignolia.* BOT. PHAN. Famille des Ombellifères, Pentandrie Digynie, L. Genre formé par Bertholoni (Journ. de Bot. T. III. p. 76), dont le *Brognolia pastinacæfolia* est la seule espèce. Cette Plante croît en Italie; ses caractères sont: involucres et involucelles composés de plusieurs folioles simples, filiformes et rabattues; corolles égales, recourbées; semences cylindriques, glabres et striées. Bertholoni ne dit rien de ses semences dont la connaissance serait cependant nécessaire pour juger si ce genre doit être adopté. (B.)

BRIGNOLIER. BOT. PHAN. Les deux Arbustes de St.-Domingue, désignés sous ce nom par Poupée Desportes et par Nicholson, ont été si imparfaitement mentionnés, qu'il est impossible de déterminer à quel genre ils appartiennent. L'un a le fruit rouge, l'autre l'a violet; ces fruits sont bons à manger. (B.)

BRIGNON OU BRUGNON. BOT. PHAN. Variété de Pêche. *V.* PÊCHER. (B.)

BRIGOULA. BOT. PHAN. L'un des noms méridionaux de l'Artichaut. (B.)

BRIGOULE. BOT. CRYPT. *V.* BALIGAOULE.

BRIKILATA. BOT. PHAN. (Dioscoride.) Probablement une Légumineuse du genre *Hedysarum*. *V.* ce mot. (B.)

BRIKOUR. BOT. PHAN. Parmi les noms bizarres adoptés par Adanson, tantôt imaginés par lui, tantôt empruntés au vocabulaire particulier de chaque province et aux relations des voyageurs, se trouve celui de Brikour (*Fam. Plant.* II, p. 423), synonyme de Myagrum de Linné. *V.* ce mot. (A. D. J.)

BRILLANTE. MOLL. Nom donné par Geoffroy (Traité, p. 53. Sp. 17) à une petite Coquille terrestre des environs de Paris, l'*Helix lubrica* de Müller et de Gmelin. *V.* HÉLICE et COCHLICOPE. (F.)

* BRILLANTESIE. *Brillantesia.* BOT. PHAN. Palisot Beauvois a décrit et figuré (Flore d'Oware, T. II, p. 67. t. 100), sous le nom de *Brillantesia owariensis*, une Plante de la famille des Acanthacées, qui ne paraît pas différer du genre Carmentine ou Justicia. Elle offre un calice à cinq divisions profondes, une corolle bilabiée, quatre étamines didynames, dont les deux supérieures sont seules fertiles. Elle croît dans le royaume d'Oware. *V.* CARMENTINE. (A. R.)

BRILLE-FUGL. OIS. Et non *Brille-Fuly*. Syn. du Grand Pingouin, *Alca impennis*, L. en Norwège. *V.* PINGOUIN. (DR..Z.)

BRILLEN-NASE. OIS. (Klein.) Syn. du Haleur, *Caprimulgus americanus*, L. *V.* ENGOULEVENT. (DR..Z.)

BRIMDUC, BRIMDUE OU BRIMDUFA. OIS. Syn. du Canard à collier de Terre-Neuve, *Anas histrionica*, L. en Islande. *V.* CANARD. (DR..Z.)

BRINBALLIER. BOT. PHAN. Nom donné comme synonyme d'Airelle. *V.* ce mot. (B.)

BRINBALUS. ECHIN. Syn. d'*Holothuria pentacta*. *(LAM..X.)

BRIN-BLANC. OIS. Espèce du genre Colibri, *Trochilus superciliosus*, L. *V.* COLIBRI. (DR..Z.)

BRIN-BLEU. OIS. Espèce du genre Colibri, *Trochilus cyanurus*, L. *V.* COLIBRI. (DR..Z.)

BRIN D'AMOUR. BOT. PHAN. (Nicholson.) Syn. de *Malpighia urens*, L. *V.* MALPIGHIA. (B.)

BRINDAONIER, BRINDIRE, BRINDÈRE. Même chose que Brindonia. *V.* ce mot. (B.)

BRINDONIA. BOT. PHAN. Un Arbre de l'Inde, cité par Linscot et les anciens voyageurs sous le nom de *Brindoyn*, n'avait pendant longtemps été connu qu'imparfaitement des botanistes. Du Petit-Thouars a fait cesser leur incertitude en prouvant qu'il devait former un nouveau genre de la famille des Guttifères, genre auquel se rapportait l'*Oxycarpus* de Loureiro, et une troisième espèce, originaire de Célèbes, réunie jusque-là au Mangostan. En lui rendant le nom qu'on lui donne dans les pays qu'il habite, et qu'il a latinisé en celui de *Brindonia* ou *Brindera*, il a fixé ses caractères de la manière suivante : les fleurs, qui ont toutes un calice composé de quatre sépales et autant de pétales alternes, sont les unes mâles, les autres hermaphrodites, portées sur des pieds différens. Dans les premières, on observe des étamines nombreuses réunies en un faisceau unique et central. Dans les secondes, ces étamines, au nombre de vingt environ, se groupent en quatre faisceaux distincts, à insertion hypogynique; l'ovaire est surmonté de six styles cylindriques et courts; le fruit est une baie renfermant six graines munies d'un arille. Leurs deux cotylédons sont soudés en un seul, comme il arrive à plusieurs autres genres de la même famille. — Ce genre, comme nous l'avons annoncé, comprend trois espèces d'Arbres à feuilles opposées, lisses et luisantes, originaires l'un de l'Inde, l'autre de la Cochinchine, un troisième des Célèbes. Le premier, dont les fleurs sont terminales, les mâles fasciculées, au nombre de quatre ou cinq, les hermaphrodites solitaires, fournit de ses diverses parties un suc résineux et jaune analogue à la Gutte, et porte un fruit de la couleur de la lie de vin, de la forme et de la grosseur d'une Pomme d'Api, acide au goût et employé contre les affections fébriles. L'Arbre de la Cochinchine, *Oxycarpus cochinchinensis* de Loureiro, présente des fleurs presque sessiles à l'aisselle des feuilles au nombre de trois ou quatre, et des baies d'un rouge jaunâtre, acidules et bonnes à manger. Enfin le dernier, *Garcinia celebica* de Linné, est connu par la description et la figure de Rumph (*Hort. Amboin.* T. 1, p. 135, fig. 44) qui le représente avec des feuilles lancéolées et des fleurs terminales ternées. Son bois est employé après une préparation qui lui donne la dureté et la transparence de la corne. (A. D. J.)

BRINDONIER ET BRINDOYN. BOT. PHAN. (Linscot.) *V.* BRINDONIA.

BRINGARASI. BOT. PHAN. (Rhéede, *Hort. Mal.* X. pl. 42.) Syn. de *Verbesina calendulacea*, L. *V.* VERBÉSINE. (B.)

* BRINGBAR. BOT. PHAN. *V.* BRAMBAR.

BRINTHE. OIS. (Aristote.) Syn. présumé du Merle bleu, *Turdus cyaneus*, Gmel. *V.* MERLE. (DR..Z.)

*BRIONE. BOT. PHAN. Même chose que Bryone. *V.* ce mot. (B.)

BRIONINO OU BRIONNO. BOT. Syn. provençal de Bryone. *V.* ce mot. (B.)

BRIQUETÉ. BOT. CRYPT. L'un des noms vulgaires de l'*Agaricus deliciosus*, L. (B.)

BRISE. *V.* MÉTÉORES.

BRISE-LUNETTE. BOT. PHAN. L'un des noms vulgaires de l'*Euphrasia officinalis*, L. *V.* EUPHRAISE. (B.)

BRISE-MOTTE. OIS. Syn. vulgaire du Motteux, *Motacilla œnanthe*, L. *V.* TRAQUET. (DR..Z.)

BRISE-OS. OIS. Syn. ancien de l'Orfraie, *Falco Ossifragus*, L. *V.* AIGLE. (DR..Z.)

BRISE-PIERRE. BOT. PHAN. *Saxifraga Anglorum* de Daléchamp. Probablement le *Peucedanum Silaus*, L. *V.* PEUCEDAN. (B.)

BRISEUR. OIS. (Aristote.) Syn. présumé du Tarin, *Fringilla Spinus*, L. *V*. GROS-BEC. (DR..Z.)

BRISEUR-D'OS. OIS. *Quebranta huesos*. Syn. espagnol du grand Petrel, *Procellaria gigantea*, L. *V*. PETREL. (DR..Z.)

BRISLING. POIS. Syn. de Hareng en Norwège et d'Alose en Danemarck. (B.)

BRISSE. ECHIN. Klein et Leske ont proposé ce genre dans la famille des Oursins, Lamark l'a réuni aux Spatangues. Les *Brissi* de Davila, les *Brissus* d'Aristote n'en diffèrent point; ils ont tous un ou plusieurs sillons plus ou moins marqués. Il n'en est pas de même des Brissoïdes. *V*. ce mot. (LAM..X.)

BRISSOIDES OU BRISSITES. ECHIN. FOSS. Genre d'Oursin proposé par Klein et qui n'a point été adopté par Lamarck. Il diffère des Brisses par le test qui n'est point sillonné. Les Brissoïdes ainsi que les Brisses appartiennent aux Spatangues. (LAM..X.)

BRISSONIA. BOT. PHAN. Nom générique sous lequel Necker a séparé plusieurs espèces de *Galega* à légume comprimé et dépourvu de bosselures. Si ce genre était adopté, il rentrerait dans le *Tephrosia* de Persoon. *V*. ce mot. (A. D. J.)

BRISTLE MOSS. BOT. CRYPT. Les botanistes anglais ont donné ce mot pour synonyme d'Orthotric. (B.)

BRITANNICA. BOT. PHAN. On présume que ce nom, dans Pline, désignait le *Rumex aquaticus*, L., l'*Inula Britannica*, L., ou le *Cochlearia officinalis*. (B.)

BRITT. POIS. Petite espèce de Poisson du Nord, désignée par Anderson comme la nourriture habituelle des Sardines; mais qu'il est impossible de déterminer sur ce qu'en dit cet auteur. (B.)

* BRIUS. *Brius*. INS. Genre de l'ordre des Coléoptères, de la section des Tétramères, établi par Megerle dans le grand genre Charanson de Linné, et adopté par Dejean (Catal. des Coléopt. p. 92) qui en possède cinq espèces dont une, le *Brius attenuatus* de Ziegler, se trouve dans le nord de la France: les autres espèces sont exotiques. (AUD.)

BRIZE. *Briza*. BOT. PHAN. Genre de la famille des Graminées et de la Triandrie Digynie, bien facile à reconnaître à son port et à ses caractères qui consistent en des fleurs formant une panicule lâche et à rameaux pendans. La lépicène est multiflore, à deux valves naviculaires et cordiformes à leur base; les fleurettes sont imbriquées sur deux rangs; leur glume est bivalve; la valve inférieure, également cordiforme à sa base, embrasse la valve supérieure; le style est profondément biparti et porte deux stigmates poilus et glanduleux; le fruit est terminé à son sommet par deux pointes filiformes.

Ce genre contient un assez grand nombre d'espèces. Ce sont pour la plupart des Graminées vivaces, rarement annuelles, qui croissent dans presque toutes les contrées du globe. On les désigne vulgairement sous le nom d'*Amourette*; en France, on en trouve trois à quatre espèces, savoir: *Briza media*, qui est vivace et fort commune; *Briza minor*, qui est annuelle et plus petite; *Briza maxima*, dont les épillets sont très-gros et roussâtres; cette dernière est surtout commune en Espagne. (A. R.)

BRIZZANTINE DE VASI. BOT. CRYPT. Les Italiens désignent sous ce nom un petit Agaric qui croît sur les fruits pourris des Hespéridées. (B.)

BROCARD. MAM. Le Chevreuil mâle qui a passé deux ans. (B.)

BROCARD DE SOIE. MOLL. Nom vulgaire du *Conus Geographus* de Linné et de Lamarck. C'est aussi le nom scientifique donné par Bruguière à un de ses Bulimes (*Spec.* 67), la *Tornatella flammea*, Lam. Mais cette dénomination n'a jamais été vulgaire pour cette Coquille. (F.)

BROCATELLE. GÉOL. Nom vulgaire de diverses variétés de Brèches calcaires, où des fragmens de Coquilles brisées et diverses veines colorées rappellent l'idée de ces vieilles étoffes qu'on nommait Brocards. On en extrait, des carrières de Tortose en Catalogne, de fort belles qu'on nomme ordinairement BROCATELLE D'ESPAGNE. On appelle BROCATELLE DE MOULINS la Brèche coquillière, d'un gris bleuâtre mêlé de brun, qu'on trouve aux environs de la ville qui lui donne son nom, et d'où elle se répand dans le commerce chez les sculpteurs. *V*. ROCHE. (LUC.)

BROCATELLE D'ARGENT, BRUNE et D'OR. INS. Noms spécifiques imposés par Geoffroy à divers Phalènes fort petits. (AUD.)

BROCHE. POIS. Nom spécifique donné par Bloch à un Lutjan. *V*. ce mot. (B.)

BROCHET. POIS. C'est l'espèce la plus connue du genre Ésoce. *V*. ce mot.

On a nommé BROCHET DE MER l'*Esox Sphyræna* et le Merlus. *V*. GADE.

BROCHET DE TERRE, le Mabouya, Lézard du genre Scinque. *V*. ce mot.

BROCHET VOLANT, l'Istiophore Porte-glaive. *V*. ISTIOPHORE. (B.)

BROCK OU BROK. MAM. Syn. danois de Blaireau. *V*. ce mot. (B.)

BROCK-LIME. BOT. PHAN. Syn. anglais de *Veronica Beccabunga*. (B.)

BROCOLIS. BOT. PHAN. Espèce de Chou. *V*. ce mot. (B.)

BRODAME. POIS. Selon Lacépède, ce nom est synonyme d'Aspidophore armé. *V*. ASPIDOPHORE. (B.)

BRODERIE. [illegible]. Espèce du genre Boa. *V*. ce mot. (B.)

BRODIE. *Brodiæa*. BOT. PHAN. Smith a établi sous ce nom, et Salisbury sous celui de *Hookera*, un genre qui paraît devoir être placé dans la famille des Narcissées auprès du Sowerbæa. Son calice, inférieurement tubuleux, se partage supérieurement, et jusqu'à sa moitié environ, en six parties à peu près égales. Six filets s'y insèrent; trois portent des anthères dressées, oblongues, bilobées à leur sommet, et ne dépassent pas le calice; trois autres, stériles et plus longs, alternent avec les premiers L'ovaire est libre, le style simple, le stigmate à trois lobes; le fruit n'est pas connu. Les fleurs, en petit nombre, sont disposées en une ombelle environnée de spathes, au sommet d'une hampe qui s'élève du milieu de feuilles graminées. La Plante, type de ce genre, est originaire de l'Amérique septentrionale. (A. D. J.)

BRODLING ET BRUCKLING. BOT. CRYPT. Même chose que Boedling. *V*. ce mot. (B.)

* BROMBAR. BOT. PHAN. *V*. BRAMBAR. C'est aussi le *Rubus fruticosus* chez les Suédois. (B.)

BROME OU BROSME. POIS. Espèce du genre Gade, devenue type d'un sous-genre de Cuvier. *V*. GADE. (B.)

BROME. *Bromus*. BOT. PHAN. C'est un des genres de la famille des Graminées qui contiennent le plus grand nombre d'espèces. Presque toutes croissent en Europe; elles sont généralement vivaces; leurs fleurs sont disposées en une panicule, le plus souvent étalée et pendante; la lépicène est multiflore et bivalve, plus courte que la glume; celle-ci offre deux valves dont l'inférieure est bifide à son sommet et porte une soie plus ou moins longue, qui naît dans la séparation de ses deux dents; la supérieure est entière, mutique et un peu roulée. Le fruit est revêtu par les écailles intérieures. On trouve en France au moins une quinzaine d'espèces de ce genre. Les unes sont annuelles et croissent dans les champs ou les prés, telles que les *Bromus mollis*, *secalinus*, *arvensis*, etc., ou sur les vieilles murailles, *Bromus sterilis*, *tectorum*, etc.; d'autres sont vivaces et se plaisent surtout dans les lieux secs et incultes ou dans les bois, ainsi qu'on l'observe pour les *Bromus erectus*, *asper* et *giganteus*. Nous ferons ici une remarque assez importante : c'est que la Plante mentionnée par Linné et tous les auteurs systématiques, sous le nom de *Bromus scoparius*, et qui croît en Espagne, n'est pas une espèce de Brome; elle appartient au genre *Enneapogon* de Desvaux ou *Pappophorum* de Brown, et nous lui donnons le nom de *Pappophorum bromoides*. (A. R.)

* BROMELDIA BOT. PHAN. Genre proposé par Necker. Il renferme les espèces de *Jatropha* dans lesquelles les fleurs mâles présentent un double calice, l'intérieur à cinq lobes pétaloïdes, l'extérieur quinqueparti. *V*. JATROPHA. (A. D. J.)

BROMÉLIACÉES. *Bromeliaceæ*. BOT. PHAN. C'est parmi les Monocotylédons que doit être placée cette famille naturelle de Plantes dont l'Ananas peut être considéré comme le type. La plupart des Broméliacées sont des Plantes parasites, dont les racines fibreuses s'attachent au tronc des autres Arbres des contrées chaudes de l'ancien et du nouveau continent, dont elles sont toutes originaires. Leurs feuilles qui sont alternes, et en général réunies en faisceau à la base de la tige, sont allongées, étroites, souvent roides, et présentent sur leurs bords des dents épineuses; dans un grand nombre d'espèces, toute la Plante est recouverte d'un duvet très-court et comme ferrugineux. Les fleurs varient dans leur disposition ; tantôt elles forment des épis écailleux, et sont situées aux aisselles de ces écailles ; tantôt elles constituent des grappes rameuses ; quelquefois elles sont disposées en capitules, et tellement rapprochées les unes contre les autres, qu'elles finissent par se souder toutes ensemble ; dans quelques espèces, les fleurs sont solitaires et terminales. Leur calice est tubuleux, tantôt adhérent et soudé par sa partie inférieure avec l'ovaire infère ; tantôt entièrement libre. Le limbe présente six divisions plus ou moins profondes qui sont disposées sur deux rangées ; les trois divisions extérieures sont plus courtes, persistantes et calicoïdes ; les trois intérieures, plus grandes, plus minces et souvent caduques, sont colorées à la manière des pétales. Les étamines sont généralement au nombre de six, insérées à la base du limbe calicinal ; on en compte dix-huit dans un genre auquel nous donnons le nom de *Radia*, et que nous avions d'abord indiqué sous le nom de *Campderia*, dans le Bulletin de la Société philomatique, mai 1822, ignorant qu'il existât alors un genre sous ce nom dans la famille des Ombellifères, et récemment proposé par le professeur Lagasca. Dans ce genre *Radia*, on trouve constamment dix-huit étamines ; leurs filets sont grêles, et leurs anthères sont généralement étroites, linéaires et à deux loges. L'ovaire est, comme nous l'avons dit, tantôt libre, tantôt adhérent et soudé avec le calice ; il offre toujours trois loges dans lesquelles sont renfermés un grand nombre d'ovules ; de son sommet naît un style simple, plus ou moins allongé, qui se termine par un stigmate à trois divisions, tantôt étroites et subulées, tantôt planes et membraneuses. — Le fruit est ordinairement une baie couronnée par les lobes du calice, à trois loges polyspermes ; quelquefois toutes les baies d'un même épi sont tellement rapprochées les unes des autres, qu'elles finissent par se souder et par donner naissance à un fruit composé, qui a quelque ressemblance avec le fruit de l'Arbre à pain ou avec le cône du Pin Pignon. L'Ananas offre un exemple remarquable de cette singulière disposition. D'autres fois le fruit est sec et capsulaire. — Les graines renferment, sous leur tégument propre, un endosperme farineux, dans la partie inférieure duquel se trouve un embryon allongé et recourbé.

Les genres qui composent la famille des Broméliacées sont peu nombreux; on peut les diviser en deux sections, suivant que leur ovaire est libre et supère, et suivant que cet ovaire est infère.

Ire Section. *Ovaire libre.*

TILLANDSIÉES : *Tillandsia*, L. auquel on doit réunir le genre *Bonapartea* de Ruiz et Pavon. — *Pitcairnia*, l'Héritier, qui est le même que l'*Hepestis* de Swartz.

IIe Section. *Ovaire infère.*

BROMÉLIACÉES : *Xerophyta*, Jussieu. — *Pourretia*, Ruiz et Pavon. — *Guzmannia*, Ruiz et Pavon. (Ces deux genres sont peu distincts du *Xerophyta.*) — *Æchmea*, Ruiz et Pavon. — *Radia*, Richard. — *Bromelia*, Richard. — *Karatas*, Richard. — *Agave*, L. — *Furcræa*, Ventenat.

Jussieu avait d'abord placé le genre *Burmannia* dans la première section des Broméliacées ; mais il a depuis reconnu qu'il n'appartenait point à cet ordre ; il l'a depuis relégué à la suite des Iridées en y réunissant le genre *Tripterella* de Michaux. Robert Brown, au contraire, le rapproche des Joncées, lui trouvant plus d'affinité avec les genres *Xyris* et *Xiphidium.*—La famille des Broméliacées a les rapports les plus intimes avec plusieurs autres familles, et particulièrement avec les Amaryllidées ; mais elles s'en distinguent surtout par leur calice dont les divisions sont toujours disposées sur deux rangs ; par leur fruit qui est généralement charnu, et surtout par un port tout-à-fait différent. Cependant ces différences ne sont pas tellement tranchées, que peut-être un jour les genres qui composent cet ordre seront réunis à quelques autres. C'est ce que Ventenat a déjà fait en plaçant la plupart des Broméliacées dans sa famille des Narcissoïdes. (A. R.)

BROMÉLIE. *Bromelia.* BOT. PHAN. Nous ne laisserons dans ce genre qui forme le type de la famille des Broméliacées précédemment décrite, que la seule espèce connue sous le nom d'Ananas, *Bromelia Ananas*, L. en détachant toutes les autres espèces, pour en former le genre KARATAS dont le *Bromelia Karatas* est le modèle. Ce dernier genre se distinguera surtout des Bromélies par son calice tubuleux et par ses fruits situés à l'aisselle de bractées persistantes, en ne se soudant jamais pour former un fruit agrégé, ainsi qu'on l'observe dans le *Bromelia Ananas.* — On ne sait point encore positivement à laquelle des deux Indes nous devons l'Ananas. Suivant Pison, les Portugais le découvrirent au Brésil, et le transportèrent de-là dans les Indes-Orientales. D'autres, au contraire, prétendent qu'il est originaire des grandes Indes, et qu'il s'est ensuite introduit dans le Nouveau-Monde. Quoi qu'il en soit, ce Végétal est depuis fort long-temps cultivé en Amérique et en Asie. De sa racine, qui est tubéreuse et grisâtre, sort un large faisceau de feuilles carénées, roides, lancéolées, aiguës, glauques et comme pulvérulentes, surtout à leur face inférieure, marquées de dentelures en forme de crochets sur leurs bords ; du centre de cet assemblage de feuilles, s'élève une tige haute de cinq à six pouces, portant des feuilles alternes, et couverte supérieurement de fleurs violacées très-rapprochées, formant un épi dense, surmonté d'une couronne de feuilles d'abord courtes, mais qui s'allongent à mesure que le fruit avance vers la maturité. Chaque fleur est sessile dans l'aisselle d'une bractée concave plus courte qu'elle ; l'ovaire, qui est infère, est presque triangulaire, couronné par le limbe du calice, dont les six segmens forment deux rangées; les trois divisions externes sont courtes, larges, se recouvrent latéralement, et persistent ; les trois internes, beaucoup plus longues, étroites, violettes, tombent de bonne heure ; les six étamines sont plus courtes que les divisions intérieures du calice, et le style se termine par un stigmate à trois lobes linéaires ; le fruit se compose de tous les ovaires qui deviennent des baies charnues, et qui se soudent toutes ensemble; il ressemble extérieurement au cône d'un Pin; sa couleur est d'un beau jaune doré, et il est gros environ comme les deux poings.

Ce Végétal est abondamment cultivé, non-seulement sous les tropiques, mais en Europe. En France et dans les pays septentrionaux, il doit être placé dans des serres faites exprès, et où l'on entretient continuellement une chaleur très-élevée. Le fruit de l'Ananas est, au rapport de tous les voyageurs, le meilleur et le plus savoureux des fruits connus. Sa chair, douce, fondante et parfumée, l'emporte de beaucoup pour le goût sur celle de tous les fruits que nous cultivons en Europe. Cependant il faut convenir que ceux que nous obtenons en France à force de chaleur, sont loin de justifier ces éloges, et qu'on les recherche plutôt à cause de leur rareté, que pour la supériorité qu'ils ont sur les fruits indigènes.

On connaît plusieurs variétés de l'Ananas cultivé; les principales sont: l'Ananas à feuilles panachées; l'Ananas à fruit blanc; l'Ananas à fruit jaune; l'Ananas à fruit rouge; l'Ananas sans épines; l'Ananas à gros fruit violet; l'Ananas à fruit noir; l'Ananas de Mont-Ferrat, etc.

La culture de l'Ananas exige beaucoup de soins. Il se propage, soit au moyen d'OEilletons qui se forment à côté des pieds qui ont fleuri, soit avec les couronnes qui surmontent les fruits mûrs, et que l'on a soin de conserver. Les OEilletons et les couronnes doivent être placés dans des pots de cinq à six pouces de diamètre, remplis d'une terre bien préparée. Pour en faciliter la reprise, on les place sous un châssis à melon dans une couche bien chaude. Lorsque la reprise est effectuée, et qu'on veut obtenir des fruits, on les met dans une serre chaude, dont la température doit être entretenue à douze ou quinze degrés du thermomètre de Réaumur, et on les enterre dans une tannée dont la chaleur ne doit pas être moindre de vingt-cinq à trente degrés. Lorsqu'ils sont en fleur, on augmente autant que possible la chaleur jusqu'à la parfaite maturité du fruit. Bory de Saint-Vincent a ouï dire, durant son séjour à Madrid, que l'Ananas ne mûrissait presque jamais dans cette capitale où cependant des Cactes résistent en pleine terre, et même des Dattiers, pour peu qu'on ait le soin d'empailler ces derniers pendant les premiers froids de l'hiver; aussi n'y cultive-t-on pas l'Ananas. Cette particularité doit dépendre, non de la température, puisqu'on peut donner artificiellement aux serres celle qui serait nécessaire, mais de l'élévation de Madrid. Cette ville se trouve, selon les observations du même naturaliste, à près de cinq cents mètres au-dessus du niveau de l'Océan, tandis que l'Ananas est un Végétal des lieux humides peu élevés. (A. R.)

* BROMMEISS. OIS. Syn. allemand du Bouvreuil, *Loxia Pyrrhula*, L. *V.* BOUVREUIL. (DR..Z.)

BROMOS. BOT. PHAN. (Dioscoride.) D'où le nom moderne de *Bromus*; Graminée qui paraît avoir été une Avoine. (B.)

*BRONBAR. BOT. PHAN. *V.* BRAMBAR.

*BRONCHE. *Bronchus*. INS. Genre de l'ordre des Coléoptères, extrait par Germar du grand genre Charanson de Linné, et adopté par Dejean (Catal. des Coléopt. p. 88) qui en possède deux espèces originaires d'Afrique. (AUD.)

* BRONCHES. ZOOL. *V.* RESPIRATION.

BRONCHINI. POIS. Syn. vénitien de Centropome Loup. (B.)

BRONCO. POIS. Syn. italien de Congre, espèce du genre Murène. *V.* ce mot. (B.)

*BRONGNIARTELLE. *Brongniartella*. BOT. CRYPT. (*Céramiaires*.) Genre que nous avons formé aux dépens du *Ceramium* de divers auteurs et des Hutchinsies de Lyngbye; il renferme un petit nombre d'Hydrophytes marins de la plus grande élégance.

Nous avons dédié ce genre au jeune et savant Adolphe Brongniart, l'un des plus habiles cryptogamistes de France, digne fils de l'illustre Brongniart de l'Académie des sciences, connu par tant de travaux devenus classiques.

Les caractères des Brongniartelles consistent en des filamens cylindriques articulés par sections dont les entrenœuds, en forme de carré long, sont parcourus par des filamens intérieurs; les rameaux se terminent par des ramules dichotomes, articulées à leur tour, et qui, se renflant vers leur base, produisent, dans chacun de leurs entrenœuds, des gemmes ovoïdes, opaques qui, dans leur maturité, donnent aux rameaux fructifères l'aspect des gousses de certaines Légumineuses articulées. Ce genre singulier a l'aspect des Céramiaires, des rapports de conformation avec les Batrachospermes, un peu de la fructification des Confervées, et conséquemment offre un passage naturel entre des familles distinctes. La plus remarquable des espèces que nous y rapportons, est le *Brongniartella elegans*, N.; *Hutchinsia byssoides*, Lyngbye. *Tent. Hydr.* p. 3-4, pl. 34; *Ceramium byssoides*, De Cand. Fl. fr. 2, p. 40; *Conferva byssoides*, Dillw.; *Conf. brit.* T. 58. (B.)

BRONGNIARTIEN. REPT. SAUR. Nom spécifique imposé par Daudin à une espèce de Lézard. *V.* ce mot. (B.)

BRONSBOOM. BOT. PHAN. *V.* MALAPOENNA.

BRONTE. *Brontes*. INS. Nom appliqué par Fabricius à un genre de l'ordre des Coléoptères, de la section des Tétramères et de la famille des Platysomes, distingué et établi antérieurement par Latreille sous le nom d'ULEIOTE. *V.* ce mot. (AUD.)

BRONTE. *Brontes*. MOLL. Genre institué par Montfort (*Conchyl.*, t. II, p. 622) aux dépens des *Murex* de Linné et dont le type est le *Murex haustellum* du *Systema Naturæ*. Ce genre n'a pas été conservé, ne portant que sur des caractères spécifiques. Les Brontes forment avec les Rochers du même auteur le genre Araignée de Perry. *V.* ROCHER. (F.)

BRONTIAS OU BRONTOLITE. MIN. *V.* BATRACHITE.

BRONWEN. MAM. Syn. flamand de Marte. *V.* ce mot. (B.)

BRONZE. MIN. *V.* AIRAIN.

BRONZÉ. INS. Nom donné par Geoffroy à un petit Papillon qui rentre maintenant dans le genre Hespérie. *V.* ce mot. (B.)

BRONZE-NATLER. REPT. OPH. (Merrem.) Syn. de Couleuvre annelée de Daudin. *V.* COULEUVRE. (B.)

BRONZITE. MIN. Werner. *V.* ANTHOPHYLLITE et DIALLAGE.

BROOK-OUZEL. OIS. Syn. anglais du Râle d'eau, *Rallus aquaticus*, L. *V.* RALE. (DR..Z.)

BROOKWED. BOT. PHAN. Syn. anglais de *Samolus Valerandi*. *V.* SAMOLE. (B.)

BROOM. BOT. PHAN. Syn. de *Dodonea viscosa*. *V* DODONÉE. (B.)

BROOM-RAPE. BOT. PHAN. Syn. anglais d'Orobanche. *V.* ce mot. (B.)

BROOM-TREE. BOT. PHAN. Même chose que Brike-Bromme. *V.* ce mot. (B.)

BROQUIN. BOT. PHAN. Syn. péruvien d'*Acœna argenta*, nommé Proquin par Feuillée. (B.)

BROSIME. *Brosimum*. BOT. PHAN. On appelle ainsi un grand Arbre de la Jamaïque, auquel Brown, et après lui Adanson, donnaient le nom d'*Alicastrum*, nom qui lui est resté comme spécifique. Il appartient à la famille des Urticées. Ses fleurs dioïques sont disposées en chatons globuleux ou allongés, couverts d'écailles orbiculaires et peltées, dont trois, plus grandes et situées à la base, forment une sorte d'involucre. Dans les mâles, à chacune de ces écailles répond un filet portant une anthère peltiforme, dont la déhiscence se fait par une fente circulaire, à peu près à la manière des fruits qu'on a nommés Pyxides ou Boîtes à savonnette. Au sommet du chaton mâle, on observe un ovaire unique, stérile, à un seul style et deux stigmates. Dans les femelles, cet ovaire est également unique, situé au centre du chaton, dont les écailles lui forment une enveloppe charnue. Il contient une seule graine, dans laquelle l'embryon nu a sa radicule recourbée sur ses cotylédons. Les différentes parties de l'Arbre sont laiteuses; les chatons axillaires et pédicellés; les feuilles alternes et entières, enveloppées pendant leur jeunesse dans des stipules qui se contournent en cornets, et laissent après leur chute des vestiges persistans sur la tige.

Tous ces caractères rapprochent le Brosime de l'Arbre à pain, et ce n'est pas leur seul rapport. En effet ses fruits fournissent un aliment sain, agréable et facile, abondant pendant les sècheresses d'où résulte la rareté des autres productions, et c'est ce qui les fait nommer par les Anglais de la Jamaïque *Bread-Nuts* ou Noix-Pain. De plus ses feuilles fournissent un bon fourrage, d'autant plus précieux, que l'Arbre croît de préférence et plus vigoureux dans les cantons arides, et que l'ablation de ces feuilles ne nuit en aucune manière à la récolte des fruits de l'année suivante. Ces détails sont dûs à M. de Tussac qui avait formé l'utile projet de naturaliser cet Arbre à St.-Domingue, et qui l'a figuré tab. IX de sa Flore des Antilles. (A. D. J.)

BROSIMON. BOT. PHAN. Même chose que Brosime. *V.* ce mot. (B.)

BROSME. POIS. *V.* BROME, POIS.

BROSME-TOUPÉE. BOT. PHAN. Syn. de Coquillade, espèce du genre Blennie. *V.* ce mot. (B.)

BROSQUE. *Broscus.* INS. Genre de l'ordre des Coléoptères établi par Panzer, et le même que celui nommé par Bonelli CÉPHALOTE. *V.* ce mot. (AUD.)

BROSSÆA. BOT. PHAN. Plumier a consacré ce genre à la mémoire de Gui-de-la-Brosse, fondateur du Jardin des Plantes de Paris. Il en donne la fig. tab. 64 de ses Plantes d'Amérique, et ce n'est que d'après elle et la description qui y est jointe, qu'on en connaît imparfaitement les caractères. Ce sont : un calice à cinq divisions allongées; une corolle de même longueur, monopétale, de la forme d'un conoïde rétréci et tronqué à son sommet, à limbe entier ou crénelé; cinq étamines; un style et un stigmate simple; une capsule marquée de cinq sillons, à cinq loges polyspermes, recouverte par le calice qui persiste, s'accroît, prend une consistance charnue, et dont les divisions rapprochées laissent entre elles cinq fentes ou interstices. Le *Brossæa coccinea* est un Arbrisseau à tiges nombreuses, à feuilles alternes, pétiolées et dentées, à fleurs solitaires à l'aisselle des feuilles, ou disposées au nombre de deux ou trois à l'extrémité des rameaux, portées sur un pédicelle muni d'une double bractée. Cette Plante, sur l'existence de laquelle on a élevé des doutes, et que des botanistes ont rapportée au *Gualtheria* ou à l'*Epigæa*, a été placée par Jussieu dans la famille des Éricinées. Mais il exprime en même temps quelque incertitude sur ses caractères, et demande si l'insertion des étamines est périgyne et leur anthère munie de deux cornes; si l'ovaire est semi-adhérent; si les valves du fruit portent les cloisons attachées à leur milieu, questions qui ne sont pas résolues et qui devraient l'être, pour qu'on pût fixer sans aucun doute la place et les rapports du Brossæa. (A. D. J.)

BROSSE. INS. Les entomologistes désignent sous ce nom l'assemblage de plusieurs petits poils ordinairement roides, serrés et d'égale hauteur, qui se trouvent sur différentes parties du corps des Insectes. Plusieurs Chenilles ou larves en sont pourvues; on les rencontre aussi sous les tarses de la plupart des Diptères, et c'est au moyen d'elles qu'ils peuvent marcher sur les corps les plus polis. Dans les Abeilles, le premier article du tarse des pates postérieures est garni à sa face interne de plusieurs rangées transversales de poils roides qui constituent aussi une Brosse. On a souvent confondu les Brosses avec les Pelotes. *V.* ce mot. (AUD.)

BROSSWELLIE. BOT. PHAN. Pour Boswellie. *V.* ce mot.

BROTÈRE. *Brotera.* Genre dédié par Cavanilles à Brotero, professeur de botanique à l'université de Coimbre en Portugal, et que l'on doit ranger dans la famille des Malvacées près des genres *Dombeya* et *Pentapetes*. Voici les caractères qui le distinguent: son calice est double; l'extérieur à cinq divisions profondes et linéaires, l'intérieur également à cinq divisions, mais plus larges et alternant avec les précédentes; la corolle se compose de cinq pétales; les étamines, au nombre de dix, sont soudées par la base de leurs filets et monadelphes; cinq seulement sont fertiles et alternent avec les cinq autres dont les filets sont privés d'anthères. L'ovaire est surmonté de cinq styles et d'autant de stigmates. Le fruit est une capsule à cinq loges s'ouvrant en cinq valves, entraînant chacune une des cloisons sur le milieu de leur face interne. Les graines sont renfermées, au nombre de cinq à huit, dans chaque loge; elles sont brunâtres et anguleuses. — Ce genre est très-voisin des *Dombeya* et des *Pentapetes*, avec lesquels plusieurs auteurs ont cru devoir le réunir. Il diffère de l'un et de l'autre par le nombre de ses étamines qui n'est que de dix, et par sa capsule à cinq loges, et en particulier, il se distingue des *Pentapetes* par son calice double, et des *Dombeya* par son fruit à cinq loges et à cinq valves seulement.

Une seule espèce le compose, c'est le *Brotera ovata*, Cavanilles (*Icones*, t. 433), petite Plante annuelle cotonneuse, blanchâtre, ayant les feuilles pétiolées, ovales, subcordiformes, dentées; les fleurs portées sur un pédoncule axillaire, géminé ou terné à son sommet. Elle est originaire de la Nouvelle-Espagne.

Sprengel a décrit sous le nom de *Brotera* une Plante de la famille des Synanthérées appelée par Willdenow *Navenburgia trinervata*. *V.* NAVENBURGIA.

Enfin, Willdenow a mentionné sous le nom de *Brotera corymbosa* le *Cardopatum corymbosum* de Jussieu. *V.* CARDOPATUM. (A. R.)

BROU. MAM. Nom d'un Singe indéterminé de Sumatra, d'après Marsden. (A. D..NS.)

BROU DE NOIX. BOT. PHAN. Matière pulpeuse qui enveloppe la semence du Noyer, *Juglans*, L., et que l'on emploie à la teinture en fauve, à cause d'un principe âcre et amer, brunissant par le contact de l'Oxygène que ce Brou contient abondamment. (DR..Z.)

BROUAILLE ET BROUALLE. BOT. PHAN. Même chose que Browallia. *V.* ce mot. (B.)

BROUGHTONIE. *Broughtonia.* BOT. PHAN. Dans la seconde édition du jardin de Kew, Robert Brown a séparé du genre *Dendrobrium* l'espèce décrite par Willdenow sous le nom de *Dendrobrium sanguineum*, et en a fait un genre distinct sous le nom de *Broughtonia sanguinea.*

Voici les caractères qu'il lui assigne: gynostème libre ou soudé seulement par sa base avec le labelle qui est très-rétréci, et même forme quelquefois une sorte de tube soudé avec l'ovaire. L'anthère est à quatre loges séparées par autant de cloisons distinctes et persistantes, et renferme quatre masses polliniques, parallèles, terminées chacune à leur base par une petite queue élastique. La seule espèce de ce genre a les feuilles oblongues, géminées, portées sur une bulbe ovoïde; sa hampe est rameuse dans sa partie supérieure. Elle croît à la Jamaïque. On la cultive quelquefois dans les serres chaudes. (A. R.)

BROUILLARD. *V*. ATMOSPHÈRE et MÉTÉORES.

BROUILLE. BOT. PHAN. Syn. de *Festuca natans*, L. *V*. FÉTUQUE. (B.)

BROUILLE BLANCHE. BOT. PHAN. Syn. de *Ranunculus aquatilis* dans quelques cantons de la France. *V*. RENONCULE (B.)

BROUNE. BOT. PHAN. Même chose que *Brownea*. *V*. ce mot. (B.)

BROURONG TICOUSE. MAM. Nom d'une Roussette de Sumatra, suivant Marsden. (A. D..NS.)

BROUSSIN. BOT PHAN. Loupe des Arbres souvent fort grosse, et dont le bois agréablement veiné se vendait au poids de l'or chez les anciens qui ne connaissaient pas nos beaux bois étrangers. (B.)

BROUSSONETIE. *Broussonetia*. BOT. PHAN. Ce genre dédié par l'Héritier au naturaliste Broussonet se compose de deux espèces arborescentes, autrefois réunies aux Mûriers, dont elles diffèrent surtout par leur ovaire à un seul style et à un seul stigmate et par le calice de leurs fleurs femelles, qui est simplement perforé à son sommet, au lieu d'être à quatre divisions profondes. On peut donner ainsi les caractères de ce genre. Ses fleurs sont dioïques; les fleurs mâles forment des épis ovoïdes allongés; chaque fleur est accompagnée d'une écaille subulée, et se compose d'un calice monosépale à quatre divisions aiguës, de quatre étamines dont les filets, d'abord infléchis vers le centre de la fleur, se rabattent ensuite et se recourbent en dehors; les anthères sont globuleuses et comme didymes. Les fleurs femelles, dont les épis sont ordinairement globuleux, sont extrêmement petites, offrant à leur base une écaille comme cunéiforme; leur calice est une sorte d'urcéole oblong, comprimé, perforé à son sommet; l'ovaire est renfermé dans cet urcéole; il est à une seule loge qui contient un seul ovule, et se termine à son sommet par un long stigmate capillaire, un peu velu, qui sort à travers l'ouverture du calice. Les fruits sont autant de petites drupes pédiculées, rougeâtres, dont la partie charnue est formée par le calice, dont les parois se sont épaissies et sont devenues succulentes. Au centre de cette partie charnue, se trouve le véritable fruit qui est un petit akène.

On ne connaît encore que deux espèces de ce genre : l'une est le *Broussonetia papyrifera* ou Mûrier à papier; Mûrier de la Chine, décrit et figuré par Lamarck (*Illust. Genera*, t. 762) sous le nom de *Papyrus japonica*. C'est un Arbre dioïque, ayant le port des Mûriers, et offrant des feuilles pubescentes, dont les unes sont entières et les autres divisées en lobes plus ou moins profonds. Il croît à la Chine, au Japon et dans d'autres parties des Indes-Orientales. C'est avec son écorce intérieure qu'on y prépare le papier employé dans ces contrées. Pour procéder à cette opération, on coupe tous les ans, après la chute des feuilles, les jeunes branches de l'année; on les réunit et on les fait bouillir dans une eau alcaline jusqu'à ce qu'on la détache facilement de la partie ligneuse; on racle l'épiderme, puis on enlève l'écorce intérieure. On place de nouveau ces écorces dans une chaudière remplie de lessive, et l'on remue ce mélange jusqu'à ce qu'il forme une pâte épaisse, homogène et floconneuse. On la lave à grande eau dans une rivière; on la bat ensuite fortement pour en former une masse bien liée. C'est alors qu'on l'étend dans une eau mucilagineuse, préparée avec une décoction de riz ou de racine de Manioc, et que l'on fabrique avec cette pâte liquide le papier dans des moules préparés avec de petites baguettes de Bambou. Le papier qui varie beaucoup en blancheur et en finesse, suivant qu'on a employé des branches plus jeunes, sert à écrire, à peindre et à beaucoup d'autres usages.

La seconde espèce de ce genre est le *Broussonetia tinctoria*, Kunth *in Humb.*, ou *Morus tinctoria* de Jacquin, qui croît dans l'Amérique méridionale. Son bois, qui fournit une couleur jaune, est employé en teinture. (A. R.)

BROVOGEL. OIS. Nom islandais d'un Oiseau qu'on croit être une espèce de Canard. (B.)

BROWALLIA. BOT. PHAN. Genre de la famille des Scrophulariées, composé de quatre ou cinq espèces américaines dont plusieurs sont cultivées dans les jardins. Leur calice est monosépale, à cinq angles et à cinq dents. La corolle est subinfundibuliforme, ayant le tube très-long et grêle, le limbe presque plane, à cinq lobes inégaux. Les étamines tétradynames sont un peu plus longues que le tube. Le fruit est une capsule oblongue, recouverte par le calice, et s'ouvrant en quatre valves par sa partie supérieure.

Toutes les espèces de Browalles sont herbacées et annuelles; leurs feuilles sont alternes. (A. R.)

BROWNEA. BOT. PHAN. Ce genre établi par Jacquin, et consacré à Patrick Browne, auteur de l'Histoire de la Jamaïque, est placé à la suite de la famille des Légumineuses et caractérisé de la manière suivante : calice double; l'extérieur plus petit, turbiné et bifide; l'intérieur qui est une corolle extérieure pour Jacquin, coloré, infundibuliforme et redressé; cinq pétales onguiculés, insérés au tube du calice; dix étamines dont l'insertion se fait au même point, et dont les filets sont réunis en une gaîne fendue d'un côté et partagée supérieurement en dix lanières alternativement plus longues et plus courtes, qui portent des anthères oblongues et vacillantes; un ovaire libre, soutenu par un pédicule court, adné à la paroi interne du calice, et surmonté d'un style que termine un stigmate simple; une gousse uniloculaire. On en décrit trois espèces; ce sont des Arbustes ou des Arbrisseaux qui croissent dans le nord de l'Amérique méridionale. Leurs feuilles sont composées de deux ou trois paires de folioles opposées; leurs fleurs disposées en fascicules axillaires. *V*. Lamarck. *Illustr*. tab. 575. Ces fleurs ont onze étamines dans la Plante dont Lœfling a fait son genre *Hermesias* entièrement semblable du reste, genre qui, par conséquent, ne mérite pas d'être conservé, et qui d'ailleurs devrait changer de nom, à cause de celui d'*Hermesia* donné à une Euphorbiacée. (A. D. J.)

BRUANT. OIS. *Emberiza*, L. Genre de l'ordre des Granivores. Caractères : bec court, fort, conique, comprimé latéralement, pointu, tranchant; bords des mandibules rentrant en dedans; celles-ci distantes l'une de l'autre à leur base, la supérieure moins large que l'inférieure, et garnie intérieurement d'un petit tubercule osseux; narines placées à la base du bec, arrondies, couvertes en parties par les plumes du front; trois doigts devant entièrement divisés, un derrière : première rémige un peu plus courte que les deuxième et troisième, qui sont les plus longues.

Ce genre se compose d'espèces en général assez petites, mais en revanche très-nombreuses en individus, dans les divers cantons qu'elles semblent affectionner, et où, malgré leurs voyages périodiques, elles reviennent habituellement passer les époques de station. Ces voyages sont déterminés par les saisons : lorsque le froid devient trop rigoureux, les Bruans quittent le Nord, où sans doute ils ne trouveraient plus de moyens d'existence, pour se rapprocher des régions tempérées qu'ils abandonnent dès que les frimats ont disparu. Quelques espèces, plus sédentaires et moins accessibles au froid, ne s'éloignent pas des lieux qui les ont vues naître, et celles-là rappellent au moins la vie dans les campagnes, lorsque tout y offre l'aspect désolant et glacé de la nature morte. Les petites graines restées sur la tige ou éparses sur la terre, celles qui, dans les fumiers, ont échappé à la digestion des grands Animaux, deviennent alors la ressource des Bruans, et ils la disputent avec ardeur aux autres petits Oiseaux qui, comme eux, savent résister à l'intempérie du climat. Au retour du printemps, que les Bruans célèbrent de bonne heure par des chants moins agréables que soutenus, les espèces sédentaires se réunissent aux espèces voyageuses, et toutes se répandent dans les bois où les appellent les soins de l'incubation. A cette époque, ils négligent la recherche des graines, et préfèrent à cette nourriture celle qu'ils trouvent en abondance dans les Insectes, et qui probablement est plus agréable à leurs petits que les graines qu'ils ne commencent à leur dégorger que quand ils peuvent se passer de l'aile maternelle. Suivant les habitudes particulières aux diverses espèces de Bruans, ces Oiseaux placent et construisent leur nid d'une manière différente : les uns choisissent une touffe d'Herbe élevée, au milieu de laquelle ils arrangent un épais duvet ; d'autres préfèrent des buissons ombragés ; enfin, les espèces qui n'habitent que les Roseaux, ne quittent point, pour nicher, cette marécageuse demeure : ils affermissent les tiges vacillantes par la réunion de plusieurs brins au milieu desquels ils enlacent le nid. La ponte est de quatre à cinq œufs, que la femelle couve avec une constance extraordinaire, car souvent on l'a vue se laisser prendre et emporter avec toute la couvée, plutôt que de se séparer du fruit de ses amours. Cette tendre sollicitude se fait encore remarquer long-temps après que les petits sont en état de pourvoir à tous leurs besoins, et souvent toute la famille est encore unie quand une autre est prête à succéder.

Les Bruans sont recherchés comme petit gibier ; il est même parmi eux quelques espèces qui figurent avec distinction sur les tables où la délicatesse fait le principal mérite des mets qui les ornent.

Bruant a ailes et queue rayées, *Emberiza fasciata*, Lath. Parties supérieures d'un brun pâle ; les inférieures blanchâtres ; poitrine et tectrices alaires d'un brun foncé ; un faisceau de plumes sur le lorum ; rémiges et rectrices rayées transversalement. Longueur, sept pouces six lignes. De la Chine.

Bruant Amazone, *Emberiza Amazona*, Lath. Tout le plumage brun, à l'exception du dessus de la tête, qui est fauve, et des tectrices alaires inférieures, qui sont blanchâtres. Longueur, quatre pouces six lignes. De l'Amérique méridionale.

Bruant aquatique, *Emberiza pratensis*, Lath. Parties supérieures d'un jaune verdâtre nuancé de brun avec des traits noirâtres ; parties inférieures d'un bleu noirâtre : tête et rectrices supérieures d'un brun noirâtre ; celles-ci, de même que les rémiges, bordées de jaune. Longueur, huit pouces. De l'Amérique méridionale.

Bruant Auréole, *Emberiza Aureola*, L. Lath. Tête et dos roux ; un collier de cette même couleur ; front, côtés de la tête et gorge noirs ; ailes noirâtres ; scapulaires blanchâtres, ainsi qu'une bande sur les ailes et une marque oblique sur les rectrices latérales ; parties inférieures jaunes, avec les flancs rayés de brun. Longueur, cinq pouces neuf lignes. Du nord de l'Asie.

Bruant de Bade, *Emberiza badensis*, Lath. *V.* Bruant Zizi.

Bruant de la baie Sandwich, *Emberiza sandwichensis*, Lath. Parties supérieures brunes, les inférieures, blanches rayées de brun ; côtés de la tête rayés de brun et de jaune : rémiges et rectrices noirâtres. Longueur, cinq pouces six lignes.

Bruant bleu du Canada, *Emberiza cyanea*, Lath. *V.* Gros-Bec.

Bruant boréal, *Passerina borealis*, Vieill. Parties supérieures noires avec le bord des plumes brun ; parties inférieures blanchâtres ; sommet de la tête, joues, gorge et poitrine noirs ; sourcils d'un blanc roussâtre ; dessus du cou roux ; petites tectrices alaires bordées de blanc; rémiges et rectrices brunes, lisérées de blanc: des taches noires sur les flancs; bec blanc avec la pointe noire. Longueur, cinq pouces neuf lignes. La femelle a le noir de la tête mélangé de roux, la gorge blanche et le plastron noir de la poitrine mêlé de bleu. Du nord de l'Europe.

Bruant du Brésil, *Emberiza brasiliensis*, Lath. *V*. Gros-Bec.

Bruant a calotte noire, *Emberiza spodocephala*, Lath. Parties supérieures d'un cendré brun; parties inférieures d'un jaune pâle; lorum et front noirs; tête et cou blancs. Longueur, six pouces. De la Sibérie.

Bruant Calfat, *Emberiza Calfat*, Gm. Lath. Parties supérieures cendrées, les inférieures blanches; tête, gorge et bord des rectrices noirs; poitrine d'un roux vineux; une bande blanche sur les côtés de la tête; un espace nu et rose autour des yeux; bec et pieds roses. Longueur, cinq pouces. De l'Ile-de-France. Le nom de Calfat vient à cet Oiseau, de ce que, frappant de son gros bec les Arbres ou les montans de la cage où on le renferme, il fait entendre un bruit que l'on compare à celui que fait l'instrument de l'ouvrier employé à calfater un vaisseau.

Bruant du Canada ou Shep-Shep, *Emberiza cinerea*, Gm. Lath. *Emberiza pratensis*, Vieill. *Fringilla ferruginea*, Lath. Cul-Rousset, Buff. Parties supérieures mélangées de brun, de marron et de gris; gorge et parties inférieures blanchâtres, parsemées de taches roussâtres; rémiges et rectrices brunes, bordées de marron; croupion gris. Longueur, six pouces.

Bruant du Cap, *Emberiza capensis*, Lath., Buff., pl. enl. 158, fig. 2. Parties supérieures variées de noir et de roux jaunâtre; parties inférieures blanchâtres; tête et cou variés de noir et de gris; petites tectrices alaires rousses; grandes tectrices, rémiges et rectrices noirâtres, bordées de roussâtre; longueur, cinq pouces neuf lignes.

Bruant de la Chine, *Emberiza sinensis*, Gm., Lath. Parties supérieures rousses avec le bord des plumes doré; parties inférieures jaunes avec des traits bruns sur les flancs; petites tectrices alaires jaunes, les moyennes jaunes et rousses; rémiges et rectrices brunes, bordées de roussâtre. Longueur, cinq pouces.

Bruant a collier, *Passerina collaris*, Vieill. Parties supérieures d'un marron vif; parties inférieures jaunes; front, joues et menton noirâtres; petites tectrices alaires blanches, mêlées de jaunâtre; les moyennes brunes, terminées de blanc, ce qui forme deux bandes de cette dernière couleur; un collier noir sur le devant du cou; rectrices brunes. Longueur, cinq pouces. De l'Amérique méridionale.

Bruant couleur de rouille, *Emberiza ferruginea*, Lath. Parties supérieures d'un brun ferrugineux, les inférieures d'une teinte plus claire; rémiges tachées de blanc. Longueur, cinq pouces trois lignes. De l'Amérique septentrionale.

Bruant a cou noir, *Emberiza americana*, Gmel., Lath. *Passerina nigricollis*, Vieill. Parties supérieures grises, tachetées de brun noirâtre; les inférieures d'un gris plus pâle; sommet de la tête d'un gris verdâtre; sourcils, poitrine et côtés du bec jaunes; lorum et gorge blancs; une grande tache noire triangulaire sur le cou; rémiges et rectrices noirâtres, bordées de roux. Longueur, cinq pouces six lignes. La femelle n'a point de noir sur le devant du cou, ni les sourcils jaunes; elle a au-dessous des yeux une strie brune. De l'Amérique septentrionale.

Bruant a couronne lactée, *Emberiza pithyornus*, Pall. *Emberiza leucocephala*, Gmel. Parties supérieures rousses, variées de traits longitudinaux noirs; parties inférieures blanches; côtés de la tête et front noirs, avec une plaque ovale et blanche; trait oculaire et gorge d'un roux vif; poitrine et flancs tachés de roux; rémiges et rectrices noires, bordées de roux; une tache conique blanche sur les deux rectrices latérales; bec et pieds jaunes. Longueur, six pouces six lignes. La femelle n'a qu'une faible couronne blanche et point de roux à la gorge : c'est le *Fringilla dalmatica*, Lath., le Moineau d'Esclavonie, Briss. Du nord de l'Europe.

BRUANT COURONNÉ DE NOIR, *Emberiza atricapilla*, Gmel. Parties supérieures brunes avec le bord des plumes rougeâtre; parties inférieures d'un blanc jaunâtre; sommet de la tête jaune, entouré de noir; dessus du cou cendré; rémiges noirâtres, bordées de brun clair; rectrices brunes. Longueur, six pouces trois lignes. La femelle n'a point de jaune qui est remplacé par du gris. De l'Amérique septentrionale.

BRUANT CROCOTE, *Emberiza melanocephala*, Scop. Gmel., Fringille Crocote, Vieill. Parties supérieures rousses, les inférieures jaunes; sommet de la tête, région des yeux et des oreilles noirs; ailes brunes avec des tectrices bordées de blanchâtre; rectrices brunes, les deux latérales lisérées de blanc. Longueur, six pouces six lignes.

La femelle a les parties supérieures d'un cendré roussâtre, la gorge blanche, et les parties inférieures d'un roux blanchâtre. De la Dalmatie et du Levant.

BRUANT EN DEUIL, *Emberiza luctuosa*, Lath., Gmel. Parties supérieures noires; parties inférieures blanches ainsi que le front et le croupion. Longueur, cinq pouces neuf lignes. Patrie inconnue.

BRUANT DORÉ. *V.* BRUANT JAUNE.

BRUANT ÉCARLATE, *Emberiza coccinea*, Lath., Gmel. Parties supérieures blanches avec la tête, les ailes et la queue noires, nuancées de bleu; parties inférieures rouges avec une tache blanche sur le ventre. Longueur, six pouces. Patrie inconnue.

BRUANT FARDÉ, *Emberiza fucata*, Gmel., Lath. Parties supérieures d'un brun roussâtre; parties inférieures grises; sommet de la tête et nuque blancs, variés de traits roux; une tache ronde de cette couleur de chaque côté de la tête; sourcils blancs; un collier roux. Longueur, six pouces six lignes. De Sibérie.

BRUANT FLAVÉOLE, *Emberiza Flaveola*, Gmel., Lath. Tout le plumage gris à l'exception du front et de la gorge qui sont jaunes. Longueur, quatre pouces six lignes. Patrie inconnue.

BRUANT FOU, *Emberiza Cia*, L. *Emberiza lotharingica*, Gmel., Buff. pl. enlum. 30. f. 2 et 511, f. 1. Parties supérieures d'un roux cendré avec des taches longitudinales noires, parties inférieures rousses; une bande noire surmontée d'un sourcil blanc traversant l'œil, entourant les oreilles et se terminant à l'angle du bec; une bande noire sur la nuque; sommet de la tête gris, tacheté de noir; gorge et poitrine d'un gris bleuâtre. Longueur, six pouces. La femelle a les nuances moins vives et les traits noirs plus petits. Du midi de l'Europe.

BRUANT DE FRANCE. *V.* BRUANT JAUNE.

BRUANT A FRONT NOIR. On désigne quelquefois sous ce nom l'espèce que nous avons décrite dans la page précédente sous le nom de Bruant à calotte noire. *V.* ce mot.

BRUANT GAUR, *Emberiza anatica*. Lath. Parties supérieures cendrées; les inférieures plus sombres; bec rose; pieds bleus. Longueur, quatre pouces six lignes. Des Indes.

BRUANT GAVOUÉ DE PROVENCE, *Emberiza provincialis*, Lath., Gmel., Buff., pl. enlum. 656, f. 1. Parties supérieures variées de roux et de noirâtre; parties inférieures cendrées; aréole de l'œil blanc; une tache noire de chaque côté de la tête; une moustache noire de la même couleur; rémiges et rectrices noirâtres intérieurement, rousses à l'extérieur; tectrices alaires ondulées de blanc. Longueur, quatre pouces huit lignes. Du Midi de l'Europe.

BRUANT GONAMBOUCH, *Emberiza grisea*, Lath. Parties supérieures grises lavées de rougeâtre sur les ailes et la queue; une grande tache de cette couleur sur la poitrine. Longueur, six pouces six lignes. De l'Amérique méridionale.

Bruant de haie ou Zizi, *Emberiza Cirlus*, L. Buff., pl. enlum. 653, f. 1. Parties supérieures variées de roux et de marron; parties inférieures d'un jaune clair; gorge et haut du cou noirs; sourcils jaunes; moustaches noires; plastron jaune; poitrine cendrée avec ses côtés et ceux du ventre roux; tête et nuque olivâtres tachetées de noir. Longueur, six pouces. La femelle a les parties inférieures d'un jaune terne et la poitrine maculée de roussâtre; Les jeunes mâles ont la gorge et les bandes latérales de la tête noirâtres; les plumes de la gorge bordées de jaune clair. Avant la mue, les jeunes ont les parties supérieures brunes, tachetées de noir, et les inférieures jaunâtres tachetées de brun et de noir. C'est alors la fig. 2 de la pl. 653. De l'Europe méridionale.

Bruant des herbes, *Emberiza graminea*, Vieill. *Fringilla graminea*, Lath. Parties supérieures d'un brun roussâtre, rayées longitudinalement de noir; parties inférieures blanchâtres, tachetées de noir; aréole oculaire blanchâtre; petites tectrices alaires fauves, les autres noires, terminées de blanc; rémiges et rectrices noirâtres bordées de fauve; les latérales blanches. Longueur, cinq pouces trois lignes. De l'Amérique septentrionale.

Bruant Jacobin, *Emberiza hyemalis*, Lath., Gmel. *Passerina hyemalis*, Vieill. Ois. Catesb. pl. 36. Parties supérieures d'un ardoisé foncé; parties inférieures blanches; rémiges et rectrices d'un brun noirâtre; les trois premières rectrices latérales blanches, bordées de noir; bec blanc; pieds d'un jaune foncé. Longueur, cinq pouces six lignes. De l'Amérique septentrionale.

Bruant jaunatre, *Emberiza luteola*, Lath. Parties supérieures brunes; les inférieures jaunâtres; tête et dos nuancés de rougeâtre; croupion verdâtre. De la côte de Coromandel.

Bruant jaune, *Emberiza Citrinella*, L., Buff., pl. enlum. 30, f. 1. Parties supérieures d'un gris fauve, rayées de noir; parties inférieures jaunes, ainsi que la tête et la gorge qui, en outre, ont quelques nuances de gris verdâtre; croupion d'un brun marron; poitrine et flancs tachetés de brun et de roux; rémiges et rectrices noirâtres, frangées de jaune; rectrices latérales inférieures tachetées de blanc. Longueur, six pouces trois lignes. La femelle est moins jaune, et cette couleur est toujours mélangée de brun et d'olivâtre. On le trouve en Europe.

Bruant de l'ile Mascareigne, *Emberiza borbonica*, Gmel., Lath. Tout le plumage d'un jaune doré, à l'exception des tectrices, des rémiges et des rectrices qui sont brunes. Longueur, six pouces.

Bruant des iles Sandwich, *Emberiza arctica*, Lath. Parties supérieures brunes, les inférieures blanchâtres, rayées de brun sur les côtés; un trait jaune au-dessus de l'œil, et un noir au-dessous. Longueur, cinq pouces six lignes.

Bruant de Lorraine. *V.* Bruant fou.

Bruant de Maelby, *V.* Bruant Ortolan.

Bruant mélangé, *Emberiza mixta*, Lath. Parties supérieures variées de brun et de gris; les inférieures blanchâtres ainsi que le bec et les pieds; gorge, poitrine et devant de la tête bleus. Longueur, quatre pouces huit lignes. De la Chine.

Bruant du Mexique, *Emberiza mexicana*, Gmel., Lath., Buff. pl. enlum. 586, fig. 1. Parties supérieures brunes; parties inférieures blanchâtres, mouchetées du brun; tête, gorge et côtés du cou d'un jaune orangé, rémiges et rectrices brunes, bordées de fauve. Longueur, six pouces.

Bruant Mitilène, *Emberiza lesbia*, Gmel., Buff., pl. enlum. 656, fig. 2. Parties supérieures d'un cendré roussâtre, varié de taches noirâtres ; parties inférieures blanchâtres, mélangées de roux sur la poitrine et les flancs ; front et sourcils d'un roux clair : trois traits noirâtres sur chaque côté du cou ; rectrices brunes, lisérées de blanc ; une bande blanche aux latérales. Longueur, quatre pouces neuf lignes. Les jeunes ont les taches brunes plus multipliées. En Europe, au midi de la France, où il est très-rare.

Bruant Montain, *Emberiza calcarata*, Temm., *Fringilla laponica*, Gmel. *Passerina laponica*, Vieill. Le grand Montain, Buff. Parties supérieures brunes, mêlées de roux ; parties inférieures blanches ; sommet de la tête noir, tacheté de roux ; lorum et aréole oculaire noirs ; gorge blanchâtre, finement rayée de noir ; trait oculaire blanchâtre, poitrine noire, nuancée de gris blanchâtre ; deux bandes transverses blanches sur les ailes ; rémiges et rectrices brunes, bordées de roux ; une tache blanche terminant inférieurement les deux rectrices latérales ; ongle postérieur faiblement arqué, long de dix lignes. Longueur, six pouces six lignes. La femelle a des couleurs en général moins vives et plus de traits noirs. Les jeunes ont les parties supérieures d'une couleur isabelle tachetée de noir, et les inférieures d'un blanc roussâtre également tacheté. D'Europe.

Bruant mordoré. *V.* Bruant de l'ile Mascareigne.

Bruant multicolor. *V.* Tangara.

Bruant de neige, *Emberiza nivalis*, L. Ortolan de neige, Buff., pl. enlum. 497, f. 1. Parties inférieures, tête, cou, petites tectrices alaires et moitié supérieure des rémiges blancs ; haut du dos et moitié inférieure des rémiges noirs ; les trois rectrices latérales blanches avec un trait noir vers l'extrémité ; la quatrième blanche sur le haut des barbes extérieures ; les autres noires ; bec jaune à la base, le reste noir ainsi que les pieds. Longueur, six pouces six lignes. La femelle a le blanc de la tête et du cou nuancé de roux ; la poitrine ceinte de cette couleur ; toutes les plumes noires lisérées et terminées de blanc. Les vieux en plumage d'hiver et les jeunes varient tellement entre les deux livrées décrites ci-dessus, qu'il est assez rare de voir deux individus parfaitement semblables ; ces diverses variétés ont été données comme espèces sous les noms d'*Emberiza mustelina*, Gmel., *Emberiza montana*, Gmel., Lath., *Emberiza glacialis*, Lath. *Hortulanus nævius*, Briss. Ortolan de passage, Buff., pl. enlum. 511, fig. 2. Du nord de l'Europe d'où il descend dans les plus grands froids pour se répandre dans le nord de la France et de l'Allemagne qu'il ne fait que parcourir en troupes assez nombreuses.

Bruant olive, *Emberiza olivacea*, Lath., Gmel. *Passerina olivacea*, Vieill. Parties supérieures d'un vert d'olive, les inférieures d'un gris verdâtre ; sourcils et haut de la gorge jaunes ; devant du cou noir. Longueur, trois pouces quatre lignes. Des Antilles.

Bruant d'Orient, *Emberiza militaris*, Gmel., Lath. Parties supérieures brunes ; bords de rémiges verdâtres ; poitrine et croupion jaunes ; ventre blanc. Longueur, six pouces.

Bruant Ortolan, *Emberiza Hortulana*, L., Buff., pl. enlum. 247, fig. 1. Parties supérieures noirâtres, avec le bord des plumes d'un gris roussâtre ; tête et cou d'un gris olivâtre, tacheté de brun ; aréole oculaire jaune ; un trait à l'angle du bec de même couleur, séparé de l'autre par un trait noirâtre ; parties inférieures d'un brun rougeâtre ; gorge jaune ; rectrices noirâtres, les deux latérales tachées de blanc. Longueur, six pouces trois lignes. La femelle a les couleurs moins vives et les taches noires plus larges. Les jeunes ont le jaune de la gorge peu apparent. Cet Oiseau, si recherché des amateurs de la bonne chère, est beaucoup plus abondant au midi de l'Europe que dans le Nord ; aussi les riches habitans de ces dernières provinces emploient-ils toute espèce de moyens pour l'élever, le nourrir et l'engraisser dans la captivité.

Bruant a parement bleu, *Emberiza viridis*, Lath. Parties supérieures vertes; les inférieures blanches; ailes et queue bleues. Longueur, six pouces. De la Chine. Espèce sauteuse.

Bruant de passage. *V*. Bruant fou.

Bruant Passereau, *Emberiza passerina*, Lath. *V*. Bruant de roseau.

Bruant petit, *Emberiza pusilla*, Gmel., Lath. Parties supérieures d'un cendré brun mêlé de noir; sommet et côtés de la tête ornés de neuf bandes alternativement noires et rouge obscur; parties inférieures blanchâtres avec quelques taches sur le cou. Longueur, quatre pouces six lignes. De Sibérie.

Bruant des Pins, *Emberiza pithyornus*, Lath. *V*. Bruant a couronne lactée.

Bruant a poitrine et ailes jaunes, *Emberiza chrysoptera*, Lath. Parties supérieures d'un brun rougeâtre; côtés de la tête, gorge, et parties inférieures blancs; poitrine jaunâtre avec un demi-collier d'un brun rougeâtre; ailes et queue bordées de jaune; pieds jaunes; bec brun. Longueur, six pouces. La femelle a le jaune remplacé par du cendré. Des îles Malouines.

Bruant des prés. *V*. Bruant fou.

Bruant Proyer, *Emberiza Miliaria*, L., Buff., pl. enlum. 233. Parties supérieures d'un brun cendré, tachetées longitudinalement de noir; parties inférieures blanches marquées de traits noirs sur la gorge; ailes et queue d'un cendré obscur, lisérées de cendré clair; bec bleuâtre; pieds bruns. Longueur, sept pouces six lignes. Les jeunes ont une teinte générale plus rousse et des taches noires plus grandes. D'Europe.

Bruant de roseau, *Emberiza Schœniculus*, L., *Emberiza arundinacea*, Gmel., Lath. Buff., pl. enl. 247, fig. 2. Parties supérieures rousses, rayées longitudinalement de noir; tête, occiput, joues, gorge et devant du cou noirs; moustaches, nuque, partie inférieure du cou, côté de la poitrine et abdomen blancs; des taches noires sur les flancs; rectrices noirâtres, les deux latérales presque blanches avec une tache brune, les deux suivantes noires avec une tache blanche Longueur, cinq pouces neuf lignes. La femelle a les parties supérieures brunes rayées de noir; le haut de la tête et des joues tacheté de noir; deux traits roux de chaque côté de la tête; la gorge blanche, bordée de noir; la poitrine et les flancs teints de roussâtre. Les jeunes ont les couleurs du sexe auquel ils appartiennent, mais beaucoup moins caractérisées. C'est ce qui a induit en erreur Gmelin qui en a fait son *Emberiza passerina*.

Bruant rustique, *Emberiza rustica*, Gmel., Lath. Parties supérieures rougeâtres; tête noire avec trois lignes blanches; parties inférieures blanches, tachées de rougeâtre; une ligne blanche oblique sur la queue. Longueur, six pouces. De Sibérie.

Bruant de Saint-Domingue. *V*. Bruant olive.

Bruant sanguin, *Emberiza rutila*, Gmel., Lath. Parties supérieures rouges, nuancées de roux; parties inférieures jaunes; ailes d'un cendré ferrugineux. Longueur, six pouces. De la Mongolie.

Bruant Shep-Shep. *V*. Bruant du Canada.

Bruant a sourcils jaunes, *Emberiza superciliosa*. Vieill. Parties supérieures brunes, tachetées de noir; dessus de la tête brun, coupé par une raie rousse; gorge et parties inférieures blanchâtres, tachetées de noirâtre avec les flancs roux; rémiges et rectrices bordées de roux. Longueur, cinq pouces huit lignes. De l'Amérique septentrionale.

Bruant a sourcils jaunes de la Daourie, *Emberiza chrysophrys*, Gm., Lath. D'un gris ferrugineux; sommet de la tête noir avec une bande blanche; sourcils jaunes. Longueur, six pouces.

Bruant de Surinam, *Emberiza surinamensis*, Gm., Lath. Parties supérieures variées de cendré, de roux et de noir; parties inférieures d'un jaune blanchâtre, avec des taches oblongues noires sur la poitrine. Longueur, sept pouces.

Bruant a tête bleue. *V.* Bruant mélangé.

Bruant a tête noire, *Emberiza melanocephala*, Gm., Lath. *Passerina melanocephala*, Vieill. Parties supérieures d'un brun marron avec un collier jaune; tête noire; parties inférieures fauves; rémiges et rectrices brunes, bordées de blanchâtre; croupion verdâtre; bec noirâtre; pieds rougeâtres. Longueur, six pouces. La femelle a les parties supérieures cendrées, avec des traits noirs; la gorge blanche et la poitrine roussâtre. De la Dalmatie.

Bruant a tête rousse, *Emberiza ludoviciana*, Lath. *Emberiza ruficapilla*, Gm. *Passerina ruficapilla*, Vieill., Buff. pl. enl. 158. Parties supérieures variées de roux et de noir; les inférieures blanchâtres, nuancées de roussâtre plus apparent sur la poitrine; tête rousse avec une sorte de demi-couronne noire; croupion et tectrices caudales supérieures noires; tectrices alaires noirâtres, bordées de roux. Longueur, cinq pouces trois lignes. De l'Amérique septentrionale.

Bruant a tête verte, *Emberiza Tunstalli*, Lath. Parties supérieures d'un brun clair avec quelques traits noirs; tête et cou d'un vert sombre; ailes et parties inférieures d'un brun foncé; pieds jaunâtres. Longueur, six pouces. Patrie inconnue.

Bruant Thérèse jaune. *V.* Bruant du Mexique.

Bruant a ventre jaune. *V.* Bruant du Cap.

Bruant Zizi. *V.* Bruant de haies. (dr..z.)

BRUANTIN. ois (Daudin.) Espèce du genre Troupiale, *Icterus emberizoides*, *Oriolus fuscus* et *Fringilla pecoris*, Gmel.; Troupiale de la Caroline, Buff. pl. enl. 606. *V.* Troupiale. (dr..z.)

BRUBRU. ois. Espèce du genre Pie-Grièche, *Lanius*, Hist. nat. des Oiseaux d'Afrique, pl. 71. *V.* Pie-Grièche. (dr..z.)

BRUC ou BRUK. bot. phan. Qu'on prononce Brouc. Les deux espèces d'Ulex qui couvrent une grande partie des landes aquitaniques, et l'*Erica scoparia*, L., qui en remplit les bois de Pins, sont nommés ainsi dans le langage du pays. (b.)

BRUCCHO. pois. Syn. de Pastenague, *Raia Pastinaca*, L. à Rome. *V.* Trigonobate. (b.)

BRUCÉE. *Brucea*. bot. phan. Genre de la famille des Térébinthacées. Ses fleurs dioïques présentent un calice quadriparti et quatre pétales alternant avec ses divisions. Dans les fleurs mâles, on trouve au centre une glande, peut-être rudiment de l'ovaire, à quatre lobes entre lesquels naissent quatre étamines; dans les femelles, quatre filets stériles, et au milieu quatre ovaires, ayant chacun un seul style et un seul stigmate, et devenant plus tard des capsules monospermes. Ce genre fut consacré au voyageur Bruce qui rapporta d'Abissinie l'Arbrisseau d'après lequel il fut établi. C'est le *Brucea ferruginea* de l'Héritier (*Stirp. nov. tab.* 10), le *B. antidysenterica* de Miller, dont les feuilles ailées ont cinq à six paires de folioles terminées par une impaire, et dont les fleurs sont distribuées par petits paquets épars sur des épis axillaires. Son écorce est connue sous le nom de fausse Angusture dans le commerce, où elle se présente sous forme de plaques ou de tubes assez épais dont la surface intérieure est lisse et fauve, l'extérieure rugueuse, mélangée de gris et d'orangé. Ses propriétés sont très-délétères; sa saveur d'une amertume insupportable; elles sont dues à une substance particulière que les chimistes modernes y ont découverte et qu'ils ont nommée Brucine. *V.* ce mot. (a. d. j.)

BRUCHE. *Bruchus.* INS. Genre de l'ordre des Coléoptères, section des Tétramères, institué par Linné, établi aussi par Geoffroy sous le nom de *Mylabre*, lequel a été appliqué par Fabricius à un genre de la famille des Cantharidies. Les Bruches appartiennent (Règne Anim. de Cuv.) à la famille des Rhynchophores. Latreille leur donne pour caractères : tête distincte, déprimée et inclinée ; deux ailes membraneuses, repliées, que recouvrent des élytres ordinairement un peu plus courtes que l'abdomen ; antennes filiformes, en scie ou pectinées, composées de onze articles ; yeux échancrés ; bouche munie de lèvres, de mandibules, de mâchoires bifides et de quatre palpes filiformes ; pates postérieures ordinairement très-grandes avec des cuisses très-grosses, le plus souvent épineuses ; anus découvert. A l'aide de ces caractères, on distinguera les Bruches des Charansons auxquels elles ressemblent. On ne les confondra pas non plus avec les Rhinosimes et avec les Anthribes qui ont encore avec elles de très-grands rapports. Ces Insectes à l'état parfait se rencontrent sur les fleurs et s'y accouplent. — La femelle fécondée place ses œufs dans le germe encore jeune de plusieurs Plantes céréales et légumineuses, dans les Fèves, les Vesces, les Pois, les Lentilles, dans les Palmiers, les Cafeyers, etc. De ces œufs déposés le plus souvent au nombre d'un seul dans chaque graine, naissent des larves assez grosses, renflées, courtes et arquées, composées d'anneaux peu distincts et ayant une tête petite, écailleuse, armée de mandibules très-dures et tranchantes. C'est au moyen de ces instrumens solides que l'Animal détruit la semence dans l'intérieur de laquelle il est renfermé, mais il le fait de telle sorte que l'enveloppe extérieure ne paraît point endommagée. Il se nourrit pendant tout l'hiver de la graine, et ce n'est qu'au printemps qu'il se change en nymphe, et bientôt après en Insecte parfait. Celui-ci, dépourvu des instrumens qu'avait la larve, périrait nécessairement dans sa prison, s'il était entouré de fortes parois ; mais, par une industrie admirable, la larve a eu soin de ménager pour cette autre période de sa vie une issue facile, en creusant dans un seul endroit la graine jusqu'à l'épiderme. L'Insecte parfait détache très-aisément cette portion d'épiderme, et il en résulte ces ouvertures circulaires qu'on remarque très-communément sur les Pois et les Lentilles. Les Bruches occasionent peu de dégâts dans les pays du Nord ; mais dans les contrées méridionales, leurs ravages sont quelquefois incalculables. On a proposé, pour détruire les larves renfermées dans les semences, de plonger celles-ci dans l'eau bouillante ou de les exposer dans un four à une température de quarante à quarante-cinq degrés.

Ce genre est nombreux en espèces. Le général Dejean (Cat. des Coléoptères, p. 78) en mentionne quarante-trois ; un grand nombre sont exotiques, plusieurs aussi se trouvent en France et aux environs de Paris. Nous citerons : la Bruche du Pois, *Bruchus Pisi* de Linné ou le Mylabre à croix blanche de Geoffroy (Ins. T. I. p. 267 et pl. 4. fig. 9). Elle peut être considérée comme le type du genre, et vit à l'état de larve dans les Pois, les Fèves ou les Lentilles. — La Bruche du Palmier, *Bruchus Bactris* de Linné et de Fabricius, très-grande espèce et originaire de l'Amérique méridionale et de Cayenne ; sa larve se nourrit de l'amande du *Cocos guineensis* de Linné ; elle est nommée à Cayenne *Counana*. (AUD.)

* BRUCHÈLE. *Bruchela.* INS. Genre de l'ordre des Coléoptères, section des Tétramères, établi par Megerle aux dépens des Bruches de Fabricius, et adopté par Dejean (Cat. des Coléoptères, p. 78) qui en possède trois espèces, dont deux se rencontrent aux environs de Paris, et ont été décrites par Fabricius sous les noms de *Bruchus suturalis* et *rufipes*. *V.* BRUCHE. (AUD.)

BRUCHÈLES. INS. Même chose que Rhynchophores. *V.* ce mot et BRUCHE. (AUD.)

* BRUCINE. BOT. PHAN. Substance alcaline récemment découverte par Pelletier et Caventou dans la fausse Angusture, *Brucea antidysenterica.* Cette substance est d'un blanc nacré, cristallisée en prismes obliques, très-amère, très-peu soluble dans l'eau, inaltérable à l'air, fusible sans se décomposer à une légère chaleur, fournissant à une température élevée de l'Huile empyreumatique, de l'Eau, des Acides acétique et carbonique, enfin de l'Hydrogène carboné. La Brucine s'unit aux Acides et forme avec eux des composés salins; elle agit fortement et comme poison sur l'économie animale, à la dose de quelques grains. *V.* BRUCÉE. (DR..Z.)

BRUDBORD. BOT. PHAN. Nom de la Filipendule dans quelques parties de la Suède. *V.* SPIRÆA. (B.)

BRUGHTONIE. BOT. PHAN. Pour BROUGHTONIE. *V.* ce mot. (B.)

BRUGMANSIE. *Brugmansia.* BOT. PHAN. Persoon, dans son *Synopsis Plantarum*, a décrit, sous le nom de *Brugmansia speciosa*, le *Datura arborea* de Linné. Mais cette espèce, quoiqu'assez différente en quelques points des autres *Datura*, ne présente pas des caractères assez tranchés pour former un genre distinct. *V.* DATURA. (A. R.)

BRUGNET. BOT. CRYPT. L'un des noms vulgaires de *Boletus esculentus.* *V.* BOLET. (B.)

BRUGNON. BOT. PHAN. *V.* BRIGNON.

BRUGUIÈRE. *Bruguiera.* BOT. PHAN. Genre formé par Lamarck aux dépens du *Rizophora* de Linné. Du Petit-Thouars remarque avec beaucoup de justesse que, consacré à la mémoire de Bruguière, célèbre naturaliste voyageur, par son digne appréciateur Lamarck, cet hommage rendu à la mémoire d'un savant du premier ordre était devenu illusoire. En effet, lorsque l'illustre professeur fit l'examen des Rizophores ou Mangliers, son Dictionnaire encyclopédique était tellement avancé, que pour y comprendre son nouveau genre, il se vit obligé de lui imposer la dénomination française de Paletuvier, donnée aux Mangliers par les anciens voyageurs et par les Créoles. Du Petit-Thouars a conservé à ce genre formé par Lamarck, en le latinisant, le nom de Paletuvier. *V.* ce mot. Et voulant prendre part à l'hommage rendu par Lamarck, il a formé sous le nom de Bruguière un genre nouveau que nous nous empressons d'adopter pour l'un des Arbres qu'il a découverts à Madagascar, et qui habitant les bords de la mer, rappellera le théâtre des succès d'un naturaliste qui débrouilla systématiquement et avec plus de fruit que ses prédécesseurs le chaos de l'histoire des Coquilles. Le Bruguiera dont il est ici question est donc un petit Arbre garni de feuilles alternes, lisses, succulentes, rétrécies et pétiolées à leur base, à fleurs blanches disposées en grappes axillaires, composées d'un calice adhérent à l'ovaire, cylindrique, marqué de deux écailles vers son milieu, divisé vers son sommet en cinq lobes obtus, de cinq pétales lancéolés, de dix étamines dont les anthères sont blanches. Le fruit est inconnu. (B.)

BRUIA OU BRUYA. OIS. Syn. du Cali-Calio femelle, *Lanius madagascariensis*, L. *V.* PIE-GRIÈCHE. (DR.. Z.)

BRUIN-FISCH. POIS. Probablement le même Poisson que celui qu'on désigne au cap de Bonne-Espérance sous le nom de Bruneau. *V.* ce mot. (B.)

BRUIN-VISCH. MAM. Syn. hollandais de Marsouin. *V.* DAUPHIN. (A. D.. NS.)

BRUKLING. BOT. CRYPT. *V.* BRODLING.

BRULE-BEC. MOLL. Selon Bosc

(Dictionnaire d'Histoire naturelle) Rondelet donne ce nom à la Mactre poivrée. (F.)

BRULÉE ou POURPRE BRULÉE. MOLL. Nom vulgaire donné par les marchands et les amateurs à une espèce du genre Rocher, qui a été confondue avec le *Murex ramosus* par Linné et Dillwyn. La Brûlée de Gersaint et de Davila est le *Murex adustus* de Lamarck. Mais nous ne pensons pas que personne ait donné cette dénomination au *Murex saxatilis* de Linné, *V*. ROCHER. (F.)

BRULLHAFF. MAM. Syn. d'Alouate. *V*. SAPAJOU. (B.)

BRULOT. INS. Syn. de Bêtes rouges à la Louisiane. *V*. BÊTES ROUGES. (B.)

BRULURE. BOT. PHAN. Syn. de Rouille, maladie des Plantes. *V*. ROUILLE. (B.)

BRUMAZAR. MIN. « C'est, dit Patrin, une substance minérale onctueuse et volatile, que les anciens chimistes, qui avaient visité les mines métalliques, avaient cru y reconnaître comme premier principe des Métaux, et que d'autres ont appelée *Spiritus Metallorum*. » Patrin semble croire à l'existence de ce principe. (LUC.)

BRUME. MOLL. (Bosc.) Nom vulgaire du *Teredo navalis*, L. *V*. TARET. (B.)

BRUMES. *V*. MÉTÉORES.

BRUMMOSCHE. MAM. (Müller.) Syn. d'Yack, espèce du genre Bœuf. *V*. ce mot. (A.D..NS.)

BRUN DE MONTAGNE. GÉOL. *V*. TERRE D'OMBRE.

BRUNE. POIS. Une espèce de Centropome et un Gade. *V*. ces mots. (B.)

BRUNE ET BLANCHE. OIS. (Sonnini.) Syn. de la Linotte géorgienne, *Fringilla georgiana*, Lath. *V*. GROS-BEC. (DR..Z.)

BRUNEAU. OIS. (Vanderstegen de Putte.) Syn. belge de la Bécassine, *Scolopax Gallinago*, L. *V*. BÉCASSE. (DR.. Z.)

BRUNEAU. POIS. Poisson de très-grande taille, qui donne la chasse aux Poissons volans, mais qu'on ne peut reconnaître sur ce qu'en dit Kolbe qui le mentionne comme une espèce du cap de Bonne-Espérance. (B.)

BRUNCKÉPINE. BOT. PHAN. Syn. de *Rhamnus catharticus*, L. dans le Boulonais. *V*. NERPRUN. (B.)

BRUNELLE. REPT. OPH. (Daudin.) Syn. de *Coluber bruneus* de Linné. (B.)

BRUNELLE. *Brunella*. BOT. PHAN. Tournefort et Jussieu ont appelé ainsi un genre de Plantes de la famille des Labiées, que Linné a désigné sous le nom de *Prunella*. Nous pensons que ce dernier nom doit être adopté, quoiqu'il n'ait pas l'antériorité, afin d'éviter la trop grande ressemblance de *Brunella* avec le genre *Brunellia* de Ruiz et Pavon. *V*. PRUNELLE. (A. R.)

BRUNELLIER. *Brunellia*. BOT. PHAN. Ruiz et Pavon ont établi ce genre dans leur Prodrome de la Flore du Pérou (p. 61, tab. XII). Son calice est quinqueparti, sa corolle nulle; ses étamines, au nombre de onze et insérées au réceptacle, présentent des filets subulés, velus à leur base; des anthères didymes, à deux loges, s'ouvrant par une fente longitudinale. Avec elles alternent autant de petites glandes qui persistent après s'être flétries. Il y a cinq ovaires, cinq styles subulés, cinq stigmates; et le fruit se compose de cinq capsules disposées en étoiles oblongues, acuminées, s'ouvrant en dedans par une fissure longitudinale, et contenant dans une seule loge une ou deux graines, qui sont allongées, pédicellées, enveloppées d'un arille calleux. Les auteurs citent deux espèces de ce genre : l'une où les capsules sont glabres et monospermes, l'autre où elles sont velues et dispermes; toutes deux sont des Arbres. Ils ajoutent que le nombre des parties n'est pas constamment le même que nous avons décrit; celui des étamines varie de dix à quatorze; celui des divisions du calice et des ovaires peut être six ou sept. Le *Brunellia* appartient à la Pentandrie Pentagynie de Linné; mais avant de le rapporter à une famille naturelle, il serait nécessaire de résoudre plusieurs questions. Est-il véritablement apétale et voisin alors du *Coriaria?* ou plutôt ses glandes ne représentent-elles pas plusieurs pétales qui le rapprochent du *Tetracera* et du *Cnestis?* Ses feuilles sont-elles opposées ou alternes, simples ou composées, lisses ou âpres? Ce sont autant de points sur lesquels nous n'avons pas jusqu'ici des documens suffisans pour prononcer. (A. D. J.)

BRUNET. OIS. Syn. du Troupiale Bruantin femelle, *Oriolus fuscus*, Gmel. *V.* TROUPIALE. (DR..Z.)

BRUNET. OIS. Espèce du genre Merle, *Turdus capensis*. *V.* MERLE. (DR..Z.)

BRUNETTE. OIS. Espèce du genre Bécasseau, *Tringa variabilis*, L. *V.* BÉCASSEAU.

Ce surnom a été donné à beaucoup d'autres Oiseaux d'un plumage obscur, et dont nous ne saurions rapporter ici la nomenclature complète. (DR..Z.)

BRUNETTE. MOLL. Nom vulgaire donné par les marchands et les amateurs hollandais, à plusieurs Cônes, Porcelaines ou Olives, à cause de leur couleur brune; mais on a plus particulièrement affecté ce nom aux Cônes suivans :

La BRUNETTE ORDINAIRE, ou BRUNETTE À CLAVICULE ÉLEVÉE de d'Herbigny, est le *Conus aulicus* de Linné et de Lamarck.

La BRUNETTE CHAUVE-SOURIS de Favanne est la variété 6 du *Conus aulicus* de Bruguière, que Lamarck a rapportée au *Conus Episcopus*.

La BRUNETTE À CLAVICULE OBTUSE de d'Herbigny est le *Conus pennaceus* de Bruguière et de Lamarck. *V.* CONE. (F.)

BRUNGA. BOT. PHAN. Syn. de *Ludwigia oppositifolia* à Ceylan. *V.* LUDWIGE. (B.)

BRUNIE. *Brunia*. BOT. PHAN. Ce genre, voisin de la famille des Rhamnées, en est cependant distinct par plusieurs caractères, et méritera sûrement de former une nouvelle famille sous le nom de BRUNIACÉES. En effet, en examinant un certain nombre des espèces rapportées à ce genre, nous avons trouvé dans plusieurs d'entre elles des différences assez tranchées pour établir plusieurs coupes génériques, ainsi que l'a tenté Persoon en créant son genre *Staavia* avec deux espèces qu'il a séparées du *Brunia*. Voici du reste les caractères que nous avons reconnus au genre Brunie : ce sont des Arbustes tous originaires du cap de Bonne-Espérance, ayant le port des *Phylica*, et surtout du *Phylica ericoides*, connu sous le nom vulgaire de Bruyère du Cap. Leurs feuilles sont linéaires, éparses et très-rapprochées, dépourvues de stipules. Les fleurs qui sont extrêmement petites, forment des capitules globuleux et pédonculés. Le réceptacle commun des fleurs est ovoïde, velu et environné à sa base de folioles qui constituent une sorte d'involucre. Le calice est subtubuleux, soudé avec l'ovaire qui est sémi-nifère; son limbe offre cinq divisions dressées, étroites; la corolle se compose de cinq pétales linéaires, plus longs que les lobes du calice, alternant avec eux et insérés au point où la partie supérieure de l'ovaire est libre. Les étamines sont au nombre de cinq, attachées entre chacun des pétales. L'ovaire est semi-infère; je l'ai trouvé constamment à une seule loge qui contient un, très-rarement deux ovules tout-à-fait renversés; il est surmonté d'un seul style creusé d'un sillon longitudinal.

La description que nous venons de

donner de la structure de ce genre, est, comme on pourra facilement s'en convaincre, différente de celle que la plupart des auteurs ont donnée. Nous l'avons tracée surtout d'après le *Brunia lanuginosa*, qui fleurit quelquefois dans les serres de Paris, en ayant soin de la vérifier sur plusieurs autres espèces. (A. R.)

BRUNNICHIE. *Brunnichia*. BOT. PHAN. Gaertner a établi ce genre, qui fait partie de la famille des Polygonées et de l'Octandrie Trigynie, L. pour une Plante originaire de l'Amérique septentrionale, et dont Adanson avait fait son genre *Fallopia*. Ce Végétal, qui est vivace, a une tige sarmenteuse, grimpante, s'attachant aux Arbres voisins, au moyen de vrilles axillaires tordues en spirale. Ses feuilles sont alternes, pétiolées, ovales, acuminées, à bords entiers, glabres, ainsi que les autres parties de la Plante; les fleurs sont petites, pedicellées, disposées en une sorte de grappe terminale et rameuse. Le calice est subcampaniforme, à cinq lobes, persistant; il donne attache à huit ou dix étamines. L'ovaire qui est libre, à une seule loge contenant un seul ovule, est surmonté de trois styles et de trois stigmates. Après la fécondation, le calice prend beaucoup d'accroissement, ainsi que le pédoncule sur les deux côtés duquel il se développe deux membranes longitudinales en forme d'ailes; le fruit est sec et renfermé dans le calice. Le *Brunnichia cirrhosa*, la seule espèce de ce genre, conserve toujours ses feuilles dans nos orangeries où on la rentre pendant l'hiver. (A. R.)

BRUNOIR. OIS. Espèce du genre Merle, *Turdus capensis*, L. *V.* MERLE. (DR.. Z.)

BRUNONIE. *Brunonia*. BOT. PHAN. Robert Brown a placé, à la suite de sa famille des Goodenoviées, ce genre singulier, établi par Smith pour deux Plantes de la Nouvelle-Hollande. Elles ont le port des Scabieuses ou de la Globulaire commune; leurs feuilles sont toutes radicales, entières et spathulées; les hampes sont simples, d'environ un pied de hauteur, portant à leur sommet un seul capitule de fleurs, hémisphérique, lobulé et environné d'un involucre polyphylle; chaque fleur est accompagnée de quatre ou cinq bractées; le calice est tubuleux, à cinq divisions; la corolle est monopétale, infundibuliforme, à cinq lobes dont deux supérieurs plus profonds; elle est d'un bleu d'azur et marcescente; les étamines, au nombre de cinq, sont hypogynes; leurs filets sont persistans, et leurs anthères soudées et renfermées dans l'intérieur du tube de la corolle; l'ovaire est uniloculaire et monosperme; le stigmate est charnu, renfermé dans une membrane bifide; le fruit est un utricule contenu dans le tube du calice, dont les lobes s'étalent et deviennent plumeux. Ce genre, qui ne contient que deux espèces originaires de la Nouvelle-Hollande, est fort difficile à classer dans la série des ordres naturels. Robert Brown trouve sa place entre les Goodenoviées et les Corymbifères; cependant il offre encore une certaine analogie avec les Campanulacées, les Dipsacées et les Globulaires. (A. R.)

BRUNOR. OIS. Espèce du genre Bouvreuil, *Loxia bicolor*, Daud. *V.* BOUVREUIL. (DR.. Z.)

BRUN ROUGE. MIN. Oxyde de fer jaune, mais qu'une calcination bien ménagée colore en rouge obscur et brillant fort employé dans la peinture à l'huile. Chaptal en a découvert des couches considérables à Uzès, qui sont devenues des élémens de prospérité pour le pays où l'on prépare du Brun Rouge pour le commerce. Le Brun Rouge dans son état naturel est une sorte d'Argile commune. *V.* ce mot. (DR.. Z.)

BRUNSFELSIE. *Brunsfelsia*. BOT. PHAN. Ce genre, dédié à Brunsfels, botaniste allemand, a été placé à la suite des Solanées. Son calice court est campanulé et terminé par cinq dents ; sa corolle, en forme d'entonnoir, présente un tube long de quatre à cinq pouces, un limbe à cinq lobes obliques et presque égaux; de ses cinq étamines inégales, une est stérile, les quatre autres portent des anthères réniformes. Suivant Swartz, elles seraient au nombre de quatre et didynames. Le style simple se termine par un stigmate en tête; le fruit est une baie uniloculaire qui se sépare le plus souvent en deux portions, et renferme des graines nombreuses attachées à un réceptacle central, charnu et très-grand. Ce genre contient deux Arbrisseaux originaires d'Amérique, à fleurs pédonculées, solitaires à l'aisselle des feuilles qui sont alternes ou réunies plusieurs à l'extrémité des rameaux. Le tube de la corolle est droit, et son limbe entier dans le *B. americana*, figuré, Lam. Ill., tab. 548; le tube est recourbé et le limbe ondulé dans le *B. undulata*, figuré tab. 167 d'Andrews. (A. D. J.)

BRUNSKOP. MAM. C'est-à-dire *Tête Brune*. Syn. de Marsouin. *V.* DAUPHIN. (B.)

* BRUNSVIA. BOT. PHAN. Le *Croton* de Linné contient un grand nombre d'espèces assez disparates, et c'est ce qui a engagé divers auteurs à le séparer en plusieurs genres dont les uns ont été adoptés, et dont les autres ne le sont pas jusqu'ici. Parmi ces derniers est le *Brunsvia* de Necker, genre établi d'après le *Croton ricinocarpos*, qui présente un double calice, dont chacun a trois divisions, et seulement huit étamines dans les fleurs mâles. (A. D. J.)

BRUNSWIGIA. BOT. PHAN. Plusieurs espèces d'*Amaryllis*, les *A. radula, striata, orientalis*, etc., dont la capsule turbinée est munie de trois ailes, ont été séparées par Heister comme devant former un genre nouveau qu'il nomme ainsi. Ce botaniste a publié sur ce sujet une dissertation, et ses idées ont été adoptées par plusieurs auteurs. (A. D. J.)

BRUSC. BOT. PHAN. Même chose que Bruc et Bruk, et synonyme de Fragon. *V.* ces mots. (B.)

BRUSCANDULA. BOT. PHAN. (Daléchamp.) Syn. italien de Houblon. (B.)

BRUSEN. OIS. Syn. norwégien de *Colymbus glacialis*, L. *V.* PLONGEON. (B.)

BRUSLURE. BOT. PHAN. Probablement pour Brûlure. *V.* ce mot. (B.)

BRUSOLA. OIS. Syn. italien du Loriot, *Oriolus Galbula*, L. *V.* LORIOT. (DR..Z.)

BRUT. POIS. Syn. anglais de Limande, espèce du genre Pleuronecte. *V.* ce mot. (B.)

BRUTA. BOT. PHAN. Le Cyprès selon les uns, la Sabine suivant d'autres, ou le Genièvre commun selon plusieurs. (B.)

BRUTE. *Bruta*. MAM. Ce mot se prend ordinairement pour désigner les Animaux à qui l'orgueil humain se plut à refuser toute intelligence, que de prétendus philosophes, en établissant leur réputation sur des rêveries, voulurent faire passer pour des machines dépourvues de ce qu'ils nommaient ame, et auxquels on accordait tout au plus un instinct. On sait aujourd'hui que, dans ce sens, il est des Mammifères Bimanes appartenant même au genre Homme, beaucoup plus brutes que les Animaux auxquels on dispensa si légèrement ce nom.

Sous le rapport systématique, Linné nommait BRUTES, *Bruta*, les Mammifères dépourvus d'incisives supérieures ou inférieures, ayant les pieds protégés par des ongles, et vivant de Végétaux. Les genres Rhinocéros, Éléphant, Morse, Bradype, Fourmilier, Manis (Pangolin et Phatagin) et les Tatous formaient cet ordre, il faut en convenir, trop disparate pour qu'on le pût conserver. (B.)

BRUTHIER. OIS. Syn. vulgaire de

la Buse, *Falco Buteo*, L. *V*. FAUCON, division des Buses. (DR..Z.)

BRUTIA. OIS. Syn. vulgaire du Bihoreau, *Ardea Nycticorax*, L. *V*. HÉRON. (DR..Z.)

BRUUSE. OIS. Nom irlandais de l'Imbrim, *Colymbus glacialis*, L. (B.)

BRUUSHANE. OIS. Syn. du Combattant, *Tringa pugnax*, L. en Norwège. *V*. BÉCASSEAU. (DR..Z.)

BRUXANELLI. BOT. PHAN. (Rhéede, *Malab*. V, t. 42.) Arbre indéterminé de l'Inde, employé comme médicament, et qui pourrait bien être de la famille des Rubiacées. (B.)

BRUYA. OIS. *V*. BRUIA.

BRUYANT. OIS. Syn. vulgaire du Bruant jaune, *Emberiza Citrinella*, L. *V*. BRUANT. (DR..Z.)

BRUYÈRE. *Erica*. BOT. PHAN. Il est peu de genres dans tout le Règne Végétal qui se compose d'un aussi grand nombre d'espèces élégantes et d'un port aussi agréable que le genre des Bruyères. Près de quatre cents sont aujourd'hui décrites dans les différens auteurs, et au moins la moitié sont cultivées dans nos serres dont elles font l'ornement pendant toutes les saisons de l'année. Ce sont en général des Arbustes ou des Arbrisseaux dont la tige offre une hauteur qui varie de six pouces à dix et douze pieds; ils sont en tout temps garnis de leurs feuilles qui sont linéaires, étroites, très-rapprochées ou très-courtes et imbriquées en forme d'écailles. Leurs fleurs qui offrent une variété infinie de nuances et quelquefois le coloris le plus brillant, sont tantôt axillaires, plus souvent groupées en épis ou en grappes à l'extrémité des ramifications de la tige; leur calice tantôt simple, d'autres fois accompagné de bractées imbriquées, qui semblent former un second calice, est partagé en quatre lanières profondes et étroites. La corolle est toujours monopétale, mais elle offre les formes les plus variées, en sorte que ce genre est un de ceux qui prouvent le mieux combien est peu naturelle et peu fixe la classification qui repose sur la forme de cet organe. En effet tantôt elle est globuleuse et comme en grelot, tantôt elle est cylindrique et forme un tube plus ou moins allongé, droit ou arqué; quelquefois elle est renflée et comme vésiculeuse inférieurement, d'autres fois elle est évasée dans sa partie supérieure. Son limbe offre toujours quatre divisions tantôt rapprochées et conniventes, tantôt étalées ou même réfléchies. La surface externe de la corolle est ordinairement glabre; dans quelques espèces elle est velue, dans d'autres elle est glutineuse ou recouverte d'une sorte de vernis ou d'émail.

On trouve généralement huit étamines dans chaque fleur; tantôt elles sont saillantes hors de la corolle, tantôt elles sont incluses; leurs filets sont libres et insérés, ainsi que la corolle au-dessous du disque glanduleux qui supporte l'ovaire. Les anthères sont toujours à deux loges; leur forme varie beaucoup; on remarque dans un grand nombre d'espèces un appendice allongé et comme barbu à la base de chaque loge; dans d'autres espèces, cet appendice manque entièrement. Chaque loge s'ouvre par la partie supérieure seulement de son sillon longitudinal, ce qui forme une sorte de trou plus ou moins allongé, à travers lequel le pollen s'échappe.

L'ovaire est libre, entouré et supporté par un disque hypogyne ordinairement à huit lobes; cet ovaire, fendu transversalement, présente quatre loges contenant chacune plusieurs ovules attachés à un trophosperme central. Son sommet est ordinairement déprimé et surmonté d'un style simple, au sommet duquel est un stigmate très-petit, à quatre lobes peu saillans. Le fruit est une capsule à quatre côtes, un peu déprimée à son sommet; elle offre quatre loges polyspermes, et s'ouvre en quatre valves qui entraînent avec elles une partie des cloisons sur le milieu de leur face interne.

Un genre qui présente un aussi grand nombre d'espèces intéressantes, dont près de deux cents sont cultivées dans les jardins, a dû attirer l'attention des auteurs. Aussi possédons-nous sur ces Plantes plusieurs ouvrages intéressans, où les espèces sont décrites et représentées avec beaucoup d'exactitude. Outre les dissertations de Linné et de Thunberg, qui ont déjà un peu vieilli, nous citerons particuliérement les ouvrages de Wendland, d'Andrews et de Salisbury, dans lesquels on trouve la description et la figure de presque toutes les espèces qui ont paru en Europe.

A l'exception d'une douzaine d'espèces qui croissent dans les différentes parties de l'Europe, presque toutes les autres Bruyères sont originaires du cap de Bonne-Espérance où elles couvrent et embellissent de leur feuillage toujours vert et de leurs fleurs élégantes les plages sablonneuses.

Il nous sera impossible d'indiquer ici toutes les espèces qui font l'ornement de nos serres ; nous nous contenterons d'en citer seulement quelques-unes dans chacune des sections établies dans ce genre nombreux.

§ 1er. Filamens de la même longueur ou plus longs que la corolle; anthères sans appendices.

A. *Feuilles ternées.*

Bruyère de Pluckenet, *Erica Pluckenetti*, Willd. *Sp.* 2, p. 396. Wendl. 2. p. 21. Joli Arbrisseau originaire du Cap. Ses feuilles sont glabres, linéaires, ternées; ses anthères saillantes sont bifides; ses fleurs sont pourpres, pendantes, et forment des épis unilatéraux à l'extrémité des rameaux; la corolle est cylindrique, un peu renflée.

Bruyère a ombelle, *Erica umbellata*, Willd. *Sp. Icon. Hort. Kew.* t. 5. Elle est originaire de Portugal. Sa tige dressée porte des feuilles ternées et ciliées; ses fleurs sont violettes et disposées en ombelles simples; les corolles sont ovoïdes.

Bruyère couleur de chair, *Erica carnea*, L. *Sp.*, ou *Erica herbacea*, Willd. *Sp. Curt. Mag.* t. 11. Cette petite espèce croît en France, en Allemagne, en Italie. Ses feuilles sont ternées ou quaternées; ses fleurs sont presque coniques, purpurescentes, axillaires et formant des épis unilatéraux.

B. *Feuilles quaternées au quinées.*

Nous trouvons dans cette subdivision plusieurs des espèces qui croissent naturellement en France, telles que l'*Erica mediterranea*, Willd.; l'*Erica vagans* ou *Erica multiflora* que l'on trouve à St.-Léger.

§ II. Bruyères tubuleuses, c'est-à-dire ayant la corolle allongée en tube de près d'un pouce de longueur.

A. *Anthères portant à leur base deux appendices.*

Bruyère sanguinolente, *Erica cruenta*, Willd. Du cap de Bonne-Espérance. Feuilles linéaires, subulées, glabres; fleurs portées sur des pédoncules axillaires, bifides ou trifides à leur sommet; corolle cylindrique, d'un rouge ponceau, longue d'un pouce; anthères incluses; style saillant.

Cette section renferme encore plusieurs autres belles espèces, telles que les *Erica Ewerana*, Aiton; *Erica speciosa*, Andrews; *Erica mutabilis*, Andrews, etc.

B. *Anthères sans appendices; feuilles ternées; fleurs terminales.*

Bruyère changeante, *Erica versicolor*, Willd. Du cap de bonne-Espérance. Feuilles ternées, linéaires, ciliées; fleurs pédonculées, au nombre de trois à quatre, au sommet des jeunes rameaux; corolles tubuleuses, un peu renflées vers le sommet, glabres; tube d'un rouge orangé, jaune supérieurement, les quatre divisions du limbe étant vertes.

Parmi les autres espèces de ce groupe, on distingue, à cause de la beauté de leurs fleurs, l'*Erica Aitonii* de Willdenow, ou Bruyère à fleur de Jasmin, *Erica jasminiflora* de Salisbury:

l'*Erica tubiflora*, Willd.; l'*Erica ignescens*, Andrews; l'*Erica curviflora*, Willd., etc., etc.

§ III. Bruyères à fleurs coniques, c'est-à-dire renflées dans leur partie inférieure.

A. *Anthères munies d'appendices.*

BRUYÈRE RENFLÉE, *Erica inflata*, Willd. Elle est du Cap. Ses feuilles sont linéaires, quaternées, glabres; ses fleurs en bouquets terminaux et réfléchies; ses corolles longues d'un pouce sont couleur de chair.

B. *Anthères sans appendices.*

BRUYÈRE VÉSICULEUSE, *Erica ampullacea*, Willd. Originaire du Cap. Ses feuilles sont linéaires, quaternées et ciliées; ses fleurs en bouquets terminaux et ombelliformes; ses corolles, ovoïdes et renflées à leur base, d'un rouge pâle avec des stries longitudinales plus foncées.

Nous terminerons ici cette énumération très-incomplète des espèces de Bruyères cultivées dans les jardins, et nous rappellerons seulement les espèces qui croissent naturellement en France. Outre l'*Erica vagans*, *Erica herbacea* et *Erica mediterranea* dont nous avons déjà parlé, nous citerons ici les espèces suivantes comme indigènes. La Bruyère en Arbre, *Erica arborea*, l'une des plus grandes espèces du genre, puisqu'elle acquiert jusqu'à dix et douze pieds d'élévation: dans une des provinces méditerranées de la France, elle forme, avec les Myrtes et les Arbousiers, des buissons élégans. La Bruyère à balais, *Erica scoparia*; ses fleurs sont très-petites; elle croît dans les les lieux sablonneux; c'est la Plante la plus commune des bois de Pins des landes Aquitaniques où on la nomme *Brande*; ses jeunes branches y servent à faire des balais. La Bruyère cendrée, *Erica cinerea*, l'une des plus jolies et des plus communes de tout le genre; elle forme dans tous les bois des environs de Paris des tapis d'une belle couleur purpurine; ses fleurs sont quelquefois roses ou blanches: c'est l'une des Plantes sur lesquelles l'Abeille butine le plus de miel, mais qui communique à cette substance un goût peu agréable. La Bruyère ciliée, *Erica ciliaris*, jolie espèce dont les feuilles sont ciliées, les corolles purpurines et renflées, et que l'on trouve dans les provinces du centre de la France; nous l'avons également découverte aux environs de Paris. Enfin, l'*Erica tetralix* qui se plait de préférence dans les lieux tourbeux et humides, à Montmorency, St.-Léger, etc. Il existe une variété bien remarquable de cette espèce qui croît à Montmorency, et qui a été décrite par Richard père, sous le nom d'*Erica tetralix anandra*, dans le Journal de Physique. Les fleurs sont beaucoup plus petites; la corolle est moitié plus courte; le style est très-saillant; il n'y a point d'étamines, et l'ovaire présente, au lieu de quatre loges, douze loges disposées sur plusieurs rangs. Il est évident que les étamines se sont soudées avec l'ovaire, et qu'elles ont ainsi triplé le nombre naturel de ses loges. Je ne sache pas qu'une pareille monstruosité ait été observée dans aucune autre espèce.

L'*Erica vulgaris* de Linné, désignée généralement sous le nom de Bruyère commune, n'appartient plus au genre dont il est ici question; elle est devenue le type du genre *Calluna*. *V.* ce mot.

Terminons cet article par quelques mots sur la culture des Bruyères. Ces Arbustes sont sans contredit les Végétaux qui demandent de la part du cultivateur les soins les plus assidus et l'attention la mieux soutenue. Ils doivent être plantés dans des pots remplis de bon sable de Bruyère et bien percés, afin que l'écoulement des eaux se fasse avec facilité. Les espèces exotiques, qui sont en général plus recherchées, doivent être placées dans une bache ou une petite serre que l'on chauffe convenablement. Les Bruyères se multiplient de graines, de boutures et de marcottes. Les semis doivent être faits à la maturité des graines, c'est-à-dire à la mi-mars. On se sert de pots ou de terrines que l'on remplit à moitié avec du gros sable ou des fragmens de poteries, afin de faciliter l'écoulement des eaux d'arrosage; on recouvre ensuite avec du sable de Bruyère bien fin et bien ameubli. On presse légèrement la terre avant d'y répandre les graines que l'on recouvre très-superficiellement. Si ce sont des espèces indigènes, on les place à l'ombre, ou bien dans une couche chaude, si ce sont des espèces exotiques.

Les boutures se prennent toujours sur les jeunes rameaux de l'année; elles doivent être coupées avec soin, et n'avoir qu'environ un pouce de longueur; on les effeuille dans leur partie inférieure, et on les place dans des terrines préparées comme pour les semis, que l'on recouvre ensuite d'une cloche à melons. Quant aux marcottes, le procédé n'a rien de particulier. On les sépare ordinairement au bout de l'année, époque où elles ont poussé des racines. (A. R.)

BRUYÈRE DU CAP. BOT. PHAN. On appelle ainsi communément le *Phylica ericoides*. *V.* PHYLICA. (A. R.)

BRUYÈRES. BOT. PHAN. Famille naturelle de Plantes plus généralement désignées aujourd'hui sous le nom d'ÉRICINÉES. *V.* ce mot. (A. R.)

BRY. *Bryum*. BOT. CRYPT. (*Mousses*.) La plupart des auteurs qui se sont occupés de l'histoire des Mousses varient sur la manière dont ils ont fixé les limites de ce genre; nous croyons devoir adopter l'opinion de Hooker qui le caractérise ainsi : capsule portée sur un pédicelle terminal; péristome double, l'extérieur de seize dents simples, l'intérieur formé par une membrane divisée en seize segmens égaux, alternant souvent avec des cils simples ou géminés; coiffe fendue latéralement. Ce genre qui ne renferme qu'une petite partie du vaste genre *Bryum* de Linné, comprend aussi une partie de ses *Mnium* qui ne différaient que par la disposition des prétendues fleurs mâles. Il embrasse entièrement les genres *Bryum*, *Mnium*, *Webera*, *Pohlia* et *Meesia* d'Hedwig, et quelques autres genres qu'on avait encore établis à leurs dépens, tels que le *Diploconium* de Mohr, le *Paludella* de Bridel, le *Gymnocephalus* de Richard, et peut-être le genre *Arrhenopterum* d'Hedwig. En effet, malgré l'avantage qu'on aurait trouvé à diviser un genre aussi vaste, tous les caractères qu'on a employés jusqu'à présent, ou passent tellement des uns aux autres, qu'on ne saurait où fixer les limites de ces sous-genres, ou séparent d'une manière trop artificielle un genre très-naturel; enfin la plupart ayant été rejetés comme trop peu importans dans les autres genres de la même famille, ne doivent pas être adoptés dans ce genre.

Ainsi la division, d'après le mode d'insertion de ces organes qu'on a regardés comme des fleurs mâles, ayant été rejetée dans les autres genres, ne doit pas être conservée; c'est ce qui nous engage à réunir les genres *Bryum*, *Mnium*, *Gymnocephalus* et *Webera*. Le genre *Meesia*, fondé sur la brièveté des dents du péristome externe, paraît au premier coup-d'œil facile à distinguer, mais ce caractère passe insensiblement à celui du *Bryum*.

Le genre *Pohlia* est peut-être celui qui mériterait le plus d'être conservé. Il est caractérisé par l'absence des cils entre les lanières du péristome interne; son port diffère aussi un peu de celui des vrais *Bryum*.

Le genre *Diploconium* de Mohr ne diffère des *Bryum* que par la membrane interne divisée jusqu'à sa base en lanières capillaires; du reste ses caractères sont les mêmes que ceux des *Meesia*, et il doit, comme elles, être réuni aux *Bryum*.

Le genre *Paludella* de Bridel ne présente aucun caractère propre à le distinguer des *Bryum*. Il en est de même du genre *Arrhenopterum*, du moins d'après la description qu'en donnent les auteurs, car son port est très-différent de celui des autres *Bryum*, et doit faire soupçonner qu'on y trouvera quelque caractère propre à le distinguer de ce genre.

Quant à la distinction des genres *Bryum* et *Mnium*, fondée par Schwægrichen sur la capsule lisse ou striée, droite ou penchée, on sent qu'il vaut mieux laisser un genre étendu que de le diviser d'après des caractères aussi peu importans. Quelques auteurs ont encore réuni aux *Bryum* les genres *Timmia* et *Cinclidium*, mais ils nous paraissent présenter dans la structure de leur péristome des caractères suffisans pour les en distinguer.

Ce genre, en y réunissant les divers genres que nous venons d'indiquer, renferme environ cent espèces qui ont beaucoup de ressemblance entre elles par leur tige très-souvent simple, droite; par leurs feuilles imbriquées tout autour de la tige, souvent assez larges et réticulées; par leur capsule terminale et presque toujours lisse et penchée, droite et striée dans quelques espèces, telles que le *Bryum androgynum* et le *Bryum palustre*.

Ces espèces et quelques autres se font aussi remarquer par des capitules de gemmes vertes portées sur des pédicules terminaux, qui paraissent être un moyen de propagation pour ces Plantes, analogue aux gemmes qu'on observe sur les *Marchantia*, et peut-être aux bulbes de certaines espèces d'Aulx. Il est à remarquer en effet que le *Bryum androgynum*, qui forme des gazons très-étendus dans tous les bois sablonneux, présente au printemps une infinité de ces gemmes, tandis qu'on n'y voit presque jamais de capsules. Cette observation suffit presque pour renverser l'opinion des auteurs qui regardent ces capitules comme composés de fleurs mâles, car comment dans ce cas ne trouverait-on pas une seule capsule parmi plus de mille de ces capitules, et comment cette Plante se propagerait-elle si abondamment, lorsque ses capsules sont extrêmement rares? D'ailleurs des observations directes, qui ont encore besoin d'être répétées, me paraissent prouver que les grains verts qui composent ces capitules, placés sur la terre humide, peuvent donner naissance à de nouvelles Mousses. (AD. B.)

BRYA. BOT. PHAN. (Brown.) Même chose qu'Amérimnon. *V.* ce mot. (B.)

* BRYAXE. *Bryaxis*. INS. Genre de l'ordre des Coléoptères, section des Dimères, fondé par Knoch aux dépens des Pselaphes, et adopté par Leach (*Zool. Miscell.* T. III. p. 81 et 85) qui y rapporte six espèces trouvées toutes en Angleterre, et décrites la plupart par Reichenbach dans sa Monographie des Pselaphes. *V.* ce mot. (AUD.)

BRYON. BOT. CRYPT. Ce nom grec, qui désignait une espèce de petite Mnie ou plutôt les petites Mousses, fut étendu, par les Latins qui l'adoptèrent, jusqu'à des Lichens foliacés. Dillen le premier le restreignit, en le latinisant, à l'un des genres formés dans son *Historia Muscorum*, et réunit sous le nom de *Bryum* un grand nombre d'espèces, dont Linné détacha d'abord le genre *Mnium*, et dont les modernes ont formé beaucoup d'autres genres. *V.* BRY. (B.)

BRYONE. *Bryonia*. BOT. PHAN. C'est à la famille des Cucurbitacées et à la Monœcie Syngénesie qu'appartient ce genre de Plantes, composé d'une dixaine d'espèces indigènes ou exotiques, qui offrent pour caractères communs : des fleurs unisexuées, monoïques ou dioïques. Dans les fleurs mâles, le calice et la corolle, qui sont en partie soudés, sont campanulés; les étamines, au nombre de cinq, sont triadelphes. Dans les fleurs femelles, le calice et la corolle sont de même forme que dans les mâles, à l'exception de l'ovaire infère qui forme au-dessous d'eux un renflement globuleux et pisiforme; le style est simple, à trois branches qui se terminent chacune par un stigmate élargi, tronqué et bilobé. Le fruit est une petite baie renfermant de trois à six graines. Les tiges sont grêles, rameuses, munies de vrilles, situées à côté des pétioles. Les feuilles sont alternes et généralement lobées.

Parmi les espèces de ce genre, une seule mérite quelque intérêt; c'est la Bryone commune ou couleuvrée, *Bryonia alba*, L., *Bryonia dioica*, Jacq. Elle est commune dans nos haies. Ses fleurs d'un blanc verdâtre sont dioïques. Il succède aux fleurs femelles des baies pisiformes, rougeâtres ou noires. Sa racine qui est blanche, très-grosse, épaisse et charnue, se compose presque en totalité d'Amidon et d'un principe âcre et vénéneux qui lui communique une propriété purgative très-prononcée. Par des lavages fréquemment répétés, ou par la torréfaction, on enlève ce principe âcre, et la racine de Bryone peut alors servir d'aliment par la grande quantité de fécule qu'elle contient.

Dans quelques villes d'Allemagne, des artisans, selon Bory de St.-Vincent, cultivent la Bryone dans les pots de fleurs, et lorsque sa racine est devenue fort grosse, ils la dépotent, n'en remettent en terre que les jets et le chevelu, et, profitant de la forme arrondie que cette racine présente, ils lui taillent une sorte de visage auquel le feuillage forme une espèce de chevelure. La Plante prospère malgré cette opération et l'enduit de couleurs diverses dont on barbouille la figure qu'on lui a donnée, et qui ajoute à sa ressemblance avec la tête de l'Homme. (A. R.)

BRYONIADES. BOT. PHAN. Syn. de Sicyos. *V.* ce mot. (B.)

BRYOPHYLLUM. BOT. PHAN. Ce genre proposé par Salisbury, a pour type le *Cotyledon pinnata* de Lamarck, espèce dont le calice et la corolle présentent quatre divisions, et qui doit par conséquent prendre place parmi les *Calanchoe*, si le genre *Bryophyllum* n'est pas conservé. Il s'en distingue parce que ses étamines, insérées sur un double rang au tube de la corolle divisée elle-même moins profondément, sont égales entre elles. (A. D. J.)

La facilité avec laquelle se reproduit ce Végétal, est véritablement merveilleuse : non-seulement il suffit d'en placer une bouture ou le pétiole d'une feuille dans la terre, mais de poser l'une de ces feuilles à la surface d'un pot de fleurs dans une serre. Chaque angle rentrant des dentelures produit bientôt de petites racines d'où s'élèvent des Plantes nouvelles On peut les lacérer sans que la faculté reproductrice en soit altérée, il suffit qu'il n'y ait pas dessèchement absolu. (B.)

BRYOPSIS. *Bryopsis*. BOT. CRYPT. (*Hydrophytes*.) Genre de l'ordre des Ulvacées. Quelques naturalistes ont classé les Bryopsis parmi les Fucus et les Ulves; d'autres parmi les Conferves ou les Céramies. Ils offrent pour caractères des tiges rameuses, transparentes, fistuleuses, sans articulations ni cloisons, à parois blanches et diaphanes, contenant des séminules vertes et globuleuses, nageant dans un fluide aqueux et incolore.

Leur teinte brillante, leur élégance, leurs proportions et leur *facies*, surtout dans l'état de dessication, leur donnent quelque ressemblance avec les Mousses. Ils sont annuels, et se plaisent sur les rochers et les autres corps marins solides que les marées ne découvrent qu'à l'époque des syzygies; ils sont bien rarement parasites. On les trouve à toutes les latitudes; il en existe une espèce dans la mer du Nord, deux ou trois du 60° au 44°; leur nombre augmente dans la Méditerranée et dans les mers des pays chauds.

BRYOPSIS EN ARBRISSEAU, *Bryopsis Arbuscula*, N. *Ulva plumosa*, Hud. *Fucus Arbuscula*, Cand. Fl. franc. — Sa tige rameuse, comprimée, presque transparente, commence à émettre des rameaux verds, grêles, cylindriques et rameux vers les deux tiers de sa longueur; les inférieurs plus longs que les supérieurs. Cette jolie Plante, répandue dans les mers d'Europe, quoique rare partout, variant de forme et de couleur suivant l'âge et l'exposition, décrite souvent comme espèce nouvelle, ressemble tantôt à un petit Arbrisseau touffu, tantôt à un Arbre pourvu d'un tronc et de branches à tête touffue, et quelquefois à un Sapin ou à un If taillé en pyramide.

BRYOPSIS PENNÉ, *Bryopsis pennata*, N., Ill. de Bot., tom. II, p. 154, tab. III., fig. 1. A 6. — Sa tige est simple, comprimée, pennée, à pinnules recourbées, opposées et alternes; elle a au plus trois centimètres de hauteur et se trouve dans la mer des Antilles.

BRYOPSIS HYPNOIDE, *Bryopsis hypnoides*, N., Ill. de Bot., t. II p. 135, tab. I, fig. 2. A 6. — Sa tige est cylindrique, rameuse, avec des rameaux et des ramuscules épars, allongés et un peu renflés dans leur partie supérieure. Cette espèce a souvent un décimètre de hauteur. Elle a été trouvée dans la Méditerranée sur les côtes de France.

BRYOPSIS CYPRÈS, *Bryopsis cupressina*, N. Ill. de Bot., tom. II, p. 133, tab. I, fig. A. 6. — Jolie petite espèce originaire des côtes de Barbarie; elle se distingue par la situation des rameaux, leur forme, etc., qui rendent cette Plantule semblable à un Cyprès.

BRYOPSIS MOUSSE, *Bryopsis muscosa*, N. Ill. de Bot., tom. II, p. 133, tab. I, fig. 4. A. 6. — C'est le plus petit de tous les Bryopsis; sa tige est simple et presque nue jusqu'à moitié de sa hauteur environ, et couverte dans sa partie supérieure de ramuscules simples, cylindriques, très-nombreux, redressés et comme imbriqués; elle dépasse rarement deux centimètres de grandeur, et se trouve aux environs de Marseille.

Le *Bryopsiss Lyngbyei* de la Flore Danoise et plusieurs espèces inédites, que nous possédons dans notre collection, appartiennent à ce genre d'Hydrophytes. (LAM..X.)

BUAA. BOT. PHAN. *V.* BATAN.

BUBA ET BUBBOLA. OIS. Syn. italien de la Hupe, *Upupa Epops*, L. *V.* HUPPE. (DR..Z.)

BUBALE. MAM. Espèce d'Antilope, type d'un sous-genre. *V.* ANTILOPE. (B.)

BUBALION. BOT. PHAN. (Dioscoride.) Syn. de *Momordica Elaterium*. *V.* MOMORDIQUE. (B.)

BUBBOLA. BOT. CRYPT. Nom générique italien des Champignons bulbeux du genre Agaric. On les désigne aussi par diminutifs, selon leur petitesse, par *Bubbalos*, *Bubbotella* et *Bubbolino*. (B.)

BUBLE. MOLL. C'est le nom anglais de la *Bulla aperta*. *V.* BULLÉE. (B.)

BUBO. OIS. Nom spécifique de la principale espèce du genre Strix, vulgairement appelé Grand-Duc, et duquel est dérivé le *Bufo* des Portugais, ainsi que le *Buho* des Espagnols, qui désigne le même Animal. (B.)

BUBON. *Bubon*. BOT. PHAN. Ce genre de la famille des Ombellifères est caractérisé par la présence d'involucres et d'involucelles, les premiers de cinq, les seconds d'un plus grand nombre de folioles; par un calice que terminent cinq dents très-petites; par des pétales lancéolés et recourbés; par un fruit ovoïde et strié, tantôt velu, tantôt glabre. Il est velu dans deux espèces à tige herbacée, le *Bubon rigidus* à fleurs jaunes, à folioles linéaires, originaire de Sicile, et le *B. macedonicum*, cultivé dans les jardins sous le nom de Persil de Macédoine, et croissant spontanément en Provence, à fleurs blanches, à folioles rhomboïdales, bordées de dents aiguës. Parmi les espèces à tige frutescente, le *B. tortuosum* de Desfontaines (Fl. atlant. tab. 73.) offre aussi un fruit velu; mais il est glabre dans les *B. lævigatum*, *Galbanum* et *gummiferum*, originaires d'Afrique et distingués, le premier par ses folioles lancéolées et obtuses, ainsi que les crénelures de leur bord; le second par ses folioles ovales-cunéiformes, à dents aiguës, et le petit nombre de ses ombelles; le troisième par ses folioles à incisions acuminées, les inférieures plus larges. Des deux dernières, comme de plusieurs Plantes de la même famille, on retire des sucs gommo-résineux fétides; l'un est le Galbanum fourni par l'espèce à laquelle il a donné son nom, et employé en médecine. (A. D. J.)

BUBONION. BOT. PHAN. Ce nom, dans Hippocrate, paraît convenir à une Ombellifère du genre *Sium* de Linné. *V.* BERLE. C'est dans Dioscoride un *Buphthalmum* dont Tournefort avait fait son genre *Asteriscus*, qui est une espèce d'Obeliscotheia d'Adanson. (B.)

BUBONIUM. BOT. PHAN. Syn d'*Ammi majus* et d'*Inula salicina* chez d'anciens botanistes. (B.)

BUBON-UPAS. BOT. PHAN. Même chose que Bom-Upas. *V.* UPAS. (B.)

BUBROME. *Bubroma*. BOT. PHAN. Ce genre fait partie de la famille des Byttnériacées et de la Polyadelphie Dodécandrie. Il a été établi par Schreber pour le *Theobroma Guazuma*, qui diffère du Théobroma par les caractères suivans: son calice est composé de trois folioles, et sa corolle de cinq pétales qui sont bicornes à leur sommet. Les étamines sont soudées par la base de leurs filets; cinq de ces filamens sont privés d'anthères; les cinq autres qui sont plus externes portent chacun à son sommet trois anthères. L'ovaire est surmonté d'un style simple inférieurement, quinquefide à son sommet qui porte cinq stigmates. Le fruit est une capsule ligneuse, indéhiscente et s'ouvrant seulement à son sommet par un grand nombre de petits pertuis.

Le *Bubroma Guazuma*, Willd., est un Arbre qui croît dans les plaines de la Jamaïque. Ses rameaux sont pubescens, chargés de feuilles alternes, pétiolées, cordiformes, scabres, acuminées, dentées en scie, accompagnées à leur base de deux stipules opposées et lancéolées. Les fleurs sont jaunes et disposées en corymbes.

Nous devons faire observer ici que ce genre *Bubroma* de Schreber et de Willdenow est le même que le genre *Guazuma* de Plumier, nom qui devrait être préféré à cause de son antériorité. *V.* GUAZUMA. (A. R.)

BUCACZ. OIS. Syn. de la Spatule blanche, *Platelea Leucorodia*, L. en Illyrie. *V.* SPATULE. (DR..Z.)

BUCAIL. BOT. PHAN. Vieux nom du *Polygorum Fagopyrum* ou Sarrasin. *V.* RENOUÉE. (B.)

BUCANEPHORON. BOT. PHAN. (Plucknet.) C'est-à-dire *Porte-Trompette*. Syn. de Sarracenie. *V.* ce mot. (B.)

BUCANEPHYLLE. BOT. PHAN. Traduction française donnée comme syn. de Bucanephoron. *V.* ce mot. (B.)

BUCARDE. *Cardium*, MOLL. Genre de Lamellibranches de la famille à laquelle il a donné son nom, *V.* BUCARDES, établi par Langius et Gualtieri, et ainsi nommé par Linné, pour une partie des Coquilles appelées Cœurs, Bucardes, Boucardes et Bucardites ou Boucardites, par les anciens conchyliologistes ou oryctographes; genre tellement naturel, qu'il est resté intact depuis Langius et Gualtieri, et qu'on n'a pu en démembrer que les Hémicardes, démembrement qui n'a pas été sanctionné.

Plusieurs espèces de ce genre, communes dans la Méditerranée et sur les côtes de l'Océan, étaient connues des anciens et du vulgaire de tous les temps, étant la plupart édules. Pline paraît avoir eu en vue quelques Bucardes, lorsqu'il décrit les accidens qu'on observe sur plusieurs Conques dont les unes ont des aspérités en forme de dents de peigne, de petits tuyaux tortueux ou ondés en façon de rangées de tuiles courbées, etc (*lib.* 9, *cap.* 33). Mais nous ne pensons point que, sur l'interprétation d'un autre passage de Pline, l'on doive croire avec Rondelet (*lib.* 1, *cap.* 20), et d'après lui, avec Gesner; que les Perles d'Arabie viennent d'une espèce de Bucarde que Rondelet, à en juger d'après sa figure, rapporte au *Cardium aculeatum*. Ce passage (*lib.* 9, *cap.* 35) est une citation de Juba. Il montre que l'on trouve sur les côtes d'Arabie des Perles dans une Conque à bord couronné de longues dents, et garnie d'ailleurs de pointes comme un Hérisson. Mais il reste à constater si ce fait est certain; car il n'a été confirmé, que nous sachions, par aucun observateur depuis Juba, et ensuite il faut examiner si le signalement donné par cet écrivain ne convient pas à d'autres Coquilles. Ce n'est pas ici le lieu de discuter cette question; mais nous croyons devoir indiquer ce doute pour mettre en garde les commentateurs, dont quelques-uns ont trop facilement adopté l'hypothèse de Rondelet et de Gesner.

Belon, Rondelet, Gesner, Aldrovande, Jonston, etc., ont décrit et figuré des Bucardes. Le premier en parle d'une manière très-vague, mais il paraît cependant indiquer le *Cardium edule* ou le *rusticum* de Lamarck (*Aquat.* p. 410). Rondelet (*de Testaceis*, *lib.* 1, *cap.* 19, 20) figure et décrit assez bien les *Cardium aculeatum*, *sulcatum*, *rusticum* et *edule*. Ce dernier, qui paraît être une variété de celui de l'Océan, a été figuré par Poli sous ce nom. Gesner (*de Aquat.* liv. 4, p. 262) copie ces quatre figures, et en ajoute deux autres qui paraissent être le *tuberculatum* et l'*aculeatum*, vus sous un autre aspect. Aldrovande en mentionne un plus grand nombre d'espèces (*de Testaceis*, *lib.* 3. p. 448). Cet auteur est, à ce qu'il paraît, le premier, et non Buonanni, ainsi que le dit Bruguière, qui parle des *Cardium* sous le nom de Bucarde, dénomination qui cependant a été plus spécialement affectée par ce dernier à l'Isocarde. Ces divers naturalistes rangent toutes ces Coquilles dans les Conques sous les dénominations de *Conchæ striatæ* ou de *Conchæ echinatæ*. Fabius Columna a décrit et figuré assez bien l'espèce remarquable appelée *Cardium retusum* (*Aquat.*, *cap.* 9), sous le nom de *Concha carinata rarior*, et cette belle espèce (le *C. costatum*) nommée vulgairement depuis lui *Concha exotica* (*de Purpurá*, *cap.* 17). Lister, le premier des auteurs méthodistes, en ajoutant à ce qui était connu, rangea les Bucardes dans ses *Pectunculus*. Langius et Gualtieri les ont classées sous le nom de *Conchæ cordiformes*, exemple imité par les auteurs plus modernes, à l'exception d'Adanson qui a pris le nom de Lister. Tous les autres auteurs jusqu'à Linné ont fait, avec les Bucardes, diverses coupes sous le nom de *Cœurs*. Enfin Linné leur ayant donné le nom latin de *Cardium*, ce nom a été depuis généralement adopté. *V.* Bucardes. Le Mollusque acéphalé qui habite les Bucardes a été observé d'abord par Réaumur, qui étudia l'espèce connue vulgairement sur les côtes du Poitou et de l'Aunis sous le nom de *Sourdon*, *Card. edule* (*V.* Mém. de l'Acad. des Sc., 1710. p. 439 à 490). D'Argenville a aussi décrit et figuré l'Animal de cette espèce (*Zoomorp.*, p. 55, pl. 6, c. D). Adanson a fait connaître celui du Mofat (Sénég. p. 241), *C. ringens* de Martini, et Müller celui du *Card. echinatum* (*Zool. Dan.* p. 53, tab. 13, 14). Baster a donné des observations plus détaillées sur le *C. edule* (*Opusc. subcesc.*, T. II, p. 72, t. 8, f. 12), et Lister plus anciennement (*An. angl.* p. 189). Poli enfin n'a rien laissé à désirer par la description anatomique et les superbes figures qu'il a données du *C. rusticum*. Toutes ces descriptions s'accordent entre elles et ne diffèrent que par le plus ou moins de détails. L'Animal ne laisse sortir de sa coquille que le pied et les deux tubes pour la respiration et l'anus. Ceux-ci sortent à une distance à peu près égale des extrémités de l'axe, et sont plus ou moins courts selon les espèces, surtout celui qui est le plus rapproché des sommets, l'autre étant souvent d'une longueur double. Ce dernier est accompagné d'une frange garnie de dix ou douze filets tentaculaires susceptibles d'extension et de contraction. L'orifice de ces petits tubes, plus souvent celui du plus grand, est couronné par des filets distribués sur deux rangs, lesquels sont coniques et plus forts sur le tube extérieur. Tous ces filets varient en nombre et en longueur. Le pied est sécuriforme, coudé dans son milieu, à pointe dirigée en avant dans l'état de repos, et ordinairement d'un beau rouge carmin. Ce pied est creux depuis sa base jusqu'à la courbure, pour recevoir une portion de l'ovaire et du canal intestinal. La bouche, garnie de larges membranes, est placée à l'opposé des tubes, au-dessus de l'origine du pied.

Lister a cru reconnaître dans l'espèce qu'il a observée des organes pour la génération, propres aux deux sexes; mais ses observations n'ont point été confirmées.

Les Coquilles de ce genre sont assez variables dans leur forme et les accidens qui les accompagnent. Toutes ont assez bien une figure cordiforme, soit vues de face ou sur un des côtés. Les plus remarquables sont les Hémicardes qui présentent une anomalie très-rare dans les Coquilles, par leur aplatissement singulier d'avant en arrière, et fortement carénées dans leur milieu; en un mot, elles sont déprimées perpendiculairement au plan qui comprend les axes des deux valves : leur forme est au reste très-élégante. D'autres espèces sont remarquables encore par la troncature ou l'aplatissement de l'un des côtés seulement. Plusieurs Bucardes sont lisses; le plus grand nombre sont régulièrement ornés de côtes obtuses ou aiguës qui vont des sommets aux bords des valves. Ces côtes sont quelquefois relevées en carène aiguë, formant des crêtes artistement découpées à jour, comme les ornemens d'architecture gothique, ou bien elles sont couvertes de piquans droits ou recourbés, ou de tuberbules en spatule dont l'ordre et la régularité sont admirables.

Généralement les Bucardes, si bien partagées par l'élégance des formes et des ornemens accessoires, sont privées des couleurs vives qui embellissent d'autres Coquilles. Les bords des valves sont communément plissés ou dentelés à l'intérieur.

Les Bucardes s'enfoncent dans le sable jusqu'à trois ou quatre pouces de profondeur, et communément à la proximité des côtes. Quelques espèces cependant se tiennent éloignées des rivages; un petit nombre vi à l'embouchure des fleuves. Les espèces épineuses ne se cachent point dans le sable, à ce que dit Bruguière, et on croit que cette différence entre les espèces pourvues d'une coquille armée ou non de piquans, provient de ce que celles qui en sont pourvues ont par-là des moyens de se garantir de leurs ennemis. Leur position dans le sable est telle que leur pied, avec lequel elles s'y enfoncent, est opposé aux deux tubes dont les orifices arrivent à la surface du sable. C'est à l'aide de ce pied que ces Mollusques sortent de leur trou, et glissent en traçant des sillons sur le sable. Ils peuvent seulement avancer et aller à reculons, et aussi exécuter une sorte de saut. Quand l'Animal veut s'enfoncer, dit Réaumur qui a le premier observé tous ces détails, il allonge son pied doué de mouvemens polymorphites, en diminuant beaucoup son épaisseur, de manière qu'il rend son extrémité tranchante; alors il s'étend à environ un demi-pouce de distance du bord de la coquille, en rendant en même temps obtus l'angle presque droit que fait la partie qu'on peut distinguer sous le nom de *pied*, avec celle qu'on peut appeler la *jambe* : il se sert de son tranchant pour ouvrir le sable, il y fait entrer tout le pied et une partie de la jambe; il accroche ensuite le sable inférieur avec le bout du pied, et roidissant ces parties à la fois, lorsqu'il a pris un point d'appui, elles se raccourcissent et obligent la coquille d'approcher du bout du pied. Pour retourner sur le sable, il fait sortir l'extrémité de son pied, allonge tout-à-coup la jambe, en l'appuyant fortement contre le sable et en répétant plusieurs fois cette manœuvre, il dégage sa coquille. Pour aller en avant, il engage la pointe du pied dans le sable, tout auprès du bord des valves, et augmentant tout d'un coup la longueur de la jambe dont le pied rencontre un point d'appui, la coquille est poussée en avant, et continue ainsi à cheminer par une suite d'efforts analogues et souvent répétés. Il recule par des moyens pareils à ceux qu'il emploie pour sortir du sable.

On mange plusieurs espèces de Bucardes sur nos côtes, ainsi qu'en Italie, en Espagne, en Angleterre et en Hollande. Il s'en fait même une grande consommation à raison de leur bas prix. A marées basses, on va chercher ces Coquillages dont on reconnaît l'emplacement dans le sable aux petits trous qui correspondent à l'orifice de leurs tubes; mais plus encore aux jets d'eau qui en partent de tous côtés sous les pas des chercheurs, jets que les Bucardes lancent jusqu'à près de deux pieds.

On connaît une assez grande quantité de Bucardes à l'état vivant. On en trouve dans toutes les mers. Elles sont ordinairement très-abondantes dans les parties qu'elles habitent. Plusieurs espèces exotiques sont cependant rares et précieuses. On en connaît aussi beaucoup à l'état fossile, dont plusieurs ont leurs analogues dans les mers des contrées plus méridionales que les nôtres, et d'autres dans les mers qui baignent nos côtes. C'est principalement dans le calcaire de sédiment supérieur à la Craie qu'on trouve ces Fossiles, la plupart du temps dans un bel état de conservation. On en cite aussi dans des terrains plus anciens, mais il est difficile de s'assurer si les Coquilles ou les moules cordiformes qu'on rapporte à ce genre, sous le nom de Bucardites, y appartiennent réellement, ne pouvant en observer la charnière. Du reste, il est certain que beaucoup de Bucardites des anciens oryctographes ne s'y rapportent pas.

Voici les caractères génériques des Bucardes. — Animal. Les ouvertures pour l'anus et la respiration, subfistuleuses, plus ou moins courtes, ordinairement accompagnées de filets tentaculiformes, l'inférieure ou l'anale cachée par une valvule; les branchies à moitié jointes par une membrane intérieure; le bord du manteau dentelé en arrière et sans appendices; le pied en forme de faulx, très-grand, coudé dans son milieu, à pointe dirigée en avant. Coquille équivalve, subcordiforme, à sommets protubérans, à valves dentées ou plissées à leur bord interne; charnière ayant quatre dents sur chaque valve, dont deux cardinales, rapprochées et obliques, s'articulant en croix avec leurs correspondantes, et deux latérales, écartées, intrantes.

Les espèces les plus remarquables de ce genre sont: — 1. Bucarde exotique, *Cardium costatum*, L. et Lamk. *Concha exotica*, Fabius Columna, *de Purp. cap.* 17. p. 26 et 27. Encyc. méth. pl. 292 et 293. Le Kaman, Adanson, Sénégal, p. 243. tab. 18. f. 2. Vulgairement la Conque exotique, le Cœur du Sénégal, le Kaman. Elle habite les mers d'Afrique, les côtes de Guinée et du Sénégal. Elle est citée dans la Méditerranée, aux environs de Tarente, par Salis Marschlins (*Reisen., etc.*, p. 385). Cette Coquille est recherchée par les amateurs lorsqu'elle a ses deux valves; elle est chère quand elle est d'un grand volume. —2. B. Grimacier, *C. ringens*, Chemnitz, 6. tab. 16. f. 170. *Id.* Lam. Le Mofat, Adanson, Sénégal, p. 241. pl. 18. f. 1. Cette espèce habite les côtes d'Afrique et les mers d'Amérique. — 3. B. à papilles, *C. echinatum*, L., Lam. *non* Brug. Wood. G. Conch. p. 208. t. 49. f. 1, 2. Encycl. méth. pl. 298. f. 3. Cette espèce est assez commune dans l'Océan et la Méditerranée. — 4. B. épineux, *C. aculeatum*, L., Lam., Poli, Test. 1. t. 17. f. 1, 3. Encyc. méth. pl. 298. f. 1. Il habite l'Océan d'Europe et la

Méditerranée. Vulgairement le Cœur épineux ou la Bourcarde épineuse, le Cœur de Bœuf épineux. — 5. B. hérissonné, *C. erinaceum*, Lamk. *Card. echinatum*, Poli, Test. 1. t. 17. f. 4, 6. *Id.* Brug. Encycl. méth. pl. 297. f. 5. *C. spinosum*, Dillwyn. Il habite la Méditerranée. — 6. B. tuberculé, *C. tuberculatum*, L., Lamk. Chemn. 6. t. 17. f. 173. Encycl. méth. pl. 300. f. 1. Cette espèce habite la Méditerranée, et l'Océan sur nos côtes et celles d'Angleterre. Vulgairement le Cœur de Bœuf ou la Boucarde à grosses stries, le Cœur de la Méditerranée. — 7. B. tuilé. *C. Isocardia*, L., Lam., Gmelin. *Id. C. squammosum*, Gmelin. Encycl. méth. pl. 297. f. 4. Cette belle et curieuse espèce habite les côtes d'Amérique. Vulgairement le Cœur de Bœuf tuilé, ou la Boucarde tuilée. — 8. B. dentée, *C. serratum*, L., Lamk. *C. lævigatum* des auteurs anglais. Donovan *Brit. Shells*. 11. tab. 54. Wood. Conch. t. 34. f. 1. Cette espèce habite l'Océan sur les côtes d'Angleterre et de France. — 9. B. sillonné, *C. sulcatum*, Lam. *C. flavum*, Born., Mus. t. 3, f. 8. *C. oblongum*, Chemn. Dillw. Vulgairement le Cœur allongé de la Méditerranée où il habite particulièrement. Ce n'est peut-être qu'une variété de l'espèce précédente, avec laquelle Bruguière l'a confondue. — 10. B. lisse, *C. lævigatum*, L., Lamk., *C. serratum* des auteurs anglais. Chemn. 6. t. 18. f. 189. Wood. *G. Conch.* t. 54. f. 3. *C. citrinum*. Celui-ci habite l'océan Atlantique et Américain. Vulgairement le Cœur couleur d'Orange, le Cœur allongé à coque mince, la Coque. — 11. B. à double face, *C. Æolicum*, Born., Lamk. *C. pectinatum*, Brug., Dillw., Chemn. 6. tab. 18. f. 187, 188. Vulgairement le Cœur de Janus, Cœur à deux faces, Cœur strié en deux sens, le Levant et l'Occident, ou l'Orient et l'Occident. — 12. B. muriqué, *C. muricatum*, L., Lam. Chemn. 6. t. 17. f. 177, 178. Il habite l'Océan américain. Vulgairement le Cœur allongé à petites tuiles, l'Arc-en-ciel, le Cœur de Saint-Domingue. — 13. B. Sourdon, *C. Edule*, L., Lam., Chemn. 6, f. 19. f. 194. Encyc. méth. pl. 312. f. 2 et 300. f. 5. Commun sur nos côtes de l'Océan où l'on en mange une énorme quantité. Vulgairement le Sourdon ou la Pétoncle commune. On confond souvent cette Coquille avec le *C. rusticum* qui en est en effet très-voisin. — 14. B. Arbouse, *C. Unedo*, L., Lamk. Chemn. t. 16. f. 168, 169. Encycl. méth. pl. 295. f. 4. Cette espèce habite l'Océan indien. Vulgairement la Fraise blanche, tachetée de rouge, ou la Fraise rouge. — 15. B. bigarré, *C. medium*, Chemn. t. 16. f. 162-164. Encycl. méth. pl. 296. f. 1. Vulgairement le Cœur de Pigeon, la Fraise brune. Cette espèce habite sur nos côtes et sur celles d'Angleterre. — 16. B. sans taches, *C. Fragum*, Chemnitz, 6. t 16. f. 166, 167. Encycl. méth. pl. 295. f. 3. *a*, *b*, *c*. Vulgairement la Fraise blanche. Il habite l'Océan indien. — 17. B. Cœur de Diane, *C. retusum*. L., Lamk. Von Born, Mus. tab. 3. f 1, 2. Encycl. méth. pl. 294. f. 3. Vulgairement le Cœur de Diane. Habite le golfe Persique, la mer Rouge. — 18. B. Soufflet, *C. Hemicardium*, L., Lamk. Chemn. 6. t. 16. f. 151-161. Encycl. méth. pl. 295. f. 2. Vulgairement le Cœur triangulaire, le Cœur en soufflet, le double Cœur de Vénus. Habite l'Océan indien. — 19. B. Cœur de Vénus, *C. Cardissa*, L., Lamk., Encycl. méth. pl. 293. f, 3. Chemnitz, t. 14. f. 143, 144. Habite les Grandes-Indes. Vulgairement le Cœur de Vénus. — 20. B. Cœur de Cérès, *C. inversum*, Lamk. Encycl. méth. pl. 295. f. 1. *C. monstrosum*, Chemn. tab. 14. f. 149, 150. *Id.* Dillwyn. Habite les îles Nicobar. — 21. B. Cœur de Junon, *C. Junoniæ*, Lam. *C. humanum*, Chemn. t. 14. f. 145, 146. Encycl. pl. 294. f. 1. Habite les Grandes-Indes. Vulgairement le Cœur de l'Homme. — 22. B. Cœur en bateau, *C. roseum*, Chemn. 6. t. 14. f. 147, 148. *Id.* Dillw. *C. Junoniæ*, Var., Lamk. Habite les Grandes-Indes. Vulgairement le Cœur en bateau ou le Cœur de Vénus en bateau.

Espèces fossiles ou Boucardites. 1. *C. discors*, Lamk. Ann. Mus. 9. pl. 19. f. 10.—2. *C. porulorum*, Lamk. *Id.* Sowerby, *Min. Conch.* pl. 346. 2. f. 9. —3. *C. asperulum*, Lamk. *Id.* fig. 7. —4. *C. calcitrapoides*, Lamk. *Id.* pl. 20. f. 8.—5. *C. obliquum*, Lamk. *Id.* f. 1. — 6. *C. granulosum*, Lamk. pl. 19. f. 8.—7. *C. Lima*, Lamk. pl. 20. f. 2. — 8. *C. heteroclitum*, Lamk. Ann. tom. 6. n° 8.—9. *C. serrigerum*, Lamk. An. s. vert. tom. 6. 1. p. 19.— 10. *C. gigas*, Defrance, Dict. des Sc. nat. n° 19. — 11. *C. Lithocardium*, Linné, Lamk. An. s. vert., n° 10. *Cardita auricularia*, Ann. Mus. 6. 340, et 9. pl. 19. f. 6. Toutes ces espèces se trouvent aux environs de Paris dans le Calcaire coquillier. Nous y ajouterons une charmante Coquille qui paraît rare, très-délicate, et qui se rapproche infiniment du *Card. hillanum* de Sowerby et de la *Venus cypria* de Brocchi; mais les côtes latérales paraissent être en bien plus grand nombre et beaucoup plus fines. *V.* encore *C. ringens* (qui n'est pas l'analogue du *ringens* de Brug.) et les autres espèces indiquées par Defrance, Dict. des Sc. nat.; — celles de Lamarck, An. s. vert. tom. 6. p. 1;— celles de Brocchi, *Conch. subapp.*, tom. 11. p. 499, et celles de Sowerby, dans le *Min. Conchol.* dont nous ne pouvons donner ici l'énumération.

On trouve à l'état fossile les *Cardium edule* et *rusticum* en Angleterre et en Italie. Poli cite encore le *ciliare*, le *tuberculatum*, l'*oblongum* et l'*echinatum* de Bruguière. Le *C. discors* de Lam. n'est qu'une variété *antiquua* de l'*Æolicum*. Il se trouve à Dax et aux environs de Paris. *V.* pour les Coquilles des terrains antérieurs au Calcaire coquillier, les Bucardites de Schlotheim, *Petrefact.* p. 206 à 210, et son Supplément, p. 63. (F.)

BUCARDES. Deuxième famille de l'ordre des Lamellibranches cardiacés, qui comprend les deux genres Isocarde et Bucarde, *V.* ces mots, dont les espèces étaient vulgairement connues dans la langue de l'ancienne conchyliologie, sous les noms de Cœurs, *V.* ce mot, *Cardium*; Cœurs de Bœuf ou Bucarde, Boucarde, *Bucardium*, ou Boucardites pour les espèces fossiles qui avaient aussi la forme d'un Cœur, et aussi sous les noms de *Conchis striatis*, *echinatis*, *cordiformis*, etc.

Les Bucardes communes dans la Méditerranée et l'Océan, et la plupart édules, ont été observées de toute antiquité. Pline en fait mention assez distinctement, comme nous l'avons dit en parlant du genre Bucarde. Belon, Rondelet, Gesner, Aldrovande, Jouston, Fabius Columna, Buonanni, en ont déjà décrit et figuré plusieurs espèces sous les noms de *Conchis striatis* ou *echinatis*. Aldrovande en désigne quelques-unes sous le nom commun de Bucarde (*de Testaceis*, *lib.* 3, p. 448); mais, selon Buonanni (*Recreat.* p. 2, p. 171, n° 88), le nom de Bucarde était particulièrement donné à l'Isocarde commune, à cause de sa ressemblance avec un cœur de Bœuf, dénomination qui a été adoptée par Lister pour cette Coquille. La plupart des noms que nous venons de rapporter, tirent, comme l'on voit, leur origine de la ressemblance de forme que les Bucardes offrent avec un cœur. Aussi, quelques-uns des premiers auteurs méthodistes ont-ils assigné cette ressemblance pour caractères des coupes dans lesquelles ils les comprenaient. En effet, les valves des Bucardes sont équivalves, généralement très-bombées; leurs sommets sont saillans, contournés en spirale chez les Isocardes, et repliés vers la charnière chez les Bucardes proprement dites, en sorte qu'en regardant la coquille, les deux valves réunies, par l'une des faces latérales et souvent sur les deux, elle offre la figure d'un cœur. Mais d'Argenville le premier donna une plus grande extension à ce caractère, qui déjà suffirait pour englober avec les Bucardes une foule de Coquilles de genres divers. Il admit toutes les Coquilles qui présentent cette figure cordiforme, sur quelque aspect qu'on les retourne, en sorte qu'il réunit aux Cœurs la Tridacne, les Corbis, etc.

Lister range l'Isocarde et les Bucardes dans ses *Pectunculus*, qui comprennent presque toutes les Bivalves marines; mais il place ces Coquilles dans deux coupes séparées. Cet exemple a été suivi par Langius, qui en a fait les deux derniers genres de la première section de ses *Conchæ marinæ*, sous le nom commun de *Conchæ cordiformes*. Ces deux genres, adoptés par Gualtieri, ont été limités par lui, absolument comme l'ont fait les naturalistes modernes, en sorte que c'est vraiment à Langius et à Gualtieri que l'on doit rapporter leur établissement. D'Argenville, comme nous venons de le voir, loin de respecter ces premiers élémens d'une bonne classification, brouilla tout en n'admettant que des familles, et confondit dans celle des *Cœurs* une foule de Coquilles de genres divers. Klein suivit un peu ce mauvais exemple en adoptant la base admise par d'Argenville; mais il ordonna cependant remarquablement les Coquilles qui nous occupent, et dont il forma la sixième classe de ses *Diconchæ æquales*, sous le nom de *Diconcha cordiformis*. Cette classe est divisée en trois genres, qui, comme l'on sait, sont des coupes supérieures à nos divisions génériques; celles-ci cadrent mieux avec ce qu'il appelle espèce. Le premier de ces genres est appelé *Hemicardia*; il comprend les Coquilles ainsi nommées par Cuvier, sous le nom de *Cardissa simplex*, et le *Cardium Unedo*, avec les espèces analogues, sous celui de *Cardissa duplex*, dans deux sections séparées. Le deuxième genre *Isocardia* est divisé en trois espèces : les *striées*, les *lisses* et les *rugueuses*. La première équivaut au genre *Cardium* de Linné, excepté quelques Pétoncles à côtes qu'il y ajoute; la deuxième est partagée en deux coupes, dont la première, sous le nom de Bucardia, revient au genre Isocarde de Lamarck; la troisième renferme diverses Cyclades, etc. Le troisième genre *Anomalocardia* contient aussi quelques Bucardes. On voit par cet exposé que dans nos classifications modernes, pour cette famille, on a emprunté les genres de Gualtieri et les dénominations de Klein. Adanson, malgré l'esprit de sa méthode, a réuni dans son genre Pétoncle, *Pectunculus*, avec les Bucardes, des Coquilles de genres très-différens et dont les Animaux sont très-distincts. Il a repris, comme l'on voit, le nom de Lister, en l'appliquant spécialement à un moins grand nombre de Mollusques. Linné crut devoir réunir l'Isocarde à ses Cames, et il donna aux Bucardes le nom de *Cardium* qui leur est resté depuis lors. Humphrey (*Mus. Calonn.* p. 50) a suivi l'exemple de Linné, en plaçant l'Isocarde avec les Cames; mais il appelle le genre qui les renferme *Trapezium*. Bruguière, après Humphrey, premier réformateur de la méthode linnéenne, place l'Isocarde dans son genre Cardite. L'un et l'autre adoptèrent le genre *Cardium*; mais Bruguière lui donna mal à propos le nom français de Bucarde, exemple suivi par Lamarck qui rétablit le genre Isocarde de Gualtieri, en lui donnant ce nom imaginé par Klein (An. sans vert., prem. édit., p. 118). —A peine était-on sorti de cette confusion dans les dénominations, que Megerle et Ocken sont venus la renouveler et l'augmenter encore. Au lieu d'adopter les noms de Lamarck, donnés bien antérieurement, Megerle appelle *Bucardium* le genre Isocarde de Lamarck, puis Ocken a transporté le nom de Bucardium au genre *Cardissa* de Megerle, formé pour les deux premières espèces du genre Hémicarde de Klein, et il a donné ce nom de Cardissa aux Vénéricardes de Lamarck, en appelant *Glossus*, avec Poli, le genre Isocarde. On voit qu'il est difficile, faute d'étudier ce qu'ont fait les autres, d'embrouiller plus complétement les noms de trois ou quatre genres. Goldfuss, dans ces derniers temps, a suivi l'exemple de Linné et d'Humphrey, en mettant l'Isocarde dans les Cames, malgré les différences détaillées par Poli, pour les Animaux de ces deux genres, et celles qu'offrent leurs coquilles. Schweigger a suivi Lamarck, et, comme lui, laisse les Hémicardes de Cuvier avec les Bucardes. Poli, antérieurement, a proposé les noms de *Glossus* et de *Glossoderma* pour l'Animal et la coquille de l'Isocarde, et ceux de *Cerastes*, *Cerastoderma* pour l'habitant et le test des Bucardes.

Nous croyons utile de rapprocher toutes ces synonymies en un petit tableau, afin qu'on puisse mieux les saisir.

Genre Isocarde, *Isocardia*. Vulg. la Bucarde, Buonanni, Langius et Gualtieri. *Isocardia lævis*, Klein. *Chama*, Linné, Goldfuss. *Trapezium*, Humphrey. *Cardita*, Bruguière. *Bucardium*, Megerle. *Glossoderma*, Poli, Ocken. *Isocardia*, Lamk., Cuvier, Schweigger.

Genre Bucarde, *Cardium*. Vulg. Cœurs, Langius, Gualtieri. *Isocardia striata* et *Hemicardia Cardissa duplex*, Klein, Linné. *Cerastoderma*, Poli. *Cardium*, Bruguière, Lamarck, etc.

Genre Hémicarde, *Hemicardia*. *Cardissa duplex*, Klein. *Cardissa*, Megerle. *Isocardia*, Ocken. Hémicarde, Cuvier. *Cardium*, Linné, Lamk., Brug., Goldfuss, Schweigger.

Genre Vénéricarde, *Venericardia*, Lamk. *Cardissa*, Ocken.

Ocken a le premier établi une famille analogue à celle qui nous occupe; mais il y comprend, outre les genres *Glossus*, *Isocardia* et *Cardium*, le genre *Cardissa* ou Vénéricarde que nous n'y admettons pas, ce par quoi elle diffère encore moins de la nôtre que celle de Lamarck. Celle de ce célèbre naturaliste renferme, avec les Isocardes et les Bucardes, les genres Cardite, Cypricarde et Hyatelle. Nous avons dû en retrancher les deux premiers, parce que la considération de leurs Animaux les rapproche des Mulettes et des Anodontes et les place dans le même ordre que ceux-ci, où ils forment, avec les Vénéricardes, une famille distincte. Quant au genre Hyatelle, il appartient aussi à un autre ordre et à la famille des Pholades.

Nous avions d'abord adopté, comme troisième genre, dans la famille des Bucardes, le genre Hémicarde, indiqué par Cuvier, et déjà renouvelé par Megerle sous le nom de *Cardissa*, et par Ocken sous celui d'Isocarde; mais de nouvelles réflexions nous ont portés à le réunir au genre *Cardium*, dont Lamarck, Goldfuss et Schweigger ne l'ont pas séparé. En effet, la forme remarquable du *Cardium Cardissa* et de quelques espèces analogues, pouvait seule motiver cette séparation; mais la transition d'un genre à l'autre, au moyen d'autres espèces, est tellement graduée, qu'il paraît difficile d'établir entre eux une limite, et d'admettre des modifications génériques dans l'organisation de leurs Animaux.

L'Isocarde, dont la première figure est donnée par Buonanni, a été établie en genre distinct pour la première fois, comme nous l'avons vu, par Gualtieri (*Index Test.*, *pars* IV, *tab.* 71). Elle forme, dans la méthode de cet auteur, le second genre de la première section de la quatrième classe. Il distingue ce genre de celui des Bucardes qu'on lui doit également, par la différence des sommets; *Concha cordiformis; umbone cardinum diducto*, pour le premier, et *umbone cardinum unito*, pour le second. Ces caractères ont suffi pour qu'il limitât ce dernier genre convenablement, et n'y fît entrer aucune espèce étrangère, tant il est saillant et naturel. Le premier de ces deux genres, l'Isocarde, n'offre encore que cinq ou six espèces, tandis que le second, la Bucarde, en présente un assez grand nombre. L'organisation de leurs habitans est bien connue, et même leurs mœurs ont été un peu étudiées. Réaumur, Adanson, Baster, Müller, mais surtout Poli, doivent être consultés sous ce rapport. Le dernier a donné de superbes anatomies des deux genres. *V.* pour tous les détails, les mots Bucarde et Isocarde. (F.)

BUCARDIER. MOLL. Nom donné par Lam. (An. sans vert., 1re édit., p. 119) à l'Animal des Bucardes, appelé Céraste par Poli. *V.* Bucarde. (F.)

BUCARDITE. MOLL. FOSS. Dénomination employée par les anciens oryctographes pour désigner toutes les Coquilles pétrifiées, ou leurs Moules, ayant la figure d'un cœur. Ils réunissaient ainsi des Bucardes, des Vénus, des Arches et beaucoup d'autres Coquilles. Ce nom désigne encore, chez plusieurs conchyliologistes ou géologues modernes, outre les Bucardes fossiles, des espèces de genres très-incertains. *V.* Bucarde. (F.)

BUCARO. GÉOL. Et non *Bucaros. V.* Barros et Bujaro.

BUCCAFERREA. BOT. PHAN. (Micheli.) Syn. de Rappie. *V.* ce mot. (B.)

* BUCCARDIUM. MOLL. Dénomination latine adoptée par Megerle (*Schaltier, etc., im. naturf. zu Berlin Mag.* 1811, p. 52) pour le genre Isocarde de Lamarck, ainsi nommé et institué long-temps avant le travail de Megerle. *V.* Bucarde et Bucardes. (F.)

BUCCARIO. OIS. Syn. italien de Buse, *Falco Buteo*, L. *V.* Faucon. (B.)

BUCCELLES. INS. Même chose qu'Agnathes. *V.* ce mot. (B.)

BUCCIARIO. OIS. Syn. italien de la Buse commune, *Falco Buteo*, L. *V.* Faucon, division des Buses. (DR.. Z.)

BUCCIN. *Buccinum*. MOLL. Genre de la famille des Pourpres et du sous-ordre des Pectinibranches Hémipomastomes, *V.* ces mots, établi par Adanson sous ce nom, et sous celui de *Tritonium* par Müller. La dénomination de Buccin est des plus anciennement consacrées dans la conchyliologie; elle est même au nombre des noms vulgaires que nous ont transmis les anciens. Le mot *Keryka*, employé par Aristote (*de Anim. lib.* IV, *cap.* IV, et *lib.* V, *cap.* XV), dans son énumération des Testacés, a été rendu par les auteurs latins, par celui de *Buccina* ou *Buccinum*, trompette. En effet, il paraît qu'en rompant le sommet de la spire des grosses Coquilles, auxquelles on a donné primitivement ce nom, on s'en servait en guise de trompe ou de trompette, comme le prouve ce vers de Virgile : *Buccina jam priscos cogebat ad arma Quirites*. Les poëtes ont parlé des Buccins dans ce sens, mais plus souvent sous le nom de *Conque*, et les peintres en ont fait l'attribut presque indispensable des Tritons et des autres divinités marines. Par suite, des dénominations diverses, mais qui toutes rendent la même idée, ont été adoptées dans le langage vulgaire ou scientifique de différens peuples; tels sont les noms de *Trompeten*, *Spitzhoernern*, *Kinkhorn* des Allemands, le *Cornetto* des Napolitains, etc. La plupart des auteurs grecs et latins parlent des Buccins; Athénée, Dioscoride, Pline, etc., citent fréquemment les usages auxquels on employait soit leur coquille, soit l'Animal qui l'habite, surtout en médecine. Mais depuis les anciens jusqu'à nous, le nom de Buccin a beaucoup varié dans son application. Aristote lui-même en a fait un nom collectif, quoiqu'il semble l'avoir appliqué spécialement à des Coquillages fort voisins des Pourpres; aussi Pline l'a-t-il donné à un des deux genres de Coquilles qui fournissaient la liqueur de ce nom, à cause de sa ressemblance avec le Buccin dont on tirait des sons de trompette (liv. IX, ch. XXXVI). C'est cette double désignation qui est la cause primitive de toutes les fausses applications qui ont été faites du nom de Buccin. Fabius Columna l'a donné à des Coquilles très-diverses, et sans chercher à fixer les espèces de Pline. Rondelet, l'un des premiers, voulut les déterminer. Il figure, comme étant le grand Buccin dont on se servait en guise de trompette, une espèce du genre Triton de Lamarck (selon toutes les apparences, son *Triton nodiferum*, la plus grande des Coquilles univalves de la Méditerranée, dont se servaient les anciens); mais l'espèce de Rondelet en paraît un peu différente. Du reste cet usage s'est conservé; les Indiens se servent d'une espèce de Triton pour donner leur cri de guerre, et les bergers de l'Afrique et de l'Orient font usage du *Murex Tritonis* de Linné, *Triton variegatum*, Lamk., appelé vulgairement la trompette marine ou la Conque de Triton). Le même auteur regarde comme une Tonne et un autre Triton, plus petit que le premier, les Pourpres que Pline appelle aussi Buccins. Gesner, Aldrovande, Jonston, Rumphius, etc., ont étendu ce nom à beaucoup d'autres Coquilles, en sorte que l'on a fini par perdre de vue le véritable type de cette dénomination, et que Lister a fait du mot *Buccinum* un nom commun pour la plupart des Coquilles univalves terrestres, fluviatiles ou marines, ventrues et à spire plus ou moins allongée ou raccourcie. Langius en a fait sa troisième classe des Coquilles turbinées, dans laquelle il admet deux sections divisées en plusieurs genres. Gualtieri a appelé *Buccina* sa troisième classe des Coquilles marines, et il y place toutes les Coquilles univalves ventrues, dont l'ouverture est échancrée, ou plus ou moins canaliculée. D'Argenville a suivi cet exemple, et sa famille des Buccins est un composé des plus disparates. Klein a mieux fait que ses prédécesseurs; sa septième classe, *Buccinum*, est divisée en cinq genres, où l'on voit déjà quelque ébauche des arrangemens des conchyliologistes modernes. Le premier de ces genres est le *Buccinum Tritonis*, origine du genre Triton de Lamarck. Le deuxième, *Argo-Buccinum*, est formé pour le *Murex Argus* de Chemnitz et de Gmelin, qui est aussi un Triton. Le troisième, appelé *Cophino-Salpinx*, offre, avec quelque mélange, l'idée du genre Cancellaire. Le quatrième, *Buccinum-Lacerum*, est un mélange indigeste. Le cinquième, *Buccinum-Muricatum*, est composé de Ranelles et de Tritons. On voit qu'il a limité cette coupe, et qu'en général il a réuni des Coquilles plus voisines que ses prédécesseurs. Déjà Guettard et Geoffroy avaient, d'après Lister, appelé Buccins les Limnées de Lamarck. Linné avait jeté alors les fondemens de sa classification, dans les premières éditions de son *Systema Naturæ*. Son genre *Buccinum* n'ayant point de caractères précis et bien décidés, il consacra une réunion plus convenable, sans doute, que celles de Lister, Langius et Gualtieri, mais qui laissa encore la plus grande latitude à l'arbitraire, pour le classement des espèces. Adanson apporta le premier une grande réforme dans tous les Mollusques de cette famille, en en séparant tous ceux qui n'ont pas d'opercule, et plaçant la plus grande partie des Buccins de Linné dans son genre Pourpre. Il limite le genre Buccin à un petit nombre d'espèces dont les Animaux sont analogues et nettement caractérisés. Mais ces Buccins ne sont point ceux que les anciens avaient ainsi nommés, à cause de l'usage qu'ils en faisaient comme trompette. Müller qui vint après lui, à l'exemple de Geoffroy et de Guettard, a adopté le nom de *Buccinum* pour les Mollusques appelés, depuis, Limnées par Lamarck, et il a donné au genre *Buccinum*, bien déterminé par Adanson, le nom de Triton que Lamarck, à l'exemple de Klein, a postérieurement appliqué à des Coquilles très-différentes. Si Müller n'eût pas fait cette transposition, et eût adopté le nom d'Adanson, peut-être le genre Buccin eût-il enfin été fixé. Müller a achevé la réforme d'Adanson en montrant que les Animaux de plusieurs Murex de Linné, placés parmi les Fuseaux par Lamarck, sont de véritables Buccins; et ce qui est inconcevable, c'est qu'après des observations aussi positives que celles de ces deux auteurs, les conchyliologistes modernes, malgré la très-grande analogie des Coquilles elles-mêmes, n'aient point basé leurs genres sur ces observations. L'Animal du *Fusus antiquus*, très-bien figuré par Müller (*Zool. Dan. Ic.* III, tab. 118), ne diffère en aucun point de celui du *Buccinum undatum*. Leurs Coquilles ont les rapports les plus frappans. Le prolongement du canal ne saurait offrir un caractère générique, puisque l'une et l'autre de ces espèces ont un siphon : et d'ailleurs comment limiterait-on la longueur du prolongement qui doit faire un Fuseau ou un Buccin ? Il est donc certain qu'une partie des Fuseaux de Lamarck sont de véritables Buccins, et il y a un travail entier à faire pour déterminer les espèces de ces deux genres. On peut même affirmer, malgré le mérite incontestable des travaux du célèbre auteur des Animaux sans vertèbres sur la famille des Pourpres, que, pour n'avoir point assez suivi les indications d'Adanson, cette famille est entièrement à débrouiller, les genres n'étant point en harmonie avec les différences que présentent les Animaux, et les Coquilles n'offrant en général aucune règle certaine et précise pour les rapporter à tel genre plutôt qu'à tel autre. Je cite, à l'appui de cette vérité, les genres Buccin, Fuseau, Pyrule, Triton, etc. Il n'est personne qui ne se soit trouvé très-embarrassé dans le classement de leurs espèces. Bruguière, au lieu de profiter des observations d'Adanson et de Müller, chercha simplement à débrouiller les Buccins de Linné, et ne s'attachant qu'aux seules Coquilles, il s'est contenté d'en réunir les espèces les plus analogues, et d'en faire les quatre genres Buccin, Vis, Casque et Pourpre. Son genre Buccin a de nouveau été réduit par Lamarck qui en a tiré les sept genres Concholepas, Licorne, Harpe, Tonne, Éburne, Nasse et Planaxe, en en plaçant quelques autres espèces dans le genre Pourpre. Depuis lors, ce savant a réuni les Nasses à la partie des Buccins de Bruguière, à laquelle il a conservé ce nom. Mais cette réunion ne saurait être admise, si l'on considère le *Bucc. undatum* comme étant le type du genre Buccin, l'Animal des Nasses étant nettement distingué de celui de cette espèce et appartenant aux Pourpres. Le genre Vis de Bruguière avait déjà été créé sous ce nom par Adanson, qui le décrit comme étant privé d'opercule. Il paraît avoir observé les Animaux de trois espèces, et cependant il est certain, d'après les individus du *Terebra maculata* qui ont été rapportés par l'expédition du capitaine Freycinet, que cette espèce est munie d'un opercule corné. Il est impossible, d'après cela, que le Faval d'Adanson en soit privé. La grande analogie des Coquilles des autres espèces, qu'il admet dans ce genre, avec les véritables Buccins, porte à présumer que leurs Animaux n'en diffèrent pas non plus ; car la seule absence de cet opercule distingue les Vis des Buccins. Nous présumons donc qu'il faut qu'Adanson se soit trompé par une cause quelconque, à moins que l'opercule ne soit caduc à de certaines époques dans les espèces qu'il a observées. Il résulte de cette observation positive, à l'égard du *Terebra maculata*, que le genre Vis doit être réuni au genre Buccin, réunion que nous n'effectuerons cependant point ici, parce qu'il nous suffit de la signaler comme devant vraisemblablement s'exécuter, voulant d'ailleurs nous laisser le temps d'obtenir des renseignemens positifs sur les *Terebra miran*, *rafel* et *nifat* d'Adanson, sur lesquels il peut encore rester quelques doutes, afin d'être assurés s'ils sont privés d'opercules, cet habile observateur ne pouvant être légèrement taxé d'inexactitude.

Les genres Casque et Pourpre, quoique très-voisins par leurs Animaux des vrais Buccins, en sont cependant séparés par la forme des tentacules et la position des yeux, et paraissent devoir être réunis en un seul genre avec les Tonnes, les Harpes, les Cassidaires, les Licornes, le Concholepas et les Nasses. On voit par cet exposé que les Buccins de Linné appartiennent en grande partie au genre Pourpre, étendu comme il doit l'être d'après l'organisation des Animaux de tous ces genres, et qu'une partie de ses Murex doit être réunie aux Buccins. Quant au genre Planaxe, il appartient à l'ordre des Pomastomes, et il doit se placer près des Mélanopsides dont il est très-voisin et par son Animal et par sa coquille. Humphrey (*Mus. Calon.*) a tenté avec assez de raison, au milieu de cette confusion qui laissait chacun maître de faire à sa guise, de rendre au nom de Buccin son antique acception. Son genre Buccin revient littéralement au genre Triton de Lamarck.

Montfort a encore diminué les Buccins de Lamarck, en formant son genre Alectrion qui ne doit pas être adopté. Nous avions d'abord pensé qu'il convenait d'en faire un sous-genre des Buccins, mais nous pensons aujourd'hui qu'on doit le laisser avec les Nasses dont il offre les caractères distinctifs. Le genre Buccin de Montfort a pour type le *B. undatum*. Ocken a suivi cet exemple et adopté le genre Alectrion.

Cuvier (Mém. sur le grand Buccin) paraît assimiler à l'Animal du *B. undatum* ceux des *B. reticulatum*, *neriteum*, *arcularia*, qui sont des Nasses, dont les Animaux ont les yeux placés différemment que chez les Buccins. Il cite même comme analogue le *Miran* d'Adanson, que celui-ci place parmi ses Vis, et qu'il dit être dépourvu d'opercule. Cette indication de Cuvier n'est malheureusement pas motivée, sans quoi elle aurait décidé, pour nous, la réunion des Vis aux Buccins. Dans son Règne Animal, Cuvier comprend sous le nom de Buccin tous ceux de Linné. Schweigger et Goldfuss ont imité cette manière de voir. Il est cependant impossible, selon nous, d'admettre cet immense genre, et l'on doit s'empresser de saisir les différences caractéristiques qu'offrent les Animaux pour le réduire; ainsi nous ne laissons le nom de Buccin qu'aux seuls Mollusques ainsi nommés par Adanson, et aux Tritons de Müller, à l'exception d'un petit nombre, tel que le *Tritonium Pes-Pelecani*, qui offre des distinctions qui ont échappé à Müller. Nous plaçons à côté de ce genre les Ebur-nes dont les Animaux sont encore inconnus, et qui vraisemblablement devront être réunis aux Buccins ou aux Nasses.

Aristote, qui déjà rapporte plusieurs observations intéressantes sur les Animaux des Coquilles de mer, nous apprend que les Buccins et les Pourpres percent avec leur trompe la coquille des autres Mollusques (*lib.* 4. p. 4). En effet, les Buccins sont carnassiers et ils percent ainsi le test des autres Coquillages avec leur langue renfermée dans leur trompe pour en sucer les Animaux. Aristote parle aussi de ce qu'il appelle leur *cire*, parce qu'il compare ce produit au gâteau des Abeilles, comparaison assez juste et ingénieuse, sous le rapport des petites cellules qui divisent la masse membraneuse dans laquelle ils renferment leurs œufs et dont il entend parler. Il la compare aussi à une multitude d'écosses de Pois blancs unies ensemble. On peut voir une figure de ces œufs et de leur enveloppe dans Lister (*Exert. Anat. Alter.*, tab. 6.) Aristote attribue leur génération à une bourbe putréfiée, mais il décrit bien leur accroissement. Les Buccins, comme les Pourpres, rendent cette liqueur si célèbre chez les anciens, dont on faisait la couleur pourpre. C'est au printemps, suivant lui, à l'époque de leur ponte que l'on pêchait les Buccins pour la teinture. Ils disparaissaient dans la canicule. Selon Ruysch, on en ferait en Hollande du bouillon pour la toux, comme on se sert des Limaçons pour cet usage. Selon Dacosta (*Britisch. Conchol.* p. 124) le *Bucc. undatum* est édule dans toute la Gande-Bretagne où on le vend dans tous les marchés.

Les seules figures de vrais Buccins que nous connaissions sont celles du Barnet d'Adanson (Sénég. pl. 10. f. 1) du *B. undatum* et du *B. antiquum*, très-bien représentées par Müller (*Zool. Dan. Icon.* 2. t. 1 et 3. tab. 118). Cuvier (Ann. Mus. et Mém. sur les Moll.), a donné l'anatomie de l'*undatum*. D'Argenville (Zoom. pl. 4. f. A, E) paraît aussi avoir voulu représenter des Animaux de ce genre; mais les espèces sont peu reconnaissables. Il est fort remarquable que personne, depuis Adanson, n'ait parlé de l'espèce qui fait le type de son genre Buccin. Bruguière, qui en réunit une partie dans sa dernière section, a omis le Barnet, en sorte que cette espèce est pour ainsi dire inconnue. D'après les seuls caractères des coquilles de ces Buccins, ils ne paraissent pas convenir au genre Buccin de Lamarck.

Voici les caractères du genre Buccin tel que nous le limitons.—Animal. Gastéropode Pectinibranche Hémipomastome (*V.* ce mot), muni d'une trompe, sans voile sur la tête, ayant deux tentacules conico-cylindriques, oculés à leur base externe; un pied généralement plus court que la coquille, et un siphon saillant par l'échancrure ou le demi-canal de l'ouverture; un opercule cartilagineux. —Test. Ovale ou ovale conique; ouverture longitudinale ou ovale, ayant à sa base une échancrure ou un canal court et droit; columelle solide, généralement mince et souvent accompagnée d'un bourrelet ou renflement décurrent vers sa base.

Voici les espèces les plus remarquables que l'on peut rapporter avec quelque certitude à ce genre important. Nous sommes obligés d'en énumérer un certain nombre, afin d'indiquer ses limites encore indéterminées; la plupart d'entre elles étant d'ailleurs disséminées dans divers genres :

1. *Buccinum undatum*, L. Lamk. *sp.* 1 Encyclop. méth. pl. 399. f. 1-6. *Tritonium undatum*, Müller. *Zool. Dan.* 2. t. 50. — *α. Buc. striatum*, Pennant. Zool. IV. t. 74. f. 91. — *β. Monstrum sinistra*, Born. tab. 9. f. 14, 15. *Buccinum Bornianum*, Chemn. IX. t. 103, 892; 893. Cette espèce très-commune dans l'Océan ne paraît pas se trouver dans la Méditerranée. Elle est abondante sur nos côtes, sur celles d'Angleterre, dans le nord de l'Europe et de l'Amérique; elle varie beaucoup et elle est édule. Il paraît, selon Dillwyn, que le *B. viridulum* de Gmelin n'en est qu'un jeune individu. Fossile aux environs de Valognes.—2. *B. glaciale*, L. Lamk. *sp.* 2. Encycl. méth. pl. 399. f. 3 à 6. *Tritonium glaciale*, Müller, *Zool. Dan. Prod.* n° 2942. Donovan V. t. 154. Elle habite les mers du Nord et est plus rare que la précédente.—3. *B. carinatum*, Phipps, *Ve to the north pole*, p. 197. t. 13. f. 2. Gmelin, p. 3493, Dillwyn, Descript. cat. p. 632. Cette espèce habite les côtes du Spitzberg; elle est au moins très-voisine de la précédente. — 4. *B. ciliatum*, Gmelin, p. 3492. *Tritonium ciliatum*, Fabricius, *Fauna Groenl.* p. 401. Cette espèce qui habite les côtes du Groënland se rapproche de l'*undatum*. — 5. *B. solutum*, Hermann. *Naturf.* p. 52. t. 2. f. 3, 4. Gmelin, p. 3493. *Bucc. undatum*, var. C. Schreiber, *Conch.* 1. p. 174. Son habitation n'est pas connue. — 6. *B. antiquum*, N. *Bucc. magnum*, Dacosta, *Brit. Conch.* t. 6. f. 4. *Tritonium antiquum*, Müller, *Zool. Dan.* III. p. 64. t. 11. f. 1, 3. *Murex antiquus*, Linné. *Murex despectus*, Pennant. *Fusus antiquus*, Lamk. VII. p. 125. Encyclop. pl. 426. f. 5. Cette belle espèce qui parvient quelquefois à un très-grand volume a été, comme on le voit, ballottée dans quatre genres, uniquement à cause du prolongement de son ouverture en un canal court. Cette petite différence a suffi pour l'éloigner du *B. undatum*, malgré son incontestable analogie. Nonobstant la figure et la description que Müller a données des Animaux de l'une et de l'autre, et qui ne laissent aucun doute sur leur parfaite identité générique, cet exemple est un des plus frappans contre les règles absolues, tirées uniquement des Coquilles. Cette espèce habite les mers du nord, et se trouve aussi sur nos côtes. —

7. *B. contrarium*, N. *Murex contrarius*, L. *Fusus contrarius*, Lamk. *Murex antiquus*, var. Gmelin, Dillwyn, Chemnitz, *Conchyl.* IX. t. 105, 894, 895. Encycl. p. 437. f. 1. Cette curieuse espèce a d'assez grands rapports avec la précédente pour qu'on ne l'ait considérée que comme en étant une monstruosité; mais elle est constamment sénestre, et l'exception serait à droite. Elle habite les mers du nord; elle est assez commune en Angleterre, dans le comté d'Essex, à l'état fossile. — 8. *B. magellanicum*, N. *Murex magellanicus*, Chemnitz. X. t. 164. f. 1570. *Triton cancellatum*, Lamk. VII. p. 187. Encycl. pl. 415. f. 1. Cette espèce habite le détroit de Magellan. Il est difficile de concevoir comment on pourrait, pour une simple distinction spécifique, séparer cette espèce de l'*antiquus*. Cependant l'un est un Fuseau pour Lamarck et l'autre un Triton. — 9. *B. despectum*, N. *Murex despectus*, L., *Iter W. goth.* p. 200. t. 5. f. 8. *Id. Syst. Nat.* Donovan, *Brit. Shells* V. t. 180. *Tritonium despectum*, Müller. *Zool. Dan. Prod.* 2940? Cette espèce habite les mers du nord, les côtes d'Islande. Elle paraît être distincte de la suivante. — 10. *B. subantiquatum*, N. *Murex subantiquatus*, Maton et Rackett, *Lin. Trans.* VIII. p. 147. *Murex antiquus*, Pennant, Martini IV. t. 138. f. 1293, 1296. — α. *Murex antiquus*, Donovan IV. t. 119. *Fusus despectus*, Lamk. *Id.* Encyclop. pl. 426. f. 4. Martini 1295. Cette espèce habite les côtes d'Angleterre. — 11. *B. fornicatum*, N. *Tritonium fornicatum*, Fabricius, *Faun. Groenl.* 399. *Murex fornicatus*, Gmelin. *M. aruanus*, Born. *Murex carinatus*, Pennant, t. 77. f. 96. Donovan IV. f. 109. *Fusus carinatus*, Lamk. Ce Buccin habite les mers du nord. — 12. *B. corneum*, N. *Murex corneus*, L., Pennant, t. 76. f. 99. Donovan II. t. 38. Dacosta, *Bucc. gracile*, t. 6. f. 5. Cette jolie espèce habite les côtes d'Angleterre, et s'y trouve fossile avec le *contrarium* et une variété du *fornicatum*. — 13. *B. islandicum*, N. *Murex islandicus*, Gmelin, *Fusus islandicus*, Martini, Lamk. Encycl. pl. 429. f. 2. Il se trouve dans les mers de l'Islande, et nous paraît différent du précédent avec lequel Dillwyn l'a confondu.

Ajoutez *Buccinum anglicanum, papyraceum, lineatum, fuscatum? lineolatum, mutabile, coromandellianum, Zebra? lævissimum?* Lamk.; *otaheitense*, Chemnitz; *porcatum*, Gmelin; *mexicanum*, Brug.; *textum*, Gmelin, etc. Ajoutez encore les Buccins d'Adanson, Sénégal, p. 146 et suiv., tab. 10, f. 1-7. Parmi les *Tritonium* de Müller, retranchez le *Pes-Pelecani* dont les yeux sont différemment situés, dont le pied et le mufle proboscidiforme le distinguent nettement des Buccins; le *T. incrassatum* paraît n'être qu'une variété du *B. Macula*, lequel est une nasse; le *T. Lapillus* est une Pourpre; ses yeux sont situés à la moitié de la longueur des tentacules.

Buccins fossiles ou Espèces pétrifiées, parmi lesquelles viennent se placer un très-petit nombre des Buccinites, des Oryctographes. Toutes les espèces fossiles de ce genre appartiennent, selon Defrance, au Calcaire coquillier. *V.* les espèces de Lamarck (Ann. Mus., t. VI, et An. sans vert., t. VII, p. 578), sur lesquelles nous observons, 1° que le *B. clathratum* est une Nasse; 2° que le *B. stromboides*, que l'on trouve en Champagne avec ses couleurs, comme s'il sortait de la mer, paraît difficilement pouvoir s'éloigner des Volutes.

Voyez encore les espèces de Defrance (Dict. des Sc. nat.), en observant, 1° que le *B. undatum* est, par erreur, appelé *undulatum*: celui-ci est une Cassidaire; 2° que le *B. striatum*, *Murex striatus*, Sowerby, n'est qu'une variété de l'espèce vivante, citée plus haut sous le nom de *fornicatum*; 3° que le *B. elongatum* ne paraît pas différer du *B. Veneris* de Faujas, (Ann. Mus.).

Il est assez remarquable de voir en Angleterre, à l'état fossile et dans le même dépôt, les *Buccinum undatum*, *fornicatum*, *contrarium* et *cor-*

neum, qui tous vivent encore aujourd'hui sur les côtes de cette contrée; ils s'y trouvent (dans le comté d'Essex) avec beaucoup d'autres Coquilles qui sont dans le même cas, et d'autres qui ne vivent plus sur ces côtes. *V.* encore les espèces de Brocchi, qui sont en petit nombre; celles de Sowerby, dont plusieurs sont classées parmi les Murex et enfin les Buccinites de Schlotheim (*Petref.* p. 129 et suiv.). A l'égard de ceux-ci, plusieurs nous paraissent indéterminables quant au genre auquel ils appartiennent réellement. Deux espèces très-remarquables sont figurées dans le Supplément à cet ouvrage, les *B. subcostatus* et *arculatus*. *V.* pl. 22 et 23.

Nous terminerons cet article par l'indication des principaux noms vulgairement appliqués à des Coquilles très-diverses qualifiées de Buccins.

Buccin à côtes de Melon, à canal allongé et à petit canal, de Favart-d'Herbigny. Ce sont deux espèces du genre Fuseau qui n'ont pas encore été reconnues.

Buccin à filet ou rayé. C'est le *Buccinum Glans*, L. et Lamk. qui appartient vraisemblablement au genre Nasse de Lamarck. *V.* ce mot.

Buccin à grains de riz ou à lèvre déchiquetée. C'est le *Buccinum papillosum.* L. et Lamk. Type du genre Alectrion de Montfort. *V.* NASSE.

Buccin arculaire ou Casquillon. C'est le *Bucc. arcularia*, L. et Lamk., espèce du genre Nasse. *V.* ce mot.

Buccin Bigni. *V.* ce mot.

Buccin Bivet. C'est la *Cancellaria cancellata*, Lamk. *V.* CANCELLAIRE.

Buccin Blatin. C'est une espèce de Fuseau non reconnue depuis Adanson.

Buccin Calybé. C'est sans doute le *Buccin. Calybæus*, Gmelin; *B. cinereum* de von Born, dont Lamarck a fait son *Terebra aciculina. V.* VIS.

Buccin cannelé, ou la Tonne cannelée. C'est le *Buc. Galea* de L. *Dolium Galea*, Lamk. *V.* TONNE.

Buccin de la mer Rouge, ou petit Buccin rayé à lèvre échancrée. C'est le *Strombus fasciatus* de Gmelin; *Strombus bubonius*, Lamk. *V.* STROMBE.

Buccin ou Murex d'offrande. On a donné ce nom aux *Turbinella Rapa* et *Pyrum* de Lamarck, mais spécialement à cette dernière. *V.* TURBINELLE.

Buccin du Nord. C'est le *Buc. undatum*, L., Lamk., cité plus haut.

Buccin épineux, ou petit Buccin épineux, ou Buccin Chardon. C'est le *Murex lenticosus* de L.; *Buc. lenticosum*, Bruguière, dont Lamarck a fait une Cancellaire. *V.* ce mot. C'est le type du genre Phos de Montfort.

Buccin feuilleté de Magellan. C'est le *Murex magellanicus*, L. et Lamk., type du genre Trophone de Montfort. Cette Coquille appartient vraisemblablement au genre Buccin.

Buccin fluviatile, dit grand Buccin d'eau douce. C'est le *Limneus stagnalis. V.* LIMNÉE.

Buccin fluviatile, dit petit Buccin fluviatile. C'est le *Limneus palustris. V.* LIMNÉE.

Buccin fluviatile d'Espagne. C'est, à ce qu'il paraît, l'*Helix detrita* de Müller. *V.* COCHLOGÈNE.

Buccin fluviatile fascié. C'est la *Paludina vivipara*, Lamk., type du genre Vivipare de Montfort.

Buccin fluviatile ventru, ou Radis fluviatile. C'est le *Limneus auricularius. V.* LIMNÉE.

Buccin Ivoire. C'est le *Buc. glabratum*, L., type du genre Eburne de Lamarck *V.* EBURNE.

Buccin Perdrix. C'est le *Buc. Perdix* de L., *Dolium Perdix*, Lamk. *V.* TONNE.

Buccin taché. C'est le *Terebra maculata* de Lamarck *V.* VIS.

Buccin tordu ou tors. C'est le *Triton maculosum*, Lamk. *V.* TRITON.

Buccin terrestre. Les premiers conchyliologistes ont donné ce nom à plusieurs des Coquilles terrestres turbinées, et Guettard en a fait son troisième genre des Limaçons, qui a donné plus tard l'idée du genre Bulime. *V.* ce mot.

Buccin triangulaire ou le Dragon.

C'est le *Murex femorale*, L., *Triton femorale*, Lamk. *V*. TRITON.

Buccin unique. C'est le *Murex perversus*, L., *Pyrula perversa*, Lamk., type du genre Carreau de Montfort. *V*. PYRULE. (F.)

* BUCCINE. *Buccina*. MOLL. Dénomination employée au lieu de *Buccinum*, par Aldrovande, Buonanni, Gualtieri, Martini, etc. Les deux premiers ont désigné ainsi plusieurs Univalves. Le troisième a nommé de cette manière sa troisième classe des Coquilles marines turbinées. Le quatrième a caractérisé sous ce nom le genre des Buccins qu'il divise en deux espèces ou sections. *V*. BUCCIN. (F.)

* BUCCINELLE. *Buccinella*. MOLL. Perry (*Conchol*. pl. 27) a ainsi nommé le genre Turbinelle de Lamarck. *V*. TURBINELLE. (F.)

BUCCINIER. MOLL. Nom donné par Lamarck (An. sans vert. première édit.) aux Animaux des Buccins. (F.)

BUCCINITES. MOLL. FOSS. *V*. BUCCINS FOSSILES.

* BUCCINOIDES. MOLL. Deuxième famille des Gastéropodes Pectinibranches dans la méthode de Cuvier (Règne Anim. tom. 2, p. 429). Elle comprend tous les Mollusques dont la coquille a une ouverture échancrée ou canaliculée, et renferme les genres Cône, Porcelaine, Ovule, Tarière, Volute (celui-ci comprend toutes les Volutes de Linné, c'est-à-dire, les Olives, les Volutes, les Marginelles, Colombelles, Mitres et Cancellaires de Lamarck); Buccin (celui-ci comprend toutes les Coquilles ainsi nommées par Linné. (*V*. BUCCIN); Cérite, Rocher (avec toutes les divisions admises par Lamarck), Strombe et Sigaret. Cette immense famille forme pour nous les trois derniers sous-ordres des Pectinibranches, la présence ou l'absence de l'opercule et l'organisation des Sigarets nous ayant paru un caractère suffisant pour diviser cette réunion si considérable de Mollusques, qui forme à elle seule la moitié des Céphalés. Nous avons cru qu'il était nécessaire d'y établir des coupes de divers degrés, lorsqu'elles pouvaient d'ailleurs s'appuyer sur l'organisation des Animaux, afin de faciliter l'étude et la reconnaissance des espèces. *V*. PECTINIBRANCHES. (F.)

BUCCINULUM. MOLL. Dénomination latine employée par Sloane et Martini pour désigner de petits Buccins. (F.)

BUCCINUM. MOLL. *V*. BUCCIN.

BUCCINUM. BOT. (Galien.) Probablement le *Delphinium Consolida*, L. *V*. DELPHINELLE.

On a également donné ce nom aux Helvelles, à la Chanterelle, ainsi qu'à divers Champignons en forme de trompette. (B.)

BUCCO. BOT. PHAN. Wendland a donné ce nom à une subdivision du genre Diosma que Willdenow a plus tard nommé *Agathosma*. *V*. ce mot. (A. R.)

BUCENTE. *Bucentes*. INS. Genre de l'ordre des Diptères et de la famille des Athéricères (Règne Anim. de Cuv.) établi par Latreille qui lui assigne pour caractères : trompe coudée à sa base et près de son milieu, repliée en dessous, après le second coude.

Ces Insectes ressemblent aux Stomoxes; de même qu'eux, ils ont le corps court, et le second article des antennes beaucoup plus petit que le troisième ou le dernier qui est en palette; mais ils en diffèrent par leur trompe repliée en dessous, ils ont aussi quelque analogie avec les Myopes, sous le rapport de leur trompe, et s'en distinguent cependant par la forme du corps et le développement relatif des articles des antennes.

Le Bucente coudé, *B. geniculatus*, ou la Mouche coudée de Degéer (Ins. VI. pl. 2. fig. 19-22) sert de type à ce genre; il a la taille de la Mouche domestique. Sa larve vit dans l'intérieur de quelques Chrysalides de Noctuelles. (AUD.)

BUCÉPHALE. MAM. C'est-à-dire *Tête de Bœuf*. Nom emprunté d'un Cheval d'Alexandre-le-Grand, qui n'avait certainement pas une tête de

Bœuf, comme spécifique de plusieurs Animaux dont la tête plus ou moins grosse a quelque ressemblance avec celle de cet Animal. (B.)

BUCÉPHALON. BOT. PHAN. Genre de Plumier conservé par Adanson, rapporté par Linné au *Trophis* qu'on place maintenant dans la famille des Urticées. *V.* TROPHIS. (A. D. J.)

Dioscoride paraît désigner sous ce nom la Macre, *Trapa natans*, L. (B.)

BUCÉPHALOPHORE. *Bucephalophorus*. BOT. PHAN. C'est-à-dire qui porte une tête de Bœuf. Espèce du genre Rumex. *V.* ce mot. (B.)

BUCÈRE. *Buceras*. BOT. PHAN. Browne donnait ce nom à une Plante de la Jamaïque, où l'épi des fleurs est terminé par une corne spongieuse, peut-être vide; et Linné l'a conservée, seulement comme spécifique, en la plaçant dans son genre *Bucida*. *V.* ce mot. — Le nom de *Buceras* est dans Allioni synonyme de *Trigonella*. Haller le donne au Fenu-grec, espèce de ce genre où le légume est distingué des autres par sa longueur; et c'est au contraire pour ces autres espèces que Moench le réserve. *V.* TRIGONELLE. (A. D. J.)

BUCEROS. OIS. *V.* CALAO.

* BUCEROS. BOT. PHAN. (Hippocrate.) Syn. de Fenu-grec. *V.* TRIGONELLE. (B.)

BUCHALE. BOT. PHAN. (Daléchamp.) Syn. de Fève, *Vicia Faba*. *V.* VESCE. (B.)

BUCHAU. BOT. PHAN. Même chose que Bacau. *V.* ce mot. (B.)

BUCHE. BOT. PHAN. Syn. allemand de Hêtre. (B.)

* BUCHIE. *Buchia*. BOT. PHAN. Kunth a établi ce genre de la famille des Verbénacées et de la Didynamie Angiospermie, L. (*in Humb. et Bonpl. Nov. Gen.* 3. p. 269) pour une Plante herbacée qui croît dans les lieux humides sur les bords de l'Orénoque, et dont la tige dressée porte des feuilles opposées, simples, entières, marquées de nervures longitudinales velues surtout en dessus. Ses pédoncules sont longs, axillaires, terminés par trois ou six épis très-serrés, rapprochés, qui naissent de son sommet. Leur calice est biparti, à divisions ovales, acuminées, concaves. La corolle est infundibuliforme; son limbe est à quatre divisions égales. Les étamines, au nombre de quatre, très-courtes, sont incluses et égales entre elles. Le style est simple, terminé par un stigmate triparti. Le fruit est une capsule à trois loges, contenant chacune une seule graine. Ce genre a de l'affinité avec les genres *Lippia* et *Mattuschkea*; mais il en diffère essentiellement, ainsi que de tous les autres genres de la famille des Verbénacées, par son stigmate triparti et sa capsule à trois loges.

La seule espèce qu'il renferme porte le nom de *Buchia plantaginea*. Elle est figurée planche 132 du second volume des *Nova Genera* de Humboldt, rédigés par Kunth. (A. R.)

BUCHMARDER. MAM. Syn. allemand de Fouine. *V.* MARTE. (B.)

BUCHNÈRE. BOT. PHAN. Famille des Rhinantacées, Didynamie Angiospermie, L. Genre composé d'une quinzaine d'espèce de Plantes, d'un port assez élégant, toutes exotiques, dont quelques-unes sont cultivées dans nos jardins de botanique, et dont les caractères sont : calice monophylle, persistant, à cinq dents; corolle à tube grêle, un peu arqué, ayant son limbe partagé en cinq lobes ouverts, presque égaux, souvent échancrés; ovaire supérieur, ovale, oblong, surmonté d'un style filiforme, terminé par un stigmate obtus; capsule ovale, oblongue, en partie cachée dans le calice, à deux loges et polysperme. (B.)

BUCHOMARIEN. BOT. PHAN. (Daléchamp.) Syn. de *Cyclamen europeum*, L. *V.* CYCLAMEN. (B.)

BUCHORMARIEN. BOT. PHAN. *V.* BOTHORMARIE.

BUCHOZIA. BOT. PHAN. De Candolle dit dans sa Théorie élémentaire de la Botanique : « Quant aux noms » de Plantes dédiés aux botanistes, » on doit être fort circonspect et ne » pas consacrer le nom de ceux qui, » loin d'avancer la science, ont tendu » à l'obscurcir ou à la rendre ridi- » culé, par exemple, *Buchozia.* » Le nom de Buchoz, qui sert à motiver cet arrêt sévère, mais juste, avait été donné par l'Héritier à un genre qui ne l'a pas conservé. Ce genre est maintenant connu sous celui de Serissa. *V.* ce mot et BAUDINIA. (A. D. J.)

BUCIDE ou GRIGNON. *Bucida.* BOT. PHAN. Ce genre a été placé par Jussieu dans la famille des Eléagnées que Robert Brown a avec juste raison partagée en plusieurs groupes distincts. Aujourd'hui ce genre fait partie de la nouvelle famille des Combrétacées de ce savant botaniste, et il se distingue par l'organisation suivante : ses fleurs sont petites et forment des épis axillaires et pédonculés, à la partie supérieure des ramifications de la tige ; chaque fleur offre un calice monosépale tubuleux, entièrement soudé par son tube avec l'ovaire qui est complétement infère ; son limbe est évasé et à cinq dents courtes et larges ; il n'y a point de corolle. Les étamines, au nombre de dix, sont dressées, saillantes et libres, plus longues que le limbe du calice, insérées en dehors d'un disque épigyne annulaire. L'ovaire est à une seule loge dans laquelle on observe trois ovules pendans de son sommet, par le moyen d'un pédosperme filamenteux. Le style est simple, plus court que les étamines, et se termine par un stigmate glanduleux, à peine distinct. Le fruit est une sorte de drupe sèche couronnée par les lobes du calice, indéhiscente et contenant généralement une seule graine par l'avortement des deux autres ovules.

On ne connaît encore que deux espèces de ce genre : ce sont des Arbrisseaux à feuilles rassemblées au sommet des rameaux ou dans leur bifurcation. Le *Bucida Buceras* croît dans l'Amérique méridionale, et se cultive parfois dans les jardins. (A. R.)

BUCK. MAM. Le mâle du Daim en anglais. *V.* CERF. (B.)

BUCK-BEANS. BOT. PHAN. Et non *Bruck-Beanca* (Ray.) Syn. anglais de *Menianthes trifoliata*, L. *V.* MÉNIANTHE. (B.)

BUCKEL. MOLL. Mot allemand qui signifie *Bossue*, et que les conchyliologistes de cette nation ont appliqué, en traduisant l'expression française, à la *Bulla gibbosa*, L., *Ovula gibbosa*, Lamk., vulgairement appelée la *Bossue sans dents*, type du genre Ultime de Montfort. *V.* ULTIME et OVULE. (F.)

BUCKELOCHSE. MAM. Syn. de Bison. *V.* BOEUF. (B.)

BUCKHORN. BOT. PHAN. Syn. anglais de *Plantago Coronopus*, L. *V.* PLANTAIN. (B.)

BUCKLING. POIS. Le Hareng fumé sur les bords de la Baltique. (B.)

BUCKTORN. BOT. PHAN. Syn. de *Rhamnus catharticus*, L. *V.* NERPRUN. (B.)

BUCK-WHEAT. BOT. PHAN. Syn. anglais de *Polygonum Fagopyrum. V.* RENOUÉE. (B.)

BUCNÈRE. BOT. PHAN. Même chose que Buchnère. *V.* ce mot. (B.)

BUCRANION. BOT. PHAN. Syn. d'*Antirrhinum Orontium*, espèce de Mufflier. *V.* ANTIRRHINUM. (B.)

BUCULA-CERVINA. MAM. Syn. de Bubale, espèce d'Antilope. *V.* ce mot. (B.)

BUDA. BOT. PHAN. Sous ce nom, Adanson a formé un genre distinct de quelques espèces de Sablines, qui, comme l'*Arenaria rubra* et le *media*, présentent des feuilles munies de stipules, de cinq à huit étamines, cinq styles, des graines bordées d'un repli membraneux, et qui se rapprochent des Spargoutes. Persoon a réuni ces mêmes espèces dans une section qu'il désigne sous le nom de *Spergularia*. *V*. SABLINE. (A. D. J.)

BUDAMANI. BOT. PHAN. Nom d'une variété de *Dolichos scarabæoides* à Ceylan. *V*. DOLIC. (B.)

BUDD. POIS. Syn. suédois d'Aphie, espèce d'Able. *V*. ce mot. (B.)

BUDDAH. MAM. (Marsden.) Syn. de Rhinocéros à Sumatra. (B.)

BUDDLEIE. *Buddleia*. BOT. PHAN. Genre de la famille naturelle des Scrophulariées ou Antirrhinées, dont il s'éloigne cependant par quelques caractères, et qui présente des fleurs diversement groupées en grappes terminales, composées d'un calice à quatre lobes plus ou moins profonds; d'une corolle monopétale régulière, tubuleuse, dont le limbe offre quatre lobes égaux; de quatre étamines à filamens courts et un peu inégaux. L'ovaire, qui est porté sur un disque hypogyne peu distinct de sa base, est à deux loges qui contiennent chacune un grand nombre d'ovules insérés à un trophosperme central; le style est quelquefois très-court; il se termine par un stigmate bilobé. Le fruit est une capsule acuminée, à deux loges polyspermes, et s'ouvre en deux valves qui souvent se séparent chacune en deux pièces, en sorte que le fruit semble être quadrivalve. Les graines sont toujours attachées par leur extrémité supérieure et latérale.

Ce genre se compose d'un assez grand nombre d'espèces. On en compte aujourd'hui plus de quarante, la plupart originaires de l'Amérique méridionale. Ce sont des Arbrisseaux élégans, portant des feuilles opposées ou verticillées et des fleurs généralement petites, disposées en grappes ou en thyrses à l'extrémité des ramifications de la tige. Parmi les espèces cultivées dans les jardins, nous distinguerons :

Le BUDDLEIE GLOBULEUX, *Buddleia globosa*, L., Jacq. *Ic. rar.* t. 307. Arbrisseau toujours vert, originaire du Chili. Ses feuilles opposées sont ovales, allongées, aiguës, dentées, blanchâtres à leur face inférieure; ses fleurs, d'un jaune doré et fort odorantes, sont réunies en boules au sommet des rameaux. On peut la cultiver en pleine terre où elle brave les hivers dans tout le midi de la France; mais dans les environs de Paris, elle craint la gelée, et il est plus prudent de la rentrer en orangerie pendant la mauvaise saison. De même que les autres espèces de Buddleie, elle se multiplie de graines, de marcottes ou de boutures.

Le BUDDLEIE A FEUILLES DE SAUGE, *Buddleia salviæfolia*, distincte par ses feuilles lancéolées, crispées; ses fleurs blanches, velues, formant des grappes terminales.

Le BUDDLEIE A FEUILLES DE SAULE, *Buddleia salicifolia*, remarquable par ses feuilles lancéolées, étroites, blanches et cotonneuses à leur face inférieure; par ses fleurs blanches, très-petites, disposées en un thyrse conique au sommet des ramifications de la tige. (A. R.)

BUDEK. MAM. Même chose que Musc. *V*. ce mot. (A. D..NS.)

BUDEL. MAM. Probablement pour *Vedel* qu'on prononce *Bedel*; donné comme synonyme de Veau dans le midi de la France. Ce mot et Pudel signifient, dit-on, Barbet en allemand. *V*. CHIEN. (B.)

BUDIA. POIS. Syn. de Labre Paon chez les Portugais. (B.)

BUDION. POIS. Même chose que Bodian en espagnol. *V*. BODIAN. (B.)

BUDJEN. POIS. Syn. arabe de Vandoise, espèce d'Able. *V*. ce mot. (B.)

BUDLÈGE. BOT. PHAN. Pour Buddleie. *V*. ce mot. (A. R.)

BUDSCHIM-SCHIR. MAM. Syn. de Rat. (A. D..NS.)

BUDUGHAS ET BUDUGHAHA. BOT. PHAN. Syn. de *Ficus religiosa* chez les Insulaires de Ceylan. Ce nom vient de celui de leur prophète Buda qui tenait son prêche sous le feuillage de cet Arbre. (B.)

BUDYTA ET BUDYTES. OIS. Syn. vulgaire de Bergeronnette. (DR..Z.)

BUE. MAM. L'un des noms du Bœuf en quelques cantons de l'Italie, selon Desmarest. (B.)

BUENA. BOT. PHAN. Genre établi par Cavanilles d'après un Arbrisseau de la Guiane, qu'il figure tab. 571 de ses *Icones*. Il doit, de l'aveu même de l'auteur, rentrer dans le *Gonzalagunia* de Ruiz et Pavon. *V*. GONZALÉE. (A. D. J.)

BUETARE. BOT. CRYPT. Les Norwégiens donnent ce nom à plusieurs espèces de Plantes marines, principalement à la Laminaire saccharine, *Fucus saccharinus*, L. (LAM..X.)

BUEY. MAM. Syn. espagnol de Bœuf. (B.)

BUFALA. POIS. Syn. de *Sparus Dentex* sur la côte de Gênes. (B.)

BUFFA DE LOBO. BOT. CRYPT. Syn. portugais de Vesse-de-Loup, dont c'est la traduction littérale. (B.)

BUFFALO ET BUFFEL. MAM. Noms italien et allemand du Buffle. *V*. ce mot. (A. D..NS.)

BUFFLE. MAM. Espèce du genre Bœuf. — On a étendu ce nom à d'autres espèces du même genre. Ainsi l'on a appelé:

BUFFLE DE CAFRERIE OU DU CAP DE BONNE-ESPÉRANCE, le *Bos caffer*.

BUFFLE DE CHURCHILL, le Bison musqué.

BUFFLE DE L'INTÉRIEUR, sur les côtes de la baie d'Hudson, le Bison d'Amérique.

BUFFLE MUSQUÉ, encore le Bison musqué.

BUFFLE A QUEUE DE CHEVAL, l'Yack.

BUFFLE JOUVA DE L'INDE, l'Arni. *V*. BOEUF. (B.)

BUFFLESSE OU BUFFLONNE. MAM. Femelle du Buffle. (B.)

BUFFLETIN OU BUFFLON. MAM. Le jeune Buffle. (B.)

BUFFONE. *Buffonia*. BOT. PHAN. Genre de la famille des Caryophyllées. Il présente un calice quadriparti, quatre pétales, quatre étamines, un ovaire qui porte deux styles, et se change en une capsule comprimée, à une loge, à deux valves et à deux graines. Celles-ci sont ovales, comprimées, chagrinées, un peu échancrées à la base, insérées au fond de la capsule. On en connaît deux petites espèces qui se rencontrent dans le midi, l'une annuelle, l'autre vivace. Leurs feuilles sont fines, en forme d'alène; leurs fleurs disposées en panicules terminales. (A. D. J.)

L'emploi d'un grand nom pour désigner l'une des Plantes les plus chétives et dans les touffes de laquelle passe pour se plaire le Reptile nommé *Bufo* en latin, fut la seule vengeance que tira Linné des violentes critiques du comte de Buffon. (B.)

BUFO. ZOOL. Nom latin du Crapaud, appliqué par Montfort à l'un de ses genres de Coquilles. (F.)

BUFO. OIS. *V*. BUBO.

BUFOLT. POIS. Syn. de *Tetradon hispidus*. (B.)

BUFONITES OU CRAPAUDINES. POIS. FOSS. Une ressemblance imparfaite et grossière que l'on crut trouver entre les molaires fossiles de quelques Poissons et des Crapauds pétrifiés, mérita à ces dents les noms par lesquels on les désigne encore dans quelques collections. On croyait aussi que ces Bufonites prétendues sortaient du crâne des Reptiles, et on leur attribua de grandes vertus, toutes imaginaires. Il paraît que les Bufonites ou Crapaudines ont appartenu à des Spares et à l'Anarrhique Loup. (B.)

BUFTALMON. BOT. PHAN. Même chose que Buphthalme. *V*. ce mot. (B.)

BUGADIERA. BOT. PHAN. Syn. de *Convolvulus cantabricus*, L. *V*. LISERON. (B.)

BUGÆTHUAWÆL. BOT. PHAN. Syn d'*Hugonia Mystax* à Ceylan. *V*. HUGONIE. (B.)

BUGAROVELLO. POIS. *V.* BOGARAVEO.

BUGÉE. MAM. Singe rare des Indes, voisin des Makis, suivant Erxleben. (A. D..NS.)

BUGGENHAGENIEN. POIS. Même chose que Carpe de Buggenhagen. *V.* ABLE. (B.)

BUGHUR OU BUGHOR. MAM. Nom persan du Chameau. (A. D..NS.)

BUGIA. BOT. PHAN. Ancien nom de l'écorce et de la racine du Vinetier, qui servait dans la teinture. (B.)

BUGINVILLÉE. BOT. PHAN. *V.* BOUGAINVILLÉE.

BUGIO. MAM. *V.* BOGIO.

BUGLE. *Ajuga.* BOT. PHAN. Famille des Labiées, Didynamie Gymnospermie, L. Ce genre est extrêmement voisin des Germandrées, *Teucrium*, puisqu'il n'en diffère que par sa corolle dont la lèvre supérieure manque ou du moins ne présente que deux petites dents, tandis que dans les Germandrées, la lèvre supérieure est courte, mais profondément divisée par une scissure, à travers laquelle les étamines sont saillantes. Du reste, voici les caractères généraux qui distinguent le genre : ce sont de petites Plantes herbacées, vivaces, souvent rampantes et stolonifères, ayant des tiges simples, carrées, des fleurs groupées à l'aisselle des feuilles supérieures de manière à former des épis foliacés; leur calice est tubuleux, à cinq dents presque égales ; la corolle est irrégulière, à deux lèvres, la supérieure extrêmement courte et remplacée par deux petites dents; l'inférieure à trois lobes, celui du milieu plus grand. Les quatre étamines sont saillantes.

On trouve en France plusieurs espèces de Bugles; entre autres, la Bugle commune, *Ajuga reptans*, L. Plante vivace, stolonifère, presque glabre, dont les fleurs sont bleues, et qui est fort commune aux environs de Paris dans les premiers jours du printemps. La Bugle pyramidale, *Ajuga pyramidalis*, L., qui se distingue de la précédente par ses fleurs plus grandes et plus nombreuses, par ses feuilles très-velues, est une fort jolie espèce que l'on cultive quelquefois dans les jardins. (A. R.)

BUGLOSSE. *Anchusa.* BOT. PHAN. Ce genre de la famille des Borraginées et de la Pentandrie Monogynie, L., est assez rapproché de la Bourrache dont il se distingue cependant par la forme de sa corolle et de ses appendices. Son calice est monopétale, tubuleux, à cinq divisions peu profondes. Sa corolle qui est monosépale, régulière et infundibuliforme, a son limbe plane et à cinq divisions égales. L'entrée du tube de la corolle est fermée par cinq appendices rapprochés et ordinairement barbus. Les cinq étamines sont incluses dans l'intérieur du tube, et le fruit se compose de quatre akènes réunis et à surface chagrinée.

L'espèce qui croît en France et que l'on désigne communément sous le nom de Buglosse officinale, *Anchusa officinalis*, n'est point celle de Linné et des Flores du nord de l'Europe; c'est la Buglosse paniculée ou *Anchusa paniculata* d'Aiton, ou *Anchusa italica* de Retz. Elle diffère de la véritable Buglosse officinale par ses feuilles plus allongées, par ses bractées lancéolées et par ses fleurs dont les épis sont groupés en panicules. Du reste, ces deux Plantes sont très-faciles à confondre. La Buglosse jouit des mêmes propriétés que la Bourrache, c'est-à-dire qu'elle est mucilagineuse, diaphorétique et diurétique.

On cultive encore dans les jardins plusieurs autres espèces de ce genre; telles sont : la Buglosse de Candie, *Anchusa cæspitosa*, Willd. Cette jolie Plante qui est originaire d'Orient, d'où elle a été rapportée par Tournefort, forme des touffes épaisses, sur lesquelles des fleurs d'un bleu clair se détachent agréablement. L'espèce la plus intéressante est la Buglosse des teinturiers, *Anchusa tinctoria*, L., qui croît dans les provinces méridionales de la France. Sa racine que l'on désigne sous le nom d'Orcanette, fournit un principe colorant, analogue à celui de la Garance, et dont on fait une grande consommation dans l'art de la teinture. (A. R.)

BUGLOSSOIDES. BOT. PHAN. Moench nomme ainsi une espèce de Grémil, le *Lithospermum tenuifolium*, L., dont les graines rugueuses présentent un appendice à leur sommet. (A. D. J.)

* BUGLOSSUS. BOT. CRYPT. (*Champignons.*) Wahlenberg, dans la Flore d'Upsal, a donné ce nom au genre déjà désigné par Bulliard sous le nom de *Fistulina*, que tous les auteurs modernes ont adopté. *V.* FISTULINA. (AD. B.)

BUGO. POIS. (Risso.) Syn. de Bogue. *V.* ce mot. (B.)

BUGRANE. BOT. PHAN. *V.* BOUGRAINE. On dit aussi Bugrande, Bourande et Bugave. (B.)

BUHO. OIS. *V.* BUBO.

BUHOR. OIS. Syn. vulgaire de Butor, *Ardea stellaris*, L. *V.* HÉRON. (DR..Z.)

BUHPODE. BOT. CRYPT. Syn. de Vesse-de-Loup. (AD. B.)

BUI. BOT. PHAN. Même chose que Buis. *V.* ce mot. (B.)

BUI-CUIVALI. BOT. PHAN. Même chose que Madecca. *V.* ce mot. (B.)

BUIK. POIS. (Tilésius.) Nom générique des Chabots au Kamtschatka. (B.)

BUIL ET BUIVALI. MAM. Noms russes de l'Aurochs. *V.* BOEUF. (B.)

BUIO. REPT. OPH. Syn de Boa sur les bords de l'Orénoque. (B.)

BUIRE ou l'AIGUILLE A QUEUE BLANCHE, ou la CHENILLE BLANCHE. MOLL. C'est le *Murex Vertagus*, L. *Cerithium Vertagus*, Lam. *V.* CERITE. (F.)

BUIS. *Buxus*. BOT. PHAN. C'est à la famille des Euphorbiacées et à la Monoëcie Tétrandrie, L., qu'appartient ce genre composé seulement de deux espèces qui offrent un grand nombre de variétés considérées par quelques auteurs comme des espèces distinctes. Ce sont des Arbrisseaux dont les jeunes rameaux sont anguleux et portent des feuilles opposées et persistantes. Leurs fleurs sont petites, monoïques, groupées aux aisselles des feuilles. Les mâles présentent un calice à quatre divisions profondes, et comme campanulé; quatre étamines saillantes et plus longues que le calice; un corps charnu et glanduleux au centre de la fleur et à la place du pistil. Dans les fleurs femelles, le calice renferme un pistil terminé supérieurement par trois cornes recourbées, que l'on peut considérer comme autant de styles sur la surface interne desquels règne un stigmate glanduleux. Le fruit est une capsule tricorne, à trois loges, contenant chacune deux graines.

L'espèce la plus commune est le Buis ordinaire ou Buis toujours vert, *Buxus sempervirens*, L. Dans l'état sauvage, c'est un Arbrisseau qui peut atteindre une hauteur de quinze et même de vingt pieds. Ses feuilles sont petites, coriaces, persistantes, d'un vert sombre et luisantes. Il croît naturellement dans les bois. Transplanté dans nos jardins, il donne par les soins du cultivateur un grand nombre de variétés, dont les feuilles sont diversement panachées de blanc ou de jaune. La plus remarquable est celle que l'on emploie à faire des bordures de platebandes, mais dont l'usage dans les dessins de parterres est presque partout abandonné. Sa hauteur est de quatre à huit pouces; ses tiges sont extrêmement grêles; c'est en la taillant fréquemment que le cultivateur parvient à la conserver à cette hauteur. Il est à remarquer que toutes les variétés du Buis ne se reproduisent pas de graines, et qu'on ne les conserve que par le moyen des boutures ou des marcottes. Le bois du Buis est très-estimé; il est dur, compacte, pesant et d'une belle couleur jaune. On l'emploie beaucoup à des ouvrages de tour; on en fait des tabatières, des vis, des peignes et différens ustensiles; les racines sont encore plus recherchées, parce qu'elles offrent des veines d'une couleur plus foncée; on les emploie aux mêmes usages. Les médecins font également usage du bois de Buis. Il est sudorifique et il peut très-bien remplacer le bois de Gayac dans le traitement de la goutte, du rhumatisme, etc.

La seconde espèce de ce genre est le Buis de Mahon, *Buxus balearica*, Lamk. Cette belle espèce, dont la tige est arborescente, se distingue surtout par ses feuilles très-larges comparativement à celles de la précédente. Elle croît dans les îles Baléares où elle forme de grands bois. On la cultive dans les jardins; mais elle craint les fortes gelées. (A. R.)

BUISSON ARDENT. BOT. PHAN. *Mespilus Pyracantha*, L. La couleur écarlate des fruits de cet Arbuste lui a aussi valu le nom d'Épine de feu, et, par allusion au Buisson ardent où le législateur hébreu dit avoir rencontré Dieu, on l'appelle encore Arbre de Moïse. *V.* ALISIER. On a donné le même nom, au Malabar, à l'*Ixora coccinea*. (B.)

BUISSON A BAIES DE NEIGE. BOT. PHAN. Nom vulgaire du *Chiococca racemosa*. (B.)

BUISSON A MOUCHE. BOT. PHAN. Nom vulgaire du *Roridula dentata*. (B.)

BUITELAAR. POIS. Ruysch désigne sous ce nom hollandais, dans sa collection d'Amboine, un Poisson qu'il est impossible de déterminer. (B.)

BUITRE. OIS. Nom espagnol du Vautour, que les voyageurs ont donné, en divers pays, à des Oiseaux du même genre qu'ils y rencontraient, et dont l'orthographe dénaturée en Butre, Buitri, Bitri, etc., a été prise pour des noms propres. (B.)

BUITRI. OIS. *V.* BUITRE.

BUIXOT. OIS. Syn. du Millouin, *Anas ferina*, en Catalogne. *V.* CANARD. (DR.. Z.)

BUJAESKE. BOT. CRYPT. *V.* BREGUE.

BUJAN-AN-VALLI. BOT. PHAN. Syn. indien ds *Phyllanthus Niruri*. *V.* PHYLLANTHE. (B.)

BUJARO. GÉOL. Et non *Bucaros*, mais qu'on prononce effectivement *Boucaro*. Terre bolaire, rougeâtre, très-chargéè d'Oxyde de Fer, et dont on fait en Espagne, ainsi qu'en Portugal, des vases où l'eau se conserve très-fraîche, et auxquels on donne le même nom ainsi que celui d'Alcarazas. (B.)

BUJIS. MOLL. Selon Bosc (Nouv. Dict. d'Hist. nat.), c'est l'un des noms de la Porcelaine Cauris. (F.)

BUK. MAM. Syn. norwégien de Bouc. (B.)

BUKACZ. OIS. Syn. illyrien du Butor, *Ardea stellaris*, L. *V.* HÉRON. (DR.. Z.)

BUKAFER. BOT. PHAN. Même chose que Buccaferrea. *V.* ce mot. (B.)

BUKE. BOT. PHAN. (Thunberg.) Nom japonais du *Pyrus japonica*. *V.* POIRIER. (B.)

BUKERA. BOT. PHAN. Syn. de *Plantago major*. *V.* PLANTAIN. (B.)

BUKIEZ. OIS. Syn. de *Pelecanus Onocrotalus* dans quelques lieux de la Suède. (B.)

BUKKU OU BOCHO. BOT. PHAN. *Diosma hirsuta* chez les Hottentots qui emploient la poudre aromatique de cette Plante pour parfumer leurs cheveux. *V.* DIOSMA. (B.)

BULA. MAM. L'un des syn. de Zibeline. *V.* MARTE. (B.)

BULA. BOT. PHAN. Syn. d'*Ærua*. *V.* ce mot. (B.)

BULAN. MAM. Nom indifféremment appliqué au Renne et à l'Élan dans l'Asie septentrionale. (B.)

BULANGAM OU BULANGAN. BOT. PHAN. Racine employée médicinalement dans l'Inde, et particulièlièrement à Goa : on ignore à quel genre appartient le Végétal dont elle provient. (B.)

BULAPATHUM. BOT. PHAN. (Fracastor.) Syn. de Bistorte. *V.* RENOUÉE. (B.)

BULATMAI. POIS. Cyprin de la mer Caspienne, du sous-genre des Barbeaux. *V.* CYPRIN. (B.)

BULATWÆLA. BOT. PHAN. (Herman.) Syn. de Betel. *V.* POIVRE. (B.)

BULA-VANGA. BOT. PHAN. Syn. indien de *Jussiea caryophylloides*, Lamk. et de Sésame. (B.)

BULBE. *Bulbus*. BOT. PHAN. On appelle ainsi une espèce de Bourgeon propre à certaines Plantes vivaces et particulièrement aux monocotylédonées. Les Végétaux qui offrent un Bulbe sont vulgairement désignés sous le nom de *Plantes bulbeuses*. Pendant longtemps le Bulbe a été considéré comme une Racine; de-là le nom de Racine bulbeuse qui lui a été donné par la plupart des auteurs. Mais la comparaison de sa structure avec celle des bourgeons qui naissent à l'aisselle des feuilles dans les Arbres dicotylédons, ne laisse aucun doute sur la ressemblance qui existe entre ces deux organes. Un Bulbe est toujours composé : 1° d'un plateau charnu, horizontal; 2° d'une touffe de racines fibreuses qui naissent de la face inférieure du plateau; 3° d'écailles diversement configurées, partant de la face supérieure du plateau et renfermant à leur centre les rudimens de la tige, des feuilles et des fleurs. Ces écailles doivent, comme celles des autres bourgeons, être considérées comme de véritables feuilles avortées. Elles sont d'autant plus épaisses et plus charnues, qu'on les observe dans l'intérieur du Bulbe. Celles qui sont les plus extérieures sont souvent minces et comme papyracées, ainsi qu'on le remarque dans l'Ognon des cuisines.

Les écailles qui composent les Bulbes, n'ont pas, ainsi que nous l'avons observé tout à l'heure, la même conformation. Ainsi, tantôt elles sont emboîtées les unes dans les autres, c'est-à-dire, qu'une seule suffit pour embrasser toute la masse du Bulbe, ainsi qu'on le voit dans la Jacinthe, la Tulipe, l'Ognon ordinaire, etc. On donne à ces Bulbes le nom de *Bulbes à tuniques*. D'autres fois ces écailles sont plus étroites et ne se recouvrent que par leurs côtés, à la manière des tuiles d'un toit; ces sortes de Bulbes sont nommés Bulbes écailleux; l'Ognon de Lys en est un exemple bien caractérisé. Enfin, quelquefois toutes les écailles, au lieu d'être distinctes les unes des autres, sont soudées et confondues de manière à ne former qu'une masse homogène et charnue. Le Colchique, le Safran, présentent cette organisation, et leurs Bulbes sont appelés *Bulbes solides*.

La couronne qui termine le stipe des Palmiers, la prétendue tige des Balisiers, peuvent être considérées, à notre avis, comme de véritables Bulbes.

Lorsqu'un Bulbe se développe, on voit sortir de son centre la jeune pousse, et à mesure qu'elle acquiert insensiblement tous ses développemens, les écailles se fanent et se dessèchent. Les Bulbes se régènèrent chaque année, mais d'une manière différente suivant les espèces. Ainsi, dans l'Ognon ordinaire, les nouveaux Bulbes naissent au centre des premiers; d'autres fois ils se développent sur leurs parties latérales, comme dans le Colchique. On les voit assez souvent se montrer au-dessus des anciens comme dans le Glaïeul, ou même au-dessous d'eux, ainsi qu'on l'observe dans beaucoup d'*Ixia*. (A. R.)

BULBEUX, BULBEUSE. BOT. *V.* BULBE.

* BULBIFER. *Bulbifer*. INS. Genre de l'ordre des Coléoptères, section des Tétramères, établi par Megerle dans le grand genre des Charansons et aux dépens des Cossons : il est

adopté par Dejean (Catal. des Coléopt. p. 99), et a pour type le *Cossonus Lymexylon* d'Olivier. *V*. COSSON. (AUD.)

BULBILLES. *Bulbilli*. BOT. PHAN. Quelques Plantes bulbifères présentent à l'aisselle de leurs feuilles, à la place de leurs fleurs, ou enfin dans l'intérieur de leur péricarpe, au lieu de graines, de petits corps de forme et de structure différentes, auxquels on a donné le nom de *Bulbilles*. Ces Bulbilles sont de véritables bourgeons, entièrement analogues aux Bulbes que nous venons de décrire, et composés comme eux, soit d'écailles appliquées les unes sur les autres, mais distinctes, soit d'écailles soudées en une masse charnue. Examinez avec soin le Lys orangé ou bulbifère, et vous trouverez à l'aisselle de ses feuilles des corps coniques formés d'écailles imbriquées; ce sont de véritables Bulbilles qui, détachés de la Plante mère sur laquelle ils se sont développés, et placés en terre, poussent et donnent naissance à un nouveau Végétal. Dans l'*Allium viminale* et beaucoup d'autres espèces d'Aulx, on observe au sommet des pédoncules, et placés pêle-mêle au milieu des fleurs, des Bulbilles écailleux. Dans le *Crinum asiaticum*, le *Furcræa*, etc., on trouve dans l'intérieur des capsules des tubercules charnus, véritables Bulbilles qui tiennent la place des graines et servent, comme elles, à reproduire la Plante. Dans les Fougères, les Mousses, et en général les Plantes agames, les corpuscules reproducteurs sont de vrais Bulbilles. (A. R.)

BULBINE. BOT. PHAN. Genre formé dans la famille des Liliacées, Hexandrie Monogynie, L., par Gaertner, et dont le *Crinum africanum* est le type; il a été adopté sous le nom de Cryptante, *V*. ce mot, pour éviter la confusion qui serait résultée d'un nom donné par les anciens aux *Hyacinthus comosus* et *botryoides*, et par Linné, primitivement à un genre qu'il confondit depuis avec ses Anthérics. *V*. ce mot. (B.)

BULBIPARE. POLYP. On a donné ce nom à des Animaux de la classe des Polypiers, qui semblent quelquefois se reproduire par des espèces de tubercules ou de bourgeons que l'on a comparés à des bulbes, et qui naissent sur la surface de leur corps. Malgré cette apparence, nous doutons qu'il existe de véritables Animaux bulbipares. Avant de les regarder comme tels, il faudrait s'assurer si ces bulbes ou bourgeons n'auraient pas été produits par quelques œufs ou autres corpuscules reproductifs, qui se seraient attachés à la surface du Polypier après avoir été rejetés par le Polype. *V*. ce mot. (LAM..X.)

BULBIRD. OIS. Syn. anglais de Butor. *V*. HÉRON. (DR..Z.)

BULBOCASTANUM. BOT. PHAN. *V*. BUNIUM. (B.)

* BULBOCÈRE. INS. Genre de l'ordre des Coléoptères que Duméril rapporte au genre Lethrus. *V*. ce mot. (AUD.)

BULBOCHAETE. *Bulbochaete*. BOT. CRYPT. (*Céramiaires*.) Genre formé par Agardh dans sa quatrième section des Hydrophytes qu'il appelle des *Confervoïdes*, adopté par Lyngbye, qui nous semble fort bien établi, mais que nous ne concevons pas qu'on ait pu rapprocher des véritables Conferves, lesquelles n'offrent jamais, comme les Céramiaires, des capsules à l'extérieur. Les caractères des Bulbochaetes consistent dans leurs filamens articulés, dont les articulations supportent sur un des côtés de leur extrémité une sorte de calyptre que termine une soie plus ou moins longue. Les capsules, situées de même à l'extrémité des articles dépourvus de barbe, sont parfaitement nues et sessiles. Deux espèces nous sont connues: les *B. longiseta* et *tristis*. La première est celle qui servit de type, et que les auteurs ont nommée *B. setigera* (Agardh. *Syn*. 71; Dillw. *Conf*. tab. 59; Lyngb. *Tent*. 134, tab. 45).

Ce nom de *setigera*, qui convient à toutes les espèces du genre, ne peut subsister; mais les appendices ou calyptres ciliformes étant beaucoup plus longs dans cette Plante que dans la suivante, nous avons dû préférer l'indication spécifique que fournit leur proportion. Sa couleur est verte; elle forme des duvets soyeux sur les rochers, les pieux inondés et sur divers corps plongés dans les eaux douces.

La seconde espèce couvre les chaumes des Graminées, les feuilles des Renoncules aquatiques et autres Plantes des eaux tranquilles et dormantes. Elle est d'un vert sale et quelquefois brunâtre, devient blanche ou pâle sur le papier par la dessiccation; ses filamens sont courts, ses calyptres cilifères, un peu rigides. Cette Plante n'a pas été figurée. (B.)

BULBOCODE. *Bulbocodium*. BOT. PHAN. Genre de la famille des Narcissées de Jussieu. Son calice est divisé jusqu'auprès de la base en six parties composées d'un onglet étroit, très-allongé et canaliculé vers son sommet, où s'insère une étamine, et d'un limbe ovale que cette étamine ne dépasse pas; l'ovaire libre est surmonté d'un long style terminé par trois stigmates, et devient plus tard une capsule trigone. On en connaît une seule espèce, le *Bulbocodium vernum*, Plante qui offre le port du Safran et se rencontre dans les Alpes, nos provinces méridionales et l'Espagne. Son bulbe émet quelques folioles lancéolées, concaves, et deux ou trois fleurs qui passent du blanc au lilas, puis au pourpre. Sous le même nom, Desfontaines avait décrit dans sa Flore atlantique une Plante qui offre une grande ressemblance, mais qui a trois styles distincts. C'est elle dont Ramond a fait le genre Merendera. *V.* ce mot. (A. D. J.)

BULBONACH. BOT. PHAN. *V.* BOLBONACH. (B.)

BULBUL. OIS. Syn. turc du Martin-Pêcheur. (B.)

BULBULE. BOT. PHAN. Même chose que Cayeu selon Bosc. *V.* ce mot. (B.)

BULBUS-CODION. BOT. PHAN. (Théophraste.) C'est probablement le *Narcissus Bulbocodium*, L. *V.* BULBOCODE. (B.)

BULEF. BOT. PHAN. *V.* BHULLES.

BULEISKH. BOT. PHAN. Syn. arabe de Ronce. (B.)

BULEJE. BOT. PHAN. *V.* BUDDLEIA.

BUL-FING. OIS. Syn. anglais du Bouvreuil, *Loxia Pyrrhula*, L. *V.* BOUVREUIL. (DR..Z.)

BULGAN. MAM. Syn. de Marte Zibeline. *V.* MARTE. (B.)

BULGODA OU BULGODOPH. MAM. (Lopez, *Hist. Ind.*). Animal peut-être fabuleux qu'il est impossible de reconnaître, et qu'on dit avoir une certaine espèce de Bézoard dans la rate. (B.)

BULIMACA. BOT. PHAN. (Cœsalpin.) Syn. d'*Ononis spiculosa*. *V.* ONONIDE. (A. R.)

BULIME. *Bulimus*. MOLL. Genre de Gastéropodes, établi primitivement par Scopoli, et renouvelé par Bruguière qui y a placé une partie des Hélices, quelques Bulles et Volutes de Linné. La division des Limaçons à bouche ronde et spire globuleuse, et à bouche oblongue et spire allongée, qui a donné naissance au genre Bulime, est fort ancienne; Lister l'a indiquée dès 1674 (*Philos. Trans.* vol. 9. p. 96): ce sont ses *Cochleæ terrestres longiore figurâ* (*An. Angl.* p. 121). Guettard perfectionna cette coupe, et son troisième genre, le Buccin terrestre, revient au genre Bulime de Lamarck, et a surtout donné à Bruguière l'idée de diviser les Hélices de Linné en Hélices et Bulimes. Mais le premier auteur de cette dénomination est Scopoli (*Introd. ad Hist. nat.*), qui créa le genre Bulime pour l'*Helix oblonga* de Müller. Sans doute cet habile naturaliste avait en vue d'exprimer l'analogie de forme de cette Coquille avec plusieurs des Bulles de Linné, mais par erreur il a formé un nom détestable, car *Bulimus* qui vient du grec, veut dire *faim canine*. Cependant il a prévalu, et Bruguière, en l'adoptant, a fait admettre une coupe aussi vicieuse que le nom qui la distingue, car elle comprend des Coquilles qui n'ont pas la moindre analogie entre elles, telles que les Ampullaires, les Pyramidelles, les Tornatelles, les Auricules, les Limnées, les Hélices, etc. Sous le rapport de l'organisation des Animaux, on y trouve des Mollusques marins, fluviatiles et terrestres, avec ou sans opercule, pulmonés ou pectinibranches, etc. En un mot, Bruguière n'a fait que partager le grand genre Hélice de Linné, en y conservant le même amalgame. Et cependant les travaux de Müller, Geoffroy, Adanson, etc., lui avaient déjà ouvert les voies à des idées plus saines. Lamarck essaya le premier de mettre de l'ordre dans cette grande coupe, en créant (*V.* les Mém. de la Soc. d'Hist. nat. de Paris) les genres Agathine, Pyramidelle, Mélanie, Ampullaire et Auricule, et en en séparant les Buccins de Geoffroy et de Müller sous le nom de Limnées. Plus tard il a institué le genre Pupa (An. s. vert., prem. édit.) et les genres Tornatelle et Conovule (Extrait du Cours de Zoologie).

Draparnaud créa à son tour les genres Ambrée et Clausilie, et débaptisa le Bulin d'Adanson pour en faire son genre Physe. Nous ne devons pas oublier que Montfort a aussi établi avec quelques-uns de ces Bulimes, les genres Gibbe, Scarabe, Polyphême et Ruban, en sorte qu'au moyen de toutes ces créations ou de ces renouvellemens d'existence sous d'autres noms, faits aux dépens des Bulimes de Bruguiere et des genres déjà existans qu'il y avait fondus, tels que les Vertigo et les Carychium de Müller, cette coupe s'est trouvée très-réduite, et que le genre Bulime est devenu exclusif pour les Hélices terrestres à spire allongée et sans dents à l'ouverture. Mais malheureusement ce genre, ainsi réduit, ne peut pas même être conservé, parce que les Coquilles elles-mêmes, ni leurs Animaux, n'offrent aucun caractère qui puisse les séparer des Hélices. Cette opinion, que nous avons eu beaucoup de peine à faire adopter, malgré son évidence, tant est fort l'empire de l'habitude, est aujourd'hui hors de discussion (*V.* notre Introduction à la famille des Limaçons, Prodrome, p. 15 et suiv.). Les Bulimes de Lamarck font partie de nos sous-genres Cochlogène et Cochlicelle. *V.* ces mots et HÉLICE. Studer, pour éviter l'emploi du mot Bulime, l'a changé en celui de Bulin, *Bulinus* (*Cat.* p. 17), donné par Adanson à une Physe. Mais déjà Ocken avait appelé Bullins les Physes augmentées des Ancyles, en sorte qu'il règne un peu de confusion dans toutes ces dénominations. Nous observerons que Lamarck a classé parmi ses Auricules plusieurs Bulimes de Bruguière, qui sont de véritables Hélices de notre sous-genre Cochlogène, telles sont les *Auricula Sileni*, *Leporis*, *bovina* et *caprella*. Nous terminerons cet article en parlant des Coquilles fossiles rapportées par Lamarck et Defrance, comme étant des Bulimes. Toutes, sans exception, sont certainement étrangères aux vrais Bulimes, tels que Lamarck les a limités dans sa dernière édition des Animaux sans vertèbres, c'est-à-dire aux Pulmonés terrestres. Presque toutes sont des Coquilles marines de l'ordre des Pectinibranches et du genre Paludine. Un très-petit nombre sont probablement d'eau douce, d'après leur association avec des Coquilles fluviatiles. Le reste appartient à des genres incertains.

Voici le tableau de leur détermination probable : — 1. *B. albidus*. Cette Coquille fort intéressante paraît être une Mélanopside. — 2. *citharellus*, Auricule. — 3. *terebellatus*, genre incertain; celle-ci a son analogue vivant. Elle est fossile en Italie, à Dax et aux environs de Paris. — 4. *acicularis*, — 5. *nitidus* sont de genre incertain. — 6. *sexto-*

nus, — 7. *Conulus*, — 8. *Clavulus*, — 9. *nanus*, sont des Paludines de notre sous-genre Littorine. — 10. *striatulus*, — 11. *buccinalis*, — 12. *turbinatus*, — 13. *Cyclostomus*, sont des Paludines de notre sous-genre Rissoa. — 14. *decussatus*, genre incertain. — 15. *antidiluvianus*, Lamk. Ann. et An. s. vert., 2ᵉ édit. p. 538. Depuis plus de quinze ans, cette Coquille a été reconnue et signalée par nous pour être l'analogue fossile de la *Melanopsis buccinoidea*. — 16. *pygmeus*, — 17. *Terebra*, — 18. *pusillus*, — 19. *Atomus*, sont des Paludines sans doute fluviatiles?

On voit qu'en caractérisant certaines Couches par la présence de ces Bulimes avec l'idée qu'on attachait à ce mot qui indique des Coquilles terrestres, on établissait un phénomène difficile à expliquer, vu leur multiplicité, tandis qu'il est très-simple en les reconnaissant pour des Coquilles aquatiques, dont l'énorme multiplication a lieu sous nos yeux, dans les bassins doux ou saumâtres.

Sowerby (*Min. Conch.*) décrit et figure deux autres Bulimes très-curieux, sur lesquels il nous est difficile d'émettre aucune opinion, ne les connaissant que par ce qu'il en a publié, l'un le *Bulimus ellipticus* (nᵒ 59. pl. 337), l'autre le *Bulimus costellatus* (nᵒ 64. pl. 366). L'un et l'autre sont de la formation d'eau douce de l'île de Wight Il n'est pas impossible que le premier soit une Hélice terrestre; le second paraît être une Limnée. (F.)

* BULIMULE. *Bulimulus*. MOLL. Genre établi par le docteur Leach (*Misc. Zool.*, t. 2) pour deux variétés du *Bulimus guadalupensis* de Bruguière, uniquement parce que ces Coquilles lui ont offert une fente ombilicale qui existe chez une infinité d'autres Bulimes. Voilà le produit de la manie des distinctions génériques dont le docteur Leach, l'un des plus habiles naturalistes de l'Angleterre, n'avait pas su se défendre. *V.* COCHLOGÈNE. (F.)

BULIN. *Bulinus*. MOLL. Nom donné par Adanson (Sénég. p. 5, pl. 1) à une petite Coquille fluviatile dont il décrit bien l'Animal, et dont malheureusement on ne trouve aucun exemplaire dans les collections, afin de constater sa différence avec ses congénères. Elle appartient au genre Physe de Draparnaud qui aurait mieux fait d'adopter le nom primitivement donné par Adanson. Studer, pour remplacer ce mot impropre de Bulime, a donné aux Coquilles qui portent ce nom dans Lamarck, le nom de Bulin (*Cat.* p. 17). *V.* PHYSE. (F.)

BULITHE. MAM. Concrétion qui se forme dans les organes digestifs du Bœuf. (A.D..NS.)

BULL. MAM. Syn. anglais de Bœuf. (A.D..NS.)

BULLACER-TREE. BOT. PHAN. Syn. anglais du *Prunus insiticia*. *V.* PRUNIER. (B.)

BULLAIRE. *Bullaria*. BOT. CRYPT. (*Urédinées*.) Ce genre établi par De Candolle (Flore française, vol. 2, p. 226) ne diffère absolument des Puccinies qu'en ce qu'il croît sur les Plantes mortes, et non pas sur les Végétaux vivans. Il présente de même des groupes de capsules sessiles sortant de dessous l'épiderme. Ces capsules sont articulées comme celles des Puccinies, et présentent la forme d'un huit. La seule espèce connue a été trouvée sur des tiges mortes d'Ombellifères: elle porte le nom de *Bullaria umbelliferarum*. Persoon l'avait nommée *Uredo bullata*. Mais ce serait plutôt une Puccinie qu'un Uredo. (AD. B.)

BULLA-RA-GANZ. OIS. Espèce du genre Héron, *Ardea pacifica*, Lath., de la Nouvelle-Hollande. *V.* HÉRON. (DR..Z.)

BULL-DOG. MAM. Syn. anglais de Dogue, race de Chien. *V.* ce mot. (B.)

BULLEN-REISSER. MAM. En allemand, même chose que Bull-Dog. (B.)

BULLE, *Bulla*. MOLL. Genre de Gastéropodes Tectibranches de la famille des Acères, *V.* ce mot, formé pour des Coquilles connues en partie depuis très-long-temps, et désignées par les anciens auteurs sous les noms d'*Ova marina*, *Ova Ibicis seu Vanelli*, *Bullæ*, *Ampullæ*, *Nuces Maris*, *Amygdala marina*, *etc.* Lister les classait avec les Porcelaines sous le nom commun de *Conchæ Veneris*, mais il en faisait une section à part, caractérisée par la présence d'un ombilic (*Synops.* tab. 713). Langius en a fait un genre sous le nom de *Nux marina*, adopté par Gualtieri (*Index Tect.* tab. 12), et l'on voit par les espèces que ces deux auteurs y renfermaient, que ce genre est absolument le même que le genre Bulle de Bruguière. Cette dénomination générique est due à Klein qui n'a changé que le nom de Langius et de Gualtieri (*Ostrac.* p. 82), en divisant les Bulles en deux espèces, selon qu'elles sont ombiliquées aux deux extrémités ou à une seule. Linné, en adoptant le genre *Bulla*, l'étendit et y fit entrer une foule de Coquilles disparates, terrestres, fluviatiles ou marines, appartenant à des Gastéropodes pulmonés ou pectinibranchés, avec ou sans opercule; en sorte que les naturalistes modernes qui ont voulu débrouiller les Bulles du *Systema Naturæ* ont été obligés d'en revenir aux limites tracées par Langius, Gualtieri et Klein. Bruguière en a séparé d'abord les Ovules, les Tarrières, quelques Pyrules, les Volvaires qu'il rangeait parmi les Volutes, et un assez grand nombres de ses Bulimes dont Lamarck et Montfort ont fait depuis les genres Agathine et Polyphême; en sorte, comme nous le disions plus haut, que le genre Bulle de Bruguière revient à celui du même nom dans Klein, auquel il aurait dû en rapporter l'origine. D'ailleurs les divers démembremens exécutés par Bruguière avaient été indiqués par Von Born (*Tect.* p. 196 et suiv.). Adanson, qui paraît être le premier qui ait parlé de l'Animal d'une vraie Bulle, la *B. striata* de Bruguière, qu'il appelle Gosson, reconnut son analogie avec celui de la *Bullæa aperta*, grossièrement figuré par Plancus. Il en a fait avec son Sormet un genre sous le nom de Gondole, *Cymbium* (Sénég. p. 2): mais les différences que présentent l'Animal et la coquille du Sormet nous ont portés à le séparer du Gosson et à en faire un genre à part. *V.* SORMET. Quelques années plus tard, Müller observa les Animaux d'une autre Bulle et celui de la *Bullæa aperta*, sans reconnaître leur analogie avec les espèces d'Adanson pour la première, et avec celle de Plancus pour la seconde, en sorte qu'il en fit deux nouveaux genres, sous les noms d'*Akera* pour la *Bulla norwegica* de Bruguière, qu'il nomma *Akera Bullata* (*Zool. Dan. Prodr.* 2921. *Icon.* 11.71. t. 1 à 5), et de *Lobaria* pour la *Bullæa aperta* qu'il nomma *Lobaria quadriloba* (*Zool. Dan. Prodr.* 2741. *Icon.* 3. tab. 100). Il avait été prévenu pour ce dernier par Ascanius qui l'avait établi sous le nom de *Phylline*. Il est à remarquer que, dès 1769, Martini avait réuni à ses Bulles et le Sormet d'Adanson et l'Amande de mer de Plancus (Conch. 1. p. 278).

Les premières observations de Cuvier sur ce dernier Mollusque (Bullet. des Sc. vendém. an 8), en montrant son analogie avec les Aplysies, déterminèrent Lamarck à en faire, comme Müller, un genre à part des Bulles, mais il n'adopta ni le nom de Müller ni celui d'Ascanius, il lui donna le nom de Bullée, *V.* ce mot, et le plaça près des Aplysies, en laissant les Bulles près des Bulimes (An. s. vert., 1re édit. p. 63 et 90). Cet exemple a été suivi par Bosc et De Roissy qui, d'après une simple indication de Lamarck (*loc. cit.* p. 63), ont compris à tort dans les Bullées la *B. lignaria*. Dans l'Extrait de son Cours, Lamarck a rapproché ces deux genres, et les a compris dans sa famille des Laplysiens avec le Sigaret qui y est fort étranger, et dont il l'a éloigné depuis. Dans la nouvelle édition des An. s.

vert., les Bulles font partie de la famille des Bulléens, *V.* ce mot, démembrée de celle des Laplysiens. Cuvier (Règne Anim. II, p. 398), ne fait qu'un seul genre des Acères propres, des Bulles et des Bullées, et les signale comme sous-genres de son genre des Acères dont il avait posé les bases dans un Mémoire où il fait connaître l'organisation externe et l'anatomie des Animaux de ces trois sous-genres (*Ann. Mus.*, t. 16, 1810). Montfort, avant les derniers travaux de Lamarck et de Cuvier, avait poussé plus loin encore le démembrement des Bulles de Linné, ou, pour mieux dire, il a dédoublé les genres établis à leurs dépens par Bruguière et Lamarck. Ainsi il a distrait des Bulles du premier les genres Rhizore et Atys, *V.* ces mots, et trompé par le classement de la *B. lignaria* parmi les Bullées, il en a fait le type de celles-ci sous le nom générique de Scaphandre. *V.* ce mot. Ocken (*Lehrb der Zool.* p. 291) comprend dans une même famille les Bullées sous le nom de *Lobaria* de Müller, les Bulles, les Aplysies et le Pleurobranche. Schweigger (*Handb. der Naturg.* p. 744) a adopté le genre Acère de Cuvier, exemple suivi par Goldfuss (*Handb. der Zool.* p. 650); mais celui-ci place dans une même sous-division les Bullées et les Bulles.

Divers travaux particuliers, publiés peu après l'ouvrage de Bruguière, ont contribué, outre les Mémoires de Cuvier, à faire connaître l'organisation des Mollusques de ce genre. Humphrey a décrit l'Animal de la *B. lignaria* et figuré les pièces osseuses de son singulier estomac (*Trans. of Linn. Soc.* 2. p. 15), sans s'apercevoir cependant que ces osselets avaient été précédemment donnés, par l'Italien Gioëni, pour les parties de la coquille d'un nouveau Mollusque dont il a fait un genre à part sous son nom, en décrivant avec une singulière assurance les mœurs et les habitudes de cet Animal supposé. Ce genre a été adopté par Retzius sous le nom de *Tricla*, et par Bruguière sous celui de *Char*, tous deux n'ayant point reconnu la supercherie de Gioëni. Mais Draparnaud, quelque temps après le travail d'Humphrey, s'en aperçut, décrivit et figura de nouveau, sans connaître sans doute le travail d'Humphrey, l'estomac de la *B. lignaria* et de la *B. Hydatis* (*V.* Bullet. de la Soc. de Montpellier, n° 6, et Bullet. des Sc. de la Soc. phil. an 7). Ce dernier avait déjà été figuré par Plançus (*de Conch. min. notis. app.*, pl. 11, t. m, n, o). L'on doit à Montagu, naturaliste d'un rare mérite, d'autres observations plus intéressantes peut-être. Dans son ouvrage intitulé *Testacea Britannica*, il prouve qu'il connaissait les travaux d'Adanson et de Müller : il avait reconnu la méprise de Gmelin, qui a fait un double emploi du *Lobaria* et de la *Bulla aperta*, et avait trouvé des pièces osseuses dans toutes les Bulles qu'il a observées. Sa figure de la *Bullæa aperta* est meilleure que celle de Müller, et celle qu'il a publiée dans un autre ouvrage (*Trans. of Linn. Soc.* 9. pl. 6. f. 1) de la *B. Hydatis*, nous donne seule une idée nette des Mollusques de ce genre, car les dessins de l'*Akera Bullata* de Müller sont peu soignés, et n'en donnent qu'une idée confuse. Montagu a fait connaître deux Mollusques fort curieux qu'il rangea d'abord parmi les Bulles, sous les noms de *B. Halistoidea* et de *B. Plumula* (*Test. Brit.*, T. 1. p. 211 et 214). Mais postérieurement il en a fait un genre nouveau sous le nom de *Lamellaire*. *V.* ce mot. Ils ne sont cependant pas congénères. Le second seul doit constituer en effet un nouveau genre, le premier étant un Sigaret.

Tel était l'état de nos connaissances sur les Bulles, lors de la publication de nos Tableaux des Animaux Mollusques classés en familles naturelles, où nous avons cru devoir proposer un nouveau genre pour la *B. undulata* de Bruguière et quelques espèces analogues, sous le nom de BULLINE. *V.* ce mot. L'Animal de cette espèce présente des différences assez remarquables, et sa coquille offre une spire saillante composée de plusieurs tours.

Les autres Bulles nous paraissent appartenir au même genre d'Animal, à l'exception de la *B. Catena* de Montagu, qui pourrait bien être une Bullée. —Quant aux *B. Naucum* et *solida*, dont les Animaux sont inconnus, leur manque d'épiderme, leur transparence et leur blancheur opaque peuvent faire présumer qu'elles sont, comme l'*aperta*, entièrement contenues dans l'épaisseur des chairs. Mais d'un autre côté, leur forme globuleuse ou cylindrique et leur solidité éloignent cette idée. Nous les laisserons donc avec les Bulles, en manifestant le désir que quelques naturalistes puissent observer les Animaux vivans de ces deux Coquilles, ou ceux de quelques espèces plus petites qui offrent les mêmes circonstances et qui vivent sur nos côtes ou sur celles d'Angleterre, telles que les *B. cylindracea*, *obtusa* et *truncata* des auteurs anglais. — Nous renvoyons, pour tout ce qui a rapport à l'organisation interne des Animaux des Bulles, au beau Mémoire de Cuvier sur les Acères (*Ann. Mus.* T. XVI). On y verra que toutes les espèces paraissent offrir un estomac armé de pièces osseuses comme celles de la *B. lignaria*, qui ont donné lieu de former le genre *Gioënie*. A l'extérieur, en ne parlant que de celles qui ont été observées à l'état de vie, la *B. Hydatis* par Montagu et la *B. Akera* par Müller, l'Animal des Bulles offre une masse plus grosse et plus longue que sa coquille, divisée supérieurement en deux parties transversales et couvertes latéralement par deux lobes charnus. La partie antérieure est amincie et coupée carrément en avant: elle est couverte par une sorte de cuirasse, en forme d'écusson, allongée, débordant la bouche en avant et terminée en pointe en arrière, sur laquelle on voit distinctement deux yeux noirs enfoncés dans une dépression blanchâtre, un peu éloignés l'un de l'autre, et situés presque dans le milieu de cette cuirasse. La partie postérieure est élevée, arrondie, et montre la coquille recouverte en grande partie par les lobes latéraux qui sont très-grands et qui s'étendent, en diminuant de largeur, sous les côtés de la cuirasse antérieure. Ces lobes, un peu frangés sur leurs bords, ne se joignent pas tout-à-fait. Ils se détachent des deux bords du pied, à peu près comme cela a lieu dans les Aplysies. La spire de la coquille est recouverte par un troisième lobe qui se détache aussi du pied. Celui-ci est très-grand et dépasse en arrière le troisième lobe, et en avant la bouche; les branchies s'aperçoivent dans quelques mouvemens de l'Animal au côté droit. Dans l'extension complète, l'Animal a près du double de la longueur de sa coquille. Dans la *B. Hydatis*, cet Animal est orné de belles couleurs; il offre un mélange de brun pourpré et orangé, par le rapprochement d'une multitude de petites taches brunes sur un fond jaunâtre. — Dans la *B. Akera*, l'organisation est la même; seulement les lobes latéraux et postérieurs paraissent être moins étendus; sa couleur est plus pâle.

Les Bulles ont la faculté de nager en pleine eau, d'après l'observation d'Olivi, et de se transporter ainsi d'un lieu à l'autre. Il paraît qu'elles se tiennent de préférence sur les fonds sablonneux, et qu'elles se nourrissent de petits Testacés que leur estomac digère en partie, en les triturant au moyen des osselets dont il est garni. Quelques Bulles, peut-être toutes, rendent, comme les Aplysies, une liqueur purpurine.

Voici les caractères du genre Bulle:

Animal ovale, allongé, trop gros pour son test; tête peu distincte, formant une masse allongée, presque rectangulaire, sans tentacules; pied charnu, très-gros et épais, débordant postérieurement; partie supérieure du corps divisée en quatre lobes; l'antérieure ou le lobe tentaculaire formant une cuirasse en figure d'écusson, portant les yeux dans sa partie moyenne; les trois autres lobes formés par des appendices du pied, l'un tout-à-fait postérieur et recouvrant la spire, les deux autres lobes latéraux recouvrant le corps et le test par les côtés.

Branchies dorsales situées, ainsi que l'anus et les organes de la génération, dans un sillon latéral au côté droit du corps. — Test ovale, globuleux ou cylindrique, généralement mince, fragile et muni d'un épiderme, enroulé, sans columelle ni saillie à la spire qui souvent même n'existe pas; ouverture de toute la longueur de la coquille et quelquefois prolongée à ses deux extrémités, de manière à déborder le corps du test; son bord extérieur tranchant.

Obligés de rapporter ici la plupart des espèces de ce genre à cause des noms vulgaires qu'elles ont reçus et pour lesquels nous avons fait des articles de renvoi, nous en ajoutons un petit nombre d'autres qui complètent ainsi la monographie générale de ce beau genre.

† *Espèces où la spire manque ou est cachée dans l'âge adulte.*

1. *Bulla lignaria*, L., Lamk. Encycl. méthod., tab. 359, fig. 3. Cette espèce habite la Méditerranée et l'Océan sur nos côtes et sur celles d'Angleterre; mais elle paraît être plus petite dans l'Océan. Vulgairement l'Oublie, le Papier roulé, la Gauffre roulée. C'est le type du genre Scaphandre de Montfort. *V.* ce mot. La spire est visible dans les jeunes individus. — 2. *B. scabra*, Müller, *Zool. Descr. dan.* p. 1, pl. 90, *Icon.* fasc. 11, tab. 71, fig. 10 à 12. Bruguière, Encycl. méth. pl. 376, tab. 359, fig. 3; *B. pectinata*, Dillwyn, id.; *B. Catena*, Montagu, t. 7, fig. 7, id. Maton et Rackett, Dyllwyn. Habite les côtes du Danemarck et celles d'Angleterre. Tout nous fait présumer que la *B. Catena* est la même que la *scabra*; il est vraisemblable que cette espèce sera rendue au genre Bullée quand on connaîtra son Animal. — 3. *B. Hydatis*, L., Bruguière, Lamk. Donovan III, tab. 88, Encycl. pl. 360, fig. 1; *B. navicula*, Dacosta, Montagu, *Lin. Trans.* IX, pl. 6, fig. 1 (avec l'Animal). Hab. les côtes de l'Océan. Il est douteux que ce soit la *B. Hydatis* de Linné, vulg. la Goutte d'eau, la Bulle d'eau papyracée. — 4. *B. Pisum*, N. Elle ressemble parfaitement en petit à la précédente, avec laquelle on l'a peut-être confondue, mais elle n'est pas plus grosse qu'un Pois et sans apparence de stries transverses. Hab. inconnue. — 5. *B. australis*, N. Un peu plus petite que la précédente, se rapprochant de la suivante par sa forme. Hab. le port Jackson. — 6. *B. Orbignyana*, N. Espèce distincte de l'*Hydatis*, un peu moins grosse, avec des stries longitudinales, un coude très-prononcé au tour extérieur; sa base rétrécie; la partie supérieure de l'ouverture très-dilatée. Hab. les côtes de l'Océan près de La Rochelle. — 7. *B. Naucum*, L., Lamk., Martini, 1, t. 22, fig. 200, 201. Encycl., t. 359, fig. 5. Cette espèce habite l'océan Indien. Vulg. la Bulle d'eau, la Gondole papyracée, la Noix de mer blanche et striée. Cette Coquille est le type du genre Atys de Montfort. *V.* ce mot. — 8. *B. solida*, Brug., Lamk. *B. cylindrica*, Chemn. X, t. 146, fig. 1356, 1357. Encycl. tab. 360, fig. 2. Hab. l'océan Indien. Vulg. la Dragée allongée. Ces deux dernières espèces sont remarquables par leur manque d'épiderme, leur blancheur opaque et par le prolongement en tire-bouchon du bord intérieur à la base de l'ouverture dans la *B. Naucum*. Un prolongement semblable s'observe à la partie supérieure de la bouche. — 9. *B. cylindracea*, Pennant, Montagu, t. 7, fig. 2; *B. Oliva*, Gmel.; *B. cylindrica*, Donovan IV, t. 120, fig. 1. Cette espèce n'est point la *B. cylindrica* de Brug. Celui-ci s'est trompé en rapportant l'espèce de Dacosta à celle de Pennant. Habite nos côtes sur l'Océan et celles d'Angleterre. — 10. *B. acuminata*, Brug., Sp. n° 9, Soldani; *Saggio*, tab. 10, fig. 62, 11. Hab. les rivages de Rimini. Cette espèce a besoin d'être mieux examinée.

†† *Espèces où la spire est visible, avec ou sans ombilic.*

11. *B. cylindrica*, Brug., Sp. n° 1; *B. convoluta*, Brocchi, T. II, p 635. Hab. la Méditerranée selon Brocchi. — 12. *B. umbilicata*, Montagu, *Test. Brit.*, p. 222, t. 7, fig. 4. Habite les côtes d'Angleterre près Falmouth. — 13. *B. truncata*, Adams; Montagu, t. 7, fig. 5; *B. retusa*, Maton et Rackett, Dillwyn; *B. truncatula*, Brug., Sp. n. 10. Hab. les côtes de France et d'Angleterre et aussi l'Adriatique. — 14. *B. obtusa*, Montagu, t. 7, fig. 3; id., Dillwyn. Hab. les côtes de France et d'Angleterre. — 15. *B. hyalina*, Gmelin, p. 3432, Martini, *Conch.* 1, t. 21, fig. 199; *B. Utriculus*, Brocchi. Elle habite les côtes du Yorkshire et la Méditerranée, selon Brocchi. — 16. *B. striata*, Brug., Lamk. *B. Amygdalus*, Dillwyn; *B. Ampulla*, var., Gmelin; le Gosson, Adanson; Martini, 1, t. 22, fig. 202 à 204. *a. Var minor? B. Ampulla*, Pennant, vulgairement la Muscade à bouche étroite. Cette espèce habite les côtes d'Égypte sur la Méditerranée, celles du Sénégal, de la France, de l'Angleterre, du Brésil, des Antilles, etc. — 17. *B. Ampulla*, L., Lamk.; *B. solida*, Gmelin; Martini, 1, t. 21, fig. 188 à 193. Habite l'océan Indien et Américain. Vulg. la Gondole, l'OEuf de Vanneau, la Muscade. C'est le type du genre Bulle, *Bullus* de Montfort. — 18. *B. Akera*, Gmelin, Dillwyn; *Akera Bullata*, Müller, *Zool. Dan. Prodr.*, 2921, *Descript.* p. 88, *Icon.* 11, pl. 71, fig. 1 à 9. *B. soluta parva*, Chemn.; *B. norwegica*, Brug.; *B. resiliens*, Donovan, III, t. 79. — *Var. major. B. soluta*, Chemn. Dillwyn; *B. ceylanica*, Brug.; *B. fragilis*, Lamk. Cette curieuse Coquille diminue de volume, depuis les mers du Nord jusqu'à celles de l'Inde. Les individus de nos côtes sont intermédiaires pour la taille. — 19. *B. Physis*, L., Lamk., Martini, 1, t. 21, f. 196, 197. Encycl., pl. 359, f. 4. Cette jolie Coquille habite l'Océan des Grandes-Indes. Vulg. la Gondole rayée, la Bulle rayée. — 20. *B. Velum*, Gmelin, p. 3433, Dillwyn; *B. Amplustra*, Born., Chemn. x, t. 146, fig. 1348, 1349. Encycl. t. 359, f. 1. *B. fasciata*, Brug., Lamk. Cette belle Coquille habite les côtes d'Asie. Vulg. l'Oublie couleur de Paille.

Nous terminerons en observant: 1° que la *B. cornea* de Lamarck, que nous ne connaissons pas, pourrait bien être notre *B. Orbignyana*; 2° que la *B. vesica* de Gmelin, faite sur de mauvaises figures, est indéterminable; 3° que la *B. patula* de Pennant, pl. 73, Donovan, pl. 142, qui paraît devoir se placer parmi les Ovules, pourrait bien être une véritable Bulle. Il est à désirer que l'on puisse observer son Animal qui, selon Montagu, n'a pas de pièces osseuses dans l'estomac; 4° que la *B. diaphana* de Montagu, pl. 7. f. 8, paraît être une Coquille jeune d'un autre genre; elle est encore incertaine; 5° que la *B. flexilis* de Laskey, *Wern. Soc.* 1. pl. 8. f. 6, appartient sans doute au genre Sigaret; 6° que les *B. emarginata* et *denticulata* d'Adams, *Linn. Trans.* v. pl. 1 f. 3 à 5 et 9 à 11, nous sont inconnues; 7° que Montfort a fait son genre Rhizore pour une Coquille incomplète dessinée par Soldani, dont il n'est pas possible de déterminer exactement l'analogue; elle se rapproche des *B. cylindrica* et *coronata* de Lamarck. *V.*, pour les autres Bulles de Bruguière, les mots Bullée et Bulline.

Espèces fossiles. Nous ne numéroterons pas celles dont les analogues vivans sont mentionnés plus haut sous les mêmes noms. On n'a trouvé encore des Bulles fossiles que dans le Calcaire marin supérieur à la Craie. — *B. lignaria*, Brocchi, Defrance. Analogue incontestable, mais plus petit (*Var. antiqua.*) Hab. le Plaisantin, Dax, Bordeaux, Valognes, le comté d'Essex en Angleterre. — 21. *B. Labrella*, N. ressemble beaucoup à la *B. ovulata*, Lamk., et à la *B. Utriculus* de Brocchi, mais elle n'a pas l'apparence d'ombilic. Elle est striée à ses extrémités, et offre un épaississement près du bord extérieur. Se trouve à Dax. — 22. *B. lœvis*, De-france, Dict. *sp.* n. 2 ; — *B. acuminata*, Brug., Brocchi. Hab. le Plaisantin.—*B. cylindrica*, Brug., Lamarck, *Ann. Mus.* T. VIII. pl. 59. f. 3. De Roissy, Defrance ; *B. convoluta*, Brocchi II. p. 277 et 635, t. I. f. 7. Hab. Grignon, Dax, Bordeaux, le Plaisantin. — 23. *B. coronata*, Lamk, f. 4, Defrance, *An. B. ovulata*, Brocchi, f. 8. p. 277 et 635. Hab. Grignon, Valognes, le Plaisantin. N'étant pas assez certains de l'espèce de Brocchi qu'il dit vivante dans la Méditerranée, nous ne l'avons point mentionnée parmi les espèces vivantes. — *B. truncata*, *truncatula*, Brug., Brocchi, Soldani, *Saggio*, tab. 10. f. 62 K. Elle se trouve dans le Plaisantin et à Dax. — 24. *B. clathrata*, Defrance, Dict. *sp.* n. 5. Se trouve à Dax. — 25. *B. ovulata*, Lam. *Ann.* fig. 8. pl. 59. f. 2, De Roissy, Defrance. Habite Grignon, la Champagne. — *B hyalina*, *B. striata* et *B. Utriculus*, Brocchi (*loc. cit.* p. 276 et 633. pl. 1. f. 6). Habite le Plaisantin, Bordeaux, Dax. — 26. *B. miliaris*, Brocchi II. p. 635. t. 13. f. 27, Defrance, Dict. Hab. le Plaisantin. Selon Soldani, elle vit dans la Méditerranée, mais elle est encore à vérifier, et ne la connaissant pas, nous ne la portons pas parmi les espèces vivantes. — 27. *B. striatella*, Lamarck (*loc. cit.* f. 3). *Id.* De Roissy, Defrance. Hab. Grignon. Lamarck et Defrance la donnent comme analogue de la *B. Akera*. N'ayant pas sa coquille fossile, nous n'avons pu vérifier cette analogie.

BULLE A CEINTURE, c'est la *Bulla gibbosa* de L. *V.* OVULE.

BULLE AQUATIQUE, c'est la *Physa fontinalis*. *V.* PHYSE.

BULLE D'EAU ou NOIX DE MER, c'est la *Bulla Naucum*. *V.* BULLE.

BULLE D'EAU PAPYRACÉE, c'est la *Bulla Hydatis*. *V.* BULLE. (F.)

BULLÉE. *Bullœa.* MOLL. Genre de la famille des Acères, *V.* ce mot, établi pour une seule espèce séparée des Bulles, la *Bullœa aperta* de Linné. Le premier auteur qui ait observé cette Coquille et le Mollusque qui l'habite, et qui ait même décrit les osselets internes de son estomac, qu'il prenait à la vérité pour un opercule, est Fabius Columna (*de Purpurâ*, p. 28 et 30), qui donne la figure de cette Coquille sous le nom de *Concha natalis minima exotica*. Plusieurs naturalistes ont, comme le remarque Brocchi, rapporté à tort cette première observation à Plancus, qui long-temps après figura de nouveau, d'abord d'une manière méconnaissable, la *B. aperta*, sous le nom d'Amande de mer, *Amygdala marina* (*de Conch. min. not.*, pl. 5, fig. 9 et 10), puis un peu mieux et avec son estomac et celui de la *B. Hydatis* (*ib. suppl.* pl. 11, f. E. I. M. N. O). Ascanius et Müller ayant observé, chacun de son côté, le Mollusque dont il s'agit à l'état de vie, ne reconnurent point ce qu'en avaient dit Columna et Plancus, et le considérèrent comme un Animal nouveau. Ascanius le nomma *Phylline quadripartita* (*Acta Stockh.* 1772, p. 325, tab. 10, f. A. B.), et Müller *Lobaria quadriloba* (*Zool. Dan. Prodr.* 2741, *Icon.* fasc. 3, p. 30, tab. 100) ; mais Abildgaard, éditeur de Müller, remarqua la ressemblance du *Lobaria* avec la figure de Plancus, qu'il crut cependant représenter une autre espèce. Linné plaça la *B. aperta* dans son *Systema Naturœ*, où Gmelin introduisit, outre cette espèce qui figure dans les Bulles, le genre *Lobaria* qu'il plaça entre les Holothuries et le Triton, autre double emploi de même nature. Bruguière, malgré l'établissement des genres *Lobaria* et *Akera* de Müller, ne crut pas devoir les adopter, et laissa la *Bullœa aperta* dans les Bulles. Cuvier publia enfin une première note sur ce Mollusque, où il montra son analogie avec l'Aplysie (Bullet. des Sc. par la Soc. Phil. an 8), et bientôt après, un mémoire anatomique dans les Annales du Muséum, ce qui détermina Lamarck à en faire un nouveau genre. Ne connaissant peut-être pas alors qu'il était établi depuis long-temps par Müller, il ne prit pas son nom et l'appela Bullée (An. s. vert., 1re édit. p. 63). Ce genre a depuis été adopté par Bosc (Moll. de Déterv. , *V*. p. 65), et De Roissy (Moll. de Sonnini , *V*. p. 193). Dans ce même temps à peu près , Draparnaud venait de découvrir la supercherie de Gioëni , et de décrire l'estomac de la *B. lignaria*. Les osselets analogues , trouvés dans celui de la Bullée par Cuvier , ont peut-être fait conclure que ces deux espèces étaient congénères ; car Lamarck (*loc. cit.*) indique la *B. lignaria* comme faisant partie du genre Bullée , erreur qui a été suivie par Bosc, De Roissy et Duvernoy , ainsi que par Montfort, qui, en les réunissant, prend cependant la *lignaria* pour type du genre Scaphandre dans lequel il paraît faire entrer l'*aperta*. Déjà depuis 1803 , Montagu avait donné une bonne figure de la Bullée , et rapproché tout ce qu'en avaient dit ses devanciers (*Test. Brit.* T. I , p. 209 , et T. II. Vignette , f. 1 à 4). En 1810 , Cuvier, dans son Mémoire général sur les Acères , étendit ses premières observations sur l'*aperta* , et en donna une anatomie plus développée et comparée (Ann. Mus., T. XVI , 1810) , à laquelle nous renvoyons pour tous les détails de l'organisation interne. Dans la première édition des An. s. vert. , la Bullée est placée très-loin des Bulles ; dans l'Extr. du Cours de Zool. , ces deux genres sont rapprochés et font partie de la famille des Laplysiens. Dans la nouv. édit. des An. s. vert., c'est dans celle des Bulléens , démembrée de la première , que se trouvent la Bullée et les genres voisins. Dans le Règne Anim. , l'ouvrage de Schweigger et celui de Goldfuss , la Bullée ne forme qu'un sous-genre des Acères. Ocken lui a rendu avec raison le nom primitif donné par Müller , celui de *Lobaria*. On ne connaît encore qu'une seule Bullée ; mais il est vraisemblable que la *B. scabra* de Müller ou *Catena* de Montagu devra aussi en faire partie.

D'après les observations de Columna , Plancus et Zinanni , relatées par Cuvier , l'Animal de la *B. aperta* répand, lorsqu'on le touche , une liqueur purpurine , comme celle des Aplysies. Plancus et Müller affirment que les Bullées adhèrent fortement aux éponges et aux autres productions marines , ce qui , selon le premier, les avait fait appeler *Sangsues de mer* par Zinanni. Les Bullées nagent comme les Bulles. Selon Péron elles habitent les fonds vaseux où elles restent , même quand la mer est retirée , et s'il vient du soleil , elles s'enfoncent sous une couche extrêmement mince de vase.

L'Animal qui contient la *B. aperta* offre une masse presque informe , de figure ovale, longue d'un pouce et demi à deux pouces, et large de trois quarts où un pouce , blanche , transparente , avec de nombreuses petites taches opaques ; la face supérieure est divisée transversalement en deux parties. La postérieure , irrégulièrement arrondie dans son contour , offre un lobe charnu à bords libres , orné de quelques raies opaques , dans lequel est contenue la coquille dont les formes s'aperçoivent un peu à travers son enveloppe. L'antérieure forme un autre lobe bombé , analogue à la cuirasse des Bulles , nommé par Cuvier le disque tentaculaire, parce qu'il le considère comme étant formé par la réunion des quatre tentacules. Mais on n'y aperçoit pas, comme dans les Bulles , deux yeux distincts. Ceux-ci paraissent manquer ou n'ont pas été aperçus. Les tentacules manquent absolument; cependant , dans l'état de vie , le bord antérieur du disque tentaculaire semble divisé en quatre protubérances tentaculiformes, mais susceptibles de variations. Ce disque est divisé longitudinalement par une raie transparente. En dessous se trouve en avant le pied qui répond au disque tentaculaire , et qui est séparé par un sillon transversal d'un autre lobe charnu qui répond au lobe postérieur supérieur, et qui est une sorte de continuation ou d'appendice du pied. Chacun des côtés du pied est renflé en un bourrelet qui se réfléchit sur les flancs de l'Animal, presque d'un bout à l'autre, se montre en dessus, entre les deux lobes, et fait ainsi paraître la face supérieure comme divisée en quatre lobes, d'où sont venus les noms de *Lobaria quadriloba* et de *Phylline quadripartita*, donnés par Müller et Ascanius. Un sillon longitudinal très-large règne sur tout le côté droit du corps, entre le pied et son appendice d'une part, et la coquille et le disque tentaculaire de l'autre. A son extrémité antérieure est l'orifice de la verge; vers la moitié postérieure est un creux qui s'enfonce sous la coquille, et où sont les branchies. Sous ce creux, dans le sillon, sont, en avant l'orifice de l'*oviductus*, et en arrière l'anus qui est un petit tube saillant. Une rainure réunit l'orifice de l'anus à celui de la verge, comme dans l'Aplysie; la bouche est située en avant entre le pied et le disque tentaculaire, comme entre deux lèvres. Pour obtenir la coquille, il faut fendre la peau qui la recouvre. Elle protège les principaux viscères, et n'a point d'attache musculaire selon Cuvier de qui nous avons extrait cette description, ainsi que de l'ouvrage de Montagu. La coquille est mince, légère, transparente comme du verre; elle n'offre qu'un repli qui cependant est un commencement de spire; et son ouverture est si grande, qu'elle forme presque toute la coquille. On n'en connaît qu'une espèce.

BULLÉE OUVERTE, *Bullæa aperta*, Lam. *Bulla aperta*, Lin. Brug. Chemn. X, p. 119, t. 146, f. 1354, 1355; Donovan IV, t. 120. *Phylline quadripartita*, Ascanius; *Lobaria quadriloba*, Müller; *Bullæa Planciana*, Lam. An. s. vert. 1re édit.; Montagu, *Test. Brit.*, vign. 2. f. 1 à 4. Cette espèce paraît, comme plusieurs Bulles, habiter une grande partie des mers, depuis celles du Nord et la Méditerranée, jusque dans celles de la Nouvelle-Hollande, où elle a été trouvée par Péron. Elle y est seulement plus grande. Linné la cite au cap de Bonne-Espérance. Vulg. l'Amande de mer, l'Oublie blanche, la petite Oublie blanche papyracée. Cette Coquille si fragile s'est cependant conservée à l'état fossile. Elle est citée à Grignon par Defrance (Dict. des Sc. nat.) (F.)

* BULLÉENS. MOLL. Famille de l'ordre des Mollusques gastéropodes, établie sous ce nom par Lamarck (An. sans vert., 2e édit. t. 6. 2. p. 27) pour les Tectibranches auxquels Cuvier a donné le nom générique d'Acères. *V.* ce mot. Les Mollusques dont il s'agit faisaient d'abord partie de la famille des Laplysiens de Lamarck (Extr. du Cours de Zool.), que Lamarck a divisée en deux. Les Bulléens comprenaient les genres Acère (les Acères propres, Cuvier; *Doride*, Meckel): Bullée et Bulle reviennent par conséquent à notre famille des Acères. *V.* ce mot, DORIDE, BULLE et BULLÉE. (F.)

BULLE-BIRD. OIS. Syn. anglais du Butor, *Ardea stellaris*, L. *V.* HÉRON. (DR..Z.)

* BULLERBLOMSTER. BOT. PHAN. Syn. de *Trollius europæus* en Ostrogothie. (B.)

BULL-FROG. REPT. BATR. C'est-à-dire *Grenouille-Taureau*. Syn. de la Mugissante. *V.* GRENOUILLE. (B.)

BULLHEAD. POIS. Syn. anglais de Chabot. *V.* COTTE. (B.)

BULLIARDE. *Bulliarda*. BOT. PHAN. De Candolle, dans son ouvrage sur les Plantes grasses et sa Flore française, a séparé du genre *Tillæa* la petite Plante nommée par Lamarck *Tillæa aquatica*, et par Willdenow *Tillæa Vaillantii*, parce que Vaillant en a donné une excellente figure (*Botanicon. Par.* t. 10. f. 1), et en a formé un genre distinct dédié à Bulliard, botaniste estimable, auteur d'un ouvrage intitulé Herbier de la France, où l'histoire des Champignons fut traitée avec de précieux détails. Ce genre se distingue du *Til-*

lœa par son calice à quatre divisions, par sa corolle tétrapétale et par ses écailles, ses étamines et ses pistils au nombre de quatre. Ses capsules, qui ne sont point étranglées vers leur milieu, sont uniloculaires, et renferment toujours plus de deux graines. La *Bulliarda Vaillantii*, Cand. (Plant. grasses, pl. 74), est une petite Plante annuelle, haute d'un pouce, ayant la tige charnue, rougeâtre et dichotome; des feuilles opposées, oblongues, sessiles et charnues; de petites fleurs axillaires et solitaires, portées sur des pédicelles plus longs que les feuilles et d'un blanc rougeâtre.

Cette petite Plante croît sur le bord des mares dans la forêt de Fontainebleau. Elle fleurit pendant presque tout l'été. (A. R.)

BULLIER. MOLL. Nom donné par Lamarck (An. sans vert. 1re édit.) à l'Animal des Bulles. (F.)

* BULLIN. *Bullinus*. MOLL. Genre de la famille des Bullins d'Ocken (*Lehrb. der Zool.* p. 303), *V*. BULLINS, emprunté du genre Bulin d'Adanson, qu'Ocken, en ajoutant un l à son nom, a augmenté, sans motifs, des Ancyles qui pouvaient, et sous les rapports de l'Animal et sous ceux de la coquille, rester en genre distinct. *V*. ANCYLE et PHYSE. (F.)

* BULLINE. *Bullina*. MOLL. Genre institué par nous dans nos Tableaux généraux des Animaux mollusques, p. 30, pour quelques espèces de Bulles à spire saillante, dont l'Animal présente des caractères particuliers, et qui nous ont paru assez distincts pour mériter cette séparation. Les coquilles seules nous avaient d'abord portés à établir une coupe séparée, se refusant, en partie, à entrer dans le cadre des vraies Bulles, lorsque le docteur Quoy voulut bien nous donner communication de l'Animal de la *B. undata* de Bruguière, qui vint confirmer nos présomptions. Dans cette espèce, la tête semble distincte et pourvue de chaque côté d'une sorte de tentacule assez allongé; mais nous ne savons point si les yeux existent dans ce Mollusque que nous n'avons pu examiner que superficiellement. Deux appendices ovales, allongés, naissent à l'arrière de cette partie qui ressemble à une tête, et recouvrent le haut de la coquille qui est visible en grande partie, depuis le bord de ses lobes jusqu'au sommet de la spire. Le pied est extrêmement large. Ce Mollusque est orné de très-belles couleurs. Nous ne pouvons préciser davantage les caractères de ce nouveau genre, dont le docteur Quoy donnera sans doute une description plus détaillée. La coquille des espèces que nous y rapportons offre une analogie remarquable avec les Tornatelles, à l'exception des plis columellaires dont elles sont privées. La spire est bien visible, composée de plusieurs tours et bien saillante. La columelle est presque solide et recouverte par le bord interne qui la tapisse en se repliant, mais sans former d'ombilic.

Voici les espèces que nous rapportons au genre Bulline:

1. *B. aplustre*, L., Lamarck, Chemnitz, X, p. 116, t. 146, fig. 1350, 1351. Encycl., pl. 359, fig. 2. Cette jolie Coquille se trouve aux Moluques et aux îles Nicobar. Vulg. le *Bouton de rose*. — 2. *B. Lineolata*, N. Jolie Coquille, un peu plus grande que la *B. scabra*, de même forme, toute blanche, munie de stries transverses, bien marquées, serrées et raboteuses, ornée seulement de deux lignes noires fines, dont l'inférieure est quelquefois double. Son habitation est inconnue. — 3. *B. undata*, Bruguière, Encyc., p. 380; Lister, *Synops.*, t. 715, fig. 74; Martini, *Conch.*, t. 1, p. 283 et Vig., at., p. 274, fig. 4, 5. *Bulla nitidula*, Dillwyn; Favanne, *Conch.*, pl. 27, fig. F 3. Cette espèce a été observée par le docteur Quoy dans les îles de la mer du Sud. — 4. *B. scabra*, Chemnitz, *Conch.*, X, p. 118, t. 146, fig. 1352 et 1353; Gmelin, p. 3434; Dillwyn, p. 484; Favanne, *Conch.*, pl. 27, fig. E. Elle se trouve à Java.

Espèce fossile :

5. *B. secalina*, N. Petite Coquille, à peine de la grosseur d'un grain de seigle, munie de stries transverses, plus prononcées vers la columelle à spire élevée; bouche longitudinale, étroite inférieurement, presque des deux tiers de la coquille. Elle se trouve dans l'Argile de Londres. (F.)

*BULLINS. *Bullinen*. MOLL. Ocken (*Lehrb. der Zool.*, p. 301) a formé sous ce nom une famille composée des genres Planorbe, Bullin (Ancyles et Physes), Limnée et Marsyas (Auricules et Scarabes). *V.* ces mots. Les Animaux des Marsyas étant peu connus alors, cet auteur est excusable de les avoir réunis aux Pulmonés hygrophiles; mais actuellement cette réunion ne saurait avoir lieu. *V.* LIMNÉENS et AURICULES. (F.)

BULL-RUSH ET CLUB-RUSH. BOT. PHAN. Syn. anglais de Scirpe. *V.* ce mot. (B.)

BULL-TROUTE. POIS. Syn. anglais de Truite saumonée. *V.* SAUMON. (B.)

BULLUS. MOLL. Nom scientifique du genre Bulle de Montfort. *V.* BULLE. (F.)

BULTJE. MOLL. Nom hollandais qui signifie Bossue, et qui a été appliqué au *Strombus canarium* par Rumphius, selon Montfort (*Conch.* 2, p. 643). On donne aussi ce nom à la *Bulla gibbosa* de Linné, type du genre Ultime de Montfort. *V.* OVULE. (F.)

BULU. BOT. PHAN. Même chose que Boulou. *V.* ce mot. (B.)

BULUTU ET BULYTU-LAPARON. BOT. PHAN. Syn. présumé de Pariétaire chez les Romains. (B.)

BULZ, BULZLING ET BILZ. BOT. CRYPT. Noms donnés comme syn. allemands de Bolet. *V.* ce mot. (B.)

BUMA. OIS. Espèce du genre Chouette, *Strix Noctua*, Gmel. en Égypte. *V.* CHOUETTE. (DR..Z.)

BUMALDE. *Bumalda*. BOT. PHAN. Thunberg nomme ainsi un Arbrisseau du Japon, très-rameux et glabre, dont les feuilles sont opposées et ternées, les fleurs disposées en grappes terminales. Elles offrent un calice quinqueparti, cinq pétales à insertion hypogynique; cinq étamines insérées sur leurs onglets; un ovaire libre surmonté de deux styles velus, ainsi que le reste de sa surface, et que terminent deux stigmates. Il devient une capsule à deux loges et à deux pointes. Jussieu, en plaçant ce genre à la suite des Rhamnées, met en question si son affinité avec les Berbéridées ne serait pas plus grande. (A. D. J.)

BUMBOS. REPT. OPH. (Jobson. Hist. Gén. Vog.) Syn. de Crocodile chez les Nègres de la rivière de Gambie. (B.)

BUMBOS. BOT. PHAN. Même chose que Bambos. *V.* BAMBOU. (B.)

BUMELIA. BOT. PHAN. Genre de la famille des Sapotées, voisin du *Syderoxylum* dont plusieurs espèces lui ont été rapportées. Il a pour caractères : un calice quinqueparti; une corolle dont le tube est court et le limbe divisé en cinq lobes munis chacun de deux squammules à leur base; cinq étamines insérées au tube de la corolle, opposées à ses divisions et séparées entre elles par autant d'appendices membraneux; un style et un stigmate simples; un ovaire à cinq loges, contenant chacun un ovule solitaire, et qui se change plus tard en une drupe ovale monosperme.—On a décrit environ quinze espèces de ce genre, qui reconnaissent presque toutes pour patrie l'Amérique septentrionale et surtout les Antilles. Ce sont des Arbres, plus rarement des Arbustes ou des Arbrisseaux à feuilles éparses et entières, de l'aisselle desquelles partent le plus souvent en faisceaux des pédoncules portant une seule fleur blanche. Il nous suffit d'indiquer ici le *Bumelia reclinata* de Michaux, figuré tab. 22 du Choix des Plantes, par Ventenat; le *B. salicifolia*, figuré dans les *Collectanea* de Jacquin et dont le fruit offre souvent deux graines, et le *B. rotundifolia* de Swartz, décrit complétement par Kunth dans l'ouvrage de Humboldt. (A. D. J.)

BUMUM ET BUNCÆ. BOT. PHAN. Syn. de *Phaseolus Max* à Ceylan. *V.* DOLICH. (B.)

BUNA. BOT. PHAN. (L'Écluse.) Syn. de Café. *V.* ce mot. (B.)

BUNA-PALLA. BOT. PHAN. Syn. de Macis dans les Moluques. *V.* MUSCADIER. (B.)

* BUNAROT. BOT. PHAN. Syn. de *Cicuta virosa* en Scanie. (B.)

BUNCÆ. BOT. PHAN. *V.* BUMUM.

* BUNCHOSIE. *Bunchosia*. BOT. PHAN. Ce genre a été établi par L.-C. Richard dans la famille des Malpighiacées; il offre pour caractères : un calice hémisphérique, à cinq divisions glanduleuses extérieurement. Sa corolle se compose de cinq pétales onguiculés, réniformes, arrondis, étalés. Ses étamines, au nombre de dix, sont hypogynes, et ont leurs filets soudés par la base. L'ovaire est à deux loges qui renferment chacune un seul ovule pendant. L'ovaire est surmonté d'un seul style que termine un stigmate déprimé et pelté. Le fruit est une baie à deux loges monospermes, dont l'endocarpe est osseux. Les Bunchosies sont des Arbres ou des Arbrisseaux originaires de l'Amérique équinoxiale; leurs feuilles sont opposées, très-entières, glanduleuses; leurs fleurs sont jaunes ou blanches en grappes axillaires. Ce genre diffère du *Malpighia* par son ovaire à deux loges, son style simple et son fruit qui est une baie à deux loges. On doit y rapporter les *Malpighia odorata*, Jacq. *Malpighia nitida*, Jacq. *Malp. armeniaca*, Cav. *Malp. glandulosa*, Cav., et quatre espèces décrites récemment par Kunth, dans ses *Nova Genera* qui font partie des voyages de Humboldt. (A. R.)

BUNCH-WHALE. MAM. Syn. de Baleine noueuse en anglais. *V.* BALEINE. (A. D..NS.)

BUNDIA. POIS. Même chose que Boridia. *V.* ce mot.

BUNDOL. OIS. Syn. malais du Gros-Bec à tête blanche, *Loxia ferruginosa*, Lath. *V.* GROS-BEC. (DR..Z.)

BUNDURE OU BUNDURH. (Daléchamp.) Même chose qu'Agileux. *V.* ce mot. (B.)

BUNE OU BURE. OIS. Syn. vulgaire de Tournepierre, *Tringa Interpres*, L. *V.* TOURNEPIERRE. (DR..Z.)

BUNERA. BOT. PHAN. Il paraît que c'est la même chose que Buniade. *V.* ce mot. (A. D. J.)

BUNESAT. BOT. PHAN. Syn. africain de Buglosse. *V.* ce mot. (B.)

BUNETTE OU BURETTE. OIS. Syn. vulgaire du Traine-Buisson, *Motacilla modularis*, L. *V.* ACCENTEUR. (DR..Z.)

BUNGALON. BOT. PHAN. (Camelli.) Arbre laiteux des Philippines, qui paraît être un Manglier, et dont la feuille est mangeable. (A. D. J.)

BUNGARUM - PARNAH. REPT. OPH. Syn. indou de Bongare. *V.* ce mot. (B.)

BUNGO. BOT. PHAN. Syn. malais de *Justicia purpurea*, L. (B.)

* BUNGUM. BOT. PHAN. (Rumph, *Amb.* VI. t. 22. f. 1.) Même chose qu'Adel-Odagam. *V.* ce mot. (B.)

BUNIADE. *Bunias*. BOT. PHAN. Ce genre établi par Linné, dans la famille naturelle des Crucifères, Tétradynamie siliculeuse, a été singulièrement limité dans ses caractères par Robert Brown et De Candolle. Ce dernier, dans son *Systema Vegetabilium*, lui assigne les caractères suivans : son calice est formé de quatre sépales égaux; ses pétales sont onguiculés à leur base. Les étamines ont les filets dépourvus de dentelures. Le fruit est une silicule tétragone, indéhiscente, articulée, à deux loges avant sa parfaite maturité, et qui, plus tard, se séparent en deux autres cavités, en sorte que la silicule bien mure semble être quadriloculaire, chaque loge contenant une seule graine globuleuse, dont les cotylédons sont incumbans, linéaires, étroits et roulés en spirale.

Ce genre ainsi caractérisé ne contient plus que trois espèces, savoir : *Bunias Erucago*, *Bunias aspera* et *Bunias orientalis*. La première et la troisième croissent en France ; la seconde est originaire du Portugal. Les autres espèces du genre *Bunias* de Linné ont été rangées dans les genres *Cakile*, *Rapistrum*, *Pugionum*, *Ochthodium*, *Euclodium*, etc. *V.* ces mots. (A. R.)

* BUNIADÉES. *Buniadeæ*. BOT. PHAN. De Candolle, dans le second volume du *Systema Vegetabilium*, nomme ainsi la dix-septième tribu de la famille des Crucifères, caractérisée par une silicule articulée, indéhiscente, à deux ou quatre loges, contenant chacune une seule graine, et par ses cotylédons linéaires, roulés en spirale. Cette tribu ne renferme que le seul genre Bunias. *V.* ce mot. (A. R.)

BUNIAS ET BUNION. BOT. PHAN. (Dioscoride.) Syn. de Navet. (B.)

BUNIUM. BOT. PHAN. Genre de la famille des Ombellifères. Son calice est terminé par un bord entier ; ses pétales sont égaux et courbés en cœur ; son fruit ovoïde-oblong est marqué de stries et tuberculeux dans leurs intervalles ; ses involucelles ont plusieurs folioles. Deux espèces de *Bunium* se rencontrent en France. L'une est celle à laquelle Linné a donné le nom spécifique de *Bulbocastanum*, que Tournefort lui appliquait comme générique, connue vulgairement sous celui de Suron ou Terre-Noix, à cause de sa racine bulbeuse, arrondie et bonne à manger. Elle a des involucres de sept à huit folioles et des feuilles deux ou trois fois ailées, à découpures étroites et linéaires. Dans l'autre, le *B. majus* de Gouan, *B. denudatum* de la Flore française, la racine et les feuilles sont à peu près semblables, mais la tige est plus grêle, plus allongée, moins feuillée et un peu flexueuse, et l'involucre nul ou de deux à trois folioles seulement. Le *B. aromaticum*, L., qui habite la Crète et la Syrie, présente un involucre de six folioles environ, et des feuilles à découpures filiformes. (A. D. J.)

Le nom de *Bunium* désigne dans Daléchamp l'*Æthusa Bunius*, dans Camérarius l'*Erysimum Barbaræa*, et dans Dodoens le *Bunium Bulbocastanum*, L. (B.)

BUNIVA. POIS. Espèce du genre Baliste. *V.* ce mot. Elle se pêche dans la mer de Nice. (B.)

BUNK. OIS. Syn. polonais de Butor, *Ardea stellaris*, L. *V.* HÉRON. On le donne aussi à la Buse. (DR..Z.)

BUNKA. POIS. Syn. norwégien de *Cyprinus latus*. *V.* CYPRIN. (B.)

* BUNKIE. BOT. CRYPT. Syn. d'*Ulva intestinalis* en Scanie. (B.)

BUNNU. BOT. PHAN. Même chose que Buna. *V.* ce mot. (B.)

BUNODE. ANNEL. Genre formé par Guettard dans sa monographie des Vers à tuyaux, d'après une figure de d'Argenville qu'il reproduit (tom. III, pl. 69, fig. 9). Schweigger l'a adopté encore qu'imparfaitement défini. On lui attribue pour caractères : un corps conique, articulé, ayant des articulations nombreuses ; la tête conique, contractile, terminée supérieurement par un trou rond, qui est la bouche ; à sa base, est une couronne formée d'organes qui peuvent être des tentacules ou des branchies, que d'Argenville appelait improprement des pates. La Bunode est un Animal marin. (B.)

BUNROT. BOT. PHAN. L'un des noms suédois de l'*Artemisia vulgaris*. *V.* ARMOISE. (B.)

BUNT-BAASH OU BAORSCH. POIS. Syn. Allemand de Perche. (B.)

BUNTE-KRÆHE. OIS. Syn. allemand de la Corneille mantelée, *Corvus Cornix*, L. *V.* CORBEAU. (DR..Z.)

BUNTER-REGER. OIS. Syn. du Bihoreau, *Ardea Nycticorax*, L. en Allemagne. *V.* HÉRON. (DR..Z.)

BUNTING. OIS. (Albin.) Syn. de l'Ortolan, *Emberiza Hortulana*, L. *V.* BRUANT. (DR..Z.)

BUNTKUPFEREZ. MIN. Syn. allemand de Cuivre pyriteux hépatique. *V*. CUIVRE. (LUC.)

BUNTSING. MAM. Syn. allemand de Putois. *V*. MARTE. (A.D..NS.)

BUO. MIM. (Vanhelmont.) Même chose que Brumazar. *V*. ce mot. (LUC.)

BUONOLI. OIS. Syn. vulgaire de la Hulotte, *Strix Aluco*, L. *V*. CHOUETTE. (DR..Z.)

BUPARITI. BOT. PHAN. Petit Arbre de l'Inde, regardé d'abord comme l'*Hibiscus populneus* à la côte de Malabar, mais que Du Petit-Thouars croit devoir former un genre particulier sous le nom de Pariti. *V*. ce mot. (B.)

BUPHAGE. *Buphaga*. *V*. PIQUE-BOEUF.

BUPHTHALME. *Buphthalmum*. BOT. PHAN. Corymbifères, Jussieu; Syngénésie Polygamie superflue, L. L'involucre est composé de folioles imbriquées; tantôt elles sont à peu près égales, écailleuses et plus courtes que le rayon, et c'est ce qui constituait le genre *Asteroides* de Tournefort et de Vaillant, *Bustia* d'Adanson; tantôt les extérieures, allongées et foliacées, dépassent le rayon, et c'est ce qui caractérisait le genre *Asteriscus* de Tournefort et Vaillant, *Borrichia* d'Adanson. Le réceptacle est garni de paillettes; les fleurs sont radiées, à fleurons hermaphrodites, à demi-fleurons femelles, fertiles; les akènes sont ailés et couronnés d'un rebord membraneux, denté ou presque foliacé.

Ce genre comprend des Herbes et des Arbrisseaux à feuilles opposées ou alternes, à fleurs souvent terminales. On en compte plus de vingt espèces qui croissent dans les régions méridionales. Nous nous contenterons de citer, dans la première section, celle des Astéroïdes, les *Buphthalmum salicifolium* et *grandiflorum*, espèces extrêmement voisines, à tiges herbacées et à feuilles alternes, qu'on rencontre dans le midi de la France; le *B. oleraceum*, à feuilles opposées, épaisses et cendrées, qui croît naturellement et est aussi cultivé dans la Chine et la Cochinchine, où il sert d'aliment. — Dans la section des Astériscus, le *B. frutescens*, Arbrisseau à feuilles opposées, originaire de la Jamaïque et de la Virginie, figuré tab. 25 du Jardin de Cels par Ventenat, et trois espèces à feuilles alternes, qui habitent nos départemens méridionaux, le *B. spinosum* où les feuilles de la tige sont terminées par une épine; le *B. aquaticum* où ces feuilles sont allongées, les fleurs petites, les unes sessiles et axillaires, les autres situées au sommet des rameaux; le *B. maritimum* à feuilles spatulées, à fleurs solitaires, assez grandes et toutes terminales. (A. D. J.)

* BUPILÆ. BOT. PHAN. Nom donné à Ceylan à une Plante qui paraît appartenir au genre CRACCA. (B.)

BUPLÈVRE. *Buplevrum*. BOT. PHAN. Ce genre, de la famille des Ombellifères, présente un calice entier; cinq pétales entiers, égaux, courbés en demi-cercle; un fruit arrondi ou ovoïde, comprimé légèrement sur ses côtés, relevé et strié sur ses faces. Ses involucres sont quelquefois nuls, quelquefois composés d'une à cinq folioles courtes; ses involucelles sont de cinq folioles plus grandes, souvent colorées et soudées quelquefois entre elles à leur base. Les fleurs sont jaunes, et les feuilles entières, excepté dans une seule espèce du cap de Bonne-Espérance, *B. difforme*, où elles se divisent en trois parties. — Tels sont les caractères par lesquels les botanistes s'accordent généralement à distinguer ce genre. Cependant Hoffman, qui s'est occupé particulièrement des Ombellifères, et a donné son attention à plusieurs organes auxquels jusqu'ici on avait attaché moins d'importance dans la distribution des genres, propose de diviser celui-ci en plusieurs établis par lui, ou empruntés à d'autres auteurs. Nous exposerons en peu de mots les caractères sur lesquels il les fonde, dans les articles *Diaphyllum*, *Isophyllum*, *Odontites* et *Teneria*, auxquels nous renvoyons le lecteur, de peur de jeter de la confusion ici, et nous nous contentons d'ajouter que les espèces qu'il conserve au genre *Buplèvre* sont celles qui sont dépourvues d'involucre.

Sur trente espèces environ qui ont été décrites, la moitié fait partie de la Flore française. Vingt d'entre elles sont des Plantes herbacées, les autres sont des Arbrisseaux; mais toutes ont un tissu ferme et coriace assez caractéristique. Dans la première section, nous citerons le *Buplevrum rotundifolium* dépourvu d'involucre et à feuilles perfoliées; le *B. stellatum*, où les folioles de l'involucre sont au nombre de trois, et celles de l'involucelle soudées ensemble; le *B. graminifolium* dont le nom indique la forme des feuilles et dont les involucelles sont de sept à huit folioles; le *B. falcatum* à tige flexueuse, à feuilles ovales au-dessus de la racine et lancéolées sur la tige, à involucres et involucelles composés de cinq folioles. Les *B. tenuissimum*, *junceum*, *ranunculoides*, etc., etc., diffèrent par la forme de leurs feuilles, des folioles de leurs involucelles, le nombre des rayons de leurs ombelles. — Parmi les espèces à tige frutescente, le *B. arborescens*, originaire du cap de Bonne-Espérance, à feuilles oblongues, très-entières et pétiolées; le *B. fruticosum* indigène, à feuilles sessiles, ovales-lancéolées et entières; le *B. spinosum* qui croît en Espagne, et dont les rameaux de la panicule finissent par se changer en épines. (A. D. J.)

BUPLEVROIDES. BOT. PHAN. Syn. de *Phyllis Nobla*, L. *V.* PHYLLIDE. (B.)

BUPO. BOT. PHAN. Syn. japonais d'*Evonymus japonicus*. *V.* FUSAIN. (B.)

BUPRESTE. *Buprestis*. INS. Genre de l'ordre des Coléoptères, section des Pentamères, famille des Serricornes, tribu des Buprestides (Règne Anim. de Cuv.), établi par Linné et subdivisé depuis en quelques autres genres. Latreille lui assigne pour caractères : antennes filiformes, en scie, un peu plus courtes que le prothorax, composées de onze articles; mandibules cornées; mâchoires divisées en deux pièces à leur extrémité; palpes filiformes ou légèrement plus gros à leur sommet, terminés par un article presque cylindrique; tête à demi-enfoncée dans le prothorax; élytres très-dures, à bord postérieur souvent denté; pénultième article des tarses profondément échancré; corps allongé. Ce genre, assez semblable aux Taupins par la forme générale du corps, en diffère par un grand nombre de caractères, dont le plus évident est l'absence d'un ressort ou appareil pour le saut. — Les Buprestes marchent lentement, mais ils volent très-bien; ils sont très-brillans en couleurs métalliques. Cet éclat leur a valu le nom générique de Richards sous lequel Geoffroy les a décrits dans son Histoire des Insectes. Les larves vivent dans le bois, et l'Insecte parfait se rencontre sur les Arbres et sur les Fleurs. Les Buprestes sont très-communs dans les climats chauds, et deviennent d'autant plus rares qu'on s'avance davantage vers le nord. Le général Déjean (Catal. des Coléopt. p. 28) en mentionne cent trente-trois espèces; on en connaît plus de cent cinquante. Les unes n'ont point d'écusson apparent; parmi elles, nous remarquerons le Bupreste fasciculé, *B. fasciculata* de Linné, figuré par Olivier (Col. 2, pl. 4, fig. 38). Les autres ont l'écusson apparent. Nous citerons le Bupreste géant, *B. gigas* de Linné, originaire de Cayenne, figuré par Olivier (*loc. cit.* pl. 1, fig. 1), et le Bupreste à fossettes, *B. chrysostigma* d'Olivier (*loc. cit.* pl. 6, fig. 54) ou le *B. affinis* de Fabricius. Il se trouve en France. (AUD.)

BUPRESTIDES. *Buprestides*. INS. Latreille (Règ. An. de Cuv.) désigne sous ce nom la première tribu de la famille des Serricornes dans les Coléoptères Pentamères; elle comprend les genres Bupreste, Aphanistique, Mélasis et Cérophyte, *V.* ces mots, et elle a pour caractères : corps toujours ferme, le plus souvent ovale ou elliptique, droit; tête engagée verticalement jusqu'aux yeux dans le prothorax; sternum antérieur grand, distingué de chaque côté par une rainure où s'appliquent les antennes toujours courtes, dilaté ou avancé en devant jusque sous la bouche, son extrémité opposée se prolongeant en forme de stilet ou de corne, pointue ou mousse, mais toujours découverte; mandibules terminées en une pointe entière, ou sans échancrure ni dent; dernier article des palpes presque cylindrique dans les uns, ovoïde ou globuleux dans les autres. Ces Insectes ont encore pour caractère commun de ne pas sauter. (AUD.)

BUPRESTIS. INS. Ce mot, devenu le nom propre scientifique du genre Bupreste, désignait le Meloé chez les anciens. *V.* MÉLOÉ. (B.)

BUPRESTIS. BOT. PHAN. (Galien.) Syn. de Buplèvre. (B.)

BUPRESTOIDE. *Buprestoides*. INS. Genre de l'ordre des Coléoptères, section des Hétéromères, famille des Sténélytres (Règ. Anim. de Cuv.), établi par Schæffer (*Element. entomol. appendix*, pl. 136), et que Latreille suppose, d'après la figure que l'auteur en donne, être voisin des Serropalpes et des Cistèles; il a cependant des rapports de formes avec les Buprestes et les Taupins. L'espèce sur laquelle ce genre est fondé n'existe pas dans nos plus riches collections. (AUD.)

BUR. MIN. Même chose que Brumazar. *V.* ce mot. (LUC.)

BURAK. BOT. PHAN. (Forskalh.) Syn. de l'*Asphodelus fistulosus*, L. chez les Egyptiens. (B.)

BURAM-CHADALI. BOT. PHAN. Syn. d'*Hedisarum gyrans* au Bengale. (B.)

BURAN. BOT. PHAN. Syn. japonais d'*Iris siberica*. *V.* IRIS. (B.)

BURANG. BOT. PHAN. C'est aux Moluques la même chose que Birani. *V.* ce mot et GAUDAL. (B.)

* BURASAIA. BOT. PHAN. Un Arbrisseau débile dont les feuilles sont alternes, longuement pédonculées et ternées, à folioles ovales et entières, dont les fleurs sont disposées en grappes axillaires, a été observé par Du Petit-Thouars à Madagascar où on le nomme vulgairement *Bourasaha*, et lui a servi à établir ce genre qui se rapporte à la famille des Ménispermées. Ses fleurs sont dioïques; leur calice est composé de six sépales, et leur corolle de six pétales concaves, les uns et les autres connivens. Dans les mâles, on trouve six étamines dont les filets épais sont réunis à leur base et portent supérieurement les anthères attachées dans toute leur longueur; dans les femelles, au-dedans de six filets stériles, sont trois ovaires à stigmates sessiles; chacun d'eux devient une drupe portée sur un court pédoncule, et renfermant un noyau recourbé, parsemé de papilles visqueuses. La graine présente un périsperme charnu et un embryon plus court, infère, à cotylédons planes et divariqués. (A. D. J.)

BURAU. BOT. PHAN. (J. Bauhin. *Hist. Plant.* 1, 333). Syn. d'*Hura crepitans*, L. (B.)

BURBALAGA. BOT. PHAN. (L'Écluse.) Syn. espagnol de *Daphne Tartonraira*. *V.* LAURÉOLE. (B.)

BURBOT. POIS. Syn. anglais de Lote. *V.* GADE. (B.)

BURCADE. BOT. PHAN. (Duhamel.) Syn. de Callicarpe. (A. D. J.)

BURCARDE. BOT. PHAN. (Scopoli.) Syn. du Piriqueta d'Aublet. *V.* ce mot. (A. D. J.)

BURCARDIA. BOT. CRYPT. (*Champignons.*) Sous-genre établi par Fries parmi les Pezizes, et caractérisé par sa consistance gélatineuse ; leur forme, en général, est celle d'un cône renversé. Le disque, d'abord creux et même fermé, s'ouvre ensuite jusqu'à devenir convexe dans quelques espèces.

Cette section, qui pourra peut-être un jour être regardée comme un genre à part, a pour type la Pezize noire de Bulliard, t. 460 (*Peziza inquinans*, Pers.). Elle renferme encore cinq ou six autres espèces, qui toutes croissent sur les troncs d'Arbres et le bois pourri. (AD. B.)

BURCHARDIA. BOT. PHAN. R. Brown a établi ce genre qui fait partie de sa famille des Mélanthacées, la même que celle des Colchicacées. Les caractères par lesquels il le distingue sont les suivans : calice de six sépales pétaloïdes, égaux, étalés, caduques, présentant sur leurs onglets une fossette glanduleuse. A la base de chacun d'eux s'insère une étamine dont l'anthère peltée regarde en dehors. L'ovaire, marqué de trois angles, renferme intérieurement trois loges, dans chacune desquelles les graines nombreuses sont disposées sur un double rang. Le style se partage en trois portions que terminent des stigmates aigus. La capsule se sépare en trois valves naviculaires. L'auteur décrit une seule espèce recueillie dans la Nouvelle-Hollande : c'est une Plante herbacée, glabre, dont la tige est simple, engaînée par la base des feuilles linéaires, tout-à-fait inférieurement, et à demi supérieurement. Les fleurs, dans lesquelles la couleur blanche des sépales contraste avec le pourpre des anthères, sont disposées en une ombelle simple, munie d'une bractée à sa base ; et de cette disposition est tiré le nom spécifique d'*umbellata*.

Celui du genre lui a été donné en mémoire d'un ancien botaniste, H. Burchard, connu par une lettre à Leibnitz, dans laquelle il signala le premier l'importance des caractères qu'on pouvait tirer des étamines pour la classification des Plantes. Ce n'est pas la première qui lui avait été dédiée ; on trouve, en effet, dans Heister le nom de *Burchardia*, comme synonyme du genre de la famille des Verbénacées, que Linné appelle *Callicarpa* ; et un autre, appartenant à celle des Violacées, le *Piriqueta* d'Aublet, a été nommé *Burchardia* par Schreber et Scopoli, *Burghartia* par Necker. *V.* CALLICARPA et PIRIQUETA. (A. D. J.)

BURCHOMAT ET BURCOMOT. BOT. PHAN. syn. de *Chrysocoma Coma-aurea*, L. *V.* CHRYSOCOME. (B.)

BURDI. POIS. *V.* BELAH.

BURDI OU BERDI. BOT. PHAN. (Daléchamp.) Syn. arabe de *Cyperus Papyrus*. (B.)

BURDOCK. BOT. PHAN. Syn. anglais de Bardane, *Arctium*, et de Glouteron, *Xanthium*. (B.)

BURE. OIS. *V.* BUNE.

BURETTE. OIS. *V.* BUNETTE.

* BUREZ. MOLL. Par erreur, sans doute, *Buris* dans le Dict. des Sc. nat. Rondelet (*de Testaceis*, p. 64) dit qu'on appelle ainsi, sur nos côtes du Languedoc, le Coquillage univalve nommé à Gênes *Roncera*, et à Venise *Ognella*. C'est la Coquille appelée vulgairement la *petite massue d'Hercule*, le *Murex brandaris* de Linné et de Lamarck. *V.* ROCHER. (F.)

BURGALL. POIS. Espèce de Labre. *V.* ce mot. (B.)

BURGARDIA. BOT. PHAN. Même chose que Burchardia. *V.* ce mot (B.)

BURGAU. MOLL. Nom vulgaire de plusieurs Coquilles marines du genre Sabot, *Turbo* de Linné et de Lamarck, dont la substance toute de nâcre est recouverte par un drap marin de diverses couleurs, qu'on enlevait jadis pour découvrir la beauté du test. Ces Coquilles sont employées pour les petits bijoux ou ornemens de nâcre. Bien que ce nom ait été appliqué à beaucoup de Coquilles différentes, il appartient plus spécialement au *Turbo marmoratus*, appelé aussi la Princesse.

Le BURGAU PERLÉ est le *Turbo sarmaticus*, vulg. la Veuve perlée.

Le BURGAU TUILÉ OU ÉPINEUX, ou le BURGAU DE LA CHINE, est le *Turbo cornutus*, Gmelin, Lamarck. *V.* SABOT.

Le BURGAU MORCHON. Selon De Roissy (Moll. de Sonnini, t. VI, p. 29), on appelle ainsi à La Rochelle le *Buccinum undatum*. *V.* BUCCIN. (F.)

BURGMEESTER. OIS. Même chose que Bourguemaître. *V.* ce mot. (DR..Z.)

BURGO et BURGOS. MAM. Race de Chien résultant du croisement de l'Épagneul et du Barbet *V.* CHIEN. (A. D..NS.)

BURGONI. BOT. PHAN. Espèce de Mimeuse de la Guiane dans Aublet. (B.)

BURGOS. MAM. *V.* BURGO.

BURGSDORFIA. BOT. PHAN. *V.* SIDERITIS.

BURHALAGA. BOT. PHAN. Syn. espagnol de *Passerina hirsuta*, L. (B.)

BURHINUS. OIS. Genre incertain qu'Illiger a établi d'après le *Charadrius magnirostris* de Latham; Oiseau qui a le bec fort et très-large, les parties supérieures d'un gris bleuâtre, d'une teinte plus pâle aux parties inférieures, rayé partout de noir à l'exception de la tête qui est simplement ponctuée; les rémiges sont noires, tachées de blanc à la base; le bec est noir. Cet Oiseau habite la Nouvelle-Hollande. (DR..Z.)

BURHNI ET BURU. BOT. PHAN. Syn. islandais de *Polypodium Filix-Mas*. *V.* POLYSTICH. (B.)

BURI. POIS. Syn. arabe de *Mugil cephalus*. *V.* MUGE (B.)

BURICHON. OIS. L'un des noms vulgaires du Troglodyte, *Motacilla Troglodytes*, L. (B.)

BURIDIA. POIS. *V.* BORIDIA.

BURIOT. OIS. L'un des vieux noms du Canard, *Anas Boschas*, L. (DR..Z.)

BURIS. MOLL. *V.* BUREZ.

BURIS. BOT. PHAN. Syn. d'Armoise en Dalécarlie. (B.)

BURLADORA. BOT. PHAN. C'est-à-dire *trompeuse*. Syn. portugais de Datura. *V.* ce mot. (B.)

* BURMANNER. BOT. PHAN. Syn. d'*Arnica montana* dans quelques parties de la Suède. (B.)

BURMANNIE. *Burmannia*. BOT. PHAN. Ce genre se compose de petites Plantes herbacées, qui se plaisent dans les lieux humides. Leur tige est ordinairement simple ou bifide; elle porte des feuilles qui sont petites et comme engaînantes: celles qui naissent de la racine sont ensiformes; les fleurs, ordinairement bleues, sont terminales, disposées en un épi ou une sorte de capitule. Chacune d'elles offre un calice coloré et pétaloïde, tubuleux et adhérent par sa base avec l'ovaire infère. Son limbe est à six divisions, dont trois intérieures plus petites. Les étamines, au nombre de trois, insérées au haut du tube, sont courtes et opposées aux divisions intérieures. Les anthères sont soudées sur les parties latérales de leur filet, qui fait l'office d'un connectif. Elles s'ouvrent par une suture transversale. Le style est simple, terminé par trois stigmates dilatés et bilobés. Le fruit est une capsule à trois angles membraneux et à trois loges polyspermes; elle est couronnée par les lobes du calice. Ce genre, dont la structure est fort remarquable, a été diversement classé par les auteurs parmi les ordres naturels. Ainsi Jussieu, dans son *Genera*, l'a mis parmi les Broméliacées; Robert Brown, au contraire, l'a reporté à la fin de la famille des Joncées, en indiquant toutefois combien il en différait sous beaucoup de rapports. Pour émettre ici notre opinion, nous dirons qu'il nous semble que le genre *Burmannia* auquel on doit réunir le *Tripterella* de Michaux, qui n'en est point différent, a les plus grands rapports avec la famille des Hemodoracées de Brown, et que c'est probablement parmi les genres de cet ordre naturel qu'il devra être placé, lorsque l'on étudiera attentivement ses affinités naturelles.

Ce genre ne renferme que quatre espèces, savoir: *Burmannia biflora*, L., qui croît à Ceylan et dans l'Inde; *Burmannia distachya*, L., qui est originaire de la Nouvelle-Hollande et de la Virginie; *Burmannia juncea*, de Brown, observée à la Nouvelle-Hollande; et enfin le *Burmannia Tripterella*, N., qui est le *Tripterella capitata* de Michx., et qu'il a figuré dans sa Flore de l'Amérique septentrionale, t. 3. (A. R.)

BURNET. BOT. PHAN. Ce nom anglais désigne indifféremment toutes les Plantes que l'on confond en français sous le nom de Pimprenelle. *V.* ce mot. (B.)

BURO. POIS. Genre formé par Lacépède (Pois. t. V, p. 421), d'après un dessin de Commerson, pour une espèce de Poisson dont on ne cite pas le lieu natal. Il paraît devoir appartenir à l'ordre des Abdominaux, ou bien à celui des Acanthoptérygiens de Cuvier, famille des Squammipennes, seconde tribu, où les dents sont disposées sur une seule rangée. Il présente plusieurs des caractères du genre Polymne, qui se trouve dans la section troisième, mais en doit être séparé puisqu'il a deux nageoires dorsales. Une seule espèce de Buro nous est connue, encore l'est-elle imparfaitement; elle est brune, avec le corps parsemé de petites taches blanches; l'iris est doré ou argenté; la tête menue, le museau un peu pointu, l'anus situé entre deux piquans qui se voient entre les ventrales; la caudale est disposée en croissant; le ventre et le dos sont carénés. Ce Poisson acquiert de dix à quinze pouces de long. D. 3/11. P. 18. V. 1/4. A. 7/9. C. 16. (B.)

BURONG. OIS. Syn. malais du mot Oiseau, d'où:

BURONG-AROU, l'Oiseau de Paradis.

* BURONG-BAHAO, le *Gracula religiosa*, L. *V.* MAINATE.

BURONG-GRECA, le Friquet, *Fringilla montana*, qui se trouve à Java, entièrement semblable à l'espèce européenne.

* BURONG-KAMBING, le *Corvus Galericulatus*, Cuv. *V.* CORBEAU, section des Geais.

* BURONG-KONDANG, l'*Ardea ruficauda*, N. *V.* HÉRON.

* BURONG-LOOD, le Langrayen leucogastre, *Lanius leucorynchos*, Gmel. *V.* LANGRAYEN.

BURONG-PAPONA, l'Oiseau des Papous.

* BURONG-POWK, une nouvelle espèce du genre Fourmilier, *Myrmothera cyanura*. *V.* FOURMILIER OIS.

* BURONG-SUPA, l'Héréotaire verdâtre, *Melithreptus virescens*, Vieill. *V.* HÉRÉOTAIRE.

* BURONG-TINDI, le Couroucou de Reinewardt, *Trogon Reinwardtii*, Tem. *V.* COUROUCOU.

* BURONG-UDAND, le Martin-Pêcheur de Coromandel, *Alcedo coromanda*, Lat. *V.* MARTIN-PÊCHEUR. (DR..Z.)

BUROUGH-DUCK. OIS. Syn. anglais du Tadorne, *Anas Tadorna*, L. *V.* CANARD. (DR..Z.)

BUR-PARSLEY. BOT. PHAN. Syn. anglais de *Caucalis*. *V.* CAUCALIDE. (B.)

BURRA ET BURRO. MAM. Qu'on prononce *Bourra* et *Bourro*. L'Anesse et l'Ane en espagnol. *V.* CHEVAL. (B.)

BUR-REED. BOT. PHAN. Syn. anglais de *Sparganium* ou Ruban d'eau. *V.* RUBANIER. (B.)

BURRO. BOT. PHAN. Arbre d'Afrique, trop imparfaitement décrit dans l'Histoire générale des voyages, pour qu'on puisse savoir ce que c'est. (B.)

BURSA. MOLL. Dénomination latine employée par Buonanni, Petiver et Gualtieri, pour désigner plusieurs Coquilles des genres Casque et Cassidaire, telles que les *Cassis tuberosa* et *Testiculus*, la *Cassidaria echinophora*, Lamarck, etc. *V.* CASQUE et CASSIDAIRE. (F.)

* BURSA. BOT. PHAN. Guettard (Obs. 2, p. 158) avait formé sous ce

nom un genre du *Thlaspi Bursa-Pastoris*, qui est aujourd'hui le genre Capsella de De Candole. *V.* CAPSELLE. (B.)

BURSAIRE. *Bursaria.* INF. Genre formé par Müller (Inf. p. 115.) et qu'il caractérisait : Vers très-simple, membraneux, concave. Cette définition est parfaitement exacte, et l'on est surpris qu'après l'avoir établie, le savant naturaliste, qui porta si loin l'art de l'observation, eût compris parmi ses Bursaires notre Hirundinelle qui était son *Bursaria Hirundinella*, dont le corps composé n'est pas très-simple; et son *B. Globina* dont la forme est parfaitement ovoïde; on est encore surpris qu'il eût éloigné du genre Bursaire plusieurs autres Animaux auxquels convenait une telle définition. Avec quelques additions d'espèces, nous avons conservé ce genre que Lamarck (An. sans vert., 2e éd., t. 1, p. 430) a judicieusement placé dans la seconde section des Infusoires, qui contient ceux dont le corps est plat et membraneux.

Les Bursaires sont des Animaux microscopiques, dont le corps arrondi et presque sans épaisseur change de forme sous les yeux du naturaliste qui l'observe, et prend, soit en nageant, soit en s'appliquant contre les corps entre lesquels on les voit ramper, une forme concave qui quelquefois justifie le nom tiré du mot Bourse qu'on leur a donné. Ces Animaux transparens, contenant comme de petites bulles ou molécules organiques très-visibles, diffèrent des Amibes en ce qu'ils ne rayonnent pas ou ne produisent pas de longs prolongemens ; des Paramœcies en ce qu'ils n'ont pas le corps marqué d'un sillon longitudinal ou d'un repli saillant, et des Kolpodes en ce que ceux-ci, généralement anguleux, lobés ou allongés, ne prennent pas la forme concave. Les *B. Bullina*, *truncatella* et *Drupella* de Müller doivent demeurer dans ce genre auquel nous ajouterons les *Kolpoda Cucullio* et *Cuculus*, le *Paramœcia Chrysalis*, les *Cyclidium dubium*, *rostratum* et *Pediculus*, l'*Enchelis epistomium* et le *Trichoda Prisma*, qui, dépourvu de tout cil ou poil, ne peut demeurer dans un genre que caractérise la présence de ces organes. Nous pensons que le nom de *Bursaria*, ayant dans les Infusoires l'antériorité, doit être repoussé de la botanique où R. Brown a tenté de l'introduire. *V.* BURSARIA. (B.)

BURSARIA. *Bursaria.* BOT. PHAN. Genre rapporté par R. Brown à sa famille des Pittosporées. Le calice est court et terminé par cinq dents aiguës : de sa base naît un disque, au pourtour duquel s'insèrent cinq pétales étroits, et alternativement avec eux cinq étamines à anthères cordiformes, et qui à son milieu supporte un ovaire à style court et à stigmate simple. La capsule comprimée se sépare à la maturité en deux coques, dont chacune, surmontée de deux petites pointes, s'ouvre intérieurement en deux valves, et renferme deux graines réniformes attachées vers l'angle interne et inférieur de la loge, par un funicule partant de leur concavité. Ce Fruit rappelle exactement par sa forme celui de l'espèce de Thlaspi connue vulgairement sous le nom de Bourse à Pasteur, et c'est ce qui a engagé Cavanilles, auteur du genre, à le nommer Bursaria. Il l'a établi d'après une Plante de la Nouvelle-Hollande, figurée tab. 350 de ses *Icones*. Sa tige frutescente et rameuse est munie d'épines situées aux aisselles de ses feuilles alternes, et ses fleurs sont disposées en grappes à l'extrémité des rameaux. (A.D.J.)

BURSATELLE. *Bursatella.* MOLL. Nouveau genre de Gastéropodes Tectibranches ; établi par Blainville dans ses Monopleurobranches, et décrit et figuré par lui, comme étant très-voisin des Aplysies, dans son article *Mollusques* du Supplément de l'Encyclopédie britannique, qui n'a point été imprimé. Ne connaissant point ce nouveau genre, nous allons extraire du Dict. des Sc. nat. la description qu'en fait son savant auteur.

« Ses caractères sont d'avoir le corps presque globuleux ; inférieurement un espace ovalaire, circonscrit par des lèvres épaisses pour le pied ; supérieurement une fente ovalaire à bords épais, presque symétriques, communiquant dans la cavité où se trouve la branchie ; quatre tentacules fendus, comme ramifiés, et deux appendices buccaux ; un organe tentaculaire sur le milieu de la tête, et pouvant rentrer dans une cavité creusée à sa base ; aucune trace de coquille.

» La seule espèce de ce genre est la *B. Leachii*, ou la Bursatelle de Leach. Elle est presque grosse comme le poing, d'une couleur d'un blanc jaunâtre, comme translucide ; tout son corps est parsemé de petits appendices tentaculiformes, irrégulièrement disposés ; ce qu'on nomme, peut-être à tort, les tentacules dans cette famille, et le bord antérieur de la tête, en ont de plus longs. On ignore sa patrie. Elle est conservée dans le Muséum britannique. » (F.)

BURSCHIE. *Burschia.* BOT. PHAN. Même chose que *Purshia.* *V.* ce mot. (A. R.)

BURSERA. BOT. PHAN. *V.* GOMART

BURSERIE. *Burseria.* BOT. PHAN. Genre formé par Lœfling d'une espèce de Verveine de Linnée, *Verbena lappulacea*, et qui rentre aujourd'hui dans le genre Priva. *V.* ce mot. (B.)

BURSHIA. BOT. PHAN. Rafinesque, selon Poiret, a formé ce genre pour une Plante aquatique découverte dans l'Amérique septentrionale, et qui appartient à la famille des Hydrocharidées, Tétrandrie Monogynie, L. ; il serait très-voisin du genre *Proserpinaca.* Ses caractères sont : calice supérieur, à quatre dents, point de corolle, capsule à quatre loges contenant quatre semences. (B.)

BURSTEL. Et non *Brustel.* POIS. Syn. bavarois de Perche. (B.)

BURSTENHUT. BOT. CRYPT. Syn. allemand d'Orthotrich. (B.)

BURSTNER. OIS. Syn. allemand du Gobe-Mouche Grisole, *Muscicapa Grisola*, L. *V.* GOBE-MOUCHE. (DR..Z.)

BURSULE. *Bursula.* MOLL. Dénomination employée par Klein (*Ostrac.* p. 173) pour désigner un genre de ses *Diconchæ inæquales* dont il est difficile de se former une idée bien juste. La seule espèce qu'il indique est tirée de Buonanni (*Recreat.*, p. 2., n° 53), qui l'a appelée *Corallina.* Klein copie sa figure, tab. XII, f. 80. Ce n'est point un noyau de Térébratule, ni une Gryphée ; car ce qu'en dit Buonanni qui la donne comme une Coquille vivante, couleur de corail, exclut ces deux hypothèses ; mais c'est vraisemblablement une Anomie dont quelques espèces ont une sorte de bec recourbé, comme dans la *Bursula* de Klein, ce qui l'a fait comparer par cet auteur à des Térébratules dont le sommet ne serait point percé. (F.)

BURTONIA. BOT. PHAN. Salisbury distingue du genre Hibbertia de la famille des Dilleniacées l'*Hibbertia grossulariæfolia*, qui croît à la Nouvelle-Hollande, et propose d'en faire un genre particulier sous le nom de *Burtonia grossulariæfolia.* *V.* HIBBERTIE. (A.R.)

* BURTONIE. *Burtonia.* BOT. PHAN. Famille des Légumineuses, Décandrie Monogynie, L. Robert Brown, dans la seconde édition du Jardin de Kew, a séparé du genre *Gompholobium* l'espèce décrite par Smith sous le nom de *Gompholobium scabrum*, et en fait un genre à part sous le nom de *Burtonia scabra.* Ce genre ne diffère guère du *Gompholobium* que par son fruit qui ne contient que deux graines, tandis que ce dernier en renferme toujours plusieurs. *V.* GOMPHOLOBIUM. (A. R.)

BURUM-CHANDALI. BOT. PHAN. Pour *Buram-Chadali.* *V.* ce mot. (B.)

BURUNDUC. MAM. L'un des noms de l'Ecureil en Russie. (A. D..NS.)

BURYNCHOS. OIS. (Jonston.) Syn. de Toucan à ventre rouge, *Ramphastos picatus*, L. *V.* TOUCAN. (DR.. Z.)

BUSAR. OIS. Syn. de la Buse commune, *Falco Buteo*, L. *V*. FAUCON. (DR.. Z.)

BUSARDS. *Circus*. OIS. Cuvier a établi sous ce nom, dans son Règne Animal, un sous-genre qui comprend la Soubuse, la Harpaye et plusieurs autres espèces exotiques; il répond au sixième groupe que nous avons adopté dans le genre Faucon, où les principales espèces seront indiquées. *V*. FAUCON. (DR.. Z.)

BUSAROCA. OIS. Syn. de la Corneille noire, *Corvus Corone*, L. en Catalogne. *V*. CORBEAU. (DR.. Z.)

BUSAU. MAM. Syn. de Veau chez quelques Tartares. (B.)

BUSC. OIS. (Dampier.) Syn. présumé de l'Épouvantail, *Sterna nigra*, L. *V*. HIRONDELLE DE MER. (DR.. Z.)

BUSCHGOTT. MAM. C'est-à-dire *Dieu des Bois*. Syn. allemand de Magot, espèce de Singe (A.D..NS.)

BUSCHMENSCH. MAM. C'est-à-dire *Homme des Bois*. Syn. allemand d'Orang Chimpansé ou de Mandril. (A.D..NS.)

BUSCHRATTE. MAM. Ce nom allemand a été indifféremment appliqué à diverses Sarigues, ainsi qu'au Cobaye Cochon-d'Inde. (A.D.. NS.)

BUSCI. BOT. PHAN. (Thunberg.) Syn. japonais de Rave. (B.)

BUSE. OIS. *Falco Buteo*, L. Espèce du grand genre Faucon, devenu type d'un genre de la famille des Cruphodères, établi par Duméril dans sa Zoologie analytique, où il lui donne pour principaux caractères : toute la tête ainsi que le cou emplumés; le bec courbé à la pointe avec la base garnie d'une cire; la queue carrée; les ailes courtes. Cuvier a aussi établi parmi ses Oiseaux de proie le sous-genre Buse. Dans la Méthode de Temminck, les Buses forment la cinquième division du genre Faucon. *V*. ce mot. (DR..Z.)

BUSÉ. OIS. Pour Buse. *V*. ce mot. (DR..Z.)

BUSE A FIGURE DE PAON. OIS. (Catesby.) Syn. du Vautour Urubu, *Vultur Aura*, L. *V*. CATHARTE. (DR.. Z.)

BUSÉLAPSUS. MAM. Même chose que Bosélaphe. *V*. ce mot. (B.)

BUSELION. BOT. PHAN. (Pline.) paraît être le *Pimpinella cretica* de Poiret. *V*. (B.)

BUSENNE. OIS. Syn. vulgaire de la Buse commune, *Falco Buteo*, L. *V*. FAUCON. (DR.. Z.)

BUSERAI. OIS. Espèce du genre Faucon, division des Busards, *Falco Buserellus*, Lath. Levail, Hist. des Oiseaux d'Afriq., pl. XX. *V*. FAUCON. (DR.. Z.)

BUSEROLE. BOT. PHAN. Même chose que Bousserole. *V*. ce mot (B.)

BUSETTE. OIS. Syn. de Mouchet ou Fauvette d'hiver. (DR.. Z.)

* BUSKE-FIOLER. BOT. PHAN. Syn. suédois de *Viola hirta*. *V*. VIOLETTE. (B.)

BUSON. OIS. Espèce du genre Faucon, division des Busards, *Falco Buson*, Lath. Levaill. Ois. d'Afriq., pl. XXI. *V*. FAUCON. (DR.. Z.)

BUSSEN-BUDDOO. OIS. Espèce du genre Barbu. *V*. ce mot. (B.)

BUSSEROLLE. BOT. PHAN. *V*. BOUSSEROLE.

BUSTIA. BOT. PHAN. *V*. BUPHTHALMUM.

BUSTIVIL. MAM. Syn. de Hérisson en Norwège. (A.D.. NS.)

BUSZ-HARD. OIS. Syn. de la Buse commune, *Falco Buteo*, L. en Allemagne. *V*. FAUCON. (DR.. Z.)

BUT. BOT. CRYPT. Nom vulgaire de deux Agarics que Leman rapporte, d'après Paulet, à ceux que figure Sterbeeck, t. XVI, f. 6 et XIX, fi. 4. (B.)

BUTA-BUTA. BOT. PHAN. Même chose qu'Alipata. *V*. ce mot. (B.)

BUTAMBO. BOT. PHAN. Syn. de *Justicia echioides* à la côte de Malabar. (B.)

BUTARDIOT. OIS. Syn. vulgaire du Blongios, *Ardea minuta*, L. *V.* HÉRON. (DR.. Z.)

BUTCHER-BIRD. OIS. Syn. anglais de la Pie-Grièche grise, *Lanius Excubitor*, L. *V.* PIE-GRIÈCHE (DR..Z.)

BUTCHERS-BROOM. BOT. PHAN. Syn. de *Ruscus aculeatus*, L. *V.* FRAGON. (B.)

BUTÉA. *V.* BUTÉE.

BUTEAU. OIS. Syn. vulgaire de la Buse commune, *Falco Buteo*, L. *V.* FAUCON. (DR..Z.)

BUTÉE. *Butea*. BOT. PHAN. Genre de la famille des Légumineuses et de la Diadelphie Décandrie, L. proposée par Roxburg dans son magnifique ouvrage sur les Plantes de Coromandel. Il est voisin des Erythrines et des Rudolphies dont il diffère surtout par ses gousses monospermes et planes. Son calice est tubuleux et subbilabié; sa corolle est polypétale, papilionacée, ayant son étendard très-long et presque lancéolé. Sa gousse est comprimée, membraneuse, et renferme une seule graine. Ce genre ne contient que deux espèces originaires des montagnes de la côte de Coromandel. L'une *Butea superba*, Roxb. *Cor.*, t. XXII, est un grand Arbrisseau dont les branches sont sarmenteuses; les feuilles ternées ou mieux trifoliées; les fleurs sont d'un rouge écarlate et forment des grappes magnifiques.

L'autre, *Butea frondosa*, Roxb. *Cor.*, t. XXI, est *l'Erythrina monosperma* de Lamarck; le *Plaso* de Rhéede, *Hort.* VI, p. 29, t. XVI et XVII, et diffère de la précédente par ses rameaux pubescens et ses folioles émarginées. (A. R.)

BUTERMARIEN. BOT. PHAN. *V.* BUCHORMARIEN.

* BUTHE. *Buthus*. ARACHN. Genre de l'ordre des Pulmonaires, famille des Pédipalpes (Règne Animal de Cuv.) établi par Leach aux dépens du genre Scorpion des auteurs, et ne différant de celui-ci que par le nombre des yeux, qui est de huit au lieu de six. Leach (*Zool. Miscell.*, tom. 3, p. 48 et 53) considère comme type du genre le *Buthus occitanus* ou le Scorpion roussâtre, *Scorpio occitanus* d'Amoreux, de Latreille, de Dufour, etc. — Une seconde espèce a été rapportée au genre Buthe par Say dans un Mémoire sur les Arachnides des États-Unis (Journal des Sc. nat. de Philadelphie, vol. 2, p. 61). Elle porte le nom de *Buthus vittatus*, et habite la Géorgie et la Floride. (AUD.)

BUTIO. OIS. Syn. de Butor, *Ardea stellaris*, L. *V.* HÉRON. (DR..Z.)

BUTIRATES. CHIM. Sels formés par la combinaison de l'Acide butirique avec les bases salifiables. Il n'en existe pas dans la nature. (DR..Z.)

BUTIRIN. POIS. (Commerson.) *V.* ARGENTINE GLOSSODONTE.

BUTIRIQUE. CHIM. *V.* ACIDE.

* BUTNERIA. BOT. PHAN. (Duhamel.) *V.* BASTERIA.

BUTO ET FOTO. BOT. PHAN. Syn. japonais de la Vigne. (B.)

BUTOME. *Butomus* BOT. PHAN. Autrefois placé dans la famille des Joncées et dans l'Ennéandrie Hexagynie, L., ce genre est devenu le type d'un nouvel ordre naturel, nommé Butomées par le professeur Richard. La seule espèce qui compose ce genre est une des plus jolies Plantes aquatiques de nos climats. Elle fait avec les *Nymphœa* l'ornement de nos ruisseaux et de nos fleuves, sur les bords desquels elle se plaît de préférence. Sa racine, qui est vivace, donne naissance à une touffe de feuilles dressées, étroites, triangulaires, et à une hampe nue, cylindrique, de deux à trois pieds de hauteur, terminée à son sommet par un sertulé ou ombelle simple de fleurs assez grandes, d'un rose pâle, portées chacune sur un pédoncule de trois à cinq pouces de longueur et environnées à leur base d'un involucre formé de trois folioles ovales lancéolées. Le calice est à six divisions profondes et étalées, trois extérieures concaves et verdâtres, trois intérieures plus minces, beaucoup plus longues et purpurines. Les étamines sont constamment au nombre de neuf, insérées à la base du calice. Leurs anthères présentent un caractère d'autant plus remarquable qu'il est plus rare, c'est qu'elles ont quatre loges. On trouve six pistils rapprochés au centre de la fleur, et soudés en partie, par leur base, de leur côté interne; chacun d'eux est ovoïde, allongé, aminci en bec à son sommet et recourbé en dehors; il offre une seule loge qui renferme un grand nombre d'ovules attachés à toute sa partie interne. Le stigmate se présente sous l'aspect d'un sillon, qui du sommet de l'ovaire va se perdre sur son côté interne. Les fruits sont des petites capsules uniloculaires s'ouvrant du côté interne par une fente longitudinale et renfermant un assez grand nombre de graines attachées à une sorte de réseau vasculaire qui leur tient lieu de trophosperme.

(A. R.)

BUTOMÉES. *Butomeæ*. BOT. PHAN. C'est, ainsi que nous l'avons dit à l'article précédent, une famille nouvelle de Plantes monocotylédones ou endorhizes, qui, outre le genre Butome, contient encore les deux genres *Hydrocleis* de Richard et *Limnocharis* de Humboldt. Voici les caractères qui distinguent ce nouvel ordre naturel : les Butomées sont des Plantes vivaces, croissant auprès des eaux, dépourvues de tiges et munies seulement de hampes. Leurs feuilles sont engaînantes à leur base. Un sertule ou ombelle simple de fleurs termine leur hampe, et est accompagné à sa base d'un involucre commun formé de plusieurs folioles. Chaque fleur se compose d'un calice étalé, à six divisions, dont trois externes ordinairement vertes, et trois internes plus minces, colorées et souvent plus grandes. Le nombre des étamines varie de six à trente, insérées à la base du calice; leurs anthères présentent deux ou quatre loges qui s'ouvrent chacune par un sillon longitudinal. Les pistils, dont le nombre est de six ou même davantage, sont réunis et rapprochés au centre de la fleur, et soudés entre eux dans une étendue plus ou moins considérable; l'ovaire est ovoïde, allongé, comprimé, à une seule loge, contenant plusieurs ovules attachés à ses parois d'une manière irrégulière. A son sommet, l'ovaire se termine par un petit bec recourbé, sur la face interne duquel règne un stigmate glanduleux sous forme d'un sillon longitudinal. Les fruits sont autant de petites capsules, rapprochées les unes contre les autres, environnées par le calice qui persiste, et présentant dans la loge unique qui les compose un assez grand nombre de graines, ordinairement dressées, attachées sans ordre à un réseau vasculaire qui garnit la paroi interne du péricarpe. Leur embryon qui est endorhize ou monocotylédone, est placé sous un tégument propre, brunâtre et chagriné; il est tantôt droit, tantôt recourbé en forme de fer à cheval, selon la forme de la graine.

Les genres qui entrent dans cette famille sont peu nombreux; on n'y compte encore que les suivans: *Butomus*, L., Juss.; *Hydrocleis*, Richard, et *Limnocharis*, Humboldt.

Cette famille de Plantes est extrêmement voisine des Alismacées et des Juncaginées, avec lesquelles elle offre les plus grands rapports dans la structure de ses différentes parties. Cependant elle s'en distingue surtout par le mode singulier d'adnexion présenté par ses graines attachées à un réseau vasculaire. Ce caractère est fort important, parce qu'il se rencontre seulement dans les trois genres qui composent la nouvelle famille des Butomées. Cependant peut-être serait-il plus convenable de réunir en une seule tribu ces trois familles qui chacune en serait considérée comme une subdivision. (A. R.)

BUTOMON. BOT. PHAN. (Dodoens). Syn. de *Sparganium* ou Ruban d'eau. *V.* RUBANIER. (B.)

BUTONICA. BOT. PHAN. Rumph, sous ce nom, a décrit et figuré (*Herb. Amb.* 3. t. 114) un Arbre élevé qui croît sur les rivages de la Chine, des Moluques, des îles des Amis et de la Société. Ses feuilles opposées, verticillées au sommet des branches, sont coriaces et très-entières, très-touffues et entremêlées avec des thyrses de grandes fleurs nuancées de pourpre et de blanc. Elles lui donnent un bel aspect et un épais ombrage. Il est jusqu'ici l'unique espèce d'un genre qui a reçu des différens auteurs des noms différens. En effet, Lamarck et Jussieu ont conservé celui de Rumph; Forster, Linné fils et Gaertner l'ont nommé *Barringtonia*; Adanson, *Hutum*; Sonnerat, *Commersonia*; Gmelin, *Mitraria*. Jussieu l'a placé dans sa seconde section des Myrtées, non loin du Lecythis, type d'une nouvelle famille pour feu Richard. Il a pour caractères : un calice très-grand dont la substance est coriace, et la forme celle d'une pyramide quadrangulaire, partagé supérieurement en deux lobes aigus, voûtés et connivens; quatre pétales grands et de même consistance; des étamines extrêmement nombreuses, réunies par la base de leurs filets en un tube que traverse le style très-allongé et persistant. Le fruit, de même forme que le calice avec lequel il fait corps, renferme sous une enveloppe sèche à l'extérieur, et intérieurement charnue et entremêlée de fibres, un noyau tétragone et monosperme, par suite de l'avortement de trois loges et d'autant de graines, de manière que leur véritable nombre est quatre dans l'ovaire. Sonnerat a figuré cet Arbre tab. 8 et 9 de son Voyage à la Nouvelle-Guinée.

Lamarck y rapporte comme congénère le *Samstravadi* de Rhéede (*Hort. Malab.* 4. t. 6) que Linné regardait comme la même chose que son *Eugenia racemosa*, et qui présente de même un calice bifide, des étamines monadelphes à la base, un fruit quadrangulaire monosperme, des feuilles touffues, et en outre des fleurs alternes sur des grappes terminales. (A. D. J.)

BUTOR. OIS. Espèce du genre Héron, *Ardea stellaris*, L., Buff. Pl. enl. 789. *V.* HÉRON. (DR..Z.)

BUTORDA. BOT. PHAN. L'un des noms vulgaires du Cerisier sauvage dans le midi de la France. (B.)

BUTROL OU BUTRON. MAM. On appelle ainsi dans les Florides un Animal qui paraît être le Bison d'Amérique. *V.* BOEUF. (B.)

BUTS-KOPT. MAM. *V.* BOTTLE-HEAD.

BUTTA. POIS. Syn. suédois de Turbot. *V.* PLEURONECTE. (B.)

BUTTA-GAGERI. BOT. PHAN. Syn. indien de *Crotalaria verrucosa*. *V.* CROTALAIRE. (B.)

BUTTE ET BUTTES. POIS. Le Flez en Danemarck et en Livonie. *V.* PLEURONECTE. (B.)

BUTTER-CUPS. BOT. PHAN. Syn. anglais de *Ranunculus bulbosus*. *V.* RENONCULE. (B.)

BUTTER-FISH. POIS. Syn. anglais de Gunnel. *V.* BLENNIE. (B.)

BUTTERFLY-FISH. POIS. C'est-à-dire *Poisson-Papillon*. Syn. de *Blennius ocellaris*. *V.* BLENNIE. (B.)

BUTTERWORT. BOT. PHAN. Syn. anglais de Pinguicule. *V.* ce mot. (B.)

BUTTNÈRE. BOT. PHAN. Pour Byttnère. *V.* ce mot. (B.)

BUTTNERIA. BOT. PHAN. (Duhamel.) Syn. de *Calycanthus floridus*, *V.* CALYCANTHE. (B.)

BUTTNÉRIACÉES. BOT. PHAN. Pour Byttnériacées. *V.* ce mot. (B.)

BUTTON-TREE. BOT. PHAN. Syn. de *Conocarpus erecta* à la Jamaïque. *V.* CONOCARPE. (B.)

BUTUA. BOT. PHAN. Même chose qu'*Abuta*, *V.* ce mot, et syn. de *Cissampelos Pareira*. (B.)

* BUTUTE. OIS. Syn. malais du Barbu rayé, *Bucco lineatus*, Vieill. *V*. BARBU. (DR..Z.)

BUTYRIN. POIS. Même chose que Butirin. *V*. ARGENTINE GLOSSODONTE. (B.)

BUURHVAL. Nom norwégien du Cachalot macrocéphale. *V*. CACHALOT. (A. D..NS.)

BUUX-HORN. BOT. PHAN. Syn. hollandais de *Bignonia spathacea* dans l'Inde. (B.)

BUVADAK. OIS. Syn. de la Barge grise, Buff. *Scolopax Totanus*, L. en Laponie. *V*. CHEVALIER. (DR..Z.)

* BUVEUR OU BUVEUSE D'HUILE. OIS. Nom qu'on donne quelquefois à l'Effraie, *Strix flammea*, dans l'idée où l'on est généralement qu'elle se nourrit de l'huile qui brûle dans les lampes des églises. (B.)

BUVEUR OU BUVEUSE DE VIN. MAM. Nom quelquefois donné à la Fossane, espèce de Civette. *V*. ce mot. (B.)

BUWCH. MAM. Syn. de Vache dans le Cambresis. (A. D..NS.)

BUXBAUMIE. *Buxbaumia*. BOT. CRYPT. (*Mousses*.) Ce genre dédié par Linné au célèbre botaniste Buxbaum, qui l'a découvert sur les bords du Volga, avait long-temps été à l'abri des démembremens qu'ont éprouvés la plupart des genres de cette famille, depuis les belles observations d'Hedwig. Cependant l'examen attentif du péristome des deux espèces qu'il renfermait a prouvé qu'elles devaient nécessairement appartenir à deux genres différens. Mohr, qui le premier a fait cette remarque, a laissé le nom de *Buxbaumia* à la *B. aphylla* de Linné, et a formé avec le *Buxbaumia foliosa* le genre *Diphyscium*, que Palisot Beauvois, peu de temps après, a aussi distingué sous le nom de *Hymenopogon*. *V*. DIPHYSCIUM. Le genre *Buxbaumia*, ainsi limité à la seule *B. aphylla*, peut être caractérisé de la manière suivante : capsule terminale oblique, plane en dessus, renflée en dessous; péristome double; l'extérieur composé de cils nombreux, filiformes, simples; l'intérieur formé par une membrane conique plissée; la coiffe est conique.

La seule espèce que renferme ce genre est une des Mousses les plus singulières qu'on connaisse; sa tige, presque nulle, ne forme qu'une sorte de tubercule couvert de petits poils, qui ont été reconnus par R. Brown pour des feuilles avortées. Elles sont sans nervures, réticulées et divisées en segmens capillaires. Le pédicelle est rude, long d'un centimètre environ, tuberculeux, entouré à sa base par les restes d'une gaine très-courte. La capsule est posée sur une apophyse étroite et arrondie. Elle est oblique, plane supérieurement, convexe et renflée en dessous. Toute la Plante est d'un rouge orangé ou brunâtre. Elle habite toute l'Europe et jusque sur les bords de la mer Caspienne. Elle croît le plus souvent sur le bois pourri, quelquefois sur la terre, comme nous l'avons observé dans les environs de Paris. De Candolle en a indiqué dans le Supplément de la Flore française une variété qui devra peut-être former une espèce distincte. La capsule est plus allongée et verte même à la maturité. (AD. B.)

BUXO. BOT. PHAN. *V*. Bosso.

BUYETRE ET BUYTRE. OIS. Syn. du Vautour Arrian, *Vultur cinereus*, L. Ce nom vient de Buitre. *V*. ce mot. (DR..Z.)

BUYONG. BOT. PHAN. *V*. BALIGARAT.

BUZ ET BUZ-HAGGUI. BOT. PHAN. (Forskalh.) Syn. arabe d'*Arundo Donax*, L. *V*. ROSEAU. (B.)

BUZA. Nom arabe de la Bière. *V*. ce mot. (B.)

BUZEIDEN, BUZIDAN, BUZEIS ET BUZI. BOT. PHAN. (Daléchamp.) Syn. arabe d'Orchis à racines palmées. *V*. ORCHIS. (B.)

BUZZA. OIS. Syn. italien de *Falco Buteo*, L. (DR..Z.)

BUZZARD. OIS. Syn. anglais de la Buse commune, *Falco Buteo*, L. *V.* FAUCON. (DR..Z.)

BWCH. MAM. Syn. flamand de Bouc selon Desmarest *V.* CHÈVRE. (A. D.. NS.)

BYARIS. MAM. Syn. basque de Cachalot. *V.* ce mot. (A. D..NS.)

BYAS. OIS. (Aristote.) Syn. du Grand-Duc, *Strix Bubo*, L. *V.* CHOUETTE. (DR..Z.)

BYBO. BOT. PHAN. Syn. d'Acajou, *Cassuvium*, dans l'Inde. (B.)

BYDE. OIS. Syn. du Vanneau huppé, *Tringa Vanellus*, L. en Portugal. *V.* VANNEAU. (DR..Z.)

BYEKORFJE. MOLL. Selon Montfort (Conch. 2, p. 299), c'est le nom hollandais du *Pupa Uva* de Lamarck. (F.)

BYENANANEQUE. POIS. Nom hollandais du Surmulet qu'on dit se trouver aux Moluques. (B.)

BYE-NESSET. POIS. Syn. norwégien de *Chimæra arctica*. *V.* CHIMÈRE. (B.)

BYK. MAM. Syn. russe de Taureau. *V.* BOEUF. (B.)

BYKLING. POIS. Syn. danois d'Anchois. (B.)

BYNNI. POIS. (Linné.) Même chose que Benni. *V.* ce mot et CYPRIN. (B.)

BYROLT. OIS. L'un des noms allemands du Loriot. (DR..Z.)

BYRRHE. *Byrrhus*. INS. Genre de l'ordre des Coléoptères, section des Pentamères, établi par Linné et subdivisé depuis en un grand nombre de genres. *V.* BYRRHIENS. Celui des Byrrhes, tel que nous l'adoptons ici, appartient à la famille des Clavicornes (Règne Anim. de Cuv.), et a pour caractères, suivant Latreille : antennes courtes, grossissant peu à peu vers leur extrémité ou terminées en une massue, perfoliées de quatre à cinq articles; quatre palpes filiformes presque en masse; tête enfoncée dans le prothorax; élytres dures, convexes et sans rebords, recouvrant des ailes membraneuses très-développées; pates entièrement contractiles, comprimées avec les tarses de cinq articles filiformes; corps ovoïde presque globuleux. Les Byrrhes, par la forme générale de leur corps, ressemblent assez aux Dermestes, aux Sphéridies et aux Anthrènes; mais les caractères fournis par les antennes suffisent pour les en distinguer.

La larve de ces Insectes a été récemment observée par notre modeste ami Waudouer qui l'a rencontrée sous la Mousse aux environs de Nantes; sa tête est grosse, son corps est étroit et allongé, les deux derniers anneaux ont plus d'étendue que ceux qui précèdent; le premier ou celui du prothorax présente supérieurement une plaque cornée très-grande.

Les Byrrhes, confondus par Degéer avec les Dermestes, et par Geoffroy avec les Cistèles, se trouvent très-communément dans les champs, dans les bois, sur le sable; ils volent assez facilement; au moindre danger, ils feignent d'être morts et contractent leurs membres, qui présentent une organisation telle que le tarse est reçu dans un sillon de la jambe, celle-ci dans une rainure de la cuisse, et cette dernière dans un enfoncement de la poitrine; les antennes sont également logées entre les cuisses des pates antérieures, et la tête se trouve alors profondément enfoncée dans le prothorax. Ce genre est assez nombreux en espèces : le général Dejean en possède vingt-trois dans sa collection (Catalog. des Coléopt., p. 48). Quelques-unes se rencontrent en France; parmi elles nous citerons le Byrrhe Pilule, *B. Pilula*, L. Fabr., ou la Cistèle satinée de Geoffroy (Ins. T. I. p. 116, pl. 1, fig. 8), figurée par Olivier (Col. II, 13, 1, 1). Il sert de type au genre. (AUD.)

BYRRHIENS. *Byrrhii*. INS. Famille de l'ordre des Coléoptères, section des Pentamères, établi par Latreille (Consid. génér.), et renfermant les genres Anthrène, Throsque,

Byrrhe, Chélonaire, Escarbot, Nosodendre, Elmis, Dryops, Hétérocère, Géorisse. Ces genres, compris (Règne Anim. de Cuv.) dans la famille des Clavicornes et rapportés au grand genre Byrrhe de Linné, ont pour caractères communs : pates appliquées totalement ou en grande partie sur les côtés de la poitrine, lorsque l'Animal les contracte; sternum du prothorax presque toujours dilaté à son extrémité supérieure, et servant d'appui à la bouche; antennes plus grosses au bout, corps ovoïde. *V*. les genres et la famille précités. (AUD.)

BYRRIOLA. OIS. (Scaliger.) Syn. du Bouvreuil, *Loxia Pyrrhula*, L. *V*. BOUVREUIL. (DR..Z.)

BYRSONIME. *Byrsonima*. BOT. PHAN. Richard père a établi ce genre dans la famille des Malpighiacées pour quelques espèces de Malpighies, qui diffèrent des autres par leurs pétales inégaux, leurs stigmates filiformes et subulés, et par leur fruit qui est une drupe renfermant un noyau à trois loges monospermes. Ce genre renferme les espèces suivantes : *Malpighia crassifolia*, Aublet; *M. mourela*, Aubl.; *M. spicata*, Cav.; *M. altissima*, Aubl.; *M. verbascifolia*, Aubl.; *M. lucida*, Swartz; *M. coriacea*, Sw. et *M. rufa*, Poiret, et de plus neuf espèces nouvelles décrites par Kunth dans le cinquième volume des *Nova Genera* publié par Humboldt et Bonpland. *V*. MALPIGHIE. (A. R.)

BYSSE. *Byssus*. BOT. CRYPT. (*Mucédinées*.) Ce nom a été donné par Linné à des Cryptogames filamenteuses ou pulvérulentes, dans lesquelles on ne distinguait aucun organe de reproduction : la plupart des espèces pulvérulentes ont été depuis rangées dans la famille des Lichens, et forment le genre *Lepraria*; d'autres ont été rapportées à des genres de la famille des Conferves ou à des Arthrodiées; enfin celles qui restent dans la famille des Mucédinées ont été divisées en plusieurs genres, et quelques auteurs, tels que Persoon, ont entièrement abandonné le nom de *Byssus*, ne conservant plus ce mot que pour la section des Byssoïdes. Nous croyons cependant devoir conserver le genre Byssus tel que Link et Nées l'ont défini. Il correspond exactement au genre que Persoon a nommé dans sa Mycologie européenne *Hypha*, et que Rebentisch avait appelé *Hyphasma*. Tous ces Byssus sont composés de filamens délicats, fins, rameux, opaques, continus, rampans, déliquescens lorsqu'on les touche ou qu'on les expose à l'air et à la lumière.

Tous croissent dans les lieux sombres et humides où la lumière ne pénètre jamais, tels que les souterrains et les galeries des mines, les caves, les puits, etc. Ils sont presque tous de couleur blanche et d'une structure extrêmement délicate. L'espèce la plus commune est le *Byssus bombycina*. Elle forme dans les mines de larges touffes d'un blanc éclatant composées de filamens plus fins que la soie la plus belle. (AD. B.)

* BYSSIFÈRES MOLL. Famille d'abord établie par Lamarck dans les Acéphalés testacés (Extr. du Cours de Zool., p. 105), mais dont il a depuis réparti les genres dans plusieurs familles séparées. Cette famille était composée des genres Houlette, Lime, Pinne, Moule, Modiole, Crénatule, Perne, Marteau et Avicule. Dans la nouv. édit. des An. sans vert., les genres Modiole, Moule, Pinne, composent la famille des MYTILACÉES, *V*. ce mot; les genres Crénatule, Perne, Marteau, Avicule, forment la famille des MALLÉACÉES, *V*. ce mot; les genres Houlette et Lime font partie de celle des PECTINIDES. *V*. ce mot.

Goldfuss (*Handb. der Zool.*, p. 604) a aussi proposé une famille de ce nom, *Byssifera*. C'est la seconde famille de son ordre des Pélécypodes qui répondent à nos Lamellibranches. Il la compose seulement des genres Vulselle, Marteau et Perne, qui ont en effet des rapports assez marqués; mais au reste le nom de Byssifères ne peut guère être employé pour caractériser une famille, des genres éloignés par leur organisation ayant cependant la propriété de filer un byssus. (F.)

* BYSSOCLADIUM. BOT. CRYPT. (*Mucédinées.*) Link a fondé ce genre dans ses Observations sur les Champignons (*Berlin. Magaz.* 1815. p. 36). Mais il nous paraît différer à peine des *Sporotrichum* du même auteur; il le caractérise ainsi : filamens rayonnans, décumbans, rameux, mais non entrecroisés, couverts de sporules épars. Ce caractère ne diffère en effet de celui des *Sporotrichum* qu'en ce que les filamens rayonnent régulièrement sans s'entrecroiser, et de celui des *Himantia* que par la présence des sporules.

Link en indique deux espèces : l'une qu'il nomme *Byssocladium candidum*, vient sur les feuilles mortes et sur le bois pourri; l'autre, qu'il appelle *Byssocladium fenestrale*, est le *Conferva fenestralis* de Roth, qu'Agardh rapporte aussi au genre *Conferva*. Elle croît sur les vitres des appartemens humides et chauds et des serres chaudes. (AD. B.)

BYSSOIDES. *Byssoideæ.* BOT. CRYPT. (*Mucédinées.*) Persoon désigne sous ce nom toute la famille des Mucédinées; Link place parmi ses *Byssoideæ* la plus grande partie des genres de cette famille; enfin Nées donne ce nom à une des tribus de l'ordre des Mucédinées. Cette opinion nous paraît la plus naturelle, mais cependant nous croyons devoir retrancher de la tribu des Byssoïdes quelques genres qui forment la section des *Byssi disjuncti* de Nées, et qui nous paraissent avoir plus de rapport avec d'autres genres de la même famille. La tribu des Byssoïdes peut alors être caractérisée ainsi : filamens continus ou articulés, ne présentant pas de sporules extérieures, mais dont les articulations se séparent quelquefois et paraissent remplacer les sporules.

† BYSSOIDES ÉPIPHYTES.

Helicomyces, Nées. *Erineum*, Link. *Rubigo*, Link.

†† BYSSOIDES CONTINUES, ou articulées seulement vers l'extrémité.

Dematium, Pers. *Byssus*, Link. *Racodium*, Pers. *Athelia*, Pers. *Ozonium*, Link. *Amphitrichum*, Nées. *Acrotamnium*, Nées. *Helicosporium*, Link.

On doit aussi rapporter à cette section les genres suivans, qui ne sont peut-être que des commencemens d'autres Cryptogames : *Himantia*, Pers. *Xyglostroma*, Link. *Rhizomorpha?*

††† BYSSOIDES ARTICULÉES MONILIFORMES.

Torula, Link. *Monilia*, Link. *Alternaria*, Nées. *Geotrichum*, Link. *Oideum*, Link. *Acrosporium*, Nées. *Alysidium*, *Hormiscium*, Kunze. *V.* ces mots et MUCÉDINÉES. (AD. B.)

BYSSOLITE. MIN. (Saussure.) *V.* AMIANTHOIDE.

BYSSOMIE. *Byssomia.* MOLL. Genre de Lamellibranches proposé par Cuvier dans sa famille des ENFERMÉES, *V.* ce mot (Règn. An., t. II, p. 490), pour des Mollusques lithophages et byssifères, et dont le type est le *Mytilus pholadis*, très-bien décrit et figuré par Müller (*Zool. Dan. Icon.* tab. 87, f. 1-3). Leach a fait aussi, d'une espèce très-voisine, un nouveau genre sous le nom de *Phaleobia* (Jour. de Phys. 1819). Mais ces deux genres ne peuvent être conservés, les espèces dont il s'agit appartenant au genre Saxicave de Fleuriau de Bellevue, ainsi que Lamarck, Schweigger et Turton l'ont pensé. *V.* SAXICAVE. (F.)

BYSSUS. MOLL. C'est une touffe de filamens qui sort des valves de plusieurs Lamellibranches des genres Houlette, Lime, Peigne, Jambonneau, Moule, Modiole, Perne, Marteau, Avicule, Tridacne et Saxicave, soit par le milieu ou par le bout de la coquille. Ces filamens leur servent à s'attacher et à se fixer aux corps sous-marins. Le Byssus de la Tridacne est très-fort et tendineux, comme on le conçoit bien, à raison de la grosseur de cette Coquille qui va jusqu'à peser plusieurs quintaux. Celui des Saxicaves qui vivent dans l'intérieur des pierres est très-court. Le Byssus des autres genres est plus ou moins fin ; mais celui des Jambonneaux ou Pinnes marines égale la soie ; aussi l'industrie s'en est-elle emparée depuis long-temps. C'est en Sicile surtout qu'on en fait plusieurs ouvrages tricotés, tels que des bas, des gants. On en fabrique aussi des draps d'un brun fauve et brillant, recherchés par leur moelleux et leur finesse. On en a vu de fort beaux à l'exposition de l'an 9, sortant des fabriques de Décretot. Cependant cette branche d'industrie ne saurait être que fort rétrécie par la rareté de la matière première, et à cause du prix moins élevé des draps en laines. Pour filer le Byssus dont les filamens sont bruns, déliés, longs de six pouces au moins, on le laisse quelques jours dans une cave, afin de l'amollir et de l'humecter; puis on le peigne pour en séparer la bourre; on le file ensuite comme de la soie.

Aristote a appelé la Pinne marine la Coquille porte-soie, et regardait son Byssus comme propre à être filé. Il paraît qu'on s'en est servi autrefois plus qu'à présent, lorsque la soie était rare ou inconnue. Il ne faut pas croire, malgré que les Grecs et les Latins aient connu le Byssus des Pinnes marines, que le Byssus dont on faisait des habits sacerdotaux chez les Hébreux soit celui dont il est question. Les anciens avaient donné ce nom à des substances végétales, et c'est sans doute par analogie que, plus tard, on a ainsi nommé les fils des Jambonneaux.

Les Mollusques byssifères ont un organe qui remplace le pied dont il est une sorte de rudiment, et avec lequel ils filent le Byssus. Cet organe est musculeux, conique, creusé d'un sillon longitudinal jusqu'à sa base, où se trouve l'orifice du canal excréteur de la matière des fils, que sépare une glande particulière, située au même endroit. *V.* JAMBONNEAU. (F.)

BYSTROPOGON. *Bystropogon.* BOT. PHAN. Genre de la famille naturelle des Labiées et de la Didynamie Gymnospermie, établi par l'Héritier pour quelques Plantes exotiques, d'abord confondues avec les genres Menthe, Melisse, Ballote et Cataire, et qui ont pour caractères communs : un calice tubuleux, à cinq dents aristées, garni de poils à son orifice; une corolle à deux lèvres, la supérieure bifide; l'inférieure à trois lobes, celui du milieu étant le plus grand; les quatre étamines sont inégales et écartées les unes des autres. On compte environ sept espèces dans ce genre; elles sont toutes exotiques. Celles qui paraissent le plus souvent dans les jardins sont:

Le BYSTROPOGON PLUMEUX, *Bystropogon plumosum*, l'Héritier (*Sertum anglicum*, t. 22), ou *Mentha plumosa* de Linné, Arbrisseau originaire des Canaries. Ses feuilles sont ovales, pétiolées, dentées en scie, tomenteuses et blanchâtres, surtout à leur face inférieure. Ses fleurs forment une espèce de panicule dichotome à l'extrémité supérieure des ramifications de la tige.

Le BYSTROPOGON PONCTUÉ, *Bystropogon punctatum*, l'Hérit. (*loc. cit.* t. 23), également originaire des Canaries; cette espèce se distingue par ses feuilles plus petites, glabres, ponctuées; par ses fleurs qui forment des espèces de capitules ou d'épis globuleux. Ces deux espèces craignent le froid; on doit les rentrer dans l'orangerie aux approches de l'hiver. (A. R.)

BYSTROPOGUE. BOT. PHAN. Nom francisé du Bystropogon. *V.* ce mot. (A. D. J.)

*BYTHINE. *Bythinus.* INS. Genre de l'ordre des Coléoptères établi par Leach (*Zool. Miscell.* t. 3. p. 80 et 83) aux dépens de celui des Pselaphes. L'auteur cite deux espèces, le *Bythinus securiger* ou le *Pselaphus securiger* de Reichenbach, dans sa Monographie des Pselaphes, et le *B. Curtisii*, Leach. Ces deux espèces ont été trouvées en Angleterre. *V.* PSELAPHE. (AUD.)

* BYTTGRAS. BOT. PHAN. Le *Spiræa Ulmaria* en quelques contrées de la Suède. (B.)

BYTTNÉRIACÉES. *Byttneriaceæ*. BOT. PHAN. La famille des Byttnériacées, établie par Robert Brown dans ses *General Remarks on the Botany of Terra australis*, fait partie d'un groupe très-naturel de familles, qui se compose des Malvacées et des Tiliacées de Jussieu, des Sterculiacées de Ventenat, et des Chlénacées de Du Petit-Thouars. Les genres qu'il y a d'abord indiqués, sont le *Byttneria* qui a donné son nom à la famille, l'*Abroma*, le *Lasiopetalum* et le *Commersonia*. Gay, dans un travail récent publié dans le septième volume des Mémoires du Muséum, a établi deux sections dans cette famille, savoir : 1° les *Byttnériacées vraies*, qui ont les pétales irrégulièrement conformés et creusés en forme de corne, etc., et les *Lasiopétalées* dont les pétales sont en forme d'écailles simples, ou manquent entièrement. Dans la première section, il range les genres *Theobroma*, *Ayenia*, *Abroma*, *Byttneria*, *Guazuma* et *Commersonia*. Il place dans la seconde les genres *Seringia*, *Thomasia*, *Lasiopetalum*, *Guichenotia* et *Keraudrenia* : les deux premiers sont des démembremens du genre *Lasiopetalum* de Smith ; les deux derniers sont entièrement nouveaux. D'après ce qui précède, on voit que la famille des Byttnériacées se compose principalement, outre les genres nouveaux, de Plantes d'abord placées parmi les Malvacées, tels que *Abroma*, *Guazuma*, *Theobroma*, *Ayenia* et *Byttneria*. Le caractère principal qui les éloigne des Malvacées, c'est la présence d'un endosperme dans la graine, au centre duquel est situé l'embryon. Exposons maintenant les caractères généraux de la famille des Byttnériacées, après quoi il nous sera plus facile de faire connaître les différences qui existent entre cette famille et celles auprès desquelles on l'a placée.

Les Byttnériacées sont des Arbres, des Arbustes, ou, ce qui est plus rare, des Plantes herbacées ; leurs feuilles sont simples, alternes, entières ou lobées, accompagnées à leur base de deux stipules foliacées, souvent très-grandes, mais qui manquent dans quelques genres. Les fleurs offrent diverses inflorescences ; elles sont tantôt en cime, tantôt en grappes, ou bien solitaires ; leurs pédoncules sont axillaires, opposés aux feuilles ou terminaux. Il est à remarquer que beaucoup de Byttnériacées sont couvertes de poils étoilés.

Les fleurs sont en général hermaphrodites ; dans plusieurs genres, chacune d'elles est accompagnée d'une écaille simple ou tripartie qui est immédiatement appliquée contre le calice. Celui-ci est monosépale, persistant, le plus souvent coloré et comme pétaloïde, à cinq divisions profondes, qui, avant leur épanouissement, présentent une estivation valvaire. La corolle, qui manque dans quelques genres, se compose de cinq pétales hypogynes, distincts les uns des autres à leur base, ayant tantôt la forme d'une simple écaille, tantôt irrégulièrement conformés, creusés en corne ou en gouttière. Le nombre des étamines est généralement de cinq ou de dix ; quelquefois elles sont plus nombreuses ; mais, presque constamment, elles ne sont pas toutes fertiles. Les filets sont soudés par leur base, et forment une sorte de tube découpé supérieurement en autant de lanières qu'il y a d'étamines. Quand il n'y a que cinq étamines, elles sont toutes fertiles ; s'il en existe dix, cinq sont fertiles, et dans les cinq autres, les anthères manquent ; dans les vraies Byttnériacées, les filets des étamines stériles sont élargis et comme pétaloïdes ; dans les Lasiopétalées de Gay, ils sont grêles et semblables à ceux des étamines fertiles. Ces filets sont toujours persistans. L'ovaire est tantôt sessile, tantôt pédicellé. Il offre de trois à cinq loges, et est relevé extérieurement d'un égal nombre de côtes, séparées par des sillons profonds. Dans chaque loge, on trouve deux ou plusieurs ovules redressés, insérés à l'angle interne de chaque loge. Quelquefois il n'existe qu'un seul style et qu'un seul stigmate; mais ordinairement on observe autant de styles que de loges dans l'ovaire. Le fruit est une capsule souvent hérissée de poils à son extérieur, présentant trois ou cinq loges, très-rarement une seule par l'avortement des autres; chaque loge offre deux ou plusieurs graines. Cette capsule s'ouvre en trois ou cinq valves sans laisser au centre une columelle, comme dans les Malvacées; quelquefois elle se sépare en cinq carpelles qui s'ouvrent par la suture que l'on observe sur chacun d'eux. Les graines offrent un endosperme charnu, dans l'intérieur duquel se trouve un embryon axillaire dressé, ayant les cotylédons planes. Les genres *Ayenia* et *Theobroma* sont dépourvus d'endosperme, et leurs cotylédons sont chiffonnés, caractères qui les rapprochent des Malvacées.

La famille des Byttnériacées, caractérisée de la sorte, se compose de onze genres que l'on peut diviser en deux sections, ainsi que nous l'avons précédemment indiqué. Ces deux sections sont les vraies Byttnériacées et les Lasiopétalées. Elles comprennent chacune les genres suivans :

1°. Byttnériacées vraies.

Pétales irrégulièrement creusés; filamens des étamines stériles, planes et dilatés :

— *Byttneria*, L. — *Commersonia*, Forster. — *Ayenia*, L. — *Abroma*, Jacquin. — *Theobroma*, L. — *Guazuma*, Plumier, ou *Bubroma*, Schreb. Willd.

2°. Lasiopétalées, Gay.

Pétales squammiformes ou nuls; filamens des étamines stériles, filiformes et semblables à ceux des étamines fertiles.

Seringia, Gay. — *Lasiopetalum*, Gay. — *Guichenotia*, Gay. — *Thomasia*, Gay. — *Keraudrenia*, Gay.

La famille des Byttnériacées doit être placée à côté des Malvacées, des Sterculiacées et des Tiliacées. Indiquons rapidement les caractères qui la distinguent de ces trois familles : 1° les Plantes de cette famille diffèrent des Malvacées par leurs pétales non soudés à la base, par leurs étamines en nombre défini, par leurs anthères biloculaires, tandis qu'elles sont toujours uniloculaires dans les vraies Malvacées, ainsi que l'a fait remarquer Kunth; par leurs graines munies d'un endosperme et leurs cotylédons planes; 2° des Sterculiacées par l'unité d'ovaire, la présence presque constante des pétales, etc., et la déhiscence des carpelles qui dans les Sterculiacées s'ouvrent par une suture longitudinale en une seule valve, tandis que dans celles des Byttnériacées qui sont munies de carpelles, chacun d'eux s'ouvre en deux valves; 3° des Tiliacées par leurs étamines monadelphes et en nombre défini.

Depuis peu de temps, Kunth a publié soit dans le cinquième volume de ses *Nova Genera* dans les ouvrages de Humboldt et Bonpland, soit dans un Mémoire spécial, une nouvelle circonscription des Byttnériacées et du groupe de familles auprès desquelles elles ont été placées. Cet excellent observateur, remarquant le peu de différences qui existe entre les Sterculiacées de Ventenat et les Byttnériacées de Brown, et de plus entre ces dernières et les Hermanniées de Jussieu, les réunit en une seule famille à laquelle il conserve le nom de Byttnériacées. Chacune de ces familles devient alors pour lui une section de sa vaste tribu des Byttnériacées.

D'après l'extension donnée par Kunth aux caractères de la famille qui nous occupe, on voit qu'elle est destinée à remplir le vide qui existe entre les Malvacées d'une part et les Tiliacées de l'autre, et qu'elle comprend tous les genres qui, ayant les étamines soudées et monadelphes, ont leur embryon à cotylédons planes, renfermé dans un endosperme charnu. Dans le même ouvrage, Kunth réunit aussi aux Byttnériacées les genres Dombeya, Pentapetes, Ruizia, etc. qui ont également leur embryon endospermique, caractère qui les éloigne des Malvacées, et en forme une section qu'il nomme Dombeyacées. Par ce moyen, la famille des Byttnériacées de Kunth se trouve partagée en cinq sections qui contiennent les genres suivans : 1re section. STERCULIACÉES, *Sterculia*, Lin. *Southwellia*, Salisbury; *Heritiera*, Aiton, ou *Balanopteris*, Gaertner. 2e. section. BYTTNÉRIACÉES VRAIES. Outre les genres que nous avons mentionnés, Kunth y place le genre *Glossostemon* de Desfontaines. 3e section. LASIOPÉTALÉES. Cette section renferme les genres établis par Gay. 4e section. HERMANNIÉES, *Hermannia*, L. *Mahernia*, L. *Melochia*, L. *Mougeotia*, Kunth. *Waltheria*, L. 5e section. DOMBEYACÉES, *Dombeya*, Cavanilles. *Assonia*, Cav. *Ruizia*, Cav. *Astrapega*, Lindley. *Pentapetes*, L. *Pterospermum*, Schreber, *Kydia?* Roxburg, *Hugonia?* L. *Melhania?* Forsk. *Bretera?* Cavanilles. (A. R.)

BYTTNÉRIE. *Byttneria*. BOT. PHAN. Ce genre, type de la famille des Byttnériacées, se distingue par les caractères suivans : son calice est à cinq divisions très-profondes; sa corolle formée de cinq pétales irréguliers, onguiculés à leur base, un peu dilatés au-dessus et terminés supérieurement en une longue corne; l'androphore est partagé en cinq lobes au sommet, et c'est entre chacun de ces lobes que sont attachées les cinq étamines fertiles qui sont didymes et presque sessiles. L'ovaire est sessile, environné par l'urcéole des filets staminaux; il offre cinq côtes et cinq loges qui contiennent chacune deux ovules. Le style est simple, terminé par un stigmate lobé. Le fruit est une capsule à cinq loges souvent hérissée de pointes plus ou moins acérées; elle s'ouvre naturellement en cinq valves.

Toutes les espèces de Byttnéries sont des Arbustes ou des Arbrisseaux qui croissent naturellement dans les parties les plus chaudes du nouveau continent. Leurs tiges sont souvent armées d'aiguillons; leurs feuilles alternes sont munies à leur base de deux stipules, et leurs fleurs sont portées sur des pédoncules axillaires ou oppositifoliées. On en trouve aujourd'hui environ une douzaine d'espèces décrites dans les auteurs. Quelques-unes sont cultivées dans nos serres; telles sont : la Byttnérie à feuilles ovales, *Bytineria ovata*, Lamk. Cavan. Diss t. 149. f. 1, originaire du Pérou, d'où elle a été envoyée par Joseph de Jussieu; ses rameaux sont anguleux et armés d'aiguillons; ses feuilles sont ovales, glabres, assez petites, dentées en scie; ses fleurs sont blanchâtres ou purpurines, pédonculées, réunies au nombre de trois à six à l'aisselle des feuilles.—La Byttnérie à feuilles cordiformes, *Byttneria cordata*, Lamk. Cav. *loc. cit.* t. 150. Elle vient des environs de Lima; ses feuilles sont cordiformes, pétiolées, pendantes, dentées en scie; ses fleurs sont disposées en sertules ou ombelles simples et pédicillées, à l'aisselle des feuilles supérieures. (A. R.)

BYTURE. *Byturus*. INS. Genre de l'ordre des Coléoptères, section des Pentamères, famille des Clavicornes (Règne Anim. de Cuv.), établi par Latreille, et ayant pour caractères : second article des antennes plus grand que le troisième; élytres recouvrant presque entièrement l'abdomen. — Le premier de ces caractères éloigne les Bytures des Nitidules, avec lesquelles ils ont beaucoup de rapports; le second sert à les distinguer des Cerques. Latreille (*loc. cit.*) les réunit aux Nitidules, parce qu'ils ont comme elles les trois premiers articles des tarses courts, larges ou dilatés, garnis de brosses en dessous, et le quatrième très-petit.

Ces Insectes se trouvent au printemps sur les Fleurs, dans les Arbres pourris. — Le Byture tomenteux, *B. tomentosus*, ou le *Dermestes tomentosus* de Fabricius, qui est le même que le

Dermeste velours jaune de Geoffroy (Ins. T. 1, p. 102), sert de type au genre, et se rencontre communément aux environs de Paris; Panzer le figure (*Faun. Ins. Germ.* fasc. 97, tab. 4). — Le *Dermestes obscurus*, Fabr. (*Syst. Eleuth.*) paraît appartenir aussi à ce genre. Il a été représenté par Panzer (*loc. cit.* fasc. 86, tab. 12) sous le nom de *Dermestes picipes*. (AUD.)

BYWNA. BOT. PHAN. Nom japonais du *Mespilus japonica*. L. (B.)

BYZÈNE. CRUST. Genre établi par Rafinesque, et dans lequel cet auteur ne mentionne qu'une espèce des mers de Sicile, sous le nom de *Byzena scabra*. Son corps est couvert de tubercules aigus. Les caractères assignés à ce genre ne paraissent pas le distinguer suffisamment des Penées de Fabricius. *V*. PENÉE. (B.)

C.

CAA ou COY. MAM. Syn. topinambou de Sai, espèce de Singe. *V*. SAPAJOU. (A. D..NS.)

CAA. BOT. PHAN. Ce mot signifie Herbe en brasilien. On l'applique particulièrement au Thé du Paraguay, Végétal peu connu, encore qu'il soit d'un usage général dans certaines parties orientales de l'Amérique du sud, comme le Thé de la Chine l'est en Europe. On l'appelle aussi CAA-EUYS. Ce mot de Caa entre dans la composition de plusieurs noms de Plantes. Ainsi l'on nomme :

CAA-APIA, le *Dorstenia brasiliensis*. *V*. DORSTÈNE.

CAA-ATAYA, une Plante peu connue, qu'on suppose être une Grassiole. *V*. ce mot.

CAA-CAMA, CAA-CUA et YQUIETANA, une Plante brasilienne, qui, dans les premières années du dernier siècle, mérita, dit Du Petit-Thouars, l'attention de l'Académie. « Elle avait été envoyée, ajoute ce savant, par un chirurgien français établi en Espagne. » Une des propriétés qu'on lui attribuait était que, mêlée par moitié au Séné, elle lui ôtait son goût insupportable sans nuire à ses propriétés purgatives. Le fait fut vérifié. Des graines, qui se trouvaient parmi les feuilles qu'on avait envoyées, germèrent et produisirent en Europe une Plante que Marchant reconnut être, sinon la Scrophulaire aquatique, au moins une espèce très-voisine. On s'assura que ce dernier Végétal, très-commun en Europe, produisait sur le Séné le même effet que le Caa-Cua. Marchant fit de cette précieuse observation le sujet d'un mémoire inséré dans la collection de l'Académie pour 1701. « L'exposition de ces faits, ajoute très-judicieusement le savant que nous avons cité, conduisit le botaniste français à des réflexions très-sages sur l'engouement avec lequel on recherche les drogues des pays lointains, tandis qu'on néglige celles que nous foulons aux pieds, et dont l'usage serait beaucoup plus sûr. » Il est singulier qu'après ces réflexions, la Scrophulaire aquatique soit négligée dans un cas où son usage serait utile.

CAA-CHIRA, deux Plantes, dont l'une est un *Indigofera* et l'autre un *Oldenlandia*, propres à la teinture.

CAA-CICA et CAA-TIA, une espèce d'Euphorbe qui paraît être l'*Euphorbia capitata*, Lamk., et renommée comme souveraine contre la morsure des Serpens. C'est le *Caratia*, ou Mal-famée, et Herbe-à-Jean-Renaud des Antilles, ou *Evoa de Cobras* des Portugais.

CAA-CO, le *Mimosa pudica* ou Sensitive.

CAA-ETIMAI, un Seneçon.

CAA-GHUARA, la feuille parfaite et développée du thé du Paraguay.

CAA-GUIYUYO, un Mélastome ou un Rhexia dont on mange les fruits.

CAA-MENA et CAA-MENI, la même Plante en bouton.

CAA-OPIA, l'*Hypericum guianense* d'Aublet.

CAA-PEBA, l'*Aristolochia anguicida*, le *Banisteria angulata* et divers *Cissampelos*.

CAA-POMANGA, le *Plumbago scandens*, un *Hedysarum* et une Plante encore indéterminée.

CAA-PONGA, trois Plantes qu'on mange au Brésil comme le Pourpier, et qui paraissent être une espèce de ce genre, le *Gomphrœna vermicularis* et quelques espèces de Mimeuses.

CAA-POTIRAGOA, un Spermacoce.

CAA-RABOA, une Casse.

CAA-ROBA, le Caroubier. (B.)

CAAIGOUARA ET CAAIGOARA. MAM. Syn. de Pécari, espèce du genre Cochon. *V.* ce mot. (B.)

CAAIGOUARÉ ET CAGOUARÉ. MAM. Syn. de *Tamandua*, espèce du genre Fourmilier. *V.* ce mot. (B.)

CAAIGOUAZOU. MAM. Syn. de *Dasypus gigas*. *V.* TATOU. (B.)

CAAMA. MAM. Espèce d'Antilope. *V.* ce mot. (B.)

CAAPEBA. BOT. PHAN. *V.* CAA.

CAAPS. BOT. PHAN. Syn. d'*Hebenstreitia dentata*. (B.)

CAAPSE-EZEL ET CAAPSE HOOREN. MOLL. Noms hollandais, selon Montfort (*Conch.* 2, p. 419) de l'*Achatina Zebra* de Lamarck. (F.)

CAAPSO HOOREN. MOLL. Syn. hollandais de l'Agatine Zèbre selon Desmarest. (F.)

CAAYA. MAM. Nom d'une espèce d'Alouate au Paraguay. *V.* SAPAJOU. (B.)

CABACULA. BOT. PHAN. Diverses Plantes dont on fait des balais, et dont on chauffe les fours dans les plaines dégarnies de bois de la province de Salamanque en Espagne. C'est une Centaurée qui sert plus fréquemment à cet usage. (B.)

CABADUCHUCH. OIS. Syn. de *Strix nebulosa*, et de *Strix cinerea*, L. à la baie d'Hudson. (B.)

CABALHAU. BOT. PHAN. (Daléchamp.) Plante du Mexique, qu'il est impossible de reconnaître encore qu'elle ait été comparée au *Contrayerva* qui est un *Dorstenia*. (B.)

CABALLAIRE. BOT. PHAN. même chose que *Caballaria*. *V.* ce mot.

CABALLARIA. BOT. PHAN. Genre institué dans la *Flora peruviana* pour l'Arbuste nommé *Manglillo* au Pérou et au Chili, adopté par Jussieu sous le nom de *Manglilla*. Lamarck, R. Brown et Willdenow l'ont successivement donné aux Sideroxyles, aux Caimitiers, aux Bumélies et aux Myrsines auxquels il n'appartient peut-être pas davantage. *V.* MANGLILLA. (B.)

CABALLATION. BOT. PHAN. (Dioscoride.) Syn. de Cynoglosse selon Adanson. (B.)

CABALLEROTE. POIS. (Antonio Parra.) Poisson des mers d'Amérique, peu connu, encore qu'on en mange la chair, et placé par Schneider dans le genre Anthias de Bloch qui n'a pas été conservé. *V.* ANTHIAS. (B.)

CABALLO. MAM. Qu'on prononce *Cavaillo*. Syn. espagnol de Cheval. (A.D..NS.)

CABARE. OIS. *V.* CABOURE.

CABAO. BOT. PHAN. *V.* CABUR.

CABARET. OIS. (Buffon.) Syn. du Sizerin, *Fringila linaria*, L. *V.* GROS-BEC. (DR..Z.)

CABARET. BOT. PHAN. *V.* ASARET.

CABARET DE MURAILLE. BOT. PHAN. (Daléchamp.) Syn. de *Cynoglossum omphalodes*. (B.)

CABAROE. BOT. PHAN. (Burmann.) Nom donné par les Hottentots à une Plante odorante qui paraît être un Tagètes. (B.)

CABASSE. BOT. PHAN. Nom vulgaire donné, aux Antilles, au fruit du Theobroma Cacao, L. *V.* CACAO. (B.)

CABASSON. POIS. (Gesner.) Poisson qu'on ne peut reconnaître sur la simple comparaison qui en a été faite avec le Lavaret. (B.)

CABASSOU. MAM. *V*. KABASSOU.

CABASSUDO. BOT. PHAN. Syn. provençal de *Centaurea collina*, L. qui est aujourd'hui une Chaussetrape. (B.)

CABASUC. POIS. On appelle ainsi à Nice une Athérine à laquelle Risso a imposé le nom de *Boyeri*. (B.)

* CABASUDA. POIS. (Delaroche.) Nom donné aux îles Baléares à une seconde variété de l'*Atherina hepsetus*, L. *V*. ATHERINE. (B.)

CABBAGE. BOT. PHAN. Syn. de Chou-Pommé en anglais, d'où *Cabbage-Tree*, le Chou-Palmiste à la Jamaïque, et *Cabbage-lettice*, la Laitue pommée. (A.D.J.)

* CABCABUM. BOT. CRYPT. (*Fougères*.) Nom sous lequel Petiver a désigné l'*Acrostichum speciosum*, Willd. *Spec*. T. V. p. 117. (AD. B.)

CABEÇA. OIS. Syn. catalan de *Strix stridula*, L. *V*. CHOUETTE. (DR..Z.)

CABEÇA. BOT. PHAN. Pour Cabeza. *V*. ce mot. (B.)

CABEÇOTE. OIS. Espèce du genre Pie-Grièche, *Lanius lucionensis*, L. de l'île de Luçon. *V*. PIE-GRIÈCHE. (DR..Z.)

CABEÇUELA. BOT. PHAN. (L'Écluse.) Qu'on prononce *Cabezuela*, et qui signifie *petite tête*, syn. espagnol de *Centaurea salmantica*, L. (B.)

CABEDO. POIS. (Risso.) Syn. de *Cyprinus Bulatmai* à Nice. (B.)

CABELIAU OU CABILLAUD. POIS. Noms donnés en Islande et sur les côtes de Hollande à la véritable Morue. *V*. GADE. (B.)

CABELLOS DE ANGEL. BOT. PHAN. C'est-à-dire *Cheveux d'Ange*, syn. du *Cuscuta odorata* de la Flore péruvienne. (B.)

CABELLOS DE TOMILLHO. BOT. PHAN. C'est-à-dire *Cheveux de Thim*, syn. de Cuscute. *V*. ce mot. (B.)

CABÉRÉE. *Caberea*. POLYP. Genre des Cellulifères, de l'ordre des Cellariées dans la division des Polypiers flexibles; il est frondescent, cylindrique ou peu comprimé; les cellules sont disposées sur une seule face; l'opposée est sillonnée, et le sillon longitudinal est droit et pinné. Nous avons établi ce genre sur deux espèces qui diffèrent des Cellaires, ainsi que des Crisies par la situation des cellules; des Canda, par le facies et par les fibres qui réunissent tous les rameaux de ces dernières et qui manquent aux Cabérées; enfin, des Acamarchis, par l'absence des vésicules et des autres caractères qui les distinguent de tous les autres genres.

Les Cabérées offrent des formes bien différentes : les unes sont dichotomes, les autres pinnées; ce peu d'analogie dans le port nous aurait décidés à en faire deux genres distincts sans la forme des cellules qui est absolument la même, et sans la présence des sillons qu'elles produisent sur la face opposée à leur ouverture; caractère distinctif de ce genre qui ne permet pas, dans une division systématique, de séparer les êtres sur lesquels on peut l'observer. Dans la Cabérée dichotome, il existe une apparence d'articulation dans les rameaux, lesquels sont légèrement cunéiformes entre chaque dichotomie; ce caractère se trouve également dans la Cabérée pinnée, mais bien moins sensible. La substance de ces Polypiers est plus calcaire que membraneuse; leur couleur est un jaune fauve plus ou moins brillant; leur grandeur varie de quatre à six décimètres; ils ne sont jamais parasites sur les Plantes marines; c'est par des fibres nombreuses et non par un empatement qu'ils se fixent sur les rochers ou les Polypiers solides de l'Australasie.

CABÉRÉE PINNÉE, *Caberea pinnata*, Lamx., Hist. des Polyp., p. 130, n° 239. — Polypier à tige pinnée et cylindrique, à rameaux garnis de pinnules, couverts de cellules annelées ordinairement au nombre de deux et placées sur la même face. — Il habite les côtes de la Nouvelle-Hollande.

CABÉRÉE DICHOTOME, *Caberea dichotoma*, Lamx. Genre Polyp. p. 5, tab. 64, fig. 17-18. — Cette espèce diffère de la première par sa forme générale; elle est dichotome, à rameaux comprimés, couverts antérieurement d'une grande quantité de petites cellules et de poils nombreux assez longs et redressés; elle habite les côtes de la Nouvelle-Hollande. (LAM..X.)

CABESSA. BOT. PHAN. Pour Cabeza. *V.* ce mot. (B.)

CABESTAN (le). MOLL. Nom vulgaire de la *Purpura Trochlea*, Lamk., qui doit être rapportée, selon toutes les apparences, au genre Buccin.

Le FAUX CABESTAN est le *Murex Dolarium* de Linné. (F.)

CABEZA. BOT. PHAN. C'est la prononciation espagnole du mot qui signifie tête. Ainsi l'on a vulgairement appelé:

CABEZA DE MONGE, *tête de moine*, le *Calyplectus acuminatus* de la Flore du Pérou, qui est un *Munchausia*.

CABEZA DE NEGRO, *tête de nègre*, le *Phytolepas* de ce même ouvrage, qui paraît être un Vaquoi.

Ce mot désigne également les premières qualités d'une denrée ou d'une récolte quelconque. Ainsi *Vino de Cabeza*, *Trigo de Cabeza* ou *Aceite de Cabeza*, sont du vin, du blé et de l'huile de choix. Le meilleur Indigo obtenu des premières pousses de l'Anil, et le Camphre cristallisé étant quelquefois appelés également *de Cabeza*, ce nom a été donné par équivoque comme synonyme d'Indigo et de Camphre. (B.)

CABEZON. OIS. Vieillot a établi sous ce nom un genre composé du *Tamatia* de Buffon et de quelques espèces de notre genre Barbu. Cuvier et Temminck ont formé un genre à peu près semblable, mais dans lequel ils n'ont fait entrer que peu de Cabezons; ils lui ont donné le nom qu'avait consacré Buffon. *V.* TAMATIA. (DR..Z.)

CABIAI. *Hydrochœrus*. MAM. Que selon Sonnini on doit prononcer *Cabiaye*. Genre de Rongeurs à clavicules rudimentaires, caractérisé par quatre doigts devant, trois derrière, tous demi-palmés et armés d'ongles larges, surtout aux pieds postérieurs où l'ongle du milieu est plus grand et plus prolongé; par quatre molaires, partout formées, comme dans les Lièvres, de plusieurs tubes verticaux d'émail, aplatis d'avant en arrière et joints ensemble par un ciment; par les treize tubes, aplatis en lames, de la dent postérieure, dont la longueur surpasse celle des trois autres ensemble; par l'aplatissement régulier des tubes de cette quatrième dent, chacun desquels ne dessine latéralement qu'un seul prisme triangulaire, tandis qu'aux dents antérieures, en se plissant, chaque tube forme deux ou trois prismes sur le bord externe dans les supérieures, et sur l'interne dans les inférieures. Les molaires postérieures du Cabiai ne diffèrent donc de celles de l'Eléphant que par le débordement des prismes d'émail sur le ciment qui les enveloppe complétement dans ce dernier.

Les Cabiais sont séparés des Cobayes auxquels on les avait réunis par l'aplatissement en lame transversale, et le nombre des tubes de la molaire postérieure, laquelle dans les Cobayes est, comme les autres, formée de deux lames, l'une simple, l'autre fourchue d'un côté; par l'état rudimentaire du péroné du Cabiai; enfin par six mamelles dont deux sur la poitrine: d'ailleurs il y a treize paires de côtes et six vertèbres lombaires dans le Cabiai comme dans le Cobaye. Dans la femelle, l'anus et la vulve s'ouvrent dans une fente unique, au fond de laquelle l'on voit quatre trous égaux: celui de la vulve en avant, l'anus en arrière, et deux autres latéraux qui pénètrent dans des poches de neuf lignes de long sur cinq de diamètre, contenant une matière jaunâtre d'odeur fétide, et dont le fond tient à une glande sécrétoire; le gland du clitoris a la figure d'un treffle, et est large de six lignes d'après Daubenton.

On ne connaît qu'une seule espèce dans ce genre; le Cabiai éléphantipode de Desmarest, nouveau Dict. d'Hist. natur., n'étant qu'un jeune Tapier dont l'empailleur avait déformé la trompe.

Le Cabiai, *Cavia Capybara*, L. Buff., t. 12, pl. 49, et Squelette, pl. 50, Schreber, pl. 114, Encycl., pl. 40, f. 3. Répandu sur les bords de toutes les rivières et de tous les lacs, depuis la Plata jusqu'aux affluens septentrionaux de l'Orénoque, on ne l'a pas encore trouvé hors de l'Amérique méridionale. Son nom Guaranys et Capiygoua veut dire habitant des *pajonals* voisins de l'eau. Effectivement, cet Animal ne s'en éloigne jamais de plus de cent pas. D'Azzara dit qu'il ne vit que de Végétaux; Humboldt, qu'il mange aussi du Poisson; c'est pourquoi, sans doute, les missionnaires de l'Orénoque n'empêchent pas de le manger en carême à titre de maigre. C'est un excellent gibier; les Indiens de la province de Caracas l'appellent Chiguère, et en font des jambons. Les Cabiais vivent en petites troupes; la peur seule les fait crier; ce cri est articulé *a. pé.*; ils se jettent alors à la nage en ne montrant que le bout du museau; si le Cabiai est blessé ou si le danger redouble, il plonge pendant huit à dix minutes, et ne reparaît que fort loin. Il ne terre pas, marche plus la nuit que le jour, reste assis la plupart du temps. Humboldt en a vu des troupes rester tranquillement dans cette posture, pendant qu'un grand Crocodile passait au milieu d'eux. Cette sécurité, dit-il, leur vient de l'expérience que le Crocodile n'attaque pas hors de l'eau. Chaque femelle a un domicile fixe près duquel on trouve des tas d'excrémens moulés en pelotte allongée. Le Cabiai est le plus grand des Rongeurs; il a trois pieds de long et un et demi de haut, le corps gros et ramassé; la lèvre supérieure échancrée laisse voir, même quand la bouche est fermée, les incisives d'en haut qui, comme les inférieures, sont verticalement sillonnées sur leur face antérieure; les yeux noirs et grands; le nez, les oreilles et les jambes, qui sont presque nus, sont d'une couleur cendrée noirâtre; tout le poil du dessus du cou est d'un brun foncé, noirâtre à son origine, et roux à sa pointe; il est plus clair sous le ventre; il est d'un fauve tendre dans le jeune âge pendant lequel l'animal s'apprivoise aisément. On ignore le temps de la gestation et de l'allaitement; la femelle met bas de quatre à huit petits. Le port de cet Animal n'a pas été bien rendu dans les figures; en marchant, il appuie sur le sol tout le pied de derrière, ce qui lui donne l'air de ramper. Quoiqu'il n'ait pas de queue apparente, il a sept vertèbres coccigiennes dont deux sont même engagées dans la peau. Il est inutile de dire qu'il ne subsiste au cœur aucun vestige du trou de botal. C'est néanmoins par la persistance de ce trou que Buffon et des médecins physiologistes qui négligent l'anatomie, expliquaient la faculté de plonger long-temps, dont jouissent plusieurs Mammifères. (A. D..NS.)

CABION. BOT. PHAN. *V*. CASSAVE.

CABIONNARA. MAM. (Buffon.) Véritable nom qu'on donne à la Guiane au Cabiai. *V*. ce mot. (B.)

CABOCHE. OIS. Syn. vulgaire de la CHEVÊCHE, *Strix passerina*, L. *V*. CHOUETTE. (DR..Z.)

CABOCHE. POIS. Ce nom désigne, dans l'Histoire générale des voyages, deux Poissons des rivières de Siam, fort bons à manger, mais qu'il est impossible de déterminer. (B.)

CABOCHON. *Capulus*. MOLL. Genre établi par Montfort (*Conch.* 2, p. 54) aux dépens des Patelles de Linné, et dont le type est la *Patella ungarica*, vulg. Bonnet de Dragon, que Montfort nomme *Capulus ungaricus*. Lamarck, en adoptant ce genre, a changé le nom latin en celui de

Pileopsis (An. s. vert. 2e édit., T. VI, XI, p. 16); Defrance a depuis lors montré que plusieurs Cabochons fossiles avaient vécu sur un support testacé, et a fait de ceux-ci un nouveau genre sous le nom d'Hypponice, *Hipponix*. Mais comme il est à présumer que les Cabochons vivans ont aussi la même organisation, bien que nous conservions ce genre sous le nom de Cabochon, comme ayant l'antériorité, nous renvoyons au mot HIPPONYCE pour le traiter complétement, parce que nous aurons vraisemblablement alors de nouveaux renseignemens qui fixeront les incertitudes entre les espèces vivantes et les fossiles.

CABOCHON A LANGUETTES. C'est la *Patella equestris*, L.; *Calyptrea equestris*, Lamk. *V*. CALYPTRÉE. (F.)

CABOMBA. *Cabomba*. BOT. PHAN. Ce genre, décrit par Aublet dans ses Plantes de la Guiane, et dont Schreber a, on ne sait trop pourquoi, changé le nom en celui de *Nectris*, est encore aujourd'hui en litige chez les botanistes, pour savoir la place qu'il doit occuper dans la série des ordres naturels. Pour tâcher de jeter quelque jour sur cette question, nous allons décrire, avec quelques détails, l'organisation de ses différentes parties. Le *Cabomba aquatica*, Aublet (Guiane, 1, p. 321, t. 124), est une Plante herbacée, vivace, qui croît dans les eaux courantes à la Guiane, et que Michaux a retrouvée en Caroline et en Géorgie. Ses tiges sont grêles, très-longues et fistuleuses; elles portent deux sortes de feuilles; les unes submergées sont opposées, découpées en un très-grand nombre de lobes linéaires, de manière à offrir une ressemblance parfaite avec celles de la Renoncule aquatique; les autres, étendues à la surface de l'eau, sont alternes, portées sur de longs pétioles qui s'insèrent au centre de leur face inférieure; elles sont ovales, elliptiques, à bords entiers. Les fleurs sont pédonculées, solitaires à l'aisselle des feuilles émergées. Leur pédoncule, qui est grêle et un peu pubescent, élève la fleur au-dessus de la surface de l'eau, et se recourbe, après la fécondation, pour mûrir le fruit sous l'eau. Chaque fleur présente un calice à six divisions très-profondes, étalées et disposées sur deux rangées : trois extérieures membraneuses, jaunâtres, obtuses; trois intérieures, un peu plus longues, offrant à leur base un rétrécissement subit, plus minces et comme pétaloïdes, également très-obtuses. Les étamines sont au nombre de six, insérées tout-à-fait à la base des divisions du calice. Les pistils sont au nombre de deux; on en rencontre plus rarement trois; ils sont dressés au centre de la fleur, finement pulvérulens, allongés, se terminant en une pointe styloïde à leur sommet, et portant un stigmate simple et capitulé. Coupé longitudinalement, l'ovaire est uniloculaire et contient deux ovules renversés, dont l'un est attaché au sommet de la loge, et l'autre au milieu de la suture qui règne sur la face interne. Le fruit se compose d'un péricarpe mince, dont la paroi interne s'est soudée avec chacune des deux graines, lorsqu'elles ont été fécondées, ou avec une seule, lorsqu'une d'elles a avorté. Dans le premier cas, le péricarpe semble biloculaire, et chaque loge, ayant sa paroi interne endurcie, forme une sorte de petite noix qui environne la graine, sans toutefois y adhérer. Celle-ci est ovoïde, recouverte d'un épisperme ou tégument propre, mince et membraneux. L'amande se compose d'un endosperme charnu, blanc, très-gros, dont le sommet est creusé d'une petite excavation dans laquelle est placé l'embryon. Celui-ci est très-petit, en forme de clou; c'est-à-dire qu'il est discoïde dans sa partie supérieure qui forme la radicule; qu'il est en cône renversé dans sa partie inférieure ou cotylédonaire, qui est tout-à-fait simple et indivise. Si l'on fend le corps cotylédonaire en deux, on trouve dans son intérieur un petit mamelon conique qui constitue la gemmule.

Ceux qui étudieront avec soin cette organisation, qui la compareront avec celle des autres Végétaux, y reconnaîtront comme nous l'organisation commune aux Plantes monocotylédonées, et devront partager l'opinion de Jussieu et de mon père qui plaçaient le genre *Cabomba* parmi les familles de Plantes monocotylédonées. En effet la structure de l'embryon est tellement simple, tellement claire, qu'il suffit de l'inspection la plus légère pour y reconnaître tous les caractères des embryons à un seul cotylédon. La structure externe de la fleur est absolument la même que celle d'un *Alisma* ou mieux encore du *Butomus*. Mais l'ovaire est constamment disperme; la présence d'un endosperme très-volumineux distingue suffisamment le *Cabomba*. Quant à la structure du fruit et surtout de l'embryon, il existe une grande analogie entre le genre qui nous occupe et la famille des Saururées; mais l'absence de calice, les graines constamment dressées sont des caractères qui facilitent la distinction de ces dernières. Tous ces caractères nous paraissent indiquer évidemment une Plante monocotylédone, distincte par des points assez importans pour mériter de former un ordre nouveau, sous le nom de CABOMBÉES, ainsi que mon père l'a proposé dans son Analyse du fruit. Outre le genre *Cabomba*, cette famille nouvelle comprendrait également le genre *Hydropeltis*, qu'il est impossible d'éloigner du précédent. De Candolle (*Syst. Nat. Veget.* 2., p.36.), ne partage pas cette opinion; il range les Cabombées qu'il nomme Hydropeltidées parmi les Végétaux dicotylédons, et en fait simplement une section de sa famille des Podophyllées. Nous nous efforcerons de réfuter cette opinion, lorsque nous aurons tracé les caractères généraux de la nouvelle famille des Cabombées. (A. R.)

* CABOMBÉES. *Cabombeæ*. Dans son Analyse du fruit, le professeur Richard père a proposé d'établir sous ce nom une famille nouvelle parmi les Monocotylédonées, qui se composerait des genres *Cabomba* d'Aublet et *Hydropeltis* de Michaux. Voici les caractères que l'on peut donner de cette famille : calice à six divisions profondes, disposées sur deux rangs, persistant, et les trois divisions internes un peu plus grandes, colorées et pétaloïdes, et les trois externes plus courtes; les étamines varient de six à trente-six; leurs filets sont libres, subulés, insérés à la base du calice ou sous les ovaires; les anthères sont terminales et biloculaires. Le nombre des pistils varie de deux à dix-huit; ils sont dressés, allongés, rapprochés les uns contre les autres, au centre de la fleur. Leur ovaire est constamment à une seule loge qui contient deux ovules renversés, dont l'un est attaché au sommet ou près du sommet de la loge, et l'autre au milieu de sa hauteur; la partie supérieure de l'ovaire se termine par un prolongement filiforme ou style un peu recourbé en dehors, et qui est surmonté par un stigmate capitulé. Le fruit est indéhiscent; tantôt il contient deux graines, tantôt il n'en renferme qu'une par l'avortement de la seconde. La paroi du péricarpe s'applique immédiatement sur la surface externe de chaque graine, et forme une lame assez dure, qui constitue une sorte de petit noyau. Chaque graine contient sous son tégument propre ou épisperme, qui est mince et membraneux, une amande blanche composée d'un gros endosperme charnu ou farineux, au sommet duquel est creusée une petite fossette, dans laquelle est placé l'embryon. Celui-ci est fort petit, relativement à la masse de l'amande, il est ainsi appliqué sur l'endosperme; il offre une forme discoïde, c'est-à-dire qu'il est un peu plane ou en forme de clou. Son extrémité radiculaire est tournée en dehors et supérieure; son extrémité cotylédonaire est simple, indivise, et enfoncée dans la petite fossette. Fendu longitudinalement, il offre dans son intérieur une petite

gemmule conique ou très-obtuse.

Les Plantes qui constituent les deux genres dont cette famille se compose, sont herbacées, vivaces et se plaisent dans les eaux douces du Nouveau-Continent. Leurs feuilles, qui varient beaucoup, suivant qu'elles sont submergées ou étalées à la surface de l'eau, sont opposées dans le premier cas et découpées en lobes presque capillaires, alternes dans le second cas, entières et peltées. Les fleurs sont solitaires et portées sur des pédoncules assez longs, qui naissent à l'aisselle des feuilles supérieures.

La famille des Cabombées appartient évidemment au groupe des Monocotylédonées. Elle doit être placée près de la nouvelle famille des Saururées, dans laquelle viennent se ranger, avec le *Saururus*, les genres *Aponogeton* et *Hydrogeton*. Dans ces deux familles en effet, on observe la même forme et la même organisation dans l'ovaire, le fruit et l'embryon. Mais dans les Saururées, les fleurs sont nues et sans calice; les graines sont dressées, tandis que les fleurs ont un périanthe simple, et les graines sont pendantes dans les Cacombées. On observe encore une affinité assez grande entre notre famille, les Alismacées et les Butomées; mais l'absence de l'endosperme et la forme de l'embryon distinguent bien ces deux derniers ordres.

Nous avons déjà dit que De Candolle plaçait les Cabombées parmi les Dicotylédonées, et qu'il n'en formait qu'une section de ses Podophyllées. Mais nous pensons que cet illustre botaniste s'est laissé entraîner par des ressemblances extérieures plutôt que par la comparaison exacte des différens organes de ces Plantes. En effet, dans les Podophyllées, l'embryon est certainement à deux cotylédons; les fruits renferment un grand nombre de graines attachées à un trophosperme longitudinal qui est charnu et qui les recouvre en grande partie. Aussi pensons-nous que la nouvelle famille des Cabombées doit être placée à côté des Saururées dont elle se rapproche par l'organisation de sa graine, et des Alismacées et des Butomées dont elle offre les caractères dans la forme et la disposition de ses fleurs. (A. R.)

* CABOR. POIS. *V.* CABORGNE.

CABORGNE. POIS. L'un des noms vulgaires du *Cottus Gobio*, L. On l'appelle aussi Cabor en quelques lieux. (B.)

CABOT ET CABOTE. POIS. Syn. de *Gobius Schlosseri* et du *Trigla Hirundo*. On appelle aussi Cabot le *Mugil Cephalus*. (B.)

* CABOTZ. INTEST. Nom arabe de Tœnia. *V.* ce mot et BRAYERA (B.)

CABOUILL. BOT. PHAN. (Nicholson.) Syn. d'*Agave americana* aux Antilles. (B.)

CABOURE OU CABURE, et non *Cabare*. OIS. Espèce du genre Chouette, *Strix brasiliana*, L. du Brésil. *V.* CHOUETTE. (DR..Z.)

CABRA. MAM. Syn. espagnol et portugais de Chèvre. *V.* ce mot. On appelle le Chevreuil *Cabra de monte* ou Chèvre de bois. *V.* CERF. (B.)

CABRARAOU OU CABRARET. OIS. Syn. provençal de Chat-Huant. (DR..Z.)

CABRE. MAM. Du latin *Capra*. Nom de la Chèvre dans divers dialectes et patois de France. (B.)

CABRI. MAM. Même chose que Chevreau. *V.* CHÈVRE. (B.)

CABRIDOS. POIS. Nom vulgaire donné à Ténériffe à un Poisson indéterminé et dont la chair passe pour être délicieuse. (B.)

CABRIFÉ. MAM. Syn. provençal de Chevreuil. *V.* CERF. (B.)

* CABRIGGIA. POIS. Syn. de Grondin. *V.* TRIGLE. (B.)

CABRILLA. POIS. Syn. présumé de *Lutjanus lunulatus* et une espèce du genre Grammiste. *V.* ce mot. (B.)

CABRILLET. BOT. PHAN. *V*. EHRETIA.

* CABRITO. MAM. Le Chevreau en espagnol. *V*. CHÈVRE. (B.)

CABRITTA. BOT. PHAN. Même chose que Cabrillet *V*. EHRETIA.

CABROLLE. POIS. Syn. de Caranx glauque dans le midi de la France. (B.)

CABRON. MAM. Le Bouc en espagnol, dont par diminutif on a fait *Cabronsillo*, nom par lequel on désigne quelquefois le Chevreuil. (B.)

CABUGAO. BOT. PHAN. (Camelli.) Variété de Limon aux îles Philippines. (B.)

CABUJA. BOT. PHAN. Probablement l'*Agave americana* dans quelques cantons de l'Amérique méridionale. (B.)

CABUR. BOT. PHAN. Syn. de *Polygonum* à Java, où l'on appelle *Cabur-Cabur* le *P. orientale*, et *Cabur Muda* le *P. barbatum*. *Cabao* paraît être la même chose. (B.)

CABURE. OIS. *V*. CABOURE.

CABURÉ OU CABUREI. OIS. (Azzara.) Syn. présumé de Chouette à collier. (B.)

CABUREIBA ET CABUREICIBA. Arbre du Brésil, qui produit un suc balsamique qu'on suppose être le même que le ménisperme d'où provient le Baume du Pérou. (B.)

CABUS. BOT. PHAN. Variété du Chou. (B.)

CABUSSET. OIS. Syn. catalan de Castagneux, *Colymbus minor*, L. *V*. GRÈBE. (DR..Z.)

CABUWO. BOT. PHAN. Syn. de *Dioscorea bulbifera* à Ternate. (B.)

CACABUS. BOT. PHAN. Syn. de Belladone en Afrique. (A.D.J.)

CACACOLIN. OIS. (Hernandez.) Syn. du Cacolin, *Perdix mexicana*. *V*. PERDRIX, division des Cailles. (DR..Z.)

CAÇADORA. REPT. OPH. Ce nom donné comme synonyme de l'Aboma, espèce de Boa, ne signifierait-il pas simplement *Chasseresse* en espagnol? Probablement il n'indique pas une espèce déterminée d'Animal, mais simplement les Animaux qui, vivant de proie, emploient la ruse pour faire la chasse aux autres espèces? (B.)

CACAHAO OU CACAJAO. MAM. Nom de pays d'un Sakis, *Simia melanocephala* de Humboldt. *V*. SAPAJOU. (AD..NS.)

CACA-HENRIETTE. BOT. PHAN. Syn. de *Melastoma succosum* d'Aublet à Cayenne, où le fruit de cet Arbre se mange. (B.)

CACAHUATE. BOT. PHAN. Nom donné comme synonyme espagnol d'*Arachis hypogea*. (B.)

CACAHUETTE. BOT. PHAN. Ce nom peut être synonyme de Cacaoyer au Mexique, mais à coup sûr il ne peut l'être de l'Arachide dans le département des Landes, où cette Plante est maintenant inconnue, et n'a été introduite que momentanément, lorsqu'un ou deux agriculteurs essayèrent de l'y naturaliser. (B.)

CACAJAO OU CACAJO. MAM. *V*. CACAHAO.

CACALACA. BOT. PHAN. Syn. languedocien d'*Antirrhinum majus*. (B.)

CACALIANTHÈME. BOT. PHAN. (Dillen.) Syn. de *Cacalia Klenia*, L. (B.)

CACALIE. *Cacalia*. BOT. PHAN. Ce genre établi par Linné se rapporte à la famille des Synanthérées, section des Corymbifères, et à la Syngénésie égale. On lui donne pour caractères : un involucre cylindrique, oblong, simple ou muni de petites écailles à sa base ; tous ses fleurons tubuleux et hermaphrodites ; le réceptacle nu, et ses akènes aigrettés de poils simples, etc. Il constitue un groupe d'espèces dont la patrie est assez limitée pour chacune d'elles, mais le genre est répandu dans presque toutes les parties du monde. Quatre espèces seulement, *C. alpina*, *C. petasita*, *C. leucophylla*, D.C., et *C. Sarracenica*, habitent les

Alpes d'Europe, où elles sont fort remarquables par la largeur de leurs feuilles et leurs nombreux capitules de fleurs. Elles ont un port très-différent de celui des Cacalies étrangères; celles-ci offrent elles-mêmes beaucoup de disparates sous ce rapport, ce qui nous fait regarder le genre *Cacalia* comme peu naturel. Il renferme des Herbes et des Arbrisseaux dont les feuilles ne sont jamais opposées comme dans les Eupatoires avec lesquels nos Cacalies européennes ont de la ressemblance. L'absence des demi-fleurons les fait distinguer des Seneçons et des Cinéraires, et toutes leurs fleurs hermaphrodites les séparent des Tussilages. On cultive pour ornement dans les jardins une jolie espèce originaire de l'Inde, la Cacalie à feuilles de Laitron, *Cacalia sonchifolia*, Willd., dont les fleurs, quoique petites, produisent un bel effet, à cause de leur vive couleur de sang. Le *Cacalia Klenia*, qui a l'aspect d'un Euphorbe arborescent, est aussi cultivé dans nos serres. Cette Plante couvre les rochers arides des îles Canaries. Henri Cassini fait des *Cacalia alpina*, *C. leucophylla* et *C. albifrons*, un genre qu'il nomme *Adenostyles*. *V.* ce mot. Le *Cacalia sagittata* est pour lui le type d'un genre nouveau qu'il nomme *Emilia*. *V.* ÉMILIE. (A. R.)

CACALOA ET CORDUMENI. BOT. PHAN. Noms par lesquels les Maures désignent le Cardamome, *Amomum Cardamomum*, L. (B.)

CACALOTE ET CACALOTI. OIS. *V.* CACALOTL.

CACALOTL. OIS. (Hernandez.) Syn. de *Corvus Corax*. C'est par erreur, est-il dit dans le Dictionnaire de Levrault, que ce nom est écrit Cacalote et Cacaloti dans Buffon et dans Ray, où Vieillot l'a pris. (DR..Z.)

CACALOTOTL. OIS. (Hernandez.) Syn. de l'Ani des savannes, *Crotophaga Ani*, L. au Mexique. *V.* ANI. (DR..Z.)

CACAMUSSU OU CACATULY. BOT. PHAN. Syn. malabar de *Pedalium Murex*. *V.* PÉDALIE. (B.)

CACANOCHTLI. BOT. PHAN. Espèce indéterminée de Cactier en Amérique. (B.)

CACANUM. BOT. PHAN. (Galien selon Daléchamp.) Syn. de Cacalie. (B.)

CACAO. BOT. PHAN. Fruit du Cacaoyer. *V.* ce mot.

On appelle à la Guiane Cacao sauvage le *Theobroma guianensis* qui est un véritable Cacaoyer, et le *Puchira aquatica* d'Aublet. (B.)

CACAOUY. OIS. (Denys. Hist. de de l'Amér. sept.) Cet Oiseau n'est connu que par ce qu'on dit de son ramage qui lui a mérité le nom vulgaire par lequel on le désigne. (B.)

CACAO-WALKE. OIS. Syn. de Corneille à la Jamaïque. (DR..Z.)

CACAOYER. *Theobroma*. BOT. PHAN. Placé d'abord dans la famille des Malvacées de Jussieu, ce genre de Plantes fait aujourd'hui partie de la nouvelle famille des Byttnériacées, et se reconnaît aux caractères suivans: les fleurs sont réunies par petits faisceaux qui naissent un peu au-dessus de chacune des feuilles. Leur calice est caduc, à cinq divisions très-profondes, étalées et souvent colorées. La corolle se compose de cinq pétales qui sont attachés à la base du tube staminifère ou androphore. Ils sont dressés, élargis et concaves dans leur tiers inférieur, minces et linéaires dans leur tiers moyen, élargis de nouveau et concaves dans leur partie supérieure par laquelle ils convergent tous trois vers le centre de la fleur. Les étamines sont monadelphes et forment un tube divisé dans ses deux tiers supérieurs, en dix lanières; cinq plus longues, privées d'anthères; cinq alternes, plus courtes, portant à leur sommet une anthère didyme et comme à quatre lobes, qui est reçue dans la partie supérieure et concave de chaque pétale. L'ovaire est ovoïde, tomenteux, à dix stries longitudinales; il offre cinq loges, dans chacune desquelles on trouve huit ou dix ovules insérés vers leur angle interne, le style plus long que l'ovaire est partagé, à son sommet, en cinq divisions courtes, qui portent chacune un stigmate capitulé à leur sommet.

Le fruit est une capsule ovoïde, terminée en pointe à son sommet; elle est longue de six à huit pouces, portée sur un pédoncule court; sa surface est mamelonée et à dix côtes longitudinales, séparées par autant de sillons; sa couleur est jaune ou d'un beau rouge écarlate, selon les variétés. Ses parois sont épaisses. A l'époque de la maturité, les cloisons ont disparu, et la capsule paraît uniloculaire. Les graines, qui sont de la grosseur d'une petite Fève, sont environnées d'une partie charnue que l'on a désignée sous le nom d'arille.

Le Cacaoyer, *Theobroma Cacao*, L., est un Arbre originaire du Nouveau-Monde. Il aime de préférence les vallées chaudes et humides. On le cultive dans les Antilles, aux îles de France et de Mascareigne. Ses feuilles sont alternes, très-entières, acuminées, lisses, longues de huit à dix pouces, larges de trois ou quatre; la base de leur pétiole, qui est très-court, est accompagnée de deux stipules subulées.

Les graines du Cacaoyer sont, depuis deux siècles, un objet de culture et de commerce considérable pour les habitans de l'Amérique et des colonies françaises. C'est d'elles que l'on obtient une huile concrète, douce et sans odeur, connue sous le nom de Beurre de Cacao; c'est avec leur substance finement broyée qu'on fabrique le Chocolat. Long-temps avant l'invention de cet aliment, les Mexicains employaient le Cacao délayé dans l'eau chaude, assaisonné avec des Épices et coloré par le Rocou, comme un breuvage qui leur paraissait agréable. Le Chocolat, que tout le monde sait aujourd'hui être fait avec le Cacao, le Sucre et divers Aromates, tels que la Vanille et la Canelle, est d'autant meilleur qu'il a été réduit en pâte plus fine et plus homogène; il tire aussi ses différences de la diversité des qualités de Cacao répandues dans le commerce, qualités qui paraissent dépendre du mode de culture, des soins qu'on prend à la dessiccation et au triage des grains, mais principalement de l'exposition et de la fécondité du sol; car c'est toujours la même espèce qui fournit le Cacao Caraque, le C. Berbiche, le C. des îles et le C. de Surinam. Le premier croît sur la côte de Caracas; il est plus onctueux et plus amer que les autres sortes, et notamment que le Cacao des îles; on le lui préfère en France et en Espagne, tandis que les peuples du Nord sont d'un goût opposé. Le Cacao des îles, qui se distingue en gros et petit, a l'écorce plus épaisse et l'amande plus comprimée; il nous vient des Antilles. On appelle Chocolat de Santé celui qui est préparé sans Aromates; cette pâte simple est pourtant plus difficile à digérer que celle faite avec addition de Canelle et de Vanille. Les propriétés analeptiques du Chocolat sont tellement connues et tellement en crédit, que nous nous croyons dispensés d'énumérer les raisons et les preuves en leur faveur; cependant on les a peut-être trop souvent exagérées, et nous ne craignons pas d'affirmer que le Chocolat nourrit à la manière des fécules amilacées, et que son action nutritive est seulement augmentée ou facilitée par l'huile fixe et le principe amer et légèrement odorant qu'il renferme.

Quant aux autres produits du Cacao, nous avons déjà mentionné le Beurre ou l'Huile concrète de Cacao. Elle est blanche et un peu jaunâtre, d'une consistance analogue au suif de mouton (avec lequel on la falsifie sans qu'il soit bien possible de constater la fraude), et d'une saveur douce, fraîche et agréable. Saponifiable par la soude, donnant, en brûlant, une grande clarté, elle pourrait être employée avec succès dans les arts économiques, si son prix trop élevé ne s'y opposait pas. La pharmacie seule en fait usage comme pommade, soit simple soit composée; c'est en effet la substance la plus adoucissante que l'on puisse employer contre les brûlures, les gerçures des mamelles, les hémorroïdes, etc.

Nous ne dirons qu'un mot de l'arille pulpeuse et sucrée contenue dans le fruit du Cacaoyer. Les habitans des colonies et surtout les Nègres la sucent avec délices pour étancher leur soif, et de cette manière ils détruisent une assez grande quantité de fruits. (A. R.)

CACAPALAM. BOT. PHAN. Et non *Cacapalami* (Rhéede, *Malab.* T. VIII, tab. 4). Espèce de Concombre de la côte de Malabar. (A. R.)

CACAPIPILOL. BOT. PHAN. Syn. de *Lonicera sempervirens* au Mexique. *V.* CHÈVREFEUIL. (B.)

CACAPU. BOT. PHAN. Syn. de *Torenia asiaticum* à la côte de Malabar. (B.)

CACAPUZZA. BOT. PHAN. (Daléchamp.) Syn. d'*Euphorbia Lathyris* en Lombardie. (B.)

CACARA. BOT. PHAN. Nom indien de diverses espèces de Légumineuses appartenant au genre Dolic. *V.* ce mot. (A. R.)

CACARACARA. BOT. PHAN. Syn. de Cabrillet. *V.* EHRETIA. (B.)

CACASTOL. OIS. (Buff.) Espèce du genre Étourneau, *Sturnus mexicanus*, L. *V.* ETOURNEAU. (DR..Z.)

CACATIN. BOT. PHAN. Espèce du genre Mélastome, à laquelle Aublet a consacré le nom qu'on lui donne dans le pays. On y appelle encore ainsi le *Fagara Pentandra*. (B.)

CACATOÈS. OIS. (Duméril.) Genre de la famille des Cénoramphes de la Zoologie analytique; ses principaux caractères sont : le bec gros à la base, crochu; les joues emplumées; une huppe. Les Cacatoès font partie des Perroquets, suivant la Méthode de Temminck. *V.* PERROQUET. (DR..Z.)

CACATOÈS OU KAKATOE. POIS. Nom vulgaire d'une espèce du genre Scare. (B.)

CACATOTOLT. OIS. Vrai nom de pays dont on a formé par contraction celui du Gros-Bec Catotol, *Fringilla Catotol*, L. Oiseau du Mexique. *V.* GROS-BEC. (B.)

CACATOUA, CAKATO, CAKATOU OU CATACOUA. OIS. Syn. de Kakatoès. *V.* PERROQUET. (DR..Z.)

CACATREPPOLA. BOT. PHAN. (Cœsalpin.) Quelquefois *Cacatræpole*. Syn. de *Centaurea solsticialis*. (B.)

CACATUA, CACATOU, KAKATOU. OIS. Syn. de Kakatoès. *V.* ce mot et PERROQUET. (DR..Z.)

CACATULI. BOT. PHAN. *V.* CACAMUSSU.

CACATUNFULI. BOT. CRYPT. Leman indique ce nom employé en Sicile comme synonyme d'*Endacinus tinctorius*, Champignon mangeable. (AD. B.)

CACAVATE. BOT. PHAN. L'un des noms indiens du Cacao. *V.* CACAOYER. (B.)

CAÇAVI. BOT. PHAN. Même chose que Cassave. *V.* ce mot. (B.)

CACAVIA. BOT. PHAN. (Belon.) Syn. de *Celtis australis*, L. Vulgairement Micocoulier. *V.* CELTIS. (B.)

CACERAS. BOT. PHAN. Nom donné comme synonyme de *Cyperus esculentus*, et qui désigne effectivement une espèce du même genre dont les racines produisent des bulbes mangeables. *V.* SOUCHET. (B.)

CACHA. BOT. PHAN. Les Lettres édifiantes (T. XIV, p. 222, de l'édit. de 1782) font mention sous ce nom d'un Arbre à fleurs bleues, à feuilles de Laurier, aromatique, employé dans la teinture, et croissant aux Grandes-Indes. On ne sait ce que ce peut être. (B.)

CACHALON. MIN. Nom donné par Patrin comme synoyme de Calcédoine. *V.* ce mot. (LUC.)

CACHALOT. *Physeter*. MAM. Genre de Cétacés caractérisé extérieurement par l'étroitesse et l'allongement de la mâchoire inférieure, dont les deux branches, transversalement comprimées, sont, dans leurs trois quarts antérieurs, juxtaposées l'une à l'autre par une véritable symphise; par l'insertion sur cette mâchoire de dents coniques ou cylindriques, emboîtées dans des trous correspondans de la mâchoire supérieure qui manque de dents et de fanons, et par l'ouverture unique de ses évens sur le bord d'un énorme mufle à peu près cylindrique. Mais les Cachalots se distinguent encore plus des autres Cétacés par leur structure intérieure. Leur crâne, comprimé d'avant en arrière, est débordé en haut par les prolongemens lamelleux, des maxillaires dans le premier sens, et de l'occipital dans l'autre. Il en résulte que le frontal, qui, dans les autres Cétacés, déborde les autres os comme un bandeau, suivant l'expression de Cuvier, cesse d'être ici visible à l'extérieur. Ces prolongemens lamelleux des maxillaires et de l'occipital, adossés l'un à l'autre au-dessus du crâne, prolongent réellement la face jusqu'à la nuque. La tête étant vue de profil, et reposant sur sa face inférieure, l'occipital s'élève en un plan vertical à une hauteur telle que la distance de son bord supérieur au trou occipital représente les trois cinquièmes de la hauteur totale du crâne. D'autre part, le bord externe du maxillaire, relevé progressivement en forme de coquille, depuis sa pointe jusqu'à l'intervalle des orbites, se redresse si brusquement en arrière de cette ligne, qu'il atteint jusqu'au niveau du bord supérieur de l'occipital sur la face antérieure duquel il se contourne intérieurement. Cette continuité des bords libres de l'occipital et des deux maxillaires décrit une courbe elliptique, tronquée en avant au moment de se fermer presque angulairement, et dont le plan est incliné dans cette dernière direction. Cette courbe dessine l'aire d'une vaste cale, dont la profondeur sur le squelette décroît d'arrière en avant, et qui atteint jusqu'à six pieds de hauteur, au-dessus de la voûte de la boîte cérébrale. Vue par en haut, cette cale a pour parois, dans toute sa longueur, qui est aussi celle de la tête, latéralement les maxillaires, et sur la ligne médiane les intermaxillaires, dont le droit, tournant et surmontant les os du nez ou plutôt leur place, se relève au devant du frontal qu'il double en avant avec les maxillaires, et parvient même à s'adosser à la lame verticale de l'occipital dont il atteint le bord supérieur. La boîte cérébrale est principalement formée par l'occipital en arrière, et l'ethmoïde en avant. Les frontaux, les pariétaux, les temporaux n'y contribuent que par des bords étroits, dans le sens vertical; aussi est-elle plus petite proportionnellement que dans les Baleines. Sur un crâne de dix-huit pieds et demi, figuré par Camper (pl. 17, Observ. anat. sur les Cétac.) la profondeur de cette boîte n'avait que sept pouces; sa largeur douze, et sa hauteur neuf. L'on voit donc que la boîte cérébrale n'a aucune communication avec la grande cale, sous l'extrémité postérieure de laquelle elle est située, et avec laquelle on l'avait confondue. Le canal osseux du nerf optique, pris de dehors en dedans sur le frontal, puis sur le maxillaire en haut, et le frontal en bas; puis encore sur le frontal en haut, et le sphénoïde en bas, est plus étroit et plus long que dans les Baleines; en outre il se relève en dehors. Ces deux dernières dispositions résultent de la projection en haut et en avant du frontal qui n'est, pour ainsi dire, représenté dans les Cachalots que par son apophyse orbitaire. Les canaux osseux des évens, verticaux et fort courts, sont déjetés à gauche, l'un devant l'autre, et de grandeur fort inégale; le gauche est le plus grand. Tout le crâne participe à cette distorsion qui paraît s'être faite sur l'axe de droite à gauche et de bas en haut. Aussi avons-nous fait remarquer plus haut que l'intermaxillaire droit seulement double la paroi verticale du fond de la cale. L'intermaxillaire gauche se termine sur le bord antérieur de l'évent correspondant. Les apophyses zygomatiques sont ici fort grandes, plus écartées, plus reculées, et ensuite plus arquées en avant que dans les Baleines. Il en résulte une plus grande amplitude du pharynx, et la possibilité d'engloutir des proies plus volumineuses. Aussi Anderson rapporte qu'on a trouvé dans l'estomac de Cachalots des carcasses et des Poissons entiers de six à huit et dix pieds de longueur. La face inférieure du crâne, qu'au premier coup-d'œil on est tenté de prendre pour la supérieure, représente une carène renversée. Les engrenures gencivales des dents de la mâchoire inférieure se projettent sur la ligne articulaire du bord du maxillaire aminci avec l'intermaxillaire. Il est donc évident qu'il ne peut y avoir d'alvéole, et par conséquent de dents à la mâchoire supérieure. Toute la cale épicrânienne, sur les bords osseux de laquelle s'insère une espèce de tente fibro-cartilagineuse qui en forme une longue cavité cylindrique, est remplie d'une matière adipocireuse, nommée *Sperma-céti*. Cette tente fibro-cartilagineuse, dont l'élasticité est telle, qu'elle est impénétrable au harpon, est recouverte par une membrane noire, où rampent de très-gros nerfs, d'après Col net, et sur laquelle s'étend une couche de graisse sous-cutanée, d'un décimètre d'épaisseur. La grande cavité cylindrique est divisée en deux étages par une cloison membraneuse, transversale, qui paraît tendue d'un bord à l'autre des maxillaires, et par conséquent redressée en arrière, où, d'après plusieurs indications, l'étage inférieur aurait toute la hauteur des parois osseuses. L'étage supérieur, appelé *klapmutz* ou bonnet par les Hollandais, contient l'adipocire le plus précieux, cloisonné dans des cellules à parois membraneuses, maillées comme un gros crêpe. Dans l'étage inférieur, les cellules de l'adipocire, distribuées comme celles d'une ruche, ont pour paroi une membrane semblable à celle du blanc de l'œuf. Les pêcheurs cités par Anderson disent qu'à mesure que l'on vide l'étage inférieur, il se remplit de nouveau par le reflux de l'adipocire venant de tout le corps où le distribuent les ramifications d'un long canal qui, à son embouchure dans cet étage, est gros comme la cuisse d'un homme. Cette communication, si elle existe, vu l'imperforation de la muraille occipito-maxillaire dans toute sa hauteur, ne peut avoir lieu que très-près de la peau, et le canal en question doit être alors à peu près sous-cutané. Il est inutile de dire, d'après la description du crâne, qu'il n'y a aucune communication entre la grande cale épicrânienne et le cerveau, et qu'il ne peut y en avoir non plus entre le canal en question et celui du rachis. C'est d'une extrémité à l'autre de cet immense solide d'adipocire, qu'un canal unique, selon quelques auteurs, double suivant quelques autres, s'étend obliquement jusqu'au bord supérieur du mufle où il s'ouvre par un seul orifice déjeté à gauche de la ligne médiane. Ce canal est celui de l'évent. Le corps de l'ethmoïde est tout-à-fait imperforé ; il n'y a donc pas de nerf olfactif, et partant d'odorat ; il n'y a pas non plus de séparation par une lame transversale du canal de l'évent en deux étages, l'un pour l'air et l'autre pour l'eau, cette séparation n'étant relative qu'à l'existence de l'odorat. Le prolongement orbitaire du frontal étant redressé, au lieu d'être incliné comme dans les Baleines, donne à l'œil des Cachalots une situation bien plus élevée au-dessus de la fente de la bouche que dans les autres Cétacés ; il est à égale distance à peu près de la nageoire, de la commissure des lèvres et du sommet de la tête. On n'a d'ailleurs aucun renseignement sur le degré de force de leur vue, que l'on peut toutefois présumer assez faible par la longueur et le petit calibre du canal optique. Suivant Camper (ouv. cité), les fosses temporales seraient plus longues dans les Cachalots que dans les Baleines. Les muscles élévateurs de la mâchoire gagneraient une énergie proportionnée à l'étendue de leur surface d'insertion et à la distance de cette insertion au centre du mouvement. Il est évident au contraire que la fosse temporale, ou, ce qui revient au même, les surfaces osseuses, où s'insèrent les temporaux maxillaires, sont moindres dans les Cachalots que les Baleines; réduction d'espace et de forces musculaires qui est en rapport avec la réduction du lévier à mouvoir, car la mâchoire est moins longue et dix fois moins large et plus légère que dans les Baleines. A la région cervicale il n'y a que l'atlas de libre; il n'y a pas de trou à son arc supérieur pour le passage de l'artère vertébrale, le bord postérieur en est seulement légèrement échancré; les six autres vertèbres cervicales sont soudées.

Le squelette du Muséum est monté avec quatorze côtes et cinquante-cinq vertèbres. Il y a des os en V, attribut des vertèbres caudales, depuis la trente-sixième jusqu'à la quarante-neuvième. Les dernières vertèbres de forme à peu près cubique servent d'axe à la première moitié de la longueur de la queue, mais n'envoient aucun rayon osseux pour en tendre les lobes. Anderson a trouvé ces lobes formés d'un épiderme ou surpeau doux au toucher comme du velours, et d'un derme moins épais que celui de la Baleine franche, mais rugueux et fort tendineux par sa face interne. Il dit que l'on a aussi extrait de l'adipocire de l'extrémité de ces lobes, circonstance qui confirmerait les ramifications du grand vaisseau dorsal par tout le corps.

L'on ignore la structure des organes digestifs. Mais, d'après la loi des coexistences de formes si bien établie par Cuvier, la présence des dents nécessite le raccourcissement du canal intestinal, et tout le mécanisme ainsi que les habitudes de la carnivorité.

L'Ambre gris paraît être le résidu d'une sécrétion morbide du Cachalot. On le trouve nageant par masses dans une sorte de bouillie de couleur orange foncée ou même rouge. Cette bouillie se trouve aussi, avons-nous dit, dans quelques Baleines: les débris de mâchoires de Céphalopodes, que l'on trouve souvent dans ces masses, annoncent que ces Mollusques sont une des proies du Cachalot. Le capitaine Hammat, dans ses notes remises à Freycinet sur la pêche des Cachalots, et dont Quoy nous a communiqué la substance, a constaté que le Cachalot de l'archipel Asiatique vit principalement de Seiches qui se trouvent sur des fonds de quatre-vingts à quatre-vingt-dix brasses, où les prennent aussi les pêcheurs baleiniers. Quoy, ayant trouvé sur les rivages de cet archipel une multitude de coquilles vides et roulées de Nautiles, présume que leurs Animaux servent aussi à la nourriture du Cachalot. D'ailleurs l'Ambre gris ne se trouve que rarement: l'on fait quelquefois deux et trois chargemens sans en rencontrer.

D'après Lacépède, l'œil du Cachalot s'ouvre au sommet d'une éminence assez saillante sur la tête, pour que le museau n'intercepte pas les rayons visuels vers les objets situés en avant du Cachalot, pourvu que ces objets soient un peu éloignés, et Colnet dit que l'Animal poursuit sa proie sans être obligé d'incliner sa tête sur sa ligne de projection. Or, sur une espèce nouvelle que nous indiquerons plus bas, observée et pêchée aux Moluques par le capitaine Hammat, du vaisseau l'*Océan*, de Londres, la situation des yeux, au fond d'une dépression, ne permet qu'une direction latérale aux rayons visuels. Cette circonstance est un des caractères décisifs sur lesquels cette espèce sera établie comme nouvelle.

D'après Humboldt et Quoy, les Cachalots habitent de préférence la partie équatoriale du Grand-Océan. C'est aussi sous la même zône qu'on les trouve plus communément dans l'océan Atlantique. Or cette zône n'est fréquentée qu'accidentellement par quelques petites espèces de Baleines. Les grandes ne s'en approchent même pas. Les pêches des Américains et des Anglais, d'abord établies sur les côtes du Chili et du Bas-Pérou, n'étaient que peu productives. Depuis 1788, on en fait des chasses bien destructives, du golfe de Bagonna jusqu'au cap San-Lucar, et surtout aux îles Gallapagos, par cinq degrés sud. Cet archipel paraît être leur rendez-vous d'amour au printemps. Mais, en général, depuis le Pérou jusqu'au golfe de Californie, on les trouve sur une bande de quinze à vingt lieues de largeur. La mer est d'une très-grande profondeur sur ces côtes comme sur les côtes occidentales d'Afrique, où l'on en rencontre aussi beaucoup, tandis qu'au contraire il ne s'y trouve pas de Baleines. Ce n'est pas seulement à cause de la latitude que celles-ci s'en éloignent, c'est aussi parce qu'elles préfèrent les bas-fonds. Les pêcheries de Baleines sur les côtes de Rio-Janeiro et de Saint-Paul étaient assez abondantes, mais l'espèce que l'on y trouve, et qui est encore inédite, est l'une des plus petites, et paraît à peine supérieure au Museau-Pointu boréal. A partir du golfe de Californie au nord, on ne trouve plus de Cachalots, mais des Baleines. Cependant, à une latitude encore plus boréale, Van Couver en a rencontré des troupes par 36 et 37 degrés.

D'après la situation équatoriale des parages où sont établies les pêches de Cachalots, et l'indication des latitudes où les navigateurs en ont rencontré davantage, les Cachalots sont donc les Cétacés des mers intertropicales, comme les Baleines sont les Cétacés des mers extérieures aux tropiques.

Les Cachalots restent plus long-temps sous l'eau que les Baleines. Leurs jets d'eau, obliquement dirigés en avant, sont aussi plus fréquens et plus élevés. Ces jets d'eau ne répondent donc pas au temps de la respiration, puisque la fréquence de ceux-ci est en raison inverse. On reconnaît de loin les Cachalots à la gerbe de pluie qu'ils projettent et au bruit de son explosion.

Dans ce genre, les femelles sont constamment plus petites que les mâles. La différence irait jusqu'aux trois quarts d'après Humbold. D'après Quoy et Hammat, la disproportion serait moindre. Plus nombreuses que les mâles, elles voyagent en troupes conduites par deux ou trois de ceux-ci. Leurs guides décrivent continuellement des cercles autour de la troupe, sans doute pour rallier celles qui s'écarteraient. Les jeunes femelles nagent si près l'une de l'autre, qu'elles sortent souvent de l'eau à mi-corps.

D'après Quoy, la tête d'un Cachalot des Moluques, de soixante-quatre pieds de long, donne vingt-quatre barils de sperma-céti, à cent vingt-quatre pintes le baril, et jusqu'à cent barils d'huile. Les femelles ne donnent pas au-delà de dix-huit ou vingt barils de sperma-céti. Sur les côtes de la Nouvelle-Zélande, les produits sont plus grands, vu la taille supérieure des Cachalots.

On avait exagéré la grandeur de la tête des Cachalots : on l'évaluait entre le tiers et le quart de la longueur de l'Animal, et l'on avait fait de cette proportion un caractère générique.

Les espèces de Cachalots sont encore moins bien déterminées que celles des Baleines : il en existe six dans l'Encyclopédie méthodique. Ces mêmes espèces ont été distribuées par Lacépède en trois genres : 1° les Cachalots proprement dits, 2° les Physales, qui n'en diffèrent que par l'éloignement de l'orifice de l'évent relativement à l'extrémité du mufle ; 3° les Physetères, qui sont des Cachalots avec une nageoire dorsale.

Cuvier (Règ. Anim.) regardant comme douteux le Cachalot cylindrique, qui n'a de fondement qu'une mauvaise figure d'Anderson, a supprimé le genre Physale.

† Cachalot, *Catodon*, Lacép. Pas de nageoire dorsale, évent sur le bord du mufle.

1 Le grand Cachalot, *Physeter macrocephalus* de Shaw et de Bonna-

terre. Schreber, pl. 337, A le mâle, B la femelle. Encycl. pl. 6, fig. 1; et pl. 7, fig. 2. Lacép. pl. 10, fig. 1. —La mâchoire inférieure, plus courte de trois pieds que celle d'en haut, a de chaque côté vingt ou vingt-trois dents (variations que l'âge porterait jusqu'à trente d'après quelques auteurs). Ces dents sont coniques et un peu recourbées en arrière. Il n'y en a que quatre ou cinq de chaque côté derrière la symphise, tout le long de laquelle la mâchoire n'a que onze ou douze pouces de largeur, tandis que la supérieure n'a pas moins de cinq pieds dans cette dimension. L'œil saillant sur une éminence peut découvrir en avant les objets un peu éloignés. Une dépression légère, étendue de chaque côté de la tête vers la nageoire pectorale, marque la nuque. La queue très-mobile est bilobée. Anderson a mesuré celle d'un individu d'à peu près soixante-dix pieds de long. Elle avait huit pieds transversalement, et cinq pieds huit pouces d'avant en arrière. Une sorte de semelle, tronquée verticalement du côté de la queue, répond au-dessus de l'anus. La verge du mâle est retirée dans un fourreau. Les mamelles de la femelle sont cachées dans un sillon latéral à la vulve. « Cette espèce, dit Cuvier, est répandue dans beaucoup de mers, si c'est elle qui fournit, comme on le dit, tout le sperma-céti et l'Ambre gris du commerce; car on tire ces substances du Nord et du Midi. » On a pris de ces Cachalots sans nageoire jusque dans la mer Adriatique. C'est le Bardhvalir des anciens Norwégiens.

2. CACHALOT TRUMPO, *Catodon macrocephalus*, variét. B de l'Encycl., pl. 10, f. 2. Le même que le *Physeter gibbosus* de Shcreb. pl. 338. B. Cuvier ne voit aucune différence suffisante entre le précédent et celui-ci. La pl. 338 de Schreb. figure, sous le même nom de *Physeter gibbosus* de Pennant, un Cachalot mâle qui diffère sensiblement, pour la figure, de celui pl. 338. B., représentant une femelle, et copiée dans l'Encyclopédie et Lacép. La fig. 338 représenterait-elle une espèce distincte?

3. PETIT CACHALOT, *Physeter Catodon*, L. « On ne cite, outre la taille, dit Cuvier, d'autre différence que des dents plus aiguës, ce qui peut tenir à l'âge. »

4. CACHALOT AUSTRALASIEN, *Physeter australasianus*, Quoy (Voy. de Freycinet, Atlas, pl. de zool.). Le capitaine Benj. Hammat de Londres a, d'après un grand nombre d'individus de cette espèce répandue dans l'Océanique, dessiné la figure gravée dans l'Atlas de Freycinet. Cette espèce est caractérisée par une rangée continue de bosselures de la nuque à la queue. La plus volumineuse répond au-dessus de l'anus. Quatre moins saillantes sont en avant et quatre autres en arrière. Dans les autres Cachalots, l'œil répond au sommet d'un triangle dont la base serait une ligne étendue de la nageoire à la commissure des lèvres. Dans le *Physeter australasianus*, le bord inférieur de l'œil touche à cette ligne. En outre, il est au fond d'un creux d'où il ne peut voir que de côté. La forme de cet œil est oblongue et non circulaire comme dans les autres espèces.

Le *Physeter australasianus* est nombreux dans les Moluques et les archipels à l'est. Quoy dit qu'il est plus grand dans les parages de la Nouvelle-Zélande.

†† PHYSETER, Cachalots avec une nageoire dorsale.

Le *Physeter macrocephalus*, Lin. *Phys. cylindricus*, Bonn., Encycl. pl. 7, fig. 1, Lacép., 9, fig. 3; type du genre *Physalus* de Lacép., aurait un bon caractère dans la position reculée de son évent; mais il ne repose que sur la mauvaise figure d'Anderson (Hist. nat. du Groenland, T. II, pl. 4, p. 168). La grandeur de l'œil longuement fendu en amande dans la figure donnée par cet auteur est évidemment imaginaire.

5. PHYSETER MICROPS, Schreb., pl. 339 (c'est plutôt un Dauphin), ou Cachalot à dents en faucille, ne diffé-

rant que par la courbure de ses dents.

6. PHYSETER TURSIO ou MULLAR, dont les dents seraient droites et à sommet obtus.

7. Le CACHALOT SILLONNÉ, *Physeter sulcatus*, Lacép. Mém. du Muséum, T. IV, caractérisé d'après des peintures chinoises déjà citées, par des dents pointues et droites, des sillons inclinés de chaque côté de la mâchoire inférieure, la nageoire dorsale conique recourbée en arrière et située au-dessus des pectorales qu'elle égale en longueur.

Dans les ouvrages de zoologie, tous ces Cachalots passent pour être des mers boréales ou même polaires. Or, on n'en a jamais fait de pêches régulières sous ces latitudes; c'est dans les mers équatoriales seulement que ces pêches sont établies, et que sont les rendez-vous d'amour des Cachalots. Humboldt le premier (Essais Polit. sur la Nouv.-Esp.) a insisté sur cette circonstance pour les côtes du Pérou et les îles Gallopagos. A l'autre extrémité de l'océan Pacifique, le Cachalot bosselé est assez abondant pour que l'on en fasse des pêches régulières. Nous pensons donc que les Cachalots pris accidentellement ou échoués près des pôles étaient égarés, et que la patrie de ce genre est dans les mers inter-tropicales. (A. D..NS.)

CACHALOU ou CACHULOT. BOT. PHAN. Syn. caraïbe de *Sylphium trilobatum*. (B.)

CACHANG-CORNIG. BOT. PHAN. Légumineuse indéterminée de Ceylan, qui passe pour un excellent fourrage. (B.)

CACHANG-PARANG. BOT. PHAN. Nom de pays d'une Plante dont les graines sont rouges, les gousses fort grandes, et qui peut être le *Mimosa scandens*. (B.)

* CACHAS, CHALKAS ET CHALKILIS. BOT. PHAN. Le *Chrysanthemum leucanthemum* dans Dioscoride selon Adanson. (B.)

* CACHE. POIS. Syn. de Molubar, espèce de Raie. *V.* ce mot. (B.)

CACHEN-LAGUEN, CACHIN-LAGUA, CANCHA-LAGUA ET CHANCE-LAGUA. BOT. PHAN. Syn. de *Chironia chilensis*, Plante employée dans son pays natal comme médicinale. (B.)

CACHERÉE. BOT. PHAN. Syn. d'*Hibiscus Sabdariffa* à Pondichéry. (B.)

CACHEVEAU. OIS. Syn. vulgaire de Plongeon. (DR..Z.)

CACHI. BOT. PHAN. (Daléchamp.) Une espèce de Jacquier, probablement l'*Artocarpus integrifolius*. (B.)

CACHIBOU. BOT. PHAN. Syn. de *Maranta lutea*, Lamk. à la Guiane. Même chose que Bihai selon Adanson. (B.)

CACHICAME. MAM. *V.* TATOU.

CACHIMA, CACHIMENT ET CACHIMENTIER. BOT. PHAN. *V.* COROSSOL. On appelle particulièrement CACHIMENT l'*Anona muricata*. (B.)

CACHIN-LAGUA. BOT. PHAN. *V.* CACHEN-LAGUEN. (B.)

CACHIRI. BOT. PHAN. *V.* CASSAVE. (B.)

CACHIVE. POIS. Syn. de Mormyre anguilloïde. (B.)

CACHLA, CACLA ou KAKLA. BOT. PHAN. (Dioscoride.) Syn. de Chrysanthème ou d'Anthémide. *V.* ces mots. (A. R.)

CACHOLA. BOT. PHAN. Syn. de *Cachrys Libanotis*, L. (B.)

CACHOLONG. MIN. Syn. kalmouck de Calcédoine. (LUC.)

CACHONDÉ. BOT. PHAN. Syn. de Cachou. (B.)

CACHOOBONG. BOT. PHAN. Syn. de *Datura fastuosa*. (B.)

CACHORRO-DOMATO. MAM. Syn. portugais au Brésil de Sarigue. (A. D..NS.)

CACHOS. BOT. PHAN. (Hernandez.) Syn. présumé de *Solanum Lycopersicum*. (B.)

CACHOU. BOT. PHAN. Cette substance, composée d'une grande quantité de tannin uni à du mucilage et à une matière extractive, est regardée comme le suc épaissi du *Mimosa Cathecu*, L., Arbre qui croît dans l'Inde. Le Cachou est solide, friable, brun et amer. On l'emploie en médecine comme astringent, et il fait la base de plusieurs préparations pharmaceutiques. (DR..Z.)

CACHOUL. BOT. PHAN. (Feuillée.) Véronique imparfaitement connue de l'Amérique méridionale. (B.)

CACHRYDE. *Cachrys*, L. BOT. PHAN. Genre de la famille des Ombellifères et de la Pentandrie Digynie, ainsi caractérisée : calice entier; pétales lancéolés, égaux et courbés à leur sommet; fruit très-gros, ovoïde, cylindrique, anguleux, velu dans les espèces étrangères, mais lisse dans une Plante indigène de France, muni d'une écorce épaisse et d'une consistance fongueuse; fleurs jaunes; ombelles et ombellules ayant beaucoup de rayons et des collerettes à plusieurs folioles simples ou pinnatifides. A l'exception de la Cachryde à fruits lisses, *Cachrys lævigata*, Lamk., que l'on trouve près de Montpellier et en Provence, les espèces de ce genre habitent la Sibérie, la partie orientale et méridionale de l'Europe et les côtes septentrionales de l'Afrique. De même que la plupart des autres ombellifères, elles ont des vaisseaux propres qui contiennent une huile volatile et un suc gommo-résineux doué de qualités très-prononcées : telle est la racine de la *C. odontalgica*, L. et Pall., dont la saveur extrêmement âcre fait saliver, et s'emploie chez les peuples du Volga, comme chez nous la racine de Pyrèthre. (A. R.)

* CACKEREL. POIS. Syn. de Mendole, espèce du genre Spare. *V.* ce mot. (B.)

CACIATRICE ET CACIATRIX. BOT. PHAN. (Dioscoride.) Syn. de *Plantago Coronopus*, selon Adanson. (B.)

CACIQUE OU CASSIQUE. OIS. (Duméril.) Genre de la famille des Cénoramphes de la Zoologie analytique : il a pour caractères principaux : le bec conique, un peu courbé, allongé, avec un espace nu, arrondi à sa base. Or, les Cassiques ne diffèrent des Troupiales que parce que l'espace nu, que forme le prolongement de la base du bec, n'est point anguleux. *V.* TROUPIALE. (DR..Z.)

CACKATOO. OIS. l'un des nombreux syn. de Kakatoès. *V.* ce mot. (DR..Z.)

CACOA. BOT. PHAN. Syn. anglais de Cacao aux Antilles. (B.)

CACOESA. BOT. PHAN. Syn. malabar de *Mimosa Intsia*. (B.)

CACOLIN. OIS. Espèce du genre Caille, *Perdix mexicanus*. *V.* PERDRIX. (DR..Z.)

CACOLOTL. OIS. Pour Cacalototl. *V.* ce mot. (B.)

CACOMITE. BOT. PHAN. Syn. péruvien de *Cypridia*. (B.)

CACONE. BOT. PHAN. Nom vulgaire donné, par les Nègres transportés aux Antilles, aux graines de diverses Légumineuses dont ils font des colliers, des tabatières, etc. On le donne plus particulièrement au *Dolichos urens*. (B.)

CACOS. BOT. PHAN. (Dioscoride.) C'est-à-dire *mauvais*. Syn. d'*Iris fœtida* ou de *Xiris*, selon Adanson. (B.)

CACOSMIE. *Cacosmia*. BOT. PHAN. Genre formé par Kunth (*Nova Gener. Pl. Amer. æquin. in Humb. et Bonp.*, T. IV, p. 227 et fig. 404), sur une Plante de l'Amérique méridionale, et qu'il caractérise ainsi : involucre ovoïde-cylindracé, polyphylle, imbriqué; réceptacle nu, fleurons du disque tubuleux, hermaphrodites; ceux de la circonférence femelles et en languette; akènes sans aigrette. Il a quelque rapport avec les Flaveria; mais il s'en distingue par son involucre polyphylle, imbriqué, et le grand nombre de ses fleurons. La Plante, encore unique dans ce nouveau genre, est un sous-Arbrisseau d'une odeur tellement pénétrante et désagréable, qu'elle a servi à l'étymologie du genre; ses rameaux sont anguleux, et ses feuilles opposées, à trois nervures et à pétioles connés. Elle croît dans les Andes du Pérou, et principalement aux environs de la ville de Loxa. (A. R.)

CACO-TRIBULUS. BOT. PHAN. (Cœsalpin.) Syn. de *Centaurea Calcitrapa*, L. (B.)

CACO-TUMBA *V*. CARIMTUMBA. (B.)

CACOUCHUA. BOT. CRYPT. (Surian.) Syn. caraïbe de *Polypodium lycopodioides*, L. (B.)

CACOUCIER. BOT. PHAN. *Caccucia coccinea* d'Aublet. Arbrisseau de la Guiane dont les rameaux sarmenteux s'élèvent sur les Arbres voisins. Ses fleurs sont disposées en épis. Les caractères du genre auquel appartient ce Végétal sont encore trop imparfaitement établis. On dit que les chasseurs Galibis frottent le nez de leurs chiens avec les fruits du Cacoucier pour exciter l'odorat. (B.)

CACTE OU CACTIER. *V*. CIERGE.

CACTÉES. *Cacteæ*. BOT. PHAN. Famille de Plantes dicotylédones polypétales, ayant des rapports avec les Portulacées et surtout avec les Ribesiées, qui y étaient d'abord réunies. En effet, dans son *Genera Plantarum*, Jussieu avait placé dans une même famille les deux genres Cierge et Groseiller. Mais quoique ces deux genres aient en effet une assez grande analogie par quelques caractères, ils s'éloignent tellement l'un de l'autre par leur port et plusieurs caractères d'organisation, tels que la structure de l'ovaire et du périanthe, le nombre des parties, etc., que les botanistes modernes ont cru devoir en former deux familles distinctes; l'une, qui se compose seulement du genre Cierge ou *Cactus* et qu'on appelle Cactées ou Nopalées; l'autre dans laquelle on place le genre Groseiller ou *Ribes*, et qu'on nomme Ribesiées. *V*. NOPALÉES et RIBESIÉES. (A. R.)

CACTOIDES. BOT. PHAN. Plusieurs auteurs appellent ainsi la famille des Cactées ou Nopalées. *V*. CACTÉES. (A. R.)

CACTONITE. MIN. Nom de la Cornaline chez les anciens. LUC.

CACTOS. BOT. PHAN. L'Artichaut et les Chardons dont on mangeait le réceptacle des fleurs chez les anciens, et non les Cactiers des botanistes modernes. (B.)

CACUBALON OU PLUTÔT CACYBALON. BOT. PHAN. (Pline.) Le *Solanum nigrum*, le *Cucubalus baccifer*, ou le *Physalis somnifera*, L. (B.)

CACUCIN. MAM. Qu'on prononce *Sacuien*, d'après Thevet. Nom générique des Singes dans l'Amérique méridionale, selon le Dict. de Déterville, et dans l'Amérique septentrionale, selon le Dict. de Levrault. (B.)

CACUVALLI. BOT. PHAN. Syn. indien de *Dolichos giganteus*, Willd. (B.)

FIN DU TOME SECOND.

www.ingramcontent.com/pod-product-compliance
Lightning Source LLC
Chambersburg PA
CBHW060839220326
41599CB00017B/2332

* 9 7 8 2 0 1 2 6 5 6 3 0 7 *